煤矿电工手册

（第 3 版）

主　编　顾永辉

第二分册　矿井供电（上）

本册主编

叶四新　　吴荣光

编写人员

（按姓氏笔画为序）

叶四新　　吴荣光　　贺　飞　　顾永辉

煤炭工业出版社

·北　京·

前　　言

《煤矿电工手册》（以下简称《手册》）自1979年第1版和1995年第2版出版以来，深受广大读者的欢迎。近10余年来，煤炭生产飞速发展，煤矿电工技术日新月异，为满足广大读者的需求，对《手册》进行第2次修订。修订版的《手册》仍分为4个分册，保持原《手册》的编写特点，力求准确实用，比较全面反映煤矿电工领域的新成就。《手册》在编写、修订过程中，见证了煤矿电工技术的发展。

第一分册《电工基础与电机电器》的主要内容包括电工基础、电工材料、高低压电动机、高低压开关等。主要修订、增加的内容有：3300 V大功率机组电动机、开关磁阻电动机、Y2系列高效煤矿用电动机、变频电动机、SF_6高压开关的技术性能及其检修方法等。运用通俗易懂的叙述方式，介绍抽象的电工技术的基本知识及其应用，以便从事煤矿电工电子技术的青年读者自学。

第二分册《矿井供电》的主要内容包括矿井供电系统、矿井地面变（配）电所、井下供电系统及其电气设备等。主要修订、增加的内容有：工矿企业10 kV、660 V供电及其成套电气设备，采区3300 V供电及进一步提高供电电压的展望；110 kV屋内配电装置（气体绝缘金属封闭开关）、架空线路导线的力学计算、通信干扰、SVG（静止无功发生器）等无功补偿及微机型继电保护自动装置、电子式互感器等；高产高效工作面（年产千万吨）供电系统、组合式大容量成套设备、煤矿用电力电缆等。

第三分册《煤矿固定设备电力拖动》的主要内容包括提升机、通风机、水泵、空压机等固定设备的电力拖动控制系统。随着电力电子器件（IGBT）及PWM（脉宽调制）等变频技术的发展，笼型感应电动机变频调速技术的成功推广应用，以及大容量同步电动机变频调速技术的发展，将代替传统的直流电动机和绕线电动机的调速方式。《手册》删减了上述两种拖动方式的内容，增加了同步机和笼型电动机变频调速技术、TDC（力矩直接控制）以及对绕线型电动机的变频调速改造等内容。

第四分册《采掘运机械的电气控制及通信和监控系统》的主要内容包括采煤机、掘进机、输送机的拖动控制系统，矿井通信和监控系统等。《手册》

删除了已不实用的矿井通信及监控技术等内容，增加了年产千万吨大型机组工作面拖动控制系统和以计算机、通信网络为中心的新技术、新设备等内容。

《手册》在编写和审稿过程中，得到了中国煤炭工业协会煤炭工业技术委员会、山东煤矿安全监察局、兖州矿业集团、中国平煤神马集团、中国煤炭科工集团北京华宇工程有限公司等单位以及有关院校很多专家的大力支持和协助，在此表示衷心的感谢。

本版《手册》涉及面很广，几乎包括煤矿电工技术全部范围，限于编者的水平难免有不当之处，恳切希望广大读者批评指正。

顾永辉

前　言

（第 1 版）

为高速度发展煤炭工业，加快煤矿机械化、现代化的步伐，进一步满足广大煤矿电气工作人员查阅使用方便，特组织编写这部《煤矿电工手册》。

在《手册》编写过程中，我们曾多次召开专业性技术座谈会，认真调查研究，广泛搜集资料，并尽量吸取广大煤矿职工在生产和科学实验中的好经验。内容力求做到准确、实用，文字简练，通俗易懂，采用的公式、图表及测试方法等附有计算实例，便于读者掌握运用。

本《手册》是由部生产司、教育司、设计管理局、科技局、制造局和科技情报所共同负责组织的。共有三十五个单位，七十多位同志参加编写。

本《手册》共分四个分册十二个专集，先按专集出版单行本，而后合订成册。

第一分册《电机与电器》由辽宁省煤炭工业局组织，抚顺矿务局、中国矿业学院为主编单位；

第二分册《矿井供电》由山东省煤炭工业局组织，新汶矿务局、山东矿业学院、中国矿业学院为主编单位；

第三分册《煤矿固定设备电力拖动》由安徽省煤炭工业局组织，淮南矿务局、淮南煤炭学院为主编单位；

第四分册《采掘运机械的电气控制及通信》由江苏、山西省煤炭工业局组织，徐州、阳泉矿务局为主编单位。

《手册》编写工作，曾得到有关单位，特别是一机、冶金、水电和国防部门的大力支持，并提供了许多宝贵意见和资料，谨此表示衷心感谢。

本《手册》编写工作涉及的面广，专业性强，但由于我们经验不足，水平有限，难免有不足之处，希望广大读者提出批评、建议，便于在修订时改正。

编　者

前　言

（第 2 版）

《煤矿电工手册》自 1979 年出版以来，曾多次重印，是一本深受广大读者欢迎的大型工具书。近十余年来，随着采矿工业的发展，煤矿电工领域日新月异，为了在《手册》中反映这方面的新设备、新标准、新工艺和新技术，以适应煤矿电气工作人员的需要，我们对《手册》进行了全面修订。

修订后的《手册》仍分电机与电器、矿井供电、煤矿固定设备电力拖动、采掘运机械的电气控制及通信四个分册出版。其特点是公式、数据图表化，语言简练，便于查阅，具有较强的实用性。与第一版《手册》相比，修订后的《手册》除按新标准、新设备、新工艺进行了相应修改外，同时按各分册排序分别增加了以下主要内容：

Y 系列及其派生的各种煤矿用电动机、高低压真空开关在煤矿中的应用及其技术性能、用计算机和 MVA 法计算短路电流、地面工矿企业 660 V 供电、10 kV 直接下井供电、井下 1140 V 供电、电网中性点各种接地方式的分析、高低压系统的选择性漏电保护、电动机综合保护、快速断电和旁路接地保护、煤矿固定设备变频等调速技术的应用，提升机等设备的微机控制、电网谐波分析及其防治、高压矿用橡套屏蔽软电缆及其连接方法、大功率采掘运机械的电气控制、矿井环境气体及通风参数控制、粉尘控制、矿压监测、火源监测、激光指向、坑道透视、微机控制的各种煤矿监控系统、微波、光纤通信、静电、杂散电流及其防治等。

《手册》修订工作，除有个别人员调整外，基本上仍由原版编写人员编写。在编写过程中，曾得到很多单位和专家们的支持和帮助，在此向他们表示衷心感谢。

由于我们水平所限，修订后的《手册》中难免有不当之处，欢迎广大读者批评指正。

编　者

《煤矿电工手册》各分册名称及内容

分　册　名　称	内　　容
第一分册 电工基础与电机电器	电工基础，煤矿常用电工仪表使用方法，电气设备的防爆，电工材料，高低压、交直流电动机，变压器，高、低压开关，特殊电机
第二分册 矿井供电	矿区供电系统与变电所，短路电流计算，地面高低压供电设备及其选择，继电保护与自动装置，变电所二次回路及操作电源，架空线路，防雷保护、接地及接零，变（配）电所的管理与电气设备的运行、维护及预防性试验，井下供电系统，井下供电设备，电缆及电缆线路，井下过流保护，井下保护接地，井下低压电网漏电保护，工矿企业 10 kV、660 V 供电，矿井照明，电气安全与触电急救，节约用电及用电管理，静电及其防治
第三分册 煤矿固定设备电力拖动	提升机电力拖动概述，提升机的交、直流电力拖动，电网谐波及其控制，通风机、空气压缩机、水泵、大型带式输送机的电力拖动
第四分册 采掘运机械的电气控制及通信和监控系统	采煤机械及掘进工作面的电气设备及其控制，采区运输及辅助运输设备的电气控制，电机车选型计算，牵引变流所，牵引网路，窄轨电机车电气设备及电气控制，矿区及矿井通信，煤矿用仪器仪表及小型电子电器，煤矿生产、安全监控系统

目　录

上

本章编写人：叶四新

第一章　矿区供电及变配电所

第一节　矿　区　供　电

以前矿区供电的用户包括煤炭生产企业和为煤炭生产服务的辅助企业、附属企业、居民区生活福利设施，以及要求由煤矿供电的在矿区附近的地方企业等。近几年，新建的矿区居民区生活福利设施大多已纳入当地城镇的供电系统，而且只有偏远的地区才考虑矿区附近地方企业的用电。矿区各种用户供电设施的形成和发展均与矿区供电的形成和发展相联系。在生产发展过程中逐步形成的矿区供电系统，应力求在不同阶段都能具有合理的技术经济效果。矿区内各主要企业的供用电设施，都应作为总体中的一个组成部分，既要考虑本企业与总体的联系及可靠性，又要考虑全区分期建设的合理性。矿区总体供电是电气设计的主体规划，它与矿区热电站、生产企业，供用电的具体情况及其在地区电网中所处的地位有密切关系。对电气设备的选择，配电装置的布置、继电保护和控制方式的拟定有较大影响。因此，矿区总体供电方案必须紧密结合所在地区电网的实际情况以及远景发展规划，正确处理好它们之间的关系，通过技术经济比较后确定。

一、矿区电力系统的设计依据和基本要求

(一) 矿区电力系统的设计依据

1. 矿区供电要求

矿区供电规划应根据矿区煤炭生产和分类加工企业、辅助企业和其他非煤企业电力负荷的性质、分布、大小和发展情况，并结合地区电力系统的现状及规划，合理确定供电电源点、电源电压等级、供电系统和建设顺序。

矿区供电规划应利于分期建设，并应远近期相结合、以近期为主确定供电方案；宜不建或少建临时工程。

矿区用电单位的供电电源和电源线路应满足以下要求：

(1) 矿井应由双重电源供电，当一个电源中断供电时，另一电源不应同时受到影响。备用电源容量不应少于矿井全部一级负荷电力需求，并应满足大型矿井二级负荷电力需求。正常情况下，矿井电源线路应采用分列运行方式；若电源线路一回路运行，另一回路应带电热备；矿井两回路电源线路上都不得分接任何负荷，任一条电源线路停止工作时，其余电源线路应满足矿井全部负荷的用电要求。年产60000 t以下（不含60000 t）矿井采用单回路供电时，必须有备用电源。备用电源的容量必须满足通风、排水、提升等要求，并保证主要通风机等能在10 min内可靠起动和运行。

（2）矿井供电电源宜取自地区电力系统的区域变电站、矿区变电站；有条件时亦可从煤电联营的发电厂或矿区（矿山）自备发电厂获取电源；当难以从上述变电站或发电厂取得电源时，亦可从邻近企业的变电站取得电源。

（3）露天矿、大（中）型选煤厂宜由两回电源线路供电；同时供电的两回或多回电源线路中的一回电源线路中断供电时，其余电源线路能满足露天矿全部负荷或选煤厂至少75%负荷的供电要求。

2. 发电厂、变电站在矿区电力系统中的地位和作用

以前煤矿企业的用电，绝大多数由地区电网供电，在矿区内只设变电站，电压为35～110 kV（个别地区也有220 kV）。变电站多数为终端和分支变电站。20世纪90年代，国家大力提倡热电联产，因此坑口电厂和煤矸石热电厂不断出现，它们以本企业的热、电负荷为主，并与地区电网相连，构成地区电网的一部分。其中有相当数量的煤矸石热电厂用发电机直接给煤矿用户供电，因而提高了矿区用电的自给率和矿区电力系统在地区电网中的地位。近几年随着国家产业政策的调整，小容量的燃煤发电机组已逐步被淘汰，代替的是瓦斯电厂和煤矸石综合利用电厂。

3. 设计矿区电力系统所需资料

设计矿区电力系统所需资料如下：

（1）地区电网给矿区供电的供电点（或并网点），主变压器的台数、容量和型式，主变压器各侧的额定电压、阻抗、调压范围及各种运行方式下通过的电力情况、电压波动值和谐波含量值。

（2）系统在最大、最小运行方式时母线的短路容量或电抗值。

（3）现有及规划地区电网供电系统的系统图和地理接线图。

（二）矿区电力系统的基本要求

矿区电力系统的基本要求如下：

（1）首先要满足用户的供电可靠性和电能质量的要求，也就是说，当断路器检修时，不应影响对系统和用户的供电。断路器或母线故障以及母线检修时，要尽量减少停电的路数（或用户数）和停电时间，并要求保证对一级负荷及全部二级负荷的供电。保证用户需要的电压和周波质量。在设计中要考虑发电厂和变电站出现全部停电的可能性。

（2）接线系统在运行中应具有一定的灵活性：

① 调度时应可以灵活地投入和切除发电机、变压器和线路，调配电源和负荷，满足系统在事故运行方式、检修运行方式以及特殊运行方式下的系统调度要求；

② 检修时可以方便地停运断路器、母线及继电保护设备，进行安全检修时不致影响电网的运行和对用户的供电；

③ 扩建时能够连续供电或停电时间在用户允许的范围内，投入新装机组时变压器或线路不互相干扰，可顺利地从初期接线过渡到最终接线。

（3）在总体供电设计中，要保证必要的可靠性与灵活性以满足用户要求。但过分强调可靠性，就会过多地增加备用电源和设备，这必然会引起投资上的浪费和设备上的积压，这也是不允许的。因此在满足必要的可靠性和灵活性的前提下，力求简化供电系统，减少中间环节，以节省设备，减少占地面积。

（4）设计供电系统时，要注意与生产环节相配合，即每一生产环节最好有自己独立的

供电系统。

（5）在经济上相差不多时，要尽量使高电压深入用户的负荷中心，即35～110 kV的高压深入到矿区的负荷中心，这样可大大减少6～10 kV的配电线路长度，减少投资和电能损耗。

（6）要注意新技术、新工艺、新设备在矿区中的应用，自动化程度要适应用户的需要。

二、矿区用电负荷的估算

负荷估算是指在进行矿区总体设计时，对矿区内各企业（或某一项目）的用电负荷的粗略估算。在该企业的用电负荷和用电设备的总容量还是一个未知数时，过去是根据类似企业的单耗和设计人员的经验来估算企业的最大负荷，即

$$P_{max} = \frac{\omega Q}{T_{max}} \tag{1-1-1}$$

式中 P_{max}——企业的最大用电负荷，kW；

ω——企业的产品单耗，(kW·h)/t；

Q——企业的年产量，t；

T_{max}——年最大负荷利用时间，h。

（一）矿井用电负荷的估算

按式（1-1-1）计算最大负荷时，最困难的是如何确定企业的产品单耗，因为矿山与工厂不同，矿山自然条件千变万化，情况非常复杂，特别是开采深度、矿井涌水量、瓦斯相对涌出量以及工作面的机械化水平等与全矿井用电负荷的大小密切相关。根据我国目前生产矿井的实际情况，矿井开采深度从几十米到几千米变化，矿井小时涌水量从零到四五千立方米变化，瓦斯相对涌出量从零到一百多立方米的变化，工作面的机械化水平有爆破开采、机采、综采和水采等，因此矿井吨煤电耗也在几千瓦时到一百多千瓦时范围内变化。表1-1-1是1985年4个实际生产矿井产量及各项用电负荷的实例。从表1-1-1可

表1-1-1 生产矿井耗电实例

矿井年产量/万t	实际产量	设计能力	实际产量	设计能力	实际产量	设计能力	实际产量	设计能力
	218	180	31	30	117.7	120	30.6	30
提升方式及提升高度	斜井带式输送机运煤，副井单钩串车提升高度53 m		主副井均为单钩串车，斜井开采，提升高度200 m		主井斜井箕斗，副井单钩串车，罐笼提升高度460 m		立井开拓，主副井分别箕斗、罐笼提升高度266 m	
矿井涌水量（最大/正常）/($m^3 \cdot h^{-1}$)	143/123		220/170		1574/1053		3231/3061	
瓦斯相对涌出量/($m^3 \cdot t^{-1} \cdot d^{-1}$)	2		1.6		2.5		36.79	
排矸量占产量	＜10%	岩石一般	＜10%	岩石一般	20%	岩石较硬	＜10%	岩石一般
工作面机械化程度及个数	一综、三普		一机、一炮		一综、四普		二机、一炮	
吨煤电耗/($kW \cdot h \cdot t^{-1}$)	11.1		27.5		45.2		128	
最大负荷/kW	4340		1630		8610		9340	

以看出，同一产量，由于条件不同，产品单耗相差很大。即使在同一矿区，除极少数煤田倾角小、自然条件比较好的矿井外，多数矿井的吨煤电耗都有较大变化，有的可以相差几倍。特别是中小型矿井，由于承受冲击能力小，某一环节的变化，就可使吨煤电耗产生较大变化。对于同一矿井，如保持矿井产量不变，开采水平随开采年限的增长而不断延深；开拓方式、瓦斯、涌水量及生产工艺等各环节都不会完全相同，有些则相差很大，因此该矿井的吨煤电耗也是变化的，总趋势是逐步增加，增加大小与煤田的自然赋存条件有很大关系，这给矿井用电负荷的估算带来了很大困难。

以下介绍两种矿井用电负荷的估算方法。

1. 类似矿井估算法

类似矿井估算法，就是以自然条件大致相同的生产矿井的实际用电负荷为依据，估算本企业的用电负荷。如条件相同（或相似），应优先采用这种方法，但在估算中必须避免"一刀切"，即总体设计中所有不同条件的矿井，都按一个吨煤电耗的标准进行估算，这样估算出来的用电负荷必然有很大出入。表 1－1－2 至 1－1－10 列出了我国各种矿井产量和各种自然条件下的实际用电负荷，供总体设计（或可行性研究）时选择。表中虽列出了 100 多对有代表性的矿井，但在实际选用时，仍可能找不到完全合适的类似矿井，这就必须用计算法来补充其不足。这时首先挑选井型和井深相似矿井，其他部分根据已知条件进行必要修正。

2. 已知条件估算法

已知条件估算法是利用矿区总体设计（或可行性研究）的已知条件来估算用电负荷，或作为类似估算法的一个补充，调整某一部分的用电负荷，即将某些自然条件出入较大的环节，按本方法进行调整。本方法是在总结多年设计和生产的基础上，对某些环节进行了必要的简化后提出来的，可作为设计和规划人员估算用电负荷的参考。

矿井生产的实践表明，矿井四大件和井下采、掘、运的用电负荷，一般占矿井总负荷的 70%～80%，有的甚至更大。这些负荷仅与矿井产量、瓦斯等级、煤层赋存条件、矿井涌水量及生产机械化水平有关。这些条件在进行总体设计时是已知的，由于这些负荷计算都有相应的计算机程序，因此矿井用电负荷，可根据这些条件进行计算。

1）排水负荷的估算

排水负荷主要决定于矿井涌水量、开采深度和开拓方式，根据水泵电动机容量的计算公式，其用电负荷为

$$N = k_f \frac{\gamma H_W Q_W}{1000 \times 3600 \eta_W \eta_m} \tag{1-1-2}$$

式中 N——水泵电动机计算容量，kW；

H_W——管路未淤积时的水泵工况扬程，m；

Q_W——管路未淤积时的水泵工况流量，m^3/h；

η_W——管路未淤积时的水泵工况效率，%；对于大电动机取 0.9～0.94，小电动机取 0.82～0.9；

η_m——机械传动效率，联轴节可取 0.98；

k_f——电动机的富裕系数，水泵轴功率大于 100 kW 时，可取 1.1；水泵轴功率小于或等于 100 kW 时，可取 1.1～1.2；

γ——矿井水重度，N/m^3，无实际资料时可取 $1 \times 10^4\ N/m^3$。

表1-1-2 年产15万t以下矿井各种自然条件下的用电负荷的实例

编号	开拓方式	年产量(设计/实际)/万t	提升方式及提升高度/m	矿井涌水量(最大/正常)/($m^3 \cdot h^{-1}$)	瓦斯相对涌出量/($m^3 \cdot t^{-1} \cdot d^{-1}$)	工作面机械化程度及个数	设备工作容量/kW	矿井用电负荷/kW	矿井吨煤电耗/($kW \cdot h \cdot t^{-1}$)	备注
1	斜井	6/3.43	一段串车提升194	9.2/7.1	16.56	炮2	1245	400	55	部分矿井有其他负荷，因而用电负荷偏大
2	主立井 副斜井	6/4.04	一段罐笼提升149	40/20	16.9	炮2	1880	420	39.4	
3	斜井	—/5	一段串车提升150	41/30	10.3	炮1	972	450	28.51	
4	立井	10/5.4	一段罐笼提升330	40/20	13.03	普1,炮3	2463	480	48.3	
5	立井	9/5.76	一段罐笼提升502	30/17	33.37	炮2	1532.1	450	38.6	
6	立井 暗斜井	30/7.5	一段箕斗提升，二段串车提升261	66/31	8.58	炮2	6800	1334	93.6	
7	斜井	9/8.56	二段串车提升480	20/18	26.34	炮2	1470	470	23.2	
8	斜井	15/9	一段串车提升269	185/117	53.8	炮3	2835	1100	62.77	
9	斜井	21/9	一段串车提升280	20/16.5	56.35	炮4	3200	1258	27.54	
10	斜井	15/12.5	一段斜井箕斗提升454	205/99	9.59	炮1	3450	886	29.38	
11	主斜井 副立井	12/12.8	一段串车提升150	150/110	1.32	普1,炮1	5238	1044	25.6	
12	平硐 暗斜井	21/13	暗斜井串车提升260	120/87	86.2	炮2	6592	2514	42.6	
13	斜井	15/13.75	一段串车提升326	95.8/66.5	14.6	炮3	4826	750	30.7	

注:这里所列的小型矿井自然条件均较复杂,未包括自然条件简单的个体和地方小矿井,这种小矿井的用电负荷大大低于本表数值。

表 1-1-3 年产(15~30)万t矿井各种自然条件下的用电负荷的实例

编号	开拓方式	年产量(设计/实际)/万t	提升方式及提升高度/m	矿井涌水量(最大/正常)/($m^3 \cdot h^{-1}$)	瓦斯相对涌出量/($m^3 \cdot t^{-1} \cdot d^{-1}$)	工作面机械化程度及个数	设备工作容量/kW	矿井用电负荷/kW	矿井吨煤电耗/($kW \cdot h \cdot t^{-1}$)	备注
1	斜井	21/15	一段串车提升 210	39.6/32.55	48.86	普1,炮3	3084	1044	23.37	
2	立井	45/16.23	一段箕斗提升 304	3985.8/1478.4	8	普1,炮1	23006	14700	146.4	
3	平硐	45/16.3	暗斜串车提升 120	—	123.29	炮2	1800	1320	45.8	
4	斜井	15/16.5	二段单钩串车提升 568.5	38.7/32.8	35.58	炮2	5195	1440	57.6	
5	平硐暗斜井	15/18	暗斜串车提升 434	724.7/417.8	61.03	普3,炮1	5061	2240	37.7	
6	平硐暗斜井	15/18.19	一段串车提升 200	56/50.4	3.56	炮3	1688.4	611	14.94	
7	斜井	15/23.12	一段串车提升 255	2317.8/2109.6	6.82	炮2	12265	4810	76.4	部分矿井有其他负荷，因而用电负荷偏大
8	平硐	15/24	暗斜串车提升 170	—	49.73	炮2	2400	1600	32.87	
9	斜井	21/24	一段串车提升 318	51.4/32.3	26.12	普3	2981	1553	28.85	
10	斜井	30/25.37	一段双钩串车提升 235	100/50	0.866	普1,炮1	1850	800	12.58	
11	斜井	30/27.7	一段串车提升 211	3513/2992.8	9.57	炮4	23765	7416	107.46	
12	立井	30/28.56	一段罐笼提升 266	1919.4/1809	25.75	普1,炮2	12540	5250	72.77	
13	立井	30/29.16	一段罐笼提升 178	288/266.5	4.4	炮2	2815.7	1440	18.71	

表1-1-4 年产(30~45)万t矿井各种自然条件下的用电负荷的实例

编号	开拓方式	年产量(设计/实际)/万t	提升方式及提升高度/m	矿井涌水量(最大/正常)/$(m^3 \cdot h^{-1})$	瓦斯相对涌出量/$(m^3 \cdot t^{-1} \cdot d^{-1})$	工作面机械化程度及个数	设备工作容量/kW	矿井用电负荷/kW	矿井吨煤电耗/$(kW \cdot h \cdot t^{-1})$	备注
1	平硐斜井	30/30.1	一段串车提升410	190.8/115.2	44.6	普1,炮2	4787	1815	24.6	
2	主斜井副立井	30/30.2	带式输送机提升124	420/220	—	综采1	7036	4512.9	26.4	
3	斜井	15/31.39	一段串车提升270	160/98	7.44	炮5	1896	1145	14.96	
4	平硐暗斜井	60/32.1	暗斜箕斗提升280	643.2/212	77.34	炮3	2800	2000	39.6	
5	斜井	30/33.4	一段双钩串车提升370	311.8/224	5.2	炮3	4716	2940	42.92	
6	斜井	30/35	东翼二段双钩串车提升480 西翼三段单钩串车提升725	241.9/218.6	31.3	水2,炮3	22662	6060	77.27	
7	立井	90/35.52	一段箕斗提升	4734/4117	25.9	普2,炮2	23571	11970	165.3	部分矿井有其他负荷，因而用电负荷偏大
8	平硐暗斜井	30/37.4	一段箕斗提升462	956/398	7.6	炮2	6065	2448	30.62	
9	斜井	30/37.8	一段斜井箕斗提升234	757/120	22.13	炮4	5504	2580	18.45	
10	斜井	15/39.44	一段串车提升204	1402.8/1043.4	3.24	炮3	27367	4910	37.75	
11	立井	60/40.01	一段箕斗提升两个水平	1639.9/840.7	11.36	炮4	11460	3030	48.26	
12	主斜井副立井	34/43.4	二段串车提升582	2553/1750	2.54	炮11	48350	7733	91.34	
13	立井	45/43.65	一段箕斗提升304	5194/4846	8.74	普1,炮1	23126	10500	114.64	

表1-1-5　年产(45~60)万t矿井各种自然条件下的用电负荷的实例

编号	开拓方式	年产量(设计/实际)/万t	提升方式及提升高度/m	矿井涌水量(最大/正常)/$(m^3 \cdot h^{-1})$	瓦斯相对涌出量/$(m^3 \cdot t^{-1} \cdot d^{-1})$	工作面机械化程度及个数	设备工作容量/kW	矿井用电负荷/kW	矿井吨煤电耗/$(kW \cdot h \cdot t^{-1})$	备注
1	立井	45/45.8	一段箕斗提升355	1386/859	3.75	普1,炮3	17915	6160	42.4	
2	主斜井 副立井	31/46.7	一段串车提升319	1482/1148.4	6.45	综2,普2,炮4	23238	5845	61.44	
3	立井	60/49.02	一段箕斗提升426	259.8/231.8	13.34	普1,炮3	17611	3150	32.71	
4	立井	45/51	一段箕斗提升280	292/249	3.01	普2,炮3	—	2975	27.57	
5	立井	45/52.76	一段箕斗提升517	228/192	5.87	炮4	11921	3000	32	
6	平硐斜井	50/54.3	带式输送机提升410	214/160	2.02	水3,炮3	47821	4200	46.8	
7	平硐 暗斜井	75/54.87	暗斜串车提升230	—	1.58	炮6	2975	2000	18.99	部分矿井有其他负荷,因而用电负荷偏大
8	斜井	90/55.3	一段串车提升149.5	250/120	2.5	炮4	3200	1800	16.57	
9	立井	30/55.7	一段罐笼提升289	270/264	4.09	炮4	11028	2500	22.12	
10	立井	90/56.5	一段罐笼箕斗提升300	8118/5704	12.46	普2,炮3	31874	16800	99.47	
11	平硐斜井	120/58	带式输送机提升150	—	66.75	普1,炮3	14806	3000	29.9	
12	立井	90/58	一段箕斗提升450	169/147	18.3	炮7		4800	38.9	

表1-1-6 年产(60~90)万t矿井各种自然条件下的用电负荷的实例

编号	开拓方式	年产量(设计/实际)/万t	提升方式及提升高度/m	矿井涌水量(最大/正常)/($m^3 \cdot h^{-1}$)	瓦斯相对涌出量/($m^3 \cdot t^{-1} \cdot d^{-1}$)	工作面机械化程度及个数	设备工作容量/kW	矿井用电负荷/kW	矿井吨煤电耗/($kW \cdot h \cdot t^{-1}$)	备注
1	主、副立井	60/60	主、副井提升机提升(555.9、485)	120/60	—	综2	9578	5819	36.09	
2	斜井	60/60.7	一段箕斗提升469	450/225	13.97	普1,炮2	11710	5660	39.07	
3	平硐	120/73.05	电机车运输	—	26.9	炮5	12576	2500	25.4	
4	斜井	75/74	二段水提606.9	420/150	1.23	水采	72118	10356	65.75	
5	立井	90/74.4	一段箕斗提升450	80/65	15.7	综2,普1,炮2	7200	3202	28.13	
6	主斜井副立井	29/74.8	二段串车提升582	483/411	12.8	综2,普6,炮2	31180	8370	52.86	部分矿井有其他负荷,因而用电负荷偏大
7	斜井	60/75.5	一段斜井箕斗提升200	80/60	9.31	炮6	7945	3053	15.9	
8	斜井	85/76.64	二段串车提升976	672/450	5.7	炮4	50544	11664	68.57	
9	立井	75/77.6	一段箕斗提升332	2164.2/2110	15.7	普1,炮4	14035	8160	42.01	
10	斜井	90/77.7	一段斜井箕斗提升200	50.0/36.5	4.25	炮5	7135	4760	14.97	
11	立井	90/87.3	一段箕斗提升600	120/95	35.6	普1,炮9	—	5800	33.43	
12	斜井	60/89	带式输送机提升413	349/236	2.42	综2,炮1	—	3840	17.36	

表 1-1-7　年产(90~120)万 t 矿井各种自然条件下的用电负荷的实例

编号	开拓方式	年产量(设计/实际)/万 t	提升方式及提升高度/m	矿井涌水量(最大/正常)/$(m^3 \cdot h^{-1})$	瓦斯相对涌出量/$(m^3 \cdot t^{-1} \cdot d^{-1})$	工作面机械化程度及个数	设备工作容量/kW	矿井用电负荷/kW	矿井吨煤电耗/$(kW \cdot h \cdot t^{-1})$	备注
1	主、副斜井	90/90	主斜井带式输送机提升 117、副斜井单钩串车提升 228	93/46	—	综 1	7053.7	4130	16.84	
2	立井	90/91.81	箕斗提升 600	122/93.4	46.29	炮 10		12300	32.64	
3	平硐	60/93.21	暗斜井吊车提升 100	15.8/14.6	1.65	普 2,炮 7	5136	2500	13.8	
4	平硐	90/101.8	电机车运输	—	1.85	普 1,炮 2	13281	2500	11.52	
5	立井	60/108	箕斗提升 300	780/660	7.49	普 5,炮 5	37826	3920	23.88	
6	主、副斜井	75/111	带式输送机提升 400	1266/892	2.82	普 1,炮 6	22624	8265	41.4	部分矿井有其他负荷，因而用电负荷偏大
7	立井	90/113.5	箕斗提升 534	537/405	7.6	炮 6	17378	7064	26.81	
8	立井	110/113.5	二段箕斗提升 414	3240/750	3.96	普 1,炮 7	73968	11208	50.4	
9	立井	120/115.2	箕斗提升 372.57	396/198	1.69	普 2,炮 5		2500	16.35	
10	斜井	120/117.7	二段串车提升 460	1574/1222	2.42	综 1,普 6,炮 1	55587	8610	44.7	
11	斜井	75/118	斜井带式输送机运输 345	141/104	5.87	炮 6	21704	3960	13.7	
12	斜井	120/117.7	二段串车提升 460	1574/1222	2.42	综 1,普 6,炮 1	55587	8610	44.7	

表1-1-8 年产(120~300)万t矿井各种自然条件下的用电负荷的实例

编号	开拓方式	年产量(设计/实际)/万t	提升方式及提升高度/m	矿井涌水量(最大/正常)/($m^3 \cdot h^{-1}$)	矿井风量/($m^3 \cdot s^{-1}$)及最大阻力/Pa	工作面机械化程度及个数	设备工作容量/kW	矿井用电负荷/kW	矿井吨煤电耗/($kW \cdot h \cdot t^{-1}$)	备注
1	主、副立井	120/120	提升机提升227	264/156	264(3087.8)	综1,普1	10422	5351	21.2	
2	主、副斜井	120/	带式输送机提升115	637/337	96.6(2305)	综1	8594	5505	17.92	
3	主、副斜井	120/	带式输送机提升	637/337	96.6(2305)	综1	9721	7079	22.21	
4	主、副斜井	120/123	带式输送机提升175	220/120	105(2713)	综1	9616	5505	18.04	
5	主斜井副立井	210/128	提升机提升352	200/100	120(2490)	综1	8587	6485	20.65	
6	主、副斜井	120/132	带式输送机提升178.8	140/95	94.5(2693)	综1	8112	5251	16.84	
7	主、副斜井	120/142	带式输送机提升425	280/200	138(3100)	综1	5082	4087.9	15.46	部分矿井有其他负荷，因而用电负荷偏大
8	竖井暗斜井	60/157	一段箕斗提升、二段带式输送机提升350	311/210	—	炮6	16354	3850	14.1	
9	主、副斜井	150/157	带式输送机提升251	150/100	126(2881)	综1	9325	5929	15.88	
10	主、副立井	210/210	提升机提升554	300/150	100(2405.6)	综1	21504	10173	19.5	
11	主斜井副立井	240/	带式输送机提升388	200/120	131.3(2143)	综1	9796	8662	15.69	
12	主、副立井	240/255	提升机提升580.5	196/98	178.5(3144)	综1	10230	9506	15.1	
13	主、副斜井	240/265	带式输送机提升26	580/470	252(3158)	综2	15766	12145.3	22.75	

表1-1-9　年产(300~800)万t矿井各种自然条件下的用电负荷的实例

编号	开拓方式	年产量(设计/实际)/万t	提升方式及提升高度/m	矿井涌水量(最大/正常)/($m^3 \cdot h^{-1}$)	矿井风量/($m^3 \cdot s^{-1}$)及最大阻力/Pa	工作面机械化程度及个数	设备工作容量/kW	矿井用电负荷/kW	矿井吨煤电耗/($kW \cdot h \cdot t^{-1}$)	备注
1	主、副斜井	300/300	带式输送机提升 371	500/350	200(2919.7)	放顶煤2	16885	10591.8	20.8	
2	主、副斜井	300/321	带式输送机提升 476	200/130	304.5(2976)	大采高综1	19105	10237.5	23.07	
3	主、副斜井	300/378	带式输送机提升 381	542/271	147(3139)	综1	13338	9184	12.34	
4	主、副立井	300/392	提升机提升782.3	550/380	283.5(3130)	综1	20869	12872	20.75	
5	主斜井副立井	400/400	带式输送机提升 328	500/350	220.5(3150)	综2	17942.4	15375.8	17.44	
6	主、副斜井	400/400	带式输送机提升	340/230	215(2792)	综2	10826	7785	13.84	
7	主、副立井	400/452	提升机提升678.8	3292/1979	189(3109.6)	放顶煤2	24474	16238	26.8	部分矿井有其他负荷，因而用电负荷偏大
8	主、副斜井	500/500	带式输送机提升 290	150/100	157.7(1030)	综1	13385	9928	9.5	
9	主、副立井	500/	提升机提升936.7	508.1/278.1	241.5(3220)	综2，刨煤机1	24216.8	18909	23.45	
10	主、副斜井副立井	600/600	带式输送机提升 435	800/500	365(2812.4)	大采高综1	39132	26939	20.1	
11	主斜井副立井	600/600	带式输送机提升 287	300/120	201.6(2850)	综2	27462.1	23165.8	17.85	
12	主、副斜井	600/1028	带式输送机提升 66	220/170	130(2877.9)	综2	24938	13984	12.1	

表 1-1-10 年产 800 万 t 以上矿井各种自然条件下的用电负荷的实例

编号	开拓方式	年产量(设计/实际)/万 t	提升方式及提升高度/m	矿井涌水量(最大/正常)/($m^3 \cdot h^{-1}$)	矿井风量/($m^3 \cdot s^{-1}$)及最大阻力/Pa	工作面机械化程度及个数	设备工作容量/kW	矿井用电负荷/kW	矿井吨煤电耗/($kW \cdot h \cdot t^{-1}$)	备 注
1	主、副立井	800	提升机提升 764.5	180/120	157.5(2560)	综 2	21100.5	14092	10.72	部分矿井有其他负荷，因而用电负荷偏大
2	主、副立井	800	提升机提升 682.3	250/122	210(2896)	综 1	21046	19065	10.28	
3	主、副斜井	800	带式输送机提升 350	250/100	225(2648)	综 2	20150	14113	9.39	
4	主斜井副立井	800	带式输送机提升 800	1000/600	236.3(3143)	放顶煤 2	44995	31390	17.67	
5	主、副立井	800	提升机提升 567	500/305	378(3678)	综 1	34833	16328	18.1	
6	主、副立井	800	提升机提升 786.7	570/285	546(4198.5)	综 2	33000	25080	25.3	
7	主、副斜井	800/1080	带式输送机提升 215	200/120	401.5(4480)	大采高综 1	38684	24047	20.1	
8	主、副立井	1000	提升机提升 787.6	700/300	252(1099.7)	综 1	25926.6	16793	9.3	
9	主、副立井	1000	提升机提升 780.5	450/250	204.8(2962)	综 1	18947.7	14111.3	9.98	
10	主、副立井	1000	提升机提升 631.5	500/305	190(2730)	综 1	26603.3	23045.4	10.1	
11	主、副斜井	1000	带式输送机提升 282	180/150	192.5(3200)	大采高综 1，综 1	21803	13996	8.7	
12	主、副斜井	1200/1750	带式输送机提升 146	592/451	230(2845)	综 2	37443.6	18803	6.73	

排水吨煤电耗为

$$E_T = \frac{\gamma H_W Q_W 365t}{1000 \times 3600 \eta_W \eta_m \eta_x A} \tag{1-1-3}$$

式中　η_x——电网效率，取0.95；

t——平均每天运转时间，h；

A——年产量，t/a；

E_T——排水吨煤电耗，(kW·h)/t。

2）提升负荷的估算

提升负荷主要决定于提升量、提升高度和提升方式。根据煤炭工业的实际情况，主井提升多用箕斗或带式输送机，也有些中小型斜井采用单钩或双钩串车，副立井多用罐笼，副斜井则用串车，现按不同提升方式将用电负荷估算如下：

(1) 提升电动机等效容量计算：

提升电动机的容量按下式计算：

$$P_d = K\frac{F_d V_{max}}{\eta} \tag{1-1-4}$$

式中　K——电动机容量储备系数，取1.05~1.1；

V_{max}——最大提升速度，m/s。提升物料时，最大提升速度不得大于$0.6\sqrt{H}$；罐笼升降人员的最大提升速度不得大于$0.5\sqrt{H}$，且最大不得超过12 m/s；H为提升高度，m；

η——减速器效率，一级时取0.92，二级时取0.85；

F_d——等效力。

等效力按下式计算：

$$F_d = \sqrt{\frac{\sum_{i=1}^{n} F_i^2 t_i}{T_d}} \tag{1-1-5}$$

$$T_d = C_1(t_1 + t_3 + \cdots) + t_2 + C_2\theta \tag{1-1-6}$$

$F_i^2 t_i$——第i阶段力的平方与该阶段时间的乘积；

n——提升速度图阶段数；箕斗提升采用曲规方式卸载时，刚性罐道采用6阶段，柔性罐道采用7阶段；外动力卸载箕斗采用3阶段；罐笼提升采用5阶段；

T_d——等效时间，s；

C_1——电动机低速运行时散热不良系数，有强迫通风时取1.00，无强迫风冷时取0.5；

C_2——电动机停止运行时散热不良系数，有强迫通风时取1.00，无强迫风冷时取0.33；

θ——提升休止时间，s。

(2) 带式输送机提升。用带式输送机运煤时其用电负荷的计算方法如下：

① 带式输送机正功率运行时，其用电负荷为

$$P_M = F_u V \times 1000^{-1} \eta_1 \tag{1-1-7}$$

② 带式输送机负功率运行时，其用电负荷为

$$P_M = F_u V \times 1000^{-1} \eta_2 \quad (1-1-8)$$

式中 P_M——驱动电动机所需运行功率，kW；

V——带式输送机带速，m/s；

η_1——驱动系统正功率运行时的传动效率，一般为0.85~0.95，采用硬齿面减速器、具有较好的多机驱动平衡性能时，取0.90~0.95；采用鼠笼电动机配液力偶合器时，液力偶合器可取0.96；单个机械联轴器可取0.98，液力偶合器可取0.96；减速器传动效率，按每级齿轮传动效率为0.98可得：二级减速器 $\eta_1=0.96$，三级减速器 $\eta_1=0.94$；

η_2——驱动系统负功率运行时的传动效率，一般取0.95~1.0；

F_u——传动滚筒所需圆周驱动力，N。

$$F_u = CF_H + F_{S1} + F_{S2} + F_{St} \quad (1-1-9)$$

式中 F_H——主要阻力，物料、输送带及托辊等运行引起的阻力，N；

F_{S1}——主要特种阻力，托辊前倾及导料槽引起的阻力，N；

F_{S2}——附加特种阻力，清扫器、犁式卸料器等引起的阻力，N；

F_{St}——带式输送机倾斜阻力，N；

C——附加阻力系数。

3）通风负荷的估算

通风机的用电负荷主要决定于产量、瓦斯涌出量、通风方式及风路长度。通风机的电动机功率应按下式计算：

$$N = k_f \frac{Q_g H_g}{1000 \eta \eta_m} \quad (1-1-10)$$

式中 N——电动机计算功率，kW；

Q_g——主要通风机工况点风量，m^3/s；

H_g——主要通风机工况点风压，Pa；

η——主要通风机工况点效率，%；

η_m——机械传动效率，联轴节可取0.98，三角皮带传动可取0.92；

k_f——富裕系数，轴流式可取1.1~1.2，对旋式风机可取1.2~1.3。

4）压风负荷的估算

压风负荷的大小，决定于岩石硬度、煤的赋存条件（如煤层倾角厚度等）等。空气压缩机供气量由下式计算：

$$Q = \alpha_1 \alpha_2 \gamma \sum_{i=1}^{n} n_i q_i K_i \quad (1-1-11)$$

式中 α_1——管道全长的漏风系数，应取1.10~1.20；

α_2——机械磨损耗气量增加系数，应取1.10~1.15；

γ——海拔高度修正系数，当海拔高度不大于1000 m时应取1，当海拔高度大于1000 m时，每增高100 m系数应增加1%；

n_i——用气量最大班次内，同型号风动机具的台数；

q_i——风动工具的耗气量，m^3/min；

K_i——同型号风动机具同时工作系数。

空气压缩机的出口压力为

$$P = P_C + \sum \Delta P + 0.1 \tag{1-1-12}$$

式中 P_C——风动机具中所需最大的额定压力，MPa；

$\sum \Delta P$——达到设计产量时，压风管路中最远一路的压降，估算时可取每千米管长压降为0.03～0.04 MPa；

0.1——《煤矿工业矿井设计规范》规定的用气地点压力高于风动工具额定压力0.1 MPa。

根据计算得出的空气压缩机总的供气量和估算的出口压力，就可查阅有关空气压缩机产品样本选择满足要求的空气压缩机。

（二）矿井、选煤厂原煤生产电耗的指标

根据国标《煤炭工业矿井节能设计规范》，矿井和选煤厂的原煤生产电耗分为Ⅲ级，以后新建和改扩建矿井的原煤生产电耗都必须满足该规范的要求，所以在总体设计阶段，矿井和选煤厂的吨煤电耗都可以按该规范的要求和现有类似矿井进行估算。

当采用类似矿井法估算用电负荷时，经常出现在表中选不出完全相似的矿井的现象，这时首先选用井型和井深相似的矿井，其他部分根据估算矿井和实际矿井的已知条件，按已知条件估算法进行修正，这样修正工作量最小，同实际矿井也最接近。

（三）机电修配厂用电负荷估算

机电修配厂用电负荷决定于矿区产量、修配范围以及矿区管理和维修水平。根据16个矿务局机电修配厂的实际统计，机电修配厂的用电负荷与矿区产量的关系为0.5～2.2(kW·h)/t，平均接近于1。新区由于设备新，维修量小，用电负荷较低，因此可按每吨煤0.7～1(kW·h)估算负荷。老区按每吨煤1.2～1.6(kW·h)估算负荷，其相应的最大负荷分别按350～500 W/t及600～800 W/t进行估算。以露天矿为主的矿区，修理量大，机修负荷要适当增大，可取大值。

（四）居住区用电负荷的估算

居住区用电负荷决定于矿区综合效率和居住区电气化水平。近几年随着人民生活水平的不断提高，不仅电视机、洗衣机、电风扇、电冰箱、电熨斗成为生活的必备品，电热、空调、电炊具亦逐步增加，居民的耗电量已大大增加，每套住宅的用电负荷应根据套内建筑面积和用电负荷计算确定，且不应小于2.5 kW。

空调和电热与所在地区的气候有密切关系，因此差别较大。居住区的用电负荷亦可按总建筑面积估算用电负荷，办公楼一般按50～60 W/m^2 进行估算，其他建筑按15～20 W/m^2 进行估算。

（五）多种经营用电负荷的估算

煤炭工业的多种经营是从20世纪60年代后期发展起来的，目前已成为与煤炭生产和基本建设并驾齐驱的第三个主体，其用电负荷相当可观。但由于矿区情况不同，因此用电负荷所占比例相差很大，但总的趋势是总负荷越来越大，所占比例也逐年增加，已成为煤炭企业耗电的大户。近几年，国家对环保的要求越来越严格，要求煤炭企业对井下矸石、选煤厂的煤泥等进行综合利用，所以在作矿区的总体规划时，要对相关的企业煤矸石砖厂、水泥厂等企业的负荷进行考虑。根据全面规划、统筹兼顾、合理安排的原则，在总体设计中应考虑多种经营的电源及用电负荷。

新开发的矿区，一般均远离大城市，刚开发时，该地区往往没有电源或电源容量很小，更没有相应的电业管理机构。而新矿区的开发必然要相应发展地方企业和农业用电，这些用电负荷在发展初期必然在矿区供电范围之内，设计时应当予以考虑。用电负荷的具体数值应与有关部门协商，并提出书面的用电负荷资料。当没有上述负荷资料时，多种经营、地方企业和农业用电的总负荷可按矿区总负荷的10% ~20%估算。

以上各项是矿区常见的用电负荷，有些特殊负荷则应根据矿区具体情况进行处理，但必须按上级批准的矿区规模和要求考虑。其最大负荷应根据施工、生产的实际情况逐年估算，并按变电站母线的供电用户，将各企业的用电负荷汇总在一起。在10年内要逐年统计，10年后每五年统计一次，直到矿区达到最大负荷为止，并按此考虑矿区的初期供电系统和最终的规划系统。初期供电系统应力求简单灵活，适宜于今后逐步扩建。

三、矿区供电方案的拟定

矿区供电方案包括的内容较广，一般包括矿区供电电压、电厂及变电站的数量、位置、规模以及用户连接的供电系统，它们是一个互相联系的整体。

（一）输电电压的选择

矿区用电负荷和用电点确定后，接着需要确定的是矿区的供电电压等级。矿区供电电压在有些情况下是比较容易选择的，而在某些情况下不进行方案比较就很难确定，而这些比较又往往与供电系统、变电站的位置和数量有关；反过来矿区供电电压的变化，也必然影响变电站的位置、数量和供电系统的形成。当方案比较经济差异不大时，在设计中应尽可能采用高一级的电压，使高电压深入用户，以节省电耗，给系统发展留有适当的余地，保证电能的质量和安全经济地送电。设计选用的电压应符合现行的国家标准，我国现行的标准交流额定电压见表1-1-11。

表1-1-11　我国现行交流额定电压　kV

受电设备额定电压	发电机线间电压	变压器线间电压	
		一次绕组	二次绕组
6	6.3	6及6.3	6.3及6.6
10	10.5	10及10.5	10.5及11
—	13.5	13.8	—
—	15.75	15.75	—
35		35	38.5
(60)		60	66
110		110	121
(154)		154	169
220		220	242
330		330	363
500		500	550
750		750	825

注：1. 变压器一次绕组栏内6.3、10.5、13.8、15.75 kV电压适用于直接连母线或发电机接线端的升压变压器，6.3、10.5 kV电压也适用于降压变压器。

2. 变压器二次绕组栏内的6.6、11 kV电压，适用于阻抗在7.5%及以上的降压变压器。

（二）变电站站址选择

变电站站址选择应根据下列要求综合考虑：

（1）接近负荷中心。应在地形图上将各用户按其负荷大小和所在位置用 $R=K\sqrt{P_{m}}$ 画圆来表示。这样在地形图上根据圆的大小和用户间的距离，对用电负荷密度有了一个整体概念。根据此图可将适用于作变电站的站址找出来，为实地选址做好室内准备工作，这就是图上选址。

（2）节约用地。土地是农业生产的基本资料，我国人多地少，因此节约用地是我们的国策。在设计中应贯彻少占地和不占好地的方针。凡是有荒地、劣地可以利用时，不得占用耕地，特别是菜地、果园等经济效益高的土地。

（3）进出线方便。变电站站址的选择，应便于各级电压线路的引进和引出，尽量避免不同电压等级线路出线的交叉跨越。出线走廊和占地应根据电力系统的规划，作出统一安排，并留有适当余地。

（4）所址应避开不良地质条件。变电站站址不应设在滑坡、溶洞、塌陷区以及有剧烈震动的场所，尽可能避开地势低洼和可能积水的场所。站址标高宜在 50 年一遇的洪水水位之上，无法避免时，站区应有可靠的防洪措施或与地区（工业企业）的防洪标准相一致，并应高于内涝水位。

（5）运输设备方便。变电站应设在交通方便的地方，以便于主变压器及其他主要设备的运输。

（6）变电站周围环境应无明显污秽。空气污秽时，站址宜设在受污染源影响最小处。

（7）变电站不应设在有爆炸危险的区域内。

（8）变电站的所址应尽可能接近电源侧。

（9）变电站不宜设在未稳定的排废物场内，且应有安全距离。

（10）变电站不宜设在初期塌陷区，当避开塌陷区有困难时，应采取注浆、充填等安全措施。

（11）主变电站与高噪声源间的距离，应按主控制室室内背景噪声级不大于 60 dB 进行控制。

（12）露天矿主变电站的生产建（构）筑物与标准铁路的距离，不得小于 40 m，当条件受到限制时，可适当减少。

上述这些要求与井口位置选择有许多相同之点。在工业场地上设置变电站，可综合考虑运输、通信、水、暖及压煤等问题。因此工业场地是设置变电站的理想位置，只有供给多矿井的变电站和地区中心变电站，受进出线的限制，才设在工业场地外。变电站站址的变动，必将影响矿区供电系统、送电线路的规格与布局，故所址的选择应与矿区变电站的数量、容量、用户的分配以及供电系统方案的选择同时进行。

（三）送电范围的划分

所谓送电范围，就是对每个变电站供电的用户大致划一个片，它决定于输电线路能输送的距离和负荷的大小。

输电线路的经济电流密度应根据各个时期的导线价格、电能成本及线路工程特点等因素分析决定。我国幅员辽阔，西部有丰富的水电资源，而东部则以火电为主，电网送电成本存在明显差异，因此各地区的经济电流密度亦应有所不同，但目前我国尚未制定出合适的数值，现仍将1956年水电部颁发的经济电流密度值列入表1-1-12。

表1-1-12 输电线路经济电流密度 A/mm²

最大负荷利用时间/(h·a⁻¹)		<3000（一班制）	3000~5000（二班制）	>5000（三班制）
架空线	裸铝绞线、钢芯铝绞线	1.65	1.15	0.90
	裸铜绞线	3.00	2.25	1.75

根据IEC287-3-2/1995《电力电缆截面的经济最佳化》标准规定的关于导体经济电流和经济截面选择的方法编制的6~10 kV交联聚乙烯绝缘电缆的经济电流范围见表1-1-13。

表1-1-13 6~10 kV交联聚乙烯绝缘电缆的经济电流范围 A

线芯材料	截面/mm²	低电价区（西北、西南）			中电价区（华北、华中、东北）			高电价区（华东、华南）		
		一班制	二班制	三班制	一班制	二班制	三班制	一班制	二班制	三班制
		T_{max} = 2000 h	T_{max} = 4000 h	T_{max} = 6000 h	T_{max} = 2000 h	T_{max} = 4000 h	T_{max} = 6000 h	T_{max} = 2000 h	T_{max} = 4000 h	T_{max} = 6000 h
铜芯	35	62~87	46~66	36~51	57~80	42~59	32~45	53~75	38~54	29~41
	50	87~123	66~93	51~72	80~113	59~83	45~64	75~105	54~76	41~58
	70	123~170	93~128	72~100	113~156	83~115	64~88	105~145	76~105	58~80
	95	170~222	128~167	100~130	156~204	115~150	88~115	145~190	105~137	80~104
	120	222~279	167~210	130~164	204~257	150~188	115~145	190~239	137~172	104~131
	150	279~347	210~261	164~203	257~319	188~234	145~180	239~297	172~214	131~163
	185	347~438	261~330	203~257	319~403	234~296	180~227	297~376	214~270	163~206
	240	438~558	330~421	257~328	403~514	296~377	227~290	376~478	270~344	206~262
	300	558	421	328	514	377	290	478	344	262
铝芯	35	28~40	22~30	17~24	27~38	20~29	16~23	24~34	18~25	14~20
	50	40~56	30~43	24~34	38~54	29~40	23~32	34~48	25~36	20~28
	70	56~78	43~59	34~47	54~74	40~56	32~44	48~67	36~50	28~39
	95	78~102	59~78	47~62	74~97	56~73	44~57	67~88	50~65	39~50
	120	102~128	78~98	62~77	97~122	73~92	57~72	88~110	65~81	50~63
	150	128~169	98~129	77~103	122~161	92~122	72~96	110~146	81~108	63~84
	185	169~190	129~145	103~115	161~181	122~137	96~107	146~164	108~121	84~94
	240	190~256	145~196	115~155	181~244	137~184	107~145	164~221	121~163	94~127
	300	256	196	155	244	184	145	221	163	127

注：1. 低电价区0.3~0.33元/kW·h，中电价区0.38~0.4元/kW·h，高电价区0.5~0.52元/kW·h。
2. T_{max}为最大负荷年利用时间，单位h。
3. 本表原始数据摘自国际铜业协会（中国）资料。

电缆的电压损失（表1-1-14至表1-1-16）。按各种条件计算的输电线路的容量及负荷矩见表1-1-17至表1-1-23。根据上述各表的输送容量和距离、矿区用电负荷

表 1－1－14　35 kV 交联聚乙烯绝缘电力电缆的电压损失

线芯材料	截面/mm²	电阻/(Ω·km⁻¹) θ=75 ℃	感抗/(Ω·km⁻¹)	埋地 25 ℃的允许负荷/(MV·A)	明敷 35 ℃的允许负荷/(MV·A)	电压损失/(%·MW⁻¹·km⁻¹)			电压损失/(%·kA⁻¹·km⁻¹)		
						cosφ			cosφ		
						0.8	0.85	0.9	0.8	0.85	0.9
铜	3×50	0.428	0.137	7.76	10.85	0.043	0.042	0.039	2.099	2.158	2.202
	3×70	0.305	0.128	9.64	13.88	0.033	0.031	0.029	1.589	1.163	1.638
	3×95	0.225	0.121	11.46	16.79	0.026	0.025	0.022	1.250	1.262	1.267
	3×120	0.178	0.116	12.97	19.52	0.022	0.020	0.018	1.049	1.049	1.044
	3×150	0.143	0.112	14.67	22.49	0.019	0.017	0.015	0.896	0.896	0.881
	3×185	0.116	0.109	16.49	25.70	0.016	0.015	0.013	0.782	0.772	0.752
	3×240	0.090	0.104	19.04	30.31	0.014	0.013	0.011	0.663	0.653	0.624
	3×300	0.072	0.103	21.40	34.98	0.012	0.011	0.009	0.593	0.571	0.544
	3×400	0.054	0.103	24.07	39.46	0.011	0.010	0.008	0.519	0.496	0.465
铝	3×50	0.702	0.137	6.06	8.24	0.066	0.064	0.062	3.188	3.312	3.423
	3×70	0.500	0.128	7.46	10.55	0.049	0.047	0.045	2.360	2.437	2.503
	3×95	0.370	0.121	8.85	12.79	0.038	0.036	0.034	1.824	1.875	1.909
	3×120	0.292	0.116	10.06	14.85	0.031	0.030	0.028	1.503	1.530	1.552
	3×150	0.234	0.112	11.40	17.16	0.026	0.025	0.023	1.258	1.277	1.286
	3×185	0.189	0.109	12.79	19.58	0.022	0.021	0.019	1.071	1.080	1.076
	3×240	0.146	0.104	14.73	23.03	0.018	0.017	0.015	0.888	0.885	0.873
	3×300	0.117	0.103	16.67	26.55	0.016	0.015	0.013	0.769	0.761	0.742
	3×400	0.088	0.103	19.03	29.94	0.014	0.012	0.011	0.654	0.639	0.614

表 1－1－15　10 kV 交联聚乙烯绝缘电力电缆的电压损失

线芯材料	截面/mm²	电阻/(Ω·km⁻¹) θ=80 ℃	感抗/(Ω·km⁻¹)	埋地 25 ℃的允许负荷/(MV·A)	明敷 35 ℃的允许负荷/(MV·A)	电压损失/(%·MW⁻¹·km⁻¹)			电压损失/(%·kA⁻¹·km⁻¹)		
						cosφ			cosφ		
						0.8	0.85	0.9	0.8	0.85	0.9
铜	16	1.359	0.133			1.459	1.441	1.423	0.020	0.021	0.022
	25	0.870	0.120	2.338	2.165	0.960	0.944	0.928	0.013	0.014	0.015
	35	0.622	0.113	2.771	2.737	0.707	0.692	0.677	0.010	0.010	0.011
	50	0.435	0.107	3.291	3.326	0.515	0.501	0.487	0.007	0.007	0.008
	70	0.310	0.101	3.984	4.070	0.386	0.373	0.359	0.005	0.006	0.006
	95	0.229	0.096	4.763	4.902	0.301	0.289	0.276	0.004	0.004	0.004
	120	0.181	0.095	5.369	5.733	0.252	0.240	0.227	0.004	0.004	0.004
	150	0.145	0.093	6.062	6.564	0.215	0.203	0.190	0.003	0.003	0.003
	185	0.118	0.090	6.842	7.482	0.186	0.174	0.162	0.003	0.003	0.003
	240	0.091	0.087	7.881	8.816	0.156	0.145	0.133	0.002	0.002	0.002
铝	16	2.230	0.133			2.330	2.312	2.294	0.032	0.034	0.036
	25	1.426	0.120	1.819	1.749	1.516	1.500	1.484	0.021	0.022	0.023
	35	1.019	0.113	2.165	2.078	1.104	1.089	1.074	0.015	0.016	0.017
	50	0.713	0.107	2.511	2.581	0.793	0.779	0.765	0.011	0.012	0.012
	70	0.510	0.101	3.118	3.152	0.586	0.573	0.559	0.008	0.008	0.009
	95	0.376	0.096	3.724	3.828	0.448	0.436	0.423	0.006	0.006	0.007
	120	0.297	0.095	4.244	4.486	0.368	0.356	0.343	0.005	0.005	0.005
	150	0.238	0.093	4.763	5.075	0.308	0.296	0.283	0.004	0.004	0.004
	185	0.192	0.090	5.369	5.906	0.260	0.248	0.236	0.004	0.004	0.004
	240	0.148	0.087	6.235	6.894	0.213	0.202	0.190	0.003	0.003	0.003

表1-1-16 6 kV 交联聚乙烯绝缘电力电缆的电压损失

线芯材料	截面/mm²	电阻/(Ω·km⁻¹) θ=80 ℃	感抗/(Ω·km⁻¹)	埋地25 ℃的允许负荷/(MV·A)	明敷35 ℃的允许负荷/(MV·A)	电压损失/(%·MW⁻¹·km⁻¹)			电压损失/(%·kA⁻¹·km⁻¹)		
						cosφ			cosφ		
						0.8	0.85	0.9	0.8	0.85	0.9
铜	16	1.359	0.124			4.033	3.988	3.942	0.034	0.035	0.037
	25	0.870	0.111	1.403	1.299	2.648	2.608	2.566	0.022	0.023	0.024
	35	0.622	0.105	1.663	1.642	1.947	1.909	1.869	0.016	0.017	0.018
	50	0.435	0.099	1.975	1.995	1.415	1.379	1.341	0.012	0.012	0.013
	70	0.310	0.093	2.390	2.442	1.055	1.021	0.986	0.009	0.009	0.009
	95	0.229	0.089	2.858	2.941	0.822	0.789	0.756	0.007	0.007	0.007
	120	0.181	0.087	3.222	3.440	0.684	0.653	0.620	0.006	0.006	0.006
	150	0.145	0.085	3.637	3.939	0.580	0.549	0.517	0.005	0.005	0.005
	185	0.118	0.082	4.105	4.489	0.499	0.469	0.438	0.004	0.004	0.004
	240	0.091	0.080	4.728	5.290	0.419	0.391	0.360	0.004	0.003	0.003
铝	16	2.230	0.124			6.453	6.408	6.361	0.954	0.057	0.060
	25	1.426	0.111	1.091	1.050	4.193	4.152	4.111	0.035	0.037	0.038
	35	1.019	0.105	1.299	1.247	3.049	3.011	2.972	0.025	0.027	0.028
	50	0.713	0.099	1.506	1.548	2.187	2.151	2.114	0.018	0.019	0.020
	70	0.510	0.093	1.871	1.891	1.611	1.577	1.542	0.013	0.014	0.014
	95	0.376	0.089	2.234	2.297	1.230	1.198	1.164	0.010	0.011	0.011
	120	0.297	0.087	2.546	2.692	1.006	0.975	0.942	0.008	0.009	0.009
	150	0.238	0.085	2.858	3.045	0.838	0.808	0.776	0.007	0.007	0.007
	185	0.192	0.082	3.222	3.544	0.704	0.674	0.644	0.006	0.006	0.006
	240	0.148	0.080	3.741	4.136	0.578	0.549	0.519	0.005	0.005	0.005

表1-1-17 线路输送容量及输送距离

额定电压/kV	输送功率/kW	输送距离/km
3	100~1000	1~3
6	100~1200	4~15
10	200~2000	6~20
35	2000~10000	20~50
60	3500~30000	30~100
110	10000~50000	50~150
220	100000~500000	200~300

表1-1-18 线路经济输送容量 MV·A

导线型号	电压					
	10 kV			35 kV		
	最大负荷利用时间/(h·a⁻¹)			最大负荷利用时间/(h·a⁻¹)		
	<3000 h	3000~5000 h	>5000 h	<3000 h	3000~5000 h	>5000 h
JL/G1A-35	1.0	0.7	0.5	3.5	2.4	1.9
JL/G1A-50	1.4	1.0	0.8	5.0	3.5	2.7
JL/G1A-70	2.0	1.4	1.1	7.0	4.9	3.8
JL/G1A-95	2.7	1.9	1.5	9.5	6.6	5.2

表1-1-18（续）　MV·A

导线型号	电压					
	10 kV			35 kV		
	最大负荷利用时间/(h·a⁻¹)			最大负荷利用时间/(h·a⁻¹)		
	＜3000 h	3000～5000 h	＞5000 h	＜3000 h	3000～5000 h	＞5000 h
JL/G1A-120	3.4	2.4	1.9	12.0	8.4	6.5
JL/G1A-150	4.3	3.0	2.3	15.0	10.5	8.2
JL/G1A-185	5.3	3.7	2.9	18.5	12.9	10.1
JL/G1A-240	6.9	4.8	3.7	24.0	16.7	13.1
	60 kV			110 kV		
JL/G1A-50	8.6	6.0	4.7			
JL/G1A-70	12.0	8.4	6.5	22.0	15.3	12.0
JL/G1A-95	16.3	11.4	8.9	29.9	20.8	16.3
JL/G1A-120	20.6	14.3	11.2	37.7	26.3	20.6
JL/G1A-150	25.7	17.9	14.0	47.2	32.9	25.7
JL/G1A-185	31.7	22.1	17.3	58.2	40.5	31.7
JL/G1A-240	41.2	28.7	22.4	75.4	52.6	41.2
JL/G1A-300	51.4	35.9	28.1	94.3	65.7	51.4
	154 kV			220 kV		
JL/G1A-120	52.8	36.8	28.8			
JL/G1A-150	66.0	46.0	36.0			
JL/G1A-185	81.4	56.7	44.4			
JL/G1A-240	105.6	73.6	57.6			
JL/G1A-300	132.0	92.0	72.0	188.6	131.5	102.9
JL/G1A-400	176.0	122.7	96.0	188.6	175.3	137.2
JL/G1A-500	220.1	153.4	120.0	314.4	219.1	171.5
JL/G1A-600	264.1	184.0	144.0	377.2	262.9	205.8

注：新国标钢芯铝绞线的型号为JL/G1A，原钢芯铝绞线的型号为LGJ。

表1-1-19　6 kV架空线路允许负荷及负荷矩（$\cos\varphi=0.9$）

导线型号	允许负荷		全线电压损失百分数（$\Delta U\%$）为下列数值时的负荷矩/(MW·km)									
	电流/A	功率/MW	1	2	3	4	5	6	7	8	9	10
JL-16	85	0.80	0.179	0.359	0.538	0.718	0.897	1.077	1.256	1.435	1.615	1.794
JL-25	109	1.02	0.272	0.544	0.816	1.087	1.359	1.631	1.903	2.175	2.447	2.719
JL-35	138	1.29	0.351	0.702	1.053	1.404	1.755	2.106	2.457	2.807	3.158	3.509
JL-50	174	1.63	0.470	0.940	1.411	1.881	2.351	2.821	3.291	3.761	4.232	4.702
JL-70	215	2.01	0.617	1.234	1.851	2.469	3.086	3.703	4.320	4.937	5.554	6.172
JL-95	247	2.31	0.753	1.506	2.259	3.013	3.766	4.519	5.272	6.025	6.778	7.531
JL-120	304	2.84	0.877	1.755	2.632	3.509	4.386	5.264	6.141	7.018	7.895	8.773
JL-150	356	3.33	0.988	1.976	2.964	3.953	4.941	5.929	6.917	7.905	8.893	9.882
JL-185	405	3.79	1.110	2.221	3.331	4.442	5.552	6.663	7.773	8.883	9.994	11.10
JL-240	494	4.62	1.271	2.542	3.813	5.084	6.355	7.626	8.897	10.17	11.44	12.71

表1-1-19（续）

导线型号	允许负荷		全线电压损失百分数（ΔU%）为下列数值时的负荷矩/(MW·km)									
	电流/A	功率/MW	1	2	3	4	5	6	7	8	9	10
JL/G1A-35	137	1.28	0.359	0.717	1.076	1.434	1.793	2.152	2.510	2.869	3.227	3.586
JL/G1A-50	178	1.66	0.467	0.934	1.402	1.869	2.336	2.803	3.270	3.738	4.205	4.672
JL/G1A-70	222	2.08	0.608	1.215	1.823	2.431	3.038	3.646	4.254	4.861	5.469	6.077
JL/G1A-95	272	2.54	0.764	1.528	2.292	3.057	3.821	4.585	5.349	6.113	6.877	7.641
JL/G1A-120	307	2.87	0.874	1.748	2.623	3.497	4.371	5.245	6.119	6.994	7.868	8.742
JL/G1A-150	360	3.37	1.022	2.044	3.066	4.088	5.110	6.132	7.154	8.176	9.198	10.22
JL/G1A-185	416	3.89	1.145	2.289	3.434	4.578	5.723	6.867	8.012	9.156	10.30	11.45
JL/G1A-240	494	4.62	1.323	2.647	3.970	5.293	6.616	7.940	9.263	10.59	11.91	13.23

注：1. 导线的允许电流按导体工作温度+70 ℃，室外环境温度+40 ℃。

2. 新国标铝绞线、钢芯铝绞线的型号分别为JL和JL/G1A，原铝绞线和钢芯铝绞线的型号分别为LJ和LGJ。

表1-1-20 10 kV架空线路允许负荷及负荷矩（$\cos\varphi=0.9$）

导线型号	允许负荷		全线电压损失百分数（ΔU%）为下列数值时的负荷矩/(MW·km)									
	电流/A	功率/MW	1	2	3	4	5	6	7	8	9	10
JL-16	85	1.33	0.498	0.997	1.495	1.994	2.492	2.990	3.489	3.987	4.486	4.984
JL-25	109	1.70	0.755	1.510	2.265	3.021	3.776	4.531	5.286	6.041	6.796	7.552
JL-35	138	2.15	0.975	1.950	2.924	3.899	4.874	5.849	6.824	7.799	8.773	9.748
JL-50	174	2.71	1.306	2.612	3.918	5.224	6.530	7.836	9.142	10.45	11.75	13.06
JL-70	215	3.35	1.714	3.429	5.143	6.857	8.572	10.29	12.00	13.71	15.43	17.14
JL-95	247	3.85	2.092	4.184	6.276	8.368	10.46	12.55	14.64	16.74	18.83	20.92
JL-120	304	4.74	2.437	4.874	7.311	9.747	12.18	14.62	17.06	19.49	21.93	24.37
JL-150	356	5.55	2.745	5.490	8.235	10.98	13.72	16.47	19.21	21.96	24.70	27.45
JL-185	405	6.31	3.085	6.169	9.254	12.34	15.42	18.51	21.59	24.68	27.76	30.85
JL-240	494	7.70	3.531	7.061	10.59	14.12	17.65	21.18	24.71	28.25	31.78	35.31
JL/G1A-35	137	2.14	0.996	1.992	2.988	3.984	4.981	5.977	6.973	7.969	8.965	9.961
JL/G1A-50	178	2.77	1.298	2.596	3.893	5.191	6.489	7.787	9.084	10.38	11.68	12.98
JL/G1A-70	222	3.46	1.688	3.376	5.064	6.752	8.440	10.13	11.82	13.50	15.19	16.88
JL/G1A-95	272	4.24	2.123	4.245	6.368	8.490	10.61	12.74	14.86	16.98	19.10	21.23
JL/G1A-120	307	4.79	2.428	4.857	7.285	9.713	12.14	14.57	17.00	19.43	21.85	24.28
JL/G1A-150	360	5.61	2.839	5.678	8.516	11.36	14.19	17.03	19.87	22.71	25.55	28.39
JL/G1A-185	416	6.48	3.179	6.358	9.538	12.72	15.90	19.08	22.25	25.43	28.61	31.79
JL/G1A-240	494	7.70	3.676	7.351	11.03	14.70	18.38	22.05	25.73	29.41	33.08	36.76

注：1. 导线的允许电流按导体工作温度+70 ℃，室外环境温度+40 ℃。

2. 新国标铝绞线、钢芯铝绞线的型号分别为JL和JL/G1A，原铝绞线和钢芯铝绞线的型号分别为LJ和LGJ。

表1-1-21　35 kV 架空线路允许负荷及负荷矩（$\cos\varphi=0.9$）

导线型号	允许负荷		全线电压损失百分数（ΔU%）为下列数值时的负荷矩/(MW·km)									
	电流/A	功率/MW	1	2	3	4	5	6	7	8	9	10
JL/G1A-35	137	7.47	11.9	23.8	35.7	47.5	59.4	71.3	83.2	95.1	107.0	118.9
JL/G1A-50	178	9.71	15.4	30.7	46.1	61.5	76.8	92.2	107.6	122.9	138.3	153.7
JL/G1A-70	222	12.11	19.8	39.6	59.4	79.1	98.9	118.7	138.5	158.3	178.1	197.9
JL/G1A-95	272	14.84	24.6	49.2	73.8	98.4	123.0	147.6	172.3	196.9	221.5	246.1
JL/G1A-120	307	16.75	27.9	55.9	83.8	111.7	139.7	167.6	195.6	223.5	251.4	279.4
JL/G1A-150	360	19.64	32.3	64.7	97.0	129.3	161.6	194.0	226.3	258.6	290.9	323.3
JL/G1A-185	416	22.70	35.9	71.8	107.7	143.6	179.5	215.4	251.3	287.2	323.1	359.0
JL/G1A-240	494	26.95	41.0	82.0	123.0	164.0	205.0	246.0	287.0	328.0	369.1	410.1
JL/G1A-300	566	30.88	44.8	89.7	134.5	179.3	224.2	269.0	313.8	358.7	403.5	448.3

注：1. 导线的允许电流按导体工作温度+70 ℃，室外环境温度+40 ℃。

2. 新国标钢芯铝绞线的型号为JL/G1A，原钢芯铝绞线的型号为LGJ。

表1-1-22　60 kV 架空线路允许负荷及负荷矩（$\cos\varphi=0.9$）

导线型号	允许负荷		全线电压损失百分数（ΔU%）为下列数值时的负荷矩/(MW·km)									
	电流/A	功率/MW	1	2	3	4	5	6	7	8	9	10
JL/G1A-35	137	12.81	34.6	69.3	103.9	138.5	173.2	207.8	242.5	277.1	311.7	346.4
JL/G1A-50	178	16.65	44.7	89.3	134.0	178.7	223.3	268.0	312.7	357.3	402.0	446.6
JL/G1A-70	222	20.76	57.3	114.7	172.0	229.3	286.7	344.0	401.4	458.7	516.0	573.4
JL/G1A-95	272	25.44	71.1	142.1	213.2	284.3	355.3	426.4	497.5	568.5	639.6	710.7
JL/G1A-120	307	28.71	80.5	161.0	241.5	322.0	402.4	482.9	563.4	643.9	724.4	804.9
JL/G1A-150	360	33.67	92.9	185.7	278.6	371.4	464.3	557.1	650.0	742.8	835.7	928.5
JL/G1A-185	416	38.91	102.9	205.7	308.6	411.4	514.3	617.2	720.0	822.9	925.7	1028.6
JL/G1A-240	494	46.20	117.1	234.1	351.2	468.3	585.4	702.4	819.5	936.6	1053.6	1170.7
JL/G1A-300	566	52.94	127.7	255.3	383.0	510.6	638.3	766.0	893.6	1021.3	1148.9	1276.6

注：1. 导线的允许电流按导体工作温度+70 ℃，室外环境温度+40 ℃。

2. 新国标钢芯铝绞线的型号为JL/G1A，原钢芯铝绞线的型号为LGJ。

表1-1-23　110 kV 架空线路允许负荷及负荷矩（$\cos\varphi=0.9$）

导线型号	允许负荷		全线电压损失百分数（ΔU%）为下列数值时的负荷矩/(MW·km)									
	电流/A	功率/MW	1	2	3	4	5	6	7	8	9	10
JL/G1A-35	137	23.49	116.0	232.0	348.1	464.1	580.1	696.1	812.1	928.1	1044	1160
JL/G1A-50	178	30.52	149.5	298.9	448.4	597.8	747.3	896.7	1046	1196	1345	1495
JL/G1A-70	222	38.07	191.6	383.2	574.9	766.5	958.1	1150	1341	1533	1725	1916
JL/G1A-95	272	46.64	237.2	474.4	711.5	948.7	1186	1423	1660	1897	2135	2372
JL/G1A-120	307	52.64	268.4	536.8	805.1	1074	1342	1610	1879	2147	2415	2684
JL/G1A-150	360	61.73	309.2	618.5	927.7	1237	1546	1855	2165	2474	2783	3092
JL/G1A-185	416	71.33	342.2	684.4	1027	1369	1711	2053	2395	2738	3080	3422
JL/G1A-240	494	84.71	388.9	777.9	1167	1556	1945	2334	2723	3112	3501	3889
JL/G1A-300	566	97.05	423.7	847.4	1271	1695	2118	2542	2966	3389	3813	4237

注：1. 导线的允许电流按导体工作温度+70 ℃，室外环境温度+40 ℃。

2. 新国标钢芯铝绞线的型号为JL/G1A，原钢芯铝绞线的型号为LGJ。

的大小及地点，确定可能设置变电站的位置和个数，合理划分变电站的用户和送电范围，计算各变电站的负荷和主变压器的容量。

（四）矿井用电负荷的分级

用电负荷的等级，是选择矿区供配电系统的主要依据之一。按照可靠性的要求，矿井用电负荷一般分为三级。

1. 一级负荷

一级负荷主要包括以下设备：

（1）主要通风机。

（2）井下主要排水泵、下山开采的采区排水泵。

（3）升降人员的立井提升机。

（4）瓦斯抽采泵（包括井下瓦斯抽采泵）。

（5）抗灾排水泵和防水闸门。

（6）向井下压风自救系统供电的地面空气压缩机。

（7）有备用机组的井下局部通风机。

2. 二级负荷

二级负荷主要包括以下设备：

（1）主井提升机、主井带式输送机。

（2）不属于一级负荷的副井提升机。

（3）不属于一级负荷的空气压缩机。

（4）配有备用泵的消防泵。

（5）无事故排出口的矿井污水泵。

（6）地面原煤生产系统。

（7）铁路装车系统。

（8）矿灯充电设备。

（9）单台蒸发量为 4 t/h 以上的锅炉。

（10）井筒保温及其供热设备。

（11）有热害矿井的制冷设备。

（12）综合机械化采煤及其运输成组设备。

（13）井底水窝水泵。

（14）井下无轨运输换装设备。

（15）主井装卸载设备、副井井口及井底操车设备。

（16）大巷带式输送机。

（17）井下主要电机车运输设备。

（18）井下运输信号系统。

（19）矿井信息系统的中心站电源。

（20）运煤索道的驱动机。

（21）设有应急照明和障碍照明场所的照明设施。

（22）黄泥灌浆、注氮设备。

（23）不属于一级负荷的井下局部通风机。

（24）避难硐室设施。

3. 三级负荷

凡不属于一、二级负荷的均属于三级负荷。

（五）供配电系统的形成

矿区供配电系统不仅与用电负荷的大小和等级有关，而且还受煤田地质赋存条件的影响，例如走向较长的带状煤田与矿井分布面广的大片煤田，矿区供配电系统是不相同的。对于一级负荷应由双重电源供电：当任一回路停止供电时，另一回路应能担负全部负荷。两回路电源线路上均不应分接任何负荷；对二级负荷宜由两回线路供电，且接于不同的母线段上；当条件不允许时，另一电源可引自其他配电点，当任一回电源线故障时，应能保证一、二级负荷用电或全部负荷用电；对二级负荷，可采用一回 10 kV(6 kV) 专用架空线路供电。对于三级负荷一般只设一回电源线,对几个较小的三级负荷,可共用一回电源线。

在设计供配电系统时，一般不考虑一回电源线路检修或故障时，另一回电源线路又发生故障的可能性。同一电压的配电级数，不宜多于二到三级。适用于一、二级负荷的供、配电系统有下列几种：

（1）双回路放射式系统。双回路应分别接于不同的独立电源，并可互为备用，当一回路故障时，另一回路可承担全部一、二类负荷或全部负荷。这种供电系统的优点是线路敷设简单，维护方便，供电可靠性高；缺点是设备需要量多，配电装置结构复杂，总投资大。

（2）有公共备用干线的放射式系统。该系统具有独立电源的公共备用干线，公共备用干线电源可靠时，亦可用于向一级负荷供电。这种供电系统投资较双回路放射式系统少，而可靠性亦较双回路系统略低。

上述两种供电系统如图 1－1－1 所示。

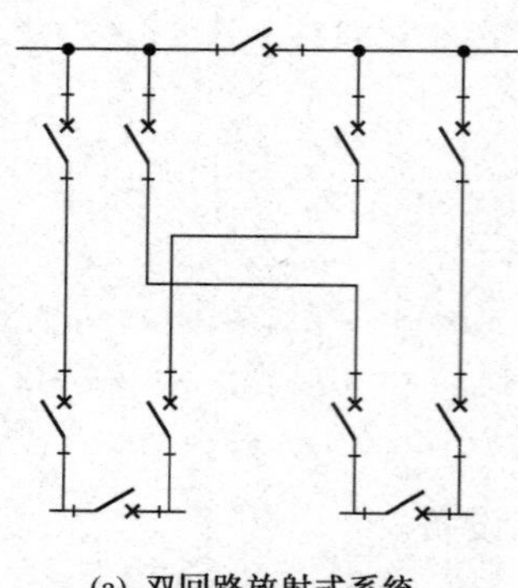

(a) 双回路放射式系统

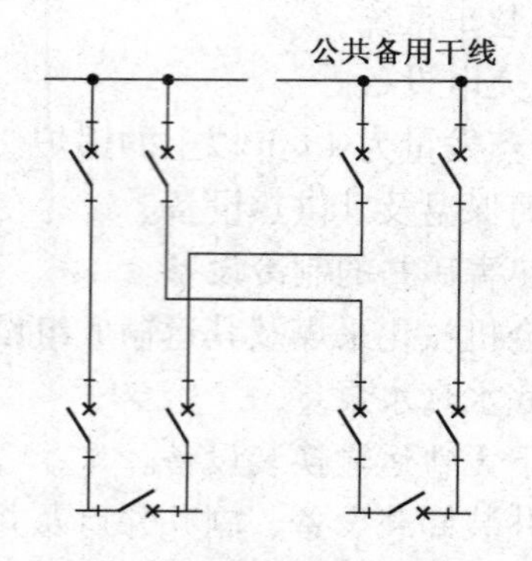

(b) 有公共备用干线的放射式系统
（公共备用干线的电源必须可靠）

图 1－1－1　适用于一级负荷的供电系统

适用于二级负荷的供电系统有单侧或双侧供电的双回路树干式、双侧供电单回路树干式系统和开环系统 4 种。这些系统的优点是节省线路，减少变配电所出现的回路数，简化配电系统，节省投资；其缺点是接点多，操作复杂，恢复供电时间较长。其供电系统如图 1－1－2 所示。

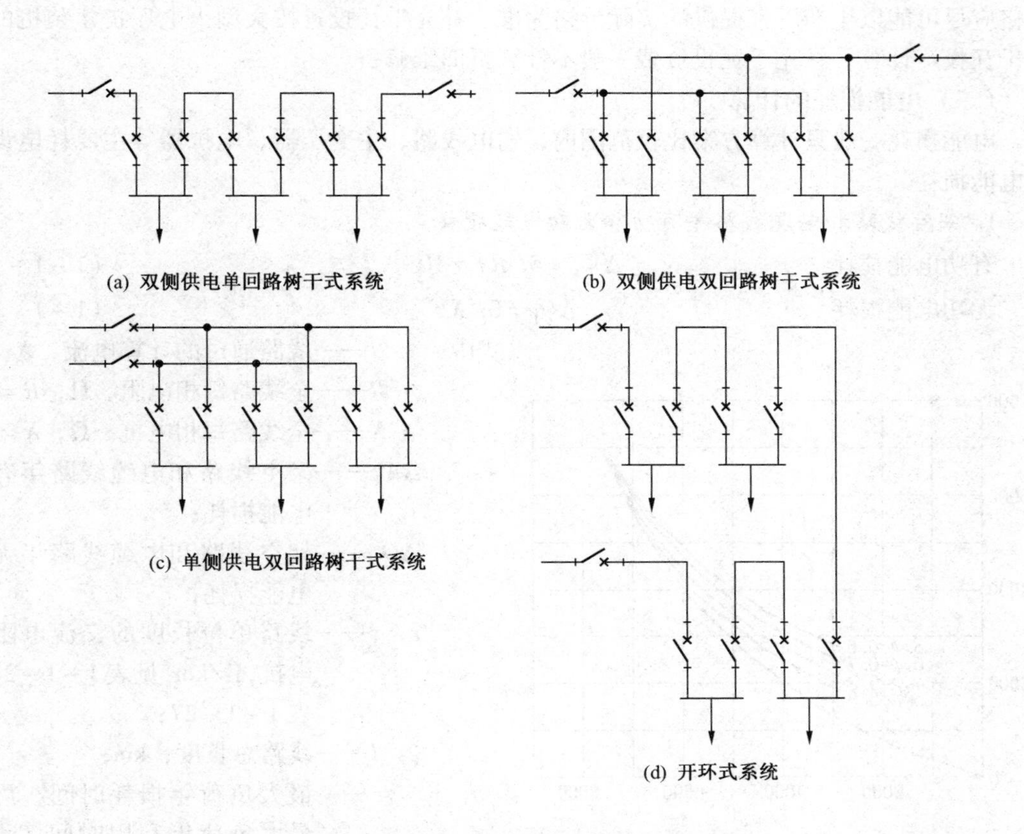

图 1-1-2 适用于二级负荷的供电系统

由于煤矿用电负荷有不同等级，而用电负荷的大小和相对位置又千变万化，一种供配电系统是很难满足要求的，因此矿区的实际供配电系统往往是混合的，只有这样才能发挥各种系统的特点。在确定矿区供配电系统时，必须根据矿区规划、地区电力系统和用电负荷的具体情况进行综合考虑，拟定几个变电站的位置，提出几个供电可靠、电压质量高、系统简单灵活、便于维护操作的接线系统，进行多方案比较，最后确定技术先进、经济合理的最优方案。

四、供电方案的技术经济比较

在设计过程中，为了确定合理的供配电方案，必须拟定几个方案，进行技术经济比较。技术比较主要从供电可靠性、供电质量、运行操作的灵活性、自动化程度、新技术采用情况以及维护与检修是否方便等方面进行比较。为了考核各方案在技术上是否满足要求，为经济计算提供必要的依据，在比较中不仅要从技术上对各方案的优缺点进行分析，还要进行必要的计算。

(一) 投资计算

为简化计算工作量，一般只计算各方案的不同部分的投资。投资计算的项目一般包括线路、变电站、电厂、无功补偿设备以及补充千瓦投资。在计算投资时，主要设备和材料价格应尽可能以生产厂家提供的实际价格为准。补充千瓦投资按大型火电厂扩建装机的单位千瓦投资计算。补充千瓦投资费一般不计算折旧维修费。

（二）电能损耗的计算

电能损耗一般只计算方案比较范围内，输电线路、主变压器、电抗器等主要耗电设备的电能损耗。

1. 架空线路和电缆线路年有功和无功电能损耗

有功电能损耗　$$\Delta W_L = 3I^2R\tau\times10^{-3} \quad (1-1-13)$$

无功电能损耗　$$\Delta Q_L = 3I^2X\tau \quad (1-1-14)$$

式中　I——线路通过的计算电流，A；

R——全线路每相电阻，Ω，$R=rl$；

X——全线路每相电抗，Ω，$X=xl$；

ΔW_L——架空线路和电缆线路年有功电能损耗；

ΔQ_L——架空线路和电缆线路年无功电能损耗；

r、x——线路单位长度的交流电阻和电抗，Ω/km，见表1-1-24～表1-1-27；

l——线路总长度，km；

τ——最大负荷年损耗时间，可按最大负荷年利用时间 T_{max} 及功率因数 $\cos\varphi$，从图1-1-3的曲线查得。

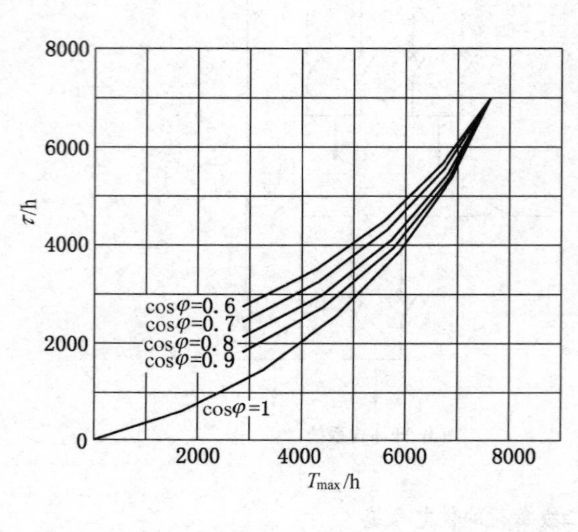

图1-1-3　T_{max} 与 τ 的关系曲线

表1-1-24　交联聚乙烯绝缘三芯电力电缆每千米阻抗

标称截面/mm²	t=90℃时线芯交流电阻/(Ω·km⁻¹)		电抗/(Ω·km⁻¹)		
	铝	铜	6 kV	10 kV	35 kV
16	2.301	1.404	0.124	0.133	0.148
25	1.473	0.898	0.111	0.120	0.141
35	1.052	0.642	0.105	0.113	0.133
50	0.736	0.449	0.099	0.107	0.125
70	0.526	0.321	0.093	0.101	0.123
95	0.388	0.236	0.089	0.096	0.119
120	0.307	0.187	0.087	0.095	0.110
150	0.245	0.150	0.085	0.093	0.109
185	0.199	0.121	0.082	0.090	0.105
240	0.153	0.094	0.080	0.087	0.095

表1-1-25 JL型裸铝导线的电阻和电抗

导线型号	直流电阻/(Ω·km⁻¹)	线间几何均距(m)及电抗/(Ω·km⁻¹)									
		0.6	0.8	1.0	1.25	1.5	2.0	2.5	3.0	3.5	4.0
JL-16	1.805	0.358	0.376	0.391	0.405	0.416	0.434	0.448	0.459	0.469	0.478
JL-25	1.129	0.344	0.362	0.376	0.390	0.401	0.419	0.433	0.445	0.454	0.463
JL-35	0.8333	0.334	0.352	0.366	0.380	0.392	0.410	0.424	0.435	0.445	0.453
JL-50	0.5787	0.323	0.341	0.355	0.369	0.380	0.398	0.412	0.424	0.433	0.442
JL-70	0.4019	0.311	0.329	0.343	0.357	0.369	0.387	0.401	0.412	0.422	0.430
JL-95	0.301	0.302	0.320	0.334	0.348	0.360	0.378	0.392	0.403	0.413	0.421
JL-120	0.2374	0.294	0.312	0.326	0.340	0.351	0.369	0.383	0.395	0.404	0.413
JL-150	0.1943	0.287	0.306	0.320	0.334	0.345	0.363	0.377	0.388	0.398	0.407
JL-185	0.1574	0.281	0.299	0.313	0.327	0.339	0.357	0.371	0.382	0.392	0.400
JL-210	0.1371	0.277	0.295	0.309	0.323	0.334	0.352	0.366	0.378	0.387	0.396
JL-240	0.1205	0.273	0.291	0.305	0.319	0.330	0.348	0.362	0.374	0.383	0.392
JL-300	0.0969	0.266	0.284	0.298	0.312	0.323	0.341	0.355	0.367	0.376	0.385

注：新国标铝绞线的型号为JL，原铝绞线型号为JL。

表1-1-26 JL/G1A型钢芯铝绞线的电阻和电抗

导线型号	直流电阻/(Ω·km⁻¹)	线间几何均距(m)及电抗/(Ω·km⁻¹)									
		1.0	1.25	1.5	2.0	2.5	3.0	3.5	4.0	4.5	5.0
JL/G1A-10	2.706	0.398	0.412	0.424	0.442	0.456	0.467	0.477	0.485	0.493	0.499
JL/G1A-16	1.779	0.385	0.399	0.411	0.429	0.443	0.454	0.464	0.472	0.480	0.486
JL/G1A-25	1.132	0.371	0.385	0.396	0.414	0.428	0.440	0.450	0.458	0.465	0.472
JL/G1A-35	0.823	0.361	0.375	0.386	0.405	0.419	0.430	0.440	0.448	0.455	0.462
JL/G1A-50	0.595	0.351	0.365	0.376	0.394	0.408	0.420	0.429	0.438	0.445	0.452
JL/G1A-70	0.422	0.340	0.354	0.365	0.384	0.398	0.409	0.419	0.427	0.434	0.441
JL/G1A-95	0.306	0.329	0.343	0.354	0.372	0.386	0.398	0.408	0.416	0.423	0.430
JL/G1A-120	0.250	0.322	0.336	0.348	0.366	0.380	0.391	0.401	0.409	0.417	0.423
JL/G1A-150	0.159	0.315	0.329	0.340	0.358	0.372	0.384	0.393	0.402	0.409	0.416
JL/G1A-185	0.136	0.308	0.322	0.334	0.352	0.366	0.377	0.387	0.395	0.403	0.409
JL/G1A-210	0.136	0.304	0.318	0.329	0.347	0.361	0.372	0.382	0.391	0.398	0.405
JL/G1A-240	0.118	0.300	0.314	0.325	0.343	0.357	0.369	0.379	0.387	0.394	0.401
JL/G1A-300	0.096	0.294	0.308	0.319	0.337	0.351	0.363	0.372	0.381	0.388	0.395
JL/G1A-400	0.074	0.287	0.301	0.312	0.330	0.344	0.356	0.365	0.374	0.381	0.388

注：新国标钢芯铝绞线的型号为JL/G1A，原钢芯铝绞线的型号为LGJ。

表1-1-27 TJ型裸铜导线电阻和电抗

导线型号	直流电阻/($\Omega \cdot km^{-1}$)	线间几何均距（m）及电抗/($\Omega \cdot km^{-1}$)									
		0.6	0.8	1.0	1.25	1.5	2.0	2.5	3.0	3.5	4.0
TJ-16	1.150	0.361	0.379	0.393	0.407	0.418	0.436	0.450	0.462	0.472	0.480
TJ-25	0.727	0.347	0.365	0.379	0.393	0.404	0.422	0.436	0.448	0.458	0.466
TJ-35	0.524	0.336	0.354	0.368	0.382	0.394	0.412	0.426	0.438	0.447	0.456
TJ-50	0.387	0.325	0.343	0.357	0.371	0.382	0.401	0.415	0.426	0.436	0.444
TJ-70	0.268	0.314	0.333	0.347	0.361	0.372	0.390	0.404	0.416	0.425	0.434
TJ-95	0.193	0.304	0.322	0.336	0.350	0.362	0.380	0.394	0.405	0.415	0.424
TJ-120	0.153	0.297	0.315	0.329	0.343	0.355	0.373	0.387	0.398	0.408	0.416
TJ-150	0.124	0.289	0.308	0.322	0.336	0.347	0.365	0.379	0.391	0.401	0.409
TJ-185	0.100	0.283	0.301	0.315	0.329	0.341	0.359	0.373	0.384	0.394	0.402
TJ-240	0.075	0.275	0.293	0.307	0.321	0.332	0.350	0.364	0.376	0.386	0.394
TJ-300	0.063	0.268	0.286	0.300	0.315	0.326	0.344	0.358	0.370	0.379	0.388
TJ-400	0.047	0.259	0.277	0.291	0.305	0.316	0.335	0.349	0.360	0.370	0.378

2. 变压器年有功和无功电能损耗

有功电能损耗
$$\Delta W_T = \Delta P_0 t + \Delta P_k \left(\frac{S_c}{S_N}\right)^2 \tau \qquad (1-1-15)$$

无功电能损耗
$$\Delta Q_T = \Delta Q_0 t + \Delta Q_k \left(\frac{S_c}{S_N}\right)^2 \tau \qquad (1-1-16)$$

式中 ΔW_T——电力变压器年有功电能损耗，kW·h；

ΔQ_T——变压器的年无功电能损耗，kW·h；

ΔP_0、ΔP_k——变压器空载及额定负载时有功功率损耗，kW，有关参数见第四章变压器部分；

ΔQ_0、ΔQ_k——变压器空载及额定负载时的无功损耗，kvar，其中 $\Delta Q_0 = \frac{I_0\% S_r}{100}$，$\Delta Q_k = \frac{U_k\% S_r}{100}$，$I_0\%$ 为变压器空载电流占额定电流的百分数，$U_k\%$ 为变压器阻抗电压占额定电压的百分数，有关参数见第四章变压器部分；

t——变压器年运行时间，一般取 8760 h；

S_N、S_c——变压器的额定容量及计算负荷，kV·A。

3. 电抗器年有功和无功电能损耗

有功电能损耗
$$\Delta W_D = 3\Delta P_k t \left(\frac{I}{I_N}\right)^2 \qquad (1-1-17)$$

无功电能损耗
$$\Delta Q_D = 3\Delta Q_k t \left(\frac{I}{I_N}\right)^2 \qquad (1-1-18)$$

式中 ΔW_D——电抗器年有功电能损耗，kW·h；

ΔP_k——电抗器在额定负荷时单相有功损耗，kW；

I、I_N——电抗器的计算电流和额定电流，A；

ΔQ_D——电抗器年无功电能损耗，kW·h；

ΔQ_k——电抗器在额定负荷时单相无功电能损耗，kvar。

4. 电能损耗合计

$$\sum W = \sum \Delta W_L + \sum \Delta W_T + \sum \Delta W_D + \sum \Delta Q_L + \sum \Delta Q_T + \sum \Delta Q_D \quad (1-1-19)$$

式中　$\sum W$——每一方案电能损耗的总和，kW · h。

（三）运行费的计算

年运行费包括各种设备的折旧费、维护费和电费等。

（1）折旧费用下式计算：

$$D_{zj} = I_d k_{gx} k_{zj} \quad (1-1-20)$$

式中　D_{zj}——折旧费；

I_d——固定资产投资（借款本金与施工期利息之和）；

k_{gx}——固定资产形成率，火电厂取0.95～0.99，送电线路取0.97，变电站取0.95；

k_{zj}——折旧率，可参考设计年度的国家规定。折旧年限一般按15年考虑。

（2）大修理费。发、送、变电大修理费用下式计算：

$$F_{d型} = I_d k_{gx} k_{fdx1} \quad (1-1-21)$$

式中　$F_{d型}$——大修理费；

I_d——固定资产投资（借款本金与施工期利息之和）；

k_{gx}——固定资产形成率，火电厂取0.95～0.99，送电线路取0.97，变电站取0.95；

k_{fdx1}——大修理率，可参考有关的国家规定，大修理费按2.5%计取。

（3）电费包括基本电费和年电能损耗费。基本电费按两部制电价的规定计算。电能损耗等于电能损耗乘电价，但电价的取用以当地的实际电价为准。

当各方案投资和年运行费用相差不大时，应优先采用下列情况的方案：

① 具有分期投资的可能性，尽量使国家投资得到充分合理的使用。

② 技术条件比较优越，自动化程度较高，运行和维护均较方便。

③ 施工方便，建设时间显著缩短。

④ 能适应远景发展的需要，初期方案能顺利地过渡到最终方案。

⑤ 具有较高电压，而变电站又深入负荷中心。

第二节　矿井用电负荷的计算及主变压器选择

负荷计算的目的是确定设计各阶段中选择和校验供配电系统及其各个元件所需的各项负荷数据，即计算负荷，它是指在某一段时间内的最大负荷的平均值，通常采用30 min的最大平均负荷，这里的30 min是按中小截面导体达到稳定温升的时间考虑的。它是确定供电系统、选择电气设备和导线的主要依据。

一、有功负荷的计算

煤矿用电负荷的计算，通常采用需用系数法，也就是把一台设备的额定功率乘以需用系数，算出有功的用电负荷，即

$$K_x = \frac{P}{\eta P_N} \tag{1-2-1}$$

式中 K_x——用电设备的需用系数；

P——用电设备的轴功率，kW；

η——电机在相应负荷率时，电动机的工作效率；

P_N——选用电机的额定功率，kW。

对于成套设备除需用系数外，还需乘设备之间的同时系数。表1-2-1是煤矿常用用电设备的需用系数。由于煤矿工作条件千变万化，一个固定的需用系数很难符合煤矿的各种情况，为使计算负荷符合实际，对占矿井用电负荷比较大的四大件、大功率带式输送机、井下采掘负荷等，有条件时应尽量采用计算的方法来确定需用系数，以减少计算误差。

表1-2-1 煤矿常用用电设备的需用系数及功率因数

序号	用电设备名称	功率因数	需用系数 K_x	备注
1	主、副井提升机			按输入功率及相应的功率因数计算
2	通风机			按输入功率及相应的功率因数计算
3	排水泵			按输入功率及相应的功率因数计算
4	空气压缩机			按输入功率及相应的功率因数计算
5	大功率带式输送机			按输入功率及相应的功率因数计算
6	生产系统用电设备	0.7	0.6~0.7	
7	储煤场用电设备	0.6	0.4	
8	主副井提升辅助设备	0.7	0.7	
9	通风机辅助设备	0.7	0.5	
10	空气压缩机辅助设备	0.8	0.75	
11	工业及生活泵站	0.75	0.75	消防水泵不计入
12	铁路装车站用电设备	0.7	0.65	
13	铁路调车站用电设备	0.7	0.65	
14	坑木场用电设备	0.65	0.35	
15	联合生活福利动力设备	0.7	0.6	
16	矿灯房	0.8	0.3	
17	机修厂	0.65	0.3	
18	锅炉房	0.75	0.6~0.7	
19	空气加热室	0.75	0.7	
20	架空索道	0.7	0.6	
21	泥浆泵	0.75	0.7	
22	排矸系统	0.75	0.65	
23	副井井口	0.6	0.5	
24	塌陷区排水	0.8	0.75	
25	污水泵站	0.75	0.7	
26	原煤处理系统	0.7	0.6	
27	煤样室	0.6	0.5	
28	化验室	0.8	0.5	
29	地面小负荷	0.8	0.5	
30	综采工作面	0.7	见备注	按式（1-2-3）计算
31	一般机采工作面	0.6~0.7	见备注	按式（1-2-4）计算

表 1-2-1（续）

序号	用电设备名称	功率因数	需用系数 K_x	备　注
32	非掘进机的掘进工作面	0.6	0.3~0.4	
33	掘进机的掘进工作面	0.6~0.7	见备注	按式（1-2-3）计算
34	架线电机车整流	0.8~0.9	0.45~0.65	
35	蓄电池电机车充电	0.8~0.85	0.8	
36	输送机	0.7	0.6~0.7	
37	井底车场（不包括主水泵）	0.7	0.6~0.7	

表 1-2-1 中的功率因数为设备电机的自然功率因数，如果采用变频器控制，正常运行后，该设备的功率因数可以保持在 0.9~0.95 之间，所以，在负荷统计时，应提高该设备的功率因数。

矿井计算总负荷应取矿井各用电设备的设备功率之和，但应剔除不同时使用的负荷，不同时使用的负荷一般包括以下内容：

（1）备用设备。

（2）专供消防使用的消防设备。

（3）地面生产系统专供检修用的电焊机和起吊设备。

（4）专供大型固定设备安装检修用的起吊设备。

（5）通风机电动风门绞车。

（6）井筒和带式输送机的检修绞车。

（7）取暖锅炉房和制冷设备应取其最大者计入总设备功率。

（8）电修车间检修试验设备。

编制矿井用电负荷表时，高低压变压器及线路损失的总和可按矿井总负荷的 5% 考虑。

每个回采工作面的电力负荷，可按下列公式计算：

$$S = K_x \frac{\sum P}{\cos\varphi} \tag{1-2-2}$$

综采、综掘工作面的需用系数可按下式计算：

$$K_x = 0.4 + 0.6 \frac{P_d}{\sum P_e} \tag{1-2-3}$$

一般机采工作面的需用系数可按下式计算：

$$K_x = 0.286 + 0.714 \frac{P_d}{\sum P_e} \tag{1-2-4}$$

式中　S——工作面电力负荷的视在功率，kV·A；

$\sum P_e$——工作面用电设备额定功率之和，kW；

$\cos\varphi$——工作面电力负荷的平均功率因数，见表 1-2-1；

K_x——需用系数；

P_d——最大一台电动机的功率，kW。

二、无功负荷的计算

矿井用电负荷的无功功率由用电设备的无功功率（主要是电动机）和输变电设备的无

功功率两部分组成。

（一）电动机的无功功率

感应电动机的无功功率由磁化无功功率和漏磁无功功率两部分组成。当外加电压和周波一定时，电机的磁化无功功率与负载无关，而漏磁的无功功率与负载平方成正比，与最大力矩的倍数成反比。电机的最大无功功率均出现在最大负荷时，而最高功率因数多出现于额定负载附近，负载变化时，功率因数也跟着变化。电机特性负载与功率因数变化关系见表1-2-2、表1-2-3。矿井设计中选用的大型电机，其功率因数都在0.83以上，负荷率一般都在0.75以上。而这些负荷变动较大的设备，短期内也有可能低于75%的负荷率，因此对四大件等大型设备，其所选功率因数应按额定的功率因数下降0.03~0.05来计算电机的无功功率。而个别负荷率较低的大型电机，可根据具体情况适当加大功率因数下降值。对成套的用电设备，其功率因数按规定应采取加权平均值进行计算，但实际上由于各设备负荷经常变化，再加上电机台数较多，计算加权平均值是比较困难的，在计算时可参考表1-2-1中的功率因数计算无功功率。

表1-2-2 负载与功率因数变化表（一）

负 载	功 率 因 数													
额定负载	0.92	0.91	0.90	0.89	0.88	0.87	0.86	0.85	0.84	0.83	0.82	0.81	0.80	0.79
3/4负载	0.90	0.89	0.88	0.87	0.85	0.84	0.83	0.82	0.81	0.80	0.77	0.76	0.75	0.74
1/2负载	0.85	0.83	0.82	0.80	0.78	0.77	0.75	0.74	0.71	0.70	0.67	0.66	0.65	0.63

表1-2-3 负载与功率因数变化表（二）

电机额定功率因数 $\cos\varphi_N$	各种负载功率因数下降时		
	满 载 时	3/4负载时	1/2负载时
0.83及以上时	0.00	0.02~0.03	0.07~0.13
0.83以下时	0.00	0.05	0.15~0.16

（二）输变电设备的无功功率

输电线路有电缆和架空线路两种。电缆线路短，感抗小，产生无功功率小。矿井中距工业场地较远的负荷有风井和住宅区，一般也只有几千米，即使用架空线送电，产生的无功功率也不多，故可忽略不计。

变压器的无功功率与变压器型号、容量及负荷率有关，有关参数详见第四章变压器部分。

当变压器无具体型号及负荷时，按计算负荷的10%估算，但用电负荷有的要经过两次或三次变压后才能使用，变压器的工作时间又远比电机大，其无功功率通常占矿井总无功功率的15%左右，是一个不可忽略的因数，应列入计算负荷中。

三、负荷计算中应注意的几个问题

煤矿的自然条件千变万化，工作状态也各有特点，要准确地确定需用系数、功率因数和同时系数是困难的。因此计算负荷与实际负荷有一定的出入是常见的现象，但要避免很大的出入。近几年通过对煤矿的调查发现，设计计算的用电负荷与实际负荷有较大出入，实际最大用电负荷多数都比设计值低，吨煤电耗则有高有低。其原因除工作制度和自然条件变化外，在设计主观上也存在着偏大倾向，现分述如下。

（一）某些设备的需用系数选得偏大

根据生产实际的用电负荷与设计负荷进行比较发现，有些负荷偏大，例如某矿井主井及风井的通风机各选用了两台 470 kW 电机，负荷计算中需用系数按 0.8 进行计算，而工艺计算的轴功率分别为 257 kW 和 290 kW，仅占负荷计算的 73%。又如某矿井正常涌水量为 60 m^3/h，另加注浆水 30 m^3/h，选用了 350 kW 的排水泵，其工况点 $Q=100\ m^3/h$，$H=546\ m$，$\eta=0.64$。按两台同时工作计算用电负荷，每台泵的排水时间为 3900 h，需用系数为 0.7。表面上负荷计算与工艺要求没有太大出入，但实际上采用两台水泵工作，水泵可以工作在用电负荷的低峰阶段，不仅不会增加最大负荷，相反由于避开了尖峰负荷，有可能降低最大负荷。这种负荷不合理的情况，不仅在排水、通风运行中有，在提升、压风和井下采、掘、运作业中都有，是一个较普遍的情况。当然也有计算偏小的，但偏大的多，出现这种情况多数是由于下列原因造成的：

（1）不是按设计达产的条件来计算最大负荷，而是按工艺最坏和负荷最大的条件来计算的。

（2）不是按工艺实际需要的轴功率和运行时间来计算负荷和耗电量，而是按选用的电机容量和矿井工作制度来计算负荷和耗电量。

（3）在计算最大负荷和耗电量时，未除去各种不应有的系数，如备用系数、裕度系数、可靠系数、休止时间等。

所有这些因素从选用设备的观点来看都是应该考虑的，但在计算负荷时如果整个矿井都按最大、最坏、最远、最可靠的条件来计算用电负荷和耗电量，必然使计算结果偏大，这在今后的计算中应特别引起注意。

在设计中，针对以上问题，在负荷统计时，对通风机、排水泵、提升机、空压机、主要带式输送机等主要设备的负荷，统计时应按轴功率考虑，对井下采掘面的负荷统计，应参考类似已生产矿井。

（二）要注意合理地选用同时系数

在初步设计的负荷计算中，除了对每一个具体用电设备或某一部分用电设备需乘以需用系数外，在计算全矿井负荷时仍应乘以同时系数。这个系数一般按矿井大小和地点来确定，但实际上这个系数不仅与矿井大小和地点有关，而且与负荷大小、管理水平和负荷种类所占比重有很大关系。井下排水泵一般选择在低峰负荷时开动，因此它是一个比较灵活的可调性负荷。当井下排水负荷所占比重不大时，不会增加矿井的最大负荷，相反当井下排水负荷很大时，其他负荷所占比例不大，矿井的最大负荷决定于排水量。因此在选择同时系数时应特别注意，一般情况下同时系数偏大。

（三）工作制度对用电负荷的影响

新设计的矿井工作制度为 330 天工作、三班生产、16 h 提升，但实际上矿井大都工作 350 天至 360 天，三班生产，提升时间则根据提升能力和产量大小确定，有些提升紧张的矿井，除检修和交接班时间外，几乎都在运转。工作小时的增加意味着矿井小时生产能力的下降，它促使矿井最大负荷变小，最大负荷工作小时增加。新设计的矿井，最大负荷年工作小时一般为 5000 h 及以上。而有电力调度的生产矿井，最大负荷的工作小时多为 6000 h 左右，有的甚至更多。当矿井吨煤电耗相同时，相当于生产矿井的用电负荷下降了 1/3 左右。从调查中发现，矿井的吨煤电耗设计与实际生产的出入不大，但设计的用电负荷多数偏大，应引起足够重视，以免造成不必要的浪费和积压。

四、无功功率补偿

煤炭企业主要的生产工艺过程为采掘和运输（提升），辅助系统为通风和排水，90%的动力设备为旋转电机，而且以交流电机为主。煤炭企业具有单机容量较大、独立分布和一些设备起动频繁等特点，由此造成了系统供电质量偏低，稳定性很差等诸多问题。煤炭系统多年来一直采用静态无功补偿装置，且基本上都在主变电站低压 10 kV 补偿，一般一个 110 kV（35 kV）变电站的 10 kV 补偿容量为 2000 ~ 15000 kvar 不等，单独分组的电容器容量一般在 3000 kvar 以下，如果一段母线上补偿容量较大，则采取分组的方式。

前几年，由于井下大采高工作面的引进，井下负荷增加较快，再加上矿井的工作制为三班生产，一班检修，各班的负荷不同，在检修班时负荷最小，采用静态电容补偿难以满足负荷变化的要求，可能会向电网反送无功，这将受到电力系统的处罚，为此煤炭系统无功补偿大部分采用分组投切电容器的补偿方式。

近几年，由于矿井的开采条件逐渐恶化，大型立井不断出现，特别是提升系统大多采用塔式（落地式）多绳摩擦轮提升机，电控装置采用晶闸管变流器供电的全数字矿井多绳提升机交 - 交变频电控系统。由于采用大功率晶闸管交 - 交变频装置将产生较严重的谐波电流，恶化电网供电质量，在提升机频繁起停运行中，电压的畸变和谐波的超标，将对其他用电设备的正常工作带来威胁。理论上除将产生 11、13、17 等次特征谐波外，还会在每个特征谐波两侧伴生边频谐波。经初步的理论计算发现，提升机在等速段运行时，10 kV 系统谐波电压畸变率已高达 4. 6% ~6. 1%，在提升机加速段运行时电压畸变率将会更大，电压波形和电流波形严重畸变，严重影响系统中其他设备的正常运行，所以在拥有大型提升机（采用交 - 交变频装置）的矿井均采用动态无功补偿装置。

由于节能设计的要求，现在矿井的提升机、带式输送机、通风机等大型设备均采用大功率交 - 直 - 交驱动装置，再加上其他高低压变频器的大量使用，矿井 10 kV 母线上的谐波水平进一步恶化，由此必须在 10 kV 母线上加装滤波器治理谐波。所以新设计的大部分矿井均采用动态无功补偿及滤波装置。

矿井用电负荷的功率因数(包括主变压器在内),在变电站一次母线上宜达到 0. 95 以上,而矿井的自然功率因数均达不到这一要求。其补偿的方法除了在设计中合理选择电动机和变压器容量,减少无功功率的损耗外,还采用静电电容器和同步电动机进行补偿。这是大部分老矿井和一部分小型新矿井采用的补偿方式,现在的大型矿井均采用动态无功补偿装置。

（一）静态无功补偿

1. 静电电容器补偿

使用静电电容器具有投资省、有功功率损耗小，运行维护方便及事故范围小等优点，因此在煤矿企业中广泛使用。静电电容器一般集中安装在消耗无功功率大的地方。煤矿企业的高压电容器一般集中装设在地面主变电站的 6 ~ 10 kV 母线上；低压电容器则一般装设在地面 10 kV(6 kV）变电所的低压侧，由于低压负荷比较分散，为减少配电设备容量及线路截面，降低电能损耗，电容器也大部分分散在各车间；以前井下一般不设电容器，现由于井下综采工作面负荷大，距离远，供电质量低的现象越来越严重，所以，现在在井下综采工作面也考虑一部分电容器补偿。静电电容器的补偿容量按下式计算：

$$Q_D = P_D(\tan\varphi_1 - \tan\varphi_2) \tag{1-2-5}$$

式中 Q_D——静电电容器补偿容量，kvar；

$\tan\varphi_1$、$\tan\varphi_2$——补偿前后与功率因数角相应的正切值；

P_D——全矿井最大有功功率，kW。

2. 电容器自动投切

静电电容器补偿不能适应用电设备的功率因数或无功补偿经常变化的情况，也容易出现过补的问题，电容器自动投切的方式能克服上述缺点。这种方法是将电容器分成若干组，根据用电设备的功率因数或无功功率的变化情况，将各电容器组逐步投入或切除，从而使补偿后的功率因数达到系统要求。考虑到投切设备的动作不能太频繁和补偿的稳定性，通常电容器的分组数在4～12之间，且高压电容器每组的容量不能高于1000 kvar。电容器自动投切的方式多用在低压电网的就地无功补偿中，在小型矿井和风井场地的高压补偿也有应用。

电容器组的投切可用接触器，也可用晶闸管无触点开关。用接触器投切电容器组时，由于无法精确控制接触器投切的瞬间，因而投切时有电流冲击，最好选用电容器专用的接触器。若采用普通的接触器时，应降额使用。用晶闸管无触点开关投切电容器组时，为了不产生投切时的电流冲击，应控制在电网电压的瞬时值为零时投切电容器组。

电容器组的投切通常按功率因数或无功功率为目标来控制。

（二）同步电动机补偿

煤矿企业中有些用电负荷可采用同步电动机驱动，当经过技术经济比较后，认为采用同步电动机比较合理或相差不大时，应尽可能采用同步电动机，其补偿能力为同步电动机输出的无功功率，即

$$Q_D = S_N q \tag{1-2-6}$$

式中 S_N——同步电动机的额定容量，kV·A；

q——同步电动机的补偿能力，它与电动机的负荷率β、励磁电流I_D与额定励磁电流I_{DN}的比值、额定功率因数$\cos\varphi_N$有关，如图1-2-1所示。

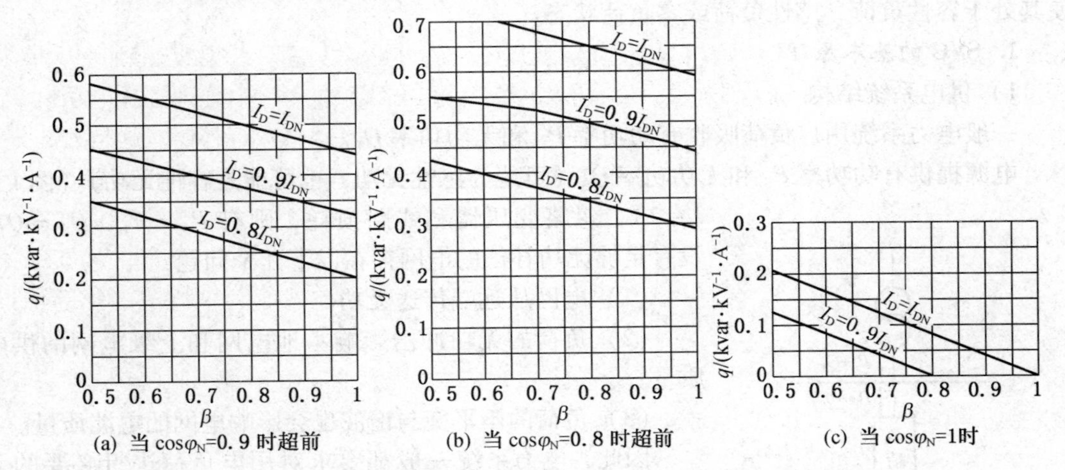

图1-2-1 同步电动机的补偿能力q与负荷率β、励磁电流I_D与额定电流I_{DN}的比值及额定功率因数$\cos\varphi_N$的关系

（三）动态无功补偿装置

动态无功补偿装置的基本作用是连续而迅速地控制无功功率，即以快速的响应，通过发出或吸收无功功率来控制它所连接的输电系统的节点电压。动态补偿装置由于其价格较低、维护简单、工作可靠，目前在国内仍是主流的无功补偿装置。

动态补偿装置先后出现过不少类型，目前来看，有发展前途的主要有3种：直流助磁饱和电抗器型（基于磁控电抗器MCR的SVC），可控硅控制电抗器型（基于相控电抗器TCR的SVC）和静止无功发生器（SVG）。

TCR型和MCR型SVC采用电力电子技术跟踪电网无功波动及谐波状况，在线实时自动控制补偿量，其作用在于保持系统电压稳定，减少电压闪变；吸收动态无功功率，减小损耗；提高功率因数；吸收高次谐波，减少谐波公害；补偿三相负荷的不平衡特性；提高供电系统的动态和静态稳定性。但TCR型SVC自身产生谐波，占地面积大，维护工作量大；MCR型SVC，维护较简单，运行可靠，过载能力强，降低闪变效果好，但其响应速度较慢，磁控电抗器噪声大，原材料消耗大。

与以上两种SVC相比，SVG有以下优势：SVC进行双向补偿时，需同等容量的电容和电感，而SVG可以实现双向调节，显然要省得多；SVG容量除了电压太低时与电压呈比例下降，且有短时过载能力，在满足同样无功的要求下，SVG的容量可比SVC小15% ~ 20%；SVC输出感性无功时，用晶闸管控制电感时会产生高次谐波，SVG一般采用多重逆变器方式，基本上没有谐波“污染”；SVG占地小；SVG通过与系统进行无功功率交换，以维持电压稳定，因而是抑制系统无功与电压波动、提高系统稳定性，特别是电压稳定性的有力工具，是无功补偿装置的发展方向，下面着重介绍SVG的原理及应用。

静止无功发生器（SVG）也被称为静止同步补偿器（STATCOM）或静止调相机（STATCON），是在20世纪80年代出现的更为先进的静止无功补偿装置。装置中6个可关断晶闸管（GTO）分别与6个二极管反向并联，适当控制GTO的通断，可以把电容器C上的直流电压转变成为与电力系统电压同步的三相交流电压，装置的交流侧通过电抗器或变压器并联接入系统。适当控制逆变器的输出电压就可以灵活地改变SVG的运行工况，使其处于容性负荷、感性负荷或零负荷状态。

1. SVG的基本原理

1）供电系统结构

一般电力系统用户负荷吸收有功功率 P_L 和无功功率 Q_L。

电源提供有功功率 P_S 和无功功率 Q_S（可能为感性无功，也可能是容性无功）（图1-2-2），忽略变压器和线路损耗，则有 $P_S = P_L$，$Q_S = Q_L$。

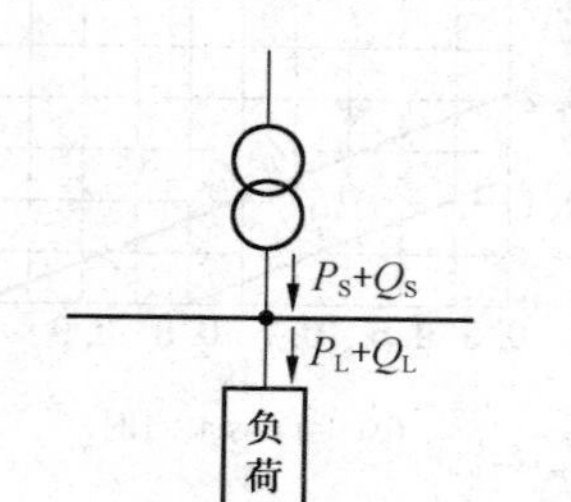

图1-2-2　简单的负荷连接

没有足够无功补偿的电网存在以下几个问题：

（1）电网从远端传送无功。

（2）负荷的无功冲击影响本地电网和上级电网的供电质量。

（3）负荷的不平衡与谐波也会影响电网的电能质量。

因此，电力系统一般都要求对用电负荷进行必要的无功不平衡与谐波补偿，以提高电力系统的带载能力，净化电网，改善电网电能质量。

2）SVG 的工作原理

SVG 采用 GTO 构成的自换相变流器，它把逆变器电路看成是一个产生基波和谐波电压的交流电压源，控制补偿器基波电压大小与相位可改变基波无功电流的大小与相位。当逆变器基波电压比交流电源电压高时，逆变器就会产生一个超前（容性）无功电流。反之，当逆变器基波电压比交流电源电压低时，则会产生一个滞后（感性）无功电流。因此它能与系统进行无功功率的交换，故称其为“无功发生器”。

SVG 分为电压型桥式电路和电流型桥式电路两种类型，分别采用电容和电感两种不同的储能元件。对电压型桥式电路，需要串联连接电抗器才能并入电网；对电流型桥式电路，需要在交流侧并联吸收换相过电压的电容器。实际上，由于运行效率的原因，迄今投入使用的 SVG 大都采用电压型桥式电路，因此目前 SVG 往往专指采用自换相的电压型桥式电路作动态无功补偿的装置，在以下的内容中，只介绍采用自换相电压型桥式电路的 SVG。电压型桥式 SVG 电路的基本结构如图 1-2-3 所示。

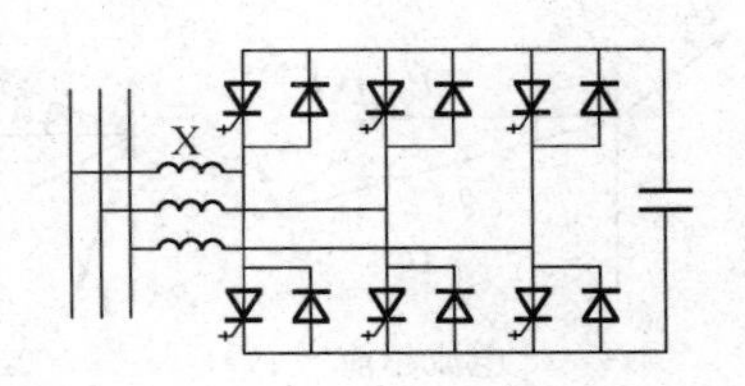

图 1-2-3　采用电压型桥式 SVG 电路的基本结构

SVG 正常工作时就是通过电力电子开关的通断将直流侧电压转换成交流侧与电网同频率的输出电压，就像一个电压型逆变器，只通过其交流侧输出接的不是无源负载，而是电网。因此，当仅考虑基波时 SVG 可以等效地被视为幅值和相位均可控的与电网同频率的交流电压源。它通过交流电抗器连接到电网上。SVG 的工作原理可用图 1-2-4 所示的等效电路来说明。设电网电压和 SVG 输出交流电压分别用相量 $\dot{U}_S$ 和 $\dot{U}_I$ 表示，则连接电抗 X 上的电压 $\dot{U}_L$ 即为 $\dot{U}_S$ 和 $\dot{U}_I$ 的相量差，而连接电抗的电流是可以由其电压来控制的。这个电流就是 SVG 从电网吸收的电流 $\dot{I}$。因此，改变 SVG 交流侧输出电压 $\dot{U}_I$ 的幅值及其相对于 $\dot{U}_S$ 的相位，就可以改变连接电抗上的电压，从而控制 SVG 从电网吸收电流的相位和幅值，也就控制了 SVG 吸收无功功率的性质和大小。

在图 1-2-4a 的等效电路中，将连接电抗器视为纯电感，没有考虑其损耗以及变流器的损耗，因此不必从电网吸收有功能量。在这种情况下，只需使 $\dot{U}_I$ 与 $\dot{U}_S$ 同相，仅改变 $\dot{U}_I$ 的幅值大小即可以控制 SVG 从电网吸收的电流 $\dot{I}$ 是超前还是滞后 90°，并且能控制该电流的大小。如图 1-2-4b 所示，当 $\dot{U}_I$ 大于 $\dot{U}_S$ 时，电流超前电压 90°，SVG 吸收容性的无功功率；当 $\dot{U}_I$ 小于 $\dot{U}_S$ 时，电流滞后电压 90°，SVG 吸收感性的无功功率。

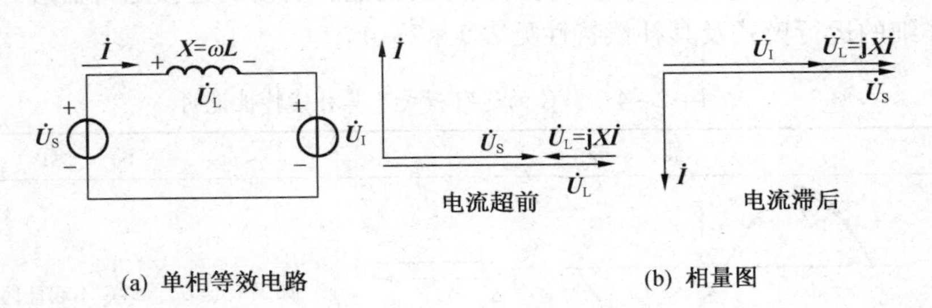

图 1-2-4　SVG 等效电路及工作原理（不考虑损耗）

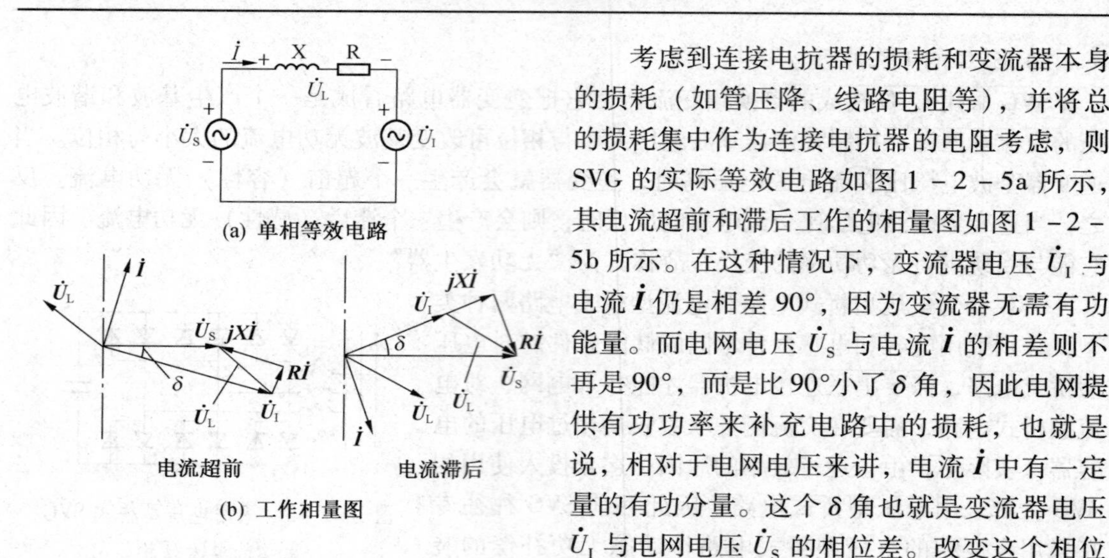

图 1－2－5 SVG 等效电路及工作原理（计及损耗）

考虑到连接电抗器的损耗和变流器本身的损耗（如管压降、线路电阻等），并将总的损耗集中作为连接电抗器的电阻考虑，则 SVG 的实际等效电路如图 1－2－5a 所示，其电流超前和滞后工作的相量图如图 1－2－5b 所示。在这种情况下，变流器电压 $\dot{U}_I$ 与电流 $\dot{I}$ 仍是相差 90°，因为变流器无需有功能量。而电网电压 $\dot{U}_S$ 与电流 $\dot{I}$ 的相差则不再是 90°，而是比 90°小了 δ 角，因此电网提供有功功率来补充电路中的损耗，也就是说，相对于电网电压来讲，电流 $\dot{I}$ 中有一定量的有功分量。这个 δ 角也就是变流器电压 $\dot{U}_I$ 与电网电压 $\dot{U}_S$ 的相位差。改变这个相位差，并且改变 $\dot{U}_I$ 的幅值，则产生的电流 $\dot{I}$ 的相位和大小也就随之改变，SVG 从电网吸收的无功功率也就因此得到调节。

根据以上对工作原理的分析，可得 SVG 的电压－电流特性如图 1－2－6 所示。改变控制系统的参数（电网电压的参考值 U_{ref}）可以使得到的电压－电流特性上下移动。当电网电压下降，补偿器的电压－电流特性向下调时，SVG 可以调整其变流器交流侧电压的幅值和相位，以使其所能提供的最大无功电流 I_{Lmax} 和 I_{Cmax} 维持不变，仅受其电力电子器件的电流容量限制。SVG 的运行范围是上下等宽的近似矩形的区域。

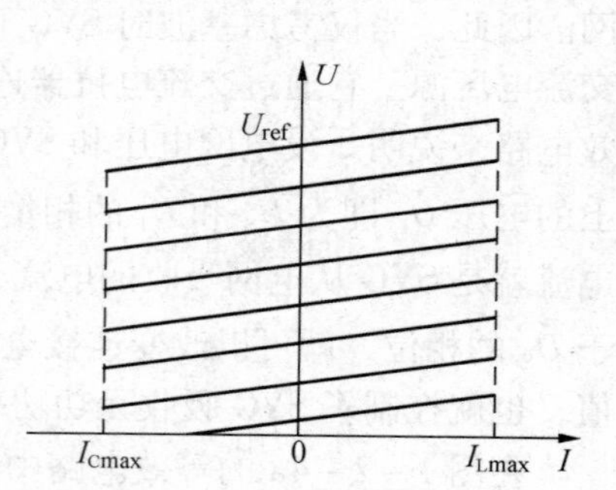

图 1－2－6 SVG 的电压－电流特性

至于在传统 SVC 中令人头痛的谐波问题，在 SVG 中则完全可以采用桥式变流电路的多重化技术或 PWM 技术来进行处理，以消除次数较低的谐波并使较高次数的谐波电流减小到可以接受的程度。

还应指出，SVG 中连接电抗器的作用一是滤除电流中的高次谐波，二是起到将变流器和电网连接起来的作用，所需的电感值不大。如果使用降压变压器将 SVG 连入电网，则还可利用变压器漏抗，所需的连接电抗器进一步减小。

SVG 详细的运行模式及其补偿特性见表 1－2－4。

表 1－2－4 SVG 的运行模式及其补偿特性说明

运行模式	波　形	说　明
空载	U_I　U_S　U_S　U_I (a) U_I=U_S	如果 $U_I = U_S$，SVG 不起任何补偿作用

表 1-2-4（续）

运行模式	波　形	说　明
感性	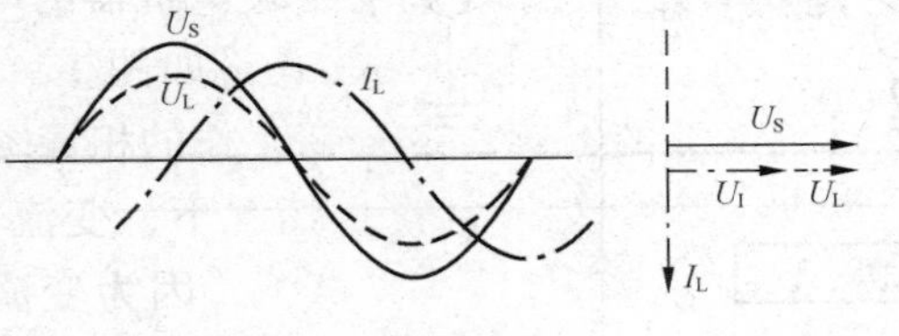 (b) $U_I<U_S$	如果 $U_I<U_S$，SVG 输出的无功电流滞后电网电压，SVG 发出感性无功，且其无功可连续调节
容性	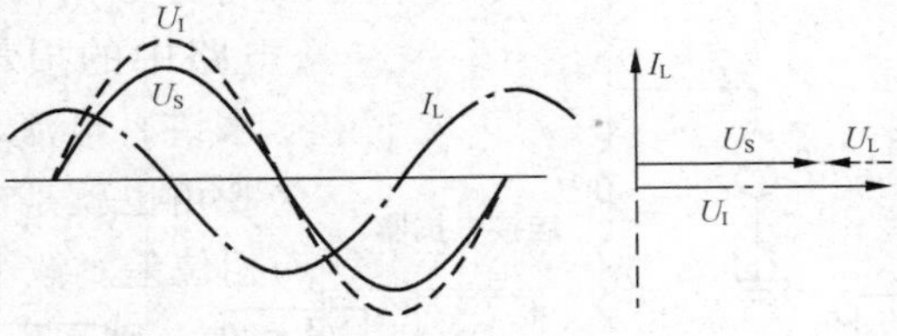 (c) $U_I>U_S$	如果 $U_I<U_S$，SVG 输出的无功电流超前电网电压，SVG 发出容性无功，且其无功可连续调节

采用直接电流控制的有源滤波型中 SVG 的工作原理如图 1-2-7 所示。从图中可以得出式(1-2-7)，即电源电流 $\dot{I}_S$ 是负载电流 $\dot{I}_L$ 和补偿电流 $\dot{I}_C$ 的相量和。假设负载电流 $\dot{I}_L$ 中含有基波正序电流（包括基波正序无功电流 $\dot{I}_{Lfq+}$ 和基波正序有功电流 $\dot{I}_{LfP+}$）、基波负序电流 $\dot{I}_{Lf-}$ 和谐波电流 $\dot{I}_{Lh}$，具体关系见式（1-2-8）。

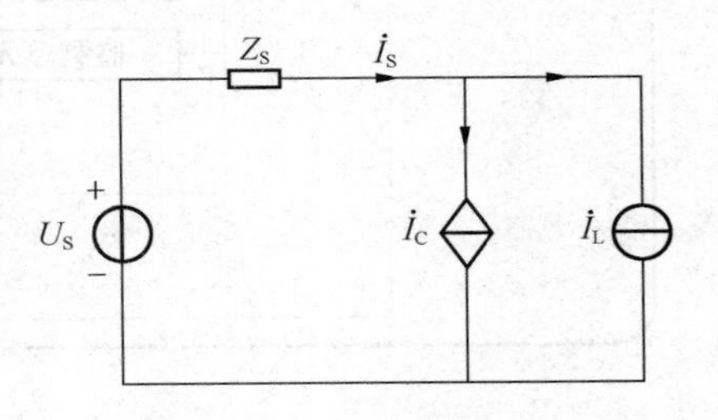

图 1-2-7　采用直接电流控制的静止无功发生器的工作原理

$$\dot{I}_S=\dot{I}_L+\dot{I}_C \qquad (1-2-7)$$

$$\dot{I}_L=\dot{I}_{Lfp+}+\dot{I}_{Lfq+}+\dot{I}_{Lf-}+\dot{I}_{Lh} \qquad (1-2-8)$$

为使电源电流 $\dot{I}_S$ 中不含有基波正序无功和基波负序电流，则需要控制 SVG 输出电流 $\dot{I}_C$ 满足式（1-2-9）。这样电源电流中就只含有基波正序有功和谐波电流，见式（1-2-10）。

$$\dot{I}_C=-(\dot{I}_{Lfq+}+\dot{I}_{Lf-}) \qquad (1-2-9)$$

$$\dot{I}_S=\dot{I}_{Lfp+}+\dot{I}_{Lh} \qquad (1-2-10)$$

因此，要想达到补偿目的，关键是控制 SVG 输出电流 $\dot{I}_C$ 满足式（1-2-9）。

从 SVG 工作原理的描述可以看出，如果要使 SVG 在补偿无功的基础上还对负载谐波进行抑制，只需要使 SVG 输出相应的谐波电流即可。因此，从这个意义上说，SVG 能够同时实现补偿无功电流和谐波电流的双重目标。

2. SVG 的系统组成

SVG 的系统由连接电抗器、逆变桥、控制单元、综合保护单元、监测单元等组成（图 1-2-8）。

3. SVG 的控制系统

SVG 补偿装置采用新型低损耗功率器件 IGBT，采用先进的链式拓扑结构和多电平

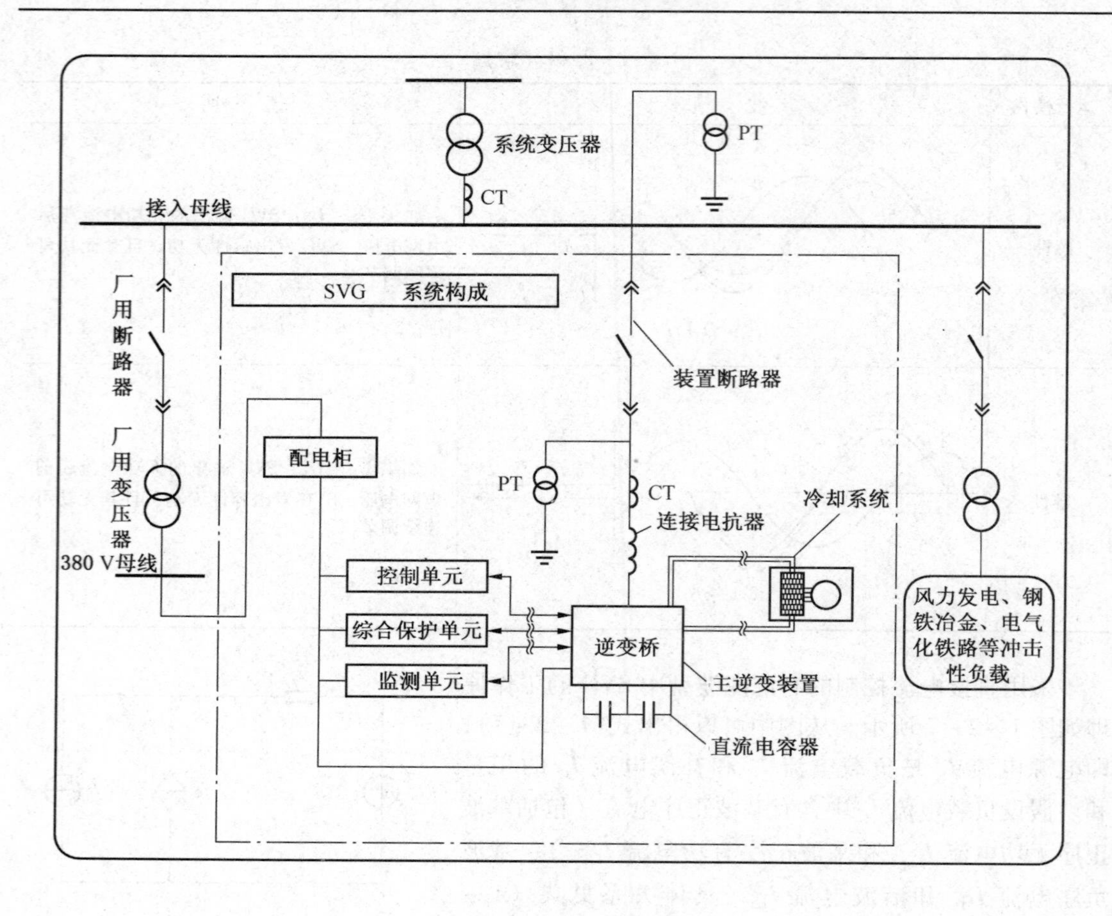

图 1-2-8　SVG 的系统组成

PWM 技术来消除低次谐波，输出电压、电流谐波畸变率均小于 3%，不需要安装谐波滤波器支路。

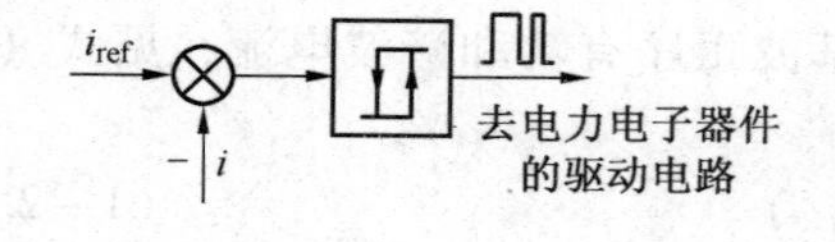

(a) 滞环比较方式

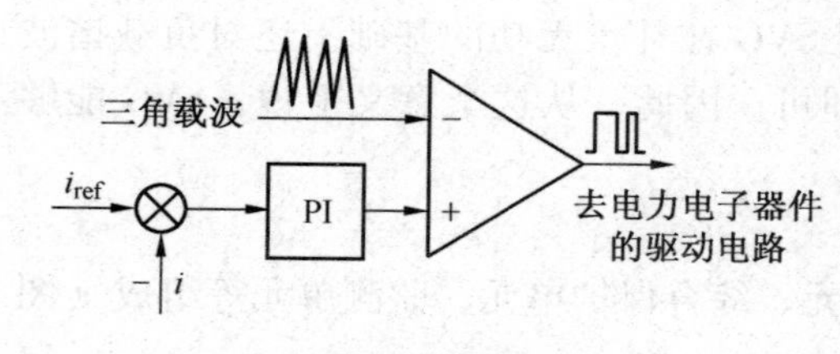

(b) 三角波比较方式

图 1-2-9　电流跟踪型 PWM 控制

SVG 控制策略有直接电流控制和间接电流控制，间接电流控制，就是按照前述 SVG 的工作原理，将 SVG 当作交流电压源看待，通过对 SVG 变流器所产生交流电压基波的相位和幅值的控制，来间接控制 SVG 的交流侧电流。电流的直接控制就是采用跟踪型 PWM 控制技术对电流波形的瞬时值进行反馈控制。其中的跟踪型 PWM 控制技术，可以采用滞环比较方式，也可以采用三角波比较方式。其简单原理分别如图 1-2-9 所示。

其瞬时电流的参考值 i_{ref}，可以由瞬时电流无功分量的参考值与瞬时电流有功分量的参考值相加而得；也可以瞬时电流无功分量的参考

值 i_{Qref} 为主，而根据 SVG 对有功能量的需求对 i_{Qref} 的相位进行修正来得到总的瞬时电流参考值 i_{ref}。其中，瞬时电流无功分量的参考值可以由滞后于电源电压 90°的正弦波信号与无功电流参考值 I_{Qref} 相乘得到，而 SVG 对有功功率的需求可以由直流侧电压的反馈控制来体现。

SVG 采用直接电流控制方法后，其响应速度和控制精度比间接控制法有很大提高。但是直接控制法由于是对电流瞬时值的跟踪控制，因而要求主电路电力电子器件有较高的开关频率，这对于较大容量的 SVG 目前还难以做到。

直接电流控制方法框图如图 1－2－10 所示。

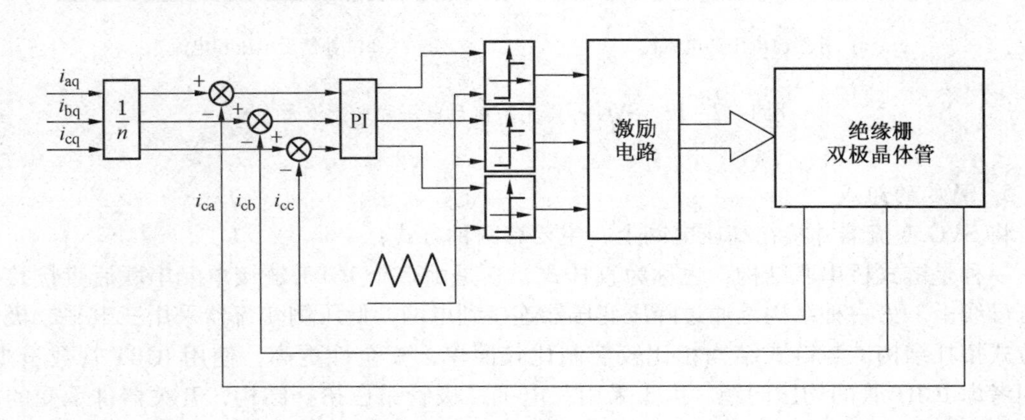

图 1－2－10　SVG 控制系统的示意图

SVG 连接到系统中，通过控制 SVG 输出电流的幅值与相位来决定从 SVG 输出的无功 Q_{SVG} 的性质与大小，SVG 输出的无功与系统负荷无功相抵消，只要 Q_S（系统）$=Q_L$（负载）$-Q_{SVG}=$ 恒定值（或0），功率因数就能保持恒定，电压几乎不波动。最重要的是精确计算出负载中的瞬时无功电流。采集进线电流及母线电压经运算后得出要补偿的无功功率，计算机发出触发脉冲，光纤传输至脉冲放大单元，经放大后触发 IGBT，获得所补偿的无功电流。

4. SVG 补偿无功和治理电压波动

带有 SVG 无功补偿装置的系统如图 1－2－11 所示，假设负荷消耗感性无功（一般工业用户都是如此）Q_L，此时控制 SVG 使其产生容性无功功率，并取 $Q_{SVG}=Q_L$，这样在负荷波动过程中，就可以保证 $Q_S=Q_{SVG}-Q_L=0$，此时功率因数达标。同时由于 SVG 响应速度很快，可达到治理电压闪变和波动的目的。

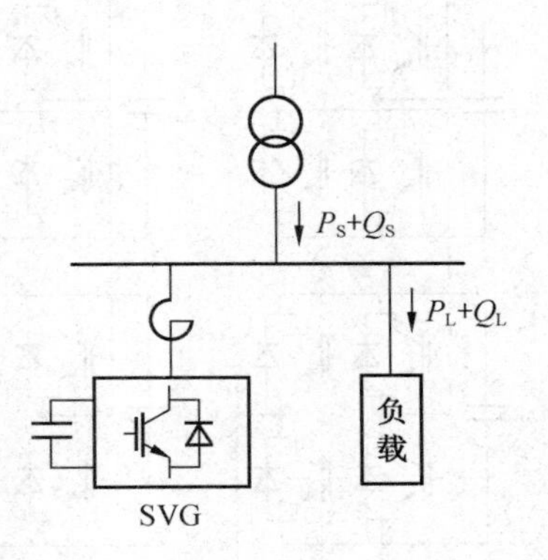

图 1－2－11　带有 SVG 无功补偿装置的系统

如果对电网等比较复杂的补偿对象而言，当需要向电网提供感性无功时，可以通过对 SVG 的控制，使其产生感性无功功率，并取 $Q_{SVG}=Q_C$，这样在负荷波动过程中，仍然可以保证 $Q_S=Q_{SVG}-Q_C=0$。图 1－2－12 所示为 SVG 补偿无功前后的电压和电流波形图。

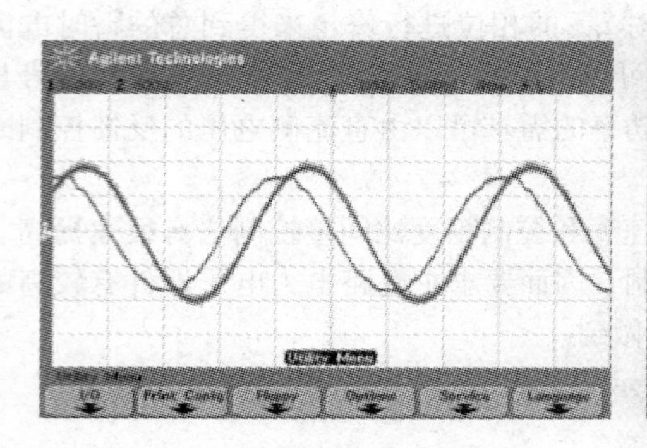

(a) 补偿前电压和电流

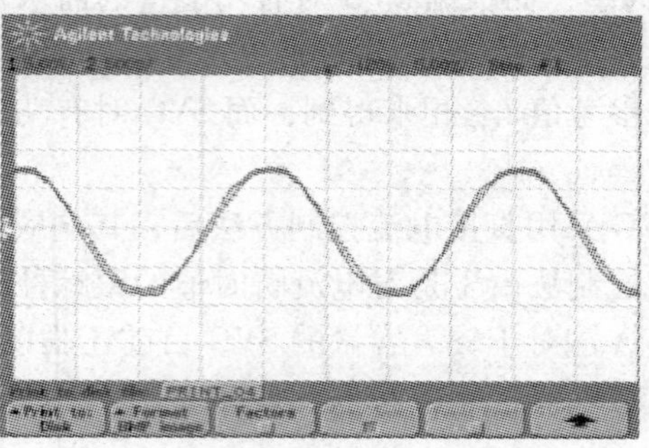

(b) 补偿后电压和电流

图 1－2－12　SVG 补偿无功前后电压和电流波形图

5. SVG 的组成

将 SVG 变流器并接在高压电网上，主要有两种方式：

一种是链式桥串联结构，也称为直挂式，它是由多个 IGBT 链接单元串联后直接接在高压母线上。另一种结构是通过降压变压器连接到电网，低压侧变流器采用三电平二极管嵌位式拓扑结构。与链式结构相比较控制比较简单，安全性更高，使用 IGBT 管数量少，不用考虑 IGBT 管的均压问题。由于采用三电平二极管钳位拓扑结构，开关器件承受的电压值是直流电容器电压的 1/2，IGBT 管工作更安全可靠，输出波形更趋近正弦波。对于小容量的 SVG，可以采用通过降压变压器连接到电网，现在由于技术的发展，大部分矿井的 SVG 动态无功补偿均采用直挂式。

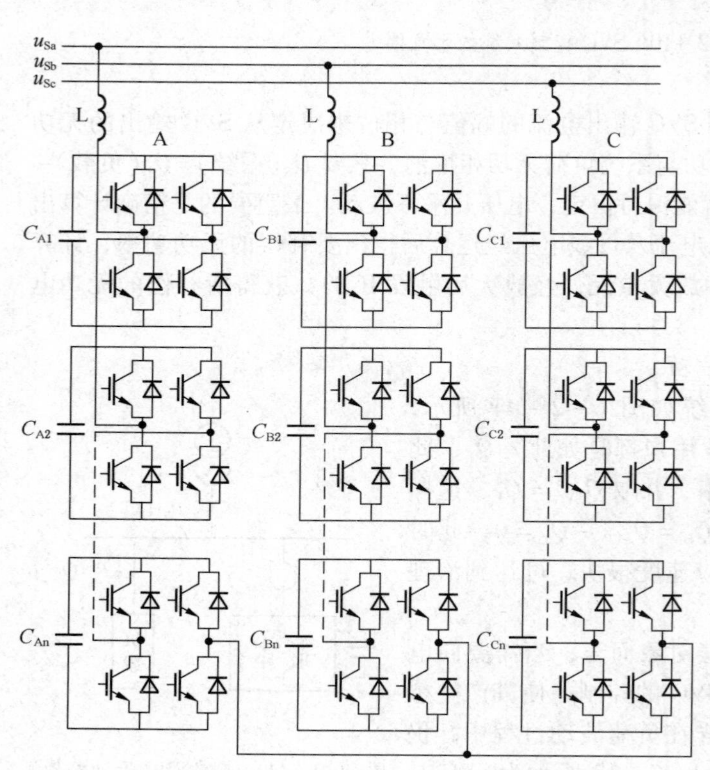

图 1－2－13　链式桥串联结构

1）直挂式

链式桥串联结构具有易于安装和模块化、电平数容易扩展的优点，没有接入变压器，成本低；但由于 SVG 直接接入高压系统所用的 IGBT 数目多，直流电容数目多，直流电容电压波动大，控制复杂。链式桥串联结构如图 1－2－13 所示，图 1－2－14 所示为 SVG 的实验结果及输出电流电压的波形。

直挂式 SVG 装置通常由电抗器、起动柜、功率柜、断路器以及冷却系统等辅助装置组成，其构成示意图如图 1 –2 –15 所示。

2）通过降压变压器连接到电网

SVG 装置回路由降压变压器、断路器、基于 IGBT 管组成的变流器、直流储能电容器，缓冲和吸收电路及冷却系统、测量和控制系统组成。其构成示意图如图 1 –2 –16 所示。

降压变压器的作用是把系统电压降到可适合 IGBT 管安全工作的 1000 V 电压等级上，由 IGBT 管组成的三相并联变流器经串联电抗器并联在电网上。系统电流通过主回路 CT 采集到 SVG 的控制系统中，通过实时检测电路将负载电流中的无功分量和谐波分量分离出来，运用大容量 DSP 芯片，采用 PWM 最新技术控制 IGBT 管触发，通过调节三相变流器

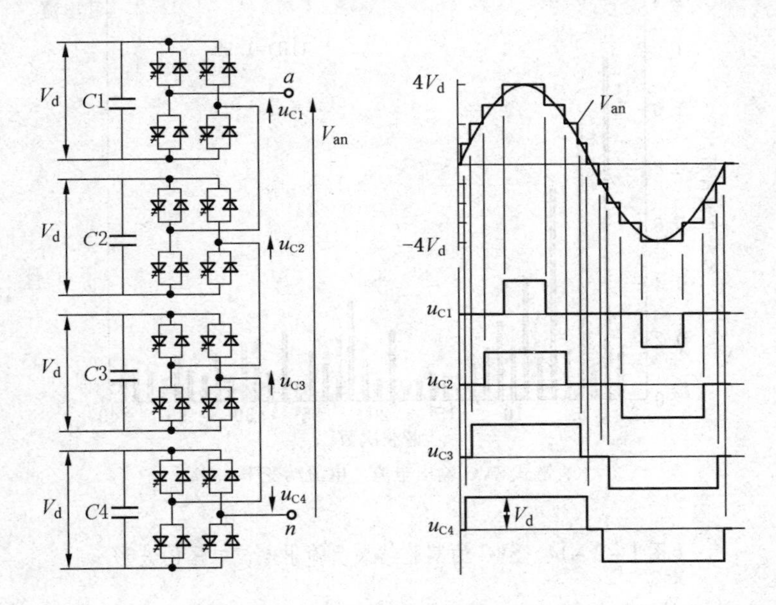

(a) 链式 SVG 实验结果

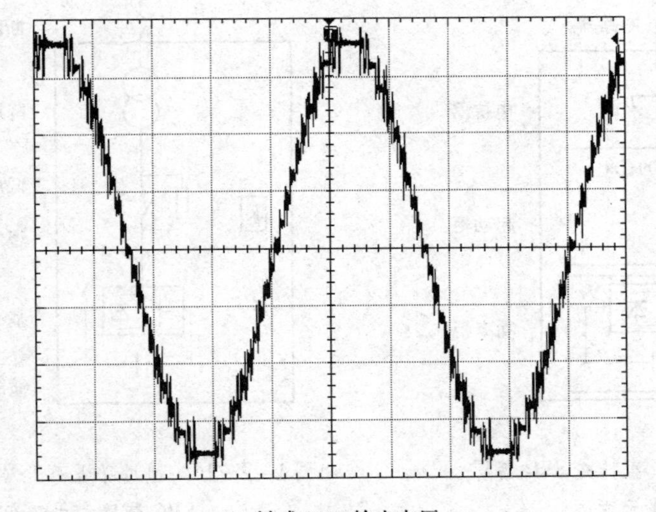

(b) 链式 SVG 输出电压

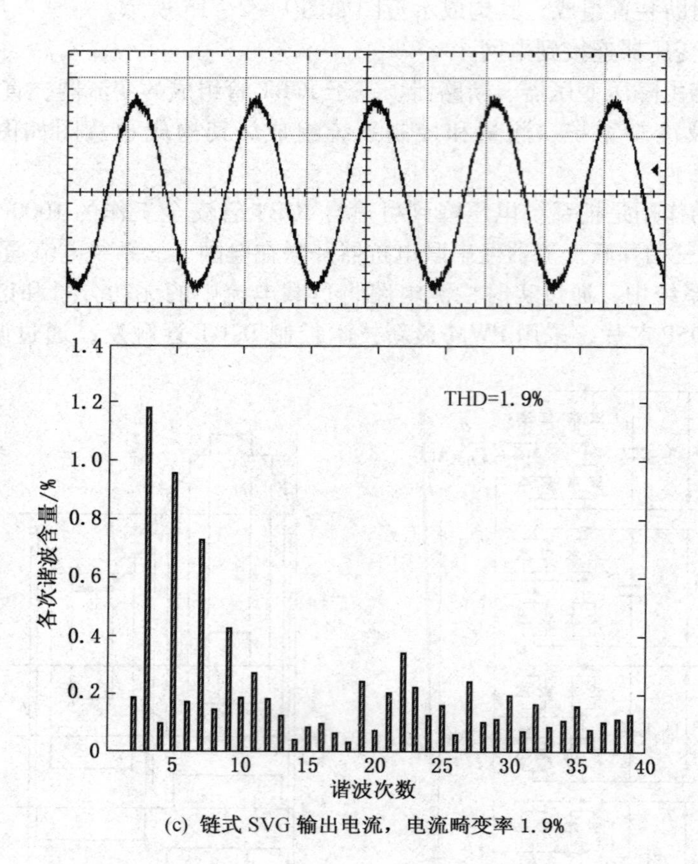

(c) 链式 SVG 输出电流，电流畸变率 1.9%

图 1-2-14　SVG 的实验结果及输出电流电压的波形

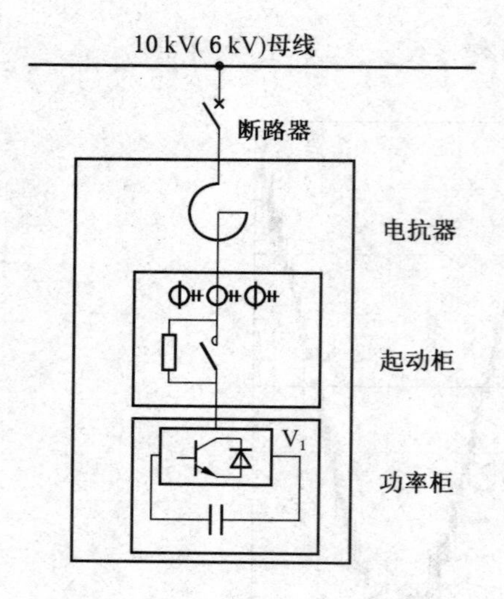

图 1-2-15　直挂式 SVG 装置构成示意图

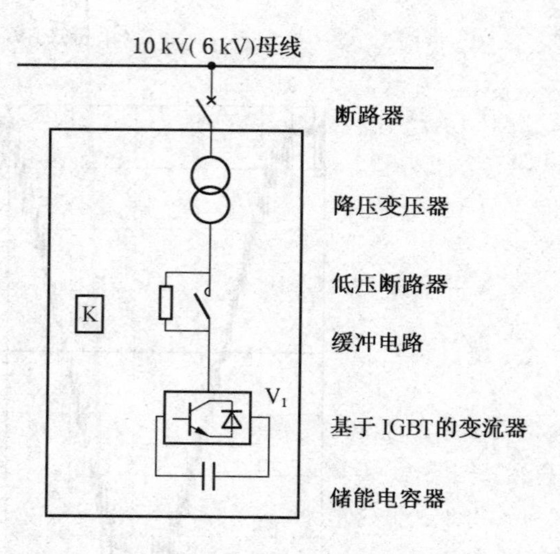

图 1-2-16　通过降压变压器连接到电网的 SVG 装置构成示意图

交流侧输出电压的相位和幅值，迅速吸收（运行在感性模式）或发出（运行在容性模式）所需要的无功电流，实现动态无功功率的平滑、双向连续补偿。

6. SVG 的技术特点

1）特点

SVG 技术特点如下：

（1）能够实现双向、动态无功功率的连续调节，既可补偿系统中的感性无功，又可补偿系统中的容性无功，稳定系统电压，实现功率因数全程趋近 1。

（2）取消传统的无功补偿装置中的电容器、电抗器，不会因系统运行方式改变或设置参数变化与系统发生串联或并联谐振。

（3）能实时跟踪，快速响应，SVG 的工作状态不受系统参数变化的影响，具有动态特性。

（4）输出电流是标准的正弦波，自身不产生谐波，具有无功和谐波综合补偿功能。

（5）运行损耗小。

（6）SVG 不产生谐波，同时对提升机等谐波具备治理能力（煤矿变电站主要是 13 次及以下高次谐波，可完全滤除）。

（7）占地面积小，可做成箱变式，容量可扩展。

（8）可靠性高，维护量小。

（9）SVG 闭环响应速度快（10 ms），SVG 中采用的 IGBT 10 μs 开关一次，SVC/MCR 中的可控硅 10 ms 开关一次。

（10）SVG 的低压特性好，是恒定的电流源，系统电压降低时，仍能输出额定无功电流，而且具备很强的过载能力。

2）缺陷

SVG 技术的缺陷如下：

（1）链式桥串联结构的 SVG 直接接入高压系统所用的 IGBT 数目多；直流电容数目多；直流电容电压波动大；控制复杂。而且考虑到造价的问题，现运行的大多数 SVG 均是一半补偿容量用 SVG，另一半补偿容量用电容器。

（2）通过降压变压器连接到电网的 SVG 由于高压变压器的制造技术及造价的限制最大只能做到 2000 kvar，限制了装置的使用范围。

7. SVG 的布置

SVG 可以全部布置在室内，也可以功率单元布置在室内，连接电抗器和补偿电容放置在室外，下面是正在实施的某矿 0 ~ +10000 kvar 无功补偿方案成套装置，装置由两部分构成：SVG 额定补偿容量为 ±5000 kvar，FC 设置为高压并联电容器（串联 5% 电抗器），额定补偿容量为 5000 kvar。整套设备可以实现 0 ~ +10000 kvar（容性无功）的平滑连续无功功率调节功能，并兼有源滤波功能。其中 FC 只提供容性无功部分，SVG 提供 −5000 kvar（感性）至 +5000 kvar（容性）无功部分，同时可滤除 13 次以下的谐波（谐波电流有效值可达 150 A）。该套装置的系统图及平面布置图如图 1-2-17 和图 1-2-18 所示。

8. 应用举例

山西某煤矿 110 kV 变电站 110 kV 进线 2 回，110 kV 出线 1 回，选用容量为 40 MV · A 三绕组有载调压电力变压器 2 台，电压等级 110 ± 8 × 1.25% /38.5 ± 2 × 2.5% /10.5 kV，110 kV、

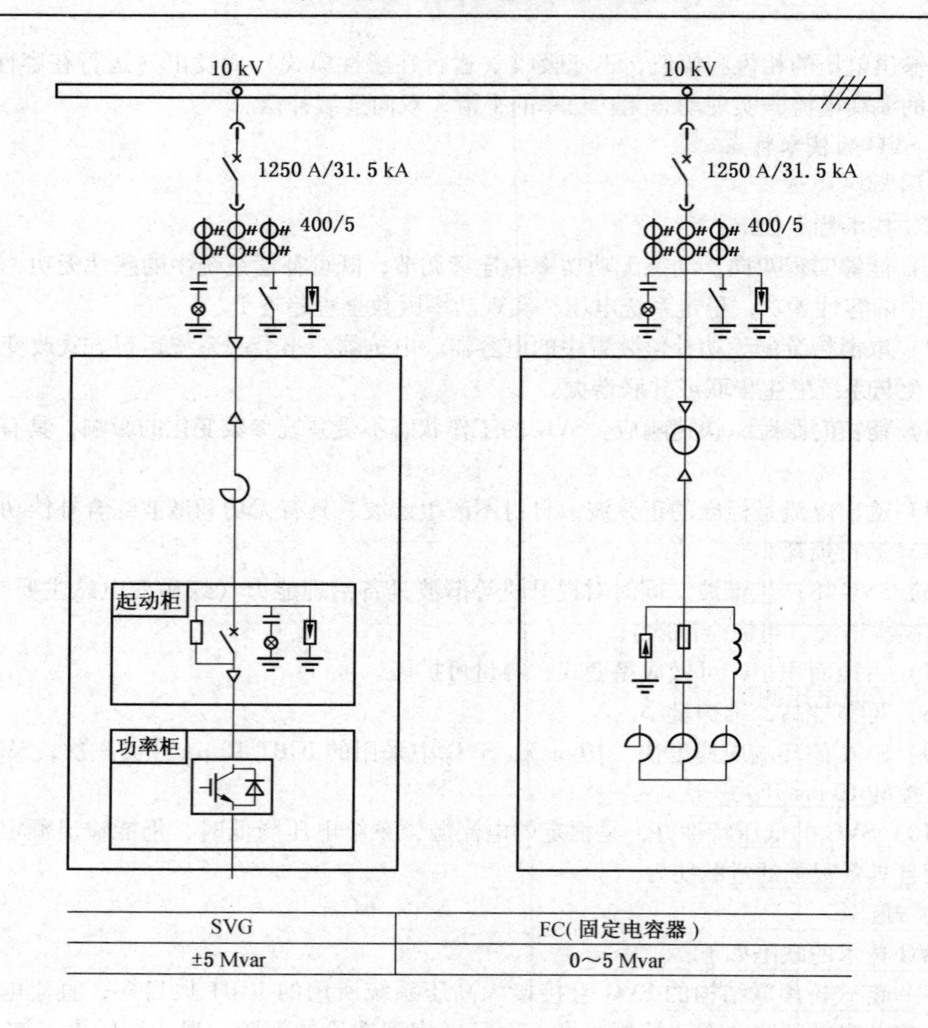

SVG	FC(固定电容器)
±5 Mvar	0～5 Mvar

图 1-2-17 SVG 补偿装置系统图

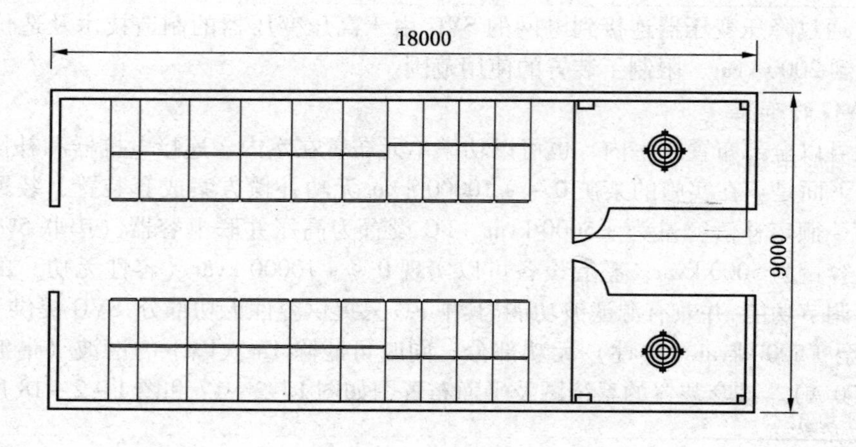

图 1-2-18 SVG 补偿装置平面布置图

35 kV、10 kV 系统接线型式均为单母线分段接线，35 kV 出线 4 回，10 kV 出线 33 回，110 kV 系统直接接地，35 kV 系统不接地，10 kV 经消弧线圈接地。10 kV Ⅰ段、Ⅱ段母线安装有 2 组 6% 阻抗率，容量为 3000 kvar 的固定电容补偿装置。主副井提升绞车均选用交－直－交 12 脉动电控装置，电机功率分别为 2×4000 kW 和 1540 kW＋641 kW，该站 2006 年投运后，无功补偿一直无法满足要求，2009 年 1 月，动态无功补偿装置厂家会同设计院与矿上有关人员对该 110 kV 变电站 10 kV 系统谐波电压和谐波电流进行了测试，测试结果如下：

（1）国家规定谐波允许值。根据国家标准《电能质量—公用电网谐波》(GB/T 14549—1993)，在基准短路容量 100 MV · A 的情况下，注入 10 kV 系统公共连接点的各次谐波电流允许值见表 1－2－5，其中 n 为谐波次数。

表 1－2－5　注入公共连接点的谐波电流允许值

n	2	3	4	5	6	7	8	9	10	11	12	13
i_n/A	26	20	13	20	8.5	15	6.4	6.8	5.1	9.3	4.3	7.9

（2）谐波电压测试见表 1－2－6。

表 1－2－6　10 kV 电压总谐波畸变率　%

项　目	Ⅰ　段			Ⅱ　段		
	A 相	B 相	C 相	A 相	B 相	C 相
最大值	5.48	6.04	5.46	6.56	7.68	6.36
最小值	2.08	2.26	2.21	2.21	2.30	2.16
平均值	3.84	4.15	3.85	4.70	5.01	4.64
95% 概率大值	5.02	5.35	5.08	5.75	6.14	5.73
标准允许值	2					

根据对实测的 2～25 次谐波电压的统计分析，总的谐波电压数据见表 1－2－6。电压畸变严重超标，主要是 11 次谐波电压，占基波电压 5%。

（3）谐波电流测试。根据对 110 kV 变电站 10 kV 系统实测的 2～25 次谐波电流的统计数据见表 1－2－7（Ⅱ段负载电流，780 A），与国家规定谐波允许值相比严重超标。

表 1－2－7　实测的 2～25 次谐波电流的统计数据　A

电压等级 (10 kV)	实　测　次　数								
	2	3	5	7	9	11	13	19	23
实际值（平均值）/A	85.8	78	62.4	46.8	46.8	117	85.8	39	15.6

（4）功率因数测试。实测功率因数见表 1－2－8。

表1-2-8　实测功率因数

10 kV 进线	Ⅰ段	Ⅱ段
功率因数	0.93	0.91

根据测试结果，确定对110 kV 变电站10 kV 母线上的无功补偿装置进行更换，采用SVG+FC 的方案，以改善电压质量，保证设备的正常运行。该矿110 kV 变电站10 kV 母线动态无功补偿装置的系统图如图1-2-19所示。

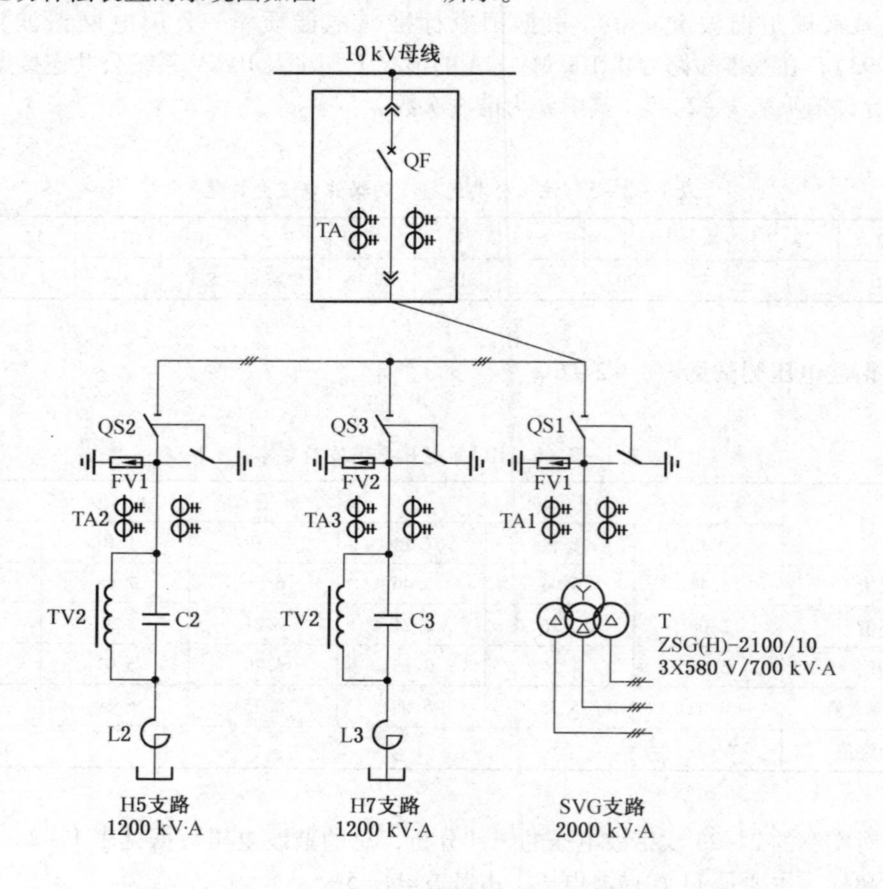

图1-2-19　110 kV 变电站动态无功补偿装置的系统图

该套装置2011年投运后，110 kV 变电站10 kV 母线的谐波含量已满足国家规程规范的要求，功率因数一直保持在0.98左右，电压质量明显提高，现场反映良好。

五、主变压器选择

为保证供电的可靠性，煤矿变电站的主变压器不应少于2台，当1台停止运行时，其余变压器的容量应保证主变压器一级和二级负荷用电。近年来许多运行和设计单位认为应适当增加变压器故障时的负荷保证率，但另一方面为节约能源，提高企业的经济效益，变压器的容量又不宜过大，因此出现了增加变压器台数的趋势。当根据工程具体情况确定选用2台以上变压器时，一般先安装2台，当实际用电负荷增加时，再增加变压器台数，这样做提高了用电负荷的可靠性，减少了系统的短路容量。变压器的单台容量和安装总容量均有所减少，同时也减少了接入费用和变压器的空载损耗。

对装有两台及以上主变压器的变电站，当任一台主变压器停止运行时，其余变压器的容量应保证一级和二级负荷用电。对于低压变压器，当最大电动机容量大于变压器容量20%时，还应用电动机的起动电流和冲击负荷进行验算。

第三节　中性点接地方式

一、中性点接地方式的确定

（一）确定中性点接地方式的原则

选择电力网中性点接地方式，是一个综合性问题，它与电力网的电压等级、单相接地的短路电流、设备的过电压水平以及继电保护的要求有关。接地方式选择是否合理，直接影响电力网的绝缘水平、供电的可靠性和连续性、系统的安全运行以及对通信的干扰。确定中性点接地方式时，一般要考虑下列因素：

（1）发生单相接地故障时，使接地故障对连续供电的影响最小，能将故障电流对电动机、电缆等危害限制到最低限度，同时又有利于实现灵敏而有选择性的接地保护。

（2）发生单相接地故障时，完好相的过电压倍数降低，不致破坏电力网的绝缘水平进而发展为相间短路。对低压供电系统，当熔断器一相熔断时，能减少电动机两相运行的可能性。

（3）应尽量减少同一供电系统设备之间的相互影响，简化接地保护，提高供电可靠性，节约初期投资。

上述要求有些是互相矛盾的，在设计中要综合考虑，根据工程的具体情况，选择最优的中性点接地方式。

（二）中性点接地方式的种类、优缺点及其使用范围

电力网中性点接地方式分中性点直接接地和非直接接地两大类。非直接接地按接地方式不同，又分为中性点不接地、经消弧线圈接地和经高电阻接地3种，现分述如下。

1. 中性点直接接地

高电压中性点直接接地系统，单相短路电流很大，线路或设备必须立即切除，增加了断路器的负担，降低了供电连续性。但由于单相接地时过电压较低，绝缘水平可下降，减少了设备造价，在高压和超高压电网中经济效益显著，故适用于220 kV以上的电网中。对110～154 kV电力网，一般也采用中性点直接接地方式。如采用中性点直接接地方式不能满足安全供电要求，以及对电网影响不大时，亦可采用中性点经消弧线圈接地方式。

对低压电力网，中性点接地或不接地均可。采用中性点直接接地时，动力、照明、检修网络可以共用一个系统。低压供电系统简单，节省了投资，单相接地故障时中性点不发生位移，防止了不对称现象和相电压过高。

煤矿地面低压配电，一般采用380/220 V中性点直接接地系统。

《煤矿安全规程》规定，煤矿井下配电变压器低压侧严禁采用中性点直接接地方式。

地面上中性点直接接地的变压器或发电机严禁直接向井下供电，但专供架线式电机车整流设备的变压器不受此限。

《矿山电力设计规范》规定：矿山 6～10 kV 系统中性点接地方式，应根据矿山对供电不间断的要求、单相接地故障电压对人身安全的影响、单相接地电容电流大小、单相接地过电压和对电气设备绝缘水平的要求等条件选择，并应符合下列规定：

（1）6～10 kV 系统发生单相接地故障时不要求立即切除故障回路而需要维持短时期运行，应采用不接地、高电阻接地或消弧线圈接地方式，并应将流经单相接地故障点的电流限制在 10 A 以下。

（2）当 6～10 kV 系统发生单相接地故障时要求迅速切除故障回路，可采用低电阻接地方式，且应将流经单相接地故障点的电流限制在 200 A 以内。

（3）向井下或露天矿采矿场和排废场供电的 6～10 kV 系统不得采用中性点直接接地方式。

但由于《煤矿安全规程》还没有调整，所以《矿山电力设计规范》所提的低电阻接地方式暂不执行。

在中性点非直接接地的低压电网中，应防止变压器高、低压绕组间击穿绝缘而引起的危险，因此在低压侧中性线或一个相线上必须装设击穿保险器。低压架空电力线路的终端及其分支线的终端，还应在每个相线上装设击穿保险器。

2. 中性点不接地方式

采用中性点不接地方式时，系统最简单，单相接地时允许带故障运行一段时间，供电连续性好，接地电流仅为线路及设备的电容电流，但要求设备有较高的绝缘水平不宜用于 110 kV 及以上的电网，多采用在 3～63 kV 的电力网中。其电容电流不能超过允许值，否则接地电弧不易自熄，易产生较高的弧光间隙接地过电压。

3. 中性点经消弧线圈接地

矿井 6～10 kV 电网当单相接地电容电流大于 10 A 时，必须采取限制措施。一般可采用消弧线圈补偿电容电流，保证接地电弧瞬间熄灭，以消除弧光间隙接地过电压。当采用自动调谐消弧线圈串、并电阻接地方式时，脱谐度的允许偏差为 ±5% 以内，且接地电流的无功分量不应大于 5 A。当采用非自动调谐时，必须过补偿调谐，且故障点的残余电流不应大于 10 A，脱谐度不应大于 10%。

4. 中性点经高电阻接地

当接地电容电流超过允许值时，也可采用中性点经高电阻接地方式。此接地方式和经消弧线圈接地方式比，改变了接地电流相位，加速了残余电荷的泄放，促使接地电弧自熄，从而降低弧光间隙接地过电压。这种方式在煤矿中使用较少，多用于大型发电机的中性点接地系统中和选煤厂 660 V 系统中。

（三）主变压器和发电机中性点的接地方式

电力网的中性点接地方式决定了主变压器中性点的接地方式。

发电机的中性点接地方式，一般采用非直接接地方式。当发电机定子绕组发生单相接地故障时，接地点流过的电流是发电机本身及其引出回路所连接元件的对地电容电流，当超过允许值时，将烧坏定子铁芯，进而损坏定子绕组绝缘，引起匝间或相间短路，故需要在发电机中性点采取经消弧线圈或高电阻接地的措施，以保证发电机免遭损坏。

对大型矿井变压器及煤矿中小型发电机的中性点，一般均经消弧线圈接地。当单相接地电容电流不大于允许值时，亦可采用中性点不接地方式。

二、消弧线圈的选择

（一）单相接地电容电流的估算

在确定电力网中性点接地方式时，首先要确定电力网的单相接地电容电流，其值由电缆线路、架空线路以及电气设备对地的电容电流组成。在估算整个电力网单相接地电容电流时，应考虑电力网5～10年的发展情况。单相接地电容电流的估算详见第二章相关部分。

（二）煤矿6 kV(10 kV）电网实际情况及运行中应注意事项

《煤矿安全规程》第四百五十七条规定：矿井高压电网，必须采取措施限制单相接地电容电流不超过20 A；《矿山电力设计规范》2.0.9条，当6～10 kV系统发生单相接地故障时不要求立即切除故障回路而需要维持短时期运行，应采用不接地、高电阻接地或消弧线圈接地方式，并应将流经单相接地故障点的电流限制在10 A以下。

对煤矿6 kV（10 kV）电网来说，其电容电流主要是电缆产生的。架空线只用于工业场地外的风井、住宅区等，由于线路短、电压低，它所产生的电容电流一般在1 A以下，再加上变、配电设备产生的电容电流，也不会超过20%，其余80%以上的电容电流都由电缆产生。随着煤矿现代化水平的提高，工作面产量大幅度提高，井下6 kV(10 kV）电网不断扩大，6 kV(10 kV）电网的单相接地电容电流亦随之大大增加。根据对部分矿井的实测和调查，矿井6 kV(10 kV）电网的单相接地电容电流大多在几安培至几十安培之间变化，有的甚至达到一百多安培。由于电容电流引起的电缆短路现象较多，特别是雷雨季节，这种现象更为突出，有的矿务局每年电缆短路多达百次，每次事故停电面积均较大，因此装设消弧线圈，减少电容电流成为煤矿电网安全运行的重要措施之一。

应当指出，即使在同一矿井，正常的电容电流也不是固定不变的，它随着矿井工作制度（如几班生产）、电力系统的改变（如备用投入，雷雨季节浪涌电容器的投入或切除）、采区和工作面的移动、增加和减少而变化。正常情况下，少量电缆和设备的投入、切除时，电容电流变化不超过几个安培，不会影响电网安全运行。对于大的跃变在一年中次数并不多，除突发事故外，事先都可以知道。对于这种变化，运行中应采取相应措施，调整补偿电流，以防止消弧线圈的谐振过电压。

（三）消弧线圈容量的确定

消弧线圈的补偿容量，应根据电力网5～10年的发展规划确定。计算方法见下式：

$$Q = KI_C \frac{U_N}{\sqrt{3}} \qquad (1-3-1)$$

式中　Q——补偿容量，kV·A；

K——系数，过补偿取1.35，欠补偿按脱谐度确定；

I_C——电网或发电机回路的电容电流，A；

U_N——电网或发电机回路的额定线电压，kV。

为便于运行调谐，宜选用容量接近于计算值的消弧线圈。

装在电力网变压器及具有直配线的发电机中性点上的消弧线圈，一般按过补偿方式运行。为提高补偿功率，消弧线圈均将分接头调到接近谐振点的位置。为防止由于供电系统运行方式的改变而减少电容电流，消弧线圈应避免处于谐振点运行。采用单元连接的发电机中性点的消弧线圈，为了限制电容耦合传递过电压以及频率变动等对发电机中性点的影响，宜采用欠补偿方式。

（四）消弧线圈安装位置的选择

电力网中消弧线圈的装设地点，通常根据中性点接地方式，由系统统筹规划，分散布置。在选择安装位置时需注意以下几点：

（1）应保证电力网在任何运行方式下，断开任一条线路时，大部分电力网不致失去补偿。不应将多台消弧线圈集中安装在电力网的一处，也应避免在电力网中只装设一台消弧线圈。

（2）电力网的消弧线圈一般装设在 Yn0，D11 双绕组变压器或 Yn0，Yn0，D11 组变压器的任一绕组。安装在 Y，Yn0 接线变压器中性点上的消弧线圈，其容量不应超过变压器容量的 20%。

（3）如变压器无中性点，或中性点未引出，应装设专用接地变压器，其容量应与消弧线圈的容量相配合。选择接地变压器容量时，要考虑接地变压器的短时过负荷能力。

对接地变压器的要求是：零序阻抗低，空载阻抗高，损失小。一般采用曲折型接法的变压器。

（4）电厂内的消弧线圈，可接在直配发电机的中性点上，也可接在厂用变压器的中性点上，当发电机为单元连接时，则应接在发电机的中性点上。

（5）当两台变压器合用一台消弧线圈，应分别经隔离开关与变压器中性点相连，平时运行只合其中一组隔离开关。

第四节 变配电所电气主接线

一、概 述

变配电所电气主接线是指变配电所中传输电能的通路，这些通路中有变压器、母线、断路器、隔离开关、电抗器以及线路等电气设备。它们的连接方式，对供电的可靠性、运行灵活性、检修是否方便以及经济上是否合理等均起决定性作用，并且对电气设备的选择、配电装置的布置、继电保护和控制方式的拟定也有较大的影响。所以通过技术经济比较，合理确定电气主接线方案，是变配电所设计中的一项首要任务。

变配电所的电气主接线应根据它在电力网中的地位、回路数、设备特点及负荷性质等条件来确定，并应满足可靠性、灵活性和经济性三项基本要求。

（一）可靠性

（1）主接线的可靠性包括一次部分和相应的二次部分在运行中可靠性的综合。主接线的可靠性在很大程度上取决于设备的可靠程度，采用高可靠性的电气设备可以简化接线。

（2）主接线可靠性的衡量标准是运行实践，所以，在确定主接线时要考虑断路器检修时，不宜影响对设备的供电；断路器或母线故障以及母线或断路器检修时，尽量减少停运的回路数和停运时间，并要保证对一级负荷和二级负荷的供电，尽量避免全部停运的可能性。

（3）要充分考虑煤矿用电设备对供电可靠性的要求。

主要通风机，主、副提升机，主井带式输送机，地面瓦斯抽采泵，地面空气压缩机，抗灾强排水泵等设备或设备房（站、驱动机房、井塔）的配电装置，宜各由直接从变电所馈出的两回专用线路供电。提升设备（提升机、带式输送机）房的其中一回电源线路可引自另一邻近提升设备房的配电装置。

井下主变电所、主要排水泵房、采区变电所、采区排水泵房变电所和设在井下的抗灾排水泵的电控室和其他有一级负荷的井下变电所，应由双重电源供电。

井下局部通风机的供电应按现行《煤矿安全规程》的有关规定执行。

矿井应急电源配置宜符合下列规定：①为有效防止或减轻因供电中断可能产生的次生灾害，大、中型矿井的部分重要负荷可根据需要增设应急电源；②高瓦斯矿井和煤与瓦斯突出矿井，当不具有水平或倾斜安全出口且垂直安全出口深度超过 700 m 时，矿井一套用于升降人员的立井提升机宜增设应急电源；③矿井自备应急电源配置原则和技术要求可参照现行国家标准《重要电力用户供电电源及自备应急电源配置技术规范》(GB/Z 29328—2012）的有关规定执行。下列电源可作为矿井重要负荷的应急电源：发电机组，自备电厂，供电网络中独立于主供电源和备用电源的专用馈电线路，静态储能装置。

在确定矿井需要应急电源供电的重要电力负荷容量时，宜采取适当措施（电和非电措施)，将其应急有功和无功电力需求控制在较低的水平。

（二）灵活性

电气主接线应满足调度灵活性、检修灵活性及扩建灵活性。

（1）调度灵活性，应可以灵活地投入和切除发电机、变压器和线路，调配电源和负荷，满足系统在事故运行方式、检修运行方式以及特殊运行方式下系统调度要求。

（2）检修灵活性，可以方便地将断路器、母线及保护装置按计划退出运行，进行安全检修而不影响电力系统运行和对用户的供电。

（3）扩建灵活性，可以方便地从初期接线过渡到最终接线，并要考虑便于分期过渡和扩展，使电气一次和二次设备、保护装置等改变连接方式的工作量最少。

（三）经济性

电气主接线在满足可靠性、灵活性要求的前提下应做到经济合理。

（1）投资省。电气主接线应力求简单，以节省断路器、隔离开关、电流和电压互感器、避雷器等一次设备。要能使继电保护和二次回路不过于复杂，以节省二次设备和控制电缆。要能限制短路电流，以便于选择价格合理的电气设备或轻型电器。

（2）占地面积小。电气主接线设计要为配电装置的布置创造条件，尽量减少占地面积。

（3）电能损失少。经济合理地选择主变压器的种类（双绕组、三绕组或自耦变压器)、容量、台数，要避免因两次变压而增加电能损失；应合理选择导线截面，尽量减少电能损失。

二、电气主接线的基本形式及适用范围

电气主接线的基本形式及适用范围见表 1-4-1。

表1-4-1　电气主接线的基本形式及适用范围

接线方式	接线图	适用范围及优缺点
变压器-线路单元接线	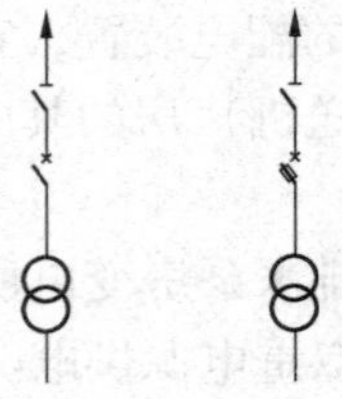 (a)　(b)	优点：接线最简单，设备及占地最少，不需高压配电设备 缺点：不够灵活可靠，线路故障或检修时，变压器需停运；变压器故障或检修时，线路停止供电。任一元件故障或检修，均需整个配电装置停电 适用范围：只有一回电源线路和一台变压器的小型变电所 图a接线：当有操作或继电保护等要求时，变压器一次侧装设断路器 图b接线：对于系统短路容量较小的不太重要的小型变电所，当高压熔断器能满足要求时，可采用变压器一次侧装设高压熔断器的接线。但在设计上仍应考虑到扩建或改建的可能性
单母线接线	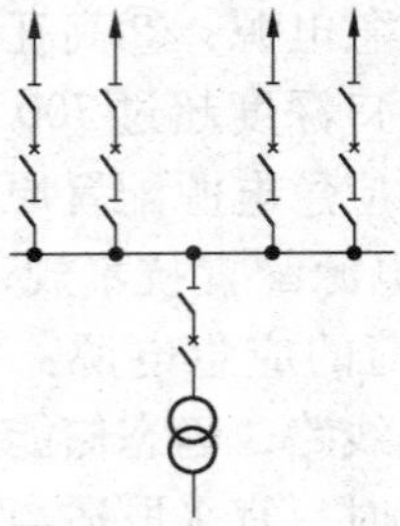	优点：接线简单清晰、设备少、操作方便、投资省，便于扩建和采用成套配电装置 缺点：不够灵活可靠，母线或母线隔离开关故障或检修时，均需要整个配电装置停电 适用范围：由于单母线接线，工作可靠性和灵活性都较差，故这种接线主要用于小容量特别是只有一个电源的变电所中。一般情况下，当6~10 kV配电装置的出线回路数不超过3回时，35~63 kV配电装置的出线回路数不超过3回时，均可考虑采用单母线接线方式
单母线分段接线	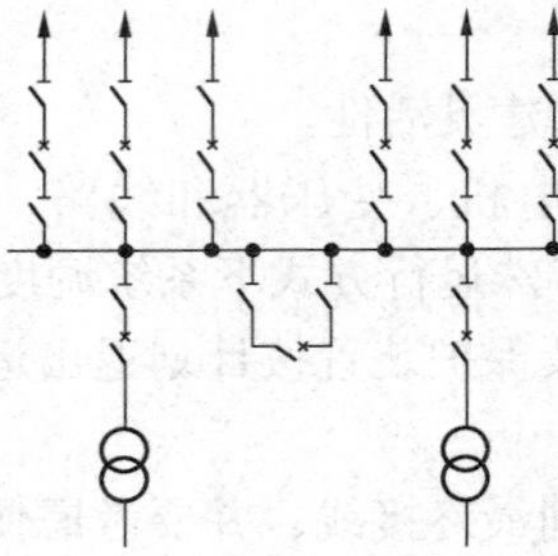	优点：接线简单清晰、设备少、操作方便、投资省，便于扩建和采用成套配电装置，当一段母线发生故障，可保证正常母线不间断供电，不致使重要负荷停电 缺点：当一段母线或母线隔离开关发生永久性故障或检修时，则连接在该段母线上的回路在检修期间停电 适用范围：由于单母线分段比单母线接线的供电可靠性有所提高，所以在110 kV及以下的变电所中较广泛使用这种接线方式。一般情况下，当6~10 kV配电装置的出线回路数为6回及以上时；当变电所有两台主变压器时，6~10 kV宜采用单母线分段接线，35~63 kV配电装置的出线回路数为4~8回时，110 kV配电装置出线回路数为3~4回时，均可考虑采用单母线接线方式
内桥接线	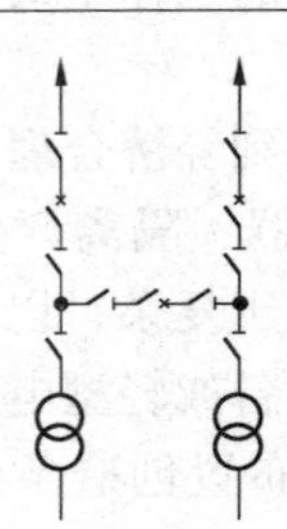	优点：高压断路器数量少，占地少，4个回路只需3台断路器 缺点：变压器的切除和投入较复杂，需两台断路器动作，影响一回线路的暂时停运，联络断路器检修时，两个回路需解列运行；出线断路器检修时，线路需较长时间停运 适用范围：适用于较小容量的变电所，并且变压器不经常切换或线路较长、故障率较高的情况
外桥接线	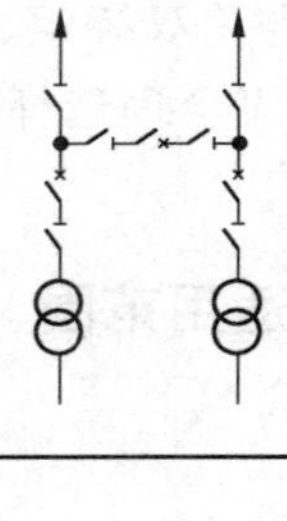	优点：高压断路器数量少，占地少，4个回路只需3台断路器 缺点：线路的切除和投入较复杂，需两台断路器动作，并有一台变压器暂时停运；联络断路器检修时，两个回路需解列运行；变压器侧的断路器检修时，变压器需较长时间停运 适用范围：适用于较小容量的变电所，并且变压器的切换较频繁或线路较短、故障率较少的情况。此外，线路有穿越功率时，也宜采用外桥接线

表1－4－1（续）

接线方式	接　线　图	适用范围及优缺点
双母线接线	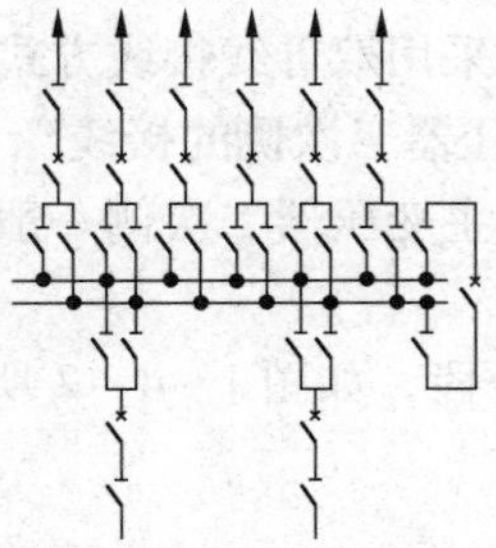	优点： 1. 供电可靠。通过两组母线隔离开关的倒换操作，可以轮流检修一组母线而不致使供电中断；一组母线故障后，能迅速恢复供电；检修任一回路的母线隔离开关时，只停该回路 2. 调度灵活。各个电源和各回路负荷可以任意分配到某一组母线上，能灵活地适应系统中各种运行方式调度和潮流变化的需要 3. 扩建方便。向双母线的左右任何一个方向扩建，均不影响两组母线的电源和负荷均匀分配，不会引起原有回路的停电 4. 便于实验。当个别回路需要进行试验时，可将该回路分开，单独接至一组母线上 缺点： 1. 增加了一组母线及母线设备，每一回路增加了一组隔离开关，因此投资费用增加 2. 当母线故障或检修时，隔离开关作为倒换操作电器，容易误操作。为了避免隔离开关误操作，需在隔离开关和断路器之间装设连锁装置 适用范围：当出线回路数或母线上电源较多，输送和穿越功率较大，母线故障后要求迅速恢复供电，母线和母线设备检修时，不允许影响对用户的供电，系统运行调度对接线的灵活性有一定要求时，采用双母线接线方式。对于35～63 kV 配电装置，当出线回路数超过8回或连接的电源较多、负荷较大时；110 kV 配电装置出线回路数为6回及以上时，可采用双母线接线方式。另外，为了保证采用单母线分段或双母线接线的配电装置在进出线断路器检修时（包括其保护装置的检修和调试）不中断对用户的供电，可增设旁路母线或旁路隔离开关

三、煤矿变配电所电气主接线常用接线形式

矿区或矿井变电站的主变压器一般选用两台或三台。当一台停止运行时，其余变压器容量能保证矿井全部一、二级负荷的用电需要。有两回电源进线变电站的各级配电装置，一般采用单母线分段接线。出线回路较多、连接的电源点较多、负荷大的35～110 kV 配电装置，可采用双母线接线。

（一）主变压器一次侧接线

对于35～110 kV 侧的接线，矿区系统内的变电站应根据具体情况选择下列常用的接线方式。

1. 外桥接线

外桥接线由主变压器一次侧两断路器和外桥上的联络断路器组成，进线开关为隔离开关。这种接线在外部系统和进线线路保护对变电站进线侧无要求时以及变电站内主变压器要求经常切换时采用。

2. 内桥接线

内桥接线由两台进线断路器和内桥上的母联断路器组成，主变压器与一次母线由隔离开关连接。环形系统中母线需要通过功率的变电站经常采用这种接线方式。

主变压器一次侧由隔离开关与母线连接，环形系统中的变电站在操作时常被迫用隔离开关切合空载变压器。主变压器容量：35 kV 在7500 kV · A 及以上；60 kV 在10000 kV · A

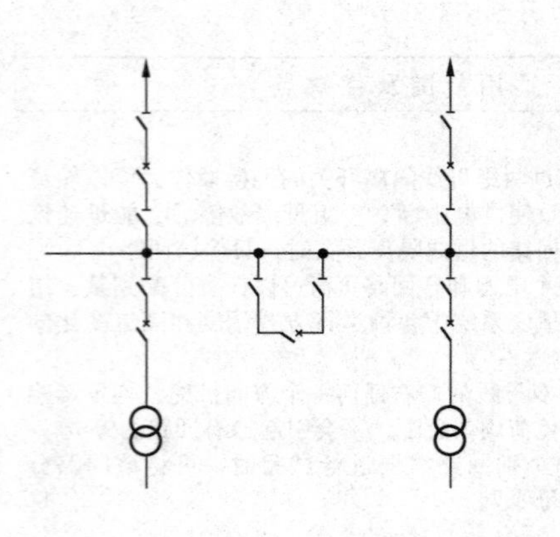

图 1-4-1　全桥接线

及以上；110 kV 在 31500 kV · A 及以上时，超过了隔离开关切合空载变压器的能力，此时必须改由 5 个断路器组成的全桥接线方式。

3. 全桥接线

全桥接线最少有 5 台断路器组成，全桥接线方式如图 1-4-1 所示。

4. 双母线接线

如前所述，对于出线回路较多、负荷较大的矿区及矿井变电站常采用双母线接线方式。

（二）主变压器二次侧的接线

矿井变电站主变压器二次侧一般均采用单母线分段接线。

（1）对于矿井的地面变电所，一般采用断路器分段，如图 1-4-2 所示。

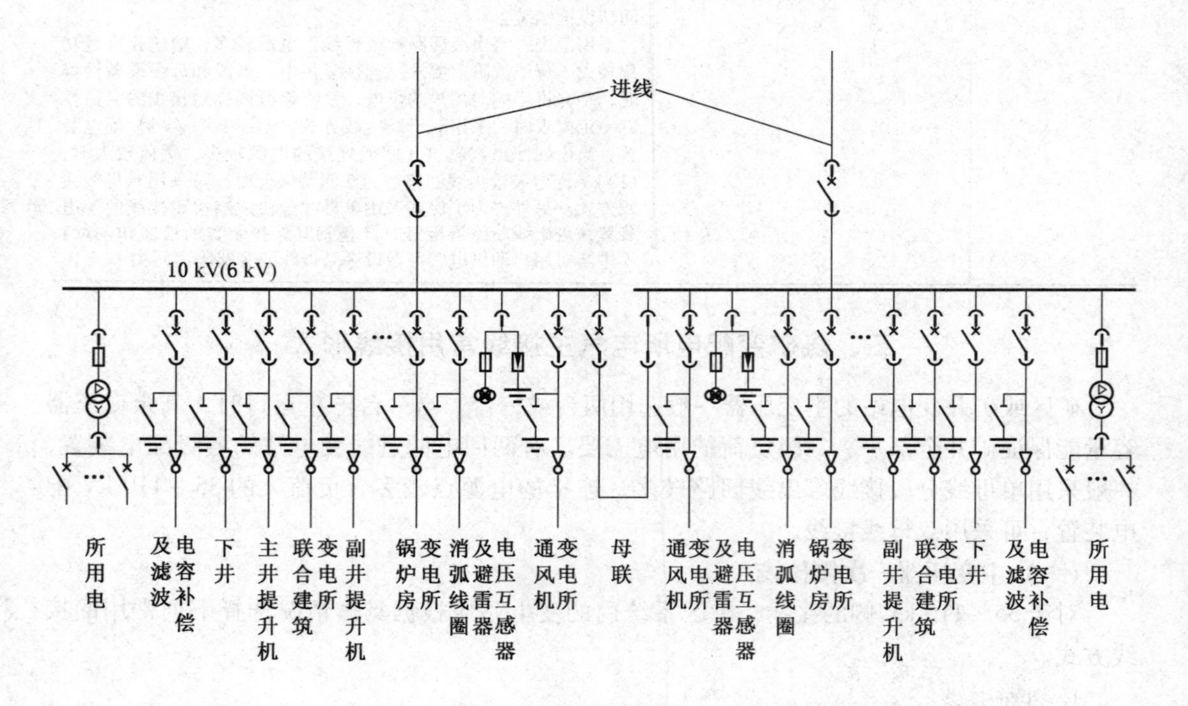

图 1-4-2　矿井地面变电所 10 kV(6 kV) 侧接线

（2）对于给单独设备供电的地面变电所，由于出线回路数较少，可采用隔离开关分段，如图 1-4-3 所示。

（3）无电力变压器，且出线回路较少的矿井 6～10 kV 配电所，亦可采用图 1-4-3 方式接线。

（4）对于有 3 台以上主变压器的变电站，可考虑采用双母线或旁路母线的接线方式。

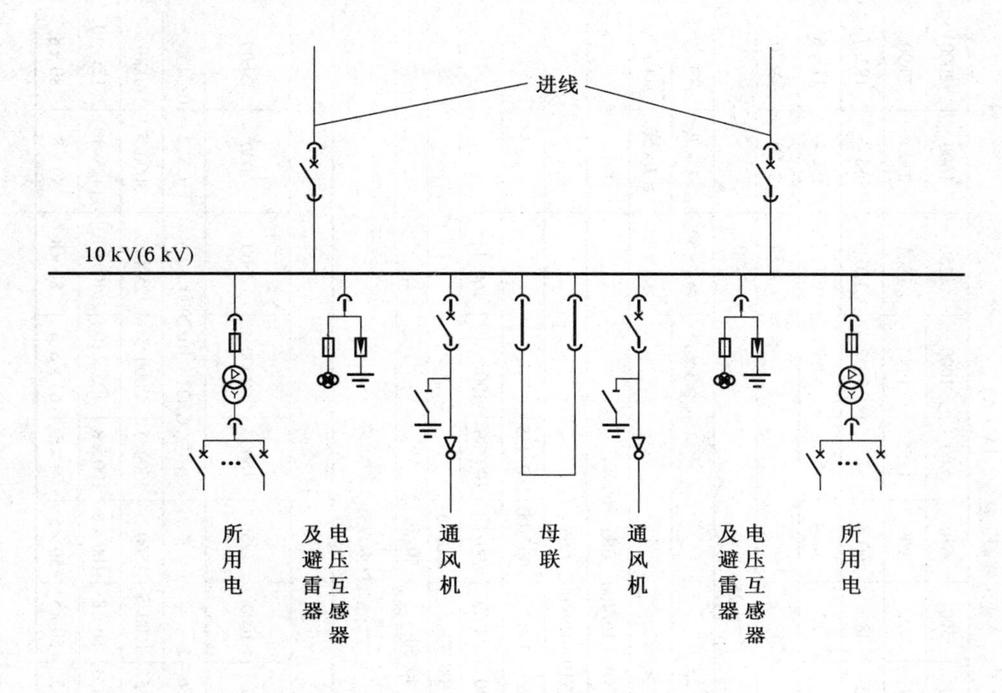

图 1-4-3 给通风机供电的变电所 10 kV(6 kV) 侧接线

（三）低压配电接线

煤矿地面低压配、变电系统，一般只包括对地面工业场地内动力和照明等用电设备的供电。10 kV(6 kV) 变电所和配电室，除应接近负荷中心设置外，还应与主要车间的配电室联建。地面低压配电网中的 10 kV(6 kV) 变压器容量一般不宜超过 2000 kV · A，变电所和配电室的容量和数量，应根据场地内用电设备的容量和分布情况合理选择。各车间变电所变压器二次侧一般采用母线供电至低压配电室，但母线不宜进入生产车间。机电修配车间内或分散用电设备一般采用树干和放射混合式配电。

另外，煤矿地面配、变电所设计时还应注意以下问题：

（1）配电所一般采用单母线或单母线分段的接线方式。

（2）6 ~ 10 kV 专用电源线，进线侧属于下列情况时，应装设断路器：①需要带负荷切换电源；②继电保护或自动装置有要求；③配、变电所总出线数在 10 回路以上。

（3）从矿井主变电站以放射式向地面配、变电所配电时，该配、变电所的进线侧可不装设断路器。但现在由于地面变电所变压器容量较大，需要设置温度或瓦斯保护，而这些变电所一般无人值守，这时变电所的进线侧应装设断路器。

（4）配、变电所的非专用电源线进线侧应装设带保护的开关设备。

（5）10 kV(6 kV) 母线的分段处宜装设断路器，当不需要带负荷操作且无继电保护和自动装置要求时，可装设隔离开关。

（6）6 ~ 10 kV 配、变电所配出线路宜装设断路器，当满足继电保护和操作要求时，可装设带熔断器的负荷开关。

（7）10 kV(6 kV)/0.4 kV 变电所高、低压侧电器及母线选择见表 1-4-2。

表 1-4-2 10 kV(6 kV)/0.4 kV 变电所高、低压侧电器及母线选择表

接线图	编号	名称	电压/kV	变压器额定容量/(kV·A)										
				100	200	315	400	500	630	800	1000	1250	1600	2000
		变压器额定电流/A	0.4	144.3	288.7	455	577	722	909	1155	1443	1804	2300	2890
			6	9.6	19.2	30.3	38.5	48.1	60.6	77	96.2	120.3	154	192.7
			10	5.8	11.5	18.2	23	29	36.4	46.2	57.7	72.2	92.4	115.6
	1	架空(JL 型)引入线/mm^2	6	≥25								≥35	≥50	≥70
			10	≥25									≥35	
	2	铜芯电缆引入线/mm^2	6	≥3×25							≥3×35	≥3×50	≥3×70	≥3×95
			10	≥3×25								≥3×35	≥3×50	≥3×70
	3	隔离开关或负荷开关	6	GN19-10/400,CS6-1										
			10	GN19-10/400,CS6-1										
	4	XRNT-12 及 HH 型熔断器熔管电流/熔丝电流/A	6	50/20	50/31.5	100/50	100/63	100/80	100/100	160/125				
			10	50/15	50/20	50/31.5	50/40	100/50	100/63	100/80	100/100	160/125		
	5	HRW4 型跌开式熔断器熔管电流/熔丝电流/A	6	50/20	50/50		100/75		100/75					
			10	50/15	50/40		50/50		50/50					
	6	真空断路器	6	户内 VS1、VD4 等										
			10											
	7	高压母线	10(6)	TMY-50×5										
	8	DW45 低压断路器额定电流	0.4	200	400	630	800	1000	1250	1600	2000	2500	3000	3600
	9	隔离开关及其操动机构	0.4	GN19-10/630 CS6-1							GN22-10/2000		GN22-10/3150	
	10	电流互感器变化	0.4	200/5	400/5	600/5	800/5	1000/5	1500/5	1500/5	2000/5	2500/5	3000/5	4000/5
	11	低压相母线 TMY/mm	0.4	50×5	50×5	50×5	63×6.3	80×8	100×8	100×8	125×10	2(100×10)	2(125×10)	2(125×10)
	12	低压 PE 母线 TMY/mm	0.4	40×4	40×4	40×4	40×5	50×5	50×5	50×5	63×6.3	80×8	80×8	80×8

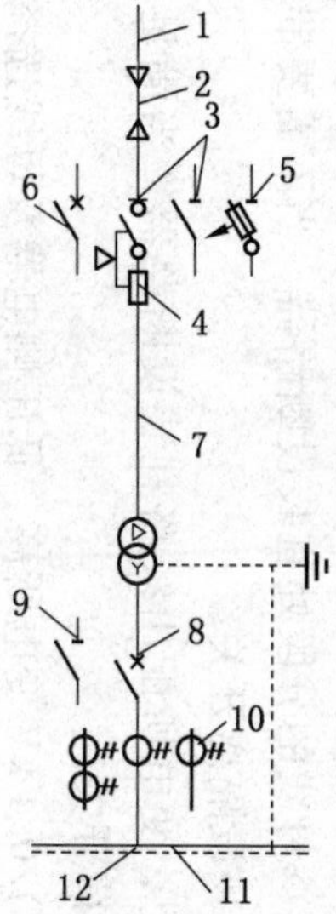

注:1. 高、低压电器及规格仅满足了温升条件。

2. 架空引入线新国标型号为 JL 型,原国标型号为 LJ 型。

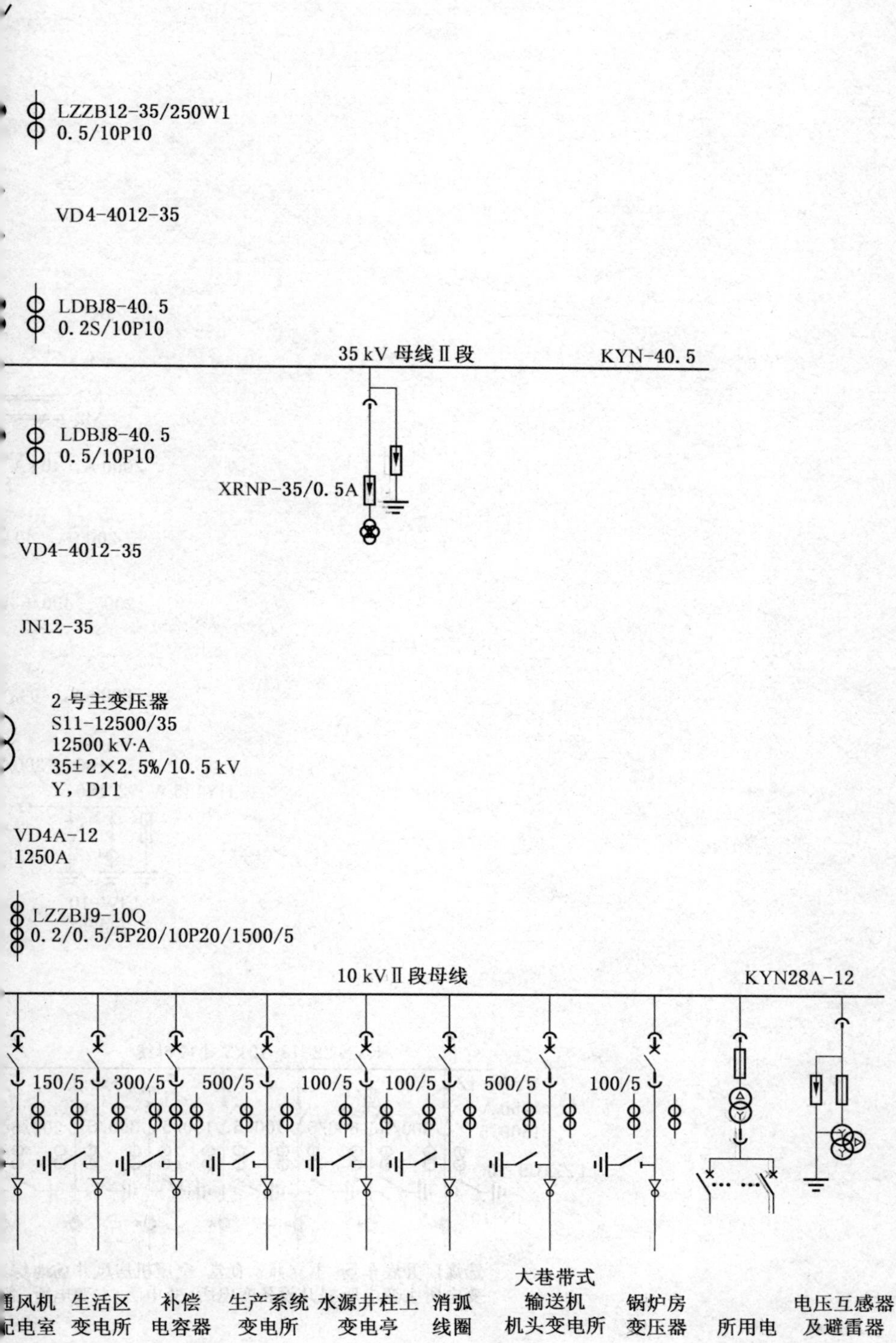

LZZB12-35/250W1
0.5/10P10

VD4-4012-35

LDBJ8-40.5
0.2S/10P10

35 kV 母线Ⅱ段 KYN-40.5

LDBJ8-40.5
0.5/10P10

XRNP-35/0.5A

VD4-4012-35

JN12-35

2 号主变压器
S11-12500/35
12500 kV·A
35±2×2.5%/10.5 kV
Y，D11

VD4A-12
1250A

LZZBJ9-10Q
0.2/0.5/5P20/10P20/1500/5

10 kV Ⅱ段母线 KYN28A-12

150/5 300/5 500/5 100/5 100/5 500/5 100/5

通风机配电室 生活区变电所 补偿电容器 生产系统变电所 水源井柱上变电亭 消弧线圈 大巷带式输送机机头变电所 锅炉房变压器 所用电 电压互感器及避雷器

M1
M2

2000 A，40 kA

2000 A，40 k

200 ～ 400/5 A

2000 A，40 kA

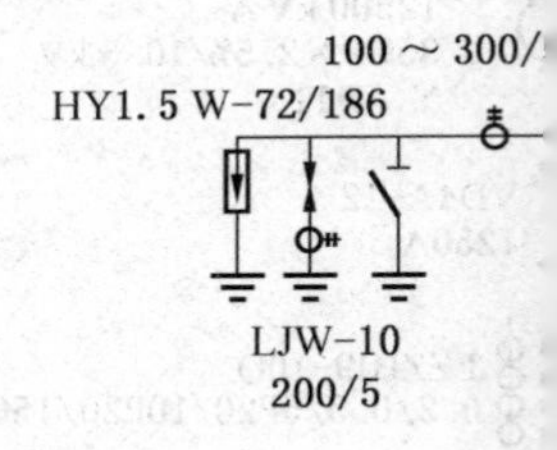

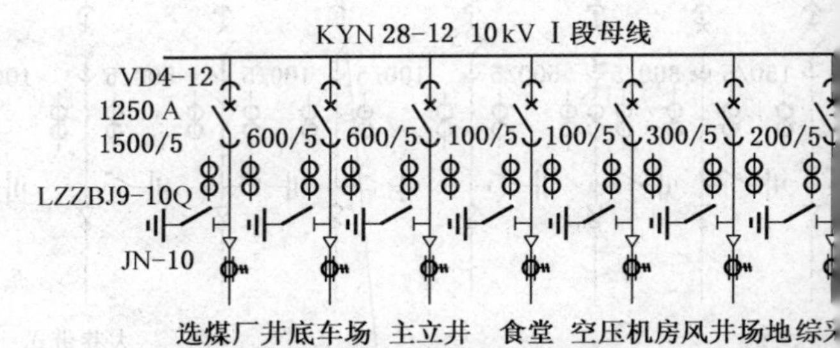

选煤厂变电所 井底车场主变电所 主立井提升设备 食堂变电所 空压机房变电所 风井场地主变电所 综采备

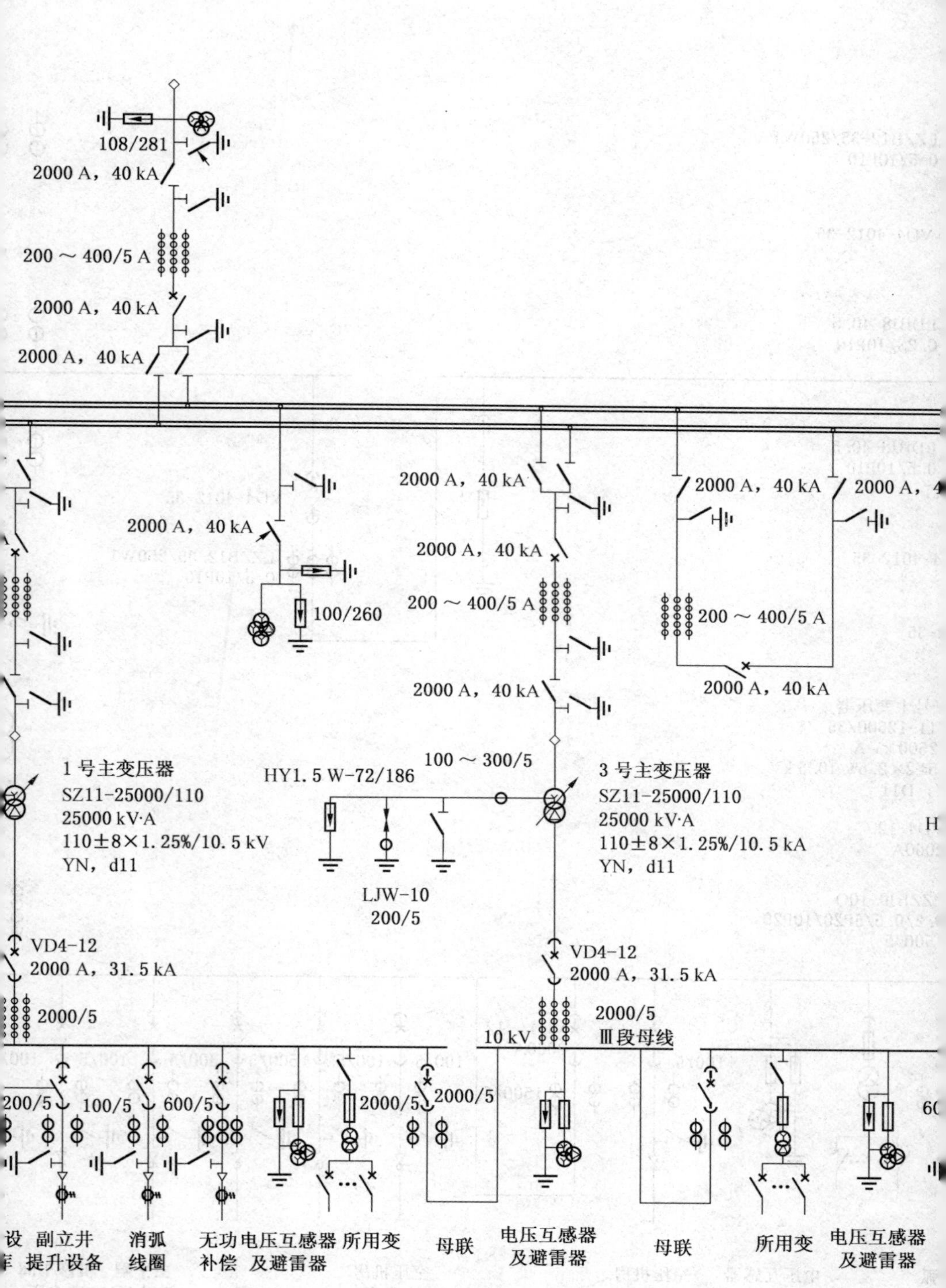

图 1-4-5　矿井 110 kV 变电站主接线图（3 台主变压器）

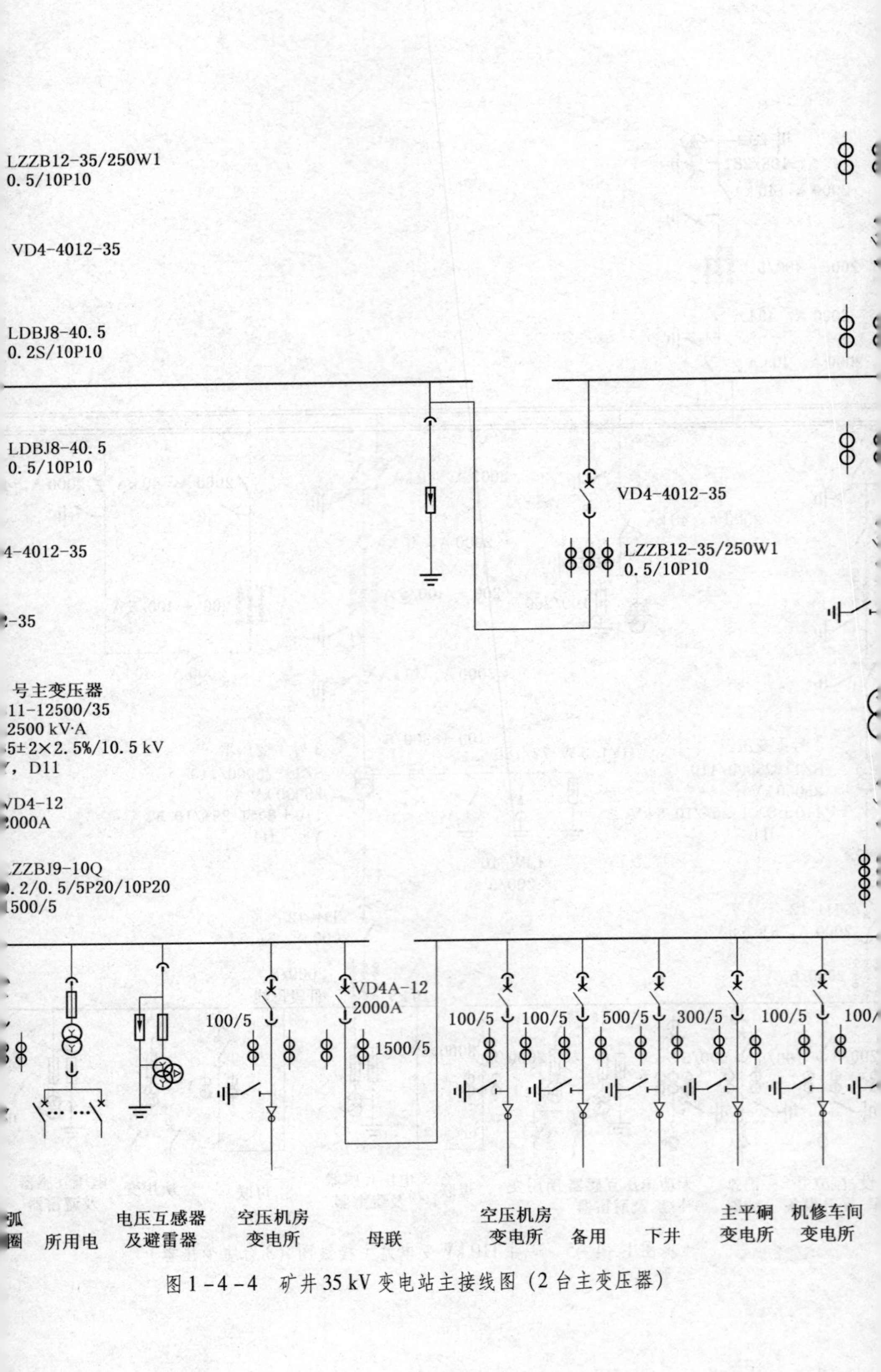
LZZB12-35/250W1
0. 5/10P10
VD4-4012-35
LDBJ8-40. 5
0. 2S/10P10
LDBJ8-40. 5
0. 5/10P10
4-4012-35
-35
VD4-4012-35
LZZB12-35/250W1
0. 5/10P10
号主变压器
11-12500/35
2500 kV·A
5±2×2.5%/10. 5 kV
，D11
VD4-12
2000A
LZZBJ9-10Q
. 2/0. 5/5P20/10P20
1500/5
100/5
VD4A-12
2000A
1500/5
100/5
100/5
500/5
300/5
100/5
100/
弧
圈
所用电
电压互感器
及避雷器
空压机房
变电所
母联
空压机房
变电所
备用
下井
主平硐
变电所
机修车间
变电所
图 1-4-4　矿井 35 kV 变电站主接线图（2 台主变压器）

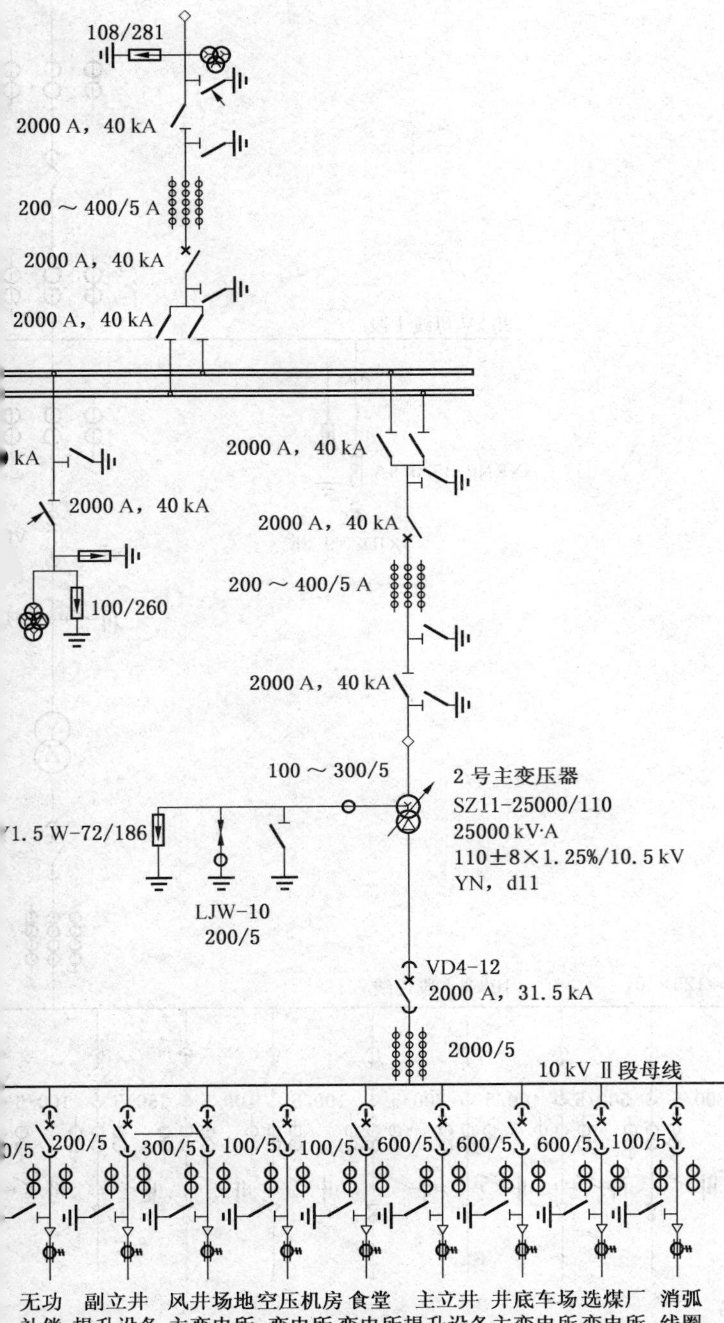
108/281
2000 A，40 kA
200～400/5 A
2000 A，40 kA
2000 A，40 kA
kA
2000 A，40 kA
100/260
2000 A，40 kA
2000 A，40 kA
200～400/5 A
2000 A，40 kA
100～300/5
2 号主变压器
SZ11-25000/110
25000 kV·A
110±8×1.25%/10.5 kV
YN，d11
1.5 W-72/186
LJW-10
200/5
VD4-12
2000 A，31.5 kA
2000/5
10 kV Ⅱ段母线
0/5
200/5
300/5
100/5
100/5
600/5
600/5
600/5
100/5
无功补偿
副立井提升设备
风井场地主变电所
空压机房变电所
食堂变电所
主立井提升设备
井底车场主变电所
选煤厂变电所
消弧线圈

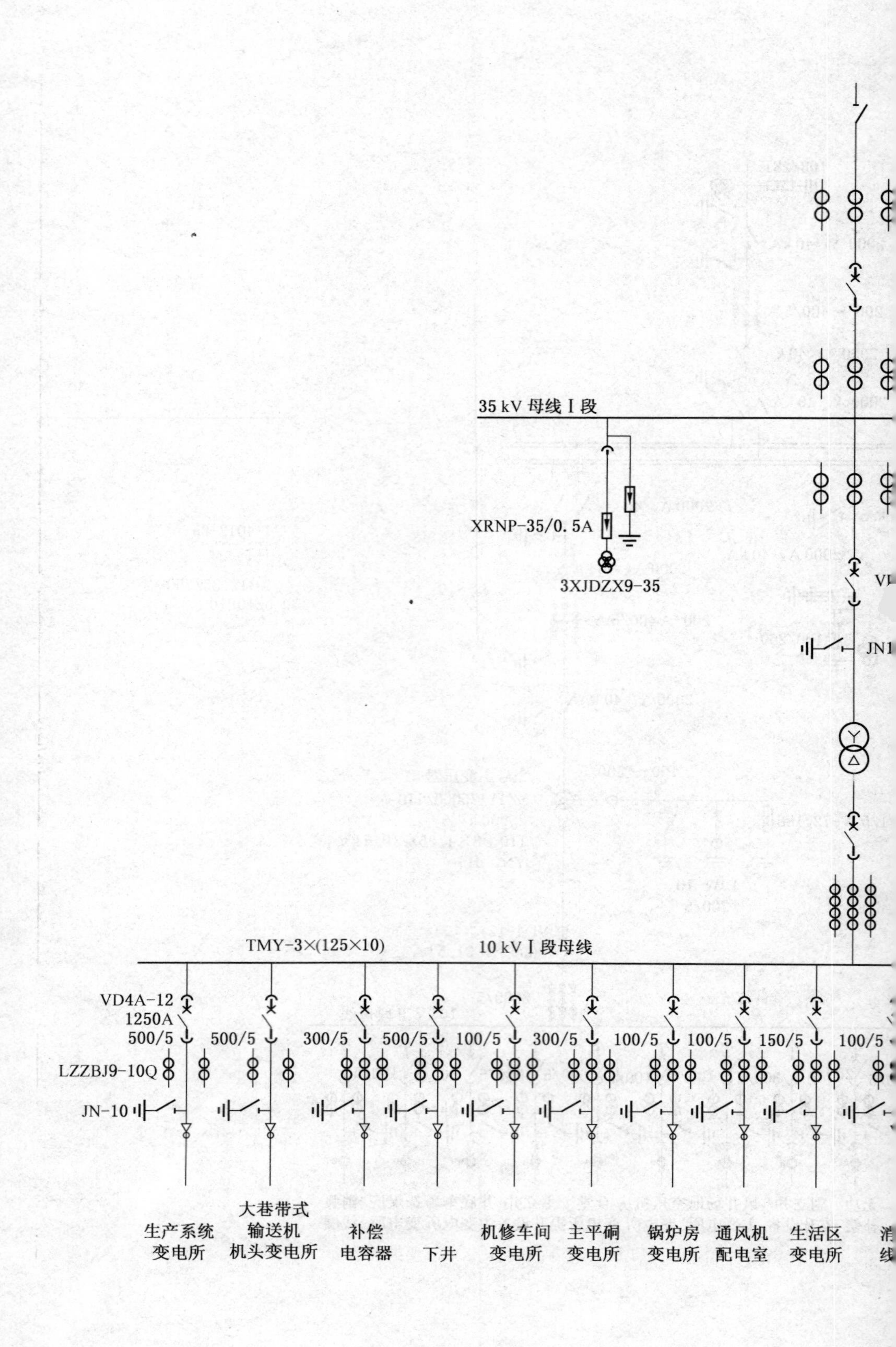

35 kV 母线 I 段
XRNP-35/0.5A
3XJDZX9-35
VI
JN1
TMY-3×(125×10)
10 kV I 段母线
VD4A-12
1250A
500/5
500/5
300/5
500/5
100/5
300/5
100/5
100/5
150/5
100/5
LZZBJ9-10Q
JN-10
生产系统
变电所
大巷带式
输送机
机头变电所
补偿
电容器
下井
机修车间
变电所
主平硐
变电所
锅炉房
变电所
通风机
配电室
生活区
变电所

（四）主接线图示例

图 1－4－4 所示为一次电压为 2 台 35 kV 变压器接成全桥的变电站主接线图。它包括了主要的一次设备和它们的接线关系。35 kV 及 10 kV 侧均为单母线分段接线。

图 1－4－5 所示为一次电压为 3 台 110 kV 变压器，110 kV 侧为双母线接线，10 kV 侧为单母线分段接线。

第五节 变配电所设备布置

一、概 述

（一）配电装置型式的选择

配电装置型式的选择，应考虑所在地区的地理情况及环境条件，因地制宜，节约用地，并结合运行、检修和安装要求，通过技术经济比较后确定。

配电装置型式从布置上可分为屋内式和屋外式。

（1）6～10 kV 配电装置一般均为室内布置。

（2）35 kV 屋内配电装置与屋外配电装置比较，在经济上两者总投资基本接近，因屋内式电气装置投资较屋外式略少，而土建投资又稍高于屋外式；但屋内式具有节约用地、便于维护、防污性能好等优点，因此选型时一般选用屋内式。

（3）110 kV 配电装置宜采用屋外中型配电装置或屋外半高型配电装置；市区或污秽地区的 110 kV 配电装置宜采用屋内配电装置；大城市中心地区或其他环境特别恶劣地区，110 kV 配电装置可采用室内布置的 SF_6 全封闭组合电器（简称 GIS）。

（4）一次电压为 35～110 kV 的电力变压器，一般采用屋外式布置。在空气特别污秽地区，变压器的外绝缘应加强，变压器也可采用屋内式，但应注意通风问题。

（二）布置原则及要求

1. 总的原则

煤矿变、配电所高压配电装置的设计必须认真贯彻国家的建设方针和技术经济政策，遵循上级颁发的有关规程、规范及技术规定，并根据电力负荷性质、容量、环境条件和运行、检修、施工方面的要求，合理地选用设备和制定布置方案，积极慎重地采用新布置、新设备、新材料、新结构，使配电装置的设计不断创新，做到技术先进、布置合理、运行可靠、维护方便。在确定变电站的配电装置型式时应充分考虑以下几个原则：

（1）节约用地。我国人口众多，但耕地不多。因此节约用地是我国现代化建设的一项带战略性的方针。配电装置少占地、不占良田和避免大量开挖土石方，是一条必须认真贯彻的重要政策。

各型配电装置占地面积的比较如下：

屋外普通中型为 100%；

屋外分相中型为 70%～80%；

屋外半高型为 50%～60%；

屋外高型为 40%～50%；

屋内型为25% ~30%；

SF_6 全封闭电器为5% ~10%。

(2) 运行安全和操作巡视方便。配电装置布置要整齐清晰，并能在运行中满足对人身和设备的安全要求，如保证各种电气安全净距，装设防误操作的闭锁装置，采取防火、防爆措施，使配电装置一旦发生事故时，能将事故限制到最小范围和最低程度，并使运行人员在正常操作和处理事故的过程中不致发生意外情况，以及在检修过程中不致损坏设备。此外，还应重视运行维护时的方便条件，如合理确定电气设备的操作位置，合理设置操作巡视通道，以便于与主控制室联系等。

(3) 便于安装和检修。对于各种型式的配电装置，都要考虑安装和检修条件。如110 kV配电装置采用高型和半高型布置时，要对上层母线和上层隔离开关的检修、试验采取适当措施。此外，配电装置的设计还应考虑分期建设和扩建过渡的需要。

(4) 节约三材，降低造价。

2. 布置要求

(1) 布置应紧凑合理，便于设备的操作、搬运、维修、试验和巡视，还要考虑发展的可能性。

(2) 山区变电站地面标高应尽量利用原有自然地形，减少填挖土石方量。

(3) 适当安排建筑物内各房间的相对位置，使配电室的位置便于进出线。变压器室宜靠近低电压等级的配电室。电容器室宜与相应电压等级的配电室相毗连，控制室、值班室和辅助房间的位置应便于运行人员工作和管理等。

(4) 变电站建筑物的室内地坪设计标高应高于室外地坪0.3 m；在湿陷性黄土地区，多层建筑的室内地坪设计标高应高于室外地坪0.45 m。

(5) 变电站场地设计坡度应根据设备布置、土质条件、排水方式和道路纵坡确定，宜为0.5% ~2%，且不应小于0.3%；平行于母线方向的坡度，应满足电气及结构布置的要求。道路最大坡度不宜大于6%。当利用路边明沟排水时，沟的纵向坡度不宜小于0.5%，局部困难地段不应小于0.3%。电缆沟及其他类似沟道的沟底纵坡不宜小于0.5%。

(6) 变电站生产建筑物一般包括：高低压配电室、控制室、电容器室等。根据需要还可以设辅助房间，一般包括备品备件间、休息室、厕所、办公室等。变电站的生产建筑物与其他辅助房间一般采用联合建筑。

(7) 变电站宜采用不低于2.2 m高的实体围墙。企业变电站围墙形式应与周围环境相协调。

(8) 配电室尽量利用自然采光和自然通风，变压器室和电容器室尽量避免西晒，值班室和控制室尽可能朝南。

(9) 变电站内为满足消防要求的主要道路宽度宜为4 m，所内道路的转弯半径不应小于6 m。35 ~110 kV 变电站的进所道路宜为4 m。

(10) 变电站一般采用单层布置，在用地面积受限制或布置有特殊要求时，也可设计成多层，但一般不超过3 层。在采用多层布置时，为便于搬运和采取防火措施，变压器应设在底层。设于上层的配电室应设搬运设备的通道、平台或孔洞。

二、屋 外 布 置

(一) 电气间距及常用布置尺寸

1. 电气间距

屋外配电装置的安全净距不应小于表 1－5－1 所列数值。对照图 1－5－1～图 1－5－3 进行校验。

表 1－5－1 屋外配电装置的安全净距 mm

符号	适应范围	系统标称电压/kV					
		3～10	15～20	35	66	110J	110
A_1	1. 带电部分至接地部分之间 2. 网状遮拦向上延伸线距地 2.5 m 处与遮拦上方带电部分之间	200	300	400	650	900	1000
A_2	1. 不同相的带电部分之间 2. 断路器和隔离开关的断口两侧引线带电部分之间	200	300	400	650	1000	1100
B_1	1. 设备运输时，其设备外廓至无遮拦带电部分之间 2. 交叉的不同时停电检修的无遮拦带电部分之间 3. 栅状遮拦至绝缘体和带电部分之间 4. 带电作业时带电部分至接地部分之间	950	1050	1150	1400	1650	1750
B_2	网状遮拦至带电部分之间	300	400	500	750	1000	1100
C	1. 无遮拦裸导体至地面之间 2. 无遮拦裸导体至建筑物、构筑物顶部之间	2700	2800	2900	3100	3400	3500
D	1. 平行的不同时停电检修的无遮拦带电部分之间 2. 带电部分与建筑物、构筑物的边沿部分之间	2200	2300	2400	2600	2900	3000

注：1. 110J 指中性点有效接地系统。
2. 海拔超过 1000 m 时，A 值应进行修正。
3. 本表所列各值不适用于制造厂的成套配电装置。
4. 带电作业时，不同相或交叉的不同回路带电部分之间，其 B_1 值可在 A_2 值上加 750 mm。

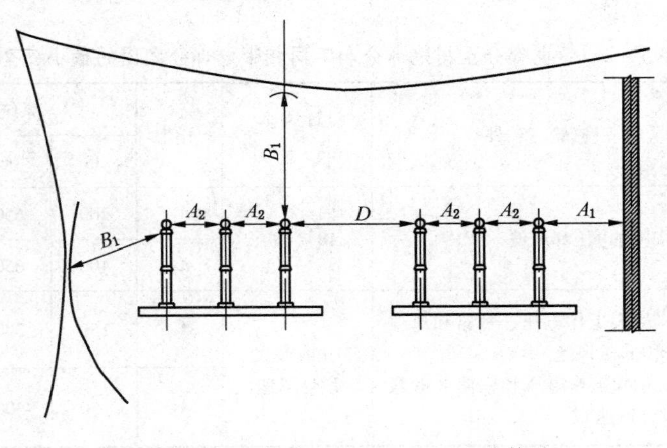

图 1－5－1 屋外 A_1、A_2、B_1、D 值校验

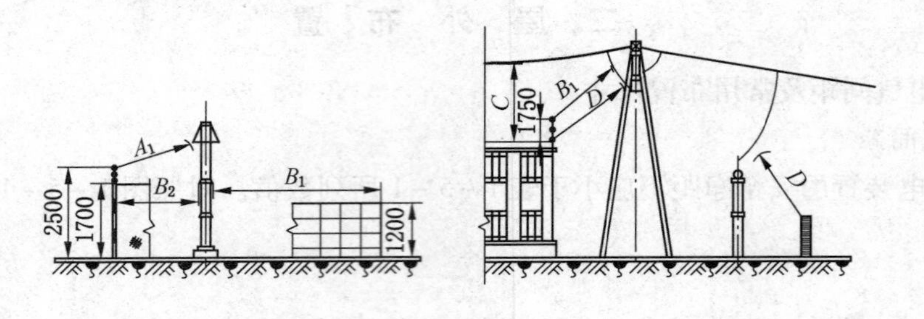

图 1-5-2　屋外 A_1、B_1、B_2、C、D 值校验

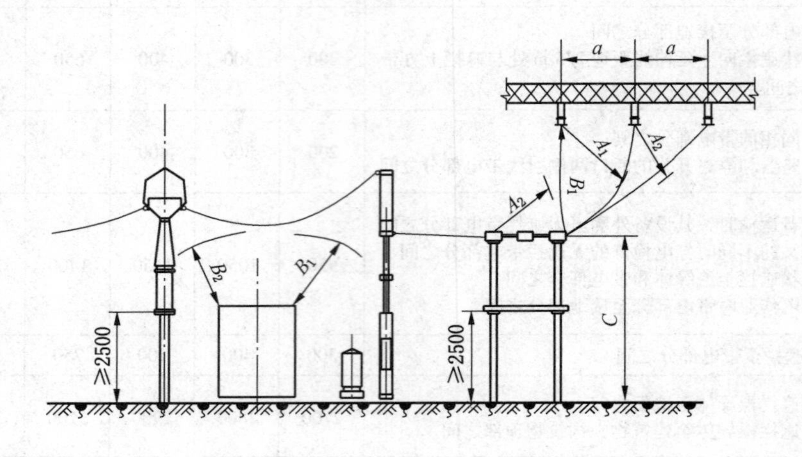

图 1-5-3　屋外 A_2、B_1、C 值校验

2. 带电部分至接地部分和不同相带电部分之间的最小安全距离

屋外配电装置使用软导线时，在不同条件下，带电部分至接地部分和不同相带电部分之间的最小安全距离，应根据表 1-5-2 进行校验，并应采用最大值。

表 1-5-2　带电部分至接地部分和不同相带电部分之间的最小安全距离　　mm

条　件	校 验 条 件	设计风速/(m·s⁻¹)	A 值	系统标称电压/kV			
				35	66	110J	110
雷电过电压	雷电过电压和风偏	10（注）	A_1	400	650	900	1000
			A_2	400	650	1000	1100
工频过电压	1. 最大工作电压、短路和风偏（取 10 m/s 风速） 2. 最大工作电压和风偏（取最大设计风速）	10 或最大设计风速	A_1	150	300	300	450
			A_2	150	300	500	500

注：在最大设计风速为 35 m/s 及以上，以及雷暴时风速较大等气象条件恶劣的地区应采用 15 m/s。

3. 其他要求

除以上要求外，还应满足下列要求：

（1）电气设备外绝缘体最低部位距地小于2500 mm时，应装设固定遮拦。

（2）配电装置中，相邻带电部分的系统标称电压不同时，相邻带电部分的安全净距应按较高的系统标称电压确定。

（3）屋外配电装置裸露的带电部分的上面和下面，不应有照明、通信和信号线路架空跨越或穿过。

（4）设备运输时，其外廓至无遮拦裸导体之间的净距，不应小于表1-5-1中的B_1值。

（5）不同时停电检修的无遮拦裸导体之间的垂直交叉净距，不应小于表1-5-1中的B_1值。

（6）带电部分至建筑物和围墙顶部的净距，不应小于表1-5-1中的D值。

4. 通道和围栏

中型布置的屋外配电装置内的检修、维护用环形道路宽度不宜小于3000 m。成环有困难时，应具备回车条件。

屋外配电装置应设置巡视和操作通路，其宽度一般为0.8~1 m，通道通常铺以碎石路面，有条件时可利用地面电缆沟的布置作为巡视路线。

66~110 kV屋外配电装置，其周围宜设置高度不低于1500 mm的围栏，并应在围栏醒目地方设置警示牌。

配电装置中电气设备的栅状遮拦高度不应小于1200 mm，栅状遮拦最低栏杆至地面的净距不应大于200 mm。

5. 常用布置尺寸及有关规定

（1）35~110 kV中型配电装置通常采用的有关尺寸见表1-5-3。选用出线架构宽度

表1-5-3　35~110 kV中型配电装置的有关尺寸　m

名称		电压等级/kV		
		35	66	110
弧垂	母线	1.0	1.1	0.9~1.1
	进出线	0.7	0.8	0.9~1.1
线间距离	Π型母线架	1.6	2.6	3.0
	门型母线架	—	1.6	2.2
	进出线架	1.3	1.6	2.2
架构高度	母线架	5.5	7.0	7.3
	进出线架	7.3	9.0	10.0
	双层架	—	12.5	13.0
架构宽度	Π型母线架	3.2	5.2	6.0
	门型母线架	—	6.0	8.0
	进出线架	5.0	6.0	8.0

时,应使出线对架构横梁垂直线的偏角 ϕ 不大于下列数值:35 kV 为5°,110 kV 为20°。如出线偏角大于以上数值,则需采取出线悬挂点偏移等措施,并对其跳线的安全净距进行校验。

(2) 煤矿 35 ~ 110 kV 变电站的 10 kV(6 kV) 系统一般为不接地系统,所以设计中要考虑预留消弧线圈的安装位置及其引线方式。

(3) 断路器和避雷器等设备采用低位布置时,围栏内宜做成高 100 mm 的水泥地坪,以便于排水和防止长草。

(4) 端子箱、操作箱的基础高度一般不低于地面 200 ~ 250 mm。

(5) 35 ~ 110 kV 隔离开关的操作机构宜布置在边相,操作机构的安装高度一般为 1 m。

(6) 隔离开关引线对地安全净距 C 值的校验,应考虑电缆沟凸出地面的尺寸。

(7) 油量为 2500 kg 及以上的屋外油浸变压器之间的最小净距见表 1-5-4。

表 1-5-4 屋外油浸变压器之间的最小净距 m

电压等级	最小净距	电压等级	最小净距
35 kV 及以下	5	110 kV	8
66 kV	6		

(8) 屋外配电装置的出线走廊及出线间隔宽度见表 1-5-5。

表 1-5-5 屋外配电装置的出线走廊及出线间隔宽度

线路的杆塔布置型式	走廊宽度/m			间隔宽度/m		
	35 kV	60 kV	110 kV	35 kV	60 kV	110 kV
单回水平排列无拉线	12	15	15	5	6.5	8
单回垂直排列无拉线	8 ~ 10	10	10			
双回垂直排列无拉线	10	12	12			

(9) 配电装置各回路的相序排列宜一致。可按面对出线,自左至右、由远而近、从上到下的顺序,相序排列为 A、B、C。对屋外母线桥应有相色标志,A、B、C 相色标志应分别为黄、绿、红三色。

(10) 66 ~ 110 kV 配电装置内的母线排列顺序,宜为靠变压器侧布置的母线为Ⅰ母、靠线路侧布置的母线为Ⅱ母;双层布置的配电装置内母线排列顺序,宜为下层布置的母线为Ⅰ母、上层布置的母线为Ⅱ母。

(11) 不同海拔地区配电装置的外绝缘补偿所选用的绝缘子片数见表 1-5-6。

表 1-5-6 不同海拔高度绝缘子片数

海拔高度/m	电压/kV		
	35	60	110
<1000	4	6	8
1000 ~ 1500	4	6	8
1501 ~ 2000	5	7	9
2001 ~ 2500	5	7	9

（12）屋外配电装置在污染地区需按表1-5-7的要求，采取加强绝缘措施。

表1-5-7　变电站污秽分级标准及爬电比距数值

污秽等级	污　秽　特　征	爬电比距/(cm·kV^{-1})
0	大气清洁地区及离海岸盐场50 km以上无明显污秽地区	
Ⅰ	大气轻度污秽地区，工业区和人口低密集区，离海岸盐场10～50 km地区，在污闪季节中干燥少雾（含毛毛雨）或雨量较多时	1.6（1.84）
Ⅱ	大气中等污秽地区，轻盐碱和炉烟污秽地区，离海岸盐场3～10 km地区，在污闪季节中潮湿多雾（含毛毛雨）或雨量较少时	2.0（2.30）
Ⅲ	大气污染较严重地区，重雾和重盐碱地区，近海岸盐场1～3 km地区，工业与人口密度较大地区，离化学污染源和炉烟污秽300～1500 m的较严重污秽地区	2.50（2.88）
Ⅳ	大气特别严重污染地区，离海岸盐场1 km以内，离化学污染源和炉烟污秽300 m以内的地区	3.10（3.57）

注：1. 爬电比距计算时取系统最高工作电压，表中括号内数字为按额定电压计算值。
2. 对处于污秽环境中用于中性点绝缘和经消弧线圈接地系统的电力设备，其外绝缘水平可按高一级选取。

（13）屋外配电装置中的导线允许最小截面为：铜绞线16 mm^2，钢绞线16 mm^2，铝绞线及钢芯铝绞线25 mm^2。

（14）在低温地区，对带油的设备，为防止油冷却变冷，应设加热装置。

（15）地震烈度为9度及以上地区的110 kV配电装置宜采用气体绝缘金属封闭开关设备配电装置。

6. 防火和蓄油设施

（1）屋外充油电气设备单台油量在1000 kg以上时，应设置储油或挡油设施。当设置有容纳20%油量或挡油设施时，应有将油排到安全处所的设施，且不应引起污染危害。当不能满足上述要求时，应设置能容纳100%油量的储油或挡油设施。

当设置有油水分离措施的总事故储油池时，其容量宜按最大一个油箱容量的60%确定。

储油和挡油设施应大于设备外廓每边各1000 mm。

储油设施内应铺设卵石层，其厚度不应小于250 mm，卵石直径宜为50～80 mm。

（2）当油量为2500 kg及以上的屋外油浸变压器之间的最小净距不满足表1-5-4要求时，应设置防火墙，防火墙的耐火极限不宜小于4 h，防火墙的高度应高于变压器油枕，其长度应大于变压器储油池两侧各1000 mm。

（3）油量在2500 kg及以上的屋外油浸变压器或电抗器与本回路油量为600 kg以上且2500 kg以下的带油电气设备之间的防火间距不应小于5000 mm。

在防火要求较高的场所，有条件时宜选用非油绝缘的电气设备。

（4）建筑物与户外油浸变压器的外廓间距不宜小于10000 mm；当其间距小于10000 mm，且在5000 mm以内时，在变压器外轮廓投影范围外侧各3000 mm内的屋内配电装置楼、主控制楼面向油浸变压器的外墙不应开设门、窗和通风孔；当其间距在5000～10000 mm时，在上述外墙上可设甲级防火门。变压器高度以上可设防火窗，其耐火极限不应小于0.9 h。

（二）屋外布置示例

常用的35 ~110 kV 高压配电装置屋外布置如图1 -5 -4 ~图1 -5 -6 所示。

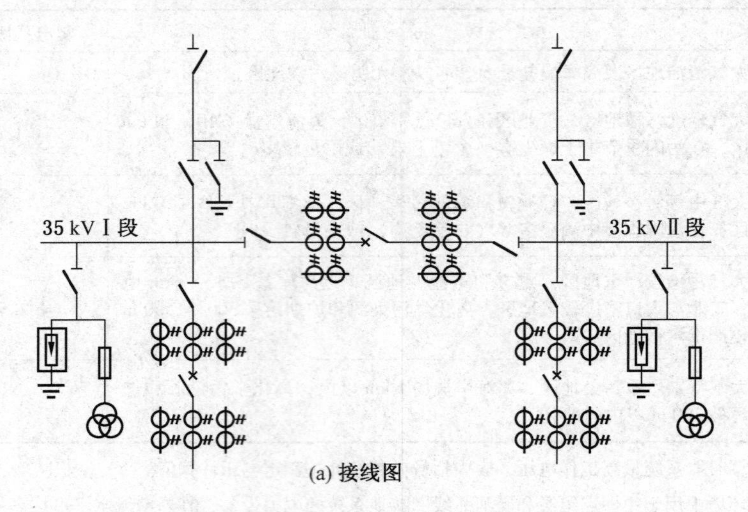

(a) 接线图

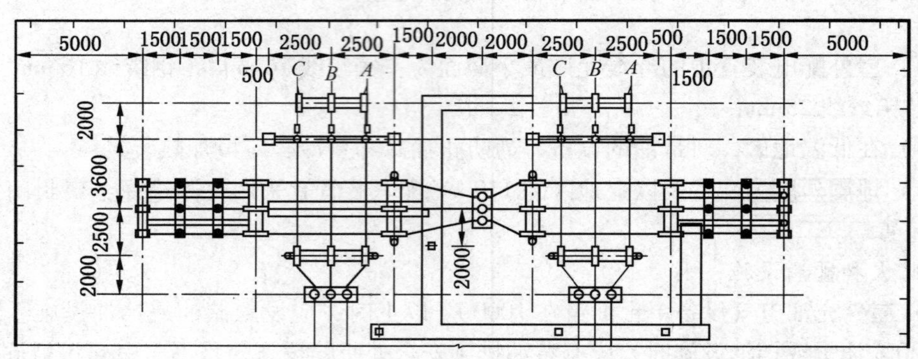

(b) 平面图

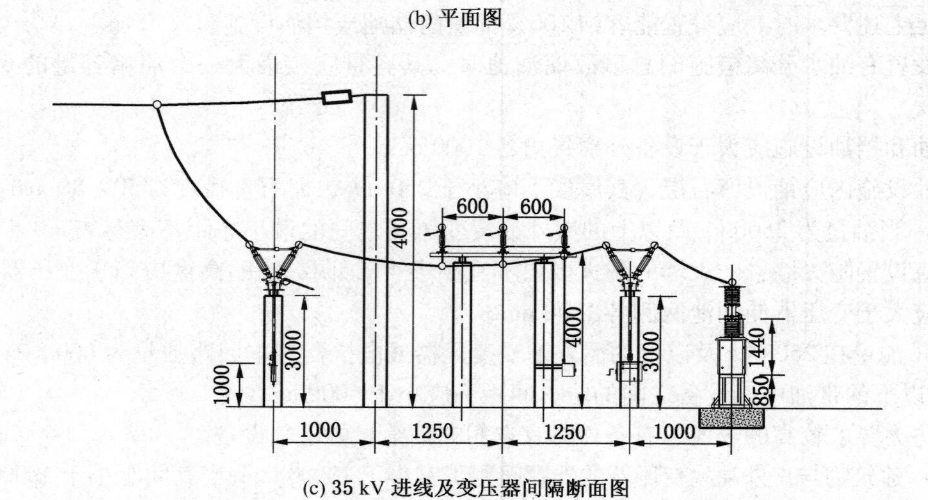

(c) 35 kV 进线及变压器间隔断面图

图1 -5 -4　35 kV 外桥接线变电站室外布置平断面图

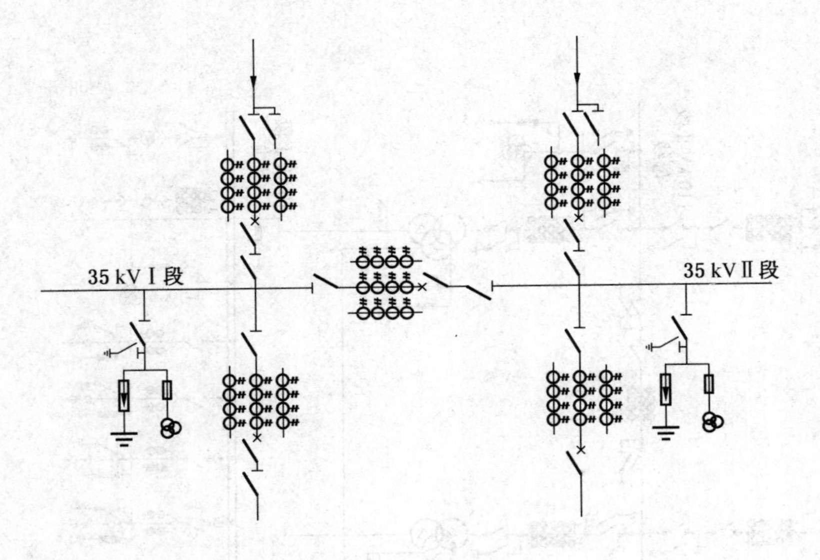

(a) 接线图

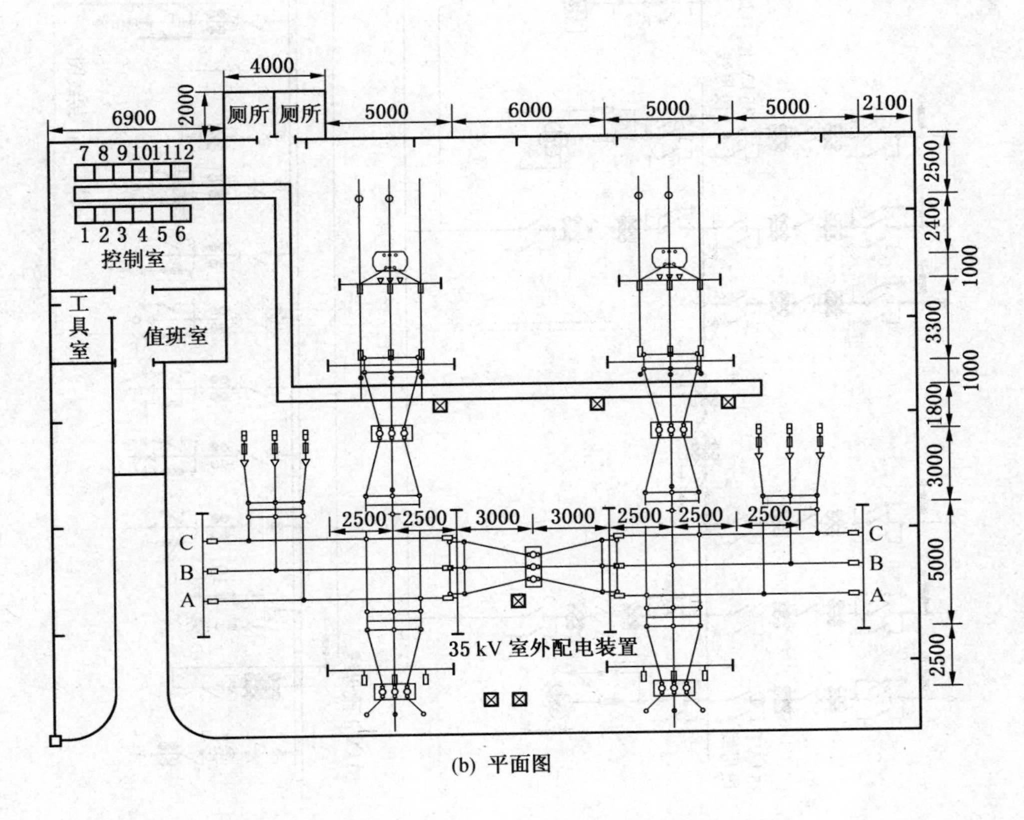

(b) 平面图

图 1-5-5　35 kV 单母线分段接线变电站室外布置平面图

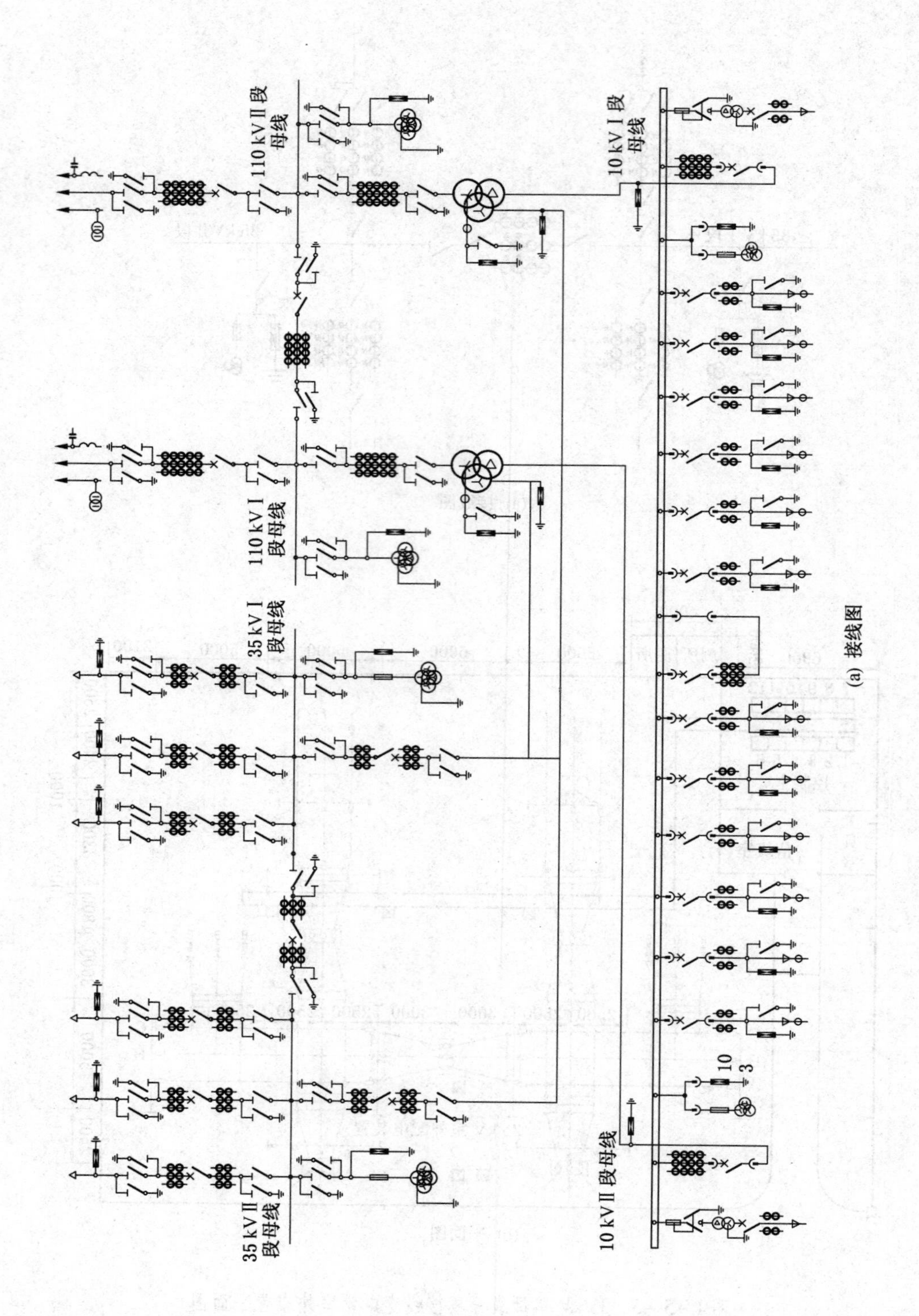
110 kV Ⅱ段母线
10 kV Ⅰ段母线
110 kV Ⅰ段母线
35 kV Ⅰ段母线
10
3
35 kV Ⅱ段母线
10 kV Ⅱ段母线

(a) 接线图

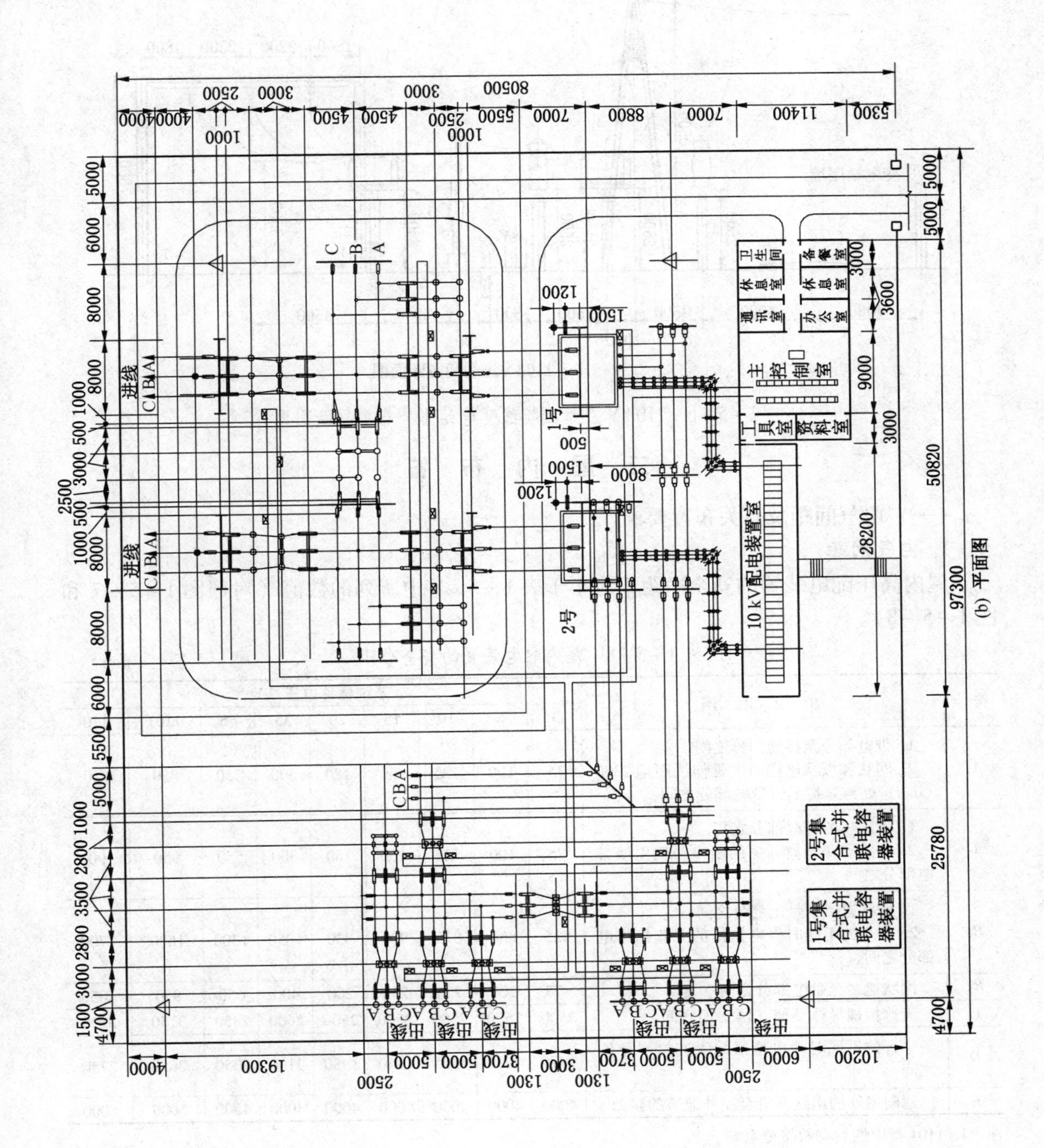
进线
出线
1号
2号
主控制室
通讯室
休息室
卫生间
备餐室
办公室
工具室
资料室
10 kV配电装置室
1号集合式并联电容器装置
2号集合式并联电容器装置
80500
97300
50820
28200
25780

(b) 平面图

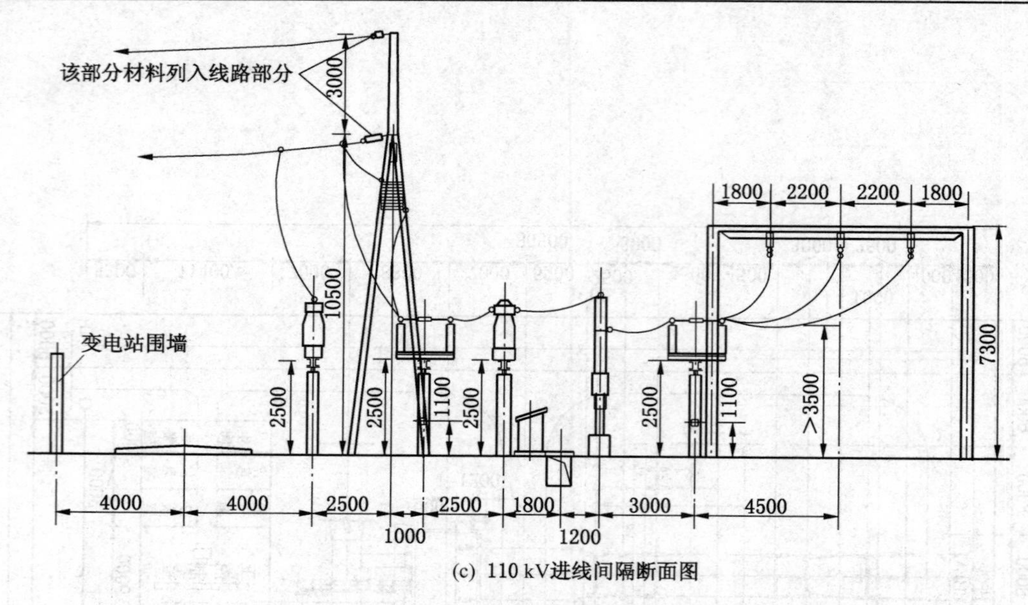

(c) 110 kV进线间隔断面图

图1－5－6　110 kV 双母线接线变电站室外布置平断面图

三、屋　内　布　置

(一) 电气间距及有关布置要求

1. 电气间距

屋内高压配电装置的安全净距不应小于表1－5－8中所列的数值（对照图1－5－7和图1－5－8）。

表1－5－8　屋内配电装置的安全净距

mm

符号	适应范围	系统标称电压/kV								
		3	6	10	15	20	35	66	110J	110
A_1	1. 带电部分至接地部分之间 2. 网状和板状遮拦向上延伸线距地2300 (mm) 处与遮拦上方带电部分之间	75	100	125	150	180	300	550	850	950
A_2	1. 不同相的带电部分之间 2. 断路器和隔离开关的断口两侧引线带电部分之间	75	100	125	150	180	300	550	900	1000
B_1	1. 栅状遮拦至带电部分之间 2. 交叉的不同时停电检修的无遮拦带电部分之间	825	850	875	900	930	1050	1300	1600	1700
B_2	网状遮拦至带电部分之间	175	200	225	250	280	400	650	950	1050
C	无遮拦裸导体至地（楼）面之间	2500	2500	2500	2500	2500	2600	2850	3150	3250
D	平行的不同时停电检修的无遮拦裸导体之间	1875	1900	1925	1950	1980	2100	2350	2650	2750
E	通向屋外的出线套管至屋外通道的路面	4000	4000	4000	4000	4000	4000	4500	5000	5000

注：1. 110J 指中性点有效接地系统。
2. 海拔超过1000 m时，A 值应进行修正。
3. 本表所列各值不适用于制造厂的产品设计。
4. 当为板状遮拦时，B_2 值可在 A_1 值上加30 mm。
5. 通往屋外配电装置的出线套管至屋外地面的距离，不应小于表1－5－1中所列屋外部分的 C 值。

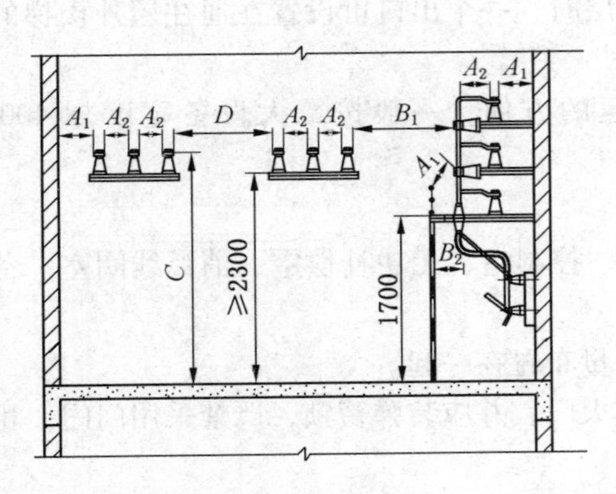

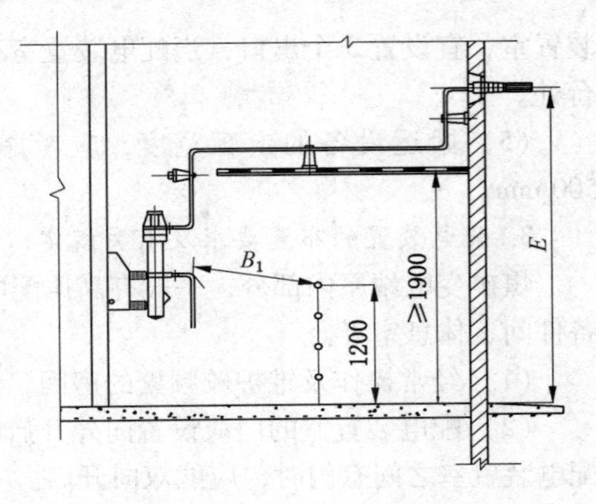

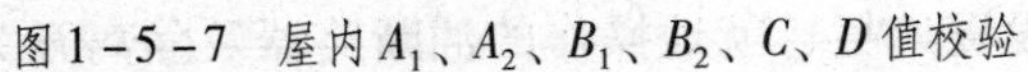

图1-5-7　屋内A_1、A_2、B_1、B_2、C、D值校验　　图1-5-8　屋内B_1、E值校验

2. 通道和围栏

（1）屋内配电装置走廊的宽度应保证设备的搬运和维护方便，但不应小于表1-5-9所列的数值。

表1-5-9　屋内配电装置各种通道的最小宽度　　mm

布置方式 \ 通道分类	维护通道	操作通道	
		固定式	移开式
设备单列布置时	800	1500	单车长+1200
设备双列布置时	1000	2000	双车长+900

注：1. 通道宽度在建筑物的墙柱个别突出时，可缩小200 mm。
2. 移开式开关柜不需进行就地检修时，其通道宽度可适当减少。
3. 固定式开关柜靠墙布置时，柜背面离墙距离宜取50 mm。
4. 当采用35 kV高压开关柜时，柜后通道不宜小于1000 mm。

（2）屋内油浸变压器外廓与变压器四周墙壁的最小净距应符合表1-5-10的规定。就地检修的屋内油浸变压器，屋内高度可按吊芯所需的最小高度再加700 mm，宽度可按变压器两侧各加800 mm。

表1-5-10　屋内油浸变压器外廓与变压器室四壁的最小净距　　mm

变压器容量	1000 kV·A及以下	1250 kV·A及以上
变压器与后壁、侧壁之间	600	800
变压器与门之间	800	1000

（3）设置于屋内的无外壳干式变压器，其外廓与四周墙壁的净距不应小于600 mm。干式变压器之间的距离不应小于1000 mm，并应满足巡视维修的要求。

（4）长度大于7000 mm的配电装置室，应设置2个出口。长度大于60000 mm的配电装置室，宜设置3个出口；当配电装置室有楼层时，一个出口可设置在通往屋外楼梯的平台处。

（5）搬运设备的走廊宽度，应考虑搬运的方便，一般按最大设备宽度加400～500 mm。

3. 配电装置的布置要求及有关规定

煤矿变电站屋内部分，一般有高压配电室、控制室、无功补偿室、消弧线圈室、备品备件间、休息室等。

（1）经常操作及维护较频繁的房间，应尽量布置在一起。

（2）配电装置室的门应设置向外开启的防火门，并应装弹簧锁，严禁采用门闩；相邻配电装置室之间有门时，应能双向开启。

（3）在安装有油断路器的屋内间隔内应设置遮拦，就地操作的油断路器及隔离开关，应在其操作机构处设置防护隔板，防护隔板的宽度应满足人员操作的范围要求，高度不应小于1900 mm。

（4）屋内配电装置裸露的带电部分上面不应有明敷的照明、动力线路或管道跨越。

（5）配电装置室可开固定窗采光，并应采取防止玻璃破碎时小动物进入的措施。

（6）配电装置室一般采用自然通风，当不能满足工作地点的温度要求或发生事故排烟有困难时，应增设机械通风装置。

（7）相邻间隔均为架空出线时，必须考虑当一回带电、另一回检修时的安全措施，如将出线悬挂点偏移，两回出线间加隔板等。

（8）矩形母线的布线应尽量减少母线的弯曲，尤其是多片母线的立弯。

（9）当汇流母线采用管形母线时，其至设备的引下线宜采用软线。

（10）配电装置的辅助设施：

① 配电装置室内照明灯具的装设位置，除需保证规定的照度外，还应考虑换灯泡等维护工作的安全、方便。

② 配电装置内各层每隔1～2个间隔需设置一个临时接地端子，并应考虑每隔2～3个间隔设置一个试验及检修用的交流电源插座。

③ 配电装置中电气设备的网状遮拦高度不应小于1700 mm，网状遮拦网孔不应大于40 mm×40 mm，围栏门应装锁。

4. 防火和蓄油设施

（1）总油量超过100 kg的屋内油浸电力变压器，应安装在单独的变压器间内，并应设置灭火设施。

（2）屋内单台电气设备的油量在100 kg以上时，应设置储油或挡油设施。挡油设施的容积应按容纳20%油量设计，并应有将事故油排至安全设施处的设施；当不能满足上述要求时，应设置能容纳100%油量的储油设施。

（二）6～10 kV配电装置室布置

变电站10 kV高压配电装置应预留不少于总安装数25%的备用位置。35 kV及以上的变电站，可在6～10 kV侧的备用位置外增设1～2台备用高压开关柜。6～10 kV配电装置现在一般均采用成套开关柜布置方式。常用10 kV开关柜的外形尺寸见表1－5－11。

表 1－5－11　常用 10 kV 开关柜的外形尺寸　mm

开关柜型号	尺寸				
	A	B	H	L_1	L_2
KYN18A－12	1775（2175）	900	2130	单车长＋1200	双车长＋900
KYN28A－12	1500（1700）	800	2300	单车长＋1200	双车长＋900
KYN－12	1550	800，840，1000	2200，2300	单车长＋1200	双车长＋900
KGN1－12	1600	1180	2900	1500	2000
XGN2－12	1200	1100，1200	2650	1500	2000

常用 10 kV 封闭式高压开关柜的布置如图 1－5－9、图 1－5－10 所示。

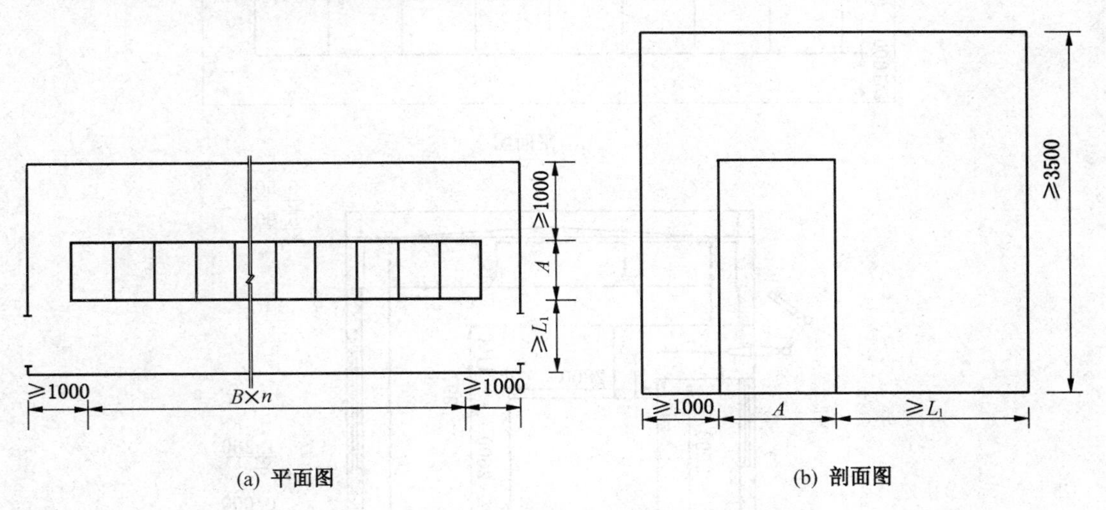

(a) 平面图　(b) 剖面图

图 1－5－9　10 kV 封闭式高压开关柜的单列布置

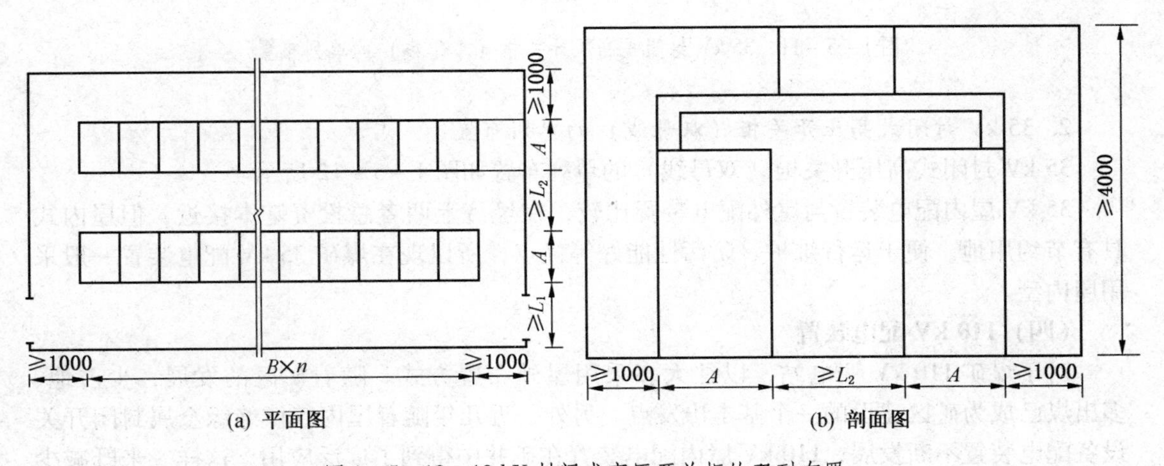

(a) 平面图　(b) 剖面图

图 1－5－10　10 kV 封闭式高压开关柜的双列布置

(三) 35 kV 配电装置

现在煤矿的 35 kV 配电装置一般均采用成套开关柜布置方式。市场上常用的 35 kV 开关柜有 KYN－40.5 和 KYN－40.5（S）型两种，现以这两种开关柜为例说明 35 kV 开关柜的布置形式。

1. 35 kV 封闭式高压开关柜（单母线）的单列布置

35 kV 封闭式高压开关柜（单母线）的单列布置如图 1－5－11 所示。

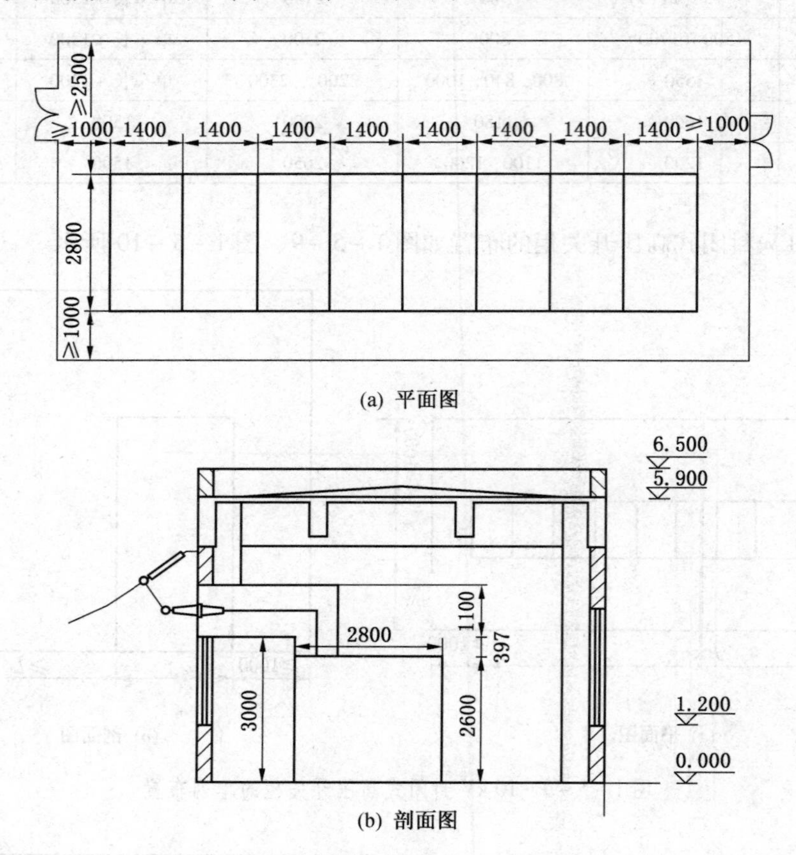

图 1－5－11　35 kV 封闭式高压开关柜（单母线）的单列布置

2. 35 kV 封闭式高压开关柜（双母线）的单列布置

35 kV 封闭式高压开关柜（双母线）的单列布置如图 1－5－12 所示。

35 kV 屋内配电装置与屋外配电装置比较，在经济上两者总投资基本接近，但屋内式具有节约用地、便于运行维护、防污性能好等优点，所以现在煤矿 35 kV 配电装置一般采用屋内型。

（四）110 kV 配电装置

对于煤矿 110 kV 变电站，以往大多采用屋外布置方式。随着矿区的发展，少占地、多出煤已成为矿区建设的一个基本出发点。另外，近几年随着屋内气体绝缘金属封闭开关设备配电装置不断发展，110 kV 屋内配电装置在矿井中得到了广泛应用。这样一来既减少了占地，又大大改善了电气设备的工作条件，减少了维护工作量。布置时，应尽量考虑采用多层叠加式布置。将 6～10 kV 设备布置在下层，110 kV 配电装置布置在上层，减少建筑面积和降低投资。气体绝缘金属封闭开关设备的布置应注意以下问题：

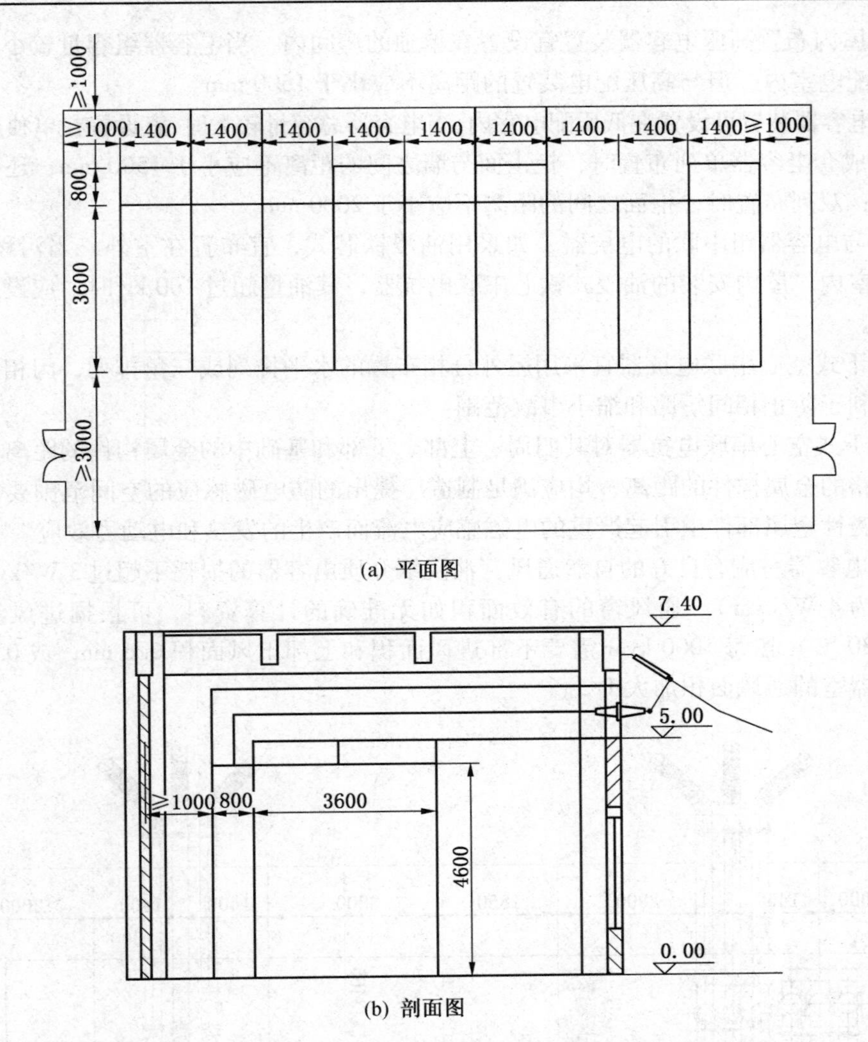

(a) 平面图

(b) 剖面图

图 1－5－12　35 kV 封闭式高压开关柜（双母线）的单列布置

（1）屋内气体绝缘金属封闭开关设备配电装置两侧应设置安装、检修和巡视的通道。主通道宜靠近断路器侧，宽度宜为 2000 mm；巡视通道宽度不应小于 1000 mm。

（2）屋内气体绝缘金属封闭开关设备配电装置应设置起吊设备，起吊设备的容量应满足起吊最大检修单元以及设备检修的要求。

（3）屋内气体绝缘金属封闭开关设备配电装置宜配备 SF_6 气体回收装置，低位区应配备 SF_6 泄漏报警仪及事故排风装置。

（4）110 kV 屋内气体绝缘金属封闭开关设备配电装置布置如图 1－5－13 所示。

（五）其他电气设备室布置

电力电容器的布置也分为屋内式和屋外式。屋外布置土建施工工作量少，可缩短工期，节约工程造价。在运行上通风散热条件好、风和雨水可对电容器进行自然清洗，缺点是受天气和环境污染影响大；屋内布置受环境污染影响小，防范鸟害和小动物侵袭的效果好，维护检修简单，缺点是土建工程量大、工期长。电力电容器的布置应注意以下问题：

（1）屋内布置高压电容器装置宜设置在单独的房间内，当电容器组容量较小时，可设置在高压配电室内，但与高压配电装置的距离不应小于1500 mm。

低压电容器装置可设置在低压配电室内，当电容器总容量较大时，宜设置在单独房间内。

（2）成套电容器单列布置时，柜正面与墙之间的距离不应小于1500 mm，还要考虑搬运的方便；双列布置时，柜面之间的距离不应小于2000 mm。

（3）与电容器组串联的电抗器，如采用油浸铁芯式，宜布置在室外，当污秽较重时，应布置在室内。屋内安装的油浸式铁芯串联电抗器，其油量超过100 kg时，应设置在单独的房间内。

（4）干式空心串联电抗器宜采用屋外分相布置的水平排列或三角排列，因相间拉开了距离，有利于防止相间短路和缩小事故范围。

（5）干式空心串联电抗器对其四周、上部、下部和基础中的金属构件的距离，以及形成闭合回路的金属构件的距离，均应满足制造厂提出的防电磁感应的空间范围要求，以减少邻近铁磁性金属部件中引起严重的电磁感应电流而产生的发热和电动力效应。

（6）电容器室应有良好的自然通风，油浸纸介质电容器的损耗不超过3 W/kvar（1 kV及以下时为4 W/kvar）。通风窗的有效面积如无准确的计算资料，可根据进风温度高低（35 ℃或30 ℃）按每1000 kvar需要下部进风面积和上部出风面积0.6 mm^2 或0.33 mm^2，低压电容器室的通风面积加大1/3。

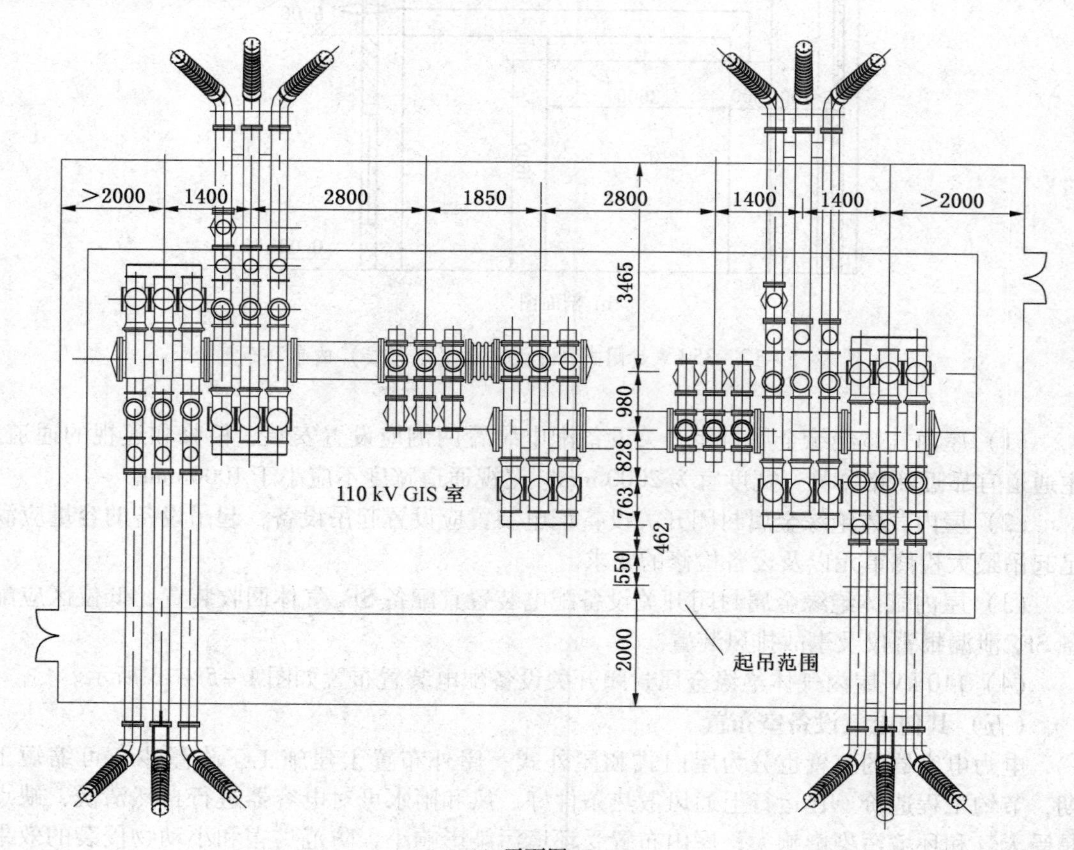

(a) 平面图

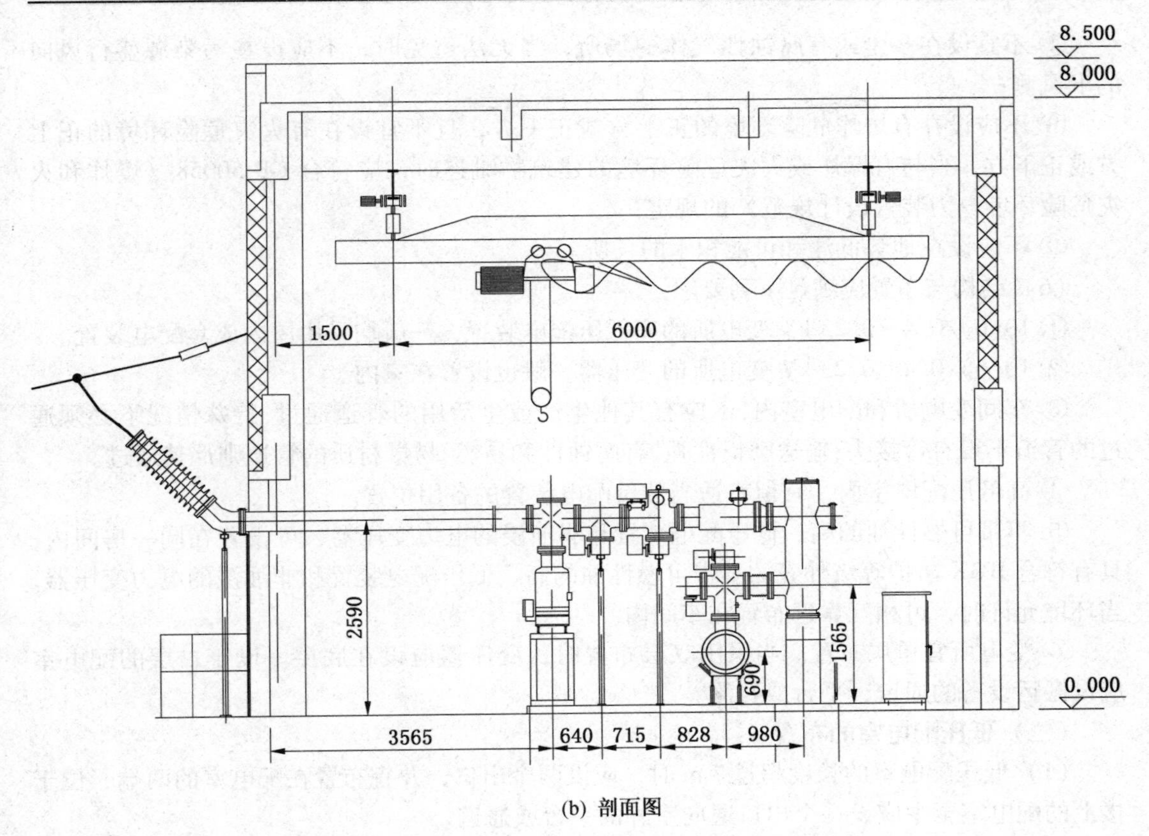

(b) 剖面图

图 1-5-13　110 kV 屋内气体绝缘金属封闭开关设备的布置

四、10(6)/0.4~0.23 kV 变电所及箱式变电站

(一) 一般原则

(1) 矿井地面低压配电中心，为了接近负荷中心和便于管理，一般宜分散设置。

(2) 矿井地面低压变配电所的位置与数量应根据具体情况设置，一般都考虑设置在主要建筑物或车间内。

(3) 需集中控制的选煤厂或地面生产系统，应适当集中设置配电室。

(4) 对于综合自动化有要求的矿井，变电所变压器一次侧应采用断路器，其他情况下，变电所变压器一次侧可采用负荷开关、隔离开关或跌落式熔断器等，这些设备均可安装在变压器室或配电室内，因此这种变电所一般不设高压配电室。

(5) 地面 10 kV(6 kV) 变电所的位置应考虑下列条件：

① 接近负荷中心；

② 进出线方便；

③ 接近电源侧；

④ 设备运输方便；

⑤ 不应设在有剧烈震动或高温的场所；

⑥ 不应设在厕所、浴室或其他经常积水场所的正下方，且不宜与上述场所相贴临；

⑦ 不宜设在多尘或有腐蚀性气体的场所，当无法避免时，不应设在污染源盛行风向的下风侧；

⑧ 不应设在有爆炸危险环境的正上方或正下方，且不宜设在有火灾危险环境的正上方或正下方，当与有爆炸或火灾危险环境的建筑物毗连时，应符合 GB 50058《爆炸和火灾危险环境电力装置设计规范》的规定；

⑨ 不应设在地势低洼和可能积水的场所。

(6) 结构与布置应满足下列要求：

① 10(6)/0.4～0.23 kV 变电所的高低压配电装置，一般均采用屋内成套配电装置。

② 10(6)/0.4～0.23 kV 变电所的变压器一般也设置在室内。

③ 车间变电所和配电室内，不应有其他生产或生活用的管道通过，特殊情况下必须通过的管道不得有管接头；输送磨损性强、有腐蚀性和易燃、易爆材质的管道则严禁通过。

④ 高低压配电室内，宜留有适当数量配电装置的备用位置。

⑤ 不带可燃性油的高、低压配电装置和非油浸的电力变压器，可设置在同一房间内；具有符合 IP3X 防护等级外壳的不带可燃性油的高、低压配电装置和非油浸的电力变压器，当环境允许时，可相互靠近布置在车间内。

⑥ 变电所宜单层布置。当采用双层布置时，变压器应设在底层。设于二层的配电室应设搬运设备的通道、平台或孔洞。

(二) 低压配电室的布置

(1) 低压配电室的长度超过 7 m 时，应设两个出口，并宜布置在配电室的两端，位于楼上的配电室至少应设一个出口通向室外的平台或通道。

(2) 成排布置的配电屏，其长度超过 6 m 时，屏后的通道应设两个出口，并宜布置在通道的两端，当两出口之间的距离超过 15 m 时，其间尚应增加出口。

(3) 低压配电室可设能开启的自然采光窗，但应有防止雨、雪和小动物进入室内的措施，临街的一面不宜开窗。

(4) 同一配电室内并排的两段母线，当任一段有一级负荷时，相邻的两段母线之间应采取防火措施。

(5) 当防护等级不低于现行国家标准《外壳防护等级（IP 代码）》GB 4208—2008 规定的 IP2X 级时，成排布置的配电屏通道最小宽度见表 1－5－12。

表 1－5－12 成排布置的配电屏通道最小宽度 m

<table>
<tr><th colspan="2" rowspan="3">配电屏种类</th><th colspan="3">单排布置</th><th colspan="3">双排面对面布置</th><th colspan="3">双排背对背布置</th><th colspan="3">多排同向布置</th><th rowspan="3">屏间通道</th></tr>
<tr><th rowspan="2">屏前</th><th colspan="2">屏后</th><th rowspan="2">屏前</th><th colspan="2">屏后</th><th rowspan="2">屏前</th><th colspan="2">屏后</th><th rowspan="2">屏间</th><th colspan="2">前、后排屏间距</th></tr>
<tr><th>维护</th><th>操作</th><th>维护</th><th>操作</th><th>维护</th><th>操作</th><th>前排屏间</th><th>后排屏后</th></tr>
<tr><td rowspan="2">固定式</td><td>不受限制</td><td>1.5</td><td>1.0</td><td>1.2</td><td>2.0</td><td>1.0</td><td>1.2</td><td>1.5</td><td>1.5</td><td>2.0</td><td>2.0</td><td>1.5</td><td>1.0</td><td>1.0</td></tr>
<tr><td>受限制</td><td>1.3</td><td>0.8</td><td>1.2</td><td>1.8</td><td>0.8</td><td>1.2</td><td>1.3</td><td>1.3</td><td>2.0</td><td>2.3</td><td>1.3</td><td>0.8</td><td>0.8</td></tr>
<tr><td rowspan="2">抽屉式</td><td>不受限制</td><td>1.8</td><td>1.0</td><td>1.2</td><td>2.3</td><td>1.0</td><td>1.2</td><td>1.8</td><td>1.0</td><td>2.0</td><td>2.0</td><td>1.8</td><td>1.0</td><td>1.0</td></tr>
<tr><td>受限制</td><td>1.6</td><td>0.8</td><td>1.2</td><td>2.0</td><td>0.8</td><td>1.2</td><td>1.6</td><td>0.8</td><td>2.0</td><td>2.0</td><td>1.6</td><td>0.8</td><td>0.8</td></tr>
</table>

注：1. 受限制时是指受到建筑平面的限制、通道内有柱等局部突出物的限制。

2. 屏后操作通道是指需在屏后操作运行中的开关设备的通道。

3. 背靠背布置时屏前通道宽度可按本表中双排背对背布置的屏前尺寸确定。

4. 控制屏、控制柜、落地式动力配电箱前后的通道最小宽度可按本表确定。

5. 挂墙式配电箱的箱前操作通道宽度，不宜小于 1 m。

（6）低压配电室兼作值班室时，配电屏正面距墙不宜小于3 m。

（7）低压配电室的高度应和变压器室综合考虑，一般可参考下列尺寸。

① 与油浸变压器室相邻时，其高度为4～4.5 m；

② 与干式变压器同一房间布置时，其高度为3.5～4 m；

③ 配电室为电缆进线时，其高度为3 m。

（三）变压器室

（1）每台油量为100 kg及以上的三相变压器，应装设在单独的变压器室内。宽面推进的变压器低压侧宜向外，窄面推进的变压器油枕宜向外。

（2）变压器外廓（防护外壳）与变压器室墙壁和门的净距不应小于表1－5－13所列数值。

表1－5－13　变压器外廓（防护外壳）与变压器室墙壁和门的最小净距　m

变压器容量	100～1000	1250～1600
油浸变压器外廓与后壁、侧壁净距	0.6	0.8
油浸变压器外廓与门净距	0.8	1.0（1.2）
干式变压器带有IP2X及以上防护等级金属外壳与后壁、侧壁净距	0.6	0.8
干式变压器带有金属网状与后壁、侧壁净距	0.6	0.8
干式变压器带有IP2X及以上防护等级金属外壳与门净距	0.8	1.0
干式变压器带有金属网状与门净距	0.8	1.0

（3）设置于变电所内的非封闭式干式变压器，应装设高度不低于1.7 m的固定遮拦，遮拦网孔不应大于40 mm×40 mm。变压器之间的净距不应小于1 m，并应满足巡视、维修的要求。

（4）变压器室内可安装与变压器室有关的负荷开关、隔离开关和熔断器。在考虑变压器布置及高、低压进出线位置时，应尽量使负荷开关或隔离开关的操作机构装在靠近门处。

（5）在确定变压器室的面积时，应考虑变电所所带负荷发展的可能性，一般按能装设大一级容量的变压器考虑。

（6）有下列情况之一时，可燃变压器的门应为甲级防火门：

① 变压器室位于车间内；

② 变压器室位于高层主体建筑内；

③ 变压器室下边有地下室；

④ 变压器室位于容易沉积可燃粉尘、可燃纤维的场所；

⑤ 变压器附近有粮、棉及其他易燃物大量集中的露天堆场。

此外，变压器室之间的门、变压器室通向配电室的门，也应为甲级防火门。

（7）变压器室的通风窗应采用非燃烧材料。

（8）车间内变电所和民用主体建筑内附设变电所的可燃性油浸变压器室，应设置容量为100%变压器油量的储油池。通常的做法是在变压器油坑内设置厚度大于250 mm的卵石层，卵石层底下设置储油池，或者利用变压器油坑内卵石之间的缝隙作为储油池。

(9) 变压器室的大门一般按变压器外形尺寸加0.5 m。当一扇门的宽度为1.5 m及以上时，应在大门上开一小门，小门宽0.8 m，高1.8 m。

(四) 露天安装的变压器、户外箱式变电站

(1) 靠近变压器外墙安装的普通型变压器不应设在倾斜屋面的低侧，以防止屋面冰块或水落到变压器上。

(2) 10(6) kV变压器四周应设不低于1.7 m的固定围栏（或墙）。变压器外廓与围栏的（或墙）的净距不应小于0.8 m，变压器底部距地面的距离不应小于0.3 m。相邻变压器之间的净距不应小于1.5 m。

(3) 户外箱式变电站的进出线应采用电缆。

(4) 考虑到高压侧负荷开关的容量及变压器散热等因素的影响，户外箱式变电站内变压器的容量不宜大于1000 kV·A。

(五) 10(6)/0.4~0.23 kV变电站及箱式变电站的设计实例

10(6)/0.4~0.23 kV变电所及箱式变电站的设计实例分别如图1-5-14~图1-5-17所示。

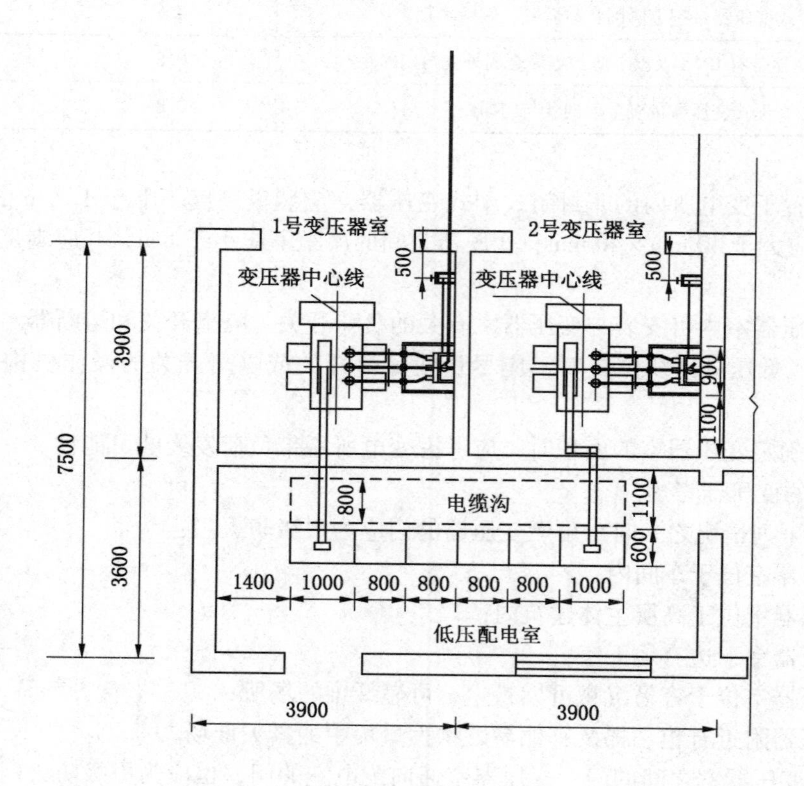

图1-5-14 10(6)/0.4~0.23 kV变电所布置实例一

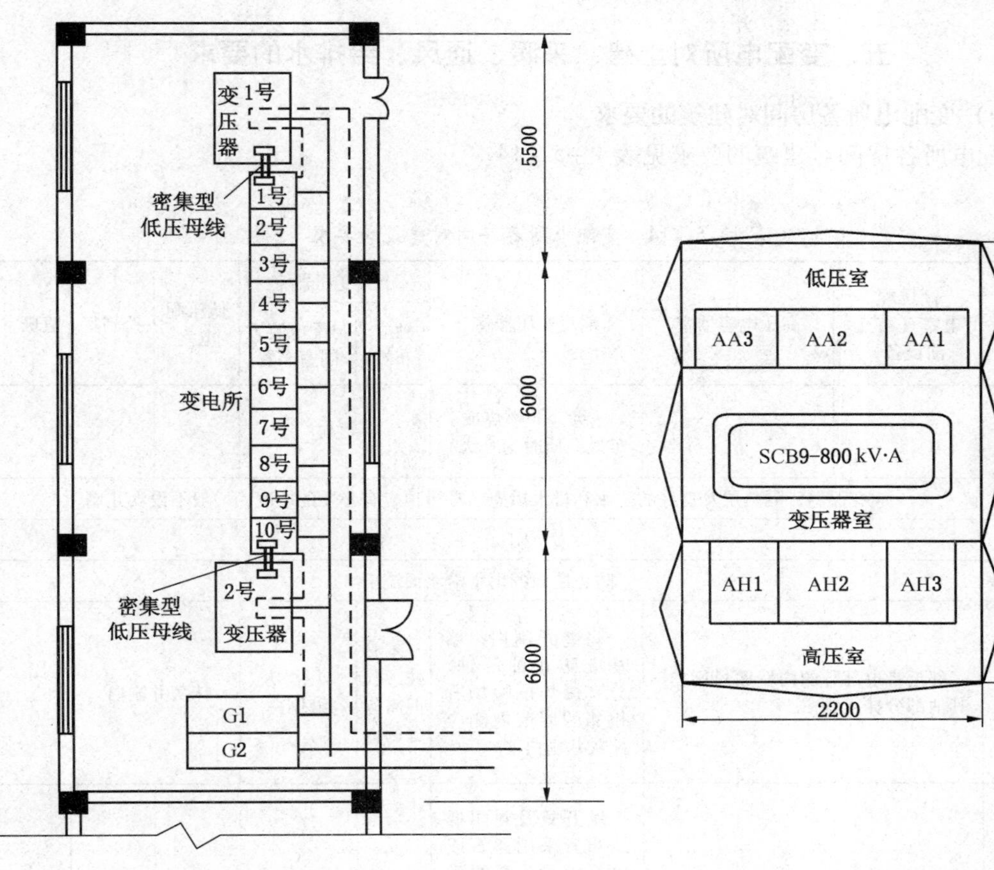

图1-5-15 10(6)/0.4~0.23 kV 变电所布置实例二

图1-5-16 10(6)/0.4~0.23 kV 箱式变电站布置实例一

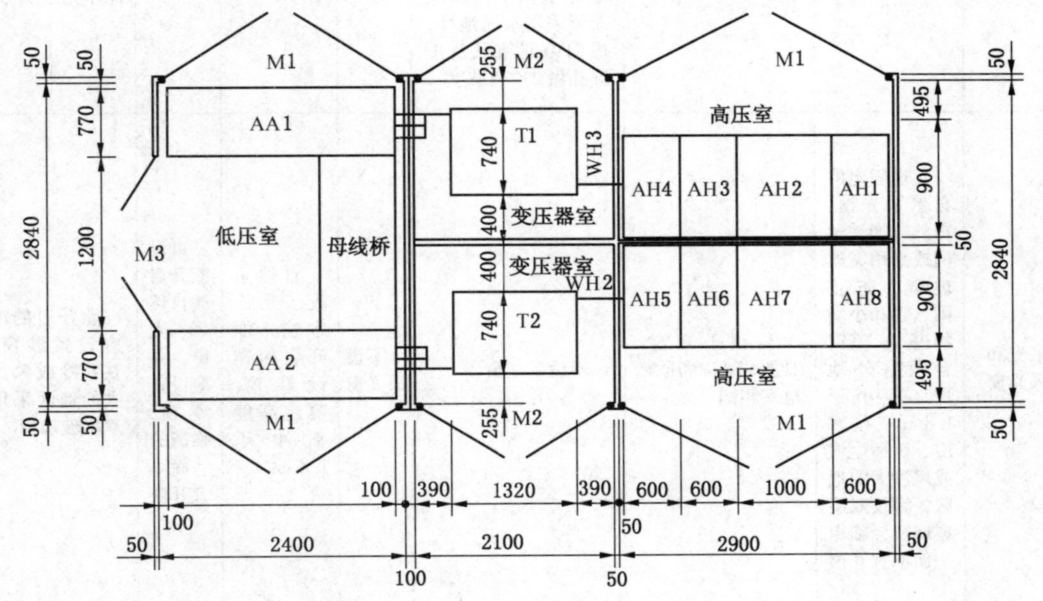

图1-5-17 10(6)/0.4~0.23 kV 箱式变电站布置实例二

五、变配电所对土建、采暖、通风、给排水的要求

(一) 变配电所各房间对建筑的要求

变配电所各房间对建筑的要求见表 1-5-14。

表 1-5-14 变配电所各房间对建筑的要求

房间名称	高压配电室(有充油设备)	高压电容器室	油浸变压器室	干式变压器室		低压配电室	控制室	值班室
				独立布置	与配电装置同室布置			
建筑物耐火等级	二级	二级(油浸式)	一级(非燃烧或难燃介质时为二级)	二级		三级	二级	
屋面	应有保温、隔热层及良好的防水和排水措施,平屋顶应有必要的坡度,一般不设女儿墙							
顶棚	刷白							
屋檐	防止屋面的雨水沿墙面流下							
内墙面	邻近带电部分的内墙面只刷白,其他部分抹灰刷白		勾缝并刷白,墙基应防止油浸蚀,与有爆炸危险场所相邻的墙壁内侧应抹灰并刷白	不必抹灰,但需勾缝刷白	抹灰、勾缝刷白	抹灰并刷白		
地坪	高标号水泥抹面压光	高标号水泥抹面压光,采用抬高地坪方案通风效果较好	敞开式及封闭低式布置采用卵石或碎石铺设,厚度为250 mm,变压器四周沿墙600 mm需用混凝土抹平,高式布置采用水泥地坪,应向中间通风及排油孔做2%的坡度	水泥压光	水泥压光或水磨石	高标号水泥抹面压光	水磨石或水泥压光	水泥压光
采光和采光窗	宜设固定的自然采光窗,窗外应加铁丝网或采用夹丝玻璃,防止雨、雪和小动物进入,其窗台距室外地坪宜不小于1.8 m。在寒冷、污秽尘埃或风沙大的地区,宜设双层玻璃窗,临街一面不宜开窗	可设采光窗,其要求与高压配电室相同	不设采光窗	不设采光窗	自然采光,允许木窗,能开启的窗设纱窗,窗台高度不小于1.8 m	可设能开启的自然采光窗,并应设置纱窗,临街的一面不宜开窗	能开启的窗应设置纱窗,在寒冷或风沙大的地区采用双层玻璃窗	

表 1-5-14（续）

房间名称	高压配电室（有充油设备）	高压电容器室	油浸变压器室	干式变压器室		低压配电室	控制室	值班室
				独立布置	与配电装置同室布置			
通风窗	如果需要，应采用百叶窗内加铁丝网，防止雨、雪和小动物进入	采用百叶窗内加铁丝网，防止雨、雪和小动物进入	通风窗应采用非燃烧材料制作，应有防止雨、雪和小动物进入的措施；进出风窗都采用百叶窗，进风百叶窗内设网孔不大于 10 mm×10 mm 的铁丝网，当进风有效面积不能满足要求时，可只装设网孔小于或等于 10 mm×10 mm 的铁丝网	出风窗采用百叶窗	进出风窗采用百叶窗			
				门上进风窗采用百叶窗，内设网孔不大于 10 mm×10 mm 的铁丝网				
门	门应向外开，相邻配电室有门时，该门应能双向开启或向低压方向开启							
	应为向外开的防火门，应装弹簧锁，严禁用门闩	与高压配电室相同	采用铁门或木门内侧包铁皮，单扇门宽大于或等于 1.5 m 时，应在大门上加开小门，小门上应装弹簧锁，锁的高度应考虑室外开启方便，大门及大门上的小门应向外开启，其开启角度大于或等于 120°同时要尽量降低小门的门槛高度，使在室内外地坪标高不同时，出入方便	采用非防火门，单扇门宽大于或等于 1.5 m 时，在双扇门的一扇上应加开供维护人员出入的朝外开启的小门，小门应装弹簧锁，小门及大门的开启角度大于或等于 120°		允许用木制	允许用木制，在南方炎热地区经常开启的通向屋外的门内还宜设置纱门	
电缆沟电缆室	水泥抹光并采取防水、排水措施，宜采用花纹钢盖板					水泥抹光并采取防水、排水措施，宜采用花纹钢盖板		

（二）变配电所对采暖、通风、给排水的要求

（1）变压器宜采用自然通风，夏季的排风温度不宜高于 45 ℃，进风和排风的温差不宜大于 15 ℃。变压器室通风窗有效面积计算如下：

$$F_j = F_c = 4.25P\sqrt{\frac{\xi}{h\Delta t^3}}$$

式中　F_j——进风窗有效面积，m^2；

　　　F_c——出风窗有效面积，m^2；

P——变压器的全部损耗，kW；

ξ——进风窗和出风窗局部阻力系数之和，一般取 5；

h——进风窗和出风窗中心高差，m；

Δt——出风窗与进风窗空气的温差,℃，其值不大于 15 ℃。

该公式的计算结果适用于进出风口有效面积之比为 1：1 的情况。当因条件限制，能开进风口的有效面积不能满足上述比例要求时，可适当加大出风窗有效面积，使进风窗有效面积不足的部分等于出风窗有效面积增加的部分，但进、出风有效面积之比一般不大于 1：2。

变压器室通风窗有效面积见表 1-5-15 和表 1-5-16。

表 1-5-15 S9、S9-M 型变压器室通风窗有效面积

变压器容量/(kV·A)	进出风窗中心高差 h/m	进出风窗面积之比 $F_j:F_c$	进风温度 $t_j=30$ ℃		进风温度 $t_j=35$ ℃	
			进风窗面积 F_j/m^2	出风窗面积 F_c/m^2	进风窗面积 F_j/m^2	出风窗面积 F_c/m^2
200~630	2.0	1：1	0.86	0.86	1.61	1.62
		1：1.5	0.70	1.05	1.30	1.96
		1：2	0.63	1.26	1.18	2.36
	2.5	1：1	0.77	0.77	1.44	1.44
		1：1.5	0.63	0.94	1.17	1.75
		1：2	0.57	1.14	1.05	2.1
	3.0	1：1	0.7	0.7	1.31	1.31
		1：1.5	0.57	0.86	1.06	1.6
		1：2	0.52	1.04	0.96	1.92
	3.5	1：1	0.65	0.65	1.21	1.21
		1：1.5	0.53	0.79	0.98	1.48
		1：2	0.48	0.96	0.89	1.78
800~1000	2.0	1：1	1.41	1.41	2.62	2.62
		1：1.5	1.14	1.71	2.11	3.17
		1：2	1.02	2.04	1.92	3.85
	2.5	1：1	1.26	1.26	2.34	2.34
		1：1.5	1.02	1.53	1.89	2.83
		1：2	0.91	1.82	1.72	3.44
	3.0	1：1	1.15	1.15	2.14	2.14
		1：1.5	0.93	1.4	1.72	2.59
		1：2	0.83	1.66	1.57	3.14
	3.5	1：1	1.06	1.06	1.98	1.98
		1：1.5	0.86	1.29	1.6	2.4
		1：2	0.77	1.54	1.45	2.91

表 1-5-15（续）

变压器容量/（kV·A）	进出风窗中心高差 h/m	进出风窗面积之比 $F_j : F_c$	进风温度 $t_j=30$ ℃		进风温度 $t_j=35$ ℃	
			进风窗面积 F_j/m^2	出风窗面积 F_c/m^2	进风窗面积 F_j/m^2	出风窗面积 F_c/m^2
1250~2000	2.0	1:1	2.43	2.43	4.53	4.53
		1:1.5	1.97	2.96	3.65	5.48
		1:2	1.76	3.53	3.33	6.65
	2.5	1:1	2.18	2.18	4.05	4.05
		1:1.5	1.77	2.65	3.27	4.9
		1:2	1.58	3.16	2.97	5.95
	3.0	1:1	1.98	1.98	3.7	3.7
		1:1.5	1.61	2.42	2.98	4.48
		1:2	1.44	2.88	2.72	5.43
	3.5	1:1	1.74	1.74	3.43	3.43
		1:1.5	1.49	2.24	2.76	4.14
		1:2	1.33	2.66	2.51	5.03
	4.0	1:1	1.72	1.72	3.2	3.2
		1:1.5	1.4	2.1	2.58	3.88
		1:2	1.25	2.49	2.35	4.7

注：进出口通风窗的实际面积应为表中查得的有效面积乘以不同的构造系数 K：金属百叶窗 $K=1.67$；金属百叶窗加铁丝网 $K=2.0$。

表 1-5-16 SC(SCB9)型变压器通风窗有效面积

变压器容量/（kV·A）	进出风窗中心高差 h/m	进出风窗面积之比 $F_j : F_c$	进风温度 $t_j=30$ ℃		进风温度 $t_j=35$ ℃	
			进风窗面积 F_j/m^2	出风窗面积 F_c/m^2	进风窗面积 F_j/m^2	出风窗面积 F_c/m^2
630	2.0	1:1	1.45	1.45	4.09	4.09
		1:1.5	1.16	1.73	3.27	4.9
	2.5	1:1	1.29	1.29	3.65	3.65
		1:1.5	1.03	1.55	2.92	4.38
	3.0	1:1	1.18	1.18	3.34	3.34
		1:1.5	0.94	1.41	2.67	4
	3.5	1:1	1.09	1.09	3.09	3.09
		1:1.5	0.87	1.31	2.47	3.71
800	2.0	1:1	1.69	1.69	4.78	4.78
		1:1.5	1.35	2.03	3.82	5.73
	2.5	1:1	1.51	1.51	4.37	4.37
		1:1.5	1.21	1.81	3.5	5.24

表1-5-16（续）

变压器容量/（kV·A）	进出风窗中心高差 h/m	进出风窗面积之比 $F_j : F_c$	进风温度 $t_j=30$ ℃ 进风窗面积 F_j/m^2	进风温度 $t_j=30$ ℃ 出风窗面积 F_c/m^2	进风温度 $t_j=35$ ℃ 进风窗面积 F_j/m^2	进风温度 $t_j=35$ ℃ 出风窗面积 F_c/m^2
800	3.0	1:1	1.38	1.38	3.9	3.9
		1:1.5	1.1	1.65	2.12	4.68
	3.5	1:1	1.28	1.28	3.61	3.61
		1:1.5	1.02	1.53	2.89	4.33
1000	2.0	1:1	1.95	1.95	5.5	5.5
		1:1.5	1.56	2.33	4.4	6.6
	2.5	1:1	1.74	1.74	4.92	4.92
		1:1.5	1.39	2.08	3.93	5.9
	3.0	1:1	1.59	1.59	4.49	4.49
		1:1.5	1.27	1.9	3.59	5.38
	3.5	1:1	1.47	1.47	4.16	4.16
		1:1.5	1.18	1.76	3.33	4.99
1250	2.0	1:1	2.36	2.36	6.67	6.67
		1:1.5	1.89	2.83	5.34	8
	2.5	1:1	2.11	2.11	5.96	5.96
		1:1.5	1.69	2.53	4.77	7.15
	3.0	1:1	1.93	1.93	5.44	5.44
		1:1.5	1.54	2.31	4.36	6.53
	3.5	1:1	1.78	1.78	5.05	5.05
		1:1.5	1.43	2.14	4.04	6.05
	4.0	1:1	1.67	1.67	4.72	4.72
		1:1.5	1.34	2	3.77	5.66
1600	2.0	1:1	2.83	2.83	7.99	7.99
		1:1.5	2.26	3.39	6.39	9.59
	2.5	1:1	2.53	2.53	7.15	7.15
		1:1.5	2.02	3.03	5.72	8.57
	3.0	1:1	2.31	2.31	6.52	6.52
		1:1.5	1.85	2.77	5.22	7.82
	3.5	1:1	2.14	2.14	6.05	6.05
		1:1.5	1.71	2.56	4.84	7.25
	4.0	1:1	2	2	5.65	5.65
		1:1.5	1.6	2.4	4.52	6.78
2000	2.0	1:1	3.4	3.4	9.62	9.62
		1:1.5	2.72	4.08	7.69	11.53

表1-5-16（续）

变压器容量/（kV·A）	进出风窗中心高差 h/m	进出风窗面积之比 $F_j:F_c$	进风温度 $t_j=30$ ℃ 进风窗面积 F_j/m^2	进风温度 $t_j=30$ ℃ 出风窗面积 F_c/m^2	进风温度 $t_j=35$ ℃ 进风窗面积 F_j/m^2	进风温度 $t_j=35$ ℃ 出风窗面积 F_c/m^2
2000	2.5	1∶1	3.04	3.04	8.6	8.6
		1∶1.5	2.43	3.65	6.88	10.31
	3.0	1∶1	2.77	2.77	7.85	7.85
		1∶1.5	2.22	3.33	6.28	9.41
	3.5	1∶1	2.57	2.57	7.28	7.28
		1∶1.5	2.06	3.08	5.82	8.73
	4.0	1∶1	2.41	2.41	6.8	6.8
		1∶1.5	1.93	2.89	5.44	8.16
2500	2.0	1∶1	4.04	4.04	11.42	11.42
		1∶1.5	3.23	4.84	9.13	13.69
	2.5	1∶1	3.61	3.61	10.21	10.21
		1∶1.5	2.89	4.33	8.17	12.24
	3.0	1∶1	3.3	3.3	9.32	9.32
		1∶1.5	2.64	3.95	7.46	11.18
	3.5	1∶1	3.05	3.05	8.64	8.64
		1∶1.5	2.44	3.66	6.91	10.36
	4.0	1∶1	2.86	2.86	8.08	8.08
		1∶1.5	2.29	3.43	6.46	9.69

（2）电容器室应有良好的自然通风，通风量应根据电容器允许温度，按夏季排风温度不超过电容器所允许的最高环境空气温度计算，当自然通风不能满足排热要求时，可增设机械排风。

（3）变压器室、电容器室当采用机械通风或配变电所位于地下室时，其通风管应采用非燃烧材料制作。当周围环境污秽时，宜加空气过滤器（进风口处）。

（4）对35~110 kV变电站，配电装置室及电抗器等其他电气设备房间，宜设置机械通风系统，并宜维持夏季室内温度不高于40 ℃。配电装置室应设置换气次数不少于10次/h的事故排风机，事故排风机可兼作平时通风用。通风机和降温设备应与火灾探测系统连锁，火灾时应切断通风机的电源。

六氟化硫开关室应采用机械通风，室内空气不应再循环。六氟化硫电气设备室的正常通风量不应小于2次/h，事故时通风量不应少于4次/h。

（5）低压配电室宜采用自然通风。

（6）在采暖地区控制室和值班室应采用采暖装置。在严寒地区，当配电室内温度影响电气设备元件和仪表正常运行时，应设采暖装置。夏热地区的配电室，还应根据地区气候情况采取隔热、通风或空调等降温措施。

控制室和配电室内的采暖装置，宜采用钢管焊接，且不应有法兰、螺纹接头和阀门等。

(7) 高、低压配电室、变压器室、电容器室、控制室内，不应有与其无关的管道和线路通过。

(8) 有人值班的独立变电所，宜设有厕所和给排水设施。

(9) 低压配电室的电缆沟，应采取防水和排水措施。配电室的地面宜高出本层地面 50 mm 或设置防水门槛。

(10) 位于地下室和楼层内的低压配电室，应设有设备运输通道，并应设有通风和照明设施。

(11) 低压配电室不宜设在建筑物地下室最底层。设在地下室最底层时，应采取防止水进入配电室内的措施。

(12) 变配电所各房间对采暖、通风、给排水的要求见表 1-5-17。

表 1-5-17　变配电所各房间对采暖、通风、给排水的要求

项目	房间名称				
	高压配电室	电容器室	油浸变压器室	低压配电室	控制室 值班室
通风	宜采用自然通风，35 kV 及以上配电室宜设置机械通风	应有良好的自然通风，按夏季排风温度小于或等于 40 ℃计算 室内应有反映室内温度的指示装置	宜采用自然通风，按夏季排风温度小于或等于 45 ℃计算，进风和排风的温差小于或等于 15 ℃	一般靠自然通风	
	宜采用自然通风。35 kV 及以上配电室宜设置机械通风	当自然通风不能满足要求时应设机械通风。当采用机械通风时，其通风管道应采用非燃性材料制作。如周围环境污秽时，宜加空气过滤器		一般靠自然通风	
采暖	一般不采暖，但严寒地区，室内温度影响电气设备和仪表正常运行时，应有采暖措施	一般不采暖，当温度低于制造厂规定值以下时应采暖		一般不采暖，当兼作控制室或值班室时，在采暖地区采暖	在采暖地区应采暖
	控制室和配电室内的采暖装置，宜采用钢管焊接，且不应有法兰、螺纹接头和阀门等				
给排水	有人值班的独立变配电所宜设厕所和给排水设施				

（三）高低压开关柜（屏）、电容器柜计算荷重

高低压开关柜（屏）、电容器柜计算荷重见表 1-5-18。

（四）变配电所房屋建筑的楼面、屋面活荷载及有关系数的取值

变配电所房屋建筑的楼面、屋面活荷载及有关系数的取值，不应低于表 1-5-19 的数值。当设备及运输工具的荷载标准值大于表 1-5-19 的数值时，应按实际荷载进行设计。

表 1-5-18　高低压开关柜（屏）、电容器柜的计算荷重

名　称	型　号	动荷载	计算荷重图
高压开关柜	JYN-40.5 KYN-40.5 KYN-12 XGN-12	操作时每台开关柜有向上冲力 9800 N	每边 4900 N/m
高压环网柜	HXGN-12GA		每边 4900 N/m
高压电容器柜	TBB		
低压配电屏	GGD1，2，3 GCK，GCS，MNS		每边 2000 N/m
低压电容器柜			

表 1-5-19　建筑物均布活荷载及有关系数

序号	类　别	标准值/ （kN·m^{-2}）	组合值系数 Ψ_c	频遇值系数 Ψ_f	准永久值系数 Ψ_q	计算主梁、柱机基础的折减系数	备　注
1	不上人屋面	0.5	0.7	0.5	0	1.0	
2	上人屋面	2.0	0.7	0.5	0.4	1.0	
3	主控制室、继电器室及通信室的楼面	4.0	1.0	0.9	0.8	0.7	电缆层的电缆系吊在主控制室或继电器室的楼面上时，则应按实际荷载计算
4	主控制楼电缆层楼面	3.0	1.0	0.9	0.8	0.7	
5	电容器室楼面	4.0~9.0	1.0	0.9	0.8	0.7	
6	屋内 6 kV、10 kV 配电装置开关层楼面	4.0~7.0	1.0	0.9	0.8	0.7	用于每组开关重量小于或等于 8 kN，无法满足时，应按实际荷载计算
7	屋内 35 kV 配电装置开关层楼面	4.0~8.0	1.0	0.9	0.8	0.7	用于每组开关重量小于或等于 12 kN，无法满足时，应按实际荷载计算

表 1-5-19（续）

序号	类 别	标准值/（kN · m^{-2}）	组合值系数 Ψ_c	频遇值系数 Ψ_f	准永久值系数 Ψ_q	计算主梁、柱机基础的折减系数	备 注
8	屋内 110 kV 配电装置开关层楼面	4.0～10.0	1.0	0.9	0.8	0.7	用于每组开关重量小于或等于 36 kN，无法满足时，应按实际荷载计算
9	屋内 110 kV GIS 组合电器楼面	10.0	1.0	0.9	0.8	0.7	
10	办公室及宿舍楼面	2.5	0.7	0.6	0.5	0.86	
11	楼梯	2.5	0.7	0.6	0.5		
12	室内沟盖板	4.0	0.7	0.6	0.5	1.0	搬运设备需通过盖板时，应按实际荷载计算

注：1. 序号6、7、8 也适用于成套柜情况。对 3 kV、6 kV、10 kV、35 kV、110 kV 配电装置区以外的楼面活荷载标准值可取 4.0 kN/m^2。

2. 运输通道按运输的最终设备计算。

3. 准永久值系数仅在计算正常使用极限状态的长期效应组合时使用。

（五）配电装置土建资料

1）屋内配电装置土建资料

（1）布置资料：配电装置的平断面尺寸及标高；对土建的要求；门的位置、尺寸和门的开启方向及防火要求；开设窗户的要求；对操作、维护及搬运通道的要求；穿墙套管的平断面位置；悬挂在墙上的导线的偏角、拉环位置等。

（2）荷载资料：电气设备及附件（如操动机构）的净荷载和操作荷载、受力点和受力方向；母线短路时，支持绝缘子作用在结构上的力；各层楼（地）板及通道的运输荷载、起吊荷载、安装检修的附加荷载；架空进出线及避雷线的拉力、偏角、安装检修荷载等；操作机构及二次设备的安装要求。

（3）留孔及预埋件资料：配电装置各层的各间隔在楼（地）板上的留孔、预埋铁件；配电装置各层外墙上的留孔、预埋铁件；电气设备的基础、支吊架等。

（4）通风资料：各设备的发热功率；各配电室的通风要求；对事故通风的要求等。

（5）水资料：设水池及厕所的要求；各设备的防火要求等。

2）屋外配电装置土建资料

（1）布置资料：配电装置的平断面尺寸；各型架构的布置位置；电气设备及附件（如操动机构、端子箱）的布置位置；对设备运输道路及操作通道的设置要求等。

（2）架构资料：各型架构的结构型式、高度、宽度，导线、避雷线悬挂点高度、间距、导线偏角，正常和安装检修状态下的荷载（包括水平拉力、垂直荷载及侧向风压）；对挂环、吊钩、爬梯、接地螺栓等埋件的要求等。

（3）设备支架及基础资料：各类支架及基础的结构型式、高度，设备的相间距离，对设备安装孔或预埋件以及接地螺栓等的要求；设备及其附件的静荷载，所受最大风压，操作荷载，安装检修时的附加荷载，受力点和受力方向；低位布置的设备要提出对设置围栏的要求；对于有蓄油设施的设备基础，还应提出设备油量、储油池的尺寸、卵石层厚度、排油管管径等。

参考文献

[1] 中国航空工业规划设计研究院．工业与民用配电设计手册［M］.3版．北京：中国电力出版社，2005.

[2] 水利电力西北电力设计院．电力工程电气设计手册：电气一次部分［M］.北京：中国电力出版社，1989.

[3] 注册电气工程师执业资格专业考试复习指导教材组委会．注册电气工程师执业资格专业考试复习指导书（供配电专业）［M］.北京：中国电力出版社，2008.

[4] 注册电气工程师执业资格专业考试复习指导教材组委会．注册电气工程师执业资格专业考试复习指导书（发输电专业）［M］.北京：中国电力出版社，2007.

[5] 天津电气传动设计研究所．电气自动化技术手册［M］. 2版．北京：机械工业出版社，2006.

[6] 国家安全生产监督管理总局，国家煤矿安全监察局．煤矿安全规程［M］.北京：煤炭工业出版社，2011.

[7] 中华人民共和国国家发展和改革委员会．GB 50052—2009 供配电系统设计规范［S］.北京：中国计划出版社，2009.

[8] 中国电力企业联合会．GB 50060—2008 3～110 kV 高压配电装置设计规范［S］.北京：中国计划出版社，2009.

[9] 中国电力企业联合会．GB 50227—2008 并联电容器装置设计规范［S］.北京：中国计划出版社，2009.

[10] 中国中电设计研究院有限公司．GB 50054—2011 低压配电设计规范［S］.北京：中国计划出版社，2011.

[11] 中国电力企业联合会．GB 50059—2011 35～100 kV 变电站设计规范［S］.北京：中国计划出版社，2009.

[12] 中国煤炭建设协会．GB 50215—2005 煤炭工业矿井设计规范［S］.北京：中国计划出版社，2005.

[13] 中国煤炭建设协会．GB 50465—2008 煤炭工业矿区总体规划规范［S］.北京：中国计划出版社，2009.

[14] 中国煤炭建设协会．GB 50417—2007 煤矿井下供配电设计规范［S］.北京：中国计划出版社，2007.

[15] 中国电力工程顾问集团东北电力设计院．GB 50229—2006 火力发电厂与变电站设计防火规范［S］.北京：中国计划出版社，2006.

[16] 中国建筑设计研究院．GB 50096—2011 住宅设计规范［S］.北京：中国计划出版社，2011.

[17] 中国煤炭建设协会．GB 50070—2009 矿山电力设计规范［S］.北京：中国计划出版社，2009.

[18] 西北电力设计院．DL/T 5056—2007 变电站总布置设计技术规程［S］.北京：中国计划出版社，2007.

本章编写人：吴荣光　顾永辉

第二章　短路电流计算

新国标 GB/T 15544. 1—2013《三相交流系统短路电流计算　第一部分：电流计算》等效采用 IEC909《三相交流系统短路电流计算》，规定了用等效电压源法计算三相交流系统短路电流，并提出了计算中校正系数的求取方法及推荐值。在计算短路电流时，根据不同用途计算最大和最小短路电流，提出远端短路和近端短路概念，并都可用一等效电压源计算短路电流。新国标适用于标称电压380 V～220 kV、频率50 Hz 的三相交流系统的短路电流计算，不适用于受控条件（短路试验站）下人为短路和飞机、船舶电气设备的短路计算。本标准主要作为进出口设备及对外工程投标使用，并在国内工程计算中逐步推广。新国标中也给出了各种设备的短路阻抗计算公式，但未给出汽轮发电机和水轮发电机的运算曲线，故本章仍用以前的方法来介绍短路电流的计算。

第一节　概　　述

一、短路的基本概念

电力系统处于正常运行状态时，电流、电压、频率等电气参数均在正常范围内。实践证明，电力系统在运行中由于某种原因有可能发生故障，其中，短路就是一种常见的故障，它对电力系统的正常运行危害很大。一旦发生短路，有关电气量就会发生急剧变化，如电流突然增大、电压降低等。但由于电力系统存在惯性元件，在系统短路瞬间，发电机转子的转速因其自身的惯性作用还来不及变化，而电磁功率则按照电力系统中改变了的电气参数重新分配，因此，在短路的瞬间，电力系统会产生电流增大、电压降低、潮流分布改变等情况。这个过程称为电磁暂态过程。

随着暂态过程的发展，发电机转子的转速已有了变化。于是，发电机的功率分配不仅与各发电机的电动势有关，而且还与发电机转子的转速变化情况有关，这种牵涉到角位移的暂态过程称为机电暂态过程。

从上述可知，当电力系统发生短路时，电磁暂态过程和机电暂态过程虽然是电力系统暂态过程中的一个整体，但是这两个过程在本质上又有区别。在短路电流实际计算中只讨论短路电流的大小和变化过程，不涉及相位变化，故对机电暂态过程不做分析。电力系统的短路是指正常运行状态以外的一切不同相与相之间、相与地之间的非正常连接，此时电力系统的电流称为短路电流。

二、短路的种类

电力系统常见的短路类型有以下4种。

1. 远端短路

远端短路是指预期短路电流对称交流分量的值在短路过程中基本保持不变的短路。预期短路电流由不衰减的交流分量和以初始值衰减到零的直流分量组成，可认为远端短路的对称电流初始值 I''_K 和稳态短路电流 I_K 相等。当电力系统电抗 X_S 与变压器低压侧电抗 X_{TLV} 满足关系式 $X_{TLV}>2X_S$ 时，可视为远端短路。

在工程计算中，如果短路电路（以供电电源容量为基准）计算电抗标么值 $X_C^* \geqslant 3$ 时（电源容量为无限大时），可认为电源母线电压维持不变，不考虑短路电流交流分量的衰减，此种短路也称为远端短路。

2. 近端短路

近端短路相当于系统的电源容量为有限容量时，系统发生短路。以下两种短路都可视为近端短路。一种是至少有一台同步电动机供给短路点的预期对称短路电流初始值超过这台发电机额定电流两倍的短路；另一种是同步和异步电动机反馈到短路点的电流超过不接电动机时该点的对称短路电流初始值 I''_K 的5%的短路。

通常，近端短路时，稳态短路电流 I_K 小于 I''_K。预期短路电流由衰减的交流分量和以初始值开始衰减到零的直流分量组成。

3. 对称短路

电力系统为对称的三相系统，并假设三相短路是同时产生的，这种短路形式称对称短路或称三相短路。

4. 不对称短路

除三相对称短路之外的短路称为不对称短路。本章只对以下3种不对称短路形式进行计算。

（1）两相不接地短路。这种短路的特点为两相短路时，电流和电压的对称性被破坏，短路相的回路中流过很大的短路电流；短路点故障相的相电压等于二分之一额定相电压，在线路始端电压稍高，但未达到额定电压值，而线电压三角形发生畸变；故障的两相电流与电压间相角关系有显著差别，即相角 $\varphi_B \neq \varphi_C$。

（2）大电流系统中两相接地短路。这种短路在中性点接地系统中，两相在相同地点与地短接。其短路后的特点为电流、电压的对称性均遭到严重破坏；短路点故障相电压等于零；线路始端故障相电压明显低于额定值，并决定于短路点前线路上的电压降；非故障相电压，可认为等于额定值；线路中流过很大的短路电流。

（3）小电流系统中的单相接地短路。这种短路的特点为故障相对地电压降为零，非故障相电压升高 $\sqrt{3}$ 倍；线电压三角形不变；系统中性点电压偏移就是电网上出现的零序电压；线路分布电容引起的电容电流流经接地故障点，此电流值不大；个别情况下接地电容电流可能引起故障点电弧飞越，出现过电压；接地后电网处于不对称状态，故电流向量发生畸变。

上述这3种短路形式的示意图及短路电流的流向如图2-1-1所示。

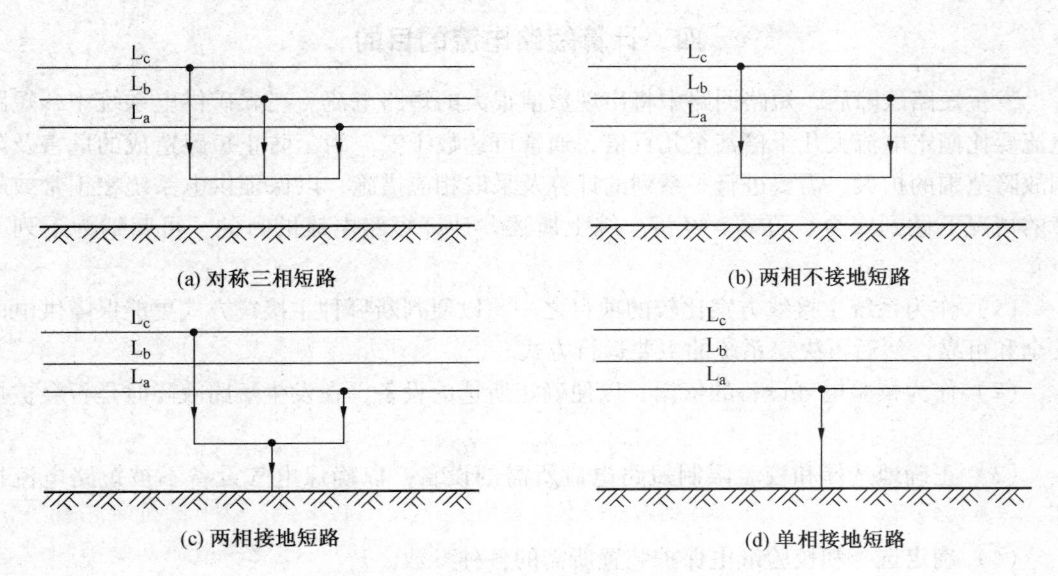

注：图中箭头方向为任意选定的电流流向

图 2-1-1　短路形式及电流方向示意图

三、短路对电力系统及设备的危害

短路对电力系统的危害程度一般与短路类型、地点、持续的时间等因素有关。三相短路较其他类型的短路引起的后果更为严重，若在靠近电源侧短路、短路持续时间长，则易烧毁设备及引起电力系统失稳。短路引起的后果有以下几种：

（1）设备遭到破坏，短路处电气设备常常被电弧烧毁。发生短路时，由于短路回路的总阻抗减小，短路电流可能超过该回路的额定电流许多倍，该电流通过导体时引起设备发热而使绝缘遭到破坏。短路电流还可能引起很大的机械力，同时导体也受到很大的电动力的作用使导体发生变形甚至损坏。因此电气设备应有足够的电动（机械）稳定性和热稳定性，即要求电气设备在流过最大可能的短路电流时间内不致损坏。

（2）电压降幅大，对用户的生产及生活影响极大。短路同时会引起电网的电压降低，特别是靠近短路点的电压降得更多，结果导致部分或全部用户的供电遭到破坏。一般用户多用异步电动机，而异步电动机的转矩 M 与其端点电压 U 的平方成正比，当电压降低时，转矩急剧下降使电动机停转。虽然有的用户装了低电压保护装置，但当电压降到一定程度，电动机仍会自动停止运行。所以短路发生后用户的产品数量和质量都会受影响，甚至还会造成人身伤亡和设备损坏。

（3）电力系统的稳定性遭到破坏。短路发生后并列运行的发电机组有可能解列，失去同步，稳定性遭到破坏，甚至造成整个电力系统的瘫痪，这是最严重的后果。

（4）不对称短路产生的零序电流会严重影响通信线路并且损坏设备，造成人身危险。

综上所述，对短路故障进行分析、计算具有十分重要的意义。

四、计算短路电流的目的

发生短路故障后，短路回路中将出现数值很大的短路电流。在煤矿供电系统中，短路电流要比额定电流大几十倍甚至几百倍，通常可达数千安。为了防止短路造成的危害及限制故障范围的扩大，需要进行一系列的计算及采取相应措施，以保证供电系统在正常或故障的情况下做到安全、可靠、经济。综上所述，计算短路电流的目的，可归纳为下列几点：

（1）作为系统主接线方案比较的项目之一，以便判断哪种主接线方式更能保障供电的安全和可靠，然后再决定系统的主要运行方式。

（2）作为校验电气设备的依据，以便确定所选的设备，在发生短路故障时是否会被损坏。

（3）正确地选择和校验限制短路电流所需的设备，以确保电气设备不被短路电流损坏。

（4）确定选择和校验继电保护装置所需的各种参数。

（5）根据故障的实际情况进行故障分析，找出事故发生的原因。

第二节　计算短路电流的基本规则

一、计算短路电流的一般规定及注意事项

电力系统短路后，电路中各种参数的变化是很复杂的，影响的因素也很多。为了简化短路电流的计算方法，在不影响工程计算精确度的情况下，我们忽略了一些因素的影响。同时，为了避免计算过程中出现某些差错，特提出一些需要注意的事项，以供参考。

（1）认为各发电机是同步旋转的，电流的频率相同，电动势的相位也相同，即发电机无摇摆现象。

（2）认为变压器是理想变压器，不考虑励磁电流的影响，而且变压器的磁路始终不饱和，因此短路后变压器的电抗是一个常数。

（3）系统各元件的分布电容忽略不计。

（4）一般所说的短路是指金属性短路，即不考虑电弧电阻的影响。

（5）短路前系统的电动势和电流是对称的。

（6）计算短路电流用的系统图（简称计算系统图）应以电气设备装设处能产生最大短路电流的运行接线方式为准，可不考虑短时的变换接线方式（如不经常并列运行而仅在切换过程中才并列的各段母线等）。

（7）确定短路点的原则：若需要计算、选择与校验电气设备所需的短路参数及计算继电保护装置整定值所需的短路参数时，就应将短路点定在该电气设备或保护装置与电网连接的母线处；如果需要计算、校验保护装置灵敏度所需的短路参数时，则应将短路点定在该保护装置保护范围的最远点。

（8）计算高压系统短路时，如果系统元件（如发电机、变压器、电抗器、线路等）

本身的电抗为 X，电阻为 R，若$\frac{1}{3}X > R$时，只需计算元件的电抗值；当短路回路中各元件的总电阻 R_{Σ} 大于1/3 的总电抗 X_{Σ}时，就应同时考虑总电阻和总电抗，并用总阻抗 $Z_{\Sigma} = \sqrt{R_{\Sigma}^{2} + X_{\Sigma}^{2}}$的值进行计算。

（9）某些情况下应该考虑同步调相机和大型异步电动机及大容量的静电电容器柜对短路电流值的影响，详见本章相应的部分。

（10）计算电抗器的电抗时，应采用加于电抗器端点的实际额定电压，不能用平均电压，否则误差较大。

（11）在简化系统的阻抗时，距短路点远的电源与近的电源不能合并，详细计算方法见本章相关部分。

（12）必须将阻抗标么值归算到以电源总额定容量为基准的标么值（称为计算电抗）时才可以查计算曲线。当计算电抗大于3 时，可按远端短路（电源容量为无限大的系统）求短路电流的方法处理。

（13）系统中的同步和异步电动机均为理想电动机，不考虑电动机磁饱和、磁滞、涡流及导体集肤效应等影响；转子结构完全对称；定子三相绕组空间位置相差 120°电角度。

（14）电力系统中各元件的磁路不饱和，即带铁芯的电气设备电抗值不随电流大小发生变化。

（15）同步电动机都具有自动调整励磁装置（包括强行励磁）。

（16）短路发生在短路电流为最大值的瞬间。

（17）除计算短路电流的衰减时间常数和低压网络的短路电流外，元件的电阻都略去不计。

（18）元件的计算参数均取其额定值，不考虑参数的误差和调整范围。

（19）输电线路的电容略去不计。

（20）用概率统计法制定短路电流运算曲线。

二、计算短路电流所需的原始资料

在计算短路电流之前，必须备齐计算中所需的原始资料，除了应该掌握本变电所的主接线系统、主要运行方式、各级变压器的基本信息（如型号、容量、台数和供电线路的电压等级、长度）、大型电机等资料外，还需向电力管理部门收集下列资料：

（1）电力系统近期和远期的总额定容量。

（2）上一级变电所母线（即本变电所电源线所连接的那段母线）在最大运行方式和最小运行方式下的短路容量（或电抗标么值）。

矿区附近有发电厂的或本矿有坑口发电厂的，需要同时收集：各发电机组的型号、容量、功率因数、同步电抗、台数、接线方式和变压器的容量、台数、短路电压百分值以及输电线路的电压等级与长度等资料。

计算时还要考虑以下因素：

（1）若本变电所的两条电源进线在正常情况下不是并联运行的，则要事先判断哪条进线的短路容量最大，然后分别计算最大运行方式下和最小运行方式下的短路电流。

(2) 需考虑本矿（或矿区）变电所今后可能发展到的容量，并用该容量所需的主变压器参数来计算短路电流，用它来校验电气设备；而用目前主变压器的参数来计算短路电流，并用它来确定继电保护装置的整定值及校验其灵敏度。

(3) 如果发电厂与矿区距离不远，而发电厂在近期内装机容量有较大的变化，计算时亦应考虑进去。在发展后的装机容量下，当下井电缆所接的母线短路容量超过规定值时，应在设计地面主变电所时，预留安装限流电抗器的位置。

三、短路电流的计算数据

(1) 对称短路电流初始值。对称短路电流初始值 I''_K 即次暂态短路电流，它是三相短路电流周期分量第一周期的有效值，用它可计算继电保护装置的整定值、短路电流峰值 i_p（即短路电流冲击值）及短路电流峰值的有效值 I_P（即短路全电流最大有效值）。需要注意的是，应该用电力系统在最大运行方式下，继电保护装置安装处发生短路时的次暂态短路电流来计算保护装置的整定值；而用电力系统在最小运行方式下，继电保护装置保护范围最远点发生短路时的次暂态短路电流来校验保护装置的灵敏度。因此，计算时应分别计算这两种运行方式下的对称短路电流初始值。

(2) 对称短路视在功率初始值。对称短路视在功率初始值 S''_K 即次暂态三相短路容量，用它来判断母线短路容量是否超过规定值，作为是否需要选择限流电抗器的依据，并供下一级变电所计算短路电流用。

(3) 短路发生后 0.2 s 时的短路电流周期分量有效值（此时非周期分量基本上已衰减完）$I''_{K-0.2}$，可用它来校验开关电器的额定断流量。

(4) 短路发生后 0.2 s 时的三相短路容量 $S''_{K-0.2}$，可用它来校验开关电器的额定断流容量（也称为额定短路容量）。

(5) 稳态短路电流有效值 I_K，可用它来校验设备、母线及电缆的热稳定性。

(6) 短路电流峰值 i_p（即短路电流冲击值）及短路电流峰值的有效值 I_P（即短路全电流最大有效值），可用它们来校验电气设备、载流体及母线的动稳定性。

第三节 电路各元件阻抗的计算

高压供电系统通常采用标么值（相对值）的方法来计算短路电流，因此，应事先求出系统中各元件的电抗标么值。

一、基 准 值

在标么值的计算中，基准值是一个比较标准，经常使用的有基准容量 S_b、基准电压 U_b、基准电流 I_b、基准电抗 X_b。这 4 个量中可选定两个量，其他的两个量可用公式求得，不能 4 个量均任意选定。通常选取基准容量 $S_b = 100$ MV · A，或者等于系统的额定容量；另一个选取系统某段的平均电压为基准电压 $U_b = 1.05U_N$。基准电流和基准电抗就可用下式确定：

$$I_b = \frac{S_b}{\sqrt{3}U_b} \tag{2-3-1}$$

$$X_b = \frac{U_b}{\sqrt{3}I_b} = \frac{U_b^2}{S_b} \quad (2-3-2)$$

高压系统常用的基准值见表2-3-1。

表2-3-1　高压系统常用的基准值（$S_b = 100\ MV \cdot A$）

基准电压/kV	3.15	6.3	10.5	15.75	18	37	63	115	162	230
基准电流/kA	18.33	9.16	5.50	3.67	3.21	1.56	0.916	0.502	0.356	0.251
基准电抗/Ω	0.0992	0.397	1.10	2.48	3.24	13.7	39.7	132	262	529

二、标　么　值

标么值（亦称相对值）就是某电气量的实际值与同单位同电气量的选定值之比。标么值是没有单位的量，选定值不同标么值也不同。

（一）标么额定值

标么额定值是以额定参数为基准的标么值，大多以设备的额定容量为基准。

$$标么额定值 = \frac{某电气量的实际值}{同单位同电气量的额定值}$$

常使用的只有电抗标么额定值，通常发电机、电动机、限流电抗器和变压器的电抗都是以标么额定值表示的。

$$X_n^* = \frac{X}{X_n} \quad (2-3-3)$$

式中　X——电抗实际值；

X_n——电抗额定值；

X_n^*——电抗标么额定值。

有时设备的标么额定值可用百分值表示。百分电抗与电抗标么额定值之间有下列关系：

$$X\% = \frac{X}{X_n} \times 100 = X_n^* \times 100 \quad (2-3-4)$$

计算短路电流时不能用标么额定值，因为系统中各元件的标么额定值选择的基准不同，必须将它变换成标么基准值（简称标么值）方可进行计算。

（二）标么基准值（简称标么值）

标么基准值是以任意选定的基准值为基准的标么值。

$$标么基准值 = \frac{某电气量的实际值}{同单位同电气量的基准值}$$

对于不同的电量，则有

电压标么基准值（简称电压标么值）：　$U_b^* = U^* = \dfrac{U}{U_b}$

电流标么基准值（简称电流标么值）：　$I_b^* = I^* = \dfrac{I}{I_b}$

容量标么基准值（简称容量标么值）：　$S_b^* = S^* = \dfrac{S}{S_b}$

电抗标么基准值（简称电抗标么值）：　$X_b^* = X^* = \dfrac{X}{X_b}$

在计算某个系统的短路电流时，一些电气量只能选取一个基准值。

（三）不同基准的标么值相互变换的方法

（1）当两个标么值的基准电压相同而基准容量不同时，可按下式将基准容量为 S_{b1} 的标么值变换为以基准容量为 S_{b2} 的标么值。

$$X_{b2}^* = X_{b1}^* \frac{S_{b2}}{S_{b1}} \tag{2-3-5}$$

（2）当两个标么值的基准容量相同而基准电压不同时，可按下式将基准电压为 U_{b1} 的标么值变换为以基准电压为 U_{b2} 的标么值。

$$X_{b2}^* = X_{b1}^* \frac{U_{b1}^2}{U_{b2}^2} \tag{2-3-6}$$

（3）当两个标么值的基准容量和基准电压都不同时，可按下式进行变换：

$$X_{b2}^* = X_{b1}^* \frac{U_{b1}^2 S_{b2}}{U_{b2}^2 S_{b1}} \tag{2-3-7}$$

或者用

$$X_{b2}^* = X_{b1}^* \frac{U_{b1} I_{b2}}{U_{b2} I_{b1}} \tag{2-3-8}$$

三、高压电路中各元件的电抗和电抗标么值

高压电路中各元件的电抗及电抗标么值的详细计算如下。

1）系统短路容量的电抗标么值

$$X_s^* = \frac{S_b}{S_K} \tag{2-3-9}$$

式中　S_b——系统的基准容量，MV·A；

S_K——系统的短路容量，MV·A。

2）发电机、调相机和电动机的电抗标么值

$$X_d''^* = \frac{X_d''\%}{100} \frac{S_b \cos\varphi_N}{P_N} \tag{2-3-10}$$

式中　$X_d''\%$——电动机次暂态电抗百分值；

P_N——电动机的额定功率；

$\cos\varphi_N$——电动机的额定功率因数。

同步电动机的次暂态电抗百分值应由电动机制造厂提供。若数据缺少时，在近似计算中，也可采用表2-3-2中所列的各类同步电动机次暂态电抗百分值的平均值。

3）异步电动机的电抗标么值

高低压异步电动机的超瞬态电抗相对值 X_d'' 可按下式计算：

$$X_d'' = X_{DM}'' \frac{S_b \cos\varphi_{N-DM}}{P_{N-DM}} \approx \frac{1}{X_{qM}} \tag{2-3-11}$$

式中　X_{qM}——异步电动机的起动电流倍数，由产品样本查得；

X''_{DM}——异步电动机的电抗百分值；

P_{N-DM}——异步电动机的额定功率；

$\cos\varphi_{N-DM}$——异步电动机的额定功率因数。

表2-3-2　各类同步电动机次暂态电抗百分值的平均值

序　号	同步电动机类型		X''_d 或 $X_{(1)}$/%	$X_{(2)}$/%	$X_{(0)}$/%
1	汽轮发电机	≤50 MW	14.5	17.5	7.5
		100~125 MW	17.5	21.0	8.0
		200 MW	14.5	17.5	8.5
		300 MW	17.2	19.8	8.4
2	水轮发电机	无阻尼绕组时	29.0	45.0	11.0
		有阻尼绕组时	21.0	21.5	9.5
3	同步调相机		16.0	16.5	8.5
4	同步电动机		15.0	16.0	8.0

注：$X_{(1)}$、$X_{(2)}$、$X_{(0)}$分别表示正序电抗相对值、负序电抗相对值、零序电抗相对值。

4）电力变压器的电抗标幺值

$$X_T^* = \frac{U_K\% S_b}{100S_N} \tag{2-3-12}$$

式中　$U_K\%$——变压器阻抗电压百分值，也称短路电压百分值；

S_N——变压器的额定容量，MV·A。

常用三相双绕组电力变压器的电抗标幺值（S_b=100 MV·A）见表2-3-3。

表2-3-3　三相双绕组电力变压器的电抗标幺值

变压器容量/（kV·A）	阻抗电阻/%	S_b=100 MV·A时电抗标幺值
35/10.5(6.3)kV		
1000	6.5	6.50
1250		5.20
1600		4.06
2000		3.25
2500		2.60
3150	7	2.22
4000		1.75
5000		1.40
6300	7.5	1.19
8000		0.94
10000		0.75
12500	8	0.64
16000		0.50
20000		0.40
110/10.5(6.3)kV		
6300	10.5	1.67
8000		1.31
10000		1.05
12500		0.84

变压器容量/（kV·A）	阻抗电阻/%	S_b=100 MV·A时电抗标幺值
16000	10.5	0.66
20000		0.53
25000		0.42
10/6.3(3.15)kV		
200	4	20.00
250		16.00
315		12.70
400		10.00
500		8.00
630	4.5	8.73
800	5.5	6.88
1000		5.50
1250		4.40
1600		3.44
2000		2.75
2500		2.20
3150		1.75
4000		1.38
5000		1.10
6300		0.87

三相三绕组电力变压器每个绕组的电抗百分值按下列公式计算

$$
\begin{aligned}
X_1\% &= \frac{1}{2}(U_{K12}\% + U_{K13}\% - U_{K23}\%)\\
X_2\% &= \frac{1}{2}(U_{K12}\% + U_{K23}\% - U_{K13}\%)\\
X_3\% &= \frac{1}{2}(U_{K13}\% + U_{K23}\% - U_{K12}\%)
\end{aligned}
\tag{2-3-13}
$$

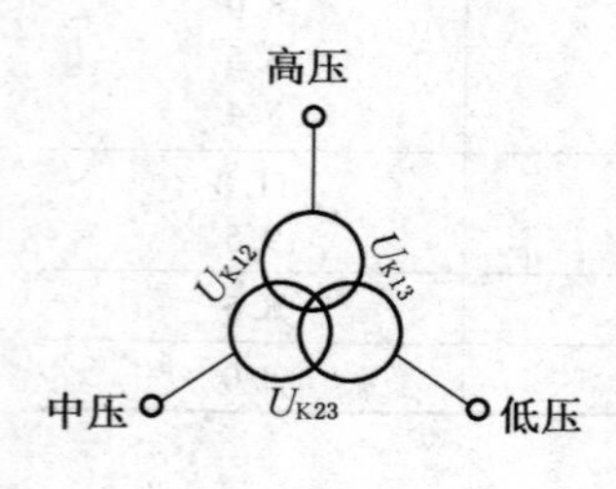

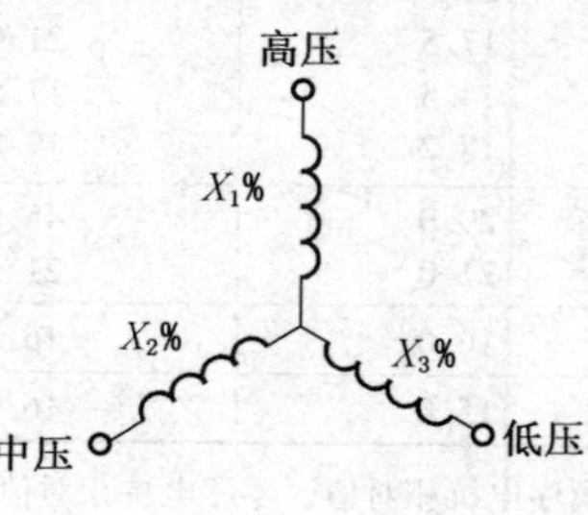

图 2-3-1　三相三绕组变压器等值变换

式中，$U_{K12}\%$、$U_{K13}\%$、$U_{K23}\%$ 分别为变压器每对绕组的阻抗电压百分值，它们之间的关系如图 2-3-1 所示。

110 kV 级 6300 ~ 25000 kV · A 三相三绕组电力变压器每个绕组的电抗标么值见表 2-3-4。

5）电抗器的电抗标么值

$$X_{CR}^* = \frac{X_{CR}\%}{100}\frac{U_{CR\cdot N}}{\sqrt{3}I_{CR\cdot N}}\frac{S_b}{U_b^2} \tag{2-3-14}$$

式中　$X_{CR}\%$——电抗器的电抗百分值；

$I_{CR\cdot N}$——电抗器的额定电流，kA；

$U_{CR\cdot N}$——电抗器的额定电压，kV。

表 2-3-4　三相三绕组电力变压器每个绕组的电抗标么值

变压器容量/(kV · A)			6300	8000	10000	12500	16000	20000	25000	变压器容量/(kV · A)	
按阻抗电压 $U_K\%$ 的第一种组合方式	阻抗电压 $U_K\%$	高中 高低 中低	17 10.5 6	17.5 10.5 6.5	17 10.5 6	18 10.5 6.5	18 10.5 6.5	18 10.5 6.5	18 10.5 6.5	高低 高中 中低	按阻抗电压 $U_k\%$ 的第二种组合方式
	绕组电抗 $X/\%$	高压 中压 低压	10.75 6.25 −0.25	10.75 6.75 −0.25	10.75 6.25 −0.25	11 7 −0.50	11 7 −0.50	11 7 −0.50	11 7 −0.50	高压 低压 中压	
	$S_b = 100$ MV · A 时绕组电抗标么值 X^*	高压 中压 低压	1.706 0.992 −0.040	1.344 0.844 −0.031	1.075 0.625 −0.025	0.880 0.560 −0.04	0.688 0.438 −0.031	0.550 0.350 −0.025	0.440 0.280 −0.02	高压 低压 中压	

变压器及电抗器的等值电抗计算如三绕组变压器、自耦变压器、分裂变压器及分裂电抗器的等值电抗计算公式见表 2-3-5。

6）高压线路的电抗标么值

$$X_L^* = X_L\frac{S_b}{U_b^2} \tag{2-3-15}$$

$$X_L = X_0L = \frac{0.145\lg D}{0.789r}L \tag{2-3-16}$$

表2-3-5　变压器和电抗器的等值电抗计算公式

名称		接线图	等值电抗	等值电抗计算公式	符号说明
三绕组变压器	不分裂绕组	1, 2, 3, X_{1-2}, X_{1-3}, X_{2-3}	1, 2, 3, X_1, X_2, X_3	$X_1=\frac{1}{2}(X_{1-2}+X_{1-3}-X_{2-3})$ $X_2=\frac{1}{2}(X_{1-2}+X_{2-3}-X_{1-3})$ $X_3=\frac{1}{2}(X_{1-3}+X_{2-3}-X_{1-2})$	
自耦变压器	不分裂绕组	1, 2, 3, X_{1-2}, X_{1-3}, X_{2-3}			
三绕组变压器	低压侧有两个分裂绕组	1, 2, 3′, 3″, X_{1-2}, $X_{1-3'}$, $X_{2-3''}$, $X_{3'-3''}$	1, 2, 3′, 3″, X_1, X_2, X_3, $X_{3'}$, $X_{3''}$	$X_1=\frac{1}{2}(X_{1-2}+X_{1-3'}-X_{2-3'})$ $X_2=\frac{1}{2}(X_{1-2}+X_{2-3'}-X_{1-3'})$ $X_3=\frac{1}{2}(X_{1-3'}+X_{2-3'}-X_{1-2}-X_{3'-3''})$ $X_{3'}=X_{3''}=\frac{1}{2}X''_{3'-3''}$	X_{1-2}—高中压绕组间的穿越电抗 $X_{3'-3''}$—分裂绕组间的分裂电压 $X_{1-3'}=X_{1-3''}$—高压绕组与分裂绕组间的穿越电抗 $X_{2-3'}=X_{2-3''}$—中压绕组与分裂绕组间的穿越电抗
自耦变压器	低压侧有两个分裂绕组	1, 2, 3′, 3″, X_{1-2}, $X_{1-3'}$, $X_{2-3''}$, $X_{3'-3''}$			
分裂电抗器	仅由一臂向另一臂供给电流	1, 2, 3	1, 2, X	$X=2X_k(1+f_0)$	
分裂电抗器	由中间向两臂或由两臂向中间供给电流	1, 2, 3	1, 2, 3, X_1, X_2	$X_1=X_2=X_k(1-f_0)$ （两臂电流相等）	X_k—其中一个分支的电抗 f_0—互感系数，0.4～0.6 X_3—互感电抗
分裂电抗器	由中间和一臂同时向另一臂供给电流	1, 2, 3	1, 2, 3, X_1, X_2, X_3	$X_1=X_2=X_k(1+f_0)$ $X_3=-X_kf_0$	
双绕组变压器	低压侧有两个分裂绕组	1, 2′, 2″, X_{1-2}, $X_{2'-2''}$	1, 2, 3, X_1, $X_{2'}$, $X_{2''}$ 1, 2, 3, $X_{2'}$, $X_{2''}$	低压绕组分裂 $X_1=X_{1-2}-\frac{1}{4}X_{2'-2''}$ $X_2=X_{2''}=\frac{1}{2}X_{2'-2''}$ 普通单相变压器低压两个绕组分别引出使用 $X_1=0$ $X_{2'}=X_{2''}=2X_{1-2}$	X_{1-2}—高压绕组与总的低压绕组间的穿越电抗 $X_{2'-2''}$—分裂绕组间的分裂电抗

$$D = \sqrt[3]{d_{ab}d_{bc}d_{ca}} \tag{2-3-17}$$

式中　X_L——线路的电抗值，Ω；

r——线路导线半径，cm；

D——导线相间的几何均距，cm；

d——相间距离，cm；

L——线路总长度，km；

X_0——线路单位长度电抗，Ω/km。

对计算要求不十分精确时，可采用表2-3-6所列各种线路电抗的近似值。如果要求比较精确，则可查阅表2-3-7～表2-3-10；35 kV交联电力电缆每千米阻抗见表2-3-11。

表2-3-6　高压线路每千米电抗近似值

线路种类	标称电压 U_b/kV	电抗 X/(Ω·km⁻¹)	S_b=100 MV·A 时电抗标么值 X^*
电缆线路	6 10 35	0.07 0.08 0.12	0.176 0.073 0.009
架空线路	6 10 35 110	0.35 0.35 0.40 0.40	0.882 0.317 0.029 0.003

注：计算电抗标么值时，所采用的基准电压 U_b 分别为6.3 kV、10.5 kV、37 kV、115 kV。

表2-3-7　6 kV和10 kV油浸纸绝缘和不滴流浸渍纸绝缘三芯电力电缆每千米阻抗

标称截面/mm²	6 kV						10 kV					
	T=65 ℃时线芯交流电阻 R/(Ω·km⁻¹)		电抗 X/(Ω·km⁻¹)	U_b=6.3 kV、S_b=100 MV·A 时电阻和电抗标么值			T=60 ℃时线芯交流电阻 R/(Ω·km⁻¹)		电抗 X/(Ω·km⁻¹)	U_b=10.5 kV、S_b=100 MV·A 时电阻和电抗标么值		
				R^*		X^*				R^*		X^*
	铝	铜		铝	铜		铝	铜		铝	铜	
10	3.395	2.071	0.107	8.555	5.219	0.269						
16	2.122	1.294	0.099	5.347	3.261	0.250	2.085	1.272	0.110	1.897	1.158	0.100
25	1.358	0.828	0.088	3.422	2.087	0.221	1.335	0.814	0.098	1.215	0.741	0.089
35	0.970	0.592	0.083	2.444	1.492	0.210	0.953	0.581	0.092	0.867	0.529	0.084
50	0.679	0.414	0.079	1.711	1.043	0.200	0.667	0.407	0.087	0.607	0.370	0.079
70	0.485	0.296	0.076	1.222	0.746	0.191	0.477	0.291	0.083	0.434	0.265	0.075
95	0.357	0.218	0.074	0.900	0.549	0.185	0.351	0.214	0.080	0.319	0.195	0.073
120	0.283	0.173	0.072	0.713	0.436	0.182	0.278	0.170	0.078	0.253	0.155	0.071
150	0.226	0.138	0.072	0.570	0.348	0.180	0.222	0.136	0.077	0.202	0.124	0.070
185	0.183	0.112	0.070	0.461	0.282	0.176	0.180	0.110	0.075	0.164	0.100	0.068
240	0.141	0.086	0.069	0.355	0.217	0.174	0.139	0.085	0.073	0.126	0.077	0.067

表 2-3-8　6 kV 和 10 kV 交联聚乙烯绝缘三芯电力电缆每千米阻抗

标称截面/mm^2	$T=90$ ℃时线芯交流电阻 R/($\Omega \cdot km^{-1}$)		6 kV				10 kV			
			电抗 X/($\Omega \cdot km^{-1}$)	$U_b=6.3$ kV、$S_b=100$ MV·A 时电阻和电抗标么值			电抗 X/($\Omega \cdot km^{-1}$)	$U_b=10.5$ kV、$S_b=100$ MV·A 时电阻和电抗标么值		
				R^*		X^*		R^*		X^*
	铝	铜		铝	铜			铝	铜	
16	2.301	1.404	0.124	5.799	3.538	0.312	0.133	2.094	1.278	0.121
25	1.473	0.898	0.111	3.712	2.263	0.280	0.120	1.340	0.817	0.109
35	1.052	0.642	0.105	2.651	1.618	0.264	0.113	0.957	0.584	0.103
50	0.736	0.449	0.099	1.855	1.131	0.249	0.107	0.670	0.409	0.097
70	0.526	0.321	0.093	1.326	0.809	0.236	0.101	0.479	0.292	0.091
95	0.388	0.236	0.089	0.978	0.595	0.225	0.096	0.353	0.215	0.087
120	0.307	0.187	0.087	0.774	0.471	0.219	0.095	0.279	0.170	0.087
150	0.245	0.150	0.085	0.617	0.378	0.214	0.093	0.223	0.137	0.084
185	0.199	0.121	0.082	0.501	0.305	0.208	0.090	0.181	0.110	0.082
240	0.153	0.094	0.080	0.386	0.237	0.202	0.087	0.139	0.086	0.079

表 2-3-9　6 kV 和 10 kV 架空线路每千米阻抗

标称截面/mm^2	$T=70$ ℃时交流电阻						线间几何均距 $D_b=1000$ mm 时电抗			线间几何均距 $D_b=1250$ mm 时电抗		
	R/($\Omega \cdot km^{-1}$)		$S_b=100$ MV·A 的标么值 R^*				X/($\Omega \cdot km^{-1}$)	$S_b=100$ MV·A 的标么值 X^*		X/($\Omega \cdot km^{-1}$)	$S_b=100$ MV·A 的标么值 X^*	
			$U_b=6.3$ kV		$U_b=10.5$ kV			$U_b=6.3$ kV	$U_b=10.5$ kV		$U_b=6.3$ kV	$U_b=10.5$ kV
	铝	铜	铝	铜	铝	铜						
16	2.16	1.32	5.44	3.32	1.96	1.20	0.39	0.98	0.35	0.41	1.03	0.37
25	1.38	0.84	3.48	2.12	1.26	0.77	0.38	0.96	0.34	0.39	0.98	0.35
35	0.99	0.60	2.49	1.52	0.90	0.55	0.37	0.93	0.34	0.38	0.96	0.34
50	0.69	0.42	1.74	1.06	0.63	0.38	0.36	0.91	0.33	0.37	0.93	0.34
70	0.49	0.30	1.24	0.76	0.45	0.27	0.35	0.88	0.32	0.36	0.91	0.33
95	0.36	0.22	0.92	0.56	0.33	0.20	0.34	0.86	0.31	0.35	0.88	0.32
120	0.29	0.18	0.73	0.44	0.26	0.16	0.33	0.83	0.30	0.34	0.86	0.31
150	0.23	0.14	0.58	0.35	0.21	0.13	0.32	0.81	0.29	0.34	0.86	0.31
185	0.19	0.11	0.47	0.29	0.17	0.10	0.31	0.78	0.28	0.33	0.83	0.30
240	0.14	0.09	0.36	0.22	0.13	0.08	0.31	0.78	0.28	0.32	0.81	0.29

表 2-3-10　35 kV 和 110 kV LGJ 系列架空线路每千米阻抗

标称截面/mm^2	$T=70$ ℃时交流电阻 R/($\Omega \cdot km^{-1}$)	$U_b=37$ kV、$D_b=3000$ mm			$U_b=115$ kV、$D_b=5000$ mm		
		电抗 X/($\Omega \cdot km^{-1}$)	$S_b=100$ MV·A 时标么值		电抗 X/($\Omega \cdot km^{-1}$)	$S_b=100$ MV·A 时标么值	
			R^*	X^*		R^*	X^*
35	0.99	0.43	0.07	0.031			
50	0.69	0.42	0.05	0.031			
70	0.49	0.41	0.04	0.030	0.44	0.004	0.003
95	0.36	0.40	0.03	0.029	0.43	0.003	0.003
120	0.29	0.39	0.02	0.028	0.42	0.002	0.003
150	0.23	0.39	0.02	0.028	0.42	0.002	0.003
185	0.19	0.38	0.01	0.028	0.41	0.001	0.003
240	0.14	0.37	0.01	0.027	0.40	0.001	0.003

表 2-3-11　35 kV 交联电力电缆每千米阻抗

标称截面/mm²			16	25	35	50	70	95	120	150	185	240	300
$T=90$ ℃时线芯交流电阻 R/(Ω · km⁻¹)		铜	1.404	0.898	0.642	0.449	0.321	0.236	0.187	0.150	0.121	0.094	0.072
		铝	2.301	1.473	1.052	0.736	0.526	0.388	0.307	0.245	0.199	0.153	0.121
电抗 X/(Ω · km⁻¹)		铜	0.148	0.141	0.133	0.125	0.123	0.119	0.110	0.109	0.105	0.095	0.094
		铝	0.148	0.141	0.133	0.125	0.123	0.119	0.110	0.109	0.105	0.095	0.094
$S_b=100$ MV · A 时标么值	R^*	铜	0.1025	0.0656	0.0469	0.0328	0.0234	0.0172	0.0137	0.0110	0.0088	0.0069	0.0053
		铝	0.1680	0.1075	0.0768	0.0537	0.0384	0.0283	0.0224	0.0179	0.0145	0.0112	0.0088
	X^*	铜	0.0108	0.0103	0.0097	0.0091	0.0090	0.0087	0.0080	0.0080	0.0077	0.0070	0.0069
		铝	0.0108	0.0103	0.0097	0.0091	0.0090	0.0087	0.0080	0.0080	0.0077	0.0070	0.0069

第四节　网络的变换方法

由系统各元件电抗标么值所组成的等值电路，通常都比较复杂，多电源的系统更是如此。因此，欲求出短路点的总电抗标么值，就必须将复杂的等值网络逐步地进行简化，下面分别予以介绍。

一、常用的网络变换公式

计算中经常使用的基本网络变换公式见表 2-4-1。

表 2-4-1　常用电抗网络变换公式

原　网　络	变换后的网络	换　算　公　式
1 X_1 X_2 X_n 2	1 X 2	$X=X_1+X_2+\cdots+X_n$
X_1 X_2 X_n 1 2	1 X 2	$X=\dfrac{1}{\dfrac{1}{X_1}+\dfrac{1}{X_2}+\cdots+\dfrac{1}{X_n}}$ 当只有两个支路时，$X=\dfrac{X_1X_2}{X_1+X_2}$
1 X_{12} X_{31} 2 X_{23} 3	1 X_1 X_2 X_3 2 3	$X_1=\dfrac{X_{12}X_{31}}{X_{12}+X_{23}+X_{31}}$ $X_2=\dfrac{X_{12}X_{23}}{X_{12}+X_{23}+X_{31}}$ $X_3=\dfrac{X_{23}X_{31}}{X_{12}+X_{23}+X_{31}}$
1 X_1 X_2 X_3 2 3	1 X_{12} X_{31} 2 X_{23} 3	$X_{12}=X_1+X_2+\dfrac{X_1X_2}{X_3}$ $X_{23}=X_2+X_3+\dfrac{X_2X_3}{X_1}$ $X_{31}=X_3+X_1+\dfrac{X_3X_1}{X_2}$

表 2-4-1（续）

原网络	变换后的网络	换算公式
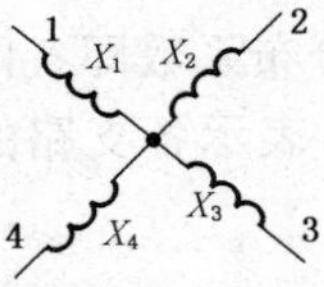	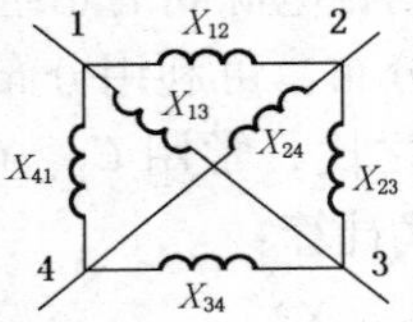	$X_{12}=X_1X_2\sum Y$ $X_{23}=X_2X_3\sum Y$ $X_{24}=X_2X_4\sum Y$ 式中　$\sum Y=\frac{1}{X_1}+\frac{1}{X_2}+\frac{1}{X_3}+\frac{1}{X_4}$
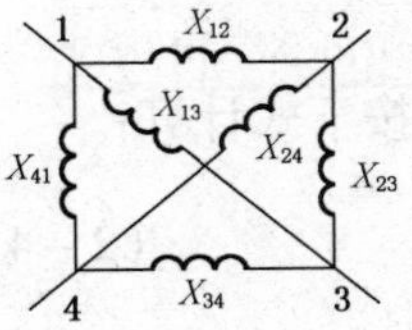	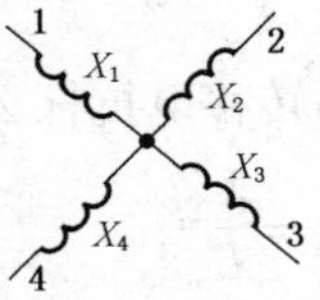	$X_1=\cfrac{1}{\frac{1}{X_{12}}+\frac{1}{X_{13}}+\frac{1}{X_{41}}+\frac{X_{24}}{X_{12}X_{41}}}$ $X_2=\cfrac{1}{\frac{1}{X_{12}}+\frac{1}{X_{23}}+\frac{1}{X_{24}}+\frac{X_{13}}{X_{12}X_{23}}}$ $X_3=\cfrac{1}{1+\frac{X_{12}}{X_{23}}+\frac{X_{12}}{X_{24}}+\frac{X_{13}}{X_{23}}}$ $X_4=\cfrac{1}{1+\frac{X_{12}}{X_{23}}+\frac{X_{12}}{X_{41}}+\frac{X_{24}}{X_{41}}}$

二、网络的简化方法

对于多电源的复杂网络，可用下述的几种简化方法和基本原则，来统一处理电源和网络的相互关系，以求得短路点的总电抗标么值。

（一）电源合并法

几个带有支路的电源，如图 2-4-1 所示，而且这几个电源的性质相似（都是汽轮发电机或水轮发电机），即可按下式给予合并：

$$E_{eq}=\frac{E_1Y_1+E_2Y_2+\cdots+E_nY_n}{Y_1+Y_2+\cdots+Y_n} \tag{2-4-1}$$

$$X_{eq}=\frac{1}{Y_1+Y_2+\cdots+Y_n} \tag{2-4-2}$$

如果只有两个电源支路，则

$$E_{eq}=\frac{E_1X_2+E_2X_1}{X_1+X_2} \tag{2-4-3}$$

$$X_{eq}=\frac{X_1X_2}{X_1+X_2} \tag{2-4-4}$$

式中　$Y_1=\frac{1}{X_1},Y_2=\frac{1}{X_2},\cdots,Y_n=\frac{1}{X_n}$；

E_{eq}——等值电源的电动势；

X_{eq}——等值电源的电抗。

无论电动势的大小如何，这种方法均可应用。对于网络中的负载支路，可将其作为发电机电动势 $E=0$ 的一种特殊情况考虑。

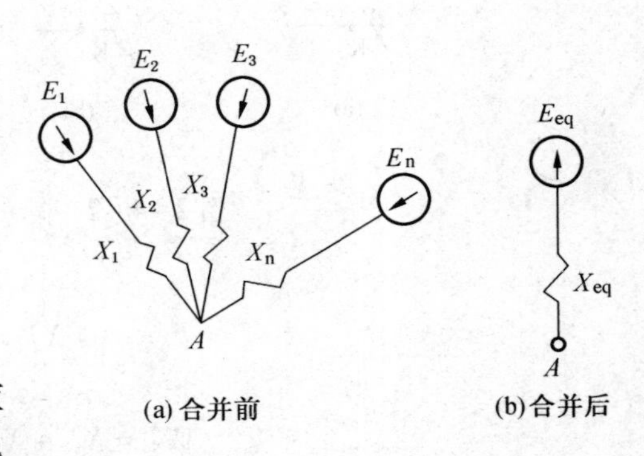

图 2-4-1　电源合并示意图

（二）分布系数法

考虑到各电源离短路点的距离及电源、发电机类型对短路电流值的影响，决定采用分布系数法提高计算的准确性。求得短路点到各电源间的总组合电抗后，为了求出短路点到各电源的转移电抗及网络中各支路电流的分布，可利用分布系数 C。分布系数即各电源支路供给的短路电流与短路点的总短路电流之比，常用 C_1，C_2，…，C_n 表示各支路的分布系数。第 m 个支路的分布系数 C_m 可按下式计算：

$$C_m = \frac{X_{p\Sigma}^*}{X_m^*} \tag{2-4-5}$$

式中　$X_{p\Sigma}^*$——各支路的并联电抗标么值；

X_m^*——第 m 个支路的电抗标么值。

因此，对任一电源 m 和短路点 K 之间的转移电抗标么值 X_{m-K}^* 可按下式计算：

$$X_{m-K}^* = \frac{X_\Sigma^*}{C_m} \tag{2-4-6}$$

式中，X_Σ^* 为短路回路的总组合电抗标么值。

转移电抗标么值是以基准容量为标准得出的，必须以电源 m 的额定容量为基准容量进行归算，方可根据该支路的计算电抗 $X_m^{*\prime}$ 并按电源 m 的性质（汽轮或水轮发电机）查对应的计算曲线。

$$X_{m-K}^{*\prime} = X_{m-K}^* \frac{S_{N-m}}{S_b} \tag{2-4-7}$$

式中，S_{N-m} 为第 m 个电源的额定容量，单位为 MV · A。

然后根据从计算曲线中得出的第 m 个支路的短路电流标么值去求第 m 个支路的短路电流实际值，最后再将各支路的短路电流加起来即为短路点的总短路电流。

现举例说明转移电抗和分布系数的求法。某系统的等值电抗如图 2-4-2 所示，试求它的分布系数和转移电抗。

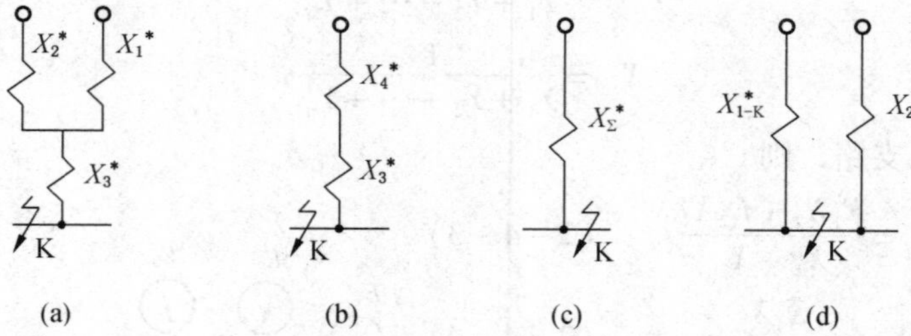

(a)　(b)　(c)　(d)

图 2-4-2　某系统的等值电抗的示意图

$$X_4^* = \frac{X_1^* X_2^*}{X_1^* + X_2^*} \tag{2-4-8}$$

$$X_\Sigma^* = X_3^* + X_4^* = X_3^* + \frac{X_1^* X_2^*}{X_1^* + X_2^*} \tag{2-4-9}$$

则分布系数：

$$C_1=\frac{X_4^*}{X_1^*}=\frac{X_2^*}{X_1^*+X_2^*} \tag{2-4-10}$$

$$C_2=\frac{X_4^*}{X_2^*}=\frac{X_1^*}{X_1^*+X_2^*} \tag{2-4-11}$$

而各支路的转移电抗为

$$X_{1-K}^*=\frac{X_\Sigma^*}{C_1} \tag{2-4-12}$$

$$X_{2-K}^*=\frac{X_\Sigma^*}{C_2} \tag{2-4-13}$$

需要注意的是，一个短路点所有支路的分布系数之和必须等于1。可用此法来判断分布系数的计算是否正确。

（三）等值电源法

电力系统中的电源类型很多，它们到短路点的距离各不相同，为了更准确地求出短路电流，对不同的系统可用以下两种处理方法。

1. 综合变化计算法

综合变化计算法是将全部参加供给短路电流的发电机用一个等于它们容量之和的等值发电机来代替，即认为各电源所供出的短路电流周期分量是同样变动的，也就是忽略不同型号发电机与短路点之间的距离远近。

需要注意的是，如果在同一个计算系统中既有火力发电机也有水力发电机，应该以容量占多数的那一类发电机为依据，去查该类型发电机的运算曲线数字表。目前，发电机均装有电压自动调整器，因此，发电机所给的运算曲线数字表都有电压自动调整器的数值；如果两种类型发电机的总容量相近，则可查平均运算曲线。

如果计算系统中除了发电机外还有无限大容量的电源，此时应将无限大容量的电源所供给的短路电流与其他所有电源供给的短路电流相加。

具体的步骤：当求得短路点的总电抗标么值 X_Σ^* 后，由于此值的基准容量与发电机总额定容量不同，所以不能直接查计算曲线，需用下式进行归算，换成以全部发电机总额定容量为基准的计算电抗标么值 X_C^*。

$$X_C^*=X_\Sigma^*\frac{S_{N-\Sigma}}{S_b} \tag{2-4-14}$$

式中，$S_{N-\Sigma}$ 为全部发电机的总额定容量，MV · A。

然后根据 X_C^* 的数值查计算曲线，得出某一时间的短路电流周期分量的标么值 I_{P-t}^*。在短路点某一时间短路电流周期分量的有效值 I_{P-t} 可按下式计算：

$$I_{P-t}=I_{P-t}^*\times I_{N-\Sigma} \tag{2-4-15}$$

式中，$I_{N-\Sigma}$ 为全部发电机的总额定电流，kA。

这种方法只能在电力系统中各发电机均为相同类型而且它们到短路点的距离近似相等的情况下方可应用，或者各电源到短路点的距离都很远的情况下方能应用。

实际上，不同类型的发电机以及这些发电机到短路点的距离不同时，各发电机向短路点供给的短路电流周期分量的变化情况各不相同，靠近短路点的小容量发电机要比远离短路点的大容量发电机供给的短路电流大得多。为了得到更精确的短路电流数值，应采用下述的单独变化法。

2. 单独变化法

单独变化法是把电力系统中的发电机按不同类型及距短路点的远近分为几组，每一组用一个容量等于该组发电机总额定容量的等值电源代替，然后求出每一支路的转移电抗和计算电抗（方法与分布系数法相同）。再根据各支路的计算电抗值查相应电源的计算曲线，求出它们向短路点供给的短路电流，那么短路点的实际短路电流就等于各支路供给的短路电流之和。

发电机的分组原则如下：

（1）到短路点距离相近的同一类型的发电机分成一组。

（2）距短路点很远（计算电抗标么值大于1）的发电机划归一组。

（3）彼此无关的支路与短路点直接相连的同一类型发电机划归一组。

（4）容量是无限大的电源必须单独划为一组。

（5）在计算短路后时间 $t>0.3$ s 的短路电流时，若系统的转移电抗标么值小于1时，还应按有无自动电压调整器来分组。

第五节　三相短路电流的计算

一、远端短路时单电源馈电的三相短路电流初始值 I''_K 的计算

远端短路是远离发电机端的系统发生短路，即以电源容量为基准的计算电抗 $X_C^* \geqslant 3$ 时，短路电流交流分量在整个短路过程中不发生衰减。远端短路也是电源容量为无限大的系统发生短路。当电源为无限容量时，即认为在短路过程中，电源的电压维持不变，也就是说电源的电阻和电抗均为零，但实际上电源的容量和阻抗总有一定数值。因此，当电源的阻抗不超过短路回路总阻抗（或计算电抗）的5%～10%时，就可以忽略电源的阻抗。

如果以供电电源为基准的电抗标么值大于或等于3时，可以认为短路电流周期分量在整个短路过程中保持不变，也就是短路电流不衰减。短路电流的计算方法即为远端短路的单电源馈电的三相短路电流初始值 I''_K 的计算方法，具体计算步骤如下：

（1）根据供电系统绘制等值电路图，一般称为计算系统图，要求在图上标出各元件的参数并标出各短路点的位置（短路点的确定方法应根据计算短路电流的目的，然后按本章所述的原则决定）。较复杂的网络还要根据计算要求依次绘出简化的等值图，在图上和计算过程中，电抗标么值可直接用编号表示，省略电抗标么值的符号。分子表示某元件电抗的编号，分母为其标么值的大小。

（2）确定基准容量和基准电压，并根据公式决定基准电流值。

（3）求出系统各元件的标么基准电抗，并将计算结果标注在等值图上。

（4）按等值图各元件电抗的连接情况求出由电源到短路点的总电抗 X_C^*（如果网络比较复杂，可按第四节介绍的方法简化），求出总阻抗。

（5）按欧姆定律求短路电流标么值，由于电源是无限容量的，电源电压始终保持恒定，故短路电流标么值 I''^*_K 可按下式直接求出。

$$I''^{*}_{K}=\frac{1}{X^{*}_{C}}=S''^{*}_{K} \tag{2-5-1}$$

式中，S''^{*}_{K} 为短路容量标么值。

而且短路后各种时间段的短路电流标么值与短路容量标么值都相等，即

$$I''^{*}_{K}=I^{*}_{t=0.2}=I^{*}_{t=\infty}=S''^{*}_{K}=S^{*}_{t=0.2}=S^{*}_{t=\infty} \tag{2-5-2}$$

（6）求短路容量和短路电流。为了给后面供电设备的选择提供资料，应确定下列几种短路电流和短路容量：

① 求出当 $t=0$ 时的短路电流 I''_{K} 和短路容量 S''_{K}；

② 求出当 $t=0.2$ 时的短路电流 $I_{0.2}$ 和短路容量 $S_{0.2}$；

③ 求出当 $t=\infty$ 时的稳态短路电流 I_{K} 和稳态短路容量 S_{K}：

$$I''_{K}=I_{0.2}=I_{K}=I''^{*}_{K}I_{b} \tag{2-5-3}$$

$$S''_{K}=S_{0.2}=S_{K}=I''^{*}_{K}S_{b} \tag{2-5-4}$$

④ 求出短路电流峰值 i_{p} 和短路电流峰值有效值 I_{p}。

$$i_{p}=2.55I''_{K} \tag{2-5-5}$$

$$I_{p}=1.52I''_{K} \tag{2-5-6}$$

远端短路时 10 ~ 110 kV 级常用变压器低压侧三相短路的短路容量见表 2-5-1。

表 2-5-1　远端短路时 10 ~ 110 kV 级常用的变压器低压侧三相短路的短路容量

变压器容量/（kV · A）	阻抗电压/%	变压器低压侧短路容量/（MV · A）									
		30	50	75	100	150	200	250	300	500	∞
10/6.3(3.15)kV											
200	4	4.29	4.55	4.69	4.76	4.84	4.88	4.90	4.92	4.95	5.00
250	4	5.17	5.56	5.77	5.88	6.00	6.06	6.10	6.12	6.17	6.25
315	4	6.24	6.81	7.13	7.30	7.49	7.58	7.64	7.68	7.76	7.88
400	4	7.50	8.33	8.82	9.09	9.38	9.52	9.62	9.68	9.80	10.00
500	4	8.82	10.00	10.71	11.11	11.54	11.76	11.90	12.00	12.20	12.50
630	4.5	8.29	9.32	9.93	10.27	10.64	10.83	10.95	11.03	11.19	11.45
800	5.5	9.8	11.27	12.19	12.70	13.26	13.56	13.75	13.88	14.14	14.55
10/6.3(3.15)kV											
1000	5.5	11.32	13.33	14.63	15.38	16.21	16.67	16.95	17.14	17.54	18.18
1250	5.5	12.93	15.63	17.44	18.52	19.74	20.41	20.84	21.13	21.74	22.73
1600	5.5	14.77	18.39	20.96	22.53	24.36	25.40	26.06	26.52	27.49	29.09
2000	5.5	16.44	21.05	24.49	26.66	29.27	30.77	31.74	32.43	33.90	36.36
2500	5.5	18.07	23.81	28.30	31.25	34.88	37.03	38.46	39.47	41.66	45.45
3150	5.5	19.69	26.69	32.47	36.42	41.45	44.52	46.60	48.09	51.38	57.27
4000	5.5	21.24	29.63	36.92	42.11	48.98	53.33	56.34	58.54	63.49	72.73
5000	5.5	22.56	32.26	41.10	47.62	56.60	62.50	66.67	69.77	76.92	90.91
6300	5.5	23.77	34.81	45.32	53.39	64.95	72.83	78.56	82.90	93.20	114.55

表2-5-1（续）

变压器容量/(kV·A)	阻抗电压/%	变压器低压侧短路容量/(MV·A)									
		30	50	75	100	150	200	250	300	500	∞
35/10.5(6.3)kV											
1000	6.5	10.17	11.76	12.76	13.33	13.95	14.28	14.49	14.63	14.92	15.38
1250		11.72	13.89	15.31	16.13	17.04	17.54	17.86	18.07	18.52	19.23
1600		13.52	16.50	18.54	19.76	21.15	21.92	22.41	22.75	23.46	24.62
2000		15.19	19.05	21.82	23.53	25.53	26.67	27.40	27.91	28.99	30.77
2500		16.85	21.74	25.42	27.78	30.61	32.26	33.33	34.09	35.71	38.46
3150	7	18.00	23.68	28.12	31.03	34.62	36.73	38.14	39.13	41.28	45.00
4000		19.67	26.67	32.43	36.36	41.38	44.44	46.51	48.00	51.28	57.14
5000		21.13	29.41	36.59	41.67	48.39	52.63	55.56	57.70	62.50	71.43
6300	7.5	22.11	31.34	39.62	45.65	53.85	59.15	62.87	65.62	71.92	84.00
8000		23.41	34.04	44.04	51.61	62.34	69.57	74.77	78.69	87.91	106.67
10000		24.49	36.36	48.00	57.14	70.59	80.00	86.96	92.31	105.26	133.33
12500	8	25.17	37.88	50.68	60.98	76.53	87.72	96.15	102.74	119.05	156.25
16000		26.09	40.00	54.55	66.67	85.71	100.00	111.11	120.00	142.86	200.00
20000		30.00	41.67	57.69	71.43	93.75	111.11	125.00	136.36	166.67	250.00
110/10.5(6.3)kV											
6300	10.5	20.00	27.27	33.33	37.50	42.86	46.15	48.39	50.00	53.57	60.00
8000		21.52	30.19	37.80	43.24	50.53	55.17	58.39	60.76	66.12	76.19
10000		22.81	32.79	41.96	48.78	58.25	64.52	68.97	72.29	80.00	95.24
12500		23.96	35.21	46.01	54.35	66.37	74.63	80.65	85.23	96.16	119.05
16000		25.07	37.65	50.26	60.38	75.59	86.49	94.67	101.05	116.79	152.38
20000		25.92	39.60	53.81	65.57	83.92	97.56	108.11	116.51	137.93	190.48
25000		26.64	41.32	57.03	70.42	92.03	108.70	121.95	132.74	161.29	238.10
31500		27.27	42.86	60.00	75.00	100.00	120.00	136.36	150.00	187.50	300.00
40000		27.81	44.20	62.66	79.21	107.62	131.15	150.94	167.83	216.22	380.95

二、近端短路的三相短路电流初始值 I''_K 的计算

近端短路就是靠近发电机端或有限电源容量的系统发生短路，它的主要特点是：电源母线上的电压在短路发生后的整个过渡过程不能维持恒定，短路电流交流分量随之变化，而且电源的内阻抗不能忽略不计。在短路过程中，由于电流增加很多倍，势必造成电源端电压下降，使短路电流周期分量产生衰减，从而形成短路后不同时刻的短路电流值不相等，使计算工作更为复杂。对此情况一般都采用计算曲线（亦称运算曲线）的方法，求得短路电流。

当发电机没装自动电压调整装置时，因短路而造成发电机端电压下降，而使得短路电流从某一最大值减小到稳定值。

当发电机装有自动电压调整装置时，由于短路而造成端电压降低，本来可借助电压调整器增加发电机的励磁电流，使发电机的端电压上升，但因为发电机励磁绕组的电感很大，故端电压不能即刻上升，自动电压调整器只能在短路发生后几个周期才能起调压作用。因此自动电压调整器对短路电流初始值 I''_K 及短路电流峰值 i_p 没有任何影响（与不装自动电压调整器的发电机相同），它仅使稳态短路电流 I_K 的数值有所增加。具有自动电压调整器发电机的平均运算曲线如图 2-5-1 所示。

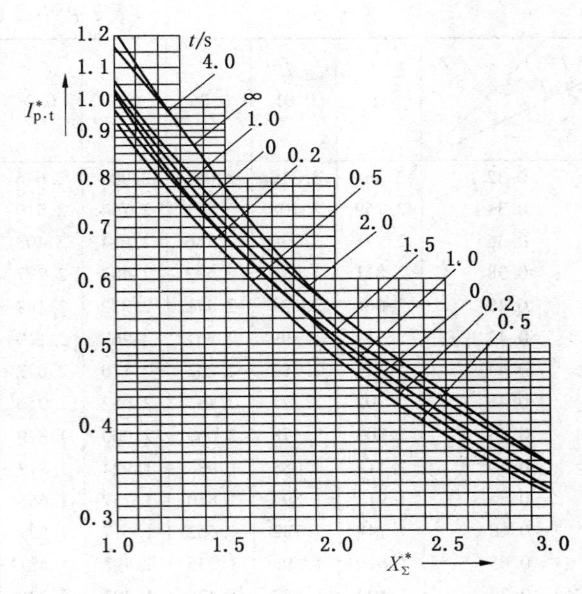

图 2-5-1　具有自动电压调整器发电机的平均运算曲线

计算步骤如下：

（1）根据已知资料给定的供电系统及各元件的参数绘制计算系统图，标出短路点位置，对较复杂的网络，还要根据计算的要求依次绘制简化的等值图。

（2）选取基准值。

（3）分别求出各元件的标么基准电抗，并将它标在等值图上。

（4）由等值图逐步求出各短路点的总电抗标么值 X^*_Σ。

（5）当我们所选取的基准容量与电源（不论分组的或等值的）的总额定容量不相同时，必须将总电抗标么值换算成以电源总额定容量为基准的计算电抗 X^*_C。

$$X^*_C = X^*_\Sigma \frac{S_{N\cdot\Sigma}}{S_b} \qquad (2-5-7)$$

（6）根据计算电抗 X^*_C 的数值，查与电源相应的发电机运算曲线数值表（表 2-5-2 ~ 表 2-5-5），从中得出不同时间的短路电流标么值 I''^*_K、$I^*_{t=0.2}$ 和 I^*_K。

表 2-5-2　汽轮发电机运算曲线数字表（一）

X^*_C \ I^* \ t/s	0	0.01	0.06	0.1	0.2	0.4	0.5	0.6	1	2	4
0.12	8.963	8.603	7.186	6.400	5.220	4.252	4.006	3.821	3.344	2.795	2.512
0.14	7.718	7.467	6.441	5.839	4.878	4.040	3.829	3.673	3.280	2.808	2.526
0.16	6.763	6.545	5.660	5.146	4.336	3.649	3.481	3.359	3.060	2.706	2.490
0.18	6.020	5.844	5.122	4.697	4.016	3.429	3.288	3.186	2.944	2.659	2.476
0.20	5.432	5.280	4.661	4.297	3.715	3.217	3.099	3.016	2.825	2.607	2.462
0.22	4.938	4.813	4.296	3.988	3.487	3.052	2.951	2.882	2.729	2.561	2.444
0.24	4.526	4.421	3.984	3.721	3.286	2.904	2.816	2.758	2.638	2.515	2.425
0.26	4.178	4.088	3.714	3.486	3.106	2.769	2.693	2.644	2.551	2.467	2.404
0.28	3.872	3.705	3.472	3.274	2.939	2.641	2.575	2.534	2.464	2.415	2.378
0.30	3.603	3.536	3.255	3.081	2.785	2.520	2.463	2.429	2.379	2.360	2.347

表 2-5-2（续）

X_C^* \ I^* \ t/s	0	0.01	0.06	0.1	0.2	0.4	0.5	0.6	1	2	4
0.32	3.368	3.310	3.063	2.909	2.646	2.410	2.360	2.332	2.299	2.306	2.316
0.34	3.159	3.108	2.891	2.754	2.519	2.308	2.264	2.241	2.222	2.252	2.283
0.36	2.975	2.930	2.736	2.614	2.403	2.213	2.175	2.156	2.149	2.109	2.250
0.38	2.811	2.770	2.597	2.487	2.297	2.126	2.093	2.077	2.081	2.148	2.217
0.40	2.664	2.628	2.471	2.372	2.199	2.045	2.017	2.004	2.017	2.099	2.184
0.42	2.531	2.499	2.357	2.267	2.110	1.970	1.946	1.936	1.956	2.052	2.151
0.44	2.411	2.382	2.253	2.170	2.027	1.900	1.879	1.872	1.899	2.006	2.119
0.46	2.302	2.275	2.157	2.082	1.950	1.835	1.817	1.812	1.845	1.963	2.088
0.48	2.203	2.178	2.069	2.000	1.879	1.774	1.759	1.756	1.794	1.921	2.057
0.50	2.111	2.088	1.988	1.924	1.813	1.717	1.704	1.703	1.746	1.880	2.027
0.55	1.913	1.894	1.810	1.757	1.665	1.589	1.581	1.583	1.635	1.785	1.953
0.60	1.748	1.732	1.662	1.617	1.539	1.478	1.474	1.479	1.538	1.699	1.884
0.65	1.610	1.596	1.535	1.497	1.431	1.382	1.381	1.388	1.452	1.621	1.819
0.70	1.492	1.479	1.426	1.393	1.336	1.297	1.298	1.307	1.375	1.549	1.734
0.75	1.390	1.379	1.332	1.302	1.253	1.221	1.225	1.235	1.305	1.484	1.596
0.80	1.301	1.291	1.249	1.223	1.179	1.154	1.159	1.171	1.243	1.424	1.474
0.85	1.222	1.214	1.176	1.152	1.114	1.094	1.100	1.112	1.186	1.358	1.370
0.90	1.153	1.145	1.110	1.089	1.055	1.039	1.047	1.060	1.134	1.279	1.279
0.95	1.091	1.084	1.052	1.032	1.002	0.990	0.998	1.012	1.087	1.200	1.200

表 2-5-3 汽轮发电机运算曲线数字表（二）

X_C^* \ I^* \ t/s	0	0.01	0.06	0.1	0.2	0.4	0.5	0.6	1	2	4
1.00	1.035	1.028	0.999	0.981	0.954	0.945	0.954	0.968	1.013	1.129	1.129
1.05	0.985	0.979	0.952	0.935	0.910	0.904	0.914	0.928	1.003	1.067	1.067
1.10	0.940	0.934	0.908	0.893	0.870	0.866	0.876	0.891	0.966	1.011	1.011
1.15	0.898	0.892	0.869	0.854	0.833	0.832	0.842	0.857	0.932	0.961	0.961
1.20	0.860	0.855	0.832	0.819	0.800	0.800	0.811	0.825	0.898	0.915	0.915
1.25	0.825	0.820	0.799	0.786	0.769	0.770	0.781	0.796	0.864	0.874	0.874
1.30	0.793	0.788	0.768	0.756	0.740	0.743	0.754	0.769	0.831	0.836	0.836
1.35	0.763	0.758	0.739	0.728	0.713	0.717	0.728	0.743	0.800	0.802	0.802
1.40	0.735	0.731	0.713	0.703	0.688	0.693	0.705	0.720	0.769	0.770	0.770
1.45	0.710	0.705	0.688	0.678	0.665	0.671	0.682	0.697	0.740	0.740	0.740
1.50	0.686	0.682	0.665	0.656	0.644	0.650	0.662	0.676	0.713	0.713	0.713
1.55	0.663	0.659	0.644	0.635	0.623	0.630	0.642	0.657	0.687	0.687	0.687
1.60	0.642	0.639	0.623	0.615	0.604	0.612	0.624	0.638	0.664	0.664	0.664
1.65	0.622	0.619	0.605	0.596	0.586	0.594	0.606	0.621	0.642	0.642	0.642
1.70	0.604	0.601	0.587	0.579	0.570	0.578	0.590	0.604	0.621	0.621	0.621

表2-5-3（续）

I^* t/s X_C^*	0	0.01	0.06	0.1	0.2	0.4	0.5	0.6	1	2	4
1.75	0.586	0.583	0.570	0.562	0.554	0.562	0.574	0.589	0.602	0.602	0.602
1.80	0.570	0.567	0.554	0.547	0.539	0.548	0.559	0.573	0.584	0.584	0.584
1.85	0.554	0.551	0.539	0.532	0.524	0.534	0.545	0.559	0.566	0.566	0.566
1.90	0.540	0.537	0.525	0.518	0.511	0.521	0.532	0.544	0.550	0.550	0.550
1.95	0.526	0.523	0.511	0.505	0.498	0.508	0.520	0.530	0.535	0.535	0.535
2.00	0.512	0.510	0.498	0.492	0.486	0.496	0.508	0.517	0.521	0.521	0.521
2.05	0.500	0.497	0.486	0.480	0.474	0.485	0.496	0.504	0.507	0.507	0.507
2.10	0.488	0.485	0.475	0.469	0.463	0.474	0.485	0.492	0.494	0.494	0.494
2.15	0.476	0.474	0.464	0.458	0.453	0.463	0.474	0.481	0.482	0.482	0.482
2.20	0.465	0.463	0.453	0.448	0.443	0.453	0.464	0.470	0.470	0.470	0.470
2.25	0.455	0.453	0.443	0.438	0.433	0.444	0.454	0.459	0.459	0.459	0.459
2.30	0.445	0.443	0.433	0.428	0.424	0.435	0.444	0.448	0.448	0.448	0.448
2.35	0.435	0.433	0.424	0.419	0.415	0.426	0.435	0.438	0.438	0.438	0.438
2.40	0.426	0.424	0.415	0.411	0.407	0.418	0.426	0.428	0.428	0.428	0.428
2.45	0.417	0.415	0.407	0.402	0.399	0.410	0.417	0.419	0.419	0.419	0.419
2.50	0.409	0.407	0.399	0.394	0.391	0.402	0.409	0.410	0.410	0.410	0.410
2.55	0.400	0.399	0.391	0.387	0.383	0.394	0.401	0.402	0.402	0.402	0.402
2.60	0.392	0.391	0.383	0.379	0.376	0.387	0.393	0.393	0.393	0.393	0.393
2.65	0.385	0.384	0.376	0.372	0.369	0.380	0.385	0.386	0.386	0.386	0.386
2.70	0.377	0.377	0.369	0.365	0.362	0.373	0.378	0.378	0.378	0.378	0.378
2.75	0.370	0.370	0.362	0.359	0.356	0.367	0.371	0.371	0.371	0.371	0.371
2.80	0.363	0.363	0.356	0.352	0.350	0.361	0.364	0.364	0.364	0.364	0.364
2.85	0.357	0.356	0.350	0.346	0.344	0.354	0.357	0.357	0.357	0.357	0.357
2.90	0.350	0.350	0.344	0.340	0.338	0.348	0.351	0.351	0.351	0.351	0.351
2.95	0.344	0.344	0.338	0.335	0.333	0.343	0.344	0.344	0.344	0.344	0.344
3.00	0.338	0.338	0.332	0.329	0.327	0.337	0.338	0.338	0.338	0.338	0.338
3.05	0.332	0.332	0.327	0.324	0.322	0.331	0.332	0.332	0.332	0.332	0.332
3.10	0.327	0.326	0.322	0.319	0.317	0.326	0.327	0.327	0.327	0.327	0.327
3.15	0.321	0.321	0.317	0.314	0.312	0.321	0.321	0.321	0.321	0.321	0.321
3.20	0.316	0.316	0.312	0.309	0.307	0.316	0.316	0.316	0.316	0.316	0.316
3.25	0.311	0.311	0.307	0.304	0.303	0.311	0.311	0.311	0.311	0.311	0.311
3.30	0.306	0.306	0.302	0.300	0.298	0.306	0.306	0.306	0.306	0.306	0.306
3.35	0.301	0.301	0.298	0.295	0.294	0.301	0.301	0.301	0.301	0.301	0.301
3.40	0.297	0.297	0.293	0.291	0.290	0.297	0.297	0.297	0.297	0.297	0.297
3.45	0.292	0.292	0.289	0.287	0.286	0.292	0.292	0.292	0.292	0.292	0.292

表2-5-4　水轮发电机运算曲线数字表（一）

X_C^* \ I^* \ t/s	0	0.01	0.06	0.1	0.2	0.4	0.5	0.6	1	2	4
0.18	6.127	5.695	4.623	4.331	4.100	3.933	3.867	3.807	3.605	3.300	3.081
0.20	5.526	5.184	4.297	4.045	3.856	3.754	3.716	3.681	3.563	3.378	3.234
0.22	5.055	4.767	4.026	3.806	3.633	3.556	3.531	3.508	3.430	3.302	3.191
0.24	4.647	4.402	3.764	3.575	3.433	3.378	3.363	3.348	3.300	3.220	3.151
0.26	4.290	4.083	3.538	3.375	3.253	3.216	3.208	3.200	3.174	3.133	3.098
0.28	3.993	3.816	3.343	3.200	3.096	3.073	3.070	3.067	3.060	3.049	3.043
0.30	3.727	3.574	3.163	3.039	2.950	2.938	2.941	2.943	2.952	2.970	2.993
0.32	3.494	3.360	3.001	2.892	2.817	2.815	2.822	2.828	2.851	2.895	2.943
0.34	3.285	3.168	2.851	2.755	2.692	2.699	2.709	2.719	2.754	2.820	2.891
0.36	3.095	2.991	2.712	2.627	2.574	2.589	2.602	2.614	2.660	2.745	2.837
0.38	2.922	2.831	2.583	2.508	2.464	2.484	2.500	2.515	2.569	2.671	2.782
0.40	2.767	2.685	2.464	2.398	2.361	2.388	2.405	2.422	2.484	2.600	2.728
0.42	2.627	2.554	2.356	2.297	2.267	2.297	2.317	2.336	2.404	2.532	2.675
0.44	2.500	2.434	2.256	2.204	2.179	2.214	2.235	2.255	2.329	2.467	2.624
0.46	2.385	2.325	2.164	2.117	2.098	2.136	2.158	2.180	2.258	2.406	2.575
0.48	2.280	2.225	2.079	2.038	2.023	2.064	2.087	2.110	2.192	2.348	2.527
0.50	2.183	2.134	2.001	1.964	1.953	1.996	2.021	2.044	2.130	2.293	2.482
0.52	2.095	2.050	1.928	1.895	1.887	1.933	1.958	1.983	2.071	2.241	2.438
0.54	2.013	1.972	1.861	1.831	1.826	1.874	1.900	1.925	2.015	2.191	2.396
0.56	1.938	1.899	1.798	1.771	1.769	1.818	1.845	1.870	1.963	2.143	2.355
0.60	1.802	1.770	1.683	1.662	1.665	1.717	1.744	1.770	1.866	2.054	2.263
0.65	1.658	1.630	1.559	1.543	1.550	1.605	1.633	1.660	1.759	1.950	2.137
0.70	1.534	1.511	1.452	1.440	1.451	1.507	1.535	1.562	1.663	1.846	1.964
0.75	1.428	1.408	1.358	1.349	1.363	1.420	1.449	1.476	1.578	1.741	1.794
0.80	1.336	1.318	1.276	1.270	1.286	1.343	1.372	1.400	1.498	1.620	1.642
0.85	1.254	1.239	1.203	1.199	1.217	1.274	1.303	1.331	1.423	1.507	1.513
0.90	1.182	1.169	1.138	1.135	1.155	1.212	1.241	1.268	1.352	1.403	1.403
0.95	1.118	1.106	1.080	1.078	1.099	1.156	1.185	1.210	1.282	1.308	1.308

表2-5-5　水轮发电机运算曲线数字表（二）

I^* \ t/s X_C^*	0	0.01	0.06	0.1	0.2	0.4	0.5	0.6	1	2	4
1.00	1.061	1.050	1.027	1.027	1.048	1.105	1.132	1.156	1.211	1.225	1.225
1.05	1.009	0.999	0.979	0.980	1.002	1.058	1.084	1.105	1.146	1.152	1.152
1.10	0.962	0.953	0.936	0.937	0.959	1.015	1.038	1.057	1.085	1.087	1.087
1.15	0.919	0.911	0.896	0.898	0.920	0.974	0.995	1.011	1.029	1.029	1.029
1.20	0.880	0.872	0.859	0.862	0.885	0.936	0.955	0.966	0.977	0.977	0.977
1.25	0.843	0.837	0.825	0.829	0.852	0.900	0.916	0.923	0.930	0.930	0.930
1.30	0.810	0.804	0.794	0.798	0.821	0.866	0.878	0.884	0.888	0.888	0.888
1.35	0.780	0.774	0.765	0.769	0.792	0.834	0.843	0.847	0.849	0.849	0.849
1.40	0.751	0.746	0.738	0.743	0.766	0.803	0.810	0.812	0.813	0.813	0.813
1.45	0.725	0.720	0.713	0.718	0.740	0.774	0.778	0.780	0.780	0.780	0.780
1.50	0.700	0.696	0.690	0.695	0.717	0.746	0.749	0.750	0.750	0.750	0.750
1.55	0.677	0.673	0.668	0.673	0.694	0.719	0.722	0.722	0.722	0.722	0.722
1.60	0.655	0.652	0.647	0.652	0.673	0.694	0.696	0.696	0.695	0.696	0.696
1.65	0.635	0.632	0.628	0.633	0.653	0.671	0.672	0.672	0.672	0.672	0.672
1.70	0.616	0.613	0.610	0.615	0.634	0.649	0.649	0.649	0.649	0.649	0.649
1.75	0.598	0.595	0.592	0.598	0.616	0.628	0.628	0.628	0.628	0.628	0.628
1.80	0.581	0.578	0.576	0.582	0.599	0.608	0.608	0.608	0.608	0.608	0.608
1.85	0.565	0.563	0.561	0.566	0.582	0.590	0.590	0.590	0.590	0.590	0.590
1.90	0.550	0.548	0.546	0.552	0.566	0.572	0.572	0.572	0.572	0.572	0.572
1.95	0.536	0.533	0.532	0.538	0.551	0.556	0.556	0.556	0.556	0.556	0.556
2.00	0.522	0.520	0.519	0.524	0.537	0.540	0.540	0.540	0.540	0.540	0.540
2.05	0.509	0.507	0.507	0.512	0.523	0.525	0.525	0.525	0.525	0.525	0.525
2.10	0.497	0.495	0.495	0.500	0.510	0.512	0.512	0.512	0.512	0.512	0.512
2.15	0.485	0.483	0.483	0.488	0.497	0.498	0.498	0.498	0.498	0.498	0.498
2.20	0.474	0.472	0.472	0.477	0.485	0.486	0.486	0.486	0.486	0.486	0.486
2.25	0.463	0.462	0.462	0.466	0.473	0.474	0.474	0.474	0.474	0.474	0.474
2.30	0.453	0.452	0.452	0.456	0.462	0.462	0.462	0.462	0.462	0.462	0.462
2.35	0.443	0.442	0.442	0.446	0.452	0.452	0.452	0.452	0.452	0.452	0.452
2.40	0.434	0.433	0.433	0.436	0.441	0.441	0.441	0.441	0.441	0.441	0.441
2.45	0.425	0.424	0.424	0.427	0.431	0.431	0.431	0.431	0.431	0.431	0.431
2.50	0.416	0.415	0.415	0.419	0.422	0.422	0.422	0.422	0.422	0.422	0.422
2.55	0.408	0.407	0.407	0.410	0.413	0.413	0.413	0.413	0.413	0.413	0.413
2.60	0.400	0.399	0.399	0.402	0.404	0.404	0.404	0.404	0.404	0.404	0.404
2.65	0.392	0.391	0.392	0.394	0.396	0.396	0.396	0.396	0.396	0.396	0.396
2.70	0.385	0.384	0.384	0.387	0.388	0.388	0.388	0.388	0.388	0.388	0.388

表 2－5－5（续）

I^* t/s X_C^*	0	0.01	0.06	0.1	0.2	0.4	0.5	0.6	1	2	4
2.75	0.378	0.377	0.377	0.379	0.380	0.380	0.380	0.380	0.380	0.380	0.380
2.80	0.371	0.370	0.370	0.372	0.373	0.373	0.373	0.373	0.373	0.373	0.373
2.85	0.364	0.363	0.364	0.365	0.366	0.366	0.366	0.366	0.366	0.366	0.366
2.90	0.358	0.357	0.357	0.359	0.359	0.359	0.359	0.359	0.359	0.359	0.359
2.95	0.351	0.351	0.351	0.352	0.353	0.353	0.353	0.353	0.353	0.353	0.353
3.00	0.345	0.345	0.345	0.346	0.346	0.346	0.346	0.346	0.346	0.346	0.346
3.05	0.339	0.339	0.339	0.340	0.340	0.340	0.340	0.340	0.340	0.340	0.340
3.10	0.334	0.333	0.333	0.334	0.334	0.334	0.334	0.334	0.334	0.334	0.334
3.15	0.328	0.328	0.328	0.329	0.329	0.329	0.329	0.329	0.329	0.329	0.329
3.20	0.323	0.322	0.322	0.323	0.323	0.323	0.323	0.323	0.323	0.323	0.323
3.25	0.317	0.317	0.317	0.318	0.318	0.318	0.318	0.318	0.318	0.318	0.318
3.30	0.312	0.312	0.312	0.313	0.313	0.313	0.313	0.313	0.313	0.313	0.313
3.35	0.307	0.307	0.307	0.308	0.308	0.308	0.308	0.308	0.308	0.308	0.308
3.40	0.303	0.302	0.302	0.303	0.303	0.303	0.303	0.303	0.303	0.303	0.303
3.45	0.298	0.298	0.298	0.298	0.298	0.298	0.298	0.298	0.298	0.298	0.298

可利用表 2－5－2～表 2－5－5 查出相应的不同时间的短路电流周期分量标么值。如果算出的总计算电抗 X_C^* 与表中的数值不符时，允许用插入法求短路电流周期分量标么值。

【例】某系统中的电源为具有自动电压调整器的汽轮发电机，已知电源至短路点的总计算电抗 $X_C^* = 2.355$。据此查表 2－5－3，得 $X_{C1}^* = 2.35$，当 $t=0$ 时，$I_1^* = 0.435$；当 $t=0.2$ 时，$I_1^* = 0.415$；当 $t=4$ 时，$I_1^* = 0.438$；$X_{C2}^* = 2.40$，当 $t=0$ 时，$I_2^* = 0.426$；当 $t=0.2$ 时，$I_2^* = 0.407$；当 $t=4$ 时，$I_2^* = 0.428$。这两个总计算电抗与待求 $X_C^* = 2.355$ 相近，然后可用插入法，按下式求不同时刻的短路电流周期分量标么值 I_K^*。

$$I_K^* = I_2^* + \frac{I_1^* - I_2^*}{X_{C2}^* - X_{C1}^*}(X_{C2}^* - X_C^*) \tag{2-5-8}$$

当 $t=0$ 时　　$I_K''^* = 0.426 + \dfrac{0.435 - 0.426}{2.40 - 2.35}(2.40 - 2.355) = 0.4341$

当 $t=0.2$ 时　　$I_{0.2}^* = 0.407 + \dfrac{0.415 - 0.407}{2.40 - 2.35}(2.40 - 2.355) = 0.4142$

当 $t=4$ 时　　$I_4^* = 0.428 + \dfrac{0.438 - 0.428}{2.40 - 2.35}(2.40 - 2.355) = 0.437$

（7）求短路电流和短路容量。当查出 $I_K''^*$、$I_{0.2}^*$ 和 I_K^* 数值后，可代入下式求短路电流和短路容量。

$$I_K'' = I_K''^* I_{N-\Sigma};\ I_{0.2} = I_{0.2}^* I_{N-\Sigma};\ I_K = I_K^* I_{N-\Sigma} \tag{2-5-9}$$

$$S''_{K}=I''^{*}_{K}S_{N-\Sigma};\ S_{0.2}=I^{*}_{0.2}S_{N-\Sigma};\ S_{K}=I^{*}_{K}S_{N-\Sigma} \tag{2-5-10}$$

式中　$S_{N-\Sigma}$——电源或分组后的等值电源的总额定容量，MV · A；

$I_{N-\Sigma}$——电源或分组后的等值电源的总额定电流，kA。

$$I_{N-\Sigma}=\frac{S_{N-\Sigma}}{\sqrt{3}U_{n}} \tag{2-5-11}$$

式中，U_n 为系统的标称电压。

三、短路电流峰值 i_p 及短路电流峰值有效值 I_P 的计算

从短路电流过渡过程的数学分析中可知

$$i_{p}=\sqrt{2}I''_{K}K_{p} \tag{2-5-12}$$

$$I_{p}=I''_{K}\sqrt{1+2(K_{p}-1)^{2}} \tag{2-5-13}$$

$$K_{p}=1+e^{-\frac{0.01}{T}} \tag{2-5-14}$$

式中　i_p——短路电流峰值，kA；

I_p——短路电流峰值有效值，kA；

K_p——短路电流冲击系数；

I''_K——短路电流初始值，kA；

T——非周期分量的衰减时间常数，s。

$$T=\frac{X_{\Sigma}}{314R_{\Sigma}} \tag{2-5-15}$$

式中　X_{Σ}——短路回路的总合成电抗，Ω；

R_{Σ}——短路回路的总合成电阻，Ω。

如果短路回路内只有电抗没有电阻，则 $T=\infty$，因此 $K_p=2$，即短路电流非周期分量不衰减。

如果短路回路内只有电阻没有电抗，则 $T=0$，因此 $K_p=1$，即短路电流非周期分量根本不发生。

回路内均有一定的电阻和电抗时，$1<K_p<2$。现分几种情况分别讨论。

（1）在电阻较小、电抗较大$\left(R_{\Sigma}<\frac{1}{3}X_{\Sigma}\right)$的高压供电系统中，非周期分量的衰减时间通常不超过 0.2 s，所以衰减时间常数平均值 $T=0.05$ s，因此 $K_p=1+e^{-\frac{0.01}{0.05}}=1.8$，则有

$$i_{p}=\sqrt{2}\times1.8\times I''_{K}=2.55I''_{K} \tag{2-5-16}$$

$$I_{p}=\sqrt{1+2\times(1.8-1)^{2}}I''_{K}=1.51I''_{K} \tag{2-5-17}$$

煤矿的高压供电系统属于这一类。

（2）电阻较大、电抗较小$\left(R_{\Sigma}>\frac{1}{3}X_{\Sigma}\right)$时，短路电流非周期分量衰减较快。如计算长距离电缆网络中的短路电流峰值时，或计算每台容量不超过 1000 kV · A 并联运行的变压器二次侧短路冲击电流时，一般可取 $K_p=1.3$。因此

$$i_{p}=1.84I''_{K}\qquad I_{p}=1.09I''_{K} \tag{2-5-18}$$

（3）当短路发生在单机容量为12000 kW及以上的发电机母线上时，一般可取K_p = 1.9。因此

$$i_p = 2.70I''_K \qquad I_p = 1.62I''_K \tag{2-5-19}$$

如果电源为无限容量的远端短路时，i_p 和 I_p 的计算方法与上述方法相同。

四、短路瞬间出现的附加电源

直接接在母线上的大容量电动机运转时，若母线上突然发生三相短路，那么母线上的电压立即下降，但由于电动机转子的机械惯性作用，转子会继续转动，因此电动机的反电动势并不立刻下降。当母线电压低于电动机的反电动势时，电动机将变为发电机运行状态，向母线的短路点馈出短路电流，成为一个附加电源。因为过励磁的同步电动机和有单独励磁绕组的调相机的次暂态电动势较大，故附加电源的作用比较明显，向短路点馈出的短路电流的时间较长，对整个短路过程的短路电流值均有影响。而异步电动机没有单独的励磁绕组，反电动势存在时间较短，附加电源的作用不明显，一般只对短路电流峰值有影响。电动机容量越大反馈的附加电流就越大。

从上述的分析可知，当大容量的电动机运转时，若在其端头附近突然发生三相短路，那么电动机可在短时间内向短路点输送附加的短路电流。此情况应把大型电动机视为短路电流的附加电源，并在计算短路电流时考虑这些附加电源的影响。

（一）构成附加电源的条件

（1）当同步电动机在过励磁状态下运行，而且接在同一点的总装机容量在1000 kW及以上时。

（2）当同步调相机在同一点同时运行的总装机容量在1000 kW及以上时。

（3）当高压异步电动机在同一点同时运行的总装机容量在800 kW及以上时，而且短路点就在异步电动机端头，或者它们两者之间的计算电抗值小于0.47。

凡符合上述任一条件的均可作为附加电源。

（二）成为附加电源时的注意事项

当同步电动机或同步调相机成为附加电源时，其附加的短路电流值的计算方法和步骤基本上与发电机所述的内容相同，但在以下几点上应有所区别：

（1）同步电动机和调相机的次暂态电抗值与发电机不同，计算时应单独进行。

同步电动机和调相机的电抗标么值可按式（2-3-2）计算，也可参考表2-3-2所给的数值。

（2）同步电动机一般都是凸极式的，因此其短路电流周期分量标么值的计算曲线与有阻尼绕组并带有自动电压调整器的水轮发电机的计算曲线相似，由于没有特制的用于同步电动机的计算曲线，所以应该用有阻尼绕组、带自动电压调整器的水轮发电机的计算曲线去查同步电动机的短路电流周期分量标么值。

对于同步调相机，因其构造与汽轮发电机相似，所以它应查带有自动电压调整器的汽轮发电机的计算曲线。

（3）当短路瞬间出现的附加电源的时间常数T''与绘制计算曲线所采用的时间常数平均值有明显不同时，不能用实际短路时间t去查曲线，而应该用修正后的时间t'去查曲线。修正后的时间t'可按下式求得

$$t' = t\frac{T}{T'} \tag{2-5-20}$$

式中　T——电源时间常数平均值，汽轮发电机 $T=7$ s，水轮发电机 $T=5$ s；

T'——附加电源时间常数平均值，对同步电动机当定子开路时，励磁绕组时间常数为1.7~3.7 s，一般取平均值2.5 s。

所以对于同步电动机来说

$$t' = t\frac{T}{T'} = t\frac{5}{2.5} = 2t$$

因为同步电动机一般均装设低电压保护装置，当电动机端电压低于整定值时，电动机与母线连接的断路器会自动断开，因此当同步电动机作为附加电源时，只需计算 $t=0$ 和 $t=0.2$ s 时所提供的短路电流。

（三）异步电动机反馈电流对短路电流峰值的影响

一般只考虑异步电动机反馈电流使总的短路冲击电流的增加，对 $t>0.01$ s 的其他短路电流则无影响。

若在异步电动机端头处发生三相短路，异步电动机的反馈电流 i_{Kr-IM} 可按下式计算：

$$i_{Kr-IM} = \sqrt{2}\frac{E_{IM}^{*}{}''}{X_{IM}^{*}{}''}K_{r-IM}I_{N-IM} \tag{2-5-21}$$

式中　$E_{IM}^{*}{}''$——异步电动机次暂态电动势标么值，一般为0.9；

$X_{IM}^{*}{}''$——异步电动机次暂态电抗标么值，一般取0.17。

若已知异步电动机的起动电流 I_{st-IM}，则

$$X_{IM}^{*}{}'' = \frac{1}{\dfrac{I_{st-IM}}{I_{N-IM}}} = \frac{I_{N-IM}}{I_{st-IM}}$$

式中　I_{N-IM}——异步电动机的额定电流，A；

K_{r-IM}——电动机反馈电流冲击系数，对于3~6 kV高压电动机可取1.4~1.6，准确数据可查异步电动机单机容量 P_N 与冲击系数 K_{r-IM} 的关系曲线，如图2-5-2所示。

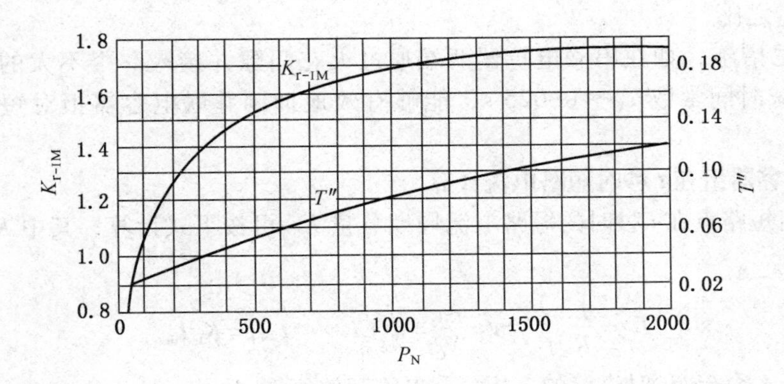

注：T''为反馈电流周期分量衰减时间常数

图2-5-2　异步电动机单机容量 P_N 与冲击系数 K_{r-IM} 的关系曲线

因此，电动机反馈电流的计算公式可简化为

$$i_{Kr-IM}=7.5K_{r-IM}I_{N-IM} \tag{2-5-22}$$

最后可得出，考虑异步电动机影响后的总短路电流峰值 $i_{p\Sigma}$ 可按下式计算

$$i_{p\Sigma}=i_{p}+i_{Kr-IM} \tag{2-5-23}$$

对于下述任一情况，均可不考虑异步电动机反馈的影响。

(1) 当电动机反馈到短路点的短路电流所经过的元件（如线路、变压器等）与电源送至短路点的短路电流经过同一元件时。

(2) 由于异步电动机所馈出的电流衰减很快，因此，计算瞬间 $t>0.01$ s 的短路电流及第一周期时间内短路全电流的最大有效值时，均可不计电动机反馈的影响。

(3) 在确定不对称短路的冲击电流时，即使异步电动机离短路点很近，也可忽略电动机的影响。

五、大容量高压并联电容器组反馈的短路电流计算

(一) 一般原则

大容量并联电容器组对附近的短路影响较大，如果短路点较远，影响将迅速减弱。有下列情况之一者，可不考虑并联电容器组对短路电流的影响：

(1) 短路点在出线电抗器后面。

(2) 短路点在主变压器的高压侧。

(3) 计算不对称短路时。

(4) 计算 t 秒短路电流周期分量有效值。当 $M<0.7\left(M=\dfrac{X_C^*}{X_I}\right)$；或者对于采用5%～6%串联电抗器的电容器柜 $K_C=\dfrac{Q_C}{S_d}<5\%$ 时，对于采用12%～13%串联电抗器的电容器柜 $K_C=\dfrac{Q_C}{S_d}<10\%$ 时。其中，Q_C 为全部并联电容器组的总容量，Mvar；S_d 为并联电容器组安装地点的短路容量，MV·A；M 为系统电抗与电容器组串联电抗的比值；X_C^* 为归算到短路点的系统电抗；X_I 为电容器组的串联电抗；K_C 为电容器组的总容量与电容器组安装地点的短路容量之比。

采用阻尼措施，如在串联电抗器两端通过火花间隙并接入一个不大的电阻，使电容器组的衰减时间常数 $T_C<0.025$ s，能够有效地抑制并联电容器柜对短路电流的影响。

(二) 电容器组在 t 秒时短路电流计算

电容器组短路点在 t 秒时的短路电流周期分量 $I_{c\cdot t}$ 可按下式计算，其中 K_{tc} 为 T_C 和 m 的函数。

$$T_C=\frac{L}{R}\qquad m=\frac{X_I}{X_C}=\omega^2CL\qquad I_{c\cdot t}=K_{tc}I_{dt\cdot s} \tag{2-5-24}$$

式中 $I_{dt\cdot s}$——系统 t 秒时供给的三相短路电流有效值，kA；

K_{tc}——考虑电容器组助增作用的校正系数，其值可由图2-5-3和图2-5-4查得；

T_C——电容器组的衰减时间常数，铁芯电抗器平均可取 $T_C=0.075$ s，空心电抗器平均可取 $T_C=0.1$ s；

L——串联电抗器的电感；

R——串联电抗器的电阻；

m——电容器组的感抗与容抗之比；

X_C——电容器组的容抗；

C——电容器组的电容；

ω——角频率。

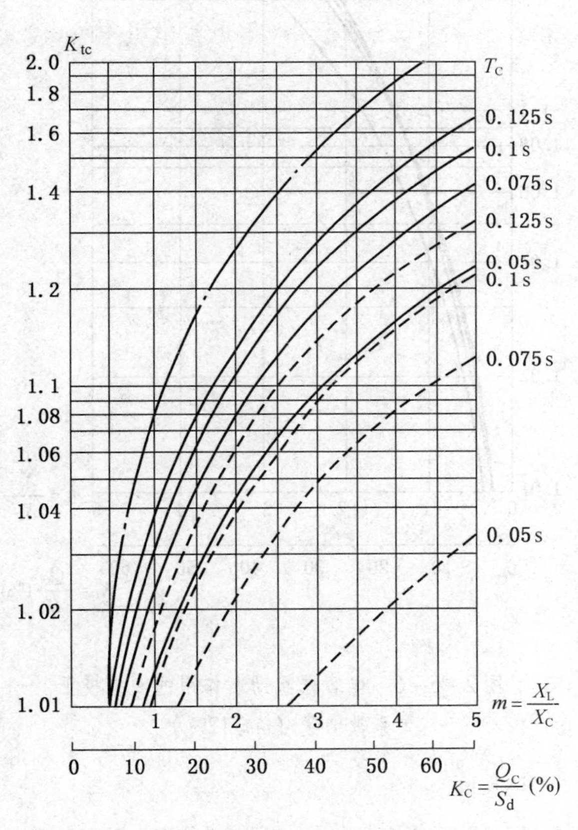

图2-5-3　电容器组助增作用的校正系数曲线（$m=12\%$）

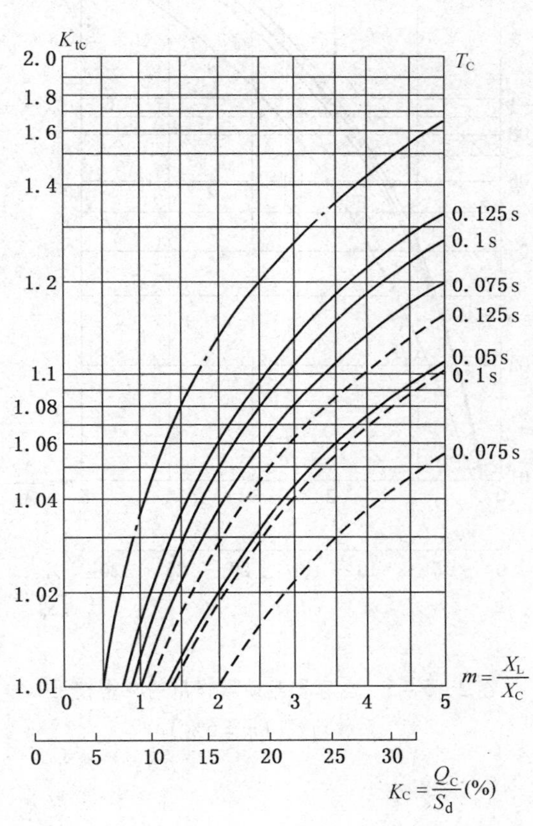

图2-5-4　电容器组助增作用的校正系数曲线（$m=6\%$）

（三）电容器组反馈的冲击电流计算

电容器组短路点反馈的冲击电流值 i_{ch} 可按下式计算，其中 $K_{ch\cdot c}$ 为 T_C 和 m 的函数。

$$i_{ch}=K_{ch\cdot c}i_p \tag{2-5-25}$$

式中　i_p——系统供给的短路电流峰值，kA；

$K_{ch\cdot c}$——考虑电容器组助增作用的冲击校正系数，其值可由图2-5-5和图2-5-6查得。

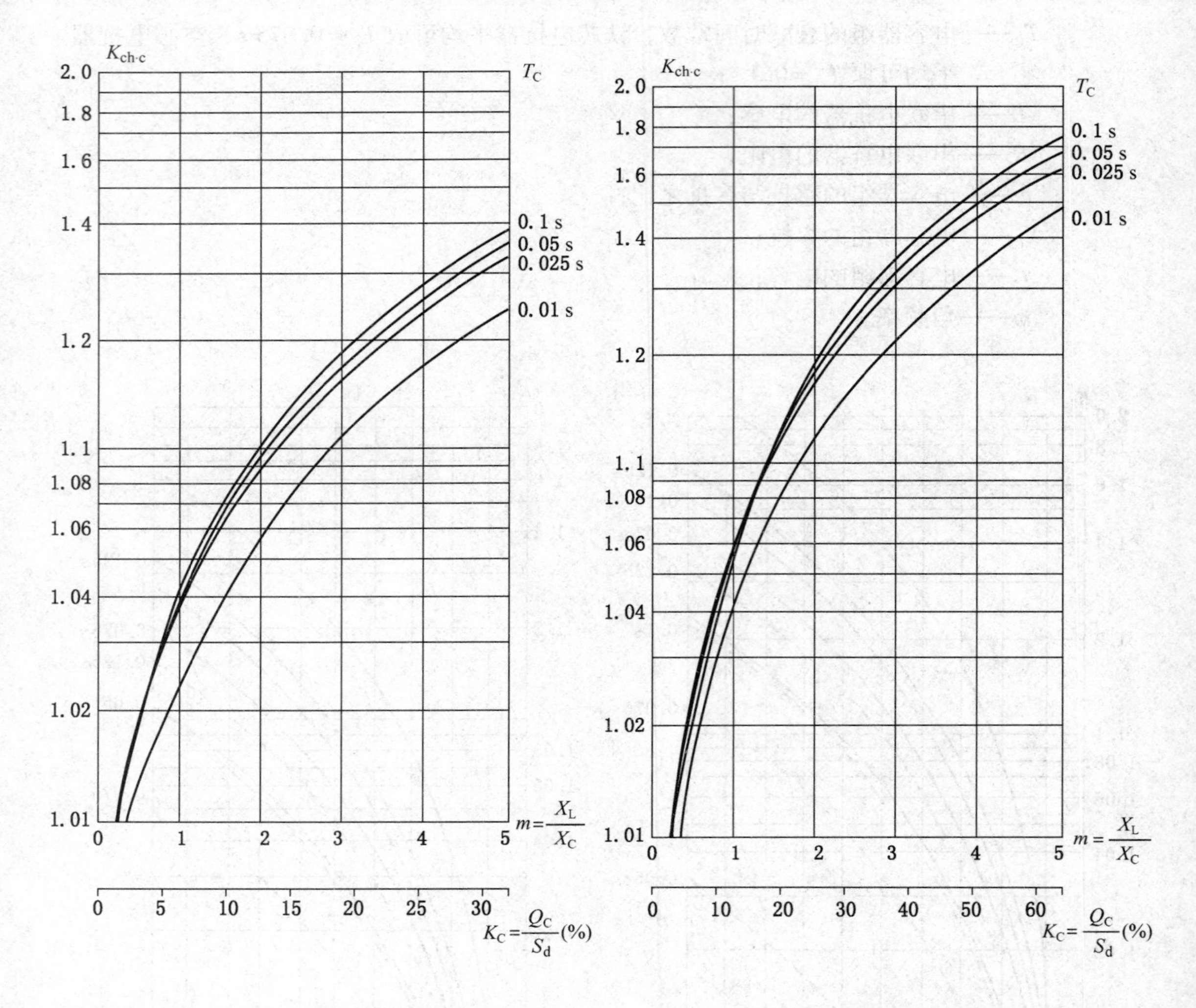

图 2-5-5　电容器组助增作用的冲击校正系数曲线（$m=6\%$）

图 2-5-6　电容器组助增作用的冲击校正系数曲线（$m=12\%$）

六、计 算 示 例

【例 1】某煤矿的短路电流计算系统如图 2-5-7 所示，已知参数均列在图上。系统的一个电源为无限大容量，另一个电源的总额定容量为 791 MV·A，它在 35 kV 母线上的短路视在功率初始值（即短路容量）为 275 MV·A，两条线路同时送电，两台变压器并联运行，求 K_1 和 K_2 点发生三相短路时的短路参数。

为了使计算简便、迅速，先将等值电路中各元件电抗进行编号，把编号的号码写在分式的分子上，将该元件的电抗标么值写在分母上。而且在书写电抗标么值的符号时，均省略标么值“*”的符号，如本来应为 X_5^* 编号，可省略写为 X_5，后面的例题中均按此方法表示。

解:

1. 选取基准容量 $S_b = 100\ \text{MV} \cdot \text{A}$

选取短路点所在母线的平均电压为基准电压，即计算 K_1 点短路时，选取 $U_{b1} = 37\ \text{kV}$；计算 K_2 点短路时，选取 $U_{b2} = 6.3\ \text{kV}$。

2. 计算各元件的电抗标么值

$X_1 = 0$（因为该电源为无限容量的，所以电源电抗标么值为零）

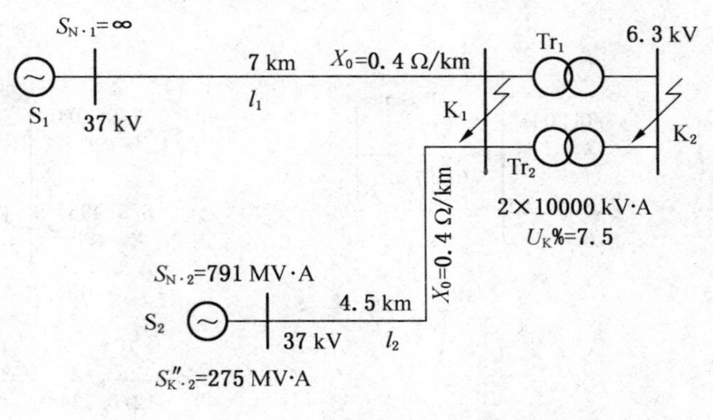

图 2-5-7　某矿短路电流计算系统图

$$X_2 = \frac{S_b}{S''_{K\cdot 2}} = \frac{100}{275} = 0.3636$$

$$X_3 = X_0 L \frac{S_b}{U_{b1}^2} = 0.4 \times 7 \times \frac{100}{37^2} = 0.2045$$

$$X_4 = X_0 L \frac{S_b}{U_{b1}^2} = 0.4 \times 4.5 \times \frac{100}{37^2} = 0.1315$$

$$X_5 = X_6 = \frac{U_K\%}{100} \frac{S_b}{S_{N\cdot T}} = \frac{7.5}{100} \times \frac{100}{10} = 0.7500$$

把上面算出的数值填入图 2-5-8 的等值电路图中。

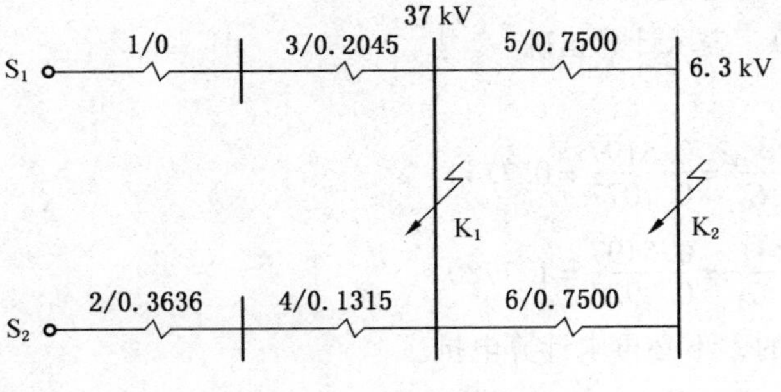

图 2-5-8　等值电路图

3. 求出各短路点回路的总阻抗

1）K_1 点短路回路的总阻抗

$$X_7 = X_1 + X_3 = 0 + 0.2045 = 0.2045$$

$$X_8 = X_2 + X_4 = 0.3636 + 0.1315 = 0.4951$$

X_8 的计算电抗：

$$X_{8C} = X_8 \frac{S_{N\cdot 2}}{S_b} = 0.4951 \times \frac{791}{100} = 3.9162$$

2）K_2 点的短路回路总阻抗

由于电源 S_1 和 S_2 距短路点远近不同（相差近一倍），而且电源的性质也不同（一个是无限容量，另一个则是有限容量），因此应采用单独变化计算法求各支路的总阻抗，计算的方法和步骤与分布系数法完全相同。

$$X_9 = \frac{X_5 X_6}{X_5 + X_6} = \frac{0.7500}{2} = 0.3750$$

$$X_{10} = \frac{X_7 X_8}{X_7 + X_8} = \frac{0.2045 \times 0.4951}{0.2045 + 0.4951} = 0.1447$$

$$X_{11} = X_{10} + X_9 = 0.1447 + 0.3750 = 0.5197$$

把上述计算值填入图 2-5-9 中。

分布系数为

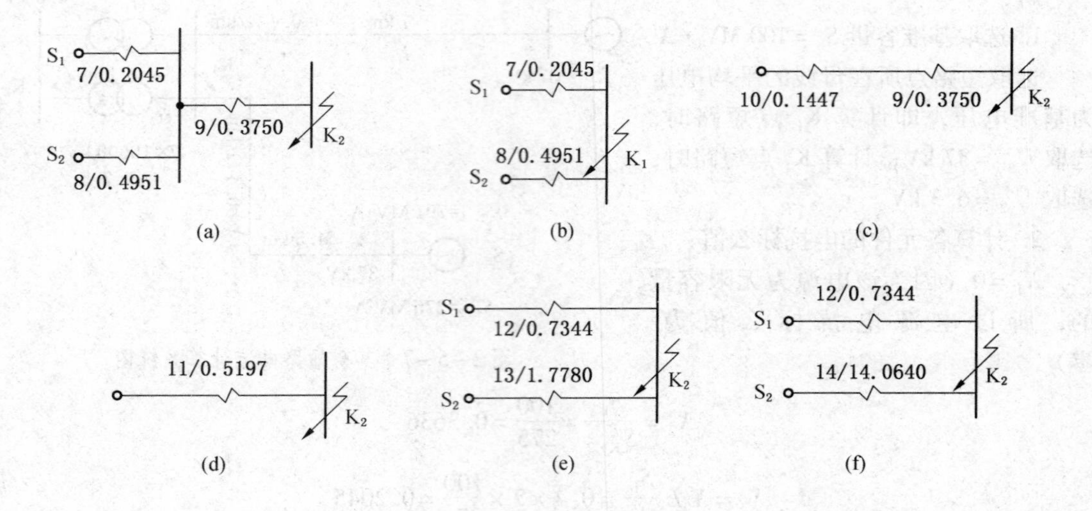

图 2-5-9　等值电路图

$$C_1=\frac{X_{10}}{X_7}=\frac{X_8}{X_7+X_8}=\frac{0.4951}{0.2045+0.4951}=0.7077$$

$$C_2=\frac{X_{10}}{X_8}=\frac{X_7}{X_7+X_8}=\frac{0.2045}{0.2045+0.4951}=0.2923$$

验算：$C_1+C_2=0.7077+0.2923=1.0000$，表示计算正确。

各支路的转移电抗为

$$X_{1-K_2}^*=X_{12}=\frac{X_{11}}{C_1}=\frac{0.5197}{0.7077}=0.7344$$

$$X_{2-K_2}^*=X_{13}=\frac{X_{11}}{C_2}=\frac{0.5197}{0.2923}=1.7780$$

第 1 支路：由于电源 S_1 是无限容量的，不必再求计算电抗。

第 2 支路：$X_{2-C}=X_{14}=X_{13}\frac{S_{N\cdot 2}}{S_b}=1.7780\times\frac{791}{100}=14.0640$。

4. 求各短路点的短路参数

1）K_1 点的短路参数

电源 S_1 提供的短路参数：

$$I_{K1-1}^*=\frac{1}{X_7}=\frac{1}{0.2045}=4.8900\quad（因为电源 S_1 是无限容量，故不必查曲线）$$

$$I''_{K1-1}=I_{K1-1-0.2}=I_{K1-1}=I_{K1-1}^*I_{b1}=4.89\times\frac{100}{\sqrt{3}U_{b1}}=4.89\times\frac{100}{\sqrt{3}\times 37}=7.6306\ \text{kA}$$

$$S''_{K1-1}=S_{K1-1-0.2}=S_{K1-1}=I_{K1-1}^*S_b=4.8900\times 100=489\ \text{MV}\cdot\text{A}$$

$$i_{pK1-1}=2.55I''_{K1-1}=2.55\times 7.6306=19.4580\ \text{kA}$$

$$I_{pK1-1}=1.52\times 7.6306=11.5985\ \text{kA}$$

电源 S_2 提供的短路参数：

$$X_{8C}=X_8\cdot\frac{S_{N\cdot 2}}{S_b}=0.4951\times\frac{791}{100}=3.9162$$

$$I^*_{K1-2}=\frac{1}{X_{8C}}=\frac{1}{3.9162}=0.2554\quad（因为计算电抗大于3，亦不必查曲线）$$

$$I''_{K1-2}=I_{K1-2-0.2}=I_{K1-2}=I^*_{K1-2}I_{b1}=0.2554\times\frac{S_{N\cdot 2}}{\sqrt{3}U_{b1}}=0.2554\times\frac{791}{\sqrt{3}\times 37}=3.1523\ \text{kA}$$

$$S''_{K1-2}=S_{K1-2-0.2}=S_{K1-2}=I''_{K1-2}S_{N\cdot 2}=0.2554\times 791=202.0214\ \text{MV}\cdot\text{A}$$

$$i_{pK1-2}=2.55I''_{K1-2}=2.55\times 3.1523=8.0384\ \text{kA}$$

$$I_{pK1-2}=1.52I''_{K1-2}=1.52\times 3.1523=4.7915\ \text{kA}$$

短路点 K_1 总的短路参数，应分别为两个电源提供的数据之和。

$$I''_{K1}=I_{K1-0.2}=I_{K1}=I''_{K1-1}+I''_{K1-2}=7.6306+3.1523=10.7829\ \text{kA}$$

$$S''_{K1}=S_{K1-0.2}=S_{K1}=S''_{K1-1}+S''_{K1-2}=489+202.0214=691.0214\ \text{MV}\cdot\text{A}$$

$$i_{pK1}=i_{pK1-1}+i_{pK1-2}=19.4580+8.0384=27.4964\ \text{kA}$$

$$I_{pK1}=I_{pK1-1}+I_{pK1-2}=11.5985+4.7915=16.39\ \text{kA}$$

2）K_2 点的短路参数

电源 S_1 提供的短路参数：

$$I^*_{K2-1}=\frac{1}{X_{12}}=\frac{1}{0.7344}=1.3617\quad（因为电源\ S_1\ 是无限容量的，故不必查曲线）$$

$$I''_{K2-1}=I_{K2-1-0.2}=I_{K2-1}=I^*_{K2-1}I_{b2}=1.3617\frac{S_b}{\sqrt{3}U_{b2}}=1.3617\times\frac{100}{\sqrt{3}\times 6.3}=12.4794\ \text{kA}$$

$$S''_{K2-1}=S_{K2-1-0.2}=S_{K2-1}=I^*_{K2-1}S_b=1.3617\times 100=136.1700\ \text{MV}\cdot\text{A}$$

$$i_{pK2-1}=2.55I''_{K2-1}=2.55\times 12.4794=31.8225\ \text{kA}$$

$$I_{pK1-1}=1.52I''_{K2-1}=1.52\times 12.4794=18.9687\ \text{kA}$$

电源 S_2 提供的短路参数：

$$I^*_{K2-2}=\frac{1}{X_{14}}=\frac{1}{14.0640}=0.0711\quad（因为计算电抗大于3，亦不必查曲线）$$

$$I''_{K2-2}=I_{K2-2-0.2}=I_{K2-2}=I^*_{K2-2}\frac{S_{N\cdot 2}}{\sqrt{3}U_{b2}}=0.0711\times\frac{791}{1.7321\times 6.3}=5.1539\ \text{kA}$$

$$S''_{K2-2}=S_{K2-2-0.2}=S_{K2-2}=I^*_{K2-2}S_{N\cdot 2}=0.0711\times 791=56.2401\ \text{MV}\cdot\text{A}$$

$$i_{pK2-2}=2.55I^*_{K2-2}=2.55\times 5.1539=13.1424\ \text{kA}$$

$$I_{pK2-2}=1.52I''_{K2-2}=1.52\times 5.1539=7.8339\ \text{kA}$$

短路点 K_2 总的短路参数应分别为两个电源提供的数据之和。

$$I''_{K2}=I''_{K2-1}+I''_{K2-2}=12.4794+5.1539=17.6333\ \text{kA}$$

$$S''_{K2}=S''_{K2-1}+S''_{K2-2}=136.1700+56.2401=192.4101\ \text{MV}\cdot\text{A}$$

$$i_{pK2}=i_{pK2-1}+i_{pK2-2}=31.8225+13.1424=44.9649\ \text{kA}$$

$$I_{pK2}=I_{pK1-1}+I_{pK2-2}=18.9687+7.8339=26.8026\ \text{kA}$$

【例 2】某矿的短路电流计算系统如图 2－5－10 所示，输电线路、主变压器和下井电缆均为一台（路）工作，一台（路）备用。电力系统中的发电机均为带自动电压调整器的汽轮发电机。求 K_1、K_2 和 K_3 点的三相短路参数。

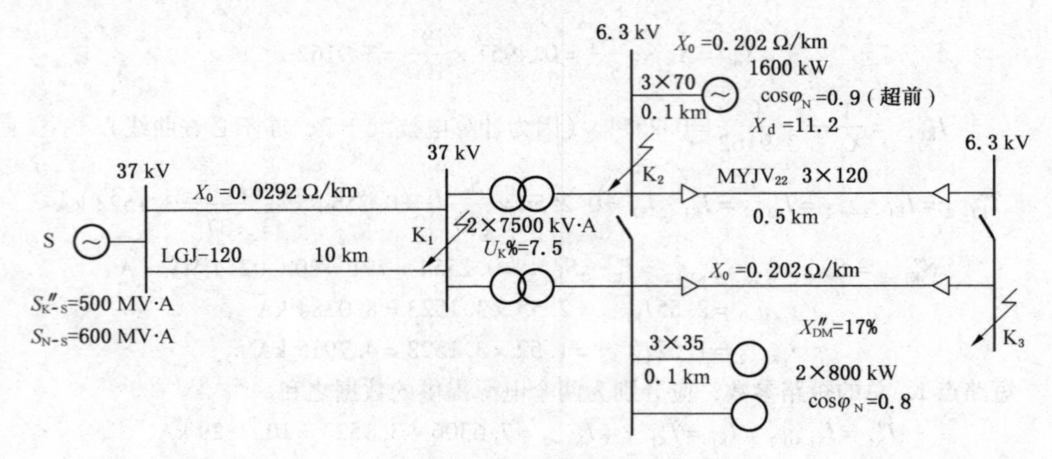

图 2-5-10 短路电流计算系统图

解：

1. 选取基准容量 $S_b = 100$ MV · A

计算 K_1 点时的基准电流：$I_{b1} = \dfrac{S_b}{\sqrt{3}U_{b1}} = \dfrac{100}{1.7321 \times 37} = 1.5604$ kA

计算 K_2 点时的基准电流：$I_{b2} = \dfrac{S_b}{\sqrt{3}U_{b2}} = \dfrac{100}{1.7321 \times 6.3} = 9.1640$ kA

计算 K_3 点时的基准电流：$I_{b3} = 9.1640$ kA

2. 计算各元件的电抗标么值

电力系统：$X_1 = \dfrac{S_b}{S''_{K-S}} = \dfrac{100}{500} = 0.2000$

输电线路：$X_2 = X_3 = 0.0292 \times 10 = 0.2920$

变压器：$X_4 = X_5 = 1.0000$ （从表 2-3-3 中，求线性平均值可得）

同步电动机：$X_7 = 11.2000$ （从已知条件可得）

同步电动机电缆：$X_6 = X_0 L = 0.202 \times 0.1 = 0.0202$

由于此段电抗与同步电动机的电抗相比小得多，一般都忽略不计。

下井电缆：$X_8 = X_9 = X_0 L = 0.202 \times 0.5 = 0.1010$

异步电动机电缆：$X_{10} = 0.202 \times 0.1 = 0.0202$ （忽略不计，理由同上）

异步电动机：

$$X_{11} = X_{13} = X''_{DM}\frac{S_b \cos\varphi_{N-DM}}{P_{N-DM}} = \frac{17}{100} \times \frac{100 \times 0.8}{0.8} = 17$$ （从已知条件可得：$X''_{DM} = 17\%$）

将上面所得的数据填入图 2-5-11 中。

3. 计算 K_1 点的短路参数

需要注意的是，当同步电动机符合附加电源的条件，计算短路参数时应考虑它对短路参数的影响。异步电动机此时不符合附加电源的条件，所以不必考虑它的影响。

1） 简化等值电路图

K_1 点的等值电路如图 2-5-12 所示。

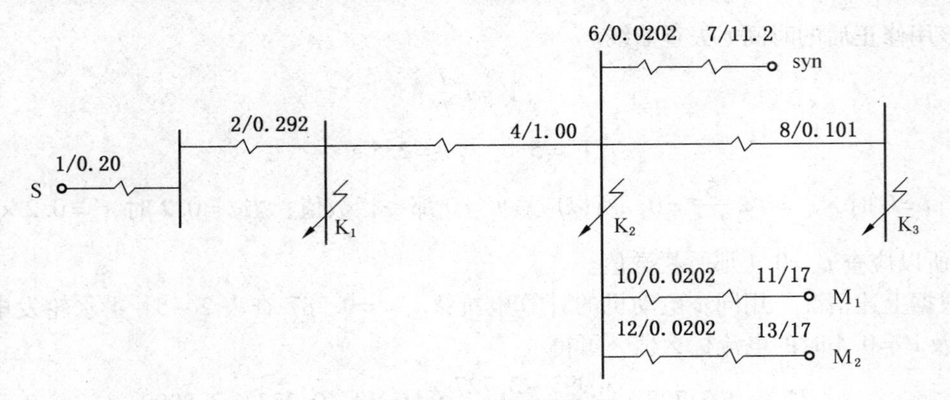

图 2-5-11　等值电路图

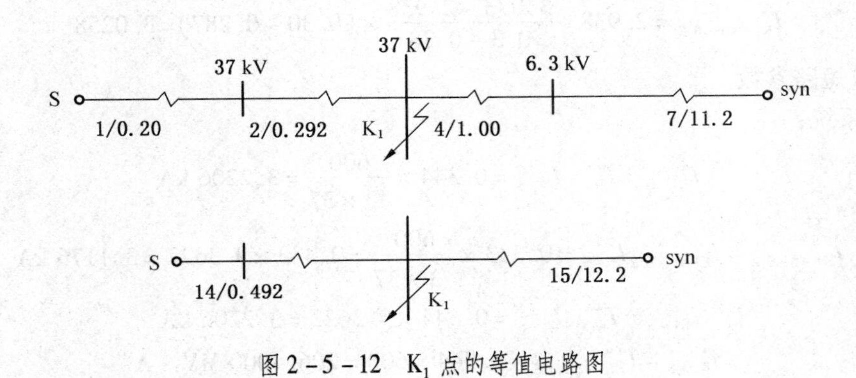

图 2-5-12　K_1 点的等值电路图

$$X_{14} = X_1 + X_2 = 0.2000 + 0.2920 = 0.4920$$

$$X_{15} = X_4 + X_7 = 1.0000 + 11.2000 = 12.2000$$

2）求各支路的计算电抗

电力系统：　$X_{14-C} = X_{14}\dfrac{S_{N-S}}{S_b} = 0.492 \times \dfrac{600}{100} = 2.952$

同步电动机：　$X_{15-C} = X_{15}\dfrac{S_{N-syn}}{S_b} + 0.07$

$$= 12.2 \times \frac{1.6}{100 \times 0.9} + 0.07 = 0.2870$$

需要注意的是，式中的 0.07 是考虑查具有阻尼绕组的水轮发电机计算曲线时计算电抗需增加的数值。

3）求电流标么值

电力系统：根据计算电抗等于 2.952，查表 2-5-3 可得

$$I''^{*}_{K1-S} = 0.344 \qquad I^{*}_{K1-S-0.2} = 0.333 \qquad I^{*}_{K1-S} = 0.344$$

同步电动机：同步电动机一般均装设低电压保护装置，当短路时间大于 0.2 s 以后，同步电动机的断路器就会自动跳闸。因此，同步电动机对稳态短路电流 I_K 无影响，故可不求稳态短路电流标么值。

同步电动机的时间常数 T' 与绘制计算曲线时所采用的时间常数平均值 T 明显不同，所

以应该用修正后的时间 t' 去查曲线。

$$t'=t\frac{T}{T'}$$

$$T'=5\ \text{s}\qquad T=2.5\ \text{s}$$

当 $t=0$ 时，$t'=0\times\frac{5}{2.5}=0$，所以应查 $t'=0$ 那一栏数值；当 $t=0.2$ 时，$t'=0.2\times\frac{5}{2.5}=0.4$，所以应查 $t'=0.4$ 那一栏数值。

根据上述情况，用同步电动机的计算电抗 $X_{15-C}=0.287$ 查表 2－5－4 水轮发电机在 $t'=0$ 及 $t'=0.4$ 时的电流标么值，可得

$$I_{K1-syn}^{*}=3.727+\frac{3.993-3.727}{0.30-0.28}\times(0.30-0.287)=3.8999$$

$$I_{K1-syn-0.2}^{*}=2.938+\frac{3.073-2.938}{0.3-0.28}\times(0.30-0.287)=3.0258$$

4）求短路参数

电力系统：

$$I''_{K1-S}=I''^{*}_{K1-s}I_{N-S}=0.344\times\frac{600}{\sqrt{3}\times37}=3.2206\ \text{kA}$$

$$I_{K1-S-0.2}=I_{K1-S-0.2}^{*}I_{N-S}=0.333\times\frac{600}{\sqrt{3}\times37}=0.333\times9.3622=3.1176\ \text{kA}$$

$$I_{K1-S}=I_{K1-s}^{*}I_{N-S}=0.344\times9.3622=3.2206\ \text{kA}$$

$$S''_{K1-S}=I''^{*}_{K1-s}S_{N-S}=0.344\times600=206.4000\ \text{MV}\cdot\text{A}$$

$$S_{K1-S-0.2}=I_{K1-S-0.2}^{*}S_{N-S}=0.333\times600=199.8000\ \text{MV}\cdot\text{A}$$

$$S_{K1-S}=I_{K1-S}^{*}S_{N-S}=0.344\times600=206.4000\ \text{MV}\cdot\text{A}$$

同步电动机：

在 6.3 kV 侧，同步电动机的额定电流

$$I_{N-syn}=\frac{P_{N-syn}}{\sqrt{3}U_{n}\cos\varphi_{N-syn}}=\frac{1.6}{\sqrt{3}\times6\times0.9}=0.1711\ \text{kA}$$

现在短路点 K_1 是 37 kV 侧，故应将该值折算到 37 kV 侧。

$$I'_{N-syn}=I_{N-syn}\times\frac{6.3}{37}=0.1711\times\frac{6.3}{37}=0.0291\ \text{kA}$$

$$I''_{K1-syn}=I_{K1-syn}^{*}I'_{N-syn}=3.8999\times0.0291=0.1135\ \text{kA}$$

$$I_{K1-syn-0.2}=I'_{N-syn}I_{K1-syn-0.2}^{*}=3.0258\times0.0291=0.0881\ \text{kA}$$

$$S''_{K1-syn}=I_{K1-syn}^{*}S_{N-S}=3.8999\times\frac{P_{N-syn}}{\cos\varphi_{N-syn}}=3.8999\times\frac{1.6}{0.9}=6.9332\ \text{MV}\cdot\text{A}$$

$$S_{K1-syn-0.2}=I_{K1-syn-0.2}^{*}S_{N-S}=3.0258\times\frac{1.6}{0.9}=5.3792\ \text{MV}\cdot\text{A}$$

最后可得出 K_1 点的短路参数：

$$I''_{K1}=I''_{K1-S}+I''_{K1-syn}=3.2206+0.1135=3.3341\ \text{kA}$$

$$I_{K1-0.2}=I_{K1-S-0.2}+I_{K1-syn-0.2}=3.1176+0.0881=3.2057\ \text{kA}$$

$$I_{K1}=I_{K1-S}=3.2206\ \text{kA}$$

$$S''_{K1}=S''_{K1-S}+S''_{K1-syn}=206.4000+6.9332=213.3332\ MV\cdot A$$
$$S_{K1-0.2}=S_{K1-S-0.2}+S_{K1-syn-0.2}=199.8000+5.3792=205.1792\ MV\cdot A$$
$$S_{K1}=S_{K1-S}=206.4000\ MV\cdot A$$
$$i_{p-K1}=2.55I''_{K1}=2.55\times 3.3341=8.5020\ kA$$
$$I_{p-K1}=1.52I''_{K1}=1.52\times 3.3341=5.0678\ kA$$

4. 计算 K_2 点的短路参数

此时，同步电动机和异步电动机都是附加电源，但异步电动机仅对短路冲击电流有影响。

1）简化等值电路图

K_2 点的等值电路如图 2－5－13 所示。

$$X_{16}=X_1+X_2+X_4=0.2+0.292+1.00=1.4920$$
$$X_7=11.2\quad（忽略了 X_6）$$
$$X_{18}=\frac{X_{11}X_{13}}{X_{11}+X_{13}}=\frac{1}{2}\times 17=8.5\quad（忽略 X_{10} 和 X_{12}，并用一个等值电动机代替）$$

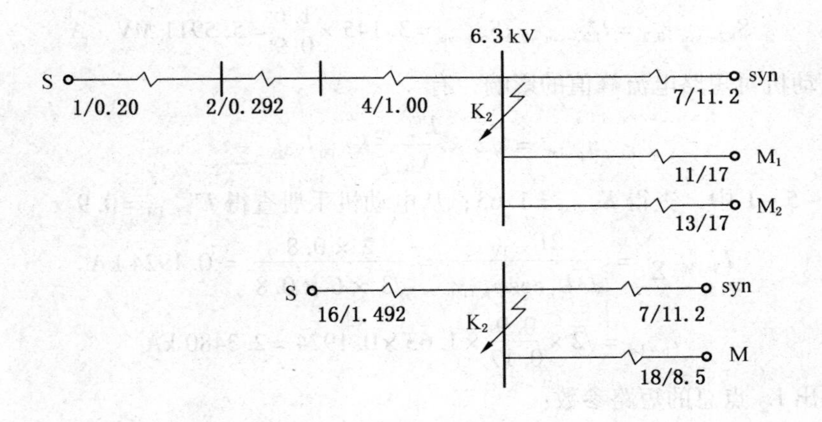

图 2－5－13　K_2 点的等值电路图

2）求各支路的计算电抗

$$X_{16-C}=X_{16}\frac{S_{N-s}}{S_b}=1.492\times\frac{600}{100}=8.9520$$
$$X_{7-C}=X_7\frac{S_{N-syn}}{S_b}+0.07=11.2\times\frac{1.6}{100\times 0.9}+0.07=0.2691$$
$$X_{18-C}=X_{18}\frac{S_{N-IM}}{S_b}=X_{18}\frac{2P_{N-IM}}{S_b\cos\varphi_{N-IM}}=8.5\times\frac{2\times 0.8}{100\times 0.8}=0.1700$$

3）求电流标么值

电力系统：因为它的计算电抗大于 3，故可按电源为无限容量的方法处理。

$$I''^{*}_{K2-S}=I^{*}_{K2-S-0.2}=I^{*}_{K2-S}=\frac{1}{X_{16-S}}=\frac{1}{8.9520}=0.1117$$

同步电动机：查表 2－5－4 可得

当 $t'=0$ 时，$I''^{*}_{K2-syn}=4.1420$；当 $t'=0.4$ 时，$I^{*}_{K2-syn-0.2}=3.1450$。

4）求短路参数

电力系统：

$$I''_{K2-S}=I_{K2-S-0.2}=I_{K2-S}=I''^{*}_{K2-S}I_{N-S}=0.1117\times\frac{S_{N-S}}{\sqrt{3}U_{b2}}=0.1117\times\frac{600}{\sqrt{3}\times6.3}=6.1417\text{ kA}$$

$$S''_{K2-S}=S_{K2-S-0.2}=S_{K2-S}=I''^{*}_{K2-S}S_{N-S}=0.1117\times600=67.0200\text{ MV}\cdot\text{A}$$

同步电动机： $I''_{K2-syn}=I''^{*}_{K2-syn}I_{N-syn}$

由于 $$I_{N-syn}=\frac{P_{N-syn}}{\sqrt{3}U_n\cos\varphi_{N-syn}}=\frac{1.6}{\sqrt{3}\times6\times0.9}=0.1710$$

$$I''_{K2-syn}=I''^{*}_{K2-syn}I_{N-syn}=4.1420\times0.1710=0.7083\text{ kA}$$

所以

$$I_{K2-syn-0.2}=I^{*}_{K2-syn-0.2}I_{N-syn}=3.1450\times0.1710=0.5378\text{ kA}$$

$$S''_{K2-syn}=I''^{*}_{K2-syn}S_{N-syn}=4.142\times\frac{1.6}{0.9}=7.3636\text{ MV}\cdot\text{A}$$

$$S_{K2-syn-0.2}=I^{*}_{K2-syn-0.2}S_{N-syn}=3.145\times\frac{1.6}{0.9}=5.5911\text{ MV}\cdot\text{A}$$

考虑异步电动机对短路电流峰值的影响，有

$$i_{p-IM}=\sqrt{2}\times\frac{E''_{*-IM}}{X_{18-C}}K_{r-IM}I_{N-IM-\Sigma}$$

从图 2-5-1 中，查得 $K_{r-IM}=1.63$；从电动机手册查得 $E''_{*-IM}=0.9$

$$I_{N-IM-\Sigma}=\frac{2P_{N-IM}}{\sqrt{3}U_n\cos\varphi_{N-IM}}=\frac{2\times0.8}{\sqrt{3}\times6\times0.8}=0.1924\text{ kA}$$

$$i_{p-IM}=\sqrt{2}\times\frac{0.9}{0.17}\times1.63\times0.1924=2.3480\text{ kA}$$

最后得出 K_2 点总的短路参数：

$$I''_{K2}=I''_{K2-S}+I''_{K2-syn}=6.1417+0.7083=6.8500\text{ kA}$$

$$I_{K2-0.2}=I_{K2-S-0.2}+I_{K2-syn-0.2}=6.1417+0.5378=6.6795\text{ kA}$$

$$I_{K2}=I_{K2-S}=6.1417\text{ kA}$$

$$S''_{K2}=S''_{K2-S}+S''_{K2-syn}=67.0200+7.3636=74.3836\text{ MV}\cdot\text{A}$$

$$S_{K2-0.2}=S_{K2-S-0.2}+S_{K2-syn-0.2}=67.0200+5.5911=72.6111\text{ MV}\cdot\text{A}$$

$$S_{K2}=S_{K2-S}=67.0200\text{ MV}\cdot\text{A}$$

$$i_{p-K2}=2.55I''_{K2}+i_{p-IM}=2.55\times6.8500+2.3480=19.8155\text{ kA}$$

$$I_{p-K2}=1.52I''_{K2}=1.52\times6.8500=10.4120\text{ kA}$$

5. 计算 K_3 点的短路参数

此时只需考虑同步电动机的影响。异步电动机至 K_3 点的附加电流方向在井下电缆这一段中与电力系统短路电流方向相同，按规定可不考虑异步电动机的影响。K_3 点的短路参数求法与 K_2 点的求法相似，读者可以自己练习求解。

第六节　不对称短路电流计算

一、对称分量法

不对称短路与三相对称短路的区别在于，不对称短路时每相的情况各不相同，除了电流和电压不相同之外，它们之间的相角也不相同。若需计算它的电流，就必须根据不对称短路的具体情况列出许多联立方程式，而这些方程式又包括网络中各回路之间的互感，互感的正负值决定电流的方向。所以即使是简单的网络，不对称短路电流的计算也是相当复杂的。

目前计算不对称短路电流比较简单且比较严密的方法是对称分量法。这种方法的依据是，任意一组三相不对称的量（如电流、电压、电势等），在一般情况下都可以用三组对称量之和的形式表示，这三组对称量称为已知的不对称量的对称分量。这三组对称分量彼此间的区别在于它们的相序，分别标记为正序、负序和零序分量。

（一）正序分量、负序分量和零序分量

1. 正序分量

正序分量是三个绝对值彼此相等、相位角互差120°的一组向量。如果向量是按逆时针方向旋转，其旋转的相序是a→b→c，即I_{a1}超前I_{b1}120°，I_{b1}超前I_{c1}120°，如图2-6-1a所示。它属于对称而且平衡的系统，其注脚a、b、c表示a、b、c相的向量，而注脚“1”表示正序分量。

2. 负序分量

负序分量是三个绝对值彼此相等、相位角互差240°的一组向量。如果它也是逆时针方向旋转，其旋转相序则为a→c→b，即I_{a2}超前I_{c2}120°，I_{c2}超前I_{b2}120°，如图2-6-1b所示。它也是既对称又平衡的系统。用注脚“2”表示负序分量。

3. 零序分量

零序分量是三个绝对值彼此相等而且相位角相同（或互差360°）的一组向量，如图2-6-1c所示。它属于对称但不平衡的系统，只有不平衡系统才有零序分量存在。用注脚“0”表示零序分量。

（二）算子“a”的性质

在对称分量法中，经常使用一个符号“a”，称它为算子，其定义是

$$a=\cos120°+j\sin120°=e^{j120°} \tag{2-6-1}$$

$$a=\frac{-1}{2}+j\frac{\sqrt{3}}{2} \tag{2-6-2}$$

也就是说，“a”是一个单位长度的向量，它与基准线OA的夹角为120°，即在基准线上的单位长度向量逆时针方向旋转120°而成。如某一向量$\dot{E}$与a的乘积a$\dot{E}$即表示在向量$\dot{E}$的原始位置上，按逆时针的方向转动120°而成；$a^2\dot{E}$即表示在向量$\dot{E}$的原始位置上，按逆时针方向转动240°，如图2-6-2所示。

从算子的定义出发可以导出很多有用的算子公式。现将这些常用的公式及对称分量的基本关系归纳列于表2-6-1及表2-6-2中，供读者使用。

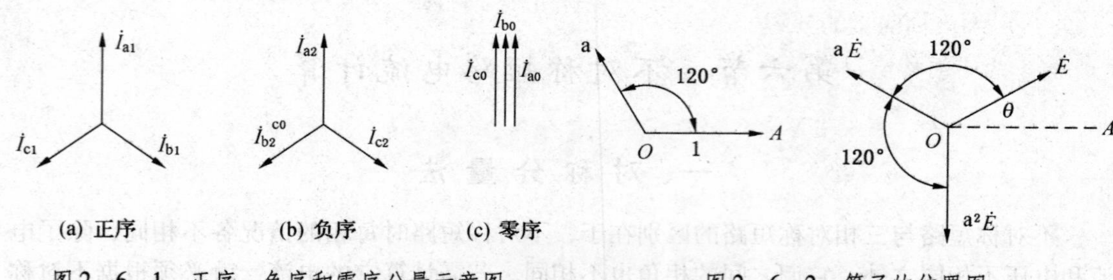

(a) 正序 (b) 负序 (c) 零序

图2-6-1 正序、负序和零序分量示意图

图2-6-2 算子的位置图

表2-6-1 常用的算子公式表

算子形式	与下列各项相等			
	指数式	三角函数式	复数式	算子式
a	$e^{j120°}$	$\cos120° + j\sin120°$	$-\frac{1}{2}+j\frac{\sqrt{3}}{2}$	
a^2	$e^{j240°}$	$\cos240° + j\sin240°$	$-\frac{1}{2}-j\frac{\sqrt{3}}{2}$	
a^3	$e^{j360°}$	$\cos360° + j\sin360°$	1	
a^4	$e^{j120°}$	$\cos120° + j\sin120°$	$-\frac{1}{2}+j\frac{\sqrt{3}}{2}$	a
a^5	$e^{j240°}$	$\cos240° + j\sin240°$	$-\frac{1}{2}+j\frac{\sqrt{3}}{2}$	a^2
1/a	$e^{-j120°}$	$\cos(-120°) + j\sin(-120°)$	$-\frac{1}{2}-j\frac{\sqrt{3}}{2}$	a^2
$1/a^2$	$e^{-j240°}$	$\cos(-240°) + j\sin(-240°)$	$-\frac{1}{2}+j\frac{\sqrt{3}}{2}$	a
1 + a	$e^{j60°}$	$\cos60° + j\sin60°$	$\frac{1}{2}+j\frac{\sqrt{3}}{2}$	$-a^2$
$1 + a + a^2$			0	

表2-6-2 对称分量的基本关系及算子公式

	电流 I 的对称分量		电压 U 的对称分量	算子 a 的性质
相量	$\dot{I}_a = \dot{I}_{a1} + \dot{I}_{a2} + \dot{I}_{a0}$ $\dot{I}_b = a^2\dot{I}_{a1} + a\dot{I}_{a2} + \dot{I}_{a0}$ $\dot{I}_c = a\dot{I}_{a1} + a^2\dot{I}_{a2} + \dot{I}_{a0}$	电压降	$\Delta\dot{U}_1 = \dot{I}_1 jX_1$ $\Delta\dot{U}_2 = \dot{I}_2 jX_2$ $\Delta\dot{U}_0 = \dot{I}_0 jX_0$	$a = e^{j120°} = -\frac{1}{2}+j\frac{\sqrt{3}}{2}$ $a^2 = e^{j240°} = e^{-j120°} = -\frac{1}{2}-j\frac{\sqrt{3}}{2}$ $a^3 = e^{j360°} = 1$
序量	$\dot{I}_{a0} = \frac{1}{3}(\dot{I}_a + \dot{I}_b + \dot{I}_c)$ $\dot{I}_{a1} = \frac{1}{3}(\dot{I}_a + a\dot{I}_b + a^2\dot{I}_c)$ $\dot{I}_{a2} = \frac{1}{3}(\dot{I}_a + a^2\dot{I}_b + a\dot{I}_c)$	短路处电压分量	$\dot{U}_{K1} = \dot{E} - \dot{I}_{K1} jX_{1\Sigma}$ $\dot{U}_{K2} = -\dot{I}_{K2} jX_{2\Sigma}$ $\dot{U}_{K0} = -\dot{I}_{K0} jX_{0\Sigma}$	$a^2 + a + 1 = 0$ $a^2 - a = \sqrt{3}e^{-j90°} = -j\sqrt{3}$ $a - a^2 = \sqrt{3}e^{j90°} = j\sqrt{3}$ $1 - a = \sqrt{3}e^{-j30°} = \sqrt{3}\left(\frac{\sqrt{3}}{2} - j\frac{1}{2}\right)$ $1 - a^2 = \sqrt{3}e^{j30°} = \sqrt{3}\left(\frac{\sqrt{3}}{2} + j\frac{1}{2}\right)$

注：1. 表中对称分量用电流 I 表示，电压 U 的关系与此相同。

2. 1、2、0 表示正、负、零序。

3. 乘以算子 a 即使向量转 120°（反时针方向）。

（三）不对称向量的分解

有一组不对称电动势向量 $\dot{E}_a$、$\dot{E}_b$、$\dot{E}_c$，如图 2-6-3 所示。

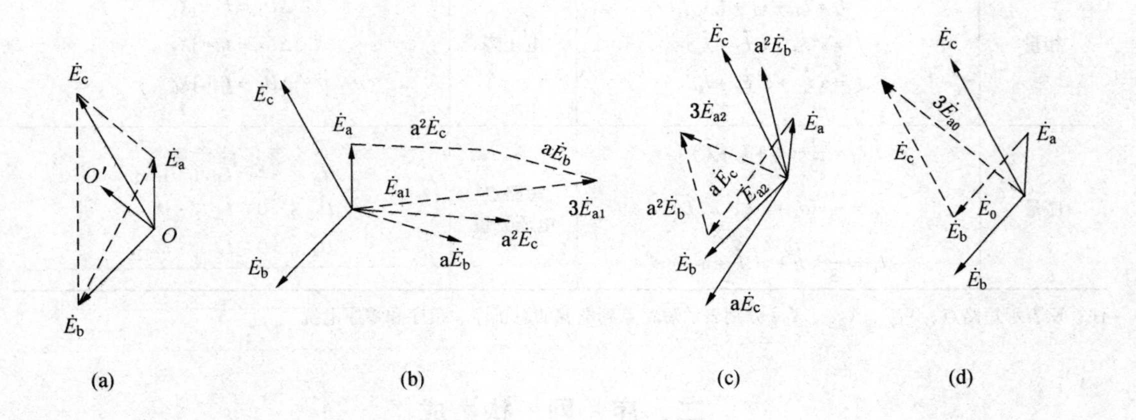

图 2-6-3　不对称电动势向量图

用对称分量法将这三个不对称向量分解成三组对称分量。由分解的条件可得

$$
\begin{aligned}
\dot{E}_a &= \dot{E}_{a1} + \dot{E}_{a2} + \dot{E}_{a0} \\
\dot{E}_b &= \dot{E}_{b1} + \dot{E}_{b2} + \dot{E}_{b0} \\
\dot{E}_c &= \dot{E}_{c1} + \dot{E}_{c2} + \dot{E}_{c0}
\end{aligned}
\tag{2-6-3}
$$

若以 a 相为基本相，可将上式变为

$$
\begin{aligned}
\dot{E}_a &= \dot{E}_{a1} + \dot{E}_{a2} + \dot{E}_{a0} \\
\dot{E}_b &= a^2\dot{E}_{a1} + a\dot{E}_{a2} + \dot{E}_{a0} \\
\dot{E}_c &= a\dot{E}_{a1} + a^2\dot{E}_{a2} + \dot{E}_{a0}
\end{aligned}
\tag{2-6-4}
$$

解联立方程式即得

$$
\begin{aligned}
\dot{E}_{a1} &= \frac{1}{3}(\dot{E}_a + a\dot{E}_b + a^2\dot{E}_c) \\
\dot{E}_{a2} &= \frac{1}{3}(\dot{E}_a + a^2\dot{E}_b + a\dot{E}_c) \\
\dot{E}_{a0} &= \frac{1}{3}(\dot{E}_a + \dot{E}_b + \dot{E}_c)
\end{aligned}
\tag{2-6-5}
$$

根据式（2-6-5）就可以求出这三组对称分量：正序分量 $\dot{E}_{a1}$、负序分量 $\dot{E}_{a2}$ 和零序分量 $\dot{E}_{a0}$，它们的位置如图 2-6-3b～图 2-6-3d 所示。

求出 a 相的三个分量 $\dot{E}_{a1}$、$\dot{E}_{a2}$、$\dot{E}_{a0}$ 之后，可用式（2-6-4）求出 b、c 相的其他分量，最后将它们组成三组对称分量。

有关电压和电流对称分量的基本关系见表 2-6-3。

表 2-6-3　电流、电压对称分量的基本关系

电流 I 的对称分量		电压 U 的对称分量	
相量	$\dot{I}_a=\dot{I}_{a1}+\dot{I}_{a2}+\dot{I}_{a0}$ $\dot{I}_b=a^2\dot{I}_{a1}+a\dot{I}_{a2}+\dot{I}_{a0}$ $\dot{I}_c=a\dot{I}_{a1}+a^2\dot{I}_{a2}+\dot{I}_{a0}$	电压降	$\Delta\dot{U}_1=\dot{I}_1\cdot jX_1$ $\Delta\dot{U}_2=\dot{I}_2\cdot jX_2$ $\Delta\dot{U}_0=\dot{I}_0\cdot jX_0$
序量	$\dot{I}_{a1}=\frac{1}{3}(\dot{I}_a+\dot{I}_b+\dot{I}_c)$ $\dot{I}_{a2}=\frac{1}{3}(\dot{I}_a+a\dot{I}_b-a^2\dot{I}_c)$ $\dot{I}_{a0}=\frac{1}{3}(\dot{I}_a+a^2\dot{I}_b+a\dot{I}_c)$	短路点电压分量	$\dot{U}_{K\cdot1}=\dot{E}-\dot{I}_{K\cdot1}\cdot jX_{1\Sigma}$ $\dot{U}_{K\cdot2}=0-\dot{I}_{K\cdot2}\cdot jX_{2\Sigma}$ $\dot{U}_{K\cdot0}=0-\dot{I}_{K\cdot0}\cdot jX_{0\Sigma}$

注：K 表示短路点；$X_{1\Sigma}$、$X_{2\Sigma}$、$X_{0\Sigma}$ 分别表示短路点到电源的总正序、负序和零序电抗。

二、序网构成

（一）系统各元件的正序、负序和零序电抗标么值

1. 正序电抗标么值

系统各元件的正序电抗标么值和计算三相短路电流时的电抗标么值相同，计算方法也相同。

2. 负序电抗标么值

如果某一元件内的三相磁耦电路彼此之间是不动的，则该元件的正序电抗与它的负序电抗相等，这是因为改变三相电流相同的次序，并不改变元件中相与相之间的互感，所以变压器、架空输电线、电缆和电抗器的负序电抗 X_2 等于正序电抗 X_1，即

$$X_2=X_1 \tag{2-6-6}$$

而旋转电机的负序电抗与其正序电抗不同，负序电抗一般由制造厂提供，也可按式（2-6-7）计算。

1）对于汽轮发电机及有阻尼绕圈的水轮发电机

$$X_2=\frac{X''_d+X''_q}{2}\approx(1\sim1.22)X''_d \tag{2-6-7}$$

式中　X''_d——电机垂轴次暂态电抗；

X''_q——电机横轴次暂态电抗。

2）对于无阻尼线圈的水轮发电机

$$X_2=\sqrt{X'_dX_q}\approx1.45X'_d \tag{2-6-8}$$

式中　X'_d——电机垂轴暂态电抗；

X_q——电机横轴电抗。

3）对于同步电动机和同步调相机

$$X_2=0.24X''_d=0.24\frac{1}{I^*_{st}}=0.24\frac{I_N}{I_{st}} \tag{2-6-9}$$

式中　I^*_{st}、I_{st}——起动电流标么值和起动电流。

对于异步电动机，它的负序电抗等于它的短路电抗 X_K

$$X_2 \approx X_K \quad 或 \quad X_2 = \frac{1}{I_{st}^*} \tag{2-6-10}$$

3. 零序电抗标么值

1）变压器的零序电抗

变压器的零序电抗与变压器的构造及线圈的接法有关。若制造厂未提供此数据，可按表2-6-4和表2-6-5所给的公式计算。

表2-6-4 双绕组变压器的零序电抗

类型	接线图	三个单相、三相四柱或壳式变压器		三相三柱式变压器	
		等值阻抗	零序电抗计算公式	等值阻抗	零序电抗计算公式
双卷变压器	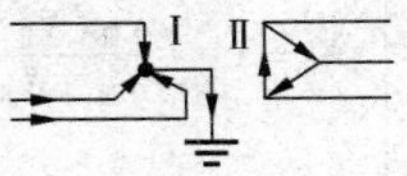 I II	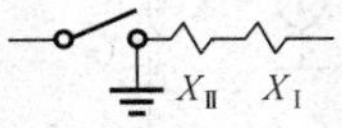 X_{II} X_I	$X_0 = X_I$	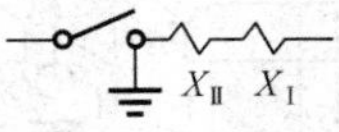 X_{II} X_I	$X_0 = X_I$
	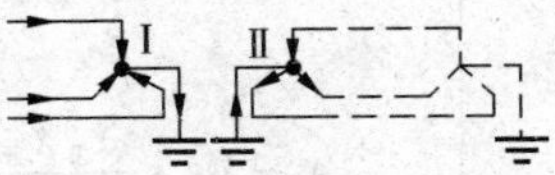 I II	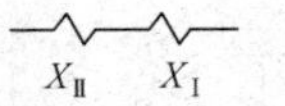 X_{II} X_I	$X_0 = X_I$	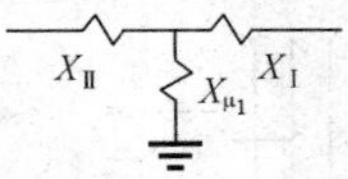 X_{II} $X_{\mu 1}$ X_I	
	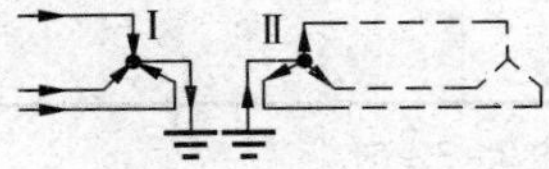 I II		$X_0 = \infty$	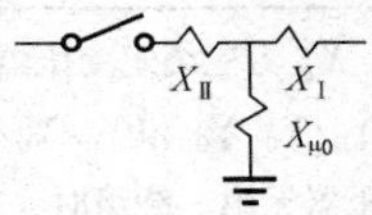 X_{II} X_I $X_{\mu 0}$	$X_0 = X_I + X_{\mu 0}$
	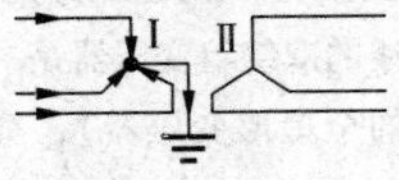 I II		$X_0 = \infty$		$X_0 = X_I + X_{\mu 0}$
	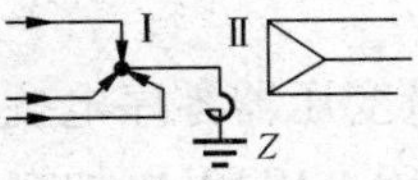 I II Z	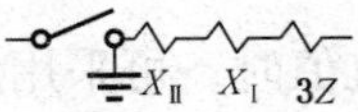 X_{II} X_I $3Z$	$X_0 = X_I + 3Z$	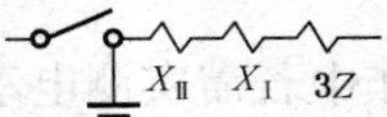 X_{II} X_I $3Z$	$X_0 = X_I + 3Z$
	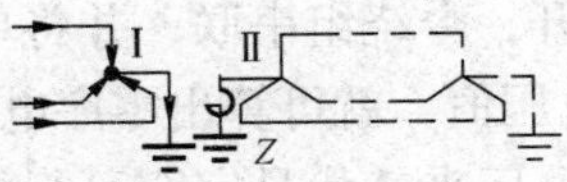 I II Z	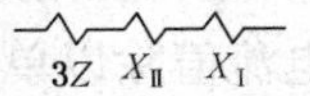 $3Z$ X_{II} X_I	$X_0 = X_I + 3Z$	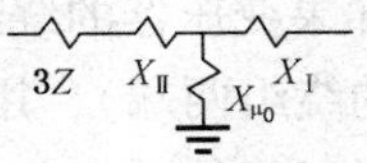 $3Z$ X_{II} $X_{\mu 0}$ X_I	
	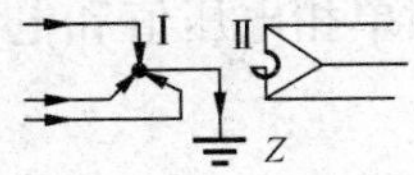 I II Z	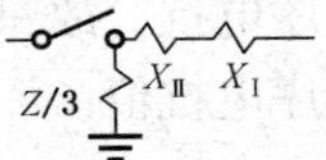 $Z/3$ X_{II} X_I		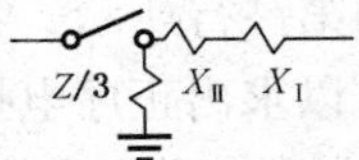 $Z/3$ X_{II} X_I	$X_0 = X_I + \frac{Z}{3}$

2）同步电机（包括发电机、调相机和电动机）的零序电抗。

同步电机（包括发电机、调相机和电动机）的零序电抗取决于电机定子线圈的漏磁以及线圈的互感。由于互感是负值，故它的零序电抗比正序或负序电抗小。零序电抗应以制造厂所给的数据为准，也可参考表2-3-2中所推荐的数值。

表 2-6-5　三绕组变压器的零序电抗

序号	接 线 图	等 值 网 络	等 值 电 抗
1	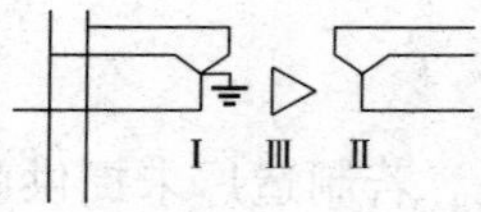 I　Ⅲ　Ⅱ	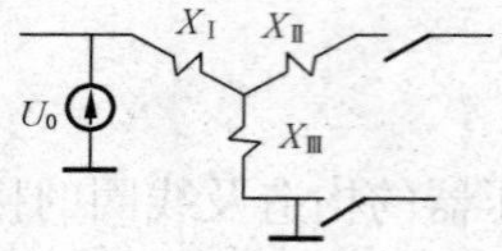 U_0　$X_Ⅰ$　$X_Ⅱ$　$X_Ⅲ$	$X_0=X_Ⅰ+X_Ⅲ$
2	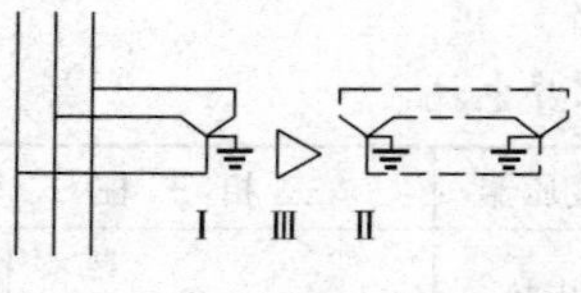 I　Ⅲ　Ⅱ	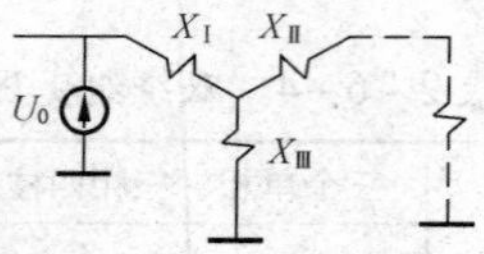 U_0　$X_Ⅰ$　$X_Ⅱ$　$X_Ⅲ$	$X_0=X_Ⅰ+\frac{X_Ⅲ(X_Ⅱ+\cdots)}{X_Ⅲ+X_Ⅱ+\cdots}$
3	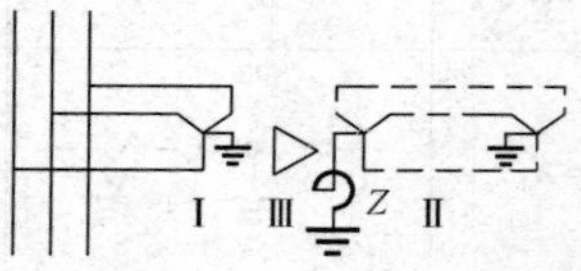 I　Ⅲ　Z　Ⅱ	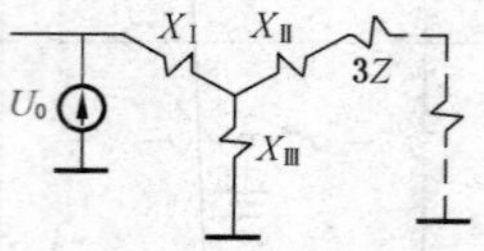 U_0　$X_Ⅰ$　$X_Ⅱ$　3Z　$X_Ⅲ$	$X_0=X_Ⅰ+\frac{X_Ⅲ(X_Ⅱ+3Z+\cdots)}{X_Ⅲ+X_Ⅱ+3Z+\cdots}$
4	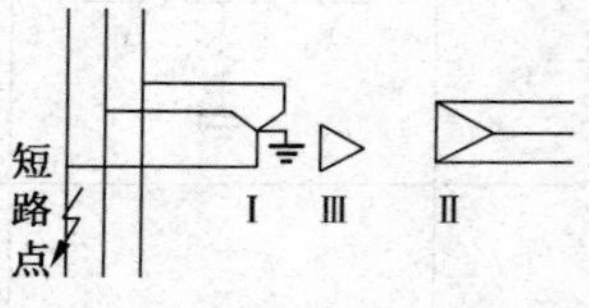 短路点　I　Ⅲ　Ⅱ	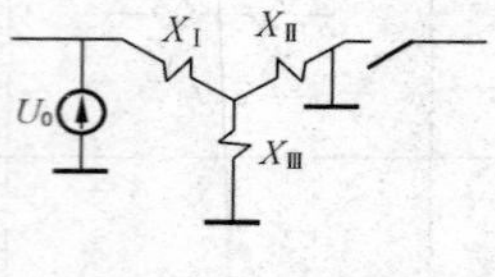 U_0　$X_Ⅰ$　$X_Ⅱ$　$X_Ⅲ$	$X_0=X_Ⅰ+\frac{X_ⅡX_Ⅲ}{X_Ⅱ+X_Ⅲ}$

注：1. $X_Ⅰ$、$X_Ⅱ$、$X_Ⅲ$为三绕组变压器等值星形各支路的正序电抗，计算公式见表 2-3-5。

2. 直接接地 $Y_0/Y_0/Y_0$ 和 $Y_0/Y_0/\triangle$ 接线的自耦变压器与 $Y_0/Y_0/\triangle$ 接线的三绕组变压器的等值回路是一样的。

3. 当自耦变压器无第三绕组时，其等值回路与三个单相或三相四柱式 Y_0/Y_0 接线的双绕组变压器是一样的。

4. 当自耦变压器的第三绕组为 Y 接线，且中性点不接地时（即 $Y_0/Y_0/Y$ 接线的全星形变压器），等值网络中的 $X_Ⅲ$ 不接地，等值电抗 $X_Ⅲ=\infty$。

实际工作中若需实测电动机的零序电抗值时，可采用和测量变压器零序电抗相同的方法。该方法将电动机的 3 个端子连在一起，用单相电压（通常为 60～100 V）加在端子和中性点之间（如果变压器的绕组是三角形接法，应将三角形拆开，令绕组串联，并将单相电压加于串联的绕组两端），用测量的每一相电流值除以单相电压值，就可算出零序电抗值。

零序电压三相是同一方向且大小相等，所以用一个单相电压来替代是完全可行的。如表 2-6-4 中第一行所示，零序电抗等于正序电抗，故只要已知单相电压值和电流表测得的电流值就可以求出正序电抗，从而得出零序电抗值。

3）异步电机的零序电抗

因为这种电机通常都是中性点不接地的，所以在等效网络中用不着它的零序电抗。

4）电抗器的零序电抗

电抗器的零序电抗主要取决于其每相的自感。电抗器各相间的互感是很小的，故可认为

$$X_0=X_1 \tag{2-6-11}$$

5）架空输电线路的零序电抗

架空输电线路中的零序电流是经过地和接地的架空地线流回的，这种情况下所产生的磁通将与线路的导线产生互感造成零序电抗，而零序电抗值的计算是相当困难的。因为零序电抗与电流在地中的分布情况有关，而地中电流的分布是一个复杂问题。对于工程计算所需的精度而言，零序电抗可用下面的近似公式计算。

对于单回路的三相线路： $$X_0 = 0.435\lg\frac{h_{eq}}{\sqrt[3]{r_{eq}g^2}}\ \Omega\cdot\mathrm{km} \qquad (2-6-12)$$

式中　h_{eq}——等值深度，$h_{eq}=\dfrac{2.085}{\sqrt{f\lambda\times10^{-9}}}\times10^{-3}$，m，通常采用的 h_{eq} 平均值为 1000 m；

f——电流频率，Hz；

λ——地的导电系数，1/Ω · cm；

g——导线 a、b、c 间的几何平均距，m；$g=\sqrt[3]{d_{ab}d_{ac}d_{bc}}$，$d_{ab}$、$d_{ac}$、$d_{bc}$ 分别为导线 a、b、c 三相间的距离；

r_{eq}——导线的等值半径，m。

需要注意的是，若 r 为单导线的实际半径，r_{eq} 根据材料不同分为以下几种情况：

（1）对非磁性材料的圆形实芯导线：$r_{eq}=0.779r$。

（2）对铜绞线（r_{eq} 值与它的股数有关）：$r_{eq}=(0.724\sim0.771)r$。

（3）对钢芯铝绞线：$r_{eq}=0.95r$。

双回路的输电线路由于平行的双回路间有互感存在，所以每个回路的零序电抗 X_0' 都要比单回路的零序电抗 X_0 大些，即 $X_0'>X_0$。

相互平行回路Ⅰ和Ⅱ之间的零序互感抗 $X_{0\cdot\mathrm{I-II}}$ 可用下式计算：

$$X_{0\cdot\mathrm{I-II}} = 0.435\lg\frac{h_{eq}}{g_{\mathrm{I-II}}} \qquad (2-6-13)$$

式中　$g_{\mathrm{I-II}}$——回路Ⅰ和Ⅱ之间的几何平均距离，m。

$$g_{\mathrm{I-II}}=\sqrt[9]{d_{aa'}d_{ab'}d_{ac'}d_{ba'}d_{bb'}d_{bc'}d_{ca'}d_{cb'}d_{cc'}}$$

最后可得

$$X'_0 = X_0 + X_{0\cdot\mathrm{I-II}} \qquad (2-6-14)$$

比值 $\dfrac{X_0'}{X_0}$ 随回路间距离 D 的变化而变化，两者之间的关系如图 2-6-4 所示。

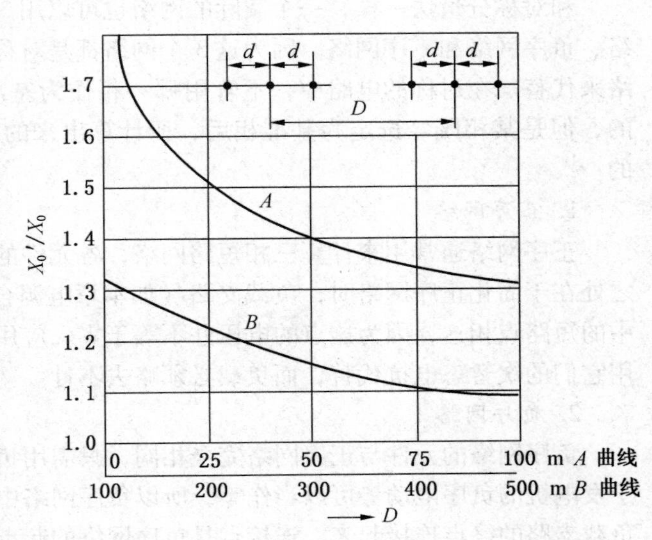

图 2-6-4　双回路线路的零序电抗比值与回路间距离的关系曲线

对于具有 n 根架空地线（避雷线）的单回路线路，由于架空地线的存在，线路的零序电抗减少，可按下列步骤计算。

等值地线的几何半径由下式决

定:

$$r_{g \cdot g} = \sqrt[n]{r_{eq \cdot g} g_g^{\ n-1}} \qquad (2-6-15)$$

式中 n——架空地线的根数;

$r_{eq \cdot g}$——地线的等值半径,m;

g_g——架空地线间的几何平均距离,m。

架空地线系统和三相单回路导线轴间的几何平均距离为

$$g_{g-x} = (\text{所有可能的架空地线和导线轴间距离的乘积})^{\frac{1}{m}} \qquad (2-6-16)$$

架空地线系统的零序电抗 $X_{0 \cdot g}$ 可按下式计算:

$$X_{0 \cdot g} = 0.435 \lg \frac{h_{eq}}{r_{g \cdot g}} \qquad (2-6-17)$$

架空地线系统和导线间的零序互感抗 $X_{M \cdot g-x}$ 可按下式计算:

$$X_{M \cdot g-x} = 0.435 \lg \frac{h_{eq}}{g_{g-x}} \qquad (2-6-18)$$

最后可将求出的数值代入下式,求得具有 n 根架空地线的单回路线路的零序电抗 $X_{0 \cdot g-x}$:

$$X_{0 \cdot g-x} = X_0 - \frac{X_{M \cdot g-x}^2}{X_{0 \cdot g}} \qquad (2-6-19)$$

式中 X_0——不带架空地线时的单回路线路的零序电抗。

6) 电缆的零序电抗

三芯电缆的零序电抗可近似地用下式计算:

$$X_0 = (3.5 \sim 4.6) X_1 \qquad (2-6-20)$$

(二) 序网组成

和对称分量法一样,一个实际的网络也可以用3个假想的对称网络代替,即用正序网络、负序网络和零序网络。因为这3个网络都是对称的,所以在计算时可以用单相等值网络来代替。在对称的电路中,不管用哪一相作为基准相(标准相),其阻抗值都是一样的,但是某相既经选定为基准相后,所计算出来的电流和电压数值就是属于这个基准相的。

1. 正序网络

正序网络通常用来计算三相短路网络,各元件的正序电抗与原来的电抗值相等。不同之处在于简化正序网络时,负载支路(如本章电源合并法所介绍的)的终点不能与该网络中的短路点相连,因为这点的电压并不等于零。应用计算曲线法时,等值网络中发电机需用它们的次暂态电抗代替,而负载必须略去不计。

2. 负序网络

负序网络的元件与正序网络完全相同,只需用负序电抗 X_2 代替正序电抗 X_1 即可。由于发电机的负序电动势可以当作零,所以负序网络中所有电源支路的前端可以和该网络中负载支路的终点连接起来,连接点是负序网络的起点,而短路点则是网络的终点。

3. 零序网络

零序网络由各元件的零序电抗构成。系统中变压器线圈的连接方式跟零序网络的画法有很大关系。零序网络应先从短路点开始，各条支路均并联于此点，并将零序电压施于短路点，同时应该在每个支路上查明零序电流可能通过的途径。只有当与短路点直接连接的电路中至少有一个接地中性点时，才能形成零序电流的闭合回路。如果电路中有好几个接地中性点，那么此电路对零序电流将有好几个并联回路。

若发电机或变压器的中性点是经过阻抗接地的，则必须将该阻抗增大三倍后再列入零序网络。总之，零序网络的形式取决于系统中发电机和变压器的连接方式。

三、不对称短路电流计算

（一）不对称短路时短路电流绝对值的计算公式

从表 2-6-6 中可知，只要求出短路点的正序电流 $I_{K\cdot1}$，供选择设备用的短路点全电流 I_K 可从该表中求出。

表 2-6-6　序网组合和计算短路电流公式汇总表

短路种类	序网组合	$I_{K\cdot1}=\frac{E}{X_{1\Sigma}+X_{\Delta(n)}}$中的 $X_{\Delta(n)}$	$I_K=mI_{K\cdot1}$中的 m
三相短路	$\dot{E}$ $X_{1\Sigma}$	0	1
两相短路	$\dot{E}$ $X_{1\Sigma}$ $X_{2\Sigma}$	$X_{2\Sigma}$	$\sqrt{3}$
单相短路	$\dot{E}$ $X_{1\Sigma}$ $X_{2\Sigma}$ $X_{0\Sigma}$	$X_{2\Sigma}+X_{0\Sigma}$	3
两相接地短路	$\dot{E}$ $X_{1\Sigma}$ $X_{2\Sigma}$ $X_{0\Sigma}$	$\frac{X_{2\Sigma}X_{0\Sigma}}{X_{2\Sigma}+X_{0\Sigma}}$	$\sqrt{3}\cdot\sqrt{1-\frac{X_{2\Sigma}X_{0\Sigma}}{(X_{2\Sigma}+X_{0\Sigma})^2}}$

注：1. 电抗标么值需按 $X_{\Sigma}^{*\prime}=\frac{S_N}{S_b}[X_{\Sigma}+X_{\Delta(n)}]$ 变换后，方可使用计算曲线。

2. 按单独变化法计算时，各电源分布系数可根据正序网络的情况求得。

3. 按综合变化法计算短路电流时，不对称短路的误差比三相短路的计算误差小。

4. 在两相接地短路中，由大地流过的电流：

$$I_{Kg}=3I_{0(1.1)}=-3I_{1K\cdot a(1.1)}\frac{X_{2\Sigma}}{X_{0\Sigma}+X_{2\Sigma}}$$

式中　$I_{1K\cdot a(1.1)}$—在两相接地短路时，a 相（基准相）的正序短路电流。

（二）不对称短路时各相电流、电压向量的计算公式

从表 2-6-7 和表 2-6-8 可知，只要求出短路点的正序电流，那么短路点的其他参数（如各相的电流、电压及其分量）即可从该表用所示的公式求出。

表 2-6-7 不对称短路各相电流、电压计算公式的综合表

短路点待求量的名称和符号		短路种类：两相短路	短路种类：单相短路	短路种类：两相接地短路
a 相正序电流	$\dot{I}_{a1}$	$\dfrac{\dot{E}_{a\Sigma}}{j(X_{1\Sigma}+X_{2\Sigma})}$	$\dfrac{\dot{E}_{a\Sigma}}{j(X_{1\Sigma}+X_{2\Sigma}+X_{0\Sigma})}$	$\dfrac{\dot{E}_{a\Sigma}}{j\left(X_{1\Sigma}+\dfrac{X_{2\Sigma}X_{0\Sigma}}{X_{2\Sigma}+X_{0\Sigma}}\right)}$
a 相负序电流	$\dot{I}_{a2}$	$-\dot{I}_{a1}$	$\dot{I}_{a1}$	$-\dot{I}_{a1}\dfrac{X_{0\Sigma}}{X_{2\Sigma}+X_{0\Sigma}}$
零序电流	$\dot{I}_0$	0	$\dot{I}_{a1}$	$-\dot{I}_{a1}\dfrac{X_{2\Sigma}}{X_{2\Sigma}+X_{0\Sigma}}$
a 相电流	$\dot{I}_a$	0	$3\dot{I}_{a1}$	0

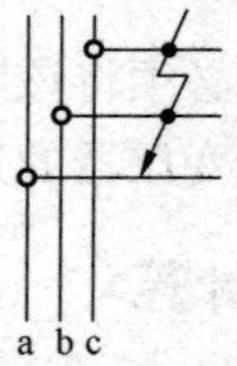

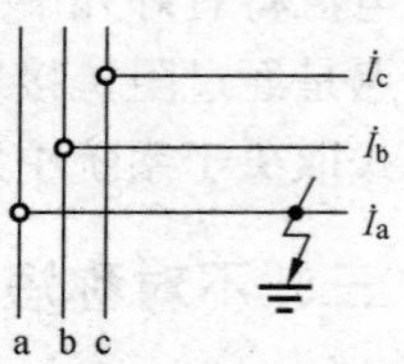

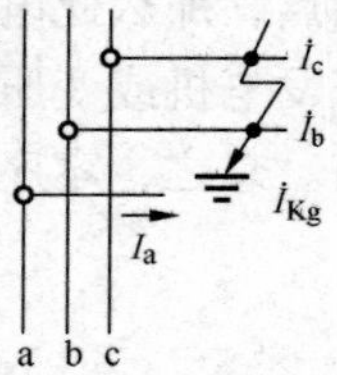

表 2-6-8 短路点待求量的名称和符号

短路点待求量的名称和符号	短路种类：两相短路	短路种类：单相短路	短路种类：两相接地短路
b 相电流 $\dot{I}_b$	$-j\sqrt{3}\dot{I}_{a1}$	0	$\left(a^2-\dfrac{X_{2\Sigma}+aX_{0\Sigma}}{X_{2\Sigma}+X_{0\Sigma}}\right)\dot{I}_{a1}$
c 相电流 $\dot{I}_c$	$j\sqrt{3}\dot{I}_{a1}$	0	$\left(a-\dfrac{X_{2\Sigma}+a^2X_{0\Sigma}}{X_{2\Sigma}+X_{0\Sigma}}\right)\dot{I}_{a1}$
a 相正序电压 $\dot{U}_{a1}$	$jX_{1\Sigma}\dot{I}_{a1}$	$j(X_{2\Sigma}+X_{0\Sigma})\dot{I}_{a1}$	$j\left(\dfrac{X_{2\Sigma}X_{0\Sigma}}{X_{2\Sigma}+X_{0\Sigma}}\right)\dot{I}_{a1}$
a 相负序电压 $\dot{U}_{a2}$	$jX_{2\Sigma}\dot{I}_{a1}$	$-jX_{2\Sigma}\dot{I}_{a1}$	$j\left(\dfrac{X_{2\Sigma}X_{0\Sigma}}{X_{2\Sigma}+X_{0\Sigma}}\right)\dot{I}_{a1}$
零序电压 $\dot{U}_0$	0	$-jX_{0\Sigma}\dot{I}_{a1}$	$j\left(\dfrac{X_{2\Sigma}X_{0\Sigma}}{X_{2\Sigma}+X_{0\Sigma}}\right)\dot{I}_{a1}$
a 相电压 $\dot{U}_a$	$2jX_{2\Sigma}\dot{I}_{a1}$	0	$3j\left(\dfrac{X_{2\Sigma}X_{0\Sigma}}{X_{2\Sigma}+X_{0\Sigma}}\right)\dot{I}_{a1}$
b 相电压 $\dot{U}_b$	$-jX_{2\Sigma}\dot{I}_{a1}$	$j[(a^2-a)X_{2\Sigma}+(a^2-1)X_{0\Sigma}]\dot{I}_{a1}$	0
c 相电压 $\dot{U}_c$	$-jX_{2\Sigma}\dot{I}_{a1}$	$j[(a-a^2)X_{2\Sigma}+(a-1)X_{0\Sigma}]\dot{I}_{a1}$	0
电流向量图	见图 2-6-5a	见图 2-6-5b	见图 2-6-5c
电压向量图	见图 2-6-5d	见图 2-6-5e	见图 2-6-5f

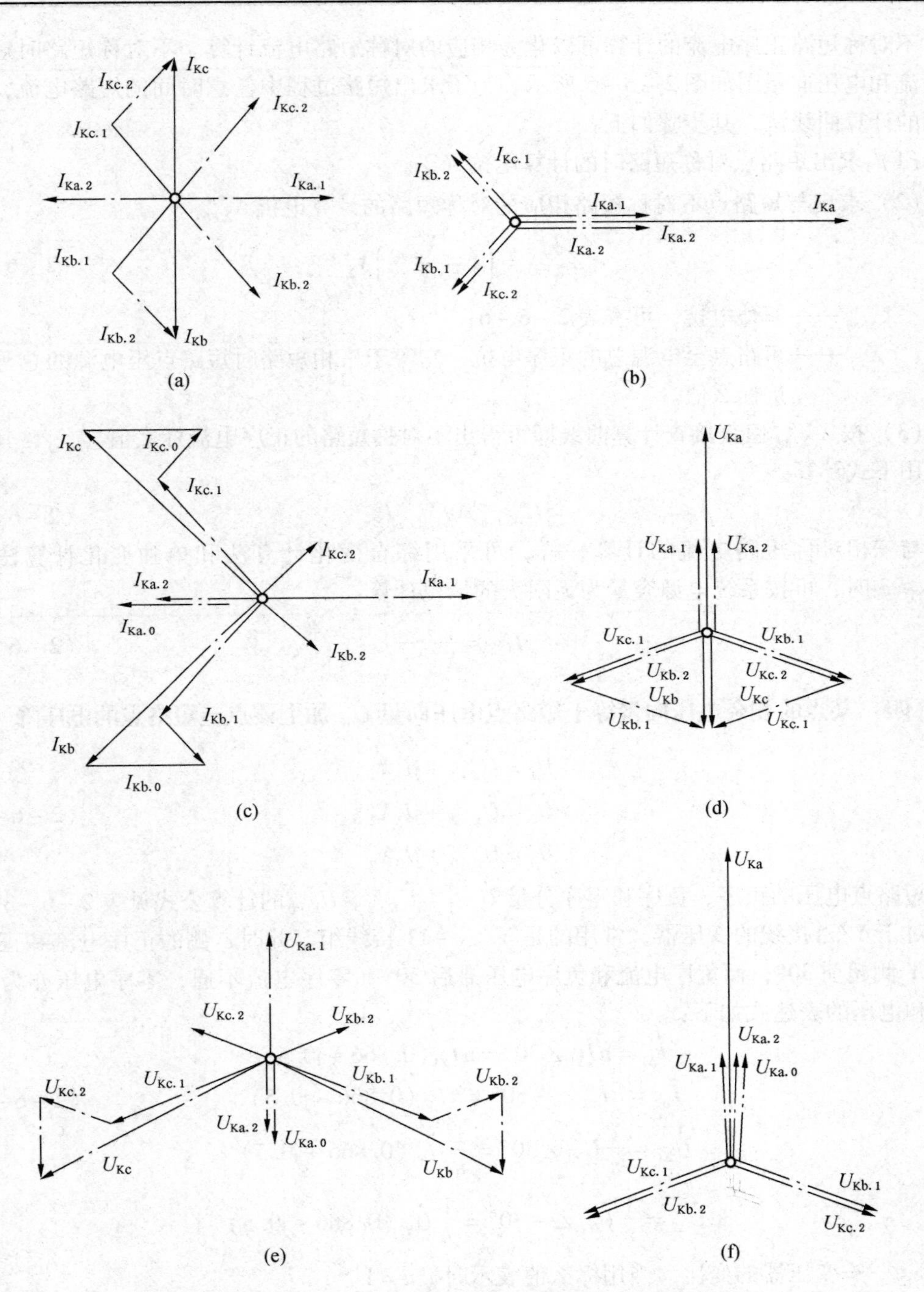

图 2-6-5　不对称短路时在短路点的电流和电压向量图

（三）正序电流的计算

从表 2-6-6 至表 2-6-8 的正序电流计算公式可以得出，不对称短路的正序电流与短路点加入额外电抗 $X_{\Delta(n)}$ 的三相对称短路电流相等。额外电抗的数值与正序网络中的参数无关，并在不对称短路过程中保持恒定。

不对称短路正序电流的计算可以化为相应的对称短路电流计算。不对称短路时短路点的电流和电压向量图如图 2-6-5 所示。为了求出短路过程中任意时间的短路电流，采用实用的计算曲线法，其步骤如下：

（1）求出短路点对称短路时的计算电抗 $X_{\Sigma}^{*}{}'$。

（2）求出与短路点不对称短路相应的对称短路的计算电抗 $X_{\Sigma(n)}^{*}{}'$。

$$X_{\Sigma(n)}^{*}{}' = \left(1+\frac{X_{\Delta(n)}}{X_{1\Sigma}}\right)X_{\Sigma}^{*}{}' \qquad (2-6-21)$$

式中 $X_{\Delta(n)}$——额外电抗，可查表 2-6-6；

$X_{1\Sigma}$——短路点至电源总的正序电抗，它等于三相短路时短路点至电源的总等值电抗标么值。

（3）按 $X_{\Sigma(n)}^{*}{}'$ 值直接查计算曲线即可得出不对称短路的正序电流标么值 $I_{1.t(n)}^{*}$，其实际值可用下式计算：

$$I_{1.K.t(n)}^{*} = I_{1.t(n)}^{*} I_{N} \qquad (2-6-22)$$

与三相对称短路电流的计算一样，可采用综合变化计算法和单独变化计算法。当 $X_{\Sigma(n)}^{*}{}' > 3$ 时，可按系统电源容量为无限大的情况计算：

$$I_{1(n)}^{*} = \frac{1}{X_{\Sigma(n)}^{*}{}'} \qquad (2-6-23)$$

（四）某点的剩余电压向量等于短路点电压向量 $\dot{U}_K$ 加上该点至短路点的电压降

$$\begin{aligned}\dot{U}_1 &= \dot{U}_{K\cdot 1} + jI_1X_1\\ \dot{U}_2 &= \dot{U}_{K\cdot 2} + jI_2X_2\\ \dot{U}_0 &= \dot{U}_{K\cdot 0} + jI_0X_0\end{aligned} \qquad (2-6-24)$$

短路点电压的正序、负序和零序分量 $\dot{U}_{K\cdot 1}$、$\dot{U}_{K\cdot 2}$、$\dot{U}_{K\cdot 0}$的计算公式见表 2-6-3。

对于 Y/△接线的变压器，常用的是 Y/△-11 接线组。此时△侧的正序电流和正序电压比 Y 侧超前 30°，而负序电流和负序电压滞后 30°（零序电流不通，零序电压亦为零），电流和电压的表达式如下：

$$\begin{aligned}\dot{I}_{\Delta 1} &= n\dot{I}_{Y1}\angle 30^{\circ} = n\dot{I}_{Y1}(0.866+j0.5)\\ \dot{I}_{\Delta 2} &= n\dot{I}_{Y2}\angle -30^{\circ} = n\dot{I}_{Y2}(0.866-j0.5)\\ \dot{U}_{\Delta 1} &= \frac{1}{n}\dot{U}_{Y1}\angle 30^{\circ} = \frac{1}{n}\dot{U}_{Y1}(0.866+j0.5)\\ \dot{U}_{\Delta 2} &= \frac{1}{n}\dot{U}_{Y2}\angle -30^{\circ} = \frac{1}{n}\dot{U}_{Y2}(0.866-j0.5)\end{aligned} \qquad (2-6-25)$$

式中 n——变压器的变比，当用标么值表示时，$n=1$。

它们的向量图如图 2-6-6 所示。

在 Y/Y 和△/△接线组合中，一般常用的是 Y/Y-12、△/△-12，这时变压器两侧电流、电压的相位相同。在 Y/Y-12 的接线组合中，必须在变压器两侧计入零序分量。

（五）中性点不接地供电系统的不对称短路电流计算

1. 两相短路电流计算

这种情况两相电流的计算方法与上述两相短路的计算方法相同，在此不再复述。

2. 单相接地时的电容电流计算

中性点不接地供电系统单相接地时的电容电流由两部分组成：电力线路（架空线和电缆）的电容电流和电力设备（包括发电机、大容量的同步电动机和变压器等）的电容电流。通常电缆的电容电流最大，架空线次之，电力设备的最小。如果矿山供电系统中有发电机和大容量的同步电动机也应计算其电容电流。因此单相接地的电容电流等于上述几项电容电流之和。

各种设备和线路的电容电流计算方法如下。

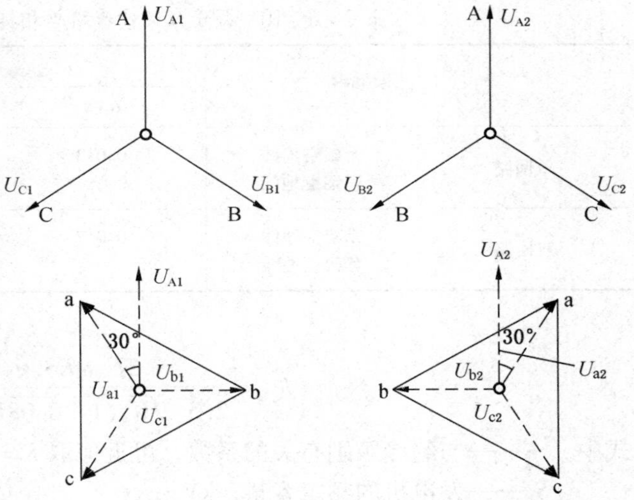

(a) 正序　　(b) 负序

图 2-6-6　在 Y/△型变压器连接中正序和负序电压向量图

1）地面电缆线路在单相接地时的单位长度电容电流的计算

这种情况下的电容电流可按下式计算：

对于 6 kV 电缆线路

$$I'_{c-cl}=\frac{95+2.845S}{2200+6S}\times U_N \qquad (2-6-26)$$

对于 10 kV 电缆线路

$$I'_{c-cl}=\frac{95+1.44S}{2200+0.23S}\times U_N \qquad (2-6-27)$$

式中　I'_{c-cl}——电缆线路在单相接地时的单位长度电容电流，A/km；

S——电缆芯线的截面积，mm^2；

U_N——线路的额定电压，kV。

为了简化计算，每千米铠装电缆线路的电容电流值可参考表 2-6-9 所给的值。

表 2-6-9　每千米铠装电缆线路单相接地电容电流的平均值　　A/km

额定电压/kV	电缆芯线截面 S/mm^2										
	10	16	25	35	50	70	95	120	150	185	240
6	0.33	0.367	0.424	0.484	0.569	0.674	0.791	0.897	1.01	1.126	1.282
10	0.50	0.54	0.59	0.66	0.76	0.88	1.04	1.20	1.39	1.61	1.95
35						3.7	4.1	4.40	4.80	5.20	

2）架空线路单位长度单相接地电容电流的计算

这种情况下的电容电流数值见表 2-6-10。

3）汽轮发电机定子线圈单相接地电容电流的计算

这种情况下的电容电流值可按下式计算

表2-6-10　每千米架空线路单相接地电容电流的平均值　　A/km

架空线路特征		线路电压		
		6 kV	10 kV	35 kV
单回路	无架空地线 有架空地线	0.013	0.0255 0.032	0.078 0.091
双回路	无架空地线 有架空地线	0.017	0.035	0.102 0.11

$$I_{c.G}=\frac{\sqrt{3}U_N\omega KS_N}{2.5\sqrt{U_N(1+0.08U_N)}}\times10^{-3} \tag{2-6-28}$$

式中　K——与绝缘级别有关的系数，可近似取 $K=0.0187$；

S_N——发电机的额定容量，kV · A；

ω——角速度，当 $f=50$ Hz 时，$\omega=2\pi f=314$ rad/s；

U_N——发电机额定电压，kV。

4）同步电动机定子线圈单相接地电容电流的计算

（1）隐极式同步电动机的计算公式和汽轮发电机相同。

（2）凸极式同步电动机单相接地时，电容电流可按下式计算：

$$I_{c-syn}=\frac{\sqrt{3}U_n\omega40\sqrt[4]{S_N^3}}{(U_N/\sqrt{3}+3600)\sqrt[3]{n_N}}\times10^{-3} \tag{2-6-29}$$

式中　n_N——电动机的额定转速，r/min。

由于发电机和同步电机的单相接地电容电流值很小，通常在一般工程计算中可不考虑其数值的影响。

5）井下6～10 kV供电系统单相接地电容电流的计算

（1）井下单相接地电容电流过大会造成许多危害，具体情况如下：

① 当电网发生单相接地时，如果单相接地电容电流大于10 A，接地点出现电弧的可能性较大且电弧不能可靠熄灭，易发展成相间短路。

② 当单相接地电容电流在5～30 A时，接地点将产生间歇性电弧，这种间歇性电弧在系统中将引起多次工频周期性振荡，造成高幅值的过电压，破坏电气绝缘，降低供电的可靠性。

③ 煤矿井下的安全接触电压为40 V，井下接地电阻不大于2 Ω。当单相接地电容电流大于20 A时，井下的安全接触电压将超过40 V，威胁井下人员的安全。因此《煤矿安全规程》规定，矿井高压电网必须采取措施限制单相接地电容电流不超过20 A。《矿山电力设计规范》GB 50070—2009规定，矿山企业6 kV或10 kV供电系统中性点接地方式，应根据矿山企业对供电不间断的要求、单相接地故障电压对人身安全的影响、单相接地电容电流的大小、单相接地过电压和对电气设备绝缘水平的要求等条件来选择，并符合以下规定：当6 kV或10 kV系统发生单相接地故障不要求立即切除故障回路而需要维持故障回路短时期运行时，应采用不接地、高电阻接地或消弧线圈接地方式，将流经单相接地故障点的电流限制在10 A以内。由此可见，矿井6～10 kV单相接地电容电流的计算是十分重要

的。

随着煤矿井型的日益增大，矿井 6 ~ 10 kV 电网电缆的使用量增多，使单相接地电容电流越来越大，随着我国电缆制造工业的发展，交联聚乙烯（XLPE）型与聚氯乙烯（PVC）型电缆的经济性已不相上下，而交联聚乙烯（XLPE）型电缆因为容许最高温度较大，按载流量确定的导体截面可较小，从而更符合环保化趋势，按照 GB 50217—2007《电力工程电缆设计规范》3.4.2 的要求，"低压电缆宜选用聚氯乙烯或交联聚乙烯型挤塑绝缘类型，中压电缆宜选用交联聚乙烯类型"。因此目前矿山 6 ~ 10 kV 电力电缆均选用分相屏蔽的交联聚乙烯电缆，中压纸绝缘及聚氯乙烯电缆已不再使用。此类电缆的单相对地电容相对较大，因为以前的计算公式及参数表格均是以纸绝缘电缆的参数制定的，计算结果与实际相差很大，已不能满足煤矿设计的需要。

（2）井下 6 ~ 10 kV 供电系统单相接地电容电流的计算方法。电缆的电容计算与电缆的结构有关，尤其与绝缘介质、绝缘厚度等密切相关。现在有些型号的电缆样本已给出单位长度每相对地的电容。目前煤矿常用的电缆单位长度每相对地的电容可参考表 2 - 6 - 11 和表 2 - 6 - 12 所给的数值。

表 2 - 6 - 11　6 ~ 10 kV(YJV，MYJV 型）交联聚乙烯电缆单位长度单相接地电容电流表

S/mm^2	每相对地电容/(μF · km^{-1})			单相接地电容电流 I_C/(A · km^{-1})		
	6/6 kV	6/10 kV	8.7/10 kV	6/6 kV	6/10 kV	8.7/10 kV
25	0.1922	0.1922	0.1576	0.627	1.045	0.857
35	0.2116	0.2116	0.1725	0.690	1.151	0.938
50	0.2367	0.2367	0.1917	0.772	1.287	1.043
70	0.2693	0.2693	0.2167	0.879	1.465	1.179
95	0.2999	0.2999	0.2400	0.979	1.631	1.305
120	0.3266	0.3266	0.2603	1.066	1.776	1.416
150	0.3570	0.3570	0.2834	1.165	1.942	1.541
185	0.3873	0.3873	0.3123	1.264	2.106	1.698
240	0.4290	0.4290	0.3439	1.400	2.333	1.870
300	0.4706	0.4706	0.3755	1.536	2.559	2.042

表 2 - 6 - 12　井下高压移动电缆（MYPTJ 型）单位长度单相接地电容电流表

S/mm^2	I_C/(A · km^{-1})	
	6/6 kV	6/10 kV
35	1.116	1.67
50	1.261	1.89
70	1.425	2.14

井下 6 ~ 10 kV 供电系统单相接地电容电流可按下式计算：

$$I_{D-C} = 1.133 I'_{\Sigma(D-C)} + I_{\Sigma CL} + 2.759 \qquad (2-6-30)$$

式中　I_{D-C}——矿井单相接地电容电流，A；

$I'_{\Sigma(D-C)}$——电缆、架空线单相接地电容电流之总和，A；

$I_{\Sigma CL}$——三相浪涌电容电流，一般为 2 ~ 3 A。

【例】如果某矿所用的电缆和架空线见表 2-6-13，试求全矿的单相接地电容电流。

（1）先按表 2-6-13 所给的电缆型号与长度，到表 2-6-11 和表 2-6-12 查相应的单位长度单相接地电容电流，再算出它们的总和为 36.8 A。

表 2-6-13　某矿地面和井下 10 kV 电缆单相接地电容电流计算表

序号	电缆型号规格	$I_C/(A \cdot km^{-1})$（查表）	长度/km	单相接地电容电流/A
1	MYPTJ-6/10 kV　3×70	2.140	1.47	3.15
2	MYPTJ-6/10 kV　3×50	1.890	1.41	2.67
3	MYPTJ-6/10 kV　3×35	1.670	7.45	12.44
4	MYJV22-8.7/10 kV　3×150	1.541	9.98	15.38
5	ZR-YJV22-8.7/10 kV　3×35	0.938	1.64	1.54
6	ZR-YJV22-8.7/10 kV　3×185	1.698	0.88	1.49
7	LGJ-95	0.029	4.50	0.13
合计		36.8		

注：LGJ—95 的 I_C 数据引自《钢铁企业电力设计手册》。

（2）将数值代入式（2-6-30），即可求出全矿的单相接地电容电流。

$$I_{D-C}=1.133I'_{\Sigma(D-C)}+I_{\Sigma CL}+2.759=1.133\times36.8+2.00+2.795=46.4894\approx46.49\ A$$

（六）计算或估算不对称短路电流

在使用计算或估算不对称短路电流时，常用负序电抗等于正序电抗来简化计算，因此可用下列公式来求解。

（1）求 $t=0$ 时的单相短路电流：

$$I'_{(1)}=\frac{3I_b}{2X_{1\Sigma}+X_{0\Sigma}} \tag{2-6-31}$$

（2）求 $t=0$ 时的两相短路电流：

$$I''_{(2)}=\frac{\sqrt{3}I_b}{2X_{1\Sigma}}=\frac{\sqrt{3}}{2}I''_{(3)}=0.87I''_{(3)} \tag{2-6-32}$$

式中，$I''_{(3)}$ 为当 $t=0$ 时（即短路瞬间）的三相短路电流值。

（3）求 $t>0$ 时的两相短路电流。如果短路点距电源较近，则可用 $X^*_{\Sigma'(2)}=2X^*_{\Sigma'(3)}$ 去查计算曲线。利用 $X^*_{\Sigma'(2)}$ 从计算曲线上查得的数值 $I^*_{1-t(2)}$ 表示两相短路的正序电流标么值，而短路点的总短路电流 $I_{K-t(2)}$ 可用下式计算：

$$I_{K-t(2)}=\sqrt{3}I^*_{1-t(2)}I_N \tag{2-6-33}$$

（七）计算不对称短路的冲击电流

由于不对称短路的正序电压相当大，在计算不对称短路的冲击电流时，异步电动机的反馈电流可忽略不计。

四、计 算 示 例

【例】根据图 2-6-7 所示的计算系统图，求 K_1 点不对称短路时的短路电流。

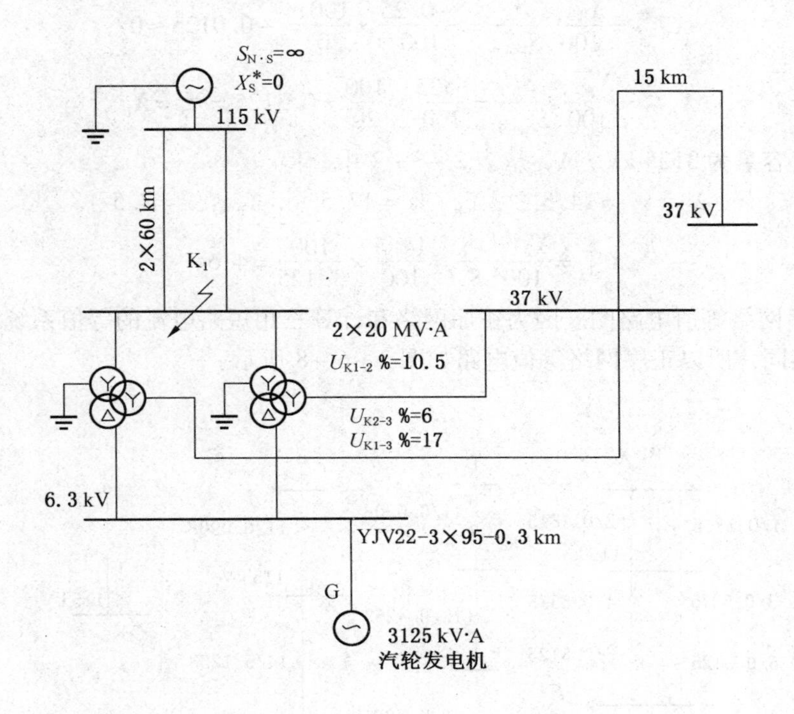

图 2-6-7　计算示例的计算系统图

解:

计算系统图的等值电路图如图 2-6-8 所示。

1. 根据计算系统图画出正序、负序和零序网络的等值电路图

选取基准容量：计算 K_1点时，选取 $S_b=100$ MV · A，$U_b=115$ kV，$I_b=0.502$ kA。

计算各元件的电抗标幺值：

线路：$$X_1=X_2=X_0L\frac{S_b}{U_b^2}=0.4\times60\times\frac{100}{115^2}=0.1815$$

发电机电缆：由表 2-3-6 查得单位长度电抗为 0.08

$$X_8=0.08\times0.3\times\frac{100}{6.3^2}=0.0605$$

三绕组变压器：

$$X_{B-1}=\frac{1}{2}(U_{K1-2}\%+U_{K1-3}\%-U_{K2-3}\%)=\frac{1}{2}(10.5+17-6)=10.75\%$$

$$X_{B-2}=\frac{1}{2}(U_{K1-2}\%+U_{K2-3}\%-U_{K1-3}\%)=\frac{1}{2}(10.5+6-17)=-0.25\%$$

$$X_{B-3}=\frac{1}{2}(U_{K1-3}\%+U_{K2-3}\%-U_{K1-2}\%)=\frac{1}{2}(17+6-10.5)=6.25\%$$

$$X_{B-1}^{*}=\frac{X_{B-1}}{100}\frac{S_b}{S_{N-B}}=\frac{10.75}{100}\times\frac{100}{20}=0.538=X_3=X_4$$

$$X_{B-2}^{*}=\frac{X_{B-2}}{100}\frac{S_b}{S_{N-B}}=\frac{-0.25}{100}\times\frac{100}{20}=-0.0125\approx 0$$

$$X_{B-3}^{*}=\frac{X_{B-3}}{100}\frac{S_b}{S_{N-B}}=\frac{6.25}{100}\times\frac{100}{20}=0.3125=X_5=X_6$$

发电机：容量为3125 kV · A，从表2-3-2中查得

$$X_{d(1)}\%=14.5\qquad X_{d(2)}\%=17.5\qquad X_{d(0)}\%=7.5$$

$$X''^{*}_{d}=\frac{X''_d\%}{100}\frac{S_b}{S_N}=\frac{14.5}{100}\times\frac{100}{3.125}=4.64$$

（1）正序网络等值电路图。因为正序网络和计算三相短路电流的等值系统图处理方法及数据完全相同，所以正序网络等值电路如图2-6-8所示。

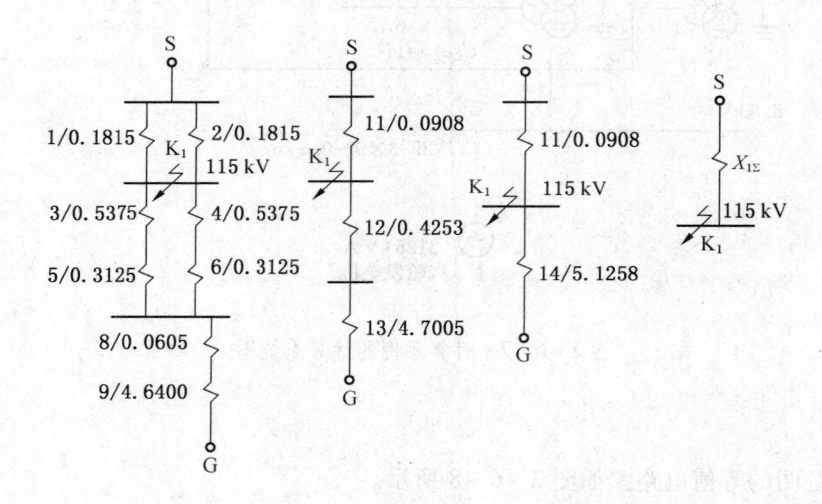

图2-6-8　正序网络等值电路图

对于图2-6-8中$X_{1\Sigma}$计算方法的出发点与以前稍有不同。对目前的情况来说，短路点K_1距离无限容量的电力系统较近（相对电抗小），而发电机G的容量也不大，因此电力系统对K_1点的影响比较大，这种情况在不对称短路的计算中大多采用综合变化法。

$$X_{13}=X_8+X_9=0.0605+4.64=4.7005$$

$$X_{12}=\frac{X_3+X_5}{2}=\frac{0.5375+0.3125}{2}=0.425$$

$$X_{14}=X_{12}+X_{13}=0.425+4.7005=5.1255$$

$$X_{1\Sigma}=\frac{1}{\frac{1}{X_{11}}+\frac{1}{X_{14}}}=\frac{1}{\frac{1}{0.0908}+\frac{1}{5.1255}}=\frac{1}{11.0132+0.1951}=\frac{1}{11.2083}=0.0892$$

（2）负序网络等值电路图的组成元件与正序网络是相同的，但图中有些元件的负序电抗值与正序电抗值不同（只有发电机、同步电动机和同步调相机不同，其他的元件都相同），需要加以区别。负序网络等值电路如图 2－6－9 所示。

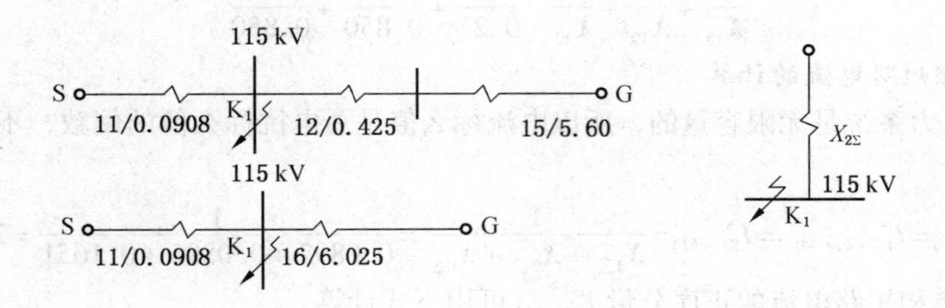

图 2－6－9　负序网络等值电路图

从表 2－3－2 可知，发电机的负序电抗百分值 $X_{(2)}\%$ 为 17.5%，所以发电机的负序电抗标么值 $X_{(2)-G}$ 可用以下公式计算：

$$X_{(2)-G}=X_{15}=X_{(2)}\%\frac{S_j}{S_{N\cdot G}}=\frac{17.5}{100}\times\frac{100}{3.125}=5.60$$

同理

$$X_{2\Sigma}=\frac{1}{\frac{1}{X_{11}}+\frac{1}{X_{16}}}=\frac{1}{\frac{1}{0.0908}+\frac{1}{6.025}}=\frac{1}{11.0132+0.1660}=0.0895$$

（3）零序网络等值电路图的组成与计算

系统图中变压器中性点接地情况有关，可参考表 2－6－5 和图 2－6－8 的情况，其零序网络等值电路如图 2－6－10 所示。

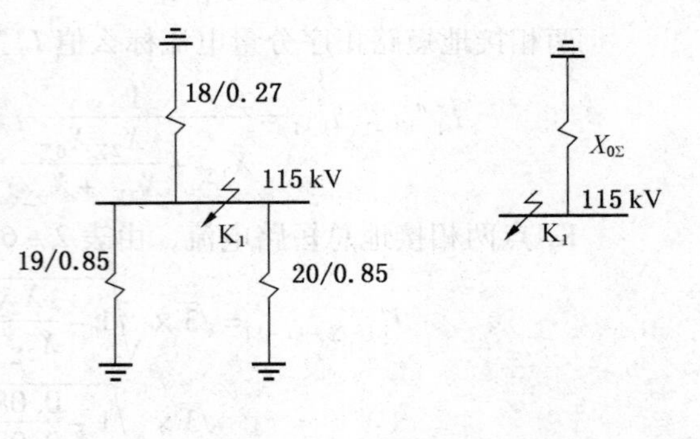

图 2－6－10　零序网络等值电路图

若 110 kV 线路的零序电抗为 X_{18}，因为该线路是单杆有钢质避雷线的，因此

$$X_{17}=3X_{(0)-L}=3X_0^*L$$

从表 2－3－10 中得出 110 kV 线路在 S_j = 100 MV·A 时的单位长度电抗标么值 X_0^* 为 0.003。

$$X_{17}=3\times0.003\times60=0.54$$

因两条线路是并联运行，故

$$X_{18}=\frac{X_{17}}{2}=\frac{0.54}{2}=0.27$$

从表 2－6－5 中可知，单个三卷变压器的零序电抗：

$$X_0=X_{\mathrm{I}}+X_{\mathrm{III}}$$

若变压器的零序电抗分别为 X_{19} 和 X_{20}，则

$$X_{19}=X_3+X_5=0.5375+0.3125=0.850$$

$$X_{20}=X_4+X_6=0.5375+0.3125=0.850$$

$X_3 \sim X_6$ 的数值由来，请见本例题开头的计算所得。

总的零序电抗标么值

$$X_{0\Sigma}=\frac{1}{\frac{1}{X_{18}}+\frac{1}{X_{19}}+\frac{1}{X_{20}}}=\frac{1}{\frac{1}{0.27}+\frac{1}{0.850}+\frac{1}{0.850}}=0.1651$$

2. 单相短路电流的计算

由于电力系统是无限容量的，所以电流标么值是总电抗标么值的倒数，不必用计算曲线法计算。

$$I_{K1-(1)}^{*\prime\prime}=I_{K1-(1)-0.2}^{*}=I_{K1-(1)}^{*}=\frac{1}{X_{1\Sigma}+X_{2\Sigma}+X_{0\Sigma}}=\frac{1}{0.0892+0.0895+0.1651}=2.9087$$

K_1 点单相短路电流的正序分量 $I''_{K1-(1)}$ 可用下式计算：

$$I''_{K1-(1)}=I_{K1-(1)}^{*\prime\prime}I_b=2.9087\times0.502=1.4602\ \text{kA}$$

K_1 点单相短路的总电流查表 2－6－6 可知，按下式计算：

$$I''_{K1-\Sigma-(1)}=mI''_{K1-(1)}=3\times1.4602=4.3806\ \text{kA}$$

3. 两相短路电流的计算

K_1 点两相短路的总电流 $I''_{K1-\Sigma-(2)}$，由表 2－6－6 可得

$$I''_{K1-\Sigma-(2)}=m_{(2)}I''_{K1-(2)}=\sqrt{3}I_{K1-(2)}^{*\prime\prime}I_b=\sqrt{3}\frac{1}{X_{1\Sigma}+X_{2\Sigma}}I_b=$$

$$\sqrt{3}\times\frac{1}{0.0892+0.0895}\times0.502=4.8656\ \text{kA}$$

4. 两相接地短路电流的计算

两相接地短路正序分量电流标么值 $I_{1-K1-1-(1-1)}^{*\prime\prime}$，由表 2－6－6 可得

$$I_{1-K1-1-(1-1)}^{*\prime\prime}=\frac{1}{X_{1\Sigma}+\frac{X_{2\Sigma}X_{0\Sigma}}{X_{2\Sigma}+X_{0\Sigma}}}=\frac{1}{0.0892+\frac{0.0895\times0.1651}{0.0895+0.1651}}=6.7917$$

K_1 点两相接地总短路电流，由表 2－6－6 可得

$$I''_{K1-\Sigma-(1-1)}=\sqrt{3}\times\sqrt{1-\frac{X_{2\Sigma}X_{0\Sigma}}{X_{2\Sigma}+X_{0\Sigma}}}I_{1-K1-1-(1-1)}^{*\prime\prime}I_b=$$

$$\sqrt{3}\times\sqrt{1-\frac{0.0895\times0.1651}{0.0895+0.1651}}\times6.7917\times0.502=$$

$$5.7314\ \text{kA}$$

当 K_1 点两相接地短路时，由地（和它平行的电路）中返回的电流 $I''_{K1-g-(1-1)}$，由表 2－6－6 中的注 4 可知：

$$I''_{K1-g-(1-1)}=-3I_{1-K1-1-(1-1)}^{*\prime\prime}I_b\frac{X_{2\Sigma}}{X_{2\Sigma}+X_{0\Sigma}}=$$

$$-3\times6.7917\times0.502\times\frac{0.0895}{0.0895+0.1651}=$$

$$-3.5956\ \text{kA}$$

注：数值前面的负号表示与两相接地总短路电流的方向相反。

第七节 低压配电网的短路电流计算

一、低压配电网短路电流计算的特点

高压系统短路电流的计算方法同样适用于低压网络短路电流的计算，但低压配电网通常采用有名制（也称欧姆法）来计算短路电流，有名制的计算方法有以下特点：

（1）一般用电单位的电源来自地区大中型电力系统，配电用的电力变压器的容量远小于系统的容量，因此短路电流可按远离发电机端（即无限大电源容量的网络）短路进行计算，短路电流周期分量不衰减。

（2）需计入短路电路各元件的有效电阻和电抗，但短路点的电弧电阻、导线连接点、开关设备和电器的接触电阻可忽略不计。

（3）当电路电阻较大，短路电流直流分量衰减较快，一般可以不考虑直流分量，只有在离配电变压器低压侧很近处，如低压侧 20 m 以内大截面线路上或低压配电屏内部发生短路时，才需要计算直流分量。

（4）单位线路长度有效电阻的计算温度不同，在计算三相最大短路电流时，导体计算温度取 20 ℃；在计算单相短路电流时，假设计算温度升高，电阻值增大，其值一般为 20 ℃时电阻的 1.5 倍。

（5）计算过程采用有名单位制，电压用 V、电流用 kA、容量用 kV · A、阻抗用 mΩ。

（6）可用欧姆定律计算短路电流，短路回路元件的阻抗值与短路计算点的电压等级有关。所有元件的阻抗值均需先换算到短路计算点的电压，再求短路总阻抗值。

（7）通常在三相中性点不接地系统中只在其中一相或两相接电流互感器，发生三相对称短路时，三相短路电流周期分量数值才不相等。校验自动开关的最大短路容量时，要用不装电流互感器的那相短路电流进行校验。

二、电路中主要低压元件的阻抗计算

计算三相短路电流时的阻抗是元件的相阻抗，即相正序阻抗。因为已经假定系统是对称的，发生三相短路时只有正序分量存在，所以不需要特别提出序阻抗的概念。在计算单相短路（包括单相接地故障）电流时，则必须提序阻抗。在低压网络中发生不对称短路时，由于短路点离发电机较远，因此可以认为所有元件的负序阻抗等于正序阻抗，即等于相阻抗。

（一）电力系统的电抗

若已知高压侧系统短路容量为 S''_K，则归算到变压器低压侧的高压系统阻抗可按下式计算：

$$Z_S = \frac{U_b}{\sqrt{3}I''_K} \times 10^3 = \frac{U_b^2}{S''_K} \times 10^3 \qquad (2-7-1)$$

如不知道其电阻 R_S 和 X_S 的确切值，可以认为

$$R_S = 0.1X_S \qquad X_S = 0.995Z_S \qquad (2-7-2)$$

式中 U_b——变压器低压侧标称电压，400 V；

S''_K——变压器高压侧系统短路容量，MV · A；

R_S、X_S、Z_S——归算到变压器低压侧的高压系统电阻、电抗、阻抗，mΩ。

当配电变压器的接线组为 D，yn11 和 Y，yn0 时，在低压侧发生单相短路时，零序电流不能在高压侧绕组流通，高压侧对于零序电流相当于开路状态，故在计算单相接地短路电流时，此零序阻抗为零。10(6)/0.4 kV 配电变压器高压侧系统短路容量与高压侧系统阻抗（归算到 400 V 侧）的数值关系见表 2－7－1。

（二）10(6)/0.4 kV 配电变压器的阻抗计算

$$R_{\mathrm{Tr}}=\frac{\Delta P_{\mathrm{K}}U_{\mathrm{N}}^{2}}{S_{\mathrm{N}}}\times 10^{3} \tag{2-7-3}$$

$$X_{\mathrm{Tr}}=\frac{10U_{\mathrm{X}}\%\times U_{\mathrm{N}}^{2}}{S_{\mathrm{N}}}\times 10^{3} \tag{2-7-4}$$

式中 $U_{\mathrm{X}}\%$——电抗压降百分值，$U_{\mathrm{X}}\%=\sqrt{U_{\mathrm{K}}^{2}\%-U_{\mathrm{R}}^{2}\%}$；

$U_{\mathrm{R}}\%$——电阻压降百分值，$U_{\mathrm{R}}\%=\dfrac{\Delta P_{\mathrm{K}}}{10S_{\mathrm{N}}}$；

$U_{\mathrm{K}}\%$——变压器短路电压百分值；

ΔP_{K}——变压器在额定负载下的短路损耗，W；

S_{N}——变压器额定容量，kV · A；

U_{N}——变压器低压线圈的额定线电压，V。

配电变压器的正序阻抗可按式（2－7－3）和式（2－7－4）计算，对接线组为 Y，yn0 的变压器零序阻抗比正序阻抗大得多，而变压器的负序阻抗等于正序阻抗。连接变压器的零序阻抗如果没有测试数据时，其值由制造厂通过测试提供。对接线组为 D，yn11 的变压器，其零序阻抗等于正序阻抗。

常用的三相配电变压器的阻抗平均值见表 2－7－1 和表 2－7－2。

（三）低压配电线路的阻抗计算

表 2－7－1 S9、S9－M 系列 10(6)/0.4 kV 变压器的阻抗平均值（归算到 400 V 侧）

型号	电压/kV	容量/kV · A	阻抗电压/%	负载损耗/kW	电阻/mΩ D，yn11			电抗/mΩ D，yn11			电阻/mΩ Y，yn0			电抗/mΩ Y，yn0		
					正、负序 $R_{(1)}$、$R_{(2)}$	零序 $R_{(0)}$	相保 $R_{\mathrm{ph\cdot p}}$	正、负序 $X_{(1)}$、$X_{(2)}$	零序 $X_{(0)}$	相保 $X_{\mathrm{ph\cdot p}}$	正、负序 $R_{(1)}$、$R_{(2)}$	零序 $R_{(0)}$	相保 $R_{\mathrm{ph\cdot p}}$	正、负序 $X_{(1)}$、$X_{(2)}$	零序 $X_{(0)}$	相保 $X_{\mathrm{ph\cdot p}}$
S9 S9－M	10/0.4	200	4	2.50 (2.60)	10	10	10	30.40	30.40	30.40	10 (10.40)	36	18.67 (18.93)	30.40 (30.26)	116	58.93 (58.84)
		250	4	3.05	7.81	7.81	7.81	23.75	23.75	23.75	7.81	29.2	14.94	23.75	100.2	49.23
		315	4	3.65	5.89	5.89	5.89	19.43	19.43	19.43	5.89	20.3	10.69	19.43	79.7	39.52
		400	4	4.30	4.30	4.30	4.30	15.41	15.41	15.41	4.30	15.1	7.90	15.41	63	31.27
		500	4	5.10	3.26	3.26	3.26	12.38	12.38	12.38	3.26	12.48	6.33	12.38	53.1	25.95
		630	4.5	6.20	2.50	2.50	2.50	11.15	11.15	11.15	2.50	8.7	4.57	11.15	40.24	20.85
		800	4.5	7.50	1.88	1.88	1.88	8.8	8.8	8.8	1.88	6.5	3.42	8.8	31.80	16.47
		1000	4.5	10.30	1.65	1.65	1.65	7.0	7.0	7.0	1.65	5.8	3.03	7.0	28.20	14.07
		1250	4.5	12.00	1.23	1.23	1.23	5.63	5.63	5.63	1.23	4.4	2.29	5.63	22.6	11.29
		1600	4.5	20.00 (14.5)	1.25	1.25	1.25	4.32	4.32	4.32	1.25 (0.91)	3.2	1.9 (1.67)	4.32 (4.41)	17.1	8.58 (8.64)

注：括号内数值为 S9－M 系列变压器数值。

表 2-7-2　SC(B)9 系列 6/0.4 kV 变压器的阻抗平均值（归算到 400 V 侧）

型号	电压/kV	容量/kV·A	阻抗电压/%	负载损耗/kW	电阻/mΩ D，yn11			电抗/mΩ D，yn11			电阻/mΩ Y，yn0			电抗/mΩ Y，yn0		
					正、负序	零序	相保	正、负序	零序	相保	正、负序	零序	相保	正、负序	零序	相保
					$R_{(1)}$、$R_{(2)}$	$R_{(0)}$	$R_{ph \cdot p}$	$X_{(1)}$、$X_{(2)}$	$X_{(0)}$	$X_{ph \cdot p}$	$R_{(1)}$、$R_{(2)}$	$R_{(0)}$	$R_{ph \cdot p}$	$X_{(1)}$、$X_{(2)}$	$X_{(0)}$	$X_{ph \cdot p}$
SC9	10/0.4	160	4	1.98	12.38	12.38	12.38	38.04	38.04	38.04	12.38	37.4	20.72	38.04	405	160.36
		200	4	2.24	8.96	8.96	8.96	29.93	29.93	29.93	8.96	35.46	17.79	29.93	359.8	139.89
		250	4	2.41	6.17	6.17	6.17	24.85	24.85	24.85	6.17	33.03	15.12	24.85	303.4	117.70
		315	4	3.10	5.00	5.00	5.00	19.70	19.70	19.70	5.00	29.86	13.29	19.70	230	89.8
		400	4	3.60	3.60	3.60	3.60	15.59	15.59	15.59	3.60	16.88	8.03	15.59	214.8	81.99
		500	4	4.30	2.75	2.75	2.75	12.50	12.50	12.50	2.75	12.88	6.13	12.50	177.7	67.57
		630	4	5.40	2.18	2.18	2.18	9.92	9.92	9.92	2.18	10.19	4.85	9.92	150.1	56.65
SCB9		630	6	5.60	2.26	2.26	2.26	15.07	15.07	15.07	2.26	11.44	5.32	15.07	197.8	75.98
		800	6	6.60	1.65	1.65	1.65	11.89	11.89	11.89	1.65	7.96	3.75	11.89	148.7	57.49
		1000	6	7.60	1.22	1.22	1.22	9.52	9.52	9.52	1.22	7.73	3.39	9.52	109.1	42.71
		1250	6	9.10	0.93	0.93	0.93	7.62	7.62	7.62	0.93	6.49	2.78	7.62	79	31.41
		1600	6	11.00	0.69	0.69	0.69	5.96	5.96	5.96	0.69	4.43	1.94	5.96	58	23.31
		2000	6	13.30	0.53	0.53	0.53	4.77	4.77	4.77	0.53	2.91	1.32	4.77	46.3	18.61
		2500	6	15.80	0.40	0.40	0.40	3.82	3.82	3.82	0.40	2.18	0.99	3.82	36.7	14.78

注：因 SC(B)10 系列阻抗平均值与 SC(B)9 系列阻抗平均值相近，所以本表变压器阻抗平均值也可用于 SC(B)10 系列。

现在低压配电三相四线制中的中线已基本不用钢导体了，因此有关钢导体的阻抗计算就不再介绍了。

1. 线路的阻抗计算

$$R_L = r_0 L \tag{2-7-5}$$

$$X_L = x_0 L \tag{2-7-6}$$

在三相对称的条件下，线路的正序阻抗等于负序阻抗，即

$$Z_{L-1} = Z_{L-2} = \sqrt{R_L^2 + X_L^2} \tag{2-7-7}$$

三相架空线路总阻抗可按下式计算：

$$Z_{L-\Sigma} = Z_{L-1} + Z_{L-2} + Z_{L-0} \tag{2-7-8}$$

式中　R_L——线路的电阻；

X_L——线路的电抗；

r_0——线路单位长度电阻；

x_0——线路单位长度电抗。

需要注意的是，电线和电缆在 50 Hz 时，$x_0 = 0.1445\lg\dfrac{D}{r_q}$；对于母线在 50 Hz 时，$x_0 = 0.1445\lg\dfrac{2\pi D + h}{\pi b + 2h} + 0.01884$。

其中，D 为几何均距，$D = \sqrt[3]{D_{ab} D_{bc} D_{ca}}$，cm；$r_q$ 为线芯的等效半径，对于圆形线芯电线 $r_q = 0.389d$（d 为线芯直径），对于扇形截面电缆 $r_q = 0.439\sqrt{S}$（S 为扇形面积）；b 为母线厚度，cm；h 为母线宽度，cm；L 为线路长度，km；$Z_{L-\Sigma}$ 为线路总阻抗；Z_{L-1}、Z_{L-2}、Z_{L-0} 为线路的正序、负序和零序阻抗。

1 kV 及以下的四芯电缆感抗略大于三芯电缆，但对计算影响很小、故本节的计算均用

三芯电缆数据。

2. 常用导线主要参数

常用导线主要技术数据可参考本书第七章的相关章节。

3. 线路零序阻抗的计算

单回路的零序电抗理论上应为线路的零序电抗与大地的零序电抗之和，但大地的零序电抗约为零。对于工程计算所需的精度而言，单架空线路的零序电抗可用式(2-6-12)计算。

各种类型配电线路的相线（正、负序）电阻和相线（正、负序）电抗及相保电阻、相保电抗值见表2-7-3、表2-7-4。

表2-7-3 低压母线单位长度阻抗值[4] mΩ/m

母线规格[1]/mm	R'[3]	$R'^{③}_{php}=R'+R'_p$	X' D[2]/mm		X'_{php} D_n[2]=200 mm, D/mm	
			250	350	250	350
3[2(125×10)]+125×10	0.014	0.042	0.147	0.170	0.317	0.344
3[2(125×10)]+80×10	0.014	0.054	0.147	0.170	0.340	0.367
4(125×10)	0.028	0.056	0.147	0.170	0.317	0.344
3(125×10)+80×8	0.028	0.078	0.147	0.170	0.341	0.369
3(125×10)+80×6.3	0.028	0.088	0.147	0.170	0.343	0.370
4[2(100×10)]	0.016	0.032	0.156	0.181	0.336	0.366
3[2(100×10)]+100×10	0.016	0.048	0.156	0.181	0.336	0.366
3[2(100×10)]+80×8	0.016	0.066	0.156	0.181	0.350	0.380
4(100×10)	0.033	0.066	0.156	0.181	0.336	0.366
3(100×10)+80×10	0.033	0.073	0.156	0.181	0.349	0.378
4(80×10)	0.040	0.080	0.168	0.193	0.361	0.390
3(80×10)+63×6.3	0.040	0.116	0.168	0.193	0.380	0.410
铜4(100×10)	0.025	0.050	0.156	0.181	0.336	0.366
铜3(100×10)+80×8	0.025	0.056	0.156	0.181	0.350	0.380
铜4(80×8)	0.031	0.062	0.170	0.195	0.364	0.394
铜3(80×8)+63×6.3	0.031	0.078	0.170	0.195	0.382	0.412
铜3(80×8)+50×5	0.031	0.104	0.170	0.195	0.394	0.423
4(100×8)	0.040	0.080	0.158	0.182	0.340	0.368
3(100×8)+80×8	0.040	0.090	0.158	0.182	0.352	0.381
3(100×8)+63×6.3	0.040	0.116	0.158	0.182	0.370	0.399
4(80×8)	0.050	0.100	0.170		0.364	
3(80×8)+63×6.3	0.050	0.126	0.170		0.382	
3(80×8)+50×5	0.050	0.169	0.170		0.394	
4(80×6.3)	0.060	0.120	0.172		0.368	
3(80×6.3)+63×6.3	0.060	0.136	0.172		0.384	
3(80×6.3)+50×5	0.060	0.179	0.172		0.396	
4(63×6.3)	0.076	0.152	0.188		0.400	
3(63×6.3)+40×4	0.076	0.262	0.188		0.426	
4(50×5)	0.119	0.238	0.199		0.423	
3(50×5)+40×4	0.119	0.305	0.199		0.437	
4(40×4)	0.186	0.372	0.212		0.451	

注：① 母线规格一栏除注明铜以外，均为铝母线；母线规格建议优先采用100 mm×10 mm、80 mm×8 mm、63 mm×6.3 mm、50 mm×5 mm及40 mm×4 mm。

② 本表所列数据对于母线平放或竖放均适用，PEN线在边位，D为相线间距，D_n为PEN线与邻近相线中心间距。当变压器容量不大于630 kV·A时，D为250 mm；当变压器容量大于630 kV·A时，D为350 mm。

③ R'、R'_{php}为20 ℃时导线单位长度电阻值。

④ 当采用密集型母线作为配电导线时，该导线的阻抗值应按产品生产厂家提供的数值和实际安装长度进行计算，在计算保护线的阻抗时，还要考虑工程中保护线的配置方式。

表 2-7-4　线路单位长度阻抗值　mΩ/m

R'①															
S②/mm²		185	150	120	95	70	50	35	25	16	10	6	4	2.5	1.5
	铝	0.156	0.192	0.240	0.303	0.411	0.575	0.822	1.151	1.798	2.876	4.700	7.050	11.280	
	铜	0.095	0.117	0.146	0.185	0.251	0.351	0.501	0.702	1.097	1.754	2.867	4.300	6.880	11.467
R'_{php}③ $=1.5\ (R'_{ph}+R'_{p})$															
$S_p=S$②/mm²	4×	185	150	120	95	70	50	35	25	16	10	6	4	2.5	1.5
	铝	0.468	0.576	0.720	0.909	1.233	1.725	2.466	3.453	5.394	8.628	14.100	21.150	33.840	
	铜	0.285	0.351	0.438	0.555	0.753	1.053	1.503	2.106	3.291	5.262	8.601	12.900	20.640	34.401
$S_p=(S/2)$/mm²	3×	185	150	120	95	70	50	35	25	16	10	6	4		
	+1×	95	70	70	50	35	25	16	16	10	6	4	2.5		
	铝	0.689	0.905	0.977	1.317	1.850	2.589	3.930	4.424	7.011	11.364	17.625	27.495		
	铜	0.420	0.552	0.596	0.804	1.128	1.580	2.397	2.699	4.277	6.932	10.751	16.770		
电缆铅包电阻 $R'_{(0)p}$		1.1	1.3	1.5	1.7	2.0	2.4	2.9	3.1	4.0	5.0	5.5	6.4		
布线钢管电阻 $R'_{(0)p}$ / 管径/mm		0.7/G80		0.7/G65			0.8/G50	0.9/G40		1.3/G32	1.5/G25	2.5/G20			
X'															
线芯 S/mm²		185	150	120	95	70	50	35	25	16	10	6	4	2.5	1.5
架空线④		0.30	0.31	0.32	0.33	0.34	0.35	0.36	0.37	0.38	0.40				
绝缘子布线⑤	D=150 mm	0.208	0.216	0.223	0.231	0.242	0.251	0.266	0.277	0.290	0.306	0.325	0.338	0.353	0.368
	D=100 mm	0.184						0.241	0.251	0.265	0.280	0.300	0.312	0.327	0.342
	D=70 mm	0.162										0.277	0.290	0.305	0.321
全塑电缆	四芯	0.076			0.079	0.078	0.079	0.080	0.082	0.087	0.094	0.100			
纸绝缘电缆	四芯	0.068		0.070	0.069		0.070	0.073		0.082	0.088	0.093	0.098		
交联电缆（四芯）			0.077	0.076	0.077	0.078	0.079	0.080		0.082	0.085	0.092	0.097		
管子布线			0.08		0.09			0.10			0.11		0.12	0.13	0.14
布线钢管的零序电抗 $X'_{(0)p}$ / 管径/mm		0.6/G80		0.6/G65			0.8/G50	0.9/G40		1.0/G32	1.1/G25	1.3/G20			
X'_{php}															
S/mm²		185	150	120	95	70	50	35	25	16	10	6	4	2.5	1.5
架空线	$S_p=S$	0.57	0.59	0.61	0.63	0.65	0.67	0.69	0.71	0.75	0.77				
	$S_p\approx S/2$	0.60	0.62	0.63	0.65	0.67	0.69	0.72	0.73	0.767					
绝缘子布线 D=150 mm	$S_p=S$	0.448	0.464	0.478	0.493	0.517	0.537	0.563	0.583	0.611	0.643	0.681	0.707	0.737	0.767
	$S_p\approx S/2$	0.470	0.491	0.498	0.516	0.539	0.559	0.587	0.597	0.627					
绝缘子布线 D=100 mm	$S_p=S$							0.513	0.533	0.561	0.591	0.631	0.655	0.685	0.716
	$S_p\approx S/2$							0.537	0.547	0.576					
绝缘子布线 D=70 mm	$S_p=S$											0.585	0.611	0.645	0.673
全塑电缆	$S_p=S$	0.152	0.152	0.152	0.158	0.156	0.158	0.160	0.164	0.174	0.188	0.200	0.200		
	$S_p\approx S/2$	0.179	0.161	0.161	0.186	0.178	0.187	0.191	0.192	0.201	0.224	0.211	0.234		
纸绝缘电缆	$S_p=S$	0.136	0.136	0.140	0.138	0.138	0.140	0.146	0.146	0.164	0.176	0.186	0.196		
	$S_p\approx S/2$	0.155	0.155	0.153	0.163	0.163	0.177	0.179	0.182	0.198	0.219	0.219			
钢管布线	$S_p=S$		0.20	0.21	0.23	0.22	0.21	0.24	0.23	0.25	0.26	0.26	0.28	0.29	0.32
	$S_p\approx S/2$		0.21	0.21	0.21	0.23	0.22	0.25	0.25	0.25					
	钢管作保护线		0.69	0.69	0.70	0.70	0.90	1.01	1.00	1.11	1.22	1.42	1.43	1.44	1.45

注：① R'为导线 20 ℃时单位长度电阻值，$R'=C_j\dfrac{\rho_{20}}{S}\times10^3$ mΩ，铝 $\rho_{20}=2.82\times10^{-6}$ Ω · cm，铜 $\rho_{20}=1.72\times10^{-6}$ Ω · cm。C_j 为绞入系数，导线截面不大于 6 mm² 时，C_j 取 1.0；导线截面大于 6 mm² 时，C_j 取 1.02。

② S 为相线线芯截面，S_p 为 PEN 线线芯截面。

③ R'_{php}是计算单相对地短路电流时用的，其值取导线 20 ℃时电阻的 1.5 倍。

④ 架空线水平排列，PEN 线在中间，线间距离依次为 400 mm、600 mm、400 mm。

⑤ 绝缘子布线水平排列，PEN 线在边位，D 为线间距离，单位为 mm。

为了便于计算，现将低压网络中各元件的正序、负序及零序阻抗之间的关系式列于表 2－7－5 中。

表 2－7－5　电路中各元件正序、负序和零序阻抗间的关系

电路元件名称	正序及负序		零　序	
	电　阻	电　抗	电　阻	电　抗
电力系统	$R_{1,S}=R_{2,S}=0$	$X_{1,S}=X_{2,S}$	0	0
变压器	$R_{1,Tr}=R_{2,Tr}$	$X_{1,Tr}=X_{2,Tr}$	$R_{0,Tr}=R_{1,Tr}$	$X_{0,Tr}^*$
电流互感器	$R_{1,CT}=R_{2,CT}$	$X_{1,CT}=X_{2,CT}$	$R_{0,CT}=R_{1,CT}$	$X_{0,CT}=X_{1,CT}$
自动开关	$R_{1,Au}=R_{2,Au}$	$X_{1,Au}=X_{2,Au}$	$R_{0,Au}=R_{1,Au}$	$X_{0,Au}=X_{1,Au}$
架空线路	$R_{1,L}=R_{2,L}$	$X_{1,L}=X_{2,L}$	$R_{0,L}^*$	$X_{0,L}^*$
电缆	$R_{1,d}=R_{2,d}$	$X_{1,d}=X_{2,d}$	$R_{0,d}^*$	$X_{0,d}^*$
电弧	$R_{1,EA}=R_{2,EA}$	0	$R_{0,EA}=R_{1,EA}$	0

注：表中有“*”号的，其数值应根据元件的具体情况单独计算。

三、等　效　网　络

当低压电网中有两台降压变压器并联运行时，必须计算两个并联支路的等效阻抗。设 R_1、X_1 为某一台变压器的电阻和电抗，而 R_2、X_2 为另一台变压器的电阻和电抗，它们的等值电抗和等值电阻可按下式计算：

$$R_{Tr1}=\frac{R_1(R_2^2+X_2^2)+R_2(R_1^2+X_1^2)}{(R_1+R_2)^2+(X_1+X_2)^2}$$

$$X_{Tr1}=\frac{X_1(R_2^2+X_2^2)+X_2(R_1^2+X_1^2)}{(R_1+R_2)^2+(X_1+X_2)^2}$$

若两台变压器的型号相同，则可简化成下式计算：

$$R_{Tr}=\frac{R_1R_2}{R_1+R_2}$$

$$X_{Tr}=\frac{X_1X_2}{X_1+X_2}$$

等效网络的等值阻抗可按下式计算：

$$R_\Sigma=\sum R \tag{2-7-9}$$

$$X_\Sigma=\sum X \tag{2-7-10}$$

四、短路电流的计算

（一）三相短路电流周期分量的计算

一台变压器供电的低压网络三相短路电流计算电路如图 2－7－1 所示。

三相短路电流周期分量可按下式计算：

$$I''_K=\frac{U_b}{\sqrt{3}Z_\Sigma}=\frac{U_b}{\sqrt{3}\times\sqrt{R_\Sigma^2+X_\Sigma^2}} \tag{2-7-11}$$

$$R_{\Sigma}=R_{S}+R_{Tr}+R_{m}+R_{L}$$
$$X_{\Sigma}=X_{S}+X_{Tr}+X_{m}+X_{L}$$

式中　U_b——低压供电线路的基准电压，一般为 400 V；

I''_K——三相短路电流的初始值，kA；

Z_{Σ}——每相的总阻抗，mΩ；

R_{Σ}、X_{Σ}——每相的总电阻和总电抗，mΩ；

R_S、X_S——变压器高压侧系统的电阻、电抗（归算到 400 V 侧），mΩ；

R_{Tr}、X_{Tr}——变压器的电阻、电抗，mΩ；

R_m、X_m——变压器低压侧母线段的电阻、电抗，mΩ；

R_L、X_L——配电线路的电阻、电抗，mΩ。

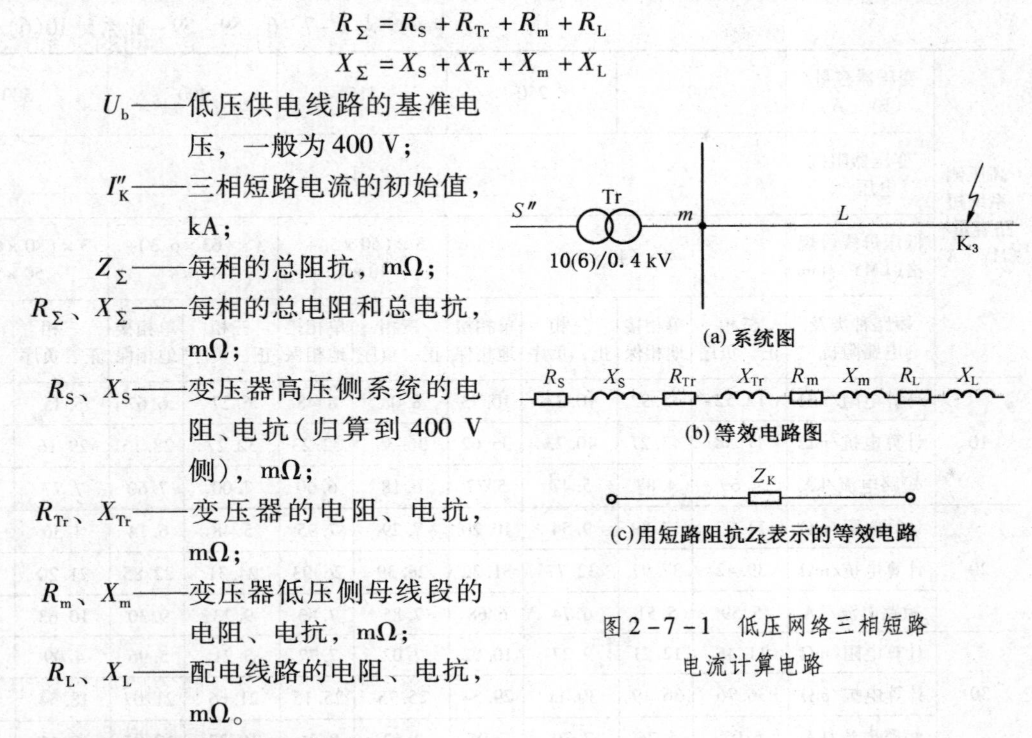

图 2-7-1　低压网络三相短路电流计算电路

（二）不对称短路电流的计算方法

由于短路点距电源的距离很远，降压变压器容量与总电源容量相比甚小，因此可假定短路回路中的负序阻抗等于正序阻抗，低压网络两相短路电流 I''_{K-2} 与三相短路电流 I''_{K-3} 的关系也和高压系统相同，即

$$I''_{K-2}=0.866I''_{K-3} \tag{2-7-12}$$

两相短路稳态电流 I_{K-2} 与三相短路稳态电流 I_{K-3} 的比值也和高压系统相同。

在远离发电机短路时

$$I_{K-2}=0.866I_{K-3} \tag{2-7-13}$$

在发电机出口处短路时

$$I_{K-2}=1.5I_{K-3} \tag{2-7-14}$$

单相短路（包括单相接地故障）电流的计算

$$I''_{K-1}=\frac{\sqrt{3}U_{\varphi}}{2Z_{1-\Sigma}+Z_{0-\Sigma}} \tag{2-7-15}$$

式中　U_{φ}——相电压，V；

$Z_{1-\Sigma}$、$Z_{0-\Sigma}$——短路回路的合成总正序阻抗和零序阻抗，mΩ。

10(6)/0.4 kV 变压器低压侧短路电流值见表 2-7-6 至表 2-7-9。

1000 V 纸绝缘铜芯电缆的单位长度阻抗见表 2-7-10。

自动空气开关过电流线圈的阻抗值见表 2-7-11。

（三）短路冲击电流及其全电流最大有效值的计算

在低压电网中由于电阻较大，短路电流非周期分量比高压电网衰减更快，因此在容量小于 1000 kV · A 的变压器后面短路时，短路电流的非周期分量衰减时间实际上不超过 0.03 s，

表 2-7-6　S9、S9-M 系列 10(6)/0.4 kV

高压侧系统短路容量/(MV·A)	变压器容量/(kV·A)	200		250		315		400		500	
	变压器阻抗电压/%	4									
	低压母线段规格(LMY)/mm	4×(40×4)				3×(50×5)+40×4		3×(63×6.3)+40×4		3×(80×6.3)+50×5	
	短路种类及电路阻抗	三相正、负序	单相接地相保	三相正、负序	单相接地相保	三相正、负序	单相接地相保	三相正、负序	单相接地相保	三相正、负序	单相接地相保
10	计算电阻/mΩ	12.52	12.92	10.33	10.73	8.08	8.48	6.27	6.67	5.15	5.22
	计算电抗/mΩ	47.38	43.27	40.73	36.62	36.35	32.23	32.27	28.15	29.16	24.97
	短路电流/kA	4.69	4.87	5.47	5.77	6.18	6.60	7.00	7.60	7.77	8.62
20	计算电阻/mΩ	11.73	12.39	9.54	10.20	7.29	7.95	5.48	6.14	4.36	4.69
	计算电抗/mΩ	39.42	37.97	32.77	31.32	28.39	26.93	24.31	22.85	21.20	19.67
	短路电流/kA	5.59	5.51	6.74	6.68	7.85	7.83	9.23	9.30	10.63	10.88
30	计算电阻/mΩ	11.46	12.21	9.27	10.02	7.02	7.77	5.21	5.96	4.09	4.51
	计算电抗/mΩ	36.76	36.19	30.11	29.54	25.73	25.15	21.65	21.07	18.54	17.89
	短路电流/kA	5.97	5.76	7.30	7.05	8.62	8.36	10.33	10.05	12.11	11.92
50	计算电阻/mΩ	11.25	12.07	9.06	9.88	6.81	7.63	5.00	5.82	3.88	4.37
	计算电抗/mΩ	34.64	34.78	27.99	28.13	23.61	23.74	19.53	19.66	16.42	16.48
	短路电流/kA	6.32	5.98	7.82	7.38	9.36	8.82	11.41	10.73	13.63	12.90
75	计算电阻/mΩ	11.14	12.00	8.95	9.81	6.70	7.56	4.89	5.75	3.77	4.30
	计算电抗/mΩ	33.58	34.07	26.93	27.42	22.55	23.03	18.47	18.95	15.36	15.77
	短路电流/kA	6.50	6.09	8.10	7.55	9.78	9.08	12.04	11.11	14.54	13.46
100	计算电阻/mΩ	11.09	11.97	8.90	9.78	6.65	7.53	4.84	5.72	3.72	4.27
	计算电抗/mΩ	33.05	33.72	26.40	27.07	22.02	22.68	17.94	18.60	14.83	15.42
	短路电流/kA	6.60	6.15	8.26	7.64	10.00	9.21	12.38	11.30	15.04	13.75
200	计算电阻/mΩ	11.01	11.91	8.82	9.72	6.57	7.47	4.76	5.66	3.64	4.21
	计算电抗/mΩ	32.26	33.19	25.61	26.54	21.23	22.15	17.15	18.07	14.04	14.89
	短路电流/kA	6.75	6.24	8.49	7.78	10.35	9.41	12.92	11.62	15.86	14.22
300	计算电阻/mΩ	10.98	11.89	8.79	9.70	6.54	7.45	4.73	5.64	3.61	4.19
	计算电抗/mΩ	31.99	33.01	25.34	26.36	20.96	21.97	16.88	17.89	13.77	14.71
	短路电流/kA	6.80	6.27	8.58	7.83	10.47	9.48	13.12	11.73	16.15	14.38
∞	计算电阻/mΩ	10.93	11.86	8.74	9.67	6.49	7.42	4.68	5.61	3.56	4.16
	计算电抗/mΩ	31.46	32.66	24.81	26.01	20.43	21.62	16.35	17.54	13.24	14.36
	短路电流/kA	6.91	6.33	8.75	7.93	10.73	9.62	13.52	11.94	16.78	14.72

注：表中母线段规格指 TN-C 系统，若为 TN-S 系统，再增加一条相母线。

变压器低压侧短路电流值（D，yn11 连接）

630		800		1000		1250		1600	
4.5									
3×(80×8)+50×5		3×(100×8)+63×6.3		3×(125×10)+80×6.3		3×[2×(100×10)]+80×8		3×[2×(125×10)]+80×10	
三相正、负序	单相接地相保	三相正、负序	单相接地相保	三相正、负序	单相接地相保	三相正、负序	单相接地相保	三相正、负序	单相接地相保
4.34	4.41	3.67	3.52	3.38	3.15	2.90	2.62	2.91	2.58
27.92	23.73	25.63	21.41	23.77	19.46	22.46	18.14	21.09	16.77
8.14	9.13	8.88	10.14	9.58	11.16	10.15	12.00	10.80	12.96
3.55	3.88	2.88	2.99	2.59	2.62	2.11	2.09	2.12	2.05
19.96	18.43	17.67	16.11	15.81	14.16	14.50	12.84	13.13	11.47
11.35	11.68	12.85	13.42	14.36	15.28	15.70	16.91	17.29	18.88
3.28	3.70	2.61	2.81	2.32	2.44	1.84	1.91	1.85	1.87
17.30	16.65	15.01	14.33	13.15	12.38	11.84	11.06	10.47	9.69
13.06	12.90	15.09	15.07	17.23	17.63	19.20	19.61	21.64	22.29
3.07	3.56	2.40	2.67	2.11	2.30	1.63	1.77	1.64	1.73
15.18	15.24	12.89	12.92	11.03	10.97	9.72	9.65	8.35	8.28
14.85	14.06	17.54	16.68	20.48	19.63	23.33	22.43	27.03	26.00
2.96	3.49	2.29	2.60	2.00	2.23	1.52	1.70	1.53	1.66
14.12	14.53	11.83	12.21	9.97	10.26	8.66	8.94	7.29	7.57
15.94	14.73	19.09	17.63	22.62	20.95	26.17	24.18	30.87	28.39
2.91	3.46	2.24	2.57	1.95	2.20	1.47	1.67	1.48	1.63
13.59	14.18	11.30	11.86	9.44	9.91	8.13	8.59	6.76	7.22
16.55	15.07	19.97	18.12	23.86	21.67	27.85	25.14	33.24	29.73
2.83	3.40	2.16	2.51	1.87	2.14	1.39	1.61	1.40	1.57
12.80	13.65	10.51	11.33	8.65	9.38	7.34	8.06	5.97	6.69
17.54	15.64	21.44	18.97	25.99	22.87	30.79	26.76	37.52	32.02
2.80	3.38	2.13	2.49	1.84	2.12	1.36	1.59	1.37	1.55
12.53	13.47	10.24	11.15	8.38	9.20	7.07	7.88	5.70	6.51
17.91	15.84	21.99	19.26	26.81	23.30	31.94	27.36	39.25	32.88
2.75	3.35	2.08	2.46	1.79	2.09	1.31	1.56	1.32	1.52
12.00	13.12	9.71	10.80	7.85	8.85	6.54	7.53	5.17	6.16
18.68	16.25	23.16	19.86	28.57	24.20	34.48	28.61	43.07	34.70

表 2-7-7 S9、S9-M 系列 10(6)/0.4 kV

高压侧系统短路容量/(MV·A)	变压器容量/(kV·A)	200		250		315		400		500	
	变压器阻抗电压/%	4									
	低压母线段规格(LMY)/mm	4×(40×4)				3×(50×5)+40×4		3×(63×6.3)+40×4		3×(80×6.3)+50×5	
	短路种类及电路阻抗	三相正、负序	单相接地相保	三相正、负序	单相接地相保	三相正、负序	单相接地相保	三相正、负序	单相接地相保	三相正、负序	单相接地相保
10	计算电阻/mΩ	12.52	21.59	10.33	17.86	8.08	13.28	6.27	10.27	5.15	8.29
	计算电抗/mΩ	47.38	71.80	40.73	62.10	36.35	52.32	32.27	44.01	29.16	38.54
	短路电流/kA	4.69	2.93	5.47	3.40	6.18	4.08	7.00	4.87	7.77	5.58
20	计算电阻/mΩ	11.73	21.06	9.54	17.33	7.29	12.75	5.48	9.74	4.36	7.76
	计算电抗/mΩ	39.42	66.50	32.77	56.80	28.39	47.02	24.31	38.71	21.20	33.24
	短路电流/kA	5.59	3.15	6.74	3.70	7.85	4.52	9.23	5.51	10.63	6.45
30	计算电阻/mΩ	11.46	20.88	9.27	17.15	7.02	12.57	5.21	9.56	4.09	7.58
	计算电抗/mΩ	36.76	64.72	30.11	55.02	25.73	45.24	21.65	36.93	18.54	31.46
	短路电流/kA	5.97	3.24	7.3	3.82	8.62	4.69	10.33	5.76	12.11	6.80
50	计算电阻/mΩ	11.25	20.74	9.06	17.01	6.81	12.43	5.00	9.42	3.88	7.44
	计算电抗/mΩ	14.64	63.31	27.99	53.61	23.61	43.83	19.53	35.52	16.42	30.05
	短路电流/kA	6.32	3.30	7.82	3.91	9.36	4.83	11.47	5.99	13.63	7.11
75	计算电阻/mΩ	11.14	20.67	8.95	16.94	6.70	12.36	4.89	9.35	3.77	7.37
	计算电抗/mΩ	33.58	62.60	26.93	52.90	22.55	43.12	18.47	34.81	15.36	29.34
	短路电流/kA	6.50	3.34	8.10	3.96	9.78	4.90	12.04	6.10	14.54	7.27
100	计算电阻/mΩ	11.09	20.64	8.90	16.91	6.65	12.33	4.84	9.32	3.72	7.34
	计算电抗/mΩ	33.05	62.25	26.40	52.55	22.02	42.77	17.94	34.46	14.83	28.99
	短路电流/kA	6.60	3.35	8.26	3.99	10.00	4.94	12.38	6.16	15.04	7.36
200	计算电阻/mΩ	11.01	20.58	8.82	16.85	6.57	12.27	4.76	9.26	3.64	7.28
	计算电抗/mΩ	32.26	61.72	25.61	52.02	21.23	42.24	17.15	33.93	14.04	28.46
	短路电流/kA	6.75	3.38	8.49	4.02	10.35	5.00	12.92	6.26	15.86	7.49
300	计算电阻/mΩ	10.98	20.56	8.79	16.83	6.54	12.25	4.73	9.24	3.61	7.26
	计算电抗/mΩ	31.99	61.54	25.34	51.49	20.96	42.06	16.88	33.75	13.77	28.28
	短路电流/kA	6.80	3.39	8.58	4.06	10.47	5.02	13.12	6.29	16.15	7.53
∞	计算电阻/mΩ	10.93	20.53	8.74	16.80	6.49	12.22	4.68	9.21	3.56	7.23
	计算电抗/mΩ	31.46	61.19	24.81	51.49	20.43	41.71	16.35	33.40	13.24	27.93
	短路电流/kA	6.91	3.41	8.75	4.06	10.73	5.06	13.52	6.35	16.78	7.63

注：表中母线段规格指 TN-C 系统，若为 TN-S 系统，再增加一条相母线。

变压器低压侧短路电流值（Y，yn0 连接）

630		800		1000		1250		1600	
4.5									
3×(80×8)+50×5		3×(100×8)+63×6.3		3×(125×10)+80×6.3		3×[2×(100×10)]+80×8		3×[2×(125×10)]+80×10	
三相正、负序	单相接地相保	三相正、负序	单相接地相保	三相正、负序	单相接地相保	三相正、负序	单相接地相保	三相正、负序	单相接地相保
4.34	10.61	3.67	5.06	3.38	4.53	2.90	3.68	2.91	3.23
27.92	33.43	25.03	29.08	23.77	26.53	22.46	23.80	21.09	21.03
8.14	6.27	8.88	7.45	9.58	8.18	10.15	9.03	10.80	10.34
3.55	10.08	2.88	4.53	2.59	4.00	2.11	3.15	2.12	2.70
19.96	28.13	17.67	23.78	15.81	21.23	14.50	18.50	13.13	15.73
11.35	7.36	12.85	8.59	14.36	10.19	15.70	11.72	17.29	13.78
3.28	9.90	2.61	4.35	2.32	3.82	1.84	2.97	1.85	2.52
17.30	26.35	15.01	22.00	13.15	19.45	11.84	16.72	10.47	13.95
13.06	7.82	15.09	9.81	17.23	11.10	19.20	12.96	21.64	15.51
3.07	9.76	2.40	4.21	2.11	3.68	1.63	2.83	1.64	2.38
15.18	24.94	12.89	20.59	11.03	18.04	9.72	15.31	8.35	12.54
14.85	8.22	17.54	10.47	20.48	11.95	23.33	14.13	27.03	17.24
2.96	9.69	2.29	4.14	2.00	3.61	1.52	2.76	1.53	2.31
14.12	24.23	11.83	19.88	9.97	17.33	8.66	14.60	7.29	11.83
15.94	8.43	19.09	10.83	22.62	12.43	26.17	14.80	30.87	18.26
2.91	9.66	2.24	4.11	1.95	3.58	1.47	2.73	1.48	2.28
13.59	23.88	11.30	19.53	9.44	16.98	8.13	14.25	6.76	11.48
16.55	8.54	19.97	11.02	23.86	12.68	27.85	14.51	33.24	18.80
2.83	9.60	2.16	4.05	1.87	3.52	1.39	2.67	1.40	2.22
12.80	23.35	10.51	19.00	8.65	16.45	7.34	13.72	5.97	10.95
17.54	8.71	21.44	11.32	25.99	13.08	30.79	15.74	37.52	19.70
2.80	9.58	2.13	4.03	1.84	3.50	1.36	2.65	1.37	2.20
12.53	23.17	10.24	18.82	8.38	16.27	7.07	13.54	5.70	10.77
17.91	8.78	21.99	11.43	26.81	13.22	31.94	15.94	39.25	20.02
2.75	9.55	2.08	4.00	1.79	3.47	1.31	2.62	1.32	2.17
12.00	22.82	9.71	18.47	7.85	15.92	6.54	13.19	5.17	10.42
18.68	8.89	23.16	11.64	28.57	13.50	34.48	16.36	43.07	21.59

表 2-7-8　SC(B)9 系列 10(6)/0.4 kV

高压侧系统短路容量/(MV·A)	变压器容量/(kV·A)	160		200		250		315		400		500	
	变压器阻抗电压/%	4											
	低压母线段规格(LMY)/mm	4×(40×4)						3×(50×5)+40×4		3×(63×6.3)+40×4		3×(80×6.3)+50×5	
	短路种类及电路阻抗	三相正、负序	单相接地相保	三相正、负序	单相接地相保	三相正、负序	单相接地相保	三相正、负序	单相接地相保	三相正、负序	单相接地相保	三相正、负序	单相接地相保
10	计算电阻/mΩ	14.9	15.3	11.48	11.88	8.69	9.09	7.19	7.59	5.57	5.97	4.64	4.71
	计算电抗/mΩ	55	50.91	46.91	42.80	41.83	37.72	36.62	32.50	32.45	28.33	29.28	25.09
	短路电流/kA	4.04	4.14	4.76	4.95	5.38	5.67	6.16	6.59	6.99	7.60	7.76	8.62
20	计算电阻/mΩ	14.11	14.77	10.69	11.35	7.90	8.56	6.40	7.06	4.78	5.44	3.85	4.18
	计算电抗/mΩ	47.06	45.61	38.95	37.50	33.87	32.42	28.66	27.20	24.49	23.03	21.32	19.79
	短路电流/kA	4.68	4.59	5.69	5.62	6.61	6.56	7.83	7.83	9.22	9.30	10.62	10.87
30	计算电阻/mΩ	13.84	14.59	10.42	11.17	7.63	8.38	6.13	6.88	4.51	5.26	3.58	4.00
	计算电抗/mΩ	44.4	43.83	36.29	35.72	31.21	30.64	26.00	25.42	21.83	21.25	18.66	18.01
	短路电流/kA	4.95	4.76	6.09	5.88	7.16	6.92	8.61	8.36	10.32	10.05	12.11	11.92
50	计算电阻/mΩ	13.63	14.45	10.21	11.03	7.42	8.24	5.92	6.74	4.30	5.12	3.37	3.86
	计算电抗/mΩ	42.28	42.42	34.17	34.31	29.09	29.23	23.88	24.01	19.71	19.84	16.54	16.60
	短路电流/kA	5.18	4.91	6.45	6.10	7.66	7.24	9.35	8.82	11.40	10.74	13.63	12.91
75	计算电阻/mΩ	13.52	14.38	10.10	10.96	7.31	8.17	5.81	6.67	4.19	5.05	3.26	3.79
	计算电抗/mΩ	41.22	41.71	33.11	33.60	28.03	28.52	22.82	23.30	18.65	19.13	15.48	15.89
	短路电流/kA	5.30	4.99	6.64	6.23	7.94	7.41	9.77	9.08	12.04	11.12	14.54	13.46
100	计算电阻/mΩ	13.47	14.35	10.05	10.93	7.26	8.14	5.76	6.64	4.14	5.02	3.21	3.76
	计算电抗/mΩ	40.69	41.36	32.58	33.25	27.50	28.17	22.29	22.95	18.12	18.78	14.95	15.54
	短路电流/kA	5.37	5.03	6.75	6.29	8.09	7.50	9.99	9.21	12.37	11.32	15.04	13.76
200	计算电阻/mΩ	13.39	14.29	9.97	10.87	7.18	8.08	5.68	6.58	4.06	4.96	3.13	3.70
	计算电抗/mΩ	39.9	40.83	31.79	32.72	26.71	27.64	21.50	22.42	17.33	18.25	14.16	15.01
	短路电流/kA	5.46	5.09	6.90	6.38	8.32	7.64	10.34	9.41	12.92	11.63	15.86	14.23
300	计算电阻/mΩ	13.36	14.27	9.94	10.85	7.15	8.06	5.65	6.56	4.03	4.94	3.10	3.68
	计算电抗/mΩ	39.63	40.65	31.52	32.54	26.44	27.46	21.23	22.24	17.06	18.07	13.89	14.83
	短路电流/kA	5.50	5.11	6.96	6.41	8.40	7.69	10.47	9.49	13.12	11.75	16.16	14.40
∞	计算电阻/mΩ	13.31	14.24	9.89	10.82	7.10	8.03	5.60	6.53	3.98	4.91	3.05	3.65
	计算电抗/mΩ	39.10	40.30	30.99	32.19	25.91	27.11	20.70	21.89	16.53	17.72	13.36	14.48
	短路电流/kA	5.57	5.15	7.06	6.48	8.56	7.78	10.73	9.63	13.53	11.96	16.79	14.74

注：1. 表中母线段规格指 TN-C 系统，若为 TN-S 系统，再增加一条相母线。

2. SC(B)10 系列变压器低压侧短路电流可采用此表数值。

变压器低压侧短路电流值（D，yn11 连接）

630		630		800		1000		1250		1600		2000		2500	
		6													
3×(80×8)+50×5		3×(80×8)+50×5		3×(100×8)+63×6.3		3×(125×10)+80×6.3		3×[2×(100×10)]+100×10		3×[2×(125×10)]+125×10		3×[2×(100×10)]+100×10 TMY		3×[2×(125×10)]+125×10 TMY	
三相正、负序	单相接地相保	三相正、负序	单相接地相保	三相正、负序	单相接地相保	三相正、负序	单相接地相保	三相正、负序	单相接地相保	三相正、负序	单相接地相保	三相正、负序	单相接地相保	三相正、负序	单相接地相保
4.02	4.09	4.10	4.17	3.44	3.29	2.95	2.72	2.60	2.23	2.35	1.96	2.18	1.78	2.04	1.60
26.69	22.50	31.84	27.65	28.66	24.50	26.29	21.98	24.45	20.06	22.73	18.29	21.60	17.21	20.59	16.15
8.52	9.62	7.17	7.87	7.97	8.90	8.70	9.93	9.35	10.90	10.07	11.96	10.59	12.72	11.12	13.56
3.23	3.56	3.31	3.64	2.65	2.76	2.16	2.19	1.81	1.70	1.56	1.43	1.39	1.25	1.25	1.07
18.73	17.20	23.88	22.35	20.70	19.19	18.33	16.68	16.49	14.76	14.77	12.99	13.64	11.91	12.63	10.85
12.10	12.53	9.54	9.72	11.02	11.35	12.46	13.08	13.86	14.80	15.49	16.83	16.78	18.36	18.12	20.18
2.96	3.38	3.04	3.46	2.38	2.58	1.89	2.01	1.54	1.52	1.29	1.25	1.12	1.07	0.98	0.89
16.07	15.42	21.22	20.57	18.04	17.41	15.67	14.90	13.83	12.98	12.11	11.21	10.98	10.13	9.97	9.07
14.08	13.93	10.73	10.55	12.64	12.50	14.58	14.64	16.52	16.83	18.88	19.50	20.83	21.59	22.95	24.15
2.75	3.24	2.83	3.32	2.17	2.44	1.68	1.87	1.33	1.38	1.08	1.11	0.91	0.93	0.77	0.75
13.95	14.01	19.10	19.16	15.92	16.00	13.55	13.49	11.71	11.57	9.99	9.80	8.86	8.72	7.85	7.66
16.17	15.30	11.91	11.31	14.31	13.60	16.85	16.15	19.51	18.88	22.89	22.31	25.81	25.09	29.15	28.57
2.64	3.17	2.72	3.25	2.06	2.37	1.57	1.80	1.22	1.31	0.97	1.04	0.80	0.86	0.66	0.68
12.89	13.30	18.04	18.45	14.86	15.29	12.49	12.78	10.65	10.86	8.93	9.09	7.80	8.01	6.79	6.95
17.48	16.09	12.61	11.75	15.33	14.22	18.27	17.04	21.46	20.11	25.61	24.04	29.34	27.30	33.72	31.52
2.59	3.14	2.67	3.22	2.01	2.34	1.52	1.77	1.17	1.28	0.92	1.01	0.75	0.83	0.61	0.65
12.36	12.95	17.51	18.10	14.33	14.94	11.96	12.43	10.12	10.51	8.40	8.74	7.27	7.66	6.26	6.60
18.21	16.50	12.99	11.97	15.89	14.55	19.07	17.52	22.57	20.77	27.22	25.00	31.46	28.57	36.57	33.18
2.51	3.08	2.59	3.16	1.93	2.28	1.44	1.71	1.09	1.22	0.84	0.95	0.67	0.77	0.53	0.59
11.57	12.42	16.72	17.57	13.54	14.41	11.17	11.90	9.33	9.98	7.61	8.21	6.48	7.13	5.47	6.07
19.43	17.19	13.59	12.32	16.81	15.08	20.43	18.30	24.49	21.89	30.03	26.63	35.33	30.68	41.82	36.07
2.48	3.06	2.56	3.14	1.90	2.26	1.41	1.69	1.06	1.20	0.81	0.93	0.64	0.75	0.50	0.57
11.30	12.24	16.45	17.39	13.27	14.23	10.90	11.72	9.06	9.80	7.34	8.03	6.21	6.95	5.20	5.89
19.88	17.43	13.81	12.45	17.15	15.26	20.93	18.58	25.22	22.29	31.17	27.23	36.86	31.47	44.06	37.16
2.43	3.03	2.51	3.11	1.85	2.23	1.36	1.66	1.01	1.17	0.76	0.90	0.59	0.72	0.45	0.54
10.77	11.89	15.92	17.04	12.74	13.88	10.37	11.37	8.53	9.45	6.81	7.68	5.68	6.60	4.67	5.54
20.83	17.93	14.27	12.70	17.87	15.65	21.99	19.15	26.78	23.11	33.58	28.46	40.28	33.13	49.04	39.50

表 2-7-9　SC(B)9 系列 10(6)/0.4 kV

高压侧系统短路容量/(MV·A)	变压器容量/(kV·A)	160		200		250		315		400		500	
	变压器阻抗电压/%	4											
	低压母线段规格(LMY)/mm	4×(40×4)						3×(50×5)+40×4		3×(63×6.3)+40×4		3×(80×6.3)+50×5	
	短路种类及电路阻抗	三相正、负序	单相接地相保	三相正、负序	单相接地相保	三相正、负序	单相接地相保	三相正、负序	单相接地相保	三相正、负序	单相接地相保	三相正、负序	单相接地相保
10	计算电阻/mΩ	14.9	23.64	11.48	20.71	8.69	18.04	7.19	15.88	5.57	10.40	4.64	8.09
	计算电抗/mΩ	55	173.23	46.91	152.76	41.83	130.57	36.62	102.60	32.45	94.73	29.28	80.16
	短路电流/kA	4.04	1.26	4.76	1.43	5.38	1.67	6.16	2.12	6.99	2.31	7.76	2.73
20	计算电阻/mΩ	14.11	23.11	10.69	20.18	7.90	17.51	6.40	15.35	4.78	9.87	3.85	7.56
	计算电抗/mΩ	47.06	167.93	38.95	147.46	33.87	125.27	28.66	97.30	24.49	89.43	21.32	74.86
	短路电流/kA	4.68	1.30	5.69	1.48	6.61	1.74	7.83	2.23	9.22	2.45	10.62	2.92
30	计算电阻/mΩ	13.84	22.93	10.42	20.00	7.63	17.33	6.13	15.17	4.51	9.69	3.58	7.38
	计算电抗/mΩ	44.4	166.15	36.29	145.68	31.21	123.49	26.0	95.52	21.83	87.65	18.66	73.08
	短路电流/kA	4.95	1.3	6.09	1.50	7.16	1.76	8.61	2.27	10.32	2.49	12.11	3.00
50	计算电阻/mΩ	13.63	22.79	10.21	19.86	7.42	17.19	5.92	15.03	4.30	9.55	3.37	7.24
	计算电抗/mΩ	42.28	164.74	34.17	144.27	29.09	122.08	23.88	94.11	19.71	86.24	16.54	71.67
	短路电流/kA	5.18	1.32	6.45	1.51	7.66	1.78	9.35	2.31	11.40	2.54	13.63	3.05
75	计算电阻/mΩ	13.52	22.72	10.10	19.79	7.31	17.12	5.81	14.96	4.19	9.48	3.26	7.17
	计算电抗/mΩ	41.22	164.03	33.11	143.56	28.03	121.37	22.82	93.40	18.65	85.53	15.48	70.96
	短路电流/kA	5.30	1.33	6.64	1.52	7.94	1.79	9.77	2.33	12.04	2.56	14.54	3.08
100	计算电阻/mΩ	13.47	22.69	10.05	19.76	7.26	17.09	5.76	14.93	4.14	9.45	3.21	7.14
	计算电抗/mΩ	40.69	163.68	32.58	143.21	27.50	121.02	22.29	93.05	18.12	85.18	14.95	70.61
	短路电流/kA	5.37	1.33	6.75	1.52	8.09	1.80	9.99	2.33	12.37	2.57	15.04	3.10
200	计算电阻/mΩ	13.39	22.63	9.97	19.70	7.18	17.03	5.68	14.87	4.06	9.39	3.13	7.08
	计算电抗/mΩ	39.9	163.15	31.79	142.68	26.71	120.49	21.50	92.52	17.33	84.65	14.16	70.08
	短路电流/kA	5.46	1.34	6.90	1.53	8.32	1.81	10.34	2.35	12.92	2.58	15.86	3.12
300	计算电阻/mΩ	13.36	22.61	9.94	19.68	7.15	17.01	5.65	14.85	4.03	9.37	3.10	7.06
	计算电抗/mΩ	39.63	162.97	31.52	142.50	26.44	120.31	21.23	92.34	17.06	84.47	13.89	69.90
	短路电流/kA	5.50	1.34	6.96	1.53	8.40	1.81	10.47	2.35	13.12	2.59	16.16	3.13
∞	计算电阻/mΩ	13.31	22.58	9.89	19.65	7.10	16.98	5.60	14.82	3.98	9.34	3.05	7.03
	计算电抗/mΩ	39.10	162.62	30.99	142.15	25.91	119.96	20.70	91.99	16.53	84.12	13.36	69.55
	短路电流/kA	5.57	1.34	7.06	1.53	8.56	1.82	10.73	2.36	13.53	2.60	16.79	3.15

注：1. 表中母线段规格指 TN-C 系统，若为 TN-S 系统，再增加一条相母线。

2. SC(B)10 系列变压器低压侧短路电流可采用此表数值。

变压器低压侧短路电流值（Y，yn0 连接）

630		630		800		1000		1250		1600		2000		2500	
		6													
3×(80×8)+50×5		3×(80×8)+50×5		3×(100×8)+63×6.3		3×(125×10)+80×6.3		3×[2×(100×10)]+100×10		3×[2×(125×10)]+125×10		3×[2×(100×10)]+100×10 TMY		3×[2×(125×10)]+125×10 TMY	
三相正、负序	单相接地相保	三相正、负序	单相接地相保	三相正、负序	单相接地相保	三相正、负序	单相接地相保	三相正、负序	单相接地相保	三相正、负序	单相接地相保	三相正、负序	单相接地相保	三相正、负序	单相接地相保
4.02	6.76	4.10	7.23	3.44	5.39	2.95	4.89	2.60	4.08	2.35	3.21	2.18	2.57	2.04	2.14
26.69	69.23	31.84	88.56	28.66	70.10	26.29	55.17	24.45	43.85	22.73	35.64	21.60	31.05	20.59	27.11
8.52	3.16	7.17	2.48	7.97	3.13	8.70	3.97	9.35	5.00	10.07	6.15	10.59	7.06	11.12	8.09
3.23	6.23	3.31	6.70	2.65	4.86	2.16	4.36	1.81	3.55	1.56	2.68	1.39	2.04	1.25	1.66
18.73	63.93	23.88	83.26	20.70	64.80	18.33	49.87	16.49	38.55	14.77	30.34	13.64	25.75	12.63	21.81
12.10	3.43	9.54	2.63	11.02	3.39	12.46	4.39	13.86	5.68	15.49	7.22	16.78	8.52	18.12	10.06
2.96	6.05	3.04	6.52	2.38	4.68	1.89	4.18	1.54	3.37	1.29	2.50	1.12	1.86	0.98	1.48
16.07	62.15	21.22	81.48	18.04	63.02	15.67	48.09	13.83	36.77	12.11	28.56	10.98	23.97	9.97	20.03
14.08	3.52	10.73	2.69	12.64	3.48	14.58	4.56	16.52	5.96	18.88	7.67	20.83	9.15	22.95	10.96
2.75	5.91	2.83	6.38	2.17	4.54	1.68	4.04	1.33	3.23	1.08	2.36	0.91	1.72	0.77	1.34
13.95	60.74	19.10	80.07	15.92	61.61	13.55	46.68	11.71	35.36	9.99	27.15	8.86	22.56	7.85	18.62
16.17	3.60	11.91	2.74	14.31	3.56	16.85	4.70	19.51	6.20	22.89	8.07	25.81	9.73	29.15	11.78
2.64	5.84	2.72	6.31	2.06	4.47	1.57	3.97	1.22	3.16	0.97	2.29	0.80	1.65	0.66	1.27
12.89	60.03	18.04	79.36	14.86	60.90	12.49	45.97	10.65	34.65	8.93	26.44	7.80	21.85	6.79	17.91
17.48	3.65	12.61	2.76	15.33	3.60	18.27	4.77	21.46	6.32	25.61	8.29	29.34	10.04	33.72	12.26
2.59	5.81	2.67	6.28	2.01	4.44	1.52	3.94	1.17	3.13	0.92	2.26	0.75	1.62	0.61	1.24
12.36	59.68	17.51	79.01	14.33	60.55	11.96	45.62	10.12	34.30	8.40	26.09	7.27	21.50	6.26	17.56
18.21	3.67	12.99	2.78	15.89	3.62	19.07	4.80	22.57	6.39	27.22	8.40	31.46	10.20	36.57	12.50
2.51	5.75	2.59	6.22	1.93	4.38	1.44	3.88	1.09	3.07	0.84	2.20	0.67	1.56	0.53	1.18
11.57	59.15	16.72	78.48	13.54	60.02	11.17	45.09	9.33	33.77	7.61	25.56	6.48	20.97	5.47	17.03
19.43	3.70	13.59	2.79	16.81	3.66	20.43	4.86	24.49	6.49	30.03	8.58	35.33	10.46	41.82	12.89
2.48	5.73	2.56	6.20	1.90	4.36	1.41	3.86	1.06	3.05	0.81	2.18	0.64	1.54	0.50	1.16
11.30	58.97	16.45	78.30	13.27	59.84	10.90	44.91	9.06	33.59	7.34	25.38	6.21	20.79	5.20	16.85
19.88	3.71	13.81	2.80	17.15	3.67	20.93	4.88	25.22	6.52	31.17	8.64	36.86	10.55	44.06	13.03
2.43	5.70	2.51	6.17	1.85	4.33	1.36	3.83	1.01	3.02	0.76	2.15	0.59	1.51	0.45	1.13
10.77	58.62	15.92	77.95	12.74	59.49	10.37	44.56	8.53	33.24	6.81	25.03	5.68	20.44	4.67	16.50
20.83	3.74	14.27	2.81	17.87	3.69	21.99	4.92	26.78	6.59	33.58	8.76	40.28	10.73	49.04	13.30

表 2-7-10 1000 V 纸绝缘铜芯电缆的单位长度阻抗 mΩ/m

芯线截面/mm²		2.5	4	6	10	16	25	35	50	70	95	120	150
电阻值	正序及负序	9.05	5.65	3.77	2.26	1.41	0.905	0.647	0.452	0.323	0.238	0.188	0.151
	零序	30.3	24.7	20.9	17.2	3.29	2.76	2.45	2.21	2.01	1.83	1.73	1.61
电抗值	正序及负序	0.098	0.092	0.087	0.082	0.078	0.067	0.064	0.062	0.06	0.058	0.058	0.057
	零序	0.16	0.148	0.139	0.128	0.946	0.896	0.835	0.791	0.722	0.639	0.594	0.53

表 2-7-11 自动空气开关过电流线圈的阻抗值 mΩ

线圈的额定电流/A	50	70	100	140	200	400	600
电阻值（65 ℃时）	5.5	2.35	1.30	0.74	0.36	0.15	0.12
电抗值	2.7	1.3	0.86	0.55	0.28	0.10	0.094

如果电缆长度 L 与截面 S 的比值满足 $\frac{L}{S}>0.5$ 时，则在任何时间都可以不考虑非周期分量的影响。一般只在变压器出线的母线、中央配电盘或其他很接近变压器的地方短路时，才在第一周期内计算非周期分量的数值。

短路冲击电流 i_{Kr} 可按下式计算：

$$i_{Kr}=\sqrt{2}K_r I''_K \tag{2-7-16}$$

式中 K_r——短路电流的冲击系数，可根据短路回路中 X_Σ/R_Σ 的比值从图 2-7-2 中查得。

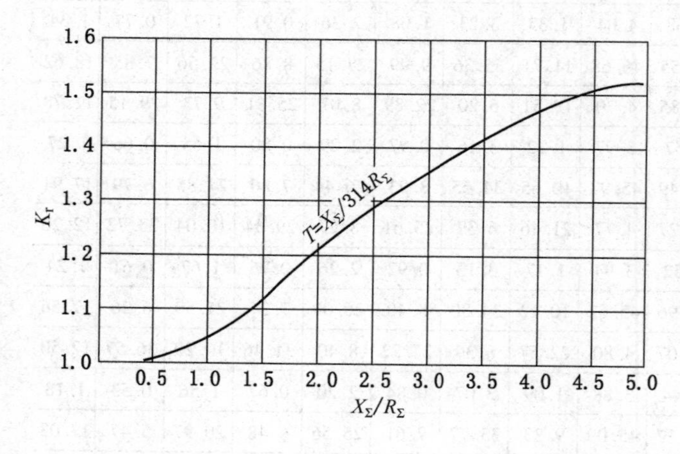

图 2-7-2 K_r 与 $\frac{X_\Sigma}{R_\Sigma}$ 的关系曲线

对于距离短路点很远的异步电动机，它对短路的冲击电流值影响很小，因此不予考虑。若需计及异步电动机的反馈冲击电流 i_{Kr-IM} 的数值，可按下式计算：

$$i_{Kr-IM}=7.5I_{N-IM} \tag{2-7-17}$$

因此总的冲击电流为

$$i_{Kr-\Sigma}=i_{Kr}+i_{Kr-IM}=\sqrt{2}K_r I''_K+7.5I_{N-IM} \tag{2-7-18}$$

而短路全电流最大有效值 I_{Km}，可分情况按下式计算：

当 $K_r>1.3$ 时 $$I_{Km}=I''_K\sqrt{1+2(K_r-1)^2} \tag{2-7-19}$$

当 $K_r\leqslant1.3$ 时 $$I_{Km}=I''_K\sqrt{1+50T} \tag{2-7-20}$$

式中 T——非周期分量的衰减时间常数，计算如下：

$$T=\frac{X_\Sigma}{314R_\Sigma}$$

如需计及异步电动机反馈电流的影响，则总的短路全电流最大有效值 $I_{Km-\Sigma}$ 可按下式计算：

$$I_{Km-\Sigma}=I_{Km}+I_{Kr-IM}=I_{Km}+4I_{N-IM} \tag{2-7-21}$$

式中　I_{Kr-IM}——异步电动机的反馈电流；

I_{N-IM}——异步电动机的额定电流。

一般只在中央配电屏 380 V 母线短路时，才需计及 $i_{Kr-\Sigma}$ 和 $I_{Km-\Sigma}$ 的数值，它们由低压变压器和异步电动机两部分供给，并按相角相同、算术和来计算。

五、低压网络短路电流计算示例

某矿的地面空压机房动力网络如图 2－7－3 所示，各元件的规格及参数图上已列出，求 K_1、K_2 和 K_3 点的三相及两相短路电流。

解：

1. 求各元件的阻抗值

1）电力系统阻抗

$$X_S=\frac{U_b^2}{S''_K}\times10^3=\frac{0.4^2}{150}\times10^3=1.06\ m\Omega$$

2）变压器阻抗

根据型号为 S9－630 kV · A、$U_K\%=4.5$ 的变压器以及变压器的接线组为 D，yn11 查表 2－7－1 得

变压器的电阻：$R_{Tr}=2.50\ m\Omega$

变压器的电抗：$X_{Tr}=11.15\ m\Omega$

3）母线的阻抗

根据母线的参数 LMY 3(100×8)+63×6.3，几何均距 $D=350$ mm，查表 2－7－3 可得母线的单位长度电阻为 0.04 mΩ/m；母线的单位长度电抗为 0.182 mΩ/m。

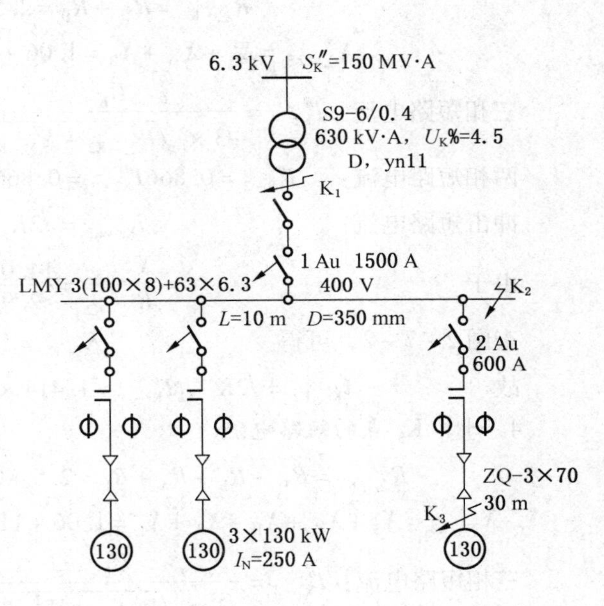

图 2－7－3　计算系统图

故　$R_B=0.04\times10=0.4\ m\Omega$

$X_B=0.182\times10=1.82\ m\Omega$

4）电缆的阻抗

根据 1000 V 纸绝缘铜芯电缆 ZQ 3×70，查表 2－7－10 可得

$$R'_L=0.323\ m\Omega/m \qquad R_L=0.323\times30=9.69\ m\Omega$$

$$X'_L=0.06\ m\Omega/m \qquad X_L=0.06\times30=1.80\ m\Omega$$

5）空气自动开关过电流线圈的阻抗

根据空气自动开关的额定电流为 600 A，查表 2－7－11 可得

$$R_A=0.12\ m\Omega$$

$$X_A=0.094\ m\Omega$$

2. 计算 K_1 点的短路电流

$$R_{\Sigma-K1}=R_{Tr}=2.5\ m\Omega$$

$$X_{\Sigma-K1}=X_S+X_{Tr}=1.06+11.15=12.21\ \text{m}\Omega$$

三相短路电流： $I''_{K1-3}=\dfrac{U_b}{\sqrt{3}\times\sqrt{R^2_{\Sigma-K1}+X^2_{\Sigma-K1}}}=\dfrac{400}{\sqrt{3}\times\sqrt{2.5^2+12.21^2}}=18.53\ \text{kA}$

两相短路电流： $I''_{K1-2}=0.866I''_{K1-3}=0.866\times18.53=16.05\ \text{kA}$

冲击短路电流： $i_{Kr-K1}=\sqrt{2}K_{r-K1}I''_{K1-3}$

由于 $\dfrac{X_{\Sigma-K1}}{R_{\Sigma-K1}}=\dfrac{12.21}{2.5}=4.88$

查图 2-7-2 可得 $K_{r-K1}=1.51$

故 $i_{Kr-K1}=\sqrt{2}K_{r-K1}I''_{K1-3}=1.414\times1.51\times18.53=39.56\ \text{kA}$

3. 计算 K_2 点的短路电流

$$R_{\Sigma-K2}=R_{Tr}+R_B=2.5+0.4=2.9\ \text{m}\Omega$$

$$X_{\Sigma-K2}=X_S+X_{Tr}+X_B=1.06+11.15+1.82=14.03\ \text{m}\Omega$$

三相短路电流：$I''_{K2-3}=\dfrac{U_b}{\sqrt{3}\times\sqrt{R^2_{\Sigma-K2}+X^2_{\Sigma-K2}}}=\dfrac{400}{\sqrt{3}\times\sqrt{2.9^2+14.03^2}}=16.12\ \text{kA}$

两相短路电流： $I''_{K2-2}=0.866I''_{K2-3}=0.866\times16.12=13.96\ \text{kA}$

冲击短路电流： $i_{Kr-K2}=\sqrt{2}K_{r-K2}I''_{K2-3}$

由于 $\dfrac{X_{\Sigma-K2}}{R_{\Sigma-K2}}=\dfrac{14.03}{2.9}=4.84$

查图 2-7-2，可得 $K_{r-K2}=1.51$

故 $i_{Kr-K2}=\sqrt{2}K_{r-K2}I''_{K2-3}=1.414\times1.51\times16.12=34.42\ \text{kA}$

4. 计算 K_3 点的短路电流

$$R_{\Sigma-K3}=R_{Tr}+R_B+R_A+R_L=2.5+0.4+0.12+9.69=12.71\ \text{m}\Omega$$

$$X_{\Sigma-K3}=X_S+X_{Tr}+X_B+X_A+X_L=1.06+11.15+1.82+0.094+1.8=15.92\ \text{m}\Omega$$

三相短路电流：$I''_{K3-3}=\dfrac{U_b}{\sqrt{3}\times\sqrt{R^2_{\Sigma-K3}+X^2_{\Sigma-K3}}}=\dfrac{400}{\sqrt{3}\times\sqrt{12.71^2+15.92^2}}=11.34\ \text{kA}$

二相短路电流：$I''_{K3-2}=0.866I''_{K3-3}=0.866\times11.34=9.82\ \text{kA}$

冲击短路电流：由于 K_3 点短路就是在电动机端点短路，因此要考虑电动机反馈电流的影响。

$$i_{Kr-K3\Sigma}=i_{Kr-K3}+i_{Kr-IM}$$

$$i_{Kr-K3}=\sqrt{2}K_{r-K3}I''_{K3-3}$$

由于 $\dfrac{X_{\Sigma-K3}}{R_{\Sigma-K3}}=\dfrac{15.92}{12.71}=1.25$

查图 2-7-2 得 $K_{r-K3}=1.08$

故 $i_{Kr-K3}=\sqrt{2}K_{r-K3}I''_{K3-3}=1.414\times1.08\times11.34=17.32\ \text{kA}$

$$i_{Kr-IM}=7I_N=7\times0.25=1.875\ \text{kA}$$

$$i_{Kr-K3\Sigma}=i_{Kr-K3}+i_{Kr\cdot IM}=17.32+1.875=19.195\ \text{kA}$$

第八节　兆伏安（MVA）法计算短路电流*

美国学者 MOON H. YUEN 提出用兆伏安（MVA）法计算短路电流，经多年实际工作证明，这种方法具有运算简单、不需记忆很多公式、比较直观、不易出错等优点，在加拿大等国的著作中已引入、推荐这种计算方法。本文对个别计算公式作了必要的推导和补充，向大家推荐这种计算方法。有一定基础的技术人员，只要用 1 ~ 2 h 把本文读完，即能掌握。

一、MVA 法的两个基本计算公式

传统的计算方法是把系统中各元件（发电机、变压器、线路等）用阻抗值表示。用绝对值表示的称为绝对阻抗法。用相对阻抗表示的称为相对阻抗法，或称标么值法。这两种方法均有变换环节，绝对阻抗法必须把每一元件的阻抗归算到短路点电压的阻抗值。同样，标么值法也必须把元件的阻抗变换到同一基础容量和基础电压后再进行计算，均存在很多变换计算。用 MVA 法计算就不存在这些变换计算，系统中各元件不是用阻抗表示，而是直接用 MV · A 表示。省去各元件在不同电压下的换算环节。只要记住以下两个基本计算公式，就可对系统中各元件进行 MVA 值换算。

（一）第一基本计算公式

已知系统中元件的阻抗和电压如图 2 – 8 – 1 所示。由无限量电源供电（短路时电压不变）的最简单电路，当发生短路时，短路电流计算式为

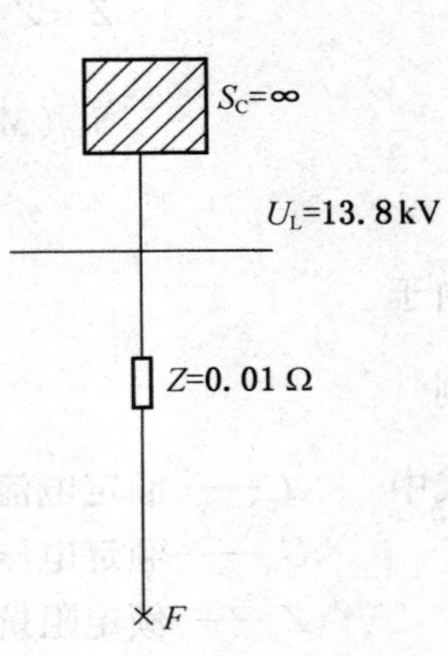

图 2 – 8 – 1　计算单线图

$$I_{SC}=\frac{U_\phi}{Z}$$

$$\sqrt{3}(\sqrt{3}U_\phi)I_{SC}=\sqrt{3}(\sqrt{3}U_\phi)\frac{U_\phi}{Z}$$

由于线电压　$U_L=\sqrt{3}U_\phi$

则短路容量

$$\left.\begin{aligned}S_{SC}(VA)&=\sqrt{3}U_LI_{SC}=\frac{U_L^2}{Z}\\S_{SC}(kVA)&=1000\frac{U_L^2}{Z}\\S_{SC}(MVA)&=1000^2\frac{U_L^2}{Z}=\frac{k^2U_L^2}{Z}=\frac{(kU_L)^2}{Z}\end{aligned}\right\}\quad(2-8-1)$$

式中　I_{SC}——短路电流，A；

U_ϕ、U_L——相、线电压，V；

Z——线路至中性点阻抗，Ω；

$S_{SC}(kVA)$——短路容量，kV · A；

---

* 本节编写人：顾永辉

$S_{SC}(MVA)$——用MVA表示的短路容量，MV·A；

k——系数，取1000。

图2-8-1所示F点的短路容量可用式（2-8-1）计算。

线电压$U_L = 13.8$ kV，线路阻抗$Z = 0.01\ \Omega$，由于是无限量电源供电，则系统阻抗$Z_C = 0$。代入式（2-8-1），可得

$$S_{SC}(MVA) = \frac{13.8^2}{0.01} = 19000\ MV \cdot A$$

式（2-8-1）是MVA法的第一基本计算公式。

（二）第二基本计算公式

有一些系统元件（如发电机、变压器、电抗器、电动机等），并不知道绝对阻抗值，只知道额定容量及标么值阻抗。这些元件可按式（2-8-2）计算，式（2-8-2）是MVA法中的第二基本计算公式。

$$\left.\begin{aligned} & Z_{p.u} = \frac{Z}{Z_n} \\ & Z_n = \frac{U_n}{\sqrt{3}I_n} = \frac{U_L}{\sqrt{3}I_n} \\ & Z = Z_{p.u} Z_n \\ & S_{SC}(MVA) = \frac{(kU_L)^2}{Z} = \frac{kU_L}{Z_{p.u}} \frac{kU_L}{Z_n} = \frac{kU_L}{Z_{p.u}} \frac{kU_L}{\dfrac{U_L}{\sqrt{3}I_n}} = \frac{kU_L}{Z_{p.u}} \sqrt{3}kI_n \end{aligned}\right\} \quad (2-8-2)$$

由于

$$S_n(MVA) = \sqrt{3}k^2 I_n U_L$$

则

$$S_{SC}(MVA) = \frac{S_n}{Z_{p.u}}$$

式中 I_n——额定电流，A；

U_n——额定电压；V；

Z_n——额定阻抗，Ω；

Z——阻抗，Ω；

$Z_{p.u}$——相对阻抗百分值；

k——系数，取1000；

S_n——额定容量，MV·A。

图2-8-2所示各元件用MVA法表示时，可按式（2-8-2）计算。

（1）元件1。系统短路容量$S_C = 500$ MV·A，由于系统短路容量已经用MVA量表示，因此可把此值写入元件1的方框中，即$S_1 = 500$ MV·A。

（2）元件2。变压器的额定容量$S_{n(T)} = 50$ MV·A，相对阻抗百分值$Z_{p.u} = 0.1$，则按式（2-8-2）计算$S_2 = \dfrac{50}{0.1} = 500$ MV·A。

（3）元件3。电动机的额定容量$S_{n(M)} = 50$ MV·A，电动机相对次暂态电抗$X''_d = 0.2$，则按式（2-8-2）计算$S_3 = \dfrac{50}{0.2} = 250$ MV·A。

把各元件的 MVA 表示值写入图 2-8-3 所示方框中，以备进一步计算。

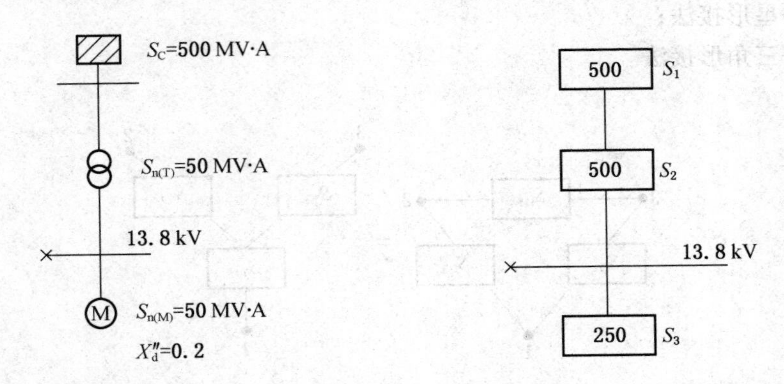

图 2-8-2　供电系统图　　　图 2-8-3　MVA 方框计算图

二、MVA 法的网络简化计算

MVA 法与其他计算方法相同，也要经过网络简化后，才能计算出各短路点的电流。网络简化包括系统中元件的串联、并联及三角形与星形的变换计算。

（1）两个及以上系统元件串联如图 2-8-4a 所示，是两个系统元件 S_1 与 S_2 串联。其计算式为

$$S_{1,2}=\frac{S_1S_2}{S_1+S_2} \tag{2-8-3}$$

（2）两个及以上系统元件并联如图 2-8-4b 所示，是两个系统元件 S_1 与 S_2 并联。其计算式为

$$S_{1+2}=S_1+S_2 \tag{2-8-4}$$

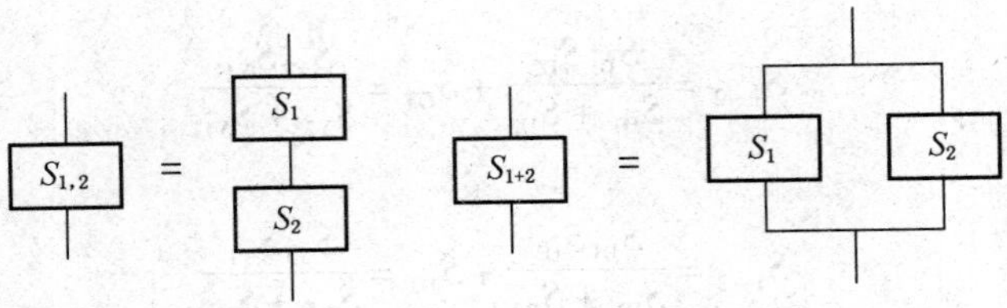

$S_{1,2}$ = S_1 S_2　　　S_{1+2} = S_1 S_2

(a) 元件串联　　　(b) 元件并联

图 2-8-4　串、并联方框图

（3）三角形与星形变换如图 2-8-5 所示。由三角形变换星形的计算式为

$$\left.\begin{aligned} S_{Y1}&=\frac{S}{S_{D1}}\\ S_{Y2}&=\frac{S}{S_{D2}}\\ S_{Y3}&=\frac{S}{S_{D3}} \end{aligned}\right\} \tag{2-8-5}$$

$$S = S_{D1}S_{D2} + S_{D2}S_{D3} + S_{D3}S_{D1}$$

式中 Y——星形接法；

D——三角形接法。

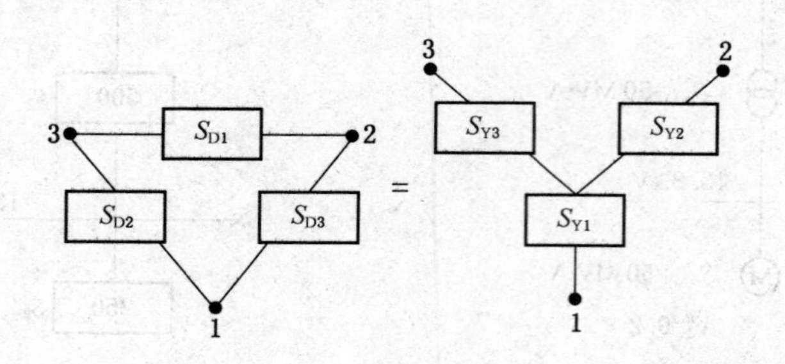

图 2-8-5 三角形与星形变换

由三角形接法改为星形时的等值电路如图 2-8-6 所示。

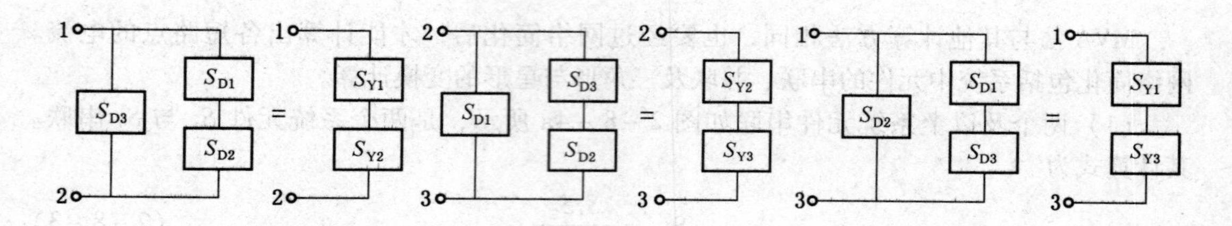

图 2-8-6 三角形接法改为星形时的等值电路

式（2-8-5）推导：

在 1～2 端

$$S_{1-2} = \frac{S_{D1}S_{D2}}{S_{D1} + S_{D2}} + S_{D3} = \frac{S_{Y2}S_{Y1}}{S_{Y2} + S_{Y1}}$$

在 1～3 端

$$S_{1-3} = \frac{S_{D1}S_{D3}}{S_{D1} + S_{D3}} + S_{D2} = \frac{S_{Y3}S_{Y1}}{S_{Y3} + S_{Y1}}$$

在 2～3 端

$$S_{2-3} = \frac{S_{D2}S_{D3}}{S_{D2} + S_{D3}} + S_{D1} = \frac{S_{Y2}S_{Y3}}{S_{Y2} + S_{Y3}}$$

化简可得

$$\frac{S_{D1}S_{D2} + S_{D3}S_{D1} + S_{D3}S_{D2}}{S_{D1} + S_{D2}} = \frac{S_{Y2}S_{Y1}}{S_{Y2} + S_{Y1}}$$

$$\frac{S_{D1}S_{D2} + S_{D3}S_{D1} + S_{D3}S_{D2}}{S_{D1} + S_{D3}} = \frac{S_{Y3}S_{Y1}}{S_{Y3} + S_{Y1}}$$

$$\frac{S_{D1}S_{D2} + S_{D3}S_{D1} + S_{D3}S_{D2}}{S_{D2} + S_{D3}} = \frac{S_{Y2}S_{Y3}}{S_{Y2} + S_{Y3}}$$

设 $S = S_{D1}S_{D2} + S_{D3}S_{D1} + S_{D3}S_{D2}$

$$\frac{S_{Y1} + S_{Y2}}{S_{Y1}S_{Y2}} = \frac{S_{D1} + S_{D2}}{S} \tag{2-8-6}$$

$$\frac{S_{Y1} + S_{Y3}}{S_{Y1}S_{Y3}} = \frac{S_{D1} + S_{D3}}{S} \tag{2-8-7}$$

$$\frac{S_{Y2} + S_{Y3}}{S_{Y2}S_{Y3}} = \frac{S_{D2} + S_{D3}}{S} \tag{2-8-8}$$

式（2－8－6）至式（2－8－8）三式相加，得

$$\frac{S_{D1} + S_{D2} + S_{D3}}{S} = \frac{S_{Y1}S_{Y2} + S_{Y1}S_{Y3} + S_{Y2}S_{Y3}}{S_{Y1}S_{Y2}S_{Y3}} \tag{2-8-9}$$

式（2－8－9）减去式（2－8－6）得

$$\frac{S_{D1} + S_{D2} + S_{D3}}{S} - \frac{S_{D1} + S_{D2}}{S} = \frac{S_{Y1}S_{Y2} + S_{Y1}S_{Y3} + S_{Y2}S_{Y3}}{S_{Y1}S_{Y2}S_{Y3}} - \frac{S_{Y1} + S_{Y2}}{S_{Y1}S_{Y2}}$$

$$\frac{S_{D3}}{S} = \frac{1}{S_{Y3}}$$

$$S_{Y3} = \frac{S}{S_{D3}}$$

同理式（2－8－9）减去式（2－8－7）得

$$S_{Y2} = \frac{S}{S_{D2}}$$

同理式（2－8－9）减去式（2－8－8）得

$$S_{Y1} = \frac{S}{S_{D1}}$$

MVA 法对串并联计算结果与阻抗的串并联计算结果正相反，因为在 MVA 法中，表示元件的通过能力，而阻抗串联时阻抗值是增加的，阻抗值增加也就减小了元件的通过能力。这两种计算方法的结果是相同的，只是表示方法不同。用 MVA 法计算时，只要记住这一区别，就可正确计算出每一元件以兆伏安量表示的值。

常用系统元件用兆伏安量表示的计算方法见表 2－8－1。

三、MVA 法举例计算

【例一】图 2－8－7 所示为较简单的供电系统。系统的短路容量 $S_C = 1500$ MV · A，线路电抗 $X = 3.87\ \Omega$，变压器容量 $S_{n(T)} = 16$ MV · A，变压器相对阻抗百分值 $X_{p.u} = 9\%$，电压比为 66/11 kV，电动机容量 $S_{n(M)} = 15$ MV · A，电动机次暂态电抗 $X''_d = 0.2$。求 F 点的短路电流。

（1）第一步：把系统中各元件按式（2－8－1）、式（2－8－2）换算，用 MVA 量表示。

① 元件 1。系统短路容量 $S_C = 1500$ MV · A，此元件已经用 MVA 表示，不必再作换算。$S_1 = S_C = 1500$ MV · A。

② 元件 2。电压为 66 kV 的线路，线路电抗 $X = 3.87\ \Omega$，可按式（2－8－1）换算。

表 2-8-1 常用元件化作 MVA 量的计算方法

电网中的各元件		图例		等值电路的计算公式	MVA 法的换算公式/(MV·A)	符号含义	参数选取
类别	名称	元件	等值电路				
电源	电力系统	S_C	S_C		S_C	S_C—系统短路容量	
	发电机	G	S_G		$S_G=\frac{S_{GN}}{X_G''}$	S_{GN}—发电机额定容量； X_G''—发电机次暂态电抗标么值	查样本
	电动机	M	S_M		$S_M=\frac{S_{MN}}{X_M''}$	S_{MN}—电动机额定容量； X_M''—电动机次暂态电抗标么值	查样本
变压器	双卷	TM	S_T		$S_T=\frac{S_{TN}\times 100}{u_k\%}$	S_{TN}—变压器额定容量； $u_k\%$—变压器阻抗电压百分值	查样本
	三卷	TM	S_{T1} S_{T2} S_{T3}	$X_1\%=\frac{1}{2}(u_{k1-2}\%+u_{k1-3}\%-u_{k2-3}\%)$ $X_2\%=\frac{1}{2}(u_{k1-2}\%+u_{k2-3}\%-u_{k1-3}\%)$ $X_3\%=\frac{1}{2}(u_{k1-3}\%+u_{k2-3}\%-u_{k1-2}\%)$	$S_{T1}=\frac{S_{TN}\times 100}{X_1\%}$ $S_{T2}=\frac{S_{TN}\times 100}{X_2\%}$ $S_{T3}=\frac{S_{TN}\times 100}{X_3\%}$	$u_{k1-2}\%$、$u_{k1-3}\%$、$u_{k2-3}\%$—阻抗电压百分值； $X_1\%$、$X_2\%$、$X_3\%$—等值电抗百分值	查样本

表 2-8-1（续）

电网中的各元件		图例		等值电路的计算公式	MVA 法的换算公式/(MV·A)	符号含义	参数选取
类别	名称	元件	等值电路				
电抗器	限流电抗器	L	S_L	$X_L=\frac{X_L\%}{100}\frac{U_{NL}}{\sqrt{3}I_{NL}}$	$S_L=\frac{(kV)^2}{X_L}$	kV—电抗器所在系统的线电压，kV； X_L—电抗器电抗计算值，Ω	查样本
线路	架空线路	OL	S_{OL}	$X_{OL}=x_{OL}L$	$S_{OL}=\frac{(kV)^2}{X_{OL}}$	X_{OL}—架空线路电抗计算值，Ω； kV—架空线路所在系统的线电压，kV	当 U_N 为 3～10 kV 时，取 x_{OL} 为 0.35 Ω/km； 当 U_N 为 35～220 kV 时，取 x_{OL} 为 0.4 Ω/km
	电缆线路	CL	S_{CL}	$X_{CL}=x_{CL}L$	$S_{CL}=\frac{(kV)^2}{X_{CL}}$	X_{CL}—电缆线路电抗计算值，Ω； kV—电缆线路所在系统的线电压，kV	当 U_N 为 3～10 kV 时，取 x_{CL} 为 0.08 Ω/km； 当 U_N 为 35 kV 时，取 x_{CL} 为 0.12 Ω/km

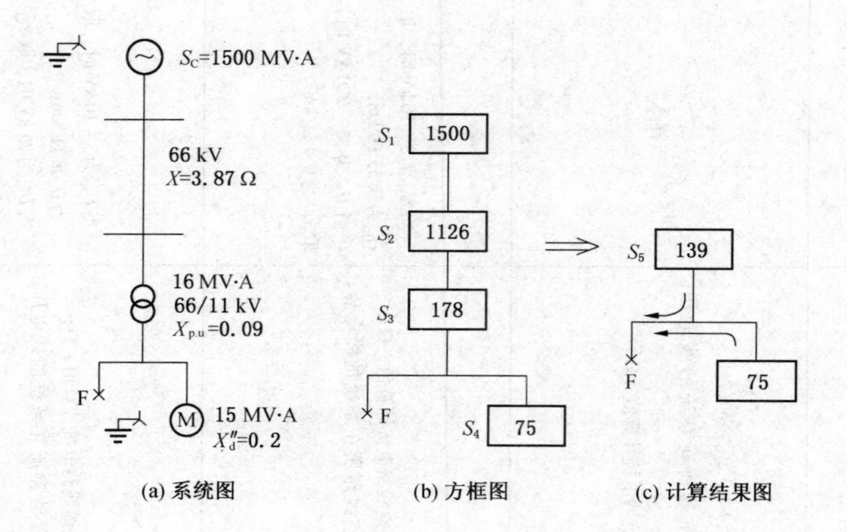

图 2－8－7 例一系统接线计算图

$$S_2 = \frac{U_L^2}{Z} = \frac{66^2}{3.87} = 1126 \text{ MV} \cdot \text{A}$$

③ 元件 3。变压器的额定容量 $S_{n(T)} = 16 \text{ MV} \cdot \text{A}$，电压比 66/11 kV，$X_{p.u} = Z_{p.u} = 0.09$，可按式（2－8－2）换算：

$$S_3 = \frac{S_{n(T)}}{Z_{p.u}} = \frac{16}{0.09} = 178 \text{ MV} \cdot \text{A}$$

④ 元件 4。电动机的额定容量 $S_{n(M)} = 15 \text{ MV} \cdot \text{A}$，$X''_d = 0.2$，可按式（2－8－2）换算。

$$S_4 = \frac{S_{n(M)}}{X''_d} = \frac{15}{0.2} = 75 \text{ MV} \cdot \text{A}$$

把上述按 MVA 表示的各元件写入方框中，如图 2－8－7b 所示。

（2）第二步：把图 2－8－7b 进行简化、合并。

图 2－8－7b 中的 S_1、S_2、S_3 按式（2－8－3）进行串联合并计算。

$$S_5 = \frac{S_1 S_2 S_3}{S_1 S_2 + S_1 S_3 + S_2 S_3} = \frac{1500 \times 1126 \times 178}{[(1500 \times 1126) + (1500 \times 178) + (1126 \times 178)]} = 139 \text{ MV} \cdot \text{A}$$

（3）第三步：求出流向故障点的短路容量和电流。

从图 2－8－7c 中可以看出，流向 F 点的电流有两个方面：一是来自电源 S_5，二是来自电动机的反馈 S_4。故 F 点的短路容量为

$$S_F = S_5 + S_4 = 139 + 75 = 214 \text{ MV} \cdot \text{A}$$

F 点的短路电流为

$$I_F = \frac{S_F}{\sqrt{3} U_F} = \frac{214 \times 1000}{\sqrt{3} \times 11} = 11245 \text{ A}$$

式中 U_F——故障点 F 的额定电压，kV。

【例二】计算一个包括三角形连接的比较复杂的供电系统，如图 2－8－8 所示。求

F_1、F_2、F_3 故障点的短路电流。

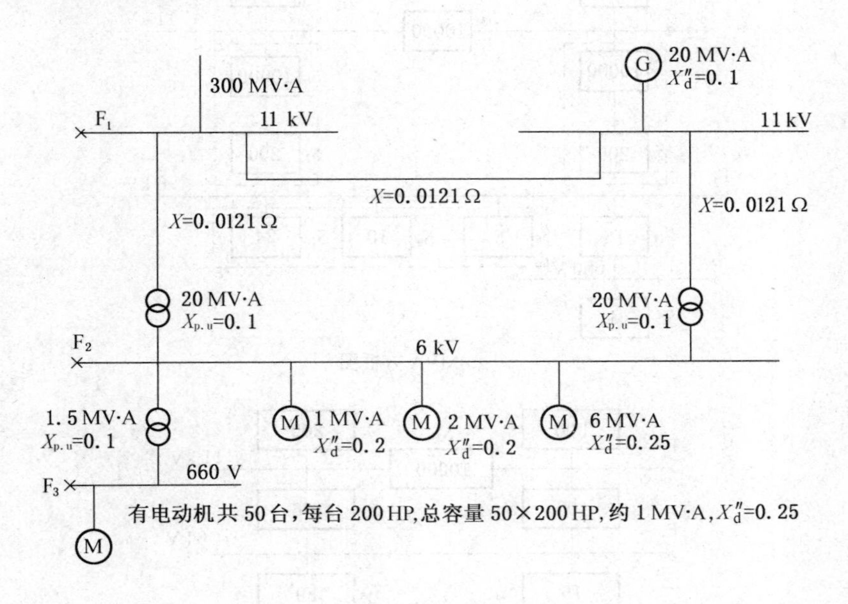

图2－8－8　例二系统接线图

1. 求 F_1 点短路电流

（1）第一步：把系统中各元件换算成用 MVA 表示，可得

$$S_1 = S_C = 300\ \text{MV} \cdot \text{A}$$

$$S_2 = \frac{S_{n(T_1)}}{X_{p.u}} = \frac{20}{0.1} = 200\ \text{MV} \cdot \text{A}$$

$$S_3 = S_4 = S_6 = \frac{(\text{kV})^2}{X} = \frac{11^2}{0.0121} = 10000\ \text{MV} \cdot \text{A}$$

$$S_5 = S_7 = \frac{S_{n(T_2)}}{X_{p.u}} = \frac{20}{0.1} = 200\ \text{MV} \cdot \text{A}$$

$$S_8 = \frac{S_{n(M)}}{X''_d} = \frac{1}{0.2} = 5\ \text{MV} \cdot \text{A}$$

$$S_9 = \frac{2}{0.2} = 10\ \text{MV} \cdot \text{A}$$

$$S_{10} = \frac{6}{0.25} = 24\ \text{MV} \cdot \text{A}$$

$$S_{11} = \frac{S_{n(T_3)}}{X_{p.u}} = \frac{1.5}{0.1} = 15\ \text{MV} \cdot \text{A}$$

$$S_{12} = \frac{\sum S_{n(M)}}{X''_d} = \frac{1}{0.25} = 4\ \text{MV} \cdot \text{A}$$

（2）第二步：把用 MVA 表示的各元件写入相应的方框中，如图2－8－9a 所示。并进行简化合并计算。

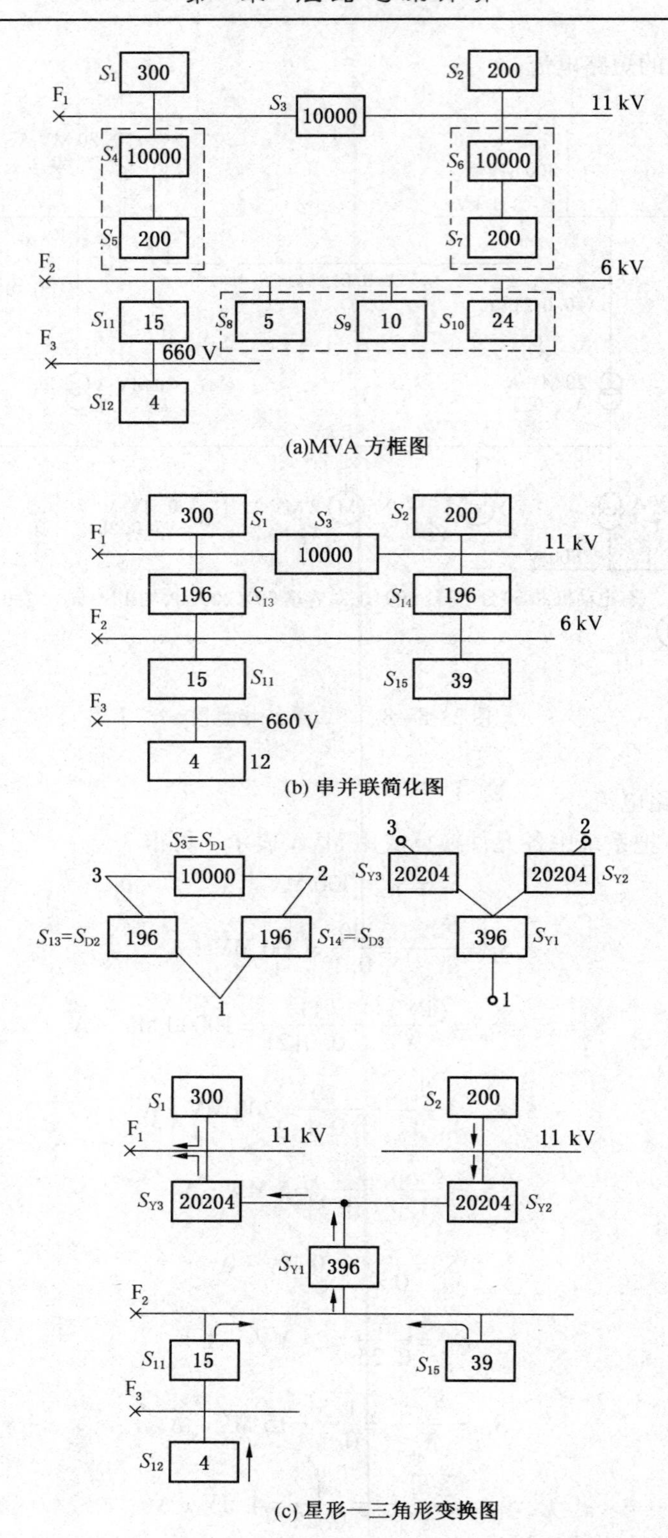

(a)MVA 方框图

(b) 串并联简化图

(c) 星形—三角形变换图

图 2-8-9　例二 MVA 方框运算简化图之一

（1）S_4 与 S_5 串联：

$$S_{13}=\frac{S_4S_5}{S_4+S_5}=\frac{10000\times200}{10000+200}=196\ \text{MV}\cdot\text{A}$$

（2）S_6 与 S_7 串联：

$$S_{14}=\frac{S_6S_7}{S_6+S_7}=\frac{10000\times200}{10000+200}=196\ \text{MV}\cdot\text{A}$$

（3）S_8、S_9、S_{10}并联：

$$S_{15}=S_8+S_9+S_{10}=5+10+24=39\ \text{MV}\cdot\text{A}$$

简化合并后 MVA 方框图如图 2－8－9b 所示。

（4）S_{13}、S_{14}和 S_3 是一三角形连接，必须变换成星形后才能继续运算。按式(2－8－5)得

$$S_{Y1}=S/S_{D1}=S/S_3$$
$$S_{Y2}=S/S_{D2}=S/S_{13}$$
$$S_{Y3}=S/S_{D3}=S/S_{14}$$

可得

$$\begin{aligned}S&=(S_{D1}S_{D2})+(S_{D2}S_{D3})+(S_{D3}S_{D1})\\&=(S_3S_{13})+(S_{13}S_{14})+(S_3S_{14})\\&=(10000\times196)+(196\times196)+(10000\times196)\\&=3.96\times10^6\end{aligned}$$

$$S_{Y1}=\frac{S}{S_{D1}}=\frac{S}{S_3}=\frac{3.96\times10^6}{10000}=396\ \text{MV}\cdot\text{A}$$

$$S_{Y2}=\frac{S}{S_{D2}}=\frac{S}{S_{13}}=\frac{3.96\times10^6}{196}=20204\ \text{MV}\cdot\text{A}$$

$$S_{Y3}=\frac{S}{S_{D3}}=\frac{S}{S_{14}}=\frac{3.96\times10^6}{196}=20204\ \text{MV}\cdot\text{A}$$

把 S_{Y1}、S_{Y2}、S_{Y3}写入图 2－8－9c 中，并进一步简化计算，如图 2－8－10 所示。

（5）S_2、S_{Y2}串联：

$$S_{16}=\frac{S_2S_{Y2}}{S_2+S_{Y2}}=\frac{200\times20204}{200+20204}=198\ \text{MV}\cdot\text{A}$$

（6）S_{11}、S_{12}串联：

$$S_{17}=\frac{S_{11}S_{12}}{S_{11}+S_{12}}=\frac{15\times4}{15+4}=3.2\ \text{MV}\cdot\text{A}$$

（7）S_{17}、S_{15}并联：

$$S_{18}=S_{17}+S_{15}=3.2+39=42.2\ \text{MV}\cdot\text{A}$$

（8）S_{Y1}、S_{18}串联：

$$S_{19}=\frac{S_{Y1}S_{18}}{S_{Y1}+S_{18}}=\frac{396\times42.2}{396+42.2}=38\ \text{MV}\cdot\text{A}$$

（9）S_{19}、S_{16}并联：

$$S_{20}=S_{16}+S_{19}=198+38=236\ \text{MV}\cdot\text{A}$$

（10）S_{Y3}、S_{20}串联：

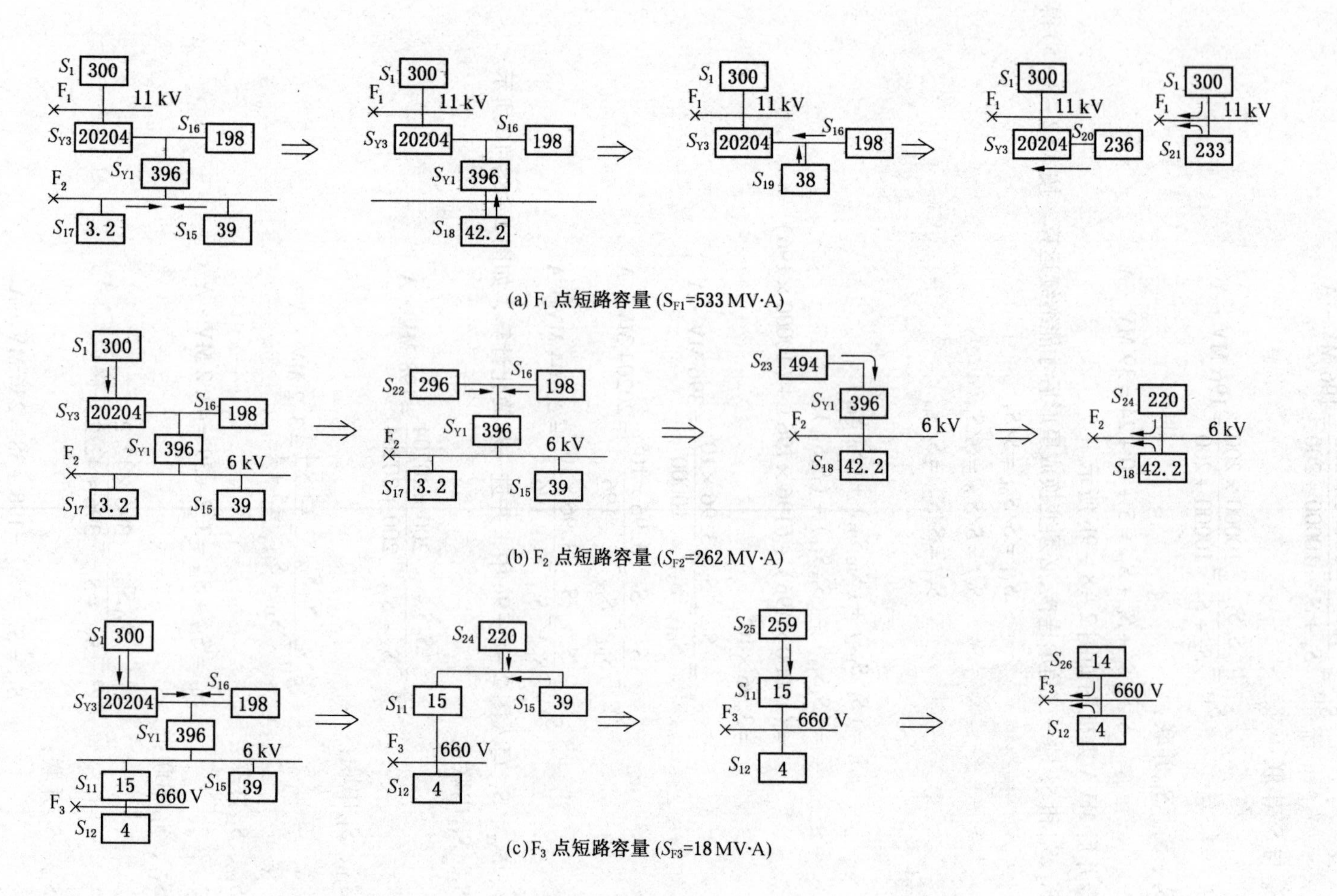

(a) F_1 点短路容量 (S_{F1}=533 MV·A)

(b) F_2 点短路容量 (S_{F2}=262 MV·A)

(c) F_3 点短路容量 (S_{F3}=18 MV·A)

图 2-8-10　例二 MVA 方框运算简化图之二

$$S_{21}=\frac{S_{Y3}S_{20}}{S_{Y3}+S_{20}}=\frac{20204\times 236}{20204+236}=233\ \text{MV}\cdot\text{A}$$

（11）F_1 点短路电流如图 2-8-10a 所示，则

$$S_{F1}=S_1+S_{21}=300+233=533\ \text{MV}\cdot\text{A}$$

$$I_{F1}=\frac{533}{\sqrt{3}\times 11}=28\ \text{kA}$$

2. 求 F_2 点短路电流（图 2-8-10b）

（1）S_1、S_{Y3}串联：

$$S_{22}=\frac{S_1 S_{Y3}}{S_1+S_{Y3}}=\frac{300\times 20204}{300+20204}=296\ \text{MV}\cdot\text{A}$$

（2）S_{16}、S_{22}并联：

$$S_{23}=S_{16}+S_{22}=296+198=494\ \text{MV}\cdot\text{A}$$

（3）S_{23}、S_{Y1}串联：

$$S_{24}=\frac{S_{23}S_{Y1}}{S_{23}+S_{Y1}}=\frac{494\times 396}{494+396}=220\ \text{MV}\cdot\text{A}$$

（4）F_2 点短路电流：

$$S_{F2}=S_{24}+S_{18}=220+42.2=262.2\ \text{MV}\cdot\text{A}$$

$$I_{F2}=\frac{262.2}{\sqrt{3}\times 6}=25.2\ \text{kA}$$

3. 求 F_3 点短路电流（图 2-8-10c）

（1）S_{24}、S_{15}并联：

$$S_{25}=S_{24}+S_{15}=220+39=259\ \text{MV}\cdot\text{A}$$

（2）S_{25}、S_{11}串联：

$$S_{26}=\frac{S_{25}S_{11}}{S_{25}+S_{11}}=\frac{259\times 15}{259+15}=14\ \text{MV}\cdot\text{A}$$

（3）F_3 点短路电流：

$$S_{F3}=S_{26}+S_{12}=14+4=18\ \text{MV}\cdot\text{A}$$

$$I_{F3}=\frac{18\times 1000}{\sqrt{3}\times 0.66}=15.8\ \text{kA}$$

四、MVA 法与欧姆法、标么值法的对比计算

以图 2-8-11 所示的供电系统为例，对三种计算方法进行对比计算。

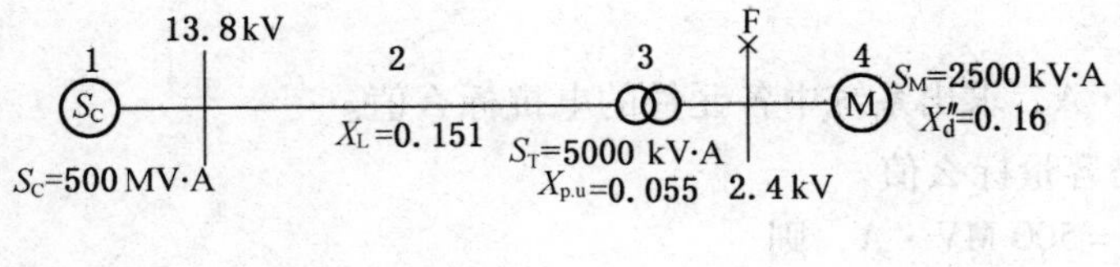

图 2-8-11 对比计算供电系统

(一) 欧姆法

1. 求出系统每一元件的欧姆值

(1) 系统短路容量。$S_C = 500$ MV · A，系统母线电压 $U = 13.8$ kV。

则
$$x_1 = \frac{1000(\text{kV})^2}{S_C\ (\text{kVA})} = \frac{1000 \times 13.8^2}{500000} = 0.38\ \Omega$$

(2) 线路电抗。

$$x_2 = x_L = 0.151\ \Omega$$

(3) 变压器电抗。变压器额定容量 $S_T = 5000$ kV · A，变压器阻抗百分值 $X_{p.u} = 0.055$，$U = 2.4$ kV。

则
$$x_3 = X_T = \frac{1000X_{p.u}(\text{kV})^2}{S_T(\text{kVA})} = \frac{1000 \times 0.055 \times 2.4^2}{5000} = 0.063\ \Omega$$

(4) 电动机电抗。电动机容量 $S_M = 2500$ kV · A，$X''_d = 0.16$，$U = 2.4$ kV。

则
$$x_4 = X_M = \frac{1000X''_d(\text{kV})^2}{S_M(\text{kVA})} = \frac{1000 \times 0.16 \times 2.4^2}{2500} = 0.369\ \Omega$$

2. 电压变换及简化计算

把系统中各元件变换至短路点电压的电抗值。

$$x_1 = 0.38\ \Omega \quad (13.8\ \text{kV})$$
$$x_2 = 0.151\ \Omega \quad (13.8\ \text{kV})$$

同电压相加：

$$x_{1+2} = x_1 + x_2 = 0.531\ \Omega$$

电压由 13.8 kV 变换至 2.4 kV 的电抗值为

$$x'_{1+2} = 0.531\left(\frac{2.4}{13.8}\right)^2 = 0.016\ \Omega$$

至故障点 F 的电抗值为

$$X_F = x'_{1+2} + x_3 = 0.016 + 0.063 = 0.079\ \Omega$$

故障点 F 的短路容量 $\text{MVA}_F = \dfrac{(\text{kV})^2}{X_F} = \dfrac{2.4^2}{0.079} = 72.9$ MV · A

考虑 F 点短路时电动机向短路点输送短路电流，X_F 与 X_M 并联，则

$$X_{F+M} = \frac{X_F X_M}{X_F + X_M} = \frac{0.079 \times 0.369}{0.079 + 0.369} = 0.0656\ \Omega$$

此时 F 点的短路容量为

$$\text{MVA}_{F+M} = \frac{(\text{kV})^2}{X_{F+M}} = \frac{2.4^2}{0.0656} = 88\ \text{MV · A}$$

(二) 标么值法

1. 取基础容量

$S_b = 500$ MV · A，求出系统中各元件的电抗标么值。

1) 系统短路容量标么值

短路容量 $S_C = 500$ MV · A，则

$$X_1^* = X_{p.u(1)} = \frac{S_b}{S_C} = \frac{500}{500} = 1$$

2）线路电抗标么值

$$X_2^* = X_{p.u(2)} = \frac{S_b X}{U^2} = \frac{500000 \times 0.151}{(13.8 \times 1000)^2} = 0.396$$

3）变压器电抗标么值

$$X_3^* = X_{p.u(3)} = \frac{X_{p.u} S_b}{S_T} = \frac{0.055 \times 500000}{5000} = 5.5$$

4）电动机电抗标么值

$$X_4^* = X_{p.u(4)} = \frac{X''_d S_b}{S_M} = \frac{0.16 \times 500000}{2500} = 32$$

2. 网络简化计算

X_1^*、X_2^*、X_3^* 串联：

$$X_\Sigma^* = X_1^* + X_2^* + X_3^* = 1.0 + 0.396 + 5.5 = 6.896$$

X_4^* 与 X_Σ^* 并联：

$$X_{F \cdot M}^* = \frac{X_4^* X_\Sigma^*}{X_4^* + X_\Sigma^*} = \frac{6.896 \times 32}{6.896 + 32} = 5.67$$

3. F 点短路容量

$$MVA_F = \frac{S_b}{X_\Sigma^*} = \frac{500000}{6.896} = 72.6 \text{ MV} \cdot \text{A}$$

$$MVA_{F+M} = \frac{S_b}{X_{F \cdot M}^*} = \frac{500000}{5.67} = 88.2 \text{ MV} \cdot \text{A}$$

（三）MVA 法

1. 用 MVA 表示系统各元件

1）系统短路容量

$$S_C = 500 \text{ MV} \cdot \text{A}$$

$$MVA_1 = 500 \text{ MV} \cdot \text{A}$$

2）13.8 kV 线路的电抗

$$X_{(ohm)} = 0.151$$

$$MVA_2 = \frac{(kV)^2}{X_{(ohm)}} = \frac{13.8^2}{0.151} = 1260 \text{ MV} \cdot \text{A}$$

3）变压器

变压器容量： $MVA_T = 5 \text{ MV} \cdot \text{A}$

阻抗百分值： $X_{p.u} = 0.055$

$$MVA_3 = \frac{MVA_T}{X_{p.u}} = \frac{5}{0.055} = 91 \text{ MV} \cdot \text{A}$$

4）电动机

电动机容量： $MVA_M = 2.5 \text{ MV} \cdot \text{A}$

次暂态电抗： $X''_d = 0.16$

$$MVA_4 = \frac{MVA_T}{X''_d} = \frac{2.5}{0.16} = 15.6 \text{ MV} \cdot \text{A}$$

2. 简化合并（图 2－8－12）

MVA_1、MVA_2、MVA_3 串联，可得

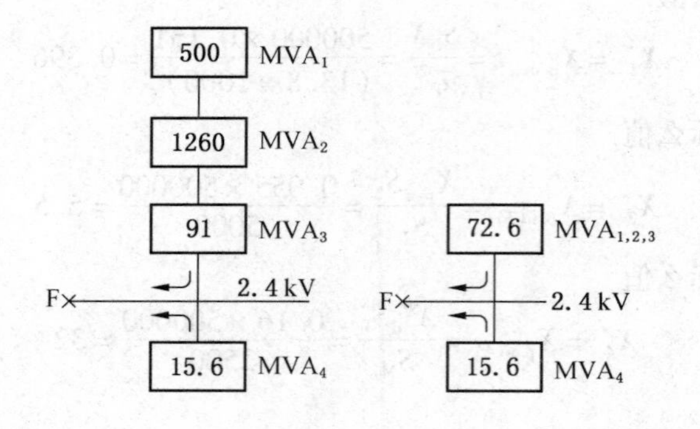

图 2-8-12　简化合并

$$MVA_{1,2,3}=\frac{MVA_1MVA_2MVA_3}{(MVA_1MVA_2)+(MVA_1MVA_3)+(MVA_2MVA_3)}$$

$$=\frac{500\times1260\times91}{(500\times1260)+(500\times91)+(1260\times91)}=72.6\ MV\cdot A$$

3. F 点的短路容量

$$MVA_F=MVA_{1,2,3}+MVA_4=72.6+15.6=88.2\ MV\cdot A$$

（四）三种计算方法结果比较（表 2-8-2）

表 2-8-2　三种计算方法结果比较

故障点	计算方法		
	欧姆法	标么值法	MVA 法
在 2.4 kV 母线短路（无电动机）时	72.9 MV · A	72.6 MV · A	72.6 MV · A
在 2.4 kV 母线短路（有电动机）时	88 MV · A	88.2 MV · A	88.2 MV · A

从表 2-8-2 可知，上述三种方法计算结果是相同的。使用 MVA 法有以下优点：

（1）标么值法要先取一基础值算出系统中各元件的标么值，再进行各项计算，MVA 法可省去此环节。

（2）欧姆法计算出各元件的电抗值，要进行不同电压换算环节，MVA 法无此环节。

（3）无论是欧姆法还是标么值法，其换算公式均比较多，不易记忆。MVA 法只有两个基本公式。

（4）欧姆法和标么值法在阻抗的电压换算和基础值倒换计算时，往往在小数点中运算容易出错，而 MVA 法一般在大数、整数中运算。

五、MVA 法计算非对称性短路电流

（一）常用基本公式

$$U_a=U_0+U_1+U_2$$

$$U_b=U_0+a^2U_1+aU_2$$

$$U_c = U_0 + aU_1 + a^2U_2$$

$$U_0 = \frac{1}{3}(U_a + U_b + U_c)$$

$$U_1 = \frac{1}{3}(U_a + aU_b + a^2U_c)$$

$$U_2 = \frac{1}{3}(U_a + a^2U_b + aU_c)$$

$$I_a = I_0 + I_1 + I_2$$

$$I_b = I_0 + a^2I_1 + aI_2$$

$$I_c = I_0 + aI_1 + a^2I_2$$

$$I_0 = \frac{1}{3}(I_a + I_b + I_c)$$

$$I_1 = \frac{1}{3}(I_a + aI_b + a^2I_c)$$

$$I_2 = \frac{1}{3}(I_a + a^2I_b + aI_c)$$

（二）非对称性短路

1. 单相接地短路

三相电网 A 相接地短路如图 2－8－13 所示。

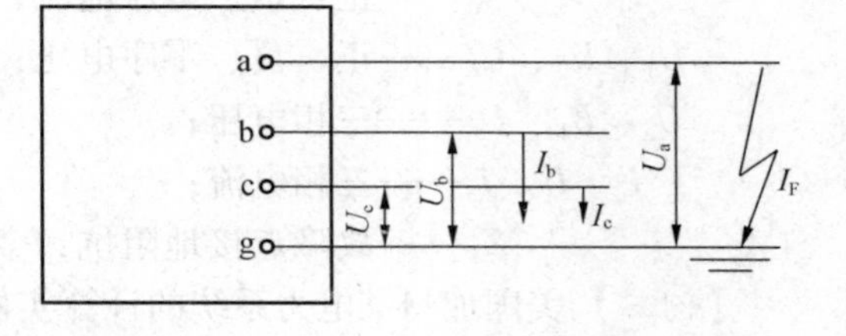

图 2－8－13　A 相接地短路图

（1）当 A 相接地时，$U_a = 0$，$I_b = 0$，$I_c = 0$。

从基本公式可得以下关联式：

$$I_b = I_0 + a^2I_1 + aI_2 = 0$$

$$I_c = I_0 + aI_1 + a^2I_2 = 0$$

$$I_0 + a^2I_1 + I_2 = I_0 + aI_1 + a^2I_2$$

$$I_1(a^2 - a) = I_2(a^2 - a)$$

$$I_1 = I_2 \qquad (2-8-10)$$

$$I_b = I_0 + I_1(a^2 + a) = 0$$

$$a^2 + a = -1$$

$$I_b = I_0 - I_1 = 0$$

$$I_0 = I_1$$

代入式（2－8－10）得

$$I_0 = I_1 = I_2$$

代入基本公式 $I_a = I_0 + I_1 + I_2$，可得

$$I_a = 3I_0$$

$$I_0 = \frac{1}{3}I_a$$

（2）单相接地时如图 2－8－14 所示。

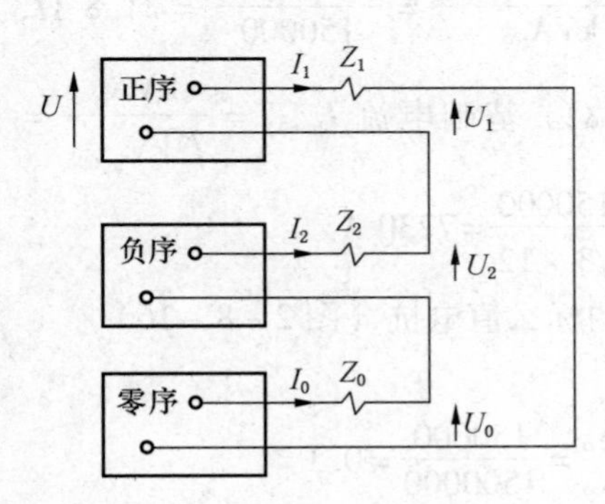

图 2－8－14　单相接地对称分量等值回路图

$$U = U_1 + I_1Z_1$$

$$U_1 = U - I_1Z_1$$

$$U_2 + I_2Z_2 = 0$$

$$U_0 + I_0Z_0 = 0$$

由于

$$I_1 = I_2 = I_0$$

$$U_a = U_1 + U_2 + U_0 = 0$$

$$U_a = U - I_1Z_1 - I_2Z_2 - I_0Z_0 = 0$$

$$I_1 = I_2 = I_0 = \frac{U}{Z_1 + Z_2 + Z_0}$$

$$I_a = I_1 + I_2 + I_0 = 3I_1$$

当A相接地短路时，$I_a = I_F$。因此单相接地短路电流：

$$I_F = \frac{3U}{Z_1 + Z_2 + Z_0} \quad (2-8-11)$$

如单相接地不是金属短路，而是经一阻抗 Z_F 接地，则式（2－8－11）可改写为

$$I_F = \frac{3U}{Z_1 + Z_2 + Z_0 + 3Z_F}$$

式中 U——电网电压；

Z_1、Z_2、Z_0——正、负、零序阻抗；

I_1、I_2、I_0——正、负、零序电流；

U_1、U_2、U_0——正、负、零序电压；

U_a、U_b、U_c——三相电压；

I_a、I_b、I_c——三相电流；

Z_F——故障点接地阻抗，金属短路时 $Z_F = 0$。

【例三】美国加州某电力系统的计算实例如图2－8－15所示。试计算：①F点三相短路电流；②F点单相接地短路电流；③F点两相接地短路电流。分别用标么值和MVA法计算。

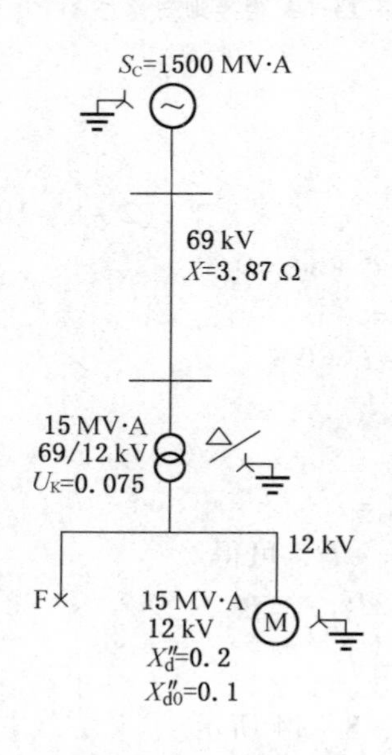

图2－8－15 例三系统接线图

（一）标么值法

1. 计算F点三相短路电流

1）设基础容量

$kVA_b = 150$ MV·A，基础电压 kV_b 为69 kV和12 kV，则基础阻抗 $X_{b(69)} = \frac{(kV_b)^2 \times 1000}{kVA_b} = \frac{69^2 \times 1000}{150000} = 31.8\ \Omega$，$X_{b(12)} = \frac{12^2 \times 1000}{150000} = 0.96\ \Omega$。基础电流 $I_{b(69)} = \frac{kVA_b}{\sqrt{3}kV_{b(69)}} = \frac{150000}{\sqrt{3} \times 69} = 1250$ A，$I_{b(12)} = \frac{150000}{\sqrt{3} \times 12} = 7230$ A。

2）计算系统各元件的标么值电抗（图2－8－16）

电源阻抗标么值：

$$X_S^* = \frac{kVA_b}{kVA_C} = \frac{150000}{1500000} = 0.1$$

变压器阻抗标么值：

$$X_T^* = U_K\frac{kVA_b}{kVA_T} = 0.075 \times \frac{150000}{15000} = 0.75$$

线路阻抗标么值：

$$X_L^* = \frac{X_L}{X_{b(69)}} = \frac{3.87}{31.8} = 0.121$$

电动机次暂态阻抗标么值：

$$X_{Md_1}^{*\prime\prime} = X_d'' \frac{KVA_b}{KVA_M} = 0.2 \times \frac{150000}{15000} = 2.0$$

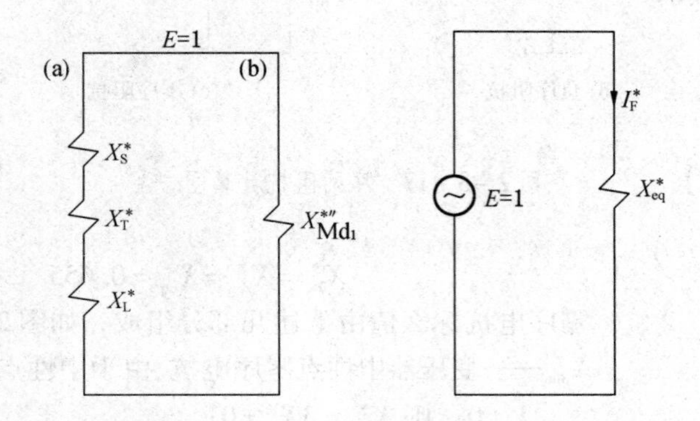

图 2-8-16　例三三相短路电流计算等值阻抗图

支路（a）标么值电抗：

$$\begin{aligned} X_a^* &= X_S^* + X_L^* + X_T^* \\ &= 0.1 + 0.121 + 0.75 \\ &= 0.971 \end{aligned}$$

支路（b）标么值电抗：

$$X_b^* = X_{Md_1}^{*\prime\prime} = 2.0$$

等值标么值电抗：

$$X_{eq}^* = \frac{X_a^* X_b^*}{X_a^* + X_b^*} = \frac{0.971 \times 2}{0.971 + 2} = 0.655 \qquad (2-8-12)$$

F 点三相短路电流：

$$I_F^* = \frac{E}{X_{eq}^*}$$

$$I_F = I_F^* I_{b(12)} = \frac{E}{X_{eq}^*} I_{b(12)} = \frac{1}{0.655} \times 7230 = 11000 \text{ A}$$

2. 计算 F 点单相接地短路电流

按式（2-8-11）得

$$I_1 = I_2 = I_0 = \frac{E}{X_1^* + X_2^* + X_0^*}$$

式中　E——电压标么值，取 $E=1$；

X_1^*、X_2^*、X_0^*——正序、负序、零序电抗标么值。

序网阻抗计算图如图 2-8-17 所示。

正序与负序电抗标么值基本相同，见式（2-8-12）计算结果。

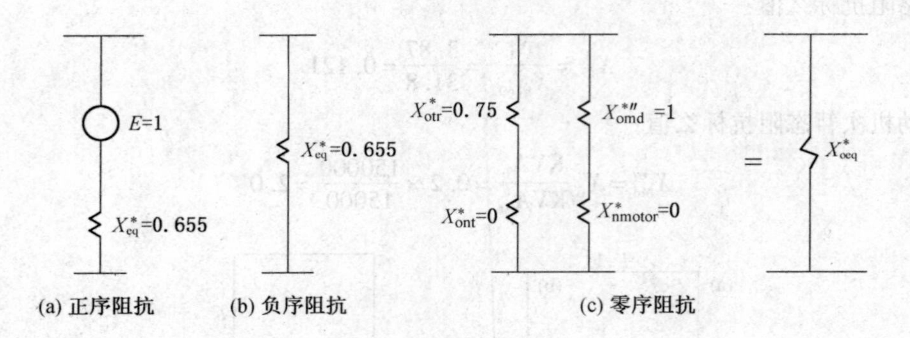

图 2-8-17 序网阻抗计算图

$$X_1^* = X_2^* = X_{eq}^* = 0.655$$

零序电抗标么值由下述几部分组成，如图 2-8-17c 所示。

X_{ont}^*——变压器中性点零序电抗，由于中性点直接接地电抗 $X_n = 0$，则 $X_{ont}^* = 3X_n = 0$；

X_{otr}^*——变压器零序电抗，基本与正序、负序电抗相等，$X_{otr}^* = X_{1tr(正序电抗)}^* = X_{2tr}^*$（负序电抗）$= 0.075 \times \dfrac{150000}{15000} = 0.75$；

X_{nmotor}^*——电动机中性点直接接地。因此，电动机的零序电抗为 0；

$X_{omd}^{*''}$——电动机次暂态零序电抗，为正序电抗的一半，$X_{omd}^{*''} = \dfrac{1}{2}X_{Md}^{*''}$（正序电抗）$= \dfrac{1}{2} \times 0.2 \times \dfrac{150000}{15000} = 1.0$；

X_{oeq}^*——零序等值电抗，$X_{oeq}^* = \dfrac{X_{otr}^* X_{omd}^{*''}}{X_{otr}^* + X_{omd}^{*''}} = \dfrac{0.75 \times 1.0}{0.75 + 1.0} = 0.428$。

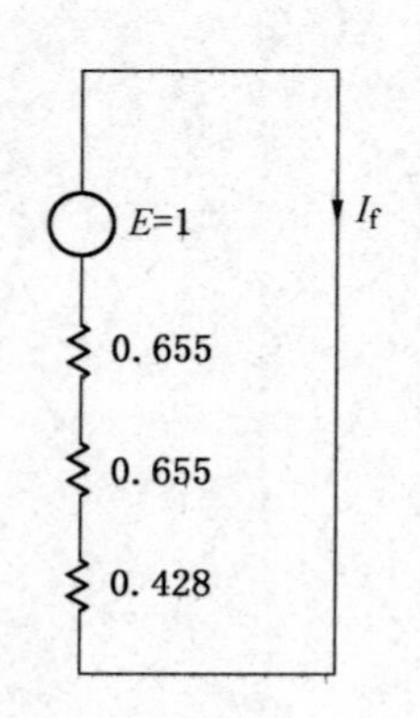

图 2-8-18 单相接地短路电流

按式(2-8-11)计算单相接地短路正序电流(图 2-8-18)：

$$I_1^* = \frac{U}{X_1^* + X_2^* + X_0^*} = \frac{1}{0.655 + 0.655 + 0.428} = \frac{1}{1.738} = 0.575$$

A 相接地短路电流标么值：

$$I_{Fa}^* = (I_{a1} + I_{a2} + I_{a0}) = 3I_1^* = 3 \times 0.575 = 1.72$$

A 相接地短路电流：

$$I_{Fa} = I_{Fa}^* \times I_{b(12)} = 1.72 \times \frac{150000}{\sqrt{3} \times 12} = 1.72 \times 7230 = 12400 \text{ A}$$

F 点经阻抗 X_f 接地，则

$$I_1^* = I_2^* = I_0^* = \frac{U}{X_1^* + X_2^* + X_0^* + 3X_f^*}$$

$X_f = 0.1$ 时

$$X_f^* = \frac{0.1}{X_{b(12)}} = \frac{0.1}{0.96} = 0.1$$

则

$$I_1^* = \frac{1}{1.72 + 0.3} = 0.491$$

$$I_{Fa}^* = 3 \times 0.491 = 1.472$$

$$I_{Fa} = 1.472 \times 7230 = 10600 \text{ A}$$

3. 计算 F 点两相接地短路电流（图 2-8-19）

$$I_a = 0$$

$$U_b = 0$$

$$U_c = 0$$

按对称分量法的基本公式 $I_a = I_0 + I_1 + I_2 = 0$，相应的等值回路如图 2-8-20 所示。则故障点 F 电流：

$$I_F = I_b + I_c$$

$$I_b = I_0 + a^2 I_1 + a I_2$$

$$I_c = I_0 + a I_1 + a^2 I_2$$

$$\begin{aligned} I_F &= 2I_0 + (a^2 + a) I_1 + (a + a^2) I_2 \\ &= 2I_0 + (a^2 + a)(I_1 + I_2) \\ &= 2I_0 + I_0 = 3I_0 \end{aligned}$$

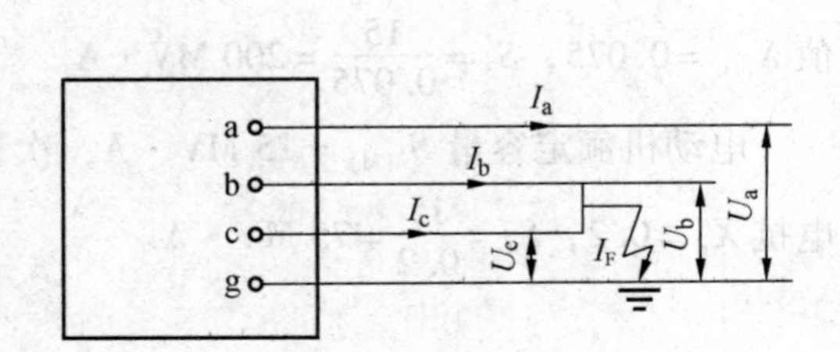

图 2-8-19 两相接地短路

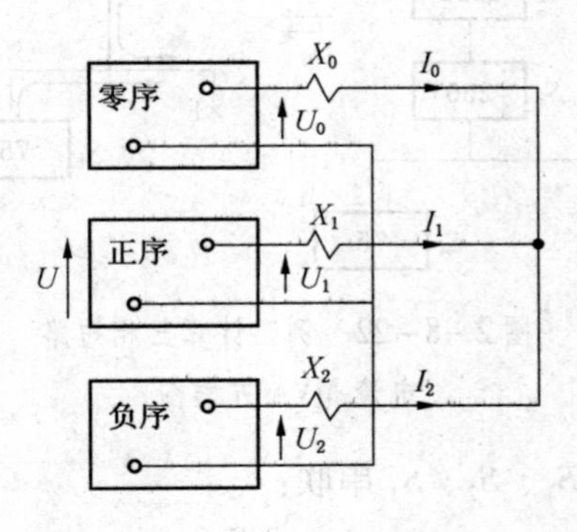

图 2-8-20 两相接地短路对称分量等值回路图

由于 $I_a = I_0 + I_1 + I_2 = 0$，及 $(a^2 + a) = -1$。则 $I_0 = -(I_1 + I_2)$。用标么值法计算两相接地短路的等值阻抗如图 2-8-21 所示。

正序电流标么值：

$$I_1^* = \frac{E}{X_1^* + \dfrac{X_2^* X_0^*}{X_2^* + X_0^*}} = \frac{1}{0.655 + \dfrac{0.655 \times 0.428}{0.655 + 0.428}} = 1.09$$

零序电流标么值：

$$I_0^* = I_1^* \frac{X_2^*}{X_0^* + X_2^*} = 1.09 \times \frac{0.655}{0.655 + 0.428} = 0.66$$

$$I_F^* = 3I_0^* = 3 \times 0.66 = 1.978$$

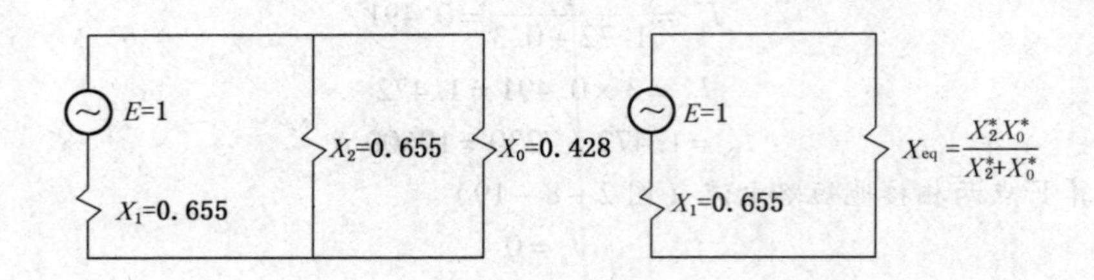

图 2-8-21 标么值法计算两相接地短路等值阻抗图

F 点短路电流：

$$I_F = I_F^* I_{b(12)} = 1.979 \times 7230 = 14300 \text{ A}$$

（二）MVA 法

1. 计算 F 点三相短路电流

系统中各元件用 MVA 量表示，如图 2-8-22 所示。

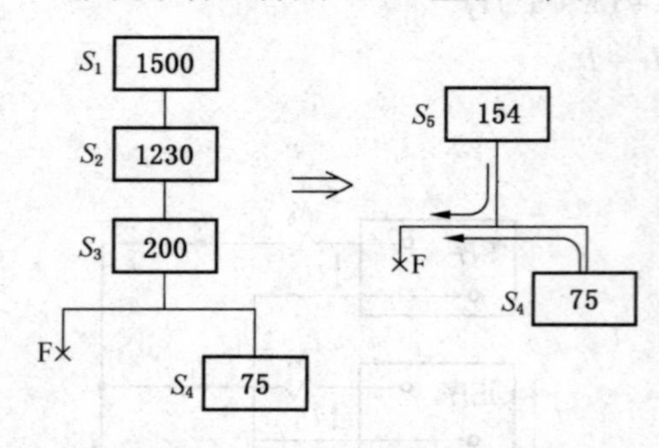

图 2-8-22 例三计算三相短路电流 MVA 方框图

系统短路容量 $S_C = 1500$ MV·A，$S_1 = 1500$ MV·A。

电压为 69 kV 线路，线路电抗 $X = 3.87\ \Omega$，$S_2 = \frac{69^2}{3.87} = 1230$ MV·A。

变压器额定容量 $S_{n(T)} = 15$ MV·A，电抗百分值 $X_{p.u} = 0.075$，$S_3 = \frac{15}{0.075} = 200$ MV·A。

电动机额定容量 $S_{n(M)} = 15$ MV·A，次暂态电抗 $X''_d = 0.2$，$S_4 = \frac{15}{0.2} = 75$ MV·A。

S_1、S_2、S_3 串联：

$$S_5 = \frac{S_1 S_2 S_3}{S_1 S_2 + S_1 S_3 + S_2 S_3} = \frac{1500 \times 1230 \times 200}{(1500 \times 1230) + (1500 \times 200) + (1230 \times 200)}$$

$$= \frac{369 \times 10^6}{2391 \times 10^3} = 154 \text{ MV·A}$$

F 点三相短路容量：

$$S_F = S_5 + S_4 = 154 + 75 = 229 \text{ MV·A}$$

F 点短路电流：

$$I_F = \frac{229 \times 10^6}{\sqrt{3} \times 12} = 11030 \text{ A}$$

2. 计算 F 点单相接地短路电流

单相接地短路电流 $I_F = I_1 + I_2 + I_0$，由于 $I_1 = I_2 = I_0$，因此根据式（2-8-11）$I_F = 3I_1 = \frac{3U}{X_1 + X_2 + X_0}$。F 点单相接地电流由相同的 3 个并联支路组成，如图 2-8-23 所示。

在三相短路计算中，已知在 12 kV 母线短路时的短路容量为 229 MV·A。由于短路时

正序短路容量与负序相等，因此

$$S_1 = S_2 = 229\ \text{MV}\cdot\text{A}$$

零序短路容量要进行以下计算，从系统图（图 2-8-15）中可以看出，12 kV 母线短路时，只有变压器二次侧和电动机的零序电流流向故障 F 点。由于变压器一次侧是三角形接线，阻断自系统流向故障点的零序电流。因此，当 12 kV 母线发生故障时，只有变压器及电动机的零序电流流向故障点。零序短路容量 MVA 方框图如图 2-8-24 所示。变压器的零序电抗与正序、负序电抗相差很小，可认为相同。因此（变压器零序短路容量）S_{0T} =（变压器正序短路容量）S_{1T} =（变压器负序短路容量）$S_{2T} = \dfrac{S_{n(T)}}{X_{p.u}} = \dfrac{15}{0.075} = 200\ \text{MV}\cdot\text{A}$

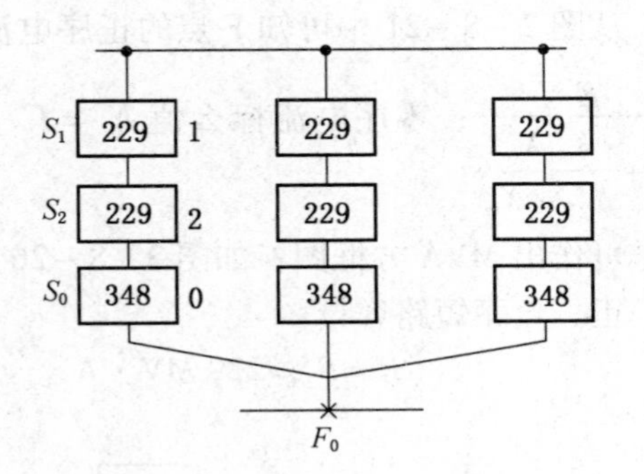

图 2-8-23 单相接地 MVA 方框图

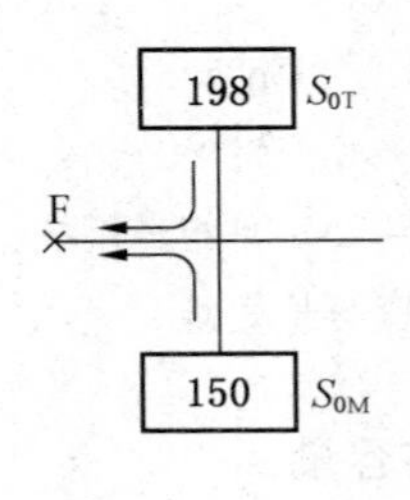

图 2-8-24 零序短路容量方框图

电动机的零序电抗约为正序电抗的一半。电动机零序次暂态电抗 $X''_{od} = \dfrac{1}{2}X''_d = 0.1$，因此，电动机的零序短路容量：

$$S_{0M} = \frac{15}{0.1} = 150\ \text{MV}\cdot\text{A}$$

流向 F 点的零序短路容量：

$$S_0 = S_{0T} + S_{0M} = 198 + 150 = 348\ \text{MV}\cdot\text{A}$$

图 2-8-23 所示为相同三支路并联，求出其中一支路的 MVA 值再乘 3，即为 F 点的短路容量。

S_1、S_2 串联：

$$S_{1,2} = \frac{229}{2} = 114.5\ \text{MV}\cdot\text{A}$$

S_0、$S_{1,2}$ 串联：

$$S_{0\cdot(1,2)} = \frac{S_0 \cdot S_{1,2}}{S_0 + S_{1,2}} = \frac{114.5 \times 348}{114.5 + 348} = 86\ \text{MV}\cdot\text{A}$$

故障点 F 短路容量：

$$S_F = 3 \times 86 = 258\ \text{MV}\cdot\text{A}$$

故障点 F 短路电流：

$$I_F = \frac{258 \times 1000}{\sqrt{3} \times 12} = 12400\ \text{A}$$

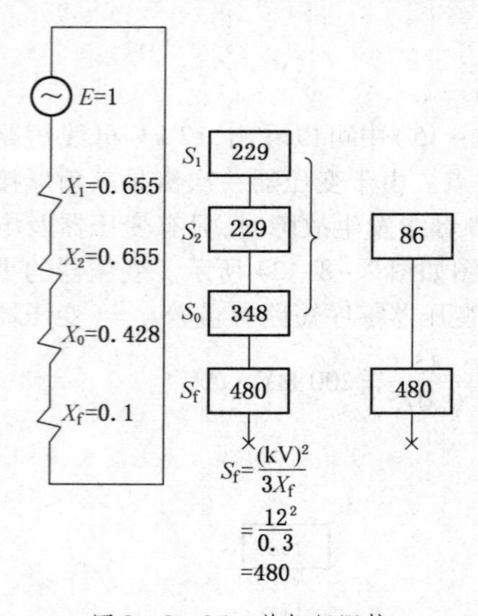

图 2－8－25　单相经阻抗 X_f 接地短路

F 点经阻抗 $X_f=0.1\ \Omega$ 接地，MVA 方框图如图 2－8－25 所示。

单相经 X_f 接地的短路容量：

$$S_F=\text{MVA}_{F0}=3\times\left(\frac{86\times480}{86+480}\right)=219\ \text{MV}\cdot\text{A}$$

单相经 X_f 接地短路电流：

$$I_F=\frac{219\times1000}{\sqrt{3}\times12}=10550\ \text{A}$$

3. 计算 F 点两相接地短路电流

从图 2－8－21 中可知 F 点的正序电流标么值 $I_1^*=\dfrac{E}{X_1^*+\dfrac{X_2^*X_0^*}{X_2^*+X_0^*}}$；零序电流标么值 $I_0^*=I_1^*\dfrac{X_2^*}{X_0^*+X_2^*}$。据此，可作出 MVA 方框图，如图 2－8－26 所示。

正、负序短路容量：

$$S_1=S_2=229\ \text{MV}\cdot\text{A}$$

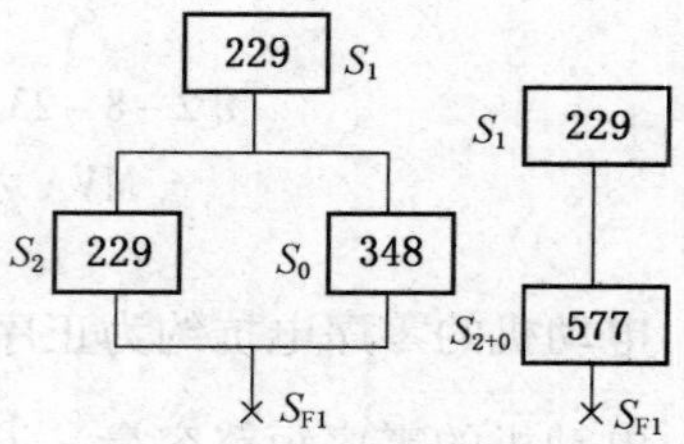

图 2－8－26　两相接地短路 MVA 方框图

零序短路容量：

$$S_0=348\ \text{MV}\cdot\text{A}$$

S_2、S_0 并联：

$$S_{2+0}=229+348=577\ \text{MV}\cdot\text{A}$$

F 点正序短路容量：

$$S_{F1}=\frac{S_1S_{2+0}}{S_1+S_{2+0}}=\frac{229\times577}{229+577}=163.9\ \text{MV}\cdot\text{A}$$

F 点零序短路容量：

$$S_{F0}=S_{F1}\frac{S_0}{S_0+S_2}=163.9\times\frac{348}{348+229}=98.8\ \text{MV}\cdot\text{A}$$

F 点两相接地短路容量：

$$S_F=3S_{F0}=3\times98.8=296.4\ \text{MV}\cdot\text{A}$$

$$I_F=\frac{296.4\times1000}{\sqrt{3}\times12}=14270\ \text{A}$$

六、大型电动机启动压降计算

图 2－8－27 所示为一大型电动机的供电系统。一台 4000 kW 电动机接在 11 kV 母线，计算启动时的压降。

1. 标么值法

不计电阻分量的等值回路图（图 2－8－28），取基值，$S_b=100\ \text{MV}\cdot\text{A}$。

系统电抗标么值：

$$X_{sys}=\frac{100}{500}=0.2$$

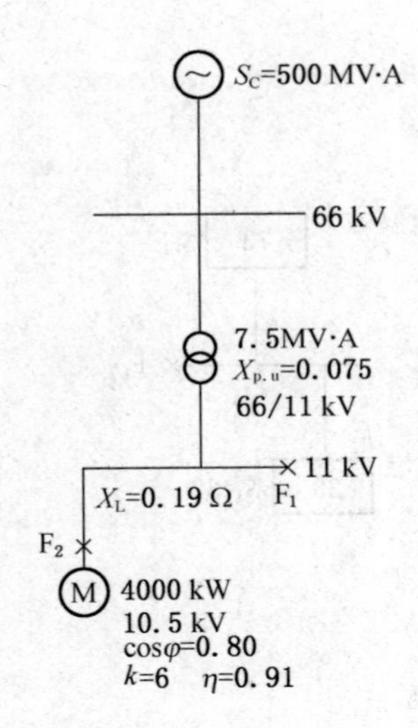

图 2-8-27　供电系统

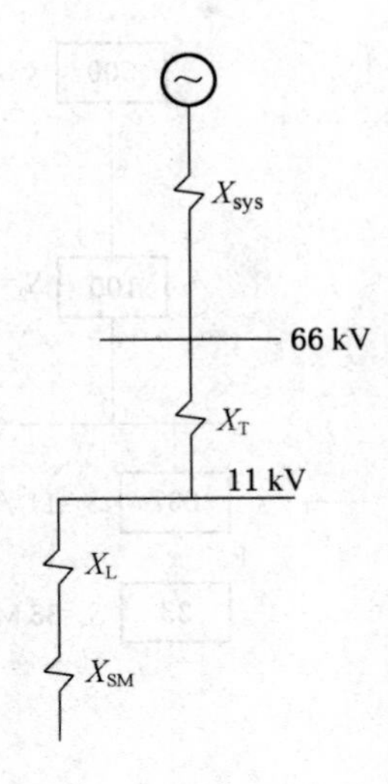

图 2-8-28　标么值法

变压器电抗标么值：

$$X_T = \frac{0.075}{7.5} \times 100 = 1$$

线路电抗标么值：

$$X_L = \frac{100 \times 0.19 \times 10^6}{(11 \times 1000)^2} = 0.157$$

电动机电抗标么值：

电动机容量：

$$S_{SM} = \frac{4000}{\cos\varphi\eta} = \frac{4000}{0.8 \times 0.91} = 5500 \text{ kW}$$

电动机启动容量：

$$S_{SM'} = kS_{SM} = 6 \times 5500 = 33 \text{ MV} \cdot \text{A}$$

标么值：

$$X_{SM'} = \frac{100}{33} = 3.03$$

$$\text{起动电压降} = \frac{X_{sys} + X_T + X_L}{X_{sys} + X_T + X_L + X_{SM'}} = \frac{0.2 + 1 + 0.157}{0.2 + 1 + 0.157 + 3.03}$$

$$= \frac{1.357}{4.387} = 0.31 = 31\%$$

2. MVA 法（图 2-8-29）

$$S_1 = S_{sys} = 500 \text{ MV} \cdot \text{A}$$

$$S_2 = S_T = \frac{7.5}{0.075} = 100 \text{ MV} \cdot \text{A}$$

$$S_3 = \frac{11^2}{0.19} = 637 \text{ MV} \cdot \text{A}$$

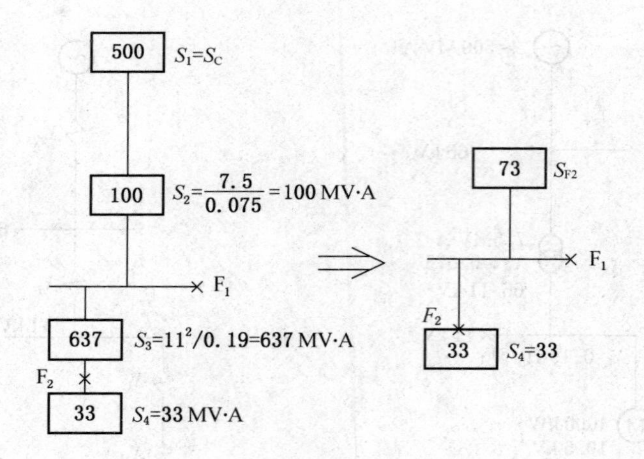

图 2-8-29 MVA 法

$$S_4 = S_{SM'} = 33 \text{ MV} \cdot \text{A}$$

$$S_{F2} = S_{1\cdot2\cdot3} = \frac{S_1S_2S_3}{S_1S_2 + S_1S_3 + S_2S_3}$$

$$= \frac{500\times100\times637}{(500\times100)+(500\times637)+(100\times637)}$$

$$= 73 \text{ MV} \cdot \text{A}$$

$$\text{起动电压降} = \frac{\text{电动机起动容量}\ (S_{SM'})}{(S_{F2})\ \text{电动机进线端短路容量} + S_{SM'}}$$

$$= \frac{33}{73+33}$$

$$= 0.31$$

$$= 31\%$$

电动机起动的电压为 $(1-0.31)U_N = 0.69U_N$（额定电压）。

本章编写人：吴荣光

第三章 地面高压电气设备的选择与校验

第一节 选择与校验的通用规则

一、选择常用电气设备的一般技术条件

（一）技术条件

选择的高压电器，应能在长期工作条件下和发生过电压、过电流的情况下保持正常运行。

长期工作条件：需按下列几个参数进行选择。

（1）电压：选用的电气设备允许最高工作电压 U_{max} 不得低于该回路的最高运行电压 U_r。即

$$U_{max} \geqslant U_r$$

（2）电流：选用的电气设备额定电流 I_n 不得低于所在回路在各种可能运行方式下的持续工作电流 I_w。即

$$I_n \geqslant I_w$$

由于变压器短时过载能力很大，双回路出线的工作电流变化幅度也较大，故在计算工作电流时，应根据实际需要确定。而高压电器没有明确的过载能力，所以在选择其额定电流时，应满足各种可能运行方式下，回路持续工作电流的要求。当高压电器的额定环境温度与实际工作环境温度不一致时，电器的最大允许工作电流应按表 3－1－1 进行修正。

表 3－1－1　高压电器最大工作电压及在不同环境温度下的最大允许电流

<table>
<tr><th colspan="2">项　　目</th><th>支持绝缘子</th><th>穿墙套管</th><th>隔离开关</th><th>断路器</th><th>电流互感器</th><th>限流电抗器</th><th>负荷开关</th><th>熔断器</th><th>电压互感器</th></tr>
<tr><td colspan="2">最大工作电压</td><td colspan="4">$1.5U_n$</td><td colspan="2">$1.1U_n$</td><td colspan="2">$1.15U_n$</td><td>$1.1U_n$</td></tr>
<tr><td rowspan="2">最大允许电流</td><td>当 $\theta < \theta_n$ 时</td><td></td><td colspan="4">环境温度每降低 1 ℃，可增加 0.5% I_n，但最大不得超过 20%</td><td colspan="3">I_n</td><td></td></tr>
<tr><td>当 $\theta_n < \theta \leqslant$ 60 ℃时</td><td></td><td colspan="6">环境温度每升高 1 ℃，应减少 1.8% I_n</td><td colspan="2"></td></tr>
</table>

注：表中 U_n 为电器额定电压，kV；I_n 为电器额定电流，A；θ 为实际环境温度，℃；θ_n 为额定环境温度，普通型和湿热带型为 40 ℃，干热带型为 45 ℃。

（3）机械荷载：所选电器端子的允许荷载，应大于电器引线在正常运行和短路时的最

大作用力。电器机械荷载的安全系数，由制造厂在产品制造中统一考虑。如选择套管和绝缘子时的安全系数。

（二）校验方法

（1）校验的一般原则：当电器选定之后，应按最大可能通过的短路电流进行动稳定、热稳定校验。校验所用的短路电流一般取三相短路时的短路电流。若发电机出口的两相短路、中性点直接接地系统中自耦变压器等回路中的单相或两相接地短路电流较三相短路电流更大时，则应按较大的数值来校验。用熔断器保护的导体和电器，可不进行热稳定校验。当熔断器具有限流作用时，可不校验其动稳定。用熔断器保护的电压互感器回路，可不进行动稳定、热稳定校验。悬式绝缘子可不校验动稳定。

（2）短路的热稳定校验：

$$I_t^2 t > Q_t$$

$$t_c = t_b + t_d$$

式中　Q_t——在计算时间 t_c 内短路电流的热效应，$kA^2 \cdot s$；

I_t——时间 t 内设备允许通过的热稳定电流有效值，kA；

t——设备允许通过的热稳定电流时间，s；

t_b——继电保护装置后备保护动作时间，s；

t_d——断路器的全分闸时间，s。

采用无延时保护时，t_c 可取表 3－1－2 中的数据。该数据为继电保护装置的起动机构和执行机构的动作时间、断路器的固有分闸时间，以及断路器触头电弧持续时间的总和。当继电保护装置有延时整定时，则 t_c 应为表 3－1－2 中的数据加上相应的整定时间。

表 3－1－2　校验热效应的计算时间　　s

断路器开断速度	断路器的全分闸时间 t_d	计算时间 t_c
高速断路器	<0.08	0.1
中速断路器	0.08～0.12	0.15
低速断路器	>0.12	0.2

（3）短路的动稳定校验：电器允许通过的极限电流峰值 i_{df}，应不小于短路冲击电流峰值 i_{ch}；电器允许通过的极限电流有效值 I_{df}，应不小于短路全电流有效值 I_{ch}。

$$i_{df} \geqslant i_{ch}$$

$$I_{df} \geqslant I_{ch}$$

二、按绝缘水平确定

在工作电压和过电压的作用下，电气设备的内外绝缘应保证必要的可靠性。电气设备的绝缘水平，应按电网中出现的各种过电压和保护设备相应的保护水平来确定。当所选电气设备的绝缘水平低于国家规定的标准数值时，应通过绝缘配合计算，选用适当的过电压保护设备。

三、按环境条件确定

（1）温度：选择电气设备用的环境温度按表3－1－3选取。按《高压开关设备和控制设备标准的共同技术要求》（GB/T 11022—2011）的规定，当普通高压电气设备在环境最高温度为40 ℃时，允许按额定电流长期工作；当电气设备安装点的环境温度高于40 ℃，但不高于60 ℃时，每升高1 ℃，建议额定电流减少1.8%；当低于40 ℃时，每降低1 ℃，建议额定电流增加0.5%，但总的增加值不得超过额定电流的20%。

表3－1－3　选择电气设备的环境温度

<table>
<tr><th rowspan="2">类别</th><th rowspan="2">安装场所</th><th colspan="2">环境温度</th></tr>
<tr><th>最高</th><th>最低</th></tr>
<tr><td rowspan="2">裸导体</td><td>屋外</td><td>最热月平均最高温度</td><td rowspan="6">年最低温度</td></tr>
<tr><td>屋内</td><td>该处通风设计温度。当无资料时，可取最热月平均最高温度加5 ℃</td></tr>
<tr><td rowspan="4">电缆</td><td>屋外电缆沟</td><td>最热月平均最高温度</td></tr>
<tr><td>屋内电缆沟</td><td>屋内通风设计温度。当无资料时，可取最热月平均最高温度加5℃</td></tr>
<tr><td>电缆隧道</td><td>有机械通风时，取该处通风设计温度；无机械通风时，取最热月的日最高温度平均值加5 ℃</td></tr>
<tr><td>土中直埋</td><td>最热月的平均地温</td></tr>
<tr><td rowspan="3">高压电器</td><td>屋外</td><td>年最高温度</td><td rowspan="3">年最低温度</td></tr>
<tr><td>屋内电抗器</td><td>该处通风设计最高排风温度</td></tr>
<tr><td>屋内其他处</td><td>该处通风设计温度。当无资料时，可取最热月平均最高温度加5 ℃</td></tr>
</table>

注：1. 年最高（最低）温度为多年所测得的最高（最低）温度平均值。
　　2. 最热月平均最高温度为最热月每日最高温度的月平均值，取多年平均值。

普通高压电气设备一般可在环境最低温度为－30 ℃时正常运行。在高寒地区，应选择能适应环境最低温度为－40 ℃的高寒电气设备。在年最高温度超过40 ℃，而长期处于低湿度的干热地区，应选用型号后带“TA”字样的干热带型产品。

（2）日照：屋外高压电气设备在日照影响下将产生附加温升。但高压电气设备的发热试验是在避免阳光直射的条件下进行的。如果制造厂未能提出产品在日照下额定载流量下降的数据，在设计中可暂时按照电器额定电流的80%选择设备。在进行试验或计算时，日照强度取0.1 W/cm^2，风速取0.5 m/s。

（3）风速：一般高压电气设备可在风速不大于35 m/s的环境下使用。选择电气设备时所用的最大风速，可取离地10 m高、30年一遇的10 min平均最大风速。最大设计风速超过35 m/s的地区，可在屋外配电装置的布置中采取措施。阵风对屋外电气设备及电瓷产品的影响，应由制造厂在产品设计中考虑，可不作为选择电器的条件。

对于台风经常侵袭或最大风速超过35 m/s的地区，除向制造厂提出特殊订货条件外，在设计布置时应采取有效的防护措施，如降低安装高度、加强基础固定等。

（4）冰雪：在积雪和覆冰严重的地区，应采取措施防止冰串引起瓷件绝缘对地闪络。隔离开关的破冰厚度一般为10 mm。在重冰区（如云贵高原，山东、河南部分地区，湘中、粤北重冰地带以及东北部分地区）所选隔离开关的破冰厚度，应大于安装场所的最大覆冰厚度。

（5）湿度：选择电气设备用的湿度，应采用当地相对湿度最高月份的平均相对湿度（相对湿度，即在一定温度下，空气中实际水气压强值与饱和水气压强值之比；最高月份的平均相对湿度为该月日最大相对湿度值的月平均值）。对湿度较大的场所（如岸边水泵房等），应采用该处实际相对湿度。当无资料时，可取比当地湿度最高月份平均值高5%的相对湿度。

一般高压电器可在20 ℃、相对湿度为90%的环境中（电流互感器为85%）使用。在长江以南和沿海地区，当相对湿度超过一般产品使用标准时，应选用湿热带型高压电气设备。这类产品的型号后面一般都标有“TH”字样。湿热带型高压电气设备的使用环境条件见表3－1－4。

表3－1－4　湿热带型高压电气设备的使用环境条件

环境因素		额定值	环境因素	额定值
空气温度/℃	年最高	40	凝露	有
	年最低	－5	盐雾条件	有
相对湿度大于或等于95%时最高温度/℃		28	霉菌	有
气压/kPa		90	降雨强度/(mm · min^{-1})	6
太阳辐射最大强度/(W · mm^{-2})		700	海拔高度/m	≤1000

注：1. 本表引自《湿热带型高压电器》(JB/T 832—1998)标准。

2. 湿热带型高压电器分为屋内与屋外两种形式，屋外使用的产品应考虑太阳辐射、雨、露的因素。在沿海地区，仅屋外存在盐雾，才作为特殊污秽考虑。

（6）污秽：在距海岸1～2 km或盐场附近的盐雾场所，在火电厂、炼油厂、冶炼厂、石油化工厂和水泥厂等附近含有由工厂排出的二氧化硫、硫化氢、氨、氯等成分的烟气、粉尘等场所，在潮湿的气候条件下将形成腐蚀性或导电的物质。污秽地区各种污秽物对电气设备的危害，取决于污秽物质的导电性、吸水性、附着力、数量、比重及距物源的距离和气象条件。在工程设计中，应根据污秽情况选用下列措施：增大电瓷外绝缘的有效泄漏比距或选用有利于防污的电瓷造型，如采用半导体、大小伞、大倾角、钟罩式等特制绝缘子或采用屋内配电装置。2级及以上污秽区的63～110 kV配电装置采用屋内型。

（7）海拔：电气设备的一般使用条件为海拔不超过1000 m，海拔超过1000 m的地区称为高原地区。高原环境条件的主要特点是气压低、气温低、日温差大、绝对湿度低、日照强。对电气设备的绝缘、温升、灭弧、老化等的影响是多方面的。在高原地区，由于气温降低足够补偿海拔对温升的影响，因而在实际使用中其额定电流可与一般地区相同。

对安装在海拔超过1000 m地区的电气设备外绝缘一般应予加强，可选用高原型产品或选用外绝缘提高一级的产品。由于现有110 kV及以下大多数电气设备的外绝缘有一定裕度，故可使用在海拔2000 m以下的地区。

（8）地震：地震对电器的影响主要是地震波的频率和地震震动的加速度。一般电器的固有振动频率与地震震动频率很接近，应设法防止共振的发生，并加大电器的阻尼比。地震震动的加速度与地震烈度和地基有关，通常用重力加速度 g 的倍数表示。选择电气设备时，应根据当地的地震烈度选用能够满足地震要求的产品。电气设备的辅助设备应具有与主设备相同的抗震能力。一般电气设备可以耐受地震烈度为Ⅷ度的地震力。在安装时，应考虑支架对地震力的放大作用。根据有关规程的规定，地震基本烈度为Ⅶ度及以下地区的电气设备可不采取防震措施。在Ⅶ度以上地区，电器应能承受的地震力，可按表 3 - 1 - 5 所列加速度和电器的质量进行计算。

表 3 - 1 - 5　计算电气设备承受的地震力时用的加速度

地震烈度/度	Ⅷ	Ⅸ
地面水平加速度/($m \cdot s^{-2}$)	$0.2g$	$0.4g$
地面垂直加速度/($m \cdot s^{-2}$)	$0.1g$	$0.2g$

我们不但要求电气设备在正常工作条件下能安全可靠地运行，而且还要求在发生严重短路故障时，电气设备不至于受到破坏。因此，在电气设备选型时，应按正常工作条件来选择，而按故障情况来校验设备。由于电气设备的种类很多，用途也各不相同，所以高压电气设备选择与校验的项目也会有所不同。高压电气设备选择与校验的项目见表 3 - 1 - 6。

表 3 - 1 - 6　高压电气设备及开关柜选择与校验的项目

电气设备名称	额定电压	额定电流	额定开断电流	短路电流校验		环境条件
				动稳定	热稳定	
断路器	○	○	○	○	○	○
负荷开关	○	○	○	○	○	○
隔离开关和接地开关	○	○		○	○	○
熔断器	○	○	○			○
电流互感器	○	○		○	○	○
电压互感器	○					○
支柱绝缘子	○			○		○
穿墙套管	○	○		○	○	○
母线		○		○	○	○
电缆	○	○			○	○
高压开关柜	○	○	○	○	○	○

注：1. 表中“○”为选择高压电气设备及开关柜时应进行校验的项目。

2. 以上是高压电气设备及开关柜用于频率为 50 Hz 的情况，用于其他频率时对频率也要校验。

第二节　高压开关柜、断路器、负荷开关的选择与校验

由于高压开关柜、断路器、负荷开关的选择与校验项目相同，故将它们归成一类介绍。为了保证它们可靠运行，应按下列几个方面进行选择与校验：①按主要额定参数（包括电压、电流、频率、开断电流等）进行选择；②用短路故障下的状态进行动稳定、热稳

定校验；③按能承受过电压能力及绝缘水平进行选择；④根据环境条件（如温度、湿度、海拔、地震、风速、污秽等）进行选择；⑤依据各类高压电器及开关柜的不同特点进行选择。

一、按工作电压选择

选用35 kV的高压电器及开关柜的标称额定电压应符合所在回路的系统标称电压，其高压电器及开关柜的最高电压应不小于所在回路的系统最高电压。高压电器的最高电压见表3－2－1。

表3－2－1 35 kV以下的高压电器的最高电压 kV

项目					穿墙套管	支柱绝缘子	隔离开关	断路器	负荷开关	熔断器	电流互感器	电压互感器	限流电抗器
系统标称电压	3	系统最高电压	3.6	设备最高电压			3.6	3.6	3.6	3.5	3.6	3.6	3.6
	6		7.2		6.9	7.2	7.2	7.2	7.2	6.9	7.2	7.2	7.2
	10		12		11.5	12	12	12	12	12	12	12	12
	(20)		24		23	24	24	24	24	24	24	24	24
	35		40.5		40.5	40.5	40.5	40.5	40.5	40.5	40.5	40.5	40.5

注：表中括号内的系统标称电压数值为用户要求时使用。

二、按工作电流选择

高压电器的额定电流应不小于该回路的最大持续工作电流。由于高压开断电器没有连续过载的能力，在选择其额定电流时，应满足各种可能运行方式下回路持续工作电流的要求。当高压电器、开关柜及导体的实际环境温度与额定环境温度不一致时，高压电器和导体的最大允许工作电流应进行修正。

在实际环境温度不是25 ℃时，高压电器的额定电流应乘以温度校正系数 K_θ，当母线的接头为螺栓连接时，其值按下式计算：

$$K_\theta=\sqrt{\frac{70-\theta}{70-\theta_0}}=\sqrt{\frac{70-\theta}{70-25}}=0.15\sqrt{70-\theta}$$

式中 θ——实际环境温度，℃。

三、按开断电流选择

用短路电流来校验开关设备的开断能力时，应选择在系统中流经开关设备最大的短路电流来进行校验。

（一）高压断路器

高压断路器的额定短路开断电流，包括开断短路电流的交流分量有效值和开断直流分量。

当短路电流中直流分量不超过交流分量幅值的20%时，可只按开断短路电流的交流分量有效值选择断路器；当短路电流中直流分量超过交流分量幅值的20%时，应分别按额定短路开断电流的交流分量有效值和开断直流分量百分比选择。按开断电流的交流分量有效值选择高压断路器时，宜取断路器实际开断时间（继电保护动作时间与断路器固有分闸时间之和）的短路电流作为选择条件，即满足下式要求：

$$I_{sc} \geqslant I_{sct}$$

式中　I_{sc}——断路器额定短路开断电流交流分量有效值，kA；

I_{sct}——断路器触头开始分离瞬间的短路电流交流分量有效值，kA。

高压断路器的额定短路开断电流的直流分量采用交流分量幅值的百分数（dc%）来表示，可按下式计算：

$$\text{dc\%} = 100e^{-(T_{op}+T_r)/\tau}$$

$$\tau = \frac{X}{314R}$$

式中　T_{op}——直流分量百分数对应的时间（可向断路器制造厂索取），ms；

T_r——额定频率的一个半波时间，ms；对于自脱扣断路器T_r，应设定为0 ms；对于仅由辅助动力脱扣的断路器，当额定频率为50 Hz时，$T_r = 10$ ms；

τ——时间常数，ms；

X——系统元件的电抗，Ω；

R——系统元件的电阻，Ω。

直流分量百分数对应的时间间隔等于T_{op}加上T_r。

直流分量百分数也可以由图3-2-1查出。图中标准时间常数$\tau = 45$ ms，对于短路电流直流分量的时间常数$\tau < 45$ ms时，断路器能够开断短路电流的直流分量。如果短路电流的直流分量大于20%，或时间常数$\tau > 45$ ms以及对某些特殊用途的断路器可能要求更高的值，如靠近发电机的断路器，在这些情况下对断路器开断短路电流直流分量和附加试验的要求，应向高压断路器制造厂提出。

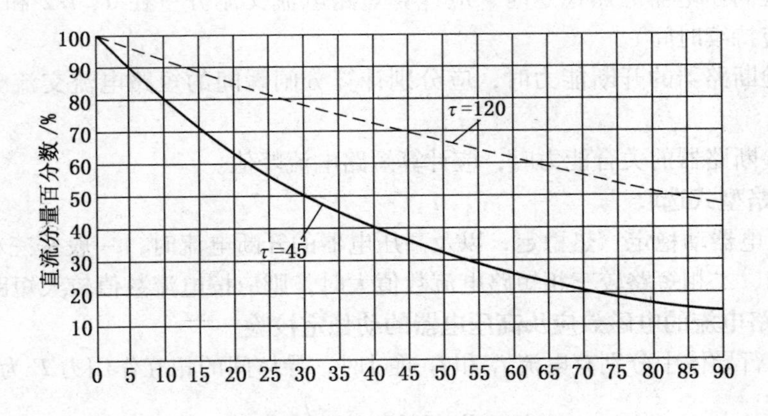

图3-2-1　直流分量百分数、时间常数与时间间隔的关系曲线

（二）高压负荷开关

高压负荷开关能带负荷操作，但不能开断短路电流，因此其开断能力应按切断最大可能的过负荷电流来校验，即

$$I_x \geqslant I_{omax}$$

式中　I_x——负荷开关的开断电流额定值，kA，下角 x 与开断对象有关，详见产品资料；

I_{omax}——负荷开关所在回路的最大可能过负荷电流，kA。

四、高压电器的绝缘配合

在正常运行条件下，高压电器的绝缘应能长期耐受设备的最高电压。对于额定短时工频过电压及雷电冲击过电压下的绝缘配合详见其他章节。

五、按接线端子的静态拉力选择

所选用的高压断路器接线端子的允许静态拉力额定值应大于电器引线在正常运行和短路时的最大作用力。高压断路器接线端子的水平静态拉力额定值：10 kV 及以下为 250 N，35 kV 为 500 N。屋外隔离开关（双柱、三柱式）、负荷开关接线端子的水平静态拉力额定值：10 kV 及以下为 250 N（170 N），35 kV 为 500 N。

六、按环境条件选择高压电器及开关柜

按环境条件选择高压电器及开关柜可参考本章第一节的相关内容。

七、高压电器的短路稳定校验

（一）不同的稳定校验项目要用不同的短路电流

（1）校验高压电器的动稳定时，应计算短路电流峰值。

（2）校验高压电器的热稳定时，应计算短路电流交流分量在 0、$t/2$ 和 t 时间的数值（t 为短路电流持续时间）。

（3）校验断路器的开断能力时，应分别计算分闸瞬间的短路电流交流分量和直流分量。

（4）校验断路器的关合能力时，应计算短路电流峰值。

（二）短路型式选取

校验高压电器动稳定、热稳定，以及高压电器的开断电流时，一般按三相短路电流校验。但当单相、二相短路较三相短路电流数值大时，则应按电流数值较大短路型式校验。

（三）短路电流的电磁效应及高压电器的动稳定校验

当两根平行导体中分别有电流 i_1 和 i_2 通过时，导体间的相互作用力 F 为

$$F = 0.2K_x i_1 i_2 \frac{l}{D}$$

式中　i_1、i_2——流过两根平行导体的电流瞬时值，kA；

l——平行导体长度，m；

D——导体中心距离，m；

K_x——矩形截面导体的形状系数，可根据与导体厚度 b、宽度 h 和中心距离 D 有关的关系式 $\frac{D-b}{h+b}$ 和 $\frac{b}{h}$，从图 3-2-2 中查得。

两相短路时导体间最大作用力 F_{k2} 为

$$F_{k2}=0.2K_x(i_{p2})^2\frac{l}{D}$$

式中　i_{p2}——两相短路峰值电流（两相短路冲击电流），kA。

当三相短路电流通过在同一平面的三相导体时，中间相受力最大，其最大作用力 F_{k3} 可用下式计算：

$$F_{k3}=0.173K_x(i_{p3})^2\frac{l}{D}$$

式中　i_{p3}——三相短路峰值电流（三相短路冲击电流），kA。

（四）高压电器的热稳定校验

1. 短路电流在导体和电器中引起的热效应

按实用计算法，短路电流在导体和电器中引起的热效应为

$$Q_t=\int_0^t i_{kt}^2\mathrm{d}t=\int_0^t I_{kt}^2\mathrm{d}t+\int_0^t i_{DC}^2 e^{-kt/T_a}\mathrm{d}t=Q_z+Q_f$$

$$Q_z=\frac{t(I''^2+10I_{kt/2}^2+I_{kt}^2)}{12}$$

$$Q_f=T_{eq}I''^2$$

式中　Q_t——短路电流在导体和电器中引起的热效应，$kA^2\cdot s$；

Q_z——短路电流交流分量引起的热效应，$kA^2\cdot s$；

Q_f——短路电流直流分量引起的热效应，$kA^2\cdot s$；

i_{kt}——短路电流瞬时值，kA；

i_{DC}——短路电流直流分量，kA；

t——短路电流持续时间，s；

I''——超瞬态短路电流有效值，kA；

$I_{kt/2}$——短路电流在 $t/2$ 时的交流分量有效值，kA；

I_{kt}——短路时间 t 时的短路电流交流分量有效值，kA；

T_{eq}——直流分量等效时间，s，为简化计算可由表 3-2-2 查得；

T_a——衰减时间常数。

表 3-2-2　直流分量等效时间　　s

短路点	T_{eq}	
	$t<0.1$	$t>0.1$
发电机出口及母线	0.15	0.2
发电机升压变压器高压侧及出线 发电机电抗器后	0.08	0.1
变电所各级电压母线及出线	0.05	

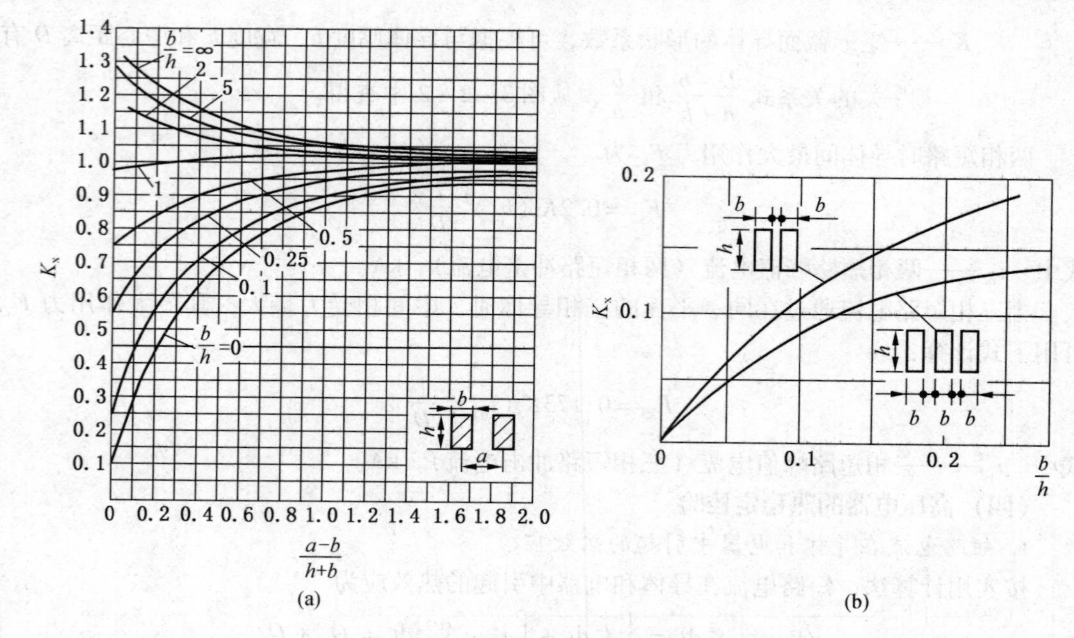

图 3-2-2 矩形导体形状系数曲线

2. 短路电流持续时间

进行短路电流热效应校验时，短路电流持续时间可按下式计算：

$$t = t_b + t_{fd} = t_b + t_{gu} + t_{hu}$$

式中 t——短路电流持续时间，s；

t_b——主（后备）保护装置动作时间，s；

t_{fd}——断路器开断时间，s；

t_{gu}——断路器固有分闸时间，s；

t_{hu}——断路器燃弧持续时间，s。

主（后备）保护装置动作时间 t_b 应为该保护装置的起动机构、延时机构和执行机构动作时间的总和。t_b 对导体（不包括电缆），宜采用主保护动作时间；对电器，宜采用后备保护动作时间。

断路器的固有分闸时间 t_{gu}，可由产品样本查得。

当开断额定容量时，断路器燃弧持续时间 t_{hu} 可参考下列数值：真空断路器或 SF_6 断路器为 0.01 ~0.02 s。

3. 按短路电流校验高压电器的热稳定

高压电器能耐受短路电流流过时间内所产生的热效应而不会损坏，则认为该电气设备对短路电流是热稳定的，校验时应满足下式：

$$Q_t = I_{th}^2 t_{th}$$

式中 Q_t——短路电流产生的热效应，$kA^2 \cdot s$；

I_{th}——高压电器在 t_{th} 时间内允许通过的短时耐受电流有效值，kA；

t_{th}——高压电器热稳定允许通过的短时耐受电流的短时耐受时间，s。

常用高压断路器、负荷开关、隔离开关及接地开关短路稳定校验的数据见表 3-2-3。

表3-2-3　常用高压断路器、负荷开关、隔离开关及接地开关短路稳定校验数据

型号	技术数据													热稳定允许通过的短路电流有效值/kA				
	额定电压/kV	额定电流/A	额定开断电流/kA			分闸时间/ms	额定转移电流/A	短时耐受电流/kA					峰值耐受电流/kA	切除时间/s				
			6 kV	10 kV	35 kV			1 s	2 s	3 s	4 s	5 s		0~0.6	0.8	1.0	1.2	1.6
真空断路器																		
ZN72-40.5	40.5	1250、1600			25	70					25		63					38.92
		1600、2000			31.5	70					31.5		80				56.35	49.05
ZN12-40.5	40.5	1250、1600、2000			25	40~70					25		63					38.92
		1250、1600、2000			31.5	40~70					31.5		80				56.35	49.05
ZN□-35	35	1600			20	60					20		50					31.14
		1600、2000			25	60					25		63					38.92
		2500			31.5	60					31.5		80				56.35	49.05
ZN12-35	35	1250、1600、2000			31.5	75					31.5		80				56.35	49.05
ZN12-10	10	1250、1600、2000		31.5		65					31.5		80				56.35	49.5
		1600、2500、3150		40		50				40			100			67.61	61.97	53.94
ZN18-10	10	630		25		60				25			63			42.25	38.73	33.71
ZN22-10	10	630、1250		25		65					25		63					38.92
		1600、2000		20		65					20		50					31.14
		2000、2500		31.5		65					31.5		80				56.35	49.05
		1250、1600、2000		40		65					40		100					62.28
ZN28-10	10	630、1000、1250、1600		20		60					20		50					31.14
		1000、1250		25		60					25		63					38.92

表3－2－3（续）

型号	技术数据													热稳定允许通过的短路电流有效值/kA				
	额定电压/kV	额定电流/A	额定开断电流/kA			分闸时间/ms	额定转移电流/A	短时耐受电流/kA					峰值耐受电流/kA	切除时间/s				
			6 kV	10 kV	35 kV			1 s	2 s	3 s	4 s	5 s		0～0.6	0.8	1.0	1.2	1.6
ZN28－10	10	1250、1600 2000		31.5		60					31.5		80				56.35	49.05
		1250、1600 2000		40		60					40		100					62.28
ZN32－10	10	1600、2500 3150		40		50				40			100			67.61	61.97	53.94
ZN40－12、 ZN41－12	12	630		16		50					16		40					24.91
		1250		20		50					20		50					31.14
		1250、1600		31.5		50					31.5		80				56.35	49.05
		2000、2500		40		50					40		100					62.28
ZN51－12	12	630		20		60					20		50					31.14
		1250		25		60					25		63					38.92
ZN63A－12Ⅰ	12	630		16		50					16		40					24.91
ZN63A－12Ⅱ	12	630、1250		25		50					25		63					38.92
ZN63A－12Ⅲ	12	1250		31.5		50					31.5		100		68.33	61.48	56.35	49.05
ZN65A－12	12	630		20		35～60					20		50					31.14
		1250		25		35～60					25		63					38.92
ZN73－12	12	1250		31.5		60					31.5		80				56.35	49.05
VS1＋	12	630、1000、 1250		20		50					20		50					31.14
		630、1000、 1250		25		50					25		63					38.92
VS1	12	630、1250		20		50					20		50					31.14

表3-2-3（续）

型号	技术数据													热稳定允许通过的短路电流有效值/kA				
	额定电压/kV	额定电流/A	额定开断电流/kA			分闸时间/ms	额定转移电流/A	短时耐受电流/kA					峰值耐受电流/kA	切除时间/s				
			6 kV	10 kV	35 kV			1 s	2 s	3 s	4 s	5 s		0～0.6	0.8	1.0	1.2	1.6
		630、1250、1600、2000、2500、3150		16		45					16		40					24.91
		630、1250、1600、2000、2500、3150		20		45					20		50					31.14
VD4①	12	630、1250、1600、2000、2500、3150		25		45					25		63					38.92
		630、1250、1600、2000、2500、3150		31.5		45					31.5		80				56.35	49.05
		630、1250、1600、2000、2500、3150		40		45					40		100					62.28
		630、1250、1600、2000、2500、3150		50		45					50		125					77.85
		630、1250		16		45				16			40				24.79	21.57
		630、1250		20		45				20			50			33.81	30.98	26.97
VM1①	12	630、1250、1600、2000、2500		25		45				25			63				38.73	33.71
		630、1250、1600、2000、2500		31.5		45				31.5			80			53.24	48.80	42.48
		1250、1600、2000、2500		40		45				40			100			67.61	61.97	53.94
Evolis②	12	630、1250		25		65					25		63					38.92
		630、1250		31.5		65					31.5		80				56.35	49.05
		630、1250		25							25		63					38.92
VB2—12③		1250		31.5							31.5		80				56.35	49.05
		1250、2000、2500		40							40		100					62.28
3AH3④	12	1250、2000、2500		25		45～65					25		63					38.92
		1250、2000、2500		31.5		45～65					31.5		80				56.35	49.05

表3-2-3（续）

型 号	技 术 数 据													热稳定允许通过的短路电流有效值/kA				
	额定电压/kV	额定电流/A	额定开断电流/kA			分闸时间/ms	额定转移电流/A	短时耐受电流/kA					峰值耐受电流/kA	切除时间/s				
			6 kV	10 kV	35 kV			1 s	2 s	3 s	4 s	5 s		0～0.6	0.8	1.0	1.2	1.6
3AH3④	12	1600、2500		40		45～65				40			100			67.61	61.97	53.94
3AH5404④	12	800、1250		25		45～65					25		63					38.92
SF_6 断 路 器																		
LN2－35Ⅱ	35	1250			25	60					25		63					38.92
LN2－35Ⅲ	35	1600			25	60					25		63					38.92
HD4/Z①	40.5	1250、1600、2000			25	45				25			63				38.73	33.73
		1250、1600、2000			31.5	45				31.5			80			53.24	48.80	42.48
SF1②	40.5	630、1250			25	65				20			50			33.81	30.98	26.97
	12	630		20		60				20			50			33.81	30.98	26.97
	7.2	630	20			60				20			50			33.81	30.98	26.97
SF1、SF2②	40.5	630、1250			25	65				25			63				38.73	33.71
SF2②	40.5	630、1250			31.5	65				31.5			79			53.24	48.80	42.48
负 荷 开 关																		
FN16A－12D、FZN21－12D/T	12	630		0.63							20		50					31.14
FLN□－12D	12	630		0.63						20			50			33.81	30.98	26.97
		630		0.63							25		63					38.92
MFF－10	10	400		0.4					12.5				31.5	21.93	19.17	17.25	15.81	13.76

表3-2-3（续）

型号	技术数据													热稳定允许通过的短路电流有效值/kA				
	额定电压/kV	额定电流/A	额定开断电流/kA			分闸时间/ms	额定转移电流/A	短时耐受电流/kA					峰值耐受电流/kA	切除时间/s				
			6 kV	10 kV	35 kV			1 s	2 s	3 s	4 s	5 s		0～0.6	0.8	1.0	1.2	1.6
FN5-10	10	400		0.4							10		25					15.57
		400、630		0.4、0.63							16		40					24.91
		1250		1.25							20		50					31.14
SFL-12A、SFL-12K①	12	630		0.63					25				63	43.85	38.35	34.50	31.62	27.52
SM6②	12	630		0.63						20			50			33.81	30.98	26.97
RM6②	12	630		0.63						20			50			33.81	30.98	26.97
负荷开关—熔断器组合电器																		
FN16A-12RD	12	200		31.5			3150											
FZRN21-12D/T	12	125		31.5			3150											
FLRN□-12D	12	125		50			1700											
FKRN□-12(D)	12	100		50			1530											
FN16A-12RD	12	200		31.5			3150											
SFL①	12	200		50			1700											
SM6②	12	630		25			1700											
RM6②	12	630		20			1400											
接地开关																		
JN-35、JN3-35	35										20		50					31.14

表 3-2-3（续）

型号	技术数据													热稳定允许通过的短路电流有效值/kA				
	额定电压/kV	额定电流/A	额定开断电流/kA			分闸时间/ms	额定转移电流/A	短时耐受电流/kA					峰值耐受电流/kA	切除时间/s				
			6 kV	10 kV	35 kV			1 s	2 s	3 s	4 s	5 s		0～0.6	0.8	1.0	1.2	1.6
JN2-10 Ⅰ、JN2-10 Ⅱ、JN3-10	10										20		50					31.14
JN3-10	10										25		63					38.92
JN2-10 Ⅰ、JN2-10 Ⅱ、JN3-10、JN4-10、JN7-10	10										31.5		80				56.35	49.05
JN15(A)-12	12										31.5		80				56.35	49.05
											40		100					62.28
EK6	12									31.5			80			53.24	48.80	42.5
隔离开关																		
GN19-35、GN19-35XT	35	630							20				50	35.08	30.86	27.60	25.30	22.02
GN19-35、GN19-35XQ	35	1250							31.5				80	55.25	48.32	43.47	39.85	34.68
GN27-40.5	40.5	630									20		50					31.14
		1250									31.5		80				56.35	49.05
GN19-10、GN19-10C1、GN19-10C2、GN19-10C3、GN19-10XT、GN19-10XQ	10	400							12.5				31.5	21.93	19.17	17.25	15.81	13.76
		630							20				50	35.08	30.86	27.60	25.30	22.02
		1000							40				80			55.21	50.60	44.04
		1250							31.5				100	55.26	48.31	43.47	39.85	34.68
GN22-10	10	2000									40		100					62.28

表3-2-3（续）

型　号	技　术　数　据													热稳定允许通过的短路电流有效值/kA				
	额定电压/kV	额定电流/A	额定开断电流/kA			分闸时间/ms	额定转移电流/A	短时耐受电流/kA					峰值耐受电流/kA	切除时间/s				
			6 kV	10 kV	35 kV			1 s	2 s	3 s	4 s	5 s		0~0.6	0.8	1.0	1.2	1.6
GN24-10D、GN30-10	10	400									12.5		31.5					19.46
GN24-10、GN24-10DⅠ1、GN24-10DⅡ2、GN24-10DCⅠ2	10	630									20		50					31.14
GN24-10D	10	1250									40		100					62.28
GN24-10SⅢ1、GN24-10SCⅢ2、GN30-10	10	630									20		50					31.14
GN24-10D、GN24-10DⅠ1、GN24-10DⅠ2、GN24-10DⅡ2、GN24-10DCⅠ2、GN24-10SCⅢ1、GN24-10SCⅢ2、GN30-10D	10	1000									31.5		80				56.35	49.05
GN25-10	10	2000									40		100					62.28

注：1. 表中额定电压为产品资料提供。

2. 表中热稳定校验包含了短路电流交流分量和直流分量两部分的热效应，计算条件是按远端（无限大电源容量）网络发生短路时，短路电流交流分量在整个过程中不发生衰减。

3. 表中故障切除时间为主保护动作时间加断路器全分断时间。

4. ①ABB 中国有限公司产品；②施耐德电气（中国）投资有限公司产品；③GE 通用电气（中国）有限公司产品；④西门子（中国）有限公司产品。

目前使用的高压断路器主要有真空断路器和 SF_6 断路器等。由于真空断路器具有体积小、可靠性高、可连续多次操作、开断性能好、灭弧迅速、灭弧室不需检修、运行维护简单、无爆炸危险及噪声低等技术性能，近年来在 35 kV 及以下变电所中被广泛使用。SF_6 断路器具有体积小、可靠性高、开断性能好、燃弧时间短、不重燃、可开断异相接地故障、可满足失步开断要求等特点，多使用在 35 kV 系统中。

由于真空断路器在各种不同类型电路中的操作，都会使电路产生过电压。不同性质的电路的不同工作状态，产生的操作过电压的原理不同，其波形和幅值也不同。为了限制操作过电压，真空断路器应根据电路性质和工作状态配置专用的 R－C 吸收装置或金属氧化物避雷器。

隔离开关的选择方法除了不需要按开关的开断电流来选择之外，其他的选择和校验方法与断路器的选择和校验相同。

第三节　母线的选择与校验

一、母线材料与截面形状

变电所中各种电压配电装置的母线，以及电器间的连接大都采用铜、铝的矩形、圆形、管形裸导线（体）和多芯绞线。由于铜的导电性好，抵制化学侵蚀性强，因此在大电流装置中或在有化学侵蚀的地区宜采用铜母线。虽然铝的电阻率为铜的 1.6～2 倍，但铝的密度比铜的小得多，所以铝的耗用质量仅为铜的 40%～50%。总的来看铝母线比较经济。因此，在屋内外配电装置中，铝母线得到一些应用。

电压为 35 kV 及以下的屋内装置中，母线的截面形状都采用矩形截面。因为它的冷却条件好，对交流集肤效应的影响小。为了改善和减小集肤效应的影响，又考虑到母线的机械强度，通常铜（铝）矩形母线采用边长比为 1/12～1/5。单条母线常用的最大截面积为 $10\ mm \times 125\ mm = 1250\ mm^2$。当用于输送大电流时，可用多条矩形并列的母线组，但由于并列后母线的散热状况变坏，一般不宜多于 3 条。交流装置中所用矩形钢母线的厚度一般不大于 4 mm。对于输送大电流的槽形和菱形母线，在煤矿中一般很少采用。

电压高于 35 kV 的屋内外配电装置中，一般都采用圆形母线，如管形母线或多芯绞线，主要为了防止发生电晕。电压在 35 kV 及以下的屋外装置中一般用多芯绞线。多芯绞线有钢芯铝绞线、铝绞线或钢绞线，并将它固定在耐张绝缘子串上。

二、母线截面选择与校验

目前我国常用的硬母线型式有矩形、槽形和管形等。

（1）矩形母线。单片矩形母线具有集肤效应系数小、散热条件好、安装简单、连接方便等优点，一般适用于工作电流小于 2000 A 的回路中。多片矩形母线集肤效应系数比单片母线的大，所以附加损耗增大。因此载流量不是随母线片数增加而成倍增加的，尤其是每相超过 3 片时，母线的集肤效应系数显著增大。在工程实用中多片矩形母线适用于工作电流小于 4000 A 的回路。当工作电流为 4000 A 以上时，母线应选用有利于交流电流分布的槽形或圆管形母线。

（2）槽形母线。槽形母线的电流分布比较均匀，与同截面的矩形母线相比，其优点是散热条件好、机械强度高、安装也比较方便。尤其是在垂直方向开有通风孔的双槽形母线比不开孔的方管形母线的载流能力大9%～10%；比同截面的矩形母线载流能力大35%。因此在回路持续工作电流为4000～8000 A时，一般选用双槽形母线。

（3）管形母线。管形母线是空心导体，集肤效应系数小，且有利于提高电晕的起始电压。户外配电装置使用管形母线，具有占地面积小、架构简明、布置清晰等优点。但导体与设备端子连接较复杂，用于户外时易产生微风振动。

配电装置的母线截面按允许载流量选择，并按短路条件校验其热稳定和动稳定。对于电压在110 kV以下的母线，无须验算电晕条件。

电压为35 kV及以上屋外配电装置中，固定在耐张绝缘子串上的多芯绞线的母线，其机械强度的校验方法与架空送电线上导线的校验方法相同。其机械计算可参阅本书的架空线路部分。

（一）按允许载流量选择母线截面

各种电压配电装置中的总母线和引下线，以及临时性装置的母线截面应按正常工作时允许载流量选择：

$$I_{cc} \geqslant I_{nm}$$

式中 I_{cc}——母线允许载流量，A；

I_{nm}——正常工作时最大持续电流，A；应考虑电路可能的持续过载，如电力变压器可能在超载30%～40%负荷下持续工作。

在实际环境温度不是25 ℃时，应乘以温度校正系数K_θ，当母线的接头为螺栓连接时，其值按下式计算：

$$K_\theta = \sqrt{\frac{70-\theta}{70-\theta_0}} = \sqrt{\frac{70-\theta}{70-25}} = 0.15\sqrt{70-\theta}$$

式中 θ——实际环境温度，℃。

矩形母线竖放时的最大允许载流量见表3-3-1。

表3-3-1 矩形母线竖放时的最大允许载流量

尺寸/mm		铜排载流量/A			铝排载流量/A		
		每相铜排数			每相铝排数		
宽	厚	1	2	3	1	2	3
15	3	210			165		
20	3	275			215		
25	3	340			265		
30	4	475			365		
40	4	625			480		
40	5	700			540		
50	5	860			665		
50	6.3	955			740		

表 3-3-1（续）

尺寸/mm		铜排载流量/A			铝排载流量/A		
宽	厚	每相铜排数			每相铝排数		
		1	2	3	1	2	3
63	6.3	1125	1740	2240	870	1350	1720
80	6.3	1480	2110	2720	1150	1630	2100
100	6.3	1810	2470	3170	1425	1935	2500
63	8	1320	2160	2790	1025	1680	2180
80	8	1690	2620	3370	1320	2040	2620
100	8	2080	3060	3930	1625	2390	3050
125	8	2400	3400	4340	1900	2650	3380
63	10	1475	2560	3300	1150	2010	2650
80	10	1900	3100	3990	1480	2410	3100
100	10	2310	3610	4650	1820	2860	3650
125	10	2650	4100	5200	2070	3200	4100

注：1. 空气温度 25 ℃，最高允许温度 70 ℃。

2. 表中所列数值系当母线竖直安装时的最大允许载流量。水平安装时，对于母线宽度大于 60 mm 的乘以 0.92 校正系数；小于 60 mm 及以下的乘以 0.95 校正系数。

随着海拔的增加，对导体载流量也有影响。裸导体的载流量应按所在地区的海拔和环境温度进行修正，其综合修正系数见表 3-3-2。

表 3-3-2 裸导体载流量在不同海拔及环境温度下的综合修正系数

导体最高允许温度/℃	适用范围	海拔/m	实际环境温度/℃						
			20	25	30	35	40	45	50
70	屋内矩形导体和不计日照的屋外软导线		1.05	1.00	0.94	0.88	0.81	0.74	0.67
80	计及日照时屋外软导线	≤1000	1.05	1.00	0.95	0.89	0.83	0.76	0.69
		2000	1.01	0.96	0.91	0.85	0.79		
		3000	0.97	0.92	0.87	0.81	0.75		
		4000	0.93	0.89	0.84	0.77	0.71		

（二）母线的热稳定校验

如果母线能耐受短路电流流过时间内所产生的热效应而不致损坏，则认为该母线对短路电流是热稳定的，校验时应满足下式：

$$Q_t = I_{th}^2 t_{th}$$

式中 Q_t——短路电流产生的热效应，$kA^2 \cdot s$；

I_{th}——高压电器在 t_{th} 时间内允许通过的短时耐受电流有效值，kA；

t_{th}——高压电器热稳定允许通过的短时耐受电流的短时耐受时间，s。

母线热稳定允许的最小截面积按式（3－3－1）计算，并选用稍大于计算值的母线。

$$S_{min}=\frac{\sqrt{Q_t}}{C}\times10^3 \tag{3-3-1}$$

式中 S_{min}——母线或电缆所需的最小截面积，mm^2。

要求所选的母线截面符合下面的不等式：

$$A\geqslant\frac{I_k}{C}\sqrt{K_{sk}t_f}$$

式中 A——所选的母线截面积，mm^2；

C——材料热稳定系数；

K_{sk}——集肤效应系数，铜矩形母线截面积为600 mm^2 以下或铜圆形母线直径为20 mm以下时，$K_{sk}=1$；

t_f——短路电流作用的假想时间，s；

Q_t——短路电流的热效应，$kA^2\cdot s$；

C——热稳定系数。

导体长期允许工作温度和短路时允许最高温度及相应的热稳定系数 C 值，见表3－3－3。

表3－3－3 导体长期允许工作温度和短路时允许最高温度及相应的热稳定系数 C 值

导体种类和材料		导体长期允许工作温度/℃	短路时导体允许最高温度/℃	C
母线	铜	70	300	171
	铝	70	200	87
6～10～35 kV 交联聚乙烯绝缘电缆	铜芯	90（注1）	250	137
	铝芯	90（注1）	250	90
	铝芯	90（注1）	200（注2）	77
20～35 kV 交联聚乙烯绝缘电缆	铜芯	80（注1）	250	142
	铝芯	80（注1）	250	93
	铝芯	80（注1）	200（注2）	81

注：1. 根据国家标准《额定电压1 kV（$U_m=1.2$ kV）到35 kV（$U_m=40.5$ kV）挤包绝缘电力电缆及附件第3部分：额定电压35 kV（$U_m=40.5$ kV）电缆》（GB/T 12706.3—2008）规定，交联聚乙烯绝缘电力电缆导体的最高额定温度为90 ℃；国家标准《电力工程电缆设计规范》（GB 50217—2007）附录A中，额定电压大于10 kV的交联聚乙烯绝缘电力电缆，额定负荷时最高允许温度为80 ℃。

2. 对发电厂、变电所以及大型联合企业等重要回路的铝芯电缆，短路最高允许温度为200 ℃。

3. 含有锡焊中间接头的电缆，短路允许最高温度为160 ℃。

若导体短路前的温度不是70 ℃时，C 值可按下式计算或由表3－3－4查得。

$$C=\sqrt{K\ln\frac{\tau+t_2}{\tau+t_1}\times10^{-4}}$$

式中 K——常数，铜为 522×10^6，铝为 222×10^6；

τ——常数，铜为 235 ℃，铝为 245 ℃；

t_1——导体短路前的发热温度，℃；

t_2——短路时导体最高允许温度，℃，铝及铝锰合金为 200 ℃，铜导体为 300 ℃。

表 3-3-4 若导体短路前的温度不是 70 ℃时，在不同工作温度下的 C 值

工作温度/℃	50	55	60	65	70	75	80	85	90	95	100	105
硬铝及铝锰合金	95	93	91	89	87	85	83	81	79	77	75	73
硬铜	181	179	176	174	171	169	166	164	161	159	157	155

（三）母线的动稳定校验

母线的动稳定校验一般要求为母线短路时产生的机械应力一般均按三相短路检验。若在发电机出口的两相短路或中性点直接接地系统中自耦变压器回路中的单相或两相接地短路较三相短路数值大时，则应按较大数值情况检验，其检验结果应满足：

$$\sigma_{xu} > \sigma$$

$$\sigma = \sigma_{x-x} + \sigma_x$$

式中 σ——短路时母线产生的总机械应力，N/cm²；

σ_{x-x}——短路时母线相间产生的最大机械应力，N/cm²；

σ_x——短路时同相母线片间相互作用的机械应力，N/cm²；

σ_{xu}——母线材料的允许应力，其值见表 3-3-5。

表 3-3-5 硬母线的最大允许应力 N · cm²

母 线 材 料	铝	铜	LF-21 型铝锰合金管
最大允许应力	6860	13720	8820

注：1. 对于槽形母线，可能达不到表中数值，选择母线时应向制造厂咨询。

2. 表中所列数值为计及安全系数后的最大允许应力，安全系数一般取 1.7（对应于材料破坏应力）或 1.4（对应于材料屈服点应力）。

1. 单片矩形母线的机械应力

计算单片矩形母线的机械应力时均应计及动负荷作用下的振动系数 β；对于三相母线水平布置在同一平面的矩形导体，相间应力 σ_{x-x} 应按下式计算：

$$\sigma_{x-x} = 17.248 \times 10^{-3} \frac{l^2}{aW} i_{ch}^2 \beta$$

式中 l——绝缘子间跨距，cm；

a——相间距离，cm；

W——母线的截面系数，cm³，数值见表 3-3-6；

β——振动系数，数值见本节共振校验部分。

绝缘子的最大允许跨距 l_{max} 为

$$l_{max} = \frac{7.603}{i_{ch}} \sqrt{aW\sigma_{xu}}$$

表3-3-6 不同形状和布置的矩形母线的截面系数及惯性半径

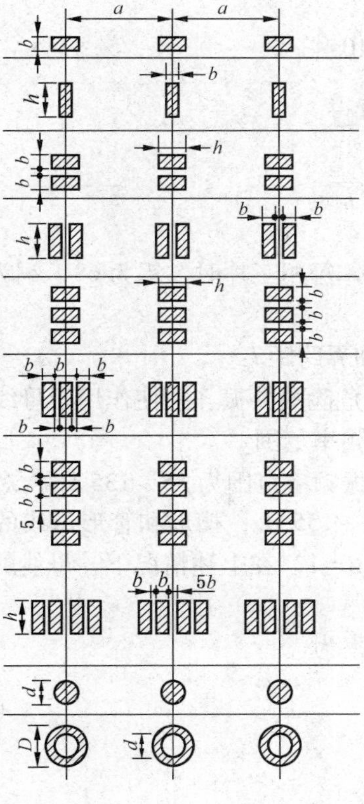

母线布置草图及其截面形状	截面系数 W	惯性半径 r_1
	$0.167bh^2$	$0.289h$
	$0.167bh^2$	$0.289b$
	$0.333bh^2$	$0.289h$
	$1.44hb^2$	$1.04b$
	$0.5bh^2$	$0.289h$
	$3.3hb^2$	$1.66b$
	$0.667bh^2$	$0.289h$
	$12.4hb^2$	$4.13b$
	$-0.1d^2$	$0.25d$
	$-0.1\frac{D^4-d^4}{D}$	$\frac{\sqrt{D^2+d^2}}{4}$

注：b、h、d 及 D 的单位为 cm。

2. 多片矩形母线的机械应力

$$\sigma=\sigma_{x-x}+\sigma_x$$

$$\sigma_x=4.9\frac{F_x l_c^2}{hb^2}$$

式中 σ_{x-x}——相间作用应力，N/cm²，计算公式同单片导体；

σ_x——同相母线片间相互作用应力，N/cm²；

F_x——母线片间电动力，N/cm²，F_x 按式（3-3-2）、式（3-3-3）计算。

每相两片时：

$$F_x=2.55k_1\frac{i_{ch}^2}{b}\times10^{-2} \tag{3-3-2}$$

每相三片时：

$$F_x=0.8(k_{12}+k_{13})\frac{i_{ch}^2}{b}\times10^{-2} \tag{3-3-3}$$

式中 k_{12}、k_{13}——第1片与第2片母线、第1片与第3片母线的形状系数，可由图3-2-2a

曲线查得。

对于片间距离等于母线厚度，每相由 2～3 片矩形母线组成时，式（3－3－2）和式（3－3－3）可简化为

$$F_x = 9.8K_x \frac{i_{ch}^2}{b} \times 10^{-2}$$

式中 K_x——形状系数，数值由图 3－2－2b 曲线查得。

（1）母线片间的临界跨距为

$$l_c = 1.77\lambda b^4 \sqrt{\frac{h}{F_x}}$$

式中 λ——系数，每相两片时，铝为 57、铜为 65，每相三片时，铝为 68、铜为 77；

l_c——片间临界跨距，cm。

每相母线片间间隔垫的距离 l，必须小于片间临界跨距 l_c。

（2）按机械共振条件校验：为了避免母线产生危险的共振，并使作用于母线上的电动作用力减小，应使母线的自振频率避开产生共振的频率范围。

对于单条母线和母线组中的各单条母线，其共振频率范围为 35～135 Hz；对于多条母线组及有引下线的单条母线，其共振频率范围为 35～155 Hz；槽形和管形母线的共振频率范围为 30～160 Hz，在以上频率范围内，振动系数 $\beta = 1$。在上述情况下，母线的自振频率可直接按式（3－3－4）计算。

对于三相母线布置在同一平面，母线的自振频率为

$$f_m = 112 \frac{r_1}{l^2} \varepsilon \qquad (3-3-4)$$

式中 f_m——母线的自振频率，Hz；

l——跨距长度，cm；

r_1——母线的惯性半径，cm，其值见表 3－3－6；

ε——材料系数，铜为 1.14×10^4，铝为 1.55×10^4。

当母线自振频率无法限制在共振频率范围以外时，母线受力必须乘以振动系数 β。在单频振动系统中，假设母线具有集中质量，系统的固有频率 f_0 等于母线的固有频率 f_m。当绝缘子的固有频率超过导体的固有频率时，可将绝缘子看成绝对刚体，共振计算可按只有导体振动的单频振动系统计算。当绝缘子的刚度和固有频率未知时，也可近似按单频振动系统计算。此时 $\beta = 0.35N_m$，N_m 可由图 3－3－1 查得。

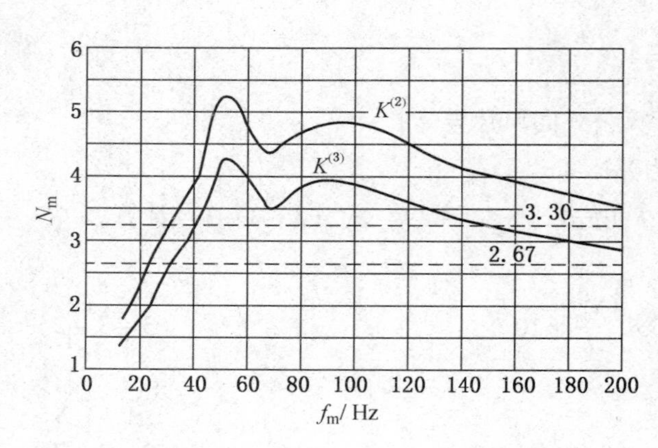

$K^{(3)}$—三相短路的边相；$K^{(2)}$—两相短路的边相

图 3－3－1 单频振动系统 N_m 与 f_m 的关系

① 单频振动系统的固有频率可按式（3－3－5）计算：

$$f_0 = \frac{1}{2\pi} \sqrt{\frac{W_m}{m_m}} \qquad (3-3-5)$$

$$W_m = \frac{384EJ}{l^3} \tag{3-3-6}$$

$$m_m = \frac{384}{a^4}m_1 l \tag{3-3-7}$$

$$m_1 = \frac{S\gamma}{g} \tag{3-3-8}$$

式中　W_m——导体固定时的刚度，kg/cm；

l——支持绝缘子间跨距，cm；

m_m——导体振动的等效质量，kg·s^2/cm；

a——与母线支承方式有关的系数，数值见表3-3-7；

m_1——单位长度导体振动的等效质量，kg·s^2/cm^2；

S——导体截面积，cm^2；

γ——导体比重，kg/cm^3；

g——重力加速度，m/s^2；

E——导体材料的弹性模数，N/cm^2；

J——垂直于弯曲方向的惯性矩，cm^4。

将 W_m、m_m 值代入式（3-3-5），可得

$$f_0 = \frac{a^2}{2\pi l^2}\sqrt{\frac{EJ}{m_1}}$$

$$f_m = \frac{a^2}{2\pi l^2}\sqrt{\frac{EJ}{m_1}} \quad 或 \quad f_m = \frac{N_f}{l^2}\sqrt{\frac{EJ}{m_1}}$$

按表3-3-7中的 a 值计算得到的导体不同固定方式下的一阶和二阶频率系数 N_f 值也列于表中。

表3-3-7　母线在不同固定方式下的 a 值及 N_f 值

跨数及支承方式	一阶		二阶	
	a 值	N_f 值	a 值	N_f 值
单跨、两端简支	3.142	1.57	6.283	6.28
单跨、一端固定、一端简支 两等跨、简支	3.927	2.45	7.069	7.95
单跨、两端固定 多等跨简支	4.73	3.56	7.854	9.82
单跨、一端固定、一端活动	1.875	0.56	4.73	3.51

② 双频振动系统的固有频率：双频振动系统，即母线、绝缘子均参加振动，母线、绝缘子为两个自由度的振动系统，具有两个自由振动频率 f_1 和 f_2。此时 $\beta = 0.35N_m$，N_m 可由图3-3-2查得。

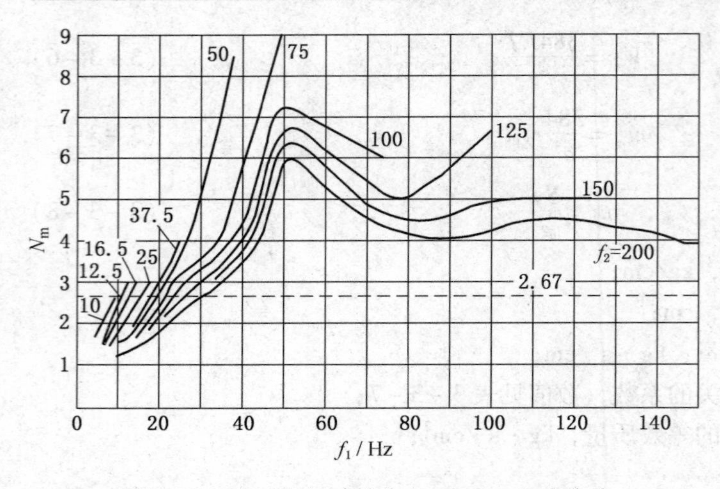

图3-3-2　双频振动系统 N_m 与 f_1、f_2 的关系

双频振动系统的自由振动频率按式（3-3-9）、式(3-3-10）计算。

$$f_1 = \frac{1}{2\pi}\sqrt{\frac{h - \sqrt{h^2 - 4k}}{2k}} \tag{3-3-9}$$

$$f_2 = \frac{1}{2\pi}\sqrt{\frac{h + \sqrt{h^2 - 4k}}{2k}} \tag{3-3-10}$$

$$h = \frac{m_m}{W_m} + \frac{m_{fu}}{W_{fu}} + \frac{m_m}{W_{fu}} \tag{3-3-11}$$

$$k = \frac{m_m m_{fu}}{W_m W_{fu}} \tag{3-3-12}$$

$$m_{fu} = \frac{W_{fu}}{4\pi^2 f_{fu}^2} \tag{3-3-13}$$

式中　m_{fu}——绝缘子的等效质量，kg · s²/cm；

W_{fu}——绝缘子的刚度，kg/cm；

f_{fu}——绝缘子的固有频率，Hz。

m_{fu}、W_{fu}和f_{fu}的数据应由制造厂提供，缺乏数据时可参照表3-3-8。

表3-3-8　支柱绝缘子的机械特性

绝缘等级	m_{fu}/[(kg · s²) · cm⁻¹]	W_{fu}/(kg · cm⁻¹)	f_{fu}/Hz
标准级	2.47×10^{-2}	1250	113
加强级	3.77×10^{-2}	2500	130

母线常用的计算数据见表3-3-9。

表3-3-9　母线常用的计算数据

导体尺寸(宽×厚)/(mm×mm)	机械强度允许的最大跨距系数 K′				机械共振允许的最大跨距 l/m				截面系数 W/m³		惯性半径 r_i/m	
	铝		铜		铝		铜					
	平放	竖放	平放	竖放	平放	竖放	平放	竖放	平　放	竖　放	平放	竖放
40×4	86.11	27.23	102.49	32.41	1.22	0.39	1.05	0.33	1.069×10^{-6}	0.1069×10^{-6}	0.01156	0.001156
50×5	120.35	38.06	143.24	45.30	1.36	0.43	1.17	0.37	2.088×10^{-6}	0.2088×10^{-6}	0.01445	0.001445
63×6.3	170.20	53.82	202.58	64.06	1.53	0.48	1.31	0.42	4.176×10^{-6}	0.4176×10^{-6}	0.01821	0.001821
63×8	191.79	68.33	228.28	81.32	1.53	0.55	1.31	0.47	5.303×10^{-6}	0.673×10^{-6}	0.01821	0.002312
63×10	214.42	85.43	255.21	101.68	1.53	0.61	1.31	0.52	6.628×10^{-6}	1.052×10^{-6}	0.01821	0.00289

表3-3-9（续）

导体尺寸（宽×厚）/（mm×mm）	机械强度允许的最大跨距系数 K'				机械共振允许的最大跨距 l/m				截面系数 W/m³		惯性半径 r_i/m	
	铝		铜		铝		铜					
	平放	竖放	平放	竖放	平放	竖放	平放	竖放	平　放	竖　放	平放	竖放
80×6.3	216.11	60.63	257.23	72.17	1.72	0.48	1.48	0.42	6.733×10^{-6}	0.53×10^{-6}	0.02312	0.001821
80×8	243.53	77.01	289.86	91.66	1.72	0.55	1.48	0.47	8.55×10^{-6}	0.855×10^{-6}	0.02312	0.002312
80×10	272.29	96.27	324.08	114.58	1.72	0.61	1.48	0.52	10.688×10^{-6}	1.336×10^{-6}	0.02312	0.00289
100×6.3	270.15	67.81	321.54	80.72	1.93	0.48	1.65	0.42	10.521×10^{-6}	0.663×10^{-6}	0.0289	0.001821
100×8	304.42	86.11	326.34	102.49	1.93	0.55	1.65	0.47	13.36×10^{-6}	1.069×10^{-6}	0.0289	0.002312
100×10	340.36	107.63	405.11	128.11	1.93	0.61	1.65	0.52	16.7×10^{-6}	1.67×10^{-6}	0.0289	0.00289
125×6.3	337.69	75.83	401.93	90.26	2.16	0.48	1.85	0.42	16.439×10^{-6}	0.829×10^{-6}	0.03613	0.001821
125×8	380.53	96.27	452.92	114.58	2.16	0.55	1.85	0.47	20.875×10^{-6}	1.336×10^{-6}	0.03613	0.002312
125×10	425.45	120.35	506.38	143.24	2.16	0.61	1.85	0.52	26.094×10^{-6}	2.088×10^{-6}	0.03613	0.00289

（四）母线短路校验的简化计算表格

母线短路校验的简化计算表格见表3-3-10和表3-3-11。

表3-3-10　铜母线允许的短路冲击电流值

支持点间距离/m	0.8				1.0				1.2				1.4				1.6			
相间距离/m	0.2	0.25	0.3	0.35	0.2	0.25	0.3	0.35	0.2	0.25	0.3	0.35	0.2	0.25	0.3	0.35	0.2	0.25	0.3	0.35
母线规格（宽×厚）/（mm×mm）	短路冲击电流值/kA																			
母　线　平　放																				
40×4	57	64	70	76	46	51	56	61	38	43	47	51	33	37	40	43	29	32	35	38
50×5	80	90	98	106	64	72	78	85	53	60	65	71	46	51	56	61	40	45	49	53
63×6.3	113	127	139	150	91	101	111	120	75	84	92	100	65	72	79	86	57	63	69	75
63×8	128	143	156	169	102	114	125	135	85	95	104	113	73	82	89	96	64	71	78	84
63×10	143	160	175	189	114	128	140	151	95	106	116	126	82	91	100	108	71	80	87	94
80×6.3	144	161	176	190	115	129	141	152	96	107	117	127	82	92	101	109	72	80	88	95
80×8	162	181	198	214	130	145	159	171	108	121	132	143	93	104	113	122	81	91	99	107
80×10	181	203	222	240	145	162	178	192	121	135	148	160	104	116	127	137	91	101	111	120
100×6.3	180	201	220	238	144	161	176	190	120	134	147	159	103	115	126	136	90	100	110	119
100×8	203	226	248	268	162	181	198	214	135	151	165	179	116	129	142	153	101	113	124	134
100×10	226	253	277	300	181	203	222	240	151	169	185	200	129	145	158	171	113	127	139	150
125×6.3	225	251	275	297	180	201	220	238	150	167	183	198	128	144	157	170	112	126	138	149
125×8	253	283	310	335	203	226	248	268	169	189	207	223	145	162	177	191	127	142	155	167
125×10	238	316	347	374	226	253	277	300	189	211	231	250	162	181	198	241	142	158	173	187

表 3-3-10（续）

支持点间距离/m	2.0			2.5			3.0			3.5		
相间距离/m	0.45	0.5	0.6	0.45	0.5	0.6	0.45	0.5	0.6	0.45	0.5	0.6
母线规格（宽×厚）/（mm×mm）	短路冲击电流值/kA											
母线平放												
40×4	34	36	40	28	29	32	23	24	26	20	21	23
50×5	48	51	55	38	41	44	32	34	37	27	29	32
63×6.3	68	72	78	54	57	63	45	48	52	39	41	45
63×8	77	81	88	61	65	71	51	54	59	44	46	51
63×10	86	90	99	68	72	79	57	60	66	49	52	56
80×6.3	86	91	100	69	73	80	58	61	66	49	52	57
80×8	97	102	112	78	82	90	65	68	75	56	59	64
80×10	109	115	126	87	92	100	72	76	84	62	65	72
100×6.3	108	114	125	86	91	100	72	76	83	62	65	71
100×8	122	128	140	97	102	112	81	85	94	69	73	80
100×10	136	143	157	109	115	126	91	95	105	78	82	90
125×6.3	135	142	156	108	114	125	90	95	104	77	81	89
125×8	152	160	175	122	128	140	101	107	117	87	92	100
125×10	170	179	196	136	143	157	113	119	131	97	102	112
母线竖放												
40×4	11	12	13	9	9	10	7	8	8	6	7	7
50×5	15	16	18	12	13	14	10	11	12	9	9	10
63×6.3	21	23	25	17	18	20	14	15	17	12	13	14
63×8	27	29	31	22	23	25	18	19	21	16	16	18
63×10	34	36	39	27	29	32	23	24	26	19	21	23
80×6.3	24	26	28	19	20	22	16	17	19	14	15	16
80×8	31	32	36	25	26	28	20	22	24	18	19	20
80×10	38	41	44	31	32	36	26	27	30	22	23	25
100×6.3	27	29	31	22	23	25	18	19	21	15	16	18
100×8	34	36	40	28	29	32	23	24	26	20	21	23
100×10	43	45	50	34	36	40	29	30	33	25	26	28
125×6.3	30	32	35	24	26	28	20	21	23	17	18	20
125×8	38	41	44	31	32	36	26	27	30	22	23	25
125×10	48	51	55	38	41	44	32	34	37	27	29	32

表3-3-11　铝、铜母线按热稳定校验允许的短路电流有效值

母线种类	铝母线					铜母线				
切除时间/s	0.6	0.8	1.0	1.2	1.6	0.6	0.8	1.0	1.2	1.6
母线规格(宽×厚)/(mm×mm)	短路电流有效值/kA									
40×4	17.27	15.10	13.58	12.45	10.84	33.94	29.68	26.70	24.47	21.30
50×5	26.98	23.59	21.23	19.45	16.93	53.02	46.37	41.72	38.24	33.28
63×6.3	42.83	37.45	33.70	30.88	26.88	84.18	73.62	66.23	60.71	52.84
63×8	54.39	47.56	42.79	39.22	34.14	106.90	93.48	84.11	77.09	67.09
63×10	67.98	59.45	53.49	49.02	42.67	133.62	116.85	105.13	96.36	83.87
80×6.3	54.39	47.56	42.79	39.22	34.14	106.90	93.48	84.11	77.09	67.09
80×8	69.06	60.39	54.34	49.80	43.35	135.74	118.70	106.80	97.89	85.20
80×10	86.33	75.49	67.92	62.25	54.18	169.68	148.38	133.50	122.36	106.50
100×6.3	67.98	59.45	53.49	49.02	42.67	133.62	116.85	105.13	96.36	83.87
100×8	86.33	75.49	67.92	62.25	54.18	169.68	148.38	133.50	122.36	106.50
100×10	107.91	94.36	84.90	77.82	67.73	212.10	185.48	166.88	152.95	133.12
125×6.3	84.98	74.31	66.86	61.28	53.34	167.03	146.06	131.42	120.45	104.83
125×8	107.91	94.36	84.90	77.82	67.73	212.10	185.48	166.88	152.95	133.12
125×10	134.89	117.96	106.13	97.27	84.66	265.12	231.84	208.60	191.18	166.40

注：表中热稳定校验包含了短路电流交流分量和直流分量两部分的热效应，计算条件是按远端（无限大电源容量）网络发生短路时，短路电流交流分量在整个过程中不发生衰减。

第四节　高压熔断器的选择与校验

常用的高压熔断器分为3种：一般熔断器、后备熔断器及全范围熔断器。选择高压熔断器熔体时，应保证前后两级熔断器之间，熔断器与电源侧继电保护之间，以及熔断器与负荷侧继电保护之间动作的选择性。

高压熔断器应能在最短的时间内切断故障，以防止熔断时间过长而加剧被保护电器的损坏。

一、高压熔断器熔体的选择

（1）保护35 kV及以下电力变压器的高压熔断器，其熔体的额定电流可按下式计算：

$$I_{rr}=KI_{gmax}$$

式中　I_{rr}——熔体的额定电流，A；

K——系数，当不考虑电动机自起动时，可取1.1～1.3，当考虑电动机自起动时，可取1.5～2.0；

I_{gmax}——电力变压器回路最大工作电流，A。

为了防止变压器突然投入时产生的励磁涌流损伤熔断器，变压器的励磁涌流通过熔断

器产生的热效应可按 10 ~ 20 倍的变压器满载电流持续 0.1 s 计算，必要时可再按 20 ~ 25 倍的变压器满载电流持续 0.01 s 计算。

（2）保护电压互感器的高压熔断器，只需按额定电压和断流容量选择，熔体的选择只限能承受电压互感器的励磁冲击电流，不必校验额定电流。

保护电压互感器的高压熔断器，由于熔体特别细，对电晕作用敏感，尤其是 10 kV 及以上电压等级的电压互感器，应使熔断器的底座远离接地的金属框架，更应避免在熔断器底座附近使用法兰套管。

（3）保护并联电容器的高压熔断器，熔体的额定电流可按下式计算：

$$I_{rr}=KI_{rC}$$

式中 I_{rr}——熔体的额定电流，A；

K——系数，对于限流式熔断器，当保护一台电力电容器时，系数可取 1.5 ~ 2.0，当保护一组电力电容器时，系数可取 1.43 ~ 1.55；

I_{rC}——电力电容器回路的额定电流，A。

（4）后备熔断器除校验额定最大开断电流外，还应满足最小短路电流大于额定最小开断电流的要求。

（5）选择跌落式熔断器时，其断流容量应分别按上、下限值校验。对于下限值，要使被保护线段在系统最小运行方式下的三相短路电流计算值大于其断流容量的下限值。如果三相短路电流计算值小于其断流容量的下限值时，所产生的气体有可能不足以灭弧。

二、高压负荷开关 - 熔断器组合电器

组合电器中的高压负荷开关和熔断器的选择除应分别满足相关的要求外，还应进行转移电流或交接电流的校验。

（一）转移电流和交接电流的校验

负荷开关 - 熔断器组合电器，当采用撞击器操作负荷开关分闸时，在熔断器与负荷开关转换开断职能时的三相对称电流，称为组合电器的额定转移电流。当预期短路电流低于额定转移电流时，首开相电流由熔断器开断，而后两相电流由负荷开关开断；当预期短路电流大于额定转移电流时，三相电流仅由熔断器开断。

负荷开关 - 熔断器组合电器，当采用脱扣器操作负荷开关分闸时，两种过电流保护装置（负荷开关脱扣器和熔断器）的时间 - 电流特性曲线交点所对应的电流，称为组合电器的额定交接电流。预期短路电流小于额定交接电流时，熔断器把开断电流的任务交给由脱扣器触发的负荷开关承担。

负荷开关 - 熔断器组合电器的实际转移电流，应按式（3 - 4 - 1）校验：

$$I_{r-zx}\leqslant I_{c-zy}<I_{r-zy} \tag{3-4-1}$$

式中 I_{r-zx}——熔断器的额定最小开断电流，A；

I_{c-zy}——计算的实际转移电流，A；

I_{r-zy}——负荷开关 - 熔断器组合电器的额定转移电流，A。

当采用高压负荷开关 - 熔断器组合电器保护变压器时，因一次侧保护装置专门保护变压器二次保护装置前面的故障，当变压器二次侧端子直接短路时，变压器一次侧故障电流

必须由高压熔断器单独开断，不能转移到负荷开关开断，以保证组合电器中负荷开关的安全使用，因此实际转移电流校验还应满足式（3－4－2）：

$$I_{c-zy}<I_{sc} \tag{3-4-2}$$

式中　I_{sc}——变压器二次侧直接短路时一次侧故障电流，A。

高压负荷开关－熔断器组合电器的实际交接电流，应按式（3－4－3）校验：

$$I_{c-jj}<I_{r-jj} \tag{3-4-3}$$

式中　I_{c-jj}——计算的实际交接电流，A；

I_{r-jj}——负荷开关－熔断器组合电器的额定交接电流，A。

（二）实际转移电流和实际交接电流的确定方法

（1）确定高压负荷开关－熔断器组合电器的实际转移电流，取决于两个因素，即熔断器触发的负荷开关分闸时间和熔断器的时间－电流特性。

对于给定用途的组合电器，其实际转移电流可由制造厂提供，当厂家不能提供时可按下面方法确定。

在熔断器的最小弧前时间－电流特性（基于电流偏差－6.5%）曲线上，t_{mi}所对应的电流就是确定的实际转移电流，t_{mi}按下式计算：

$$t_{mi}=0.9t_0$$

式中　t_{mi}——三相故障电流下首先动作的熔断器在最小时间－电流特性曲线上的熔断时间，s；

t_0——熔断器触发的负荷开关分闸时间，s。

（2）确定高压负荷开关－熔断器组合电器的实际交接电流，也取决于两个因素，即脱扣器触发的负荷开关的分闸时间和熔断器的时间－电流特性。

对于给定用途的组合电器，其最大交接电流可由制造厂提供，也可通过下面方法确定。

在熔断器的最大弧前时间－电流特性（基于电流偏差6.5%）曲线上，时间坐标为最小的脱扣器触发的负荷开关分闸时间，如果适用再加上0.02 s（以代表外部继电器的最小动作时间）后的总时间，它所对应的电流就是实际的交接电流。

（三）高压负荷开关－熔断器组合电器和变压器配合的校验

为保证高压负荷开关－熔断器组合电器和变压器的正确配合，现举例说明如下：

设计选用一台10 kV、1250 kV·A的变压器，采用高压负荷开关－熔断器组合电器保护变压器，有关参数如下：

（1）变压器所在高压系统的最大故障电流为31.5 kA。

（2）变压器满负载电流为72.2 A。

（3）假定变压器允许短时过载150%，变压器在－5%的分接处，过载电流近似为114 A。

（4）变压器的冲击励磁涌流为866 A，最大持续时间为0.1 s。

（5）变压器周围空气温度为45 ℃，高出标准温度5 ℃。

（6）变压器二次侧端子直接短路时，变压器一次侧最大故障电流为1805 A。

假定选用某厂生产的某型12 kV负荷开关－熔断器组合电器控制保护变压器，其熔体电流为125 A，额定短路开断电流为40 kA，额定最小开断电流为390 A，额定转移电流为2000 A，负荷开关分闸由熔断器撞击器操作；负荷开关的分闸时间为0.05 s。

校验内容如下：

（1）根据熔断器正常的时间－电流特性曲线，由图3－4－1查出熔断器在0.1 s时允许通过的电流为1060 A，大于866 A，证实熔断器可以承受0.1 s的变压器冲击励磁涌流为866 A。

（2）变压器周围空气温度为45 ℃时，组合电器中的熔断器额定电流有所下降，当额定电流下降至120 A时，应能承受变压器允许的过载电流为114 A。

受周围环境温度的影响，在某一温度下组合电器中熔断器的时间－电流特性曲线可向熔断器制造厂咨询。

（3）根据熔断器时间－电流特性曲线，或向熔断器制造厂咨询，选择熔断器弧前电流足够低，在过载时可以保证更好地保护变压器。

（4）根据熔断器时间－电流特性曲线，确定组合电器的实际转移电流为1600 A，变压器二次侧直接短路时一次侧的最大故障电流为1805 A，大于实际转移电流，该故障电流可由熔断器单独开断。

负荷开关－熔断器组合电器与变压器配合特性曲线如图3－4－1所示。

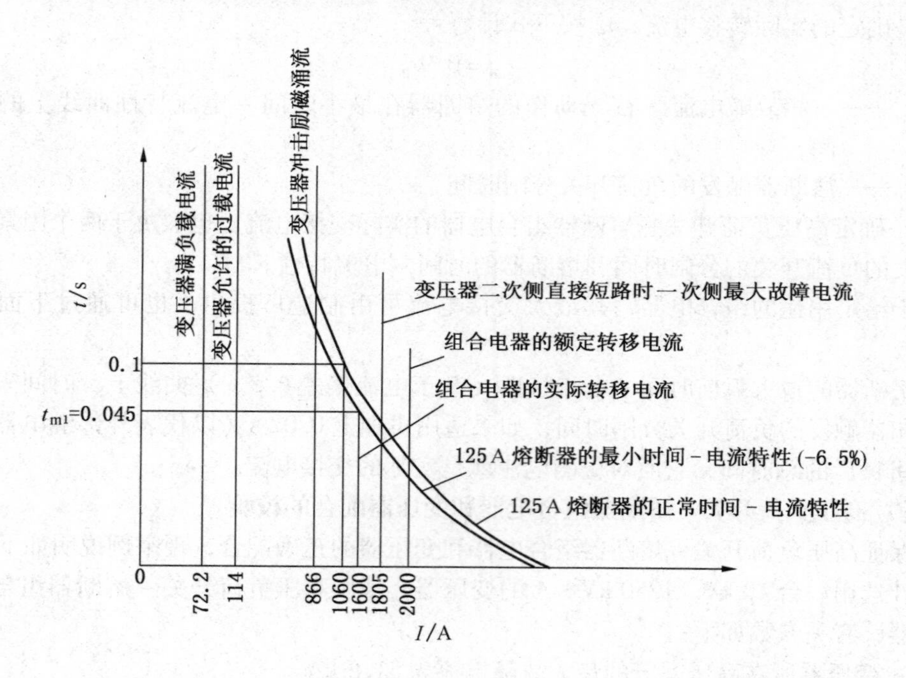

图3－4－1　负荷开关－熔断器组合电器与变压器配合的特性曲线

通过上述校验表明：高压负荷开关－熔断器组合电器的实际转移电流小于其额定转移电流，大于熔断器的额定最小开断电流，并且小于变压器二次侧直接短路时一次侧的最大故障电流，这就保证了组合电器中负荷开关的安全使用。

高压熔断器可在－25～40 ℃环境温度下正常工作，当环境温度高于40 ℃时每升高1 ℃熔断器的额定电流应降低1%使用，当环境温度低于－25 ℃时，熔断器的机械性能将受到影响。

当三相高压熔断器安装在封闭的箱体中，这时熔断器额定电流必须减少 15% 使用；对于安装在不封闭柜体中的三相熔断器，其额定电流必须减少 10% 使用。在上述两种情况下，当高压熔断器的额定电流小于 20 A 时可不考虑降容问题。

三、高压熔断器按开断电流选择

高压熔断器按开断电流选择时，需满足下式要求：

$$I_{sc} \geqslant I_{basym} \quad 或 \quad I_{sc} \geqslant I''$$

$$I_{basym} = \sqrt{(I'')^2 + i_{DC}^2}$$

式中　I_{sc}——熔断器额定最大开断电流，kA；

I_{basym}——不对称短路开断电流（短路全电流最大有效值），kA；

I''——超瞬态短路电流有效值（对称短路电流初始值），kA；

i_{DC}——短路电流直流分量，kA。

由于熔断器的开断特性不同，故选择时所用的短路电流计算值也不同。对于没有限流作用，不能在短路电流达到冲击值之前熄灭电弧的高压熔断器，可采用 I_{basym} 进行校验；对于有限流作用，能在短路电流达到冲击值之前完全熄灭电弧的高压熔断器，可不考虑短路电流中直流分量的影响而用 I'' 进行校验。

第五节　母线支柱绝缘子及穿墙套管的选择与校验

母线支柱绝缘子及穿墙套管按下述要求进行选择与校验：①支柱绝缘子。应按工作电压及正常机械载荷选择，按短路动稳定及承受过电压能力（绝缘水平和泄漏比距）来校验；同时应考虑环境条件，如环境温度、日温差、最大风速、相对湿度、污秽、海拔、地震烈度的影响。②穿墙套管。应按电压及允许的持续电流来选择，按短路时的热稳定和动稳定来校验；同时应考虑环境条件的影响。

一、按电压和允许持续电流选择

母线支柱绝缘子及穿墙套管按电压和允许持续电流进行选择，可参照本章第一节的方法进行选择。

（1）母线型穿墙套管可不按持续电流来选择，只需保证套管的型式与母线尺寸相配合即可。

（2）变电所的 6 ~ 20 kV 屋外支柱绝缘子和穿墙套管，当有冰雪时，宜采用高一级电压的产品。对于 3 ~ 6 kV 者，也可采用提高两级电压的产品。

（3）当周围环境温度高于 40 ℃，但不超过 60 ℃时，穿墙套管的持续允许电流 I_{XU} 应按下式修正：

$$I_{XU} = I_N \sqrt{\frac{85 - \theta}{45}}$$

式中　θ——周围实际环境温度，℃；

I_N——持续允许额定电流，A。

二、穿墙套管的热稳定校验

高压穿墙套管的热稳定电流保证值见表3-5-1。

表3-5-1 高压穿墙套管的热稳定电流保证值

额定电流/A	热稳定电流保证值/kA	
	10 s（铜导体）	5 s（铝导体）
200	3.8	—
250	—	5.5
400	7.6	7.6
600	12	12
1000	18	20
1500	23	30
2000	27	40

三、支柱绝缘子及穿墙套管的动稳定校验

支柱绝缘子和穿墙套管的动稳定校验应满足下式要求：

$$0.6P_b \geqslant P$$

式中 P_b——绝缘子机械破坏负荷，N；

P——短路时作用在绝缘子上的力，N。

当三相母线布置在一个平面时，P 可按表3-5-2中的公式计算。

表3-5-2 支柱绝缘子和穿墙套管的受力 P

母线形状	计算跨距中的力 F/N	穿墙套管的受力 P/N	支柱绝缘子的受力 P/N	
			垂直布置	水平布置
矩形、管形、圆形	$17.27\frac{l}{a}i_{ch}^2\times10^{-2}$	$P=F$	$P=F$	$P=KF$

注：l—支柱绝缘子间距，对于穿墙套管，$l=\frac{l_1+l_2}{2}$，其中 l_1 为穿墙套管至最近的支柱绝缘子间距，l_2 为穿墙套管本身长度，cm；

a—母线相间距离，cm；

i_{ch}—短路冲击电流，kA；

K—支柱绝缘子受力的折算系数，见表3-5-3。

表3-5-3 支柱绝缘子受力的折算系数 K

母线排列方式		绝缘子电压/kV		
		6~10	20	35
矩形母线	2片以下平放或2片以上叠放	1	1	1
	3片平放	1.24	1.15	1.1
	竖放	1.4	1.26	1.18

在校验35 kV及以上水平安装的支柱绝缘子的机械强度时，应计及绝缘子自重、母线重力和短路电动力的联合作用。由于自重和母线重力产生的弯矩，将使绝缘子允许的机械强度减小。降低数值见表3－5－4。

表3－5－4 绝缘子水平安装时机械强度降低数值

电压/kV	35	63	110
降低数值/%	1～2	3	6

注：35 kV以下的产品，降低数值小于1%，可不必考虑。

四、型 式 选 择

（1）屋外支柱绝缘子一般采用棒式支柱绝缘子。屋外支柱绝缘子需倒装时，宜用悬挂式支柱绝缘子。

（2）屋内支柱绝缘子一般采用联合胶装的多棱式支柱绝缘子。

（3）穿墙套管一般采用铜或铝导体穿墙套管，对铝有明显腐蚀的地区如沿海地区可以例外。

（4）在污秽地区，应尽量选用防污型盘形悬式绝缘子。在海拔为1000 m及以下的一级污秽地区，当采用X－4.5型或XP－6型悬式绝缘子时，耐张绝缘子串的绝缘子片数不宜少于表3－5－5所列数值。在空气清洁无明显污秽的地区，悬垂绝缘子串的绝缘子片数可比耐张绝缘子串的同型绝缘子少一片。污秽地区的悬垂绝缘子串的绝缘子片数应与耐张绝缘子串相同。在海拔为1000～3500 m的地区，当需要增加绝缘子数量来加强绝缘时，耐张绝缘子串的片数可按高海拔地区配电装置的有关内容进行修正。

表3－5－5 X－4.5型或XP－6型悬式绝缘子耐张绝缘子串的绝缘子片数

电压/kV	35	63	110
绝缘子片数/片	4	6	8

五、支柱绝缘子及穿墙套管短路稳定校验的简化计算

支柱绝缘子及穿墙套管短路稳定校验的简化计算见表3－5－6～表3－5－9。

表3－5－6 35 kV支柱绝缘子允许的短路峰值电流

绝缘子间距 l/m		2			2.5			3			3.5		
相间距离 D/m		0.45	0.5	0.6	0.45	0.5	0.6	0.45	0.5	0.6	0.45	0.5	0.6
型 号	弯曲破坏负荷/N	短路峰值电流/kA											
ZLA－35、ZLA－35G	4000	55.87	58.89	64.51	49.97	52.67	57.70	45.62	48.09	52.68	42.23	44.52	48.77
ZNB－35、ZNB－35G	7500	76.51	80.64	88.34	68.43	72.13	79.01	62.47	65.84	72.13	57.83	60.96	66.78
ZLB－35、ZLB－35G	8000	79.01	83.29	91.24	70.67	74.49	81.60	64.51	68.00	74.49	59.73	62.96	68.97

表 3-5-7　6~10 kV 支柱绝缘子允许的短路峰值电流

绝缘子间距 l/m		1				1.2				1.4				1.6			
相间距离 D/m		0.2	0.25	0.3	0.35	0.2	0.25	0.3	0.35	0.2	0.25	0.3	0.35	0.2	0.25	0.3	0.35
型　号	弯曲破坏负荷/N	短路峰值电流/kA															
ZA-6、ZA-10	3750	51.01	57.03	62.47	67.47	46.56	52.06	57.03	61.59	43.11	48.20	52.80	57.03	40.32	45.08	49.38	53.34
ZNA-6、ZNA-10	4000	52.68	58.90	64.52	69.69	48.09	53.76	58.90	63.61	44.52	49.78	54.53	58.90	41.64	46.56	51.00	55.09
ZLA-10	4000	52.68	58.90	64.52	69.69	48.09	53.76	58.90	63.61	44.52	49.78	54.53	58.90	41.64	46.56	51.00	55.09
ZB-6、ZB-10	7500	72.13	80.65	88.34	95.42	65.85	73.62	80.65	87.11	60.96	68.16	74.66	80.65	57.02	63.75	69.84	75.43
ZNB-10	8000	74.50	83.29	91.24	98.55	68.01	76.03	83.29	89.96	62.96	70.39	77.11	83.29	58.89	65.85	72.13	77.91
ZC-10	12500	93.12	104.12	114.05	123.19	85.01	95.04	104.11	112.46	78.70	87.99	96.39	104.12	73.62	82.31	90.16	97.39
ZNC-10	16000	105.36	117.79	129.03	139.37	105.36	107.53	117.79	127.23	89.04	99.55	109.05	117.79	83.29	93.12	102.01	110.18
ZD-10	20000	117.79	131.70	144.27	155.82	107.53	120.22	131.69	142.25	99.55	111.30	121.93	131.70	93.12	104.11	114.05	123.19

表 3-5-8　35 kV 穿墙套管允许的短路峰值电流

套管端距绝缘子距离 l/m		1.5			2			2.5			3			3.5		
相间距离 D/m		0.45	0.5	0.6	0.45	0.5	0.6	0.45	0.5	0.6	0.45	0.5	0.6	0.45	0.5	0.6
型　号	弯曲破坏负荷/N	短路峰值电流/kA														
CB-35/400、CB-35/600	4000	71.89	75.78	83.01	65.45	69.00	75.58	60.47	63.74	69.83	56.50	59.56	65.24	53.20	56.09	61.44
CB-35/1000、CB-35/1500	4000	71.58	75.46	82.66	65.23	68.75	75.23	60.31	63.57	69.46	56.36	59.40	65.07	53.09	55.96	61.30

表3-5-9　6~10 kV穿墙套管允许的短路峰值电流

套管端距绝缘子距离 l/m		0.6				0.8				1				1.2				1.4			
相间距离 D/m		0.2	0.25	0.3	0.35	0.2	0.25	0.3	0.35	0.2	0.25	0.3	0.35	0.2	0.25	0.3	0.35	0.2	0.25	0.3	0.35
型　号	弯曲破坏负荷/N	短路峰值电流/kA																			
CA-6/200、CA-6/400	3750	72.43	80.98	88.71	95.82	66.09	73.90	80.95	87.44	61.17	68.39	74.92	80.93	57.21	63.96	70.07	75.68	53.93	60.29	66.05	71.34
CB-6/400、CB-6/600	7500	100.93	112.84	123.61	133.51	92.32	103.22	113.07	122.13	85.60	95.70	104.83	113.23	80.16	89.62	98.17	106.04	75.64	84.57	92.64	100.06
CB-6/1000、CB-6/1500	7500	100.44	112.29	123.01	132.87	91.95	102.80	112.61	121.63	85.30	95.37	104.47	112.84	79.91	89.34	97.87	105.71	75.43	84.33	92.38	99.79
CC-6/1000、CC-6/1500	12500	125.49	140.30	153.69	166.01	115.47	129.10	141.43	152.76	107.53	120.22	131.70	142.25	101.03	112.95	123.73	133.64	95.58	106.86	117.06	126.43
CC-6/2000	12500	124.37	139.05	152.32	164.53	114.60	128.13	140.36	151.60	106.82	119.43	130.83	141.31	100.44	112.29	123.01	132.87	95.08	106.30	116.45	125.78
CWB2-6/400	7500	98.78	110.44	120.98	130.68	90.67	101.37	111.05	119.95	84.28	94.22	103.22	111.49	79.07	88.40	96.84	104.60	74.72	83.54	91.52	98.85
CWB2-6/600	7500	97.87	109.42	119.87	129.47	89.96	100.58	110.18	119.01	83.71	93.59	102.52	110.74	78.60	87.88	96.27	103.98	74.33	83.10	91.03	98.32
CWB2-6/1000、CWB2-6/1500	7500	96.55	107.95	118.25	127.73	88.94	99.43	108.92	117.65	82.88	92.66	101.51	109.64	77.91	87.11	95.42	103.07	73.74	82.45	90.32	97.55
CB-10/200、CB-10/400、CB-10/600	7500	99.01	110.70	121.27	130.98	90.85	101.57	111.27	120.18	88.42	94.39	103.39	111.68	79.19	88.54	96.99	104.76	74.82	83.65	91.64	98.98
CB-10/1000、CB-10/1500	7500	98.32	109.93	120.42	130.07	90.32	100.98	110.61	119.48	83.99	93.91	102.87	111.11	78.83	88.14	96.55	104.29	74.52	83.32	91.27	98.58
CC-10/1000、CC-10/1500	7500	120.93	135.20	148.10	159.97	111.89	125.09	137.03	148.01	104.61	116.96	128.13	138.39	98.60	110.24	120.76	130.43	93.51	104.55	114.53	123.70
CC-10/2000	12500	119.92	134.08	146.87	158.64	111.09	124.20	136.06	146.96	103.96	116.23	127.33	137.53	98.05	109.62	120.09	129.71	93.05	104.03	113.96	123.09
CWC-10/1000、CWC-10/1500	12500	117.06	130.87	143.36	154.85	108.80	121.64	133.25	143.93	102.08	114.13	125.02	135.04	96.47	107.85	118.15	127.61	91.69	102.51	112.29	121.29
CWC-10/2000	12500	115.70	129.35	141.07	153.05	107.71	120.42	131.91	142.48	101.17	113.12	123.91	133.84	95.70	106.99	117.21	126.60	91.03	101.77	111.49	120.42

第六节　电流互感器的选择与校验

电流互感器的选择和校验应满足:一次回路电压、一次回路电流、二次负荷、二次电流、准确度等级和暂态特性、继电保护及测量的要求,以及动稳定倍数、热稳定倍数及机械荷载的要求。此外,还要满足使用环境条件校验,在屋内使用时,应校验环境温度、相对湿度、海拔、地震烈度;在屋外使用时,则应校验环境温度、最大风速、污秽、海拔、地震烈度。火电厂和变电所的电流互感器选择还应符合《火力发电厂、变电站二次接线设计技术规程》(DL/T 5136—2012)的要求。电流互感器的选择,将在本书的继电保护一章中详细介绍。

一、电流互感器的型式选择

(1) 35 kV 以下屋内配电装置的电流互感器,根据安装使用条件及产品情况,采用树脂浇注绝缘结构。

(2) 35 kV 及以上配电装置,一般采用油浸瓷箱式绝缘结构的独立式电流互感器、树脂浇注绝缘电流互感器。在有条件时,如回路中有变压器套管、穿墙套管,应优先采用套管电流互感器,以节约投资、减少占地。

(3) 对 110 kV 及以下系统的保护用电流互感器一般可不考虑暂态影响,可采用 P 类电流互感器。对某些重要回路可适当提高所选互感器的准确限值系数或饱和电压,以减缓暂态影响。

(4) 选择测量用电流互感器应根据电力系统测量和计量系统的实际需要合理选择互感器的类型。要求在较大工作电流范围内做准确测量时可选用 S 类电流互感器。为保证二次电流在合适的范围内,可采用复变比或二次绕组带抽头的电流互感器。电能计量用仪表与一般测量仪表在满足准确级条件下,可共用一个二次绕组。

二、一次额定电流的选择

(1) 当电流互感器用于测量时,选择的一次额定电流应尽量比回路中正常工作电流大 1/3 左右,以保证测量仪表最佳工作,并在过负荷时使仪表有适当的指示。

(2) 电力变压器中性点电流互感器的一次额定电流应按大于变压器允许的不平衡电流选择,一般情况下,可按变压器额定电流的 1/3 进行选择。

三、电流互感器的热稳定校验

热稳定校验是检验电流互感器承受短路电流发热的能力。电流互感器的热稳定是由一定时间内热稳定倍数来表明,它是互感器的热稳定电流与互感器的原边电流(一次电流)的比值。即

$$K_r = \frac{I_t}{I_{1N}}$$

式中　I_t——电流互感器在 t 时间内的热稳定电流,A;

I_{1N}——电流互感器的原边额定电流,A;

K_r——热稳定倍数,可由产品样本查得。

制造厂在产品型录中一般给出 $t=1$ s 或 5 s 的额定短时热稳定电流，因此，热稳定电流倍数 K_r 应按下式进行校验：

$$K_r=\frac{\sqrt{\frac{Q_K}{t}}}{I_{1N}}$$

式中　Q_K——短路电流引起的热效应，$kA^2\cdot s$；

t——制造厂提供的热稳定计算采用的时间，$t=1$ s 或 5 s。

四、电流互感器的动稳定校验

动稳定校验是对产品本身带有一次回路导体的电流互感器进行校验，对于母线从窗口穿过且无固定板的电流互感器（如 LMZ 型）可不校验动稳定。电流互感器的动稳定校验包括内部动稳定校验和外部动稳定校验。

（一）内部动稳定校验

内部动稳定用动稳定倍数 K_d 表示。它是互感器所能承受的最大电流的瞬时值 i_{max} 与该互感器的额定电流幅值 I_{1N} 之比，即

$$K_d=\frac{i_{max}}{\sqrt{2}I_{1N}}$$

因此，电流互感器的内部动稳定校验，可按下式计算：

$$\sqrt{2}K_dI_{1N}\geqslant i_{ch}\times10^3$$

式中　i_{ch}——三相短路冲击电流，kA。

（二）外部动稳定校检（三相母线平行放置在同一平面内）

（1）样本标明有允许力 F 的电流互感器，可按下式校验：

$$F\geqslant8.624i_{ch}^2\frac{l}{a}\times10^{-2}$$

式中　F——电流互感器一次绕组出线端允许力，N；

a——相间距离，cm；

l——电流互感器出线端至相邻较远的一个固定点的距离，cm。

（2）样本未标明 F，而只给出 $a=40$ cm，$l=50$ cm 时动稳定倍数 K_d 的电流互感器，可按式（3-6-1）校验。

当 $a\neq40$ 时，式（3-6-1）左边再乘以 $\sqrt{\frac{a}{40}}$。

当 $l\neq50$ 时，如 $l=100$ cm，在式（3-6-1）左边再乘以 0.8；如 $l=20$ cm，在式（3-6-1）的左边乘以 1.15。

（3）当样本标明有允许 F_B 的母线型电流互感器时，可按下式校验：

$$F_B\geqslant17.25i_{ch}^2\frac{l_B}{a}\times10^{-2}$$

$$l_B=\frac{l_1+l_2}{2}$$

式中　F_B——母线型电流互感器瓷套帽处允许力，N；

l_B——母线相互作用段的计算长度，cm；

l_1——母线型电流互感器瓷套帽至相邻较远的一个固定点的距离，cm；

l_2——电流互感器内部长度，cm。

五、常用电流互感器动稳定、热稳定简化计算

常用电流互感器的动稳定、热稳定校验，可根据条件由表 3-6-1 直接查出，允许通过的短路电流与电路的实际短路电流进行比较。当查出的允许通过的短路电流大于电路的实际短路电流时，表示校验通过。

表 3-6-1 常用电流互感器短路稳定校验数据

型号	技术数据				热稳定允许通过的短路电流有效值/kA				
	额定电流/A	短时耐受电流/kA	短时耐受时间/s	峰值耐受电流/kA	0.6	0.8	1.0	1.2	1.6
					切除时间/s				
LZZB9-35C、LZZB9-35D	50	7.5	1		9.3	8.1	7.3	6.7	5.8
	75	11.25		28.13	14.0	12.2	11.0	10.1	8.8
	100	15		37.5	18.6	16.3	14.6	13.4	11.7
LZZB9-35C	150	22.5	1	56.25	27.9	24.4	22.0	20.1	17.5
	200	30		75	37.2	32.5	29.3	26.8	23.4
	300	45		112.5	55.8	48.8	43.9	40.3	35.0
LZZB9-35D	150	31.5	1	80	39.1	34.2	30.7	28.2	24.5
	200	31.5	2	80	55.3	48.3	43.5	39.8	34.7
	300	31.5	3	80			53.2	48.8	42.5
LZZBJ9-35	50	10	1	25	12.4	10.8	9.8	8.9	7.8
	75	15		37.5	18.6	16.3	14.6	13.4	11.7
	100	20		50	24.8	21.7	19.5	17.9	15.6
	150、200	31.5		80	39.1	34.2	30.7	28.2	24.5
	300	31.5	2	80	55.3	48.3	43.5	39.8	34.7
AN(W)35	50、60	12	2	30	21.0	18.4	16.6	15.2	13.2
	50、60	7		17.5	12.3	10.7	9.7	8.9	7.7
	50、60	5		12.5	8.77	7.7	6.9	6.3	5.5
	75	18		45	31.6	27.6	24.8	22.8	19.8
	75	12		30	21.1	18.4	16.6	15.2	13.2
	75	7		17.5	12.3	10.7	9.7	8.9	7.7
	100	25		63	43.9	38.3	34.5	31.6	27.5
	100	18		45	31.6	27.6	24.8	22.8	19.8
	100	12		30	21.0	18.4	16.6	15.2	13.2
	150、200、250	25	3	63			42.3	38.7	33.7
	150	18	2	45	31.6	27.6	24.8	22.8	19.8

表3－6－1（续）

型　号	技术数据				热稳定允许通过的短路电流有效值/kA				
	额定电流/A	短时耐受电流/kA	短时耐受时间/s	峰值耐受电流/kA	0.6	0.8	1.0	1.2	1.6
					切除时间/s				
LZZB9－10、LZZB9－10Q	50	7.5	1	18.75	9.3	8.1	7.3	6.7	5.8
	75	11.25		28.125	14.0	12.2	11.0	10.1	8.8
	100	15		37.5	18.6	16.3	14.6	13.4	11.7
	150	22.5		55	27.9	24.4	22.0	20.1	17.5
	200	24.5		60	30.4	26.6	23.9	21.9	19.1
	300	45		90	55.8	48.8	43.9	40.3	35.0
	400、500、600	45		90	55.8	48.8	43.9	40.3	35.0
	800、1000	63		100		68.3	61.5	56.3	49.0
LZZB9－10C	50	5	1	12.5	6.2	5.4	4.9	4.5	3.9
	75	7.5		18.75	9.3	8.1	7.3	6.7	5.8
	100	10		25	12.4	10.8	9.8	8.9	7.8
	150	15		22.5			14.6	13.4	11.7
	200	20		50	24.8	21.7	19.5	17.9	15.6
	300、400	31.5		80	39.1	34.2	30.7	28.2	24.5
	500、600	45		90	55.8	48.8	43.9	40.3	35.0
	800、1000	63		100		68.3	61.5	56.3	49.0
LZZBJ9－12/150b/2、LZZBJ9－12/175b/2	50	7.5	1	18.75	9.3	8.1	7.3	6.7	5.8
	75	11.25		28.125	14.0	12.2	11.0	10.1	8.8
	100	15		37.5	18.6	16.3	14.6	13.4	11.7
	150	22.5		56.25	27.9	24.4	22.0	20.1	17.5
	200	30		75	37.2	32.5	29.3	26.8	23.4
	300	45		112.5	55.8	48.8	43.9	40.3	35.0
	50、60、75、100、150、160	21		52.5	26.1	22.8	20.5	18.8	16.4
	50、60、75、100、150、160	31.5		80	39.1	34.2	30.7	28.2	24.5
	50、60、75、100、150、160、200、300、315、400	45		112.5	55.8	48.8	43.9	40.3	35.0
	150、160、200、300、400、500	63		130	78.1	68.3	61.5	56.3	49.0
	300、400、500、600、750、800、1000、1200、1250	80		160	99.2	86.8	78.1	71.6	62.3
	1000、1200、1250、1500、1600、2000、2500、3000、3150	100		160		108.5	97.6	89.4	77.8

表3-6-1（续）

型　号	技　术　数　据				热稳定允许通过的短路电流有效值/kA				
	额定电流/A	短时耐受电流/kA	短时耐受时间/s	峰值耐受电流/kA	0.6	0.8	1.0	1.2	1.6
					切除时间/s				
LZZBJ9-12/150b/4、LZZBJ9-12/175b/4	50	7.5	1	18.75	9.3	8.1	7.3	6.7	5.8
	75	11.25		28.125	14.0	12.2	11.0	10.1	8.8
	100	15		37.5	18.6	16.3	14.6	13.4	11.7
	150、200	31.5		80	39.1	34.2	30.7	28.2	24.5
	300、400	45		112.5	55.8	48.8	43.9	40.2	35.0
	500、600、800	63		130	78.1	68.3	61.5	56.3	49.0
LZZBJ9-12/175b/4	1000、1200、1250	80	1	160	99.2	86.8	78.1	71.6	62.3
	2000、2500、3000、3150	100		160		108.5	97.6	89.4	77.8
LZZBJ9-10A1、LZZBJ9-10B2、LZZBJ9-10C1、LZZBJ9-10D1	50、60、75、100、150、160	21	1	52.5	26.1	22.8	20.5	18.8	16.4
	50、60、75、100、150、160、200	31.5		80	39.1	34.2	30.7	28.2	24.5
LZZBJ9-10A1、LZZBJ9-10B1、LZZBJ9-10C1、LZZBJ9-10D1	50、60、75、100、150、160、200、300、315、400	45	1	112.5	55.8	48.8	43.9	40.2	35.0
	150、200、300、400、500	63		130	78.1	68.3	61.5	56.3	49.0
LZZBJ9-10A2、LZZBJ9-10B2、LZZBJ9-10C2、LZZBJ9-10D2	50、60、75、100、150、160、200、300、315、400	45	1	112.5	55.8	48.8	43.9	40.2	35.0
	150、200、300、400、500	63		130	78.1	68.3	61.5	56.3	49.0
LZZBJ9-10A1、LZZBJ9-10C1、LZZBJ9-10A2、LZZBJ9-10C2、LZZBJ9-10E1、LZZBJ9-10E2	1200、1250、1500、1600、2000、2500、3000、3150	100	1	160		108.5	97.6	89.4	77.8
LZZBJ9-10A1G、LZZBJ9-10A2G	56、60、75、100、150、160	21	1	52.5	26.1	22.8	20.5	18.8	16.4
	56、60、75、100、150、160、200	31.5		80	39.1	34.2	30.7	28.2	24.5
	56、60、75、100、150、160、200、300、315、400	45		112.5	55.8	48.8	43.9	40.2	35.0
	150、160、200、300、400、500	63		130	78.1	68.3	61.5	56.3	49.0

表3-6-1（续）

型号	技术数据				热稳定允许通过的短路电流有效值/kA				
	额定电流/A	短时耐受电流/kA	短时耐受时间/s	峰值耐受电流/kA	0.6	0.8	1.0	1.2	1.6
					切除时间/s				
LZZBJ9-10A1G、LZZBJ9-10A2G	300、400、500、600、750、800、1000、1200、1250	80	1	160	99.2	86.8	78.1	71.6	62.3
	1200、1250、1500、1600、2000、2500、3000、3150	100		160		108.5	97.6	89.4	77.8
LZZJ9-10、LFZ9-10	50	10	2	25		15.3	13.8	12.7	11.0
	75	15		40	26.3	23.0	20.7	19.0	16.5
	100	20		50	35.1	30.7	27.6	25.3	22.0
LZZJ9-10、LFZJ9-10	300、400、500	20	4	55				35.8	31.1
	600、800	32		80					49.8
	1000	40		100					62.3
	50	4.5	1	11.25	5.6	4.9	4.4	4.0	3.5
	75	6.75		16.8	8.4	7.3	6.6	6.0	5.3
	100	9		22.5	11.2	9.8	8.8	8.0	7.0
	150	13.5		33.7	16.7	14.6	13.2	12.1	10.5
	200	15		37.5	18.6	16.3	14.6	13.4	11.7
	300	22.5		56	27.9	24.4	22.0	20.1	17.5
LZZB10-10	400	30	1	75	37.2	32.5	29.3	26.8	23.4
	500	37.5		93	46.5	40.7	36.6	33.5	29.2
	600	45		112.5	55.8	48.8	43.9	40.2	35.0
	800	60		150	74.4	65.1	58.6	53.7	46.7
	1000	75		187.5	93.0	81.3	73.2	67.1	58.4
	50、75、100	9		22.5	11.2	9.8	8.8	8.0	7.0
	75、100、150	13.5		33.5	16.7	14.6	13.2	12.1	10.5
	100、150、200	15		37.5	18.6	16.3	14.6	13.4	11.7
	150、200、300	22.5		56	27.9	24.4	22.0	20.1	17.5
	200、300、400	30		75	37.2	32.5	29.3	26.8	23.4
	300、400、500	37.5		93	46.5	40.7	36.6	33.5	29.2
	400、500、600	45		112.5	55.8	48.8	43.9	40.2	35.0
	500、600、800	60		150	74.4	65.1	58.6	53.7	46.7
	600、800、1000	75		187.5	93.0	81.3	73.2	67.1	58.4
LZZB11-10	50	5	1	12.5	6.2	5.4	4.9	4.5	3.9
	75	7.5		18.75	9.3	8.1	7.3	6.7	5.8
	100	10		25	12.4	10.8	9.8	8.9	7.8

表3-6-1（续）

型　号	技　术　数　据				热稳定允许通过的短路电流有效值/kA				
	额定电流/A	短时耐受电流/kA	短时耐受时间/s	峰值耐受电流/kA	0.6	0.8	1.0	1.2	1.6
					切除时间/s				
LZZB11-10	150	15	1	37.5	18.6	16.3	14.6	13.4	11.7
	200	20		50	24.8	21.7	19.5	17.9	15.6
	300	30		75	37.2	32.5	29.3	26.8	23.4
	400	45		112.5	55.8	48.8	43.9	40.2	35.0
	500、600	56		140	69.5	60.7	54.7	50.1	43.6
	800、1000	80		200	99.2	86.8	78.1	71.6	62.3
LZZBJ12-10A	50	10	1	25	12.4	10.8	9.8	8.9	7.8
	75	21		52.5	26.0	22.8	20.5	18.8	16.3
	100	31.5		78	39.1	34.2	30.7	28.2	24.5
	150、200	45		112.5	55.8	48.8	43.9	40.2	35.0
	300、400	50		125	60.0	54.2	48.8	44.7	38.9
	500~630、800~1250	80		180	99.2	86.8	78.1	71.6	62.3
	1500~3150	100		200	124.0	108.5	97.6	89.4	77.8
LZZBJ12-10B	50~100	31.5	1	63	39.1	34.2	30.7	28.2	24.5
	75~100	45		78		48.8	43.9	40.2	35.0
	150~200、300~500	63		157.5	78.1	68.3	61.5	56.3	49.0
	600~1250	80		180	99.2	86.8	78.1	71.6	62.3
	1500~3150	100		200	124.0	108.5	97.6	89.4	77.8
LZZBJ12-10C	50~75	8	1	20	9.9	8.7	7.8	7.2	6.2
	100	21		52.5	26.0	22.8	20.5	18.8	16.3
	150	31.5		78.5	39.1	34.2	30.7	28.2	24.5
	200	40		100	49.6	43.4	39.0	35.8	31.3
	300、400	45		112.5	55.8	48.8	43.9	40.2	35.0
	500、600	55		130	68.2	59.7	53.7	49.2	42.8
	800~1250	63		130	78.1	68.3	61.5	56.3	49.0
	1500~3150	100		200	124.0	108.5	97.6	89.4	77.8
AS12/150b/2S	50、60	12	2	38	21.0	18.4	16.6	15.2	13.2
	75	19		60	33.3	29.1	26.2	24.0	20.9
	100	24		76	42.1	36.8	33.1	30.4	26.4
	150	31.5		100	55.3	48.3	43.5	39.8	34.7
	200、300~1250	40	3	128	85.9	75.1	67.6	62.0	53.9
	50、60、75	7	2	22	12.3	10.7	9.7	8.9	7.7
	100	8		25	14.0	12.3	11.0	10.1	8.8
	150	14		44	24.6	21.5	19.3	17.7	15.4

表3-6-1（续）

型　号	技　术　数　据				热稳定允许通过的短路电流有效值/kA				
	额定电流/A	短时耐受电流/kA	短时耐受时间/s	峰值耐受电流/kA	0.6	0.8	1.0	1.2	1.6
					切除时间/s				
AS12/150b/2S	200	25	2	80	43.9	38.3	34.5	31.6	27.5
	300～1250	40	3	128	85.9	75.1	67.6	62.0	53.9
	75	18		56	31.6	27.6	24.8	22.8	19.8
	100	25	2	76	43.9	38.3	34.5	31.6	27.5
	150、200	31.5		100	55.3	48.3	43.5	39.8	34.7
	300、400、500、630	40	3	128	85.9	75.1	67.6	62.0	53.9
	750～1250	45		144	96.7	84.5	76.1	69.7	60.7
AS12/150b/4S	100	5		16	8.8	7.7	6.9	6.3	5.5
	150	8.5		27	14.9	13.0	11.7	10.8	9.4
	200	10.5	2	33	18.4	16.1	14.5	13.3	11.6
	300	16		51	28.1	24.5	22.1	20.2	17.6
	400	21		67	36.8	32.2	29.0	26.6	23.1
	500、630、750～1250	40	3	128	85.9	75.1	67.6	62.0	53.9
	150	31.5	2	100	55.3	48.3	43.5	39.8	34.7
	200、300～1250	40	3	128	85.9	75.1	67.6	62.0	53.9
AS12/185h/2	1500～2500	63		200	135.4	118.4	106.5	97.6	84.9
	150	25	2	80	43.9	38.3	34.5	31.6	27.5
	200	31.5		100	55.3	48.3	43.5	39.8	34.7
	150	25		63			42.3	38.7	33.7
	200、300～1250	40	3	128	85.9	75.1	67.6	62.0	53.9
AS12/185h/4	1500～2500	63		200	135.3	118.4	106.5	97.6	84.9
	150	18	2	45	31.6	27.6	24.8	22.8	19.8
	200	25		63	43.9	38.3	34.5	31.6	27.5
	50	3		7.5	3.7	3.3	2.9	2.7	2.3
	75	4.5		11.3	5.6	4.9	4.4	4.0	3.5
	100	6		15	7.4	6.5	5.9	5.4	4.7
	150	9		23	11.2	9.8	8.8	8.0	7.0
	200	12		30	14.9	13.0	11.7	10.7	9.3
AS12/150h/1S	300	18	1	45	22.3	19.5	17.6	16.1	14.0
	400	24		60	29.8	26.0	23.4	21.5	18.7
	600	36		90	44.7	39.0	35.1	32.2	28.0
	800	48		120	59.5	52.1	46.8	42.9	37.4
	1000	60		150	74.4	65.1	58.6	53.7	46.7
AS12/150b/2S	200～500	40	1	102	49.6	43.4	39.0	35.8	31.1

表 3-6-1（续）

型　号	技　术　数　据				热稳定允许通过的短路电流有效值/kA				
	额定电流/A	短时耐受电流/kA	短时耐受时间/s	峰值耐受电流/kA	0.6	0.8	1.0	1.2	1.6
					切除时间/s				
	600 ~ 1000	100		255	124.0	108.5	97.6	89.4	77.8
AS12/150b/2S	1250 ~ 1500	140	1	357	173.6	151.9	136.6	125.2	109.0
	2000	175		446	217.1	189.8	170.8	156.5	136.2
	150 ~ 500	45		115	55.8	48.8	43.9	40.2	35.0
AS12/150b/4S	600 ~ 1000	100	1	225	124.0	108.5	97.6	89.4	77.8
	1250 ~ 1500	140		357	173.6	151.9	136.6	125.2	109.0
	2000	175		446	217.1	189.8	170.8	156.5	136.2
	150 ~ 300	45		115	55.8	48.8	43.9	40.2	35.0
	400、500	70		178	86.8	75.9	68.3	62.6	54.5
AS12/185h/2、AS12/185h/4	600 ~ 1000	140	1	357	173.6	151.9	136.6	125.2	109.0
	1250、1500	170		433	210.9	184.4	165.9	52.1	132.3
	2000、2500	240		612	297.7	260.3	234.2	214.7	186.7
	3000、3150	285		726	353.5	309.1	278.1	254.9	221.9
	50	4.0		10	5.0	4.3	3.9	3.6	3.1
ARM1/N1F	75	6.0	1	15	7.4	6.5	5.9	5.4	4.7
	100	8.0		20	9.9	8.7	7.8	7.2	6.2
	150、200	12.5		31.25	15.5	13.6	12.2	11.2	9.7
	50	12.5	0.8	31.25	13.9	12.1	10.9	10.0	8.7
	75	16	1	40	19.8	17.4	15.6	14.3	12.5
ARM2/N2F	100、150	25	0.8	62.5	27.7	24.3	21.8	20.0	17.4
	400、600	25		62.5	31.0	27.1	24.4	22.4	19.5
	50、100、150、200	10	1	25	12.4	10.8	9.8	8.9	7.8
	300 ~ 600	25		62.5	31.0	27.1	24.4	22.4	19.5
ARM3/N2F	50 ~ 100、100 ~ 200、200 ~ 400	12.5	1	31.25	15.5	13.6	12.2	11.2	9.7
ARJP2/N2F	600、750	25	1	62.5	31.0	27.1	24.4	22.4	19.5
ARJP3/N2F	1000、1250	25	1	62.5	31.0	27.1	24.4	22.4	19.5

六、提高短路稳定度的措施

当动稳定、热稳定不够时，如有时由于回路中的工作电流较小，互感器按工作电流选择后不能满足系统短路时的动稳定、热稳定的要求，则可选择额定电流较大的电流互感器，增大变流比。若此时 5 A 的电流表读数太小时，可选用 1 ~ 2.5 A 的电流表。

第七节　高压配电装置的选择

一、高压配电装置的组成和分类

高压配电装置是由高压断路器、负荷开关、接触器、高压熔断器、隔离开关、接地开关、互感器及站用变压器，以及控制、测量、保护、调节装置，内部连接件、辅件、外壳和支持件等组成的成套配电装置，其内的空间以空气或复合绝缘材料作为绝缘和灭弧介质，用作接受和分配电网的电能或用作对高压用电设备的保护和控制。高压配电装置可分为半封闭式高压开关柜、金属封闭式高压开关柜及绝缘封闭式高压开关柜。

目前多数3～35 kV高压配电装置选用金属封闭式高压开关柜，金属封闭式开关柜又分为铠装式、间隔式和箱式3种类型。金属封闭式开关柜仍以空气绝缘为主，其型式仍为固定式和移动式两种。固定式高压开关柜结构简单，易于制造，相对成本较低，但存在尺寸偏大和不便于检修、维护等因素。移动式开关柜采用组装结构，产品尺寸精度高，外形美观，且手车小型化，主开关可移至柜外，手车可互换，检修维护方便。

二、选择高压开关柜的一般要求

（1）根据使用要求和环境决定选用户内型或户外型开关柜；根据开关柜数量的多少、断路器的安装方式和对可靠性的要求，确定使用固定式还是移动式开关柜。

（2）选用开关柜应符合一、二次系统方案，满足继电保护、测量仪表、控制等配置及二次回路要求。

（3）开关柜的选择应力求技术先进、安全可靠、经济适用、操作维护方便，设备选择要注意小型化、标准化、无油化、免维护或少维护。

（4）开关柜还应满足正常运行、检修、短路和过电压情况下的要求，并考虑远景发展。

（5）选择开关的操作机构时，要结合变电所操作电源情况确定；就操作方式而言，有电磁操作机构、弹簧操作机构和手动操作机构。

（6）高压开关柜内主要元件应按本章的要求进行选择和校验。

（7）金属封闭开关设备按使用条件分为3个设计等级（即0类设计、1类设计和2类设计），它与使用条件下严酷度的3个等级相对应。金属封闭开关设备的设计等级典型实例和使用条件见表3－7－1。金属封闭开关设备应按当地使用环境条件（如环境温度、相对湿度、海拔、地震烈度等）校核。当在凝露和污秽方面比正常使用条件更严酷的条件下使用时，应注明下列严酷等级的要求：①0级C_0P_1；②1级C_1P_1或C_0P_h；③2级C_1P_h或C_hP_1或C_hP_h。其中，C_0表示通常不出现凝露（每年不超过两次），C_1表示凝露不频繁出现（每月不超过两次），C_h表示凝露频繁（每月超过两次）出现；P_0表示无污染，P_1表示轻度污染，P_h表示严重污染。

在使用中通过选择金属封闭开关设备合适的防护等级，使设备外壳内沉积物的数量减到最少，或对金属封闭开关设备采取加热、通风等措施使凝露不易产生，也可以选用1类或2类设计的金属封闭开关设备来满足特殊的使用环境条件。

表 3-7-1　金属封闭开关设备的设计等级典型实例和使用条件

设计等级分类		安装处温度控制情况	受户外气候日变化影响程度	凝　露	预防积尘措施
0类		温度可控制	建筑物或房屋提供防护使设备免受影响		采取预防措施使沉积物减到最少
1类	a	没有温度控制	建筑物或房屋提供防护使设备免受影响	凝露不能排除	采取预防措施使沉积物减到最少
	b	温度可控制			无专门预防措施使沉积物减到最少，或设备处在极接近尘源的地方
2类	a	没有温度控制	建筑物或房屋提供防护使设备免受影响	凝露不能排除	无专门预防措施使沉积物减到最少，或设备处在极接近尘源的地方
	b	没有温度控制	建筑物或房屋使设备免受影响的防护很少	凝露可能频繁出现	采取预防措施使沉积物减到最少
	c	没有温度控制	建筑物或房屋使设备免受影响的防护很少	凝露可能频繁出现	无专门预防措施使沉积物减到最少，或设备处在极接近尘源的地方

注：对于包含腐蚀性沉积物的使用条件，应向制造厂询问。

对于严酷气候条件下需要选用1类或2类设计的金属封闭开关设备，也可以通过改变装设地点的气候条件，如装设空调、去湿设备和加强建筑物的防尘措施等，使得0类设计的产品可以适用，某些情况下这样可能更安全可靠和经济合理。

（8）高压开关柜内的高压电器，应按柜内的周围环境温度进行校验，当柜内环境温度高于电气设备的正常使用环境温度时，应降容使用。

（9）高压开关柜应具备“五防”措施，对可移开或可抽出部件应具有连锁功能。

（10）高压开关柜外壳防护等级分类见表3-7-2。

表 3-7-2　高压开关柜外壳防护等级

防护等级	能防止物体接近带电部分和触及运动部分
IP2X	能阻挡手指或直径大于12 mm、长度不超过80 mm的物体进入
IP3X	能阻挡直径或厚度大于2.5 mm的工具、金属丝等物体进入
IP4X	能阻挡直径大于1.0 mm的金属丝或厚度大于1.0 mm的窄条等物体进入
IP5X	能防止影响设备安全运行的大量尘埃进入，但不能安全防止一般灰尘进入

第八节　高压电器选择与校验的示例

【例】某矿井地面变电所主接线系统如图3-8-1所示，其主变压器选用S11-35/6-5000 kV·A型变压器两台，一台工作，一台备用，35 kV在室外，6 kV在室内。已知条件：

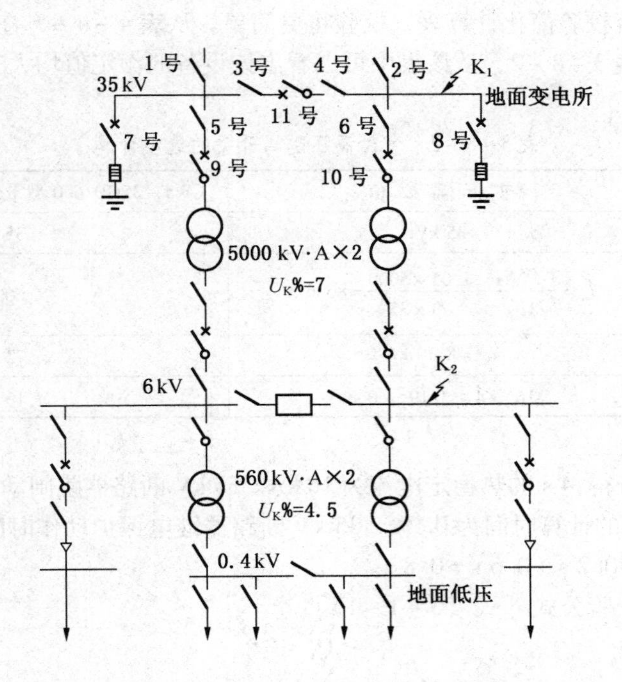

图3-8-1　某矿井地面变电所主接线系统图

(1) 气象资料：最高温度为39.2 ℃，最低温度为-22.5 ℃，海拔小于1000 m，湿度小于82% (25 ℃)，震级小于7级，变电所周围空气无污染。

(2) 短路电流计算结果见表3-8-1。

表3-8-1　短路电流计算结果

短路点		K_1		K_2	
运行方式		最大值	最小值	最大值	最小值
短路参数	$I''=I_{Urt}=I_k$/kA	3.19	1.87	4.84	4.1
	i_{kr}/kA	8.14	—	12.35	—
	I_{kr}/kA	4.85	—	7.35	—
	S''/MV·A	204.5	—	52.8	—

试对35 kV及6 kV部分主要电器：隔离开关、断路器、母线等进行选择。

一、35 kV设备的选择与校验

(一) 1号及2号带接地刀闸的隔离开关选型

根据表4-4-5，选择GW5-35GD/600型室外高压隔离开关，从表3-8-2中可以看出，该电器的额定值都大于实际需要值，故选用的设备符合要求，其操动机构选用CS-G型。

若利用短路电流校验简化计算表，校验将更简单。从表4－4－5查得该设备的动稳定和热稳定值也列入表3－8－2，从该表中可以看出该设备的额定值均大于实际需要值。

表3－8－2　室外高压隔离开关的选型计算

项　目	实际需要值	GW5－35GD/600型室外高压隔离开关额定值
电压	35 kV	35 kV
电流	$I_n=\frac{1.05S_N}{\sqrt{3}U_N}=\frac{1.05\times5000}{\sqrt{3}\times35}=86.6$ A	600 A
动稳定	$i_{kr}=8.14$ kA	72 kA
热稳定	$16^2\times4>3.19^2\times0.8$	16 kA

从表4－4－5查得：4 s的热稳定电流为16 kA。35 kV断路器跳闸动作时间从表3－1－2得知，低速断路器的计算时间为0.2 s，35 kV断路器继电保护动作时间假定为0.6 s，所以总的计算时间 $t_c=0.2$ s $+0.6$ s $=0.8$ s。

由短路热稳定校验公式［式（3－1－1）］：

$$I_t^2t>Q_t=I_k^2t_c$$

$$16^2\times4>3.19^2\times0.8$$

短路热稳定校验通过。故所选的GW5－35 GD/600型室外高压隔离开关满足要求。

（二）9—12号35 kV高压断路器的选型与校验

初步选择LW8－40.5/1600型户外 SF_6 断路器，其参数计算结果见表3－8－3。表中的一些数据可从表4－3－15中查得。其额定值均大于实际需要值，故该设备符合额定值要求。

表3－8－3　LW8－40.5/1600型断路器的选型计算

项　目	实际需要值	LW8－40.5/1600型断路器额定值
电压	35 kV	40.5 kV
电流	86.4 A	630 A
动稳定	$i_{kr}=8.14$ kA	50 kA
热稳定	$20^2\times4>3.19^2\times0.8$	20 kA
断流容量	$S''=204.5$ MV · A	1400 MV · A

35 kV断路器的热稳定校验与35 kV隔离开关相同，也可以通过。

（三）35 kV母线的选型与校验

1. 按持续工作电流选择（考虑变压器过载20%）

$$I_N=I_{TN}\times1.2=86.4\times1.2=103.68\ \text{A}$$

对电压为35 kV的屋外配电装置一般采用钢芯铝绞线作母线，初选取LGJ－35型钢芯铝绞线，其载流量在环境温度25 ℃时为170 A，换算到最高环境温度39.2 ℃时，其载流

量为

$$I_{\theta}=I_{cc}K_{\theta}=170\sqrt{\frac{70-39.2}{70-25}}=170\times0.83=141\ \text{A}>103.68\ \text{A}$$

载流量满足要求，但还需要进行热稳定校验。

2. 短路热稳定校验

按短路热稳定校验要求： $A\geqslant\frac{I_K}{C}\sqrt{t_c K_{sk}}$

已知 $t_c=0.8$ s，$I_K=3190$ A；查表可得 $C=95$；对于 LGJ－35 型钢芯铝绞线的 $K_{sk}=1$，将各已知值代入上式，可得导线最小截面积：

$$A\geqslant\frac{3190}{95}\times\sqrt{0.8\times1}=30.05\ \text{mm}^2$$

该截面积小于所选导线的截面积，故所选截面积能满足热稳定要求，最后选 LGJ－35 型钢芯铝绞线作为 35 kV 屋外配电装置的母线。

二、6 kV 设备的选择与校验

（一）断路器的选型与校验

初步选择 ZN63A－10/630 型室内高压真空断路器，其额定值与实际需要值列入表 3－8－4。

表 3－8－4 ZN63A－10/630 型断路器的选型计算

项 目	实际需要值	ZN63A－10/630 型断路器额定值
电压	$U_n=6.3$ kV	$U_N=10$ kV
电流	$I_1=\frac{1.05S_N}{\sqrt{3}U_N}=\frac{1.05\times5000}{\sqrt{3}\times6}=505.1$ A	$I_N=630$ A
断路容量	$S''=52.8$ MV · A	346 MV · A
断流量	$I''=4.84$ kA	20 kA
动稳定	$i_{kr}=12.35$ kA	63 kA
热稳定	$20^2\times4>4.84^2\times0.2$	20 kA

从表 4－3－1 查得:4 s 的热稳定电流为 20 kA。10 kV 断路器跳闸动作时间从表 3－1－2 得知，低速断路器的计算时间为 0.2 s，10 kV 断路器继电保护为速断保护，它的动作时间为 0 s，所以总的计算时间 $t_c=0.2+0=0.2$ s。

由短路热稳定校验公式［式（3－1－1）］：

$$I_t^2t>Q_t=I_k^2t_c$$

$$20^2\times4>4.84^2\times0.2$$

短路热稳定校验通过。所选的 ZN63A－10/630 型断路器符合要求。

（二）隔离开关的选型与校验

根据表 4－4－4 初选 GN30－10/630 型室内高压隔离开关，其额定值与实际需要值列入表 3－8－5。

表3-8-5　隔离开关的选型计算

项　　目	实际需要值	GN30-10/630型室内高压隔离开关额定值
电压	6.3 kV	$U_N=10$ kV
电流	504.8 A	$I_N=630$ A
动稳定	$i_{kr}=12.35$ kA	50 kA
热稳定	$20^2\times4>4.84^2\times0.2$	20 kA

从表3-8-5可知GN30-10/630型室内高压隔离开关的额定值均大于实际需要值，故该设备符合要求。

短路热稳定校验与10 kV断路器相同，也可以通过。所选GN30-10/630型室内高压隔离开关符合要求。

本章编写人：吴荣光

第四章　地面高压电气设备及低压配电屏

第一节　组合式变电站

一、概　　述

组合式变电站（箱式变电站）是一种由高压开关设备、电力变压器和低压开关设备、低压配电、计量和补偿装置组合为一体的成套配电装置，具有体积小、占地面积少、安装方便、低损耗、低噪声、低温升、抗突发短路能力强、免维护、运行安全可靠、综合造价低、检修维护方便、现场安装时间短等显著特点。广泛应用于住宅小区、商业中心、车站、厂矿、学校、医院、高层建筑、临时施工用电场所，是新一代电网建设和改造的首选设备。

组合式变电站为无人值班变电站，具有遥测、遥信、遥控、遥调四遥功能，停、送电均采取远方监视操作，大大提高了供电可靠性，最大限度地避免了设备误操作事故，极具推广价值。

国内的组合式变电站有三大流派：欧式变电站、美式变电站、国产箱式变电站。欧式变电站最早传入我国，除低压电器电能计量等需增添完善外，其他性能都比较好，体积虽大，但造价低。美式变电站体积小，约为同容量欧式变电站的1/3～1/5，外形美观，但造价偏高。国产箱式变电站是按我国电力部门的要求生产的设备，符合一切电力标准、法规的要求，符合国情，只是初期体积大，并需要定期维护。但现已开发了紧凑型及智能型预装式变电站，这种变电站综合了各种变电站的优点，集预装式变电站和开闭所为一体，简化网络结构，较大幅度地降低了变电站的综合造价。ZB、XB、YB分别代表组合式、箱式和移动式变电站。

二、6(10)kV系列组合式变电站

(一) ZBW21－10型系列组合变电站

1. 用途

ZBW21－10型系列组合变电站是由高压开关设备、电力变压器、低压开关设备三部分组合在一起而构成的户内、外变配电成套装置，具有成套性强、占地面积小、投资少、安装维护方便、造型美观、耐候性强等特点，广泛应用于高层建筑、住宅小区、矿山、油田、公用配电、车站、码头等企事业单位及临时用电场所。

2. 型号意义

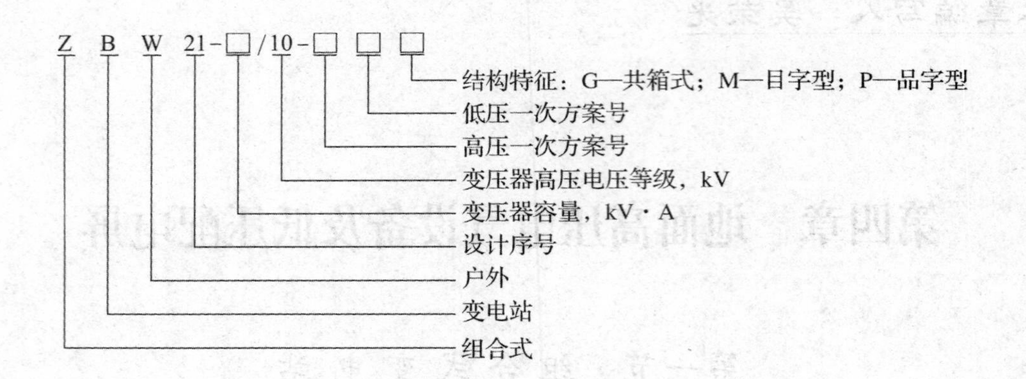

3. 技术参数

（1）ZBW21－10型系列组合式变电站（欧式）技术参数见表4－1－1。

表4－1－1　ZBW21－10型系列组合式变电站（欧式）技术参数

组合式变电站	高压侧	变压器	低压侧
额定电压/kV	6，10	6，10/0.4	0.4
额定容量/（kV · A）		50～1600	
额定电流/A	20～200		100～2500
额定短路开断电流/kA	31.5，50		30～50
额定短路关合电流/kA	50		
额定热稳定电流/（$kA \cdot s^{-1}$）	20/2		30/1
额定动稳定电流（峰值）/kA	50		63
工频耐压（1 min）/kV	高压回路42　高压断口48	35	2.5
雷电冲击耐压/kV	回路75，断口85		
箱体防护等级	IP3X	IP2X	IP3X
噪声水平/dB		干变小于65，油变小于55	
回路数	1～10	1～2（台）	4～20

（2）ZBW21－10（G）环网型组合式变电站（美式）用于三相地下交联电缆系统主要技术参数见表4－1－2。

4. 外形及安装尺寸

ZBW21－10型组合式变电站（欧式）目字型产品外形及安装尺寸见表4－1－3及图4－1－1。

ZBW21－10（G）环网型组合变电站（美式）外形及安装尺寸见表4－1－4及图4－1－2。

表4-1-2　ZBW21-10(G) 环网型组合式变电站（美式）技术参数

型号	额定容量/（kV·A）	联结组标号	电压组合		空载损耗/W	负载损耗/W	空载电流/%	短路阻抗/%
			高压/kV	低压/kV				
ZBW21-100/10(G)	100	Y，yn0 D，yn11	6.3±5% 10±2.5% 10.5 11	0.4	290	1500	2.1/2.3	4.0
ZBW21-125/10(G)	125				340	1800	2.0/2.2	
ZBW21-160/10(G)	160				400	2200	1.9/2.1	
ZBW21-200/10(G)	200				480	2600	1.8/2.0	
ZBW21-250/10(G)	250				560	3050	1.7/1.9	
ZBW21-315/10(G)	315				670	3650	1.6/1.8	
ZBW21-400/10(G)	400				800	4300	1.5/1.7	
ZBW21-500/10(G)	500				960	5100	1.4/1.6	
ZBW21-630/10(G)	630				1200	6200	1.3/1.5	4.5
ZBW21-800/10(G)	800				1400	7500	1.2/1.4	
ZBW21-1000/10(G)	1000				11700	10300	1.1/1.3	
ZBW21-1250/10(G)	1250				11950	12800	1.0/1.2	
ZBW21-1600/10(G)	1600				12400	14500	0.9/1.1	

注：1. 表中斜线上方的数值为 Y，yn0 连接组变压器用，斜线下方的数值为 D，yn11 连接组变压器用。

2. 终端型组合式变压器其技术数据与环网组合式变压器相同。

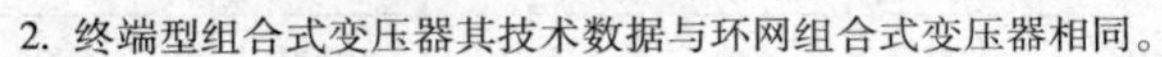

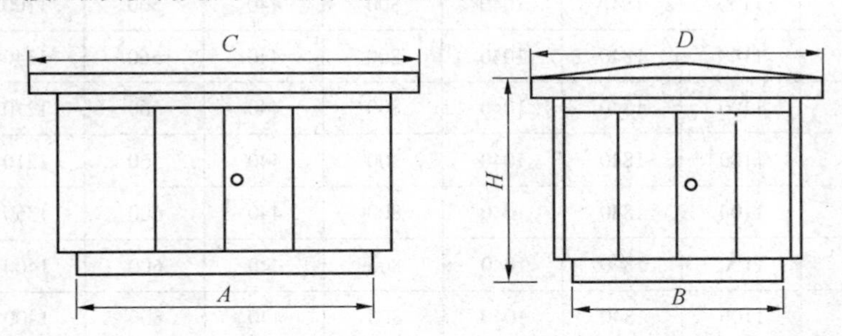

图4-1-1　ZBW21-10型组合式变电站（欧式）目字型产品外形及安装尺寸

表4-1-3　ZBW21-10型组合式变电站（欧式）目字型产品外形及安装尺寸　　mm

变压器容量/（kV·A）	高压室装配形式	低压室装配形式	A	B	C	D	H
50～250	终端	Y	2900	1800	3130	2030	2530
		Z	3500	2100	3730	2330	2530
	环网	Y	2900	2400	3130	2630	2530
		Z	3500	2400	3730	2630	2530
315～630	终端	Y	3200	2200	3330	2430	2530
		Z	4000	2200	4230	2430	2530
	环网	Y	3200	2400	3430	2630	2530
		Z	4000	2400	4230	2630	2530

表 4-1-3（续）　　mm

变压器容量/(kV·A)	高压室装配形式	低压室装配形式	A	B	C	D	H
800~1000（干式）	终端	Y	3800	2200	3430	2430	2530
		Z	4250	2200	4480	2430	2530
	环网	Y	3800	2400	3430	2630	2530
		Z	4250	2400	4480	2600	2530

注：1. 1000 kV·A 以上按高低压出线回路数确定。
2. Y 为低压室不带走廊，Z 为低压室带走廊。
3. 该尺寸以低压出线 6~8 回路为例。
4. 高压室带操作走廊，长度（A、C）另加 700~800 mm。

表 4-1-4　ZBW21-10(G) 环网型组合变电站（美式）外形及安装尺寸　　mm

容量/(kV·A)	A	B	C	D	E	F	G	H
100	1100	1840	1040	800	440	500	950	1500
125	1100	1840	1040	800	440	500	1000	1500
160	1100	1840	1040	800	440	500	1020	1500
200	1100	1840	1040	800	440	500	1050	1500
250	1100	1840	1040	800	440	500	1100	1500
315	1100	1840	1040	800	440	560	1140	1500
400	1100	1840	1040	800	440	560	1210	1570
500	1100	1840	1040	800	440	560	1210	1570
630	1100	1840	1040	800	440	600	1350	1625
800	1100	1840	1040	800	440	600	1400	1625
1000	1100	1840	1040	800	440	800	1400	1770
1250	1350	2100	1200	1100	550	860	1050	1800
1600	1350	2100	1200	1150	550	900	1550	1900

注：终端型美式变电站，其中负荷开关由四位置改为两位置，高压套管去除 A_2、B_2、C_2，其余器件及尺寸与相等容量的环网型组合变电站相同。

（二）ZBW9-JZ 系列紧凑智能型户外组合式变电站

1. 用途

ZBW9-JZ 系列组合式变电站具有结构紧凑、成套性强、运行安全可靠、维护方便、造型美观、移动方便、占地面积小等特点，并能满足 10 kV 配电网自动化系统的要求。该产品在交流频率为 50 Hz、额定电压为 6~10 kV 的电网中，作为额定容量为 50~1000 kV·A 的独立成套变配电装置，适用于城市高层建筑、住宅小区、厂矿企业、公共场所及临时性设施等配电场所。ZBW9-JZ 系列组合式变电站可用于环网配电系统，也可作为放射式电网终端供电。

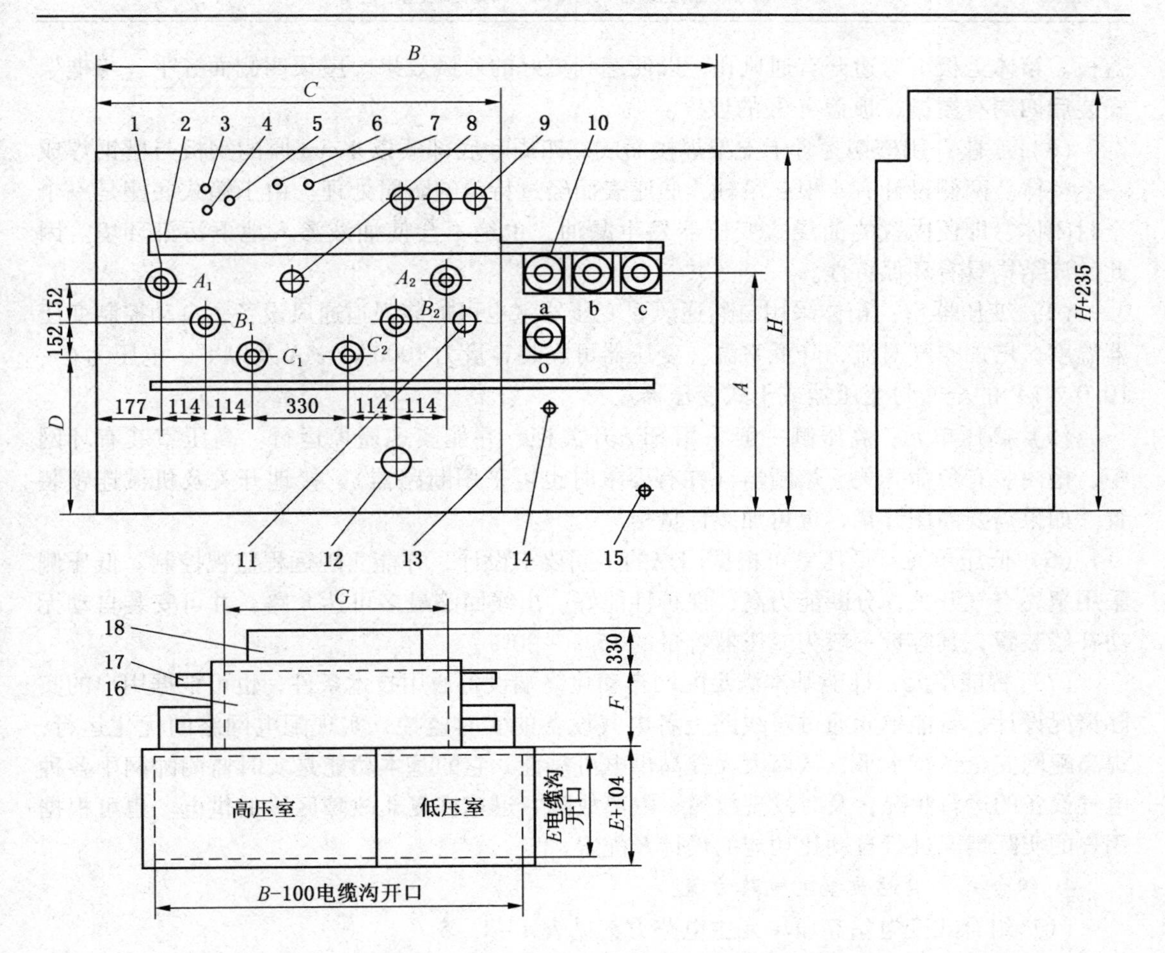

1—高压套管；2—挡板；3—真空压力表；4—温度计；5—油位计；6—压力释放阀；7—注油放气塞；8—四位置负荷开关；9—插入式熔断器；10—低压套管；11—无励磁分接开关；12—油箱接地；13—隔离板；14—低压接地；15—活门；16—全密封箱体；17—吊板；18—波纹散热片

图4-1-2　ZBW21-10(G) 环网型组合变电站（美式）外形及安装尺寸

2. 适用环境条件

（1）安装地点海拔高度：＜1000 m。

（2）环境温度：-25～+40 ℃。

（3）空气相对湿度：＜90%（+25 ℃时）。

（4）户外风速：≤35 m/s。

（5）地面倾斜度：＜3°。

（6）安装地点：无爆炸危险、火灾、严重污秽、化学腐蚀及剧烈振动。

3. 结构特点

（1）箱体：分为高压室、变压器室和低压室，具有牢固、隔热、通风性能好、防尘、防潮、维护方便、外形美观等特点。变电站各室之间均用隔板隔离成独立的小室，按其内部形状布置可分“目”字和“品”字型两种结构。箱体的防护等级为IP23。

（2）顶盖：采用双层盖板，两板之间与箱体内部不通，为隔热层，阻止太阳直晒箱体盖板。箱体盖板下弯边开有通风孔，以便达到更好的通风效果。屋顶四侧面齐平，与框架安装后四周有屋檐，顶盖有3°的坡度。

（3）底座：用槽钢为骨干支架焊接而成，四周和底部蒙以4 mm厚的钢板与槽钢焊成一个整体。两侧设计有4根起吊轴，底座表面经过特殊的防腐处理。由于箱式底座是一个全封闭体，即便内置的油浸式变压器发生漏油，也绝不会使油液渗入地下污染环境。因此，该结构具有环保特性。

（4）变压器室：箱体采用自然通风，变压器室也可加装强迫通风设备，自动控制变压器温度，增加空气对流，降低室温。变压器可安装容量为1000 kV·A及以下、电压为6～10/0.4 kV的全密封变压器或干式变压器。

（5）高压单元：高压侧一般采用SF_6开关柜，并能实现遥控运行。高压室装有环网柜，柜内装有负荷开关、熔断器（在有要求时也可采用断路器）、接地开关及机械连锁装置。如果需要高压计量，也可加装计量柜。

（6）低压单元：低压室可根据用户的不同要求设计，并能实现远程监视控制。低压侧采用塑壳空气开关，分断能力高，保护性能好。出线回路最多可达8路，并可安装自动无功补偿装置，其容量一般为变压器容量的15%～20%。

（7）智能单元：性能基本满足配网自动化终端设备通用技术条件，也可根据用户的实际情况设计。智能单元通过对线路上各电气设备的实时监控，实现配电网络的优化运行，提高配网安全运行水平，从而大大提高供电可靠性。它的基本功能是实时监测配网中各种电气设备的运行状况，及时发现故障、隔离故障、迅速恢复非故障区段的供电。也可根据用户的实际情况进行自动化功能的设计及配置。

4. 组合式变电站典型主电路方案

（1）组合式变电站高压单元主电路方案见表4－1－5。

表4－1－5　ZBW9－JZ系列高压单元主电路方案

方案编号	1	2	3	4
高压单元主电路方案	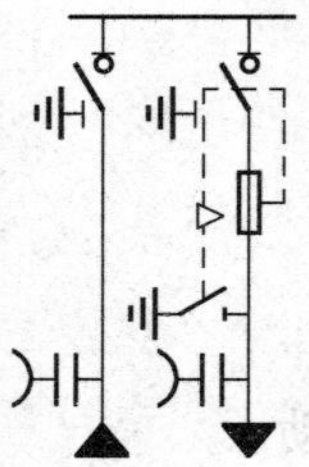	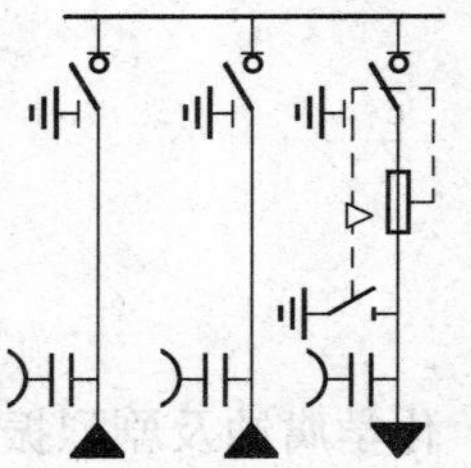	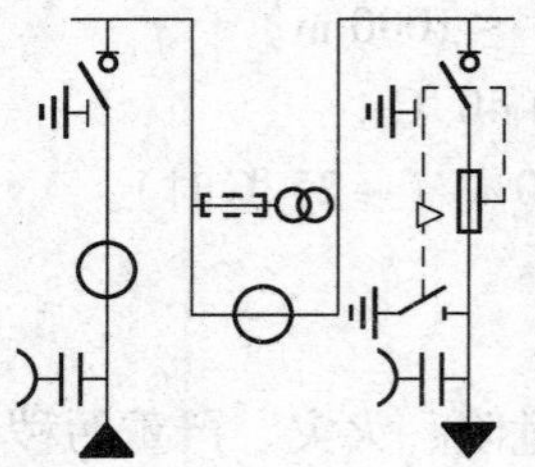	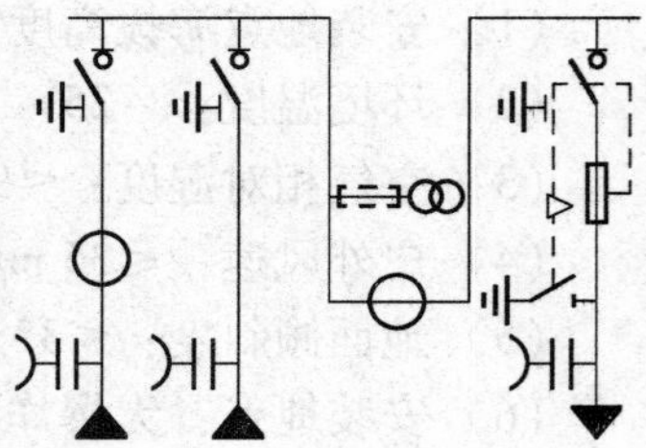

（2）组合式变电站低压单元主电路方案见表4－1－6。

5. 技术参数

（1）高压开关柜技术参数见表4－1－7。

表4-1-6 ZBW9-JZ系列低压单元主电路方案

方案编号	1	2	3	4
低压单元主电路方案	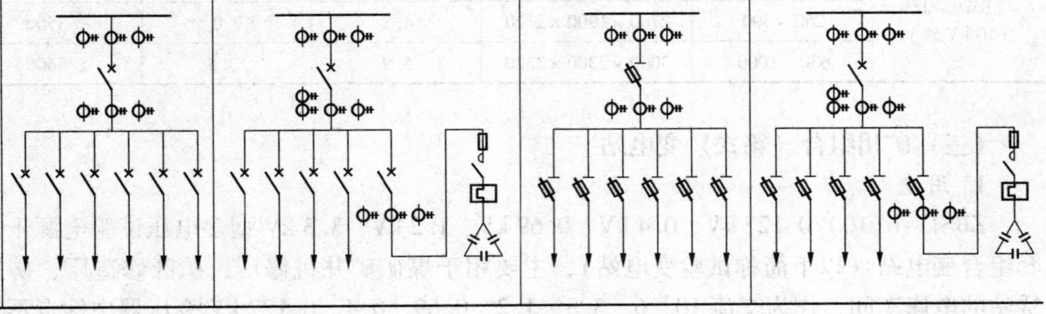			

表4-1-7 ZBW9-JZ系列组合式变电站高压开关柜技术参数

额定电压/kV	12	额定负荷开断电流/A	200，630
额定频率/Hz	50	转移电流/A	1400
额定电流/A	200，630	空载变压器开断电流/A	16
额定短时峰值电流/kA	40，50	熔断器组合开关短路开断电流/kA(2s)	16，20
额定短时耐受电流/kA(2s)	16，20	关合电流/kA	40，50
接地开关短时闭合耐受电流/kA(2s)	20	1 min 工频耐压（有效值，kV）（对地、相间/隔离断口）	42/48
接地开关短时闭合峰值电流/kA	50	冲击耐受电压（有效值，kV）（对地、相间/隔离断口）	95/110
5% 额定开断电流/A	20，31.5		

（2）变压器、熔断器主要技术参数见表4-1-8。

表4-1-8 变压器、熔断器主要技术参数

型 号	额定电压/kV	额定容量/（kV·A）	额定开断电流/kA	熔断器额定电流/A	熔体额定电流/A
S9-M	6，10	50~1000			
SC9	6，10	50~1000			
SFLAJ	12		31.5	40	6.3，10，16，20，25，31.5，40
				100	50，60，80，100
				125	125
			40	200	160，200

6. 外形及安装尺寸

ZBW9-JZ系列10 kV级组合变电站外形尺寸见表4-1-9。

表4-1-9 ZBW9-JZ系列10 kV级组合变电站外形尺寸

型 号	额定容量/(kV·A)	外形尺寸/(mm×mm×mm)	占地面积/m^2	体积/m^3	质量/kg
ZBW9-JZ（10 kV级）	50~200	2500×1700×2020	3.5	7.0	2500
	250~500	2700×1900×2120	4.3	9.0	3500
	630~1000	3000×2300×2320	5.9	13.5	5600

（三）矿用组合（箱式）变电站

1. 用途

ZBS1-6(10)/0.127 kV、0.4 kV、0.69 kV、1.2 kV、3.3 kV型多电压试验电源干式成套组合变电站（以下简称试验变电站），主要用于煤矿矿井机修厂、矿区修造厂、矿区租赁站的电修车间，作为交流10、6、3.3、1.2、0.69、0.4、0.127 kV变压器中性点不接地供电系统和250、550 V直流供电系统的电机及电器检修后空载送电试验和综采设备下井前整机配套试验的试验电源使用。其他工矿企业，需要使用多电压试验电源时亦可使用。

2. 型号意义

为便于用户根据工程情况进行选用，试验变电站型号分为高压开关设备型号意义、多电压干式变压器柜型号意义、低压开关设备型号意义和就地操作箱型号意义。

（1）高压开关设备型号意义：

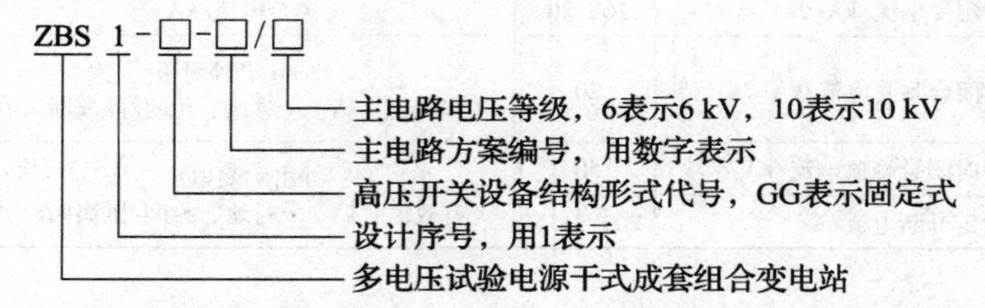

（2）多电压干式变压器柜型号意义：

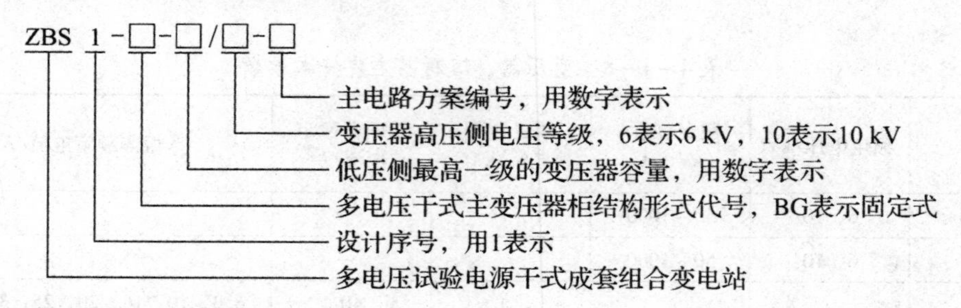

（3）低压开关设备型号意义：

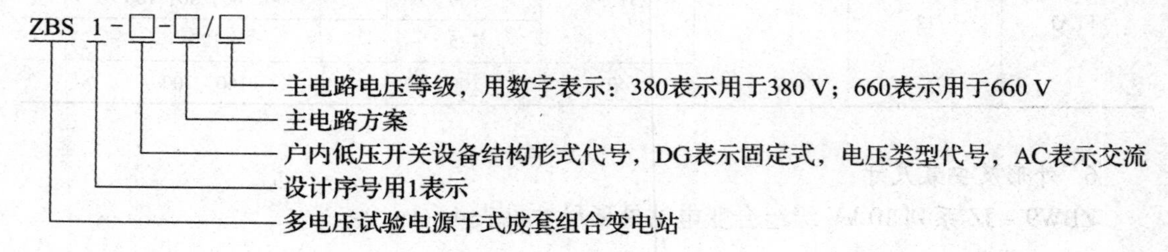

（4）就地操作箱型号意义：

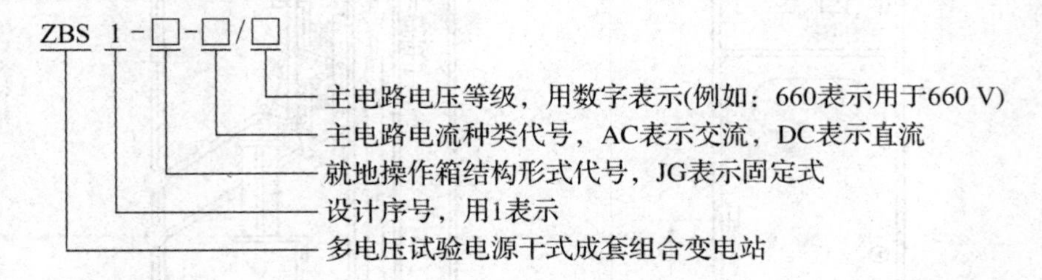

3. 结构特点

（1）构成。试验变电站由各单元高压开关设备、各单元变压器柜、各单元低压开关设备、各单元就地操作箱4部分组成。其中高压开关设备、变压器柜、低压开关设备3部分组成试验变电站，就地操作箱单独安装在试验台附近。

（2）骨架。试验变电站的高压开关设备、变压器、低压开关设备均采用国产标准型钢以螺栓连接组装，就地操作箱采用焊接结构。

（3）壳体。试验变电站每个主电路方案各自有一单元壳体，各单元壳体用标准型钢组装成骨架后，再与冷轧钢板制成的门、侧板、顶、底板等零件连接成防护等级不低于IP20级的单元壳体；前门与骨架采用铰链连接，门可以自由开启；后门与骨架采用埋头螺栓连接，一般不开启；底部设安装孔；上部设吊装环。

（4）单元壳体间连接。试验变电站各单元壳体成型后，用双头螺栓连接为变电站整体。高压开关设备、多电压干式变压器柜、低压开关设备间留母线贯穿孔及母线固定装置。

4. 适用工作条件

（1）安装地点海拔高度：≤1000 m。

（2）周围空气温度：-5～+40 ℃，且24 h内平均温度不高于+30 ℃。

（3）相对湿度：+40 ℃时的相对湿度不超过50%，温度较低时允许有较高的相对湿度，例如+20 ℃时为90%，且允许由于温度的变化而偶然产生适度的凝露。

（4）安装倾角：≤5°。

5. 外形及安装尺寸

（1）高压开关设备外形及安装尺寸如图4-1-3所示。

（2）多电压干式变压器柜外形及安装尺寸如图4-1-4所示。

（3）低压开关设备外形及安装尺寸如图4-1-5所示。

（4）就地操作箱外形及安装尺寸如图4-1-6所示。

（5）变电站组合排列如图4-1-7所示。

（6）4种试验电压的试验变电站主电路方案如图4-1-8所示。

6. 选型注意事项

（1）高压开关设备、交直流低压开关设备、交直流就地操作箱的每个主电路方案，对应为一分立单元独立壳体，允许用户根据所需试验电压等级不同（例如：1140 V、660 V或6000 V、660 V、380 V）自行选择，任意组合使用。

（2）1140 V低压开关设备和就地操作箱中的QA型旋转开关，因目前无1140 V产品，

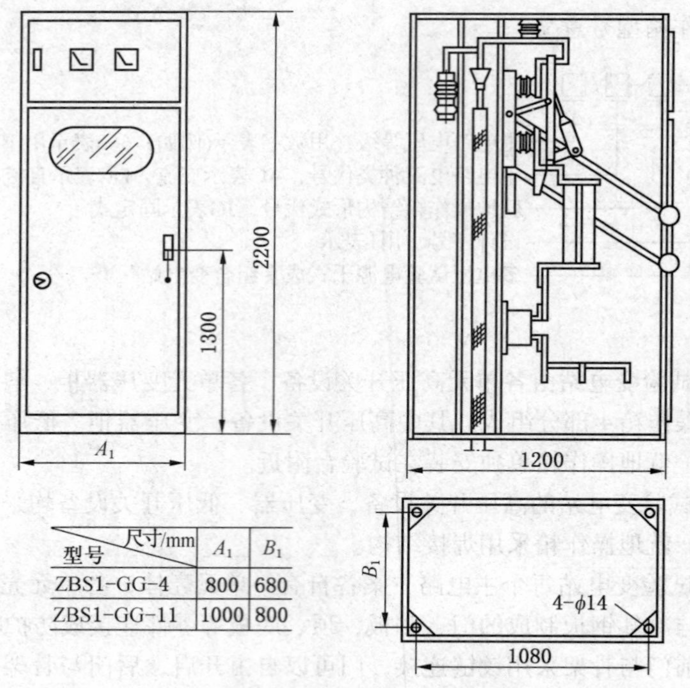

型号 \ 尺寸/mm	A_1	B_1
ZBS1-GG-4	800	680
ZBS1-GG-11	1000	800

图 4-1-3　ZBS1-GG 型高压开关设备外形及安装尺寸

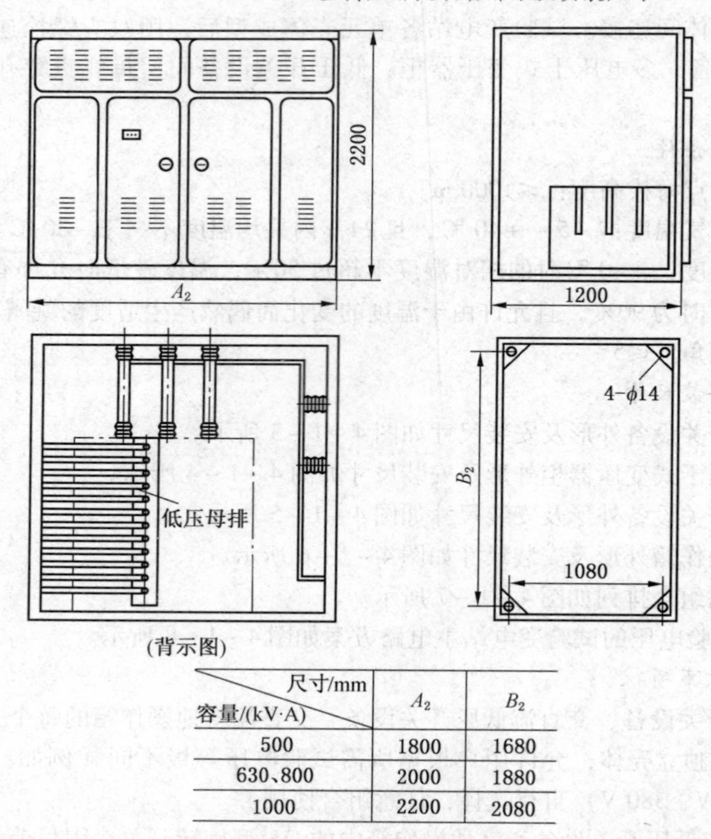

容量/(kV·A) \ 尺寸/mm	A_2	B_2
500	1800	1680
630、800	2000	1880
1000	2200	2080

图 4-1-4　ZBS1-BG 型多电压干式变压器柜外形及安装尺寸

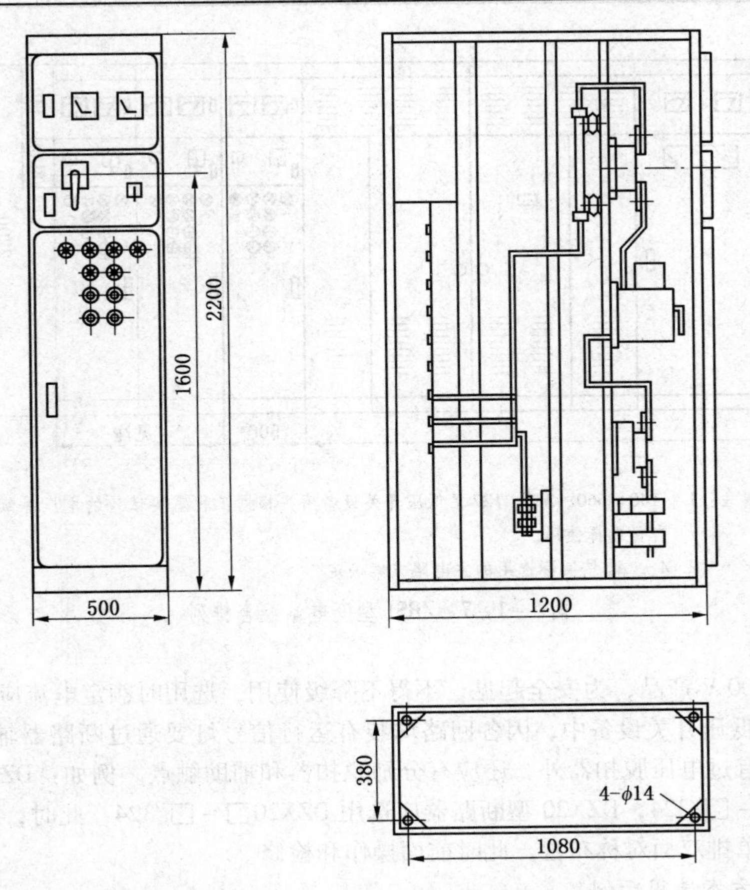

图 4-1-5　ZBS1-DG 型低压开关设备外形及安装尺寸

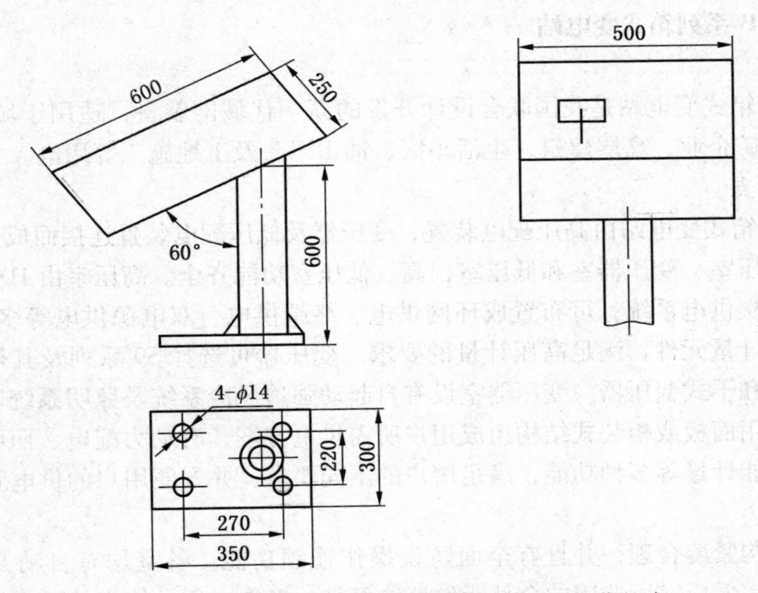

图 4-1-6　ZBS1-JG 型就地操作箱外形及安装尺寸

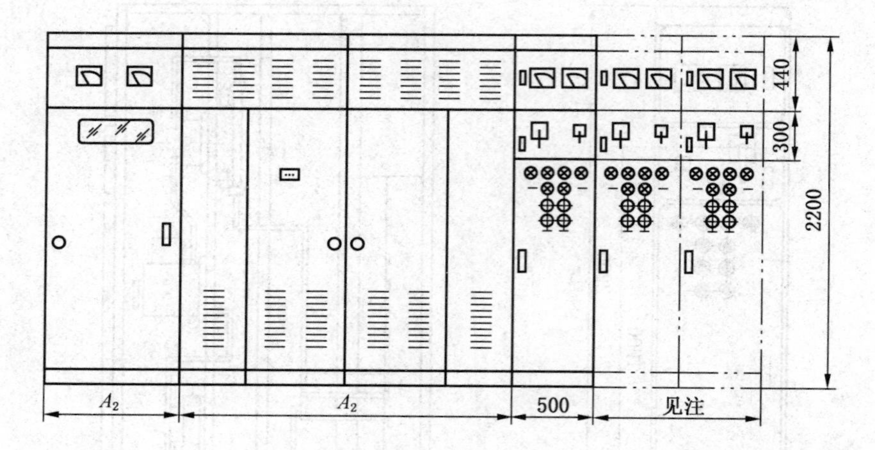

附注：1. 1140、660、380、127 V 低压开关设备用户根据工程需要试验的电压等级自行选择使用。

2. A_1、A_2 按实际选用的主电路方案确定

图 4－1－7　ZBS1 型变电站组合排列

不得不采用 1000 V 产品，为安全起见，不得不降级使用，选用时额定电流应降一级。

（3）交流低压开关设备中，因各回路均装有运行信号灯要通过断路器辅助触点显示，故断路器除应有过电压脱扣器外，还应有分励脱扣器和辅助触点。例如：DZX10 型断路器应选用 DZX10－□/324，DZX20 型断路器应选用 DZX20□－□/324，此时，前面操作后面检修。也允许单排双面对称布置，此时前面操作和检修。

7. 主电路方案选用示例

主电路方案选用示例见表 4－1－10 至表 4－1－14。

（四）DXB 系列箱式变电站

1. 用途

DXB 系列箱式变电站是我国联合设计开发的新一代城网装备，适用于城市公用配电、路灯供电、工矿企业、高层建筑、生活小区、油田码头及工地施工等用电。

2. 结构特点

DXB 系列箱式变电站由高压配电装置、变压器及低压配电装置连接而成，分成 3 个功能隔室，即高压室、变压器室和低压室，高、低压室功能齐全。高压室由 HXGN□－10 型环网柜组成一次供电系统，可布置成环网供电、终端供电、双电源供电等多种供电方式，还可装设高压计量元件，满足高压计量的要求。变压器可选择 S9 系列及其他非晶态低损耗油浸变压器和干式变压器。变压器室设有自起动强迫风冷系统及照明系统、低压室根据用户要求可采用面板或柜装式结构组成用户所需供电方案，有动力配电、照明配电、无功功率补偿、电能计量等多种功能，满足用户的不同要求，并方便用户的供电管理和提高供电质量。

高压室结构紧凑合理，并且有全面防误操作连锁功能。各室均有自动及强迫照明装置，另外，高、低压室所选用的全部元件性能可靠、操作方便，使产品运行安全可靠、操作维护方便。

设备名称	ZBS1型多电压试验电源干式成套组合变电站					
安装位置编号	1PD1	1PD2	1PD3	1PD4	1PD5	1PD6
产品型号	ZBS1-GG-1/□	ZBS1-BG-1□/□-3	ZBS1-□G-AC/1140	ZBS1-□G-AC/660	ZBS1-□G-AC/380	ZBS1-□G-AC/127
主电路单线图	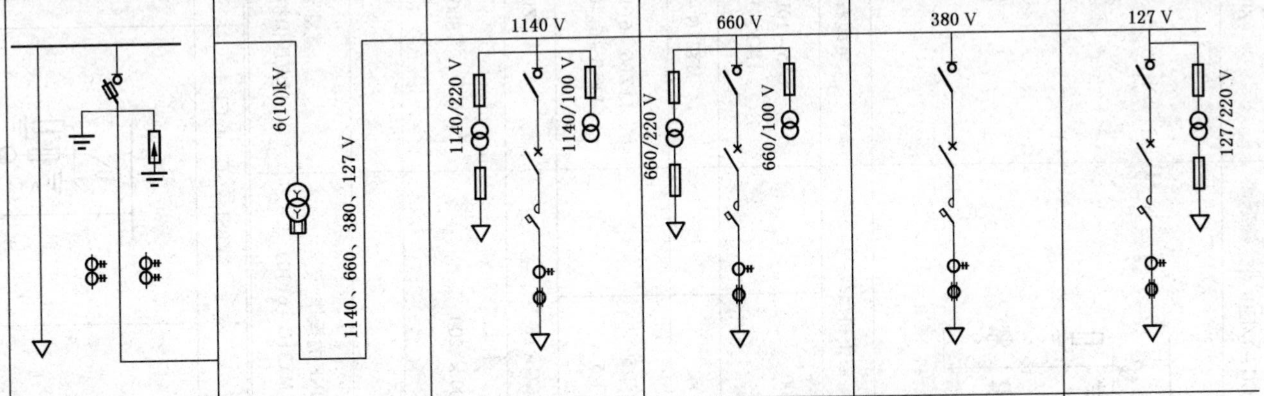	6(10)kV 1140、660、380、127 V	1140 V 1140/220 V 1140/100 V	660 V 660/220 V 660/100 V	380 V	127 V 127/220 V
用途	电缆左进线 右拼馈电	变压器高压侧 左拼，低压侧 右拼出线	1140 V 试验电源	660 V 试验电流	380 V 试验电流	127 V 试验电流

说明：1. 变压器低压侧的 4 种电压等级，允许根据用户要求任意选取一种或几种。

2. 高压电源右进线时，将ZBS1-GG-1和ZBS1-BG-□/□-3分别改为ZBS1-GG-2和ZBS1-BG-□/□-4，并置于右侧

图 4-1-8　1140、660、380、127 V 4 种试验电压的试验变电站

表4-1-10 变电站高压开关设备主电路方案

方案编号		ZBS1-GG-1/□		ZBS1-GG-2/□	
主电路方案单线图	额定电压/kV				
	6(10)				
用途		电缆左进线、右下拼出线		电缆右进线、左下拼出线	
主电路主要电器型号规格		FN5-10DRL/400 HKF-10/400	1	FN5-10DRL/400 HKF-10/400	1
		MY31G-6(10)	3	MY31G-6(10)	3
		LFZB6-6(10)，□/5 LFSB-6(10)，□/5	2	LFZB6-6(10)，□/5 LFSB-6(10)，□/5	2
辅助电路编号		ZBS1-GG-1F		ZBS1-GG-2F	
外形尺寸(高×宽×深)/(mm×mm×mm)		800×2200×1200		800×2200×1200	
参考价格/元					
备注		避雷器与HKF的操作过电压保护共用MY31G-6(10)		避雷器与HKF的操作过电压保护共用MY31G-6(10)	

方案编号		ZBS1-GG-3/□	ZBS1-GG-4/□	ZBS1-GG-5/□
主电路方案单线图	额定电压/kV			
	6(10)		6(10)/0.1 kV	6(10)/0.1 kV
用途		T接电缆右进线、左下拼馈电	电缆左进线、电压互感器	电缆右进线、电压互感器

表4-1-10（续）

主电路主要电器型号规格	FN5-10DRL/400 HKF-10/400	1	GN24 A-10D/630 HKG-10/400	1	GN24 A-10D/630 HKG-10/400	1
	MY31G-6(10)	3	MY31G-6(10)	3	MY31G-6(10)	3
	LFZB6-6(10),□/5 LFSB-6(10),□/5	2	RN6-6(10)/0.5	2~3	RN6-6(10)/0.5	2~3
			JDZ6-6(10)/0.1 JDZX6-6(10)/0.1	1~3	JDZ6-6(10)/0.1 JDZX6-6(10)/0.1	1~3
辅助电路编号	ZBS1-GG-4F		ZBS1-GG-5F		ZBS1-GG-6F	
外形尺寸（高×宽×深）/（mm×mm×mm）	800×2200×1200		800×2200×1200		800×2200×1200	
参考价格/元						
备　注	避雷器与HKF的操作过电压保护共用MY31G-6(10)		采用GN24 A时，宽1000 mm 采用HKG时，宽800 mm		采用GN24 A时，宽1000 mm 采用HKG时，宽800 mm	

方案编号	ZBS1-GG-6/□		ZBS1-GG-7/□		ZBS1-GG-8/□	
主电路方案单线图　额定电压/kV：6(10)	6(10)0.1 kV					
用　途	T接电缆右进线、电压互感器		馈电或右拼馈电		馈电或左拼馈电	
主电路主要电器型号规格	GN24 A-10D/630 HKG-10/400	1	FN5-10DRL/400 HKF-10/400	1	FN5-10DRL/400 HKF-10/400	1
	MY31G-6(10)	3	LFZB6-6(10),□/5 LFSB-6(10),□/5	2	LFZB6-6(10),□/5 LFSB-6(10),□/5	2
	RN6-6(10)/0.5	2				
	JDZ6-6(10)/0.1 JDZX6-6(10)/0.1	1~3	MY31G-6(10)	0~3	MY31G-6(10)	0~3
辅助电路编号	ZBS1-GG-8F		ZBS1-GG-9F		ZBS1-GG-10F	
外形尺寸（高×宽×深）/（mm×mm×mm）	800×2200×1200		800×2200×1200		800×2200×1200	
参考价格/元						
备　注	采用GN24 A时，宽1000 mm 采用HKG时，宽800 mm					

表 4－1－11　试验变电站交流 6(10) kV/1140、660、380、127 V 多电压干式变压器柜主电路方案

方案编号		ZBS1－BG－□/□－1		ZBS1－BG－□/□－2		ZBS1－BG－□/□－3		ZBS1－BG－□/□－4	
主电路方案单线图	额定电压/(kV/V) 6(10)/1140、660、380、127	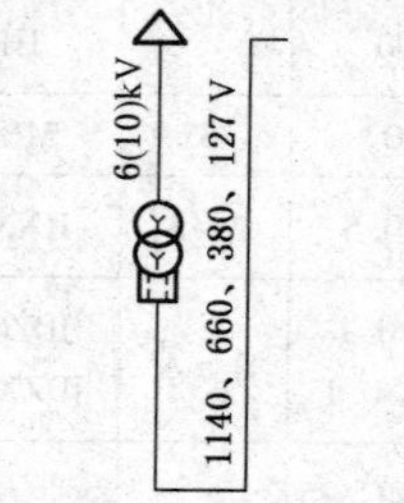 6(10)kV 1140、660、380、127 V		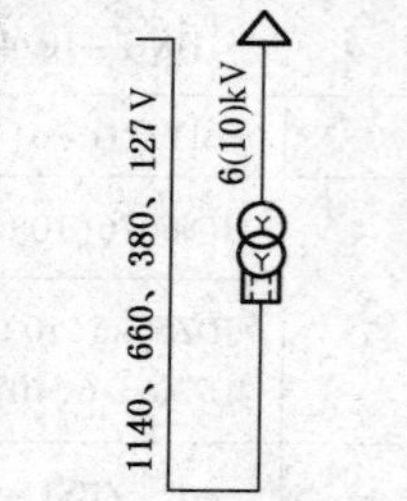 6(10)kV 1140、660、380、127 V		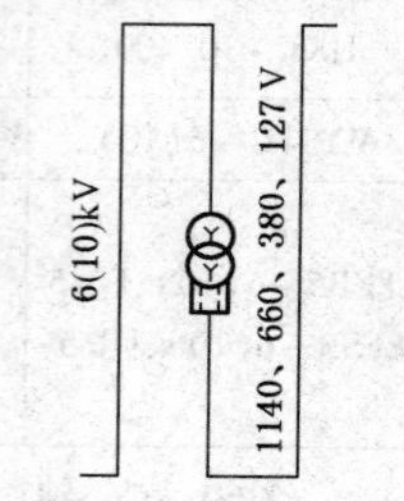 6(10)kV 1140、660、380、127 V		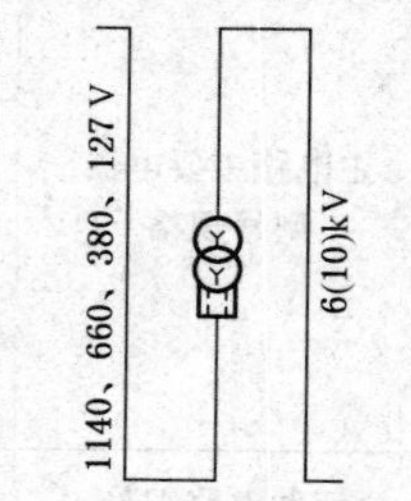 1140、660、380、127 V 6(10)kV	
用途		电缆进线、右拼馈电		电缆进线、右拼馈电		高压左拼、低压右拼		高压右拼、低压左拼	
主电路主要电器型号规格		SSG7－500/6(10) SSG7－630/6(10) SSG7－800/6(10) SSG7－1000/6(10)	1	SSG7－500/6(10) SSG7－630/6(10) SSG7－800/6(10) SSG7－1000/6(10)	1	SSG7－500/6(10) SSG7－630/6(10) SSG7－800/6(10) SSG7－1000/6(10)	1	SSG7－500/6(10) SSG7－630/6(10) SSG7－800/6(10) SSG7－1000/6(10)	1
辅助电路编号									
外形尺寸(宽×高×深)/(mm×mm×mm)		1800×2200×1200 2000×2200×1200 2200×2200×1200		1800×2200×1200 2000×2200×1200 2200×2200×1200		1800×2200×1200 2000×2200×1200 2200×2200×1200		1800×2200×1200 2000×2200×1200 2200×2200×1200	
参考价格/元									
备注		500 kV·A 宽 1800 630、800 kV·A 宽 2000 1000 kV·A 宽 2200		500 kV·A 宽 1800 630、800 kV·A 宽 2000 1000 kV·A 宽 2200		500 kV·A 宽 1800 630、800 kV·A 宽 2000 1000 kV·A 宽 2200		500 kV·A 宽 1800 630、800 kV·A 宽 2000 1000 kV·A 宽 2200	

表 4－1－12　试验变电站交流 1140、660、380、127 V 低压开关设备主电路方案

方案编号		ZBS1－DG－AC/1140		ZBS1－DG－AC/660		ZBS1－DG－AC/380		ZBS1－DG－AC/127	
主电路方案单线图	额定电压/V 1140、660、380、127	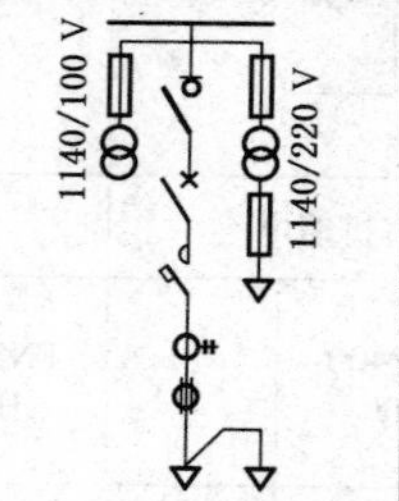 1140/100 V 1140/220 V		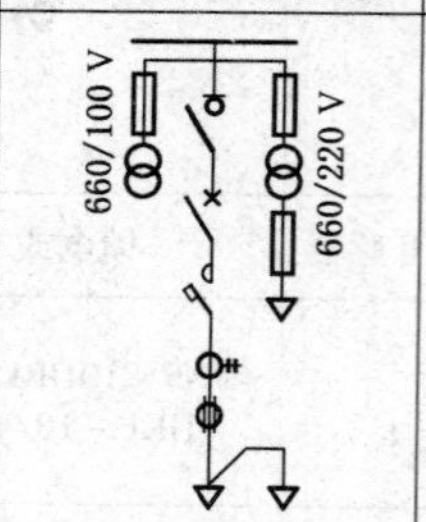 660/100 V 660/220 V		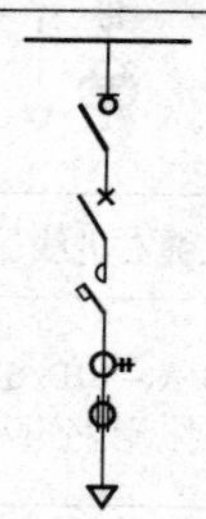		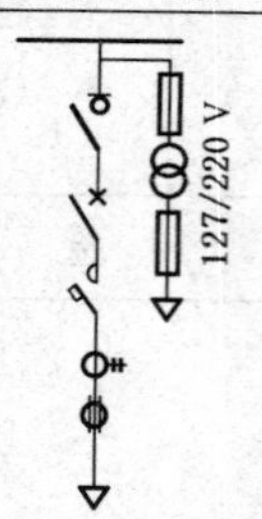 127/220 V	
用途		1140 V 试验电源		660 V 试验电源		380 V 试验电源		127 V 试验电源	
主电路主要电器型号规格		QA－1000 DW15－630	1 1	HX1－630/31 HG10－630/30	1	HX1－630/31 HG10－630/30	1	HX1－630/31 HG10－630/30	1
		CKJ5－600 LMZJ1－1，□/5	1 1	DW15－630 DWX15－630	1	DZX10－630/324 DZ20Y－630/3324	1	DZX10－630/324 DZ20Y－630/3324	1
		JXL－3－1140/F RN5－6	1 4	CKJ5－600 CJ20－630LJ	1	CKJ5－600 CJ20－630LJ	1	CJ20－63LJ B－63	1
		JDZ1－1 KBC－1－3/1，2	1 1	LMZ1－1 LMZ3－0.66	1	LMZ1－1 LMZ3－0.66	1	LMZ1－1 LMZ3－0.66	1
		gF2－0.5	2	JXL1－3－660/F	1	JXL1－3－380/F	1	JXL1－3－127/F	1
				NT00－160	4			gF2－0.5	4
				JDZ1－1	1			KBC－1－1/127	1
				KBC－1－3/0.66	1				
				gF2－0.5	2				

表 4-1-12（续）

方案编号	ZBS1-DG-AC/1140	ZBS1-DG-AC/660	ZBS1-DG-AC/380	ZBS1-DG-AC/127
辅助电路编号	ZBS1-DG-AC/1140F	ZBS1-DG-AC/660F	ZBS1-DG-AC/380F	ZBS1-DG-AC/127F
外形尺寸（宽×高×深）/（mm×mm×mm）	500×2200×1200	500×2200×1200	500×2200×1200	500×2200×1200
备注	两个电缆头一个接试验电源，另一个接综采设备试验电源			

表 4-1-13 试验变电站交流 1140、660、380、127 V 就地操作箱主电路方案

方案编号		ZBS1-JG-AC/1140		ZBS1-JG-AC/660		ZBS1-JG-AC/380		ZBS1-JG-AC/127	
主电路方案单线图	额定电压/V：1140、660、380、127								
用途		1140 V 就地操作箱		660 V 就地操作箱		380 V 就地操作箱		127 V 就地操作箱	
主电路主要电器型号规格		QA-1000	1	HX1-630/31	1	HX1-630/31	1	HX1-200/31	1
		XDJ1-30Y/□	2	XDJ1-30Y/□	2	XDJ1-30Y/□	2	XDJ1-30Y/□	2
		LA25-220	2	LA25-220	2	LA25-220	2	LA25-220	2
辅助电路编号		ZBS1-JG-AC/1140F		ZBS1-JG-AC/660F		ZBS1-JG-AC/380F		ZBS1-JG-AC/127F	
外形尺寸（宽×高×深）/（mm×mm×mm）		500×250×600		500×250×600		500×250×600		500×250×600	

表 4-1-14 试验变电站直流 250、550 V 试验电源及就地操作箱主电路方案

方案编号		ZBS1-DG-DC/250		ZBS1-DG-DC/550		ZBS1-JG-DC/250		ZBS1-JG-DC/550	
主电路方案单线图	额定电压/V：250、550								
用途		250 V 试验电源		550 V 试验电源		250 V 就地操作箱		550 V 就地操作箱	
主电路主要电器型号规格		HX1-200/31	1	HX1-200/31	1	HX1-200/31	1	HX1-200/31	1
		GTA-200/275	1	GTA-200/600	1	XDJ1-30Y/□	2	XDJ1-30Y/□	2
		CJ20-100LJ	1	CJ20-100LJ	1	LA25-220	2	LA25-220	2
辅助电路编号		ZBS1-DG-AC/250F		ZBS1-DG-AC/550F		ZBS1-JG-AC/250F		ZBS1-JG-AC/550F	
外形尺寸（宽×高×深）/（mm×mm×mm）		500×2200×1200		500×2200×1200		500×250×600		500×250×600	

采用自然通风和强迫通风两种方式，通风冷却效果良好。变压器室和低压室均有通风道，排风扇有温检装置，按整定温度能自动启动和关闭，以保证变压器满足负荷运行。

箱体结构能防止雨水和污物进入，并采用热镀锌彩钢板或防锈铝合金板制作，经防腐处理具备长期户外使用的条件，确保防腐、防水、防尘性能，使用寿命长，同时外形又美观。

3. 技术参数

DXB 系列箱式变电站技术参数见表 4－1－15。

表 4－1－15　DXB 系列箱式变电站技术参数

序号	项　目	单位	高压电器	变压器	低压电器
1	额定电压	kV	6，10	6/0.4/0.4	0.4
2	额定容量	kV · A		Ⅰ型 200～1250	
				Ⅱ型 50～400	
3	额定电流	A	200～630		1000～3000
4	额定开断电流	A	负荷开关 400～630		15～63
		kA	组合电器取决于熔断器		
5	额定短时耐受电流	kA × s	20 × 2	200～400 kV · A	15 × 1
			12.5 × 4	＞400 kV · A	30 × 1
6	额定峰值耐受电流	kA	31.5、50	200～400 kV · A	30
				＞400 kV · A	
7	额定关合电流	kA	31.5、50		63
8	工频耐压（1 min）	kV	相对地及相间 42	油浸式 35	≥300 V，2
			隔离断口 48	干式 28	＞300 V，2.5
9	雷电冲击耐压	kV（峰值）	相对地及相间 75		
			隔离断口 85		
10	箱体防护等级		IP33	IP23	IP33
11	噪声水平	dB		油浸式＜55	
				干式＜65	

注：变压器容量小于 200 kV · A 时，项目 5.6 不作要求。

4. 外形尺寸及安装基础

DXB 系列箱式变电站根据排列方式分为“目”字形排列和“品”字形排列，它们的外形尺寸如图 4－1－9 所示，安装基础图如图 4－1－10 所示。

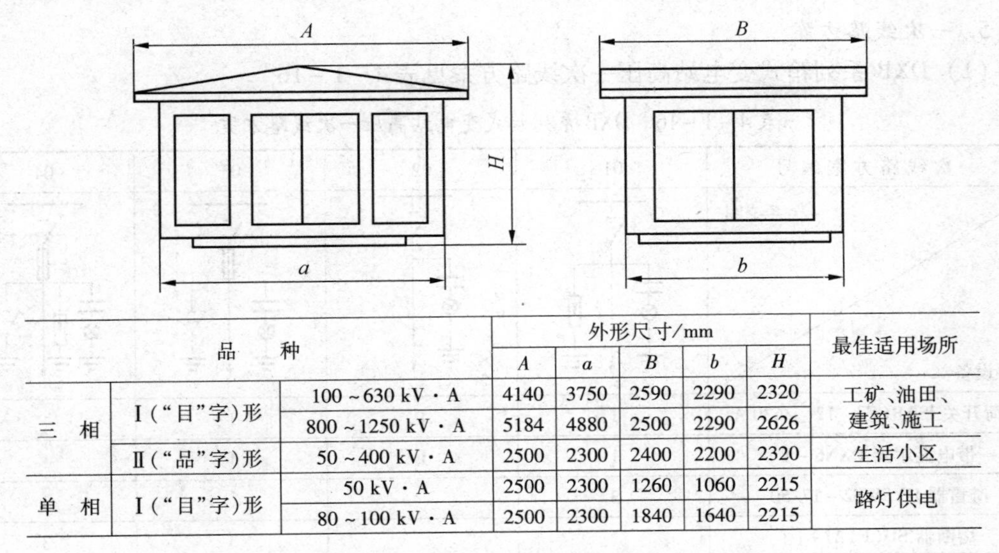

品种			外形尺寸/mm					最佳适用场所
			A	a	B	b	H	
三相	Ⅰ（“目”字）形	100～630 kV·A	4140	3750	2590	2290	2320	工矿、油田、建筑、施工
		800～1250 kV·A	5184	4880	2500	2290	2626	
	Ⅱ（“品”字）形	50～400 kV·A	2500	2300	2400	2200	2320	生活小区
单相	Ⅰ（“目”字）形	50 kV·A	2500	2300	1260	1060	2215	路灯供电
		80～100 kV·A	2500	2300	1840	1640	2215	

图4-1-9　DXB系列箱式变电站外形尺寸

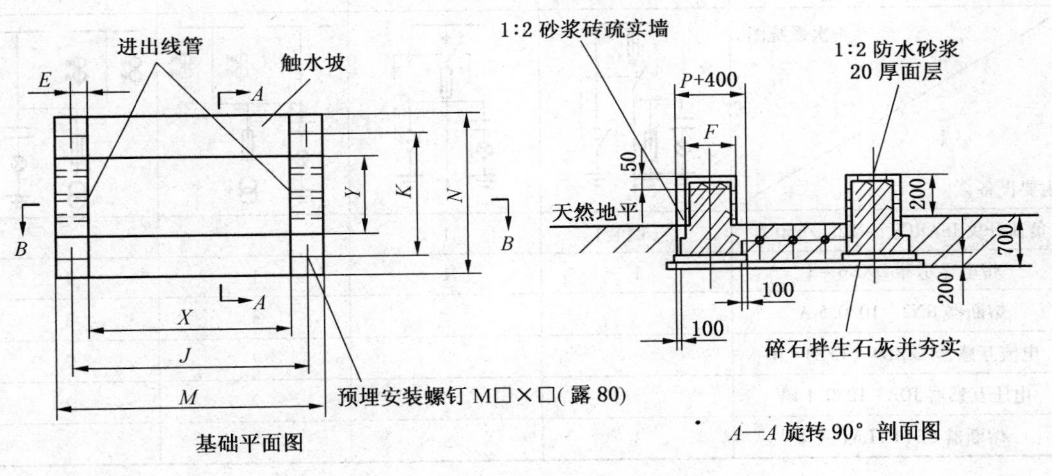

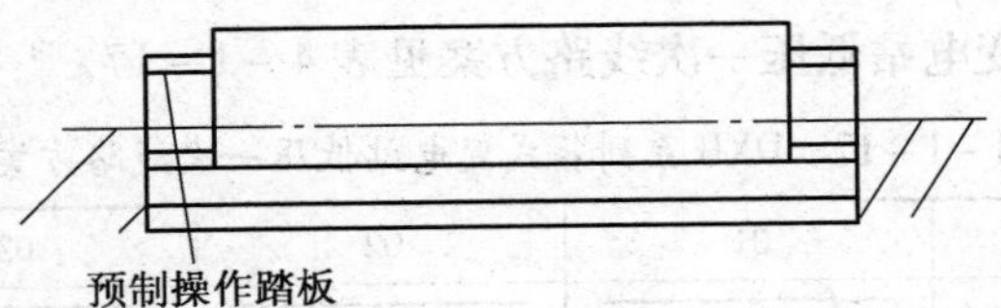

B—B 剖面图

品种			外形及安装尺寸/mm								预埋螺钉/mm
			M	N	X	Y	J	K	E	F	
三相	Ⅰ（“目”字）形	100～630 kV·A	4430±2	3080±2	3430±2	1280±2	3930±1	2180±1	500	900	M20×300
		300～1250 kV·A	5560±2	3080±2	4510±2	1280±2	5010±1	2180±1	500	900	M20×300
	Ⅱ（“品”字）形	50～400 kV·A	2900±2	2500±2	1900±2	1600±2	2400±1	2100±1	500	500	M16×240
单相	Ⅰ（“目”字）形	50 kV·A	2850±2	1517±2	1850±2	1517±2	2350±1	1017±1	500	500	M16×240
		50～100 kV·A	2850±2	2097±2	1850±2	1097±2	2350±1	1597±1	500	500	M16×240

图4-1-10　DXB系列箱式变电站安装基础图

5. 一次线路方案

（1）DXB 系列箱式变电站高压一次线路方案见表 4－1－16。

表 4－1－16　DXB 系列箱式变电站高压一次线路方案

一次线路方案编号	01	02	03	04
一次系统图 / 主要设备	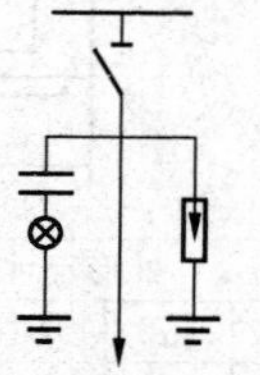	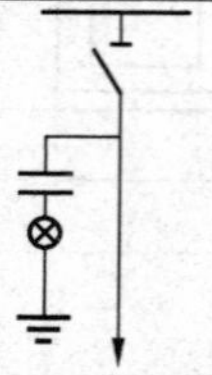	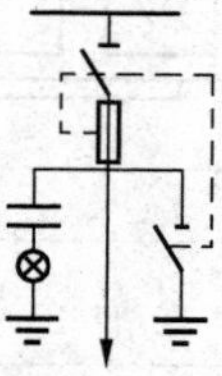	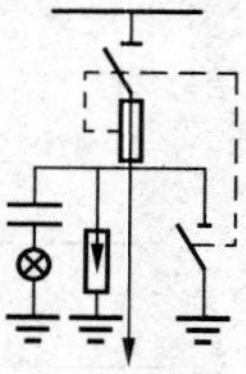
负荷开关 ISARC□－12□/630 A	1	1	1	
带电显示器 DXN6－T	1	1	1	1
避雷器 HY5WS2－17/50	3			3
熔断器 SD(F)AJ－□			3	3
一次线路方案编号	05	06	07	08
一次系统图 / 主要设备	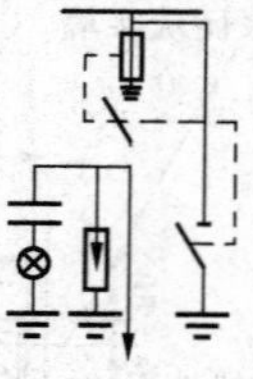	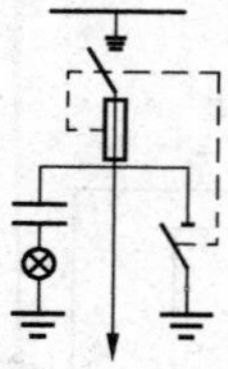	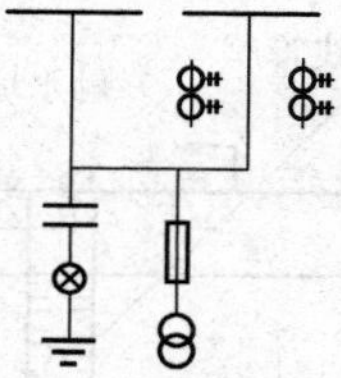	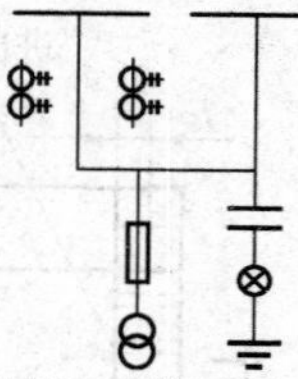
负荷开关 ISARC□－12□/630 A	1（倒装）	1		
带电显示器 DXN6－T	1	1	1	1
熔断器 RN2－10/0.5 A			3	3
电流互感器 LZZB9（LFS）－10			2	2
电压互感器 JDZ－10/0.1 kV			2	2
熔断器 SD(F)LAJ－□	3	3		

（2）DXB 系列箱式变电站低压一次线路方案见表 4－1－17。

表 4－1－17　DXB 系列箱式变电站低压一次线路方案

一次线路方案编号	01	02	03	04
一次系统图 / 主要设备	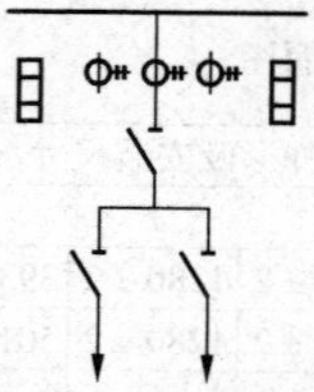	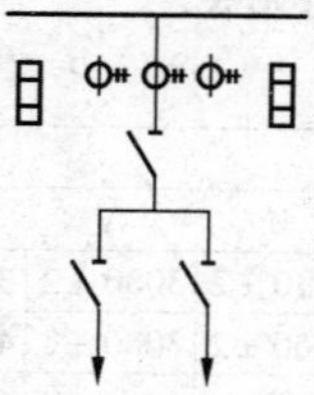	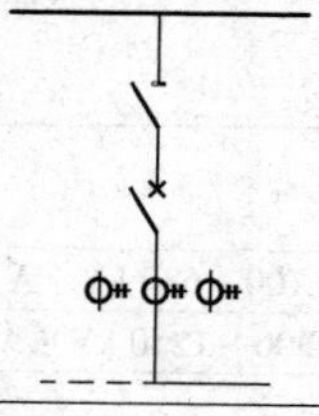	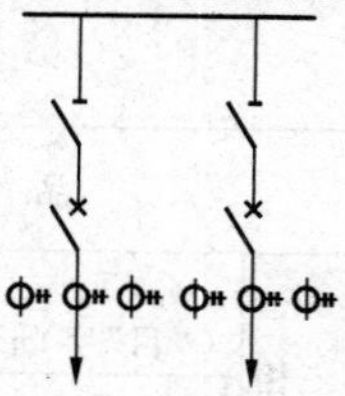
隔离开关 HD13B－□	1		1	2
断路器 DW15－□			1	2
断路器 CM1. QSA－□/3	2～4	2～4		
电流互感器 LM22－0.66－□	包含计量窗位	包含计量窗位	3～4	6

表4－1－17（续）

一次线路方案编号	05	06	07	08
一次系统图 / 主要设备				
隔离开关 HD13B－□	1	2		1
断路器 CM1. QSA－□/3	4	4	4	
电流互感器 LMZ2－0.66－□/5 A	4	4	6	3
熔断器 RT14－32 A				24
接触器 B25C				8
电容器 BCMJ1－0.4－1－3				8（15 kvar）
避雷器 Y3W－0.28－1.3				3

6. 典型组合接线方案

DXB 系列箱式变电站典型组合接线方案如图4－1－11～图4－1－15所示。

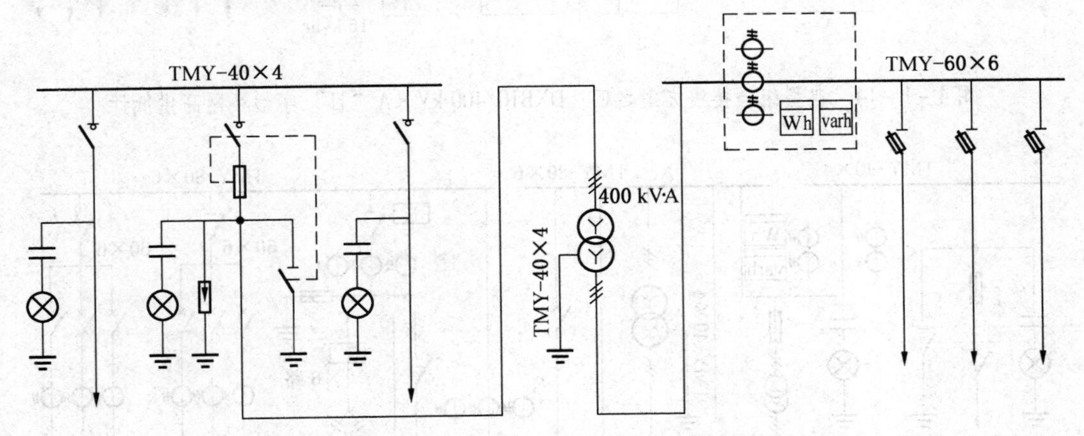

图4－1－11　典型组合接线方案之一：DXB10/400 kV·A“品”字形环网高供低计

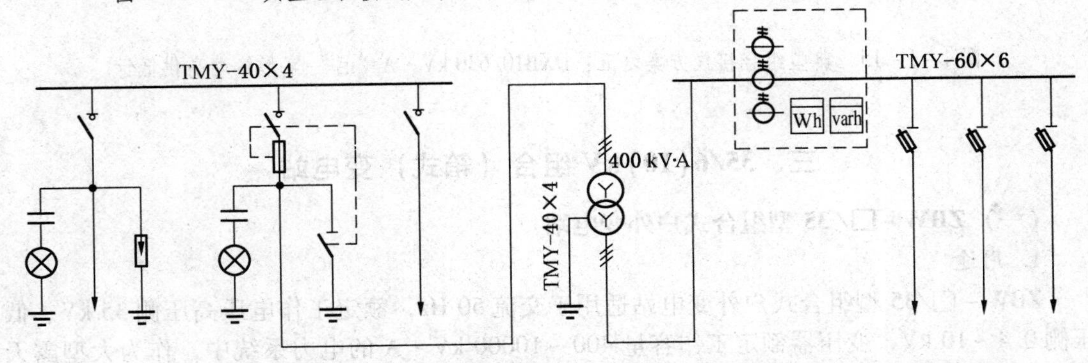

图4－1－12　典型组合接线方案之二：DXB10/400 kV·A“品”字形终端高供低计

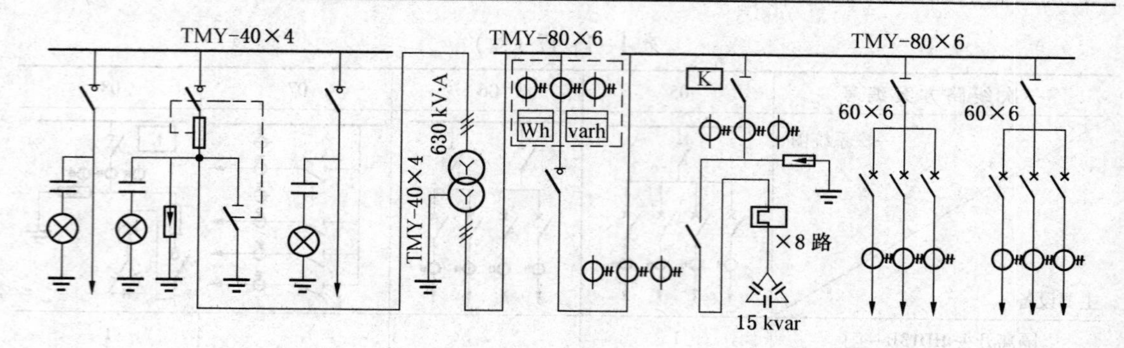

图 4-1-13　典型组合接线方案之三：DXB10/630 kV · A "目" 字形环网高供低计

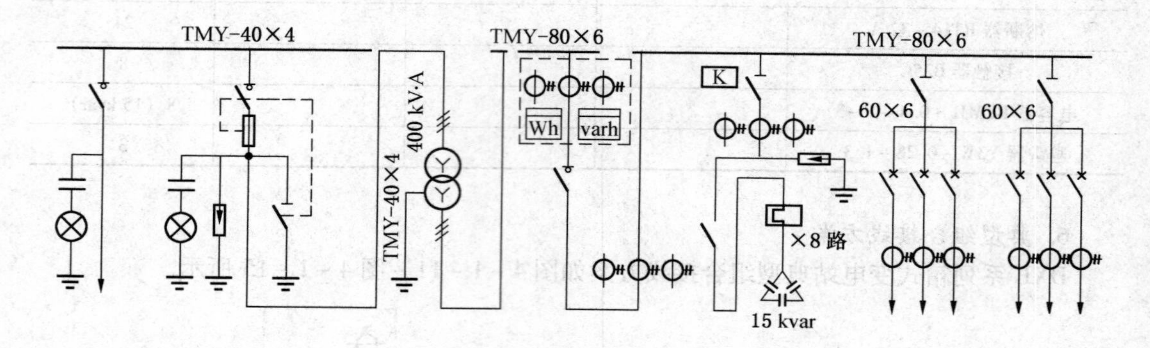

图 4-1-14　典型组合接线方案之四：DXB10/400 kV · A "目" 字形环网高供低计

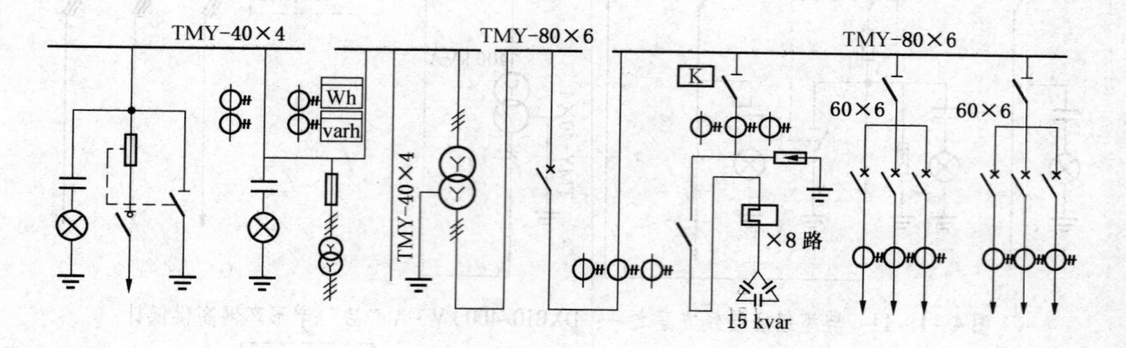

图 4-1-15　典型组合接线方案之五：DXB10/630 kV · A "目" 字形终端高供低计

三、35/6(10) kV 组合（箱式）变电站

（一）ZBW -□/35 型组合式户外变电站

1. 用途

ZBW -□/35 型组合式户外变电站适用于交流 50 Hz，额定工作电压高压侧 35 kV、低压侧 0.4 ~ 10 kV，变压器额定工作容量 400 ~ 10000 kV · A 的电力系统中，作为大型露天矿山、油田、码头等接受和分配电能的户外成套变配电设备使用。

2. 型号意义

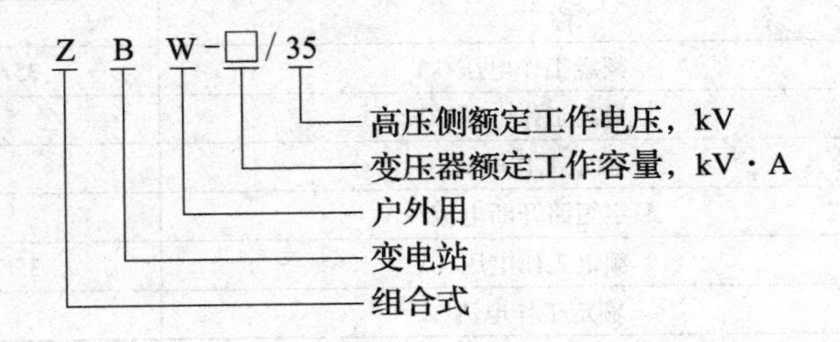

3. 结构特点

ZBW－□/35 组合式变电站，可以向一套或多套用电负荷提供合适的运行电源，每台组合变电站由以下几个功能单元组成：

（1）35 kV 开关室。

① 35 kV，400 A 配手动操动机构的隔离开关。

② 35 kV，1250 A 配弹簧储能操动机构的断路器。

③ 35 kV 变电站用避雷器。

④ 35 kV 电压、电流互感器。

⑤ 加热器等。

（2）主变压器室。

主变压器室采用了 SZ11 系列有载调压变压器，容量为 400～10000 kV·A，主变压器室不设封闭的外壳结构，采用了自然通风方案，但四周设置了安全保护栏杆，以确保人身和设备安全。

（3）10 kV 开关室。

① HXGN1－10 环网开关柜，装配有负荷开关加熔断器。

② 10 kV 电流、电压互感器。

③ 10/0.4 kV、容量为 20 kV·A 的控制变压器或蓄电池组。

④ 继电保护，安全接地保护和信号装置等。

⑤ 电压表、电流表、功率表等。

其中，35 kV 开关室、变压器室、10 kV 或 0.4 kV 开关室均为单独的运输单元，在现场进行拼装连接；电源的引入与引出采用架空或电缆两种形式，用户可以根据需要任选。

4. 适用工作条件

（1）安装地点海拔高度：≤1000 m。

（2）周围温度：－25～＋40 ℃。

（3）风速：≤35 m/s。

（4）相对湿度：日平均值不大于 95%（＋25 ℃时），月平均不大于 90%（＋25 ℃时）。

（5）安装场所：无火灾危险、爆炸危险和严重污秽、化学腐蚀、无经常性剧烈振动和冲击。

5. 主要技术特征

主要技术特征见表 4－1－18。

表4-1-18 ZBW-□/35型户外组合式变电站主要技术特征

名称		数值
高压侧	额定工作电压/kV	35/6(10)或35/0.4
	最高工作电压/kV	37.5
	额定工作电流/A	400，1250
	额定短路开断电流/kA	20
变压器及低压侧	额定工作电压/kV	35/6(10)或35/0.4
	额定工作电流/A	1250
	额定短路开断电流/kA	20
	变压器容量/kV·A	400~10000

6. 主电路方案

主电路方案如图4-1-16所示。

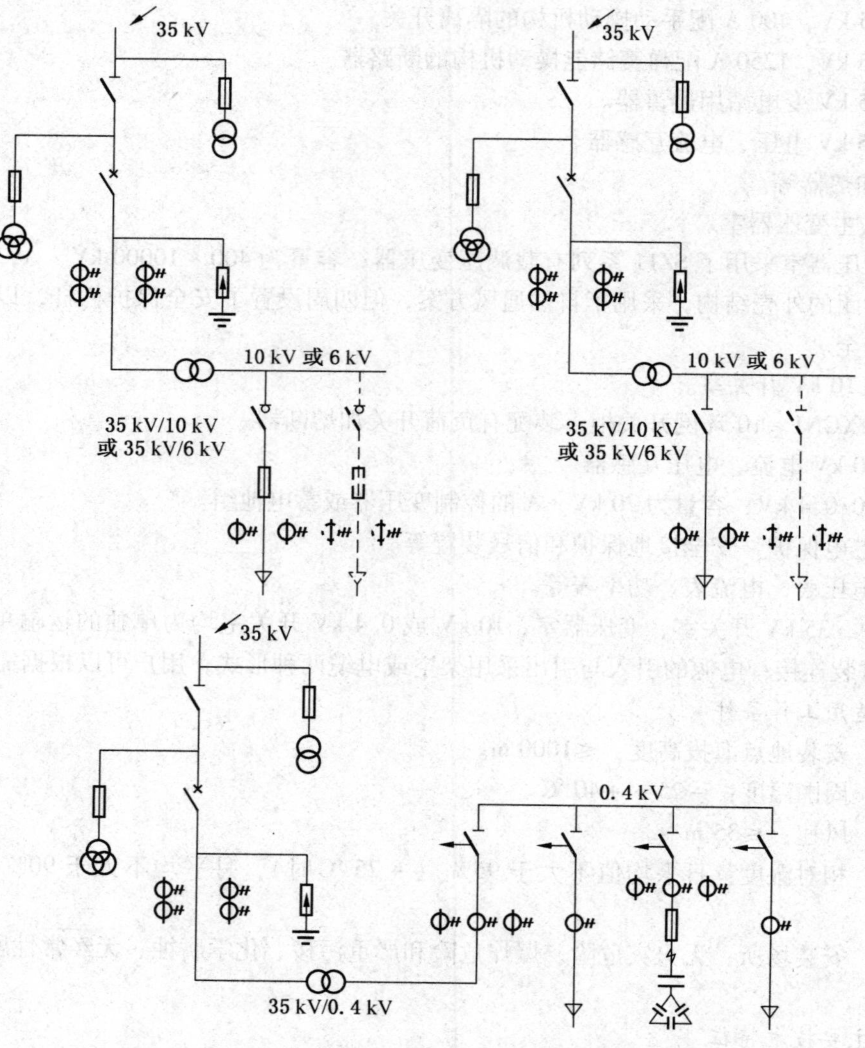

图4-1-16 ZBW-□/35型户外组合变电站主电路方案

（二）YB1－35 型移动式户外组合变电站

1. 用途

YB1－35 型移动式户外组合变电站适用于交流 50 Hz，额定工作电压高压侧 35 kV、低压侧 0.4～10 kV，变压器额定工作容量 100～4000 kV·A 的电力系统中，作为大型露天矿山、油田、码头等接受和分配电能的户外成套变配电设备使用。

2. 型号意义

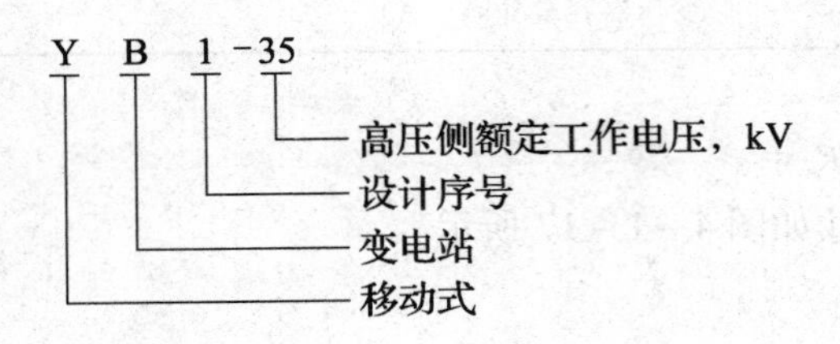

3. 结构特点

为满足用户的各种供电要求，YB1－35 型移动式变电站高压端能实现终端式、环网式、双母线式等方式供电。YB1－35 型移动式变电站专门在高压配电部分选用 HXGN－10 空气绝缘高压开关柜，要求高时也可以使用断路器。YB1－35 型移动式变电站的高压配电部分根据用户的要求进行选用，低压部分的设计可满足各种需要，变压器的选用可以是干式的、全密封式的和 SF_6 变压器，进、出线可以是电缆的，也可以是架空的或者二者皆有。变电站可以整体提供，也可以分体提供。

4. 适用工作条件

（1）安装地点海拔高度：≤1000 m。

（2）周围温度：－20～＋40 ℃。

（3）风速：≤35 m/s。

（4）相对湿度：日平均值不大于 95%，月平均不大于 90%。

（5）环境要求：周围空气不受腐蚀性或可燃气体、水蒸气等明显污染。

（6）安装场所：安放在无经常性剧烈振动的水平场所。

（7）移动要求：移动时应避免强烈颠簸、振动。

5. 主要技术特征

主要技术特征见表 4－1－19。

表 4－1－19　YB1－35 型户外组合式变电站主要技术特征

名　称		数　值
高压侧	额定工作电压/kV	35
	最高工作电压/kV	37.5
	额定工作电流/A	1250
	额定短路开断电流/kA	20

表 4-1-19（续）

名　　称		数　　值
变压器及低压侧	额定工作电压/kV	35/6 (10)、35/0.4
	额定工作电流/A	1250~2500
	额定短路开断电流/kA	25
	变压器容量/(kV · A)	100~4000

6. 结构示意及外形尺寸

结构示意及外形尺寸如图 4-1-17 所示。

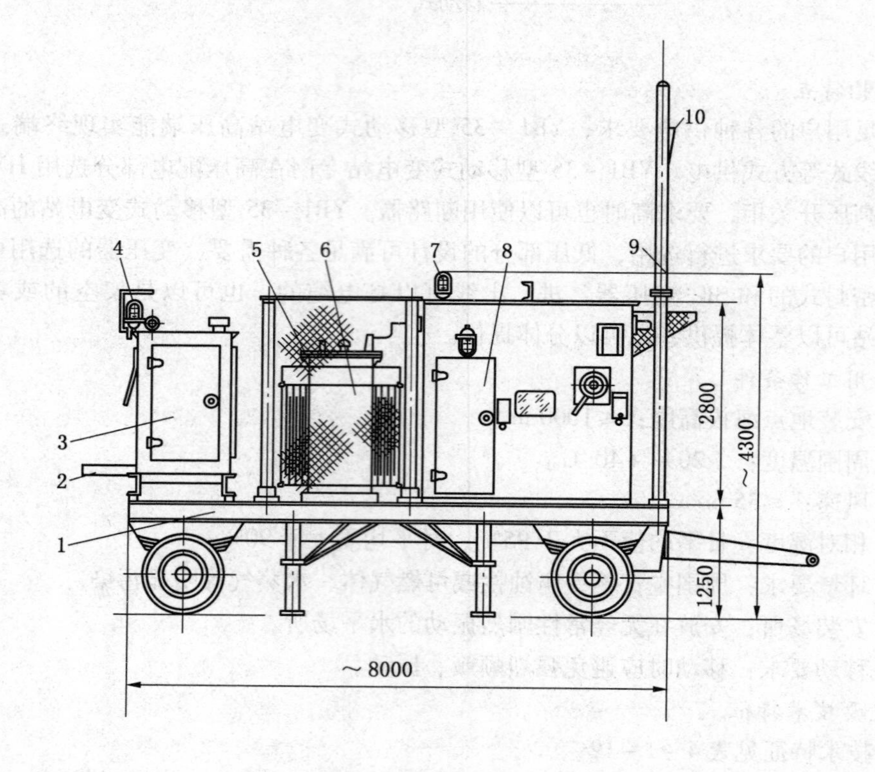

1—移动拖车；2—0.4~10 kV 出线电缆；3—0.4~10 kV 开关柜；4—低压侧分合闸指示灯；5—变压器栏栅；6—35 kV 主电源变压器；7—高压侧分合闸指示灯；8—35 kV 开关柜；9—进线龙门支架；10—35 kV 架空进线

图 4-1-17　YB1-35 型户外移动变电站结构示意及外形尺寸

7. 主电路方案

主电路方案如图 4-1-18 所示。

YB1-35型户外移动式电站6(10) kV主电路方案(电器元件用户自行选择)

方案编号		YB1-35/10-01	YB1-35/10-02	YB1-35/10-03	YB1-35/10-04
主电路方案单线图	额定电压/kV				
	10				

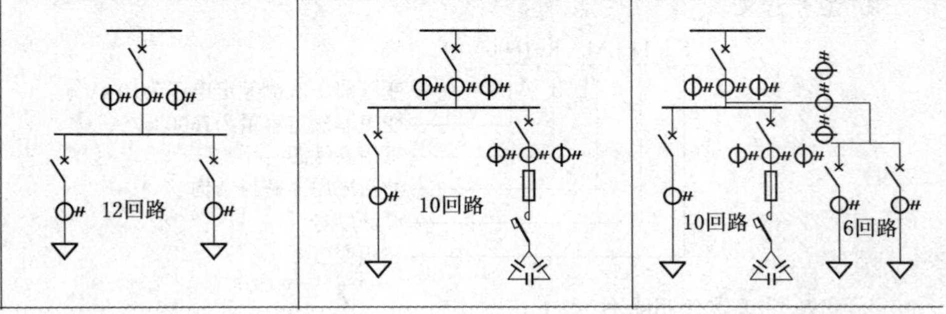

YB1-35型户外移动式变电站0.4 kV主电路方案(电器元件用户自行选择)

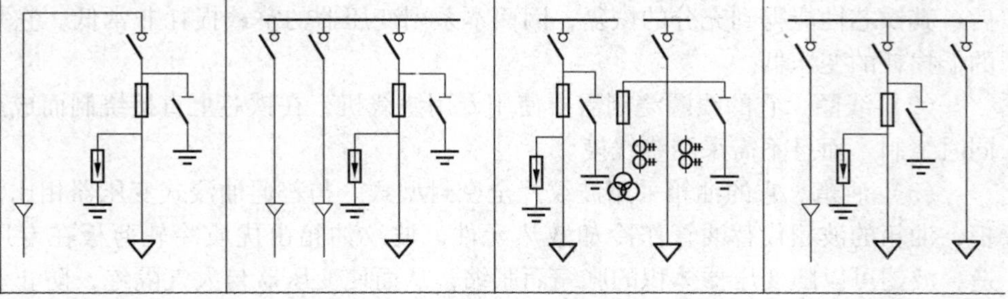

方案编号		YB1-35-01D	YB1-35-02D	YB1-35-03D
主电路方案单线图	额定电压/kV			
	0.4	12回路	10回路	10回路　6回路

图 4-1-18　YB1-35 型户外移动变电站 6(10)、0.4 kV 主电路方案

第二节　变　压　器

一、6(10)kV　变　压　器

(一) S11-M·R 型全密封卷铁芯电力变压器

S11 系列全密封卷铁芯电力变压器是一种在电力系统中有着广泛应用前景的节能产品，它与 S9 系列相比，具有以下特点：

一是空载损耗小、空载电流小。其空载损耗下降 30%～45%，空载电流降低 80%。

二是高可靠性、温升低、噪声低。其噪声降低 7～10 dB，高次谐波含量更少。

三是体积小、质量小、设计合理美观。

四是卷铁芯为整体式结构，铁芯柱的截面近似圆形、无缝隙。

五是采用高品质、晶粒取向高导磁冷轧硅钢片，由一条曲线光滑、宽度变化连续的硅钢带绕制而成。

六是全密封取消了储油柜。

1. 结构特点

(1) 铁芯。采用厚度为 0.3 mm 或 0.27 mm 的冷轧硅钢片，采用阶梯形卷铁芯无接缝结构，在铁芯卷绕机上卷制而成。先绕制两个小框型铁芯，再在两个小框型铁芯外面卷制一个大框，组成一个三相卷铁芯，卷制完成后，再装入铁芯退火炉，经真空和充氮退火后，其铁芯性能得到充分的恢复，因而本系列变压器的空载损耗非常低。它是一种更优秀的低损耗的变压器。

（2）线圈。它的线圈绕制需要使用专用绕线机，在铁芯上直接绕制而成。高低压线圈同时绕制，而且不需采用绕线模。

（3）油箱。它的油箱采用波纹片全密封型式。与普通油浸式变压器相比，取消了储油柜，油箱的波翅代替油管作冷却散热元件，波纹油箱由优质冷轧薄板在专用生产线上制造，波翅可以随变压器体积的胀缩而胀缩，从而使变压器与大气隔绝，防止和减缓油劣化和绝缘受潮，增强运行可靠性，正常运行免维护。波纹油箱表面经去油、去锈、磷化处理后用三防（防雨、防潮、防盐雾）漆涂刷，适合在冶金、石化、矿山等环境下使用。

2. 型号意义

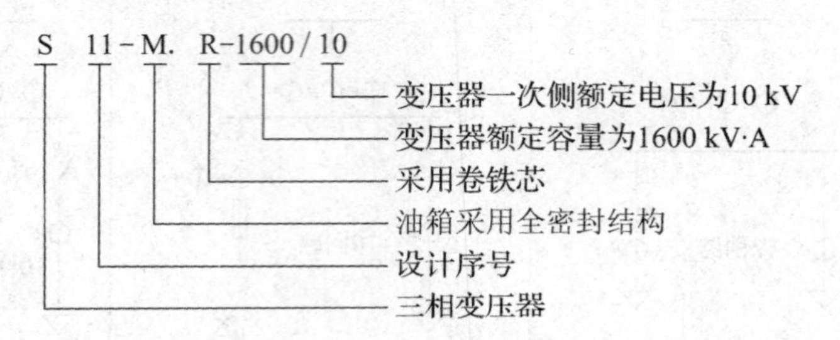

3. 变压器正常使用条件

（1）海拔高度：≤1000 m。

（2）环境温度：最高气温 +40 ℃，最高日平均气温 +30 ℃，最高年平均气温 +20 ℃，户外最低气温 -25 ℃。

4. 变压器外形图

变压器外形如图 4-2-1 所示。

图 4-2-1　S11-M. R 变压器外形图

5. 变压器技术参数

变压器技术参数见表 4－2－1。

表 4－2－1　S11－M. R 系列 10 kV 级变压器技术参数

型　号	容量	损耗/W		短路阻抗/%	空载电流/%	质量/kg		外形尺寸（长×宽×高）/(mm×mm×mm)	轨距/(mm×mm)
		空载	负载			油重	总重		
S11－M. R－30/10	30	100	600		2.1	95	390	765×682×1202	400×400
S11－M. R－50/10	50	130	870		2.0	115	525	816×744×1287	400×450
S11－M. R－63/10	63	150	1040		1.9	120	585	841×789×1317	400×450
S11－M. R－80/10	80	180	1250		1.8	135	660	871×784×1352	400×450
S11－M. R－100/10	100	200	1500		1.6	145	750	891×769×1407	400×450
S11－M. R－125/10	125	240	1800		1.5	155	830	906×754×1447	550×550
S11－M. R－160/10	160	290	2200		1.4	175	955	951×769×1512	550×550
S11－M. R－200/10	200	330	2600	4	1.3	195	1090	996×804×1537	550×550
S11－M. R－250/10	250	400	3050		1.2	225	1275	1071×844×1567	550×550
S11－M. R－315/10	315	480	3650	4.5	1.1	240	1470	1086×889×1647	550×550
S11－M. R－400/10	400	570	4300		1.0	270	1790	1131×904×1736	660×660
S11－M. R－500/10	500	680	5100		1.0	305	2040	1171×934×1771	660×660
S11－M. R－630/10	630	810	6200		0.9	450	2310	1320×984×1656	820×820
S11－M. R－800/10	800	980	7500		0.8	510	2720	1360×1004×1731	820×820
S11－M. R－1000/10	1000	1150	10300		0.7	565	3075	1920×1069×1791	820×820
S11－M. R－1250/10	1250	1360	12000		0.6	640	3685	2030×1168×1973	820×820
S11－M. R－1600/10	1600	1640	14500		0.6	715	4320	2050×1183×2098	820×820

（二）SC(B)11 型环氧树脂浇注干式变压器

10 kV 级 SC(B)11 型环氧树脂浇注干式变压器，可作为油浸式配电变压器的更新换代产品，应用十分广泛。

1. 特点

SC(B)11 型为低噪声低损耗型树脂浇注线圈干式变压器。由于先进的设计、优质的材料、严格的工艺和高标准的检测，使其具有如下特点：

（1）高压绕组用铜线，低压绕组用铜线或铜箔绕制，玻璃纤维毡填充包绕，真空状态下用不加填料的环氧树脂浇注，固化后形成坚固的圆筒形整体，机械强度高，局部放电小，可靠性高。

（2）阻燃、防爆、不污染环境。缠绕线圈的玻璃纤维等绝缘材料具有自熄特性，不会因短路产生电弧，高热下树脂不会产生有毒有害气体。

（3）线圈不吸潮，铁芯夹件有特殊的防蚀保护层，可在 100% 相对湿度和其他恶劣环境中运行，间断运行无须去潮处理。

（4）抗短路、雷电冲击水平高。

（5）线圈内外侧树脂层薄，散热性能好。冷却方式一般采用空气自然冷却(AN)。对于任何防护等级的变压器,都可配置风冷系统(AF),以提高短时过载能力,确保安全运行。

(6) 损耗低,节电效果好,运行经济,可免维护。

(7) 体积小,质量小,占地空间少,安装费用低,不须考虑排油池、防火消防设施和备用电源等。

(8) 因无火灾、爆炸危险,可分散安装在负荷中心,充分靠近用电点,从而降低线路造价和节省昂贵的低压设施费用。

2. 型号意义

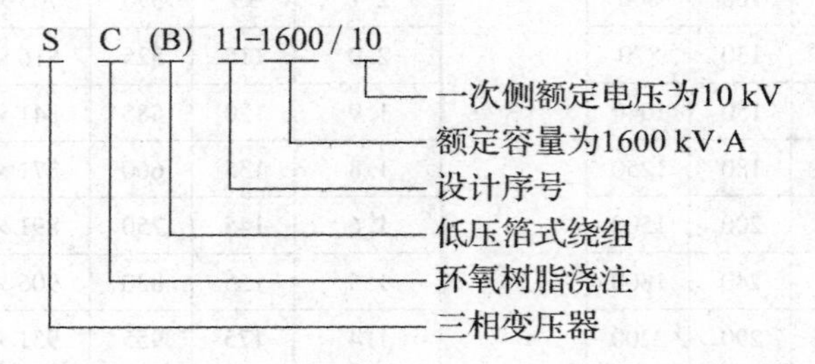

3. 外壳保护装置

外壳材料采用不锈钢或铝合金。防护等级达到 IP20 和 IP23。IP20 外壳可防止直径大于 12 mm 的固体异物进入,对变压器作进一步的安全保护。IP23 外壳更兼具防止与垂直线 60°角以内的水滴流入,可适用于户外运行。IP23 外壳会使变压器冷却能力下降,小容量的下降约 5%,大容量的下降约 10%。

4. 温控及温显系统

温控系统由温度控制器和安装在产品最热点即低压绕组上端部的 PTC 测温元件构成,实现对变压器的温度测量与控制,若由于过载运行或故障引起变压器绕组温度过高,温度控制器发出报警信号,温度超过安全值时会自行跳闸。采用强迫风冷时则由温度控制器根据绕组温度高低决定冷却风机的投入或切换。

温显系统直接显示变压器运行过程中绕组的热点温度,可和温控系统配合使用。

温控和温显系统可以安装在距变压器主体一定距离外,其测温元件长度分别为:温控,小于 20 m;温显,小于 10 m(二线制),小于 100 m(带有补偿导线的二线制)。

5. 适用环境

(1) 安装地点海拔高度:≤1000 m(超过 1000 m 另议)。

(2) 频率:50 Hz。

(3) 工作温度:-40 ~ +40 ℃,若环境温度超出时,请在订货时提出。

(4) 空气相对湿度:≤90% (+25 ℃)。

(5) 安装场所:无剧烈振动、爆炸危险、化学腐蚀。

6. 外形图

SC(B)11 系列变压器外形如图 4-2-2 所示。

图 4-2-2 SC(B)11 系列变压器外形图

7. 技术参数

SC(B)11 系列变压器技术参数见表 4-2-2。

表 4-2-2 SC(B)11 系列变压器技术参数

额定容量/(kV·A)	联结组标号	电压组合			空载电流/%	空载损耗/W	负载损耗(120 ℃)/W	阻抗电压/%	质量/kg	噪声/dB
		高压/kV	高压分接范围/%	低压/kV						
30					2.72	175	670		250	44
50					2.38	245	950		400	44
80					2.21	335	1310		480	45
100					2.04	360	1500		520	45
125					1.86	425	1755		550	48
160					1.87	495	2020	4.0	610	48
200					1.70	565	2400		950	48
250					1.70	650	2620		1020	48
315					1.53	795	3300		1200	50
400	Y，yn0 或 D，yn11	6 6.3 6.6 10 10.5 11	±5% 或 ±2×2.5%	0.4	1.53	885	3790		1480	50
500					1.53	1050	4640		1650	52
630					1.36	1215	5585		1820	52
630					1.36	1170	5665		1850	52
800					1.36	1370	6610		2300	54
1000					1.19	1600	7720		2650	54
1250					1.19	1885	9210	6.0	3000	55
1600					1.19	2210	1150		3800	56
2000					1.02	2990	13730		4600	56
2500					1.02	3600	16320		5200	60

(三) SG(H)B10 系列 H 级绝缘干式电力变压器

SG(H)B10 系列 H 级绝缘干式变压器，具安全性能高、节能、防火、防爆、维护简单等优点，其设计先进、结构合理、外形美观，可安装在电力、地铁、船舶、化工、工矿、冶金、核电站、机场、车站、住宅等安全性能高，湿热、通风不良的场合。

1. 特点

(1) 可靠性高。SG(H)B10 系列 H 级绝缘干式电力变电器除满足国家标准 GB 1094.11—2007、GB/T 10228—2008 等外还采用 IEC726（电工委员会技术标准），为 H 级（工作温度 180 ℃）耐热绝缘等级，而它的主要绝缘材料却是 C 级（工作温度 220 ℃）的，留有较大的裕度；能承受恶劣条件的储存、运输；能在恶劣条件下（包括气候、地理环境）正常运行；有比一般干式变压器更强的过负载能力；有很好的抗短路能力；变压器在正常使用情况下可免维修。

（2）安全性好。变压器在使用中不会助燃，能阻燃，不会爆炸及释放出有害气体；变压器在使用时，不会对环境、其他设备特别是对人身造成危害。

（3）环保性好。变压器在制造、运输、储存、运行时都不会对环境造成污染，而且在使用寿命结束后，线圈可以回收，资源可以重新利用，不会对环境造成危害；有较低的噪声。纸与空气的介电常数非常接近，线圈周围的电场均匀，局放小，且产品的耐热等级高，变压器的体积小。

（4）寿命长。NOMEX 纸在 400 ℃温度下仍能在数小时内保持其介电强度不变，在 220 ℃高温下，连续运行 1×10^5 h，其介质强度将为原来的 50%。

（5）过负荷能力强。该变压器可在自冷条件下达到额定负载 120% 的情况下连续运行，这将比另外增加一台备用的变压器经济得多。

（6）损耗低。SG(H)B 系列“10”型干式变压器，空载损耗较国家标准下降 20%，负载损耗较国家标准下降 40%。

2. 型号意义

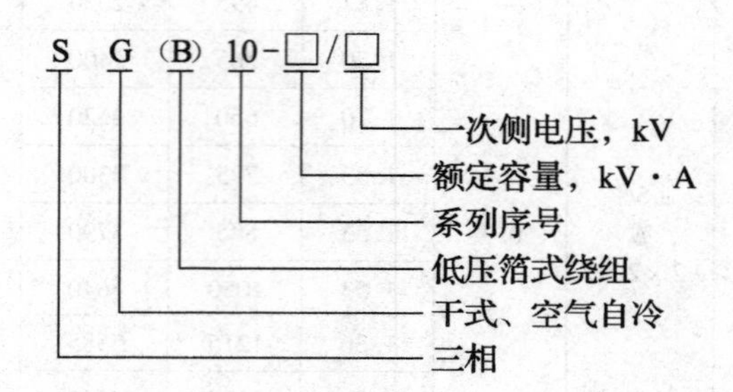

3. 使用环境

（1）安装地点海拔高度：≤1000 m（超过 1000 m 另议）。

（2）频率：50 Hz。

（3）工作温度：-40 ~ +40 ℃。若环境温度超出时，请在订货时提出。

（4）空气相对湿度：≤90%（+25 ℃）。

（5）安装场所：无剧烈振动、爆炸危险、化学腐蚀。

（6）特殊条件：由本厂与用户协商确定。

4. 外形尺寸

SG(H)B10 系列外形尺寸如图 4-2-3 所示，其具体的数据见表 4-2-3。其外形图如图 4-2-4 所示。

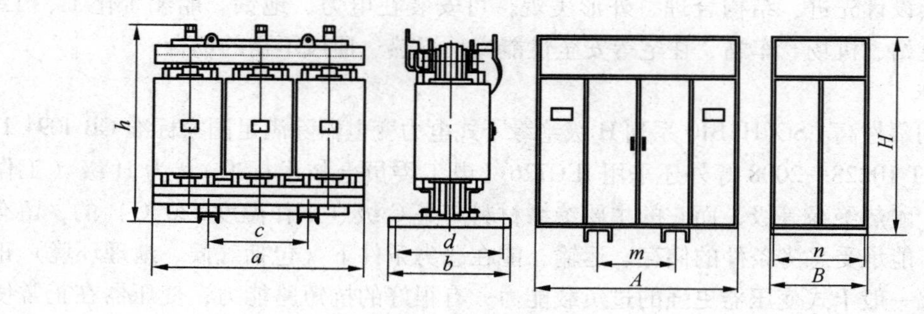

图 4-2-3 SG(H)B10 系列外形尺寸图

表4-2-3 SG(H)B10系列变压器外形尺寸 mm

型 号	外形尺寸					有防护外罩				
	a	*b*	*c*	*d*	*h*	*A*	*B*	*m*	*n*	*h*
SG(H)B10-125/10	1080	650	550	550	1100	1550	1200	550	1150	1800
SG(H)B10-160/10	1150	650	550	550	1150	1550	1200	550	1160	1800
SG(H)B10-200/10	1180	650	660	550	1200	1550	1200	660	1160	1800
SG(H)B10-250/10	1220	760	660	660	1250	1550	1200	660	1160	1800
SG(H)B10-315/10	1280	760	660	660	1280	1700	1300	660	1260	1900
SG(H)B10-400/10	1350	920	660	820	1320	1700	1300	660	1260	1900
SG(H)B10-500/10	1410	920	660	820	1350	1700	1300	660	1260	1900
SG(H)B10-630/10	1450	920	660	820	1450	1800	1400	660	1360	1900
SG(H)B10-630/10	1480	920	660	820	1420	1800	1400	660	1360	1900
SG(H)B10-800/10	1500	1000	820	820	1480	1800	1400	820	1360	1900
SG(H)B10-1000/10	1600	1000	820	820	1700	1950	1400	820	1360	2000
SG(H)B10-1250/10	1600	1000	820	820	1700	1950	1400	820	1360	2000
SG(H)B10-1600/10	1680	1200	820	1070	1870	2000	1500	820	1460	2200
SG(H)B10-2000/10	1850	1270	820	1070	2070	2100	1500	820	1460	2400
SG(H)B10-2500/10	1950	1270	820	1070	2200	2400	1500	820	1460	2600

图4-2-4 SG(H)B10系列变压器外形图

5. 技术参数

SG(H)B10系列变压器的技术参数见表4-2-4。

表4-2-4 SG(H)B10 系列变压器的技术参数

额定容量/(kV·A)	电压组合			联结组标号	短路阻抗%	空载损耗/W	负载损耗/W	空载电流/%	声级/dB	质量/kg
	高压/kV	分接	低压/kV							
125	6 6.3 6.6 10 10.5 11	±5% ±2×2.5%	0.4	Y, yno D, yn11	4	480	2130	0.9	45	750
160						560	2550	0.9	45	900
200						660	3280	0.8	46	1050
250						770	3850	0.8	47	1280
315						890	4620	0.7	47	1550
400						1050	5460	0.7	48	1900
500						1210	6550	0.6	48	2150
630						1410	7630	0.5	48	2350
630					6	1360	8050	0.5	49	2400
800						1710	9520	0.4	50	2850
1000						2000	10990	0.4	51	3300
1250						2410	12880	0.3	52	3450
1600						2770	14910	0.3	53	4200
2000						3360	17500	0.25	54	4850
2500						4050	20370	0.25	54	5500

(四) SCZ(B)10 型 10 kV 干式有载调压配电变压器

1. 用途

SCZ(B)10 型 10 kV 干式有载调压配电变压器，适用于交流 50 Hz，额定工作电压高压为 10 kV，低压为 0.4、0.69 kV，额定工作容量 200~2500 kV·A 的低压中性点直接接地 380 V 三相四线或三相五线要求电压质量较高的场所，供电系统中，作为电压不稳定高层建筑、地铁、矿山、发电厂、石油、化工及科研单位等场所的变电所的变电设备使用，也可作为 660 V 中性点经电阻接地的变电设备使用。

2. 型号意义

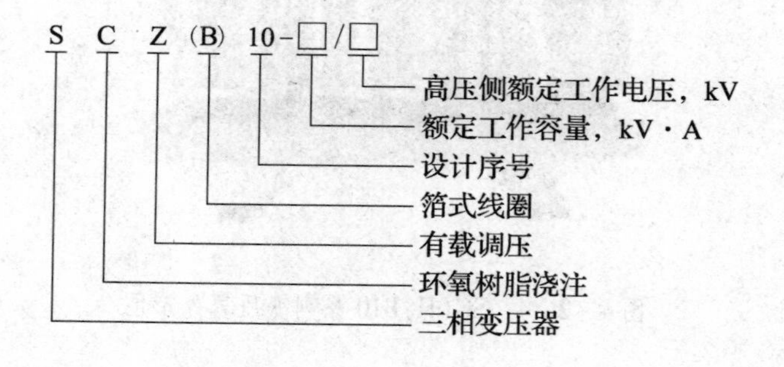

3. 结构特点

(1) 铁芯采用优质冷轧硅钢片制造，45°全斜接缝结构。芯柱采用绝缘带绑扎，铁芯表面采用绝缘树脂密封以防潮防锈，夹件及紧固件经表面处理以防止锈蚀。同时在制造时采用五阶步叠铁芯工艺，铁芯由自动剪切线完成，铁芯成型采用不叠铁轭方案，有效地降低了空载损耗、空载电流和铁芯噪声。

（2）线圈采用环氧树脂浇注。线圈绕制时在线圈内外层铺设玻璃纤维，变压器容量较大时，设有通风道。线圈绕制完毕后进行真空干燥，整个浇注及固化过程通过计算机网络传送至控制终端的工艺曲线完成。线圈采用F级绝缘的铜导体，玻璃纤维与环氧树脂复合材料作绝缘，其膨胀系数与铜导体相近，具有良好的抗冲击、抗温度变化、抗裂性能。玻璃纤维和环氧树脂所有组成成分都具有自熄性，不会持续燃烧，也不会产生有毒气体和污染环境，环氧树脂具有良好的绝缘特性。对于低电压、大电流线圈，其短路时的短路应力较大，同时低压匝数较少，低压电流越大采用线绕型其安匝平衡问题越突出，散热问题也需要着重考虑。此时低压采用箔式绕组可较好解决上述问题。首先箔绕产品不存在轴向匝数和轴向绕制螺旋角，高低压绕组安匝平衡，短路时变压器轴向应力较小；其次由于绝缘较薄，工艺上又可容易设置多层风道，散热问题也较好解决。

（3）有载分接开关采用干式真空箱型结构，由电动机构带过渡电阻的真空切换开关和分接选择器组成。分接开关备有自动控制器，便于现场或远程控制，并可装备计算机接口。

4. 适用工作条件

（1）安装地点海拔高度不超过1000 m。

（2）最高气温 +40 ℃，日平均气温 +30 ℃，年平均气温 +20 ℃；最低气温，户外 -30 ℃，户内 -5 ℃。

5. 主要技术特征

主要技术特征见表4-2-5。

表4-2-5　SCZ(B)10型10 kV三相有载调压式配电变压器主要技术特征

型　号	联结组标号	额定工作电压/kV		高压分接范围/%	损耗/W		阻抗电压/%	空载电流/%	总质量/kg	噪声水平/dB
		高	低		空载	负载				
SCZ10-200/10	Y，yn0 或 D，yn11	6.0 6.3 10.0 10.5 11.0	0.4 或 0.69	±2×2.5	560	2240	4		1890	≤55
SCZ10-315/10					850	3150	4		2200	≤55
SCZ10-400/10					950	3700	4		2590	≤55
SCZ(B)10-500/10					1120	4500	4		3220	≤55
SCZ(B)10-630/10					1250	5470	6		3200	≤55
SCZ(B)10-800/10					1460	6470	6		3420	≤55
SCZ(B)10-1000/10					1710	7650	6		4120	≤55
SCZ(B)10-1250/10					2010	9200	6		5000	≤55
SCZ(B)10-1600/10					2360	10840	6		5390	≤55
SCZ(B)10-2000/10					2690	13290	6		7160	≤55
SCZ(B)10-2500/10					3140	15810	6		8600	≤55

6. 安装尺寸

安装尺寸见图4-2-5、表4-2-6。

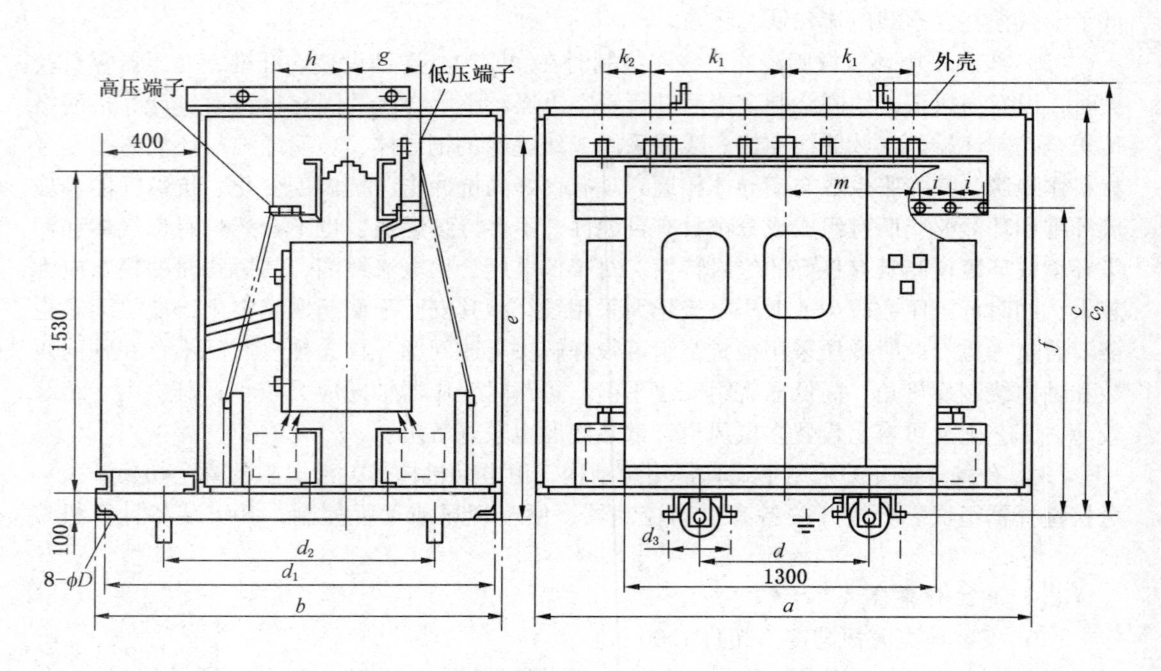

附注：ϕD=630 kV · A 以下为 18 mm，800 kV · A 以上为 24 mm

图4-2-5 SCZ(B)10型10 kV干式有载调压配电变压器安装尺寸

表4-2-6 SCZ(B)10型10 kV三相有载调压干式配电变压器外形及安装尺寸

型号	外形及安装尺寸/mm															
	a	b	c	d	d_1	d_2	d_3	e	f	g	h	m	l	k_1	k_2	c_2
SCZ10-200/10	1600	1650	2200	550	1580	1200	280	1058	999	297	336	230	160		150	2294
SCZ10-315/10	1600	1650	2200	660	1580	1200	280	1209	1069	339	352	285	160	410	150	2294
SCZ10-400/10	1600	1650	2200	660	1580	1200	280	1344	1179	375	358	305	160	425	150	2294
SCZ(B)10-500/10	1900	1750	2200	660	1680	1300	280	1349	1159	288	377	410	160	495	160	2294
SCZ(B)10-630/10	1900	1750	2200	660	1680	1300	280	1349	1159	279	368	425	160	505	160	2294
SCZ(B)10-800/10	2200	1800	2200	820	1730	1350	280	1439	1145	286	375	425	160	530	160	2294
SCZ(B)10-1000/10	2200	1800	2200	820	1730	1350	280	1439	1204	323	408	485	180	570	180	2294
SCZ(B)10-1250/10	2200	1800	2200	820	1730	1350	350	1465	1215	353	423	535	180	605	200	2294
SCZ(B)10-1600/10	2200	1800	2200	820	1730	1350	350	1725	1490	341	411	520	180	595	200	2294
SCZ(B)10-2000/10	2400	1850	2200	820	1770	1400	350	1835	1590	365	430	640	180	675	220	2294
SCZ(B)10-2500/10	2500	1850	2300	820	1770	1400	350	1955	1710	374	440	630	200	695	200	2394

二、35 kV　变　压　器

(一) 35 kV 级 SC(B)10 三相树脂浇注变压器

1. 用途

35 kV 级 SC(B)10 干式变压器用于将 35 kV 电网电源直接降低为 400 V 配电电源或 10 kV 输电电源为用户供电。

2. 结构特点

(1) 高性能、低损耗，为 9 型系列的换代产品。

(2) 选用优质硅钢片，同时大幅降低磁通密度，减小运行中硅钢片磁致伸缩量，有效降低噪声。

(3) 优化高压线圈结构，改善了层间电压和电容的分布，大大提高了产品耐受大气过电压和操作过电压的冲击能力，同时也改善了电场分布，使产品局放量进一步降低。

(4) 可配置温控系统和风冷装置，在负荷过大时自动启动风机冷却装置，有效提高设备过负荷能力。

3. 适用工作条件

安装地点海拔高度不超过 1000 m；最高气温 +40 ℃，日平均气温 +30 ℃，年平均气温 +20 ℃；最低气温，户外 -30 ℃，户内 -5 ℃。

4. 技术参数

无励磁调压干式电力变压器性能参数见表 4-2-7。

表 4-2-7　35 kV 级 SC(B)10 系列无励磁调压干式电力变压器性能参数

<table>
<tr><th rowspan="2">额定容量/(kV·A)</th><th colspan="3">电 压 组 合</th><th rowspan="2">联结组标号</th><th rowspan="2">短路阻抗/%</th><th rowspan="2">空载损耗/W</th><th rowspan="2">负载损耗(75 ℃)/W</th><th rowspan="2">空载电流/%</th></tr>
<tr><th>高压/kV</th><th>分接</th><th>低压/kV</th></tr>
<tr><td>30</td><td rowspan="19">33
35
38.5</td><td rowspan="19">±2×2.5%</td><td rowspan="19">0.4</td><td rowspan="5">Y，yn0</td><td rowspan="19">6</td><td>350</td><td>1020</td><td>2.8</td></tr>
<tr><td>50</td><td>450</td><td>1300</td><td>2.8</td></tr>
<tr><td>63</td><td>500</td><td>1500</td><td>2.6</td></tr>
<tr><td>80</td><td>580</td><td>1800</td><td>2.6</td></tr>
<tr><td>100</td><td>650</td><td>2130</td><td>2.4</td></tr>
<tr><td>125</td><td rowspan="14">Y，yn0
D，yn11</td><td>730</td><td>2410</td><td>2.4</td></tr>
<tr><td>160</td><td>860</td><td>2680</td><td>2.2</td></tr>
<tr><td>200</td><td>1000</td><td>3100</td><td>2.2</td></tr>
<tr><td>250</td><td>1150</td><td>3560</td><td>2.2</td></tr>
<tr><td>315</td><td>1320</td><td>3890</td><td>2</td></tr>
<tr><td>400</td><td>1550</td><td>5000</td><td>2</td></tr>
<tr><td>500</td><td>1820</td><td>6150</td><td>2</td></tr>
<tr><td>630</td><td>2090</td><td>7150</td><td>1.8</td></tr>
<tr><td>800</td><td>2450</td><td>8420</td><td>1.8</td></tr>
<tr><td>1000</td><td>2720</td><td>9720</td><td>1.8</td></tr>
<tr><td>1250</td><td>3180</td><td>11840</td><td>1.6</td></tr>
<tr><td>1600</td><td>3640</td><td>14340</td><td>1.6</td></tr>
<tr><td>2000</td><td>4270</td><td>16650</td><td>1.4</td></tr>
<tr><td>2500</td><td>5000</td><td>18500</td><td>1.4</td></tr>
</table>

5. 外形图

35 kV 级 SC(B)10 型树脂浇注变压器外形图如图 4－2－6 所示，尺寸参数见表 4－2－8。

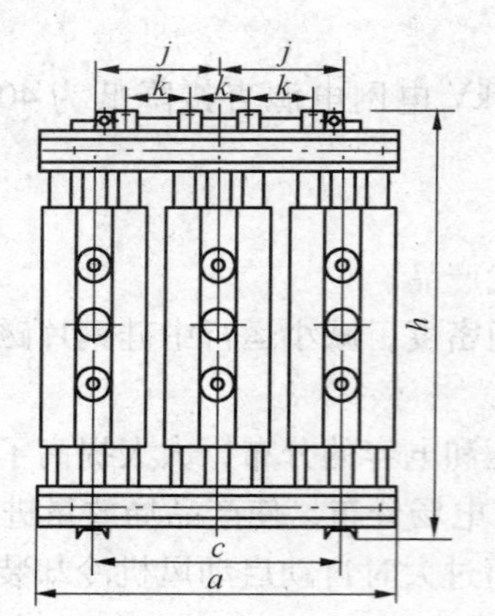

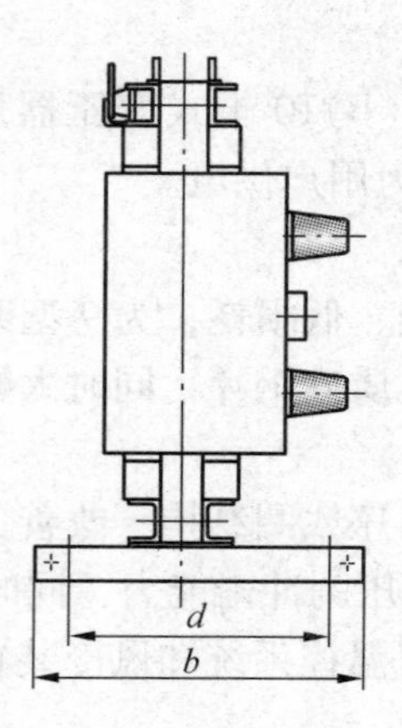

图 4－2－6　35 kV 级 SC(B)10 型树脂浇注变压器外形图

表 4－2－8　35 kV 级 SC(B)10 系列干式变压器外形尺寸参数　mm

型　号	外形尺寸						
	a	*b*	*c*	*d*	*h*	*j*	*k*
SC(B)10－30/35	1015	650	660	550	1180	360	110
SC(B)10－50/35	1020	650	660	550	1220	360	110
SC(B)10－80/35	1050	650	660	550	1350	370	115
SC(B)10－100/35	1050	650	660	550	1350	370	115
SC(B)10－125/35	1080	650	660	550	1400	385	120
SC(B)10－160/35	1350	760	660	660	1450	460	
SC(B)10－200/35	1420	760	660	660	1500	480	
SC(B)10－250/35	1520	760	660	660	1520	490	
SC(B)10－315/35	1600	760	660	660	1550	510	
SC(B)10－400/35	1650	760	660	660	1600	525	
SC(B)10－500/35	1720	920	820	820	1650	540	
SC(B)10－630/35	1760	920	820	820	1690	555	
SC(B)10－800/35	1820	920	820	820	1750	570	
SC(B)10－1000/35	1900	1200	1070	1070	1800	585	
SC(B)10－1250/35	1950	1200	1070	1070	1850	595	
SC(B)10－1600/35	2020	1200	1070	1070	1900	610	
SC(B)10－2000/35	2100	1200	1070	1070	1950	625	
SC(B)10－2500/35	2150	1200	1070	1070	2020	640	

（二）S11 系列 35 kV 级双绕组无励磁调压自冷式配电变压器

1. 用途

S11 系列 35 kV 级双绕组无励磁调压自冷式配电变压器执行国家标准《电力变压器》（GB 1094）和《三相油浸式电力变压器技术参数和要求》（GB 6451），具有结构新颖、低损耗、体积小、抗短路能力强等诸多特点。主要用于电力系统变电站以及 35 kV 用户站。

2. 结构特点

（1）损耗低，节能显著。

（2）铁芯全部采用优质冷轧硅钢片，剪切毛刺小于 0.02 mm，全斜接缝、不冲孔、不叠上铁轭工艺；铁芯柱叠好用双 H 黏胶使铁芯三柱两轭成为一个紧固、平整、紧实的整体，有效地降低了变压器的空载损耗、空载电流和噪声。

（3）变压器线圈采用高纯度的无氧铜，有效地降低了铜耗，垫块、撑条倒圆角，电场均匀，可靠性增加。内绕组支撑加强，提高其稳定性和防止失稳变形。对于容量达到 12500 kV·A 以上的变压器，内外线圈采用统一的整体托板和压板把各线圈组装起来同时加压，保证轴向上各线圈高度尺寸的一致性，提高了变压器抗突发短路的能力。产品一次性通过国家突发短路试验。

（4）板式夹件与侧梁形成坚固的框架结构，器身与油箱“六面刚性定位”，使器身能承受住各种运输条件下的冲击考验而不发生位移。变压器运输过程中冲击若小于规定的数值，则现场可不经吊芯检查直接试验投运，减少了变压器现场吊芯的大量工作。

（5）油箱箱壁采用宽幅钢板，由大型压机折压成“瓦楞结构”，减少了焊缝，增加了机械强度，扩大了散热面积，提高了散热效果，同时瓦楞形箱壁避免声波平面反射，起到降低噪声的作用。变压器整体美观简洁。

（6）采用胶囊式储油柜，有效地减缓了变压器油的老化程度；指针式油位计能避免假油位现象的发生并彻底解决变压器油光照老化问题；带有集气装置的气体继电器，便于维护运行；采用片式散热器和大直径低速低噪声风机，提高了散热效果，降低了噪声。

（7）对原传统的密封结构，特别是容易出现渗漏油的地方，从材料采购控制开始，确保钢材不生锈、无磕碰、无划伤、无锤击，对油箱密封部分进行特殊加工，并对箱体进行整体喷漆，彻底清除箱体内加工中产生的尖角毛刺、焊渣，并使油漆的附着力加强。

3. 参数

35 kV 级 S11 双绕组无励磁调压配电变压器的技术参数见表 4－2－9。

4. 外形

35 kV 级 S11 双绕组无励磁调压配电变压器外形图如图 4－2－7 所示。

图 4－2－7　35 kV 级 S11 双绕组无励磁调压配电变压器外形图

表 4－2－9　35 kV 级 S11 双绕组无励磁调压配电变压器技术参数

额定容量/（kV·A）	额定电压/kV			联结组别	空载电流/%	损耗/W		阻抗电压/%	外形尺寸/mm			质量/kg			轨距/mm
	高压/kV	分接范围	低压/kV			空载	负载		长	宽	高	器身	油重	总重	
50					2.0	170	1150		1195	895	1825	300	330	860	660
100					1.8	240	1915		1200	935	1935	470	285	1130	660
125					1.75	270	2260		1235	940	1955	550	465	1335	660
160					1.65	290	2680		1285	995	1960	580	485	1475	660
200					1.55	340	3145		1310	1090	1985	680	595	1755	660
250					1.40	400	3740		1450	1150	2110	860	650	2000	660
315					1.40	480	4505		1930	1155	2020	980	765	2290	820
400	35	±5% 或±2×2.5%	0.4	Y，yn0	1.30	580	5440	6.5	1850	1065	2115	1170	885	2725	820
500					1.30	680	6545		2040	1205	2415	1340	960	3090	820
630					1.25	815	7820		2140	1240	2505	1550	895	2815	820
800					1.05	980	9350		2305	1540	2685	1990	1030	4510	820
1000					1.00	1155	11475		2545	1590	2590	2280	1305	4920	820
1250					0.85	1380	13855		2495	1615	2675	2415	1475	5055	820
1600					0.85	1660	16575		2680	2010	2970	2600	1490	5450	820
630					1.8	825	7785		2140	1050	2220	1580	925	3275	820
800					1.5	930	9350		2275	1330	2400	1870	1115	4085	820
1000					1.0	1080	11475		2450	1670	2470	1805	970	3705	820
1250					0.90	1320	13860	6.5	2565	1770	2615	2020	1010	4030	820
1600					0.85	1590	16580		2680	1780	2685	2365	1090	4545	820
2000				Y，dn11	0.75	2040	18280		2800	1980	2755	2745	1200	5215	1070
2500					0.75	2400	19550		2830	1980	2820	3320	1330	6080	1070
3150					0.70	2850	2950		2850	2165	2960	3850	1520	7050	1070
4000	35 或 38.5	±5% 或±2×2.5%	3.15 3.3 6 6.3 10 10.5 11		0.70	3390	27200	7.0	2855	2250	3100	4600	1750	8490	1070
5000					0.65	4050	31195		3000	2365	3155	5525	1950	8975	1070
6300					0.65	4920	34850		3075	2530	3250	6770	2320	11490	1475
8000					0.60	6900	38250	7.5	3130	2645	3710	8096	2500	14120	1475
10000					0.60	8160	45050		3565	2750	3830	6983	2850	16480	1475
12500					0.50	9600	53550		4150	2785	3950	10932	3250	18345	1475
16000				YN，d11	0.50	11400	65450		4480	2860	4720	13330	3750	22307	1475
20000					0.50	13500	79050	8.0	4560	3225	4865	17035	4365	29975	1475
25000					0.40	15960	93500		4610	3490	4910	21310	5280	35370	1475
31500					0.40	18960	112200		4760	3750	5100	25310	6650	29800	1475

（三）SZ11 系列有载调压电力变压器

1. 用途

SZ11 系列有载调压电力变压器，是一种在负荷条件下可改变变压器分接位置，从而调整变压器低压侧的输出电压的低损耗节能变压器，适用于在负荷工作下需调压的场合。

2. 优点

SZ11 系列有载调压电力变压器，各指标符合《电力变压器》（GB 1094） 和《三相油浸式电力变压器技术参数和要求》（GB/T 6451） 标准。

本产品铁芯的叠积方式呈阶段状，改变了传统的铁芯叠积老工艺，改善铁芯内部的磁路分布，从而使空载损耗、空载电流和噪声，比传统型叠积方式铁芯的变压器降低 20%，负载损耗下降 10%。

3. 结构特点

（1） 铁芯全部采用优质冷轧硅钢片，剪切毛刺小于 0.02 mm，全斜接缝、不冲孔、不叠上铁轭工艺；铁芯柱叠好用双 H 黏胶使铁芯三柱两轭成为一个紧固、平整、紧实的整体，有效地降低了变压器的空载损耗、空载电流和噪声。

（2） 变压器线圈采用高纯度的无氧铜，有效地降低了铜耗，垫块、撑条倒圆角，电场均匀，可靠性增加。内绕组支撑加强，提高其稳定性和防止失稳变形。对于容量达到 12500 kV·A 以上的产品，内外线圈采用统一的整体托板和压板把各线圈组装起来同时加压，保证轴向上各线圈高度尺寸的一致性，提高了变压器抗突发短路的能力。产品一次性通过国家突发短路试验。

（3） 板式夹件与侧梁形成坚固的框架结构，器身与油箱“六面刚性定位”，使器身能承受住各种运输条件下的冲击考验而不发生位移。产品运输过程中冲击若小于规定的数值，则现场可不经吊芯检查直接试验投运，减少了产品现场吊芯的大量工作。

（4） 油箱箱壁采用宽幅钢板，由大型压机折压成“瓦楞结构”，减少了焊缝，增加了机械强度，扩大了散热面积，提高了散热效果，同时瓦楞形箱壁避免声波平面反射起到降低噪声的作用。变压器整体美观简洁。

（5） 采用胶囊式储油柜，有效地减缓了变压器油的老化程度；指针式油位计能避免假油位现象的发生并彻底解决变压器油光照老化问题；带有集气装置的气体继电器，便于维护运行；采用片式散热器和大直径低速低噪声风机，提高了散热效果，降低了噪声。

（6） 对原传统的密封结构，特别是容易出现渗漏油的地方，从材料采购控制开始，确保钢材不生锈、无磕碰、无划伤、无锤击，对油箱密封部分进行特殊加工，并对箱体进行整体喷漆，彻底清除箱体内加工中产生的尖角毛刺、焊渣，并使油漆的附着力加强。

4. 技术参数

SZ11 系列 35/6.3（10.5）kV 变压器技术参数和外形尺寸见表 4－2－10、表 4－2－11。

5. 外形图

SZ11 系列三相有载调压变压器外形如图 4－2－8 所示。

图 4－2－8　SZ11 系列三相有载调压变压器外形图

表4-2-10　SZ11系列35/6.3(10.5)kV变压器技术参数和外形尺寸

额定容量/(kV·A)	额定电压/kV			联结组别	空载电流/%	损耗/W		阻抗电压/%	外形尺寸/mm			质量/kg			轨距(横向×纵向)/(mm×mm)
	高压/kV	分接范围	低压/kV			空载	负载		长	宽	高	器身	油重	总重	
2000	35 38.5	±3×2.5	6.3 10 10.5	Y,d11	1.0	2160	19125	6.5	3105	2198	2805	2775	1560	5965	1070×1070
2500					1.0	2550	20530		3105	2535	2980	3300	1750	6950	1070×1070
3150					0.9	3030	24570	7.0	3220	2725	2840	3770	1970	7900	1070×1070
4000					0.9	3630	28990		3310	2915	3070	4520	2260	9110	1070×1070
5000					0.85	4350	34000		3480	3020	3145	5480	2475	10855	1070×1070
6300					0.85	5280	36550		3590	2905	3210	6810	2620	12300	1475×1475
8000				YN,d11	0.75	7380	40375	7.5	4070	3050	3595	8066	3330	15300	1475×1475
10000					0.75	8700	47770		4105	2795	3655	9705	3750	17858	1475×1475
12500					0.7	10260	56525	8.0	4570	3010	3840	10963	4215	20042	1475×1475
16000					0.7	11400	69890		5235	3295	4615	13140	4900	23740	1475×1475
20000					0.65	13500	80275		5360	34158	4660	15653	5700	28186	1475×1475

表4-2-11　SZ11系列35/0.4kV变压器技术参数和外形尺寸

额定容量/(kV·A)	额定电压/kV			联结组别	空载电流/%	损耗/W		阻抗电压/%	外形尺寸/mm			质量/kg			轨距(横向×纵向)/(mm×mm)
	高压/kV	分接范围	低压/kV			空载	负载		长	宽	高	器身	油重	总重	
200	6 6.3 10 10.5 11	±4×2.5	0.4	Y,yn0 D,yn11	1.80	330	2890	4.0	1600	980	1550	605	280	1280	550×550
250					1.70	400	3400		1780	995	1590	670	320	1330	550×550
315					1.60	475	4080		1935	1220	1725	845	435	1715	660×660
400					1.50	570	4930		2025	1350	1850	1010	480	1980	660×660
500					1.40	680	5870		2080	1410	1920	1300	530	2350	660×660
630					1.30	870	7230	4.5	2110	1460	1980	1525	715	2950	820×820
800					1.20	1060	8840		2270	1530	2270	1595	800	3405	820×820
1000					1.10	1240	10370		2360	1675	2440	1730	895	3420	820×820
1250					1.00	1460	12330		2605	1720	2770	2650	980	4610	820×820
1600					0.90	1865	14710		2610	1850	2810	3105	1210	5350	1070×1070
2000					0.80	2200	17310		2780	2475	2815	3520	1780	6800	1070×1070
2500					0.70	2610	21430		2820	2505	2635	3985	2025	8040	1070×1070

三、110 kV 变　压　器

（一）110 kV级10系列油浸式变压器

1. 产品介绍

110 kV级10系列电力变压器是自行研制开发的性能可靠的低局放、低损耗、低噪声、高可靠性、具有很强的抗突发短路能力的换代产品。可作为发电厂主变压器、变电站、城乡电网输变电用。

2. 产品性能

(1) 低损耗。

(2) 低噪声。噪声水平达到60 dB以下，比国家标准普遍下降近20 dB。用户有特殊要求，还可专门设计制造（55 dB以下），满足我国城乡居民供电需求。

(3) 低局放。110 kV级产品全线流程均为无尘作业，器身内部金属件、绝缘件全部圆角化，局放量控制在100 pC以下。

(4) 抗短路能力强。已通过国家变压器质量监督检验中心的短路承受能力试验。

(5) 外形美观。油箱折板瓦楞结构，抛丸除锈，粉末电喷涂漆，宽片片式散热器，永不褪色。

(6) 不渗漏。所有密封止口限位、上下箱沿双道密封。

3. 结构特点

(1) 线圈。高压线圈采用纠结—连续式或内屏—连续式，以改善冲击电压下线圈纵向电容分布；线圈均为导向油循环结构，降低绕组温升，产品设计寿命30年；线圈内硬支撑，双燕尾垫块撑条，上下端绝缘为整块平台压板，机械强度高，抗突发短路能力强；线圈内部绝缘件、器身绝缘件均圆角去毛，减少局部放电量。

(2) 器身采用整体组装、恒压干燥，保证线圈均匀收缩且回弹少，有效提高变压器的电气强度和抗短路能力。

(3) 铁芯。采用高导磁优质取向冷轧硅钢片，无孔绑扎，框架式结构，D形铁轭结构为线圈提供大面积平台，阶梯级多级接缝，德国进口乔格线剪切，确保铁芯毛刺小于20 μm，减小了空载损耗，降低了空载电流及噪声水平。

(4) 油箱。分钟罩式和桶式结构两种。整板折弯瓦楞箱壁；所有密封均为止口限位密封；箱内外金属件均圆角去毛，焊缝及密封处经3次检漏试验（荧光、正压、负压试漏）；油漆按家电防锈要求制作。

(5) 总装。所有组件厂内预装，配套发运。

4. 型号意义

第一个“S”表示三相变压器。

有第二个“S”表示三绕组变压器；无者表示双绕组变压器。

有“F”者表示风冷；无者表示自冷。

有“Z”者表示有载调压变压器；无者表示无励磁调压变压器。

“10”表示设计序号。

“/”斜杆上面的数据表示变压器的额定容量kV·A；斜杆下面的数据表示变压器一次侧的额定电压kV。

5. 技术参数及外形尺寸

SS10型三绕组自冷式无励磁调压变压器技术参数见表4-2-12。

SFS10型三绕组风冷式无励磁调压变压器技术参数见表4-2-13。

SSZ10系列三绕组有载调压电力变压器技术参数见表4-2-14。

SFSZ10型三绕组风冷式有载调压变压器技术参数见表4-2-15。

表 4-2-12　SS10 型三绕组自冷式无励磁调压变压器技术参数

额定容量/(kV·A)	额定电压/kV			联结组标号	损耗/kW		空载电流/%	短路阻抗/%	质量/kg		外形尺寸/mm			轨距/mm
	高压	中压	低压		空载	负载			油重	总重	长	宽	高	
6300	110 或 121 ±2×2.5%	35 38.5	6.3 6.6 10.5 11	YN,yn0 d11	7.8	45.1	0.52	高-中 10.5 高-低 17~18 中-低 6.5	6300	20500	5420	4300	4410	1475/2040
8000					9.1	53.6	0.50		7200	25000	5640	4330	4540	
10000					10.9	62.9	0.48		7500	28200	5830	4380	4620	
12500					12.6	74.0	0.43		8300	31800	5880	4410	4750	
16000					15.6	90.1	0.41		9500	36400	6100	4440	4820	
20000					18.8	106.3	0.38		10800	41800	6290	4480	4910	
25000					21.6	125.8	0.35		11300	45900	6470	4520	5100	
31500					25.6	148.8	0.33		12600	51700	6590	4610	4950	
40000					29.8	178.5	0.32		14700	60200	6750	4940	5340	
50000					36.6	212.5	0.31		16400	69500	6850	5080	5330	
63000					42.6	255.0	0.30		16900	78100	6950	5100	5620	
75000					48.8	290.6	0.28		20400	93700	7020	5180	5920	
90000					56.6	333.2	0.26		23800	116500	7320	5320	6140	
噪声	自冷<60 dB													

表 4-2-13　SFS10 型三绕组风冷式无励磁调压变压器技术参数

额定容量/(kV·A)	额定电压/kV			联结组标号	损耗/kW		空载电流/%	短路阻抗/%	质量/kg		外形尺寸/mm			轨距/mm
	高压	中压	低压		空载	负载			油重	总重	长	宽	高	
6300	110 或 121 ±2×2.5%	35 38.5	6.3 6.6 10.5 11	YN,yn0 d11	7.8	45.1	0.52	高-中 10.5 高-低 17~18 中-低 6.5	6400	20800	5520	4400	4410	1475/2040
8000					9.1	53.6	0.50		7300	25100	5740	4430	4550	
10000					10.9	62.9	0.48		7600	28600	5930	4480	4670	
12500					12.6	74.0	0.43		8400	32200	5980	4510	4780	
16000					15.6	90.1	0.41		9700	36900	6210	4540	4850	
20000					18.8	106.3	0.38		10900	42100	6390	4580	4930	
25000					21.6	125.8	0.35		11400	46100	6520	5620	5110	
31500					25.6	148.8	0.33		12800	52100	6570	4710	4980	
40000					29.8	178.5	0.32		14900	60800	6690	5040	5390	
50000					36.6	212.5	0.31		16500	69800	6850	5280	5360	
63000					42.6	255.0	0.30		17100	78500	6950	5300	5670	
75000					48.8	290.6	0.28		20500	94100	7120	5390	5950	
90000					56.6	333.2	0.26		24000	117100	7420	5420	6180	
噪声	风冷<65 dB													

表 4-2-14　SSZ10 系列三绕组有载调压电力变压器技术参数

型　号	联结组	电压组合	空载损耗/kW	负载损耗/kW	空载电流/%	短路阻抗/%	总重/kg
SSZ10-6300/110	YN，d11	高压：110±8×1.25% 或 121±8×1.25% 中压：35 或 38.5 ±2×2.5% 低压：6.3 6.6 10.5 11	9.3	45	0.6	U12 10.5 U23 6.5 U13 17~18	33000
SSZ10-8000/110			11.2	54	0.6		34000
SSZ10-10000/110			13.2	63	0.55		36000
SSZ10-12500/110			15.6	74	0.55		40000
SSZ10-16000/110			18.8	90	0.5		46000
SSZ10-20000/110			22.2	106	0.5		53500
SSZ10-25000/110			26.2	126	0.45		58500
SSZ10-31500/110			31.2	149	0.45		69500
SSZ10-40000/110			37.3	179	0.4		77500
SSZ10-50000/110			44.1	213	0.4		86000
SSZ10-63000/110			52.5	255	0.35		99000
SSZ10-75000/110			59.8	291	0.35		110000
SSZ10-90000/110			68.8	333	0.3		122000

表 4-2-15　SFSZ10 型三绕组风冷式有载调压变压器技术参数

型　号	电压组合			联结组标号	空载损耗/kW	负载损耗/kW	空载电流/%	短路阻抗/%	质量/kg	运输重/t	外形尺寸/(mm×mm×mm)
	高压/kV	中压/kV	低压/kV								
SFSZ10-6300/110	110±8×1.25%	35 38.5	6.3 6.6 10.5 11	YN，yn0d11	9.2	48.8	0.98	高-中 10.5 高-低 17~18 中-低 6.5	28.4	24.6	6790×4290×4390
SFSZ10-8000/110					11.8	58.0	0.98		32.0	28.2	6820×4320×4440
SFSZ10-10000/110					13.9	68.1	0.91		34.6	31.2	6910×4360×4640
SFSZ10-12500/110					16.2	80.0	0.91		39.9	35.5	7010×4480×4760
SFSZ10-16000/110					19.7	97.5	0.84		45.2	41.0	7120×4780×4910
SFSZ10-20000/110					23.3	115.0	0.84		47.8	42.2	7190×4820×5020
SFSZ10-25000/110					27.5	136.2	0.77		54.2	49.3	7350×4880×5080
SFSZ10-31500/110					32.8	161.0	0.77		61.8	53.9	7460×5030×5180
SFSZ10-40000/110					39.6	193.2	0.70		75.6	66.5	7780×5120×5310

图4-2-9 110 kV 级 10 系列油浸式变压器外形图

6. 外形图

110 kV 级 10 系列油浸式变压器的外形如图4-2-9所示。

（二）110 kV 级 11 系列油浸式变压器

110 kV 三相油浸式电力变压器依据国际电工委员会标准 IEC60076 和国家标准 GB1094 制造。该系列变压器具有优良的耐冲击性能、机械强度大、抗短路能力强、低局放、低噪声、低损耗、密封性能好、少维护等特点，可作为发电厂主变压器、变电站、城乡电网输变电用。

1. 结构特征

（1）铁芯选用优质冷轧晶粒取向硅钢片，采用全斜无孔结构，用低磁钢板做拉板，将上、下夹件与铁芯牢固地连接成一个钢体结构，从而获得较小的空载损耗和较低的噪声。

（2）根据变压器容量的大小，对于110 kV 及以上电压等级的绕组，则采用纠结式或内屏式结构，从而有效地改善了冲击电压分布，导线采用换位导线或复合导线，以减少绕组的附加损耗，并采用计算机模拟计算电场和绕组的冲击特性，保证了绕组优良的电气特性和冲击强度，在工艺上则采用有效的措施保证其安全、可靠运行。

（3）变压器器身压紧结构采用整圆绝缘压板。套装工艺采用绕组整体组装，从而提高了变压器的可靠性。

（4）油箱采用平顶钟罩式结构，箱壁焊有折板式加强铁、提高了油箱的机械强度，为了降低变压器的杂散损耗，大型变压器在油箱内壁装有磁屏蔽。

（5）为防止变压器在运输中产生器身位移，器身在油箱设有定位装置。采用密封式储油柜，使变压器油与大气隔离，避免油受潮和老化，端部装有指针式油位计。根据变压器油重，油箱顶部装有压力释放阀，确保了变压器的安全运行。

2. 型号意义

第一个“S”表示三相变压器。

有第二个“S”表示三绕组变压器；无者表示双绕组变压器。

有“F”者表示风冷；无者表示自冷。

有“Z”者表示有载调压变压器；无者表示无励磁调压变压器。

“11”表示设计序号。

“/”斜杆上面的数据表示变压器的额定容量 kV·A；斜杆下面的数据表示变压器一次侧的额定电压 kV。

3. 技术参数及外形尺寸

SF11 型双绕组风冷式无励磁调压变压器技术参数见表4-2-16。

SFS11 型三绕组风冷式无励磁调压变压器技术参数见表4-2-17。

SFZ11 型双绕组风冷式有载调压变压器技术参数见表4-2-18。

SFSZ11 型三绕组风冷式有载调压变压器技术参数见表4-2-19。

表4-2-16 SF11型双绕组风冷式无励磁调压变压器技术参数

型号	额定容量/(kV·A)	额定电压/kV		联结组标号	损耗/kW		空载电流/%	短路阻抗/%	质量/kg			外形尺寸/mm			轨距(横向×纵向)/(mm×mm)
		高压	低压		空载	负载			器身重	油重	总重	长	宽	高	
SF11-6300/110	6300	110±2×2.5% 121±2×2.5%	6.3 6.6 10.5 11	YN,d11	7.4	34.2	0.77	10.5	9890	4880	18900	4210	3250	4050	1435×1435
SF11-8000/110	8000				9.6	42.8	0.77		10290	5730	22400	4550	3400	4295	1435×1435
SF11-10000/110	10000				10.6	50.4	0.72		13650	6820	26100	4850	3735	4830	1435×1435
SF11-12500/110	12500				12.5	59.9	0.72		14660	7835	28000	4900	3810	1600	1435×1435
SF11-16000/110	16000				15	73.2	0.67		18250	8670	33500	4960	4165	5060	2000×1435
SF11-20000/110	20000				17.6	88.4	0.67		20240	9080	39600	5960	4535	4820	2000×1435
SF11-25000/110	25000				20.8	104.5	0.62		21800	9990	41350	6090	4740	5010	2000×1435
SF11-31500/110	31500				24.6	126.4	0.60		27885	11400	45150	6565	4470	5365	2000×1435
SF11-40000/110	40000				29.4	148.2	0.56		33660	14200	55200	6765	4860	5410	2000×1435
SF11-50000/110	50000				35.2	184.3	0.52		34590	15890	59800	6810	4850	6100	2000×1435
SF11-63000/110	63000				41.6	222.3	0.48		39900	17900	67800	6900	4890	6150	2000×1435
SF11-75000/110	75000		13.8 15.75 18 20		47.2	264.1	0.42	12~14	46200	18700	76500	6970	4980	6190	2000×1435
SF11-90000/110	90000				54.4	304	0.38		53700	20100	89300	7200	5060	6300	2000×1435
SF11-120000/110	120000				67.8	377.2	0.34		53800	20400	89900	7300	5160	6400	2000×1435
SF11-150000/110	150000				80.2	448.4	0.30		53900	20800	90300	7400	5260	6500	2000×1435
SF11-180000/110	180000				90	505.4	0.25		54000	21200	90600	7500	5360	6600	2000×1435

注：1. -5%分接位置为最大电流分接。

2. 对于升压变压器，宜采用无分接结构。如运行有要求，可设置分接头。

表 4－2－17　SFS11 型三绕组风冷式无励磁调压变压器技术参数

型号	额定容量/(kV·A)	额定电压/kV			联结组标号	损耗/kW		空载电流/%	短路阻抗/%		质量/kg			外形尺寸/mm			轨距(横向×纵向)/(mm×mm)
		高压	中压	低压		空载	负载		升压	降压	器身重	油重	总重	长	宽	高	
SFS11－6300/110	6300					9	44.7	0.82			13930	8030	26400	4400	3740	4230	2000×1435
SFS11－8000/110	8000					10.6	53.2	0.78			15350	8530	28860	5450	3970	4450	2000×1435
SFS11－10000/110	10000					12.6	62.7	0.74			16500	8990	31000	5470	4060	4960	2000×1435
SFS11－12500/110	12500					14.7	74.1	0.70			19450	9470	34500	5490	4170	4840	2000×1435
SFS11－16000/110	16000	110± 2× 2.5%				17.9	90.3	0.66			21810	10300	40610	5560	4430	4815	2000×1435
SFS11－20000/110	20000		35 37 38.5	6.3 6.6 10.5 11	YN，yn0d11	21.1	106.4	0.65	高－中 17～18 高－低 10.5 中－低 6.5	高－中 10.5 高－低 17～18 中－低 6.5	23810	12460	46480	5640	4840	5020	2000×1435
SFS11－25000/110	25000	121± 2× 2.5%				24.6	126.4	0.60			27890	13280	51050	5750	4920	5130	2000×1435
SFS11－31500/110	31500					29.4	149.2	0.60			35600	17200	63400	6040	4930	5120	2000×1435
SFS11－40000/110	40000					34.9	179.6	0.55			40990	17240	72170	6340	4950	5580	2000×1435
SFS11－50000/110	50000					41.6	213.8	0.55			48070	18900	83500	6980	5350	5820	2000×1435
SFS11－63000/110	63000					49.3	256.5	0.50			55800	21000	95645	7100	5600	5885	2000×1435

注：1. 高、中、低压绕组容量分配为（100/100/100）%。
2. 根据需要联结组标号可为 YN，d11y10。
3. 根据用户要求，中压可选用不同于表中的电压值或设分接头。
4. －5% 分接位置为最大电流分接。
5. 对于升压变压器，宜采用无分接结构。如运行有要求，可设置分接头。

表 4-2-18 SFZ11 型双绕组风冷式有载调压变压器技术参数

型号	额定容量/(kV·A)	额定电压/kV		联结组标号	损耗/kW		空载电流/%	短路阻抗/%	质量/kg			外形尺寸/mm			轨距(横向×纵向)/(mm×mm)
		高压	低压		空载	负载			器身重	油重	总重	长	宽	高	
SFZ11-6300/110	6300				8	34.2	0.80		9600	6600	21300	4560	4350	4580	1435×1435
SFZ11-8000/110	8000				9.6	42.8	0.80		11800	7230	24600	5700	3400	4690	1435×1435
SFZ11-10000/110	10000				11.4	50.4	0.74		13900	7700	27800	5100	3735	4830	1435×1435
SFZ11-12500/110	12500				13.4	59.9	0.74		16200	7810	28500	5700	3810	4900	1435×1435
SFZ11-16000/110	16000				16.2	73.2	0.69		19300	9300	35600	4780	4165	5060	2000×1435
SFZ11-20000/110	20000	110±8×1.25%	6.3 6.6 10.5 11	YN,d11	19.2	88.4	0.69	10.5	22800	10000	39800	5100	4530	4820	2000×1435
SFZ11-25000/110	25000				22.7	104.5	0.64		26600	11100	45200	6190	4740	5010	2000×1435
SFZ11-31500/110	31500				27	126.4	0.64		28600	12500	49600	6565	4470	5365	2000×1435
SFZ11-40000/110	40000				32.3	148.2	0.58		31275	14200	57100	6790	4860	5210	2000×1435
SFZ11-50000/110	50000				38.2	184.3	0.58		38590	15600	67800	6450	5050	5590	2000×1435
SFZ11-63000/110	63000				45.4	222.3	0.52		42200	17800	71600	6970	5170	5700	2000×1435

注：1. 有载调压变压器，暂提供降压结构产品。
2. 根据用户要求，可提供其他电压组合的产品。
3. -10% 分接位置为最大电流分接。

表4-2-19 SFSZ11型三绕组风冷式有载调压变压器技术参数

型号	额定容量/(kV·A)	额定电压/kV			联结组标号	损耗/kW		空载电流/%	短路阻抗/%	质量/kg			外形尺寸/mm			轨距(横向×纵向)/(mm×mm)
		高压	中压	低压		空载	负载			器身重	油重	总重	长	宽	高	
SFSZ11-6300/110	6300					9.6	44.7	0.95		11600	9950	29430	6330	3900	4890	1435×1435
SFSZ11-8000/110	8000					11.5	53.2	0.95		13200	10420	32160	6370	4000	4950	1435×1435
SFSZ11-10000/110	10000					13.7	62.7	0.89		16200	11330	34160	6390	4100	4560	1435×1435
SFSZ11-12500/110	12500					16.2	74.1	0.89		18300	9400	33600	6450	4200	5050	1435×1435
SFSZ11-16000/110	16000					19.4	90.3	0.84		23280	13700	44140	6540	4145	4755	2000×1435
SFSZ11-20000/110	20000	110±8×1.25%	35 37 38.5	6.3 6.6 10.5 11	YN,yn0d11	22.9	106.4	0.84	高-中 10.5 高-低 17~18 中-低 6.5	25200	13650	51350	7300	4670	4810	2000×1435
SFSZ11-25000/110	25000					27	126.4	0.78		31450	17750	63570	7350	4950	4815	2000×1435
SFSZ11-31500/110	31500					32.2	149.2	0.78		34000	17200	66270	7580	5350	5005	2000×1435
SFSZ11-40000/110	40000					38.6	179.6	0.73		41000	17500	68500	7850	4750	5180	2000×1435
SFSZ11-50000/110	50000					45.5	213.8	0.73		48275	20030	84500	7915	5305	5510	2000×1435
SFSZ11-63000/110	63000					54.2	256.5	0.67		55500	19950	93170	8045	5500	5700	2000×1435

注：1. 有载调压变压器，暂提供降压结构产品。
2. 高、中、低压绕组容量分配为（100/100/100）%。
3. 根据需要联结组标号可为YNd11y10。
4. -10%分接位置为最大电流分接。
5. 根据用户要求，中压可选用不同于表中的电压值或设分接头。

4. 外形图

110 kV 级 11 系列油浸式电力变压器的外形如图 4－2－10 所示。

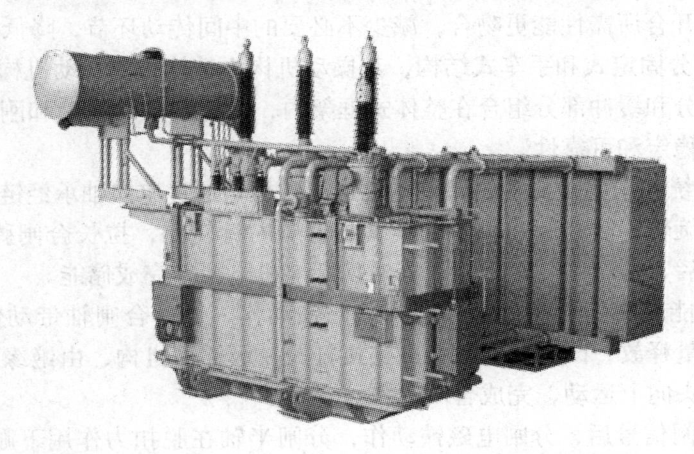

图 4－2－10　110 kV 级 11 系列油浸式电力变压器

第三节　高　压　断　路　器

一、10(6) kV 级高压断路器

(一) 户内高压真空断路器

1. ZN63(VS1) 型户内高压真空断路器

1) 用途

ZN63(VS1) 型户内高压真空断路器，适用于交流 50 Hz，额定工作电压 10 kV 及以下，额定工作电流 630、1000、1250、2000、2500、3150 A 的电力系统中，作为高压设备控制和操作设备使用，特别适合频繁操作场所，并可作为投切电容器组使用（需要特制的真空断路器）。

2) 型号意义

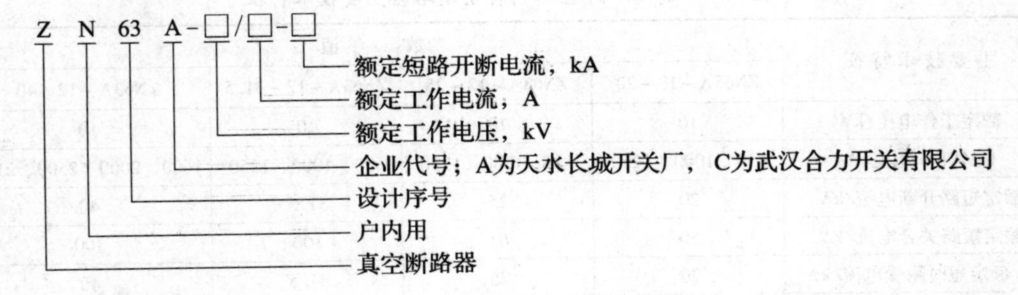

3) 结构特点

(1) 主回路为全封闭结构，断路器主回路部件纵向安装在一个管状绝缘筒内。绝缘筒内是由环氧树脂采用 APGI 浇注而成，具有良好的耐电弧、抗老化、高强度等特性，可防

止真空灭弧室受外部因素干扰而损坏，增强了导电回路本体承受稳定电流的能力。

（2）断路器是将主回路与操动机构前后布置在一个异形框架上，可使操动机构的操作性能与灭弧室的开合所需性能更吻合，减少不必要的中间传动环节，降低了能耗及噪声。

（3）断路器分固定式和手车式结构，其操动机构为整体式。操动机构的储能部分、传动部分、脱扣部分和缓冲部分组合在整体式框架内，具有较高的强度和刚度，保证了操动机构操作性能的稳定和可靠性。

（4）储能系统采用链条传动，储能电机输出的扭矩通过单向轴承经链条传动，带动挡锁，推动储能轴旋转，驱动储能轴上的挂簧拐臂顺时针转动，拉长合闸弹簧，开始储能。当合闸弹簧过中后，能量由掣子保持，同时切断电机电源，完成储能。

（5）机构储能后接到合闸信号，合闸电磁铁动作，通过合闸轴带动储能保持掣子脱扣，合闸弹簧能量释放，凸轮驱动两级四连接杆及一级摇摆机构，由绝缘拉杆推动断路器真空灭弧室动触头向上运动，完成合闸动作。

（6）接到分闸信号后，分闸电磁铁动作，分闸半轴在脱扣力作用下顺时针方向转动，半轴对分闸脱扣部分的约束解除，主轴在断路器触头弹簧和分闸拉簧作用下，做顺时针方向转动，真空灭弧室的动触头在两级四连杆机构及绝缘子拉杆的带动下向下运动，从而完成分闸过程。

（7）由于触头的特殊结构，在触头间隙中产生适当的纵磁场，使真空电弧保持扩散型，并使电弧均匀地分布在触头表面燃烧，维持低的电弧电压，电弧在电流第一次自然过零时，残留的离子、电子和金属蒸气在微秒数量级的时间内就可复合或凝聚在触头表面和屏蔽罩上，灭弧室断口的介质绝缘强度很快被恢复，从而电弧熄灭，达到分断的目的。

4）适用工作条件

（1）安装地点的海拔高度：≤1000 m。

（2）周围环境温度：－5～＋40 ℃。

（3）相对湿度：温度≤25 ℃时，≤90%。

（4）安装场所：无火灾、爆炸危险、严重污染、化学腐蚀及剧烈振动。

5）主要技术特征

ZN63 型户内真空断路器主要技术特征见表 4－3－1，其电气接线原理如图 4－3－1 所示。

表 4－3－1　ZN63 型户内真空断路器主要技术特征

主要技术特征	数　值			
	ZN63A－12－20	ZN63A－12－25	ZN63A－12－31.5	ZN63A－12－40
额定工作电压/kV	10	10	10	10
额定工作电流/A	630、1000、1250	630、1000、1250	630、1000、1250	1600、2000、2500、3150
额定短路开断电流/kA	20	25	31.5	40
额定短路关合电流/kA	50	63	100	100
4 s 额定短时耐受电流/kA	20	25	31.5	40
额定峰值耐受电流/kA	50	63	100	100
1 min 耐受电压/kV	42	42	42	42
雷电冲击耐受电压/kV	75	75	75	75

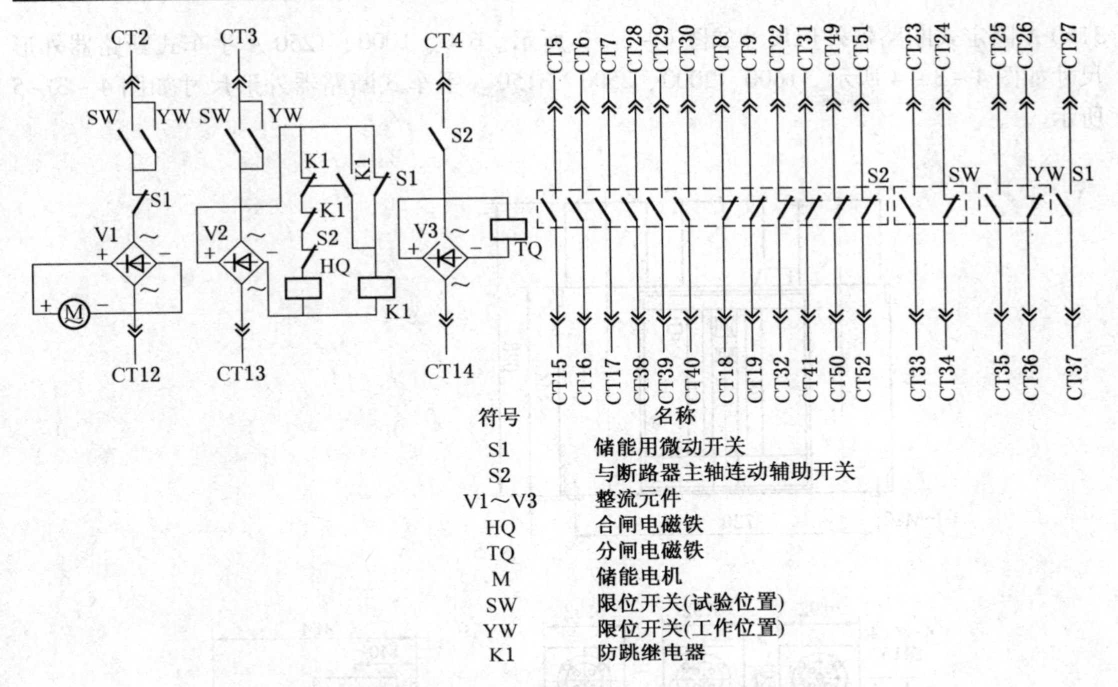

图 4－3－1 ZN63 型户内高压真空手车式断路器电气接线原理

6）外形尺寸

630、1000、1250 A 固定式真空断路器外形尺寸如图 4－3－2 所示。1600、2000、2500、

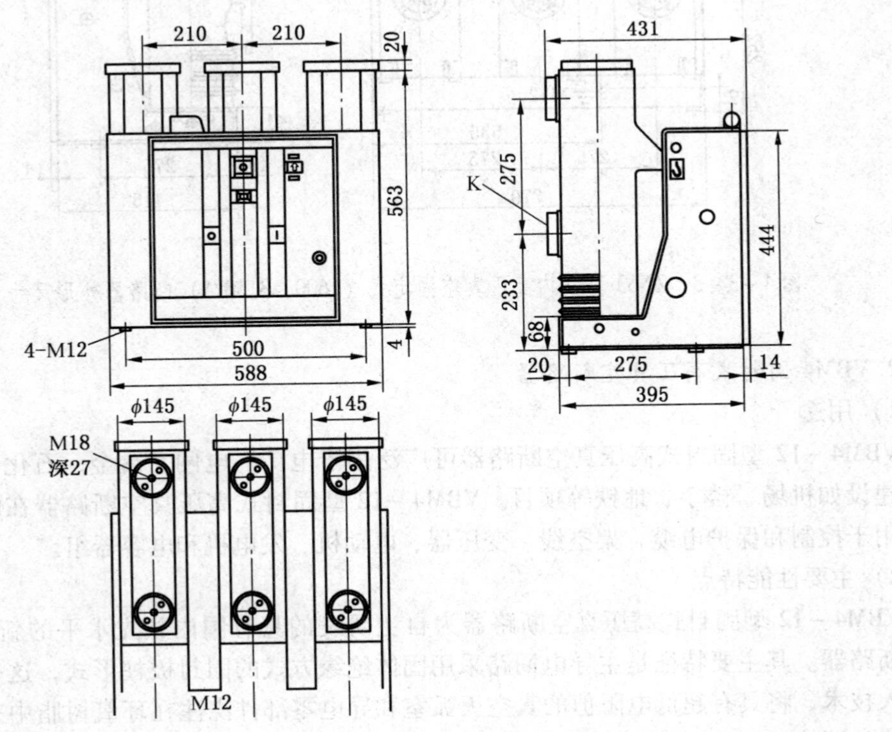

图 4－3－2 ZN63 型（630～1250 A）固定式真空断路器外形尺寸

3150 A 固定式断路器外形尺寸如图 4 – 3 – 3 所示。630、1000、1250 A 手车式断路器外形尺寸如图 4 – 3 – 4 所示。1600、2000、2500、3150 A 手车式断路器外形尺寸如图 4 – 3 – 5 所示。

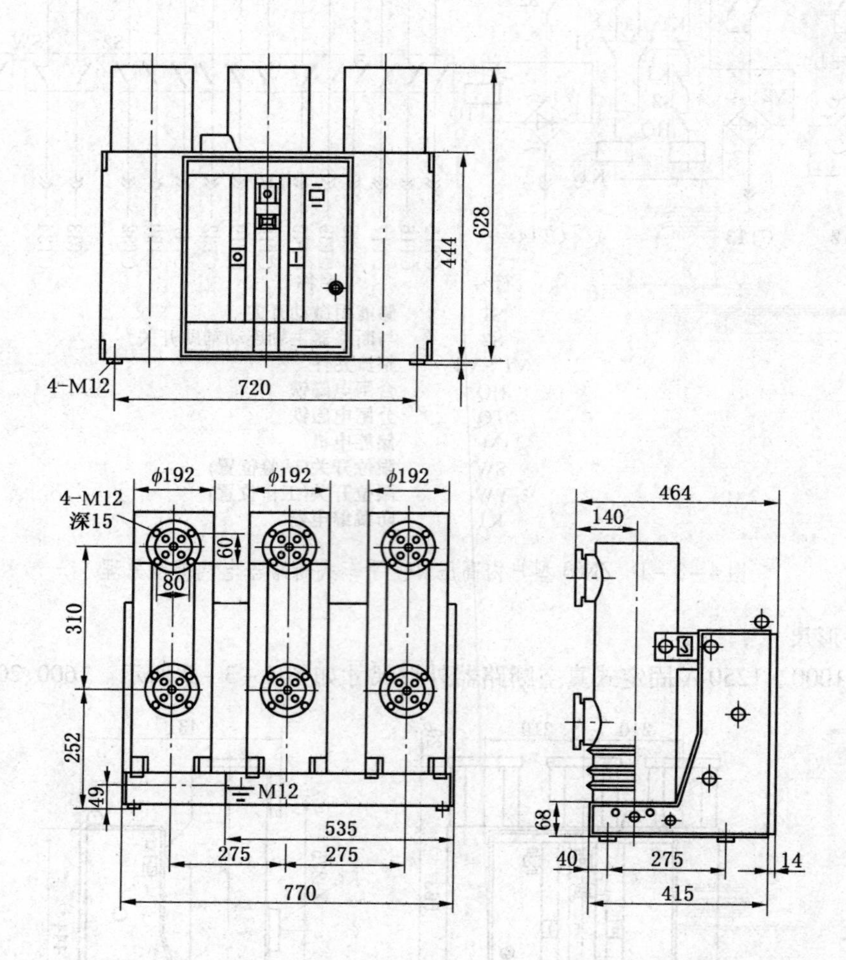

图 4 – 3 – 3　ZN63 型户内高压真空固定式（1600 ~ 3150 A）断路器外形尺寸

2. VBM4 固封式高压真空断路器

1）用途

VBM4 – 12 型固封式高压真空断路器可广泛用于电厂、电网、冶金、石化、城市基础设施建设如机场、楼宇、地铁等项目。VBM4 – 12 型固封式高压真空断路器在配电系统中可适用于控制和保护电缆、架空线、变压器、电动机、发电机和电容器组。

2）主要性能特点

VBM4 – 12 型固封式高压真空断路器为自主研发的具有国内领先水平的新一代 12 kV 真空断路器。其主要特征是主导电回路采用固体绝缘方式的固封极柱形式，这是采用特殊的嵌入技术，将具有超低电阻值的真空灭弧室和导电零部件浇注在环氧树脂中来实现主导电回路的固体绝缘。操动机构为新型弹簧操动机构。该机构为自主研发，结构简单、动作

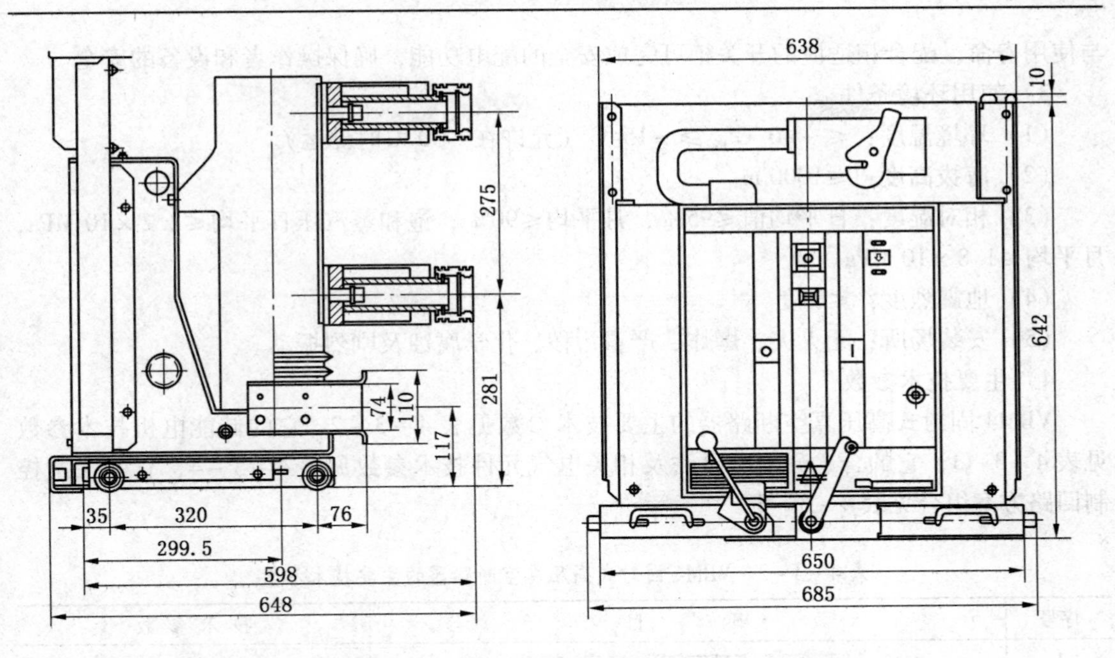

图4-3-4　ZN63型户内真空手车式（630～1250 A）断路器外形尺寸

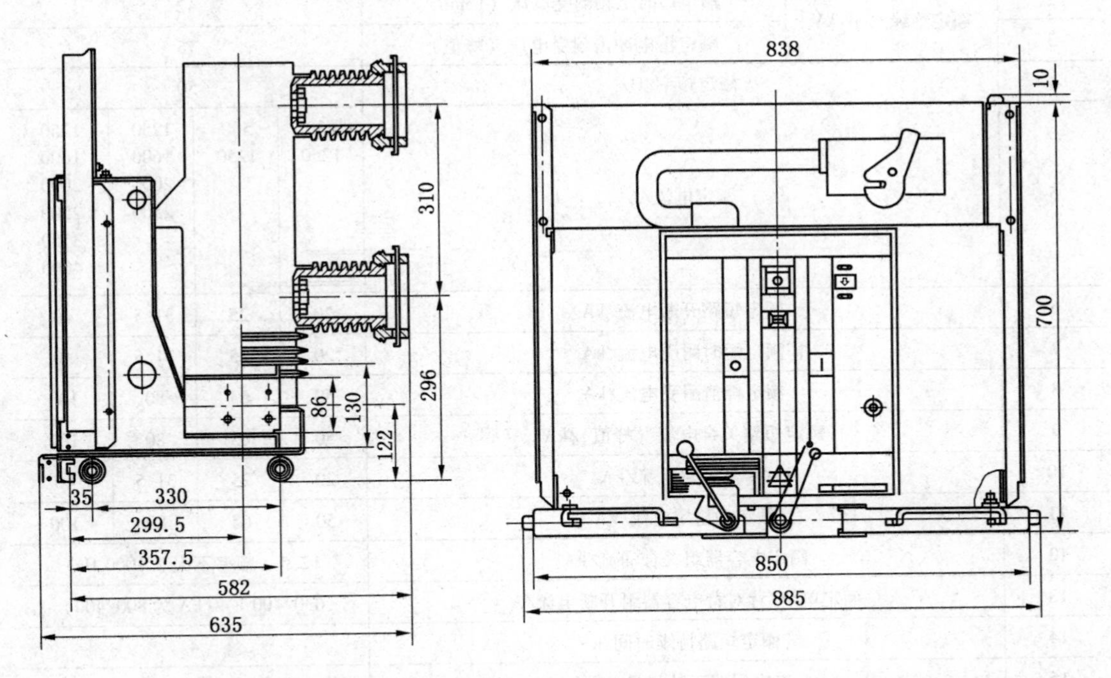

图4-3-5　ZN63型户内高压真空手车式（1600～3150 A）断路器外形尺寸

可靠。固封式高压真空断路器各项技术参数完全符合GB 1984、GB/T 11022和中国电力行业标准DL403，同时还满足IEC62271-100、IEC56标准规范以及其他主要工业化国家相关标准和规定。

固封式高压真空断路器拥有完善的机械和电气连锁装置，同时具有极高的操作可靠性与使用寿命，配合相适应的开关柜可完成安全的配电功能，确保操作者和设备的安全。

3）使用环境条件

（1）环境温度：≤ +40 ℃，≥ -15 ℃（允许在 -30 ℃时储运）。

（2）海拔高度：≤1000 m。

（3）相对湿度：日平均值≤95%，月平均≤90%，饱和蒸汽压日平均≤2.2 × 10 MPa，月平均≤1.8 × 10 MPa。

（4）地震烈度：≤8 度。

（5）安装场所：无火灾、爆炸、严重污秽、化学腐蚀及剧烈振动。

4）主要技术参数

VBM4 固封式高压真空断路器的主要技术参数见表 4-3-2，它的储能电机技术参数见表 4-3-3，它的合、分闸电磁铁及相关电气元件技术参数见表 4-3-4，它的二次控制回路方案组合见表 4-3-5。

表 4-3-2　VBM4 固封式高压真空断路器的主要技术参数

序号	项　　目		技术参数			
1	额定电压		12			
2	额定绝缘水平/kV	额定短时工频耐受电压（1 min）	42			
3		额定雷电冲击耐受电压（峰值）	75			
4	额定频率/Hz		50			
5	额定电流/A		630 1250	580 1250	1250 1600 2000 2500	1250 1600 2000 2500 3150 4000
6	额定短路开断电流/kA		20	25	31.5	40
7	额定短时耐受电流/kA		20	25	31.5	40
8	额定峰值耐受电流/kA		50	63	80	100
9	额定短路关合电流（峰值）/kA		50	63	80	100
10	4 s 热稳定电流/kA		20	25	31.5	40
11	额定动稳定电流/kA		50	63	80	100
12	额定电容器组关合涌流/kA		12.5（频率不大于 1000 Hz）			
13	额定单个/背对背电容器组开断电流/A		630/400（40 kA 为 800/400）			
14	额定短路持续时间/s		4			
15	二次回路工频耐受电压		2000			
16	额定操作电压/V	合闸线圈	AC110/220　DC110/220			
		分闸线圈	AC110/220　DC110/220			
		储能电机	AC110/220　DC110/220			
17	分闸时间（额定电压）/ms		20～50			
18	合闸时间（额定电压）/ms		35～70			

表 4－3－2（续）

序号	项　　目	技术参数			
19	机械寿命/次	20000	20000	20000	10000
20	额定电流开断次数（电寿命）/次	20000	20000	20000	10000
21	额定短路电流开断次数/次	50	50	50	50
22	动、静触头允许磨损累计厚度/mm	3			
23	储能时间/s	≤10			
24	触头开距/mm	11 ±1			
25	接触行程/mm	3 ~4			
26	触头合闸弹跳时间/ms	≤2			
27	三相分，合闸不同期性/ms	≤2			
28	平均分闸速度①/（$m \cdot s^{-1}$）	0.9 ~1.3			
29	平均合闸速度②/（$m \cdot s^{-1}$）	0.4 ~0.8			
30	触头分闸反弹幅值/mm	≤3			
31	主导电回路电阻/μΩ	≤50（830 A） ≤45（1250 A） ≤35（1600 ~2000 A） ≤25（2500 A 以上）			
32	触头合闸接触压力/N	2000 ±200（20 kA） 2400 ±200（25 kA） 3100 ±200（31.5 kA） 4750 ±250（40 kA）			
33	额定操作顺序③	分－0.3 s－合分－180 s－合分			

注：① 平均分闸速度指断路器触头刚分后 6 mm 的平均速度。

② 平均合闸速度是指断路器触头全开距平均速度。

③ 当额定短路开断电流小于 40 kA 时，$\theta = 0.3$ s；当额定短路开断电流大于 40 kA 时，$\theta = 180$ s。

表 4－3－3　储能电机技术参数

型　号	额定电压/V	额定输入功率/W	正常工作电压范围	额定电压下的储能时间/s
ZYJ55－1	DC110	50.75	85% ~110% 额定电压	<10
ZYJ55－1	DC110	50.75	85% ~110% 额定电压	<10

表 4－3－4　合、分闸电磁铁及相关电气元件技术参数

项　目	合闸电磁铁		分闸电磁铁		闭锁电磁铁		防跳继电器	
额定工作电压/V	DC220	DC110	DC220	DC110	DC220	DC110	DC220	DC110
额定工作电流/A	1.3	2.6	1.3	2.6	25 mA		9.1 mA	
额定电功率/W	288	288	288	288	2.7		1.0	
正常工作电压范围	85% ~110% 额定电压		63% ~120% 额定电压低于 30% 额定电压时， 开关不能分闸		—		—	

表 4-3-5　二次控制回路方案组合

控制电压/V	闭锁方案	防跳方案	欠压脱扣方案	过流脱扣方案		
AC220	带电气闭锁	带防跳继电器	带欠压脱扣	带过流脱扣器	过流脱扣器数量	动作电流值/A
DC220					2 过流/3 过流	3.5/5/7.5/10
AC110	不带电气闭锁	不带防跳继电器	不带欠压脱扣	不带过流脱扣器		
DC110						

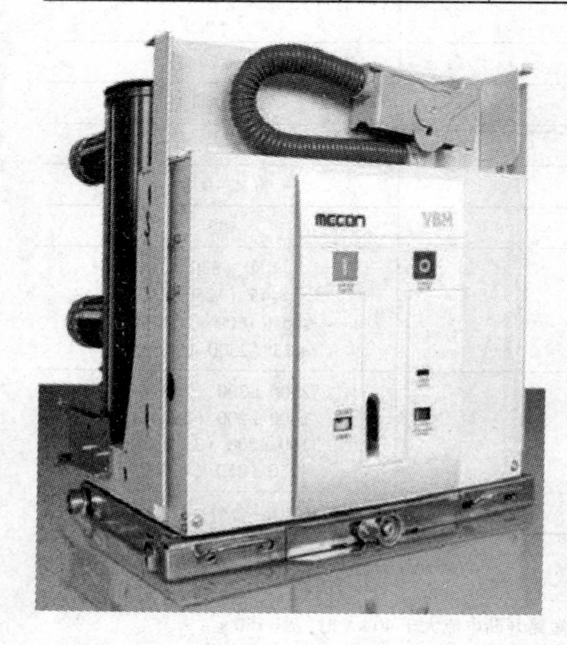

图 4-3-6　VBM4 固封式高压真空断路器外形

5）外形图

VBM4 固封式高压真空断路器的外形如图 4-3-6 所示。

3. GVM6-12(ZN73A-12) 型永磁式户内高压真空断路器

1）用途

GVM6-12(ZN73A-12) 型户内高压真空断路器是三相交流 50 Hz，额定电压为 12 kV 的户内开关设备。供工矿企业、发电厂及变电站作为电气设施的控制和保护之用。

2）主要性能特点

该设备具有极高的可靠性和长寿命等特点，特别适用于频繁操作、多次开断短路电流等条件恶劣的场所。它的主要性能特点如下：

(1) 高可靠、长寿命、免维护。

(2) 永磁操动机构机械寿命可达 100000 次。

(3) 与传统的操动机构相比较，无须机械脱、锁扣装置，零部件数量大为减少，工作时仅有一个运动部件，故障率极低。

(4) 操动机构的性能与灭弧室开断、关合所需的特性极为吻合。

(5) 合、分闸操作具有可靠的双稳态。

(6) 具有防跳功能。

(7) 具有控制电源低电压拒合报警功能。

(8) 机械手动分闸与电动分闸速度相同，在二次电源故障情况下，可应用于紧急分闸。

(9) 属于交流或直流储能操作型，工作电流小于 2 A，停电后 2 h 内可做一次分、合、分操作。

(10) 具有极高可靠性的操作控制电路模块，在运行时可耐受雷击、电涌等严酷条件。

(11) 通用性强，安装尺寸与 ZN63、VS1 等系列产品兼容。

3）使用环境条件

(1) 环境温度：≤ +40 ℃且≥ -25 ℃。

(2) 海拔高度：≤1000 m，高原型≤3000 m。

（3）空气相对湿度：日平均≤95%，月平均湿度≤90%，饱和蒸气压日平均值≤2.2×10 MPa，月平均值≤1.8×10 MPa，在高湿度期内温度急降时，可能凝露。

（4）地震烈度：≤8度。

（5）安装场所：无火灾、爆炸、严重污秽、化学腐蚀及剧烈振动。

4）主要技术参数

GVM6－12(ZN73A－12）型永磁式户内高压真空断路器的主要技术参数见表4－3－6，该断路器装配调整后的机械特性参数见表4－3－7。

表4－3－6　GVM6－12(ZN73A－12）型永磁式户内高压真空断路器的主要技术参数

序号	项目		参数		
1	额定电压/kV		12		
2	额定绝缘水平	1 min，工频耐压/kV	45		
		雷电冲击耐压（全波）/kV	72		
3	额定电流/A		630～1250	1250～3150	1250～4000*
4	额定短路开断电流/kA		20	31.5	40
5	额定短路关合电流（峰值）/kA		50	80	100
6	额定动稳定电流（峰值）/kA		50	80	100
7	额定热稳定电流（有效值）/kA		20	31.5	40
8	额定短路开断电流次数/次		30	30	20
9	额定热稳定时间/s		4		
10	额定操作顺序		分－0.3 s－合分－180 s－合分		
11	机械寿命/次		≥50000 ≥50000 ≥30000**		
12	永磁机构及传动部分机械寿命/次		≥100000 ≥100000 ≥100000		
13	额定单个电容组开断电流/A		630		
14	额定背对背电容器组开断电流/A		400		
15	额定失步开断电流/kA		12.6　16		

注：*额定电流大于3150 A时应有通风措施。

**根据所选用的真空灭弧室而有所差别。

表4－3－7　断路器装配调整后的机械特性参数

序号	项目	参数		
1	触头开距/mm	11±1		
2	接触行程/mm	3.0　0.5		
3	三相分闸同期性/ms	≤2		
4	合闸触头弹跳时间/ms	≤2≤3（40 kA）		
5	相间中心距/mm	210　275		
6	合闸触头压力/N	20 kA 2000±200	31.5 kA 3100±200	40 kA 4500±300
7	主导电回路电阻/μΩ	60　45　30		
8	平均分闸速度/(m·s⁻¹)	1.1±0.2		

表 4-3-7（续）

序　号	项　　目	参　　数
9	平均合闸速度/(m·s⁻¹)	0.7±0.2，0.8±0.2
10	分闸时间/ms	30~60
11	合闸时间/ms	50~100
12	动、静触头累积允许磨损厚度/mm	3

5）外形尺寸和外形图

GVM6-12（ZN73A-12）型永磁式户内高压真空断路器的外形如图 4-3-7 所示。其外形尺寸如图 4-3-8 所示。

图 4-3-7　GVM6-12（ZN73A-12）型永磁式户内高压真空断路器的外形图

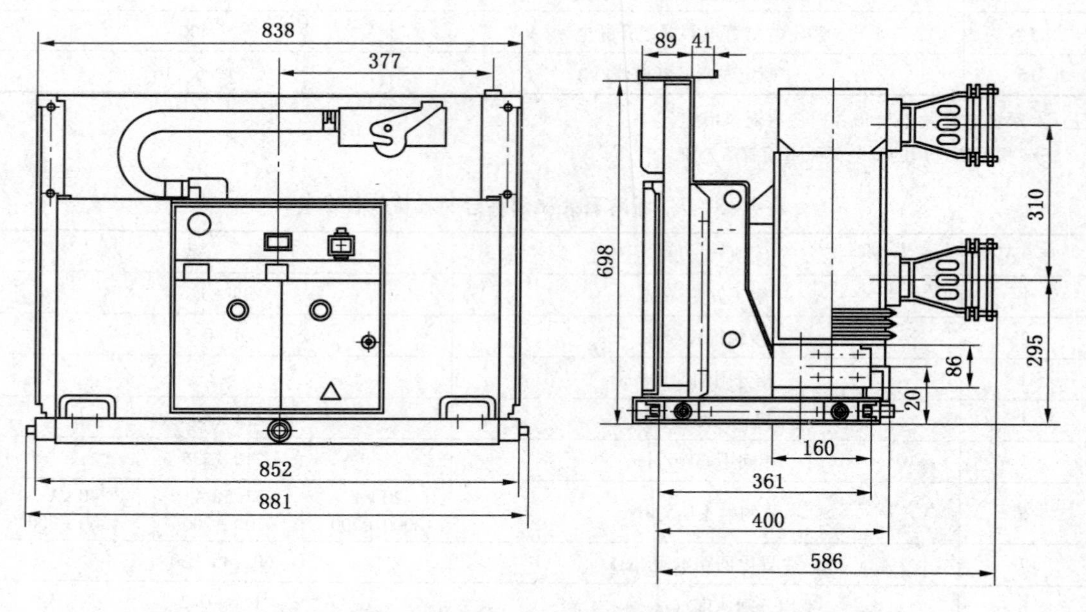

图 4-3-8　GVM6-12/2000~3150（1000）型真空断路器外形尺寸

（二）户外真空断路器

1. ZW8－12型户外高压真空断路器

1）用途

ZW8－12型户外交流真空断路器系三相交流50 Hz、额定电压为12 kV的户外配电设备，作为分、合负荷电流，过载电流及短路电流之用，也可以用于其他类似场所，是城乡电网无油化改造的最佳设备之一，断路器符合《交流高压断路器》(GB 1984—2003)，IEC62271相关标准。

2）型号意义

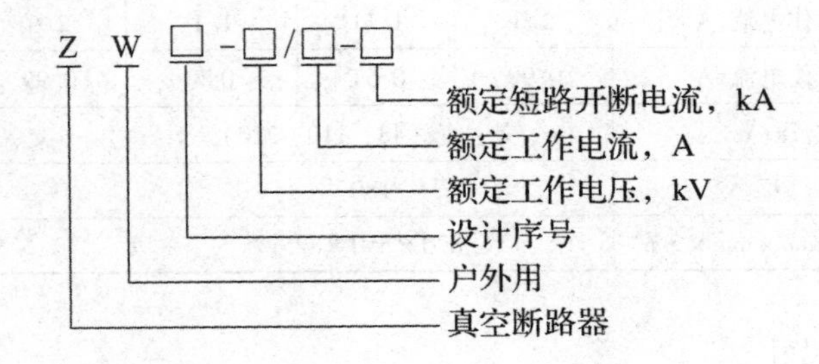

3）主要性能特点

该真空断路器具有结构简单、开断能力大、操作功能齐全、使用寿命长、无爆炸危险、安全可靠等优点。若同计算机遥控系统及数据无线传送终端设备连接，还可以实现线路中遥控分合开关之功能。

4）使用环境条件

（1）海拔高度：≤1000 m（超海拔时，要特别说明）。

（2）相对湿度：日平均值≤95%，月平均值≤95%。

（3）环境温度：－15～＋40 ℃。

（4）辅助电路中感应的电磁干扰的幅值≤1.6。

（5）安装场所：无尘埃、烟、腐蚀性和可燃性气体、蒸汽或烟雾的污染及剧烈振动。

5）主要技术参数

ZW8－12型户外交流真空断路器的主要技术参数见表4－3－8。

表4－3－8 ZW8－12型户外交流真空断路器的主要技术参数

参数名称	ZW8－12参数				ZW8－12(G)参数			
额定电压/kV	12				12			
额定频率/Hz	50				50			
额定电流/A	630		1000		630		1000	
额定短路开断电流/kA	12.5	16	20	20	12.5	16	20	20
额定短路关合电流/kA	31.5	40	50	50	31.5	40	50	50
额定峰值耐受电流/kA	31.5	40	50	50	31.5	40	50	50
额定短时耐受电流/kA	12.5	16	20	20	12.5	16	20	20
机械寿命/次	10000				10000			

表 4-3-8（续）

参数名称			ZW8-12 参数			ZW8-12(G) 参数		
额定短路开断电流次数/次			30			30		
操作顺序			0-0.3 s-CO-180 s-CO			0-0.3 s-CO-180 s-CO		
额定绝缘水平	工频耐压/kV	相间、相对地	42/1 min			42/1 min		
		断口	48/1 min			48/1 min		
	雷电冲击耐压/kV		相间、相对地：75　断口：85			相间、相对地：75　断口：85		
所配弹簧操作机构	线圈操作电压/V		直流 110、220			直流 110、220		
	合线圈工作电流/A		2.6	1.11	1.1	2.6	1.11	1.1
	分线圈工作电流/A		0.99	0.51	0.5	0.99	0.51	0.5
	电机电压/V		交、直（48、110、220）			交、直（48、110、220）		
质量/kg			180			200		
外形尺寸（宽×深×高）/（mm×mm×mm）			870×550×825			950×870×1070		

6）外形及安装尺寸

ZW8-12 型户外交流真空断路器的外形及安装尺寸如图 4-3-9 和图 4-3-10 所示。

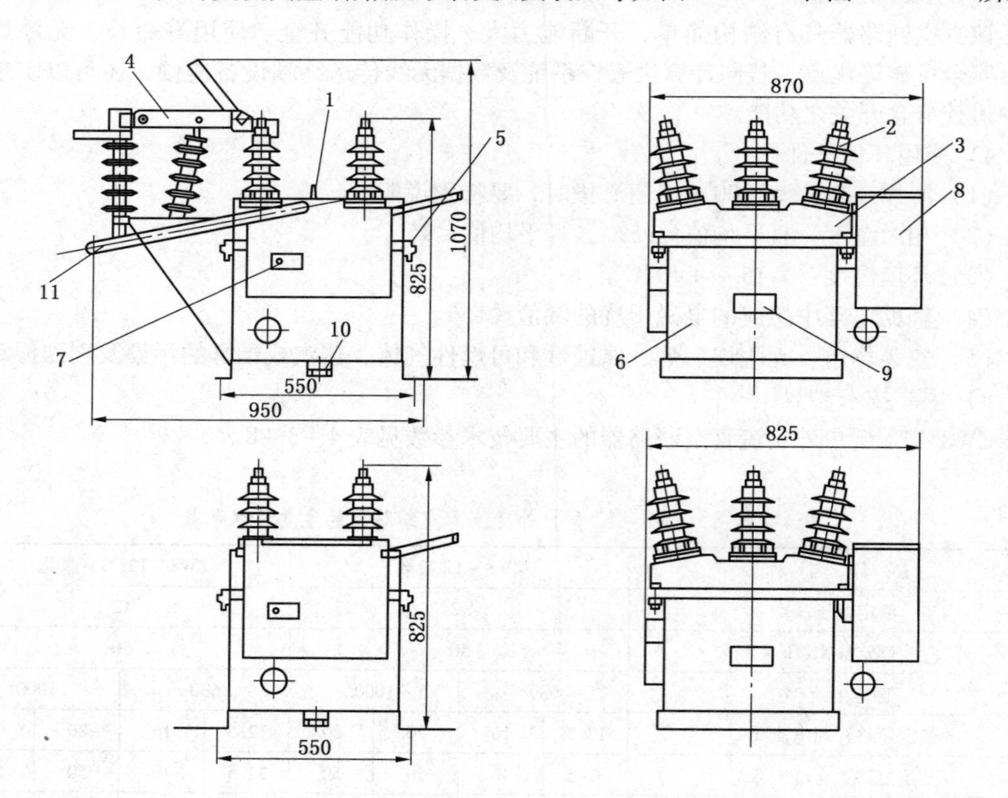

1—吊环；2—套管；3—箱盖；4—隔离开关；5—起吊耳环；6—箱体；7—分、合闸指示；8—操动机构；9—铭牌；10—吸潮剂加装盖；11—隔离开关操作手柄

图 4-3-9　ZW8-12 型户外交流真空断路器的外形尺寸

2. ZW 14C(VT3)型户外柱上真空断路器

1）用途

ZW14C(VT3）型户外柱上真空断路器，适用于交流 50 Hz，额定工作电压 10 kV 及以下，额定工作电流 630、1000、1250 A 的电力系统中，作为高压设备控制和操作及保护设备使用。

2）组成

(1）ZW14C(VT3）型户外柱上真空断路器由断路器、隔离开关、操动机构、控制器 4 部分组成。

(2）断路器与隔离开关组成的开关主体部分是由导电回路、绝缘系统及不锈钢壳体组成。整个导电回路由隔离开关静触座进线，经刀板支座、真空灭弧室、导电夹、出线导电杆连接而成。外部绝缘由高压瓷套、支柱来实现，箱内绝缘主要通过增加真空管、拉杆和绝缘套爬距及相间加绝缘隔架来实现空气绝缘。整体结构为三相共箱式。

图 4－3－10　ZW8－12 型户外交流真空断路器的外形

(3）无源控制器分无源电动控制器和无源自动重合闸控制器两种。无源控制器可对断路器动作进行控制，其与断路器之间用套管连接线对插连接。无源控制器由电流互感器上的二次电流对其充电。

(4）断路器可进行无线电遥控操作，遥控器电源利用电压互感器在断路器的上级取电。

(5）隔离开关操作机构主要由操作杆、拐臂、连杆、挡板组合而成。

(6）断路器主轴通过拐臂、连杆把分闸动作的摆动位置传递给挡板，并使挡板在断路器合闸状态下能锁定操作杆，达到隔离开关只能在断路器分闸状态下才能进行分合操作的防误要求。

(7）电动操作。控制箱内装有分、合按钮和电源开关，重合闸开关。点动分、合闸按钮可实现分、合闸操作。

3）适用工作条件

(1）安装地点的海拔高度：≤1000 m。

(2）周围环境温度：－30～＋40 ℃，日温差≤25 ℃。

(3）日平均相对湿度：≤95%，月平均相对湿度≤90%。

(4）风速：≤35 m/s。

(5）地震烈度：≤8 度。

(6）安装场所。无易燃、爆炸危险、化学腐蚀及剧烈振动。

4）主要技术特征

ZW14C 型户外真空断路器主要技术特征见表 4－3－9。

表4-3-9　ZW14C型户外真空断路器主要技术特征

主要技术特征		参数	
1	额定工作电压/kV	10	10
2	额定工作电流/A	630	1000，1250
3	额定短路开断电流/kA	16、20	20
4	额定短路关合电流/kA	40、50	50
5	额定短时耐受电流/(kA·s^{-1})	16/4、20/2	20/2
6	额定瞬时耐受电流/kA	40、50	50
7	1分钟工频耐受电压/kV	42	42
8	雷电冲击电压/kV	75	75

（三）室内 SF_6 断路器

1. LN2-10/1250型户内高压 SF_6 断路器

1）用途

LN2-10/1250型户内高压 SF_6 断路器，适用于交流50 Hz额定工作电压10 kV、额定工作电流1250 A的电力系统中，作为各种用电负荷控制和保护的户内开关设备使用。

2）型号意义

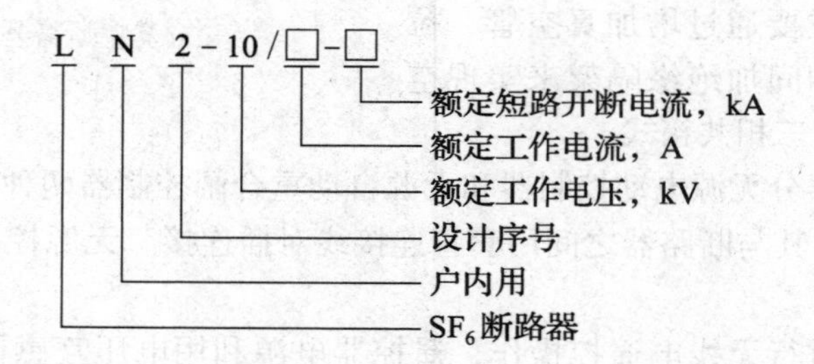

3）结构组成

固定式的LN2-10型断路器三相装于一个底箱上，内部有一根三相连动轴，通过3个主拐臂带动绝缘拉杆，从而推动导电杆上下运动达到合闸和分闸。手车式LN2-10型断路器系将固定式断路器装在手车上，并加装支持绝缘子，配装CT8弹簧操动机构，实现了断路器及操动机构一体化。

LN2-10型断路器内绝缘采用 SF_6 气体。其灭弧原理采用了旋弧纵吹式与压气式相结合的高效灭弧方式，即当电弧从弧触指转移到环形电极上时，电弧电流通过环形电极流过线圈产生磁场，磁场和电弧电流相互作用使电弧旋转，同时加热气体，压力升高，并在喷口形成高效气流，将电弧冷却，当介质恢复足够时，电弧在电流过零时熄灭。

4）适用工作条件

（1）安装地点的海拔高度：≤1000 m。

（2）环境温度：+40 ℃，≥-5 ℃。

（3）相对湿度：≥90%（+20 ℃时）。

（4）安装场所：没有火灾、爆炸危险，无严重腐蚀金属和绝缘材料的化学气体或蒸汽、无剧烈振动。

5）主要技术特征

LN2-10/1250 型 SF_6 断路器主要技术特征见表 4-3-10。

表 4-3-10　LN2-10/1250 型 SF_6 断路器主要技术特征

<table>
<tr><th colspan="3">名　　称</th><th>参　　数</th></tr>
<tr><td colspan="3">额定工作电压/kV</td><td>10</td></tr>
<tr><td colspan="3">最高工作电压/kV</td><td>11.5</td></tr>
<tr><td rowspan="2">额定绝缘水平/kV</td><td colspan="2">雷电冲击耐压（全波）</td><td>75</td></tr>
<tr><td colspan="2">工频耐压（1 min）</td><td>30（厂区试验可达 42）</td></tr>
<tr><td colspan="3">额定工作电流/A</td><td>1250</td></tr>
<tr><td colspan="3">额定短路开断电流/kA</td><td>25</td></tr>
<tr><td colspan="3">额定操作顺序</td><td>分-0.3 s-合分-180 s-合分</td></tr>
<tr><td colspan="3">额定关合电流（峰值）/kA</td><td>63</td></tr>
<tr><td colspan="3">动稳定电流（峰值）/kA</td><td>63</td></tr>
<tr><td colspan="3">热稳定电流/kA</td><td>25</td></tr>
<tr><td colspan="3">热稳定时间/s</td><td>4</td></tr>
<tr><td colspan="3">额定失步开断电流/kA</td><td>6.5</td></tr>
<tr><td rowspan="2">电寿命/次</td><td colspan="2">开断额定电流</td><td>2000</td></tr>
<tr><td colspan="2">开断额定短路开断电流</td><td>10</td></tr>
<tr><td colspan="3">额定电容器组开断电流/A</td><td>待协商定</td></tr>
<tr><td colspan="3">开断小电感电流/A</td><td>待协商定</td></tr>
<tr><td colspan="3">机构寿命/次</td><td>10000</td></tr>
<tr><td rowspan="3">合闸时间/s
（配 CT8 型弹簧操动机构）</td><td rowspan="6">当操作电压为</td><td>最低</td><td rowspan="3">≤0.15</td></tr>
<tr><td>额定</td></tr>
<tr><td>最高</td></tr>
<tr><td rowspan="3">分闸时间/s</td><td>最低</td><td>≤0.10</td></tr>
<tr><td>额定</td><td rowspan="2">≤0.06</td></tr>
<tr><td>最高</td></tr>
<tr><td colspan="2">SF_6 额定气压（20 ℃）/MPa</td><td rowspan="2">（表）</td><td>0.55</td></tr>
<tr><td colspan="2">闭锁压力（20 ℃）/MPa</td><td>0.50</td></tr>
<tr><td colspan="3">年漏气率/（%·a^{-1}）</td><td>≤190</td></tr>
<tr><td colspan="3">水分含量/10^{-6}</td><td>≤150（体积比）</td></tr>
<tr><td colspan="2" rowspan="6">配用 CT8 型弹簧操动机构电压/V</td><td rowspan="2">合闸线圈</td><td>AC110、220、380</td></tr>
<tr><td>DC48、110、220</td></tr>
<tr><td rowspan="2">分闸线圈</td><td>AC110、220、380</td></tr>
<tr><td>DC48、110、220</td></tr>
<tr><td rowspan="2">储能电动机</td><td>AC110、220、380</td></tr>
<tr><td>DC110、220</td></tr>
<tr><td colspan="2" rowspan="2">质量/kg</td><td>断路器本体</td><td>110</td></tr>
<tr><td>SF_6 气体</td><td>1</td></tr>
</table>

6）外形及安装尺寸

LN2－10/1250 型固定式、手车式 SF_6 断路器外形及安装尺寸分别如图 4－3－11、图 4－3－12 所示。

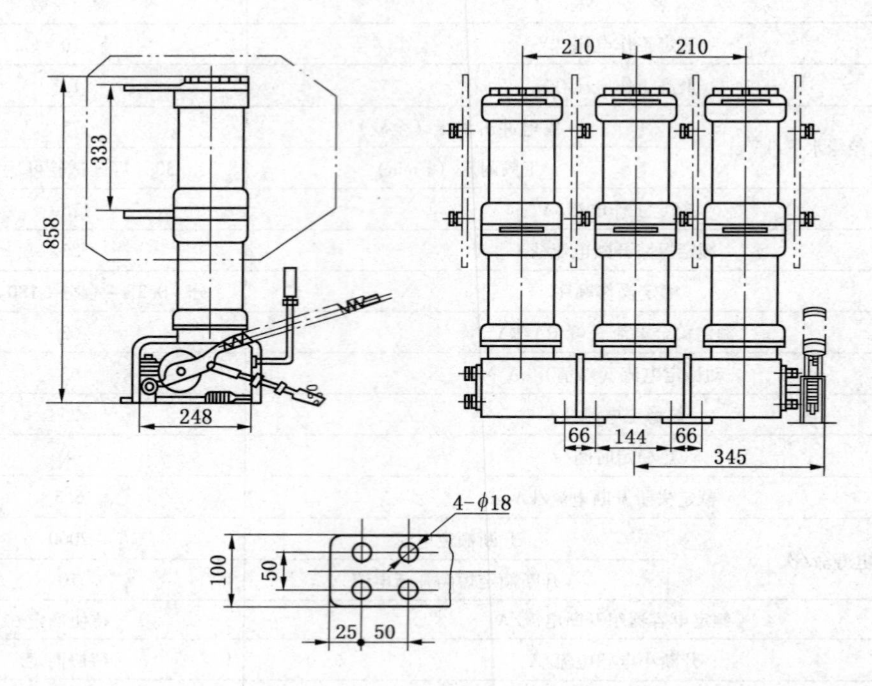

图 4－3－11　LN2－10/1250 型固定式 SF_6 断路器外形及安装尺寸

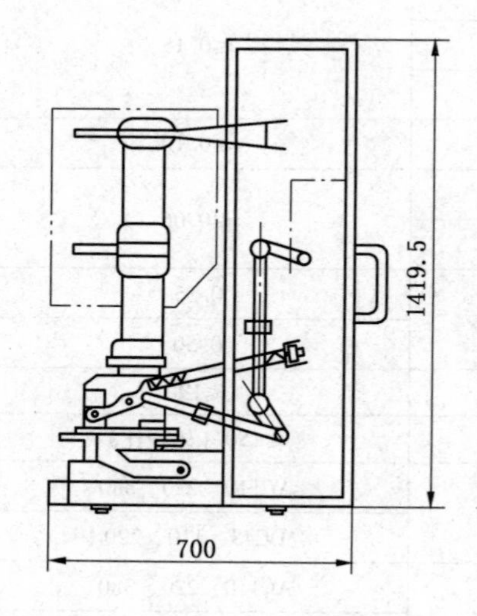

图 4－3－12　LN2－10/1250 型手车式 SF_6 断路器外形及安装尺寸

2. RLN 型户内高压手车式 SF_6 断路器

1）用途

该设备适用于三相交流 50 Hz，35 kV、20 kV、10 kV 电力系统。可用来分、合额定电流和故障电流，并可用于频繁操作场合，也可作联络断路器和开断关合电容器组断路器。

2）型号意义

“R” 表示嵌入式，其他的与前面介绍的相同。

3）结构特点简介

（1）高裕度的一次高电压绝缘设计 IP33 防护等级。

（2）SF_6 断路器用独家制造的 AG 系列断路器。

（3）紧凑化设计组合开关，隔离带接地，电寿命与机械寿命高。

（4）低 SF_6 气压力，高可靠性能，气体储存时间达 20 年之久。

（5）该断路器配用最新型的 DEM 弹簧操作机构（交、直流两用），性能卓越。

设备可为固定式与手车式开关柜配套，其安装方向分为侧装与正装。

4）适用工作条件

（1）海拔高度：≤1000 m。

（2）环境温度：≤+40 ℃，≥-10 ℃。

（3）相对湿度：≤95%（+20 ℃时）。

（4）安装场所：没有火灾、爆炸危险，无严重腐蚀金属和绝缘材料的化学气体或蒸汽、无剧烈振动。

5）主要技术特征

RLN 系列主要技术特征见表4-3-11。

表4-3-11　RLN 系列的主要技术特征

<table>
<tr><th>序 号</th><th colspan="2">名　称</th><th colspan="4">参　数</th></tr>
<tr><td>1</td><td colspan="2">额定电压/kV</td><td colspan="4">12/27.5/24/40.5</td></tr>
<tr><td>2</td><td colspan="2">最高电压/kV</td><td colspan="4">12/27.5/24/40.5</td></tr>
<tr><td rowspan="2">3</td><td rowspan="2">额定绝缘水平</td><td>雷电冲击耐压（全波峰值）/kV</td><td colspan="4">75/95/110/150/185/215</td></tr>
<tr><td>工频耐压（1 min）/kV</td><td colspan="4">50/60/95</td></tr>
<tr><td>4</td><td colspan="2">额定电流/A</td><td colspan="4">1250</td></tr>
<tr><td>5</td><td colspan="2">机械寿命/次</td><td colspan="4">10000</td></tr>
<tr><td>6</td><td colspan="2">SF_6 额定压力（20 ℃时表压）/MPa</td><td colspan="2">0.40</td><td colspan="2">0.50</td></tr>
<tr><td>7</td><td colspan="2">闭锁压力（20 ℃时表压）/MPa</td><td colspan="2">0.3</td><td colspan="2">0.40</td></tr>
<tr><td>8</td><td colspan="2">最低使用环境温度/℃</td><td colspan="2">-40</td><td colspan="2">-30</td></tr>
<tr><td>9</td><td colspan="2">额定短路开断电流/kA</td><td>20</td><td>25</td><td>25</td><td>31.5</td></tr>
<tr><td>10</td><td colspan="2">额定短路关合电流（峰值）/kA</td><td>50</td><td>63</td><td>63</td><td>80</td></tr>
<tr><td>11</td><td colspan="2">额定短时耐受电流（热稳定电流）/kA</td><td>20</td><td>25</td><td>25</td><td>31.5</td></tr>
<tr><td>12</td><td colspan="2">额定峰值耐受电流（动稳定电流）/kA</td><td>50</td><td>63</td><td>63</td><td>80</td></tr>
<tr><td>13</td><td colspan="2">额定失步开断电流/kA</td><td>5</td><td>6.3</td><td>6.3</td><td>8</td></tr>
<tr><td>14</td><td colspan="2">额定短路开断电流下的累计开断次数/次</td><td colspan="4">20</td></tr>
<tr><td>15</td><td colspan="2">额定短路持续时间/s</td><td colspan="4">4</td></tr>
<tr><td>16</td><td colspan="2">合闸时间（额定操作电压下）/s</td><td colspan="4">≤0.1</td></tr>
<tr><td>17</td><td colspan="2">分闸时间（额定操作电压下）/s</td><td colspan="4">≤0.06</td></tr>
<tr><td>18</td><td colspan="2">额定操作顺序</td><td colspan="4">分-0.3 s-合分-180 s-合分</td></tr>
<tr><td>19</td><td colspan="2">额定开合单个电容器组电流/A</td><td colspan="4">400</td></tr>
<tr><td>20</td><td colspan="2">年漏气率/（%·a^{-1}）</td><td colspan="4">≤1</td></tr>
<tr><td>21</td><td colspan="2">SF_6 气体水分含量（20 ℃时）/（$\mu L \cdot L^{-1}$）</td><td colspan="4">≤150</td></tr>
<tr><td rowspan="3">22</td><td colspan="2">配 CD56 型永磁操动机构的额定操作电压/V</td><td colspan="4">AC/DC：380/220/110</td></tr>
<tr><td colspan="2">合闸线圈、分闸线圈电压/V</td><td colspan="4">交流：220　380　直流：48　110　220</td></tr>
<tr><td colspan="2">储能电机电压/V</td><td colspan="4">交流：220　直流：220/110</td></tr>
<tr><td>23</td><td colspan="2">SF_6 气体质量/kg</td><td colspan="4">1.5</td></tr>
<tr><td>24</td><td colspan="2">断路器（包括操动机构）质量/kg</td><td colspan="4">150～200</td></tr>
</table>

6）外形图

RLN 系列 SF_6 断路器侧装和正装外形如图 4 - 3 - 13 所示。

图 4 - 3 - 13　RLN 系列 SF_6 断路器侧装和正装外形图

（四）户外式 SF_6 断路器

LW3 - 12、LW3 - 12G 型户外 SF_6断路器。

1. 用途

LW3 - 12 系列 SF_6 断路器是一种用 SF_6 气体作为灭弧和绝缘介质的柱上断路器，其设计符合《交流高压断路器》(GB 1984—2003)，其电气和机械性能符合《交流高压断路器订货技术条件》(DL/T 402—2007）和《高压开关设备通用技术条件》(GB 11022—1999）的要求。适用于额定电压 12 kV、额定频率 50 Hz 的电力系统中，供中小型电站及分支线路上作为控制和保护开关。

2. 特点

（1）三级共箱式，结构简单，布置紧凑。

（2）动力输出为转动式，密封效果好。

（3）本体内运动质量小，减轻了操作系统功耗，提高了机械寿命。

（4）旋转电弧技术的应用，提高了灭弧效率和电寿命。

（5）本体结构的独立性，可派生出具有不同性能和安装方式的产品。

（6）与真空和油断路器相比，在结构、质量、安全性、耐电强度、电寿命、维护和造价等方面有显著的优越性。

（7）可根据用户需求进行特殊布置及配置不同变比的保护，测量用互感器。

3. 适用工作条件

（1）海拔高度：≤1000 m。

（2）环境温度：≤40 ℃，≥ -40 ℃。

（3）风速：≤35 m/s。

（4）地震烈度：≤8 度。

（5）污秽等级：Ⅱ级。

（6）安装场所：没有易燃物质、爆炸危险，无化学腐蚀及剧烈振动。

4. 主要技术特征

LW3－12系列SF_6断路器主要技术特征见表4－3－12。

表4－3－12　LW3－12系列SF_6断路器主要技术特征

序号	名称	参数
1	额定电压/kV	12
2	额定电流/A	400、630、1000、1250
3	额定短路开断电流/kA	6.3、8、12.5、16、20、25
4	额定操作顺序	分－0.5 s－合分－180 s－合分
5	额定短路开断电流开断次数/次	30
6	额定短路关合电流（峰值）/kA	16、20、31.5、40、50、63
7	额定短路持续时间/s	4
8	机械寿命/次	10000
9	20 ℃ SF_6额定工作气体压力/MPa	0.35
10	质量（Ⅰ、Ⅱ、Ⅲ型）/kg	122、132、155

5. 外形图

LW3－12型户外SF_6断路器外形如图4－3－14所示，LW3－12G型带隔离开关户外SF_6断路器外形如图4－3－15所示。

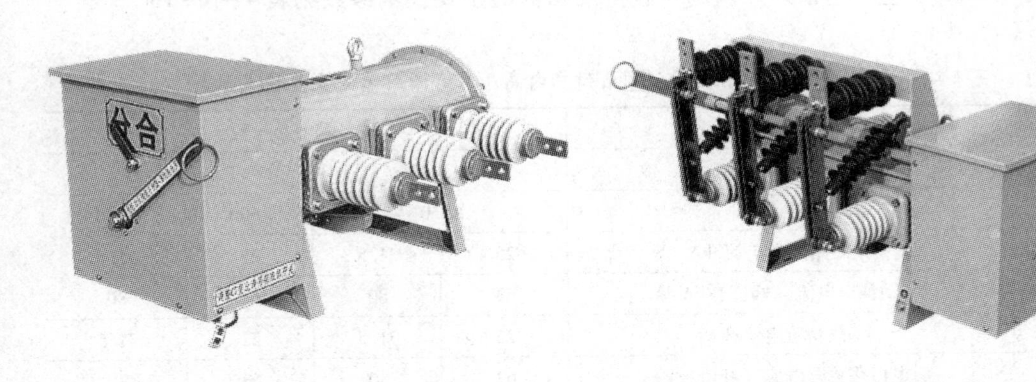

图4－3－14　LW3－12型户外SF_6断路器外形

图4－3－15　LW3－12G型带隔离开关户外SF_6断路器外形

二、35 kV级高压断路器

（一）ZN85－40.5/T□－□（3 AV3）型户内高压真空断路器

1. 用途

ZN85－40.5/T□－□(3 AV3)型户内高压真空断路器适用于三相交流50 Hz、40.5 kV系统中，可供工矿企业、发电厂及变电站作为分合负荷电流、过载电流、故障电流之用，并适用于频繁操作场合。

2. 结构特点

断路器采用一体化和模块化设计，整体结构简单合理，采用上下布置，灭弧室部分在上面，连锁和操动部分在下面。使用专用的弹簧操动机构，无需调整，动作稳定可靠。

三相导电回路的真空灭弧室布置在封闭的绝缘筒内。其绝缘筒采用机电性能可靠的环氧树脂材料并用成熟的真空浇注工艺而成。这样不仅使相间绝缘性能显著提高，而且使每相回路不受外界恶劣环境的影响，可以防止灰尘和异物进入主回路部分，并缩小了断路器的整体尺寸。

断路器采用 WL－35855 真空灭弧室或采用线圈式纵向强磁场结构真空灭弧室。它采用陶瓷外壳，铜铬触头材料，具有外形尺寸小、绝缘水平高、灭弧能力强、电寿命长及优良的开断和关合短路电流的性能。

3. 正常工作条件

（1）环境温度：－25～＋40 ℃，日平均温度不超过＋35 ℃。

（2）相对湿度：日平均值≤95%，月平均值≤90%。

（3）蒸汽压：水蒸气压日平均值≤2.2 kPa，水蒸气压月平均值≤1.8 kPa。

（4）海拔高度：≤1000 m。

（5）安装场所：无尘埃、烟、腐蚀性和可燃性气体、蒸汽或盐雾的污染及剧烈振动。

（6）辅助电路中感应的电磁干扰的幅值：≤1.6 kV。

4. 主要技术参数

ZN85－40.5/T□－□系列户内高压真空断路器的主要技术参数见表 4－3－13。

表 4－3－13　ZN85－40.5/T□－□系列户内高压真空断路器的主要技术参数

序号	项目		技术参数			
1	额定电压/kV		40.5			
2	额定电流/A		1250		1600	2000
3	额定短路开断电流/kA		25	31.5	25	31.5
4	动稳定电流（峰值）/kA		63	80	63	80
5	4 s 热稳定电流/kA		25	31.5	25	31.5
6	额定短路关合电流（峰值）/kA		63	80	63	80
7	额定短路电流开断次数/次		20			
8	额定操作顺序		分－0.3 s－合分－180 s－合分			
9	额定绝缘水平	1 min 工频耐压/kV	95			
		雷电冲击耐压（峰值）/kV	185			
10	机械寿命/次		10000			
11	额定单个电熔器组开合电流/A		630			
12	额定单个背对背电熔器组电流/A		400			
13	储能电机额定电压/V		AC、DC：110、220			
14	储能电机额定功率/W		<115（110 V）<210（220 V）			
15	储能电机储能时间/s		≤15			

表4-3-13（续）

序　号	项　　目	技 术 参 数
16	合分闸线圈额定电压/V	DC、110、220
17	合分闸线圈额定电流/A	2.3（110 V）<1.77（220 V）
18	过流脱扣器额定电流/A	5
19	触头开距/mm	20±2
20	触头接触行程/mm	7.5±1.5
21	三相合分不同期性/ms	≤2
22	触头合闸弹跳时间/ms	≤3
23	主回路电阻（不包括触臂）/μΩ	≤40

5. 外形及安装尺寸

ZN85-40.5/T□-□系列户内高压真空断路器的外形及安装尺寸如图4-3-16、

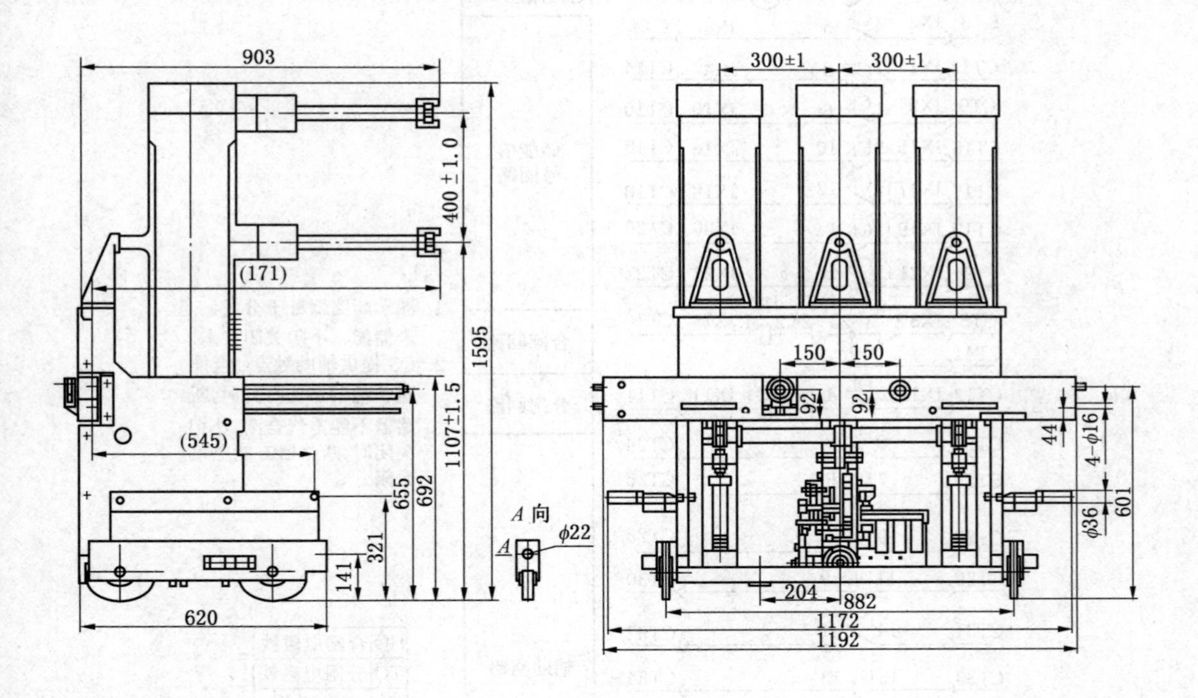

额定电流/A	1250	1600	2000
额定短路开断电流/kA	25、31.5		
配合静触头尺寸/mm	φ49	φ55	φ79
PT配合静触头尺寸/mm	φ35		

图4-3-16　ZN85-40.5/T□-□系列户内高压真空断路器的外形安装尺寸

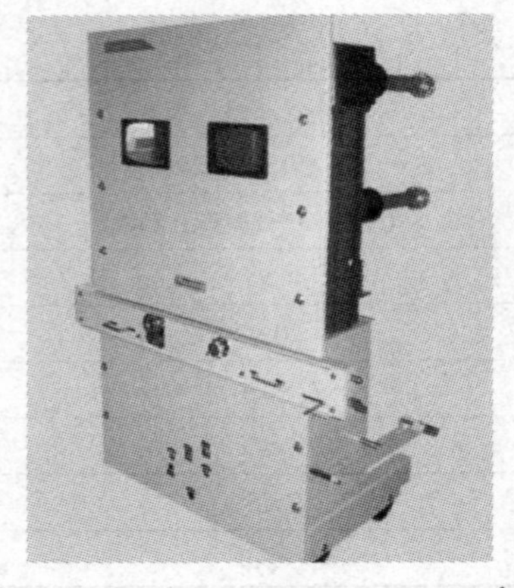

图 4 – 3 – 17　ZN85 – 40. 5/T□ – □系列户内高压真空断路器的外形

图 4 – 3 – 17 所示。

6. 控制电路原理图

ZN85 – 40. 5/T□ – □系列户内高压真空断路器的控制电路原理图如图 4 – 3 – 18 所示。

（二）ZW7 – 40. 5 型户外高压真空断路器

1. 用途

ZW7 – 40. 5 型固定式户外真空断路器，系三相交流 50 Hz，额定电压为 40. 5 kV、户外固定式高压设备，可用来分、合负荷电流、过载电流及短路电流。

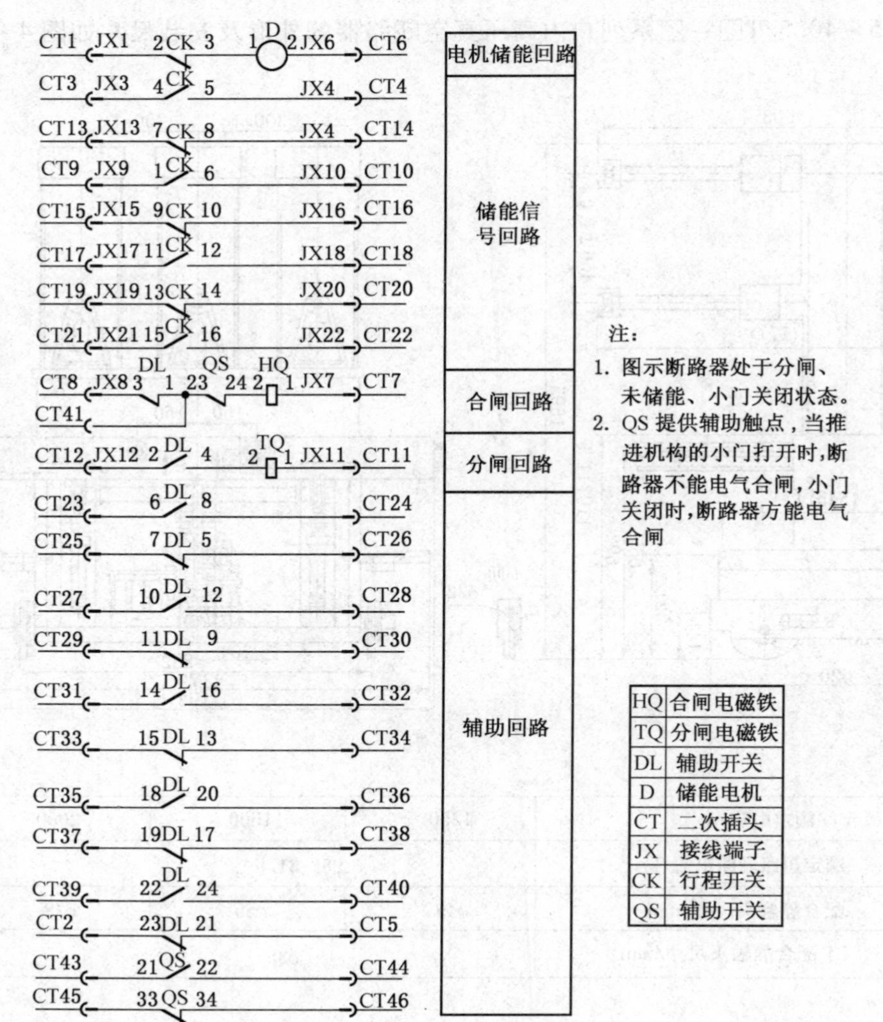

图 4 – 3 – 18　ZN85 – 40. 5/T□ – □系列户内高压真空断路器的控制电路原理图

2. 型号意义

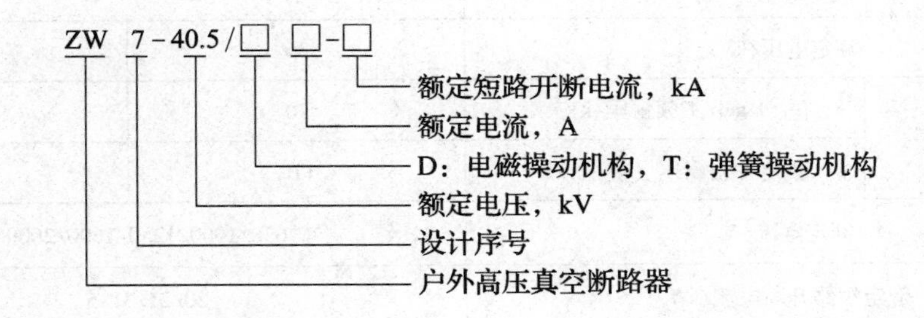

3. 主要结构特点

本断路器结构合理、维护方便，配有电流互感器（电流变比：100/5~1600/5），每相可以带4个线圈，根据用户需要选择变比；用于测量和保护。操作机构选用CD10-Ⅲ型电磁操动机构、CD17-Ⅲ或CT19或弹簧机构。本断路器符合GB 1984—2003、IEC62271等相关标准。其结构特点如下：

（1）瓷柱式结构，防水型传动箱，新型的真空灭弧室。

（2）开断性能好，可靠性高，寿命长，维护工作量小。

（3）无油化、无气化、经济环保。

（4）外绝缘修正后可运行海拔2700 m。

（5）机构和分闸弹簧带动连杆，使绝缘拉杆上下运动，带动拐臂绕轴转动，使得导杆上下运动，实现灭弧室动、静触头的分、合运动，从而实现断路器的“分”、“合”操作。

4. 适用环境条件

（1）海拔高度：≤2000 m（超海拔时，要特别说明）。

（2）环境温度：-35~+40 ℃。

（3）相对湿度：日平均值≤95%，月平均值≤90%（25 ℃）。

（4）风压：≤700 Pa（相应于风速34 m/s）。

（5）覆冰厚度：20 mm（max）。

（6）日照：0.2 W/cm^2。

（7）地震烈度：≤8度。

（8）安装场所：无尘埃、烟、腐蚀性和可燃性气体、蒸汽或烟雾的污染及剧烈振动。

（9）污秽等级：Ⅲ级。

（10）辅助电路中感应的电磁干扰的幅值：≤1.6 kV。

5. 主要技术参数

ZW7-40.5型户外高压真空断路器的主要技术参数见表4-3-14。

6. 外形及安装尺寸

ZW7-40.5型户外高压真空断路器的外形及安装尺寸如图4-3-19所示。

（三）LN2-35 Ⅰ、Ⅱ、Ⅲ/1250、1600型户内高压SF_6断路器

表4-3-14 ZW7-40.5型户外高压真空断路器的主要技术参数

<table>
<tr><th colspan="2">项 目</th><th colspan="2">参 数</th></tr>
<tr><td colspan="2">额定电压/kV</td><td>36</td><td>40.5</td></tr>
<tr><td rowspan="2">额定绝缘水平</td><td>1 min 工频耐压/kV</td><td>70</td><td>95</td></tr>
<tr><td>雷电冲击耐压（峰值）/kV</td><td>170</td><td>185</td></tr>
<tr><td colspan="2">额定电流/A</td><td colspan="2">630/1000/1250/1600/2000</td></tr>
<tr><td colspan="2">额定短路开断电流/kA</td><td colspan="2">20/25/31.5</td></tr>
<tr><td colspan="2">额定操作顺序</td><td colspan="2">分-0.3 s-合分-180 s-合分</td></tr>
<tr><td colspan="2">额定短路开断次数/次</td><td colspan="2">20</td></tr>
<tr><td colspan="2">额定短路关合电流（峰值）/kA</td><td colspan="2" rowspan="2">50/63/80</td></tr>
<tr><td colspan="2">额定峰值耐受电流/kA</td></tr>
<tr><td colspan="2">额定短时耐受电流/kA</td><td colspan="2">20/25/31.5</td></tr>
<tr><td colspan="2">额定短路电流持续时间/s</td><td colspan="2">4</td></tr>
<tr><td colspan="2">分闸时间速度/（m·s⁻¹）</td><td>1.5±0.2</td><td>1.6±0.3</td></tr>
<tr><td colspan="2">平均合闸速度/（m·s⁻¹）</td><td>0.7±0.2</td><td>0.8±0.3</td></tr>
<tr><td colspan="2">触头合闸弹跳时间/ms</td><td>≤5</td><td>≤5</td></tr>
<tr><td colspan="2">三相合（分）闸同期性时差/ms</td><td>≤2</td><td>≤2</td></tr>
<tr><td colspan="2">分闸时间/ms</td><td>20~60</td><td>20~80</td></tr>
<tr><td colspan="2">合闸时间/ms</td><td>40~120</td><td>40~120</td></tr>
<tr><td colspan="2">机械寿命/次</td><td colspan="2">10000</td></tr>
<tr><td colspan="2" rowspan="2">额定操作电压及辅助回路额定电压/V</td><td colspan="2">DC220，110</td></tr>
<tr><td colspan="2">AC220，110</td></tr>
<tr><td colspan="2">每相回路直流电阻/μΩ</td><td colspan="2">≤100</td></tr>
<tr><td colspan="2">动静触头允许磨损厚度/mm</td><td colspan="2">3</td></tr>
<tr><td colspan="2">质量/kg</td><td>750</td><td>800</td></tr>
</table>

1. 用途

LN2-35Ⅰ、Ⅱ、Ⅲ/1250、1600 型户内高压 SF_6 断路器，适用于交流 50 Hz，额定工作电压为 35 kV，额定工作电流为 1250、1600 A 的电力系统中，作为工矿企业、发电厂及变电站用电设备控制及保护设备使用，亦可作为切合电容器组、高压电动机、电炉变压器等频繁操作用电设备控制及保护设备使用。

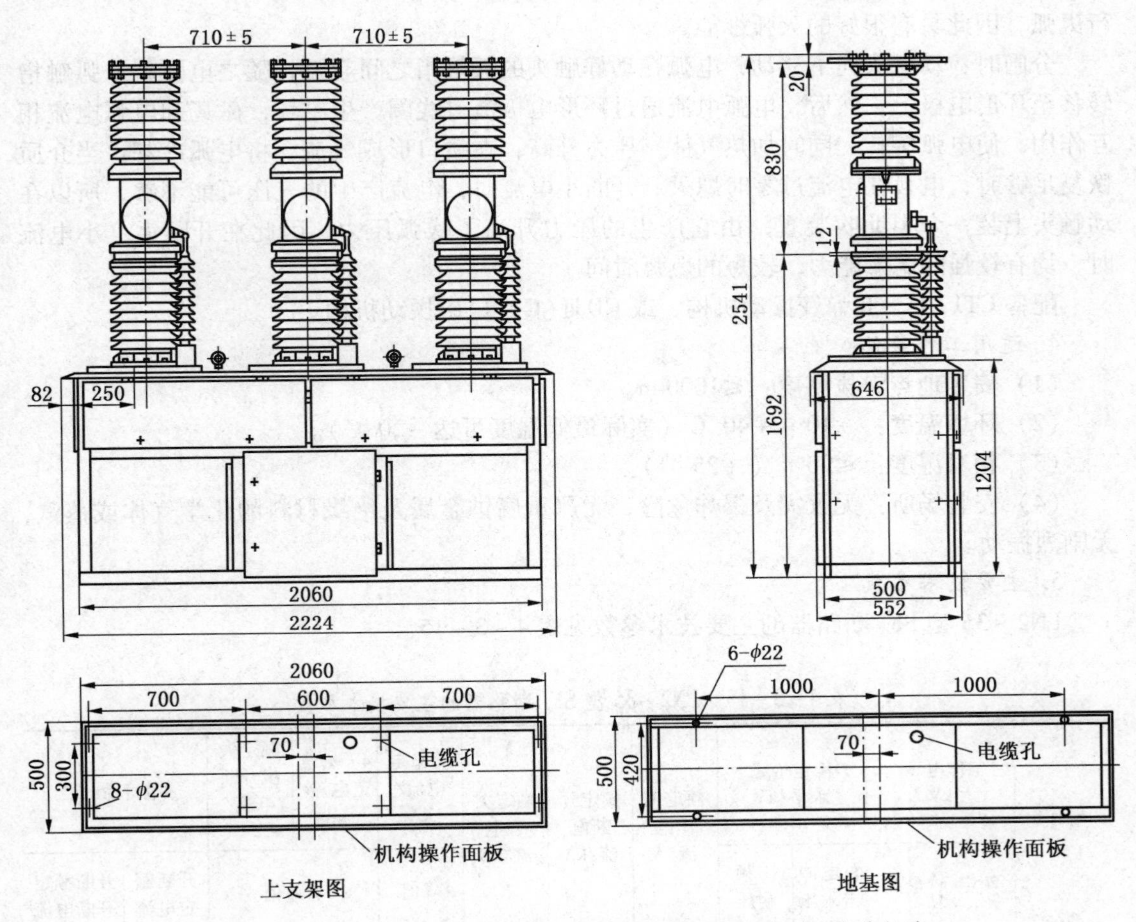

图4-3-19　ZW7-40.5型户外高压真空断路器的外形及安装尺寸

2. 型号意义

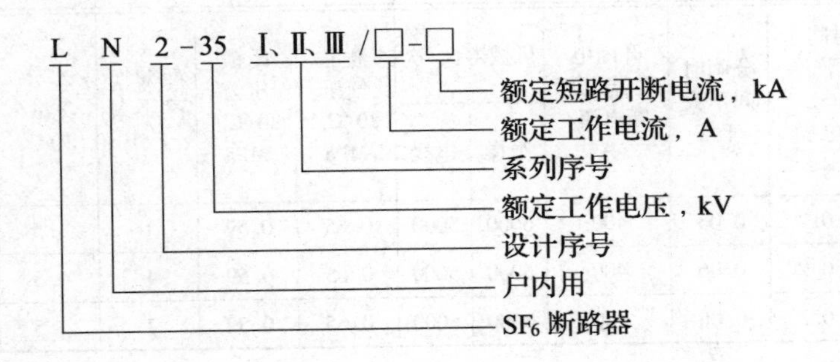

3. 结构性能特点

总体布置：LN2-35型SF_6断路器三极装于一个底箱上，内部相通，箱内有一根三相连动轴，通过三个主拐臂，三个绝缘拉杆操动导电杆，每极分上、下两绝缘筒，构成断口和对地的外绝缘，内绝缘则为SF_6气体。

灭弧系统：断路器灭弧室为旋弧自能式，综合应用旋弧纵吹灭弧原理及压气原理来进行灭弧，因此具有很好的灭弧性能。

分闸时：动触头向下移动，电弧在动静触头的弧触指之间起弧，随之电弧就从弧触指转移至环形电极上，然后，电弧电流通过环形电极流过线圈产生磁场，磁场和电弧电流相互作用，使电弧旋转，同时加热气体，压力升高，在喷口形成气流，将电弧冷却。当介质恢复足够时，电弧在电流过零时熄灭。开断小电流时，电流产生的气压可能不够，所以在动触头上装一个小助吹装置，由它产生的压力升高了吹弧压力，因此在开断大、小电流时、均有较强的熄弧能力，较短的燃弧时间。

配备 CT12 Ⅰ、Ⅱ弹簧操动机构，或 CDⅢ(G) 电磁操动机构。

4. 适用工作条件

（1）安装地点海拔高度：≤1000 m。

（2）环境温度：－10～＋40 ℃（实际最低温度可达－20 ℃）。

（3）相对湿度：≤90%（＋25 ℃）。

（4）安装场所：无火灾及爆炸危险，无严重腐蚀金属及绝缘材料的化学气体或蒸汽，无剧烈振动。

5. 主要技术参数

LN2－35 型 SF_6 断路器的主要技术参数见表 4－3－15。

表 4－3－15　LN2－35 型 SF_6 断路器的主要技术参数

型号	工作电压/kV		额定绝缘水平/kV		额定工作电流/A	额定开断电流/kA	额定关合电流/kA	动稳定电流/kA	4 s 热稳定电流/kA	额定失步开断电流/kA	电寿命/次	
	额定	最高	雷电冲击耐压	工频耐压				峰值	有效值		开断额定电流	开断额定开断电流
LN2－35Ⅰ	35	40.5	185	95	1250	16	40	40	16	4	2000	10
LN2－35Ⅱ	35	40.5	185	95	1250	25	63	63	25	6.5	2000	10
LN2－35Ⅲ	35	40.5	185	95	1600	25	63	63	25	6.5	2000	10

型号	合闸时间不大于		分闸时间不大于/s	开断电容器组开断电流/A	机械寿命/次		额定气压 20 ℃/MPa	闭锁压力 20 ℃/MPa	年漏气率不大于/%	水分含量/10^{-4}	质量/kg	
	弹操/s	电操/s			弹操	电操					断路器本体	SF_6 气体
LN2－35Ⅰ	0.15	0.2	0.06	400	6000	5000	0.65	0.59	1	1.5	130	1.8
LN2－35Ⅱ	0.15	0.2	0.06	400	6000	5000	0.65	0.59	1	1.5	130	1.8
LN2－35Ⅲ	0.15	0.2	0.06	400	6000	5000	0.65	0.59	1	1.5	135	1.8

6. 外形及安装尺寸

LN2－35 型 SF_6 断路器的外形及安装尺寸如图 4－3－20 所示。

（四）LW8－40.5 型户外高压 SF_6 断路器

1. 用途

LW8－40.5 型户外高压 SF_6 断路器是三相交流 50 Hz 的户外高压电气设备；适用于

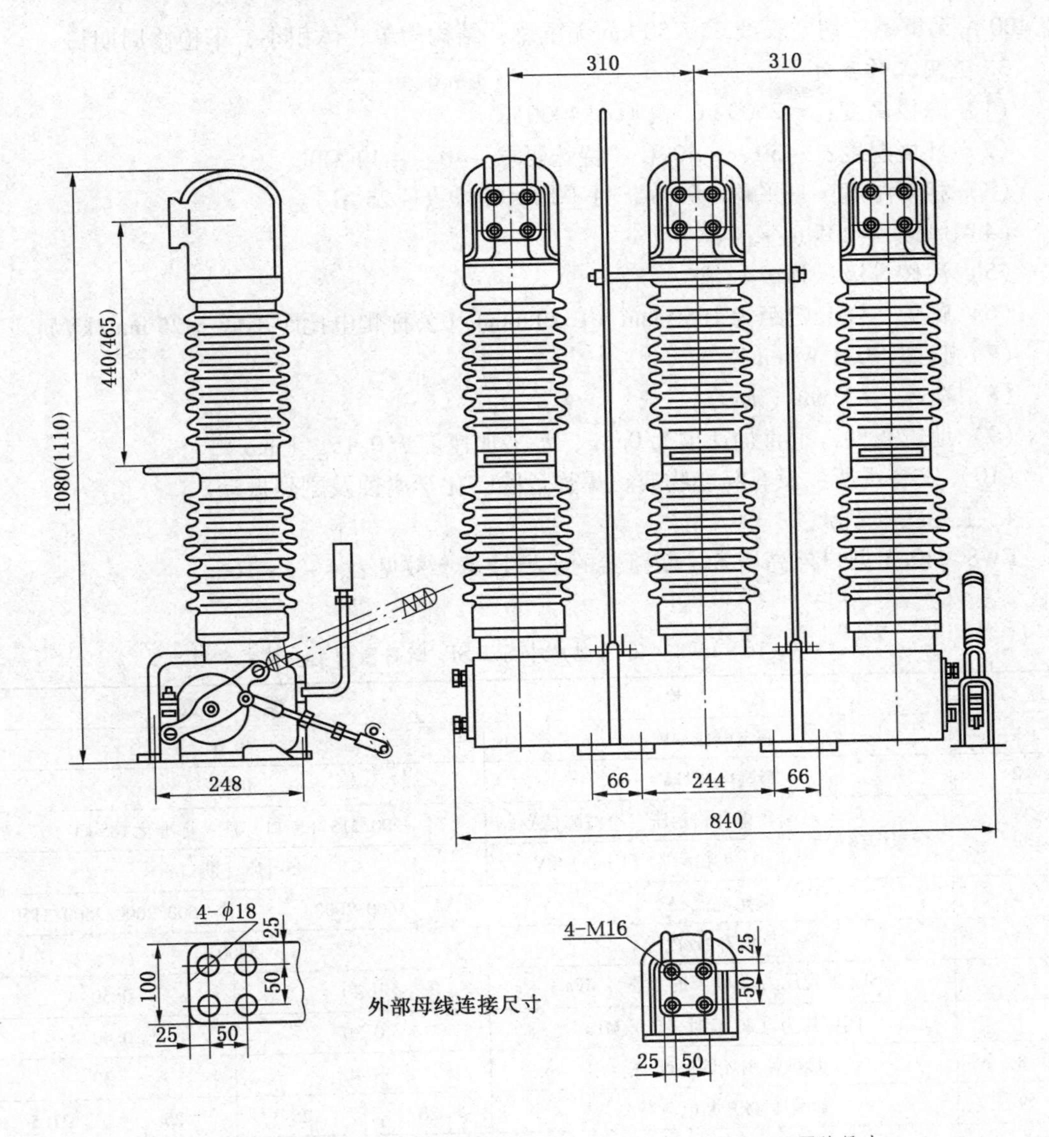

注：440、1080 为 LN2－35 Ⅰ、Ⅱ的尺寸，465、1110 为 LN2－35Ⅲ的尺寸

图 4－3－20　LN2－35 型 SF_6 断路器的外形及安装尺寸

40.5 kV 输配电系统的控制和保护；也可用于联络断路器及开合电容器组的场合；并可内附电流互感器供测量与保护用。LW8－40.5 型断路器配用 CT14 型弹簧操动机构。断路器符合国家标准《高压交流断路器》(GB 1984—2003）和国际电工委员会标准 IEC60056 的要求。

2. 结构特点

断路器的主要特点：开断性能优良，采用压气式灭弧室，燃弧时间短，电寿命长，在额定电压下连续开断 25 kA，20 次不检修，不更换六氟化硫气体；绝缘可靠，气压在零表压时可耐受 40.5 kV 10 min；机械可靠性高，合闸能力强，能频繁操作；开合电容器组电流400 A无重燃；切空长线25、50 km无重燃；结构简单、体积小，不检修周期长。

3. 适用工作条件

（1）海拔高度：≤2500 m，高原型4000 m。

（2）环境温度：－30～＋40 ℃（特殊要求－40～＋40 ℃）。

（3）相对湿度：日平均≤95%，月平均≤90%（＋25 ℃）。

（4）风速：≤35 m/s。

（5）污秽等级：Ⅲ级。

（6）爬距：瓷套爬距为1050 mm（1320 mm）（公称爬电比距不低于25 mm/kV）。

（7）日照：0.1 W/cm^2。

（8）覆冰：10 mm（max）。

（9）地震条件：垂直加速度为0.3g，水平加速度为0.15g（max）。

（10）安装场所：没有易燃物质、爆炸危险、化学腐蚀及剧烈振动。

4. 主要技术参数

LW8－40.5型户外高压SF_6断路器的主要技术参数见表4－3－16。

表4－3－16　LW8－40.5型户外高压SF_6断路器的主要技术参数

序号	名称		参数			
1	额定电压/kV		40.5			
2	最高电压/kV		40.5			
3	额定绝缘水平	雷电冲击耐压（全波峰值）/kV	200/215（断口）注：标准化185 kV			
		工频耐压（1 min）/kV	95/118（断口）			
4	额定电流/A		1600/2000		1600/2000/2500/3150	
5	机械寿命/次		5000			
6	SF_6额定压力（20 ℃时表压）/MPa		0.40		0.50	
7	闭锁压力（20 ℃时表压）/MPa		0.30		0.40	
8	最低使用环境温度/℃		－40		－30	
9	额定短路开断电流/kA		20	25	25	31.5
10	额定短路关合电流（峰值）/kA		50	63	63	80
11	额定短时耐受电流（热稳定电流）/kA		20	25	25	31.5
12	额定峰值耐受电流（动稳定电流）/kA		50	63	63	80
13	额定失步开断电流/kA		5	6.3	6.3	8
14	额定短路开断电流下的累计开断次数/次		20			
15	额定短路持续时间/s		4			
16	合闸时间（额定操作电压下）/s		≤0.1			
17	分闸时间（额定操作电压下）/s		≤0.06			
18	额定操作顺序		分－0.3 s－合分－180 s－合分			
19	额定开合单个电容器组电流/A		400			
20	年漏气率/(%·a^{-1})		≤1			

表 4-3-16（续）

序号	名称	参数
21	SF_6 气体水分含量（20 ℃时）/（μL · L^{-1}）	≤150
22	配 CT14 型弹簧操动机构的额定操作电压/V	AC/DC：380/220 V/110 V
	合闸线圈、分闸线圈电压/V	交流：220 380 直流：48 110 220
	储能电机电压/V	交流：220 直流：220/110
23	SF_6 气体质量/kg	5
24	断路器（包括操动机构）质量/kg	1000

5. 外形图

LW8-40.5 型户外高压 SF_6 断路器的外形图如图 4-3-21 所示。

图 4-3-21 LW8-40.5 型户外高压 SF_6 断路器的外形

三、110 kV 级户外 SF_6 断路器

110 kV 级户外 SF_6 断路器的主要型号为 LW36-126/3150-40 户外高压 SF_6 断路器。

1. 用途

LW36-126/3150-40 户外高压 SF_6 断路器系三相交流 50 Hz 的户外高压开关设备，适用于交流额定频率为 50 Hz、额定电压为 126 kV输变电系统的电网中，用以切断、开合系统的额定电流和故障电流，从而实现对系统的负荷分配和对电力系统的控制和保护；也可作为联络断路器使用及开合电容器组的场合。LW36-126/3150-40 断路器配用 CTB-I 弹簧操动机构。断路器符合《高压交流断路器》(GB 1984—2003）并满足国际电工委员会标准 IEC56《高压交流断路器》的要求。

2. 型号意义

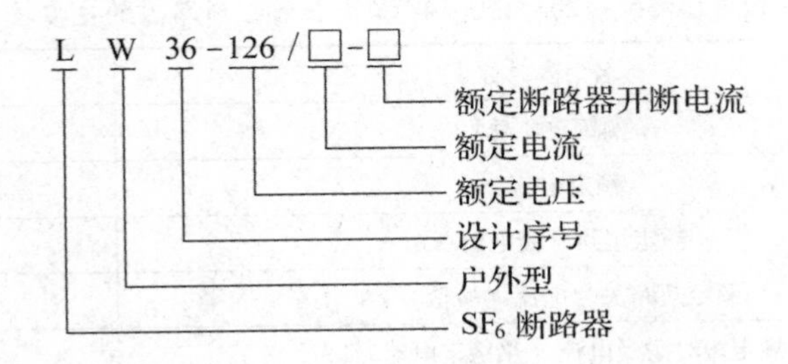

3. 结构特点

（1）优越的开断能力：开断性能优良，燃弧区间裕度大，开断容性电流无重燃和重击穿现象。

（2）最少的维修工作量：弹簧操作机构维修工作大大减少，同时由于采用自能混合式灭弧结构，实现加速分闸，大大减少了电弧引起的触头磨损。

（3）高可靠性及最低的操作噪声：分闸系统采用后备双系统，可靠性高；采用整体式小型化弹簧操作机构，操作噪声极低。

（4）可靠的绝缘及截流能力：将 SF_6 气体作为绝缘介质和灭弧介质，具有可靠的绝缘能力，同时也保护了喷口内部的绝缘件。

4. 适用工作条件

（1）环境温度：-30～+40 ℃（特殊要求-40～+40 ℃）。

（2）海拔高度：≤1000 m。

（3）空气湿度（相对值）：日平均≤95%，月平均≤90%（+25 ℃）。

（4）饱和蒸气压：日平均≤2.2×10^{-3} MPa，月平均≤1.8×10^{-3} MPa。

（5）风压：≤700 Pa。

（6）覆冰厚度：10 mm。

（7）地震烈度：水平加速度≤0.5g，垂直加速度≤0.25g。

（8）日照强度：0.1 W/cm²（在 0.5 m/s 风速时）。

（9）最大日温差：25 ℃。

（10）空气污秽程度：Ⅳ级。

（11）公称爬电比距：>31 mm/kV。

（12）安装场所：无易燃爆炸危险及化学腐蚀，无剧烈振动。

5. 主要技术参数

LW36-126/3150-40 型高压 SF_6 断路器的主要技术参数见表 4-3-17。

6. 外形图

LW36-126/3150-40 型高压 SF_6 断路器的外形图见图 4-3-22。

图 4-3-22　LW36-126/3150-40 型高压 SF_6 断路器的外形

表 4-3-17　LW36-126/3150-40 型高压 SF_6 断路器的主要技术参数

序号	名称	参数
1	额定电压/kV	126
2	额定电流/A	3150
3	额定短路开断电流/kA	40
4	额定短路关合电流（峰值）/kA	100
5	额定短时耐受电流（热稳定电流）/kA	40
6	额定短路持续时间/s	4
7	额定峰值耐受电流（动稳定电流）/kA	100
8	额定线路充电开断电流/A	10/31.5

表4-3-17（续）

序号	名称	参数
9	额定失步开断电流/kA	10
10	近区故障开断电流/kA	30/36
11	额定操作顺序	分-0.3 s-合分-180 s-合分
12	额定雷电冲击电压峰值/kV	550
13	1 min 工频耐受电压/kV	230
14	合闸时间/ms	100±20
15	分闸时间/ms	≤35
16	首开相系数	1.5
17	全开断时间	≤3
18	合/分闸速度/ms	1.2~1.8/4.1~4.8
19	金属短接时间/($m \cdot s^{-1}$)	≤60
20	SF_6 气体额定压力（20 ℃时表压）/MPa	0.50
21	SF_6 气体报警压力（20 ℃时表压）/MPa	0.45
22	机构闭锁压力（20 ℃时表压）/MPa	0.4
23	满容量开断次数/次	20
24	年漏气率/($\% \cdot a^{-1}$)	≤1
25	SF_6 气体水分含量/(10^{-6} V/V)	≤150（20 ℃）
26	机械寿命/次	6000
27	SF_6 气体质量/kg	14
28	断路器质量（包括操作机构）/kg	2240
29	主回路电阻/μΩ	≤65
30	无线电干扰水平/μV	≤2500
31	三相间合闸同期性/ms	≤5
32	三相间分闸同期性/ms	≤3

第四节 高压隔离开关

一、6、10 kV 级高压隔离开关

（一）GW4-10/200、400、630 A 型户外高压隔离开关

1. 用途

GW4-10/200、400、630 A 型户外高压隔离开关适用于交流 50 Hz，额定工作电压 6、10 kV，额定工作电流 200、400、630 A 的电力系统中，作为有电压无负荷情况下的分断、闭合电源的户外开关设备使用。

2. 型号意义

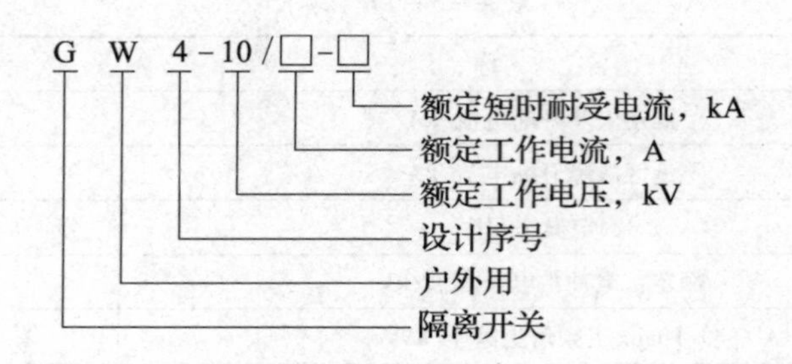

3. 结构特点

GW4 系列隔离开关为单极柱式结构，主要由底座、支柱绝缘子及导电部分组成。三相联动使用时，极间用钢管机械连接起来。每相有两个瓷柱，分别装在底座两端的轴承座上，用交叉连杆连接，可以水平旋转。导电闸刀分成两半，分别固定在支柱绝缘子上，接触部分在中间。当操动机构操动时，带动支柱绝缘子的一个瓷柱转动 90°、另一个瓷柱由于连杆传动而同时转动 90°，闸刀便向同一侧方向分闸或闭合。

隔离开关有单接地、双接地和不接地 3 种形式，接地开关和主闸刀之间有机械连锁。

GW4 - 10 型没有交叉连杆，只有一个支柱绝缘子转动 90°进行分合闸。

4. 适用工作条件

（1）周围环境温度：-40 ~ +40 ℃。

（2）海拔高度：≤1000 m。

（3）风速：≤35 m/s。

（4）地震烈度：≤8 度。

（5）安装场所：无燃烧和爆炸危险，无剧烈振动和冲击，无严重腐蚀金属和绝缘材料的化学物质。

5. 主要技术参数

GW4 - 10 型隔离开关的主要技术参数见表 4 - 4 - 1。

表 4 - 4 - 1　GW4 - 10 型隔离开关的主要技术参数

型　号	额定工作电压/kV	最高工作电压/kV	额定工作电流/A	4 s 热稳定电流/kA	动稳定电流/kA	单极质量/kg
GW4 - 10	10	11.5	200	6.3	15	11.5
			400	10	25	12
GW4 - 10	10	11.5	630	16	40	12.5

6. 外形及安装尺寸

GW4 - 10 型隔离开关手动机构组装外形及安装尺寸如图 4 - 4 - 1 所示。

（二）6、10 kV 级户内高压隔离开关

1. GN22 - 10/2000、3150 A 型户内高压隔离开关

1）用途

GN22 - 10/2000、3150 A 型户内高压隔离开关适用于交流 50 Hz，额定工作电压 6、10 kV，

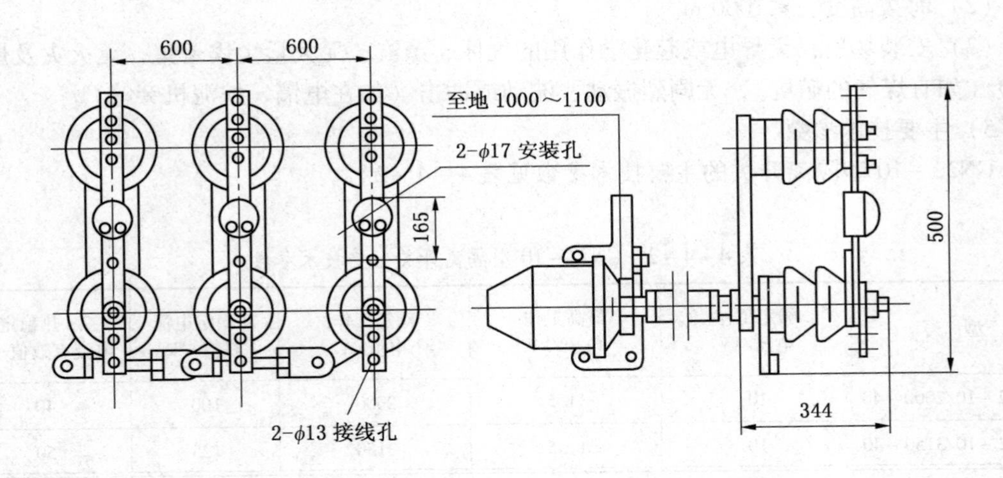

图 4-4-1　GW4-10 型隔离开关手动机构组装外形及安装尺寸

额定工作电流 2000、3150 A 的电力系统中，作为有电压无负荷情况下的分断、闭合电路的户内开关使用。

2）型号意义

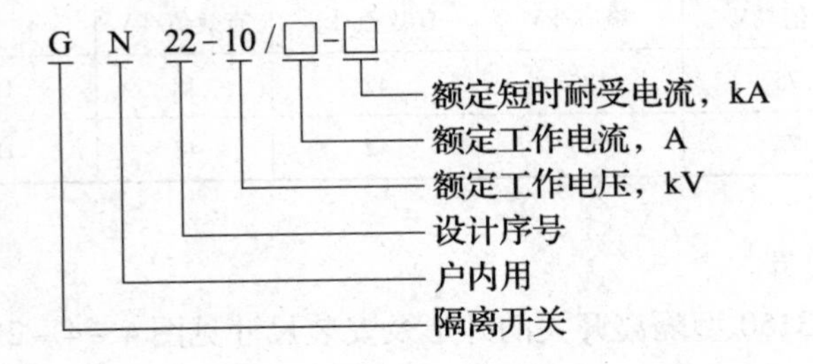

3）结构特点

GN22-10/2000、3150 A 型高压隔离开关的结构型式与一般隔离开关相同，不同之处在于采用了合闸—锁紧两步动作原理，即主轴转动的前约 80°角位移为合闸角，用于传动触力，使之从开断极限位置运动到合闸极限位置；主轴转动的后 10°角位移为接触角，用于锁紧机构动作，通过滑块带动连杆运动，从而使两侧顶杆推出。磁锁板起杠杆作用，将顶杆的推力放大约 5.5 倍后压紧在触刀上，形成接触压力。两步动作的转换过程是：由挡块→摇杆→顶销→限位销构成定位→限动机构，保证触刀在合闸到位以后再转入锁紧运动，使开关准确灵活地由第一步动作（合闸）转入第二步动作（形成接触压力），完成整个合闸过程。分闸操作的动作过程与上述合闸过程相反。

GN22-10/2000、3150 A 型高压隔离开关采用环氧树脂支柱绝缘子，使体积大为减小，质量减小，并提高了产品的机械强度和承受短路电流的能力；相间中心距为 250 mm，触头结构设计便于母线的布置与连接，其主轴长度与 GN19 系列隔离开关相等。

4）适用工作条件

（1）环境温度：-30～+40 ℃。

（2）海拔高度：≤1000 m。

（3）安装场所：无导电或起化学作用的气体、蒸汽，无大量尘埃聚集，无火灾及爆炸危险（如有煤气的矿坑），无剧烈振动、波动或冲击（如在电镐、挖泥机旁等）。

5）主要技术参数

GN22－10 型隔离开关的主要技术参数见表 4－4－2。

表 4－4－2　GN22－10 型隔离开关主要技术参数

型　号	额定工作电压/kV	最高工作电压/kV	额定工作电流/A	动稳定电流（峰值）/kA	2 s 热稳定电流有效值/kA
GN22－10/2000－40	10	11.5	2000	100	40
GN22－10/3150－40	10	11.5	3150	125	50

型　号	额定绝缘水平				最大操作力矩/Nm	断口开距/mm
	1.2/50 μs 雷电冲击耐压		工频耐压（1 mim）			
	相对地和相间（正负）	断口间（正负）	相对地和相间（正负）	断口间		
	峰值/kV	峰值/kV	有效值/kV	有效值/kV		
GN22－10/2000－40	75	85	42	48	150	145
GN22－10/3150－40	75	85	42	48	180	150

6）外形及安装尺寸

GN22－10/2000、3150 型隔离开关的外形及安装尺寸见图 4－4－2 和表 4－4－3。

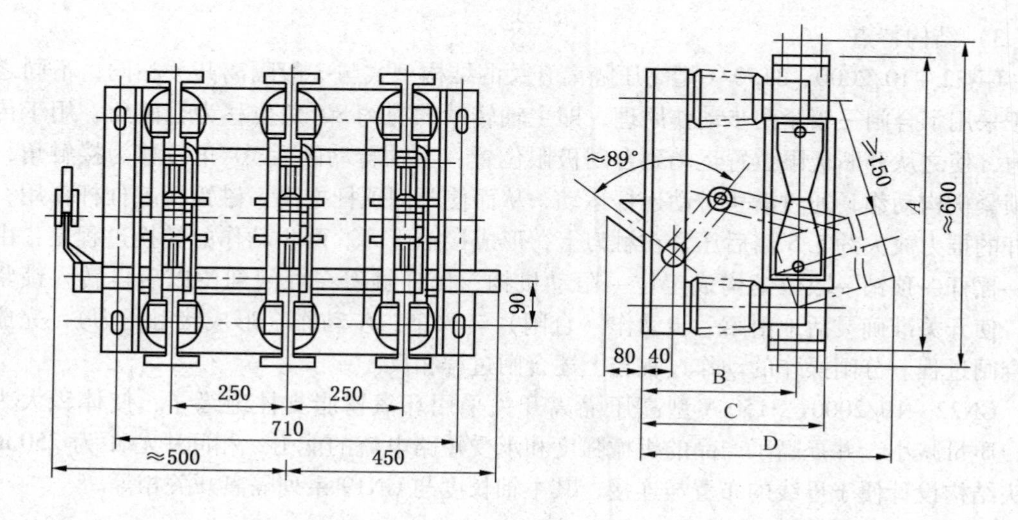

图 4－4－2　GN22－10/2000、3150 型隔离开关外形及安装尺寸

表4-4-3　GN22-10/2000、3150 A型隔离开关的安装尺寸

型　号	外形及安装尺寸/mm			
	A	*B*	*C*	*D*
GN22-10/2000-40	490	243	293	520
GN22-10/3150-50	495	252.5	315	535

2. GN30-10(D)、10(Q)/630，1000 A型户内高压旋转式隔离开关

1）用途

GN30-10(D)、10(Q)/630，1000 A型户内高压旋转式隔离开关适用于交流50 Hz，额定工作电压10 kV，额定工作电流630、1000 A的电力系统中，作为户内无负载情况下分、合电路的设备使用。

2）型号意义

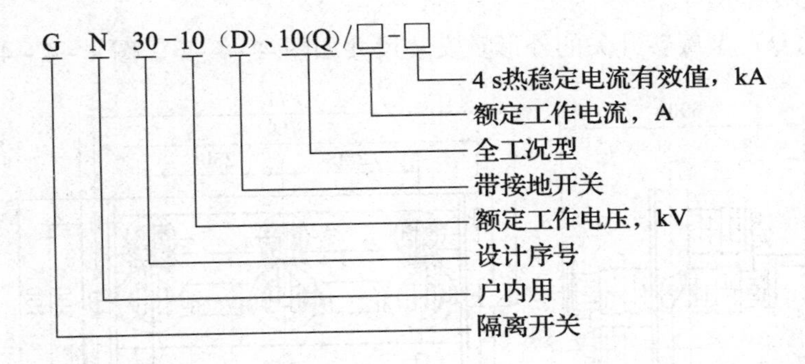

3）结构特点

隔离开关是一种旋转触刀式的新型隔离开关。开关主体通过两组绝缘子固定在开关底架两个面上。上、下两个面之间由固连在开关底架上的隔板完全分开，通过旋转触刀而实现开关的合闸与分闸。GN30-10D(Q)型是在GN30-10(Q)型基础上增加带接地刀形式，可满足开关柜不同的需要。由于触刀分别安装在开关的上、下两个面上，使得其带电部分与不带电部分在开关柜内完全隔开，从而保证维修人员维修时绝对安全。

导电部分主要由触刀、触头组成。触刀由两片铜板固定在旋转瓷套内，外加磁锁板，从而加强触刀的刚性，使其在通过短路电流时，具有良好的动热稳定性。触刀对触头的接触方式采用球点接触，减少装配时的调整难度，保证接触良好。开关采用专门设计机构进行操作，同时亦可使用CS6-2操动机构操作。

4）适用工作条件

（1）海拔高度：≤1000 m（Q型海拔高度不超过2000 m）。

（2）周围环境温度：-10～+40 ℃。

（3）相对湿度：月平均不大于90%（Q型无此要求）。

（4）安装场所：无剧烈振动、摆动或冲击，无火灾、爆炸危险，无腐蚀金属、破坏绝缘的有害气体及导电尘埃（Q型可使用在Ⅱ级污秽的场所）。

5）主要技术参数

GN30－10(D)、10(Q) 型旋转式隔离开关的主要技术参数见表 4－4－4。

表 4－4－4　GN30－10(D)、10(Q) 型旋转式隔离开关主要技术参数

型　号	额定工作电压/kV	最大工作电压/kV	额定工作电流/A	4 s 热稳定电流（有效值）/kA	动稳定电流（峰值）/kA
GN30－10/630－20	10	11.5	630	20	50
GN30－10D/630－20					
GN30－10Q/630－20					
GN30－10DQ/630－20					
GN30－10/1000－31.5			1000	31.5	80
GN30－10D/1000－31.5					
GN30－10Q/1000－31.5					
GN30－10DQ/1000－31.5					

6）外形及安装尺寸

GN30－10(Q) 型旋转开关的外形及安装尺寸如图 4－4－3、图 4－4－4 所示。

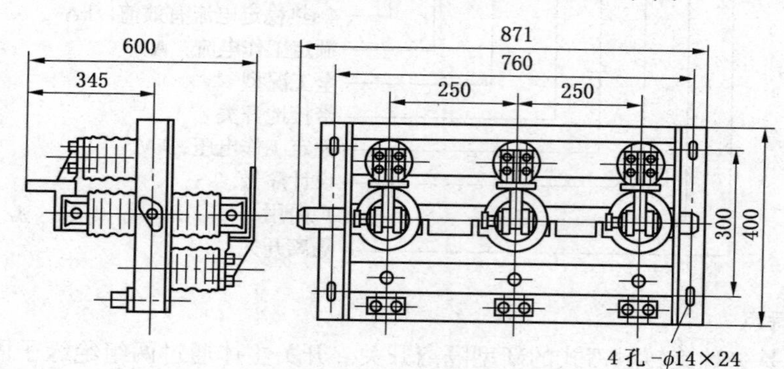

图 4－4－3　GN30－10(Q) 型旋转开关外形及安装尺寸

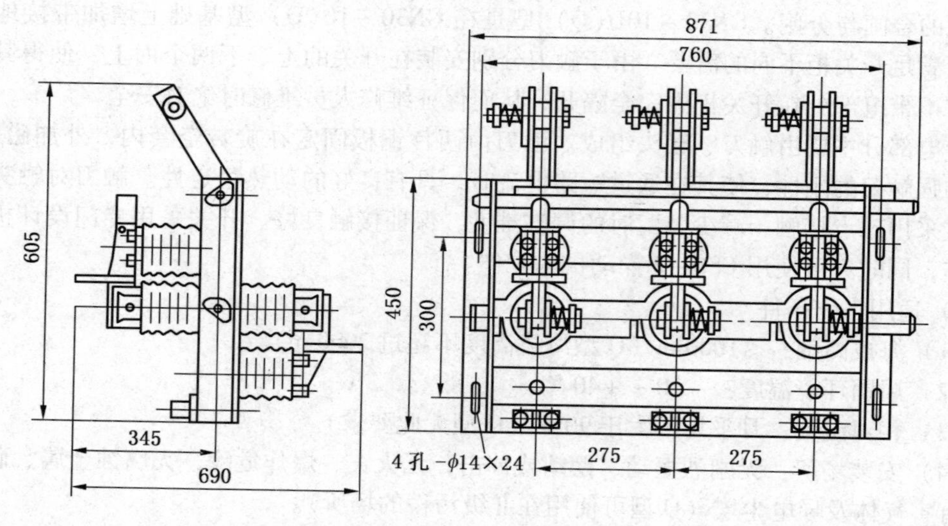

图 4－4－4　GN30－10D(Q) 型旋转开关外形及安装尺寸

二、35 kV 级高压隔离开关

（一）GW5－35G、35GD、35GW、35GDW/600、1000、1600、2000 A 型户外高压隔离开关

1. 用途

GW5－35G、35GD、35GW、35GDW/600、1000、1600、2000 A 型户外高压隔离开关，适用于交流 50 Hz，额定工作电压为 35 kV，额定工作电流为 600、1000、1600、2000 A 的电力系统中，作为有电压无负荷情况下分断与闭合电路的开关设备使用。

2. 型号意义

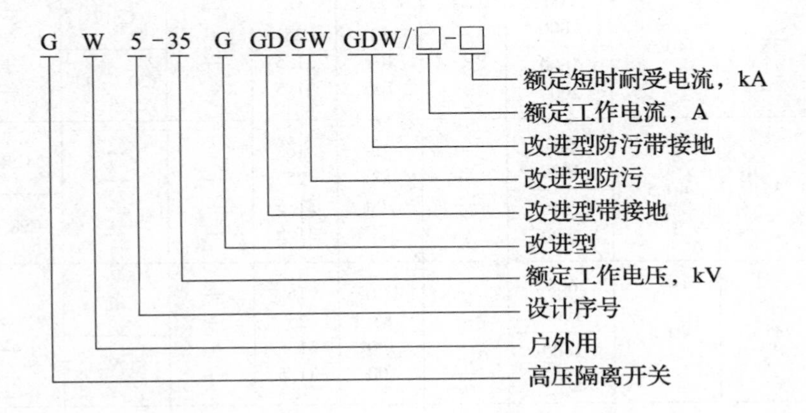

3. 结构特点

GW5－35G 型户外隔离开关是由 3 个独立的单相隔离开关组成的，又是派生其他结构的基本单元，以下简称普通型。

GW5－35GD 型户外隔离开关是在普通型隔离开关上增设接地刀闸而成的，其中又分为单接地、双接地两种。

GW5－35GW 户外隔离开关是在普通型隔离开关的基础上，将普通棒式支柱绝缘子改用防污型棒式支柱绝缘子而成，适用于轻微污秽地区。

GW5－35G 单极隔离开关由底座、支座绝缘子、导电回路等部分组成，两绝缘子成 V 型，交角 50°，借助连杆组成三极联动的隔离开关。底座部分有两个轴承，用以旋转棒式支柱绝缘子，两轴承座间用锥齿轮啮合，即操作任一柱，另一柱可随之同步旋转，以达分断、关合之目的。隔离开关的导电回路的接线座采用盘式连接，导电杆在 90°范围内能灵活转动。操动机构分为不接地、单接地和双接地 3 种。主刀闸与接地刀闸之间的连锁是通过操动机构上的连锁板来实现的。

4. 适用工作条件

（1）安装高度：海拔≤1000 m。

（2）周围温度：－30 ~ +40 ℃。

（3）风速：≤35 m/s。

（4）覆冰厚度：≤10 mm。

（5）地震烈度：≤8 度。

（6）安装场所：无严重影响绝缘和导电能力的气体、蒸汽、化学性沉积、灰尘、污垢及其他爆炸性和侵蚀性物质，无剧烈振动。

5. 主要技术参数

GW5－35G、35GD、35GW、35GDW 型户外高压隔离开关的主要技术参数见表 4－4－5。

表 4－4－5　GW5－35G、35GD、35GW、35GDW 型户外高压隔离开关的主要技术参数

型　号	额定工作电压/kV	最高工作电压/kV	额定工作电流/A	极限通过电流/kA		热稳定电流/kA		配用操动型号		接地类别
				有效值	峰值	4 s	5 s	主刀闸	接地刀闸	
GW5－35G	35	40.5	600	—	72	16	—	CS17	—	不接地
			1000	—	83	25	—		—	
			1600	—	100	31.5	—	CS17－11	—	
			2000	—	100	31.5	—		—	
GW5－35GD	35	40.5	600	—	72	16	—	—	CS17	单双接地
			1000	—	83	25	—	—		
			1600	—	100	31.5	—	—	CS8－5	
			2000	—	100	31.5	—	—		
GW5－35GW	35	40.5	600	—	72	16	—	CS17	—	不接地
			1000	—	83	25	—		—	
			1600	—	100	31.5	—	CS17－11	—	
			2000	—	100	31.5	—		—	
GW5－35GDW	35	40.5	600	—	72	16	—	CS17		单双接地
			1000	—	83	25	—			
			1600	—	100	31.5	—	CS8－5		
			2000	—	100	31.5	—			

6. 外形及安装尺寸

GW5－35G、35GD、35GW、35GDW/600、1000 A 型户外高压隔离开关的外形及安装尺寸如图 4－4－5 所示，35GDW/1600、2000 A 型户外高压隔离开关的外形及安装尺寸如图 4－4－6 所示。

（二）GN27－35/630、1250 A 型户内高压隔离开关

1. 用途

GN27－35/630、1250 A 型户内高压隔离开关，适用于交流 50 Hz，额定工作电压为 35 kV，额定工作电流为 630、1250 A 的电力系统中，作为无负载情况下，分、合电路使用。

2. 型号意义

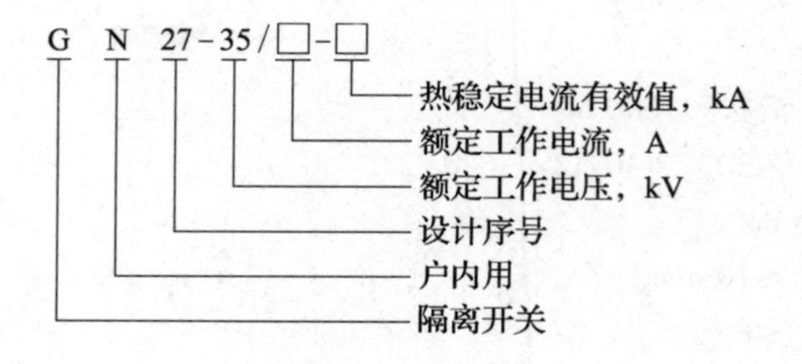

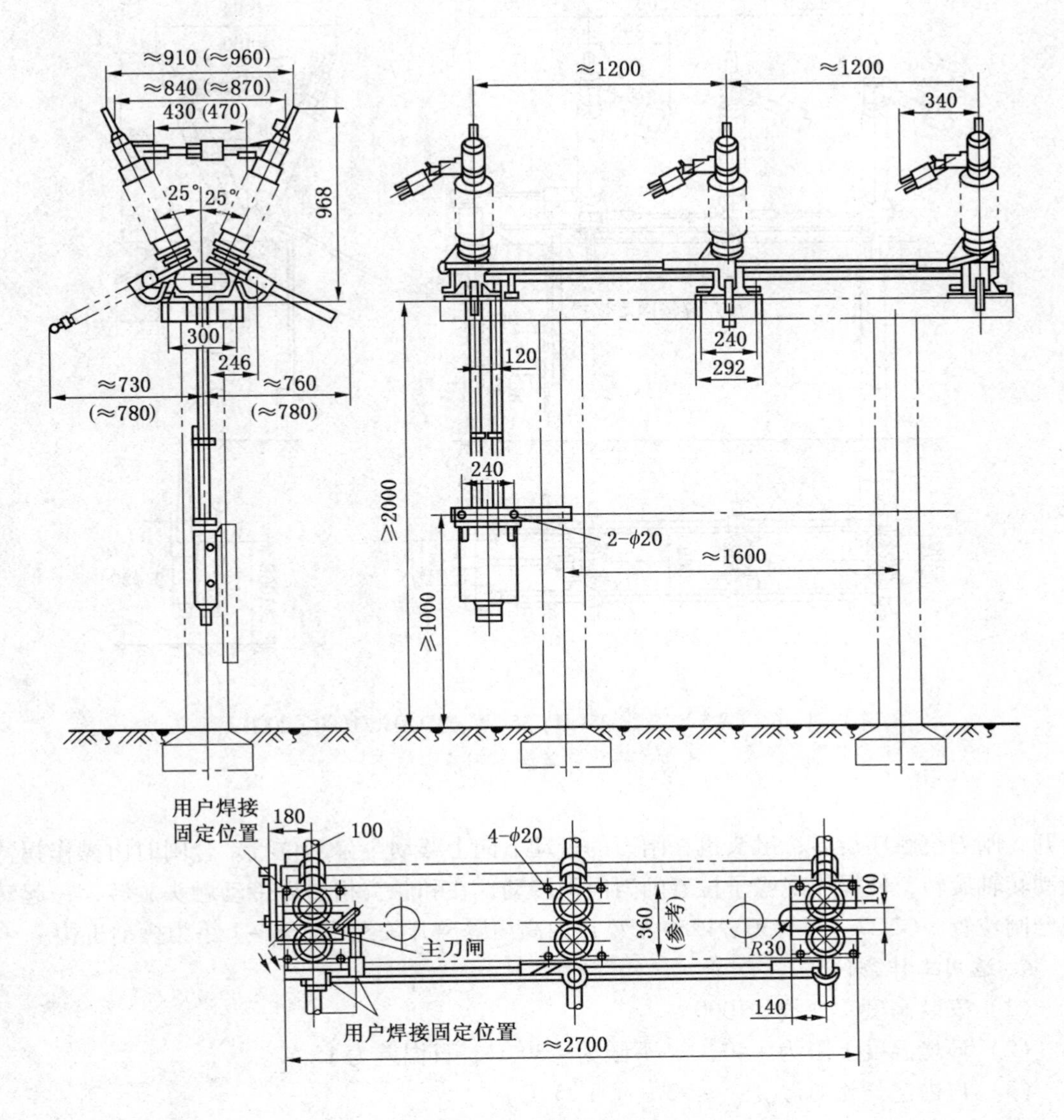

注：括号内数值为防污型产品尺寸

图 4-4-5　GW5-35G、35GD、35GW、35GDW/600、1000 A 型户外高压隔离开关的外形及安装尺寸

3. 结构特点

GN27-35/630、1250 A 型户内高压隔离开关为三相共底架闸刀式开关，可分为底架，绝缘子及导电部分，底架由转轴及弯板和角钢焊成的框架组成，底架上固定 6 个瓷绝缘子，每两个组成一极，其间的中心距为 54 mm，相间的中心距为 400 mm，转轴上装有 3 根操作绝缘子，用来操作三相的闸刀分合闸运动，导电部分由触头、闸刀和触座组成，触头上有 6 对和 14 对触片。由弹簧钢丝压紧，触头可上下摆动。每相有 2 片闸刀装在触座上，用弹簧压紧。分闸时由操作拐臂带动转轴旋转，使操作绝缘子向上顶着闸刀使闸刀和触头

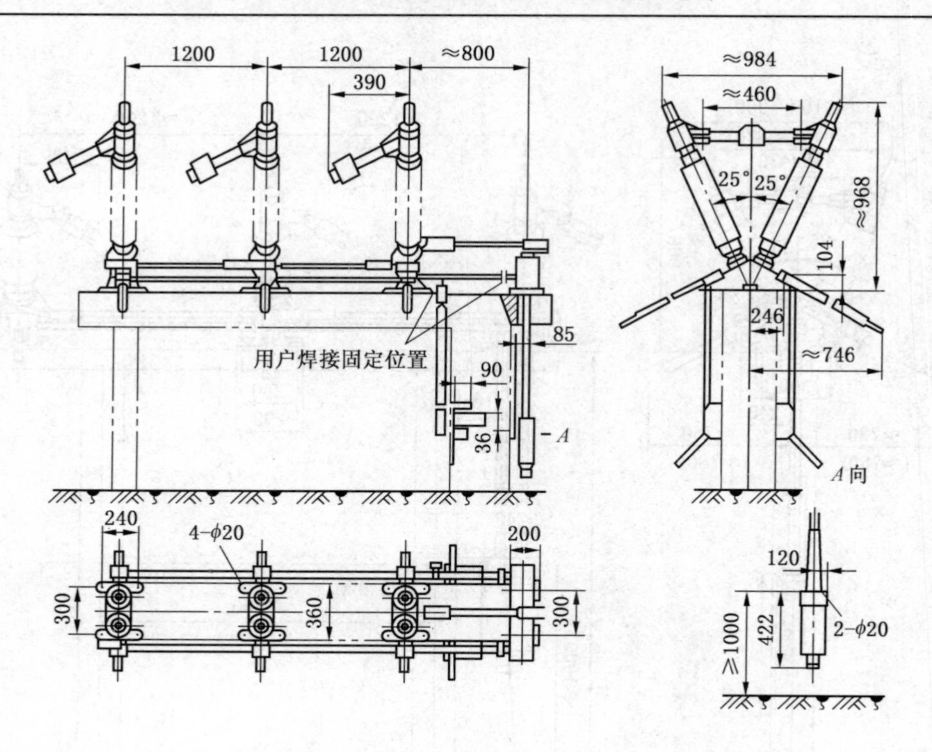

图 4-4-6 GW5-35G、35GD、35GW、35GDW/1600、2000 A 型
户外高压隔离开关的外形及安装尺寸

分开，闸刀绕触座旋转，触头也在闸刀的带动下向上移动至分闸位置。合闸时由操作拐臂带动转轴旋转，使操作绝缘子拉着闸刀向下转动，在和触头相遇后带动触头旋转，一起转至合闸位置。GN27-35/630、1250 A 型户内高压隔离开关配用 CS6-1 手力操动机构。

4. 适用工作条件

（1）安装高度：海拔≤1000 m。

（2）环境温度上限为+40 ℃，下限为-30 ℃，日温差为 15 ℃。

（3）户内空气相对湿度：≤90% （+25 ℃）。

（4）地震烈度：≤8 度。

（5）安装场所：无严重影响绝缘和导电能力的气体、蒸汽、化学性沉积、灰尘、污垢及其他爆炸性和侵蚀性物质，无频繁剧烈振动。

5. 主要技术参数

GN27-35/630、1250 A 型户内高压隔离开关的主要技术参数见表 4-4-6。

表 4-4-6 GN27-35/630、1250 A 型户内高压隔离开关的主要技术参数

型 号	额定工作电压/kV	最高工作电压/kV	额定工作电流/A	4 s 热稳定电流（有效值）/kA	动稳定电流（峰值）/kA
GN27-35/630-20	35	40.5	630	20	50
GN27-35/1250-31.5	35	40.5	1250	31.5	80

6. 外形及安装尺寸

GN27－35/630、1250 A 型户内高压隔离开关的外形及安装尺寸如图 4－4－7 所示。

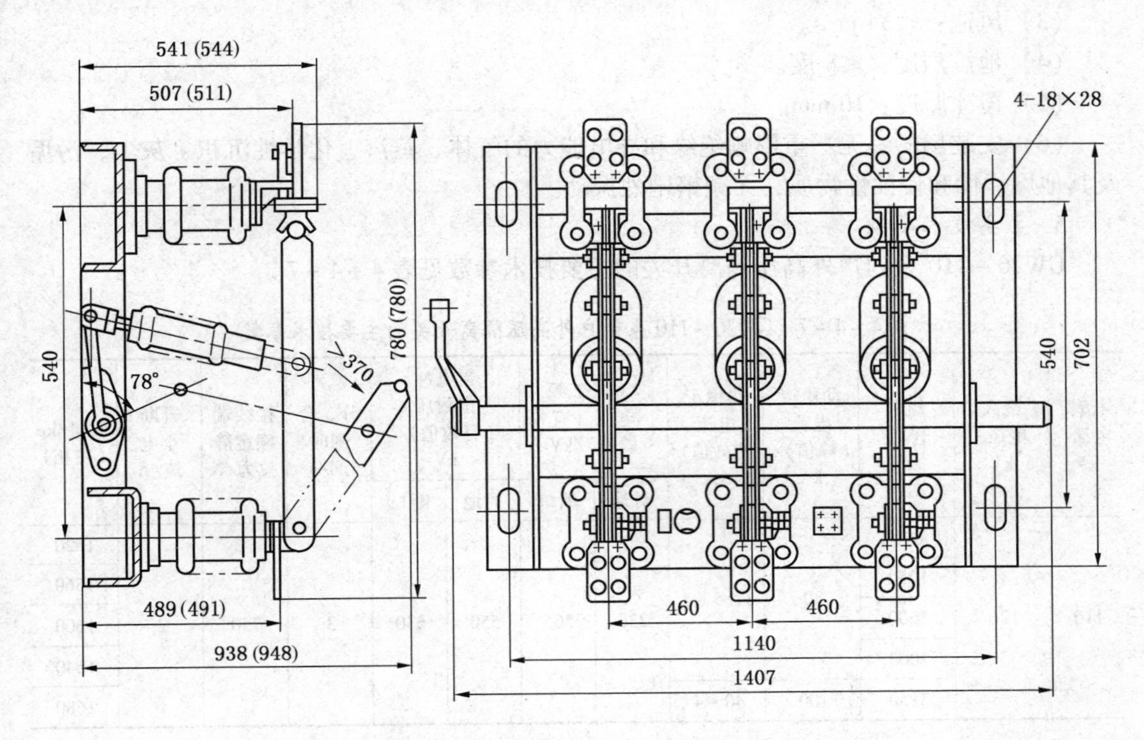

注：图中括号内为 1250 A 外形及安装尺寸（mm）

图 4－4－7 GN27－35/630、1250 A 型户内高压隔离开关的外形及安装尺寸

三、110 kV 级户外隔离开关

下面以 GW26－110 系列户外高压隔离开关为例，介绍 110 kV 级户外隔离开关。

1. 用途

GW26－110 系列户外高压隔离开关，适用于三相交流 50 Hz，额定电压为 110 kV 的电力系统中，作为线路无负载的情况下切换电路及电气隔离的电气设备使用。

2. 型号意义

GW26－110 系列户外高压隔离开关与 35 kV 级户外隔离开关的型号相似。

3. 结构特点

GW26－110 系列户外高压隔离开关为三柱水平双断口结构形式，该结构形式的隔离开关导电部分因带有绕自身电板翻转 90°的机构，并有保持这种状态的安全装置，因此隔离开关在合闸状态时不能因外力（强风力、地震、电动力等）的作用而自动开闸。底座部分采用多轴承结构，使其能长时间地灵活动作，并且现场安装时操作杆的安装尺寸误差（发生在安装架台和基础制作时）能在 ±20 mm 以内进行调整。接地开关和隔离开关带有可靠性极高的机械连锁装置。接地开关可以和隔离开关用同样的操动机构进行操作。

4. 适用工作条件

（1）安装高度：海拔≤2500 m。

（2）环境温度：上限为 +40 ℃，下限为 −40 ℃。

（3）风速：≤34 m/s。

（4）地震烈度：≤8 度。

（5）覆冰厚度：10 mm。

（6）安装场所：无严重影响绝缘和导电能力的气体、蒸汽、化学性沉积、灰尘、污垢及其他爆炸性和侵蚀性物质，无频繁剧烈振动。

5. 主要技术参数

GW26 − 110 系列户外高压隔离开关的主要技术参数见表 4 − 4 − 7。

表 4 − 4 − 7　GW26 − 110 系列户外高压隔离开关的主要技术参数

<table>
<tr><th rowspan="2">标称电压/kV</th><th rowspan="2">最高电压/kV</th><th rowspan="2">额定电流/A</th><th rowspan="2">动稳定电流（峰值）/kA</th><th rowspan="2">热稳定电流（有效值）/kA</th><th colspan="2">1 min 工频电压（有效值）/kV</th><th colspan="2">雷电冲击耐压（有效值）/kV</th><th rowspan="2">分、合闸时间/s</th><th rowspan="2">接线端额定静拉力/N</th><th rowspan="2">开断小电流/A</th><th rowspan="2">质量/kg（三相）</th></tr>
<tr><th>对地</th><th>断口</th><th>对地</th><th>断口</th></tr>
<tr><td rowspan="5">110</td><td rowspan="5">126</td><td>630</td><td rowspan="4">80</td><td rowspan="4">31.5 ~4</td><td rowspan="5">230</td><td rowspan="5">265</td><td rowspan="5">550</td><td rowspan="5">630</td><td rowspan="5">3</td><td rowspan="5">750</td><td rowspan="5">2</td><td>1520</td></tr>
<tr><td>1250</td><td>1560</td></tr>
<tr><td>1600</td><td>1600</td></tr>
<tr><td>2000</td><td>1640</td></tr>
<tr><td>3150</td><td>100</td><td>40 ~4</td><td>1680</td></tr>
</table>

第五节　高压负荷开关和熔断器

一、6(10) kV 高压负荷开关

（一）6(10) kV 户外高压负荷开关

1. FW9 型户外高压负荷开关与跌落熔断器组合开关

1）用途

FW9 型户外高压负荷开关与跌落熔断器组合开关，适用于交流 50 Hz，额定工作电压 10 kV 及以下，额定工作电流 6.3 A 的电力系统中，作为变压器空载时将变压器退出运行的节电开关设备使用。

2）型号意义

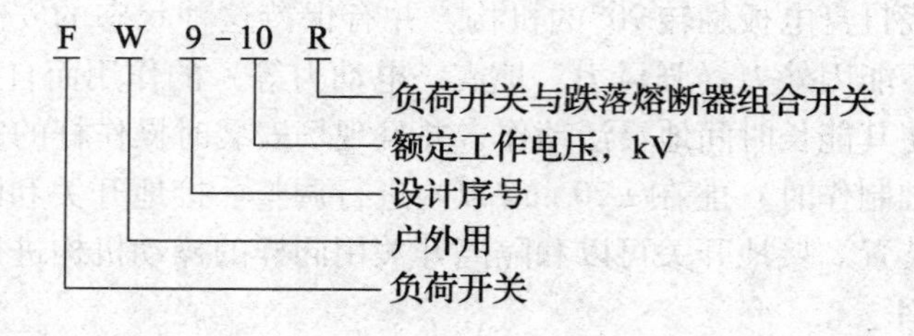

3）结构特点

开关由跌落熔断器和负荷开关组成，当变压器空载或变压器负荷不足10%额定负荷且时间超过2 min，开关控制器就接通脱扣线圈，使分闸脱扣或开关的运动部分在分闸弹簧的作用下向下运动，当主触头快到分闸位置时，弧闸刀在扭簧的作用下快速转动，切断电弧。主触头的分合闸跟位缓冲装置是装在底架内的橡皮缓冲器，弧闸刀的分闸限位板装在闸刀绝缘杆的上部。合闸是用手力，借助绝缘钩棒拉动拉环，使操作动杆向下转动，负荷开关带着熔断器向上转动到合闸位置。在合闸过程中，分闸弹簧被拉长储能，为分闸做好准备。当发生短路时，熔丝熔断，熔管跌落。

4）适用工作条件

（1）安装地点海拔高度：≤1000 m。

（2）环境温度：－30～＋40 ℃。

（3）风速：≤34 m/s。

（4）安装场所：可在有污秽的地区使用。

5）主要技术参数

FW9型户外高压组合开关的主要技术参数见表4－5－1。

表4－5－1　FW9型户外高压组合开关的主要技术参数

主要技术特征		数值
额定工作电压/kV		10
额定工作电流/A		6.3
2 s短时耐受电流/kA		1.6
额定峰值耐受电流/kA		4.0
额定短路关合电流/kA		0.4
额定开断电流/kA	空载 cosθ≤0.15	0.4
	轻载 cosθ≤0.4	1.0
	满载 cosθ≤0.7	6.3
1 min工频耐受电压/kV		42
雷电冲击耐受电压/kV		75

6）外形及安装尺寸

FW9型户外高压组合开关的外形及安装尺寸如图4－5－1所示。

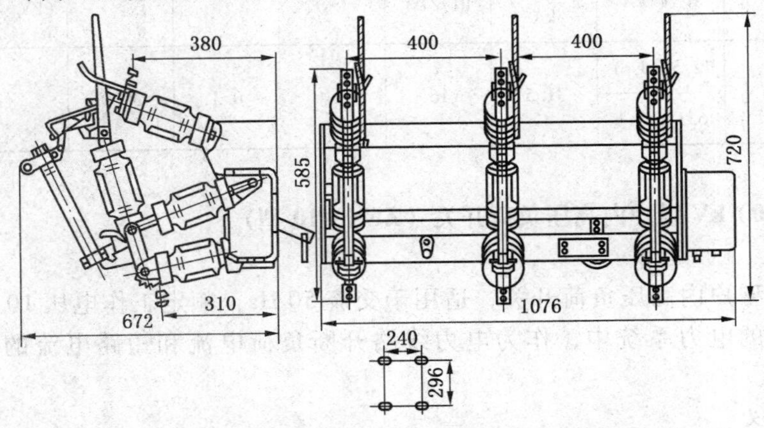

图4－5－1　FW9型户外高压组合开关的外形及安装尺寸

2. FW11－10 型户外高压 SF_6 负荷开关

1）用途

FW11－10 型负荷开关以 SF_6 为灭弧和绝缘介质，适用于交流 50 Hz，额定电压为 10 kV 的配电电网中，切断和关合负荷电流、短路电流及环流。

2）型号意义

FW11－10 型户外高压 SF_6 负荷开关的型号意义与前面的相似。

3）结构特点

FW11－10 型负荷开关配手动弹簧操动机构，三相共箱式，箱筒底部有内装吸附剂和充放气阀的吸附剂罩，瓷套管作为动静触头的固定支撑和对地绝缘及外部接线端子。动静触头采用旋弧式灭弧原理，灭弧效果好。

4）适用工作条件

（1）安装地点海拔高度：≤1000 m。

（2）环境温度：－30～＋40 ℃。

（3）风速：≤34 m/s。

（4）安装场所：可在有污秽的地区使用。

5）主要技术参数

FW11－10 型户外高压 SF_6 负荷开关的主要技术参数见表 4－5－2。

6）外形及安装尺寸

FW11－10 型户外高压 SF_6 负荷开关的外形及安装尺寸如图 4－5－2 所示。

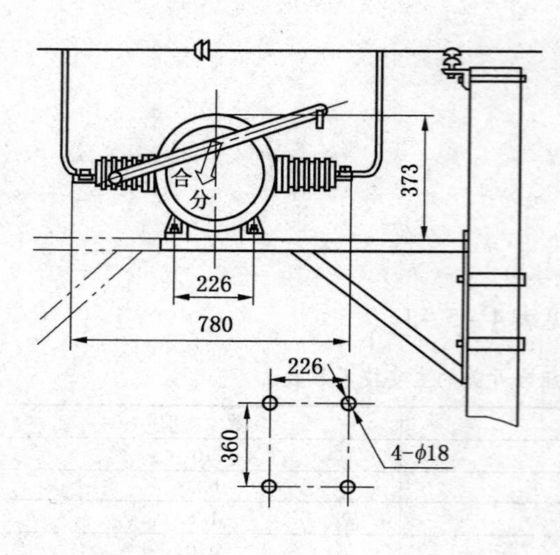

图 4－5－2　FW11－10 型户外高压 SF_6 负荷开关的外形及安装尺寸

表 4－5－2　FW11－10 型户外高压 SF_6 负荷开关的主要技术参数

额定电压/kV	额定电流/A	额定热稳定电流/kA	额定动稳定电流（峰值）/kA	额定关合电流（峰值）/kA	额定工作压力/MPa	最低工作压力/MPa	机械寿命次数/次	零表压时耐压/(kV · min⁻¹)	年漏气率/%
10	400	12.5（1 s）	31.5	16	0.4	0.3	3000	15	2
		6.3（4 s）							

（二）6(10) kV 级户内高压负荷开关（ZFN－10 型）

1. 用途

ZFN－10 型户内高压负荷开关，适用于交流 50 Hz，额定工作电压 10 kV，额定工作电流 630 A 的电力系统中，作为电力线路开断负荷电流和短路电流的操作设备使用。

2. 型号意义

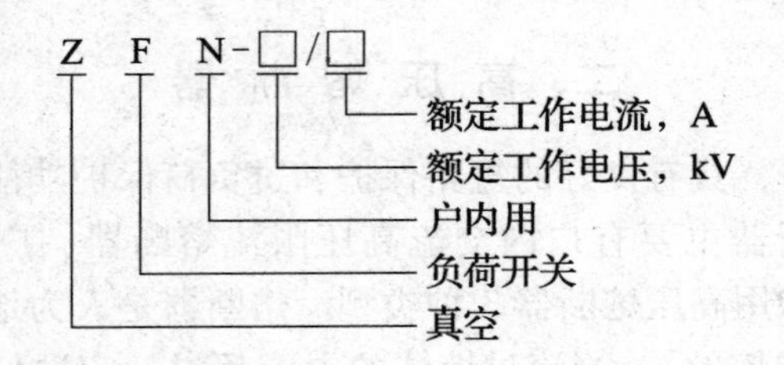

3. 结构特点

真空负荷开关由基架、绝缘子、真空灭弧室、隔离开关及弹簧操动机构组成。操动机构通过传动轴、齿轮、连杆与操作手柄相连。三相连动主轴与隔离开关转轴间互锁，有接地开关时与隔离开关或负荷开关也有机械互锁，确保操作使用安全。

4. 适用工作条件

（1）安装地点的海拔高度：≤1000 m。

（2）环境温度：−25～+40 ℃。

（3）相对湿度：日平均值≤95%，月平均值≤90%（+25 ℃）。

（4）环境要求：周围空气不应有腐蚀性和可燃性气体及水蒸气的明显污染。

（5）安装地点：无经常性剧烈振动。

5. 主要技术参数

ZFN－10型户内高压负荷开关的主要技术参数见表4－5－3。

表4－5－3　ZFN－10型户内高压负荷开关的主要技术参数

主要技术特征	数值	主要技术特征	数值
额定工作电压/kV	10	额定短时耐受电流/kA	50
额定工作电流/A	630	额定峰值耐受电流/kA	20
额定有功开断电流/A	630	额定短路关合电流/kA	50
额定闭环开断电流/A	630	1 min 工频耐受电压/kV	42
额定空载变压器开断容量/(kV·A)	1250	雷电冲击耐受电压/kV	75

6. 外形及安装尺寸

ZFN－10型户内高压负荷开关的外形及安装尺寸如图4－5－3所示。

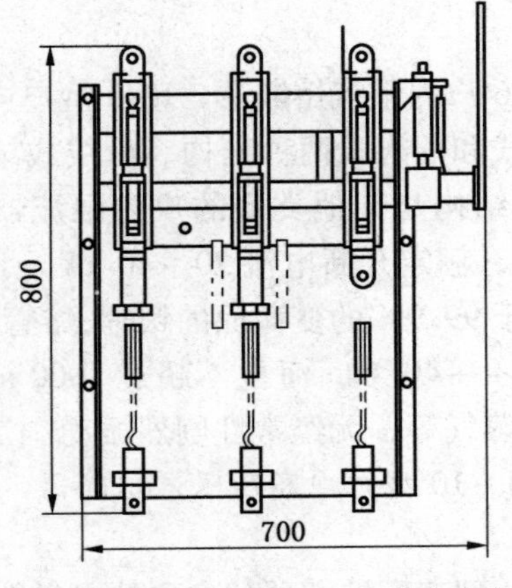

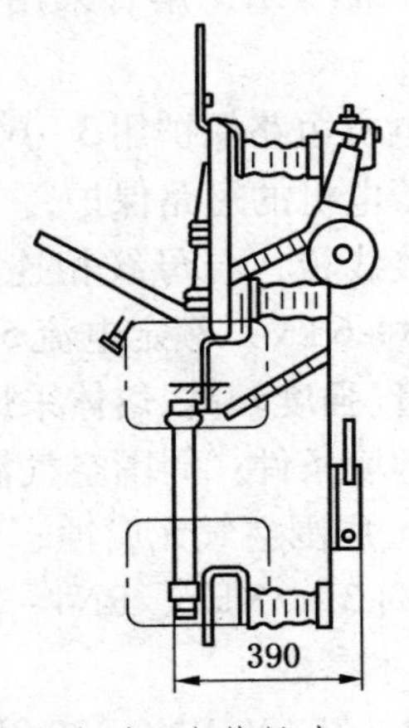

图4－5－3　ZFN－10型户内高压负荷开关的外形及安装尺寸

二、高压熔断器

高压熔断器结构简单，具有良好的短路保护和过负荷保护功能，广泛应用于输配电系统和工矿企业。高压熔断器主要有户内交流高压限流熔断器、户外交流高压跌落式熔断器、并联电容器单台保护用高压熔断器3种类型。熔断器是人为地在电路中设置的一个最薄弱的发热元件（熔体或熔丝），当流过熔体的电流超过一定数值时，熔体自身产生的热量自动地将熔体熔断，达到开断电路的目的及保护其他电器设备不致受到损害。

（一）3～35 kV 级户内高压限流熔断器

户内熔断器（限流熔断器）为单相高压电器设备。每种型号的限流熔断器的外形结构、灭弧原理都基本相同。主要由熔管、触头座、动作指示器、绝缘子和底板构成。熔管一般为瓷质套管，熔丝由单根或多根镀银的细铜丝并联绕成螺旋状，熔丝埋放在石英砂中。当过载或短路时，熔丝熔断。电弧出现在多条石英砂的缝隙中。由于石英砂对电弧强烈的去游离作用，每条隙缝中的金属蒸汽少，冷却效果好，使电弧熄灭，在短路电流达到峰值之前已被开断。因此，本系列熔断器具有很强的限流能力和较短的开断时间，使电器设备免受损坏。

3～35 kV 级 RN 系列高压限流熔断器可分为以下几种类型：

一是用于电力变压器和电力线路短路保护的 RNI、RN3 系列3～10 kV 级户内限流熔断器。RNI 系列限流熔断器的额定电压3～35 kV，额定电流2～400 A，根据电流的大小，熔管可单管也可双管、四管并联使用，一般与负荷开关搭配使用，装在高压开关柜中，也有单独使用的。RN3 系列限流熔断器的外形尺寸略小于 RNI 系列限流熔断器。两者区别在于熔管内熔丝结构不同，RNI 型熔断器的熔丝采用三段不同截面的铜丝相连接缠绕在六角瓷管上，而 RN3 型熔断器的熔丝是将薄铜带冲压成一定形状缠在六角瓷管上。

二是用于电压互感器的短路保护的3～35 kV 级 RN2、RN4、RN5 型户内限流熔断器。RN2 型户内限流熔断器装在高压开关柜中的 PT 柜内。结构与 RNI 熔断器相同，额定电压3～35 kV 额定电流0.5 A，额定开断容量1000 MV·A，RN4 型限流熔断器的额定电压为20 kV，额定电流为0.35 A，额定开断容量4500 MV·A、RN4 与 RN2 型户内熔断器的区别在于熔丝的材料和结构不同。RN5 型户内限流熔断器的额定电压10 kV，额定电流1 A，额定开断容量500 MV·A，熔管采用高强度的氧化铝瓷管，外径较小，熔丝采用变截面结构。

三是高压电机短路保护用3～6 kV 级 RN6 户内限流熔断器。RN6 型户内后备限流熔断器主要作为高压电机的短路保护，分为母线式和插入式两种结构。母线式结构主要是在熔管两端直接装接线板，与母线相连。插入式结构与其他类型的户内限流器相同，带有底座，额定电压3～6 kV，额定电流50～300 A，额定开断电流20～40 kA。熔管采用环氧酚醛层压玻璃布管。强度较高，熔体采用含银大于99.9%的变截面的银片，熔管内填充石英砂。

正常使用环境条件：周围空气温度 -25～+40 ℃，海拔不超过1000 m，空气相对湿度不大于90%，周围空气无腐蚀、可燃、水蒸气等，无经常性剧烈振动。

1. RN2 系列3～35 kV、RN4-20 及 RN5-10 型户内高压限流熔断器

1）主要技术参数

RN2 系列3～35 kV、RN4-20 及 RN5-10 型高压熔断器的主要技术参数见表4-5-4。

表 4-5-4　RN2 系列 3~35 kV、RN4-20 及 RN5-10 型高压熔断器技术参数

型　号	额定电压/kV	最高电压/kV	额定电流/A	额定断流容量/（MV·A）	熔管电阻/Ω	质量/kg
RN2-3	3	3.5	0.5	500	93	5.6
RN2-6	6	6.9	0.5	1000		
RN2-10	10	11.5	0.5			
RN2-15	15	17.5	0.5		200	12.2
RN2-20	20	23	0.5			
RN2-35	35	40.5	0.5			
RN4-20	20	23	0.35	4500		
RN5-10	10	11.5	1	500		

2）外形及安装尺寸

RN2 系列户内高压限流熔断器外形及安装尺寸如图 4-5-4 至图 4-5-6 所示，见表 4-5-5。

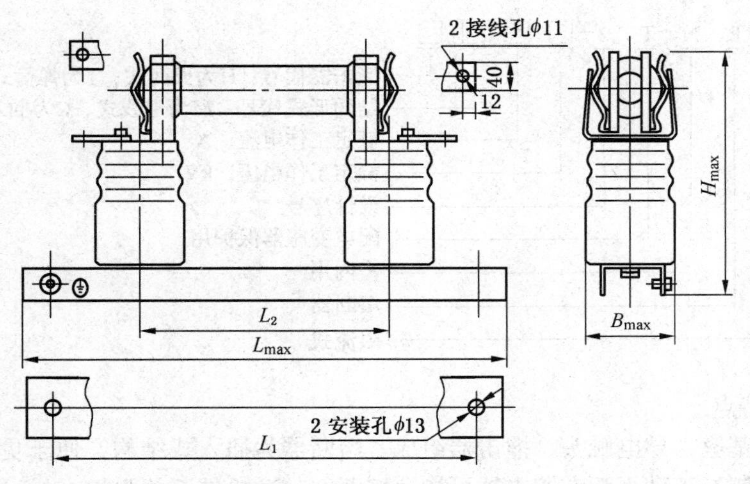

图 4-5-4　RN2 系列户内高压熔断器外形及安装尺寸

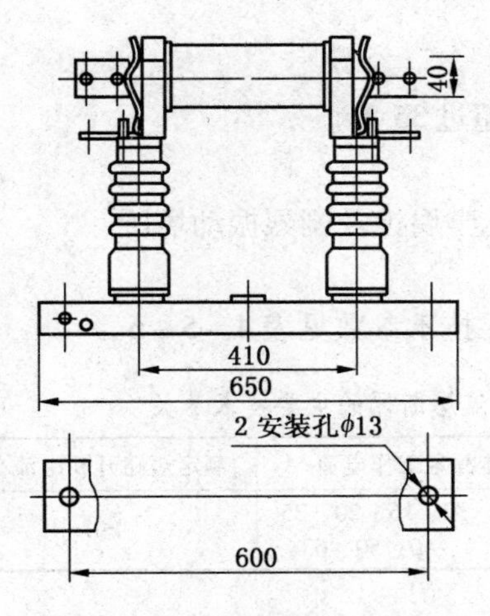

图 4-5-5　RN4 系列户内高压熔断器外形及安装尺寸

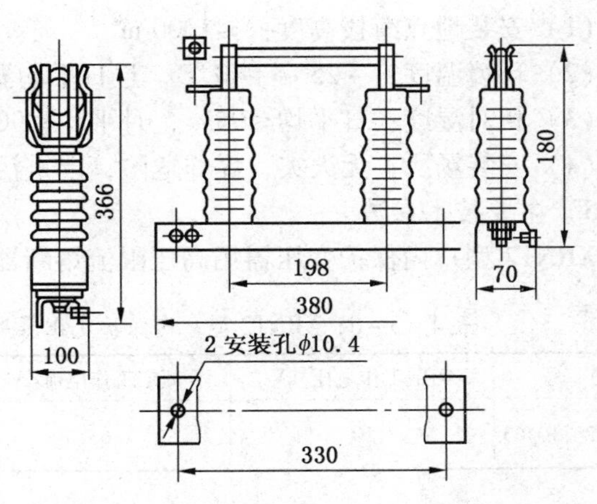

图 4-5-6　RN5 系列户内高压熔断器外形及安装尺寸

表 4-5-5　RN2 系列 3~35 kV 级户内高压熔断器外形及安装尺寸　　mm

型　号	L_{max}	L_1	L_2	H_{max}	B_{max}	型　号	L_{max}	L_1	L_2	H_{max}	B_{max}
RN2-3	452	400±2.85	216	250	95	RN2-15 RN2-20	652	600±3.5	416	380	105
RN2-6											
RN2-10						RN2-35	852	800±4	616	445	105

2. XRNT2 型户内保护变压器用高压限流熔断器

1）用途

XRNT2 型户内保护变压器用高压限流熔断器，适用于交流 50 Hz，额定工作电压 10 kV 及以下，额定工作电流 63 A 的电力系统中，作为配电变压器的过载和短路保护使用，可与负荷开关、真空接触器配合使用。

2）型号意义

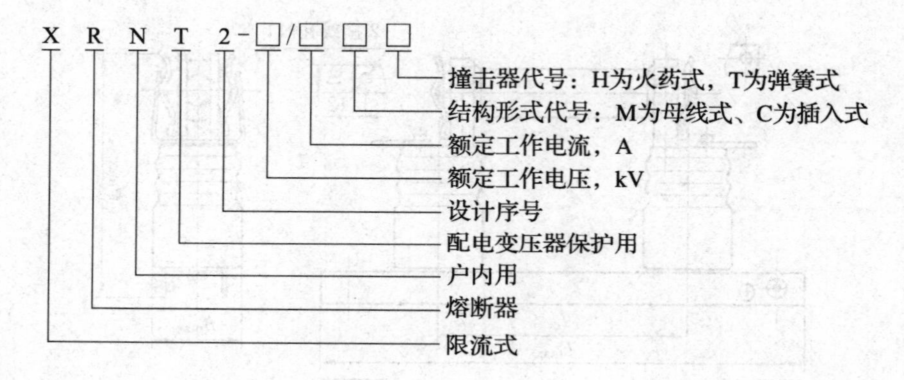

3）结构特点

熔断器由基座、导电触头、撞击器组成。熔断器为插入式结构，便于更换。熔体由纯银带制成。精制石英砂灭弧。撞击器可指示熔断并带动机械开关脱扣。

4）适用工作条件

（1）安装地点海拔高度：≤1000 m。

（2）环境温度：-25 ~ +40 ℃，且日平均温差不超过 35 ℃。

（3）相对湿度：日平均≤95%，月平均≤90%。

（4）安装场所：无火灾，爆炸危险，严重污染、化学腐蚀及剧烈振动场所。

5）主要技术参数

XRNT2 型户内保护变压器用高压限流熔断器的主要技术参数见表 4-5-6。

表 4-5-6　XRNT2 型户内保护变压器用高压限流熔断器的主要技术参数

型　号	额定工作电压/kV	额定工作电流/A	熔体额定工作电流/A	额定短路开断电流/kA
XRNT2-10/63	10	63	6.3、10、16、20、25 31.5、40、50、63	50

6）外形及安装尺寸

XRNT2 型户内保护变压器用高压限流熔断器的外形及安装尺寸如图 4-5-7 所示。

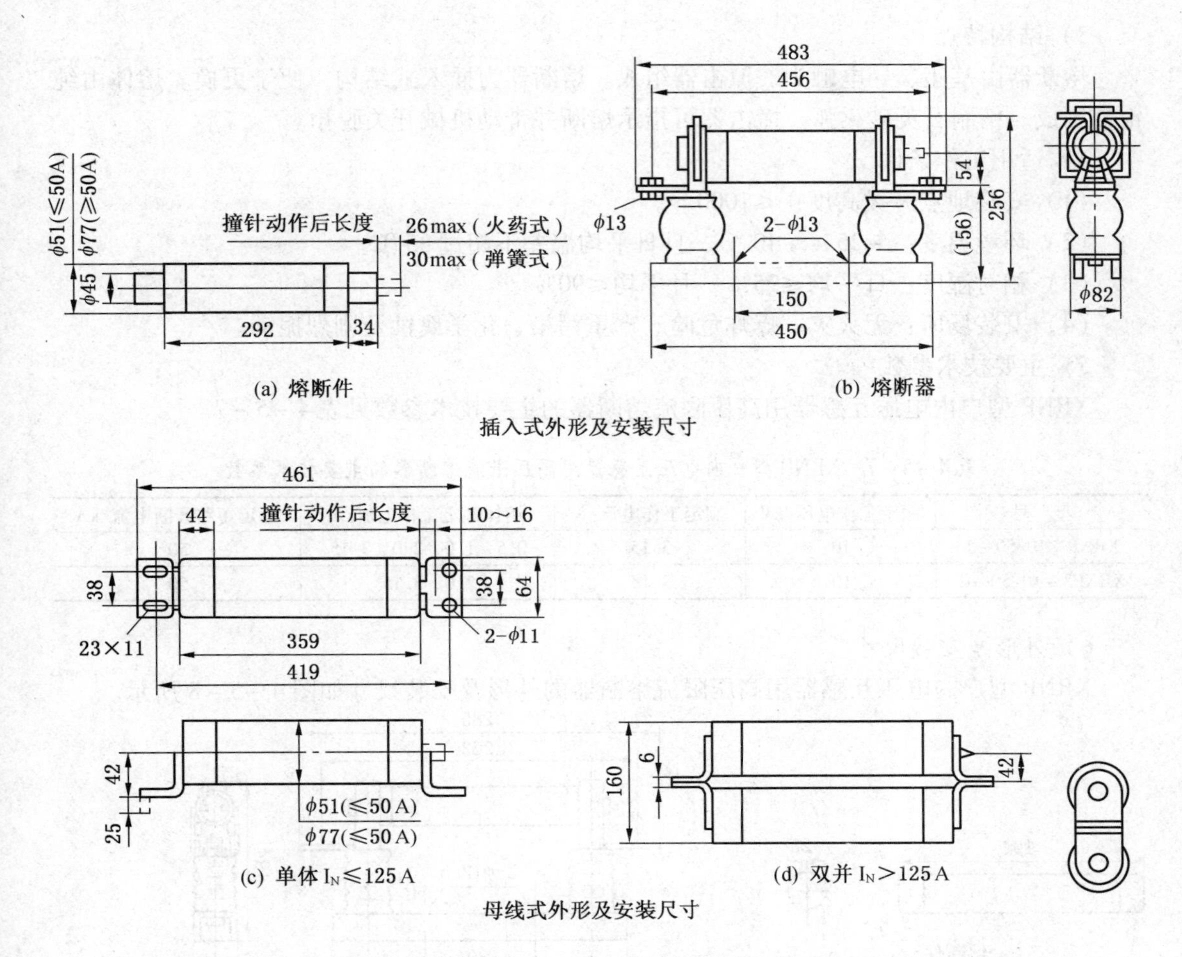

图 4-5-7　XRNT2 型户内保护变压器用高压限流熔断器的外形及安装尺寸

3. XRNP 型户内电压互感器用高压限流熔断器

1）用途

XRNP 型户内电压互感器用高压限流熔断器，适用于交流 50 Hz，额定工作电压 10 kV 及以下，额定工作电流 3.15 A 的电力系统中，作为电压互感器的过载和短路保护使用。

2）型号意义

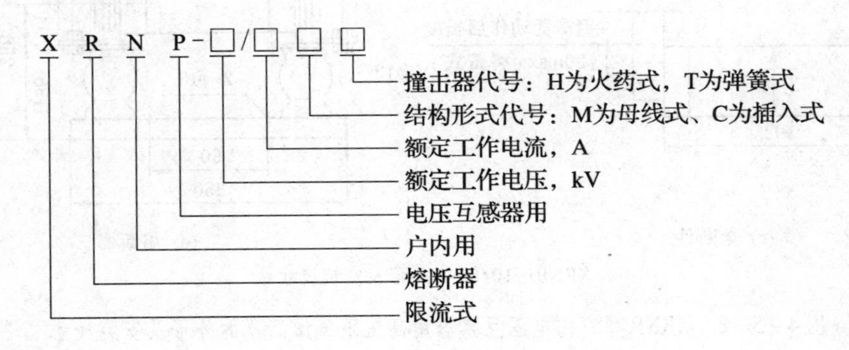

3）结构特点

熔断器由基座、导电触头、撞击器组成。熔断器为插入式结构，便于更换。熔体由纯银带制成。精制石英砂灭弧。撞击器可指示熔断并带动机械开关脱扣。

4）适用工作条件

（1）安装地点海拔高度：≤1000 m。

（2）环境温度：-25～+40 ℃，且日平均温差不超过35 ℃。

（3）相对湿度：日平均≤95%，月平均≤90%。

（4）安装场所：无火灾、爆炸危险、严重污染、化学腐蚀及剧烈振动。

5）主要技术参数

XRNP型户内电压互感器用高压限流熔断器的主要技术参数见表4-5-7。

表4-5-7　XRNP型户内电压互感器用高压限流熔断器的主要技术参数

型　号	额定工作电压/kV	额定工作电流/A	熔体额定工作电流/A	额定短路开断电流/kA
XRNP-10/50-1	10	3.15	0.5、1.0、2.0、3.15	50
XRNP2-10/50-2	10	3.15	2.0、3.15	50

6）外形及安装尺寸

XRNP型户内电压互感器用高压限流熔断器的外形及安装尺寸如图4-5-8所示。

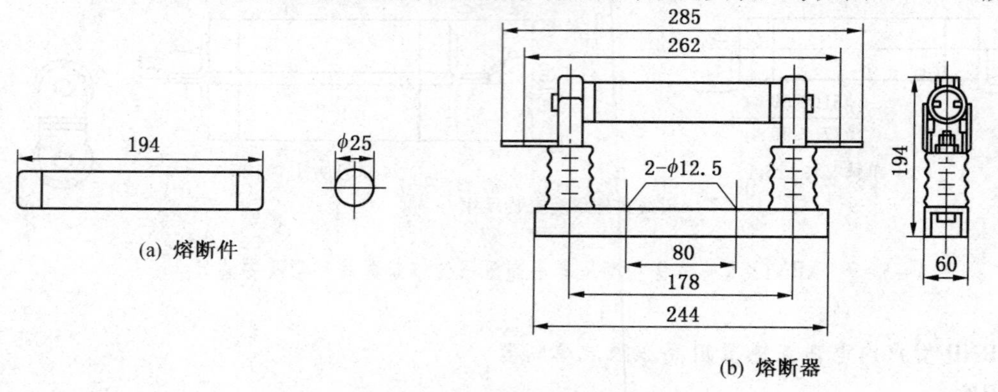

(a) 熔断件　　(b) 熔断器

XRNP-10/50-1 外形安装尺寸

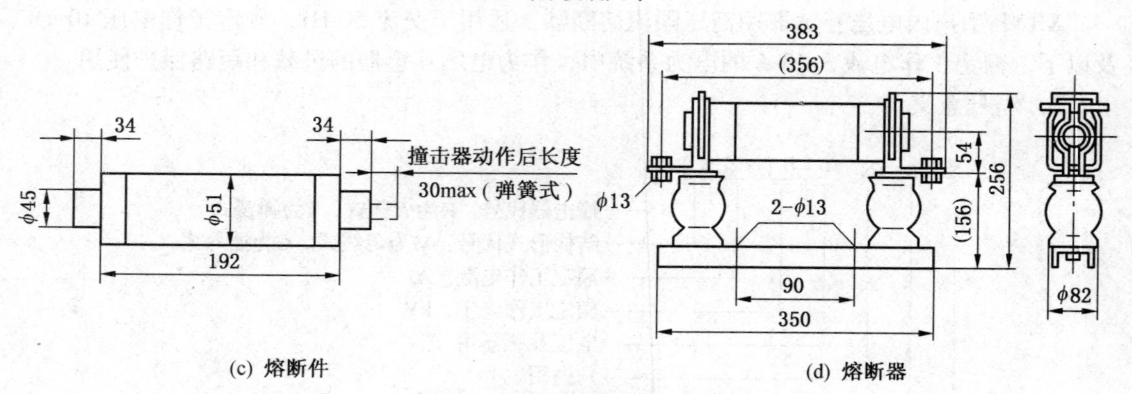

(c) 熔断件　　(d) 熔断器

XRNP1-10/50-2 外形及安装尺寸

图4-5-8　XRNP型户内电压互感器用高压限流熔断器的外形及安装尺寸

（二）3～35 kV 级户外高压跌落熔断器

1. RW5－35Ⅰ型户外交流高压跌落式熔断器

1）用途

RW5－35Ⅰ型户外高压跌落式熔断器适用于交流 50 Hz，额定工作电压 35 kV，额定工作电流 100 A 的电力系统中，作为电力输电线路和电力变压器的短路和过负荷户外保护设备使用。

2）结构特点

RW5－35Ⅰ型户外高压跌落式熔断器主要由上触座、防雨罩、上接触、熔管、下接触、下触座、绝缘子和安装板等构成，主要导电和结构件均采用精密铸造的黄铜。上、下触头采用异形钢材和镀锡带铆合而成，具有充裕的导电能力，并能多次整修保持良好接触。熔管采用复合管，外管用高强度环氧玻璃钢管，具有足够的机械强度，内管采用红钢纸管作消弧管，能保证熄灭电弧。正常工作时，熔丝使熔管和动触头间的活动关节锁紧，在防雨罩的钩子作用下使熔管处于合闸位置，当电路中出现故障电流时，熔丝熔断，在熔管内产生电弧。消弧管在电弧高温作用下产生大量气体，当电流过零时，在强烈的去游离作用下，使电弧熄灭。由于熔丝熔断，活动关节释放，在上、下弹性触头的推力和本身重力作用下，熔管迅速跌落，形成明显的隔离间隙。

3）适用工作条件

（1）周围空气温度：－30～＋40 ℃。

（2）安装地点海拔：≤1000 m。

（3）风压：≤700 Pa（相当于风速 34 m/s）。

（4）安装地点：无火灾、爆炸危险，无严重污秽、化学腐蚀及剧烈振动。

4）主要技术参数

RW5－35Ⅰ型户外交流高压跌落式熔断器的主要技术参数见表 4－5－8。

5）外形及安装尺寸

RW5－35Ⅰ型户外交流高压跌落式熔断器的外形及安装尺寸如图 4－5－9 所示。

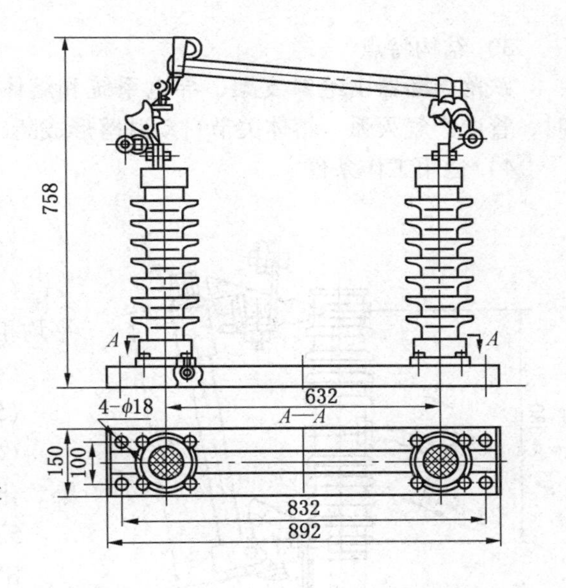

图 4－5－9　RW5－35Ⅰ型户外交流高压跌落式熔断器的外形及安装尺寸

表 4－5－8　RW5－35Ⅰ型户外交流高压跌落式熔断器的主要技术参数

额定电压/kV	最高电压/kV	额定电流/A	额定断流容量/(MV·A)		配用熔丝额定电流/A	质量/kg
			上限	下限		
35	40.5	100	300	60	10、15、20、30、40、50、75、100	33.2

2. RW12 - 10F 型户外高压跌落式熔断器

1）用途

RW12 - 10F 型户外高压跌落式熔断器，适用于交流 50 Hz，额定工作电压 10 kV 及以下，额定工作电流 100 A 的电力系统中，作为配电线路或配电变压器过载和短路保护及隔离电源使用。

2）型号意义

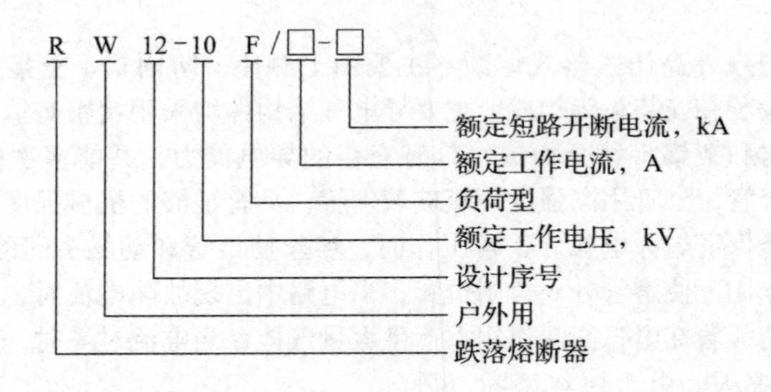

3）结构特点

跌落熔断器由绝缘支架、导电系统和熔体组成。合闸时熔体动触头闭锁。熔体熔断时，管内产气灭弧、熔体关节自动跌落形成断口，切断电源。

4）适用工作条件

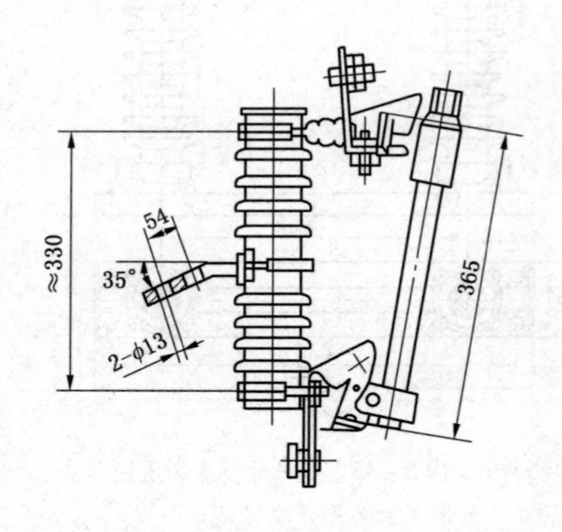

图 4 - 5 - 10　RW12 - 10F 型户外高压跌落式熔断器的外形及安装尺寸

（1）安装地点的海拔高度：≤1000 m。

（2）周围空气温度：-25 ~ +40 ℃。

（3）相对湿度：日平均相对湿度≤95%，月平均相对湿度≤90%。

（4）地震烈度：≤8 度。

（5）风速：≤35 m/s。

（6）安装场所：无火灾、爆炸危险、严重污染、化学腐蚀及剧烈振动。

5）主要技术参数

RW12 - 10F 型户外高压跌落式熔断器的主要技术参数见表 4 - 5 - 9。

6）外形及安装尺寸

RW12 - 10F 型户外高压跌落式熔断器的外形及安装尺寸如图 4 - 5 - 10 所示。

表 4 - 5 - 9　RW12 - 10F 型户外高压跌落式熔断器的主要技术参数

型　号	额定工作电压/kV	额定工作电流/A	熔体额定工作电流/A	额定短路开断电流/kA
RW12 - 10F/100	10	100	3、5、10、15、20、30、40、50、75、100	6.3

第六节 操 动 机 构

一、弹簧操动机构

（一）CT19 弹簧操动机构

1. 用途

CT19 弹簧操动机构可供操动各类 ZN28 型开断电流为 20 kA、31.5 kA、40 kA 的户内高压真空断路器使用或者操动合闸功能与之相同的其他类型的真空断路器。

2. 主要结构特点

现有的 CT19 主要分两种。配固定柜（CT19B）及配手车（CT19）。CT19B 型是在 CT19A 型基础上小型化后加以改进完善的，机械性能更加稳定可靠。机构合闸弹簧的储能方式有电动机储能和手动储能两种，分闸操作有分闸电磁铁、过流脱扣电磁铁、手动按钮及欠电压脱电磁铁 4 种。合闸操作有合闸电磁铁、手动按钮两种。

3. 适用工作条件

（1）环境温度：≤ +40 ℃，≥ −25 ℃（储运时周围空气温度上限为 +40 ℃，下限为 −40 ℃）。

（2）海拔高度：≤1000 m。

（3）相对湿度：日平均≤95%，月平均≤90%（+25 ℃）。

（4）饱和蒸汽压：日平均≤2.2×10^{-3} MPa，月平均≤1.8×10^{-3} MPa。

（5）安装场所：无火灾、爆炸危险，无严重污秽，无腐蚀性气体以及经常性的剧烈振动。

4. 主要技术参数

储能电机采用永磁直流电机，其技术参数见表 4-6-1。

表 4-6-1 储能永磁直流电机的技术参数

型号	66ZYCJ-11		型号	66ZYCJ-11
额定工作电压/V	110	220	正常工作电压范围	85%～110% 额定工作电压
电动机额定输入功率/W	70～200		额定工作电压储能时间/s	<12

手动储能采用 40 cm 长的储能操作手柄时，其操作力不大于 40 N。

分、合闸电磁铁采用螺管式电磁铁，其技术参数见表 4-6-2。

表 4-6-2 分、合闸电磁铁的主要技术参数

额定工作电压/V	110	220	380	48	110	220
额定工作电流/A	4.3	3.8		3.3	2.3	1.16
额定电功率/W	<473	<836		<158	<253	<255
20 ℃时线圈电阻值/Ω	8.5±0.5	19.2±1.2		15±0.75	47±2.8	190±11
正常合闸工作电压范围	85%～110% 额定工作电压					
正常分闸工作电压范围	65%～120% 额定工作电压应可靠分闸，小于 30% 额定工作电压时不得分闸					

由独立电源供电的分闸电磁铁和过电流脱扣电磁铁采用螺管式电磁铁。

过电流脱扣电磁铁由电流互感器供电，其电路依靠分装的过电流继电器触头动作关合。动作值由过电流继电器整定，过电流脱扣电磁铁整定电流为5 A，纯电阻2.6 ±0.5 Ω（线圈接桥堆，消除了感抗）。

脱扣器的组合及代号见表4－6－3。

表4－6－3　脱扣器的组合及代号

脱扣器组合代号	脱扣器名称及代号	
	过电流脱扣电磁铁/只	分闸电磁铁/只
114	2	1
1114	3	1
400	0	1

CT19型弹簧操动机构的规格及与之匹配的主要部件见表4－6－4。

表4－6－4　CT19型弹簧操动机构的规格及与之匹配的主要部件

规　格	质量/kg	体积（高×宽×深）/（mm×mm×mm）	电动机输入功率/W	合闸弹簧/mm	匹配真空断路器开断电流/kA
CT19－Ⅰ			70	ϕ7	20
CT19－Ⅱ	30	420×350×160		ϕ7.5	31.5
CT19－Ⅲ			120	ϕ8	40
CT19A－Ⅰ			70	7	20
CT19A－Ⅱ	38	550×380×170		8	31.5、25
CT19A－Ⅲ			120	8＋4	40

5. 外形及安装尺寸

CT19弹簧操动机构的外形及安装尺寸如图4－6－1所示。

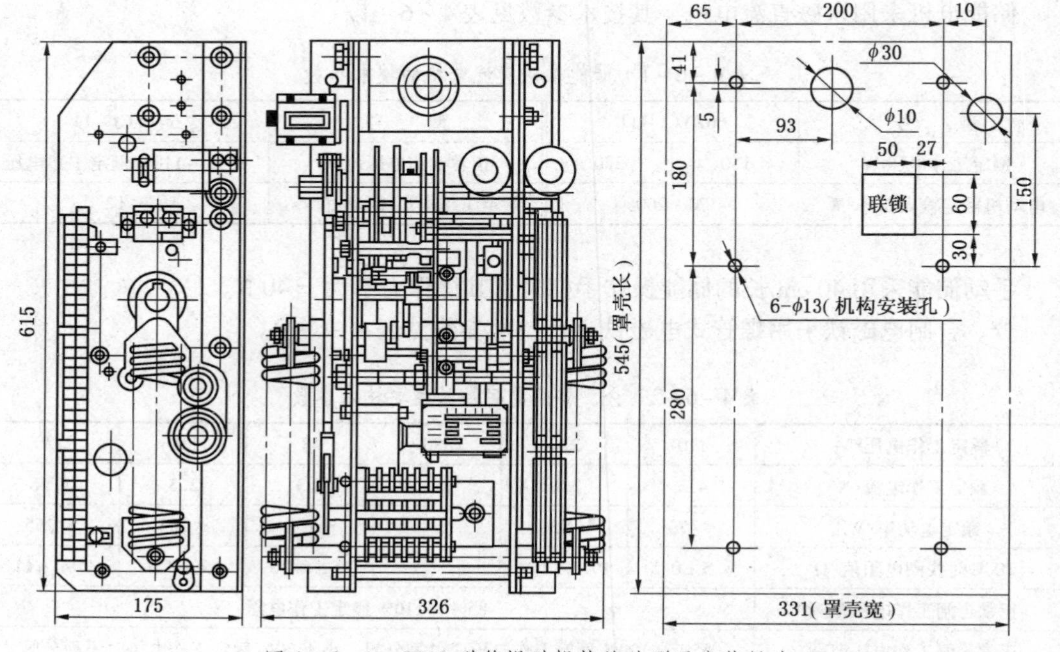

图4－6－1　CT19弹簧操动机构的外形及安装尺寸

（二）CT19 - IV 型弹簧操作机构

1. 用途

CT19 - Ⅳ型弹簧操作机构，可供操动 35 kV 真空断路器及合闸功与之相当的 SF_6 断路器、少油断路器等使用，其性能符合 GB 1984—2003 交流高压断路器标准和技术条件的要求。

2. 结构特点

CT19 - Ⅳ型弹簧操动机构同时具有电动机储能和手动储能两种，合闸操作有合闸电磁铁及手动按钮两种，分闸操作有分闸电磁铁、过流脱扣电磁铁及手动按钮 3 种。

此机构具有噪声小、运行平稳、结构紧凑、体积小、手动储能杆、寿命长等特点。

3. 适用工作条件

（1）环境温度：≤ +40 ℃，≥ -25 ℃（储运时周围空气温度上限 +40 ℃，下限 -40 ℃）。

（2）海拔高度：≤1000 m。

（3）相对湿度：日平均值≤95%，月平均值≤90%（+25 ℃）。

（4）饱和蒸汽压：日平均值≤2.2×10^{-3} MPa，月平均值≤1.8×10^{-3} MPa。

（5）安装场所：无火灾、爆炸危险，无严重污秽，无化学腐蚀及经常性剧烈振动。

（6）手动储能操作力：采用 520 mm 储能手柄，最大操作力≤150 N。

（7）合分闸电磁铁：结构和参数相同，可以通用。其电源独立分开，也可采用相同电源。

4. 主要技术参数

CT19 - Ⅳ型弹簧操作机构的主要技术参数见表 4 - 6 - 5。

表 4 - 6 - 5 CT19 - Ⅳ型弹簧操作机构的主要技术参数

序号	项 目		技 术 数 据
1	合闸功/J		350 ~ 500
2	储能电机	型 号	单相交直流两用串激电动机 HDZ - 220B
		额定工作电压/电流	≌V/1.6 ~ 1.8 A
		额定输出功率/W	120 ~ 160
		额定时间/s	≤15
		工作电压范围	85% ~ 110% 额定电压
3	合分闸电磁铁	额定工作电压/V	~110 ~220 ~380 -220 -110
		额定工作电流/A	5.6 4.5 2.1 2.03 4.07
		20 ℃时线圈电阻/W	60 ±0.3 23 ±1.5 80 ±4 108 ±5.4 24 ±1.35
		工作电压范围	合闸电磁铁 85% ~ 110%；分闸电磁铁 65% ~ 120%，小于 30% 连续 3 次不能分闸
4	辅助开关	型 号	F11 - 12Ⅲ/L
		常开触点数/对	6
		常闭触点数/对	6
		额定开断关合电流/A	AC12.5；DC220 V 4 A，110 V 8 A
5	机构输出轴工作转角/(°)		50 ~ 55
6	机构寿命次数/次		10000
7	配断路器合闸时间/s		0.030 ~ 0.060
	配断路器分闸时间/s		0.015 ~ 0.050
8	一次重合闸无电流间隙时间/s		0.3
9	二次回路 1 min 工作频耐压/V		2000

5. 外形及安装尺寸

CT19－Ⅳ、CT19－ⅣB 型弹簧操作机构的安装尺寸如图 4－6－2 所示。

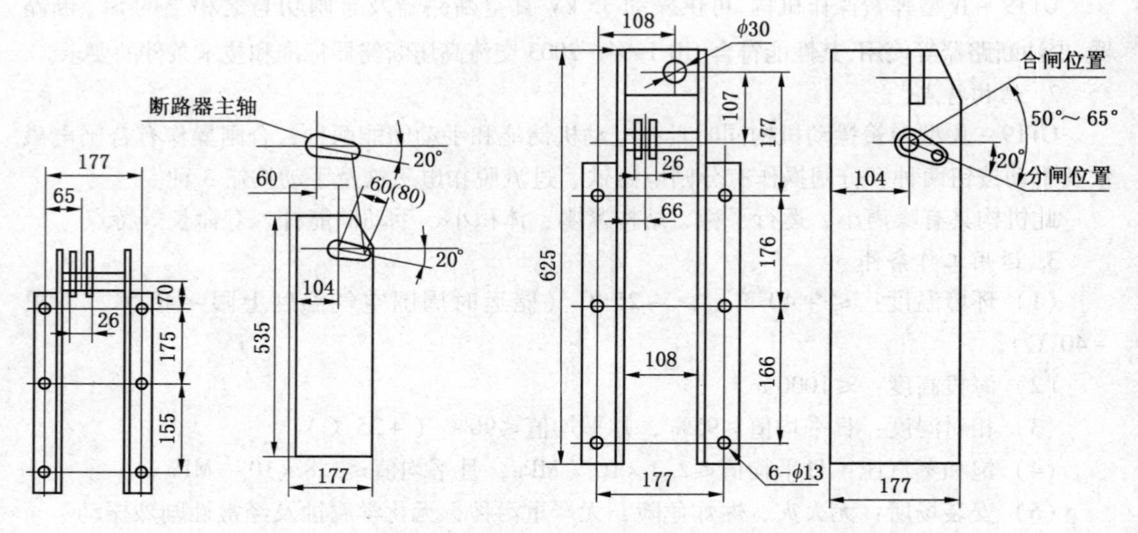

图 4－6－2 CT19－Ⅳ、CT19－ⅣB 型弹簧操作机构的安装尺寸

二、电 磁 操 动 机 构

（一）CD10－Ⅰ、Ⅱ、Ⅲ、Ⅳ型电磁操动机构

1. 用途

CD10－Ⅰ、Ⅱ、Ⅲ、Ⅳ型电磁操动机构，ZN□－10 型真空断路器和与其具有相当合闸功能的其他断路器的分、合闸操作使用。

2. 型号意义

C——操动机构；

D——电磁式；

10——设计序号；

Ⅰ——它能操动的断路器为 10 kV，电流为 630 A；

Ⅱ——它能操动的断路器为 10 kV，电流为 1000～1250 A；

Ⅲ——它能操动的断路器为 10 kV，电流为 2000～3000 A；

Ⅳ——它能操动的断路器为 35 kV，电流为 1250 A 及以下。

3. 结构特点

CD10 型电磁操动机构由自由脱扣机构、电磁系统和缓冲系统组成。

操动机构上部的自由脱扣器是由铸铁弯板和五连杆机构及直角支承架组成。同时，在自由脱扣机构的左边装有 F4－8Ⅲ/W 辅助开关，右上侧装有 F4－2Ⅱ/W 辅助开关，右下端装有分闸电磁铁，中间装有 JX2 型接线端子板。

操动机构的中部是电磁系统，它由合闸线圈、合闸电磁铁铁芯和方形磁轭组成。上述的铸铁弯板及方板也作为导磁体的一部分。为了防止铁芯吸合时黏附方板上，特设置一黄铜垫圈和压缩弹簧使铁芯合闸终了能可靠下落。线圈和铁芯间装一金属磁管，防止铁芯上下运动时磨损线圈、机构下部的盖，由帽状铸铁盖和橡皮缓冲垫组成。盖上附有手力合闸手柄，检修时在手柄上套入长500~800 mm、内径为25 mm的水煤气管即可进行手力缓慢合闸。橡皮缓冲垫用于合闸后掉下时缓冲之用。

合闸前,连杆处于“死点”位置(两杆基本成一直线,趋近180°),在连杆的作用下,使轴固定不动。此时连杆组成四连杆机构。当合闸线圈通电,铁芯向上运动推动轴上行,通过四连杆机构使主轴转动90°,带动机构外的传动杆使断路器合闸。与此同时,断路器的分闸弹簧被拉伸储能,当铁芯行到终点时,轴与支架出现1.5~2.5 mm间隙,线圈电源切断后,铁芯落下,支架复位,轴被支承在支架的圆弧面上,完成了合闸过程。此时,因主轴的转动带动F4-2Ⅱ/W型辅助开关,使串在合闸控制回路的常闭触点打开,切断合闸线圈电源。

当分闸线圈通电或手力撞击分闸铁芯向上冲击时，把连杆撞离“死点”（此角大于180°，在断路器分闸弹力作用下，通过连杆使轴右移，离开支架而落下，主轴反时针转动90°完成分闸动作。分闸位置则由断路器上的分闸橡皮限位垫决定。此时因主轴的转动,带动右方F4-2Ⅱ/W辅助开关,使串在分闸控制回路的闭合触点打开,切断分闸线圈电源。

4. 适用工作条件

（1）环境温度：≤40 ℃，≥-5 ℃。

（2）海拔高度：≤1000 m。

（3）相对湿度：≤90%（25 ℃时）。

（4）安装场所：无火灾、爆炸危险，无严重污秽、无化学腐蚀及剧烈振动。

5. 主要技术特征

CD10-Ⅰ、Ⅱ、Ⅲ、Ⅳ型电磁操动机构的主要技术数据见表4-6-6。

CD10-Ⅰ、Ⅱ、Ⅲ、Ⅳ型电磁操动机构控制及内部接线如图4-6-3所示。

表4-6-6　CD10-Ⅰ、Ⅳ、Ⅱ、Ⅲ型电磁操动机构的主要技术数据

<table>
<tr><td colspan="3" rowspan="2">机构型号
所配断路器</td><td>CD10-Ⅰ</td><td>CD10-Ⅳ</td><td>CD10-Ⅱ</td><td>CD10-Ⅲ</td></tr>
<tr><td>SN10-10Ⅰ/630-16</td><td>SN10-35Ⅰ/1250-16
SN10-35Ⅱ/1250-20</td><td>SN10-10Ⅱ/1000-31.5
SN10-10Ⅲ/1250-40</td><td>SN10-10Ⅲ/2000
3000-40</td></tr>
<tr><td rowspan="4">合闸线圈</td><td rowspan="2">220 V</td><td>电流/A</td><td>99</td><td colspan="2">120</td><td>147</td></tr>
<tr><td>电阻/Ω</td><td>2.22±0.18</td><td colspan="2">1.82±0.15</td><td>1.50±0.12</td></tr>
<tr><td rowspan="2">110 V</td><td>电流/A</td><td>196</td><td colspan="2">240</td><td>294</td></tr>
<tr><td>电阻/Ω</td><td>0.56±0.05</td><td colspan="2">0.46±0.04</td><td>0.38±0.04</td></tr>
<tr><td rowspan="8">分闸线圈</td><td rowspan="2">24 V</td><td>电流/A</td><td colspan="4">37</td></tr>
<tr><td>电阻/Ω</td><td colspan="4">0.65±0.03</td></tr>
<tr><td rowspan="2">48 V</td><td>电流/A</td><td colspan="4">18.5</td></tr>
<tr><td>电阻/Ω</td><td colspan="4">2.60±0.03</td></tr>
<tr><td rowspan="2">110 V</td><td>电流/A</td><td colspan="4">5</td></tr>
<tr><td>电阻/Ω</td><td colspan="4">22±1.1</td></tr>
<tr><td rowspan="2">220 V</td><td>电流/A</td><td colspan="4">2.5</td></tr>
<tr><td>电阻/Ω</td><td colspan="4">88±4.4</td></tr>
<tr><td colspan="3">最低合闸操作电压</td><td>80%额定电压</td><td colspan="3">85%额定电压</td></tr>
<tr><td colspan="3">最高合闸操作电压</td><td colspan="4">110%额定电压</td></tr>
<tr><td colspan="3">最低分闸操作电压</td><td colspan="4">65%额定电压</td></tr>
<tr><td colspan="3">最高分闸操作电压</td><td colspan="4">120%额定电压</td></tr>
<tr><td colspan="3">铁芯顶杆升到顶点时掣子与圆柱销间隙/mm</td><td colspan="4">2.0±0.5</td></tr>
</table>

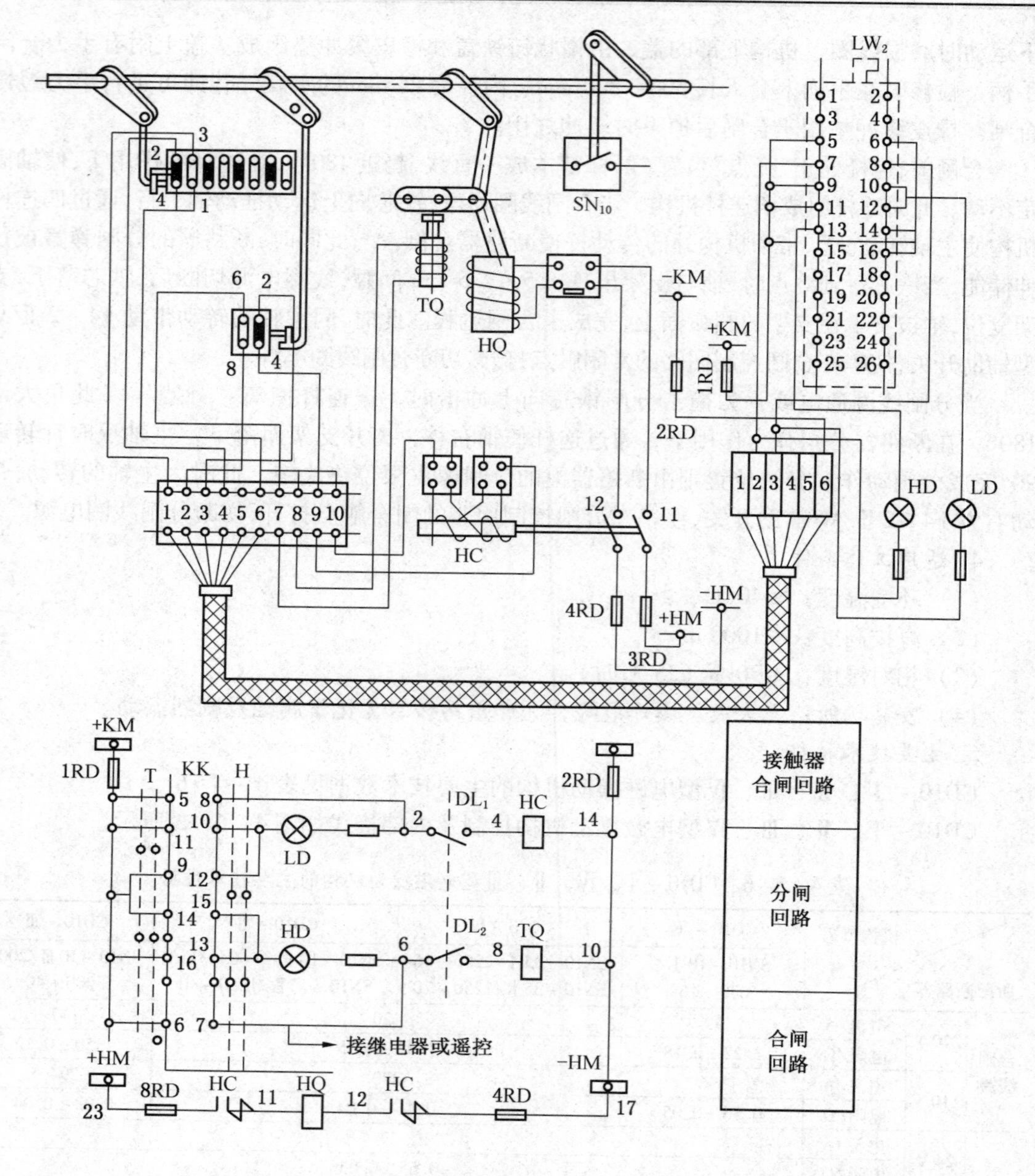

HQ—合闸线圈；TQ—分闸线圈；1～4RD—熔断器；DL—辅助开关；HD—合闸信号灯；KK—控制开关；HC—直流接触器；LD—分闸信号灯

图 4-6-3 CD10-Ⅰ、Ⅱ、Ⅲ、Ⅳ型电磁操动机构控制及内部接线图

6. 外形及安装尺寸

CD10-Ⅰ、Ⅱ、Ⅲ、Ⅳ型电磁操动机构的外形及安装尺寸如图 4-6-4、图 4-6-5 所示。

（二）MSI 型双稳态永磁操动机构

1. 用途

MSI 型双稳态永磁操动机构具有极高的可靠性和长寿命、免维护等特点，特别适用于频繁操作多次开断短路电流等条件恶劣的场所。

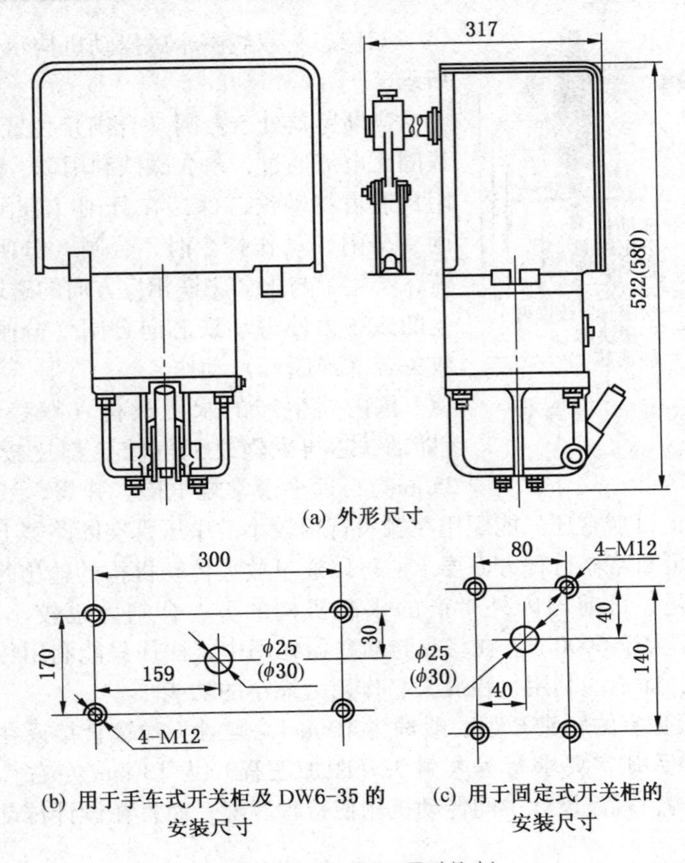

(a) 外形尺寸

(b) 用于手车式开关柜及 DW6-35 的安装尺寸

(c) 用于固定式开关柜的安装尺寸

（括号内数字为 CD10 - Ⅲ型尺寸）

图 4-6-4　CD10 - Ⅰ、Ⅱ、Ⅲ型电磁操动机构的外形及安装尺寸

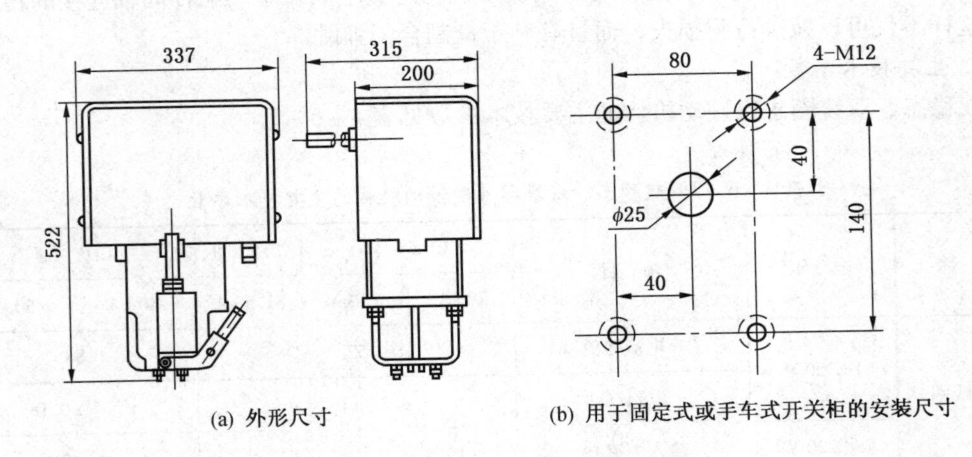

(a) 外形尺寸

(b) 用于固定式或手车式开关柜的安装尺寸

图 4-6-5　CD10 - Ⅳ型电磁操动机构的外形及安装尺寸

MSI 型双稳态永磁操动机构是作为 VSM 型和 VSC 型真空断路器的操作机构使用，与真空断路器混为一体。

2. 结构特点

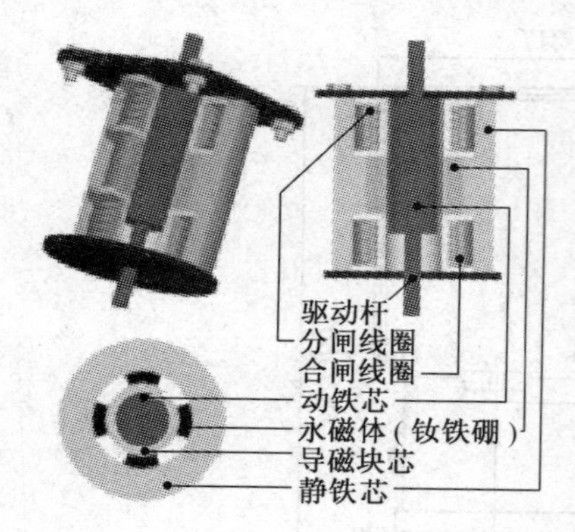

图4－6－6　双稳态、双线圈永磁操动机构示意图

双稳态、双线圈永磁操动机构示意图如图4－6－6所示。

当断路器处于分闸（合闸）位置时，分闸（合闸）线圈无电流通过，永久磁铁利用动、静铁芯提供的低磁阻抗通道将动铁芯保持在分闸（合闸）位置。当有合闸（分闸）动作指令时，合闸（分闸）线圈中通过电流，产生了与永久磁铁相反方向的磁通，两磁场叠加产生的磁场力使得动铁芯向合闸（分闸）位置动作，完成关合（或断开）动作。

国内外生产的永磁机构（双稳态）动铁芯行程（即动铁芯与磁轭之间气隙）都比较小（通常不大于25 mm），远小于常规电磁、弹簧、液压和空压操动机构的行程。因此，目前它还只能配用在触头行程较小的中压真空断路器上。

如果单从满足断路器行程方面要求，可以通过放大传动机构的输出行程，满足大行程断路器要求。但是，目前国内外生产的永磁机构的分、合闸力也较小，通常在2000～4000 N，最大也不大于6000 N。在将它与断路器配用中，往往只能利用传动机构的行程缩小、作用力放大，而不能利用行程放大、作用力缩小的功能。

12 kV真空灭弧室的触头开距一般约为10 mm，当触头弹簧直接设在动触杆上，超程约3 mm时，真空灭弧室要求行程（触头开距加超程）为13 mm左右。如果选用行程为25 mm的永磁机构，就需设计中间传动机构使行程匹配，而且在设计传动比时必须考虑行程损失因素。

40.5 kV真空灭弧室触头要求行程约25 mm（开距约20 mm，超程约4.5 mm），正好与行程为25 mm的永磁机构相匹配，可采用操动机构与真空灭弧室动触杆同轴连接的传动方式。这样不仅可以减少行程损失，而且有利于抑制合闸弹跳。

3. 主要技术参数

双稳态、双线圈永磁操动机构的主要技术参数见表4－6－7。

表4－6－7　双稳态、双线圈永磁操动机构的主要技术参数

名　称	电　压	项　目	CDY－Ⅰ		CDY－Ⅱ	CDY－Ⅲ	
			20 kA	25 kA	31.5 kA	40 kA	50 kA
合闸线圈	DC220 V	工作电流峰值/A	52			88	
		电阻/Ω	4.25±0.18			2.5±0.18	
	AC220 V	输入电流/A	≤2			≤2	
分闸线圈	DC220 V AC220 V	工作电流峰值/A	2			3.5	
		电阻/Ω	120±15			60±5	

双稳态、双线圈永磁操动机构的电气原理图如图4－6－7所示。

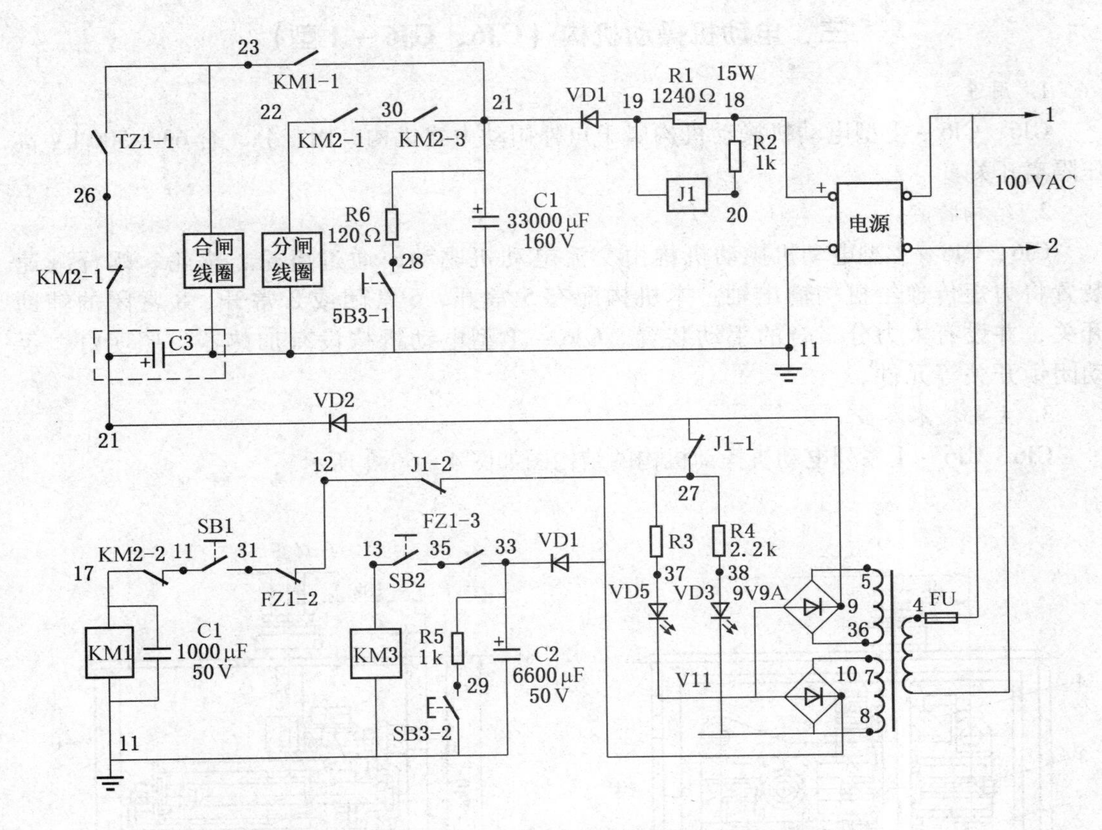

图4-6-7 双稳态、双线圈永磁操动机构的电气原理图

4. 外形图

双稳态、双线圈永磁操动机构的外形如图4-6-8所示。

图4-6-8 双稳态、双线圈永磁操动机构的外形

三、电动机操动机构（CJ6、CJ6－Ⅰ型）

1. 用途

CJ6、CJ6－Ⅰ型电动机操动机构属于户外用动力式机构，用来分、合63~500 kV高压隔离开关。

2. 结构特点

CJ6、CJ6－Ⅰ型电动机操动机构由交流电动机驱动，通过齿轮、蜗轮、蜗杆减速装置将力矩传递给机构输出轴。本机构配有5常开、6常闭或8常开、8常闭的辅助开关，并设有人力分、合的手动装置。CJ6－Ⅰ型电动机构设有加热器、照明灯、手动闭锁开关等元件。

3. 主要技术参数

CJ6、CJ6－Ⅰ系列电动机操动机构的结构图如图4－6－9所示。

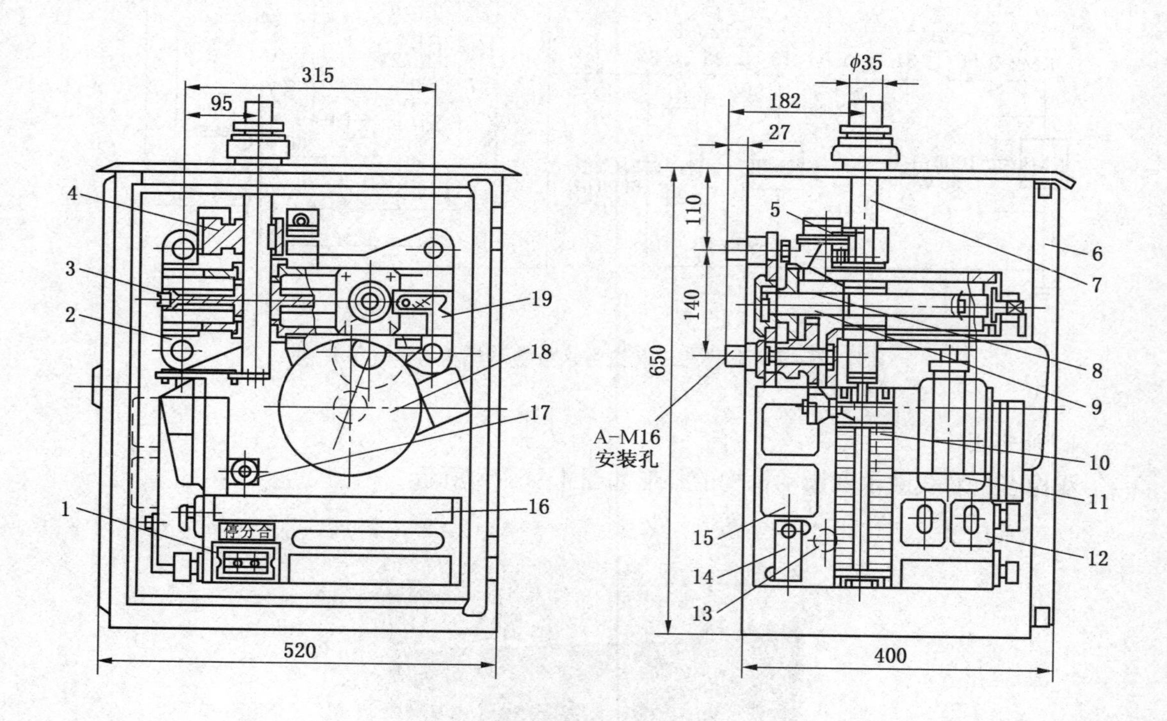

1—按钮；2—框架；3—蜗轮；4—定位件；5—行程开关；6—箱；7—主轴；8—齿轮；9—蜗杆；10—辅助开关；11—刀开关；12—组合开关；13—加热器；14—热继电器；15—接触器；16—接线端子；17—照明灯座；18—电动机；19—手动闭锁开关

图4－6－9 CJ6、CJ6－Ⅰ系列电动机操动机构的结构图

CJ6、CJ6－Ⅰ系列电动机操动机构的主要技术参数见表4－6－8。

4. 外形及安装尺寸

CJ6系列电动机操动机构的外形及安装尺寸如图4－6－10所示。

表4－6－8　CJ6、CJ6－Ⅰ系列电动机操动机构的主要技术参数

型　号	CJ6－1	CJ6－2	CJ6－3	CJ6－4	CJ6－$Ⅰ_1$	CJ6－$Ⅰ_2$	CJ6－$Ⅰ_3$	CJ6－$Ⅰ_4$
主轴转角/(°)	180	90	180	90	180	90	180	90
额定输出转矩/(N·m)	750	750	500	500	1200	1200	700	700
电动机功率/kW	0.6	0.6	0.6	0.6	1.1	1.1	1.1	1.1
分、合闸线圈控制电压/V	AC $\frac{220}{380}$	AC $\frac{220}{380}$	AC $\frac{220}{380}$	AC $\frac{220}{380}$	AC380、220 DC220、110	AC380、220 DC220、110	AC380、220 DC220、110	AC380、220 DC220、110
电动机电压/V	AC380	AC380	AC380	AC380	AC380	AC380	AC380	AC380
操作时间/s	7.5	3.75	3	1.5	8	4	4	2
质量/kg	95	95	95	95	100	100	100	100

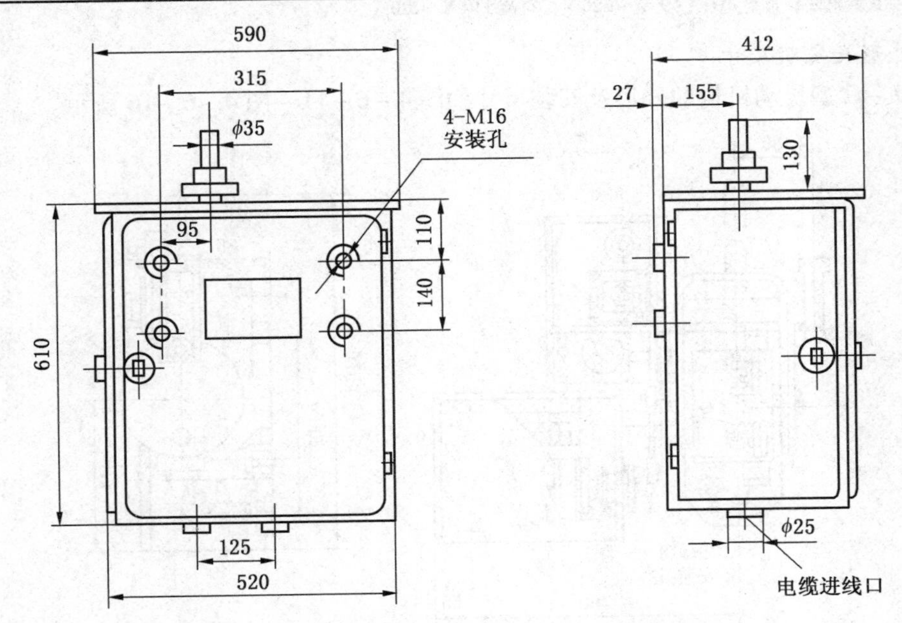

图4－6－10　CJ6系列电动机操动机构的外形及安装尺寸

四、手力操动机构（CS17－G型）

1. 用途

CS17－G型手力操动机构,可作为多种隔离开关,接地开关,断路器的分、合闸操作使用。

2. 型号意义

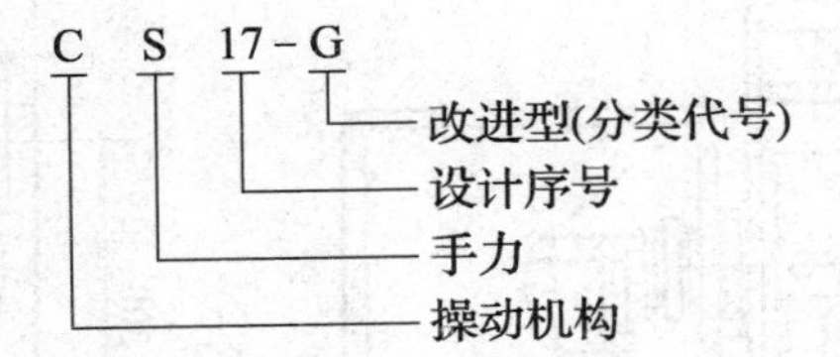

CS17－G型手力操动机构分类代号见表4－6－9。

3. 结构特点

CS17－G型手力操动机构输出转角为180°。它有竖直操作和水平操作两类，而每类又有3种组合，即不带任何电气元件，带辅助开关、接线板，带电磁锁、接线板、辅助开关。辅助开关具有4对常开触点和4对常闭触点。

表 4-6-9　CS17-G 型手力操动机构分类代号

CS17-G 型手力机构	手柄运动方式	F4 型辅助开关	DSW1-Ⅱ型电磁锁	信号灯	接线板	质量/kg
G1	竖直运动	1 个	1 个	1 个	10 节	16
G2		1 个	—	—	10 节	14
G3		—	—	—	—	7.5
G4	水平运动	1 个	1 个	1 个	10 节	17
G5		1 个	—	—	10 节	15
G6		—	—	—	—	8.5

注：DSW1-Ⅱ型电磁锁额定电压：交流 ~220 V，直流 110 V、220 V。

4. 外形及安装尺寸

CS17-G 型操动机构的外形及安装尺寸如图 4-6-11 ~ 图 4-6-16 所示。

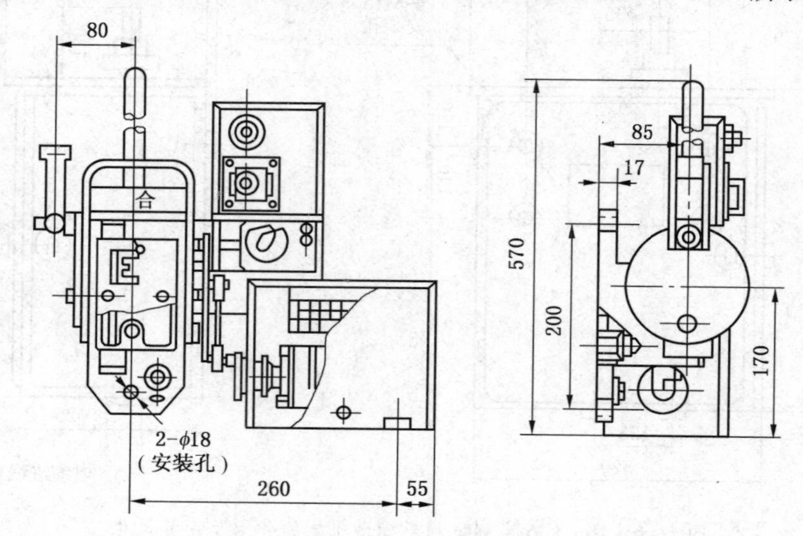

图 4-6-11　CS17-G 型操动机构（小竖直操作——带电磁锁、接线板、辅助开关）外形及安装尺寸

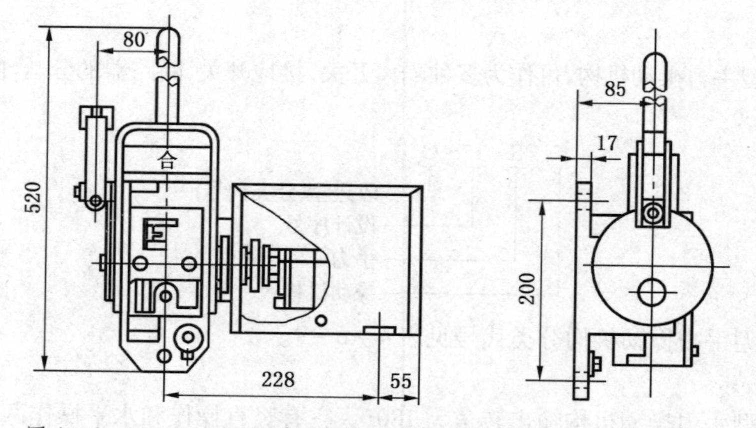

图 4-6-12　CS17-G 型操动机构（G2 竖直操作——带辅助开关，接线板）外形及安装尺寸

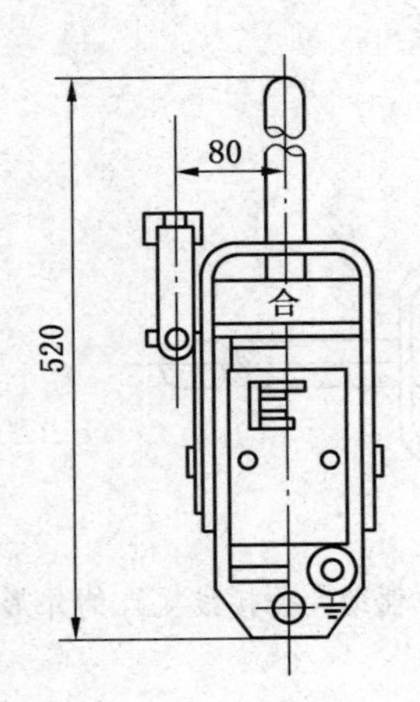

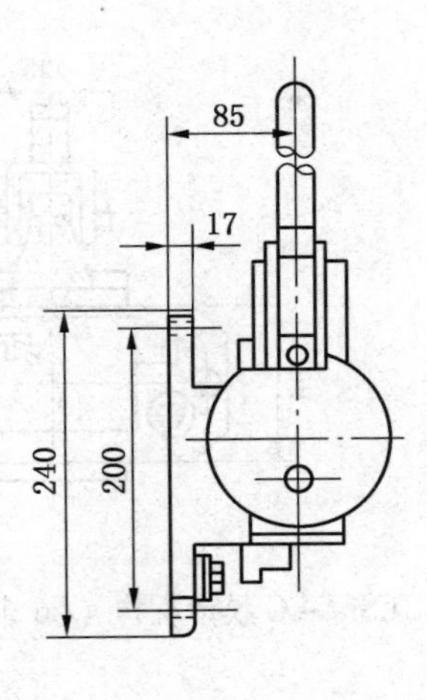

图 4-6-13　CS17-G 型操动机构（G3 竖直操作——不带电气元件）外形及安装尺寸

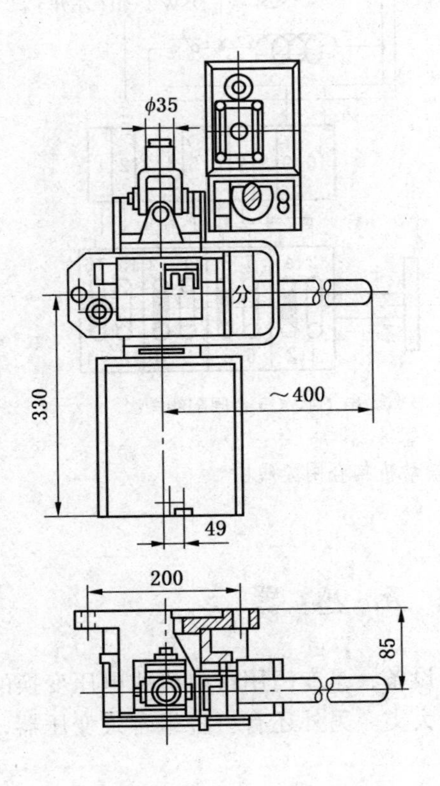

图 4-6-14　GS17-G 操动机构（G4 水平操作——带电磁锁，接线板，辅助开关）外形及安装尺寸

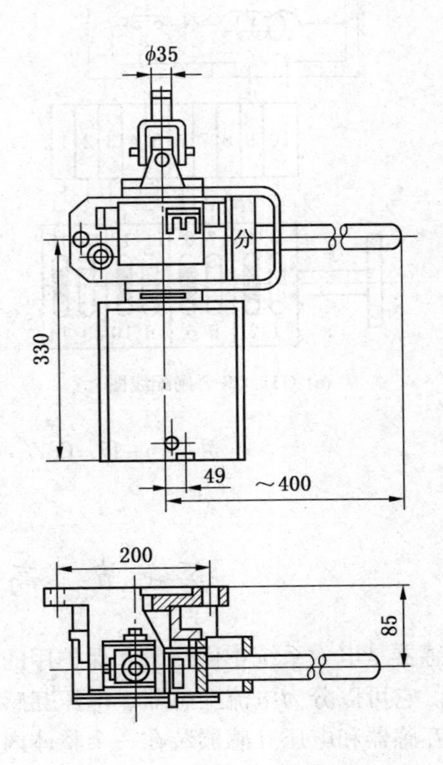

图 4-6-15　CS17-G 操动机构（G5 水平操作不带电气元件）外形及安装尺寸

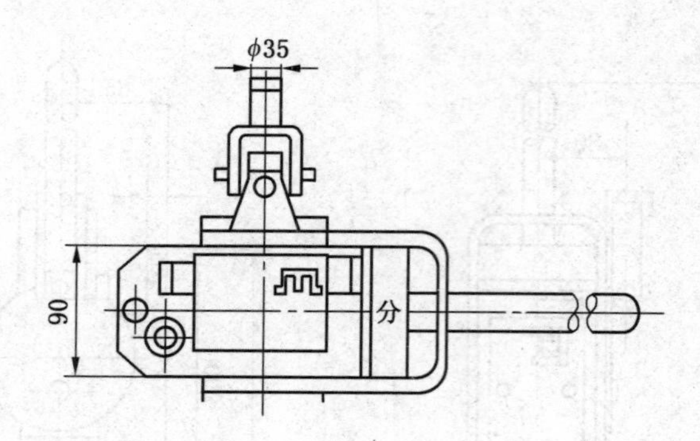

图 4-6-16　CS17-G 操动机构（G6 水平操作带辅助开关接线板）的外形及安装尺寸

5. 合闸配线

CS17-G 型操动机构的合闸配线如图 4-6-17 所示。

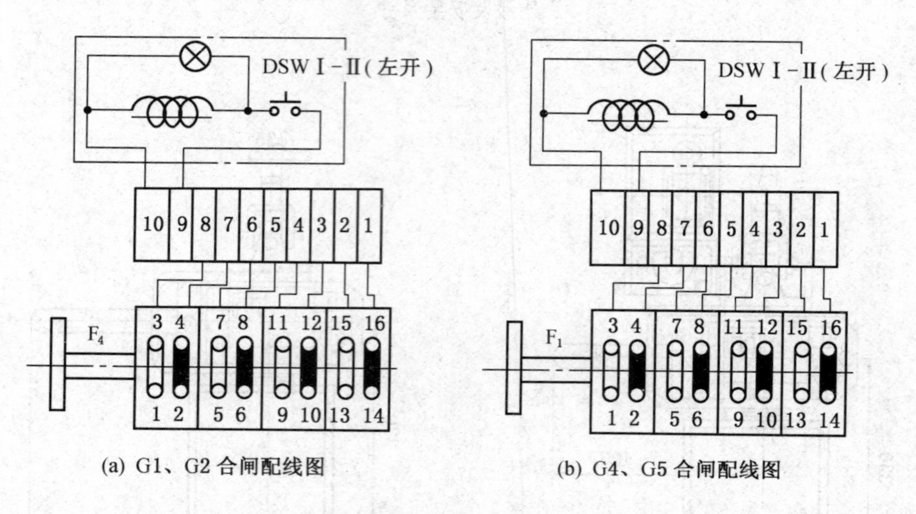

(a) G1、G2 合闸配线图　　(b) G4、G5 合闸配线图

图 4-6-17　CS17-G 型操动机构合闸配线图

第七节　高压互感器

互感器是电力系统中供测量和保护用的重要设备，是专门用作电流或电压变换的特种变压器。它可以分为电流互感器、电压互感器两大类。另外还有一种组合式变压器，它是将电流互感器和电压互感器装在一个整体内。

互感器的主要作用如下：

一是与测量仪表配合，测量电力线路的电压、电流和电能。

二是与继电保护装置、自动控制装置配合，对电力系统和设备进行过电压、过电流、过负载和单相接地等故障进行保护。

三是将测量仪表、继电保护装置和自动控制装置等二次设备与线路高电压隔离开，以保证运行人员和二次装置的安全。

四是将线路中的电压和电流变换成统一的标准值，以利于测量仪表、继电保护装置和自动控制装置的标准化。

一、电 流 互 感 器

（一）电流互感器工作原理

电流互感器是将高压供电系统中的电流或低压供电系统中的大电流变换成低压标准的小电流（一般是5 A或1 A）。常用的电流互感器是电磁式电流互感器，是按电磁感应原理进行工作的。另有光电式电流互感器，目前尚未得到广泛应用。

电磁式电流互感器的工作原理。其一次绕组串接在电力线路中。二次绕组接测量仪表或继电保护、自动控制装置。接近于短路状态，一次绕组电流就是线路的电流，其大小取决于线路的负荷，与互感器的二次负荷无关。当线路电流，即一次绕组的电流发生变化时。通过电磁感应，互感器的二次电流随之成比例地作相应变化。由于电力线路中的电流一般都很大，因此，电流互感器的一次绕组匝数比较少，而二次绕组的匝数比较多。通过选择适当的匝数比，可以将数值不同的较大一次电流变换为较小的标准的二次电流。

电磁式电流互感器正常运行时，磁势是互相平衡的，其励磁安匝很小。如果二次出现开路时，一次安匝就将全部用于励磁，这时铁芯将处于高度饱和状态，造成铁芯的损耗大大增加，温度也会急剧升高。尤其是在二次绕组上会感应出很高的电压，危及人员安全。另外，由于铁芯中的剩磁还会影响互感器的误差，因此，无论是在试验时还是在运行时，电流互感器的二次绕组一定不能开路。

（二）电流互感器分类

按其用途可分为测量用和保护用两大类。测量用电流互感器是在系统正常工作时测量电流和参与测量电能，故要求有一定的准确度。保护用电流互感器用于继电保护和自动控制，可在系统发生短路或其他故障时起保护作用，要求有良好的过电流工作特性。保护用电流互感器又分为一般保护用和暂态保护用两种。

按装置种类可分为户内式和户外式两种。前者只能装于户内，其额定电压多在35 kV及以下；后者可安装于户外，电压多在35 kV以上。

按绝缘介质分，可分为油绝缘、浇注绝缘、干式绝缘和气体绝缘4种。

（1）油绝缘电流互感器：即油浸式电流互感器，其内部是油和纸的复合绝缘，多用于户外，电压可达500 kV以上。高压油浸式电流互感器可分为链型绝缘和电容型绝缘，前者用于63 kV及以下场合，后者多用于220 kV及以上场合，110 kV互感器这两种绝缘都采用。为避免油浸式互感器内部变压器油与外界空气直接接触，国产的高压油浸互感器已普遍采用装有金属膨胀器的全密封结构。

（2）浇注绝缘电流互感器：采用的合成树脂分为环氧树脂和不饱和树脂两种。国外亦有用特殊橡胶浇注的电流互感器，目前一般只能用在35 kV及以下的互感器上。不饱和树脂浇注互感器具有材料价格便宜、常温固化、浇注工艺简单的特点。但只能用于低压互感器。环氧树脂电流互感器的性能要比不饱和树脂电流互感器好，可用于中、高压互感器。它分为半浇注和全浇注两种结构。半浇注结构是将一、二次绕组，引线及其引线端子用环氧树脂混合胶浇注成一个整体，再将其和铁芯、底座（或安装板）等组装在一起。它采用叠片式铁芯，铁芯表面需涂防护漆。全浇注结构是除底座（或安装板）以外全都浇注成一个整体，多采用环形铁芯。

（3）干式绝缘电流互感器：用绝缘纸、玻璃丝布带等固体材料做一次和二次绕组、绕组间及铁芯间的绝缘介质，并经浸渍绝缘干燥处理的电流互感器。其结构简单、制造方便，但绝缘强度很低，只适用于低压互感器。

（4）SF_6 气体绝缘电流互感器：它有两种结构形式，一种是配套式，它与 SF_6 组合电器（GIS）配套使用；另一种是独立式，它可以单独使用。其电压等级在 60 kV 以上。

（三）电流互感器的型号

电流互感器产品型号均以汉语拼音字母表示，字母的含义见表 4－7－1。

表 4－7－1　电流互感器型号字母含义表

型号字母排列顺序	字　母	含　义
1 （用途分类）	L	电“流”互感器
2 （结构型式）	R Z① Q F D M K	套管式（装“入”式） 支“柱”式 线“圈”式 贯穿式（“复”匝） 贯穿式（“单”匝） 贯穿式（“母”线型） “开”合式
3 （绕组外绝缘介质）	— G Q C② Z K	变压器油 空气（“干”式） “气”体 “瓷” 浇“注”成型固体 绝缘“壳”
4 （结构特征及用途）	B BT③	带有“保”护级 带有“保”护级（暂“态”误差）

注：① 以瓷箱做支柱时，不表示。

② 主绝缘为瓷绝缘时表示，外绝缘为瓷箱式时不表示。

③ 在保护级中只使用于仅有一个二次绕组的电流互感器（包括套管式互感器）。

电流互感器的型号组成方法如图 4－7－1 所示。

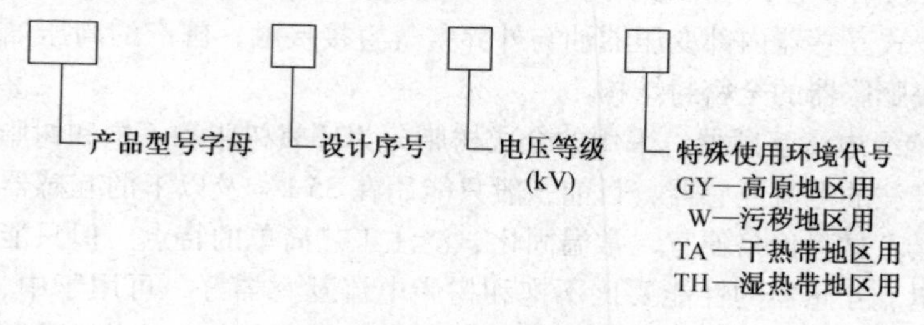

图 4－7－1　电流互感器的型号组成

另外，当正常产品“加”大容量或“加”强绝缘时应在产品型号字母后加“J”表示。

（四）电流互感器的误差特性

误差特性是电流互感器的一个重要特性，它是以准确级来表征的。对应一定准确级的电压互感器，在规定使用条件下的误差应在规定的限值之内。对测量用的电流互感器，准确级要求比较高，而对保护用电流互感器的要求则相对低一些。国家标准 GB 1208—2006 规定，对测量用电流互感器，标准准确级有 0.1、0.2、0.5、1、3、5 共 6 级；对保护用电流互感器，标准准确级有 5P 和 10P 两级，其中“P”表示保护用。对特殊使用要求的电流互感器，准确级有 0.2S 和 0.5S 两级。

衡量电流互感器正常工作条件下，误差特性的重要性能参数是电流误差和相位差，而在过电流情况下则要采用复合误差的概念。

1. 电流误差（比值差）

电流误差即测量电流时所出现的数值误差，该误差是由于实际电流比不等于额定电流比而造成的，它是折算到一次侧的二次电流与实际一次电流间的差值，以与后者的百分数表示，即

$$\varepsilon_i = \frac{K_N I_2 - I_1}{I_1} \times 100\% \qquad (4-7-1)$$

式中　ε_i——电流误差，%；

K_N——额定电流比；

I_1——实际一次电流，A；

I_2——测量条件下流过 I_1 时的实际二次电流，A。

2. 相位差

相位差是互感器一次电流与二次电流（设电流波形均为正弦）相量的相位差。相量方向以理想互感器的相位差为零来确定，当二次电流相量超前一次电流相量时，相位差为正值，它通常以分或厘弧度表示。

3. 复合误差

复合误差是考核电流互感器的误差特性的一个重要参数，它是稳态时两个值（一次电流瞬时值，二次电流瞬时值与额定电流比的乘积）之差的有效值，通常以一次电流有效值的百分数表示。复合误差既适合于考核正弦波形的电流，也适用于考核电流是非正弦波形的情况。

4. 准确限值系数

准确限值系数是保证复合误差不超出规定时的一次电流倍数（或一次电流值），它是额定准确限值一次电流（互感器能满足复合误差要求的最大一次电流值）与额定一次电流的比值。准确限值系数的标准值为 5、10、15、20、30。

对一般保护用电流互感器，其误差性能指标应包括额定准确限值一次电流时的复合误差和准确限值系数。如一台互感器标为 5P15，则表示其额定准确限值一次电流时的复合误差为 5%，准确限值系数为 15。

国家标准 GB 1208 规定的测量用电流互感器、特殊使用要求的电流互感器和保护用电流互感器的误差限值分别见表 4-7-2、表 4-7-3 和表 4-7-4。

表4-7-2　测量用电流互感器的误差限值

准确级	一次电流为额定一次电流的百分数/%	误差限值		保证误差的二次负荷范围
		电流误差±/%	相位差±/(′)	
0.1	5 20 100～120	0.4 0.2 0.1	15 8 5	$(0.25-1.0)S_{2N}$
0.2	5 20 100～120	0.75 0.35 0.2	30 15 10	
0.5	5 20 100～120	1.5 0.75 0.5	90 45 30	
1	5 20 100～120	3.0 1.5 1.0	180 90 80	
3	50 120	3 3	— —	$(0.5～1.0)S_{2N}$
5	50 120	5 5	— —	

注：S_{2N}为额定二次负荷。

表4-7-3　特殊使用要求的电流互感器的误差限值

准确级	一次电流为额定一次电流的百分数/%	误差限值		保证误差的二次负荷范围
		电流误差±/%	相位差±/(′)	
0.2S	1 5 20 100 120	0.75 0.35 0.2 0.2 0.2	30 15 10 10 10	$(0.25～1.0)S_{2N}$
0.5S	1 5 20 100 120	1.5 0.75 0.5 0.5 0.5	90 45 30 30 30	

表4-7-4　保护用电流互感器的误差限值

准确级	额定一次电流时的误差		额定准确限值一次电流时的复合误差
	电流误差±/%	相位差±/(°)	
5P	1	60	5
10P	3	—	10

（五）仪表保安系数

1. 仪表保安电流

对测量用电流互感器来说，固然要求其有较高的准确度，但是，由于二次回路所接的仪表过载能力一般比较小，因此为了使仪表不致损坏，希望当一次绕组流过的过电流不很大时，电流互感器的误差就很快加大，二次电流不再严格按比例增长，其值处在仪表允许范围之内。

所谓仪表保安电流就是指测量用电流互感器在额定二次负荷下其复合误差不小于10%的最小一次电流值。

2. 仪表保安系数

仪表保安系数（FS）是仪表保安电流与额定一次电流的比值。国际电工委员会（IEC）推荐采用的仪表保安系数为5或10。比如，当某台互感器的保安系数不大于5，则表明此互感器在5倍额定一次电流下的复合误差必须等于或大于10%，其仪表保安电流为5倍的额定一次电流。

（六）可靠性指标

为保证电流互感器的安全运行，对电流互感器有如下可靠性的要求。

1. 温升限值

电流互感器二次绕组按额定负荷一次绕组通过额定电流长期工作时，各部温升不应超过表4－7－5规定的限值。

表4－7－5　电流互感器的温升限值　K

<table>
<tr><th colspan="3">互感器部位</th><th>温升限值</th></tr>
<tr><td rowspan="3">绕组</td><td colspan="2">油浸式</td><td>55</td></tr>
<tr><td colspan="2">油浸式全密封</td><td>60</td></tr>
<tr><td>干式，各种
绝缘耐热等级</td><td>A
E
B
F
H</td><td>55
75
85
110
135</td></tr>
<tr><td colspan="3">绕组出头或接触连接处（镀锡或搪锡）</td><td>50（或不超过油顶层温升限值）</td></tr>
<tr><td>油顶层</td><td colspan="2">一般情况油面上充有惰性气体或全密封时</td><td>50
55</td></tr>
<tr><td colspan="3">铁芯及其他金属结构零件表面</td><td>不得超过所接触或邻近的
绝缘材料的温升限值</td></tr>
</table>

2. 局部放电水平

局部放电量过大，意味着产品内部存在着绝缘处理不良、绝缘中有金属异物、电场过于集中等危害互感器可靠性的缺陷。因此，为确保互感器的安全运行，国家标准GB 5583对互感器的局部放电水平提出了严格要求（表4－7－6）。

3. 短时热电流和动稳定电流

电流互感器应在二次绕组短路情况下具有较高的动、热稳定性，即要求较大的短时热电流和动稳定电流。短时电流是在二次绕组短路情况下，电流互感器在1 s内所能承受而无损伤的一次电流有效值。对高压电流互感器也采用时间大于1 s的短时热电流值。其值由产品的技术条件规定。

表 4-7-6 电流互感器允许的局部放电水平

<table>
<tr><th rowspan="2">接地方式</th><th rowspan="2">预加电压</th><th rowspan="2">测量电压</th><th rowspan="2">绝缘形式</th><th>允许局部放电水平</th></tr>
<tr><th>视在放电量/pC</th></tr>
<tr><td rowspan="4">中性点绝缘系统或
中性点共振接地系统</td><td rowspan="4">$1.3U_m$</td><td rowspan="2">$1.1U_m$①</td><td>液体浸渍</td><td>100</td></tr>
<tr><td>固体</td><td>250</td></tr>
<tr><td rowspan="2">$\frac{1.1U_m}{\sqrt{3}}$</td><td>液体浸渍</td><td>10</td></tr>
<tr><td>固体</td><td>50</td></tr>
<tr><td rowspan="2">中性点有效接地系统</td><td rowspan="2">$0.8\times1.3U_m$</td><td rowspan="2">$\frac{1.1U_m}{\sqrt{3}}$</td><td>液体浸渍</td><td>10</td></tr>
<tr><td>固体</td><td>50</td></tr>
</table>

注：① 只有在制造厂与使用部门商定后，才能按此电压施加。

动稳定电流是在二次绕组短路情况下，电流互感器能承受其电磁力的作用而无电的或机械的损伤的一次电流峰值。标准规定，动稳定电流为短时热电流的 2.5 倍。

（七）主要技术数据

35 kV 及以下的常用电流互感器的主要技术数据见表 4-7-7 至表 4-7-10。

二、电压互感器

电压互感器是将电力系统的高电压变成标准的低电压（一般是 100 V 或 $100/\sqrt{3}$ V），常用的电压互感器是电磁式电压互感器。另有电容式电压互感器和光电式电压互感器。

（一）电压互感器的工作原理

1. 电磁式电压互感器的工作原理

电磁式电压互感器的一次绕组并联在电力系统的线路中，二次绕组经测量仪表或继电器等二次负荷而闭合。通过电磁感应，将一次的高电压成比例地降为二次的低电压，在连接方向正确时，二次电压对一次电压的相位差接近于零。

电压互感器的容量很小，其负荷是测量仪表或继电器电压线圈的阻抗，由于此阻抗很大，因而二次电流很小。在正常运行条件下，电压互感器可视为空载运行，如果二次电路短路，则电流将急剧增加，绕组有烧毁的危险，因此，电压互感器的二次电路切不可短路。

同时由于电压互感器一次侧是与线路直接连接的，为避免在线路发生故障时，二次绕组感应出高电压，危及仪器和运行人员的安全，电压互感器的二次绕组和零序电压绕组的一端必须接地。

2. 电容式电压互感器

电容式电压互感器适用于 110 kV 及以上高压输电线路。电容式电压互感器与电磁式相比，能承受较强的电冲击，但其准确级不如电磁式高。

3. 光电式电压互感器

光电式电压互感器是利用所谓泡克耳斯效应来检测电压的。它不用电磁耦合即可直接测量电场，具有无感应、绝缘性能好等特点。

（二）电压互感器的分类

（1）按其用途可分为测量用和保护用两大类。测量用电压互感器是在系统正常工作时测量电压和参与测量电能，要求有一定的准确度。保护用电压互感器用于继电保护和自动

表 4-7-7 0.5 kV 电流互感器（含剩余电流互感器）主要技术数据

型号	额定电压/kV	额定电流比/A	额定输出/(V·A)					外形尺寸（长×宽×高）/（mm×mm×mm）	质量/kg
			0.2(0.2 s)	0.5(0.5 s)	1 级	3 级	10P10		
LMZ1-0.66	0.5	150~400/5		5				98×90×120	2.8
		630~800/5		10				150×90×125	
		1000~1600/5		15				150×90×125	3.2
		2000~3150/5		20				185×90×134	
LMZ-0.5	0.5	5~400/5		5	7.5			110×46×122	2
LMZJ-0.5	0.5	5~800/5		10	15			110×50×140	2.5
		1000~3000/5		20	30			216×56×175	
LMZ-0.66（带触头盒式）	0.5	300~600/5		5（0.5 s）				600×70×180	12.5
		600~1000/5		10（0.5 s）					
LFZ9-0.66（封闭式）	0.5	5~1000/5	5（0.2 s）	10（0.5 s）				155×130×156	6.5
LXZ1~2-ϕ80（100、120、140、160、180）	0.5	50/1			2	2		(195~295)×(55~80)×(150~230)	7.5~17
		100/1					5		
LXZK-ϕ80（100、120、140、160、180）（开合铁芯式）	0.5	50/1					2	(250~350)×85×(240~360)	8~19.5
		100/1					2.5		
LXK-ϕ40	0.5	400、500、600/5(1)			2.5			135×40×120	1.2
LXK-ϕ80（100、120、200）（开合铁芯式）	0.5	50/1			1			(160~200)×136×(180~220)	4.2
		60/1							

表 4-7-8　10 kV 电流互感器主要技术数据

型　号	额定电压/kV	额定电流比/A	准确级次组合	额定输出/(V·A)					短时热电流(kA)/时间(s)或额定电流的倍数/时间(s)	额定动稳定电流(kA)或额定电流的倍数	外形尺寸(长×宽×高)/(mm×mm×mm)	质量/kg
				0.2 (0.2 s)	0.5 (0.5 s)	保护级及准确限值系数 10P10	10P15	10P20				
LZZB9-10	10	5~1000/5(或1)	0.2/0.2 0.2/0.5 0.2/10P	10~15	10~15		15~20		150 倍/1 s(300 A 以下) 45 kA/1 s(400~600 A) 63 kA/1 s(800~1000 A)	375 倍(300 A 以下) 90 kA(400~600 A) 100 kA(800~1000 A)	300×150×220	23
LZZBJ9-10	10	5~3000/5(或1)(3150)	0.2/10P(或 5P) 10P/10P(或 5P)	10~30	10~60	15~30	30		200 倍/1 s(5~75 A) 450 倍/1 s(100 A) 63 kA/1 s(200~400 A) 80 kA/1 s(500~1000 A) 100 kA/1 s(1250~3000 A)	500 倍(5~75 A) 112.5 kA(100 A) 130 kA(200~800 A) 160 kA(1000~3000 A)	325×155×221(5~1000 A) 325×175×221(1250~3000 A)	24 29.5
			0.2/0.2/10P 0.2/0.5/10P 0.2/5P/10P	10~20	15~40	40	30~40	15~20	150 倍/1 s(300 A 以下) 63 kA/1 s(400~800 A) 80 kA/1 s(1000~1250 A) 100 kA/1 s(1500~3000 A)	375 倍(300 A 以下) 130 kA(400~800 A) 160 kA(1000~3000 A)	475×185×221	38
LZZJ9-10	10	20~1000/5(或1)	0.2/0.2 0.2/0.5 0.5/0.5	10	10				7.5 kA/2 s(20~40 A) 200 倍/2 s(50~100) 20 kA/2 s(150~200 A) 20 kA/4 s(300~500 A) 40 kA/4 s(600~1000 A)	20 kA(20~40 A) 500 倍(50~100) 55 kA(150~500 A) 100 kA(600~1000 A)	310×155×226	21.5
LFZB1-10	10	5~200/5(或1)	0.2/10P 0.5/10P	10		15			90 倍/1 s	160 倍	500×200×270	26.5
LDZB1-10	10	300~1000/5(或1)	0.2/10P 0.5/10P	10		15			75 倍/1 s(300~400 A) 60 倍/1 s(500 A) 50 倍/1 s(600~1000 A)	135 倍(300~400 A) 160 倍(500 A) 90 倍(600~1000 A)	466×180×230	21

表 4-7-8（续）

型号	额定电压/kV	额定电流比/A	准确级次组合	额定输出/（V·A）					短时热电流（kA）/时间（s）或额定电流的倍数/时间（s）	额定动稳定电流（kA）或额定电流的倍数	外形尺寸（长×宽×高）/（mm×mm×mm）	质量/kg
				0.2（0.2 s）	0.5（0.5 s）	保护级及准确限值系数						
						10P10	10P15	10P20				
LFZBJ9-10	10	5~600/5（或1）	0.2/10P 0.5/10P 0.2/0.2/10P 0.2/0.5/10P 0.2/0.5/5P	10	10		15	20	200倍/1 s（75 A以下） 31.5 kA/2 s（100~300 A） 31.5 kA/4 s（400~600 A）	250倍（75 A以下） 80 kA（100~600 A）	542×200×315	35.5
LMZB2-10 LMZB3-10	10	1000~10000/5（或1）	0.2/0.2 0.2/0.5 0.5/0.5 0.5/5P/5P	30	30		30				295×288×278（1000 A） 300×296×346（3000 A） 255×340×392（6000 A） 310×360×360（10000 A）	30 32.5
LDJ-10（带触头盒）	10	5~3000/5（或1）	0.2/0.2 0.2/0.5 0.2/10P 0.5/10P	10	10	10~25			100倍/1 s（40 A以下） 150倍/1 s（50~200 A） 63 kA/1 s（300~800 A） 80 kA/1 s（1000~3000 A）	250倍（40 A以下） 375倍（50~200 A） 100 kA（300~800 A） 130 kA（1000~3000 A）	422×210×210（200 A以下） 375×210×267（1200 A） 528×270×297（3000 A）	33
LZZBW-10（户外）	10	5~800/5（或1）	0.2/5P	10~15	10~15		10~15		1.0~60 kA/1 s	2.5~130 kA	298×330×422	31.5

注：1. 测量级仪表保安系数（FS）一般为5。

2. 在同一互感器中测量级和保护级可以有不同的电流比（称复合变比电流互感器）。

表 4-7-9　全国统一设计的 10~35 kV 电流互感器主要技术数据

型　号	额定电压/kV	额定电流比/A	额定二次负荷/(V·A)				10%倍数	热稳定倍数	动稳定倍数	外形尺寸/mm			质量/kg
			0.5 级	1 级	3 级	B 级				长	宽	高	
$LFZB_6-10$	10	5~300/5	10			15	10	81.6~150	146~382	412	220	315	22.3
$LFZJB_6-10$		100~300/5					15	15~81.6		440	220	315	
$LDZB_6-10$	10	400~500/5	20			30	15	63~78.7	160~200	430	265	215	19.3
		600~1500/5	30			40		28.7~52.5	73~183				
$LZZB_6-10$	10	5~300/5	10			15	10	81.6~150	146~382	300	200	260	23.6
$LZZJB_6-10$		100~1500/5					15	27.3~150	49.3~382			260~275	
$LMZB_6-10$	10	1500~2000/5	50			50	15			354	298	192	27
		3000~4000/5	60			60						243	
$LZZQB_6-10$	10	100~300/5	15			20	15	148~445	266~800	264	220	265	28
		400~500/5	20			40		89~111	160~200				
		600~800/5	30			40		55.6~74	100~133				
		1000~1500/5	30			40		40.6~61	73~110				

表4-7-10 35 kV(含15、20、27.5 kV)电流互感器主要技术数据

型号	额定电压/kV	额定电流比/A	准确级次组合	额定输出/(V·A)					短时热电流(kA)/时间(s)或额定电流的倍数/时间(s)	额定动稳定电流(kA)或额定电流的倍数	外形尺寸(长×宽×高)/(mm×mm×mm)	质量/kg
				0.2 (0.2 s)	0.5 (0.5 s)	保护级及准确限值系数						
						10P10	10P15	10P20				
LZZB7-35	35	15~ 2000/5(或1)	0.2/0.5 0.2/10P 10P/10P	30	50	30			200倍/1 s,(5~150 A) 31.5 kA/2 s,(200 A) 31.5 kA/4 s,(300~800 A) 40 kA/4 s,(1000~2000 A)	250倍(5~150 A) 80 kA(200~800 A) 100 kA (1000~2000 A)	410×280×568	90
LZZB 9-35D	35	30~ 2000/5 (或1)	0.2/10P/10P 0.5/10P/10P	15	30	50	30	20	150倍/2 s,(30~100 A) 31.5 kA/2 s,(150~200 A) 31.5 kA/4 s,(300~800 A) 40 kA/4 s,(1000~2000 A)	375倍(5~150) 80 kA(200~800 A) 100 kA (1000~2000 A)	490×300×514	120
LDJ-35 (带触头盒)	35	5~ 2000/5 (或1)	0.2/10P 0.5/10P 10P/10P	10~15	20~30	30~50			100倍/1 s,(5~40 A) 150倍/1 s,(50~300 A) 63 kA/1 s,(400~2000 A)	250倍(5~40 A) 375倍(50~300 A) 80 kA(400~2000 A)	660×300×450 820×345×450	58 71
LZZBW-35B2 (户外)	35	20~2500/5 (或1)	0.2/0.5/5P/5P	15~30	15~50		15~50 (5P15)	15~30 (5P20)	150倍/2 s,(20~100 A) 31.5 kA/2 s,(150~200 A) 31.5 kA/4 s,(300~1250 A) 40 kA/4 s,(1500~2500 A)	375倍(20~100 A) 80 kA(200~1250 A) 100 kA (1500~2000 A)	480×305×755	143
LB6-35 (户外,油浸)	35	5~2000/5 (或1)	0.2/10P/10P	40				30~40	100倍/1 s,(300 A以下) 40 kA/1 s,(400~2000 A)	250倍(300 A以下) 100 kA(400~2000 A)	658×410×1495	205
LVB(T)-35	35	3000/5 4000/1 8000/1	10 P/10P/0.2 0.2 s/5P/ TPY/TPY	50 50			50 (5P15)	50 (10P30) 20 (TPY)	50 kA/3 s	125 kA	1290×700× 1830 1430×700× 2000(带TPY)	300 580

表 4-7-10（续）

型号	额定电压/kV	额定电流比/A	准确级次组合	额定输出/(V·A)					短时热电流(kA)/时间(s)或额定电流的倍数/时间(s)	额定动稳定电流(kA)或额定电流的倍数	外形尺寸(长×宽×高)/(mm×mm×mm)	质量/kg
				0.2 (0.2 s)	0.5 (0.5 s)	保护级及准确限值系数						
						10P10	10P15	10P20				
LZZB2-27.5	27.5	50～1600/5（或1）	0.5/10P		10	15～30	30～40		100倍/4 s(50～200 A) 31.5 kA/4 s(300～1600 A)	250倍 80 kA	350×340×428	71
LMZB-20（发电机用）	15～20	1000～6000/5（或1） 10000～15000/5（或1）	0.2/5P 0.2/5P	30～60	50			60 (5P20)			460×460×540 (1000～6000) 400×880×880 (10000～15000)	96 186
LRGBT-20（发电机用，套管式）	20	15000～25000/5（或1）	0.2 s/5P/TPY/TPY	50				50 (5P20) (TPY)	150 kA/3 s(15000 A) 250 kA/3 s(25000 A)		ϕ960×700	710
LZZB9-24	20	20～1250/5（或1）	0.2/0.2 0.5/10P 0.2/10P/10P	10	10	20～30	15～20		150倍/1 s(20～150 A) 31.5 kA/1 s(200 A) 45 kA/1 s(300～500 A) 63 kA/1 s(600～1250 A)	250倍(20～150 A) 80 kA(200 A) 112.5 kA (300～500 A) 130 kA(600～1250 A)	345×220×306（双铁芯） 465×220×306（三铁芯）	43（双铁芯） 71（双铁芯）

注：1. 测量级仪表保安系数（FS）一般为5。
2. 在同一互感器中测量级和保护级可以有不同的电流比（称复合变比电流互感器）。

控制。要求在线路发生单相接地故障时具有一定的过励磁特性。

(2) 按绝缘介质可分为油绝缘、浇注绝缘、干式绝缘和气体绝缘电压互感器。它们与同样绝缘介质的电流互感器的结构相似。

(3) 按绕组数量可分为单级式和串级式。单级式的绕组不分级，只有一个一次绕组。绕组和铁芯组装成器身后装入油箱内，铁芯接地。单级式一般用于35 kV及以下产品。串级式的一次绕组由匝数相等的几个级绕组串联起来，每个级绕组分别套装在各级的铁芯柱上，还有平衡绕组和连耦绕组。串级式结构只适用于高压的电压互感器。

(4) 按接地方式可分为接地型和不接地型两种。接地型电压互感器适用于相地间，分为单相和三相两种，其中三相产品仅在10 kV电力系统中使用，单相接地互感器在运行中一次绕组N端直接接地，三台组成一个三相组。其一、二次绕组接成YNyn，其剩余电压绕组接成开口三角形，形成剩余电压回路，以供输出零序电压。

不接地电压互感器适用于相间，也分为单相和三相两种，其中三相产品为Yyn接法。常用于10 kV电力系统，而单相产品按Yyn接法，用于35 kV及以下电力系统。

(三) 电压互感器型号

电压互感器产品型号均以汉语拼音字母表示，字母的含义见表4-7-11。电压互感器的型号组成与电流互感器相同。

表4-7-11 电压互感器型号字母含义

字母排列序号	字母	含义
1 (用途分类)	J	电“压”互感器
2 (相数)	D S	“单”相 “三”相
3 (绕组外绝缘介质)	— G Z Q	变压器油 空气（“干”式） 浇“注”成固体 “气”体
4 (结构特征及用途)	X B W C	带剩余（零序）电压绕组 三柱带“补”偿绕组 五柱三绕组 串级式带剩余（零序）电压绕组

(四) 电压互感器误差特性

1. 准确级

对测量用电压互感器，以该准确级在额定电压下规定的最大允许电压误差的百分数来标称：按国家标准规定，其标准准确级有：0.1、0.2、0.5、1、3共五级。对保护用电压互感器，以该准确级在5%额定电压到与额定电压因数(在规定时间内仍能满足热性能和准确级要求的最高一次电压与额定一次电压的比值)相对应的电压范围内的最大允许电压误差的百分数标称、其后标有字母“P”（表示保护），按国家标准，标准准确级有3P和6P两种。

对用于中性点有效接地系统的接地电压互感器，其剩余电压绕组的准确级为3P或6P；对用于中性点非有效接地系统的接地电压互感器，其剩余电压绕组的准确级为6P。

2. 电压误差（比值差）

由于电压互感器的实际电压比不等于额定电压比，因此它在测量电压时会出现一定的数值误差，该误差即为电压误差 ε_u。一般用百分数表示，即

$$\varepsilon_u = \frac{K_N U_2 - U_1}{U_2} \times 100\% \qquad (4-7-2)$$

式中　ε_u——电压误差，%；

K_N——额定电压比；

U_1——实际一次电压，V；

U_2——测量条件下施加 U_1 时的实际二次电压，V。

3. 相位差

相位差是互感器一次电压与二次电压相量的相位之差。相量方向以理想互感器的相位差为零来确定，当二次电压相量超前一次电压相量时，相位差为正值，它通常以分或厘弧度表示。

4. 误差限值

电压互感器的误差在规定的使用条件下应能满足相应的准确级的要求。测量用和保护用电压互感器的误差限值分别见表4－7－12、表4－7－13。

表4－7－12　测量用电压互感器的误差限值

准确级	误差限值			允许一次电压变化范围	允许二次负荷变化范围
	电压误差 ±/%	相位差			
		±(°)	±(rad)		
0.1	0.1	5	0.15	(0.8－1.2)U_{1N}	(0.25－1.0)S_{2N}
0.2	0.2	10	0.3		
0.5	0.5	20	0.6		
1	1.0	40	1.2		
3	3.0	不规定	不规定		

注：当具有多个二次绕组时，由于它们之间相互影响，每个二次绕组应在规定的负荷范围内符合规定的准确级，而其他二次绕组应带有其额定负荷的25%～100%间的任一值，为验证是否符合此要求，可以只在极限值上试验。如果某一二次绕组只有偶然的短时负荷，则其对其他二次绕组的影响可以忽略。

表4－7－13　保护用电压互感器的误差限值

准确级	误差限值			允许一次电压变化范围	允许保护绕组负荷变化范围
	电压误差 ±/%	相位差			
		±(°)	±(rad)		
3P	3.0	120	3.5	(0.05～1.5)U_{1N} 或 (0.05～1.9)U_{1N}	(0.25～1.0)S_N
6P	6.0	240	7.0		

注：1. 在2%额定一次电压下，保护用电压互感器的电压误差及相位差应不超过规定限值的2倍。

2. 当还有剩余电压绕组时，二次绕组应在剩余电压绕组带有25%～100%额定负荷下满足规定的保护准确级。

3. 当具有多个分开的二次绕组时，由于它们之间相互影响，每个二次绕组应在规定的负荷范围内符合规定的准确级，而其他二次绕组应带有其额定负荷的25%～100%间的任一值。

4. 为验证是否符合上述要求，可以只在极限值下进行试验。

（五）可靠性指标

为保证电压互感器的安全运行，对电压互感器也有与电流互感器类似的可靠性要求，其温升限值见表4－7－14，其局部放电水平见表4－7－15。另外，为考核在二次回路外部短路时电压互感器的可靠性，电压互感器在额定电压下励磁时应能承受1 s外部短路的机械力效应和热效应而无损伤。

表4－7－14 正常使用情况下的温升限值 K

部位		温升限值
绕组	A级	65
	E级	80
	B级	85
	F级	105
	H级	130
固定式隔离变压器外壳		50
接线端子		35
支持件		50

表4－7－15 电压互感器允许的局部放电水平

接地方式	互感器型式	预加电压 ≥10 s	测量电压 ≥1 min	绝缘形式	允许局部放电水平 视在放电量/pC
中性点绝缘系统或中性点共振接地系统	相对地电压互感器	$1.3U_m$	$1.1U_m$①	液体浸渍	100
				固体	250
			$\frac{1.1U_m}{\sqrt{3}}$	液体浸渍	10
				固体	50
	相对相电压互感器	$1.3U_m$	$1.1U_m$	液体浸渍	10
				固体	50
中性点有效接地系统	相对地电压互感器	$0.8\times1.3U_m$	$\frac{1.1U_m}{\sqrt{3}}$	液体浸渍	10
				固体	50
	相对相电压互感器	$1.3U_m$	$1.1U_m$	液体浸渍	10
				固体	50

注：① 只有在制造厂与使用部门商定后，才能按此电压施加。

（六）电压互感器的主要技术参数

35 kV及以下的常用电压互感器的主要技术数据见表4－7－16、表4－7－17。

表 4-7-16　0.5~35 kV 电压互感器主要技术数据

型　号	电压比/V	额定电压/V				准确级与额定输出/(V·A)			热极限输出/(V·A)	外形尺寸(长×宽×高)/(mm×mm×mm)	质量/kg
		一次绕组	二次绕组 1	二次绕组 2	剩余电压绕组	二次绕组 1	二次绕组 2	剩余电压绕组			
JDG-0.5	220、380、400、500/100	220、380、400、500	100			0.5 级 25 1 级 40 3 级 100			200	126×150×194	8
JDG4-0.5	200、220、380 500/100	200、220、380、500	100			0.5 级 15 1 级 25 3 级 50			200	118×98×242	3.6
JDZ9-3、6、10	3000、6000、10000/100	3000、6000、10000	100			0.2 级 40 0.5 级 100 1 级 200 3 级 240			500	351×160×258	30
	3000、6000、10000/100/100	3000、6000、10000	100	100		0.2 级 20 0.2 级 30 0.5 级 30	0.2 级 20 0.5 级 30 0.5 级 30		300		
JDZX9-10Q	$3000/\sqrt{3}$、$6000/\sqrt{3}$、$10000/\sqrt{3}/100/\sqrt{3}/100/3$	$3000/\sqrt{3}$、$6000/\sqrt{3}$、$10000/\sqrt{3}$	$100/\sqrt{3}$		100/3	0.2 级 30 0.5 级 90		6P,100 6P,100	400	340×160×250	30
JDZXF14-3、6、10	$3000/\sqrt{3}$、$6000/\sqrt{3}$ $10000/\sqrt{3}/100/\sqrt{3}/100/\sqrt{3}/100/3$	$3000/\sqrt{3}$、$6000/\sqrt{3}$、$10000/\sqrt{3}$	$100/\sqrt{3}$	$100/\sqrt{3}$	100/3	0.2 级 20 0.2 级 30 0.5 级 70	0.2 级 20 0.5 级 30 0.5 级 70	6P,150 6P,150 6P,150	300	432.5×210×362	40
JDZR10-3、6、10 带高压熔断器	3000、6000、10000/100/100	3000、6000 10000	100	100		0.2 级 15 0.2 级 15 0.5 级 30	0.2 级 15 0.5 级 20 0.5 级 30		300	304×155×304	40
JDZXR2-3、6、10 带高压熔断器	$3000/\sqrt{3}$、$6000/\sqrt{3}$、$10000/\sqrt{3}/100/\sqrt{3}/100/\sqrt{3}/100/3$	$3000/\sqrt{3}$、$6000/\sqrt{3}$、$10000/\sqrt{3}$	$100/\sqrt{3}$	$100/\sqrt{3}$	100/3	0.2 级 15 0.2 级 15 0.5 级 20	0.2 级 15 0.5 级 20 0.5 级 20	6P,100 6P,100 6P,100	200	320×148×270	25

表 4-7-16（续）

型号	电压比/V	额定电压/V				准确级与额定输出/(V·A)			热极限输出/(V·A)	外形尺寸(长×宽×高)/(mm×mm×mm)	质量/kg
		一次绕组	二次绕组1	二次绕组2	剩余电压绕组	二次绕组1	二次绕组2	剩余电压绕组			
JSZVR2-3、6、10 三相V接法 带熔断器	3000、6000、10000/100/10	3000、6000、10000	100	100		0.2级10 0.2级10 0.5级15	0.2级10 0.5级15 0.5级15		150	486×390×287 486×510×287 486×640×287	80
JSZF-3、6、10G 三相防谐振 电压互感器	$3000/\sqrt{3}$、$6000/\sqrt{3}$、$10000/\sqrt{3}/100/\sqrt{3}/100/\sqrt{3}$	$3000/\sqrt{3}$、$6000/\sqrt{3}$、$10000/\sqrt{3}$	$100/\sqrt{3}$	$100/\sqrt{3}$	100 (中点零序电压互感器)	0.2级45 0.2级45 0.5级90	0.2级45 0.5级75 0.5级90	3P,50 (中点零序互感器)	600	688×285×300	60
JSZW-6、10 三相五柱互感器	$6000/\sqrt{3}$、$10000/\sqrt{3}/100/\sqrt{3}/100/3$	$6000/\sqrt{3}$、$10000/\sqrt{3}$	$100/\sqrt{3}$		100/3	0.5级90 1级150 3级300		6P,75	600	476×200×270 (6 kV) 520×212×300 (10 kV)	50
JDZW-3、6、10 户外,不接地,二绕组	3000、6000、10000/100	3000、6000、10000	100			0.2级40			800	410×210×435	35
JDZXW-3、6、10 户外,接地,三绕组	$3000/\sqrt{3}$、$6000/\sqrt{3}$、$10000/\sqrt{3}/100/\sqrt{3}/100/3$	$3000/\sqrt{3}$、$6000/\sqrt{3}$、$10000/\sqrt{3}$	$100/\sqrt{3}$		100/3	0.2级30 0.5级60		6P,100	600	410×210×435	
JDZW14-3、6、10 户外,不接地,三绕组	3000、6000、10000/100/100	3000、6000、10000	100	100		0.2级30 0.2级30 0.5级40	0.2级30 0.5级40 0.5级40		500	432.5×210×392	40
JDZXW14-3、6、10 户外,接地,三绕组	$3000/\sqrt{3}$、$6000/\sqrt{3}$、$10000/\sqrt{3}/100/\sqrt{3}/100/3$	$3000/\sqrt{3}$、$6000/\sqrt{3}$、$10000/\sqrt{3}$	$100/\sqrt{3}$		100/3	0.2级40 0.5级80		6P、150 6P、150	600	432.5×210×362	40

表 4-7-16（续）

型　号	电压比/V	额定电压/V				准确级与额定输出/(V·A)			热极限输出/(V·A)	外形尺寸(长×宽×高)/(mm×mm×mm)	质量/kg
		一次绕组	二次绕组1	二次绕组2	剩余电压绕组	二次绕组1	二次绕组2	剩余电压绕组			
JDZ11-15	13800、15000、15700、18000/100	13800、15000、15700、18000	100			0.2级30 0.5级80 1级200			500		
JDZ11-20	20000/100	20000	100			0.2级30 0.5级80 1级200			500		
JDZX11-15	$13800/\sqrt{3}$、$15000/\sqrt{3}$、$15700/\sqrt{3}/100/\sqrt{3}/100/3$	$13800/\sqrt{3}$、$15000/\sqrt{3}$、$15700/\sqrt{3}$	$100/\sqrt{3}$		100/3	0.2级30 0.5级80 1级150		6P,100	400	374×225×320	48
	$13800/\sqrt{3}$、$15000/\sqrt{3}$、$15700/\sqrt{3}$、$18000/\sqrt{3}/100/\sqrt{3}/100/\sqrt{3}/100/3$	$13800/\sqrt{3}$、$15000/\sqrt{3}$、$15700/\sqrt{3}$、$18000/\sqrt{3}$	$100/\sqrt{3}$	$100/\sqrt{3}$	100/3	0.2级15 0.2级20 0.5级30	0.2级15 0.5级20 0.5级30		300		
JDZX11-20	$20000/\sqrt{3}/100/\sqrt{3}/100/3$	$20000/\sqrt{3}$	$100/\sqrt{3}$		100/3	0.2级30 0.5级80 1级150		6P,100	400	374×225×320	48
	$20000/\sqrt{3}/100/\sqrt{3}/100/\sqrt{3}/100/3$	$20000/\sqrt{3}$	$100/\sqrt{3}$	$100/\sqrt{3}$		0.2级15 0.2级20 0.5级30	0.2级15 0.5级20 0.5级30		300		
JDZ9-27.5	27500/100	27500	100			0.2级60 0.5级120			800	490×300×510	95
	27500/100/100	27500	100	100		0.2级20 0.2级20 0.5级40	0.2级20 0.5级30 0.5级40		400		
JDZ9-35	35000/100	35000	100			0.2级60 0.5级120			800		
	35000/100/100	35000	100	100		0.2级20 0.2级20 0.5级40	0.2级20 0.5级30 0.5级40		400		

表 4-7-16(续)

型号	电压比/V	额定电压/V				准确级与额定输出/(V·A)			热极限输出/(V·A)	外形尺寸(长×宽×高)/(mm×mm×mm)	质量/kg
		一次绕组	二次绕组1	二次绕组2	剩余电压绕组	二次绕组1	二次绕组2	剩余电压绕组			
JDZX9-35	35000/$\sqrt{3}$/100/$\sqrt{3}$/100/3	35000/$\sqrt{3}$	100/$\sqrt{3}$		100/3	0.2 级 40 0.5 级 80			600	371×260×488	50
	35000/$\sqrt{3}$/100/$\sqrt{3}$/100/$\sqrt{3}$/100/3		100/$\sqrt{3}$	100/$\sqrt{3}$		0.2 级 10 0.2 级 10 0.5 级 40	0.2 级 10 0.5 级 30 0.5 级 30	6P,100	300		
JDZX11-35R 带高压熔断器	35000/$\sqrt{3}$/100/$\sqrt{3}$/100/3	35000/$\sqrt{3}$	100/$\sqrt{3}$		100/3	0.2 级 45 0.5 级 100 1 级 200		6P,100	600	633×255×364	66
	35000/$\sqrt{3}$/100/$\sqrt{3}$/100/$\sqrt{3}$/100/3		100/$\sqrt{3}$	100/$\sqrt{3}$		0.2 级 20 0.2 级 20 0.5 级 40	0.2 级 20 0.5 级 30 0.5 级 40				
JDZW-20 户外	20000/100	20000	100			0.2 级 40 0.5 级 100			800	438×264×538	54
	20000/100/100		100	100		0.2 级 20 0.2 级 20 0.5 级 30	0.2 级 20 0.5 级 30 0.5 级 30		400		
JDZXW-20 户外	20000/$\sqrt{3}$/100/$\sqrt{3}$/100/3	20000/$\sqrt{3}$	100/$\sqrt{3}$		100/3	0.2 级 20 0.5 级 60		6P,100	600		
	20000/$\sqrt{3}$/100/$\sqrt{3}$/100/$\sqrt{3}$/100/3		100/$\sqrt{3}$	100/$\sqrt{3}$		0.2 级 15 0.2 级 15 0.5 级 30	0.2 级 15 0.5 级 20 0.5 级 30		300		

表 4-7-16(续)

型　号	电压比/V	额定电压/V				准确级与额定输出/(V·A)			热极限输出/(V·A)	外形尺寸(长×宽×高)/(mm×mm×mm)	质量/kg
		一次绕组	二次绕组 1	二次绕组 2	剩余电压绕组	二次绕组 1	二次绕组 2	剩余电压绕组			
JDZW-35 户外	35000/100	35000	100			0.2 级 60 0.5 级 150		6P,100	1500	628×360×800	155
	35000/100/100		100	100		0.2 级 30 0.2 级 30 0.5 级 40	0.2 级 30 0.5 级 40 0.5 级 40		800		
JDZXW-35 户外	35000/$\sqrt{3}$/100/$\sqrt{3}$/100/3	35000/$\sqrt{3}$	100/$\sqrt{3}$		100/3	0.2 级 40 0.5 级 80			800		
	35000/$\sqrt{3}$/100/$\sqrt{3}$/100/$\sqrt{3}$/100/3		100/$\sqrt{3}$	100/$\sqrt{3}$		0.2 级 20 0.2 级 20 0.5 级 30	0.2 级 20 0.5 级 30 0.5 级 30		400		
JD6-35(W1、W2、W3)(油浸式)	35000/100	35000	100			0.2 级 80 0.5 级 150 1 级 200				940×560×1085	137
JDX6-35(W1、W2、W3)(油浸式)	35000/$\sqrt{3}$/100/$\sqrt{3}$/100/3	35000/$\sqrt{3}$	100/$\sqrt{3}$		100/3	0.2 级 80 0.5 级 150 1 级 250		6P,100		490×560×1190(W1) 490×560×1290(W2,W3)	135(W1) 145(W2,W3)

表 4-7-17　全国统一设计的 10～35 kV 电压互感器主要技术数据

型　号	额定电压/V			额定负荷/(V·A)			极限负荷/(V·A)	外形尺寸/mm			质量/kg
	一次线圈	二次线圈	剩余电压线圈	0.5 级	1 级	3 级		长	宽	高	
JDZ6-3、6、10	3000	100		25	40	100	200	181	173	235	18.5
	6000			50	80	200	400	214	188	274	
	10000							214	200	302	
JDZX6-3、6、10	$3000/\sqrt{3}$	$100/\sqrt{3}$	100/3	25	40	100	200	181	173	254	19.2
	$6000/\sqrt{3}$			50	80	200	400	214	188	280	
	$10000/\sqrt{3}$							214	200	302	
JD6-35	35000	100		150	250	500	1000	970	520	1142	143
JDX6-35	$35000/\sqrt{3}$	$100/\sqrt{3}$	100/3	150	250	500	1000	520	490	1285	126

第八节　高压绝缘子及套管

一、高压瓷绝缘子

(一) 电站用高压户内支柱瓷绝缘子

1. 用途

户内支柱绝缘子用于额定电压 6～35 kV，户内电站、变电所配电装置及电器设备中，作绝缘和固定导电体用。该设备执行标准 GB 8287.1《高压支柱瓷绝缘子技术条件》、GB/T 8287.2《标称电压高于 1000 V 系统用户内和户外支柱绝缘子第 2 部分：尺寸与特性》。支柱绝缘子适用于周围环境温度为 -40～+40 ℃，安装地点海拔普通型不超过 1000 m，高原型不超过 4000 m。

2. 型号意义

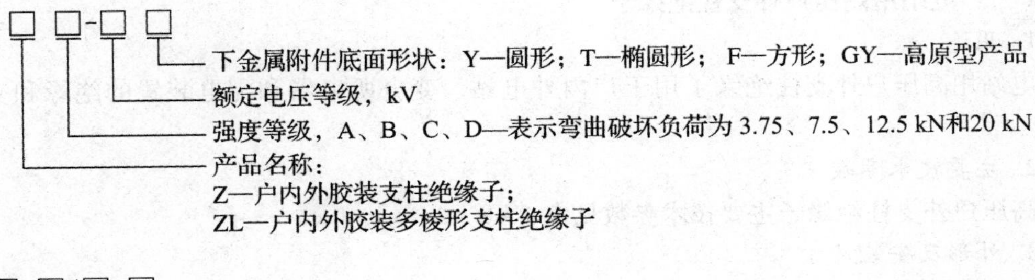

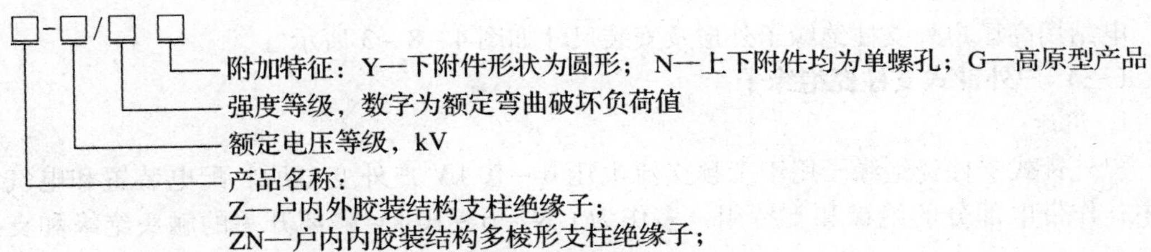

3. 结构特点

该设备的瓷件和上下金属附件由胶合剂胶装而成，瓷件端面与金属附件胶装接触部位垫有衬垫，瓷件胶装部位分别采用上砂、滚花、挖槽等结构，以保证机械强度，并防止松动、扭转。瓷件表面均匀上白釉（也可按需求上棕釉），金属附件表面涂灰磁漆。

绝缘子瓷件主体结构有空腔隔板（可击穿型）结构和实心（不可击穿型）结构两种，联合胶装支柱绝缘子一般属实心不可击穿型结构。后一种结构比前一种结构提高了安全可靠性，减少了维护测试工作量。

绝缘子瓷件外形有多棱和少棱两种。多棱形增加了沿面距离，电气性能优于少棱形，除将逐步淘汰的外胶装支柱绝缘子外，其余产品均为多棱形。

绝缘子的胶装结构分为外胶装、内胶装和联合胶装 3 种结构。

外胶装结构是两端金属附件胶在瓷件外面，机械强度较高，但在放电距离一定的情况下，安装时占空间位置较大。

内胶装结构是两端金属附件全部胶入瓷件孔内，相应地增加了绝缘距离，提高了电气性能。同时缩小了安装时所占空间位置，但内胶装对提高机械强度不利。

联合胶装吸收了外胶装和内胶装结构的优点，上部金属附件胶入瓷件孔内，下部金属附件胶在瓷件外面。这种胶装结构，安装时所占空间位置比外胶装结构小，而机械强度却比内胶装结构高。

瓷件表面一般带有 2 个螺孔：一个螺孔为供支持母线用；联合胶装支柱绝缘子主要用于变电所、电站支持母线，下附件有 2 个或 4 个光孔，上附件仅有一中心螺孔。35 kV 支柱上附件为 3 个螺孔，亦可供电器使用。

4. 主要技术参数

高压支柱绝缘子技术参数见表 4－8－1。

高压支柱绝缘子电气性能见表 4－8－2。

高压支柱绝缘子按额定电压与弯曲强度分类见表 4－8－3。

5. 外形及安装尺寸

高压支柱绝缘子外形及安装尺寸如图 4－8－1、图 4－8－2 所示。

（二）电站用高压户外支柱绝缘子

1. 用途

电站用高压户外支柱绝缘子用于户内外电站、变电所电器和配电装置的绝缘和支撑用。

2. 主要技术参数

高压户外支柱绝缘子主要技术参数见表 4－8－4。

3. 外形及安装尺寸

电站用高压户外支柱绝缘子外形及安装尺寸如图 4－8－3 所示。

（三）户外针式支柱瓷绝缘子

1. 用途

户外针式支柱瓷绝缘子用于工频交流电压 6～10 kV 户外变电所、配电装置和电气设备中，作带电部分的绝缘和支持用，多作为 GW－6～10 kV 隔离开关的触头绝缘和支持件。

表 4-8-1 高压支柱绝缘子的主要技术参数

型号	产品品号		额定电压/kV	弯曲破坏负荷/kN	主要尺寸/mm							质量/kg	备注	生产厂
	新品号	老品号			H	D	d_1	d_2	d_3	a_1	a_2			
12 kV/7.5 kN	2076		12	7.5	215	126	M16	2-ϕ15	2-M10	46	175	6	户内外胶装	西安西电高压电瓷有限责任公司
12 kV/20 kN	2055		12	20	215	115	M16	4-ϕ15	4-M12	76	155	10.9		
	2077		12	20	215	160	M16	4-ϕ15	4-M12	76	125	10		
ZLD-24F	2062		24	20	315	143	M18	4-ϕ18	4-M12	76	135	16.3		
ZN-7.2/4	2006		7.2	4	100	78	M12	2-M8				1.25	户内内胶装	
	2007		7.2	4	100	78	M12	M12				1.25		
ZN-12/4	2027		12	4	120	82	M12	2-M8				1.6		
ZN-12/8	2036		12	8	120	100	M16	2-M10				2.55		
ZN-12/8N	2074		12	8	120	100	M16	M16				2.55		
ZN-12/16	2037		12	16	170	140						8		
	2038		24	30	205	200						15.2		
	2047		40.5	7.5	320	120						8.1		
	2048		40.5	7.5	320	120						10.1		
	2049		40.5	5	320	110						0.3		

表 4-8-1（续）

型号	产品品号		额定电压/kV	弯曲破坏负荷/kN	主要尺寸/mm							质量/kg	备注	生产厂
	新品号	老品号			H	D	d_1	d_2	d_3	a_1	a_2			
ZL-12/4G	2017		12	4	210	90		2-ϕ14	2-M8	18	145	5.4	户内联合胶装	西安西电高压电瓷有限责任公司
ZL-24/30	2064		24	30	290	160	M20	4-ϕ18			250	24.5		
ZL-40.5/4Y	2070		40.5	4	380	95	M10	M16	2-M8	36		7.1		
ZL-40.5/4	2071		40.5	4	380	95	M10	2-ϕ14	2-M8	38	145	8.3		
ZL-40.5/8	2072		40.5	8	400	120	M16	4-ϕ14	2-M10	46	180	11.4		
ZLA-40.5GY	2083		40.5	3.75	445	105	M10	2-ϕ12	2-M8	36	150	10.4		
ZLB-40.5GY	2084		40.5	7.5	450	125	M16	4-ϕ14	2-M10	46	180	11.4		
ZL-40.5/4G	2085		40.5	3.75	535	110	M16	4-ϕ14	2-M10	46	180	14		
ZA-7.2Y	2000		7.2	3.75	165	86	M10	M12	2-M6	36		2.38	户内外胶装	
	2002		7.2	7.5	185	106	M16	M16	2-M10	46		4.7		
ZA-7.2T	2001		7.2	3.75	165	86	M10	2-ϕ12	2-M6	36	135	2.56		
	2003		7.2	7.5	185	106	M16	2-ϕ15	2-M10	46	175	5.2		
ZA-12Y	2020		12	3.75	190	86	M10	M12	2-M6	36		2.5		
ZA-12T	2021		12	3.75	190	86	M10	2-ϕ12	2-M6	36	135	2.7		
ZB-12Y	2022		12	7.5	215	108	M16	M16	2-M10	46		5.1		

表 4-8-2　高压支柱绝缘子的电气性能

额定电压/kV		6	7.2	10	12	15	20	24	35	40.5	110	220
最高电压/kV		6.9		11.5		17.5	23		40.5		126	252
工频试验电压有效值/kV大于或等于	干耐受 1 min	32	36	42	47	57	68	68	100	110	265	450、495
	湿耐受 1 min①	23		30		40	50		80		185	360、395
	击穿②	56	58	74	75	100	119	119	175			
标准雷电冲击耐受电压峰值/kV 大于或等于		60	60	75	80	105	125	125	185	195	450	850、950

注：① 仅对户外绝缘子进行。

② 仅对 35 kV 及以下 B 型绝缘子进行。

表 4-8-3　高压支柱绝缘子按额定电压与弯曲强度分类

额定电压/kV	弯曲强度/kN			额定电压/kV	弯曲强度/kN		
	外胶装	内胶装	联合胶装		外胶装	内胶装	联合胶装
7.2	3.75、7.5	4		24	20		30
12	3.75、7.5、20	4、(7)、8、16	4	10.5		(7.5)	4、(7.5)、8

注：( ) 表示非标准等级。

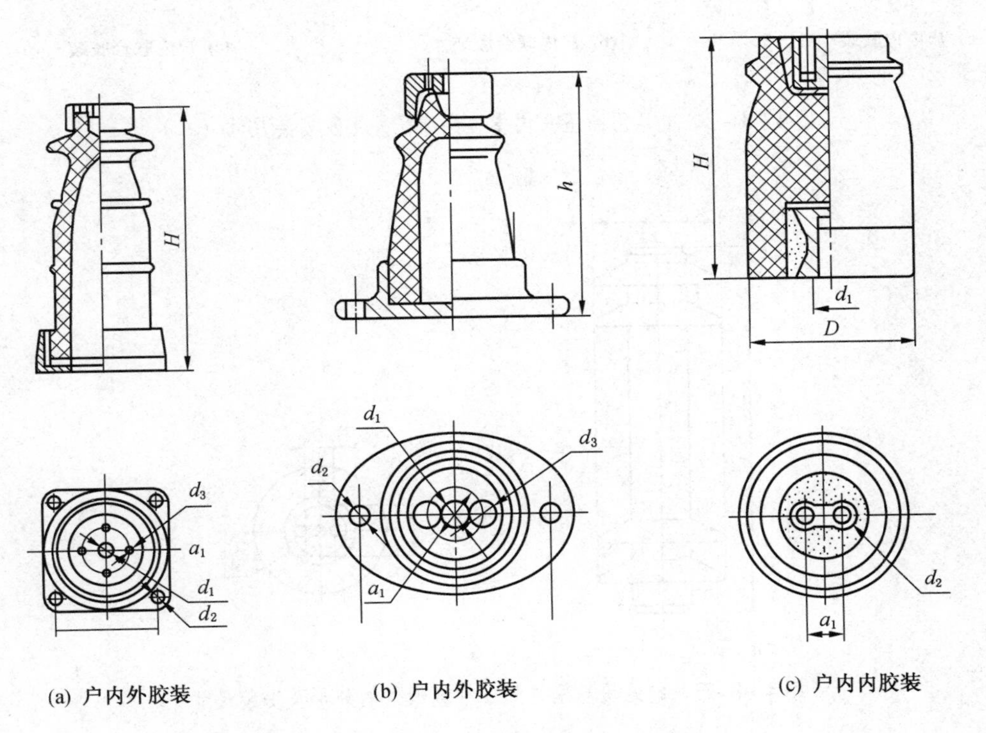

(a) 户内外胶装　(b) 户内外胶装　(c) 户内内胶装

图 4-8-1　电站用高压户内支柱绝缘子外形及安装尺寸（一）

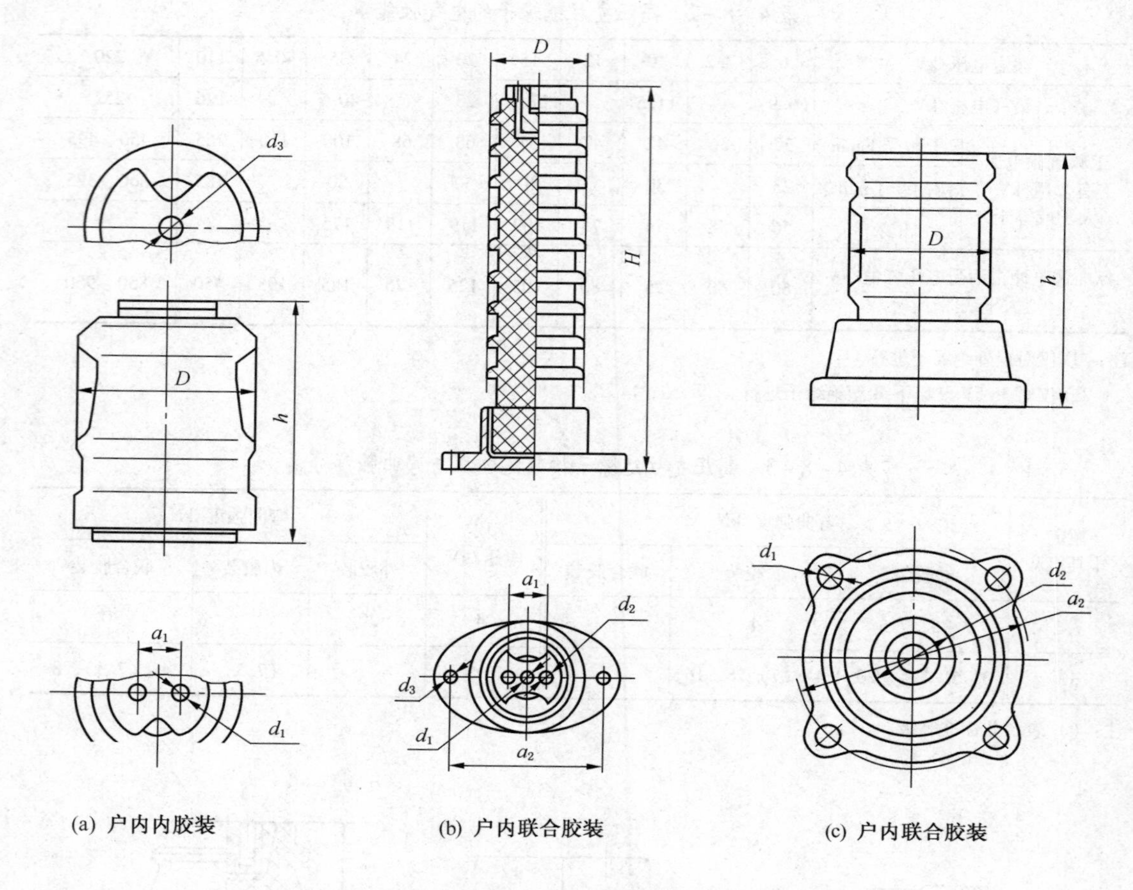

图 4-8-2　电站用高压户内支柱绝缘子外形及安装尺寸（二）

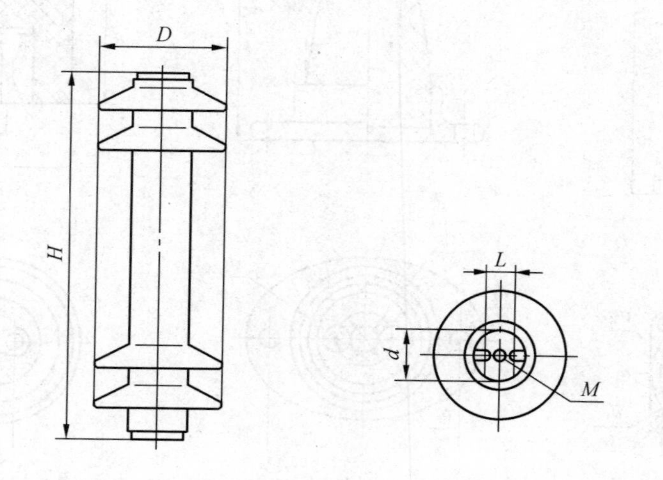

图 4-8-3　电站用高压户外支柱绝缘子的外形及安装尺寸

表4-8-4 电站用高压户外支柱绝缘子的主要技术参数

型 号	雷电冲击耐受电压/kV	工频湿耐受电压/kV	破坏负荷		爬电距离/mm		伞 数		主要尺寸/mm							备 注
			弯曲/kN	扭转/(kN·m)	Ⅰ	Ⅱ	Ⅰ	Ⅱ	H	D Ⅰ	D Ⅱ	L	d	M	螺孔数	
C8-170	170	70	8	2.0	580	850	6	7	445	170	200		76	12	4	户外外胶装支柱绝缘子
C4-200	200	70	4	1.2	680	950	6	8	475	155	180		76	12	4	
C8-200	200	70	8	2.0	680	950	6	8	476	180	200		76	12	4	
C4-250	250	95	4	1.8	835	1200	7	10	560	165	185		76/127	12/16	4	
C8-250	250	95	8	2.5	835	1200	7	10	560	190	210		127	16	4	
C4-325	325	140	4	2.0	1160	1600	10	12	770	175	200		127	16	4	
C8-325	325	140	8	3.0	1160	1600	10	12	770	200	225		127	16	4	
H4-60	60	20	4		220		3		95	120		36	60	16		户外内胶装支柱绝缘子
H8-60	60	20	8		220		3		95	130		45	70	16		
H4-75	75	28	4		240		3		130	120		36	60	16		
H8-75	75	28	8		240		3		130	135		46	70	20		
H4-95	95	38	4		380		4		175	130		36	70	16		
H8-95	95	38	8		330		4		175	145		46	80	20		
H4-125	125	50	4		430		5		210	130		36	70	16		
H8-125	125	50	8		430		5		210	150		46	80	20		
H4-170	170	70	4		600		6		300	145		36	80	16		
H8-170	170	70	8		600		6		300	165		46	90	24		
H4-250	250	95	4		980		8		500	175		36	80	16		
H8-250	250	95	8		980		8		500	195		46	100	24		
H4-325	325	140	4		1200		10		620	180		36	100	20		
H8-325	325	140	8		1200		10		620	205		46	110	24		

表 4-8-4（续）

型号	雷电冲击耐受电压/kV	工频湿耐受电压/kV	破坏负荷		爬电距离/mm		伞数		主要尺寸/mm							备注
			弯曲/kN	扭转/(kN·m)	Ⅰ	Ⅱ	Ⅰ	Ⅱ	*H*	*D*		*L*	*d*	*M*	螺孔数	
										Ⅰ	Ⅱ					
OL-150	150	50	4		455		6		225	120		40	50	12		非标准型
OL-200	200	70	4		600		8		300	130		50	60	16		
P-125	125	50	4		380		6		230	120		62	14			
P-200	200	70	2.25		1000		10		370	167		74	14			
P-250	250	95	2.25		1000		10		460	170		74	14			
HN1-30	170	70		拉伸 10 kN	720		7		436	140		12				
C4-60	60	20	4	0.6	120	190	2	2	190	110	130		76	12	4	户外外胶装支柱绝缘子
C8-60	60	20	8	0.8	120	190	2	2	190	120	140		76	12	4	
C4-75	75	28	4	0.6	190	280	2	3	215	120	135		76	12	4	
C8-75	75	28	8	0.8	190	280	2	3	215	135	150		76	12	4	
C4-95	95	38	4	0.8	280	380	3	4	255	130	145		76	12	4	
C8-95	95	38	8	1.2	280	380	3	4	255	150	165		76	12	4	
C4-125	125	50	4	0.8	380	500	4	5	305	135	150		76	12	4	
C8-125	125	50	8	1.2	380	500	4	5	305	155	170		76	12	4	
C4-150	150	50	4	1.0	450	660	5	5	355	140	165		76	12	4	
C8-150	150	50	8	1.5	450	660	5	6	355	160	185		76	12	4	
C4-170	170	70	4	1.2	580	850	6	7	445	140	180		76	12	4	

2. 型号意义

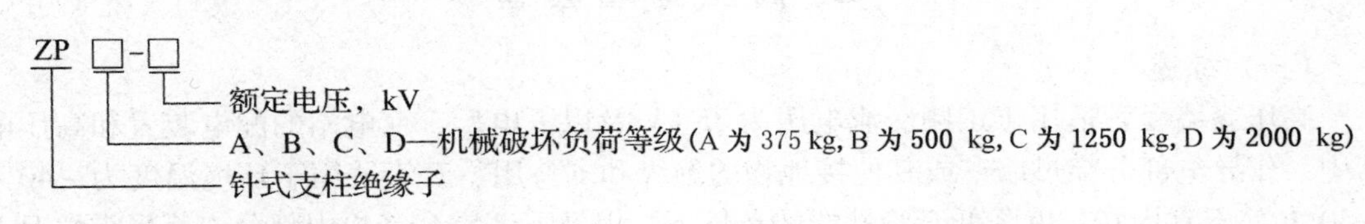

3. 主要技术参数

户外针式支柱绝缘子的主要技术参数见表 4-8-5、表 4-8-6。

表 4-8-5 户外针式支柱绝缘子的主要技术参数

产品型号	额定电压/kV	工频电压≥/kV(有效值)			全波冲击耐受电压≥/kV(峰值)
		干耐受	湿耐受	击穿	
ZPA-6	6	36	26	58	60
ZPB-10	10	47	34	75	80
ZPD-10	10	47	34	75	80

表 4-8-6 户外针式支柱绝缘子的结构尺寸

产品型号	产品代号	额定电压/kV	对应图号	总高 H/mm	伞径 D/mm	上附件主要尺寸/mm		下附件主要尺寸/mm		泄漏距离/mm (公称值)	质量/kg
						a_1	d_1	a_2	d_2		
ZPA-6	2200	6	20	170	140	36	2-M8	50	2-ϕ11	190	2.8
ZPB-10	2210	10	21	188	160	36	2-M8	70	2-ϕ11	250	4.4
ZPD-10	2211	10	22	210	250	120	4-M12	120	4-ϕ15	230	11.0

4. 外形及安装尺寸

户外针式支柱绝缘子外形及安装尺寸如图 4-8-4 所示。

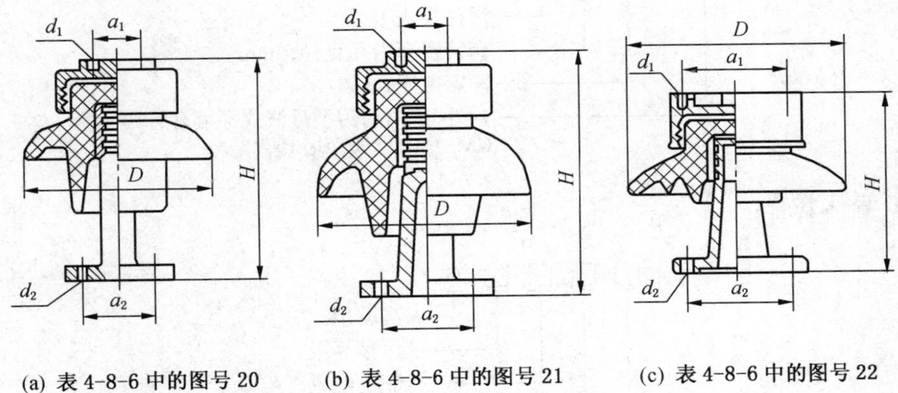

(a) 表 4-8-6 中的图号 20　(b) 表 4-8-6 中的图号 21　(c) 表 4-8-6 中的图号 22

图 4-8-4 户外针式支柱绝缘子外形及安装尺寸

二、高压穿墙套管

（一）综述

高压穿墙套管适用于工频交流电压为35 kV及以下电厂、变电站的配电装置和高压电器中，作导电部分穿过墙壁或其他接地物的绝缘和支持用。套管适用于环境温度为 -40 ~ +40 ℃，不宜用在足以降低套管性能的条件下，以及不适宜套管户内部分表面凝露情况下使用。当套管环境温度高于 +40 ℃，但不超过 +60 ℃时，套管的工作电流建议按环境温度每增高1 ℃，额定电流负荷降低1.8%。当套管环境温度低于 -40 ℃以及符合GB/T 12944—2011中规定的最高允许发热温度的情况下使用时，允许其工作电流长期过载。建议按环境温度每降低1 ℃，额定电流负荷增加0.5%，但增加值不应大于额定电流的20%。

套管按使用场所可分为户内普通型、户外 - 户内普通型、户外 - 户内耐污型、户外 - 户内高原型、户外 - 户内高原耐污型5种类型。

户内普通型一般适用于安装地点海拔不超过1000 m的户内地区。

户外 - 户内普通型一般适用于安装地点海拔不超过1000 m的地区，但安装地点应是无明显污秽地区。

户外 - 户内耐污型适用于安装地点海拔不超过1000 m，对于严重和特重污区用35 kV套管，可选用63 kV油纸电容式穿墙套管。

户外 - 户内高原型适用于安装地点海拔3000 m以下地区。

户外 - 户内高原耐污型适用于安装地点海拔3000 m以下污秽地区。

套管按所使用导体材料又可分为铝导体、铜导体及不带导体（母线式）3种类型。额定电流1500 A及以下铜导体的穿墙套管作为过渡产品，其型号字母B表示强度等级为7.5 kN，母线穿墙套管的使用电流决定于用户采用的母线尺寸。

1. 型号意义

（1）母线式套管：

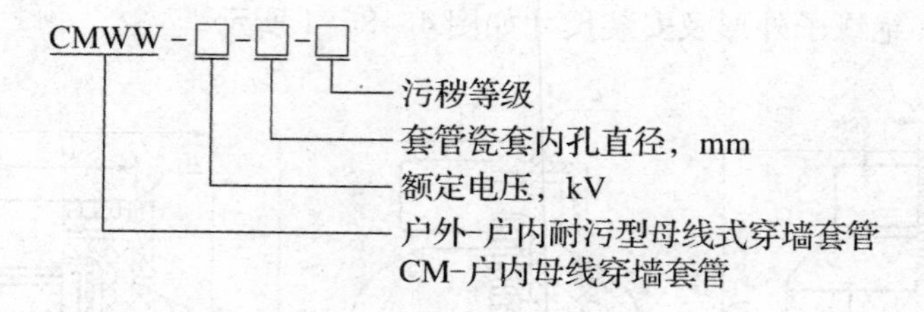

（2）导体套管：

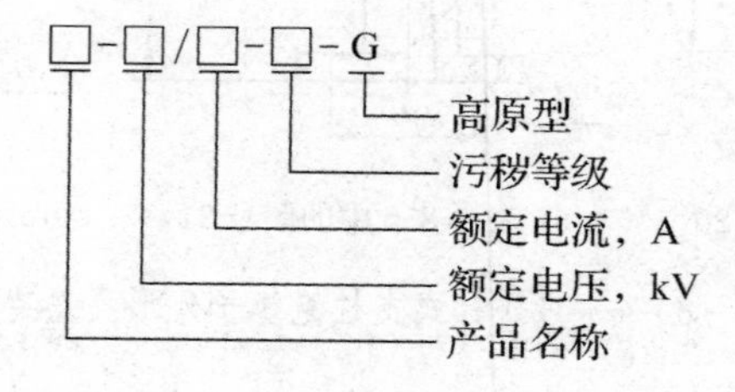

产品名称含义：

CL——户内铝导体穿墙套管；

C——户内铜导体穿墙套管，A、B、C 表示弯曲破坏负荷分别为 3.75、7.5、12.5 kN；

CWL——户外－户内铝导体穿墙套管；

CW——户外－户内铜导体穿墙套管；

CWWL——户外－户内耐污铝导体穿墙套管；

CWW——户外－户内耐污铜导体穿墙套管；

CM——户内母线穿墙套管；

CMWW——户内耐污母线穿墙套管。

2. 结构特点

套管由瓷件、安装法兰及导体装配而成。母线穿墙套管不带导电部分，瓷套与法兰固定方式除 35 kV 高原型及部分产品采用机械卡装外，其余均用水泥胶合剂胶装；铜导体采用定心垫圈和螺母固定，铜、铝导电排采用定心垫圈和开口销固定。对母线穿墙套管两端盖板，开口尺寸根据选用的母线规格型式自行确定。附件表面涂灰磁漆。为了提高套管的起始电晕，对于 20、35 kV 套管在结构上采用均压措施，将靠近法兰部位的瓷壁及两边的伞（棱）适当加大、加厚，在瓷件焙烧前于瓷套内腔和法兰附近，以及靠近法兰的第一个伞（棱）上均匀上一层半导体釉，经焙烧后使半导体釉牢固地结合在瓷壁上，并通过接触片使瓷壁短路，大大改善电场分布，防止套管内腔放电，提高滑闪放电电压。

套管导电部分采用铝导体，节省大量的铜材，降低成本，与母线连接的导电面积增大，克服了铜导杆接触面积小而温度过高的缺点。

套管安装法兰分正反两种安装方式，除 6、10 kV 铜导体管正装外，其余均为反装。

3. 机电热特性

高压穿墙套管的机电热特性见表 4－8－7 至表 4－8－9。

表 4－8－7　穿墙套管的弯曲破坏负荷

带导体的套管		母线式套管		带导体的套管		母线式套管	
套管额定电流/A	额定弯曲破坏负荷/kN	瓷套孔径/mm	额定弯曲破坏负荷/kN	套管额定电流/A	额定弯曲破坏负荷/kN	瓷套孔径/mm	额定弯曲破坏负荷/kN
250	4	<100	4	1600	4		
400	4	100～200	8	2000	8		
630	4	150～300	16	3150	8		
1000	4	>300	30				

（二）户内铜导体穿墙套管

1. 主要技术参数

户内铜导体穿墙套管的主要技术参数见表 4－8－10。

2. 外形及安装尺寸

户内铜导体穿墙套管的外形及安装尺寸如图 4－8－5 所示。

表4-8-8　穿墙套管的电气性能

套管型式	套管额定电压/kV	套管最高电压/kV	工频电压≥/kV				雷电冲击耐受电压≥/kV
			干耐受 1 min	湿耐受① 1 min	击　穿	可见电晕	
普通型及耐污型	6	6.9	23		58	—	60
	10	11.5	30		75	—	75
	20	23	50		120	14.8	125
	35	40.5	80		176	25.8	185
高原型	10	11.5	37.5		75	—	93.8
	35	40.5	100		176	32.2	231

注：① 仅对户外-户内套管户外端进行。

表4-8-9　带导体套管长期最高允许发热温度及热短时电流值

套管各部分名称	最高允许发热温度/℃	最高允许温升/K	套管额定电流/A	热短时5 s电流≥/kA
载流或不载流的金属部分(盖、法兰和导电排的非接触部分) 及瓷件等	110	70	250	3.8
			400	7.2
在空气中的用螺栓压紧的接触连接部分：			630	12
裸铜或裸铝	85	45	1000	20
镀银	105	65	1600	30
			2000	40
镀锡	95	55	3150	60

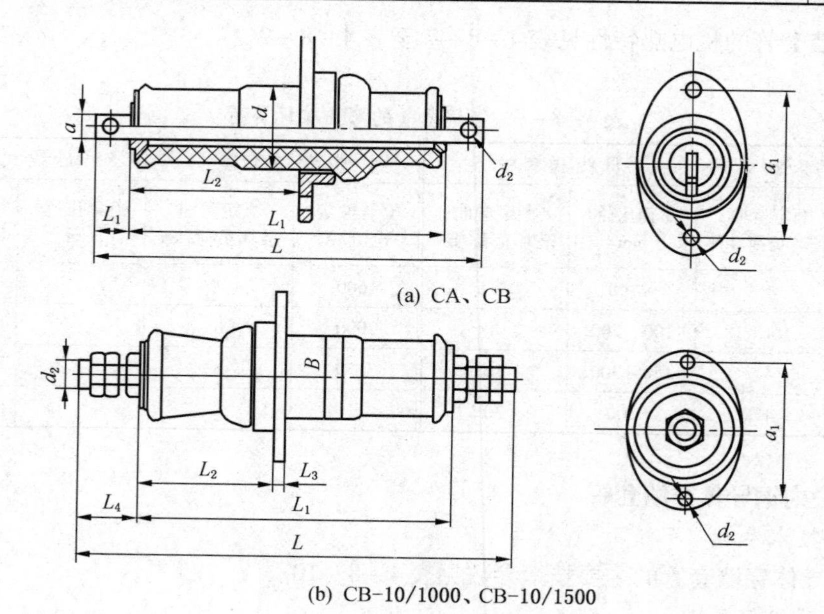

(a) CA、CB

(b) CB-10/1000、CB-10/1500

图4-8-5　户内铜导体穿墙套管的外形及安装尺寸

表4-8-10　户内铜导体穿墙套管的主要技术参数

型　号	产品品号		额定电压/kV	额定电流/A	抗弯破坏负荷/kN	主要尺寸/mm								质量/kg	生产厂
	新品号	老品号				L	L_1	d	d_1	d_2	a_1	a	b		
CA-6/200	230201	12200	6	200	3.75	375	305	70	12	11	132	20	3	3.1	南京电气(集团)有限责任公司
CA-6/400	230301	12201	6	400	3.75	375	305	70	12	13	132	25	3	3.2	
CB-6/400	230303	12202	6	400	7.5	410	310	90	12	13	150	40	3	4.7	
CB-6/600	230401	12203	6	600	7.5	410	310	90	12	17	150	40	6	4.5	
CB-10/200	231201	12213	10	200	7.5	450	350	100	12	11	165	20	3	5.7	
CB-10/400	231301	12214	10	400	7.5	450	350	100	12	13	165	40	3	6.5	
CB-10/600	231401	12215	10	600	7.5	450	350	100	12	17	165	40	6	5.7	
CB-6/1000	230521	12245	6	1000	7.5	430	310	90	12	M30×2	150			6.9	
CC-6/1000	230523	12247	6	1000	12.5	540	405	140	15	M30×2	150			13.8	
CB-6/1500	230621	12246	6	1500	7.5	450	310	90	12	M39×3	150			8.9	
CC-6/1500	230623	12248	6	1500	12.5	550	405	140	15	M39×3	150			19.8	
CC-6/2000	230631	12249	6	2000	12.5	570	405	140	15	M45×3	150			19.6	
CB-10/1000	231521	12254	10	1000	7.5	470	360	200	12	M30×2	165			8	
CC-10/1000	231523	12256	10	1000	12.5	625	488	145	15	M30×2	150			20.8	
CB-10/1500	231621	12255	10	1500	7.5	480	350	100	12	M39×3	165			10.5	
CC-10/1500	231623	12257	10	1500	12.5	645	488	145	15	M39×3	150			23.4	
CC-10/2000	231631	12258	10	2000	12.5	655	488	145	15	M45×3	150			26	
CB-35/400	233321	2322	35	400	7.5	925	822	220	15	M14×1.5	200			30.6	
CB-35/600	233421	2323	35	600	7.5	925	822	220	15	M20×1.5	200			31.6	
CB-35/1000	233521	2324	35	1000	7.5	945	822	220	15	M30×2	200			37.8	
CB-35/1500	233621	2325	35	1500	7.5	965	822	220	15	M39×3	200			40.4	

（三）户外－户内铜导体穿墙套管

1. 主要技术参数

户外－户内铜导体穿墙套管的主要技术参数见表4－8－11。

2. 外形及安装尺寸

户外－户内铜导体穿墙套管的外形及安装尺寸如图4－8－6所示。

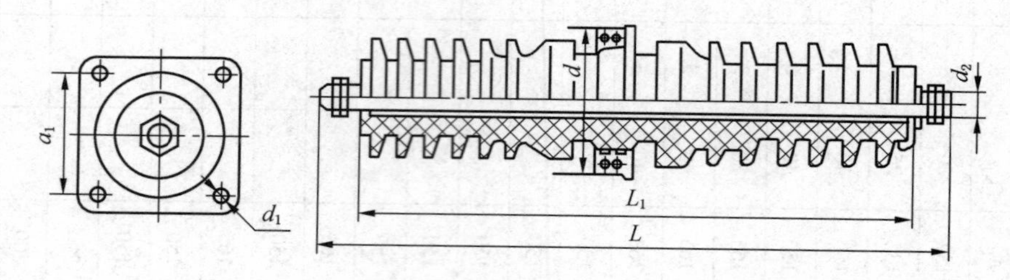

图4－8－6　户外－户内铜导体穿墙套管的外形及安装尺寸

（四）户外－户内铜导体耐污型穿墙套管

1. 主要技术参数

户外－户内铜导体耐污型穿墙套管主要技术参数见表4－8－12。

2. 外形及安装尺寸

户外－户内铜导体耐污型穿墙套管的外形及安装尺寸如图4－8－7所示。

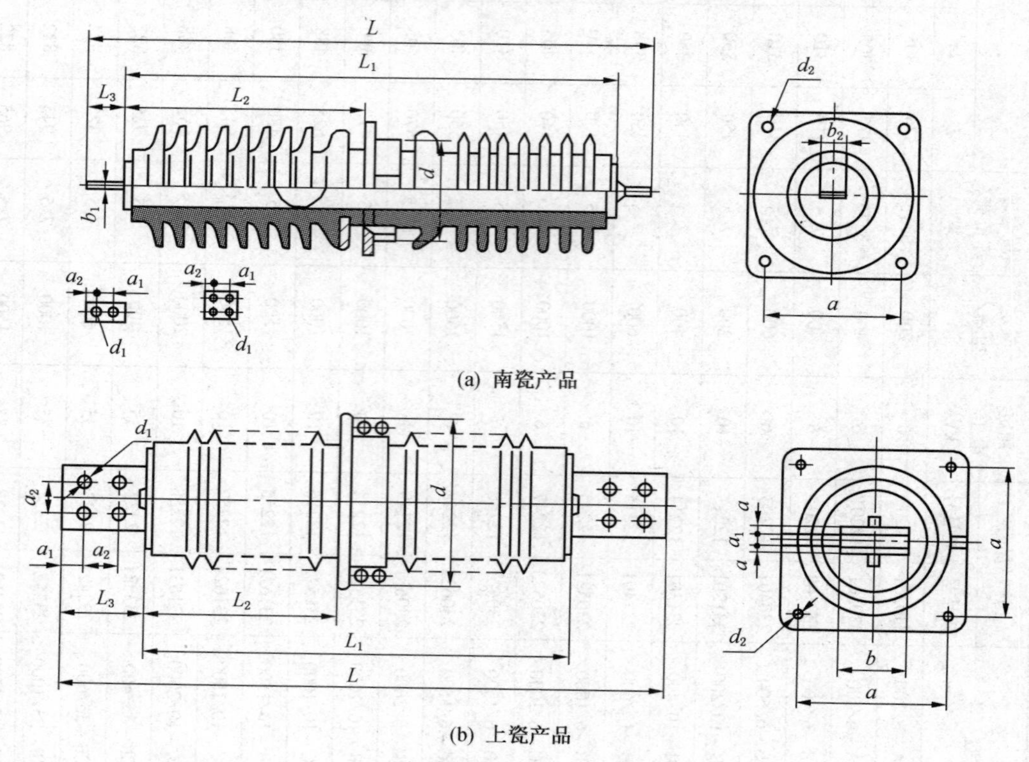

图4－8－7　户外－户内铜导体耐污型穿墙套管的外形及安装尺寸

表4-8-11　户外-户内铜导体穿墙套管的主要技术参数

型号	产品品号		额定电压/kV	额定电流/A	抗弯破坏负荷/kN	主要尺寸/mm								质量/kg	备注	生产厂
	新品号	老品号				L	L_1	d	d_1	d_2	a_1	a	b			
CWC-10/1000	241523	12263	10	1000	12.5	680	555	169	18	M30×2	155			19	导电杆式	南京电气(集团)有限责任公司
CWC-10/1500	241623	12264	10	1500	12.5	700	555	169	18	M39×3	155			22.2		
CWC-10/2000	241625	12265	10	2000	12.5	710	555	169	18	M45×3	155			25.7		
CWB-35/400	243321	2422	35	400	7.5	980	860	220	15	M14×1.5	220			33.2		
CWB-35/600	243421	2423	35	600	7.5	980	860	220	15	M20×1.5	200			34.6		
CWB-35/1000	243521	2424	35	1000	7.5	1000	860	220	15	M30×2	200			38		
CWB-35/1500	243621	2425	35	1500	7.5	1000	860	220	15	M39×2	200			40.6		
CWBQ-35/600	243457	2419	35	600	7.5	1165	1044	235	15	M20×1.5	200			50		
CWB-6-10/400	241321	2450	6~10	400	7.5	525	420	108	18	M14×1.5	175			9		
CWB-6-10/600	241421	2451	6~10	600	7.5	525	420	108	18	M20×1.5	175			10		
CWB-6-10/1000	241521	2452	6~10	1000	7.5	550	420	108	18	M30×2	175			12		
CWB-6-10/1500	241621	2453	6~10	1500	7.5	575	420	108	18	M39×3	175			14		

表4-8-12 户外-户内铜导体耐污型穿墙套管主要技术参数(导电排式)

型号	品号	额定电压/kV	额定电流/A	总长 L/mm	两端盖间长 L_1/mm	一端长 L_2/mm	接线端子					导电排				安装法兰				公称爬电距离/mm	
							伸出长 L_3/mm	孔距 a_1/mm	孔距 a_2/mm	孔径 d_1/mm	孔数/个	排厚 b_1/mm	排宽 b_2/mm	间距 b_3/mm	片数/片	穿墙直径 d/mm	孔距 a/mm	孔径 d_2/mm	孔数/个	户外端	户内端
CWW-10/630-4	241003	10	630	720	515	235	95	40	20	13	2	6.3	40		1	115	175	14	2	375	270
CWW-10/1000-4	241006	10	1000	680	515	235	75	30	15	14	4	10	63		1	150	150	14	4	375	270
CWW-10/1600-4	241007	10	1600	680	515	235	75	30	15	14	4	10	63	10	2	150	150	14	4	375	270
CWW-35/250-3	243012	35	250	1085	920	440	75	30	15	11	2	3.15	31.5		1	225	200	15	4	1015	810
CWW-35/400-3	243013	35	400	1085	920	440	75	30	15	11	2	4	40		1	225	200	15	4	1015	810
CWW-35/630-3	243014	35	630	1085	920	440	95	40	20	13	2	6.3	40		1	225	200	15	4	1015	810
CWW-35/1000-3	243015	35	1000	1085	920	440	75	30	15	14	4	10	63		1	245	220	15	4	1015	810
CWW-35/1600-3	243016	35	1600	1085	920	440	75	30	15	14	4	10	63	10	2	245	220	15	4	1015	810
CWWB-35/2000-2	2358	35	2000	1400	882	433		50	25	18	4					250	220	15	4	810	
CWWB2-35/2000-2	2359	35	2000	1270	882	433		50	25	18	4					250	220	15	4	810	
CWW-10/250-2	22321	10	250	520	360	158	75	30	15	11	4	3.15	31.5			115	175	14	4	230	
CWW-10/1600-2	22325	10	1600	520	360	158	75	30	15	14	4	10	63	10		150	150	14	4	230	
CWW-10/250-4	22328	10	250	680	515	235	75	30	15	11	4	3.15	31.5			115	175	14	4	360	
CWW-10/1000-4	22329	10	1000	680	515	235	75	30	16	14	4	10	63			115	150	14	4	360	
CWW-10/1600-4	22330	10	1600	680	515	235	75	30	16	14	4	10	63	10		115	150	14	4	360	
CWW-35/250-3	22336	35	250	1085	930	440	75	30	16	11	4	3.15	31.5			225	200	15	4	1015	
CWW-35/1600-3	22340	35	1600	1085	920	440	75	30	16	15	4	10	63	10		245	220	15	4	1015	
CWW-35/2000-3	22341	35	2000	1438	920	440	190	50	25	18	4					245	220	15	4	1015	

（五）户外－户内高原型铜导体穿墙套管

1. 主要技术参数

户外－户内高原型铜导体穿墙套管技术参数见表4－8－13。

表4－8－13　户外－户内高原型铜导体穿墙套管主要技术参数

代号	型　号	额定电压/kV	额定电流/A	户外端公称爬电距离/mm	弯曲破坏负荷≥/kN	适用海拔高度≤/m	主要尺寸/mm									质量/kg
							L	L_1	L_2	L_3	L_4	B	d_1	d_2	a_1	
2369	CWWB－35/600－2－G	35	600	810	7.5	3500	1160	1035	478	16	50	223	4－ϕ15	M20×1.5	200	40.4
2373	CWWB－35/1000－2－G	35	1000	810	7.5	3500	1220	1035	478	16	75	223	4－ϕ15	M30×2	200	46

2. 外形及安装尺寸

户外－户内高原型铜导体穿墙套管外形及安装尺寸如图4－8－8所示。

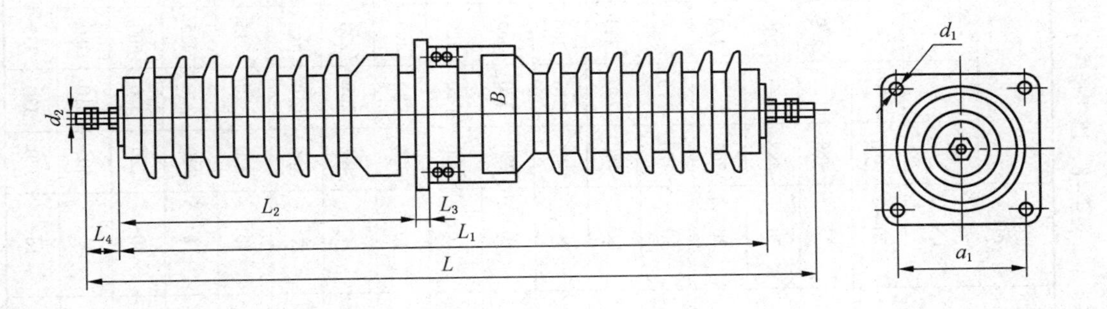

图4－8－8　户外－户内高原型铜导体穿墙套管外形及安装尺寸

（六）母线穿墙套管

1. 主要技术参数

母线穿墙套管电气性能见表4－8－14，它的主要技术参数见表4－8－15。

表4－8－14　母线穿墙套管电气性能

额定电压/kV	工频试验电压≥（有效值）/kV			全波冲击耐受电压≥（峰值）/kV	额定电压/kV	工频试验电压≥（有效值）/kV			全波冲击耐受电压≥（峰值）/kV
	干耐受	湿耐受	冲　击			干耐受	湿耐受	冲　击	
10	47	34	75	80	20	75	55	120	125

表 4-8-15 母线穿墙套管的主要技术参数

型号	产品品号		额定电压/kV	弯曲破坏负荷/kN	主要尺寸/mm											质量/kg	生产厂
	新品号	老品号			L	L_2	D	d	d_1	d_2	d_3	a	a_1	孔数	b		
CMD-10	221010	12221	10	20	480		155		18			200				13.8	南京电气(集团)有限责任公司
	221110	12222	10	23	484		176		18			230				17.3	
CME-10	221111	12223	10	30	488		205		18			260				18.5	
CMW-20-180	222611	2414	20	20	764		320		22	180		300	126		10	57.8	
CMW-20-330	222812		20	30	720	310		510		22	330	400		4		85	
CM-10-90	2503		10	7.5	480	220	220		18			200				15.8	西安西电高压电瓷有限责任公司
CM-10-160	2504		10	8	505	210	280		18			260				26.6	
CMWW-20-180-1	2553		20	16	720	320	335		18			300				51.7	
CMWW-20-270-1	2554		20	16	720	320	425		18			360				70.4	
CMWW-20-330-1	2556		20	30	720	320	490		22			410				95.1	
CM-10-90	24011		10	4	480	200	220		18			200				15.8	牡丹江北方高压电瓷有限责任公司
CM-10-160	24012		10	8	505	210	280		18			260				26.5	
CMWW-20-180-1	24000.1		20	16	720	320	335		18			300				51.7	
CMWW-20-270-1	24002		20	16	720	320	425		18			300				70.4	
CMWW-20-330-1	24001.1		20	30	720	320	500		22			410				125.1	
CM-10-160			10	8	505	210	280		18		160	260		4		26	上海电瓷厂
CMWW-20-180-1			20	16	720	320	335		18		180	300		4		52	

2. 外形及安装尺寸

母线穿墙套管的外形及安装尺寸如图4-8-9所示。

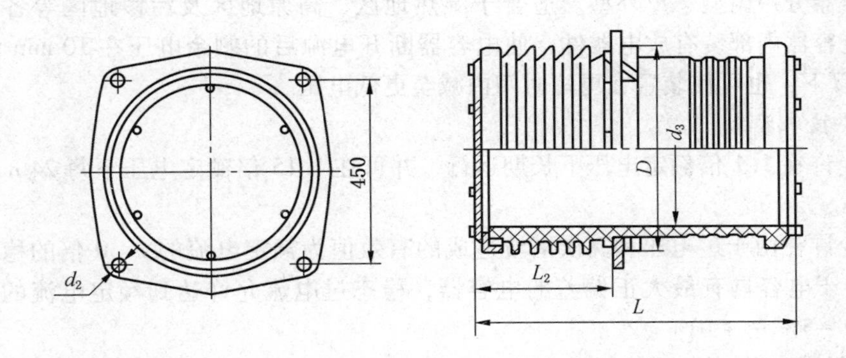

图4-8-9　母线穿墙套管的外形及安装尺寸

第九节　高压电力电容器及无功补偿装置

一、高压电力电容器

在电力系统中，常用的高压电力电容器主要有并联电容器、串联电容器、耦合电容器、脉冲电容器四大类。

（一）油浸式高压并联电容器

1. 用途

油浸式高压并联电容器适用于并联在工频交流50 Hz或60 Hz电力系统中，用于提高功率因数，改善电压质量，降低线路损耗。

2. 型号意义

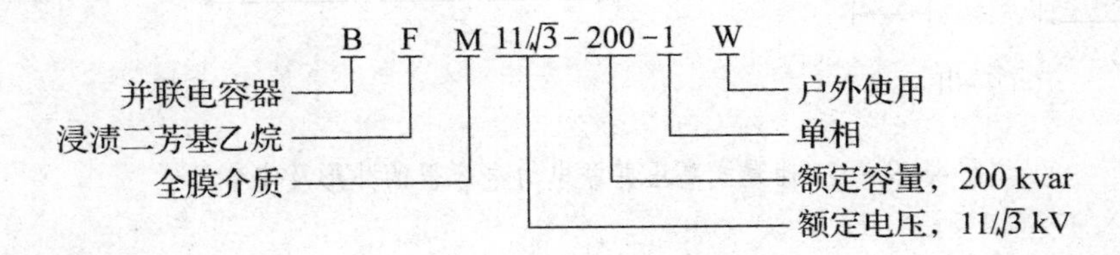

3. 适用工作条件

（1）海拔高度：≤1000 m。

（2）环境温度：下限-25 ℃，-40 ℃；上限+40 ℃，+45 ℃，+50 ℃；24 h平均最高温度+30 ℃，+35 ℃，+40 ℃。

（3）安装场所：无有害气体及蒸汽，无导电性或爆炸性尘埃，无剧烈的机械振动。

4. 结构

油浸式高压并联电容器主要由外壳和芯子组成。外壳用薄钢板焊接制成，盖上焊有出线套管。芯子由元件、绝缘件组成。元件用聚丙烯薄膜为介质与铝箔（极板）卷制而成的或用聚丙烯薄膜和电容器纸为介质与铝箔卷制而成。内部连接一般单相，也提供三相。部分电容器内部每个元件串有熔丝，及时切除个别击穿的元件，保证电容器整体的正常运行。该电容器分户内型、户外型。适合于湿热地区、高原地区及污秽地区等各种特殊环境。部分电容器内部装有放电器件，使电容器断开电源后的剩余电压在 10 min 内由$\sqrt{2}U_N$降至 75 V 以下，也可使装置在更短时间内减至更低电压。

5. 主要技术参数

（1）允许在 1.1 倍额定电压下长期运行，并可在 1.15 倍额定电压下每 24 h 中运行不超过 30 min。

（2）允许在由于过电压和高次谐波造成的有效值为额定电流的 1.30 倍的稳态过电流下运行。对于电容具有最大正偏差的电容器，稳态过电流允许达到额定电流的 1.43 倍。电容偏差为 －5% ～ ＋10% 。

（3）损耗角正切值（在额定电压下、20 ℃时）：采用膜纸复合介质的小于 0.0012，采用全膜介质的小于 0.0005（不含内熔丝）。

（4）高压并联电力电力电容器主要技术数据见表 4－9－1。

6. 外形及安装尺寸

油浸式高压并联电力电容器的外形及安装尺寸如图 4－9－1 所示。

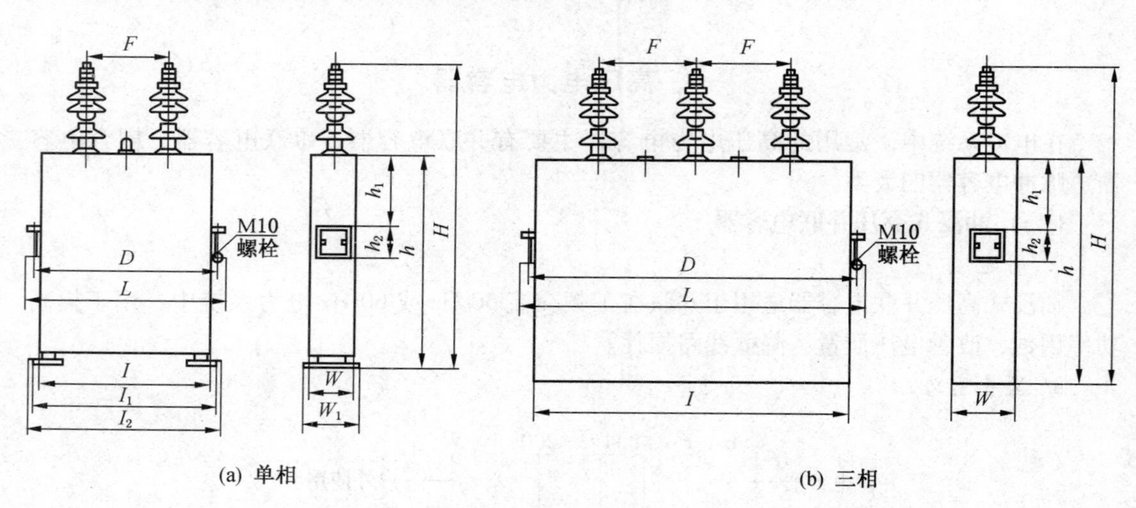

(a) 单相　　(b) 三相

图 4－9－1　油浸式高压并联电力电容器的外形及安装尺寸

（二）干式自愈式高压并联电容器

1. 干式自愈式高压并联电容器的自愈原理

普通的铝箔电容器元件是在两层铝箔电极间夹入绝缘介质（膜纸复合或全膜）经过卷制、压装、焊接、真空干燥处理和液体浸渍而成。因介质存在电弱点，为避免介质击穿而造成两电极短路，介质必须采用两层以上，使每层介质的电弱点错开排列。干式自愈式高压并联电容器所用元件为自愈式电容器元件。其介质为单层聚丙烯膜，表面蒸镀了一层很薄（低于 1/100 μm）的金属作为导电电极。当施加过高电压时聚丙烯膜电弱点被击穿，击穿电流将穿过击穿点。由于导电的金属化镀层的电流密度急剧增大，并使金属化层产生

表4-9-1 高压并联电力电容器主要技术参数

型号	额定电压/kV	额定容量/kvar	额定电容/μF	相数	质量/kg	外形尺寸/mm									温度范围/℃	备注
						L	I	D	W	h	h_1	h_2	H	F		
BWF1.05-30-1	1.05	30	86.66	1	24.1	450	380	416	115	345	110		470	200	-40/A	内熔丝
BWF1.05-50-1	1.05	50	144.43	1	31	460	380	427	170	365	40	70	490	250	-40/A	内熔丝 内装放电器件
BWF1.05-60-1	1.05	60	170.30	1	42	393	313	360	123	735	110	70	865	200	-40/B	
BWF1.05-100-1	1.05	100	288.86	1	62	460	380	427	170	665	80	70	790	250	-40/A	
BBM10/6-225-1W	10/6	225	257.83	1	73.8	451	343	395	168	855	310	90	1115	220	-25/B	
BFF2.1-100-1	2.1	100	72.18	1	55	475	395	442	180	470	115	70	578	250	-40/A	内熔丝
BFM2.1-150-1G	2.1	150	108.27	1	40	400	380	400	170	455	100		570	250	-40/C	
BFF2.1-200-1	2.1	200	144.36	1	88	475	395	442	180	875	185	70	938	250	-40/A	内熔丝内装放电器件
$BFF_2$2.1-200-1	2.1	200	144.43	1	88.5	480	400	447	185	845	205	70	957	250	-40/A	
BFF3.15-200-1W	3.15	200	64.16	1	70	460	380	427	170	765	180	70	1028	250	-25/B	内装放电器件
BFM3.15-334-1	3.15	334	107.15	1	104.6	758	650	702	165	680	180	90	788	320	-40/A	内熔丝 内装放电器件
BWF4-30-1	4	30	5.97	1	24	450	380	420	115	380	110		530	200	-40/B	内熔丝
$BWF_2$4-60-1	4	60	11.94	1	73.8	451	343	395	168	855	310	90	1115	220	-40/B	内熔丝 内装放电器件
BWF6.3-12-1	6.3	12	0.96	1	18.4	340	270	300	115	380	110		575	170	-40/A	内熔丝
BWF6.3-14-1G	6.3	14	1.12	1	25	450	380	420	115	380	110		802	200	-40/+25	高原4000 m
BWF6.3-18-1	6.3	18	1.44	1	18.5	340	270	300	115	380	110		575	170	-40/A	内熔丝
$BWF_2$6.3-25-1	6.3	25	2.01	1	24	450	380	420	115	380	110		598	200	-40/A	
BWF6.3-30-1G	6.3	30	2.41	1	29	450	380	420	115	455	110		680	200	-25/A	高原3000 m

表 4-9-1(续)

型号	额定电压/kV	额定容量/kvar	额定电容/μF	相数	质量/kg	外形尺寸/mm									温度范围/℃	备注
						L	I	D	W	h	h_1	h_2	H	F		
BWF6.3-30-1TH	6.3	30	2.41	1	24	450	380	420	115	380	110		530	200	-40/A	湿热带使用
BWF6.3-30-1W	6.3	30	2.41	1	24.2	450	380	420	115	380	110		572	200	-40/B	
BWF6.3-40-1	6.3	40	3.21	1	24	450	380	420	115	380	110		530	200	-40/A	
$BWF_26.3-50-1W$	6.3	50	3.95	1	50	460	380	427	170	375	50		530	250	-40/B	
$BWF_26.3-50-1$	6.3	50	3.95	1	50	460	380	427	170	375	50		530	250	-40/A	
BFM6.3-100-1	6.3	100	8.02	1	34.8	460	380	427	170	380	45	70	605	250	-25/B	内装放电器件
$BWF_26.3-100-1G$	6.3	100	8.02	1	56.7	460	380	427	170	665	100	70	887	250	-40/A	高原 4000 m
$BWF_26.3-100-1W$	6.3	100	8.02	1	54.8	460	380	427	170	665	100	70	887	250	-40/B	不锈钢外壳 内装放电器件
BFF6.3-200-1W	6.3	200	16.05	1	71	460	380	427	170	770	180	70	1028	250	-40/B	内装放电器件
$BFF_26.3-200-1W$	6.3	200	16.05	1	72.6	460	380	427	170	765	275	70	1028	250	-25/B	高原 2000 m,可卧放 内熔丝,内装放电器件
BBF6.3-200-1W	6.3	200	16.04	1	51.5	460	380	427	144	660	125	70	926	250	-40/A	不锈钢外壳 内装放电器件
					71				170	765	180	70	1028	250	-25/B	不锈钢外壳
BBM6.3-200-1W	6.3	200	16.04	1	51.5	460	380	427	144	660	125	70	926	250	-40/A	不锈钢外壳 内装放电器件
BBM6.3-300-1W	6.3	300	24.06	1	74	488	380	432	206	660	105	90	926	250	-40/A	
$BWF_26.6/\sqrt{3}-25-1$	$6.6/\sqrt{3}$	25	5.48	1	24	450	380	420	115	380	110		598	200	-40/A	
$BWF6.6/\sqrt{3}-30-1$	$6.6/\sqrt{3}$	30	6.58	1	24	450	380	427	115	380	110		530	200	-40/A	

表 4-9-1（续）

型　号	额定电压/kV	额定容量/kvar	额定电容/μF	相数	质量/kg	外形尺寸/mm									温度范围/℃	备　注
						L	I	D	W	h	h_1	h_2	H	F		
BWF6.6/$\sqrt{3}$-50-1	6.6/$\sqrt{3}$	50	10.97	1	34	460	380	427	170	380	40	70	602	250	-40/B	不锈钢器件 内装放电器件
BWF6.6/$\sqrt{3}$-50-1W	6.6/$\sqrt{3}$	50	10.97	1	33	460	380	427	170	380	40	70	602	250	-40/B	
BFM6.6/$\sqrt{3}$-50-1G	6.6/$\sqrt{3}$	50	10.97	1	24.4	423	343	390	115	395	80	70	620	220	-25/B	高原 2000 m
BFM6.6/$\sqrt{3}$-100-1G	6.6/$\sqrt{3}$	100	21.92	1	38.2	423	343	390	170	475	80	70	700	220	-25/B	高原 2000 m 内熔丝 内装放电器件
BWF6.6/$\sqrt{3}$-100-1W	6.6/$\sqrt{3}$	100	21.92	1	57	460	380	427	170	665	80	70	887	250	-40/B	不锈钢外壳 内装放电器件
BWF6.6/$\sqrt{3}$-100-1	6.6/$\sqrt{3}$	100	21.92	1	59	460	380	427	170	665	80	70	887	250	-40/B	内装放电器件
BFM6.6/$\sqrt{3}$-100-1	6.6/$\sqrt{3}$	100	21.92	1	42	460	380	427	170	420	40	70	640	250	-40/B	
BFM6.6-100-1	6.6	100	7.13	1	37.3	460	380	427	170	380	45	70	605	250	-25/B	
BWF10.5-12-1	10.5	12	0.35	1	21	340	270	310	115	380	110		575	170	-40/A	
BWF10.5-14-1G	10.5	14	0.40	1	25	450	380	420	115	380	110		598	200	-40/+25	高原 4000 m
$BWF_2$10.5-18-1	10.5	18	0.52	1	21.5	340	270	310	115	380	110		575	170	-40/A	
$BWF_2$10.5-25-1	10.5	25	0.72	1	24	450	380	420	115	380	110		598	200	-40/A	
$BWF_2$10.5-30-1GW	10.5	30	0.87	1	35	460	380	427	170	380	40	70	600	250	-25/A	高原 4000 m
BWF10.5-30-1	10.5	30	0.87	1	24	450	380	410	115	380	110		564	200	-40/A	
BWF10.5-30-1W	10.5	30	0.87	1	24.2	450	380	410	115	380	110		598	200	-40/B	
BWF10.5-40-1	10.5	40	1.16	1	24.7	450	380	420	115	380	110		564	200	-25/A	

表 4-9-1（续）

型　号	额定电压/kV	额定容量/kvar	额定电容/μF	相数	质量/kg	外形尺寸/mm									温度范围/℃	备　注
						L	I	D	W	h	h_1	h_2	H	F		
$BWF_2$10.5-50-1W	10.5	50	1.45	1	33.68	460	380	427	170	380	40	70	602	250	-40/B	不锈钢外壳 内装放电器件
$BWF_2$10.5-50-1	10.5	50	1.45	1	34.94	460	380	427	170	380	40	70	602	250	-40/B	
BFM10.5-100-1	10.5	100	2.89	1	35.35	460	380	427	170	380	45	70	605	250	-25/B	内装放电器件
$BWF_2$10.5-100-1W	10.5	100	2.89	1	58.02	460	380	427	170	380	80	70	887	250	-40/B	不锈钢外壳 内装放电器件
$BWF_2$10.5-100-1	10.5	100	2.89	1	56.03	460	380	427	170	665	80	70	887	250	-40/B	
BFM11/2$\sqrt{3}$-200-1GW	11/2$\sqrt{3}$	200	63.14	1	77.84	460	380	427	170	765	300	70	1040	250	-40/A	高原 4000 m 内熔丝， 可卧放
$BFF_2$11/2$\sqrt{3}$-200-1W	11/2$\sqrt{3}$	200	63.14	1	73	460	380	427	170	770	275	70	1028	250	-25/B	内熔丝，内装放电器件
BBF11/2$\sqrt{3}$-200-1W	11/2$\sqrt{3}$	200	63.14	1	71	460	380	427	170	765	180	70	1028	250	-25/B	内装放电器件
BFF11/2$\sqrt{3}$-200-1W	11/2$\sqrt{3}$	200	63.14	1	71.7	460	380	427	170	765	180	70	1028	250	-40/B	
BWF11/2$\sqrt{3}$-18-1W	11/$\sqrt{3}$	18	1.42	1	16.5	450	380	420	115	240	110		430	200	-40/B	
$BWF_2$11/$\sqrt{3}$-25-1	11/$\sqrt{3}$	25	1.97	1	24	450	380	420	115	380	110		598	200	-40/A	
BWF11/$\sqrt{3}$-30-1	11/$\sqrt{3}$	30	2.37	1	24	450	380	410	115	380	110		564	200	-40/A	
BWF11/$\sqrt{3}$-30-1W	11/$\sqrt{3}$	30	2.37	1	24.2	450	380	410	115	380	110		598	200	-40/B	
BWF11/$\sqrt{3}$-40-1	11/$\sqrt{3}$	40	3.16	1	24.5	450	380	410	115	380	110		564	200	-40/A	
$BWF_2$11/$\sqrt{3}$-50-1	11/$\sqrt{3}$	50	3.95	1	35	460	380	427	170	380	40	70	602	250	-40/A	
$BWF_2$11/$\sqrt{3}$-50-1W	11/$\sqrt{3}$	50	3.95	1	34 27.5	460	380	427	170 130	380	40	70	602	250	-40/B -25/A	不锈钢外壳 内装放电器件

表4-9-1（续）

型　号	额定电压/kV	额定容量/kvar	额定电容/μF	相数	质量/kg	外形尺寸/mm									温度范围/℃	备　注
						L	I	D	W	h	h_1	h_2	H	F		
BFM11/$\sqrt{3}$-100-1W	11/$\sqrt{3}$	100	7.89	1	33	460	380	427	170	380	40	70	602	250	-25/B	内装放电器件
$BFM_2$11/$\sqrt{3}$-100-1	11/$\sqrt{3}$	100	7.89	1	35	460	380	427	170	380	45	70	605	250	-25/B	
$BWF_2$11/$\sqrt{3}$-100-1	11/$\sqrt{3}$	100	7.89	1	57	460	380	427	170	665	80	70	887	250	-40/A	
$BWF_2$11/$\sqrt{3}$-100-1W	11/$\sqrt{3}$	100	7.89	1	55	460	380	427	170	665	80	70	887	250	-40/B	不锈钢外壳 内装放电器件
$BWF_3$11/$\sqrt{3}$-100-1W	11/$\sqrt{3}$	100	7.89	1	59	460	380	427	170	665	80	70	992	250	-40/B	不锈钢外壳 内装放电器件
$BWF_5$11/$\sqrt{3}$-100-1W	11/$\sqrt{3}$	100	7.89	1	47	460	380	427	130	565	80	70	887	250	-25/B	
$BWF_6$11/$\sqrt{3}$-100-1	11/$\sqrt{3}$	100	7.89	1	65.5	600	610	657	170	465	40	70	690	320	-40/A	
BFF11/$\sqrt{3}$-100-1W	11/$\sqrt{3}$	100	7.89	1	41	460	330	427	145	455	110	70	710	250	-40/B	内装放电器件
$BFF_2$11/$\sqrt{3}$-100-1W	11/$\sqrt{3}$	100	7.89	1	49.1	640	560	601	170	380	55	42	600	320	-25/B	
$BFM_2$11/$\sqrt{3}$-100-1	11/$\sqrt{3}$	100	7.89	1	33	460	380	427	170	385	45	70	605	250	-25/B	内装放电器件
$BFM_6$11/$\sqrt{3}$-100-1W	11/$\sqrt{3}$	100	7.89	1	31.6	460	380	427	145	390	50	70	615	250	-25/B	
BFF11/$\sqrt{3}$-100-1G	11/$\sqrt{3}$	100	7.89	1	65	460	380	427	170	675	180	70	930	250	-25/A	高原4000 m内装放电器件，不锈钢外壳
BBM11/$\sqrt{3}$-100-1W	11/$\sqrt{3}$	100	7.89	1	33	460	380	427	170	380	40	70	602	250	-25/C	
BFM11/$\sqrt{3}$-167-1W	11/$\sqrt{3}$	167	13.18	1	58	460	380	427	170	665	80	70	887	250	-25/B	不锈钢外壳 内装放电器件
BBF11/$\sqrt{3}$-200-1W	11/$\sqrt{3}$	200	15.78	1	51.4	460	380	427	144	665	125	70	926	250	-40/A	
$BBM_6$11/$\sqrt{3}$-200-1W	11/$\sqrt{3}$	200	15.78	1	51.4	460	380	427	144	665	125	70	926	250	-40/A	
$BBM_3$11/$\sqrt{3}$-200-1W	11/$\sqrt{3}$	200	15.78	1	62.5	460	380	427	170	675	180	70	930	250	-25/B	

表 4-9-1（续）

型号	额定电压/kV	额定容量/kvar	额定电容/μF	相数	质量/kg	外形尺寸/mm									温度范围/℃	备注
						L	I	D	W	h	h_1	h_2	H	F		
$BFF_2 11/\sqrt{3}-200-1W$	$11/\sqrt{3}$	200	15.78	1	73	460	380	427	170	765	275	70	1028	250	-25/B	高原 2000 m，可卧放，内熔丝，内装放电器件
$BFM_2 11/\sqrt{3}-200-1W$	$11/\sqrt{3}$	200	15.78	1	60	460	380	427	170	665	180	70	932	250	-25/B	内装放电器件
$BFM_3 11/\sqrt{3}-200-1W$	$11/\sqrt{3}$	200	15.78	1	56	460	380	427	170	680	276	70	866	250	-25/B	内熔丝
$BFM 11/\sqrt{3}-200-1W$	$11/\sqrt{3}$	200	15.78	1	60.5	460	380	427	170	665	180	70	924	250	-25/B	不锈钢外壳 内装放电器件
$BFF_3 11/\sqrt{3}-200-1W$	$11/\sqrt{3}$	200	15.78	1	75	480	380 444 480	427	170 120	770	180	70	1038	250	-25/B	内装放电器件
$BFF 11/\sqrt{3}-200-1W$	$11/\sqrt{3}$	200	15.78	1	71.6	460	380	427	170	770	180	70	1028	250	-40/B	
$BBM_2 11/\sqrt{3}-200-1W$	$11/\sqrt{3}$	200	15.78	1	62.5	460	380	427	170	675	180	70	930	250	-25/B	不锈钢外壳 内装放电器件
$BAM 11/\sqrt{3}-200-1W$	$11/\sqrt{3}$	200	15.78	1	56	460	380	427	145	675	180	70	930	250	-40/B	内装放电器件
$BBM 11/\sqrt{3}-200-1W$	$11/\sqrt{3}$	200	15.78	1	61	460	380	427	170	660	180	70	924	250	-25/B	不锈钢外壳 内装放电器件
$BBF 11/\sqrt{3}-200-1W$	$11/\sqrt{3}$	200	15.78	1	71	460	380	427	170	765	180	70	1028	250	-25/B	内装放电器件
$BBM 11/\sqrt{3}-300-1W$	$11/\sqrt{3}$	300	23.68	1	74	488	380	432	206	660	105	90	926	250	-40/B	不锈钢外壳
$BAM 11/\sqrt{3}-334-1W$	$11/\sqrt{3}$	334	26.36	1	90.5	668	560 635 668	612	170 130	665	100	90	940	320	-40/B	内装放电器件
$BAM_2 11/\sqrt{3}-334-1W$	$11/\sqrt{3}$	334	26.36	1	72	480	400	447	185	685	180	70	950	250	-40/B	

表4-9-1(续)

型号	额定电压/kV	额定容量/kvar	额定电容/μF	相数	质量/kg	外形尺寸/mm									温度范围/℃	备注
						L	I	D	W	h	h_1	h_2	H	F		
BBF11/$\sqrt{3}$-334-1GW	11/$\sqrt{3}$	334	26.36	1	181	778	670 690 730	722	200 240	890	180	90	1144	320	-40/A	高原2500 m,不锈钢外壳内装放电器件,内熔丝,可卧放
BFM11/$\sqrt{3}$-334-1W	11/$\sqrt{3}$	334	26.36	1	104	530	420	472	210	805	160	90	1064	250	-25/B	不锈钢外壳 内装放电器件
BBM11/$\sqrt{3}$-334-1W	11/$\sqrt{3}$	334	26.36	1	104	530	420	472	210	805	160	90	1064	250	-25/B	
BFM11/$\sqrt{3}$-500-1W	11/$\sqrt{3}$	500	39.46	1	169	848	740 792 832	792	185 225	870	100	90	1145	350	-25/B	可卧放,不锈钢外壳 内熔丝,内装放电器件
BFM8.4-100-1W	8.4	100	4.51	1	47.0	460	380	420	110	660	130	70	905	250	-40/B	
BAM9.2-400-1W	9.2	400	15.05	1	70.3	433	345	397	178	850	240	60	1128	220	-40/B	
BWF$_2$11-25-1	11	25	0.66	1	24	450	380	420	115	380	110		598	200	-40/A	
BWF11-30-1	11	30	0.79	1	24	450	380	410	115	380	110		564	200	-40/A	
BWF11-30-1W	11	30	0.79	1	24.2	450	380	410	115	380	110		598	200	-40/B	
BWF$_4$11-50-1	11	50	1.32	1	34.4	460	380	427	170	380	40	70	602	250	-40/A	
BWF$_2$11-50-1	11	50	1.32	1	35	460	380	427	190	380	40	70	602	250	-40/A	
BWF$_2$11-50-1W	11	50	2.32	1	34	460	380	427	170	380	40	70	602	250	-40/B	不锈钢外壳 内装放电器件
BWF$_4$11-60-1	11	60	1.58	1	39.7	460	380	427	170	420	40	70	640	250	-40/A	内装放电器件
BWF11-60-1W	11	60	1.58	1	50	375	303	339	136	765	150	70	950	170	-40/B	
BWF11-80-1	11	80	2.11	1	46.8	375	303	339	136	765			983	170		
BWF$_2$11-100-1	11	100	2.63	1	58	460	380	427	170	665	80	70	887	250	-40/A	

表4-9-1(续)

型号	额定电压/kV	额定容量/kvar	额定电容/μF	相数	质量/kg	外形尺寸/mm									温度范围/℃	备注
						L	I	D	W	h	h_1	h_2	H	F		
$BWF_2$11-100-1W	11	100	2.63	1	57	460	380	427	170	665	80	70	887	250	-40/B	不锈钢外壳 内装放电器件
$BWF_4$11-100-1	11	100	2.63	1	58.2	460	380	427	170	665	80	70	887	250	-40/A	
$BFM_2$11-100-1	11	100	2.53	1	34.4	460	380	427	170	385	40	70	605	250	-25/B	内装放电器件
BFM11-100-1	11	100	2.63	1	35.1	460	380	427	170	380	45	70	605	250	-25/B	
$BWF_4$11-100-1W	11	100	2.63	1	56.3	460	380	427	170	665	80	70	887	250	-40/B	不锈钢外壳 内装放电器件
BWF11-100-3W	11	100	2.63	3	64.9	690	610	657	170	465	40	70	689	250	-40/B	
BFF11-100-1G	11	100	2.63	1	67	460	380	427	170	675	180	70	930	250	-25/A	高原4000 m,不锈钢外壳, 内装放电器件
BFM11-200-3W	11	200	5.26	3	68.0	745	665	712	148	460	70	70	735	250	-40/B	
BBF11-200-1	11	200	5.26	1	70	460	380	427	185	725	80	70	943	200	-40/B	不锈钢外壳
BFF11-200-1W	11	200	5.26	1	70	460	380	427	185	725	80	70	943	200	-40/B	
$BFF_3$11-200-1W	11	200	5.26	1	75.3	480	380 444 480	427	170 120	770	180	70	1038	250	-25/B	内装放电器件
$BFF_4$11-200-1W	11	200	5.26	1	72	460	380	427	170	765	180	70	1028	250	-25/B	
BFF11-200-1W	11	200	5.26	1	74	480	380 444 480	427	170 120	770	180	70	1038	250	-25/B	
$BBF_4$11-200-1W	11	200	5.26	1	72	760	380	427	170	770	180	70	1038	250	-25/B	

表4-9-1(续)

型　号	额定电压/kV	额定容量/kvar	额定电容/μF	相数	质量/kg	外形尺寸/mm									温度范围/℃	备　注
						L	I	D	W	h	h_1	h_2	H	F		
BFM11-200-1W	11	200	5.26	1	57.9	460	380	427	170	665	180	70	932	250	-25/B	内装放电器件,内熔丝
BFF11-300-1GHW	11	300	7.90	1	165	778	670 772 762	722	185 130	884	122	68	1265	320	-40/A	高原4000 m 不锈钢外壳,内装放电器件
BFM11-334-1W	11	334	8.79	1	109.2	668	560 594 643	612	185 225	730	100	90	1005	320	-25/B	内装放电器件
BAM11-334-1W	11	334	8.79	1	87.6	668	560 635 668	612	170 130	665	100	90	940	320	-40/B	内装放电器件
BBF11-334-1W	11	334	8.79	1	142	778	670 690 730	722	185 225	790	70	90	1053	280	-40/B	不锈钢外壳, 内装放电器件
BAM11-400-1W	11	400	10.53	1	78.4	488	380	432	170	830	180	70	1105	250	-40/B	
BAM11-500-1W	11	500	13.16	1	90.0	483	375	427	210	805	436	70	1081	250	-40/B	
BFM11.45-160-1	11.45	160	3.24	1	58	460	380	427	170	380	45	70	605	250	-25/B	
BFF12/$\sqrt{3}$-100-1W	12/$\sqrt{3}$	100	6.63	1	44.3	460	380	427	170	455	110	70	680	250	-25/B	
BFM12/$\sqrt{3}$-200-1W	12/$\sqrt{3}$	200	13.27	1	60	460	380	427	170	665	180	70	932	250	-25/B	内装放电器件
BAM12/$\sqrt{3}$-334-1W	12/$\sqrt{3}$	334	22.15	1	88.7	668	560 635 668	612	170 130	665	100	90	940	320	-40/B	
BBF12/$\sqrt{3}$-334-1W	12/$\sqrt{3}$	334	22.15	1	141	778	670 690 730	722	185 225	790	100	90	1053	280	-40/B	不锈钢外壳, 内装放电器件

表 4-9-1(续)

型号	额定电压/kV	额定容量/kvar	额定电容/μF	相数	质量/kg	外形尺寸/mm									温度范围/℃	备注
						L	I	D	W	h	h_1	h_2	H	F		
$BWF_4$12-50-1	12	50	1.11	1	35.1	460	380	427	170	380	40	70	602	250	-40/A	
$BWF_4$12-50-1W	12	50	1.11	1	33.8	460	380	427	170	380	40	70	602	250	-40/B	不锈钢外壳, 内装放电器件
BWF12-50-1	12	50	1.11	1	36	460	380	427	170	380	40	70	602	250	-40/A	
BWF12-50-1W	12	50	1.11	1	36	460	380	427	170	380	40	70	602	250	-40/B	不锈钢外壳, 内装放电器件
BFM12-100-1	12	100	2.21	1	35.4	460	380	427	170	380	45	70	605	250	-25/B	高原 2000 m,可卧放 内熔丝,内装放电器件
$BFM_4$12-100-1	12	100	2.21	1	34.6	460	380	427	170	380	40	70	605	250	-25/B	
BWF12-100-1	12	100	2.21	1	59	460	380	427	170	665	80	70	887	250	-40/B	
BWF12-100-1W	12	100	2.21	1	59	460	380	427	170	665	80	70	887	250	-40/B	
$BWF_4$12-100-1	12	100	2.21	1	59.5	460	380	427	170	665	80	70	887	250	-40/B	不锈钢外壳 内装放电器件
$BWF_4$12-100-1W	12	100	2.21	1	59.5	460	380	427	170	665	80	70	887	250	-40/B	
BFM12-167-1W	12	167	3.69	1	62	460	380	427	170	665	80	70	887	250	-30/B	
BFF12-200-1W	12	200	4.42	1	74	480	380 444 480	427	170 120	770	180	70	1038	250	-25/B	内装放电器件
$BBF_4$12-200-1W	12	200	4.42	1	73	760	380	427	170	765	180	70	1023	250	-25/B	内装放电器件
BFM12-200-1W	12	200	4.42	1	57.7	460	380	427	170	665	180	70	932	250	-25/B	

表 4-9-1(续)

型号	额定电压/kV	额定容量/kvar	额定电容/μF	相数	质量/kg	外形尺寸/mm									温度范围/℃	备注
						L	I	D	W	h	h_1	h_2	H	F		
BFF12-300-1GHW	12	300	6.63	1	164	778	670 722 762	722	185 130	884	122	68	1265	320	-40/B	高原 2000 m,不锈钢外壳 内装放电器件,内熔丝
BBF12-334-1W	12	334	7.39	1	141	778	670 690 730	722	185 225	790	100	90	1053	280	-40/B	内装放电器件,不锈钢外壳
BAM12-334-1W	12	334	7.39	1	86	668	560 635 668	612	170 130	705	100	90	1090	320	-40/B	内装放电器件
BFM12.5-167-1W	12.5	167	3.40	1	61.7	460	380	420	170	665	80	70	887	250	-30/B	
BWF19-100-1W	19	100	0.88	1	59	460	380	427	170	715	120	70	1094	210	-40/B	内装放电器件, 不锈钢外壳
BFM19-200-1W	19	200	4.42	1	57.7	460	380	427	170	665	180	70	932	250	-25/B	内装放电器件
BAM19-334-1W	19	334	2.95	1	94.7	668	560 635 668	612	170 130	705	100	90	1090	320	-40/B	
BBF19-334-1W	19	334	2.95	1	144	778	670 690 730	722	185 225	790	100	90	1170	320	-40/B	不锈钢外壳 内装放电器件
BBM19-334-1W	19	334	2.95	1	110	668	560 580 620	612	185 225	720	100	90	1100	320	-40/B	

表 4-9-1（续）

型号	额定电压/kV	额定容量/kvar	额定电容/μF	相数	质量/kg	外形尺寸/mm									温度范围/℃	备注
						L	I	D	W	h	h_1	h_2	H	F		
$BAM_2 19-334-1W$	19	334	2.95	1	109	668	560 594 643	612	185 225	790	100	90	1053	280	-40/B	不锈钢外壳 内装放电器件
$BBF_2 19-334-1W$	19	334	2.95	1	145.2	778	670 690 730	722	185 225	790	100	90	1070	320	-40/B	
BFM20-200-1W	20	200	1.59	1	62.6	460	380	427	170	705	180	70	1085	220	-25/B	内装放电器件
BBF20-200-1W	20	200	1.59	1	78.4	480	400	447	175	795	180	70	1175	226	-40/B	不锈钢外壳 内装放电器件
BAM20-334-1W	20	334	2.66	1	94.7	668	560 635 668	612	170 130	705	100	90	1090	320	-40/B	内装放电器件
BBM20-334-1W	20	334	2.66	1	109	668	560 580 620	612	185 225	720	100	90	1100	320	-40/B	不锈钢外壳
BBF20-334-1W	20	334	2.66	1	342	778	670 690 730	722	185 225	790	100	90	1170	320	-40/B	不锈钢外壳
BFM21.52/4-266-1W	21.52/4	266	29.25	1	96.6	848	740	800	170	540	70	90	925	230	-25/B	内装放电器件

高热，使击穿点周围的金属导体迅速蒸发逸散，形成金属镀层空白区，击穿点自动恢复绝缘。介质膜产生一个非常小的孔洞，直径约几微米，自愈过程消失的金属化镀层面积直径约几毫米。

根据自愈性能的要求，电容器的金属化极板镀层越薄越好，越薄的镀层自愈时产生的能量越低，温升越小，对电容器的损伤则越小，自愈性也就越好。但是，根据介电强度与镀层电阻的关系，镀层越薄，接触电阻越大，击穿场强越大，接触电阻大则严重发热，电容器在合闸涌流作用下将引起接触部位过热损坏，导致电容器失效。目前，已有多种方法解决这一难题。例如，采用一种独特的镀膜工艺——梯形镀层边缘加厚技术，使金属化镀层大面积逐渐变薄，电极引出边缘加厚，不仅提高了击穿场强，减少了电容损失，同时提高了元件耐涌流能力。由于自愈式电容器本身结构的特点，电极非常薄，因此，大多采用压力保护。当故障时，由于内部压力增加，外壳形变使压力保护动作造成电容器两极间短路，使得外部串联熔断器能够动作。

2. 型号意义

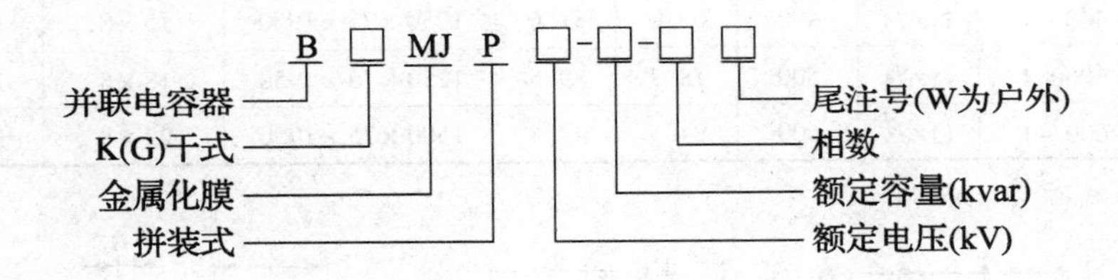

3. 结构特点

该产品由4台干式自愈式高电压并联电容器单元安装在装有10 kV等级的支柱绝缘子的底座上串联而成，电容器单元的额定电压为1.588 kV或1.732 kV，串后额定电压分别为11 $\sqrt{3}$ kV或12 $\sqrt{3}$ kV。电容器单元的每个元件都带有保护装置+内熔丝保护，每个串联段有一个独立的屏蔽罩，保证电容器的安全可靠运行。拼接式干式自愈式高电压并联电容器组是由元件组装成条状，8串再拼装在10 kV等级的支柱绝缘子的底座上而成，其结构简单方便，是一种值得推荐的形式。

4. 适用工作条件

（1）执行标准：JB/T 8958—1999。

（2）环境温度：-25～+40 ℃。

（3）海拔高度：≤1000 m。

（4）电容偏差：≤额定值的0～+10%。

（5）在工频额定电压下、20 ℃时，损耗角正切值 $\tan\delta \leq 0.0005$。

（6）能在不高于1.1倍电容器额定电压下长期运行。

（7）能在均方根值不超过1.30倍电容器额定电流下连续运行。

（8）安装运行地点应无有害气体或蒸汽，无剧烈机械振动，无导电性或爆炸性尘埃。

5. 主要技术参数

干式自愈式高压并联电容器的主要技术参数见表4-9-2。

6. 外形及安装尺寸

干式自愈式高电压并联电容器组外形及安装尺寸如图4-9-2所示。

表4-9-2 干式自愈式高电压并联电容器组的主要技术参数

型号	额定电压/kV	额定容量/kvar	额定电流/A	额定电容/μF	外形尺寸（长×宽×高）/(mm×mm×mm)	内部电器（并×串）	质量/kg	备注
BKMJ11/$\sqrt{3}$-334-1	11/$\sqrt{3}$	334	52.6	26.4	1000×590×740		122	
BKMJ11/$\sqrt{3}$-400-1	11/$\sqrt{3}$	400	63.0	31.6	1000×590×805		134	
BKMJ11/$\sqrt{3}$-500-1	11/$\sqrt{3}$	500	78.7	39.5	1000×590×930		156	
BKMJ12/$\sqrt{3}$-334-1	12/$\sqrt{3}$	334	48.1	22.2	1000×590×675		113	
BKMJ12/$\sqrt{3}$-400-1	12/$\sqrt{3}$	400	57.7	26.5	1000×590×740		122	
BKMJ12/$\sqrt{3}$-500-1	12/$\sqrt{3}$	500	72.2	33.2	1000×590×865		143	
BKMJP11/$\sqrt{3}$-200-1	11/$\sqrt{3}$	200	31.5	15.8	600×75×1950	8×8	65	拼接式
BKMJP11/$\sqrt{3}$-300-1	11/$\sqrt{3}$	300	47.2	23.7	800×75×1950	11×8	85	
BKMJP11/$\sqrt{3}$-334-1	11/$\sqrt{3}$	334	52.6	26.4	860×75×1950	12×8	95	
BKMJP11/$\sqrt{3}$-400-1	11/$\sqrt{3}$	400	63.0	31.6	1050×75×1950	15×8	125	
BKMJP11/$\sqrt{3}$-500-1	11/$\sqrt{3}$	500	78.7	39.5	1250×75×1950	18×8	135	
BKMJP11/$\sqrt{3}$-600-1	11/$\sqrt{3}$	600	94.5	47.4	1500×75×1950	22×8	165	

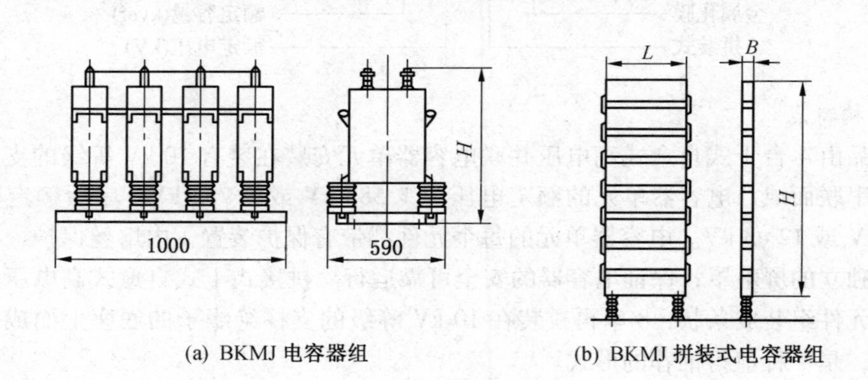

(a) BKMJ 电容器组 (b) BKMJ 拼装式电容器组

图4-9-2 干式自愈式高电压并联电容器组的外形及安装尺寸

（三）油浸集合式并联电容器（BAM 系列）

BAM 系列油浸集合式并联电容器采用全膜介质，温升很低，无须安装传统的散热器。执行标准 IEC 60871-1（1997）《标称电压 1000 V 以上交流电力系统用并联电容器》、GB/T 11024.1—2010《高电压并联电容器》、JB/T 7112—2000《集合式高电压并联电容器》、DL/T 628—1997《集合式高压并联电容器订货技术条件》。

1. 适用工作条件

（1）海拔高度：≤2000 m。

（2）环境温度：-25～+44 ℃；-40～+40 ℃。

（3）安装场所：无有害气体及蒸汽、无导电性或爆炸性尘埃、无剧烈的机械振动。

2. 结构特点简介

该电容器由器身、油箱、套管、储油柜、压力表和放油阀等组成。每个元件均设置内熔丝。个别元件故障可由内熔丝切断，不影响整台电容器的正常运行。

3. 主要技术参数

（1）电压等级：3～132 kV。

（2）单台容量：600～20000 kvar。

（3）介质损耗：≤5×10^{-4}。

（4）运行温升：外壳温升＜10 ℃，内部最热点温度不超过 70 ℃。

（5）局部放电：＜50 pC（在 1.5 倍额定电压下）。

（6）允许在 1.1 倍额定电压下长期运行，并可在 1.15 倍额定电压下每 24 h 中运行不超过 30 min。

（7）允许在由于过电压和高次谐波造成的有效值为额定电流的 1.30 倍的稳态过电流下运行。对于电容具有最大正偏差的电容器，稳态过电流允许达到额定电流的 1.43 倍。

（8）电容偏差：0～+10%。

油浸集合式并联电容器主要技术参数见表 4－9－3。

表 4－9－3　油浸集合式并联电容器主要技术参数

型　号	额定电压/kV	额定容量/kvar	额定电容/μF	内部接线结构	外形尺寸（L×W×H）/（mm×mm×mm）	安装尺寸（C×D）/（mm×mm）	质量/kg
BAM6.6/√3－600－1×3W	6.6/√3	600	3×43.8	Ⅲ	696×385×893	286×280	185
BAM6.6/√3－900－1×3W	6.6/√3	900	3×65.77	Ⅲ	696×485×1068	286×385	254
BAM6.6/√3－1200－1×3W	6.6/√3	1200	3×87.7	Ⅲ	696×600×1128	386×500	454
BAM6.6/√3－1500－1×3W	6.6/√3	1500	3×109.6	Ⅲ	1100×850×1380	820×750	774
BAM6.6/√3－1800－1×3W	6.6/√3	1800	3×131.6	Ⅲ	1100×850×1380	820×750	810
BAM6.6/√3－2400－1×3W	6.6/√3	2400	3×175.5	Ⅲ	1100×850×2030	820×750	1365
BAM6.6/√3－3000－1×3W	6.6/√3	3000	3×219.3	Ⅲ	1100×850×2030	820×750	1414
BAMH6.6/√3－3600－1×3W	6.6/√3	3600	3×263.2	Ⅲ	1611×1125×2219	820×1025	2315
BAMH6.6/√3－4500－1×3W	6.6/√3	4500	3×329	Ⅲ	1611×1315×2219	820×1215	2760
BAMH6.6/√3－5000－1×3W	6.6/√3	5000	3×365.4	Ⅲ	1611×1365×2219	820×1265	2890
BAM11/√3－600－1×3W	11/√3	600	3×15.8	Ⅲ	696×385×893	286×280	185
BAM11/√3－900－1×3W	11/√3	900	3×23.7	Ⅲ	696×485×1068	286×385	254
BAM11/√3－1000－1×3W	11/√3	1000	3×26.4	Ⅲ	694×600×1128	386×500	423
BAM11/√3－1200－1×3W	11/√3	1200	3×31.6	Ⅲ	694×600×1128	386×500	454
BAM11/√3－1500－1×3W	11/√3	1500	3×39.5	Ⅲ	1100×850×1380	820×750	774
BAM11/√3－1800－1×3W	11/√3	1800	3×47.4	Ⅲ	1100×850×1380	820×750	810
BAM11/√3－2000－1×3W	11/√3	2000	3×52.8	Ⅲ	1100×850×1380	820×750	842
BAM11/√3－2100－1×3W	11/√3	2100	3×55.3	Ⅲ	1100×850×1380	820×750	870
BAM11/√3－2400－1×3W	11/√3	2400	3×63.1	Ⅲ	1100×850×2030	820×750	1365
BAM11/√3－3000－1×3W	11/√3	3000	3×78.9	Ⅲ	1100×850×2030	820×750	1414
BAMH11/√3－3600－1×3W	11/√3	3600	3×94.7	Ⅲ	1611×1125×2219	660×1025	2315
BAMH11/√3－4000－1×3W	11/√3	4000	3×105.3	Ⅲ	1611×1145×2219	660×1145	2604

表4-9-3（续）

型　　号	额定电压/kV	额定容量/kvar	额定电容/μF	内部接线结构	外形尺寸（$L \times W \times H$）/（mm×mm×mm）	安装尺寸（$C \times D$）/（mm×mm）	质量/kg
BAMH11/√3-4200-1×3W	11/√3	4200	3×110.5	Ⅲ	1611×1245×2219	660×1145	2615
BAMH11/√3-4500-1×3W	11/√3	4500	3×118.4	Ⅲ	1611×1315×2219	660×1215	2760
BAMH11/√3-4800-1×3W	11/√3	4800	3×126.3	Ⅲ	1611×1365×2219	660×1265	2870
BAMH11/√3-5000-1×3W	11/√3	5000	3×131.6	Ⅲ	1611×1365×2219	660×1265	2890
BAMH11/√3-5100-1×3W	11/√3	5100	3×134.2	Ⅲ	1611×1365×2219	660×1265	2920
BAMH11/√3-5400-1×3W	11/√3	5400	3×142.1	Ⅲ	2270×1140×2322	1070×1040	3560
BAMH11/√3-6000-1×3W	11/√3	6000	3×157.8	Ⅲ	2270×1140×2322	1070×1040	3730
BAMH11/√3-6600-1×3W	11/√3	6600	3×173.6	Ⅲ	2270×1140×2322	1070×1060	3940
BAMH11/√3-7000-1×3W	11/√3	7000	3×184.2	Ⅲ	2270×1220×2322	1070×1120	4060
BAMH11/√3-7200-1×3W	11/√3	7200	3×189.4	Ⅲ	2270×1220×2300	1070×1120	4150
BAMH11/√3-7500-1×3W	11/√3	7500	3×197.3	Ⅲ	2270×1220×2322	1070×1140	4280
BAMH11/√3-8000-1×3W	11/√3	8000	3×210.5	Ⅲ	2270×1300×2322	1070×1250	4600
BAMH11/√3-10000-1×3W	11/√3	10000	3×263.2	Ⅲ	2270×1500×2322	1070×1400	5200
BAMH11/√3-12000-1×3W	11/√3	12000	3×315.7	Ⅲ	2270×1580×2840	1470×1480	5100
BAMH11/√3-20000-1×3W	11/√3	20000	3×526.1	Ⅲ	2980×1700×2840	1700×1500	9600
BAM12/√3-600-1×3W	12/√3	600	3×13.26	Ⅲ	696×385×893	286×280	185
BAM12/√3-900-1×3W	12/√3	900	3×19.9	Ⅲ	696×485×1068	286×385	254
BAM12/√3-1000-1×3W	12/√3	1000	3×22.15	Ⅲ	694×600×1128	386×500	423
BAM12/√3-1200-1×3W	12/√3	1200	3×26.5	Ⅲ	694×600×1128	386×500	154
BAM12/√3-1500-1×3W	12/√3	1500	3×33.2	Ⅲ	1100×850×1380	820×750	774
BAM12/√3-1800-1×3W	12/√3	1800	3×39.8	Ⅲ	1100×850×1380	820×750	810
BAM12/√3-2000-1×3W	12/√3	2000	3×44.2	Ⅲ	1100×850×1380	820×750	842
BAM12/√3-2100-1×3W	12/√3	2100	3×46.4	Ⅲ	1100×850×1380	820×750	870
BAM12/√3-2400-1×3W	12/√3	2400	3×53.1	Ⅲ	1100×850×2030	820×750	1365
BAM12/√3-3000-1×3W	12/√3	3000	3×66.3	Ⅲ	1100×850×2030	820×750	1414
BAMH12/√3-3600-1×3W	12/√3	3600	3×79.6	Ⅲ	1611×1125×2219	820×1025	2315
BAMH12/√3-4000-1×3W	12/√3	4000	3×88.4	Ⅲ	1611×1245×2219	820×1145	2604
BAMH12/√3-4200-1×3W	12/√3	4200	3×92.8	Ⅲ	1611×1245×2219	820×1145	2615
BAMH12/√3-4500-1×3W	12/√3	4500	3×99.5	Ⅲ	1611×1315×2219	820×1215	2760
BAMH12/√3-4800-1×3W	12/√3	4800	3×105.1	Ⅲ	1611×1365×2219	820×1265	2870
BAMH12/√3-5000-1×3W	12/√3	5000	3×110.5	Ⅲ	1611×1365×2219	820×1265	2890
BAMH12/√3-5100-1×3W	12/√3	5100	3×112.7	Ⅲ	1611×1365×2219	820×1265	2920
BAMH12/√3-5400-1×3W	12/√3	5400	3×119.4	Ⅲ	2270×1140×2322	1070×1040	3560
BAMH12/√3-6000-1×3W	12/√3	6000	3×132.6	Ⅲ	2270×1140×2322	1070×1040	3730
BAMH12/√3-6600-1×3W	12/√3	6600	3×145.9	Ⅲ	2270×1140×2322	1070×1040	3940
BAMH12/√3-7000-1×3W	12/√3	7000	3×154.7	Ⅲ	2270×1220×2322	1070×1120	4060
BAMH12/√3-7200-1×3W	12/√3	7200	3×159.2	Ⅲ	2270×1220×2322	1070×1120	4150
BAMH12/√3-7500-1×3W	12/√3	7500	3×165.8	Ⅲ	2270×1220×2322	1070×1120	4280
BAMH12/√3-8000-1×3W	12/√3	8000	3×176.9	Ⅲ	2270×1300×2322	1070×1250	4600

表4-9-3（续）

型号	额定电压/kV	额定容量/kvar	额定电容/μF	内部接线结构	外形尺寸（$L\times W\times H$）/（mm×mm×mm）	安装尺寸（$C\times D$）/（mm×mm）	质量/kg
BAMH12/$\sqrt{3}$-10000-1×3W	12/$\sqrt{3}$	10000	3×221	Ⅲ	2270×1500×2322	1070×1400	5200
BAMH12/$\sqrt{3}$-12000-1×3W	12/$\sqrt{3}$	12000	3×265.3	Ⅲ	2270×1500×2840	1070×1400	6100
BAMH12/$\sqrt{3}$-15000-1×3W	12/$\sqrt{3}$	15000	3×331.6	Ⅲ	2760×1500×2840	1470×1400	7170
BAMH12/$\sqrt{3}$-20000-1×3W	12/$\sqrt{3}$	20000	3×442.1	Ⅲ	2980×1700×2840	1700×1600	9600
BAM38.5/$\sqrt{3}$-1200-1W	38.5/$\sqrt{3}$	1200	7.73	单相	998×678×1600	590×560	740
BAM38.5/$\sqrt{3}$-1667-1W	38.5/$\sqrt{3}$	1667	10.74	单相	998×678×2100	590×560	1020
BAM38.5/$\sqrt{3}$-2334-1W	38.5/$\sqrt{3}$	2334	15.0	单相	998×678×2300	590×560	1130
BAM38.5/$\sqrt{3}$-2400-1W	38.5/$\sqrt{3}$	2400	15.46	单相	998×678×2300	590×560	1130
BAM38.5/$\sqrt{3}$-2500-1W	38.5/$\sqrt{3}$	2500	16.1	单相	998×678×2300	590×560	1150
BAM38.5/$\sqrt{3}$-3000-1W	38.5/$\sqrt{3}$	3000	19.32	单相	1198×678×2300	590×560	1320
BAM38.5/$\sqrt{3}$-3334-1W	38.5/$\sqrt{3}$	3334	21.5	单相	1358×678×2300	750×560	1450
BAM38.5/$\sqrt{3}$-3600-1W	38.5/$\sqrt{3}$	3600	23.2	单相	1358×678×2300	750×560	1530
BAM38.5/$\sqrt{3}$-4000-1W	38.5/$\sqrt{3}$	4000	25.77	单相	1498×678×2300	750×560	1640
BAM38.5/$\sqrt{3}$-5000-1W	38.5/$\sqrt{3}$	5000	32.21	单相	1228×998×2300	620×880	1980
BAMH38.5/$\sqrt{3}$-6667-1W	38.5/$\sqrt{3}$	6667	42.95	单相	1860×1685×2545	1070×1585	5300
BAMH38.5/$\sqrt{3}$-10000-1W	38.5/$\sqrt{3}$	10000	64.42	单相	2800×1685×2545	1670×1585	7900
BAMH38.5/$\sqrt{3}$-13300-1W	38.5/$\sqrt{3}$	13300	85.68	单相	3100×1685×2852	1970×1585	9980
BAM38.5/$\sqrt{3}$-1200-1×3W	38.5/$\sqrt{3}$	1200	3×2.578	Ⅲ	1355×1020×1500	820×700	1050
BAM38.5/$\sqrt{3}$-1500-1×3W	38.5/$\sqrt{3}$	1500	3×3.223	Ⅲ	1355×1020×1600	820×700	1150
BAM38.5/$\sqrt{3}$-1800-1×3W	38.5/$\sqrt{3}$	1800	3×3.867	Ⅲ	1355×1020×1500	820×700	1400
BAM38.5/$\sqrt{3}$-2400-1×3W	38.5/$\sqrt{3}$	2400	3×5.157	Ⅲ	1355×1020×1825	820×700	1618
BAM38.5/$\sqrt{3}$-3000-1×3W	38.5/$\sqrt{3}$	3000	3×8.446	Ⅲ	1355×1020×2040	820×700	1981
BAM38.5/$\sqrt{3}$-3600-1×3W	38.5/$\sqrt{3}$	3600	3×7.735	Ⅲ	1355×1020×2240	820×700	2237
BAM38.5/$\sqrt{3}$-4000-1×3W	38.5/$\sqrt{3}$	4000	3×8.594	Ⅲ	1355×1020×2360	820×700	2340
BAM38.5/$\sqrt{3}$-5000-1×3W	38.5/$\sqrt{3}$	5000	3×10.74	Ⅲ	1355×1020×2420	820×700	2794
BAM42/$\sqrt{3}$-1667-1W	42/$\sqrt{3}$	1667	9.02	单相	998×678×2100	590×560	1020
BAM42/$\sqrt{3}$-2334-1W	42/$\sqrt{3}$	2334	12.63	单相	998×678×2300	590×560	1130
BAM42/$\sqrt{3}$-2500-1W	42/$\sqrt{3}$	2500	13.53	单相	998×678×2300	590×560	1150
BAM42/$\sqrt{3}$-3334-1W	42/$\sqrt{3}$	3334	18.05	单相	1358×678×2300	750×560	1450
BAM42/$\sqrt{3}$-4000-1W	42/$\sqrt{3}$	4000	21.65	单相	1498×678×2300	750×560	1640
BAM42/$\sqrt{3}$-5000-1W	42/$\sqrt{3}$	5000	27.07	单相	1228×998×2300	820×880	1980
BAMH42/$\sqrt{3}$-6667-1W	42/$\sqrt{3}$	6667	36.09	单相	1860×1685×2545	1070×1585	5300
BAMH42/$\sqrt{3}$-1000-1W	42/$\sqrt{3}$	1000	54.13	单相	2800×1685×2545	1670×1585	7900
BAMH42/$\sqrt{3}$-13300-1W	42/$\sqrt{3}$	13300	72	单相	3100×1685×2850	1990×1585	9980
BAM42/$\sqrt{3}$-1200-1×3W	42/$\sqrt{3}$	1200	3×2.166	Ⅲ	1355×1020×1500	820×700	1050
BAM42/$\sqrt{3}$-1500-1×3W	42/$\sqrt{3}$	1500	3×2.708	Ⅲ	1355×1020×1600	820×700	1150
BAM42/$\sqrt{3}$-1800-1×3W	42/$\sqrt{3}$	1800	3×3.25	Ⅲ	1355×1020×1600	820×700	1400
BAM42/$\sqrt{3}$-2400-1×3W	42/$\sqrt{3}$	2400	3×4.333	Ⅲ	1355×1020×1825	820×700	1618
BAM42/$\sqrt{3}$-3000-1×3W	42/$\sqrt{3}$	3000	3×5.416	Ⅲ	1355×1020×2040	820×700	1981

表4－9－3（续）

型　号	额定电压/kV	额定容量/kvar	额定电容/μF	内部接线结构	外形尺寸（L×W×H）/（mm×mm×mm）	安装尺寸（C×D）/（mm×mm）	质量/kg
BAM42/$\sqrt{3}$－3600－1×3W	42/$\sqrt{3}$	3600	3×6.499	Ⅲ	1355×1020×2240	820×700	2237
BAM42/$\sqrt{3}$－4000－1×3W	42/$\sqrt{3}$	4000	3×7.222	Ⅲ	1355×1020×2360	820×700	2340
BAM42/$\sqrt{3}$－5000－1×3W	42/$\sqrt{3}$	5000	3×9.027	Ⅲ	1355×1020×2400	820×700	2794
BAM38.5/$\sqrt{3}$－3334－1W	38.5/$\sqrt{3}$	3334	21.5	单相	1358×678×2300	750×560	1450
BAM38.5/$\sqrt{3}$－3600－1W	38.5/$\sqrt{3}$	3600	23.2	单相	1358×678×2300	750×560	1530
BAM38.5/$\sqrt{3}$－4000－1W	38.5/$\sqrt{3}$	4000	25.77	单相	1498×678×2300	750×560	1640
BAM38.5/$\sqrt{3}$－5000－1W	38.5/$\sqrt{3}$	5000	32.21	单相	1228×998×2300	620×880	1980
BAMH38.5/$\sqrt{3}$－6667－1W	38.5/$\sqrt{3}$	6667	42.95	单相	1860×1685×2545	1070×1585	5300
BAMH38.5/$\sqrt{3}$－10000－1W	38.5/$\sqrt{3}$	10000	64.42	单相	2800×1685×2545	1670×1585	7900
BAMH38.5/$\sqrt{3}$－13300－1W	38.5/$\sqrt{3}$	13300	85.68	单相	3100×1685×2852	1970×1585	9980
BAM38.5/$\sqrt{3}$－1200－1×3W	38.5/$\sqrt{3}$	1200	3×2.578	Ⅲ	1355×1020×1500	820×700	1050
BAM38.5/$\sqrt{3}$－1500－1×3W	38.5/$\sqrt{3}$	1500	3×3.223	Ⅲ	1355×1020×1600	820×700	1150
BAM38.5/$\sqrt{3}$－1800－1×3W	38.5/$\sqrt{3}$	1800	3×3.867	Ⅲ	1355×1020×1500	820×700	1400
BAM38.5/$\sqrt{3}$－2400－1×3W	38.5/$\sqrt{3}$	2400	3×5.157	Ⅲ	1355×1020×1825	820×700	1618
BAM38.5/$\sqrt{3}$－3000－1×3W	38.5/$\sqrt{3}$	3000	3×6.446	Ⅲ	1355×1020×2040	820×700	1981
BAM38.5/$\sqrt{3}$－3600－1×3W	38.5/$\sqrt{3}$	3600	3×7.735	Ⅲ	1355×1020×2240	820×700	2237
BAM38.5/$\sqrt{3}$－4000－1×3W	38.5/$\sqrt{3}$	4000	3×8.594	Ⅲ	1355×1020×2360	820×700	2340
BAM38.5/$\sqrt{3}$－5000－1×3W	38.5/$\sqrt{3}$	5000	3×10.74	Ⅲ	1355×1020×2420	820×700	2794

4. 外形及安装尺寸

油浸集合式并联电容器外形及安装尺寸如图4－9－3所示。

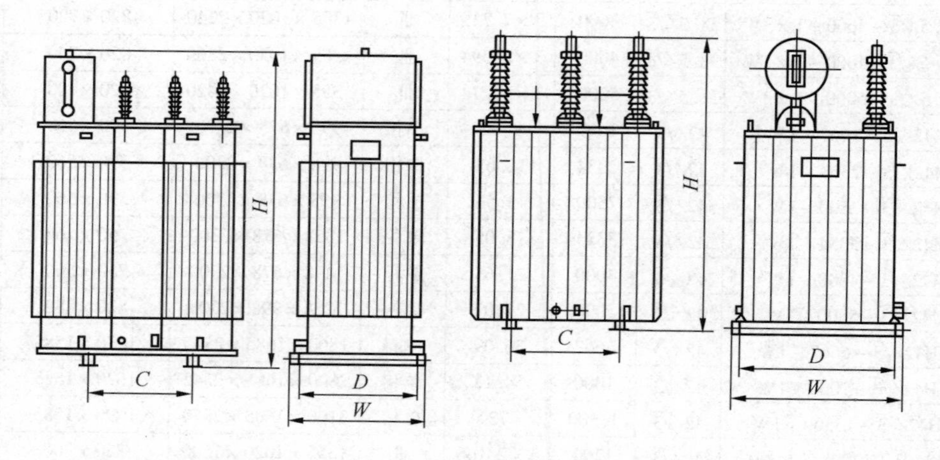

(a) 内部接线结构Ⅲ型　　(b) 内部接线结构为单相

图4－9－3　油浸集合式并联电容器外形及安装尺寸

二、高压成套无功补偿装置

（一）高压并联电容器成套装置（柜）（TBB 型）

1. 使用条件

（1）海拔应低于 1000 m（其他海拔应提出）。

（2）环境温度为 -40 ~ +45 ℃。

（3）户内和户外。

（4）安装地点无剧烈振动、无有害气体及蒸汽、无导电性和爆炸性尘埃。

2. 型号意义

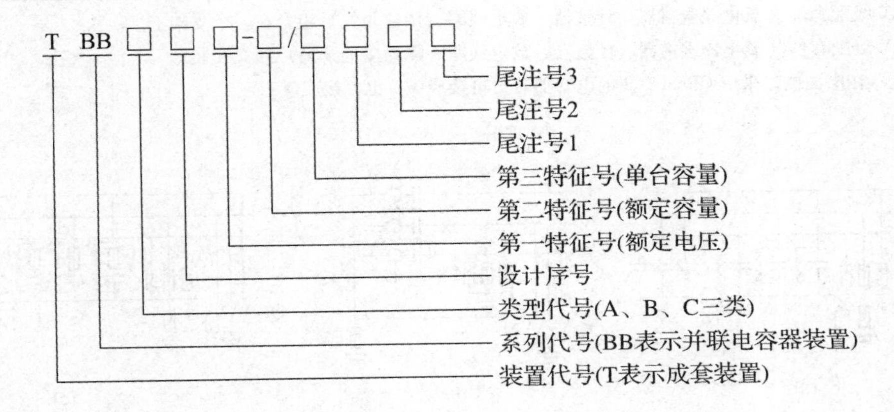

尾注号 1：A——单星型，B——双星型。

尾注号 2：K——开口三角电压保护，L——不平衡电流保护，Q——桥式差电流保护。

尾注号 3：W——户外型（无 W 为户内型），G——高原型。

3. 结构特点

并联电容器装置由并联电容器组（QBank）、串联电抗器、氧化锌避雷器、放电计数器、放电线圈、接地开关、支持绝缘子和连接线组成，周围设有安全护栏。若采用不平衡电流保护应有电流互感器，该装置有 8 种标准类型，见表 4-9-4，电气原理如图 4-9-4 所示。

表 4-9-4　并联电容器装置的标准类型

类　型	10 kV					35 kV		
	1	2	3	4	5	6	7	8
内熔丝	▲	▲				▲		
外熔丝			▲	▲	▲		▲	▲
电抗器在电源侧	▲		▲	▲		▲	▲	
电抗器在中性点侧		▲			▲			▲
电容器组架类型 A				▲	▲	▲	▲	▲
电容器组架类型 B	▲		▲					

表4－9－4（续）

类　型	10 kV					35 kV		
	1	2	3	4	5	6	7	8
电容器组架类型 C		▲						
配套件	▲	▲	▲	▲	▲	▲	▲	▲
双星（Y－Y）	▲		▲			▲	▲	
单星（Y）		▲		▲	▲			▲
电气原理图(图4－9－4)	(a)	(b)	(c)	(d)	(e)	(f)	(g)	(h)

注：1. 10 kV 级配套件（氧化锌避雷器、计数器、放电线圈、接地开关）组合在一个支架上。

2. 35 kV 级配套件（氧化锌避雷器、计数器、放电线圈、隔离接地开关）独立安装。

3. 电抗器在电源侧，采用 QBank－B 的电容器装置可接成 Y，也可接成 Y－Y。

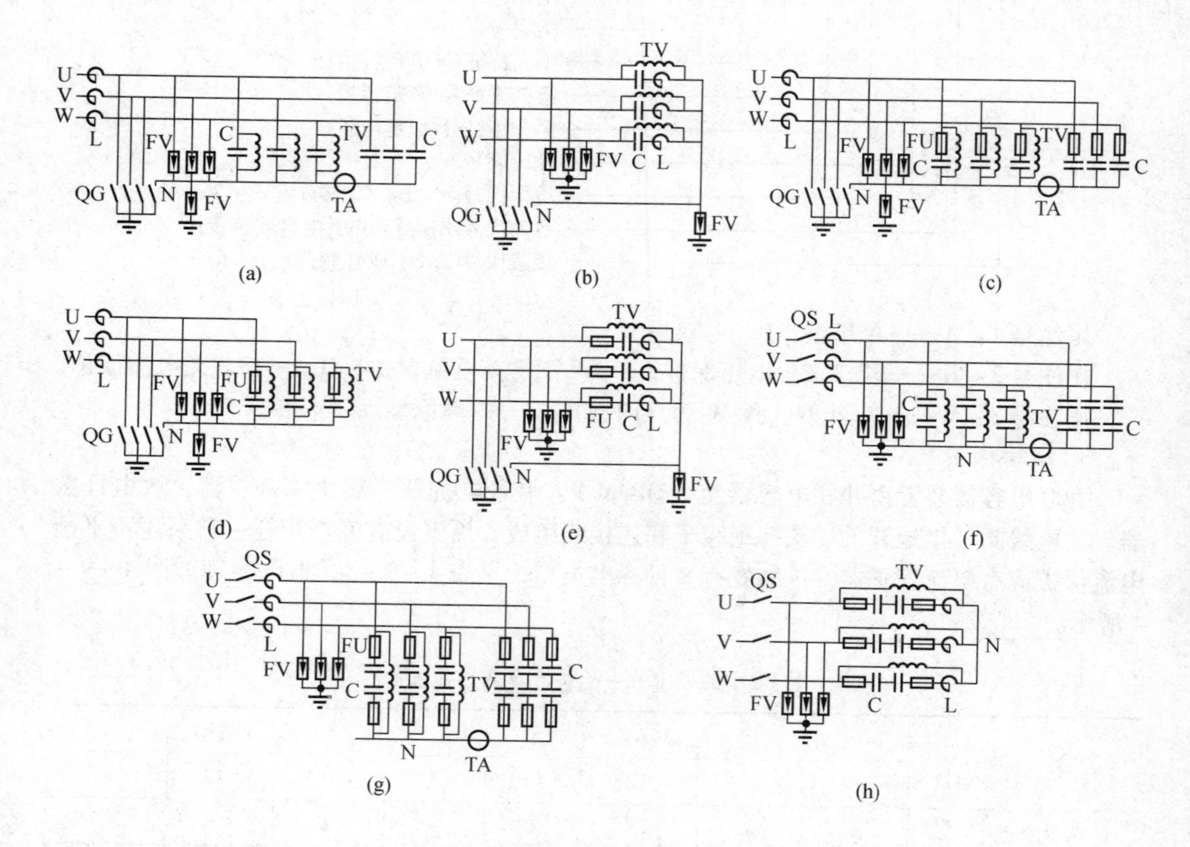

图4－9－4　并联电容器装置标准类型的电气原理图

QBank 是指多个单台电容器安装在镀锌支架上，电容器可卧放、立放，组装后整体运输，省时、省力、省地、省安装费，非常方便。电容器组分为 QBank－A、QBank－B、QBank－C。

QBank－A 是大型电容器组，有3层支架，每相一层，电容器安装在支架两侧，数量

12～60 台。数量超过 60 台，三相电容器的支架可肩并肩一字排放，对于 10 kV 的电容器组，无层间绝缘子。

QBank－B 是中型电容器组，电容器安装在支架同一侧，数量 9～30 台。

QBank－C 是小型电容器组，电容器立放在支架内，数量 3～18 台。超过 9 台支架应为双排。

QBank 电容器组结构如图 4－9－5 所示，其数量及外形尺寸见表 4－9－5。

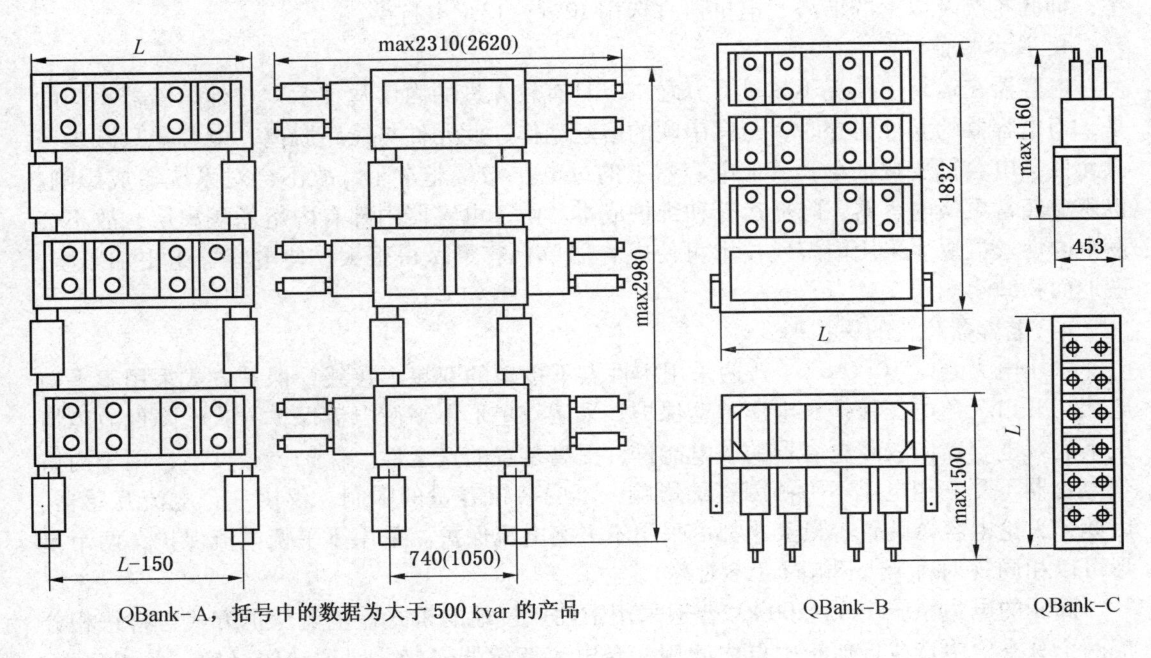

图 4－9－5　QBank 电容器组的外形及安装尺寸

表 4－9－5　QBank 电容器组单台数量及外形尺寸

单台数量			外形尺寸 L/mm		组架最大质量/kg		
QBank－A	QBank－B	QBank－C	10 kV	35 kV	QBank－A	QBank－B	QBank－C
12	6		630	860	1000	500	
18	9	3	860		1440	720	240
24	12		1090	1320	1890	950	
30	15		1320		2320	1170	
36	18	6	1550	1780	2770	1390	400
42	21		1780		3220	1690	
48	24		2010	2240	3690	1920	
54	27	9	2240		4110	2150	710
60	30		2470	2700	4570	2380	

建议选用不重燃的真空断路器或 SF_6 断路器作为装置的投切开关。

放电线圈并联连接在电容器回路中，当电容器组从系统中退出运行后，可使电容器上的剩余电压在5 s内自 $\sqrt{3}U_N$ 降至50 V以下。

氧化锌避雷器并接在线路上，限制投切电容器组引起的操作过电压。

串联电抗器串接在电容回路中，抑制高次谐波，降低合闸涌流。用于限制涌流的电抗器的电抗率为0.1% ~1%；用于抑制5次以上的谐波，电抗器宜选用4.5% ~6%的电抗率；抑制3次及以上的谐波，电抗器宜选用12% ~13%电抗率。

4. 技术性能

电容器在运行中损耗不超过万分之二。具有较先进的内熔丝技术。与外熔断器不同的是，当电容器的元件击穿时，与其串联的熔丝动作，此元件与线路脱离，电容器只减少一只元件，电容量变化很小，其他电容器上的过电压增量非常小，故不会对系统造成影响。也避免经常更换电容器，降低运行和维护成本。由于电容器内部有内熔丝隔离层，故不会发生内熔丝群爆。采用内熔丝技术可使电容器单台容量做得很大，使电容器组更加紧凑，占地面积减小。

1）电容器装置的保护形式

中压电力系统10 ~66 kV普遍采用中性点不接地的双星形接线，保护方式采用不平衡电流、开口三角电压保护和电压差动保护。采用双星形不平衡电流保护方式，降低故障情况下完好电容器向故障电容器的放电能量，提高装置的安全性。保护灵敏度高，用于内熔丝电容器不受三相电压不平衡因素的影响，不受装机容量的限制，仅用一台电流互感器。因此，无论电容器装置容量大小都可采用不平衡电流保护。采用不平衡电流保护，两个星形可以相同（对称）、不相同（不对称）。

高压的电力系统110 ~500 kV普遍采用中性点接地的桥式差电流保护方式，将每相分成两个分支，中点或近似于中点之间用一台电流互感器连接，保护动作灵敏，各相独立，不受系统三相电压不平衡和谐波的影响。电容器不需要带外熔断器，仅带内熔丝即可，安装简单，保护可靠。

对于采用开口三角电压保护，三相电压不平衡直接影响着电压整定值，使保护灵敏度大大降低，并且三相电压不平衡的情况经常发生。另外当二次线圈的容量与继电器的线圈容量不匹配时，电压信号会在二次线路上产生不可忽略的压降，影响整定值的正确设定。故西安ABB电力电容器有限公司推荐采用中性点不接地的双星形接线和中性点接地的桥式差电流保护方式。

2）组架式电容器装置与集合式装置的比较

组架式电容器装置电压等级范围宽，从6 ~500 kV；10 kV装置占地面积与集合式装置占地面积相当，35 kV及以上的装置比集合式装置占地面积小。只需更换损坏的电容器，就地更换，更换周期短、省时、省力、费用低。

5. 主要技术参数

（1）电容偏差为0 ~ +5%，串联段间偏差小于2%，相间偏差小于2%。

（2）允许在 $1.1U_N$ 工频稳态过电压下长期运行，在此运行状态下，包括所有谐波分量在内的电压峰值应不超过 $1.2\sqrt{2}U_N$。

（3）允许在由于过电压和高次谐波造成的有效值 $1.3I_N$ 的稳态电流下运行，对于电容具有最大正偏差的电容器，过电流允许达到 $1.43I_N$。

(4) 电容器保护分为内熔丝保护和外熔丝保护。内熔丝保护具有更高可靠性，尤其能避免出现大批电容器损坏事故。电容器装置采用开口三角电压、桥式差不平衡电流或中性点不平衡电流保护作为主保护。此外，系统还应设置过压、失压、母线相间短路速断和过流保护。

6. 外形及安装尺寸

高压并联电容器装置外形及安装尺寸见表4－9－6、表4－9－7及图4－9－6。

表4－9－6　高压并联电容器装置外形及安装尺寸

型　号	标准类型	电容器组架长度 L/mm	电抗器外径 d/mm	护栏尺寸/(mm×mm)
TBBC10－600/100AKW	2	1550	660	5400×3000
TBBC10－900/100AKW	2	2240	870	5400×3700
TBBB10－1200/100BLW	1，3	1090	970	6100×3000
TBBC10－1200/200AKW	2	1550	970	5700×3000
TBBC10－1800/200AKW	2	2240	1160	5700×3700
TBBC10－2400/400AKW	2	1550	1124	5700×3000
TBBC10－3000/500AKW	2	1550	1280	6300×3000
TBBB10－3000/200BLW	1，3	1320	1280	7000×3000
TBBB10－3600/200BLW	1，3	1550	1320	7300×3000
TBBB10－4200/200BLW	1，3	1780	1480	7800×3300
TBBB10－4800/200BLW	1，3	2010	1380	7800×3000
TBBB10－5400/200BLW	1，3	2240	1330	8000×3000
TBBB10－6000/200BLW	1，3	2270	1300	8100×3000
TBBB10－6012/334BLW	1，3	1550	1300	7300×3000
TBBA10－6012/334AKW	4，5	860	1300	7000×4410
TBBB10－7014/334BLW	1，3	1780	1380	7600×3000
TBBA10－7200/200AKW	4，5	1550	1270	7800×4110
TBBA10－8016/334AKW	4，5	1000	1440	7800×4410
TBBA10－8400/200AKW	4，5	1780	1480	8300×4110
TBBA10－9600/200AKW	4，5	2010	1700	9000×4110
TBBA10－10020/334AKW	4，5	1320	1760	8400×4010
TBBA10－12000/334AKW	4，5	1550	1760	8700×4410
TBBA35－8400/200AKW	8	1780	1700	8100×4410
TBBA35－9600/200BLW	6，7，8	2240	1600	12000×4410
TBBA35－10020/334AKW	8	1320	1620	7400×4410
TBBA35－20040/334BLW	6，7，8	2680	1840	12000×4410

表4-9-7　高压并联电容器装置标准类型采用QBank台数、容量

标准类型	高压并联电容器组			标准类型	高压并联电容器组		
	QBank	最多台数/台	最大容量/kvar		QBank	最多台数/台	最大容量/kvar
1	QBank-B	30	6000	5	QBank-A	60	12000
2	QBank-C	18	3000	6	QBank-A	60	20040
3	QBank-B	30	6000	7	QBank-A	60	20040
4	QBank-B	60	12000	8	QBank-A	60	20040

（二）高压无功自动补偿成套装置

1. GWK-Z型高压无功自动补偿成套装置

1）概述

GWK-Z型高压无功自动补偿成套装置由若干组TBB-Z型自动补偿柜组成。每组自动补偿柜内含真空接触器（或断路器）、电压互感器、电流互感器、抗涌流或抗谐波的干式空芯（或干式铁芯）电抗器、电容器及相应控制、保护器件，一般为组装在一个柜体内的一体化装置，专门为矿山、冶金、钢铁、机械、水泥、交通、化工等行业6、10 kV系统无功变化较大的场所设计制造。

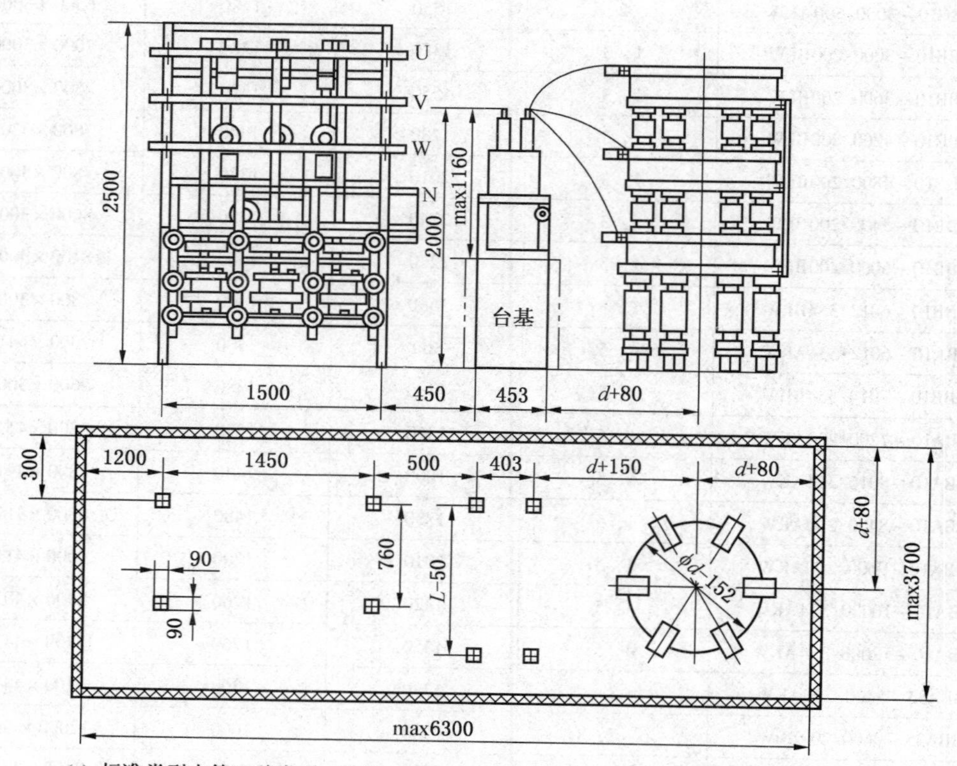

(a) 标准类型中第2种类型（采用QBank-C，最多18台，10～18台为双排，最大容量3000 kvar。1、2类型电容器组架高度较低，下面需要做钢筋混凝土基础或钢支架）

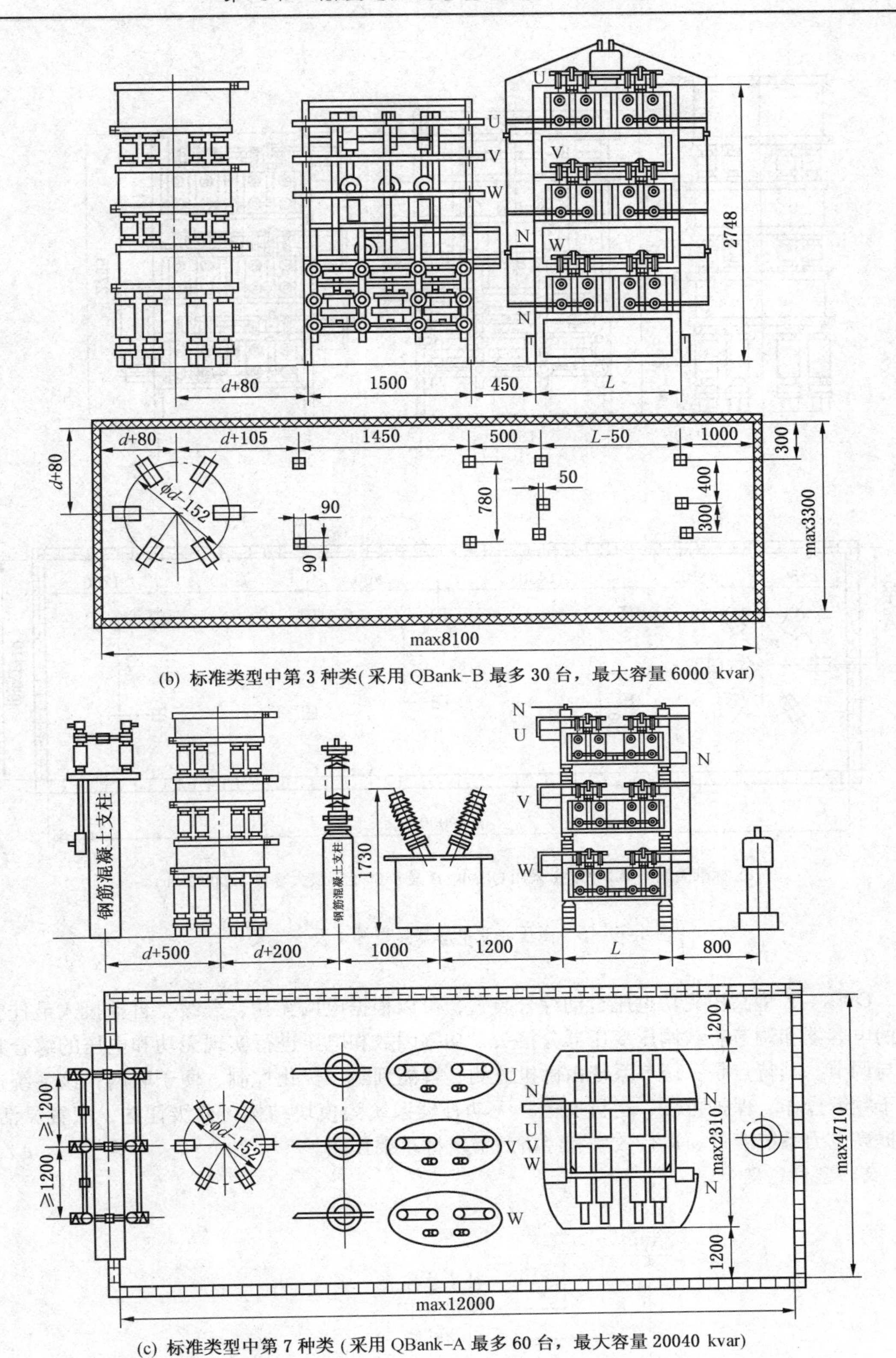

(b) 标准类型中第 3 种类(采用 QBank-B 最多 30 台，最大容量 6000 kvar)

(c) 标准类型中第 7 种类 (采用 QBank-A 最多 60 台，最大容量 20040 kvar)

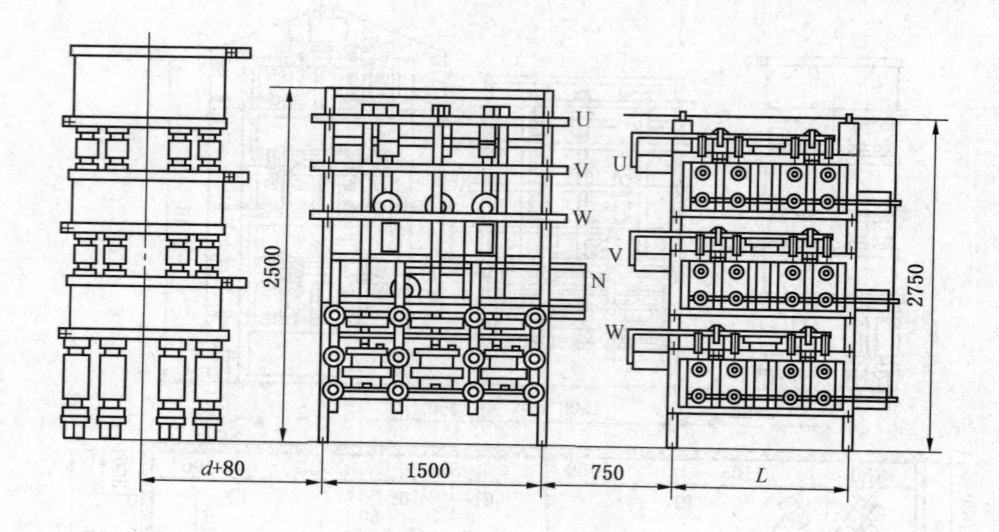

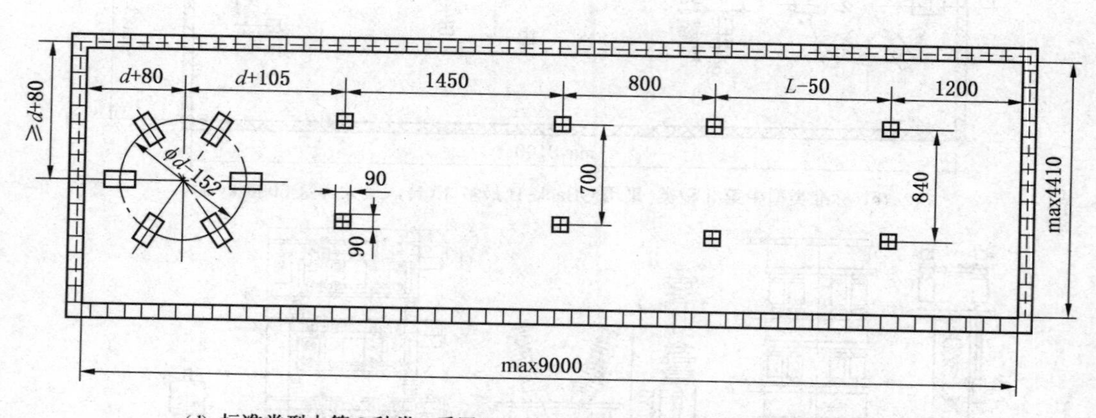

(d) 标准类型中第 3 种类（采用 QBank-B 最多 60 台，最大容量 12000 kvar）

图 4-9-6　高压并联电容器装置外形及安装尺寸

GWK-Z 型高压无功电压自动综合装置，可以根据电网无功、分级、自动投入最佳容量的电容器和调节有载调压变压器分接头，功率因数和电压进行实现无功和电压的综合补偿与调节。其特点是：调节系统由微机监测、智能判断、优化控制、便于联网；该系统适合于频繁操作、保护可靠、运行安全；无功补偿系统为模块结构，分级任选，配置灵活；对提高电力系统容量、运行效率和经济效益发挥重要作用。

2）型号意义

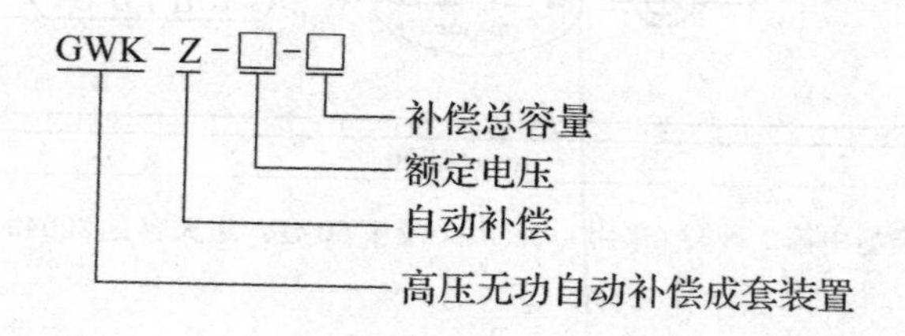

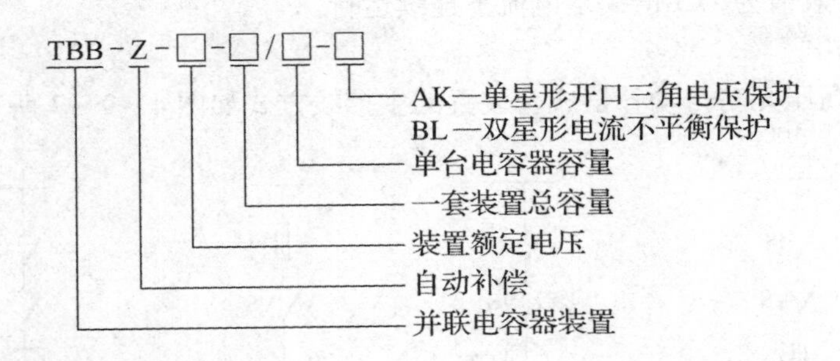

3）工作原理

成套装置由有高可靠性的控制器按照模糊控制策略进行电压无功综合控制。电容器组由高压真空开关（真空接触器或真空断路器）来投切。当控制器检测到的无功功率值超过整定值时，控制器根据需要投电容器组的级数给出控制信号，自动合闸高压真空开关，将电容器组投入运行；当负载无功功率值低于整定值时，控制器给出控制信号将高压真空开关断开，电容器退出工作。上述操作完全自动进行。

4）适用工作条件

（1）安装地点：户内。

（2）海拔高度：2000 m 及以下（≥2000 m 采用高原型）。

（3）环境气温：－25～＋45 ℃。

（4）月平均最大相对湿度：90%（25 ℃时）。

（5）耐地震能力：地面水平加速度 0.2g，垂直加速度 0.1g。按标准试验，安全系数不小于 1.67。

（6）污秽等级：泄漏比距瓷绝缘按 18 mm/kV，合成绝缘按 20 mm/kV（按最高电压计算）。

5）结构特点

该设备为柜式，根据补偿容量由一柜或数柜构成。组成部件有 GWK/BR 型电压无功综合调节控制器、高压并联电容器、抑制涌流或抗谐波的电抗器、放电线圈、氧化锌避雷器、喷逐式熔断器、跌落式熔断器、高压电容投切开关。主要功能为自动补偿负荷无功功率，提高负荷功率因数，降低网损，高效节能，抑制系统谐波或治理谐波，减少无功电流，节省变压器增容费用，稳定电压。

6）主要技术参数

主要技术参数：系统额定电压为 6(10) kV，最高电压为 6.6(11) kV。

额定频率为 50 Hz，短路电流为 31.5 kA 有效值。

高压端绝缘耐压

① 全波冲击耐压（1.2/50 μs）：60 kV（峰值）。

② 工频 1 min 耐压：32 kV（有效值）。

二次绕组之间及绕组对地的工频耐压（1 min）：3 kV（有效值）。

③ 外绝缘相对地最小有效爬电距离：瓷绝缘≥216 mm，合成绝缘≥240 mm。

④ 在 1.1 倍额定电压下能长期运行；在 1.15 倍额定电压下每 24 h 中运行 30 min；在 1.2 倍额定电压下每月中运行 2 次，每次 5 min；在 1.3 倍额定电压下每月中运行 2 次，每

次 1 min；能在有效值为 1.3 倍额定电流下连续运行。

7）主接线方式

GWK－Z 型高压无功自动补偿成套装置的主接线方式如图 4－9－7 所示。

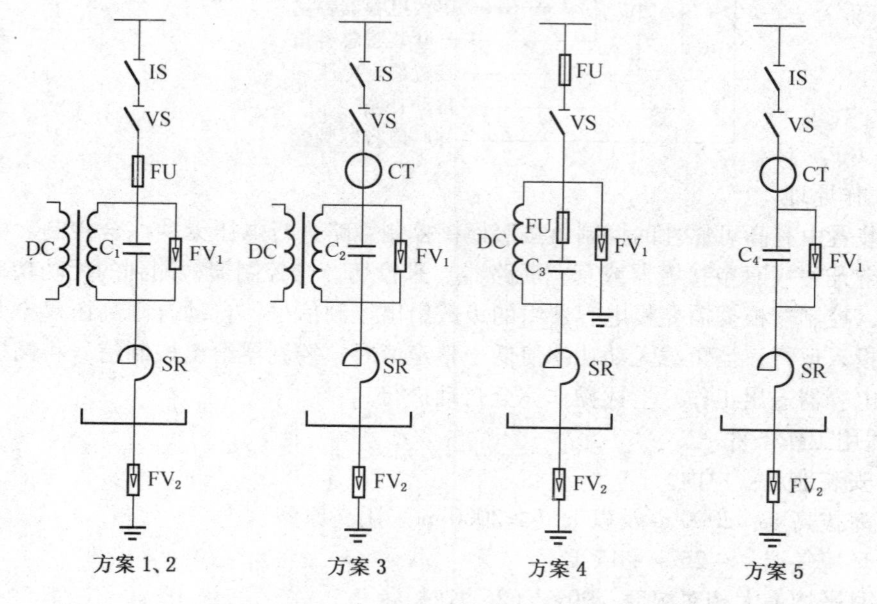

图 4－9－7　GWK－Z 型高压无功自动补偿成套装置的主接线方式方案图

8）外形及安装尺寸

GWK－Z 型高压无功自动补偿成套装置外形尺寸见表 4－9－8，外形图如图 4－9－8 所示。

表 4－9－8　GWK－Z 型高压无功自动补偿成套装置外形尺寸

单组容量	外形尺寸（长×宽×高）/（mm×mm×mm）	单组容量	外形尺寸（长×宽×高）/（mm×mm×mm）
300 kvar/组－100AK	1000×1600×2800	1200kvar/组－200AK	1200×1600×2800
450 kvar/组－150AK	1000×1600×2800	1800 kvar/组－200AK	（1400+1200）×1600×2800
600 kvar/组－200AK	1000×1600×2800	2400 kvar/组－200AK	（1400+1200）×1600×2800
900 kvar/组－150AK	1000×1600×2800	3000 kvar/组－200AK	（2000+1200）×1600×2800
1000 kvar/组－334AK	1000×1600×2800	3600 kvar/组－200AK	（2000+1200）×1600×2800

2. SVG（Static Var Generator）大功率静止同步补偿装置

SVG 又称配电网静止同步补偿装置，是目前最为先进的并联无功补偿装置，用以提高电网稳定性、增加输电能力、消除无功冲击、滤除谐波、平衡三相电网。通过调节逆变器交流侧输出电压相对系统电压的幅值和相位，迅速吸收或者发出所需要的无功功率，实现快速动态调节无功的目的。与 SVC 的结构相比，它实现了无功补偿方式质的飞跃，不需采用大容量的电容、电感器件。SVG 的基本结构如图 4－9－9 所示，它由耦合变压器、电压源逆变器和直流电压保持组件 3 部分组成。它是通过可高速关断的大功率电力电子器件（如 IGBT）将电压源逆变器的电压转换成与电网同频率的输出电压，适当地调节桥式电路交流侧输出电压的幅值和相位，就可以使该电路吸收或者发出满足要求的无功电流，实现动态无功补偿的目的。此外在考虑谐波补偿时，SVG 相当于一个可控的谐波源，可根据系统状况，进行主动式跟踪补偿。

图 4－9－8　GWK－Z 型高压无功自动补偿成套装置外形图

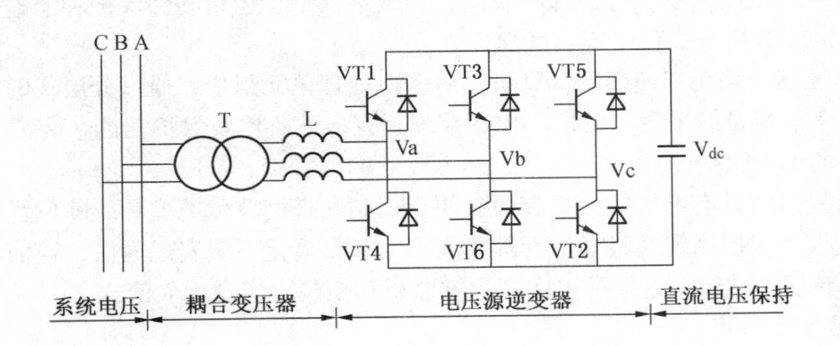

图 4－9－9　SVG 的基本结构

1）型号意义

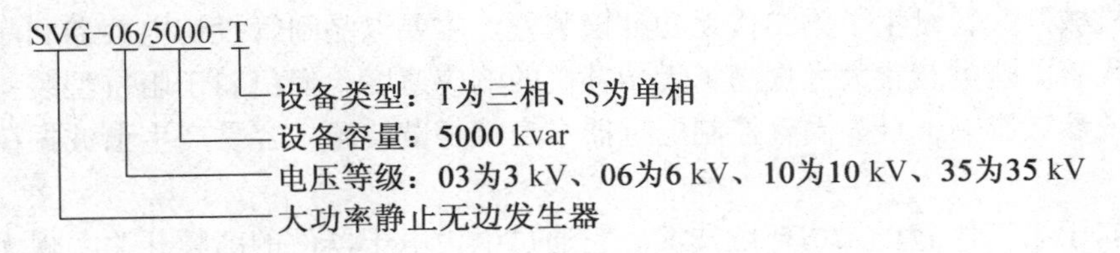

2）用途

工矿企业中主要的电网污染源为提升机、焊机、电弧炉等非线性负荷，在产生冲击性无功的同时还会产生大量的谐波电流和负序电流，导致电压畸变、电压波动和闪变、三相电压不平衡、瞬态过电压等电能质量问题。若要彻底解决以上电能质量问题，用户必须安装具有快速响应能力的动态无功补偿器，无功补偿装置的响应时间必须做到小于 10 ms，SVG 能够完全满足这些工况的要求，能够实时对冲击性无功、负序电流、电压波动、三相电压不平衡进行补偿，而且还可以通过特定的算法来滤除电网中的谐波分量，防止谐波污染电网。工矿企业加装 SVG 后，不仅能够对电能质量进行有效的治理，而且能够带来巨大的经济效益。SVG 投入运行后，能够显著提高系统的功率因数，大大降低输电线路和变压器损耗，能够使用电设备更可靠的工作；同时在不增加额外投资的情况下，还能够增加有功功率的输送，提高设备利用率和生产效率。

3）产品结构特点

（1）装置由控制系统、电压源变流器等组成，通过控制逆变移相角和调制比，能连续改变直流电容电压及逆变输出电压，补偿范围宽，既能实现感性补偿又能实现容性补偿。

（2）采用柜式结构，具有安装、调试周期短，运输方便等优点。

（3）控制系统采用全数字化设计，能够并行处理大量数据、实时数字运算，运算结果精度高，SVG 响应速度快。

（4）逆变装置采用强制风冷散热方式，该种散热方式效率高、体积紧凑，可以充分利用 IGBT 等元器件的容量。

（5）控制系统和逆变器之间采用光纤传输信号，彻底解决高低压隔离问题，避免电磁信号的干扰，SVG 工作更加稳定可靠。

（6）保护系统则采用了分级保护策略，将数字保护、逻辑硬件保护和继电保护融为一体，为装置的安全运行提供了有力的保障。

（7）监控系统采用工业控制计算机，由多个处理单元组成，通过分层式的结构组成方式实现对多个监控量的采集与监控。控制系统具有多重监控及保护功能，完成在系统各种异常情况下的可靠保护。

（8）监控系统具有友好的人机界面，便于控制和查询故障类型和故障位置。

（9）监控及保护系统通过通信管理单元与上级自动化系统实现通信，通信管理单元主要完成规约转换的功能，这样可以实现远方监视和控制，实现无人值守。

4）主要技术特点

无功补偿的需求是和电力系统的发展同步的。早期大量使用同步调相机作为无功补偿装置，但是调相机作为旋转机械存在很大问题，如响应速度慢、维护工作量大等。而并联电容、电感则是第一代的静止无功补偿装置，一般使用机械开关投切，但是机械开关投切的响应速度以秒计，因此无法跟踪负荷无功电流的变化；随着电力电子技术的发展，晶闸管取代了机械开关，诞生了第二代无功补偿装置。主要以晶闸管投切电容器和晶闸管控制电抗器为代表。这类装置大大提高了无功补偿的响应速度，但仍属于阻抗型装置，其补偿功能受系统参数影响，且晶闸管控制电抗器本身就是谐波源，容易产生谐波振荡放大等严重问题。

SVG 属于第三代静止无功补偿技术。它通过电力电子器件的高频开关实现无功能量的变换。从技术上讲，SVG 较传统的无功补偿装置有如下技术优势：

（1）响应更为迅速。SVG 响应时间不大于 10 ms（有的厂家不大于 5 ms），传统静补装置响应时间 60～100 ms，SVG 可在 10 ms 之内完成从额定容性无功功率到额定感性无功功率（或相反）的转换。

（2）电压闪变的抑制能力倍增。SVC 对电压闪变的抑制最大可以达到 2：1，而 SVG 对电压闪变的抑制很容易达到 4：1 甚至 5：1。SVC 受到响应速度的限制，即使增大装置的容量，其抑制电压闪变的能力不会增加；而 SVG 不受响应速度的限制，增大装置容量可以继续提高抑制电压闪变的能力。

（3）运行范围更宽。SVG 通过直接调节无功电流实现无功功率补偿，其输出电流不依赖于电压，表现为恒流源特性；而 SVC 通过调节等值阻抗实现无功功率补偿，其输出电流和电压呈线性关系。因此，SVG 的电压 - 无功特性优于 SVC，即当系统电压变低时，同容量的 SVG 可以比 SVC 提供更大的补偿容量。

（4）可靠安全、维护管理简单。在故障条件下，SVG 比 SVC 具有更好的控制稳定性，SVC 使用了大量的电容器和电抗器，因此当外部系统的支撑变弱时，SVC 会产生不稳定性，而 SVG 对外部系统运行的条件和结构变化不敏感。

（5）谐波含量更低。SVG 采用了高频脉宽调制技术与多电平技术，不仅自身产生的谐波含量很低，而且可以在一定程度上削弱负荷产生的谐波。

（6）占地面积减半。由于无须高压大容量的电容器和电抗器做储能元件，SVG 的占地面积通常只有相同容量的 SVC 的 50%。

（7）功率损耗比较低、节电效果显著。SVG 由于不存在大容量的电容、电感器件，因此功率损耗低。而且由于模块化设计，SVG 的功率调节更灵活，超过调节需求部分的模块可以实现暂时闭锁，处于热备用状态，此时其功耗接近于 0。

5）适用工作条件

（1）环境温度：-10 ~ +40 ℃。

（2）湿度（25 ℃时）：20% ~90%。

（3）海拔高度：＜1000 m。

（4）安装地点：室内。

（5）安装场所：无尘、无油污、无腐蚀性气体和无日光直射。

6）主要技术参数

（1）额定电压：0. 38 ~40. 5 kV。

（2）额定容量：200 kvar ~100 Mvar。

（3）连接方式：3 相 Y 型/△型/单相。

（4）单相串联级数：12。

（5）额定基波频率：50 Hz。

（6）过载能力 1. 15 额定容量，持续 30 min。

（7）过压能力 1. 2 额定电压。

（8）调制方式：脉冲轮换 PWM。

（9）响应时间：≤5 ~10 ms。

（10）安装结构：柜式。

（11）冷却方式：强制风冷。

（12）滤波功能：可整定。

（13）补偿方式：分相补偿/三相共补。

（14）谐波电压及电流限值符合国标 GB/T 14549—1993。

7）外形图

SVG 大功率静止同步补偿装置的外形如图 4 -9 -10 所示。

图 4 -9 -10　SVG 大功率静止同步补偿装置的外形图

第十节 高压成套开关柜

一、6、10 kV 高压成套开关柜

（一）KYN28 型户内真空移开式高压开关柜

1. 用途

KYN28 型户内真空铠装移开金属封闭开关设备系 6～12 kV 三相交流 50H z 单母线分段系统的成套配电装置。主要用于发电厂、石油化工、工矿企事业配电以及电业系统的二次变电所的受电、送电及大型高压电动机启动等，具有防止带负荷拉断路器手车、防止误分合断路器、防止接地开关处在闭合位置时关合断路器、防止误入带电隔室、防止在带电时误合接地开关等联锁功能，既可配用国产 VS1 中置式真空断路器，又可配用 ABB 公司 VD4 西门子公司 3AE 及施耐德公司 EV12 中置式真空断路器，实为一种性能优越的配电设备。

2. 型号意义

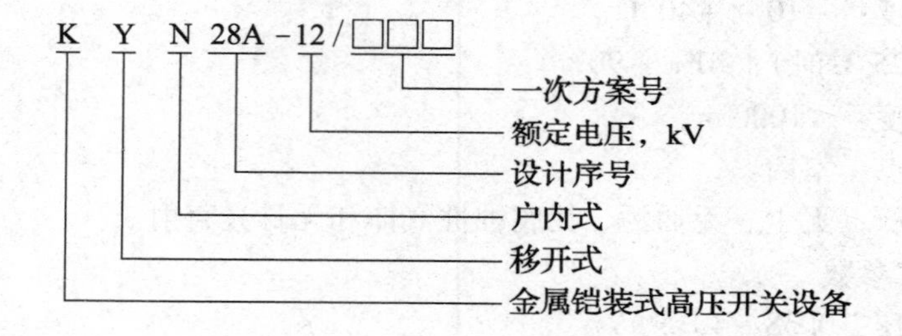

3. 结构特点

开关设备按 GB 3906—2006 中的铠装式金属封闭开关设备而设计。整体由柜体和中置式可抽出部件（即手车）两大部分组成。柜体分 4 个单独的隔室，外壳防护等级为 IP4X，各小室间和断路器室门打开时防护等级为 IP2X，具有架空进（出）线、电缆进（出）线及其他功能方案，经排列组合后能成为各种方案形式的配电装置。本开关设备可以正面进行安装调试和维护，因此它可以背靠背组成双重排列和靠墙安装，提高了开关设备的安全性、灵活性，减少了占地面积。

开关设备主要电气元件都有其独立的隔室，即断路器手车室、母线室、电缆室，继电器仪表室。除继电器室外，各隔室间防护等级都达到 IP2X，其他三隔室都分别有其泄压通道。由于采用了中置式形式，电缆室位置大大增加，因此设备可接多路电缆。

（1）断路器手车室两侧安装了轨道，供手车在柜内由断开位置/试验位置移动滑行至工作位置，静触头盒的隔板（活门）安装在手车室的后壁处。当手车从断开位置/试验位置移动到工作位置的过程中，上、下静触头盒上的活门与手车联动，同时自动打开；当反方向移动时，活门则自动闭合，直至手车退至一定位置而完全覆盖住静触头盒，形成有效隔离。同时由于上、下活门不联动，在检修时，可锁定带电侧的活门，从而保证检修维护人员不触及带电体。在断路器室门关闭时，手车同样能被操作，通过上门观察窗，可以观察隔室内手车所处位置，合、分闸显示，储能状况。

（2）母线室：主母线是单台拼接相互贯穿连接，通过支母线和静触头盒固定。主母线和联络母线为矩形截面的铜排，用于大电流负荷时采用双根母排拼成。支母线通过螺栓连接于触头盒和主母线，不需要其他支撑。对于特殊需要，母线可用热缩套和连接螺栓绝缘套以及端帽覆盖。相邻柜母线用套管固定。这样连接母线间所保留的空气缓冲，在如果出现内部故障电弧时，能防止其贯穿熔化，套管能有效把事故限制在隔离内而不向其他柜蔓延。

（3）电缆室：开关设备采用中置式，因而电缆室空间较大。施工人员从后面进入柜内安装和维护。电缆室内的电缆连接导体，每相可并1～3根单芯电缆，必要时每相可并接6根单芯电缆。连接电缆的柜底配制开缝的可卸式非金属封板或不导磁金属封板确保了施工方便。

（4）继电器仪表室：继电器仪表室内安装继电保护元件、仪表、带电监察指示器，以及特殊要求的二次设备。控制线路敷设在足够空间的线槽内，并有金属盖板，可使二次线与高压室隔室。其左侧线槽是控制线的引进和引出预留的，开关柜自身内部的接线敷设在右侧。在继电器仪表室的顶板上还留有便于施工的小母线穿越孔，接线时仪表室顶盖板可供翻转，便于小母线的安装。

（5）防止误操作联锁装置：开关设备内装有安全可靠的联锁装置，完全满足五防的要求。仪表室门上装有提示性的按钮或者kk型转换开关以防止误合、误分断路器。断路器手车在试验或工作位置时，断路器才能进行合分操作，而且在断路器合闸后，手车无法移动，防止带负荷误推拉断路器。仅当接地开关处在分闸位置时，断路器才能进行合闸操作（接地开关可带电压显示装置）。这样能防止带电误合接地开关及接地开关处在闭合位置时关合断路器。接地开关处于分闸位置时，后门都无法打开，防止误入带电间隔。断路器手车确实在试验或工作位置，而没有控制电压时，仅能手动分闸，不能合闸。断路手车在工作位置时，二次插头被锁定不能拔除。各柜体可装电气联锁。本开关设备还可以在接地开关操作机构上加装电磁铁锁定装置以提高可靠性，其订货按用户的需求选择。

（6）泄压装置：在断路器手车室，母线室和电缆室的上方均设有泄压装置，当断路器或母线发生内部故障电弧时，伴随电弧的出现，开关柜内部气压升高，装设在门上的特殊密封圈把柜前面封闭起来，顶部装备的泄压金属板被自动打开释放压力和排泄气体，确保操作人员和开关柜的安全。

（7）二次插头与手车的位置联锁：开关设备上的二次线与断路器手车的二次线的联络是通过手动二次插头来实现的。二次插头的动触头通过一个尼龙波纹伸缩管与断路器手车相连，二次触头座装设在开关柜手车室的右上方。断路器手车只有在试验/断开位置时，才能插上和解除二次插头，断路器手车处于工作位置时由于机械联锁作用二次插头被锁定，不能被解除。由于断路器手车的合闸机械被电磁铁锁定，断路器手车在二次插头未接通之前仅能进行分闸，所以无法使其合闸。

（8）带电显示装置：如果用户有所需求时，开关柜内可设有检测一次回路运行的可选件即带电显示装置。该装置由高压传感器和可携带式显示器两单元组成，经用户外接导电线连接为一体。该装置不但可以提示高压回路带电状况，而且还可以与电磁锁配合，实现强制闭锁开关手柄、网门、达到防止带电关合接地开关，防止误入带电间隔，从而提高配套产品的防误性能。

(9) 防止凝露和腐蚀：为了防止在高湿度或温度变化较大的气候环境中产生凝露，在断路器室、电缆室及母线室分别装设加热器，以便在上述环境中使用和防止腐蚀发生。

(10) 接地装置：在电缆室内单独设立有 $10\times40\ mm^2$ 的接地铜排，此排能贯穿相邻各柜，并与柜体良好接触。此接地排供直接接地之元器件使用。同时由于整个柜体用敷铝锌板相拼联，这样使整个柜体都处在良好接地状态之中确保运行操作人员触及柜体时的安全。

4. 适用工作条件

(1) 周围空气温度：上限 +40 ℃下限 -10 ℃。

(2) 海拔高度：设备安装场所的最大海拔高度 1000 m。

(3) 环境湿度：日平均相对湿度不大于 95%，月平均相对湿度不大于 90%。

(4) 地震：地震烈度不超过 8 度。

(5) 周围空气应无腐蚀性或可燃气体、水蒸气等明显污染。

(6) 无严重污秽及经常性的剧烈振动。

注意：当开关设备运行在低温和（或）温度变化较大的气候环境中，就有凝露的危险，因此必须投入柜内加热板，以防绝缘事故与金属腐蚀的发生。

5. 主要技术特征

KYN28 型户内真空移开式高压开关柜的主要技术特征见表 4-10-1。VS1、VD4 真空断路器弹簧操动机构动作时间推荐值见表 4-10-2。VS1、VD4 真空断路器弹簧操动机构技术参数见表 4-10-3。

表 4-10-1 KYN28 型户内真空移开式开关柜的主要技术特征

项目		数据
额定电压/kV		6，10
最高工作电压/kV		7.2，12
额定绝缘水平	1 min 工频耐受电压/kV	42
	雷电冲击受电压/kV	75
额定频率/Hz		50
主母线额定电流/A		630，1250，1600，2000，2500，3150
分支母线额定电流/A		630，1250，1600，2000，2500，3150
额定短时耐受电流（4 s）/kA		16，20，25，31.5，40，50
额定峰值耐受电流/kA		40，50，63，80，100，125
防护等级		外壳为 IP4X，隔室间、断路室门打开时为 IP2X

注：电流互感器的短路容量应单独考虑。

表 4-10-2　VS1、VD4 真空断路器弹簧操动机构动作时间推荐值　　ms

型　号	VS1	VD4
合闸时间	≤100	≤55~66
分闸时间	≤50	≤33~45
燃弧时间（50 Hz）	≤15	≤15
开断时间	≤65	≤48~60
最小的合闸指令持续时间	20[①]（100）[②]	20[①]（120）[②]
最小的分闸指令持续时间	40[①]（100）[②]	20[①]（80）[②]

注：① 在辅助回路额定电压下。

② 若继电器接点启动，但未能开断脱扣线圈电流。

表 4-10-3　VS1、VD4 真空断路器弹簧操动机构技术参数

额定电压/V		消耗功率/（V·A/W）		储能时间（最大）/s	
		VS1	VD4	VS1	VD4
交流	110	70	150	10	15
	220	70	150	10	15
直流	110	70	140	10	15
	220	70	140	10	15

KYN28 型高压开关柜的主电路方案见表 4-10-4。

表 4-10-4　KYN28 型户内真空移开式高压开关柜主电路方案

方　案　号		001	002	003	004	005
一次线路图		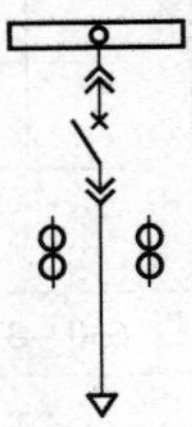	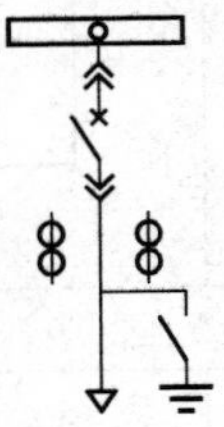	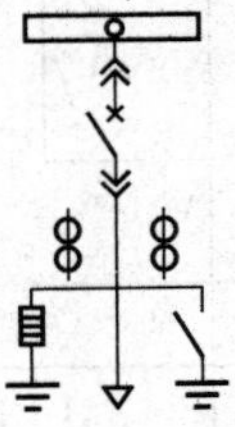	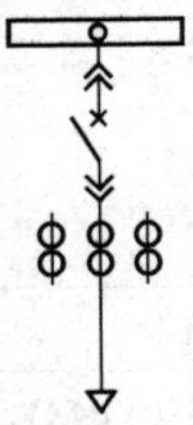	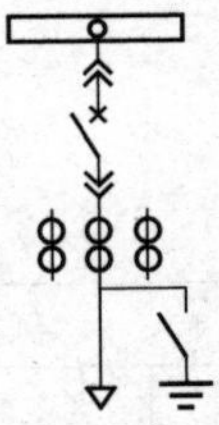
额定电流/A		630~3150				
一次主要电器元件	真空断路器（VD4/VS1）	1	1	1	1	1
	电流互感器（LZZBJ9-12）	2	2	2	3	3
	电压互感器 RZL-10 / REL-10					
	电压熔断器（XRNPO）					
	接地开关（EK6/JN15-12）		1	1		1
	避雷器 HY5WZ-17/45			3		
用　途		受电、馈电	受电、馈电	受电、馈电	受电、馈电	受电、馈电
备　注		柜宽 800 mm，额定电流 1600 A 及以上，则柜宽为 1000 mm				

表4-10-4（续）

方案号		006	007	008	009	010
一次线路图		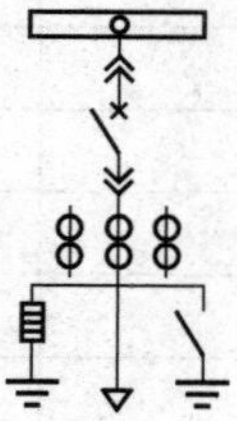	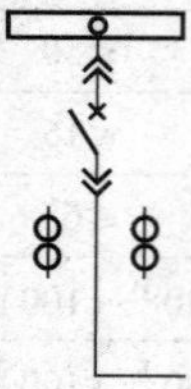	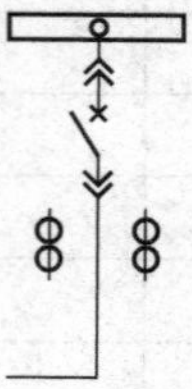	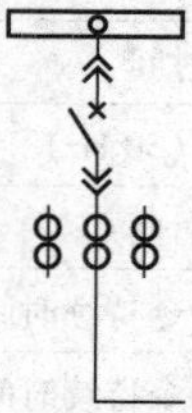	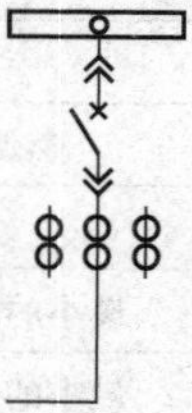
额定电流/A		630~3150				
一次主要电器元件	真空断路器（VD4/VS1）	1	1	1	1	1
	电流互感器（LZZBJ9-12）	3	2	2	3	3
	电压互感器RZL-10 REL-10					
	电压熔断器（XRNPO）					
	接地开关（EK6/JN15-12）	1	1			1
	避雷器 HY5WZ-17/45	3				
用途		受电、馈电	联络（右）	联络（左）	联络（右）	联络（左）
备注		柜宽800 mm，额定电流1600 A及以上，则柜宽为1000 mm				

方案号		011	012	013	014	015
一次线路图			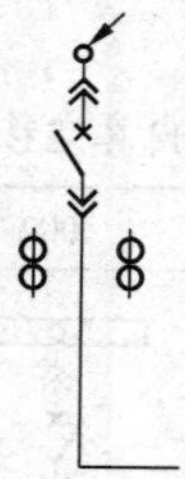	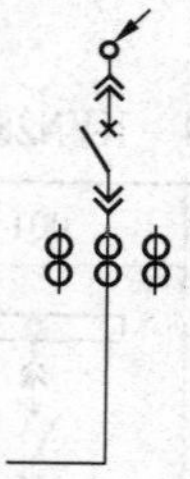	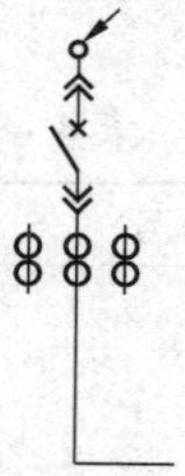	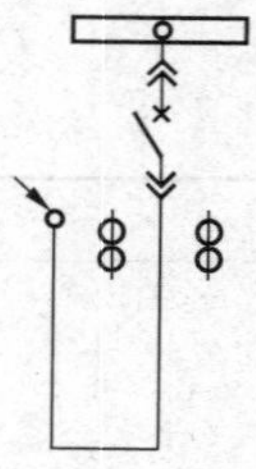
额定电流/A		630~3150				
一次主要电器元件	真空断路器（VD4/VS1）	1	1	1	1	1
	电流互感器（LZZBJ9-12）	2	2	3	3	2
	电压互感器RZL-10 REL-10					
	电压熔断器（XRNPO）					
	接地开关（EK6/JN15-12）					
	避雷器 HY5WZ-17/45					
用途		架空进线（左联络）	架空进线（右联络）	架空进线（左联络）	架空进线（右联络）	架空进出线
备注		柜宽800 mm，额定电流1600 A及以上，则柜宽为1000 mm				

表 4-10-4（续）

方　案　号		016	017	018	019	020
一次线路图		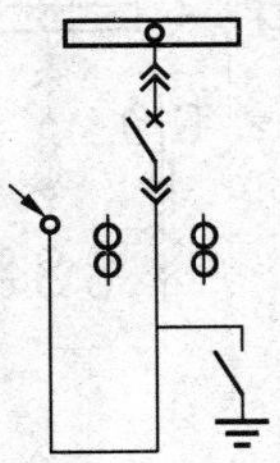	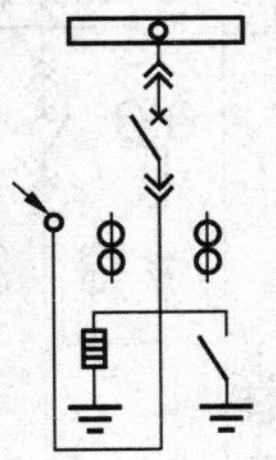	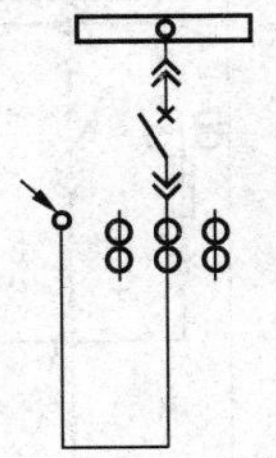	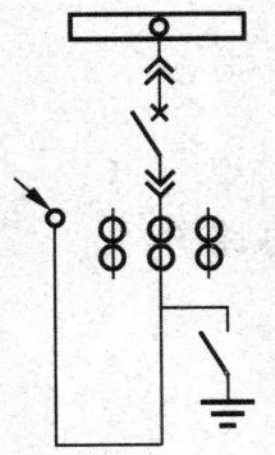	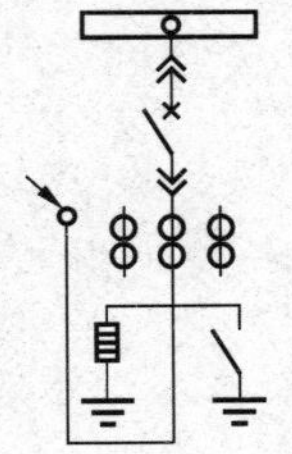
额定电流/A		630～3150				
一次主要电器元件	真空断路器（VD4/VS1）	1	1	1	1	1
	电流互感器（LZZBJ9-12）	2	2	3	3	3
	电压互感器 $^{RZL-10}_{REL-10}$					
	电压熔断器（XRNPO）					
	接地开关（EK6/JN15-12）	1	1		1	1
	避雷器 HY5WZ-17/45		3			3
用　途		架空进出线	架空进出线	架空进出线	架空进出线	架空进出线
备　注		（1）柜宽 1600 A 及以上，则柜宽为 1000 mm （2）15～20 方案在原柜深加 400 mm 背包				

方　案　号		021	022	023	024	025
一次线路图		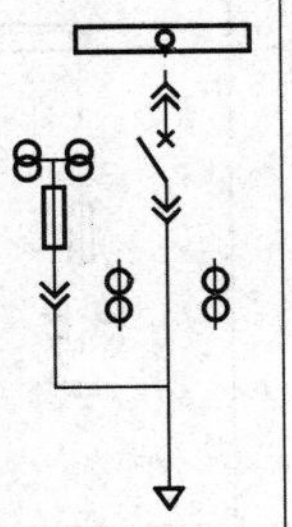	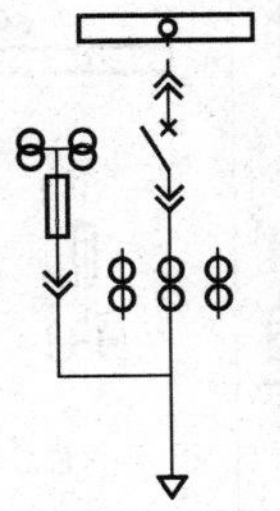	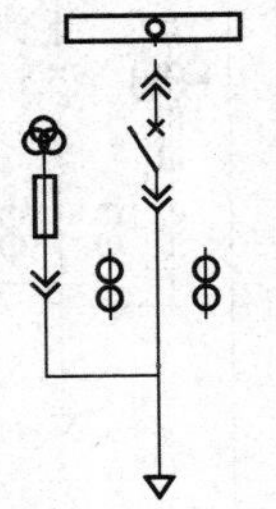	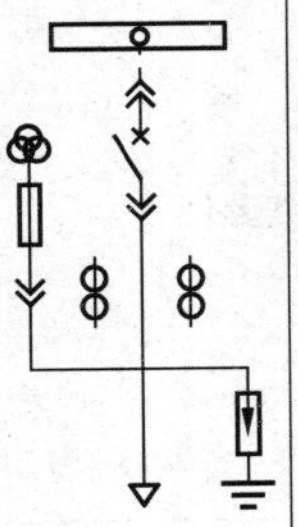	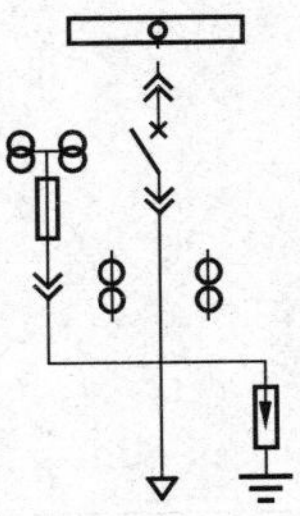
额定电流/A		630～3150				
一次主要电器元件	隔离手车	1	1	1	1	1
	电流互感器（LZZBJ9-12）	2	3	2	2	2
	电压互感器 $^{RZL-10}_{REL-10}$	2	2	3	3	2
	电压熔断器（XRNPO）	3	3	3	3	3
	接地开关（EK6/JN15-12）					
	避雷器 HY5WZ-17/45				3	3
用　途		架空进线（左联络）	架空进线（右联络）			
备　注		柜宽 800 mm，额定电流 1600 A 及以上，则柜宽为 1000 mm				

表4-10-4（续）

方　案　号		026	027	028	029	030
一次线路图						
额定电流/A		630~3150				
一次主要电器元件	真空断路器（VD4/VS1）	1	1	1	1	1
	电流互感器（LZZBJ9-12）	2	2	3	3	2
	电压互感器$^{RZL-10}_{REL-10}$	2	2	2	2	3
	电压熔断器（XRNPO）	3	3	3	3	3
	接地开关（EK6/JN15-12）					
	避雷器 HY5WZ-17/45	3			3	
用　途		受电、馈电	电缆进线+PT	电缆进线+PT	电缆进线+PT	电缆进线+PT
备　注		柜宽800 mm，额定电流1600 A及以上，则柜宽为1000 mm				

方　案　号		031	032	033	034	035
一次线路图						
额定电流/A		630~3150				
一次主要电器元件	真空断路器（VD4/VS1）	1				
	电流互感器（LZZBJ9-12）	2				
	电压互感器$^{RZL-10}_{REL-10}$	3	2	3	2	3
	电压熔断器（XRNPO）	3	3	3	3	3
	接地开关（EK6/JN15-12）					
	避雷器 HY5WZ-17/45	3			3	3
用　途		架空进线（左联络）	架空进线（右联络）	电压测量	电压测量	电压测量
备　注		柜宽800 mm，额定电流1600 A及以上，则柜宽为1000 mm				

表4－10－4（续）

方　案　号		036	037	038	039	040
一次线路图		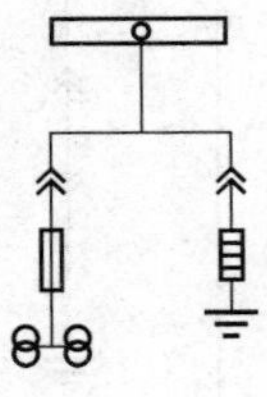	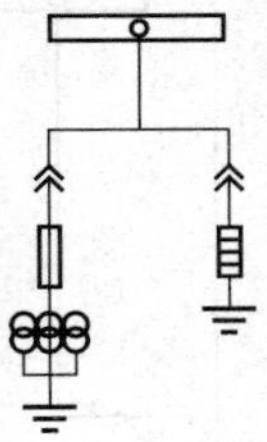	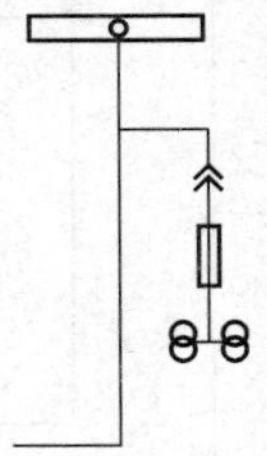	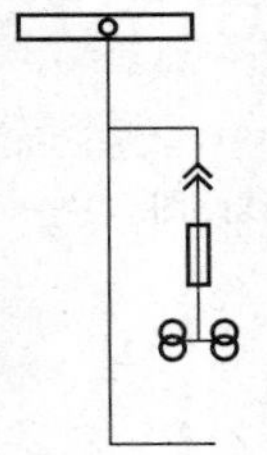	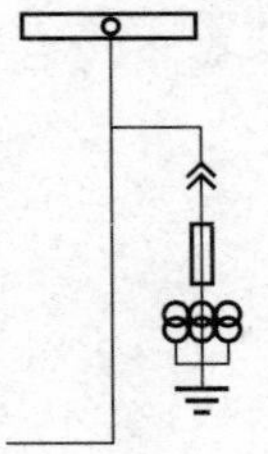
额定电流/A		630～3150				
一次主要电器元件	真空断路器（VD4/VS1）					
	电流互感器（LZZBJ9－12）					
	电压互感器 RZL－10 REL－10	2	3	2	2	3
	电压熔断器（XRNPO）	3	3	3	3	3
	接地开关（EK6/JN15－12）					
	避雷器 HY5WZ－17/45	3	3			
用　途		电压测量＋避雷器	电压测量＋避雷器	电压测量＋母联	电压测量＋母联	电压测量＋母联
备　注		柜宽800 mm，额定电流1600 A及以上，则柜宽为1000 mm				

方　案　号		041	042	043	044	045
一次线路图		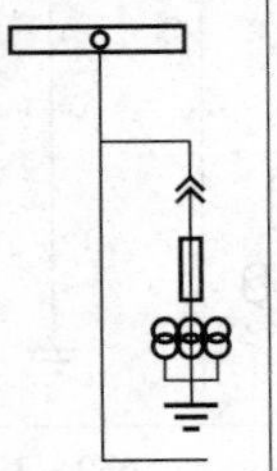	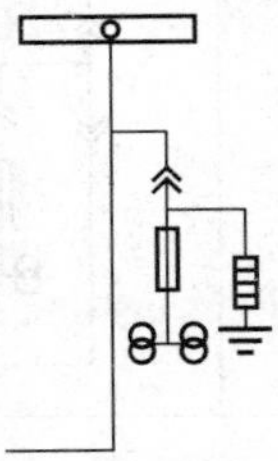	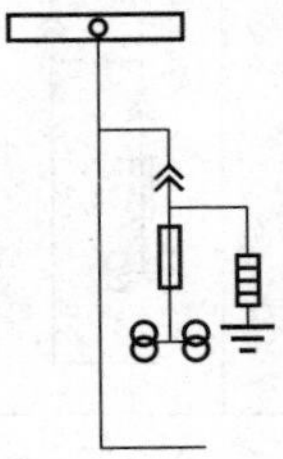	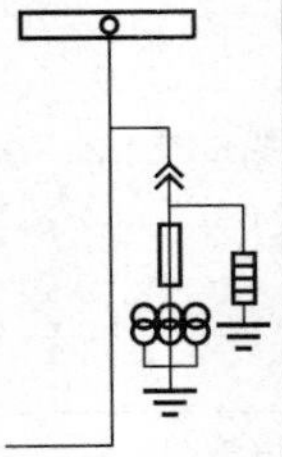	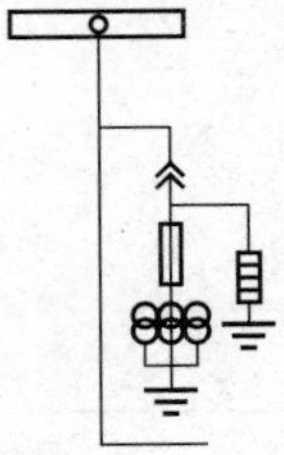
额定电流/A		630～3150				
一次主要电器元件	真空断路器（VD4/VS1）					
	电流互感器（LZZBJ9－12）					
	电压互感器 RZL－10 REL－10	3	2	2	3	3
	电压熔断器（XRNPO）	3	3	3	3	3
	接地开关（EK6/JN15－12）					
	避雷器 HY5WZ－17/45		3	3	3	3
用　途		电压测量＋母联	电压测量＋母联	电压测量＋避雷器＋母联	电压测量＋避雷器＋母联	电压测量＋避雷器＋母联
备　注		柜宽800 mm，额定电流1600 A及以上，则柜宽为1000 mm				

表4-10-4（续）

方　案　号		046	047	048	049	050
一次线路图		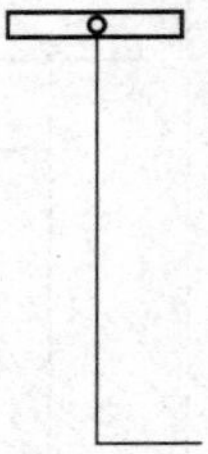	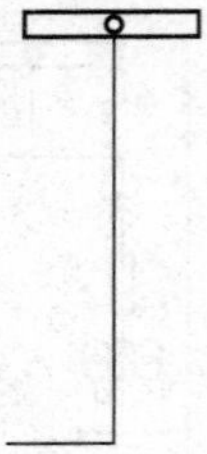	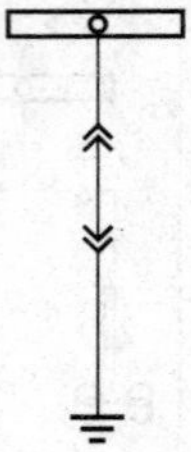	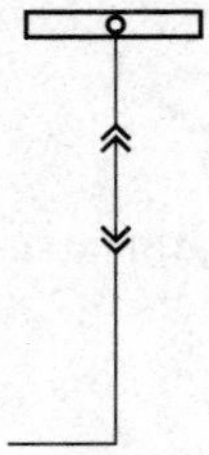	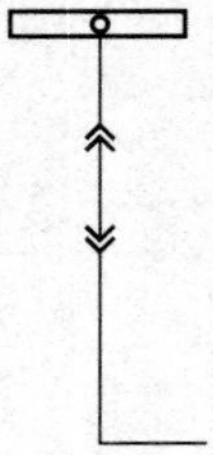
额定电流/A		630~3150				
一次主要电器元件	隔离手车			1	1	1
	电流互感器（LZZBJ9-12）					
	电压互感器 RZL-10 / REL-10					
	电压熔断器（XRNPO）					
	接地开关（EK6/JN15-12）					
	避雷器 HY5WZ-17/45					
用　途		母联	母联	母联	隔离+ 联络（左）	隔离+ 联络（右）
备　注		柜宽800 mm，额定电流1600 A及以上，则柜宽为1000 mm				

方　案　号		051	052	053	054	055
一次线路图		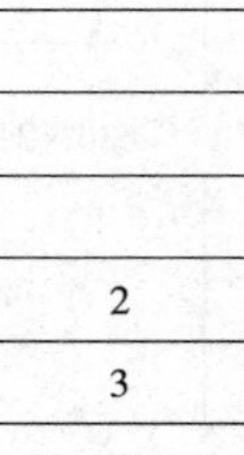	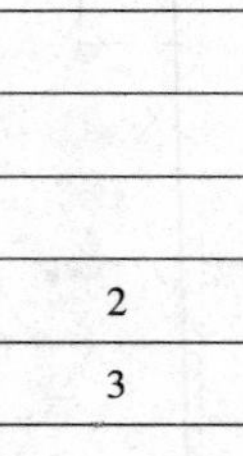	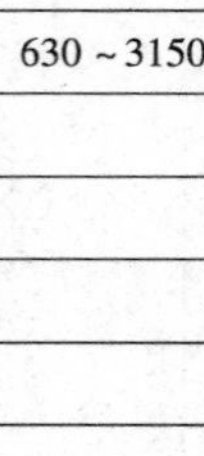	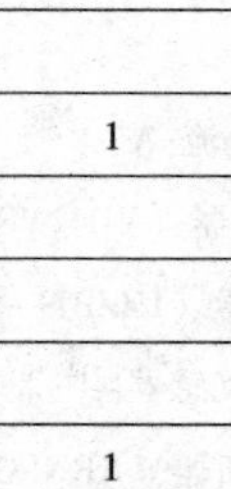	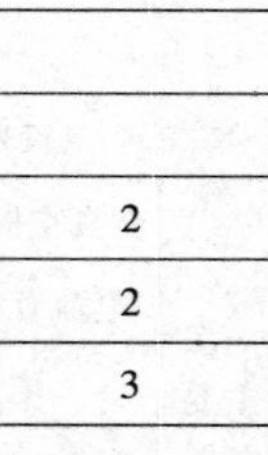
额定电流/A		630~3150				
一次主要电器元件	隔离手车				1	
	电流互感器（LZZBJ9-12）					2
	电压互感器 RZL-10 / REL-10	2	2			2
	电压熔断器（XRNPO）	3	3			3
	接地开关（EK6/JN15-12）				1	
	避雷器 HY5WZ-17/45					
用　途		隔离+ 联络（左）+ 电压测量	隔离+ 联络（右）+ 电压测量		隔离	计量+左联
备　注		（1）柜宽1600 mm，额定电流1000 （2）021~032方案在原柜深加400 mm背包				

表4-10-4（续）

方案号		056	057	058	059	060
一次线路图						
额定电流/A		630~3150				
一次主要电器元件	真空断路器（VD4/VS1）					
	电流互感器（LZZBJ9-12）	2	3	3	2	2
	电压互感器$^{RZL-10}_{REL-10}$	2	2	2	3	3
	电压熔断器（XRNPO）	3	3	3	3	3
	接地开关（EK6/JN15-12）					
	避雷器 HY5WZ-17/45					
用途		计量+右联	计量+左联	计量+右联	计量+左联	计量+右联
备注		柜宽800 mm，额定电流1600 A及以上，则柜宽为1000 mm				

方案号		061	062	063	064	065
一次线路图						
额定电流/A		630~3150				
一次主要电器元件	真空断路器（VD4/VS1）			1	1	干变≤SC9-50KVA
	电流互感器（LZZBJ9-12）	3	3	2	2	
	电压互感器$^{RZL-10}_{REL-10}$	3	3	2	2	
	电压熔断器（XRNPO）	3	3	3	3	3
	接地开关（EK6/JN15-12）					
	避雷器 HY5WZ-17/45					
用途		计量+左联	计量+右联	进线+计量	进线+计量	所用变
备注						

表 4 - 10 - 4（续）

方案号		066	067	068
一次线路图		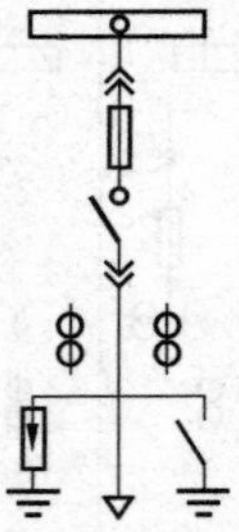	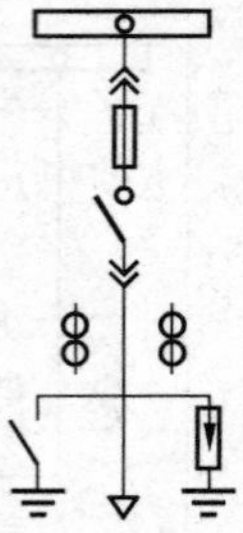	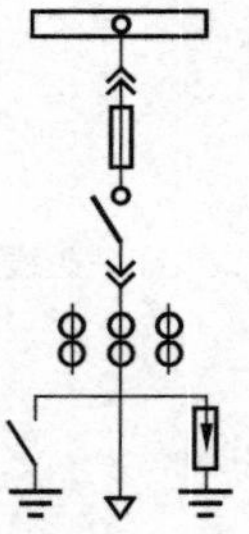
额定电流/A		630 ~ 3150		
一次主要电器元件	真空接触器（V7/SZC）	1	1	1
	电流互感器（LZZBJ9）		2	3
	电压熔断器（WFNO）	3	3	3
	接地开关（EK6/JN15 - 12）	1	1	1
	避雷器 HY5WZ - 17/45	3	3	3
用途				
备注		柜宽 650 mm		

交流操作弹簧操动机构控制原理如图 4 - 10 - 1 所示。

6. 外形及安装尺寸

KYN28 型户内真空移开式高压开关柜的外形如图 4 - 10 - 2 所示，KYN28 - 12 开关柜安装基础如图 4 - 10 - 3 所示。

（二）N_2S 环保型气体绝缘金属封闭高压开关柜

1. 概述

N_2S/N_2X 型充气开关柜，采用非 SF_6 气体的绝缘技术，并将气体绝缘的优异性能和真空开断技术的优点相融合。该设备集合计算机控制、电力系统信号传感、高压复合绝缘、气密性箱体激光焊接和氦气全自动检漏等控制和制造技术于一体，具有环境适应性强、占地面积小、高可靠、免维护等优点，适用于中压电网系统的变配电站、大型工矿企业、地铁、轻轨等多种场合。

N_2S 型开关柜符合《3.6 ~ 40.5 kV 交流金属封闭开关设备和控制设备》（GB 3906—2006）、GB/T 11022—2000《高压开关设备和控制设备标准的共用技术要求》（GB/T 11022—2011）、DL/T403—2000《12 ~ 40.5 kV 户内高压真空断路器订货技术条件》（DL/T 403—2000）、DL/T593—2006《高压开关设备和控制设备的共用技术要求》等国家和行业标准。

开关柜主回路分为母线室气箱和断路器室气箱两大部分。整体为上、下布置，断路器气箱在上，母线室气箱在下。母线气箱包括母线和隔离开关，断路器室气箱包括断路器、CT、PT。高压部件密封在气箱内，不与外界接触。每个气箱各自具有独立的压力释放装

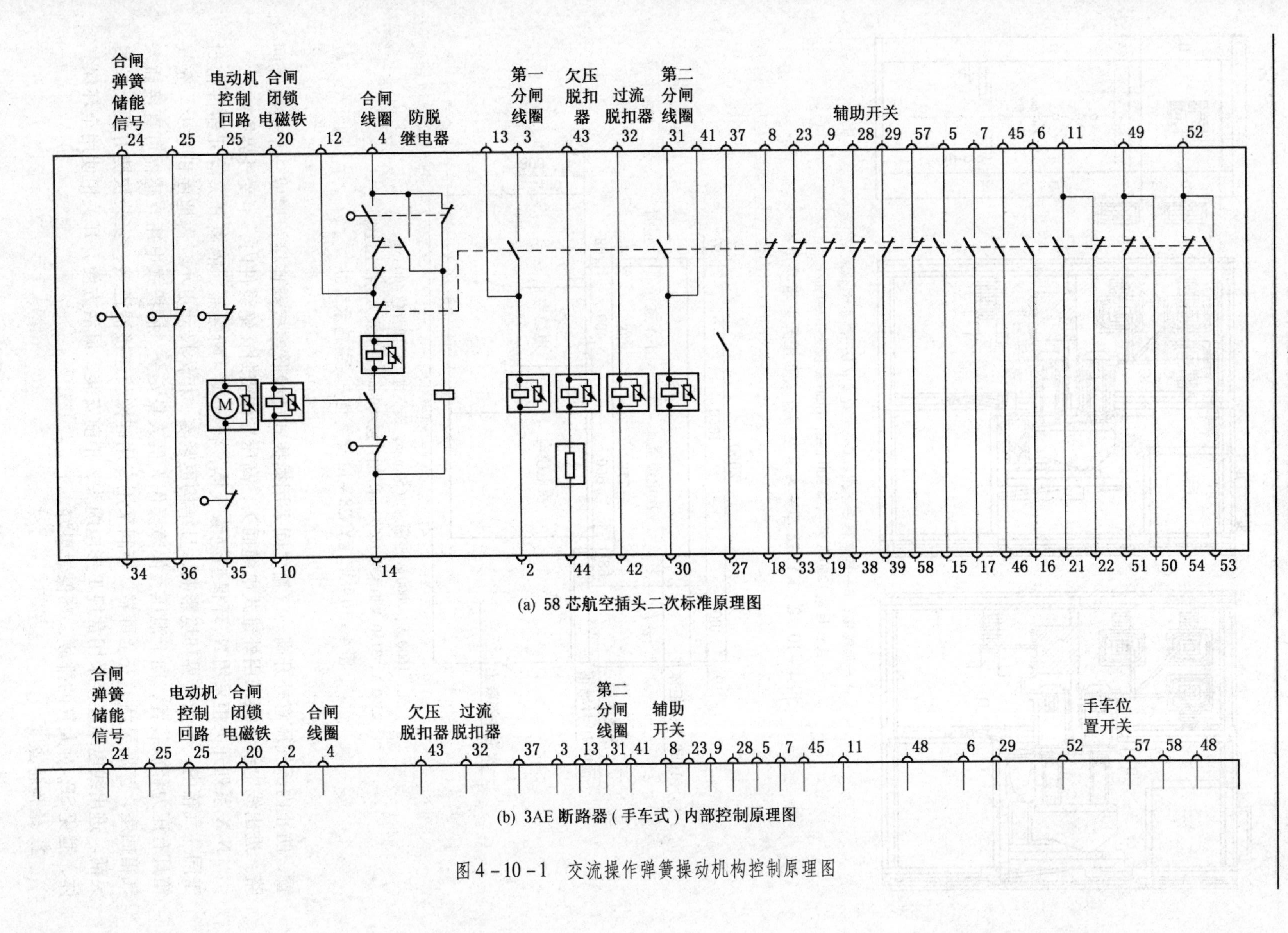

(a) 58 芯航空插头二次标准原理图

(b) 3AE 断路器（手车式）内部控制原理图

图 4-10-1 交流操作弹簧操动机构控制原理图

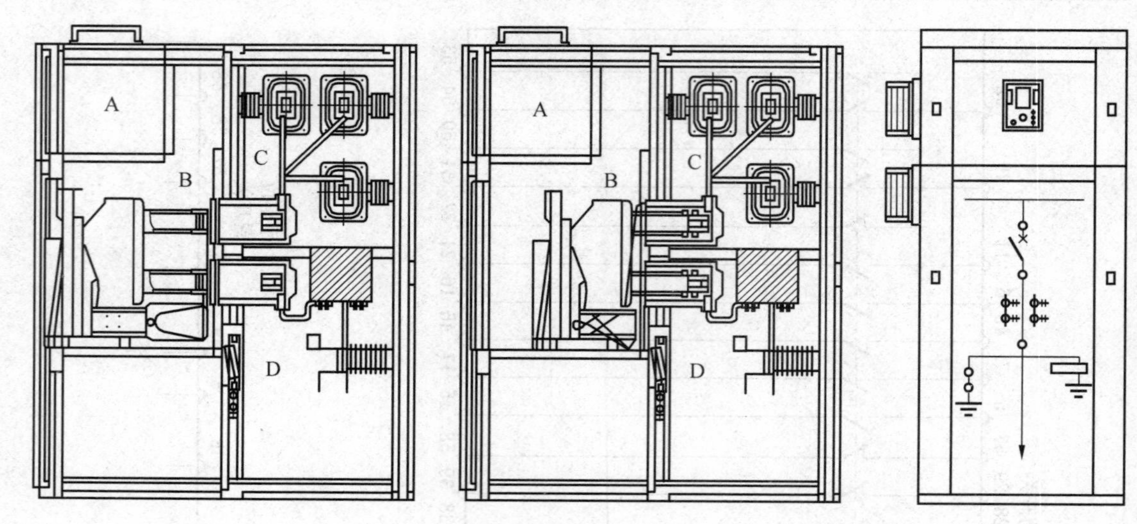

A—母线室；B—断路器手车室；C—电缆室；D—继电器仪表室

注：柜宽 1250 A 及以下 800 mm，1250 A 以上 1000 mm

图 4－10－2　KYN28 型户内真空移开式高压开关柜外形图

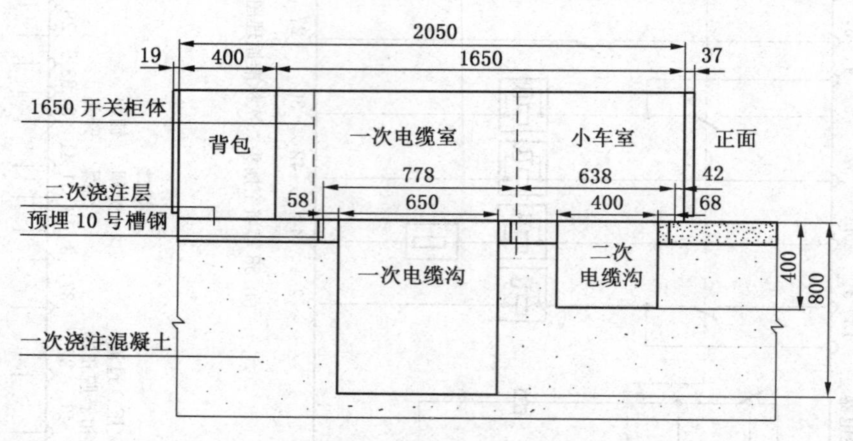

注：1600 A、2000 A 柜深为 1650 mm，架空进出线加背包 400 mm；

2500 A、3150 A 柜深为 1650 mm，加背包 400 mm 进出线为铜排上进线

图 4－10－3　KYN28－12 开关柜安装基础示意图

置，防止内部气压意外升高。气箱之间采用插拔式硅橡胶连接器连接，形成一个进出线回路。进出线电缆连接采用外锥式电缆插头，高压导体密封在绝缘件内，不受外界影响。

N_2X 系列开关柜采用 N_2 环保型绝缘气体，将母线、断路器、隔离开关等元器件密封于同一气箱内，不受外界环境影响，且结构更紧凑，柜体尺寸更小，占地面积更少。充气箱具有压力释放装置，向上泄压，保障操作人员人身安全。插拔式电压互感器可直接插入气箱插座，扩展灵活，安全可靠。柜间采用专用硅橡胶连接器连接，安装快捷方便，扩展灵活。进出线电缆连接采用常规 T 形电缆头，柜前安装，灵活方便。开关柜使用全环保气体，避免 SF_6 对大气的排放，环保效果好。

2. 结构特点

开关柜柜体宽仅500 mm，相对于目前中压电网使用得较多的空气绝缘开关柜，减少占地面积50%以上。

N_2S开关柜一次回路可以实现真正免维护。高压回路采用气体密封，不受外界环境的影响，如凝露、污秽、小动物及化学物质等。在我国，一般开关柜因受外界环境影响而造成绝缘故障的占相当大的比例，根据电力部对“九五”期间全国高压断路器事故统计，6～10 kV级绝缘故障最多，占58.82%，而且主要发生在开关柜内。

充气柜采用真空断路器，机械寿命可达30000次，开断最大可到40 kA，提高了设备的性能和高可靠性。

充气柜采用模块化双气箱结构，将母线气箱和断路器气箱分开，增加运行的安全性和灵活性。单路出线的更换和检修不会影响其他线路的运行。

气箱箱体采用世界上最先进的三维五轴激光焊接机焊接加工并通过最先进的氦气检漏设备作泄漏测试。箱体美观，气密性好，保证年泄漏率小于0.1%。

本开关柜操作安全方便，断路器和隔离开关同时具备手动和电动操作功能。断路器和隔离开关之间有可靠的机械联锁，符合“五防联锁”的要求。

采用硅橡胶连接器作为母线连接，直接插拔式安装，并且还配有专门安装支架，在工厂将临近的两台柜体或三台提前装配好，简化了现场安装工作。

气箱内的元器件包括CT、PT、电缆接头、母线连接器、绝缘支座等全部采用高品质元件。

采用数字式继电器和传感器件实现开关设备的控制、保护、测量、通信的智能化。

3. 适用工作条件

（1）周围环境温度：上限40 ℃；下限-25 ℃。

（2）海拔高度：不超过1000 m，高于1000 m需咨询公司设计部门。

（3）大气环境：周围环境空气不受腐蚀性或可燃性气体、灰尘的严重污染。

（4）要超过GB 3906或IEC62271—2000和说明书规定的正常使用条件时，请与制造厂家的技术部门联系。

4. 主要技术参数

（1）主要技术参数见表4-10-5。

表4-10-5　N_2S环保型气体绝缘金属封闭高压开关柜主要技术参数

序号	项目		参数（IEC/GB）		
1	额定电压/kV		12	24	40.5
2	1 min 工频耐压/kV	对地及相间	28/42	50	95
		一次隔离断口间	32/48	60	118
3	额定雷电冲击电压/kV	对地及相间	75	125	185
		一次隔离断口间	85	145	215
4	额定频率/Hz		50、60		
5	额定电流/A		630、800、1250、1600、2000、2500		
6	开合单个/背对背电容器电流/A		630/400	400/400	400/400
7	额定短路开断电流/kA		25/31.5/40	20/25/31.5	20/25/31.5

表 4-10-5（续）

序　号	项　　目		参数（IEC/GB）		
8	额定短路关合电流（峰值）/kA		63/80/100	50/63/80	50/63/80
9	额定短时耐受电流时间/($kA \cdot s^{-1}$)		26/3、31.5/3、40/3	20/3、25/3、31.5/3	20/3、26/3、31.5/3
10	额定峰值耐受电流/kA		63/80/100	50/63/80	50/63/80
11	额定关合电容器组涌流/kA		20		
12	额定电缆充电开断电流/A		25	31.5	50
13	额定操作顺序		O-0.3 s-CO-3 min-CO		
14	额定充气压力（abs，20 ℃）/MPa		0.12		
15	报警压力（abs，20 ℃）/MPa		0.11		
16	最低工作气压（abs，20 ℃）/MPa		0.10		
17	年漏气率/%		<0.1		
18	防护等级	高压部件	IP65		
		低压部件	IP4X		
19	辅助回路额定电压/V		DC24，48，110，220　AC220		
20	辅助回路额定 1 min 工频耐压/kV		2		

注：绝缘试验在最小气压 0.1 MPa 或者 1 bar 条件下进行（abs，20 ℃）。

（2）主电路方案编号见表 4-10-6。

表 4-10-6　N_2S 环保型气体绝缘金属封闭高压开关柜主电路方案编号

方　案　号		1	2	3*	4*	5	6	7*
一次接线方案		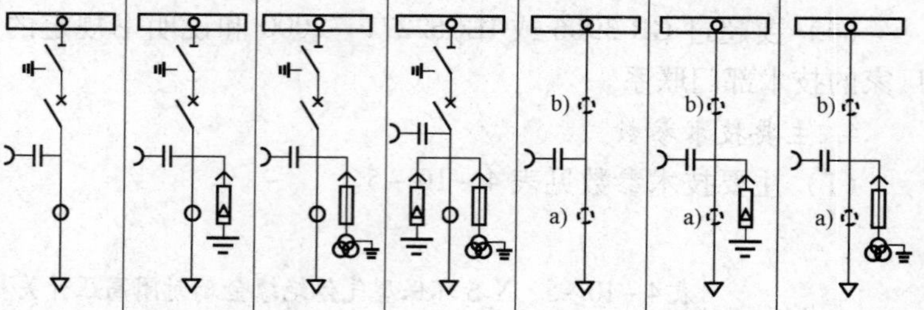				b)　a)	b)　a)	b)　a)
真空断路器 VEG		1	1	1	1			
三工位开关 IST		1	1	1	1			
电流互感器	KSOH（电缆穿芯式）	3	3	3	3	a) 可选 3	a) 可选 3	a) 可选 3
	GIS12L（支柱式）					b) 可选 3	b) 可选 3	b) 可选 3
电压互感器 GBEA（内锥插拔式）				3	3			3
高压熔断器 EFEN（PT 内置）				3	3			3
带电显示		有	有	有	有	有	有	有
避雷器	3EH2（内锥插拔式）		3		3		3	
	CJBKP（外锥插入式）							
备　注		电缆进出线柜				母线提升柜		

表4-10-6（续）

方　案　号		8*	9	10	11*	12*	13	14
一次接线方案		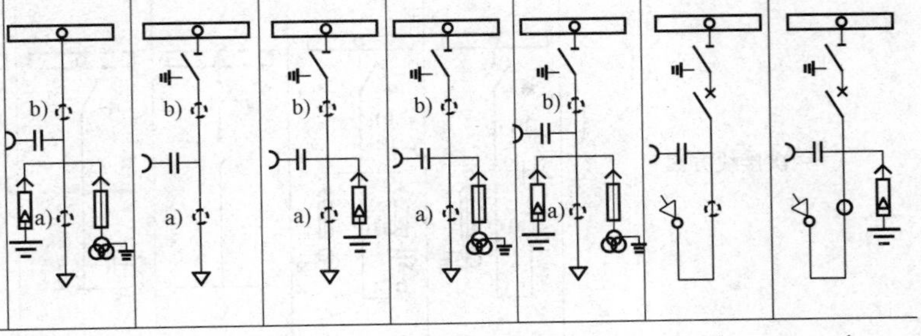						
真空断路器 VEG							1	1
二工位开关 IST			1	1	1	1	1	1
电流互感器	KSOH（电缆穿芯式）	a）可选 3	a）可选 3	a）可选 3	a）可选 3	a）可选 3	3	3
	GIS12L（支柱式）	b）可选 3	b）可选 3	b）可选 3	b）可选 3	b）可选	3	
电压互感器 GBEA（内锥插拔式）		3			3	3		
高压熔断器 EFEN（PT 内置）		3			3	3		
带电显示		有	有	有	有	有	有	有
避雷器	3EH2（内锥插拔式）	3		3		3		3
	CJBKP（外锥插入式）							
备　注		母线提升柜			隔离提升柜		架空电缆进出线柜	

方　案　号		15*	16	17	18*	19*	20	21
一次接线方案		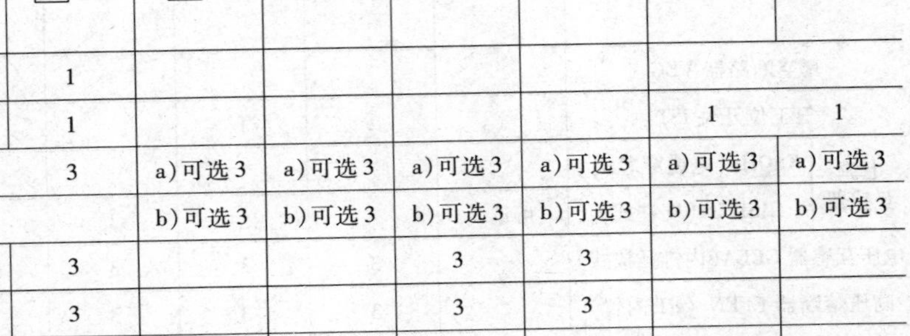						
真空断路器 VEG		1						
三工位开关 IST		1					1	1
电流互感器	KSOH（电缆穿芯式）	3	a）可选 3	a）可选 3	a）可选 3	a）可选 3	a）可选 3	a）可选 3
	GIS12L（支柱式）		b）可选 3	b）可选 3	b）可选 3	b）可选 3	b）可选 3	b）可选 3
电压互感器 GBEA（内锥插拔式）		3			3	3		
高压熔断器 EFEN（PT 内置）		3			3	3		
带电显示		有	有	有	有	有	有	有
避雷器	3EH2（内锥插拔式）			3		3		3
	CJBKP（外锥插入式）							
备　注		架空电缆进出线柜		架空电缆进出线提升柜			架空电缆隔离提升柜	

表 4-10-6（续）

方案号		22*	23*	24	25	26	27	28*
一次接线方案		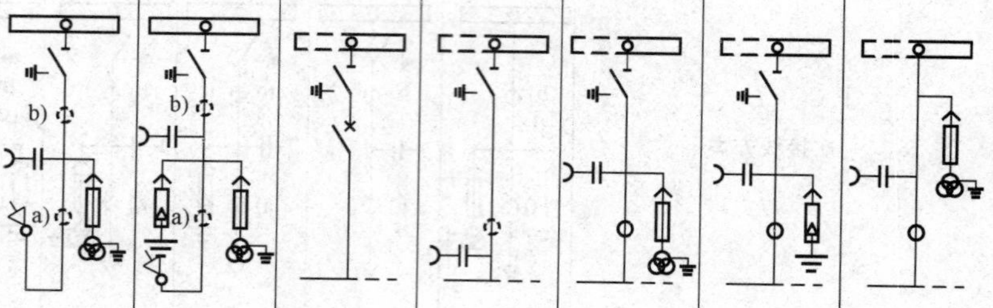						
真空断路器 VEG				1				
三工位开关 IST		1	1	1	1	1	1	
电流互感器	KSOH（电缆穿芯式）	a）可选 3	a）可选 3					
	GIS12L（支柱式）	b）可选 3	b）可选 3		可选 3	可选 3	可选 3	可选 3
电压互感器 GBEA（内锥插拔式）		3	3			3		3
高压熔断器 EFEN（PT 内置）		3	3			3		3
带电显示		有	有		有	有	有	有
避雷器	3EH2（内锥插拔式）		3				3	
	CJBKP（外锥插入式）							
备注		架空电缆隔离提升柜		分段断路器柜		分段隔离柜		母联提升柜

方案号		29	30	31	32	33	34**	35**
一次接线方案		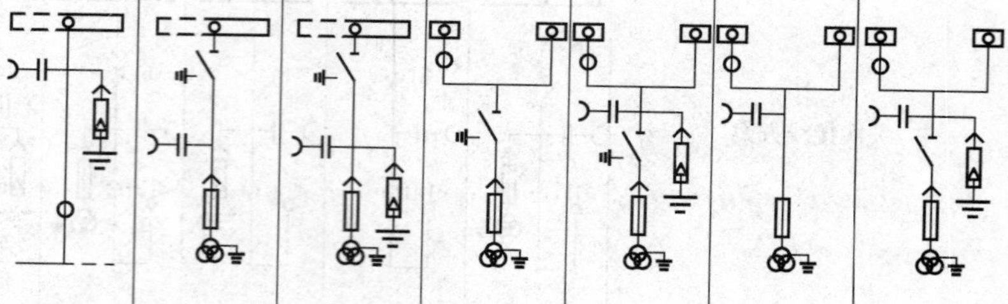						
真空断路器 VEG								
三工位开关 IST			1	1				
电流互感器	KSOH（电缆穿芯式）							
	GIS12L（支柱式）	可选 3			3	3	供电局要求	供电局要求
电压互感器 GBEA（内锥插拔式）			3	3	3	3	供电局要求	供电局要求
高压熔断器 EFEN（PT 内置）			3	3	3	3	XRNP3	XRNP3
带电显示		有	有	有		有	有	有
避雷器	3EH2（内锥插拔式）	3		3		3		
	CJBKP（外锥插入式）							HYSWS3
备注		母联提升柜	电压测量柜	电压测量＋避雷器柜		充气式计量柜		空气式计量柜

表 4－10－6（续）

方案号		36**		37**		38**	
一次接线方案							
真空断路器 VEG							
三工位开关 IST				ISARC1－03		ISARC1－03	
电流互感器	KSOH（电缆穿芯式）						
	GIS12L（支柱式）	供电局要求		供电局要求		供电局要求	
电压互感器 GBEA（内锥插拔式）		供电局要求		供电局要求		供电局要求	
高压熔断器 EFEN（PT 内置）		XRNP	3	XRNP	3	XRNP	3
带电显示		有		有		有	
避雷器	3EH2（内锥插拔式）						
	CJBKP（外锥插入式）					HYSWS	3
备注		空气式计量柜					

注：* PT 可加装隔离刀。

** 柜宽 a 为 800 mm。

图中所有元器件型号应以实际工程中所用元器件型号为准。

（3）N_2S 型高压开关柜的主电路方案应用示例如图 4－10－4 所示。

5. 外形及安装尺寸

N_2S 型高压开关柜的外形结构示意图如图 4－10－5 所示，基础框架如图 4－10－6 所示，平面布置如图 4－10－7 所示，开关柜安装的电缆夹层形式如图4－10－8 所示，开关柜安装的电缆沟形式如图 4－10－9 所示。

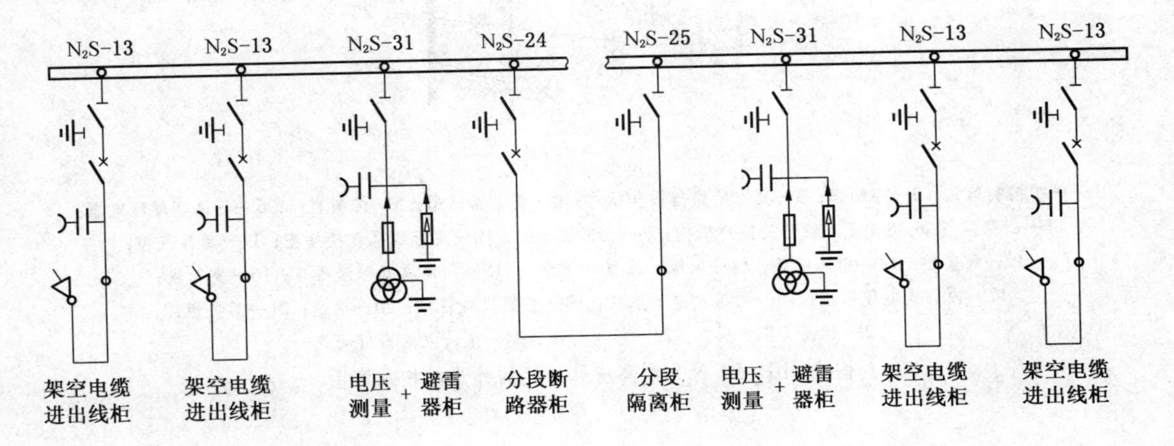

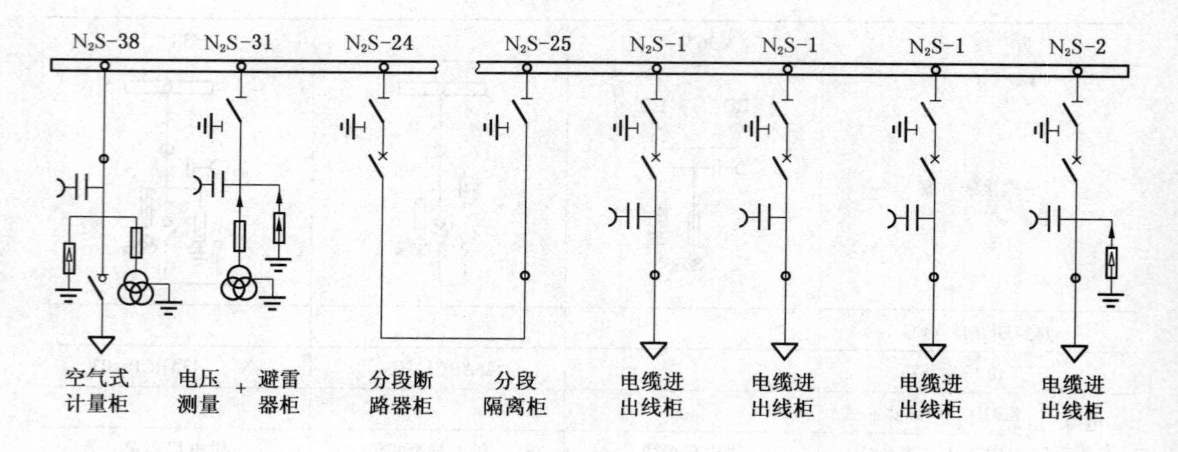

图 4-10-4　N_2S 型高压开关柜主电路方案应用示例

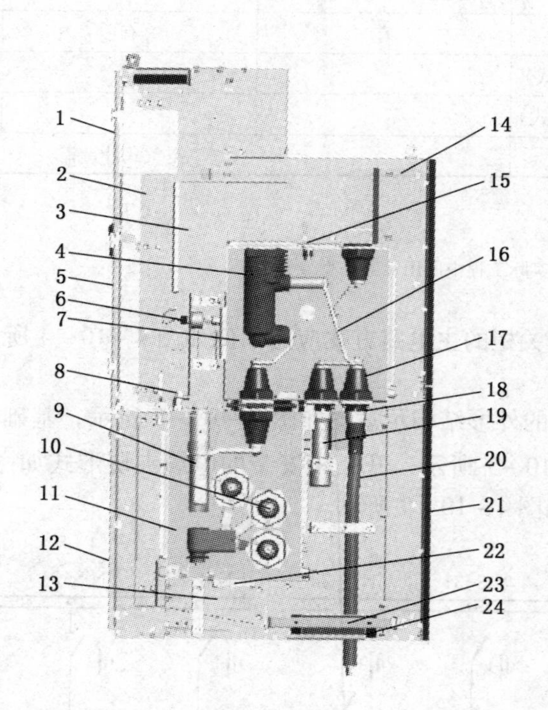

1—保护控制单元；2—控制室；3—真空断路器操作机构；4—真空断路器；5—控制室门；6—气体密度继电器；7—断路器气箱；8—三工位开关操作机构；9—三工位开关；10—主母线及连接插座；11—母线气箱；12—前盖板；13—柜体框架；14—电压互感器（可选）；15—断路器气箱泄压口；16—支母线；17—内锥式电缆插座；18—内锥式电缆插头；19—插拔式避雷器；20—电缆；21—后盖板；22—母线气箱泄压口；23—接地母线；24—电流互感器（可选）

图 4-10-5　N_2S 型高压开关柜的外形结构示意图

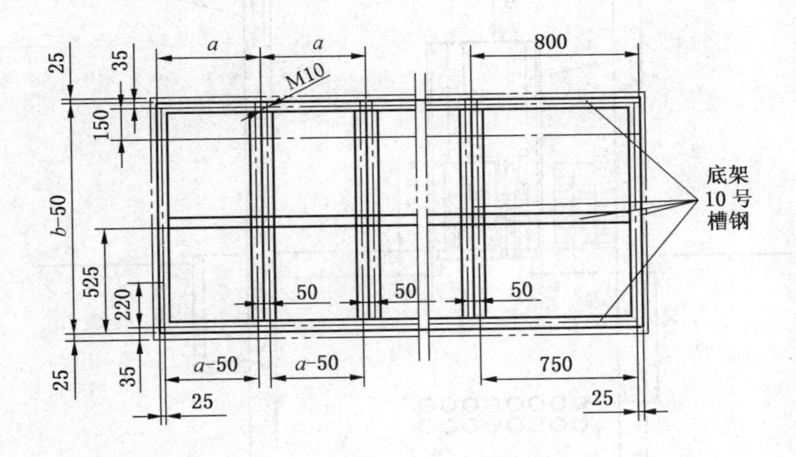

图4-10-6　N_2S型高压开关柜的基础框架图

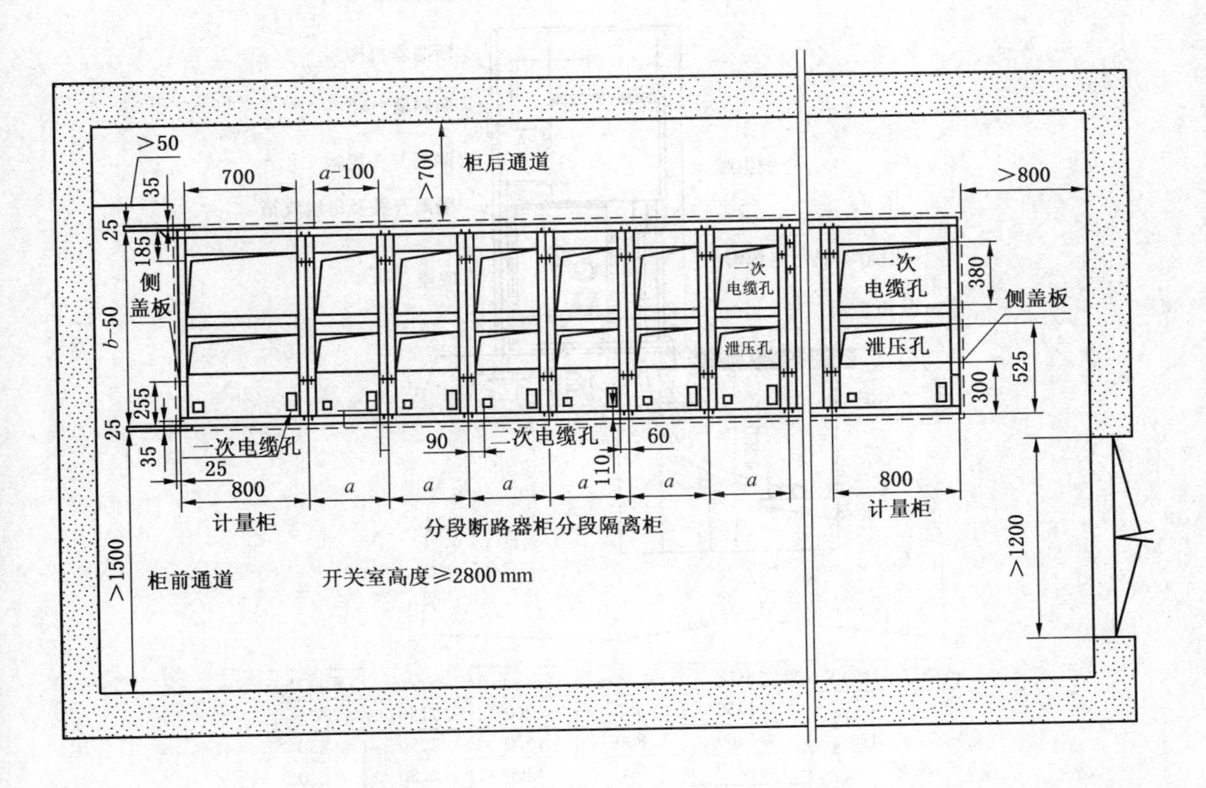

图4-10-7　N_2S型高压开关柜的平面布置图

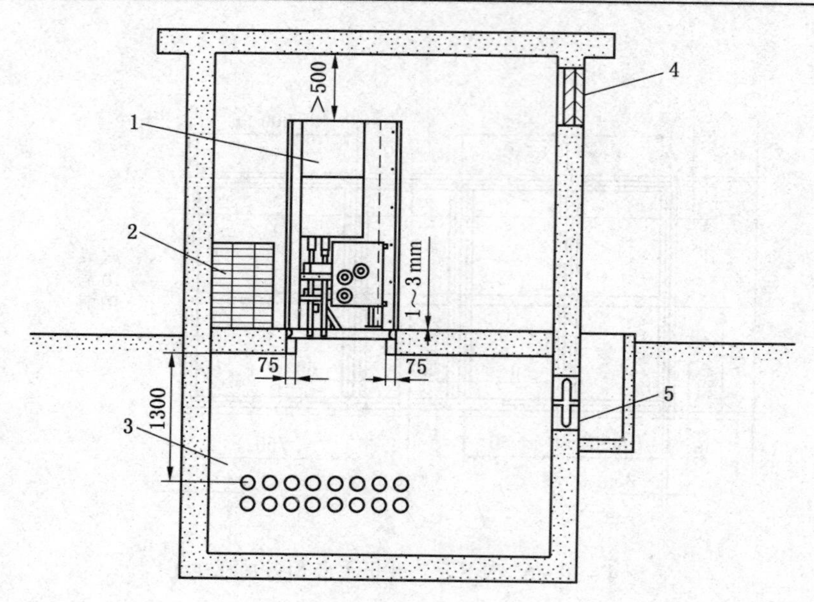

1—N_2S/N_2X 开关柜；2—下通风口；3—电缆夹层；4—上通风口；5—电缆夹层通风口

图 4-10-8　N_2S 型高压开关柜安装的电缆夹层形式

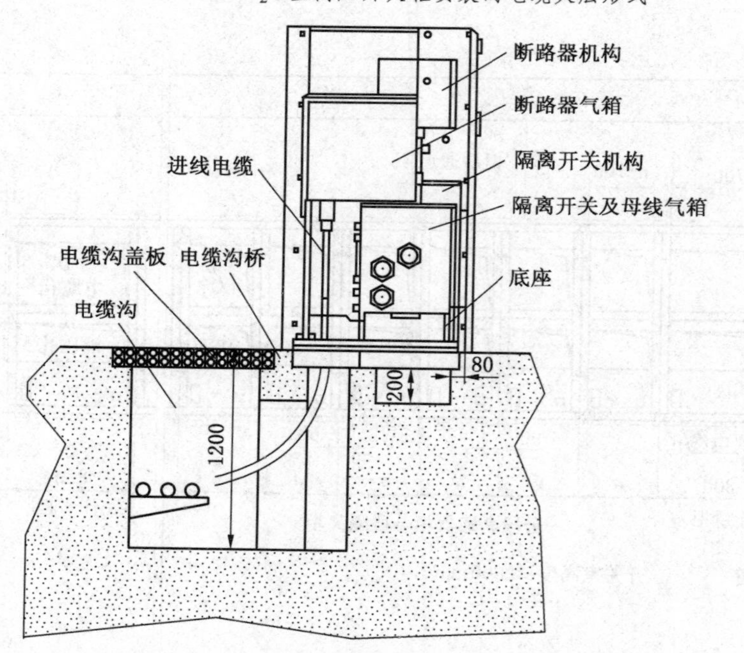

额定电压/kV		额定电流/A	宽/mm	深/mm	高/mm	质量/kg
N_2S 开关柜	12	≤1250	500	1200	2250	630
		≥1600	800	1500	2250	980
	24	≤1250	500	1200	2250	630
		≥1600	800	1500	2250	980
	40.5	≤1250	600	1500	2400	880
		≥1600	800	1600	2500	1100

图 4-10-9　N_2S 型高压开关柜的电缆沟形式

二、35 kV 级高压开关柜

(一) XGTI 型真空断路器户内固定式高压开关柜

1. 用途

XGTI 型真空断路器户内固定式高压开关柜，适用于交流 50 Hz、额定工作电压 35 kV、额定工作电流 1250 A 的电力系统中，作为各种行业区域或地区总电站接受和分配电能的保护成套配电设备使用。

2. 型号意义

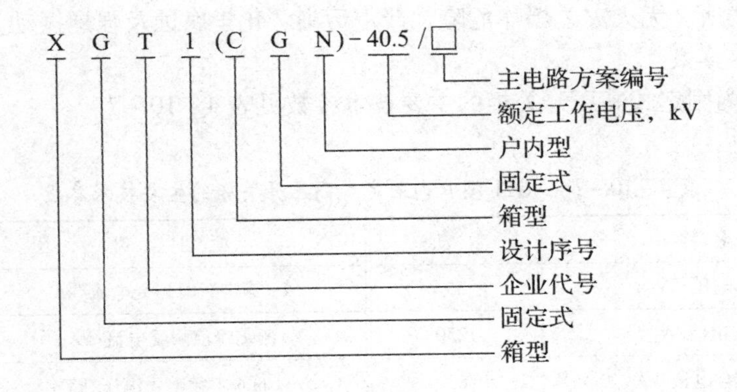

3. 结构特点

开关设备为金属封闭式结构。柜体骨架采用型钢及钢板弯制焊接而成，分为前柜与后柜两部分，柜内又分为主开关室、母线室、电缆室、仪表室。

上开关室在前柜的正前方下部，断路器采用悬挂式断路器，操动机构置于前柜正面左下方，属暗装方式，断路器接线端子可以直接（或通过互感器）与上、下隔离开关相连接，断路器室还可以通过释压盖板释放压力。

母线室在后柜上方，它与电缆室被金属隔板隔开，可以有效地防止事故扩大。

电缆室在后柜下方，电缆可以直接挂在与下隔离出线端子相连接的连接排上，并有装有监视装置的绝缘子支持。对于主接线为联络方案时，本室则联络母线室，过电压吸收装置设在电缆室内。

仪表室在前柜的正上方，里面有足够的空间装设二次元件。

断路器室和电缆室内装有照明灯。

柜体前下方设有一与柜宽方向平行的接地铜母线，其截面面积不小于 5 mm × 40 mm。

为了防止带负荷分合隔离开关，防止误分、误合断路器，防止进入带电间隔等，采用了相应的机械联锁：

送电操作：将门关好后锁定，将小手柄从检修位置扳到分断闭锁位置，此时门应被锁定，断路器不能合闸。将操作手柄按指定方向位置插入隔离开关操作孔内，沿顺时针方向旋转。依次操动下（上）接地开关到分闸位置，下隔离开关到合闸位置，上隔离开关到合闸位置，然后拔出操作手柄，这时可将小手柄扳到工作位置，亦可将断路器合闸，完成送电操作。

停电操作：先将断路器分断，再将小手柄扳到分断闭锁位置，这时断路器不能合闸，将操作手柄插入隔离开关操作孔内，沿逆时针方向旋转。依次操动上隔离开关到分闸位置，下隔离开关到分闸位置，上（下）接地开关到合闸位置。然后拔出手柄，将小手柄旋转到检修位置，方可打开门，停电操作完毕。

4. 适用工作条件

（1）安装地点的海拔高度：≤1000 m。

（2）周围环境温度：最高 +40 ℃，最低 −10 ℃。

（3）相对湿度：周围温度为 +25 ℃时，月平均相对湿度不超过 90%，日平均相对湿度不超过 95%。

（4）安装场所：无火灾、爆炸危险、严重污染、化学腐蚀及强烈振动。

5. 主要技术参数

XGT1 型户内固定式高压开关柜的主要技术参数见表 4－10－7。

表 4－10－7　XGT1 型户内固定式高压开关柜的主要技术参数

项目名称	数值	项目名称	数值
额定工作电压/kV	35	4 s 额定短时耐受电流/kA	25
额定工作电流/A	1250	额定峰值耐受电流/kA	63
额定短路关合电流/kA	63	1 min 工频耐受电压/kV	95
额定短路开断电流/kA	25	雷电冲击耐受电压/kV	185

XGT1 型户内固定式高压开关柜的主电路方案编号见表 4－10－8。

表 4－10－8　XGT1 型户内固定式高压开关柜的主电路方案编号

主电路方案编号		XGT1－01	XGT1－02	XGT1－03	XGT1－04	XGT1－05
主电路方案		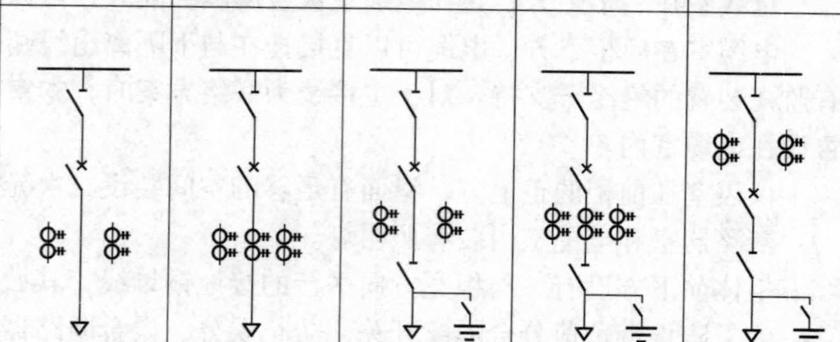				
用途		电缆进出线				
主电路主要电器设备	真空断路器 VT6－40.5	1	1	1	1	1
	隔离开关 GN□－40.5	1	1	1	1	1
	隔离开关 GN□－40.5D			1	1	1
	电流互感器 LCZ－35	2	3	2	3	2

表4-10-8（续）

主电路方案编号		XGT1-06	XGT1-07	XGT1-08	XGT1-09	XGT1-10
主电路方案		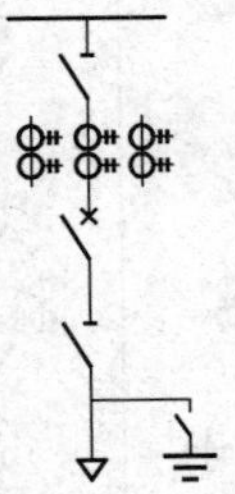	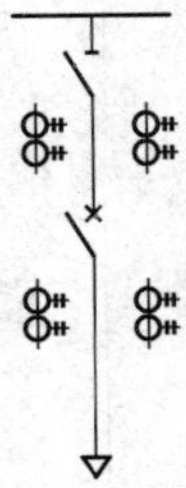	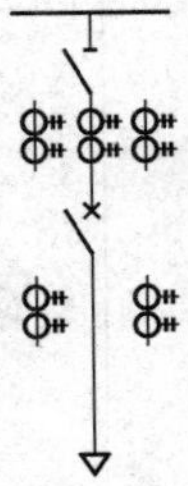	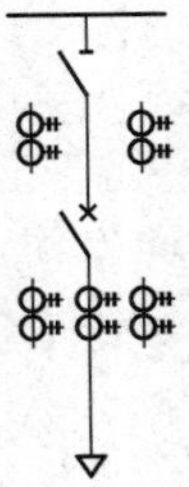	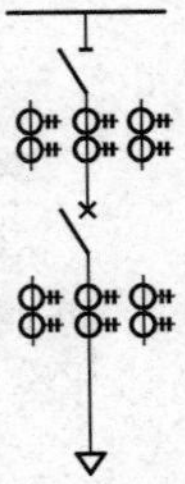
用途		电缆进出线				
主电路主要电器设备	真空断路器 VT6-40.5	1	1	1	1	1
	隔离开关 GN□-40.5	1	1	1	1	1
	隔离开关 GN□-40.5D	1				
	电流互感器 LCZ-35	3	4	5	5	6

主电路方案编号		XGT1-11	XGT1-12	XGT1-13	XGT1-14	XGT1-15
主电路方案		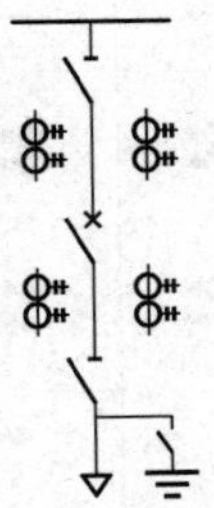	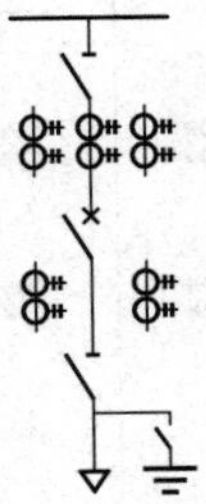	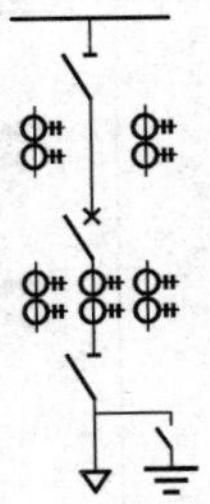	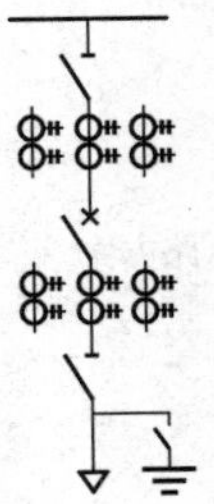	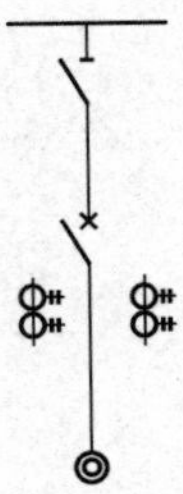
用途		电缆进出线				
主电路主要电器设备	真空断路器 VT6-40.5	1	1	1	1	1
	隔离开关 GN□-40.5	1	1	1	1	1
	隔离开关 GN□-40.5D	1	1	1	1	
	电流互感器 LCZ-35	4	5	5	6	2

表4-10-8（续）

主电路方案编号		XGT1-16	XGT1-17	XGT1-18	XGT1-19	XGT1-20
主电路方案		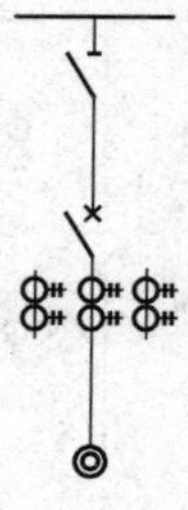	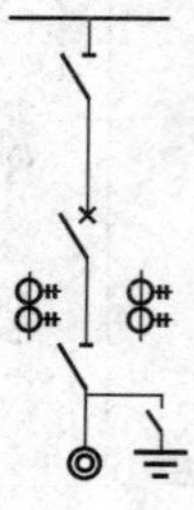	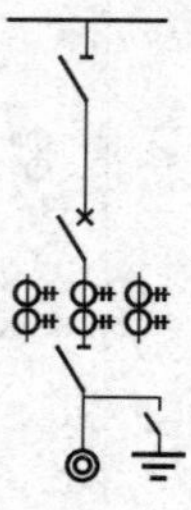	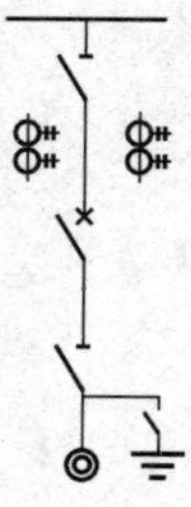	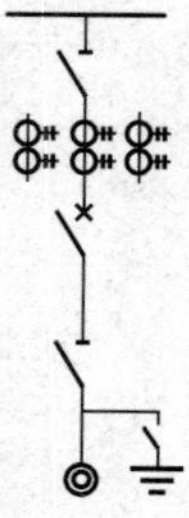
用途		架空进出线				
主电路主要电器设备	真空断路器 VT6-40.5	1	1	1	1	1
	隔离开关 GN□-40.5	1	1	1	1	1
	隔离开关 GN□-40.5D		1	1	1	1
	电流互感器 LCZ-35	3	2	3	2	3
主电路方案编号		XGT1-21	XGT1-22	XGT1-23	XGT1-24	XGT1-25
主电路方案		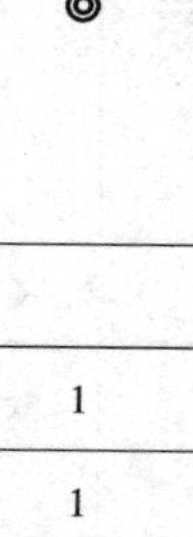	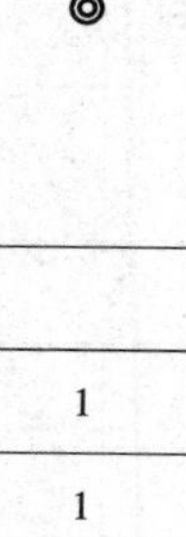	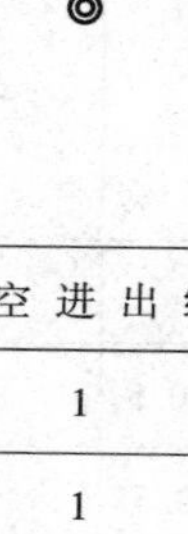	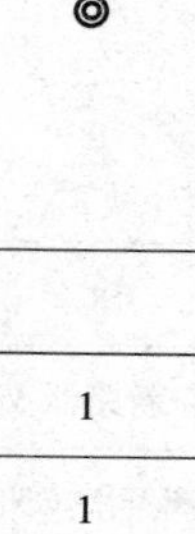	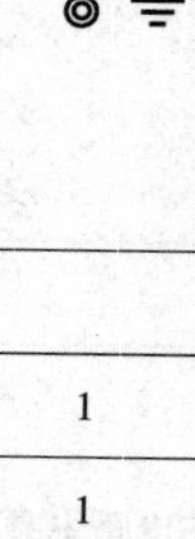
用途		架空进出线				
主电路主要电器设备	真空断路器 VT6-40.5	1	1	1	1	1
	隔离开关 GN□-40.5	1	1	1	1	1
	隔离开关 GN□-40.5D					1
	电流互感器 LCZ-35	4	5	5	6	4

表4-10-8（续）

主电路方案编号		XGT1-26	XGT1-27	XGT1-28	XGT1-29
主电路方案		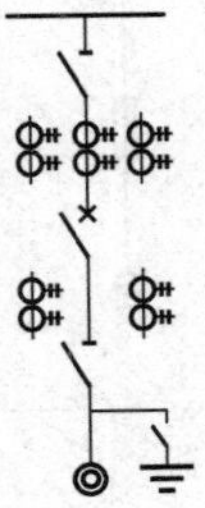	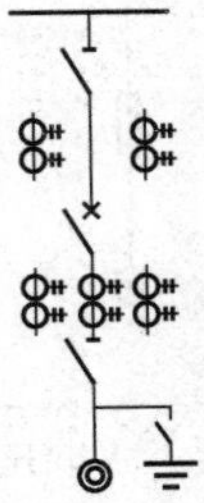	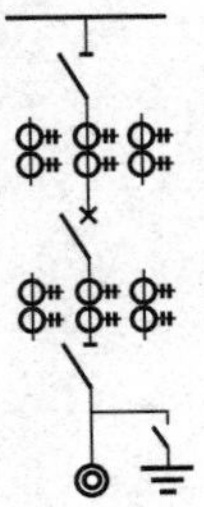	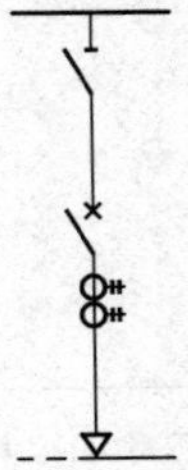
用　途		架空进出线			联络
主电路主要电器设备	真空断路器 VT6-40.5	1	1	1	1
	隔离开关 GN□-40.5	1	1	1	1
	隔离开关 GN□-40.5D	1	1	1	
	电流互感器 LCZ-35	5	5	6	1

主电路方案编号		XGT1-30	XGT1-31	XGT1-32	XGT1-33
主电路方案		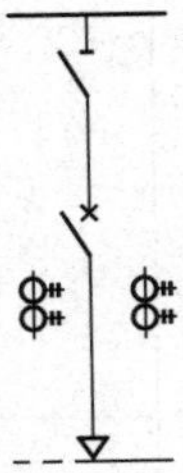	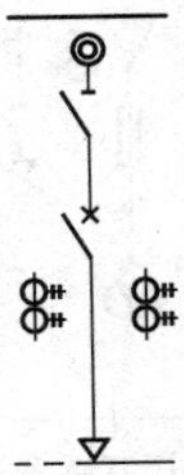	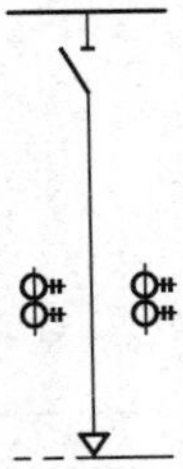	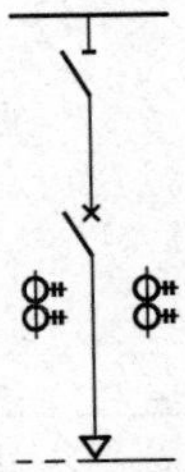
用　途		联络	架空兼联络	联络	电缆进出线
主电路主要电器设备	真空断路器 VT6-40.5	1	1	1	1
	隔离开关 GN□-40.5	1	1	1	1
	隔离开关 GN□-40.5D				
	电流互感器 LCZ-35	2	2	2	2

表 4-10-8（续）

主电路方案编号		XGT1-34	XGT1-35	XGT1-36	XGT1-37
主电路方案			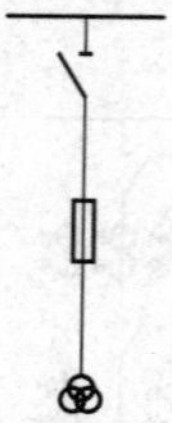	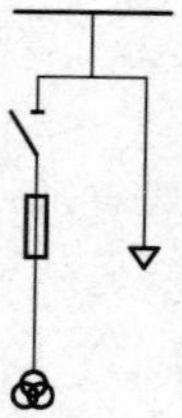	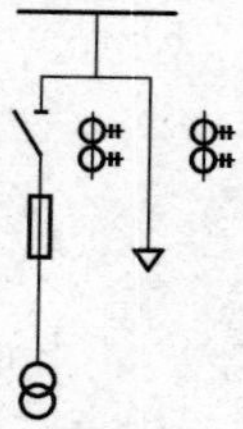
用 途		电压互感器		电压互感器兼出线	
主电路主要电器设备	真空断路器 VT6-40.5				
	隔离开关 GN□-40.5	1	1	1	
	隔离开关 GN□-40.5D				1
	电流互感器 LCZ-35				2
	电压互感器 JDJJ2-35	2	3	2	
	熔断器 RN2-35	3	3	3	3
	电压互感器 JDZJ2-35				2

主电路方案编号		XGT1-38	XGT1-39	XGT1-40
主电路方案		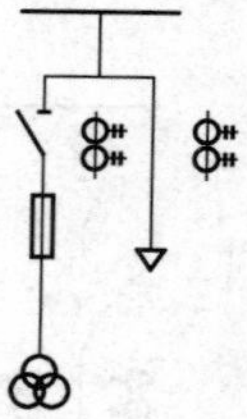	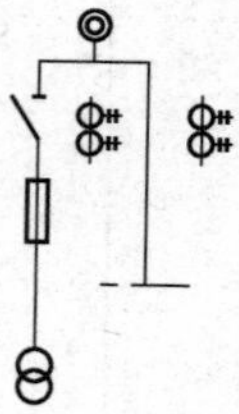	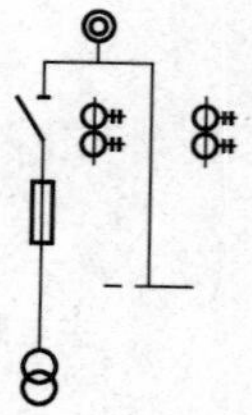
用 途		电压互感器兼出线	电压互感器兼架空兼联络	
主电路主要电器设备	真空断路器 VT6-40.5			
	隔离开关 GN□-40.5	1	1	1
	隔离开关 GN□-40.5D			
	电流互感器 LCZ-35	2	2	2
	电压互感器 JDJJ2-35	3		3
	熔断器 RN2-35	3	3	3
	电压互感器 JDZJ2-35		2	

表 4-10-8（续）

主电路方案编号		XGT1-41	XGT1-42	XGT1-48	XGT1-43	XGT1-44
主电路方案						
用　途		避雷器	避雷器兼出线	避雷器兼联络	避雷器联络兼架空进出线	所用变压器
主电路主要电器设备	真空断路器 VT6-40.5					
	隔离开关 GN□-40.5	1	1	1	1	1
	隔离开关 GN□-40.5D					
	电流互感器 LCZ-35		2	2	2	
	避雷器 HY5WZ1-42/134	3	3	3	3	
	熔断器 RN2-35					3
	变压器 SC8-50/35					1

6. 外形及安装尺寸

开关设备电缆进出线外形及安装尺寸如图 4-10-10 所示。

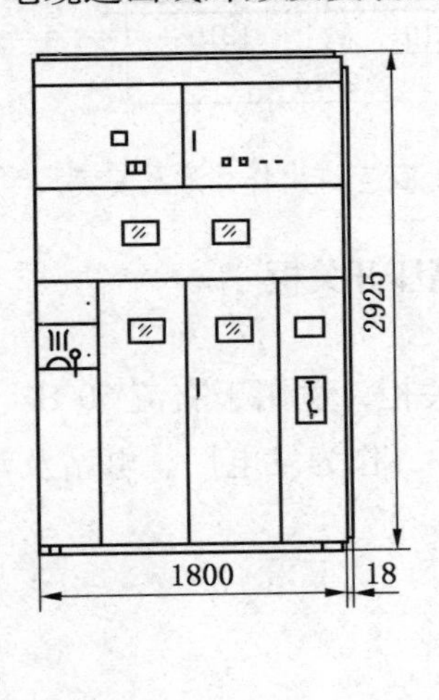

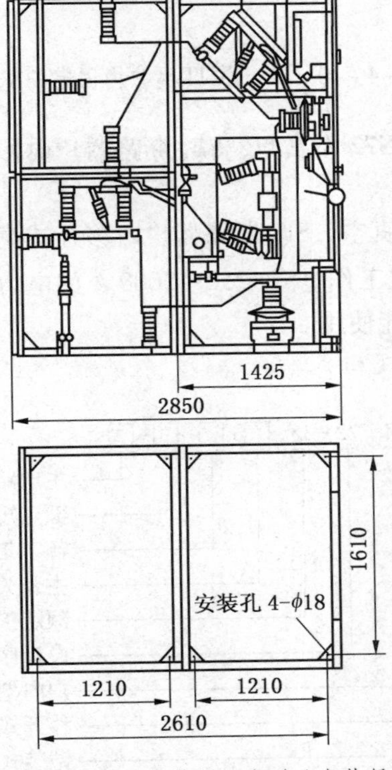

图 4-10-10　XGT1 型户内固定式高压开关柜电缆进出线外形及安装尺寸

开关设备架空进出线外形及安装尺寸如图 4－10－11 所示。

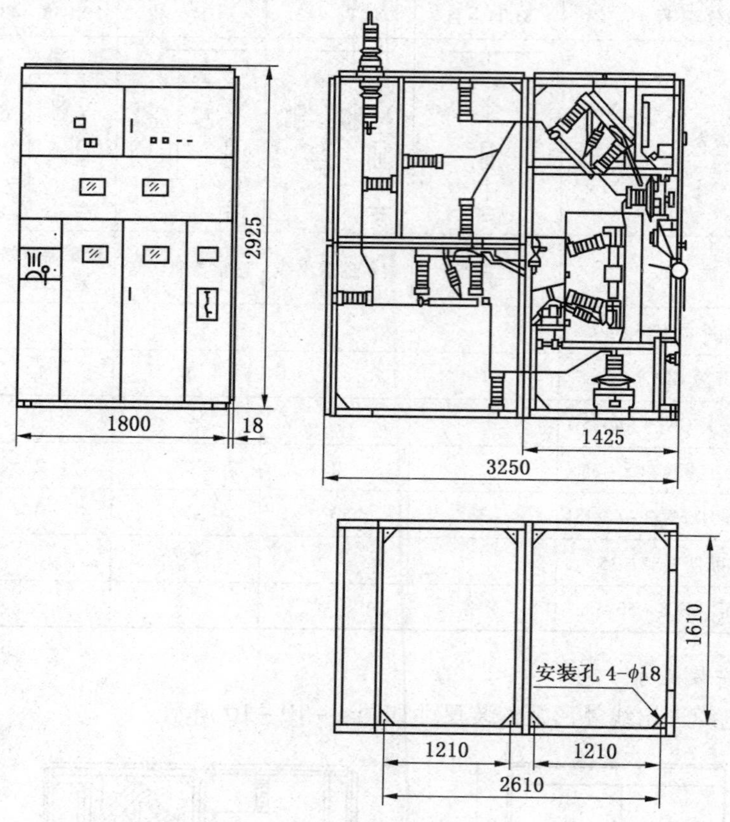

图 4－10－11　XGT1 型户内固定式高压开关柜架空进出线外形及安装尺寸

（二）KYN72 型真空、SF_6 断路器户内移开式高压开关柜

1. 用途

KYN72 型真空、SF_6 断路器户内移开式高压开关柜，适用于交流 50 Hz、额定工作电压 35 kV、额定工作电流 1250～3000 A 的电力系统中，作为发电厂、电站及其他电力设备接受和分配电能使用。

2. 型号意义

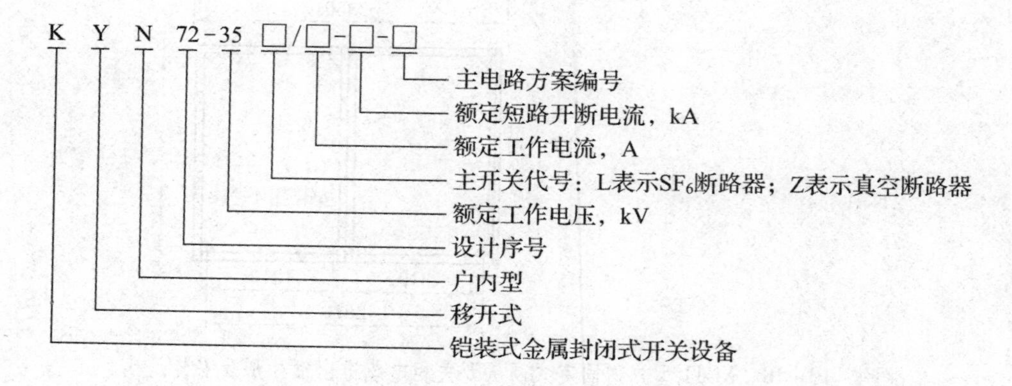

3. 结构特点

开关柜由柜体和可移开部件组成。柜体用覆铝锌板折弯成型，以铆钉铆接及螺栓与螺母连接，柜体无焊接。断路器室有与母线室及与电缆室相连的一次触头盒，触头盒前有金属板制成的活门。当断路器手车向工作位置推进时，活门自动打开，退至隔离、试验位置时，活门将自动关闭。上、下活门可以单独开启或关闭。断路器室底部装有滚珠丝杆、螺母摇进机构，一个人可以轻松摇进或摇出断路器手车。

母线室贯穿相邻的柜之间，由分支母线、纵向分隔板和母线套管支撑，主母线与分支母线的连接处罩有硅橡胶制成的绝缘罩。主母线与分支母线采用硫化处理，厚度大于3 mm。柜与柜之间的母线室通过母线套管及分隔板而实现互相隔离，从而限制相邻之间的内部故障电弧产生影响。

电缆室里可装设电流互感器、接地开关、电压互感器、避雷器。

仪表室可以根据不同的控制和保护要求安装各种二次元件，开关柜内的二次控制电缆通道均有金属板或金属管加以保护和屏蔽。

开关柜设有下述联锁装置：只有当断路器在分闸状态下，断路器手车才能从试验、隔离位置移向工作位置，或从工作位置移向试验、隔离位置，只有当断路器手车在试验、隔离位置时，接地开关才能合闸；当接地开关合闸时，手车不能从试验、隔离位置移向工作位置；当手车处于工作位置时，一、二次插头被锁定，不能拔出，只有二次插头拔出后，手车才能移出开关柜；只有当接地开关合闸时、才能打开开关柜的后门；只有断路器手车处于试验或工作位置，断路器才能合闸。

开关柜装有断路器手车、隔离手车、电压互感器手车及避雷器手车。手车上除装有推进机构、联锁机构外还装有识别装置，以保证相同规格手车能够互换。

4. 适用工作条件

（1）安装地点的海拔高度：≤1000 m。

（2）周围环境温度：最高不超过 +40 ℃，最低不能低于 -10 ℃。

（3）相对湿度：环境温度为 +25 ℃时，月平均相对湿度不超过 90%，日平均相对湿度不超过 90%。

（4）安装场所：无火灾、爆炸危险、严重污染、化学腐蚀及强烈振动。

5. 主要技术参数

KYN72 型移开式高压开关柜的主要技术参数见表 4-10-9，主电路方案编号见表 4-10-10。

表 4-10-9　KYN72 型移开式高压开关柜的主要技术参数

项　目	数　值	
额定工作电压/kV	35	
额定工作电流/A	1250、1600、2000、2500、3000	
额定短路开断电流/kA	25	31.5
额定短路关合电流/kA	63	80
额定短时耐受电流/kA	25	31.5
1 min 工频耐受电压/kV	95	
雷电冲击耐受电压/kV	185	

表4-10-10 KTN72型高压开关柜的主电路方案编号

主电路方案编号	KYN72-01	KYN72-02	KYN72-03	KYN72-04	KYN72-05	KYN72-06	KYN72-07	KYN72-08
主电路方案单线图	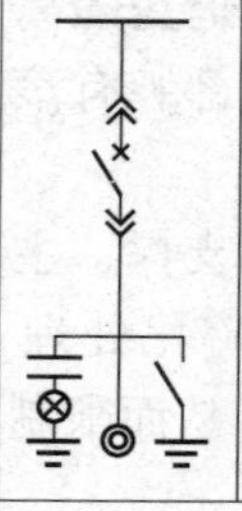	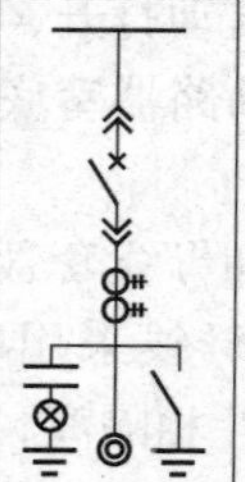	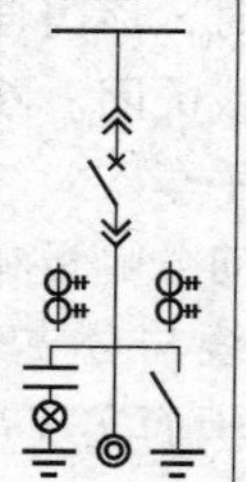	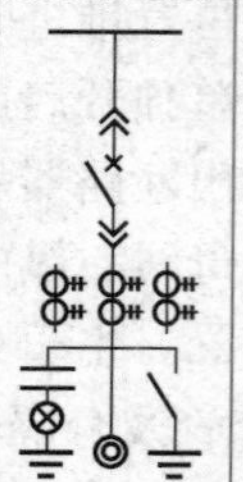	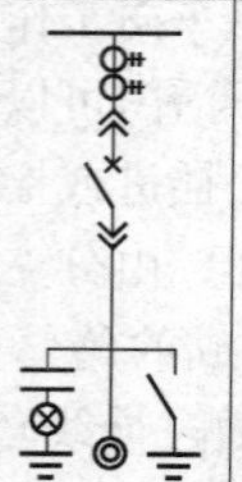	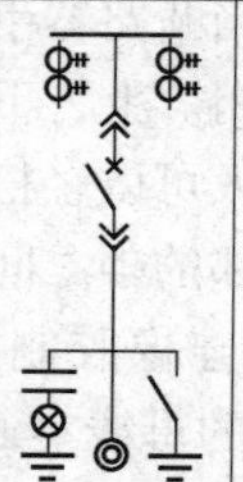	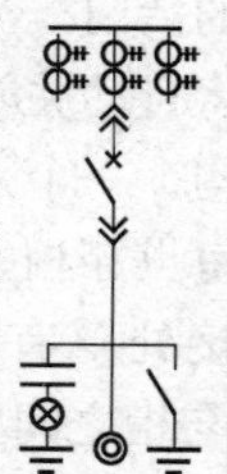	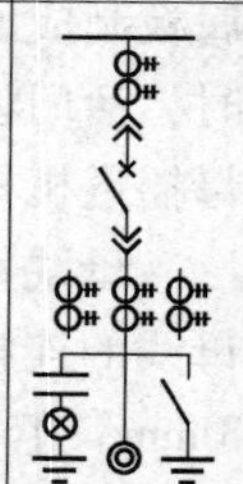
用途	架空进（出）线							
主电路方案编号	KYN72-09	KYN72-10	KYN72-11	KYN72-12	KYN72-13	KYN72-14	KYN72-15	KYN72-16
主电路方案单线图	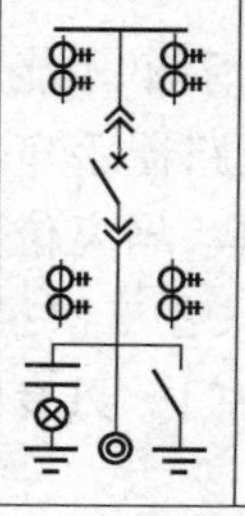	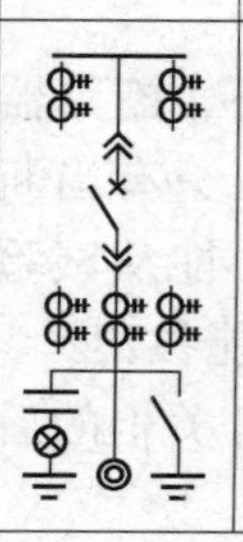	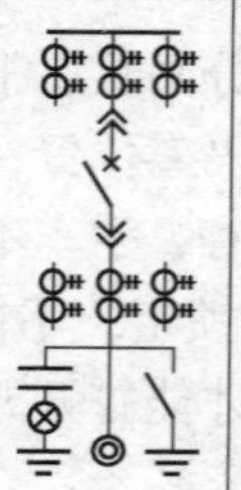	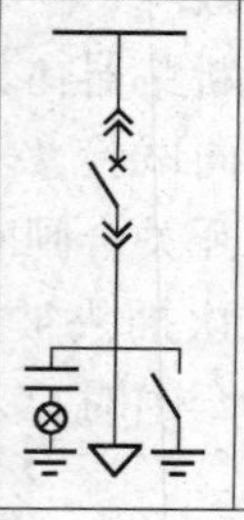	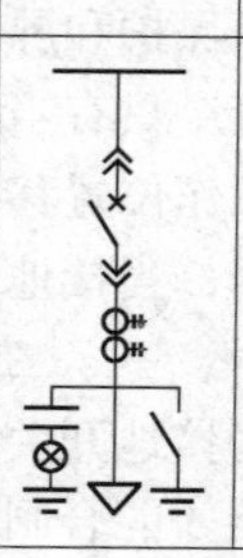	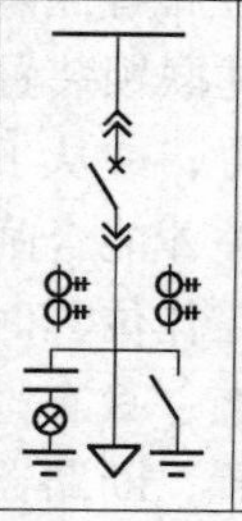	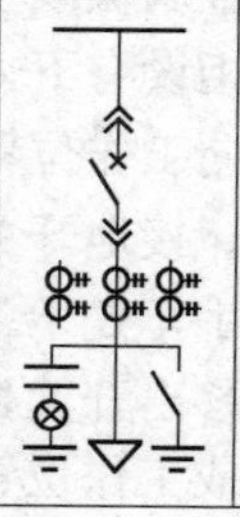	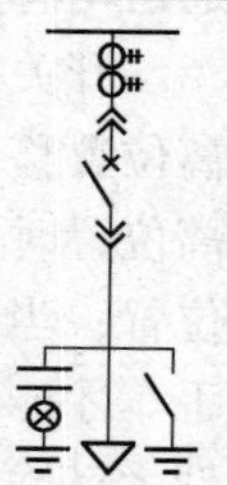
用途	架空进（出）线			电缆进（出）线				
主电路方案编号	KYN72-17	KYN72-18	KYN72-19	KYN72-20	KYN72-21	KYN72-22	KYN72-23	KYN72-24
主电路方案单线图	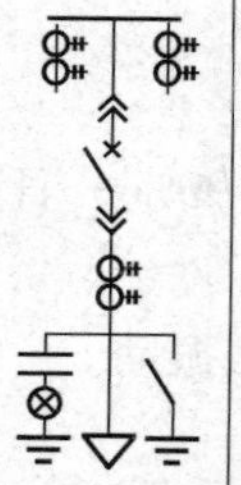	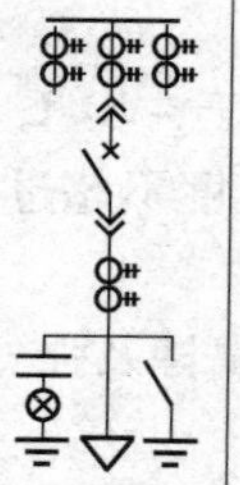	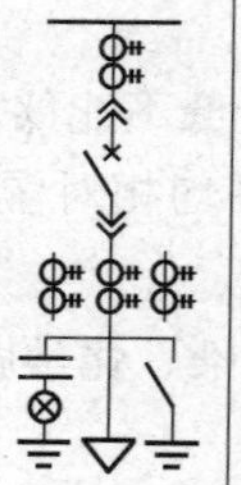	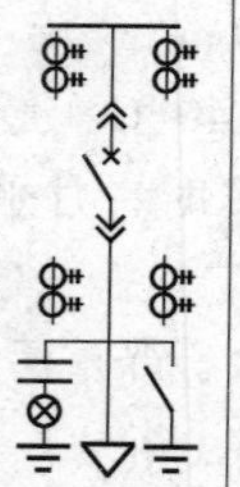	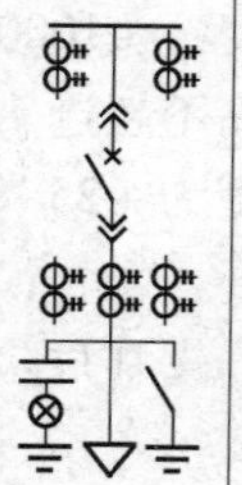	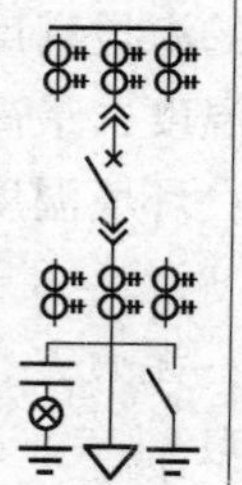	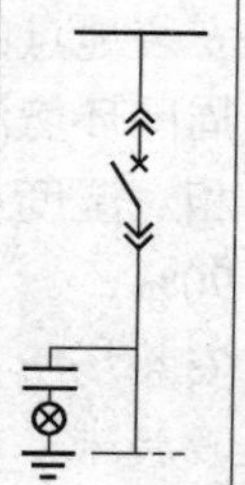	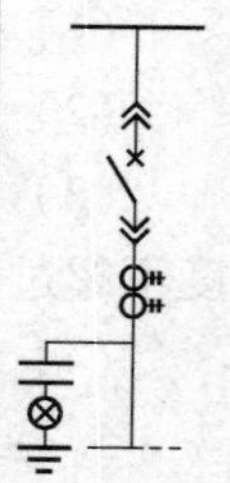
用途	电缆进（出）线						左（右）联络	
主电路方案编号	KYN72-25	KYN72-26	KYN72-27	KYN72-28	KYN72-29	KYN72-30	KYN72-31	KYN72-32
主电路方案单线图	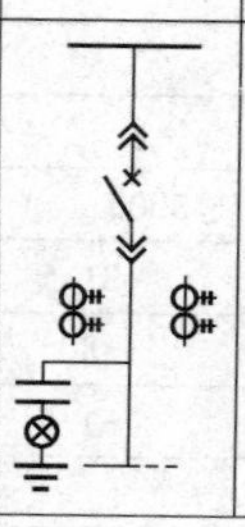	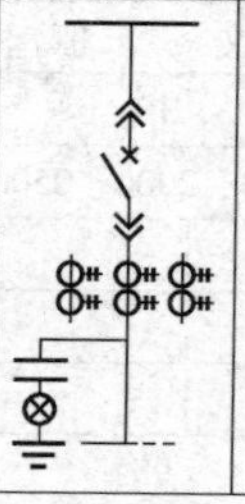	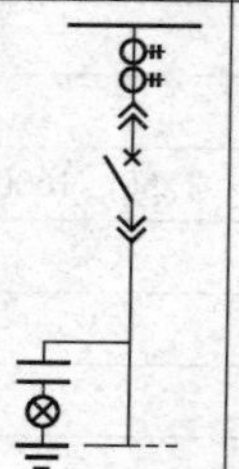	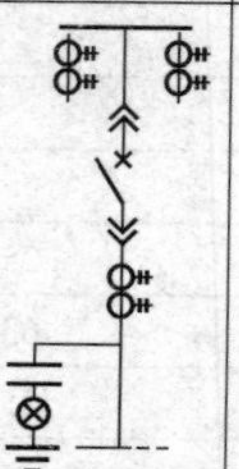	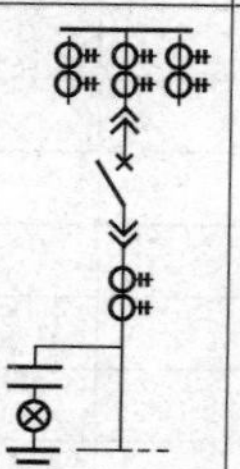	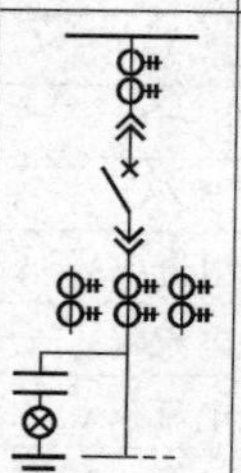	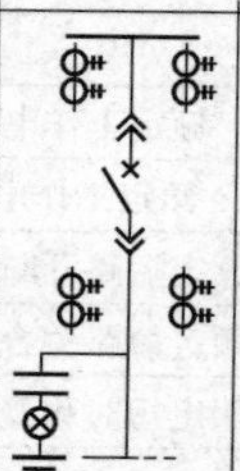	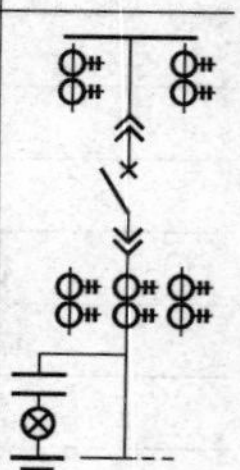
用途	左（右）联络							

表4-10-10（续）

主电路方案编号	KYN72-33	KYN72-34	KYN72-35	KYN72-36	KYN72-37	KYN72-38	KYN72-39	KYN72-40
主电路方案单线图	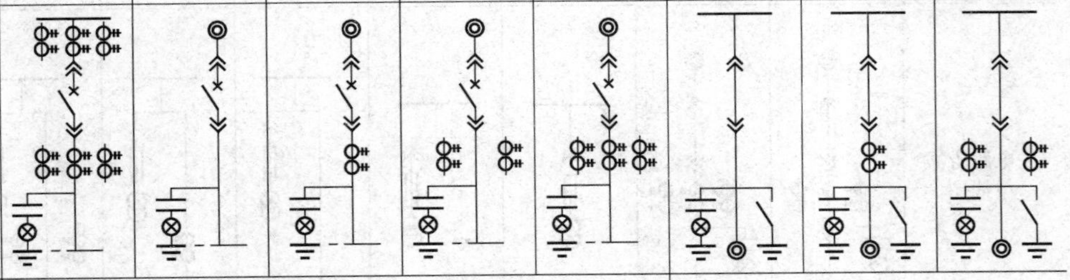							
用　途	架空进（出）线兼左（右）联络					架空进（出）线		
主电路方案编号	KYN72-41	KYN72-42	KYN72-43	KYN72-44	KYN72-45	KYN72-46	KYN72-47	KYN72-48
主电路方案单线图	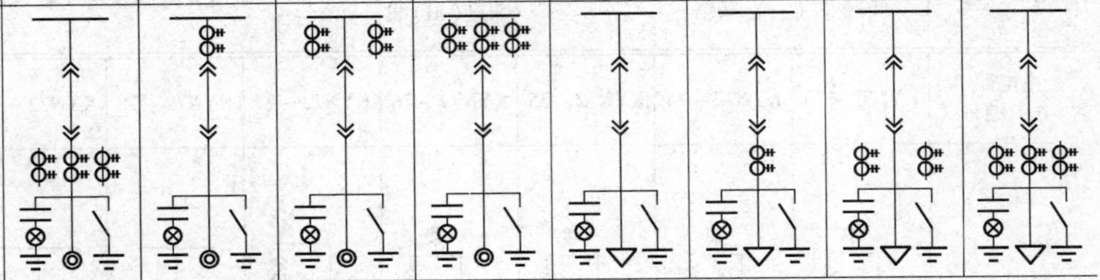							
用　途	架空进（出）线				电缆进（出）线			
主电路方案编号	KYN72-49	KYN72-50	KYN72-51	KYN72-52	KYN72-53	KYN72-54	KYN72-55	KYN72-56
主电路方案单线图	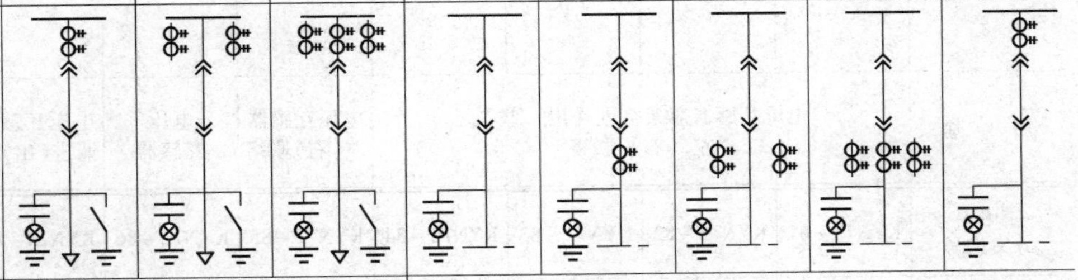							
用　途	电缆进（出）线			左（右）联络				
主电路方案编号	KYN72-57	KYN72-58	KYN72-59	KYN72-60	KYN72-61	KYN72-62	KYN72-63	KYN72-64
主电路方案单线图	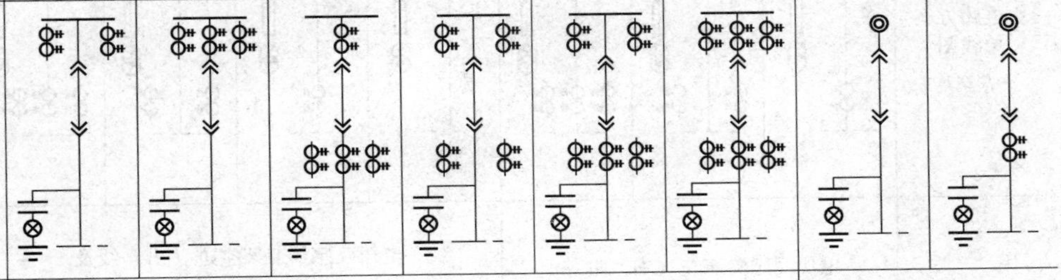							
用　途	左（右）联络						架空进（出）线兼左（右）联络	

表4-10-10（续）

主电路方案编号	KYN72-65	KYN72-66	KYN72-67	KYN72-68	KYN72-69	KYN72-70	KYN72-71	KYN72-72
主电路方案单线图	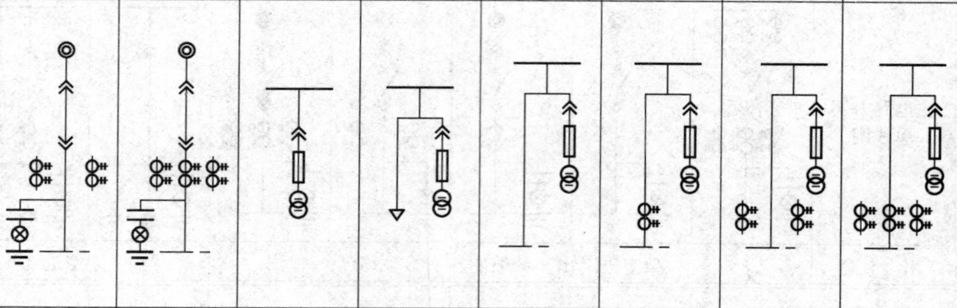							
用途	架空进（出）线兼左（右）联络		电压互感器	电压互感器兼进(出)线	电压互感器兼左（右）联络			
主电路方案编号	KYN72-73	KYN72-74	KYN72-75	KYN72-76	KYN72-77	KYN72-78	KYN72-79	KYN72-80
主电路方案单线图	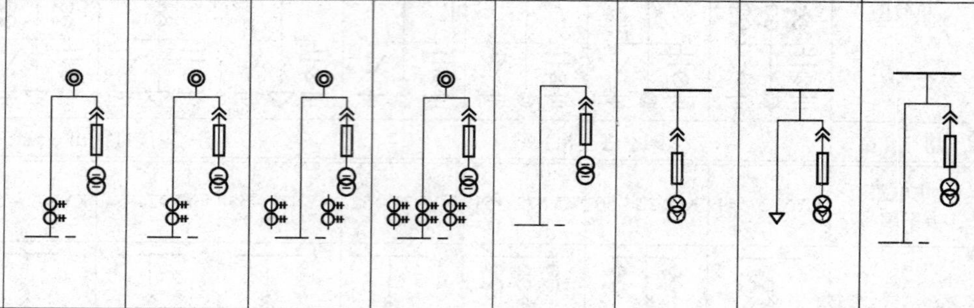							
用途	电压互感器兼架空进（出）线及左（右）联络				电压互感器左(右)联络	电压互感器	电压互感器兼进(出)线	电压互感器兼左(右)联络
主电路方案编号	KYN72-81	KYN72-82	KYN72-83	KYN72-84	KYN72-85	KYN72-86	KYN72-87	KYN72-88
主电路方案单线图	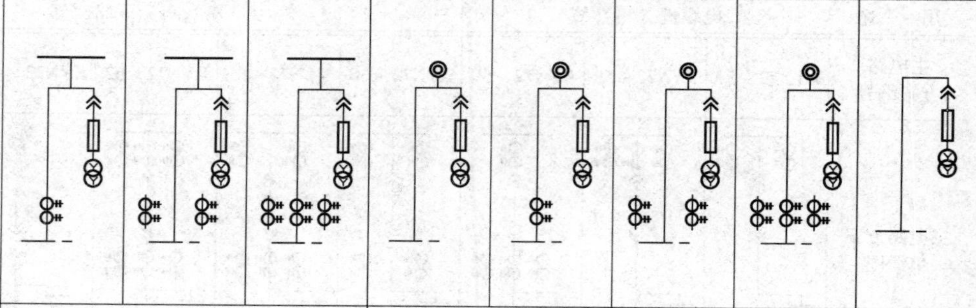							
用途	电压互感器兼左（右）联络			电压互感器兼架空进（出）线及左（右）联络				电压互感器兼左（右）联络

表4-10-10（续）

主电路方案编号	KYN72-89	KYN72-90	KYN72-91	KYN72-92	KYN72-93	KYN72-94	KYN72-95
主电路方案单线图		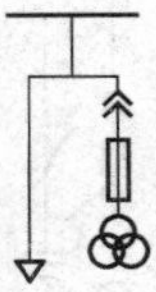	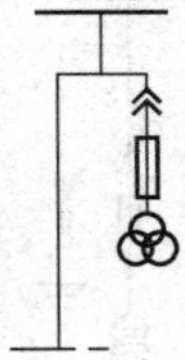	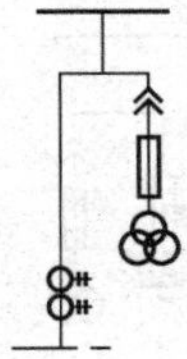	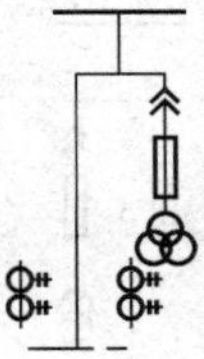	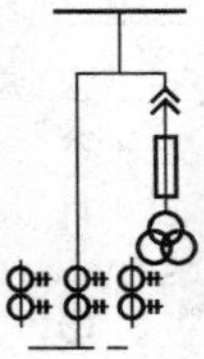	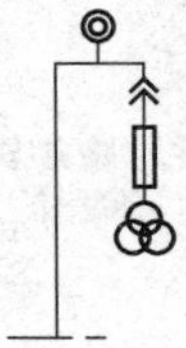
用　途	电压互感器	电压互感器兼进(出)线	电压互感器兼左（右）联络				电压互感器兼架空进(出)线及左(右)联络
主电路方案编号	KYN72-96	KYN72-97	KYN72-98	KYN72-99	KYN72-100	KYN72-101	KYN72-102
主电路方案单线图	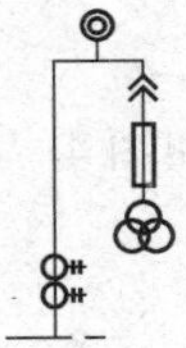	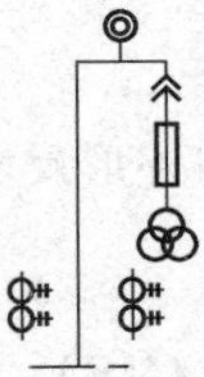	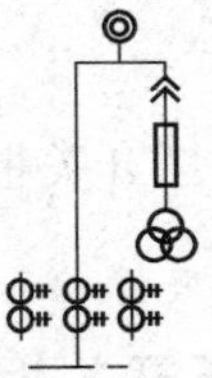	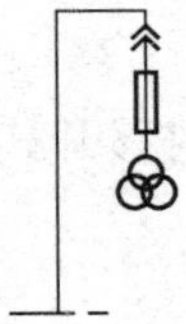	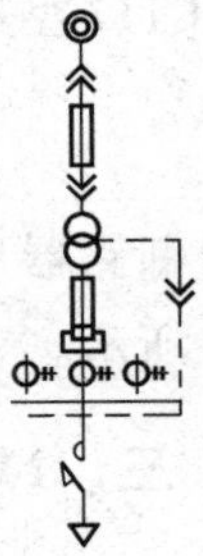	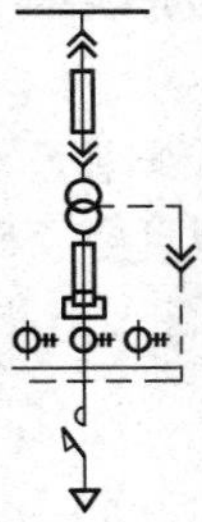	
用　途	电压互感器兼架空进(出)线及左(右)联络	电压互感器架空进(出)线及左(右)联络		电压互感器兼左(右)联络	站用变压器		避雷器
主电路方案编号	KYN72-103	KYN72-104	KYN72-105	KYN72-106	KYN72-107	KYN72-108	KYN72-109
主电路方案单线图	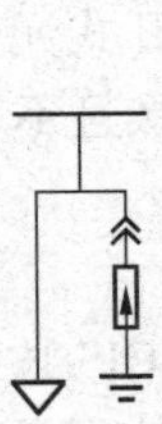	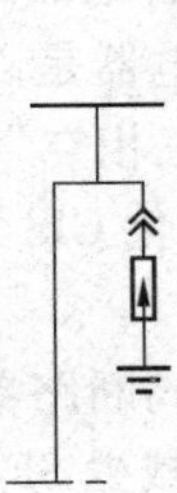	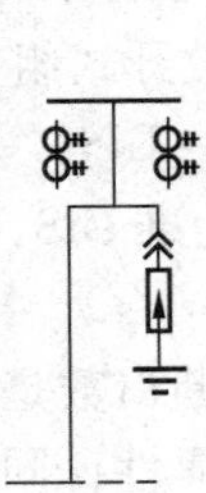	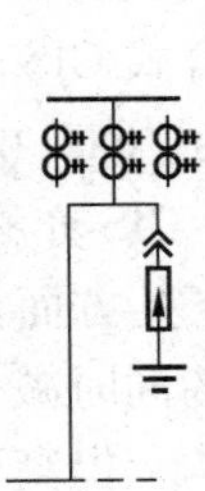	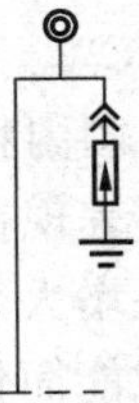	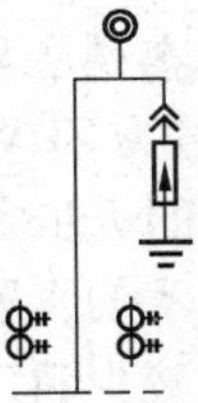	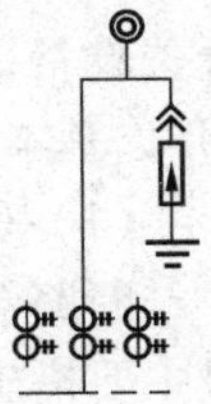
用　途	避雷器兼进(出)线	避雷器兼左(右)联络	避雷器兼左(右)联络		避雷器兼架空进(出)线及左(右)联络		

表 4-10-10（续）

主电路方案编号	KYN72-110	KYN72-111	KYN72-112	KYN72-113	KYN72-114	KYN72-115	KYN72-117
主电路方案单线图	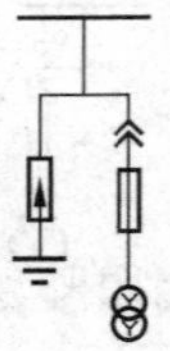	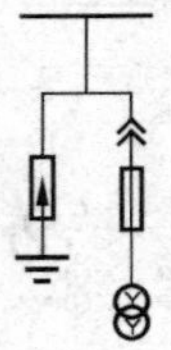	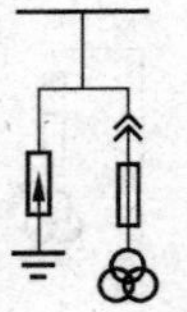		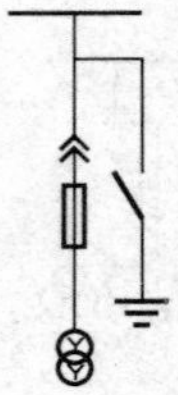	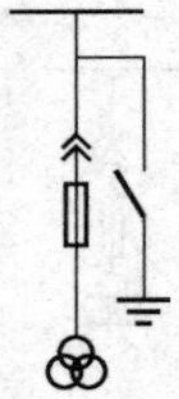	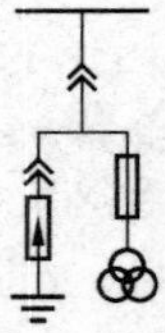
用　途	避雷器、电压互感器			电压互感器兼接地			避雷器、电压互感器

KYN72 型 LN_2A 系列 SF_6 断路器配 CT12 型操动机构户内移开式开关柜接线原理如图 4-10-12 所示。

ZN91 真空断路器配 CT12 型操动机构户内移开式开关柜接线原理如图 4-10-13 所示。

6. 外形及安装尺寸

KYN72 型真空、SF_6 断路器户内移开式高压开关柜的外形尺寸如图 4-10-14 所示，安装尺寸如图 4-10-15 所示。

三、110 kV 级高压开关柜（GIS）

（一）GIS 介绍

GIS 是气体绝缘金属全封闭开关设备的英文简称。GIS 自问世以来，一直处于发展之中，在保持高可靠性的同时，尽量减少材料用量和降低成本，实现最小的空间需求。同时在 GIS 的基础上，最新演变出 H-GIS（MTS）即复合式 GIS。混合技术开关设备（Mixed Technologies Switchgear—MTS）是基于敞开式开关设备组合及气体绝缘金属封闭开关设备组合的组合式开关设备。MTS 可分两类：一类为敞开式组合电器；另一类为 H-GIS（Hybrid Gas Insulated Switchgear）即复合式 GIS。敞开式组合电器是以敞开式元件组合形成的开关设备，基本型号为 ZCW。复合式 GIS（H-GIS）是三相空气绝缘且不带母线的单相 GIS，基本型号为 ZHW。国内将 H-GIS 亦称为准 GIS，简化 GIS 等。

（1）GIS 的进步主要表现在以下几方面：

断路器技术的发展在增大容量的同时减少断口数是提高断路器和 GIS 技术经济指标的最主要措施。减少断口数能简化结构，提高可靠性，同时减少 SF_6 气体用量和排放量。目前 550 kV SF_6 断路器已由双断口发展到单断口。我国前几年也开发出 550 kV、4000 A、50 kA 单断口 SF_6 断路器。

GIS 在壳体结构上经历了分相式→三相共筒式→复合化 3 个发展过程，使 GIS 进一步小型化。目前国际上已做到 300 kV 全三相共筒化，550 kV 母线三相共筒化。复合化是将

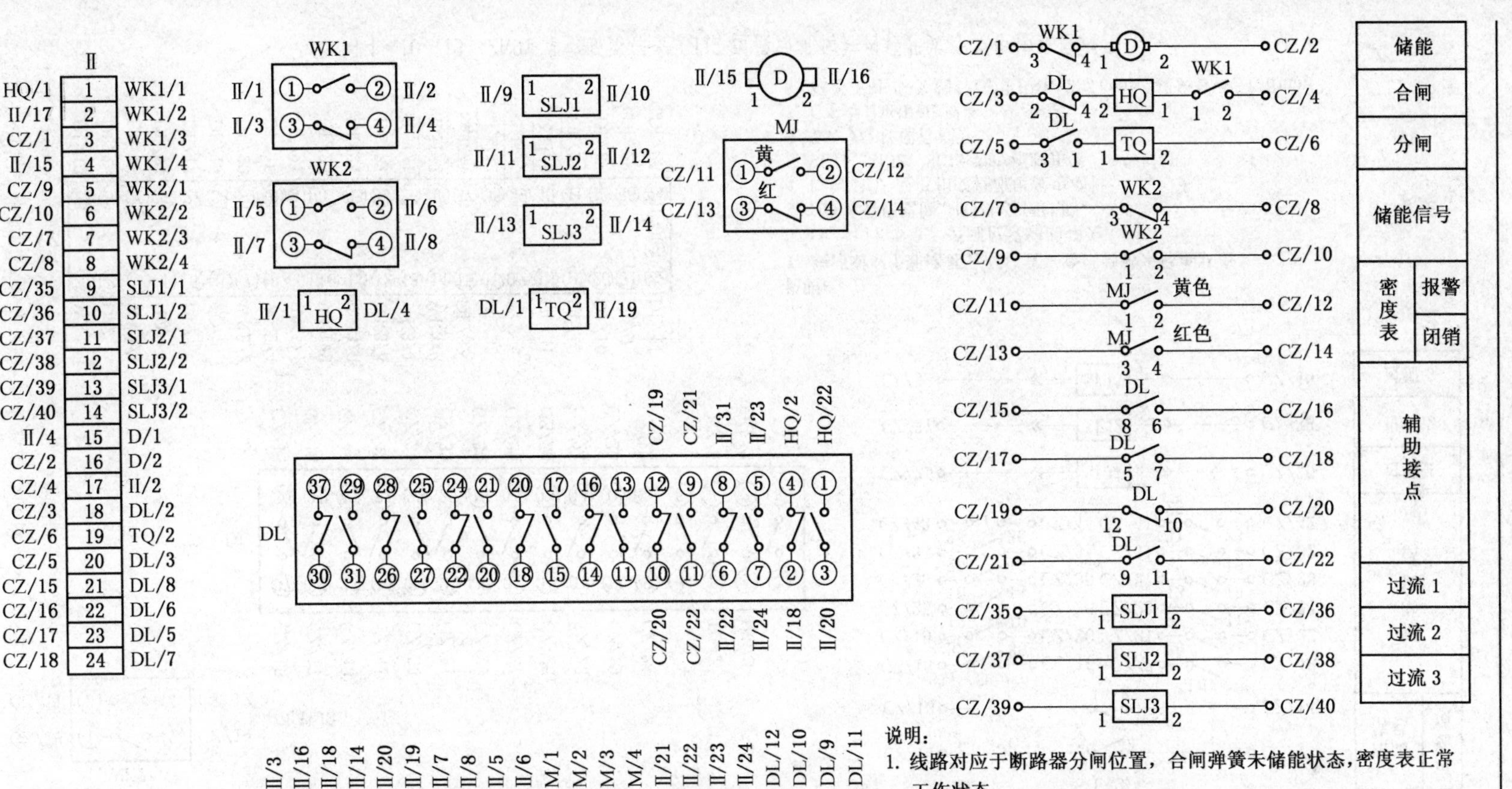

说明：

1. 线路对应于断路器分闸位置，合闸弹簧未储能状态，密度表正常工作状态。
2. DL 为 F6 型合、分闸位置辅助开关，Ⅱ 为 J3 接线端子。
3. HQ 为合闸线圈，TQ 为分闸线圈。
4. D 为 HDZ 型单相交流串激电动机。
5. SLJ1、SLJ2、SLJ3 为过流脱扣器。
6. WK 为 SK 型行程开关，WJ 密度表上触点。
7. 当机构带过流脱扣器时，CZ 为 Han46EE 型；否则为 Han24E 型插座。
8. 标号下有“-”的导线用 BVR-2.5mm^2，其余均用 BVR-1.5mm^2

图 4-10-12　KYN72 型 LN_2A 系列 SF_6 断路器配 CT12 型操动机构户内移开式开关柜接线原理图

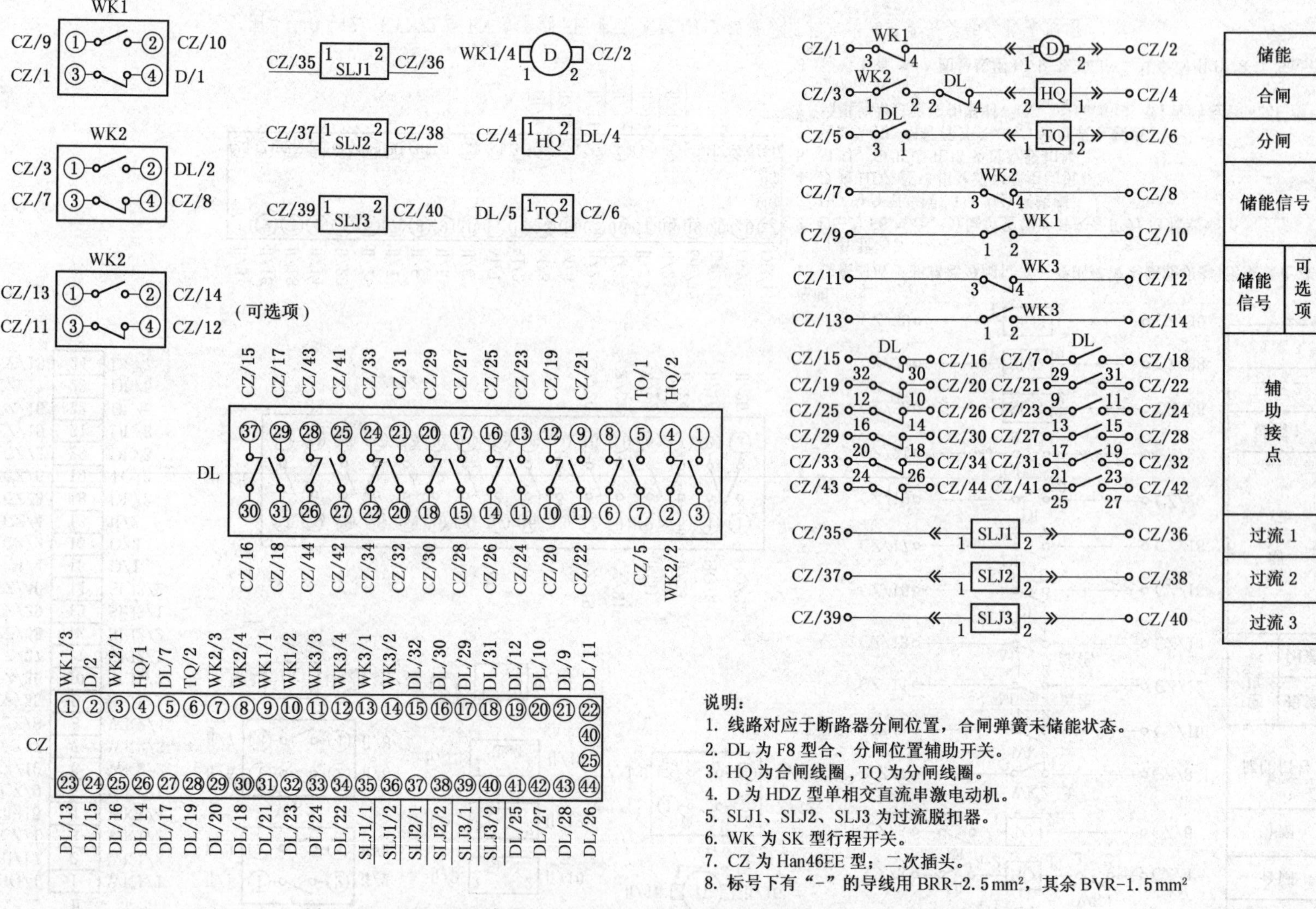

说明：
1. 线路对应于断路器分闸位置，合闸弹簧未储能状态。
2. DL 为 F8 型合、分闸位置辅助开关。
3. HQ 为合闸线圈，TQ 为分闸线圈。
4. D 为 HDZ 型单相交直流串激电动机。
5. SLJ1、SLJ2、SLJ3 为过流脱扣器。
6. WK 为 SK 型行程开关。
7. CZ 为 Han46EE 型；二次插头。
8. 标号下有"-"的导线用 BRR-2.5 mm^2，其余 BVR-1.5 mm^2

图 4-10-13 ZN91 真空断路器配 CT12 型操动机构户内移开式开关柜接线原理图

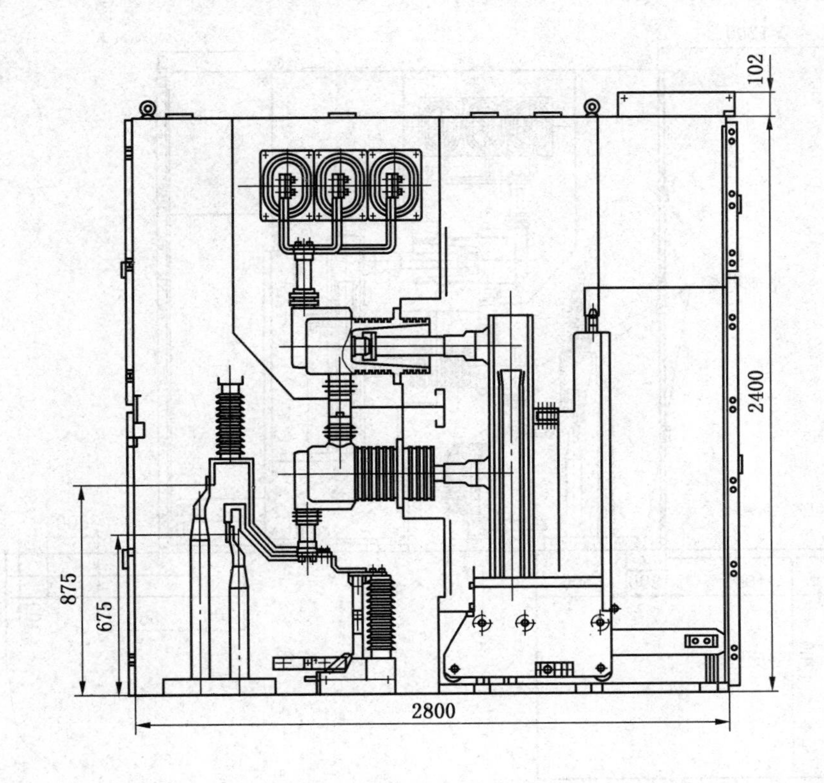

注：开关柜宽度 1200（1400）mm

图 4－10－14 KYN72 型真空、SF_6 断路器户内移开式高压开关柜外形尺寸

多个元件复合在一个充气筒内，如将断路器和母线复合在一个充气筒内，又将隔离开关、接地开关、避雷器和电压互感器由原来多个气筒复合为一个气筒。这样做可使 GIS 小型化、轻量化。

元件的多功能化，如将隔离开关和接地开关复合成三工位隔离/接地开关，可省略电气操作联锁，不存在 DS 和 ES 间各种误操作，显著提高了运行可靠性。

铝合金铸造和加工技术的发展使外形和体积最小化。GIS 壳体有钢板卷制、铝板焊接和铸铝结构，以铝合金铸造气密性最好，且能按绝缘要求优化外壳形状。

使用智能化监控和诊断工具以延长维修周期，并避免不必要的工作。GIS 智能化技术可对 GIS 进行在线检测，及早发现故障，防患于未然，又可对 GIS 进行状态监视，变“定期维护”为“状态维护”。这样做大大提高了运行可靠性，同时大大节省了维护费用，因而智能化会带来巨大技术经济效益。因此 GIS 二次控制从传统的电磁机械式走向智能化，这是电网自动化的需要，也是提高 GIS 可靠性的需要。

（2）GIS 在我国发展势头强劲，产量大幅增加。据统计，2005 年 550 kV GIS 的产量为 107 间隔，而 2004 年仅为 8 间隔，增长了 12.38 倍；252 kV GIS 的产量为 2899 间隔，2004 年仅为 2280 间隔，同比增长 27.1596。GIS 生产厂家猛增，据不完全统计，现生产和研制 GIS 的厂家约有 20 多家。

（3）126 kV GIS 产品的改进。126 kV GIS 量大面广，在我国运行已一二十年，积累了

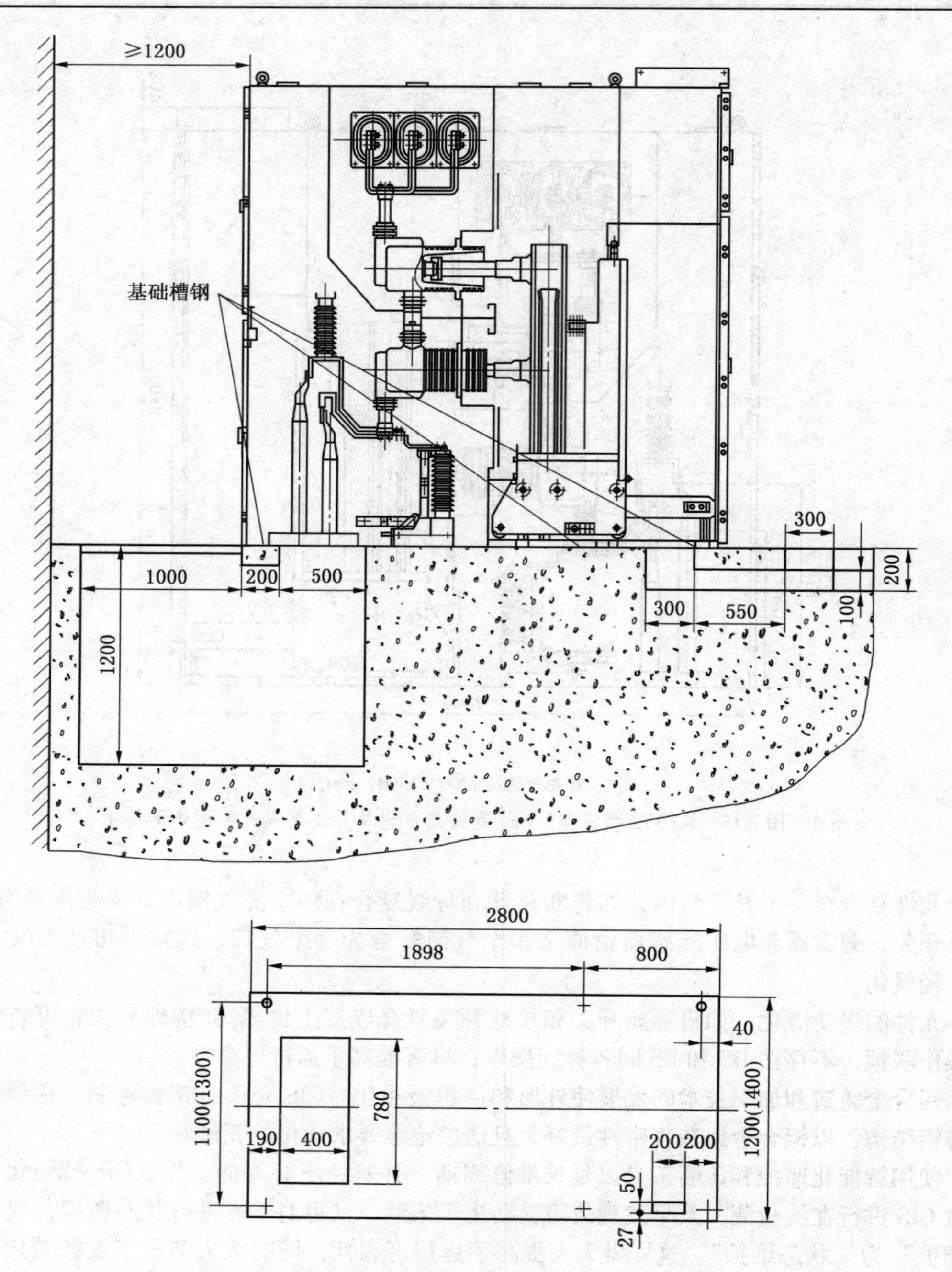

图 4－10－15　KYN72 型真空、SF_6 断路器户内移开式高压开关柜安装尺寸

丰富的运行经验。制造厂商根据生产和运行经验对 126 kV GIS 不断改进。这些改进主要体现在参数的提高或结构的更新，使之更加小型化，性能更加优异。如 ZF12－126(L) 型 GIS，提升为 ZF12－145(L) 型 GIS，其参数从 126 kV/2000 A/31. 5 kA 提升到 145 kV/3150 A/40 kA。ZF3－126 型 GIS 进行了优化设计，开发出 ZF3－126/T2000－40 型 GIS，如将液压操动机构改为弹簧操动机构，采用自能灭弧原理，将额定电流从 1250 A 提升到 2000

(2500) A。将总体积从28 m^3 缩减至15 m^3 等。目前生产的小型化ZF4A－126型GIS配用了第三代自能式 SF_6 断路器及弹簧操动机构，使之性能优异，性价比更好。

(二) ZF12－126/145(L)型三相共箱式全封闭 SF_6 组合电器（GIS）

1. 概述

ZF12－126/145(L) 型组合电器是将高压变电站中，除变压器以外的所有一次设备组装在金属壳体内，用环氧树脂绝缘子支持导体，内充 SF_6 气体作为绝缘和灭弧介质的一种设备。该设备包括断路器、隔离开关、接地开关、电压互感器、电流互感器、氧化锌避雷器、母线、出线套管、电缆连接装置、控制柜等基本元件，还有伸缩节、支撑架等其他附件。该GIS为三相共箱式结构，各元件已形成标准化,可按用户提出的不同主接线要求,进行组合,形成用户满意的布置形式,并推出块式结构运输GIS产品。它适用于126 kV或145 kV的电力系统中，用以切合故障电流，转换和隔离线路，防护过电压和测量电量等。

2. 结构特点

（1）优越的开断性能。断路器采用以新的电弧熄灭理论为基础的自能灭弧室，自能热膨胀加上辅助压气装置的混合式结构，在开断过程中充分利用电弧自身能量加上热膨胀室中的 SF_6 气体，在电流过零时吹熄电弧。与通常的压气式灭弧室相比，在结构尺寸和操作功能相同的情况下，具有更强的开断各种故障电流的能力。

（2）操动机构无油化、无气化，具有高度可靠性。断路器配弹簧操动机构，隔离开关、接地开关配用电动弹簧操动机构或电动机构，实现了机构的无油化、无气化，结构简单，维护方便，具有高度可靠性。

（3）该设备全部采用铝壳体，具有质量小、温升低、防腐能力强的优点。

（4）气体密封性能优良，它采用了双道密封，使该GIS的 SF_6 气体年漏气率在0.5%以下。

（5）体积小、质量小，采用整体运输方式，安装、检修方便。

（6）安全性能优越，对环境的影响少。

（7）二次元件全部采用合资或进口的元件，接线端子采用德国阻燃型端子。

（8）绝缘件性能优异。①盆式绝缘子的制造，从树脂与填料的混合，加热到浇注成型，全在密封情况下完成，确保材质的均匀，绝缘子内部无气泡，成形后在烘干炉内保温16 h以上，使树脂固化。开模后依次进行X光探伤（检查内部缺陷），并经过机械强度实验、耐压试验、局部放电测量，全部合格后，再密封包装出厂。以上制造和试验全在密闭、恒温的车间内完成，确保产品质量。②绝缘杆的制造，原材料真空渍胶管从瑞士进口，机械加工成形，两端配上接头，用树脂胶接牢固，依次进行机械抗拉试验、工频耐压试验后密封包装进入总装车间。

（9）导体性能优良。导体采用铝合金管，在铝表面直接镀银，每一个要连接的面均镀银24 μm以上，确保连接时电阻最小，镀银工艺采用先进流水生产线进行镀银处理，镀层厚度均匀、硬度高、附着力强。

3. 适用工作条件

（1）安装场所：屋内或屋外。

（2）海拔高度：1000 m或2000 m。

（3）环境温度：－40～＋40 ℃。

（4）最大相对湿度：日平均小于95%，月平均小于90%。

（5）抗震能力：<9 度。

4. 主要技术参数

ZF12－126/145(L) 型组合电器（GIS）的通用技术条件见表4－10－11，线型隔离开关和接地开关的技术参数见表4－10－12，角型隔离开关和接地开关的技术参数见表4－10－13，其断路器的额定参数见表4－10－14。

表4－10－11　ZF12－126/145(L) 型组合电器（GIS）的通用技术条件

项目		参数值
额定电压/kV		126/145
额定电流/kA		2000/3150
额定频率/Hz		50
额定短时耐受电流（有效值）/kA		40（3 s）
额定峰值耐受电流（峰值）/kA		100
额定雷电冲击耐受电压（峰值）/kV		550
1 min 工频耐受电压（有效值）/kV		230
零表压工频耐压（有效值）/kV		95
SF_6 气体年漏气率/%		≤1
SF_6 气体水分含量/10^{-6}（体积比）	断路器气室（CT）气室	150/300（交接值/运行值）
	其他气室	250/500（交接值/运行值）
SF_6 气体额定压力/MPa（20 ℃）	断路器气室	0.6
	其他气室	0.4
单元间隔宽度/mm		1120
单元间隔质量/t		5～8（接线方式不同重量不等）
动载荷/kN	向上	15
	向下	25
静载荷/(kN·mm^{-2})		15
检修用吊车	吊重/t	10
	吊钩高/m	≥5.5

表4－10－12　ZF12－126/145(L) 型 GIS 的线型隔离开关和接地开关的技术参数

项目	参数值
1 min 工频耐压/kV	相对地：230/断口：275/相间：345
1.2/50 s 雷电冲击耐受电压/kV	相对地：550/断口：650/相间：550
开合母线转移电流（快速）	1600 A（10 V）
SF_6 气体的额定气压（20 ℃）/MPa	0.4
每极回路电阻/μΩ	<70
机械耐久性/次	3000

表 4-10-13 ZF12-126/145(L) 型 GIS 的角型隔离开关和接地开关的技术参数

项 目	参 数 值
开合额定静电感应电流/A	5（6 kV）
开合额定电磁感应电流/A	100（6 kV）
额定峰值关合电流（峰值）/kA	80
每极主回路电阻/μΩ	≤80
机械耐久试验/次	3000

表 4-10-14 ZF12-126/145(L) 型 GIS 的断路器额定参数

项 目		参 数 值
额定短路开断电流/kA		31.5/40
近区故障开断电流 L75/L90/kA		23.7/28.4 30/36
额定失步开断电流/kA		7.9
额定线路充电开断电流（有效值）/A		31.5
额定短路持续时间/s		3
额定短时耐受电流/kA		40
额定峰值耐受电流/kA		80/100
额定短路关合电流/kA		80/100
1 min 工频耐压/kV	相对地	230
	断口间	275
	相间	345
雷电冲击耐压/kV	相对地	550
	断口间	650
	相间	550
机械耐久性/次		3000
分闸时间（额定电压）/ms		28±4
合闸时间（额定电压）/ms		80±10
分闸速度（额定电压）/(m · s^{-1})		5
合闸速度（额定电压）/(m · s^{-1})		2.5±0.5
额定操作顺序		分-0.3 s-合分-180 s-合分
三极分闸同期性/ms		≤3
三极合闸同期性/ms		≤5
分-合时间/s		出厂时≤0.3 运行时>0.3
合-分时间/ms		出厂时<60 运行时>60
分合闸线圈/V		DC220
储能电机/V		AC/DC220

5. 标准间隔和安装尺寸

ZF12－126/145(L) 型 GIS 的标准间隔及安装尺寸如图 4－10－16、图 4－10－17 所示，进线方式及安装尺寸如图 4－10－18 所示，单母分段接线布置案例如图 4－10－19、图 4－10－20 所示。

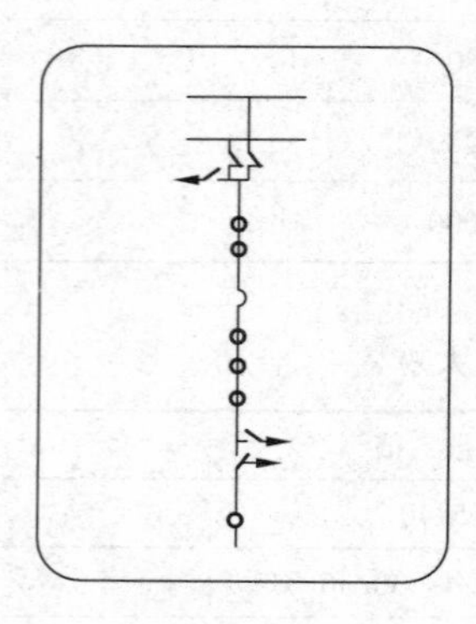
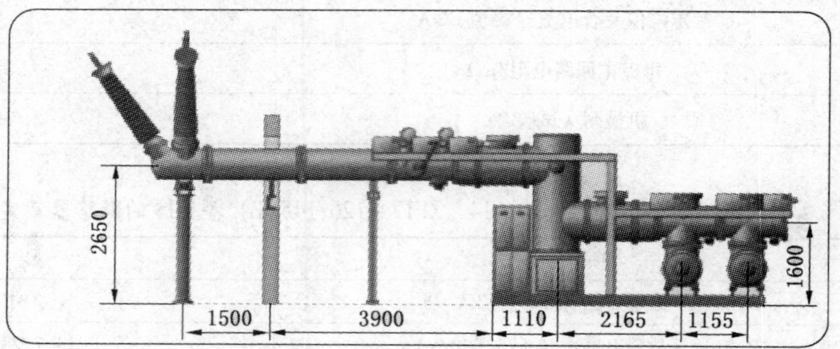

(a) 双母线套管进出线间隔

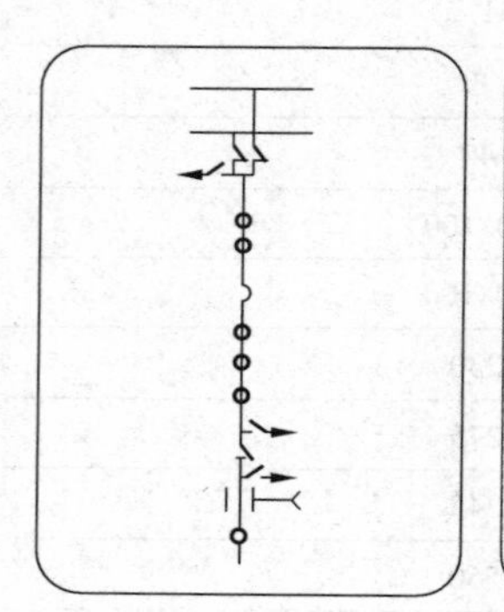
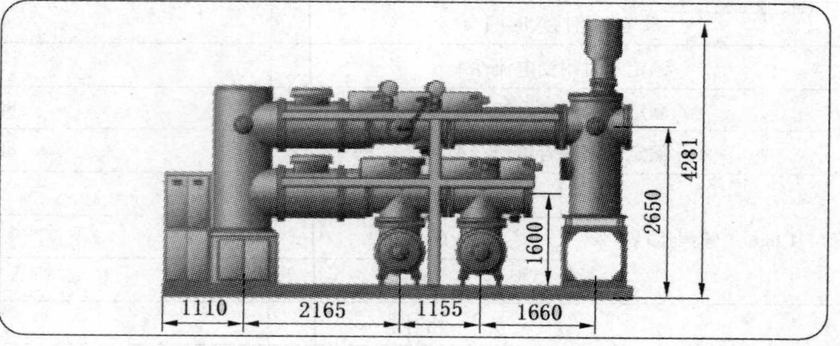

(b) 双母线电缆进出线间隔（含单相电压互感器）

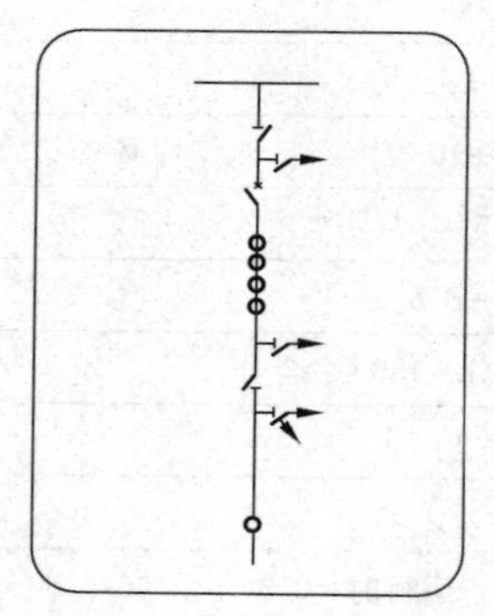
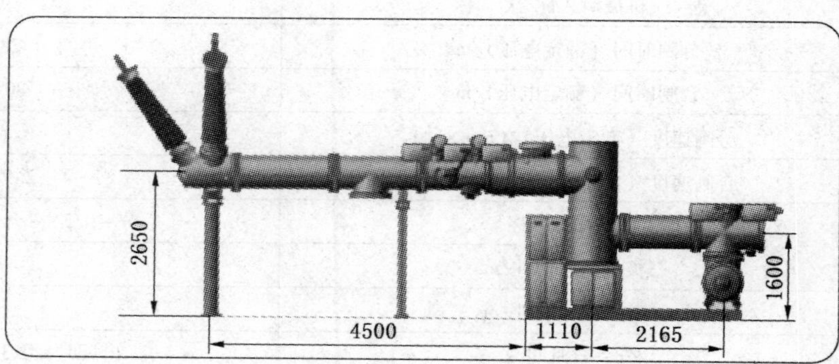

(c) 单母线进出线间隔

图 4－10－16　ZF12－126/145(L) 型 GIS 的标准间隔及安装尺寸（一）

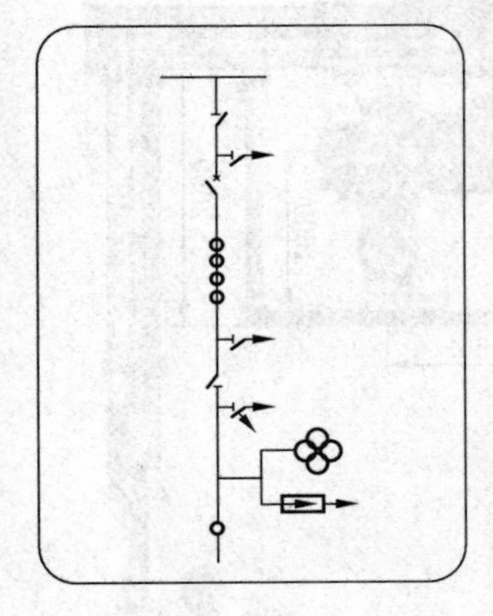

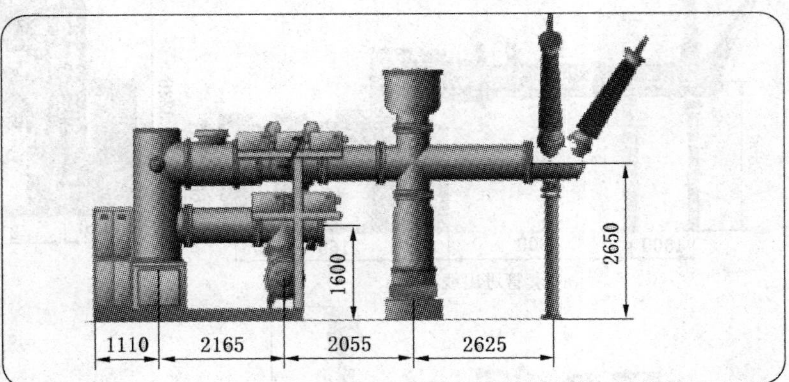

(a) 单母线进出线间隔（含电压互感器和避雷器）

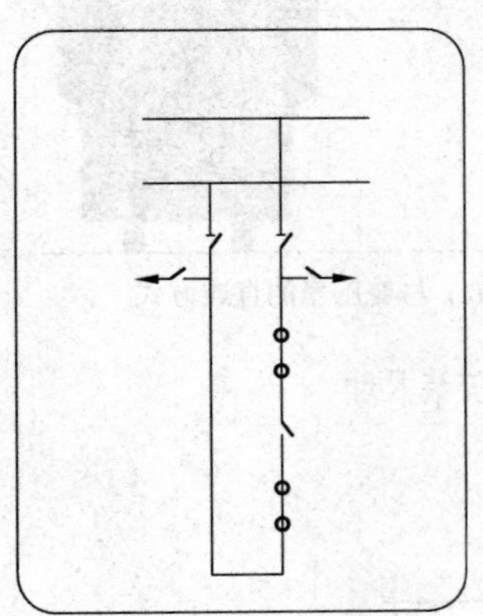

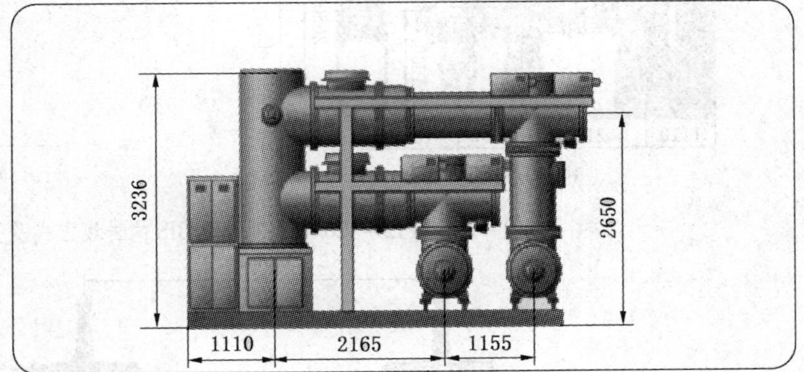

(b) 母联间隔

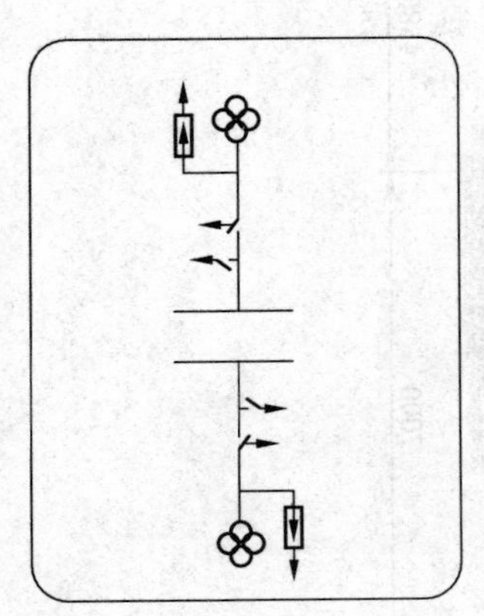

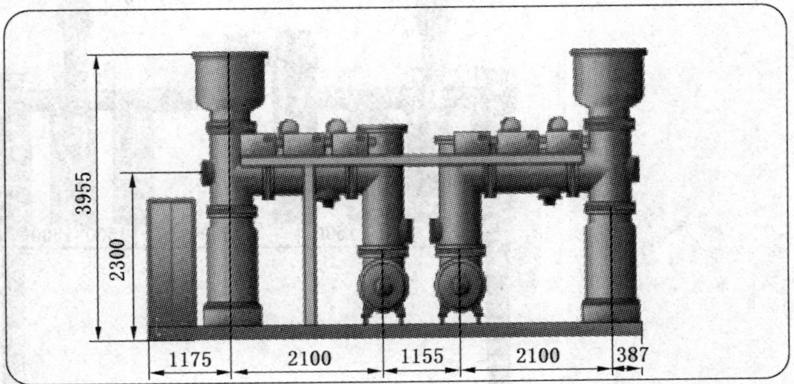

(c) 双母线测量保护间隔

图4-10-17　ZF12-126/145(L) 型 GIS 的标准间隔及安装尺寸（二）

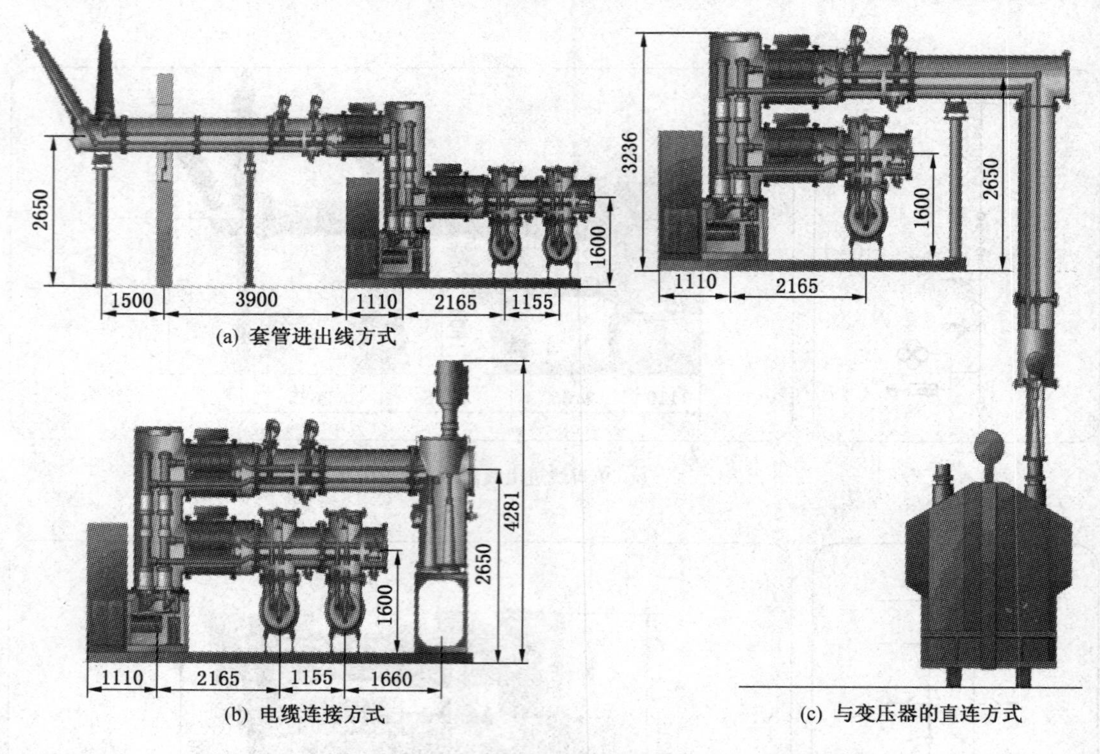

(a) 套管进出线方式

(b) 电缆连接方式

(c) 与变压器的直连方式

图 4-10-18　ZF12-126/145(L) 型 GIS 的进线方式及安装尺寸

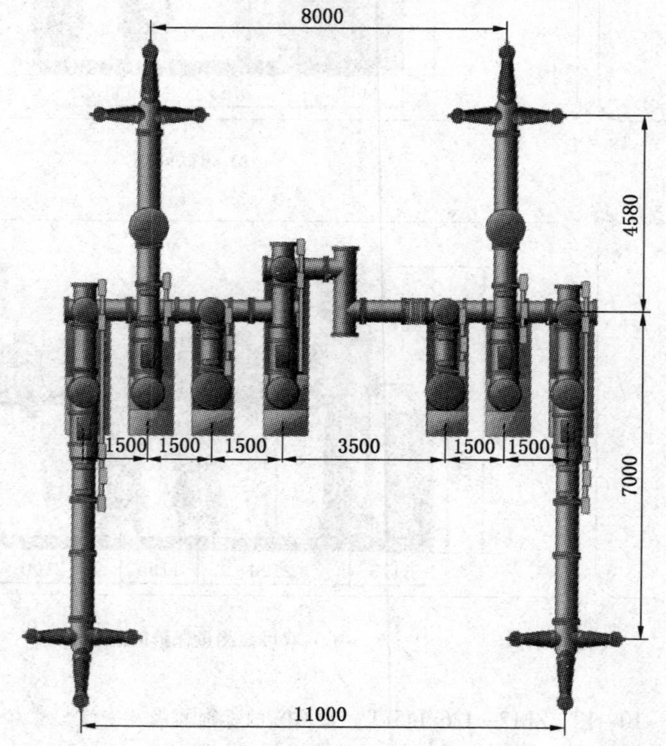

图 4-10-19　ZF12-126/145(L) 型 GIS 单母分段接线布置案例（一）

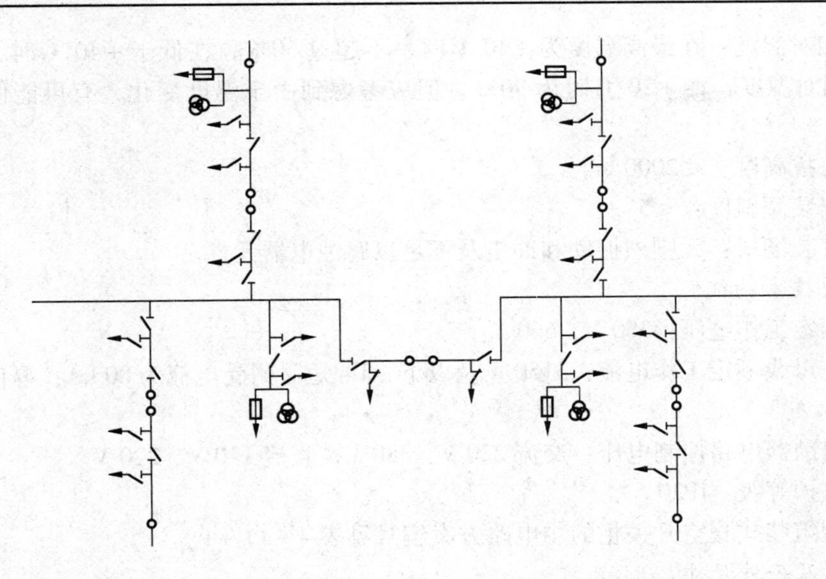

图 4-10-20 ZF12-126/145(L) 型 GIS 单母分段接线原理图（二）

第十一节 低压配电屏

一、660 V 及以下的交流配电屏

(一) GDK 型组装式低压开关柜

1. 用途

GDK 型组装式低压真空开关柜，适用于发电厂、煤炭、冶金、铁路、石油、化工以及高层建筑、机场、港口、码头的变电所内，作为 380 V 三相四线、三相五线中性点直接接地系统或 660 V 中性点经电阻接地系统的配电、电动机控制、照明、无功补偿的成套配电设备使用。

2. 型号意义

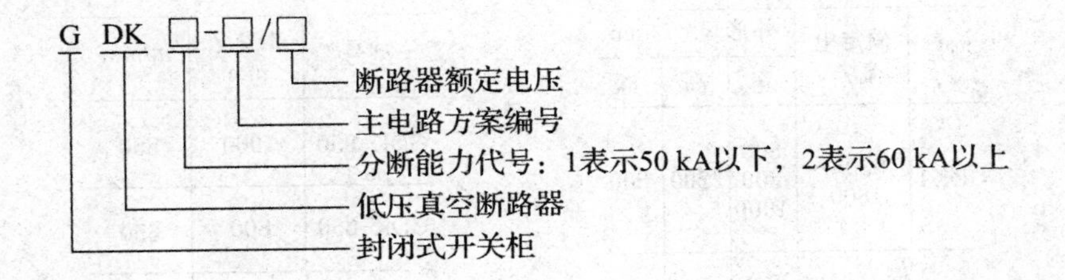

3. 结构特点

柜体由标准定型型材和构件组装而成。

开关柜离墙安装、单面操作、双面检修。

4. 适用工作条件

（1）周围环境温度：≤ +40 ℃，并且在 24 h 内平均温度≤ +35 ℃，最低为 -5 ℃。

（2）相对湿度：在最高温度为 +40 ℃时，不超过 50%；在低于 +40 ℃时，允许工作在较高的相对湿度，如 +20 ℃时为 90%，但应考虑到由于温度变化，有可能偶然产生凝露。

（3）海拔高度：≤2000 m。

（4）安装倾斜度：≤5°。

（5）安装场所：无剧烈振动和冲击及不足以腐蚀电器元件。

5. 主要技术特征

（1）额定工作电压：380 V、660 V。

（2）主母线额定工作电流：3150 A 及以下，1 s 短时耐受电流为 80 kA；峰值短时耐受电流为 176 kA。

（3）辅助器电路控制电压：交流 220 V、380 V，直流 110 V、220 V。

（4）防护等级：IP30。

GDK 型组装式真空开关柜的主电路方案编号见表 4－11－1。

6. 外形及安装尺寸

GDK 型组装式真空开关柜的外形及安装尺寸如图 4－11－1 所示。

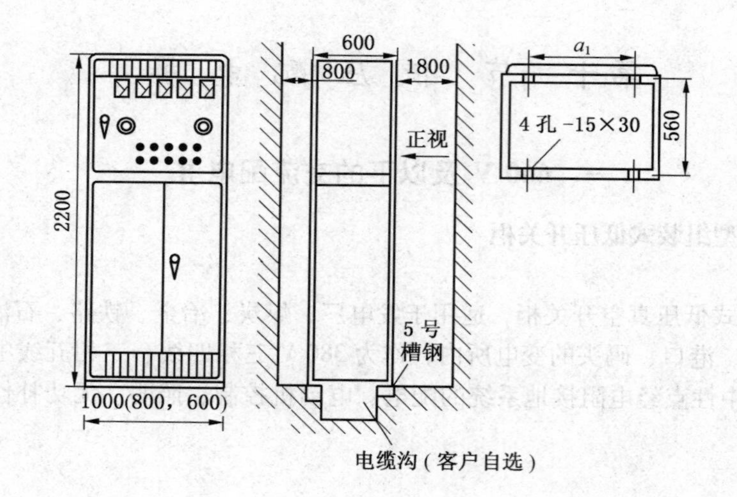

型号	额定电流 /A	外形尺寸 /mm		
		宽	高	深
GDK1	630～1600	600 800 1000	2200	600
GDK2	200～2500 ≤3150	800 1000	2200	600

型号	柜宽 / mm	a_1/mm
GDK-850	1000	850
GDK-650	800	650
GDK1-560	600	560

图 4－11－1　GDK 型组装式真空开关柜的外形及安装尺寸

表 4-11-1 GDK 型组装式低压真空开关主电路方案编号

主电路方案编号			GDK-01	GDK-02	GDK-03	GDK-04	GDK-05	GDK-06	GDK-07	GDK-08
主电路方案单线图										
用途			受电或联络	受电或联络	受电或馈电	受电	联络	联络	受电(馈电)	受电(馈电)
主电路主要电器元件	名称、型号、规格									
	刀开关	HD13BX-1600	1	2	1	1	1		1	1
		HD13BX-1250								
		HD13BX-1000								
		HD13BX-630								
	刀熔开关	QSA-630								
		QSA-400								
		QSA-200								
		QSA-100								
	真空断路器	DK2-3150								
		DK2-2000-2500								
		DK2-1250-1600	1	1	1	1	1		1	1
		DK2-630-1000								
	塑壳断路器	CM1-400								
		CM1-200							n	n
		CM1-100								
		CM1-63								
	熔断器 NT1									
	6C 系列交流接触器									
	热过载继电器 JR36									
	电流互感器 LMK-0.66 或 LMZJ1		3	3	3	3			3	$3+n\times3$
	零序电流互感器 LJ1				1	1				
	柜宽/mm		800	1000	800	800	800	600	1000	1000

表 4-11-1（续）

主电路方案编号			GDK-09	GDK-10	GDK-11	GDK-12	GDK-13	GDK-14	GDK-15	GDK-16
主电路方案单线图			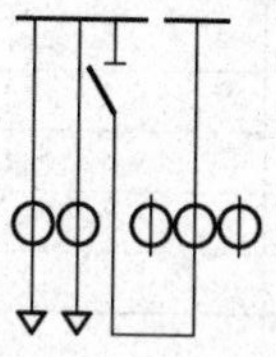	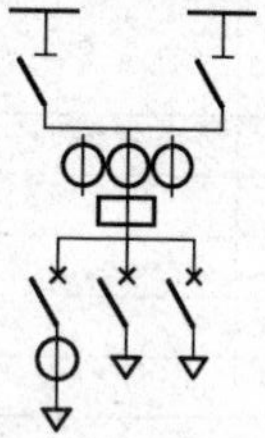	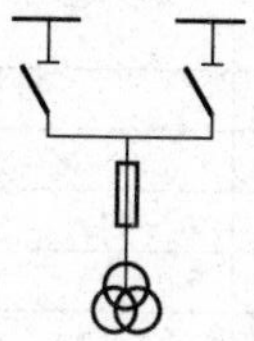	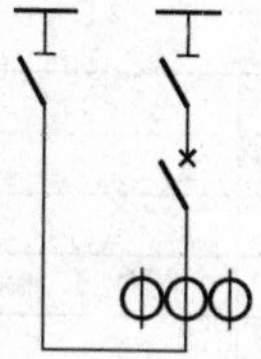	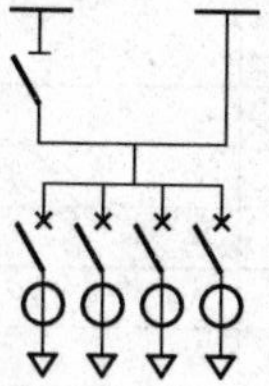	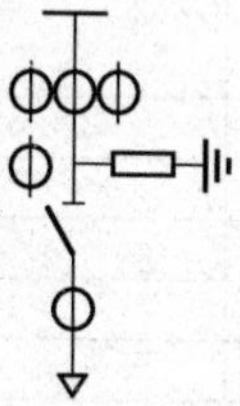	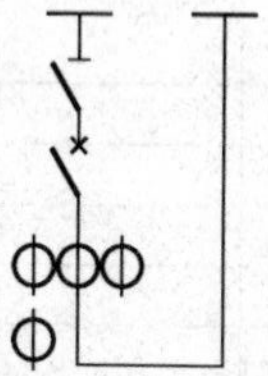	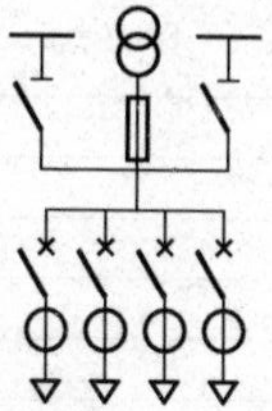
用　途			受电（带分变电柜）	联络、馈电	联络	受电、联络(馈电)	联络（馈电）	电缆进、计量	馈电、计量	联络、馈电
主电路主要电器元件	名称、型号、规格									
	刀开关	HD13BX-1600	1	2	2	2	1	1	1	2
		HD13BX-1250								
		HD13BX-1000								
		HD13BX-630								
	刀熔开关	QSA-630								
		QSA-400								
		QSA-200								
		QSA-100								
	真空断路器	DK2-3150								
		DK2-2000-2500								
		DK2-1250-1600				1			1	
		DK2-630-1000								
	塑壳断路器	CM1-400		3			4			4
		CM1-200								
		CM1-100								
		CM1-63								
	熔断器 NT1				3					1
	6C 系列交流接触器									
	热过载继电器 JR36									
	电流互感器 LMK-0.66 或 LMZJ1			3+n×3		3	12	4	4	4×3
	零序电流互感器 LJ1		2					1		
	柜宽/mm		800	1000	1000	1000	800	800	800	1000

表 4-11-1（续）

主电路方案编号			GDK-17	GDK-18	GDK-19	GDK-20	GDK-21	GDK-22	GDK-23	GDK-24	GDK-25	GDK-26
主电路方案单线图			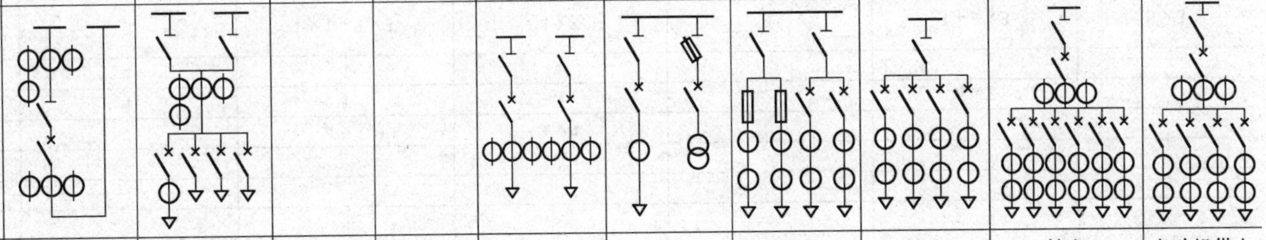									
用途			计量、联络	计量分表			馈电	馈电	馈电	馈电	馈电	电动机供电
主电路主要电器元件	名称、型号、规格											
	刀开关	HD13BX-1600	1	2			2	1			1	1
		HD13BX-1250							2			
		HD13BX-1000								1		
		HD13BX-630										
	刀熔开关	QSA-630										
		QSA-400						1				
		QSA-200										
		QSA-100										
	真空断路器	DK2-3150										
		DK2-2000-2500										
		DK2-1250-1600	1				1	1			1	1
		DK2-630-1000										
	塑壳断路器	CM1-400		4					2		6	4
		CM1-200								4		
		CM1-100										
		CM1-63										
	熔断器 NT1								2×3			
	6C 系列交流接触器											
	热过载继电器 JR36											
	电流互感器 LMK-0.66 或 LMZJ1		7	4+n×3			6	1	4×3	4×3	3+4×3	3+4×3
	零序电流互感器 LJ1											
	柜宽/mm		1000	800			1000	800	1000	800	800	800

表 4-11-1(续)

主电路方案编号			GDK-27	GDK-28	GDK-29	GDK-30	GDK-31	GDK-32
主电路方案单线图			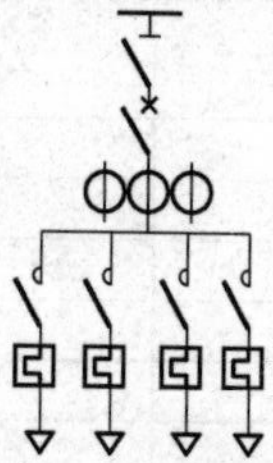	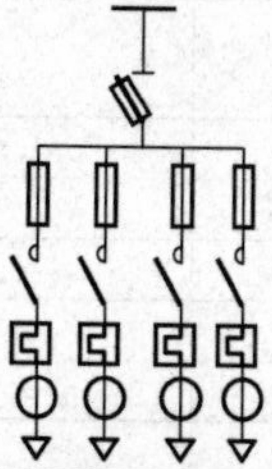	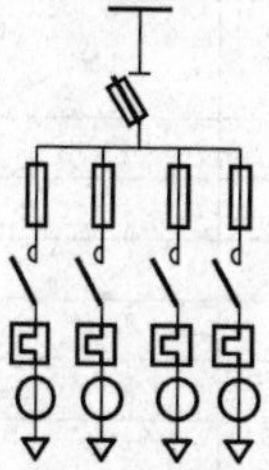	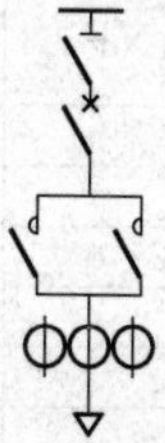	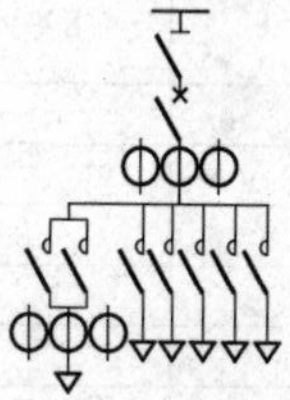	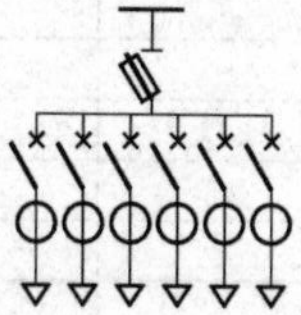
用　途			电动机供电	电动机供电	电动机供电	电动机供电	电动机供电	馈电
主电路主要电器元件	名称、型号、规格							
	刀开关	HD13BX-1600					1	
		HD13BX-1250	1					
		HD13BX-1000				1		
		HD13BX-630						
	刀熔开关	QSA-630		1	1			1
		QSA-400						
		QSA-200						
		QSA-100						
	真空断路器	DK2-3150						
		DK2-2000-2500						
		DK2-1250-1600	1				1	
		DK2-630-1000				1		
	塑壳断路器	CM1-400						
		CM1-200						
		CM1-100						
		CM1-63						6
	熔断器 NT1			4×3	4×3			
	6C 系列交流接触器		4	4	4	2	n×7	
	热过载继电器 JR36		4	4	4			
	电流互感器 LMK-0.66 或 LMZJ1		3	1×1+3×3	4×3	3	3+n×3	6×3
	零序电流互感器 LJ1							
柜宽/mm			600	600	800	600	800	800

表 4-11-1（续）

主电路方案编号			GDK-33	GDK-34	GDK-35	GDK-36	GDK-37
主电路方案单线图							
用途			电容补偿	电容补偿	馈电	馈电（备用）	受电（馈电）
主电路主要电器元件	名称、型号、规格						
	刀开关	HD13BX-1600					1
		HD13BX-1250			2		
		HD13BX-1000				HD13BX 双投	
		HD13BX-630					
	刀熔开关	QSA-630					
		QSA-400					
		QSA-200					
		QSA-100					
	真空断路器	DK2-3150					
		DK2-2000-2500					
		DK2-1250-1600					1
		DK2-630-1000					
	塑壳断路器	CM1-400				1	
		CM1-200	*n*				
		CM1-100					
		CM1-63					
	熔断器 NT1		*n*×3	*n*×3			
	6C 系列交流接触器		*n*（CJ16）	CJ16（1×*n*）			
	热过载继电器 JR36						
	电流互感器 LMK-0.66 或 LMZJ1		3	3	*n*×3	3	2
	零序电流互感器 LJ1			1	2		
	柜宽/mm		800	800	1000	800	1000

表 4 - 11 - 1（续）

主电路方案编号			GDK - 38	GDK - 39	GDK - 40	GDK - 41	GDK - 42
主电路方案单线图			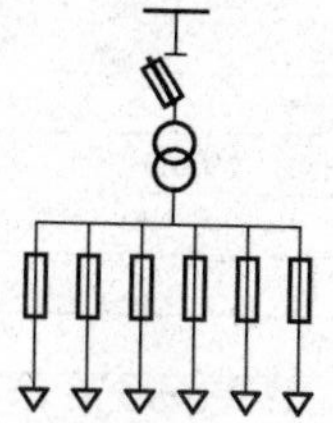	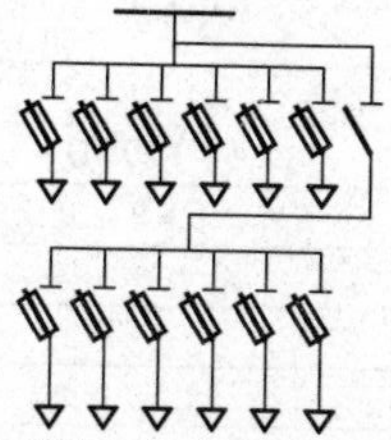	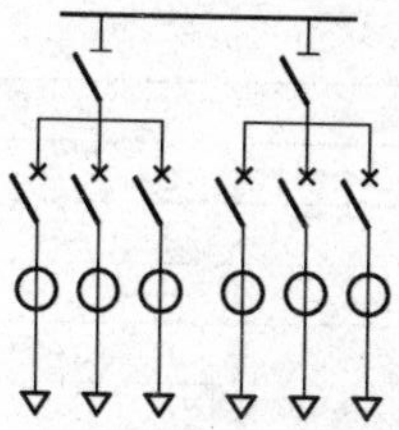	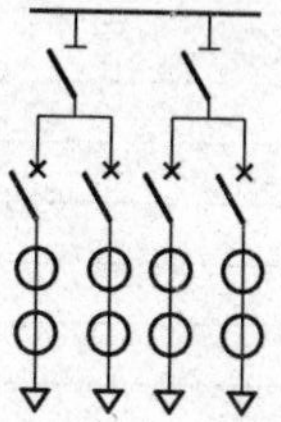	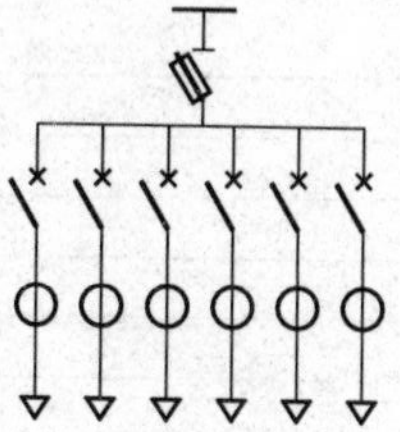
用　途			照明	照明	馈电	馈电	馈电
主电路主要电器元件	名称、型号、规格						
	刀开关	HD13BX - 1600			2		
		HD13BX - 1250		1	2	2	
		HD13BX - 1000					
		HD13BX - 630					1
	刀熔开关	QSA - 630	1				
		QSA - 400					
		QSA - 200		12			
		QSA - 100					
	真空断路器	DK2 - 3150					
		DK2 - 2000 - 2500					
		DK2 - 1250 - 1600					
		DK2 - 630 - 1000					
	塑壳断路器	CM1 - 400			6	4(630 A)	
		CM1 - 200					
		CM1 - 100					6
		CM1 - 63					
	熔断器 NT1		6×3				
	6C 系列交流接触器						
	热过载继电器 JR36						6
	电流互感器 LMK - 0.66 或 LMZJ1				6×3	4×3	8×3
	零序电流互感器 LJ1						
	柜宽/mm		800	800	1000	1000	1000

（二）GCL 1 型抽出式低压配电用开关柜

1. 用途

GCL1 型抽出式低压配电用开关柜适用于交流频率为 50 Hz，额定工作电压为 660 V，额定工作电流为 3200 A 的电力系统中，作为发电厂、变电站及工矿企业的配电设备使用。

2. 型号意义

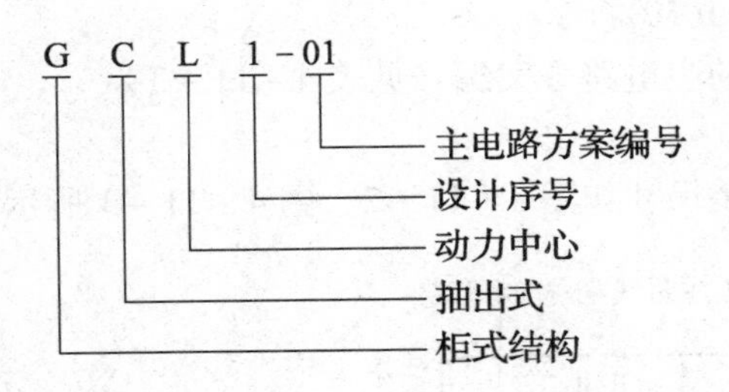

3. 结构特点

开关柜是为满足配电需要设计的以进线、馈电和电容器补偿为主的开关设备。其外形尺寸见表 4－11－2。

表 4－11－2 GCL1 型抽出式低压开关柜的外形尺寸 mm

高	宽	深	备注
2200	600	1200	1250 A 以下，进线、馈线和母线、馈线和直接启动电动机功能单元混合安装
2200	800	1200	1600～2000 A 进线和母线
2200	1000	1200	2500～3150 A 进线和母线及功率因素补偿
2200	800	600	全部安装直接启动电动机功能单元

GCL1 型开关柜用型材组合成型，具有质量小、强度大的特点。柜体内上端是主母线室；后面是分支母线室和互感器室；前部为功能单元室，均为抽屉式，共有 3 个位置，即工作位置、试验位置和分离位置，检修开关时，可将抽屉取出，也可将同类型的抽屉换上继续送电。进线柜和母联柜均为一个抽屉，其他柜均为混合安装若干个抽屉，功能单元的高度以 80 mm 为一个模数，可在组内任意组合。每个隔室都由金属隔板隔开，保证运行安全可靠，防止事故扩大，外壳的防护等级为 IP30，主开关与门有机械联锁，保证人身安全和供电可靠。

4. 适用工作条件

（1）安装地点海拔高度：≤2000 m。

（2）工作环境温度：－10～＋40 ℃，且 24 h 内平均温度≤35 ℃。

（3）工作环境：空气清洁，没有粉尘、腐蚀性气体和雨水侵袭。

（4）工作环境周围相对湿度：在温度为 40 ℃时不超过 50%，当温度较低时允许有较大的相对湿度（如 20 ℃以下时可为 90%），允许因温度变化偶然出现适度的凝露。

（5）安装场所：应无爆炸危险及剧烈振动。

（6）安装倾角：≤5°。

5. 主要技术参数

（1）额定工作电压：660 V。

（2）主母线最大工作电流：3200 A。

（3）最大分断能力：80 kA；最小分断能力：50 kA。

（4）辅助回路控制电压：AC220、380 V；DC 110、220 V。

（5）外壳防护等级：IP30。

GCL1 型低压开关柜的主电路方案编号见表 4－11－3。

6. 外形及安装尺寸

GCL1 型的外形及安装尺寸如图 4－11－2、图 4－11－3 所示。

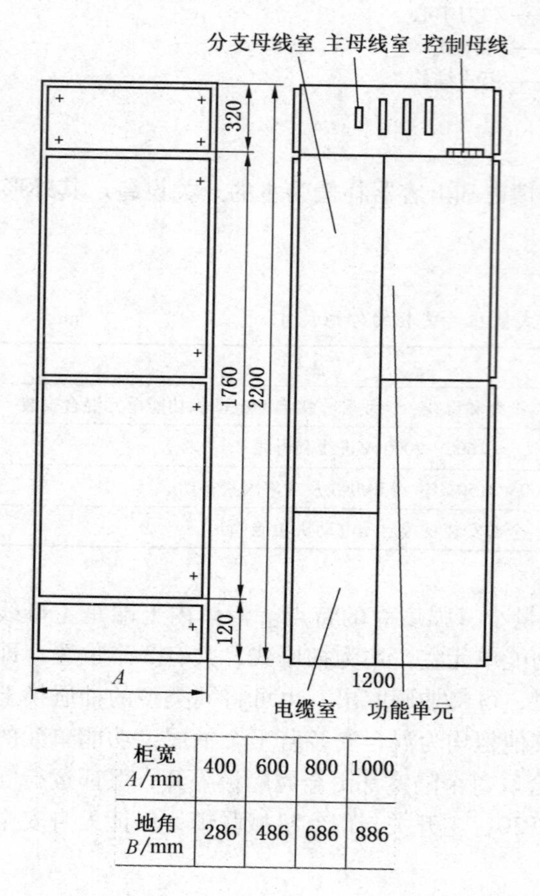

柜宽 A/mm	400	600	800	1000
地角 B/mm	286	486	686	886

图 4－11－2　GCL1 型抽出式低压开关柜的外形尺寸

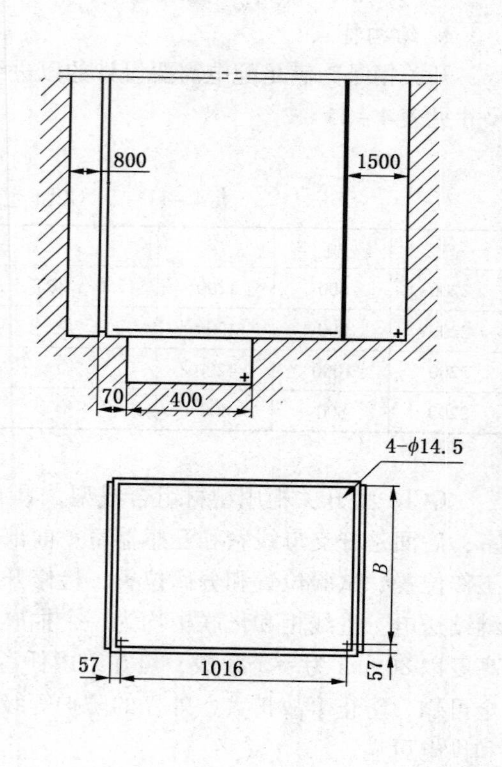

图 4－11－3　GCL1 型抽出式低压开关柜的安装尺寸

二、380 V 交流低压配电柜

（一）GGD3 型交流低压配电柜

1. 用途

GGD3 型交流低压配电柜适用于交流 50 Hz、额定工作电压不超过 380 V、额定工作电

表 4-11-3　GCL1 型低压开关柜的主电路方案编号

方案编号		GCL1-01		GCL1-02		GCL1-03		GCL1-04		GCXL1-05		GCL1-06	
主电路方案单线图	额定电压/V												
	660												
用途		进线		进线		进线		进线		进线		进线	
额定工作电流/A		3150		2500		2500		2000		1600		1600	
主电路低压电器	电流互感器	LMZY-0.66-□/5	3	LMZY-0.66-□/5	3	LMZY-0.66-□/5	3	LMZY-0.66-□/5	3	LMZY-0.66-□/5	3	LMZY-0.66-□/5	3
	断路器	ME3205	1	ME3200	1	ME2505	1	ME2500	1	ME2000	1	ME1605	1
	漏电继电器	LLJ-□	1	LLJ-□	1	LLJ-□	1	LLJ-□	1	LLJ-□	1	LLJ-□	1
抽屉尺寸	宽/mm	1000		1000		800		800		800		600	
	高/mm	880		880		880		880		880		880	
辅助电路编号		OZD354000-065		OZD354000-065		OZD354000-065		OZD354000-065		OZD354000-065		OZD354000-065	

表 4-11-3（续）

方案编号		GCL1-07		GCL1-08		GCL1-09		GCXL1-10		GCL1-11	
主电路方案单线图	额定电压/V	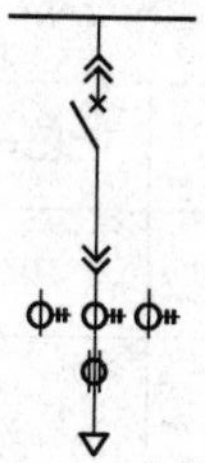				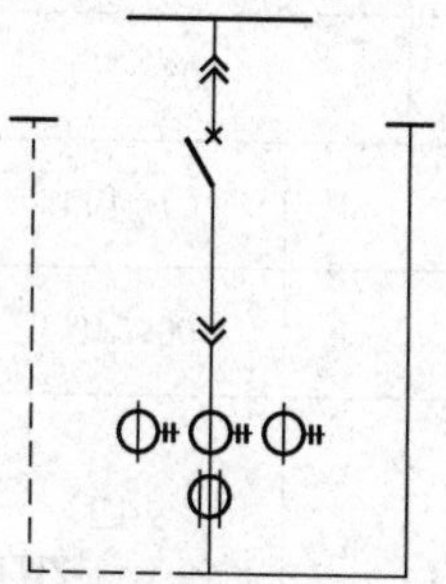					
	660										
用途		进线		进线		进线		进线		进线	
额定工作电流/A		1250		3150		2500		2500		2000	
主电路低压电器	电流互感器	LMZY-0.66-□/5	3	LMZY-0.66-□/5	3	LMZY-0.66-□/5	3	LMZY-0.66-□/5	3	LMZY-0.66-□/5	3
	断路器	ME1600	1	ME3205	1	ME3200	1	ME2505	1	ME2500	1
	漏电继电器	LLJ-□	1	LLJ-□	1	LLJ-□	1	LLJ-□	1	LLJ-□	1
抽屉尺寸	宽/mm	600		1000		1000		800		800	
	高/mm	880		880		880		880		880	
辅助电路编号		OZD354000-077		OZD354000-065		OZD354000-065		OZD354000-065		OZD354000-065	

表 4－11－3（续）

方案编号		GCL1－12		GCL1－13		GCL1－14		GCXL1－15		GCL1－16	
主电路方案单线图	额定电压/V			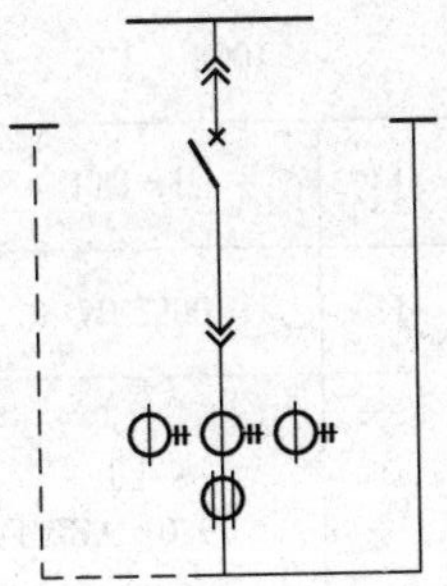				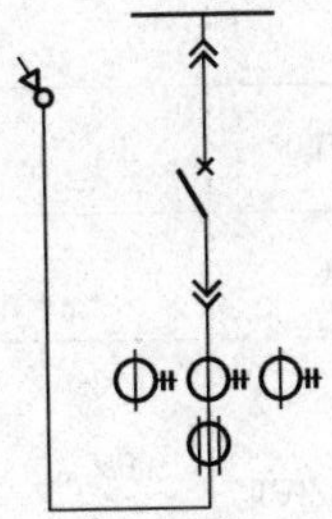			
	660										
用途		进线		进线		进线		架空进线		架空进线	
额定工作电流/A		1600		1600		1250		3150		2500	
主电路低压电器	电流互感器	LMZY－0.66－□/5	3	LMZY－0.66－□/5	3	LMZY－0.66－□/5	3	LMZY－0.66－□/5	3	LMZY－0.66－□/5	3
	断路器	ME2000	1	ME1605	1	ME1600	1	ME3205	1	ME3200	1
	漏电继电器	LLJ－□	1	LLJ－□	1	LLJ－□	1	LLJ－□	1	LLJ－□	1
抽屉尺寸	宽/mm	800		600		600		1000		1000	
	高/mm	880		880		880		880		880	
辅助电路编号		OZD354000－065		OZD354000－065		OZD354000－065		OZD354000－065		OZD354000－065	

表 4-11-3（续）

方案编号		GCL1-17		GCL1-18		GCL1-19		GCL1-20		GCXL1-21	
主电路方案单线图	额定电压/V 660					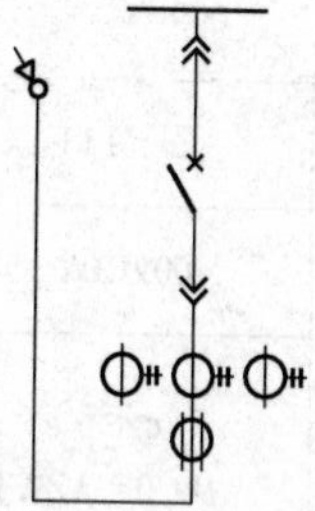					
用途		架空进线		架空进线		架空进线		架空进线		架空进线	
额定工作电流/A		2500		2000		1600		1600		1250	
主电路低压电器	电流互感器	LMZY-0.66-□/5	3	LMZY-0.66-□/5	3	LMZY-0.66-□/5	3	LMZY-0.66-□/5	3	LMZY-0.66-□/5	3
	断路器	ME2505	1	ME2500	1	ME2000	1	ME1605	1	ME1600	1
	漏电继电器	LLJ-□	1	LLJ-□	1	LLJ-□	1	LLJ-□	1	LLJ-□	1
抽屉尺寸	宽/mm	800		800		800		600		600	
	高/mm	880		880		880		880		880	
辅助电路编号		OZD354000-065		OZD354000-065		OZD354000-065		OZD354000-065		OZD354000-065	

表 4-11-3（续）

方案编号		GCL1-22		GCL1-23		GCL1-24		GCL1-25		GCXL1-26		GCL1-27	
主电路方案单线图	额定电压/V 660												
用途		进线		进线		进线		进线		进线		进线	
额定工作电流/A		3150		2500		2500		2000		1600		1600	
主电路低压电器	电流互感器	LMZY-0.66-□/5	3	LMZY-0.66-□/5	3	LMZY-0.66-□/5	3	LMZY-0.66-□/5	3	LMZY-0.66-□/5	3	LMZY-0.66-□/5	3
	断路器	ME3205	1	ME3200	1	ME2505	1	ME2500	1	ME2000	1	ME1605	1
	漏电继电器	LLJ-□	1	LLJ-□	1	LLJ-□	1	LLJ-□	1	LLJ-□	1	LLJ-□	1
	熔断器	NT00-□	3	NT00-□	3	NT00-□	3	NT00-□	3	NT00-□	3	NT00-□	3
	电压互感器	JDZ1-1-660/100 V	2	JDZ1-1-660/100 V	2	JDZ1-1-660/100 V	2	JDZ1-1-660/100 V	2	JDZ1-1-660/100 V	2	JDZ1-1-660/100 V	2
抽屉尺寸	宽/mm	1000		1000		800		800		800		600	
	高/mm	880		880		880		880		880		880	
辅助电路编号		OZD354078-143		OZD354078-143		OZD354078-143		OZD354078-143		OZD354078-143		OZD354078-143	

表 4-11-3（续）

方案编号		GCL1-28		GCL1-29		GCL1-30		GCXL1-31		GCL1-32	
主电路方案单线图	额定电压/V										
	660										
用途		进线		进线		进线		进线		进线	
额定工作电流/A		1250		3150		2500		2500		2000	
主电路低压电器	电流互感器	LMZY-0.66-□/5	3	LMZY-0.66-□/5	3	LMZY-0.66-□/5	3	LMZY-0.66-□/5	3	LMZY-0.66-□/5	3
	断路器	ME1600	1	ME3205	1	ME3200	1	ME2505	1	ME2500	1
	漏电继电器	LLJ-□	1	LLJ-□	1	LLJ-□	1	LLJ-□	1	LLJ-□	1
	熔断器	NT00-□	3	NT00-□	3	NT00-□	3	NT00-□	3	NT00-□	3
	电压互感器	JDZ1-1-660/100 V	2	JDZ1-1-660/100 V	2	JDZ1-1-660/100 V	2	JDZ1-1-660/100 V	2	JDZ1-1-660/100 V	2
抽屉尺寸	宽/mm	600		1000		1000		800		800	
	高/mm	880		880		880		880		880	
辅助电路编号		OZD354078-155		OZD354078-143		OZD354078-143		OZD354078-143		OZD354078-143	

表 4-11-3（续）

方案编号		GCL1-33		GCL1-34		GCL1-35		GCXL1-36		GCL1-37	
主电路方案单线图	额定电压/V			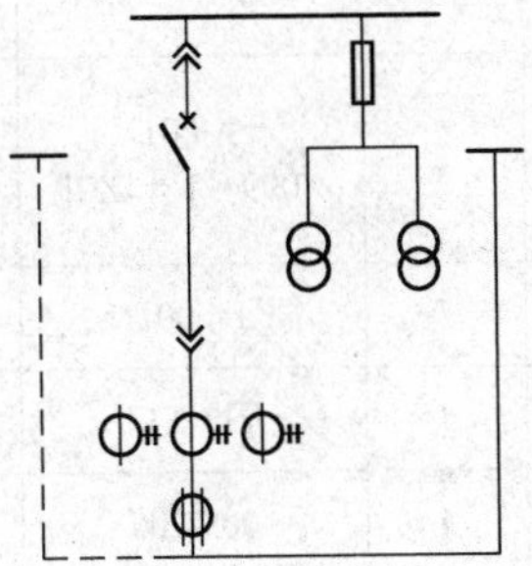				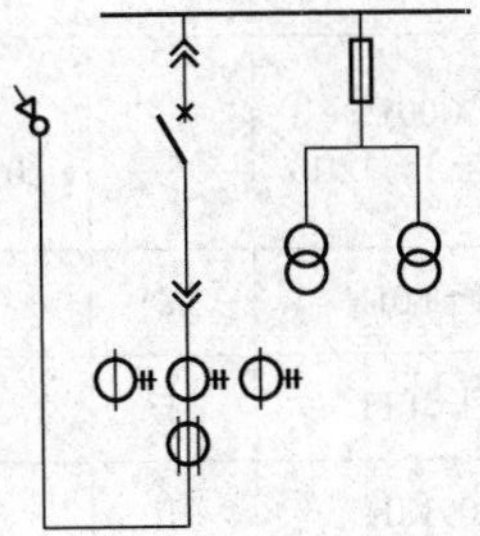			
	660										
用途		进线		进线		进线		架空进线		架空进线	
额定工作电流/A		1600		1600		1250		3150		2500	
主电路低压电器	电流互感器	LMZY-0.66-□/5	3	LMZY-0.66-□/5	3	LMZY-0.66-□/5	3	LMZY-0.66-□/5	3	LMZY-0.66-□/5	3
	断路器	ME2000	1	ME1605	1	ME1600	1	ME3205	1	ME3200	1
	漏电继电器	LLJ-□	1	LLJ-□	1	LLJ-□	1	LLJ-□	1	LLJ-□	1
	熔断器	NT00-□	3	NT00-□	3	NT00-□	3	NT00-□	3	NT00-□	3
	电压互感器	JDZ1-1-660/100 V	2	JDZ1-1-660/100 V	2	JDZ1-1-660/100 V	2	JDZ1-1-660/100 V	2	JDZ1-1-660/100 V	2
抽屉尺寸	宽/mm	800		600		600		1000		1000	
	高/mm	880		880		880		880		880	
辅助电路编号		OZD354078-143		OZD354078-143		OZD354078-143		OZD354078-143		OZD354078-143	

表 4-11-3（续）

方案编号		GCL1-38		GCL1-39		GCL1-40		GCL1-41		GCL1-42	
主电路方案单线图	额定电压/V 660										
用途		架空进线		架空进线		架空进线		架空进线		架空进线	
额定工作电流/A		2500		2500		1600		1600		1250	
主电路低压电器	电流互感器	LMZY-0.66-□/5	3	LMZY-0.66-□/5	3	LMZY-0.66-□/5	3	LMZY-0.66-□/5	3	LMZY-0.66-□/5	3
	断路器	ME2505	1	ME2500	1	ME2000	1	ME1605	1	ME1600	1
	漏电继电器	LLJ-□	1	LLJ-□	1	LLJ-□	1	LLJ-□	1	LLJ-□	1
	熔断器	NT00-□	3	NT00-□	3	NT00-□	3	NT00-□	3	NT00-□	3
	电压互感器	JDZ1-1-660/100 V	2	JDZ1-1-660/100 V	2	JDZ1-1-660/100 V	2	JDZ1-1-660/100 V	2	JDZ1-1-660/100 V	2
抽屉尺寸	宽/mm	800		800		800		600		600	
	高/mm	880		880		880		880		880	
辅助电路编号		OZD354078-143		OZD354078-143		OZD354078-143		OZD354078-143		OZD354078-143	

表 4-11-3(续)

方案编号		GCL1-43	GCL1-44		GCL1-45		GCL1-46		GCL1-47		GCL1-48	
主电路方案单线图	额定电压/V 660	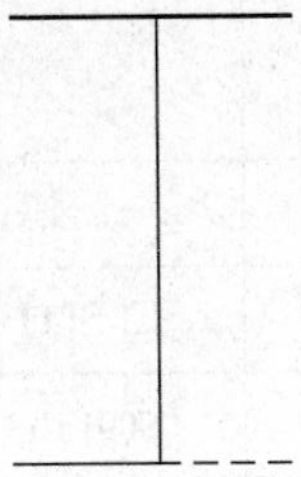					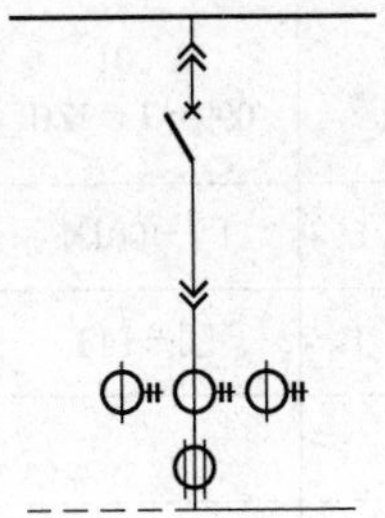					
用途		联络	母联		母联		母联		母联		母联	
额定工作电流/A			3150		2500		2500		2000		1600	
主电路低压电器	电流互感器		LMZY-0.66-□/5	3	LMZY-0.66-□/5	3	LMZY-0.66-□/5	3	LMZY-0.66-□/5	3	LMZY-0.66-□/5	3
	断路器		ME3205	1	ME3200	1	ME2505	1	ME2500	1	ME2000	1
	漏电继电器		LLJ-□	1	LLJ-□	1	LLJ-□	1	LLJ-□	1	LLJ-□	1
抽屉尺寸	宽/mm	400	1000		1000		800		800		800	
	高/mm	2200	880		880		880		880		880	
辅助电路编号		OZD354156-185	OZD354156-185		OZD354156-185		OZD354156-185		OZD354156-185		OZD354156-185	

表 4-11-3（续）

方案编号		GCL1-49		GCL1-50		GCL1-51		GCL1-52		GCL1-53		GCL1-54	
主电路方案单线图	额定电压/V	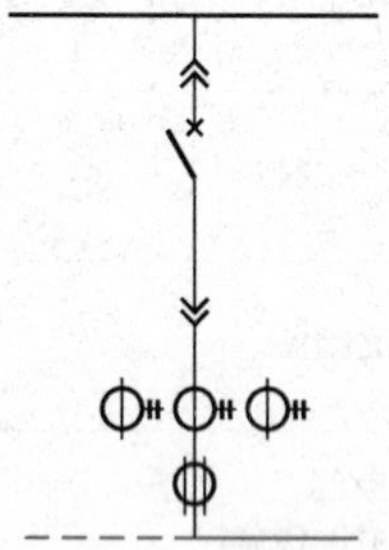				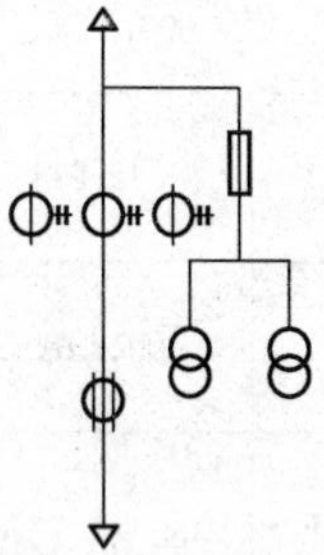		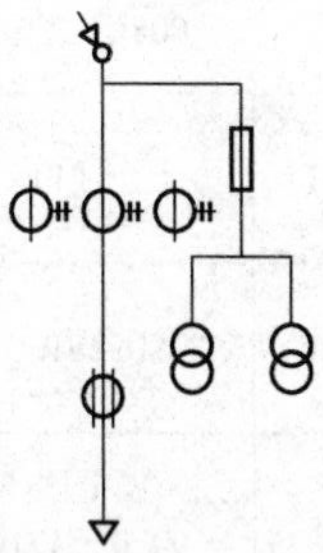		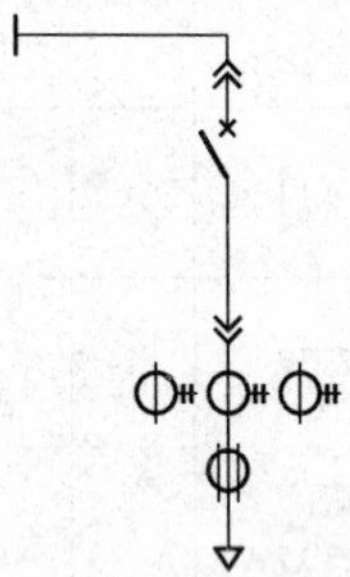			
	660												
用途		母联		母联		进线计量		进线计量		馈电		馈电	
额定工作电流/A		1600		1250		1250~3150		1250~3150		1000		800	
主电路低压电器	电流互感器	LMZY-0.66-□/5	3	LMZY-0.66-□/5	3	LMZY-0.66-□/5	3	LMZY-0.66-□/5	3	LMZY-0.66-□/5	3	LMZY-0.66-□/5	3
	断路器	ME1605	1	ME1600	1					ME1600	1	ME1000	1
	漏电继电器	LLJ-□	1	LLJ-□	1	LLJ-□	1	LLJ-□	1	LLJ-□	1	LLJ-□	1
	熔断器					NT00-□	3	NT00-□	3				
	电压互感器					JDZ1-1-660/100 V	2	JDZ1-1-660/100 V	2				
抽屉尺寸	宽/mm	600		600		600~1000		600~1000		600		600	
	高/mm	880		880		400		400		880		880	
辅助电路编号		OZD354156-185		OZD354156-185		OZD354186		OZD354186		OZD354187-195		OZD354187-195	

表 4-11-3(续)

方案编号		GCL1-55		GCL1-56		GCL1-57		GCL1-58		GCL1-59	
主电路方案单线图	额定电压/V 660										
用途		馈电		馈电		馈电		馈电		馈电	
额定工作电流/A		630		400		200		200		100	
主电路低压电器	电流互感器	LMZY-0.66-□/5	3	LMZY-0.66-□/5	3	LMZY-0.66-□/5	3	LMZY-0.66-□/5	1	LMZY-0.66-□/5	1
	断路器	ME630 DWX15C-630	1	ME630 DWX15C-400	1	ME630 DWX15C-200	1	DZX10-220	1	DZX10-100	1
	漏电继电器	LLJ-□	1	LLJ-□	1	LLJ-□	1	LLJ-□	1	LLJ-□	1
	熔断器							NT-□	3	NT-□	3
抽屉尺寸	宽/mm	600		600		600		600		600	
	高/mm	880		880		880		400		400	
辅助电路编号		OZD354187-199		OZD354187-199		OZD354187-199		OZD354198-201		OZD354198-201	

表 4-11-3（续）

方案编号		GCL1-60		GCL1-61		GCL1-62		GCL1-63		GCL1-64		GCL1-65	
主电路方案单线图	额定电压/V 660												
用途		馈电		馈电		馈电		馈电		事故照明切换		事故照明切换	
额定工作电流/A		400		300		200		100		80~160		80~160	
主电路低压电器	电流互感器	LMZY-0.66-□/5	3	LMZY-0.66-□/5	3	LMZY-0.66-□/5	3	LMZY-0.66-□/5	3				
	隔离器	QSA-400	1	QSA-300	1	QSA-200	1	QSA-100	1				
	漏电继电器	LLJ-□	1	LLJ-□	1	LLJ-□	1	LLJ-□	1	LLJ-□	1	LLJ-□	1
	熔断器									NT-□	6	NT-□	6
	接触器									CJ20-100	2	CJ20-40~150	2
抽屉尺寸	宽/mm	600		600		600		600		600		600	
	高/mm	560		560		400		320		880		880	
辅助电路编号		ODZ354202		ODZ354202		ODZ354202		ODZ354202		ODZ354203		ODZ354204	

表4-11-3(续)

方案编号		GCL1-66		GCL1-67		GCL1-68	
主电路方案单线图	额定电压/V 660	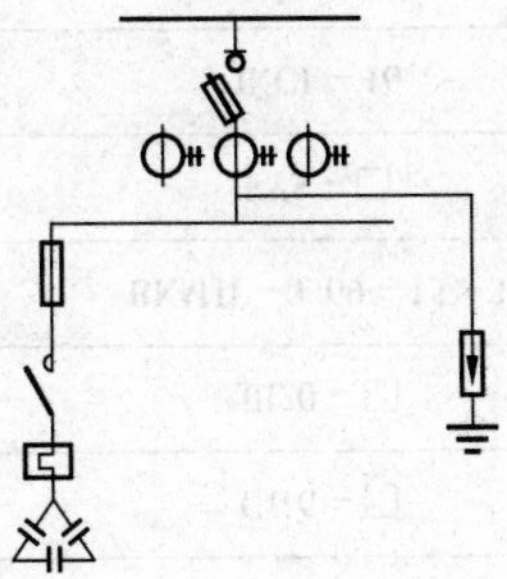		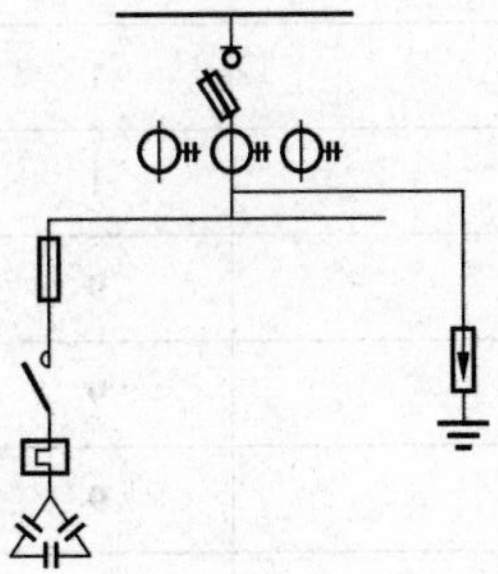		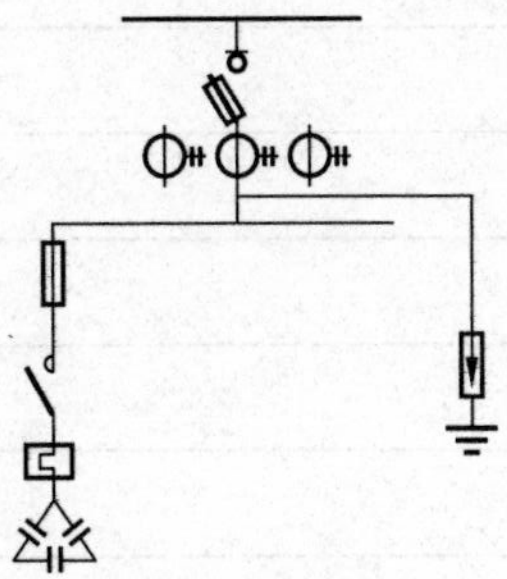	
用途		无功功率补偿		无功功率补偿		无功功率补偿	
额定容量/kvar		240		180		120	
主电路低压电器	隔离器	QSA-□	1	QSA-□	1	QSA-□	1
	电流互感器	LMZY-0.66-□/5	3	LMZY-0.66-□/5	3	LMZY-0.66-□/5	3
	熔断器	NT-□	48	NT-□	36	NT-□	24
	接触器	CJ16-□	16	CJ16-□	12	CJ16-□	8
	热继电器	JR20-□	16	JR20-□	12	JR20-□	8
	电容器	BKMJ1-0.69-15×3	16	BKMJ1-0.69-15×3	12	BKMJ1-0.69-15×3	8
	避雷器	FYS-□	1	FYS-□	1	FYS-□	1
	控制器	JKGL-16	1	JKGL-16	1	JKGL-16	1
抽屉尺寸(宽×高)/(mm×mm)		800×2200		800×2200		800×2200	
辅助电路编号		OZD354205		OZD354206		OZD354207	

表 4-11-3（续）

方案编号		GCL1-69		GCL1-70	
主电路方案单线图	额定电压/V 660				
用途		无功功率补偿		照明	
额定容量/kvar		90		400 A	
主电路低压电器	隔离器	QSA-□	1	QSA-□	1
	电流互感器	LMZY-0.66-□/5	3	LMZY-0.66-□/5	3
	熔断器（断路器）	NT-□	18	DZX10-100	4
	接触器	CJ16-□	6		
	热继电器	JR20-□	6		
	电容器	BKMJ1-0.69-15×3	6		
	避雷器	FYS-□	1		
	控制器	JKGL-16	1		
抽屉尺寸（宽×高）/（mm×mm）		800×2200		600×2200	
辅助电路编号		OZD354208		OZD354209	

流1000 A的配电系统中，作为发电厂、变电站、厂矿企业的动力、照明及机电设备的电能转换、分配与控制设备使用。

2. 型号意义

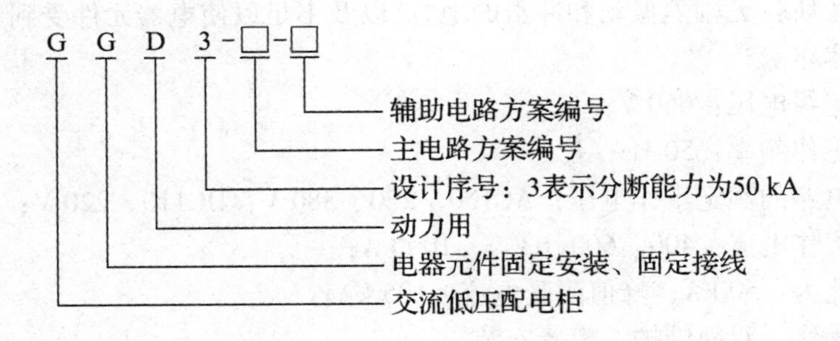

3. 结构特点

构架用8MF冷弯型钢材局部焊接拼装而成。其强度及承载能力均达到电器元件的安装要求。构架上分别有按 $E=20$ mm和 $E=100$ mm模数排列的安装孔，以提高配电柜装配的通用性。

主母线排列在柜的上部后方。采用的ZMJ型母线夹为积木式组合结构，用高阻燃PPO材料热注成型，机械强度和绝缘强度高，能承受有效值50 kA、峰值105 kA的动、热稳定冲击力，长期允许温度可达120 ℃。

构架外形尺寸为：宽600、800、1000、1200 mm，高2200 mm，深600、800 mm。

1000、1200 mm宽的柜，正面采用不对称（800 + 200、800 + 400 mm）的双门结构，600 mm和800 mm宽的柜采用整门结构。柜体后面采用对称式双门结构，既解决了对直接触电的防护，又提高了整体美观效果和强度，也便于制造厂形成标准化生产。

柜门采用镀锌转轴式铰链与构架相连，安装、拆卸方便。门的折边处均加有橡胶嵌条。关门时，门边与柜体之间的嵌条有一定的压缩行程，以防门边与柜体直接碰撞，并提高了门的防护等级。

装有电器元件的仪表门用多股软铜线与构架相连。柜内的安装件与构架间用接地滚花螺钉连接，构成完整的接地保护电路。

柜体前后、顶面及两端侧的防护等级达到IP30，也可根据用户的要求在IP20～IP40之间选择。

为加强通风和散热，在柜体的下部、后上部和顶部均有通风散热孔，使柜体在运行中形成自然通风道，有较好的散热性能。散热孔用钢丝网板加封，以保证柜体的防护等级。

柜体的顶盖可在需要时拆除，便于现场主母线的装配和调整，柜顶的四角装有吊环，便于起吊、装运。

柜体外护层采用聚酯桔形烘漆喷涂，消除眩光，且附着力强。柜内的安装件均经过镀锌、钝化处理，提高了“三防”性能。

4. 适用工作条件

（1）周围环境温度：－5～40 ℃，且24 h内平均温度不得大于35 ℃。

（2）户内安装使用，使用地点的海拔高度：≤2000 m。

（3）周围空气相对湿度：在温度为40 ℃时不超过50%；在较低温度时，允许有较大的相对湿度（例如20 ℃时为90%），同时允许由于温度的变化偶然形成的凝露。

（4）安装倾角：≤5°。

（5）安装场所：无剧烈振动和冲击的地方，以及不足以使电器元件受到腐蚀的场所。

5. 主要技术参数

（1）额定绝缘电压：660 V；

（2）额定工作频率：50 Hz；

（3）辅助电路的额定工作电压：AC100、220、380 V，DC110、220 V；

（4）额定工作电流：400、600(630)、1000 A；

（5）分断能力：50 kA；峰值耐受电流：105 kA；

（6）单面操作、双面维护、离墙安装。

GGD3 型交流低压配电柜的主电路方案编号见表 4－11－4。

6. 外形及安装尺寸

GGD3 型交流低压配电柜的外形及安装尺寸如图 4－11－4、图 4－11－5 所示。

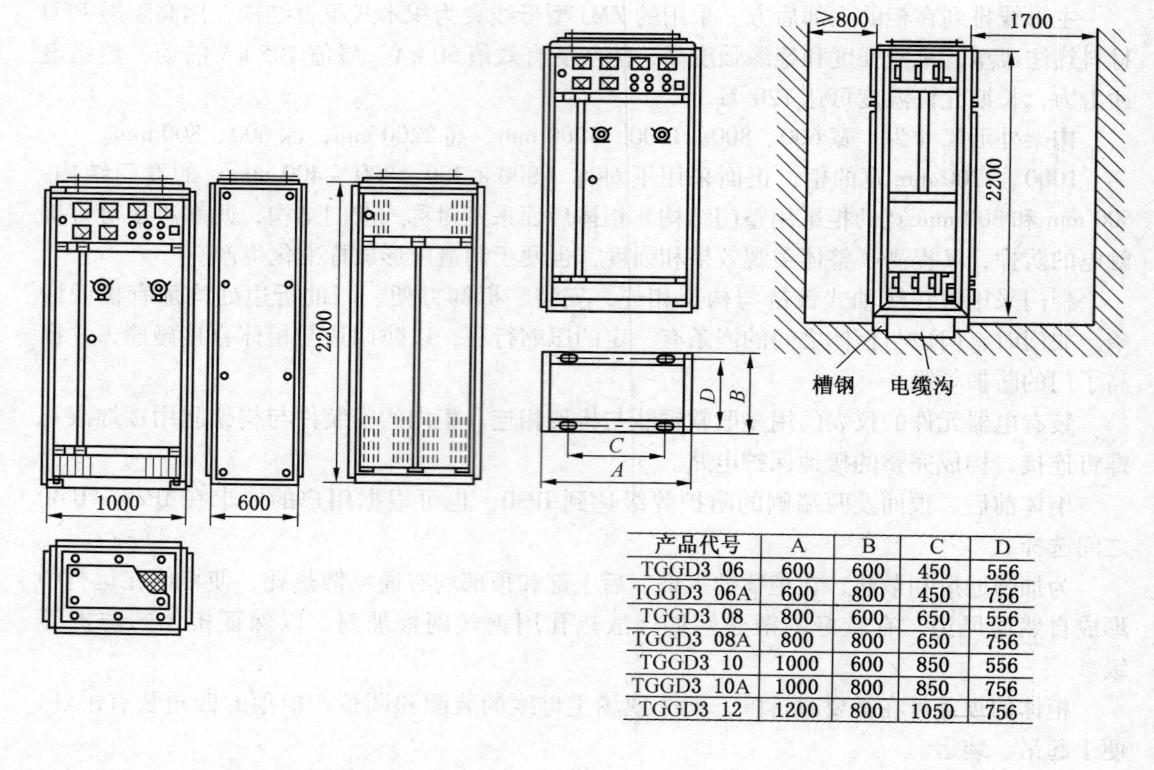

产品代号	A	B	C	D
TGGD3 06	600	600	450	556
TGGD3 06A	600	800	450	756
TGGD3 08	800	600	650	556
TGGD3 08A	800	800	650	756
TGGD3 10	1000	600	850	556
TGGD3 10A	1000	800	850	756
TGGD3 12	1200	800	1050	756

图 4－11－4　GGD3 型交流低压配电柜外形尺寸

图 4－11－5　GGD3 型交流低压配电柜安装尺寸

7. 主电路方案

主电路方案选用示例如图 4－11－6、图 4－11－7 所示。

表 4－11－4　GGD3 型交流低压配电柜主电路方案编号

方案编号		GGD3－01			GGD3－02			GGD3－03			GGD3－04			GGD3－05		
主电路方案单线图	额定电压/V 380	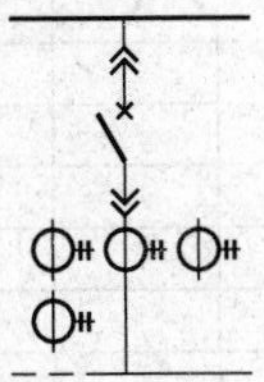			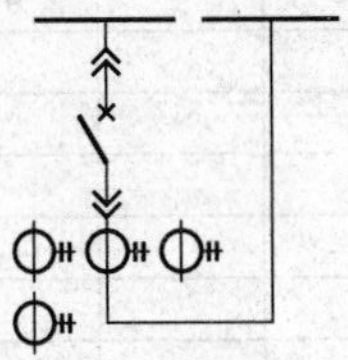			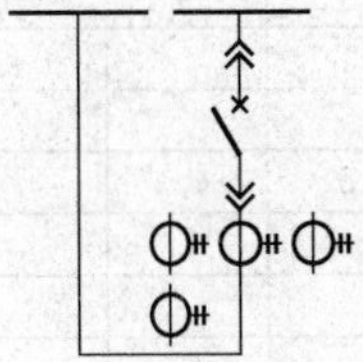			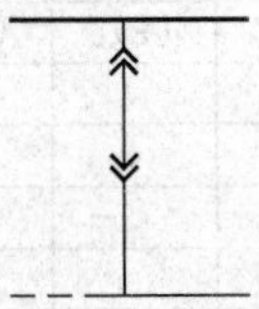			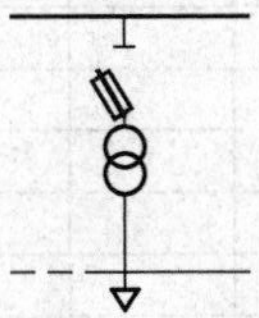		
用途		受电或联络			受电或联络			受电或联络			联络			受电或联络		
主电路主要低压电器	型号规格	A	B	C	A	B	C	A	B	C	A	B	C	A	B	C
	隔离插头 3200 A										1					
	隔离插头 2500 A											1				
	隔离插头 2000 A												1			
	ME－3205 电动	1			1			1								
	ME－2505 电动		1			1			1							
	ME－2000 电动			1			1			1						
	HR－100/3□															1
	JDG－0.5,380/100 V															2(3)
	LMZ2－0.66－□/5	3(4)	3(4)	3(4)	3(4)	3(4)	3(4)	3(4)	3(4)	3(4)						
外形尺寸/mm	高	2200	2200	2200	2200	2200	2200	2200	2200	2200	2200	2200	2200			2200
	宽	1000	800	800	1200	1000	1000	1200	1000	1000	1000	800	800			800
	深	800	800	800	800	800	800	800	800	800	800	800	800			800

表 4-11-4（续）

方案编号		GGD3-06			GGD3-07			GGD3-08			GGD3-09			GGD3-10		
主电路方案单线图	额定电压/V 380	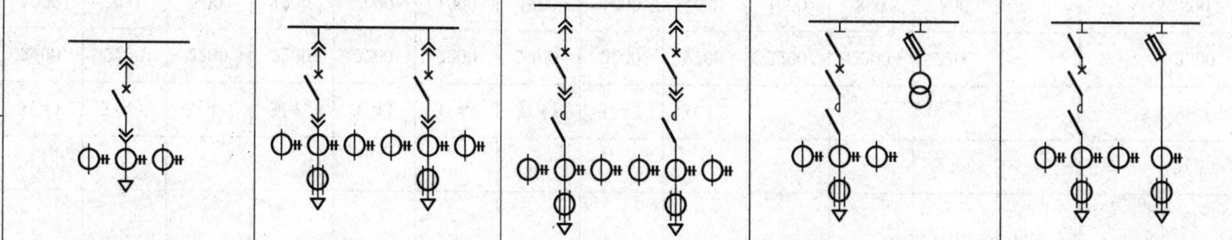														
用途		馈电或联络			馈电			馈电			馈电			馈电		
	型号规格	A	B	C	A	B	C	A	B	C	A	B	C	A	B	C
主电路主要低压电器	HD13BX-1000/31										1			1		
	HD13BX-600/31											1			1	
	HD13BX-400/31												1			1
	HR5-400/3□													1	1	
	HR5-200/3□															1
	HR5-100/3□										1	1	1			
	ME2505 电动		1													
	ME2000 电动			1												
	ME630 电动				2											
	DWX15C-630/3□ 电磁					2			2							
	DWX15C-400/3□ 电磁						2			2						
	DZX10-630P/3□										1			1		
	DZX10-400/3□											1			1	
	DZX10-200/3□												1			1
	CJ20-630/3								2		1			1		
	CJ20-400/3									2		1			1	
	CJ20-160/3												1			1
	JDC-0.5,380/100 V										2(3)	2(3)	2(3)			
	LMZ3□-0.66-□/5		3	3	6	6	6		6	6	3	3	3	4	4	4
	LJ-□				2	2	2		2	2	1	1	1	2	2	2
外形尺寸/mm	宽		800	800	1000	1000	1000		1000	1000	800	800	800	800	800	800
	深		800	800	800	800	800		800	800	600	600	600	600	600	600

表4-11-4(续)

方案编号		GGD3-11			GGD3-12			GGD3-13			GGD3-14			GGD3-15		
主电路方案单线图	额定电压/V 380	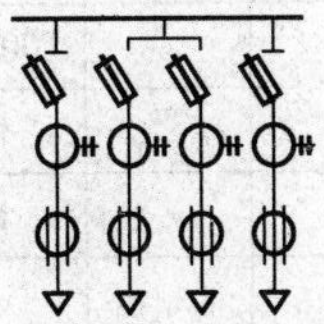			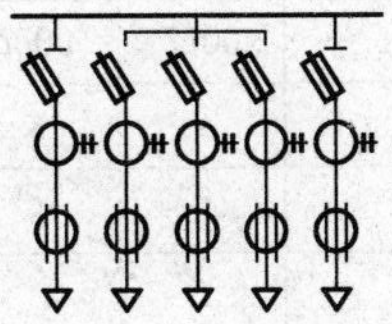			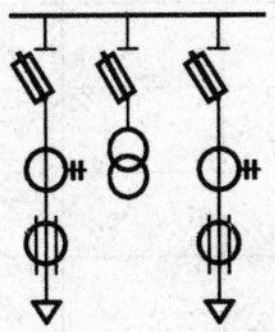			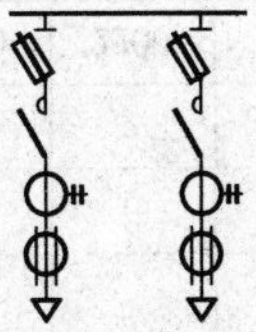			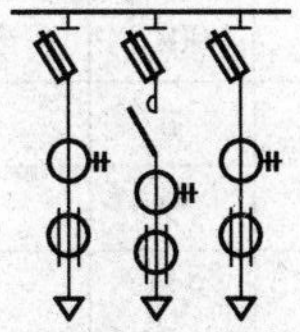		
用途		馈电			馈电			馈电			馈电			馈电		
主电路主要低压电器	型号规格	A	B	C	A	B	C	A	B	C	A	B	C	A	B	C
	HR5-600/3□										2					
	HR5-400/3□	2			3			2				2		2		
	HR5-200/3□	2	4		3	5			2				1	1	2	
	HR5-100/3□			4				1	1	3					1	
	CJ20-400/3										2					
	CJ20-250/3											2				
	CJ20-160/3												2	1		
	CJ20-100/3														1	
	JDG-0.5,380/100 V							2(3)	2(3)	2(3)						
	LMZ3D-0.66-□/5	4	4	4	5	5		2	2	2	2	2	2	3	1	
	LJ-□	4	4	4	5	5		2	2	2	2	2	2	3	1	
外形尺寸/mm	高	2200	2200	2200	2200	2200		2200	2200	2200	2200	2200	2200	2200	2200	
	宽	800	800	800	800	800		800	800	800	800	800	800	800	800	
	深	600	600	600	600	600		600	600	600	600	600	600	600	600	

表4-11-4(续)

方案编号		GGD3-16			GGD3-17			GGD3-18			GGD3-19			GGD3-20		
主电路方案单线图	额定电压/V 380															
用途		馈电			馈电						馈电			馈电		
主电路主要低压电器	型号规格	A	B	C	A	B	C	A	B	C	A	B	C	A	B	C
	HD13BX-1000/31										2					
	HD13BX-600/31											2			2	
	DW15-600/3□电磁										2					
	DW15-400/3□电磁											2				
	DZX10-400P/3□														2	
	HR5-200/2□	2			2											
	HR5-100/3□	2			3	5										
	CJ20-400/3														2	
	CJ20-160/3	2			2											
	CJ20-100					2										
	LMZ3D-0.66-□/5	4			5	5					6	6			6	
	LJ-□	4			5	5					2	2			2	
外形尺寸/mm	高	2200			2200	2200					2200	2200			2200	
	宽	800			800	800					800	800			800	
	深	600			600	600					600	600			600	

表 4-11-4(续)

方案编号		GGD3-21			GGD3-22			GGD3-23			GGD3-24			GGD3-25		
主电路方案单线图	额定电压/V															
	380															
用途		馈电及电动机			馈电及电动机			馈电及电动机			照明			照明		
主电路主要低压电器	型号规格	A	B	C	A	B	C	A	B	C	A	B	C	A	B	C
	HD13BX-1000/31										1			1		
	HD13BX-600/31											1			1	
	HD13BX-400/31												1			1
	HR5-100/3□	4	4	4	5	5	5	4	4	4						
	B105~170				2	2		4	4							
	B85~105	4	2				2			4						
	B45~85		2	4	3		3	4		4						
	B37~45					3			4							
	T105~170				2	2		2	2							
	T85~105	4	2				2			2						
	T45~105		2	4	3	3	3	2	2	2						
	NT-□										12	12	12	18	18	18
	LMZ3-0.66-□/5										4	4	4	5	5	5
	LMZ3□-0.66-□/5	4	4	4	5	5	5	4	4	4						
	LJ-□	4	4	4	5	5	5									
外形尺寸/mm	高	2200	2200	2200	2200	2200	2200	2200	2200	2200	2200	2200	2200	2200	2200	2200
	宽	800	800	800	800	800	800	800	800	800	800	800	800	800	800	800
	深	600	600	600	600	600	600	600	600	600	600	600	600	600	600	600

1	2	3	4	5	6	7	8
GGD3-01	GGD3-09	GGD3-08	GGD3-02	GGD3-11	GGD3-08	GGD3-09	GGD3-01
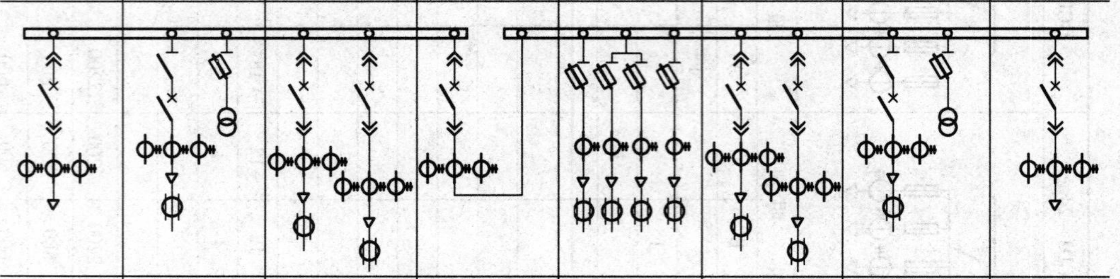							
电源引入	电压互感器 馈电	馈电	母联	馈电	馈电	电压互感器 馈电	电源引入

图 4-11-6 GGD3 型交流低压配电柜主电路方案选用示例（一）

1	2	3	4	5	6	7	8
GGD3-02	GGD3-09	GGD3-16	GGD3-01	GGD3-04	GGD3-17	GGD3-13	GGD3-03
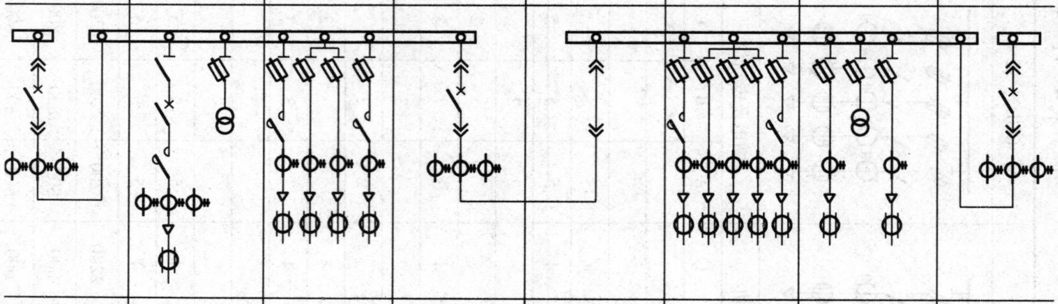							
电源引入	压互感器 电动机电	电动机 馈电 电动机	右联络	左联络	电动机 馈电 电动机	馈电 电压互感器 馈电	电源引入

图 4-11-7 GGD3 型交流低压配电柜主电路方案选用示例（二）

（二）GCS 型低压抽出式开关柜

1. 用途

GCS 型低压抽出式开关柜适用于发电厂、石油化工、煤炭、冶金、纺织、高层建筑供电等行业，作为三相交流频率为 50（60）Hz，额定工作电压为 380（660）V、额定电流为 4000 A及以下的发、供电系统中的配电、电动机集中控制、电抗器限流、无功功率补偿之用。

2. 结构特点

开关柜主构架采用5MF型钢，构架采用全拼装和部分焊接两种结构形式。装置的各功能单元室、母线室、电缆室严格区分；各相同单元室互换性强；各抽屉面板有合、断、试验、抽出等位置的明显标识；设有机械闭锁。母线系统全部选用TMY－T2系列硬铜排，采取柜后平置式排列的布局，以提高母线的动热稳定能力和改善接触面的温升；电缆室内电缆与抽屉出线连接采用专用连接件，简化了安装工艺过程，提高了母线连接的可靠性。

电动机控制柜单柜的回路数量最多可至22回，充分考虑了大单机容量发电厂、石油、煤炭、化工企业等行业高自动化电动机群以及与计算机接口的需要。

3. 主要技术参数

GCS型低压抽出式开关柜的主电路方案见表4－11－5。

该开关柜主要技术参数如下；

额定工作电压：主回路交流380、660 V，辅助电路交流380、220 V，直流220、110 V。

额定频率：50 Hz；

水平母线额定电流：≤4000 A；

垂直母线额定电流：1000 A；

额定峰值耐受电流：105(176)kA；

额定短时耐受电流（1 s）：50(80)kA；

额定绝缘电压：交流660(1000)V。

三、低压照明配电箱

（一）XXM19、XRM19型照明配电箱

1. 用途

XXM19、XRM19型照明配电箱主要用于高层建筑、宾馆、住宅、机场、车站、商场、工矿企业等单位，在户内作为线路过载、短路保护及线路不频繁转换之用。

2. 型号意义

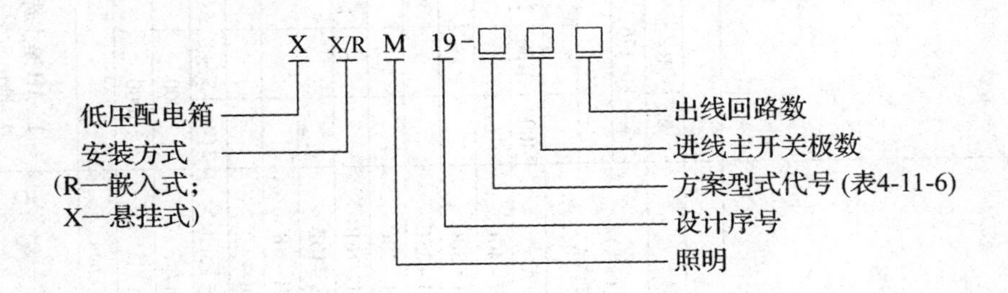

3. 结构特点

该照明配电箱的结构可分为嵌入式、悬挂式两种，主要由箱体、面板、小门、母线、接线端子及电器元件组成。

4. 主要技术参数

表 4-11-5 GCS 型低压抽出式开关柜的主电路方案编号

主电路方案编号	01							02							03				
主电路方案																			
用途	受电(上进线)							受电(下侧进线)							受电(电缆进线)				
规格序号	A	B	C	D	E	F	G	A	B	C	D	E	F	G	A	B	C	D	E
短时耐受电流(kA)/瞬时耐受电流(kA)	80/176							80/176											
			50/105								50/105						50/105		
						30/63							30/63				30/63		
额定电流/A	4000	3150	2500	2000	1600	1000	630	4000	3150	2500	2000	1600	1000	630	2500	2000	1600	1000	630
主电路电器设备选择 AH-40C	1							1											
AH-30C		1							1										
AH-25C			1							1					1				
AH-20C				1							1					1			
AH-16B					1							1					1		
AH-10B						1							1					1	
AH-6B							1							1					1
SDL-□															(1)	(1)	(1)	(1)	(1)
SDL-□□/5	3(4)	3(4)	3(4)	3(4)	3(4)	3(4)	3(4)	3(4)	3(4)	3(4)	3(4)	3(4)	3(4)	3(4)	3(4)	3(4)	3(4)	3(4)	3(4)
柜宽/mm	1000		800		600			1000		800		600			800		600		
柜深/mm	1000		800					1000		800					800				
占用小室高度/mm																			
备注	1. AH 是主选断路器，还可选用 AE、DW40、DW48、3WE、ME 等断路器替代 2. 馈电方案可以加装零序保护，零序电流互感器装入电缆隔室 3. 04 方案 2500 A 及以下时在本柜内翻排可以左翻或右翻，不需 05 方案转接 4. SDH、SDH 是 GCS 柜专用电流互感器																		

表 4-11-5（续）

主电路方案编号	04							05	06		
主电路方案 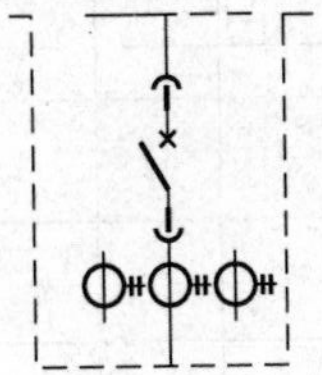 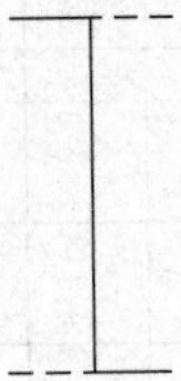 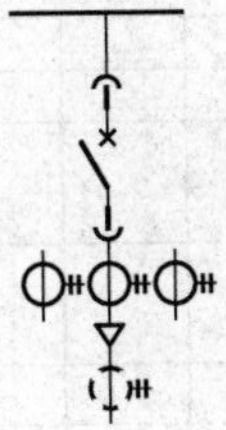											
用途	联络							母线转接	馈电		
规格序号	A	B	C	D	E	F	G		A	B	C
短时耐受电流(kA)/瞬时耐受电流(kA)	80/176		50/105		30/63				50/105 30/63		
额定电流/A	4000	3150	2500	2000	1600	1000	630		1600	1000	630
主电路电器设备选择 AH-40C	1										
AH-30C		1									
AH-25C			1								
AH-20C				1							
AH-16B					1				1		
AH-10B						1				1	
AH-6B							1				1
SDL-□									(1)	(1)	(1)
SDL-□□/5	3	3	3	3	3	3	3		1(3)	1(3)	1(3)
柜宽/mm	1000		800		600			400(600)	1000		
柜深/mm	1000		800					800(1000)	800		
占用小室高度/mm									640	640	640
备注	1. AH 是主选断路器，还可选用 AE、DW40、DW48、3WE、ME 等断路器替代 2. 馈电方案可以加装零序保护，零序电流互感器装入电缆隔室 3. 04 方案 2500 A 及以下时在本柜内翻排可以左翻或右翻，不需 05 方案转接 4. SDH、SDH 是 GCS 柜专用电流互感器										

表4－11－5（续）

主电路方案编号		07		08		09	
主电路方案							
用途		双电源手动切换		双电源手动切换		双电源切换	
规格序号		A	B	A	B	A	B
短时耐受电流(kA)/		50/105		50/105		50/105	
瞬时耐受电流(kA)		30/83		30/83		30/83	
额定电流/A		1000	630	1000	630	400	250
主电路电器设备选择	AH－10B	1		1			
	AH－6B		1		1		
	QPS－1000	1		1			
	QPS－630		1		1		
	QSA－630						
	QSA－400						
	QSA－250						
	QSA－160						
	限流电抗器 600 A 0.0084 Ω/φ						
	B370					1	
	B250						1
	TG－400BD 或 CM1－400L					1	1
	TG－225BD 或 TG－225M						
	SDL－□						
	SDL－□□/5	3(4)	3(4)	3(4)	3(4)		
柜宽/mm		1000		800		800	
柜深/mm		800		800		600	
占用小室高度/mm		960		960		480×2	
备注		馈线方案可以加装零序保护，零序电流互感器装入电缆隔室					

表 4-11-5(续)

主电路方案编号	10				11			12		
主电路方案 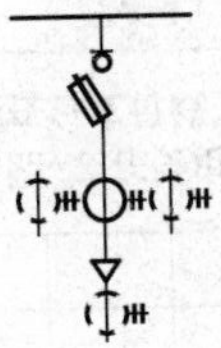 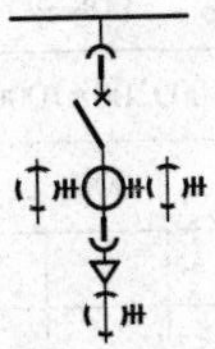 										
用途	馈电				馈电			限流电抗器		
规格序号	A	B	C	D	A	B	C			
短时耐受电流(kA)/瞬时耐受电流(kA)	50/105 30/83				50/105 30/83					
额定电流/A	630	400	250	160	400	200	100			600
主电路电器设备选择 AH-10B										
AH-6B										
QPS-1000										
QPS-630										
QSA-630	1									
QSA-400		1								
QSA-250			1							
QSA-160				1						
限流电抗器 600 A 0.0084 Ω/φ										3
B370								1		
B250									1	
TG-400BD 或 CM1-400L					1			1	1	
TG-225BD 或 TG-225M						1				
TG-100BD 或 TG-100M							1			
SDL-□	(1)	(1)	(1)	(1)	(1)	(1)	(1)			
SDL-□□/5	1(3)	1(3)	1(3)	1(3)	1(3)	1	2			
柜宽/mm	800				800			800		
柜深/mm	600				800			600		
占用小室高度/mm	480	320			240	240	160	1760		
备注	馈线方案可以加装零序保护，零序电流互感器装入电缆隔室									

表 4-11-5（续）

主电路方案编号		13	14	15
主电路方案		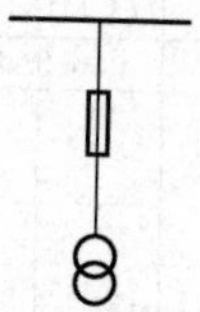	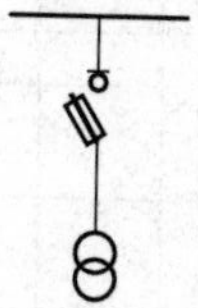	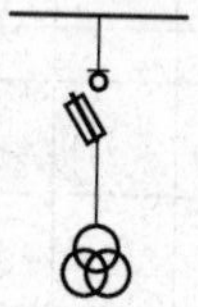
用途		电压互感器	电压互感器	电压互感器
规格序号				
额定电流/A				
主电路电器设备选择	QPS-1000			
	QPS-630			
	QSA-630			
	QSA-400			
	QSA-250			
	QSA-160			
	QSA-63			
	NT00-□	3	1	1
	JDG-0.5 380/100	2	2	
	JSGW-0.5			
	SDH-□-□/5			1
柜宽/mm		不占间隔，装在受电柜内，接在分支母线上	800	800
柜深/mm			1000(800,600)	1000(800,600)
占用小室高度/mm			800	800
备注				

表 4-11-5（续）

主电路方案编号		16			17		18
主电路方案		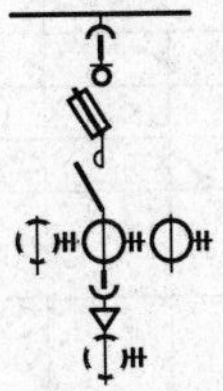			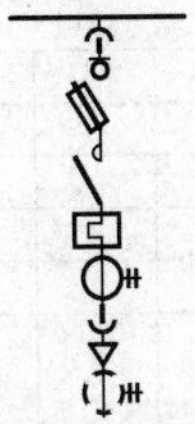		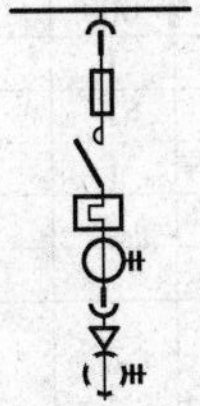
用途		电动机（不可逆）			电动机（不可逆）		电动机（不可逆）
规格序号		A	B	C	A	B	
短时耐受电流（kA）/瞬时耐受电流（kA）		50/105 30/83			50/105 30/83		50/105 30/83
最大控制电动机功率/kW		100	75	75	37	15	7.5
主电路电器设备选择	QSA-250	1					
	QSA-160		1				
	QSA-125			1	1		
	NH17-63					1	
	NT00-□						3
	B250	1					
	B170~105		1	1			
	B85 或 LC1-D80				1		
	B45 或 LC1-D32 或 3TB44					1	
	B16 或 LC1-D18 或 3TB42						1
	T85				1		
	TSA45					1	
	T16	1	1	1			1
	SDL-□	(1)	(1)	(1)	(1)	(1)	(1)
	SDH-□-□/5	3	3	3	1	1	1
柜宽/mm		800			800		800
柜深/mm		600			600		600
占用小室高度/mm		320			240		160
备注		B 系列接触器为首选，还可以选用 D 系列、3TB 系列、CJ20 系列					

表 4-11-5（续）

主电路方案编号		19			20		21
主电路方案		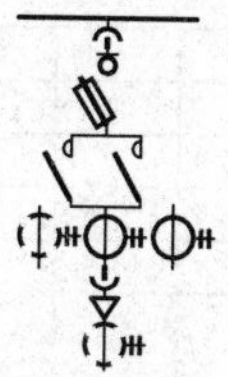			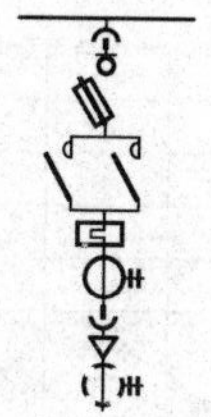		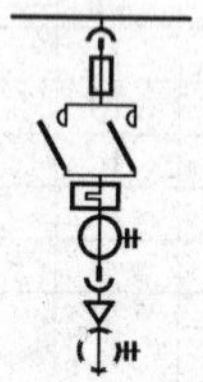
用途		电动机（可逆）			电动机（可逆）		电动机（可逆）
规格序号		A	B	C	A	B	
短时耐受电流（kA）/瞬时耐受电流（kA）		50/105 30/83			50/105 30/83		50/105 30/83
最大控制电动机功率/kW		100	75	75	37	15	7.5
主电路电器设备选择	QSA-250	1					
	QSA-160		1				
	QSA-125			1	1		
	NH17-63					1	
	NT00-□						
	B250	2					3
	B170~105		2	2			
	B85 或 LC1-D80				2		
	B45 或 LC1-D32 或 3TB44					2	
	B16 或 LC1-D18 或 3TB42						2
	T85				1		
	TSA45					1	
	T16	1	1	1			
	SDL-□	（1）	（1）	（1）			1
	SDH-□-□/5	3	3	3	（1）	（1）	（1）
					1	1	1
柜宽/mm		800			800		800
柜深/mm		600			600		600
占用小室高度/mm		480			240		160
备注		B 系列接触器为首选，还可以选用 D 系列、3TB 系列、CJ20 系列					

表 4-11-5（续）

主电路方案编号		22			23			24		
主电路方案		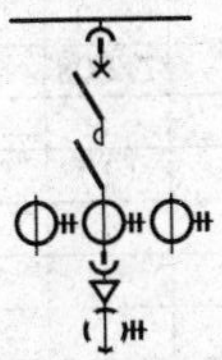			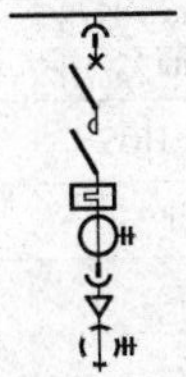					
用途		电动机（不可逆）			电动机（不可逆）			电动机（可逆）		
规格序号		A	B	C	A	B	C	A	B	C
短时耐受电流（kA）/ 瞬时耐受电流（kA）		50/105 30/63			50/105 30/63			50/105 30/63		
最大控制电动机功率/kW		100	75	75	37	15	7.5	100	75	75
主电路电器设备选择	CM1-400L 或 TG-400BD	1						1		
	CM1-225M		1	1					1	1
	CM1-100M 或 TG-100BD				1	1				
	NZMS4						1			
	QSA-125									
	NH17-63									
	B250	1						22		
	B170~105		1	1					2	2
	B85 或 LC1-D80				1					
	B45 或 LC1-D32 或 3TB44					1				
	B16 或 LC1-D18 或 3TB42						1			
	T85				1					
	TSA45					1				
	T16	1	1	1			1	1	1	1
	SDL-□	(1)	(1)	(1)	(1)	(1)	(1)	(1)	(1)	(1)
	SDH-□-□/5	3	3	3	1	1	1	3	3	3
柜宽/mm		800			800		800/2	800		
柜深/mm		600			600		600	600		
占用小室高度/mm		480	320		240		160	480	320	
备注		B 系列接触器为首选，还可以选用 D 系列、3TB 系列、CJ20 系列								

表 4-11-5(续)

主电路方案编号		25		
主电路方案				
用途		电动机(可逆)		
规格序号		A	B	C
短时耐受电流(kA)/		50/105		
瞬时耐受电流(kA)		30/63		
最大控制功率/kW		37	15	7.5
主电路电器设备选择	CM1-400L 或 TG-400BD			
	CM1-225M			
	CM1-100M 或 TG-100BD	1	1	
	NZMS4			1
	QSA-125			
	NH17-63			
	B250			
	B170~105			
	B85 或 LC1-D80	2		
	B45 或 LC1-D32 或 3TB44		2	
	B16 或 LC1-D18 或 3TB42			2
	T85	1		
	TSA45		1	
	T16			1
	SDL-□	(1)	(1)	(1)
	SDH-□-□/5	1	1	1
柜宽/mm		800		800/2
柜深/mm		600		600
占用小室高度/mm		240		160
备注		B 系列接触器为首选,还可以选用 D 系列、3TB 系列、CJ20 系列		

主电路方案编号		26	
主电路方案			
用途		电动机(不可逆)	
规格序号		A	B
短时耐受电流(kA)/		50/105	
瞬时耐受电流(kA)		30/63	
最大控制电动机功率/kW		200	160
主电路电器设备选择	NT2-□	3	
	NT2-□		3
	CM1-630L 或 G-600BD	1	
	CM1-400L 或 G-400BD		1
	CM1-225M 或 G-225BD		
	CM1-100M 或 G-100BD		
	B370	1	1
	B170~105		
	B85		
	T16	1	1
	LJZ-□	(1)	(1)
	SDH-□-□/5	3	3
柜宽/mm		800	
柜深/mm		600	
占用小室高度/mm		880	
备注		B 系列接触器为首选,还可以选用 D 系列、3TB 系列、CJ20 系列	

表 4-11-5（续）

主电路方案编号		27		28		29		30	
主电路方案		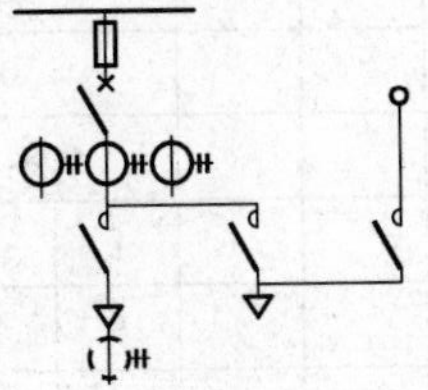		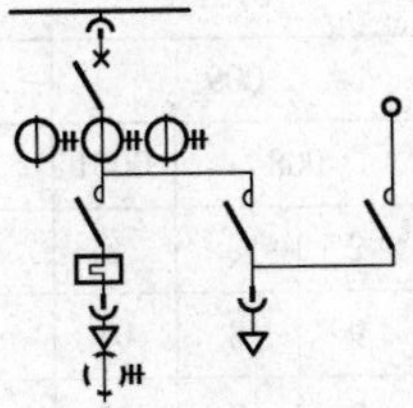		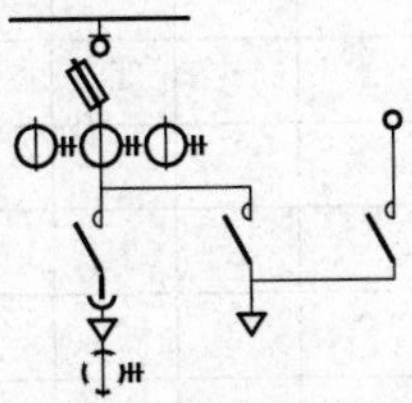		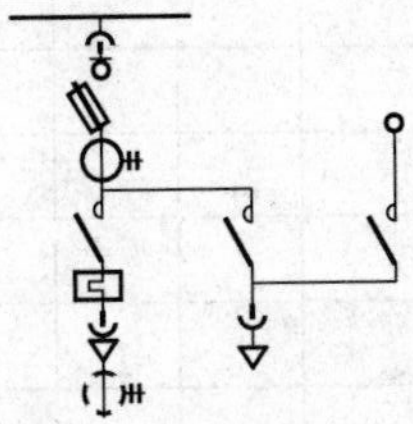	
用途		Y—△启动		Y—△启动		Y—△启动		Y—△启动	
规格序号		A	B	A	B	A	B	A	B
短时耐受电流(kA)/瞬时耐受电流(kA)		50/105 30/63		50/105 30/63		50/105 30/63		50/105 30/63	
最大控制电动机功率/kW		160	90	37	15	160	90	37	15
主电路电器设备选择	QSA-400~250					1	1		
	QSA-125							1	
	HH17-63								1
	NT2-□	33	3						
	TG-400B	1							
	CM1-225M 或 TG-225BD			1	1				
	CM1-100M 或 TG-100BD								
	B370	3				3			
	B250		3				3		
	B85 或 LC1-D80			3				3	
	B45 或 LC1-D32 或 3TB44				3				3
	T85			1				1	
	TSA45				1				1
	T16	1	1			1	1		
	SDL-□	(1)	(1)	(1)	(1)	(1)	(1)	(1)	(1)
	SDH-□-□/5	3	3	1	1	3	3	1	1
柜宽/mm		800		800		800		800	
柜深/mm		600		600		600		600	
占用小室高度/mm		880	640	240		640	480	320	
备注		B 系列接触器为首选，还可以选用 D 系列、3TB 系列、CJ20 系列							

表 4-11-5（续）

主电路方案编号		31							32							33						
主电路方案		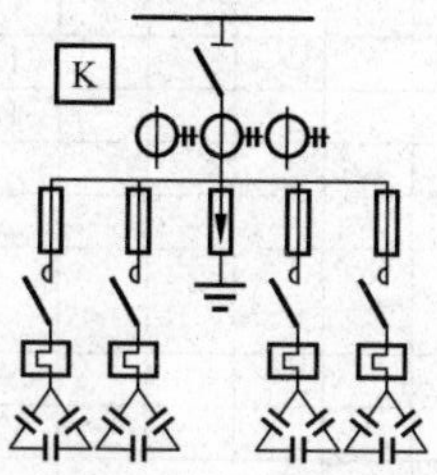							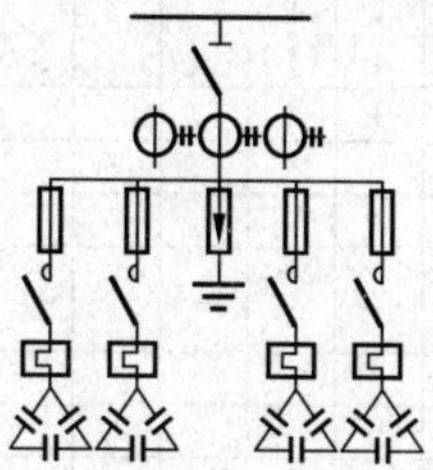							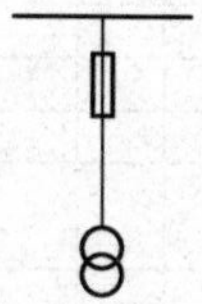						
用途		无功补偿（主柜）							无功补偿（辅柜）							公共电源						
规格序号		A	B	C					A	B	C											
最大补偿容量/kvar		160	128	96					160	128	96											
主电路电器设备选择	QSA-400	1	1	1					1	1	1											
	Am-32	30	24	18					30	24	18								3			
	NT00-□																		1			
	JBK3-400																					
	B30C	10	8	6					10	8	6											
	T45	10	8	6					10	8	6											
	BCMJ-0.4-16-3	10	8	6					10	8	6											
	SDH-□-□/5	3	3	3					3	3	3											
柜宽/mm		1000	800						1000	800												
柜深/mm			600							600												
占用小室高度/mm			1760							1760												
备注																						

表4-11-6 方案型式代号

方案型式代号	含义	方案型式代号	含义
A	无进线主开关单相进线	F	带有单相电能表一只及主开关为 DZ12-60/3
B	进线主开关为 DZ12-60/2	G	带有三相四线电能表一只及主开关为 Z10-100/3
C	进线主开关为 DZ12-60/3	H	单相电能表箱
D	进线主开关为 DZ10-100/3	I	进线主开关为 DZ12-60/3，出线开关为单相漏电开关
E	带有单相电能表一只及主开关为 Z12~60/2	J	插座相

进线方式：单相三线、三相五线、220/380 V；

额定电压：AC220 V、380 V；

工作频率：50 Hz、60 Hz；

进线电流：15、20、30、40、50、60 A；

出线电流：6、10、15、20、30、40、50、60A。

5. 线路方案

XXM19、XRM19 型照明配电箱线路方案见表4-11-7。

XXM19、XRM19 一次线路方案主要电器元件见表4-11-8 至表4-11-14，表内括号内尺寸为嵌入式的数值。

表4-11-7 XXM19、XRM19 型照明配电箱线路方案

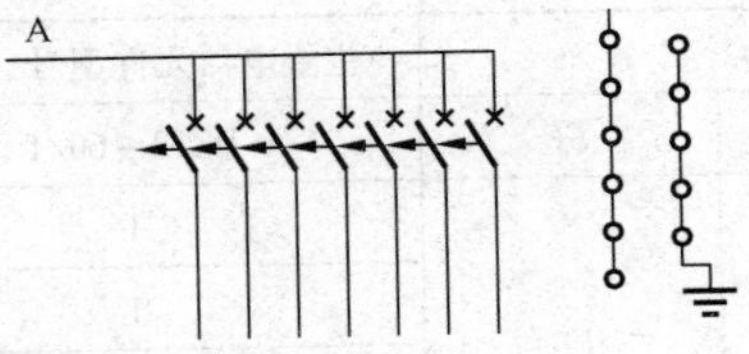 A 方案型式：A	主开关 DZ12-60/2 O A 方案型式：B
主开关 DZ12-63/3 A B C N 方案型式：C	主开关 DZ10-100/3 A B C N 方案型式：D

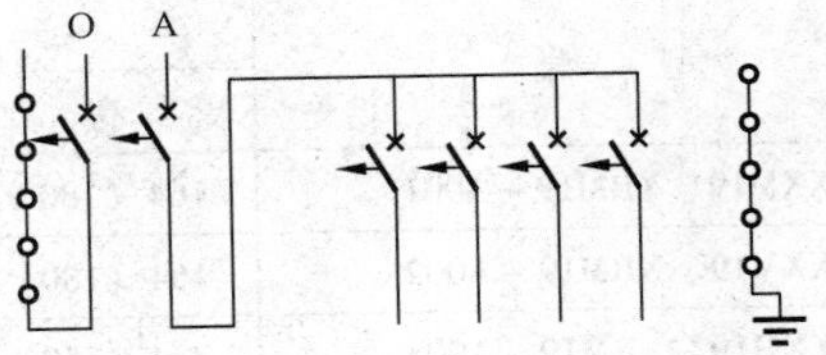

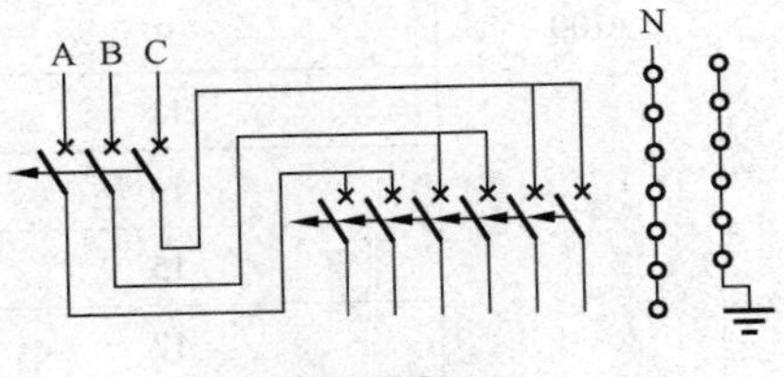

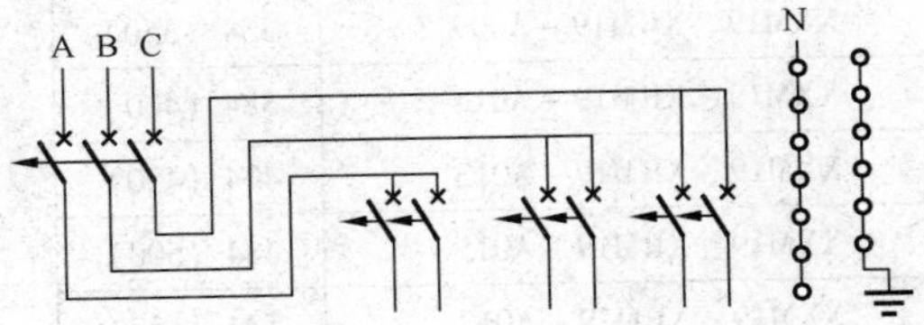

表4-11-7（续）

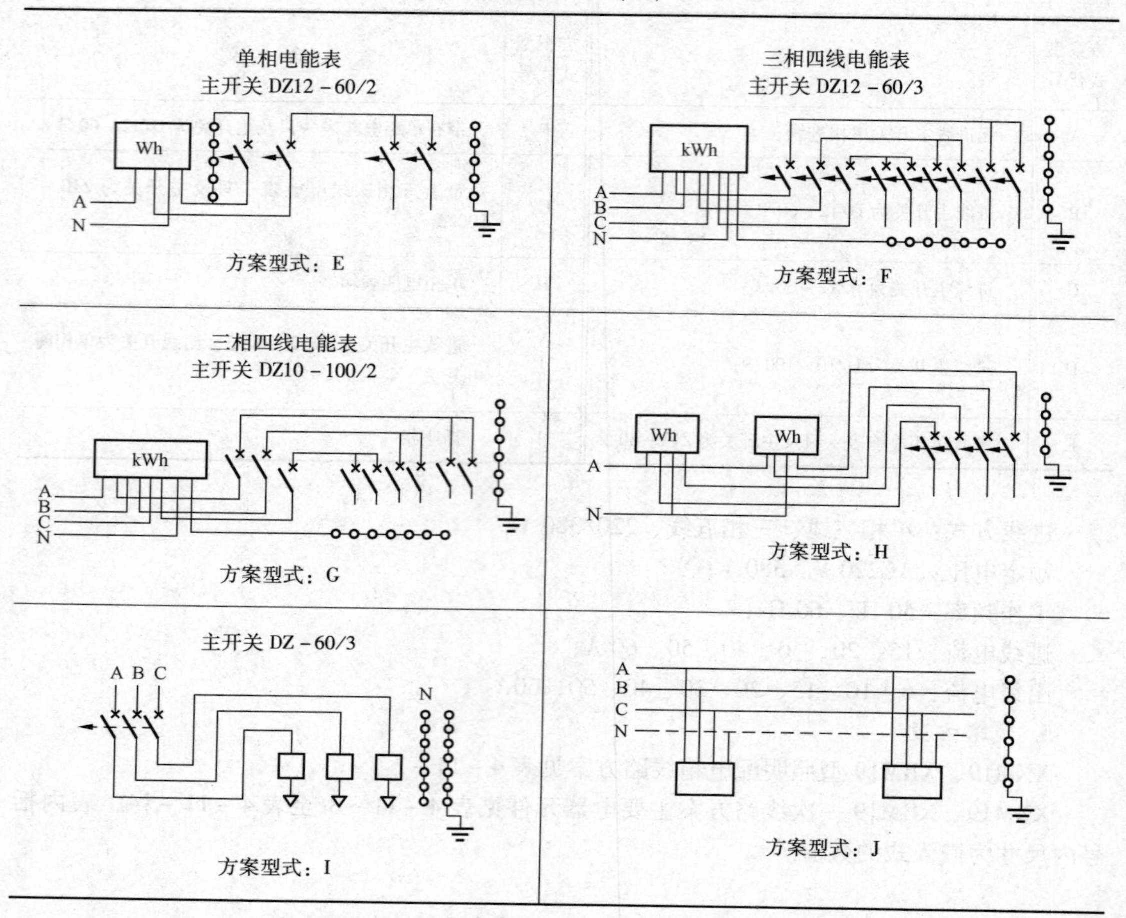

表4-11-8 XXM19、XRM19一次线路方案主要电器元件

型号	外形尺寸/mm			主要电器元件型号、数量
	高	宽	深	DZ12-60/1
XXM19、XRM19-A001	164（180）	234（250）	100	1
XXM19、XRM19-A002	164（180）			1
XXM19、XRM19-A003	234（250）			3
XXM19、XRM19-A005	234（250）			5
XXM19、XRM19-A007	284（300）			7
XXM19、XRM19-A009	334（350）			9
XXM19、XRM19-A011	384（400）			11
XXM19、XRM19-A013	434（450）			13
XXM19、XRM19-A015	484（500）			15
XXM19、XRM19-A017	534（550）			17
XXM19、XRM19-A019	584（600）			19

表4-11-9 XXM19、XRM19一次线路方案主要电器元件

型号	外形尺寸/mm			主要电器元件型号、数量		
	高	宽	深	DZ12-60/3	DZ12-60/2	DZ12-60/1
XXM19-B200 XRM19-B200	164 (280)				1	
XXM19-B202 XRM19-B202	234 (250)				1	2
XXM19-B204 XRM19-B204	248 (300)				1	4
XXM19-B206 XRM19-B206	334 (350)				1	6
XXM19-B208 XRM19-B208	384 (400)				1	8
XXM19-B210 XRM19-B210	434 (450)	234 (250)	100		1	10
XXM19-B212 XRM19-B212	484 (500)				1	12
XXM19-B214 XRM19-B214	534 (550)				1	14
XXM19-B216 XRM19-B216	584 (600)				1	16
XXM19-C300 XRM19-C300	234 (250)			1		
XXM19-C303 XRM19-C303	284 (300)			1		3
XXM19-C306 XRM19-C306	359 (375)			1		6

表4-11-10 XXM19、XRM19一次线路方案主要电器元件

型号	外形尺寸/mm			主要电器元件型号、数量				
	宽	高	深	DZ12-60/3	DZ12-60/2	DZ12-60/1	DZ10-100/3	DZ12-6/1
XXM19-C309 XRM19-C309	434 (450)	234 (250)	100	1		9		
XXM19-C312 XRM19-C312	509 (525)	234 (250)	100	1		12		
XXM19-C315 XRM19-C315	584 (600)	234 (250)	100	1		15		
XXM19-D300 XRM19-D300	214 (230)	284 (300)	115				1	

表 4－11－10（续）

型　号	外形尺寸/mm			主 要 电 器 元 件 型 号 、 数 量				
	宽	高	深	DZ12－60/3	DZ12－60/2	DZ12－60/1	DZ10－100/3	DZ12－6/1
XXM19－D303 XRM19－D303	314 （330）	284 （300）	115				1	3
XXM19－D306 XRM19－D306	384 （405）	284 （300）	115				1	6
XXM19－D309 XRM19－D309	464 （480）	284 （300）	115				1	9
XXM19－D312 XRM19－D312	539 （555）	284 （300）	115				1	12
XXM19－D315 XRM19－D315	614 （630）	284 （300）	115				1	15
XXM19－E200 XRM19－E200	294 （310）	284 （300）	136		1		DD17×1	
XXM19－E202 XRM19－E202	414 （430）	285 （360）	136		1	2	DD17×1	
XXM19－E204 XRM19－E204	464 （480）	284 （300）	136		1	4	DD17×1	

表 4－11－11　XXM19、XRM19 一次线路方案主要电器元件

型　号	外形尺寸/mm			主 要 电 器 元 件 型 号 、 数 量					
	宽	高	深	DZ12－60/3	DZ12－60/2	DZ12－60/1	DZ10－100/3	DD－17	DT8
XXM19－E206 XRM19－E206	514 （530）	284 （360）	136		1	6		1	
XXM19－E208 XRM19－E208	564 （580）	284 （360）	136		1	8		1	
XXM19－F000 XRM19－F000	269 （280）	374 （390）	158						1
XXM19－F300 XRM19－F300	339 （400）	374 （390）	158	1					1
XXM19－F303 XRM19－F303	389 （500）	374 （390）	158	1		3			1
XXM19－F306 XRM19－F306	564 （580）	374 （390）	158	1		6			1
XXM19－F309 XRM19－F309	639 （650）	374 （390）	158	1		9			1
XXM19－F312 XRM19－F312	714 （730）	374 （390）	158	1		12			1
XXM19－G300 XRM19－G300	449 （460）	374 （390）	158						1

表 4-11-12 XXM19、XRM19 一次线路方案主要电器元件

型号	外形尺寸/mm			主要电器元件型号、数量			
	宽	高	深	DZ12-60/1	DZ10-100/3	DD-17	DT8
XXM19-G303 XRM19-G303	549 (560)	374 (390)	158	3	1		1
XXM19-G306 XRM19-G306	624 (640)	374 (390)	158	6	1		1
XXM19-G309 XRM19-G309	694 (710)	374 (390)	158	9	1		1
XXM19-G312 XRM19-G312	449 (460)	554 (570)	158	12	1		1
XXM19-H100 XRM19-H100	214 (230)	284 (300)	136			1	
XXM19-H200 XRM19-H200	344 (360)	284 (300)	136			2	

表 4-11-13 XXM19、XRM19 一次线路方案主要电器元件

型号	外形尺寸/mm			主要电器元件型号、数量			
	宽	高	深	DZ12-60/3	DZ12-60/2	DD-17	LDB-1
XXM19-H300 XRM19-H300	474 (490)	284 (300)	136			3	
XXM19-H400 XRM19-H400	604 (620)	284 (300)	136			4	
XXM19-H204 XRM19-H204	474 (490)	284 (300)	136		2	2	
XXM19-H306 XRM19-H306	654 (670)	284 (300)	136		3	3	
XXM19-H408 XRM19-H408	604 (620)	404 (420)	156		4	4	
XXM19-H510 XRM19-H510	604 (620)	504 (520)	136		5	5	
XXM19-H612 XRM19-H612	654 (670)	504 (520)	136		6	6	
XXM19-H714 XRM19-H714	774 (790)	504 (520)	136		7	7	
XXM19-1001 XRM19-1001	284 (250)	234 (250)	100	1			1

表 4－11－14　XXM19、XRM19 一次线路方案主要电器元件

型　号	外形尺寸/mm			主要电器元件型号、数量		
	宽	高	深	DZ12－60/3	LDB－1	86 系列插座
XXM19－1002 XRM19－1002	284 （300）	234 （250）	100	1	2	
XXM19－1003 XRM19－1003	284 （640）	234 （250）	100	1	3	
XXM19－1004 XRM19－1004	484 （500）	234 （250）	100	1	4	
XXM19－1005 XRM19－1005	584 （600）	234 （250）	100		5	
XXM19－1001 XRM19－1001	284 （300）	234 （250）	100			1
XXM19－1002 XRM19－1002	384 （400）	234 （250）	100			2
XXM19－1003 XRM19－1003	434 （450）	234 （250）	100			3
XXM19－1004 XRM19－1004	534 （550）	234 （250）	100			4
XXM19－1005 XRM19－1005	584 （600）	234 （250）	100	1		5

（二）KCLD 型路灯节能控制器

1. 路灯节能工作的必要性

照明节能是当今照明界的一种趋势，特别是近几年来，随着经济的飞速发展，电力供应日趋紧张，全国各地都不同程度地出现了电力供应不足，甚至断电的现象。这样，照明节电就受到了各界人士及有关部门的重视。路灯节能的主要措施如下：

（1）半夜灯节能方式：半夜灯节能方式是最早也是最有效的节能方式，它是指在照度较高的道路或城乡结合部街道的路灯，由于下半夜人流量、车流量较少，亮度不需要太高的情况下，在 23：00 以后关掉一部分灯；如一根电杆上有几只灯，关剩一只。只有一只灯的电杆，实行一隔一的关灯办法。其特点是：投资小、见效快、效果明显、方法简单易行、维护方便，节电率达 20% 以上。

（2）选用高效节能的照明器具：最简单的如用荧光灯、节能灯取代白炽灯或高压汞灯。这种方法的节能效果也十分明显，如一只 18 W 的节能灯的光通量相当于一只 100 W 的白炽灯。

（3）单灯节能器：它包括了单灯节能器、单灯检测单元、在线检测终端、设置终端和

通信模块；它可以和城市灯光实时监控系统相兼容，组合成满足管理、环保和节能等多种现代文明要求的单灯节能型智能照明系统。从根本上改变了城市路灯的管理方式，直接控制具体的每一只灯，但其投资较大。

（4）路段节能器：首先对钠灯的工作特性做了深入详细的研究，画出钠灯的最佳工作曲线。同时对路灯的实际工作状态进行了广泛的社会调查。结论是电网电压高低差别太大是电能浪费的主要原因，在上半夜，电压就经常超过220 V，到下半夜甚至超过了240 V。但钠灯在240 V电压下的工作电流将是220 V电压工作时的1.5倍。这样在人流量、车流量相应小得多的时候，电能却在大量消耗。同时钠灯的寿命也大大下降。因此研制了该节电器。在原有的路段路灯配电箱里，加装上路段节能器，并在目前已得到广泛应用。节能效果达30% ~40%，取得了很好的社会效果及经济效果。

2. 功能及技术特点

（1）如果电网电压高于220 V，上半夜稳压在220 V，实际上已经降压节能。按照高压钠灯的起辉曲线实现起辉，即从200 V开始软起动，经过2.5 min升到220 V，延长钠灯使用寿命。

（2）午夜以后，可按需要设定（自开灯到降压的）降压时间（面板上的定时器），自动降低电压到190 V（降压时间10 min，延长钠灯使用寿命），减小电流，以适当降低亮度，直到天明，达到节能的目的。降压值可按要求调整。

（3）不需中央计算机控制系统，直接在现有设备基础上进行改造，投资成本低。

（4）夜间，一般电压会升高，钠灯因电压的升高（如升高20 V），电流将升高1.5倍，这将直接导致钠灯寿命大大下降（一般正常电压下，钠灯寿命为1万~3万h），而如果不采用降压措施，寿命仅4000 h左右。所以，采用节能措施以后，钠灯的寿命会大大提高。

3. 主要技术参数

电源电压要求：两相为380 V（≤430 V）；或单相220 V（≤250 V）。

最高钠灯电压：≤220 V。

节电范围：≥30%。

钠灯寿命延长：>1倍。

强迫或自动旁路：可手动“强迫旁路”或当设备出现故障，输出电压低于170 V时，将自动旁路转换到正常供电，并有红色指示灯报警。

外形尺寸：320 mm×300 mm×160 mm。

各种型式路灯节能控制器的最大输出功率和最大输出电流见表4-11-15。

表4-11-15 路灯节能控制器的最大输出功率和最大输出电流

型号	可带灯/只	输出功率/kW	最大输出电流/A
KCLD-1	60	每相5	每相20
KCLD-2	100	每相10	每相40
KCLD-3	150	每相15	每相60
KCLD-4	300	每相30	每相100

4. 路灯节能控制器的线路原理图

路灯节能控制器内部的路段节能器原理框图如图 4－11－8 所示。

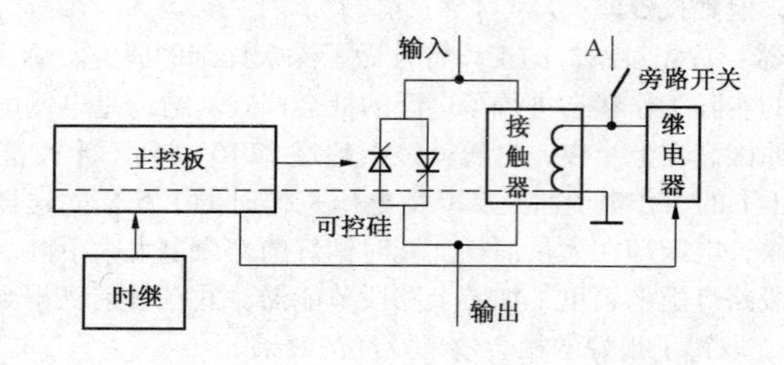

图 4－11－8　路灯节能控制器内部的路段节能器原理框图

路灯节能控制器外部线路原理接线图如图 4－11－9 所示。

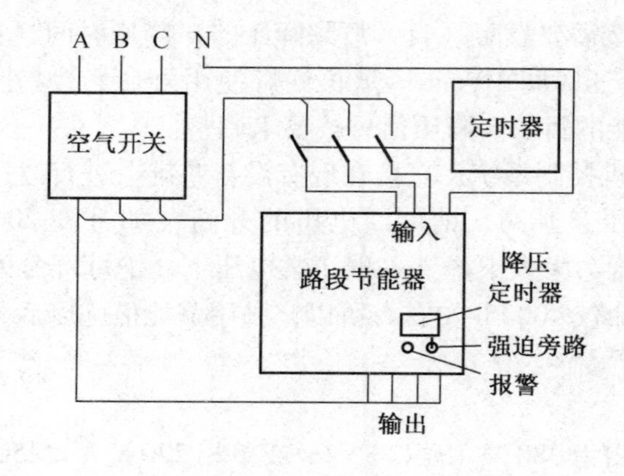

图 4－11－9　路灯节能控制器外部线路原理接线图

本章编写人：贺 飞 叶四新

第五章 继电保护与自动装置

第一节 概 述

煤矿供电系统的继电保护是保证煤矿安全供电的重要工具。装设继电保护装置应根据煤矿电力系统接线和运行的特点，适当考虑发展，合理地制定方案，选择设备力求技术先进、经济合理并应满足可靠性、选择性、灵敏性和速动性四项基本要求。

（1）可靠性是指保护该动作时应动作，不该动作时不动作。为保证可靠性，宜选用可能的最简单的保护方式，应采用由可靠的元件和尽可能简单的回路构成的装置，并应具有必要的自动在线检测、闭锁和告警等功能。保护装置应便于整定、调试和运行维护。

（2）选择性是指首先由故障设备或线路本身的保护切除故障。当故障设备或线路本身的保护或断路器拒动时，才允许由相邻设备、线路的保护或断路器失灵保护切除故障。为保证选择性，对相邻设备和线路有配合要求的保护和同一保护内有配合要求的两元件（如起动与跳闸元件或闭锁与动作元件），一般情况下其灵敏系数与动作时间应配合。

在某些条件下必须加速切除短路时，可使保护无选择性动作，但必须采取补救措施，例如采用自动重合闸或备用电源自动投入来补救。

（3）继电保护的灵敏性，是指对于其保护范围内发生故障或不正常运行状态的反应能力。满足灵敏性要求的保护装置在规定的保护范围内出现故障时，在任意运行条件下，无论短路点的位置、短路的类型如何以及短路点是否有过渡电阻，都能敏锐感觉、正确反应。灵敏性通常用灵敏系数来衡量，增大灵敏系数，增加了保护动作的信赖性，但有时与安全性相矛盾。在 GB/T 50062—2008《电力装置的继电保护和自动装置设计规范》中，对各类保护的最小灵敏系数都作了具体的规定。

（4）速动性是指保护装置应能尽快地切除故障，以减少设备及用户在大短路电流、低电压下运行的时间，提高系统稳定性，减轻故障设备和线路的损坏程度，缩小故障波及范围，提高自动重合闸和备用电源或备用设备自动投入的效果等。

一、保护装置的装设原则

供配电系统中的电力设备和线路应装设反映短路故障和异常运行的继电保护和自动装置。

（1）电力设备和线路有主保护、后备保护和异常运行保护，必要时可再增设辅助保护。

主保护是满足系统稳定和设备安全要求，能以最快速度有选择地切除被保护设备和线路故障的保护。

后备保护是主保护或断路器拒动时，用以切除故障的保护。后备保护可分为远后备和近后备两种方式。

远后备是当主保护或断路器拒动时，由相邻电力设备或线路的保护来实现的后备。近后备是由本电力设备或线路的另一套保护实现后备的保护；当断路器拒动时，由断路器失灵保护来实现后备保护。

异常运行保护是系统电压、频率等出现异常时，用以切除故障的保护。

辅助保护是为补充主保护和后备保护的性能或当主保护和后备保护退出运行而增设的简单保护。

（2）如果为了满足相邻保护区末端短路时灵敏系数的要求，而使保护过分复杂或在技术上难以实现时，可按下列原则处理：

① 在变压器后短路的情况下，可缩短后备保护作用的范围。

② 后备保护灵敏系数可仅按常见的运行方式和故障类型进行验算。

③ 后备保护可无选择地动作，但应尽量采用自动重合闸或备用电源自动投入装置来补救。

（3）保护装置用电流互感器的比误差不应大于10%。当技术上难以满足要求，且不致使保护装置不正确动作时，才允许较大的比误差。

（4）在供配电系统正常运行情况下，当电压互感器的二次回路断线或其他故障能使保护装置误动作时，应装设自动闭锁装置，将保护解除动作并发出信号。当保护装置不致误动作时，一般只装设电压回路断线信号装置。

（5）当被保护元件发生短路或足以破坏系统正常运行的情况时，保护装置应动作于跳闸；在发生不正常运行时，保护装置应动作于信号。

（6）矿井主变电站的高压馈电线上，应装设有选择性的单相接地保护装置；供移动变电站的高压馈电线上，必须装设有选择性的检漏保护装置，以提高煤矿供电与生产的可靠性和安全性。

（7）保护装置应以足够小的动作时限切除故障，保证系统剩余部分仍能可靠运行。

（8）满足第（7）项要求或用作后备保护时，保护装置允许带时限切除故障。

（9）在实际可能出现的最不利方式或故障类型下，保护装置应对计算点有足够的灵敏系数。灵敏系数 K_m 为被保护区发生短路时，流过保护安装处的最小短路电流 $I_{k\cdot min}^{(2)}$ 与保护装置一次动作电流 I_{dz} 的比值，即

$$K_m = \frac{I_{k\cdot min}^{(2)}}{I_{dz}}$$

对相间短路保护，$I_{k\cdot min}^{(2)}$ 取两相短路电流最小值；对35 kV、6～10 kV中性点不接地系统的单相短路保护，$I_{k\cdot min}^{(2)}$ 取单相接地电容电流最小值 $I_{c\cdot min}$；对220/380 V中性点接地系统的单相短路保护，$I_{k\cdot min}^{(2)}$ 取单相接地电流最小值 $I_{k\cdot min}^{(1)}$。

继电保护的最小灵敏系数见表5-1-1。

表5-1-1 继电保护的最小灵敏系数

保护分类	保护类型	组成元件	最小灵敏系数	计算条件
主保护	电流保护和电压保护	电流元件和电压元件	2.0	按被保护区末端金属性短路计算
	带方向和不带方向的电流保护或电压保护	电流元件和电压元件	1.3~1.5	按被保护区末端金属性短路计算
		零序或负序方向元件	1.5	
	平行线路横差方向和电流平衡保护	电流或电压启动元件	2	线路两侧均未断开前，其中一侧保护按线路中点金属性短路计算
			1.5	线路对侧断开后，另一侧保护按对侧短路计算
		零序方向元件	2	线路两侧均未断开前，其中一侧保护按线路中点金属性短路计算
			2.5	线路对侧断开后，另一侧保护按对侧短路计算
	距离保护	距离元件	1.3~1.5	按被保护区末端金属性短路计算
		电流和阻抗启动元件	1.5	
		负序和零序增量或负序分量启动元件、相电流突变量启动元件	4	
	发电机、变压器及电动机的纵联差动保护	差电流元件	1.5	按被保护区末端金属性短路计算
	母线不完全差动保护	差电流元件	1.5	按金属性短路计算
	母线完全差动保护	差电流元件	1.5	按金属性短路计算
	线路纵联差动保护	跳闸元件	2.0	
		对高阻接地故障测量元件	1.5	
后备保护	远后备保护	电流、电压和阻抗元件	1.2	按相邻电力设备和线路末端短路计算
		零序或负序方向元件	1.5	
	近后备保护	电流、电压和阻抗元件	1.3	按电力设备和线路末端短路计算
		零序或负序方向元件	2.0	
辅助保护	电流速断保护		1.2	按正常运行方式下保护安装处金属性短路计算

（10）“远后备”是指当元件故障而其保护装置或开关拒绝动作时，由各电源侧的相

邻元件保护装置动作将故障切开；“近后备”则用双重化配置方式加强元件本身的保护，在保护范围内故障时，保护无拒绝动作的可能，同时装设开关失灵保护，以便当开关拒绝跳闸时启动它来切开同一变电站母线的高压开关，或遥切对侧开关。

（11）保护装置的灵敏系数应该互相配合，从故障点向电源侧方向逐步降低保护装置的灵敏系数。

（12）复杂的保护装置接线图中应装设试验部件，以便试验检查。

二、保护装置的电源

这里所说的电源，包括了保护装置本身各元件的工作电源和相关断路器跳闸的操作电源。由电子保护继电器构成的综合保护装置对工作电源的要求比较严格。一般情况下，上述的工作电源与操作电源可分为直流操作与交流操作电源两大类。

直流操作电源包括蓄电池组、蓄电池的充电装置及直流屏等。蓄电池的充电装置宜选用高频开关整流装置和相控整流装置，应满足蓄电池充电和浮充电的要求。

交流操作电源一般应利用被保护元件的电流互感器作为短路保护装置的交流操作电源。

交流操作继电保护装置的电流互感器既作为保护装置的工作电源，也要作为断路器跳闸的操作电源，因此在考核上述电流互感器时一般可分两步：首先在保护装置动作前，电流互感器负担保护装置构成元件的最大负载，在通过最大故障电流的条件下其误差不大于10%；其次在保护装置动作后，加入了跳闸回路的负载，此时在不致使保护装置返回或发生其他误动作的条件下，电流互感器的输出能力应足以使跳闸线圈动作而不允许有更大的误差。

UPS是一种复杂的电源装置，具有很高的技术和安全可靠性指标，可以实现0时间电源切换，在变电站和各种不允许停电的重要场合都广泛应用。

向特别重要负荷供电或变压器总容量超过5000 kV · A的变电站，宜选用直流操作电源。

小型配电所宜采用弹簧储能合闸和去分流分闸的全交流操作方式，或采用UPS电源或EPS电源供电的交流操作方式。

三、自 动 装 置

本章只讨论煤矿电力系统常用的自动重合闸和备用电源以及备用设备的自动投入装置。

自动装置的装设应简单可靠，使继电器触点及可动部分的数量最少，接线最简单。在选择自动装置时，应考虑到使用这些自动装置的技术经济效果。

四、继电保护整定的一般规定

（1）整定计算所需的发电机、调相机、变压器、架空线路、电缆线路、并联电抗器、串联补偿电容器的阻抗参数均应采用换算到额定频率的数值。下列参数应使用实测值：

① 三相三柱式变压器的零序阻抗。

② 66 kV及以上架空线路和电缆线路的阻抗。

③ 平行线之间的零序互感阻抗。

④ 其他对继电保护影响较大的有关参数。

(2) 以下的假设条件对一般短路电流计算是许可的：

① 忽略发电机、调相机、变压器、110 kV 架空线路和电缆线路等阻抗参数的电阻部分，66 kV 及以下的架空线路和电缆，当电阻与电抗之比 $R/X>0.3$ 时，宜采用阻抗值 $Z=\sqrt{R^2+X^2}$，并假定旋转电机的负序电抗等于正序电抗，即 $X_2=X_1$。

② 发电机及调相机的正序电抗可采用 $t=0$ 时的纵轴次暂态电抗 X''_d 的饱和值。

③ 发电机电动势可以假定均等于1（标么值）且相位一致，只有在计算线路全相振荡电流时，才考虑线路两侧发电机综合电动势有一定的相位差。

④ 不考虑短路电流的衰减。对利用机端电压励磁的发电机出口附近的故障，应从动作时间上满足保护可靠动作的要求。

⑤ 各级电压可以采用标称电压值或平均电压值，而不考虑变压器分接头实际位置的变动。

⑥ 不计线路电容电流和负荷电流的影响。

⑦ 不计故障点的相间电阻和接地电阻。

⑧ 不计短路暂态电流中的非周期分量。

对有针对性的专题分析和对某些装置有特殊需要的计算，可以根据需要采用更符合实际情况的参数和数据。

(3) 继电保护整定计算应以常见运行方式为依据。所谓常见运行方式，是指正常运行方式和被保护设备相邻近的部分线路和元件检修的正常检修方式。视具体情况，检修的线路和元件数量不宜超过该接点线路和元件总数的1/2。

对特殊运行方式，可以按专用的运行规程或依据当时实际情况临时处理。

(4) 应以调度运行部门提供的系统运行方式书面资料为整定计算的依据。

(5) 110 kV 电网变压器中性点接地运行方式应尽量保持变电站零序阻抗基本不变。遇到使变电站零序阻抗有较大变化的特殊运行方式时，应根据运行规程规定或根据当时的实际情况临时处理。

(6) 有配合关系的不同动作原理的保护整定值，允许酌情按简化方法进行配合整定。

(7) 计算保护整定值时，一般只考虑常见运行方式下一回线或一个元件发生金属性简单故障的情况。

(8) 保护灵敏系数允许按常见运行方式下的单一不利故障类型进行校验。线路保护的灵敏系数除在设计原理上需靠纵向动作的保护外，必须保证在对侧断路器跳闸前和跳闸后，均能满足规定的灵敏系数要求。

在复杂电网中，当相邻元件故障而其保护或断路器拒动时，允许按其他有足够灵敏系数的支路相继跳闸后的接线方式，来校验本保护作为相邻元件后备保护的灵敏系数。

(9) 为了提高保护动作的可靠性，单侧电源线路的相电流保护不应经方向元件控制。

双侧电源线路的相电流和零序电流保护，如经核算在可能出现的不利运行方式和不利故障类型下，均能与背侧线路保护配合，也可不经方向元件控制；在复杂电网中，为简化整定配合，相电流和零序电流保护宜经方向元件控制。为不影响相电流和零序电流保护的动作性能，方向元件要有足够的灵敏系数，且不能有动作电压死区。

躲区外故障、躲振荡、躲负荷、躲不平衡电压等整定，或与有关保护的配合整定，都应考虑必要的可靠系数。对于两种不同动作原理保护的配合或有互感影响时，应取较大的可靠系数。

五、整定计算时间级差的选择

整定计算时间级差应根据时间继电器的精度选择。

（1）时间继电器的整定范围愈大，误差也愈大。随着保护整定时间的加长，时间级差应选择较大者。

（2）当保护装置中的时间继电器（元件）精度较高时，可选择较小的时间级差。

（3）当相邻一级保护在故障情况下可能产生相继动作时，可选择较小的时间级差。

（4）保护装置的工作逻辑不论如何复杂，其整定时间均指整套保护从动作开始至发出跳闸脉冲的全部时间。

（5）时间级差是指上一级某一级保护相对于下一级与其配合整定的保护段的整定时间而言。

各种保护整定配合的时间级差见表5-1-2。

表5-1-2　各种保护整定配合的时间级差

保护配合方式	相配合的保护类型	电磁型时间继电器 Δt/s	微机型保护时限级差 Δt/s	备　注
延时段与瞬时段配合	电流、电压保护	0.4~0.5	0.25~0.3	
	横差平衡保护	0.3~0.4	0.25~0.35	考虑相继动作时间
	距离保护	0.4~0.5	0.3~0.4	距离一段不经过切换
		0.5~0.6	0.4~0.5	距离一段经过切换
延时段与延时段配合	电流、电压保护或距离保护	0.35~0.5	0.2~0.3	

六、保护整定配合的基本原则

电力系统中的继电保护是按断路器配置装设的，因此继电保护必须按断路器分级进行整定。继电保护的分级是按保护的正方向来划分的，要求按保护的正方向相邻的上、下级保护之间实现配合协调，以达到选择性的目的。

继电保护的整定计算方法按保护构成原理分为两种：一种是以差动为基本原理的保护，它在原理上具备了区分内、外部故障的能力，保护范围固定不变，而且在定值上与相邻保护没有配合关系，具有独立性，整定计算较简单；另一种是阶段式保护，它们的整定值要求与相邻的上、下级之间有配合关系，而它们的保护范围又随电力系统运行方式的变化而变化，所以阶段式保护的整定计算是比较复杂的，整定结果的可选择性也较多。

在保护整定计算时，应按该保护在电力系统运行全过程中均能正确工作来设定整定的计算条件。当保护装置已经具有防止某种运行状态误动作的功能时，则整定计算就不必再考虑该运行状态下的整定条件。

(一) 保护的整定方法

(1) 根据保护装置的构成原理和电力系统运行特点，确定其整定条件及整定公式中的有关系数。

(2) 按整定条件进行初选整定值，按电力系统可能出现的最小运行方式校验灵敏系数，灵敏系数满足要求后即可确定选定的整定值。若灵敏系数不满足要求，就需要重新考虑整定条件和最小运行方式的选择是否恰当，再进一步考虑保护装置的配置和选型问题。

(二) 差动保护

差动保护整定计算可独立进行，只要满足电力系统运行变化的限度就可以确定整定值。

(三) 阶段式保护

(1) 相邻上、下级保护之间的配合：一在时间上应配合；二在保护范围上配合；同时上、下级保护的配合是按保护正方向进行的。

(2) 多段保护的整定应按保护分段进行。

(3) 一个保护与相邻的几个下一级保护整定配合或同时满足几个条件进行整定时，整定值应取故障最严重时的数值。

(4) 多段式保护的整定，应以保护性能为主，兼顾后备性。

(5) 整个电网中，阶段式保护的整定方法是首先对电网中所有线路的第一段保护进行整定计算，再依次进行第二段保护整定计算，直至全网保护整定完毕。

(6) 具有相同功能的保护之间进行配合整定。

(7) 判定电流保护是否使用方向元件。

第二节 3~110 kV 线路保护

一、3~110 kV 线路常用的继电保护装置

在煤矿企业中，采用较多的电压等级有 110 kV、66 kV、35 kV、10 kV、6 kV、660 V 和 380/220 V，个别企业有 220 kV 和 330 kV。110 kV 及以上电压等级的电网，一般为多电源环网，采用中性点直接接地方式。其主保护一般由纵联保护担任，全线路上任意点故障都能切除。110 kV 以下电压等级的电网发生单相接地后，为保证继续供电，中性点采用非直接接地方式，为了便于继电保护的整定配合和运行管理，通常采用双电源互为备用，即正常时单侧电源供电的运行方式或采用双回电源线路同时运行，变压器分列运行的方式，其主保护一般由阶段式动作特性的电流保护担任。

(一) 电流保护

66 kV 及以下的线路保护通常以电流保护为主，作为相间短路的保护，一般配置两段或三段，再根据实际情况考虑是否再增加方向元件或电压元件。电流电压保护是最早发展的一种保护，原理简单，其三段式阶梯特性是以定量作为故障位置测量保护装置的典型方式，反应的电气量是电力系统的基本电量，即反应电流突然增大、母线电压突然降低。因此，这种保护受系统运行方式的影响很大。常用的电流保护有以下 3 种：

1. 三段式电流保护

当保护线路上发生短路故障时，其主要特征为电流增加和电压降低。三段式电流保护主要包括无限时电流速断保护、限时电流速断保护和定时限过电流保护。电流速断、限时电流速断、过电流保护都是反映电流升高而动作的保护装置。它们之间的区别主要在于按照不同的原则来选择启动电流。速断是按照躲开某一点的最大短路电流来整定，限时电流速断是按照躲开下一级相邻元件电流速断保护的动作电流整定，而过电流保护则是按照躲开最大负荷电流来整定。但由于电流速断不能保护线路全长，限时电流速断又不能作为相邻元件的后备保护，因此，为保证迅速而有选择地切除故障，常将电流速断、限时电流速断和过电流保护组合在一起，构成三段式电流保护。具体应用时，可以只采用速断加过电流保护，或限时电流速断加过电流保护，也可以三者同时采用。三段式电流保护的保护区及时限配合特性如图 5－2－1 所示。

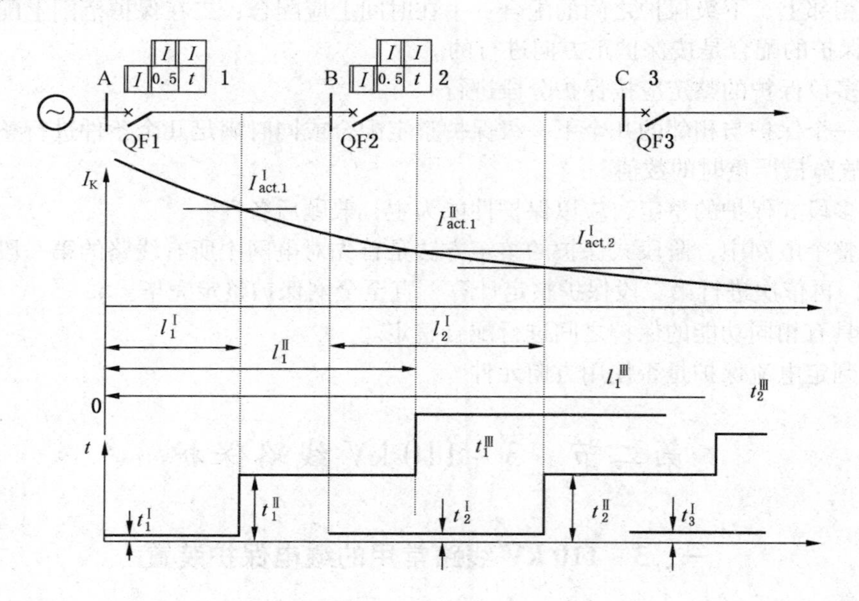

QF—断路器；I—电流，A；t—时间，s；$I_{act.1}^{I}$—保护 1 电流速断保护的动作电流；$I_{act.1}^{II}$—保护 1 限时电流速断保护的动作电流；$I_{act.2}^{I}$—保护 2 电流速断保护的动作电流；l_1^{I}—保护 1 电流速断保护的保护范围；l_1^{II}—保护 1 限时电流速断保护的保护范围；l_1^{III}—保护 1 过电流保护的保护范围；l_2^{I}—保护 2 电流速断保护的保护范围；t_1^{I}—保护 1 电流速断保护的动作时间；t_1^{II}—保护 1 限时电流速断保护的动作时间；t_1^{III}—保护 1 过电流保护的动作时间；t_2^{I}—保护 2 电流速断保护的动作时间；t_2^{II}—保护 2 限时电流速断保护的动作时间；t_2^{III}—保护 2 过电流保护的动作时间；t_3^{I}—保护 3 电流速断保护的动作时间

图 5－2－1　三段式电流保护的保护区及时限配合特性

继电保护接线图一般可以用原理图和展开图两种形式来表示。原理接线图中的每个功能块，在由电磁型继电器实现时可能是一个独立的元件，但在数字式保护和集成电路式保护中，往往将几个功能块用一个元件实现。如图5－2－2所示，每个继电器的线圈和触点都画在一个图形内，所有元件都用设备文字符号标注，如KA表示电流继电器，KT表示时间继电器，KS表示信号继电器等。

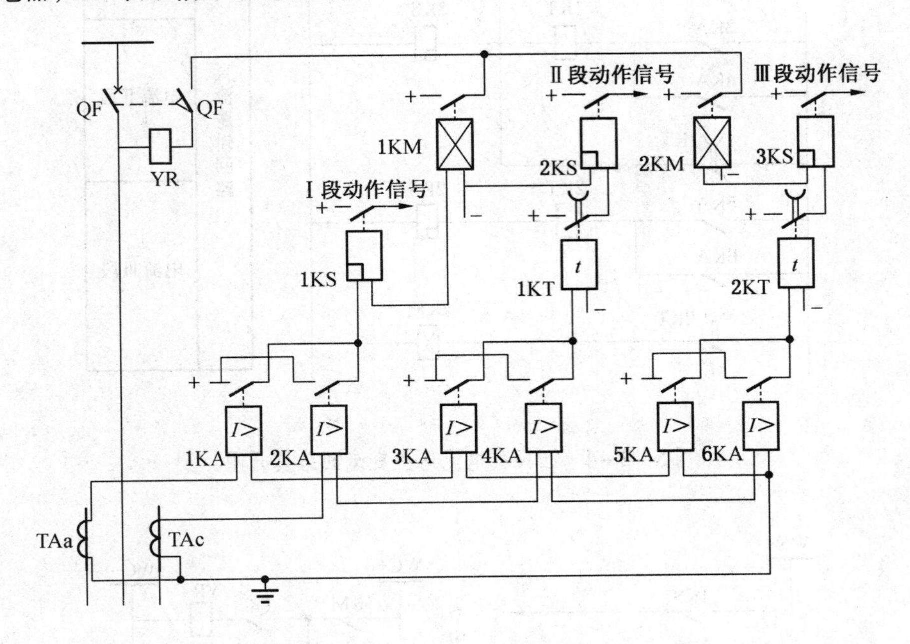

图5－2－2 三段式电流保护的原理图

展开图中交流回路和直流回路分开表示，分别如图5－2－3和图5－2－4所示。其特点是每个继电器的输入量（线圈）和输出量（触点）根据实际动作的回路情况分别画在图中不同的位置上，但仍然用同一个符号来标注，以便查对。在展开图中，继电器线圈和触点的连接尽量按照故障后动作的顺序，自左而右，自上而下依次排列。

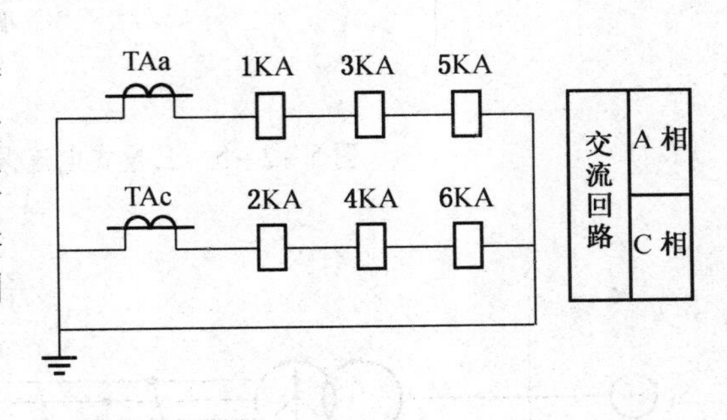

图5－2－3 三段式电流保护交流回路展开图

三段式电流保护的信号回路和出口回路如图5－2－5所示。

三段式电流保护具有简单、可靠的优点，并且在一般情况下也能够满足快速切除故障的要求，因此，在电网中特别是在66 kV及以下较低电压的网络中获得了广泛的应用。

2. 110 kV 线路零序电流保护

110 kV及以上电网中变压器中性点直接接地，为大接地电流系统。在中性点直接接地电网中，线路正常运行，系统对称，线路首端测得的零序电流约为零；当发生接地故障

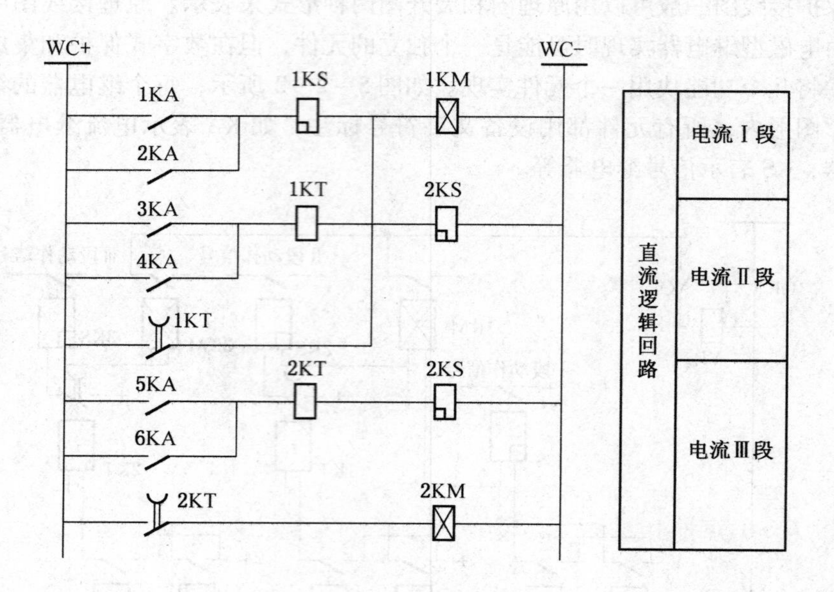

图 5-2-4　三段式电流保护直流回路展开图

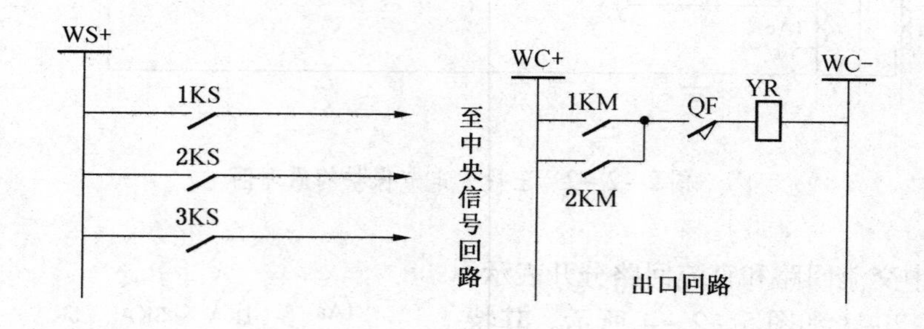

图 5-2-5　三段式电流保护的信号回路和出口回路

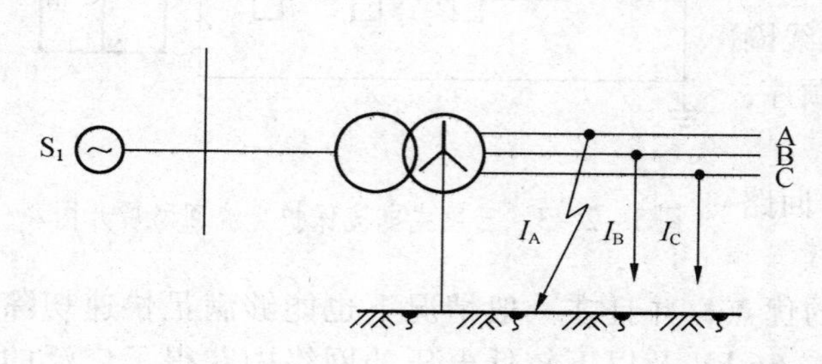

图 5-2-6　单相接地短路系统图

时，通过变压器接地点构成短路通路，系统中会出现零序分量。110 kV 及以上的高压线路通常以零序电流方向保护作为接地短路的保护，一般配置三段或四段保护。

在电力系统中发生接地短路时，如图 5-2-6 所示，可以利用对称分量的方法将电流和电压分为正序、负序、零序分量，并利用复合序网来表示它们之间的关系。单相接地对称分量等效图如图 5-2-7 所示。

A 相接地的给定条件：

$$\begin{cases}\text{A 相对地电压} & U_{A0}=0\\ \text{B 相对地电流} & I_B=0\\ \text{C 相对地电流} & I_C=0\end{cases}\qquad(5-2-1)$$

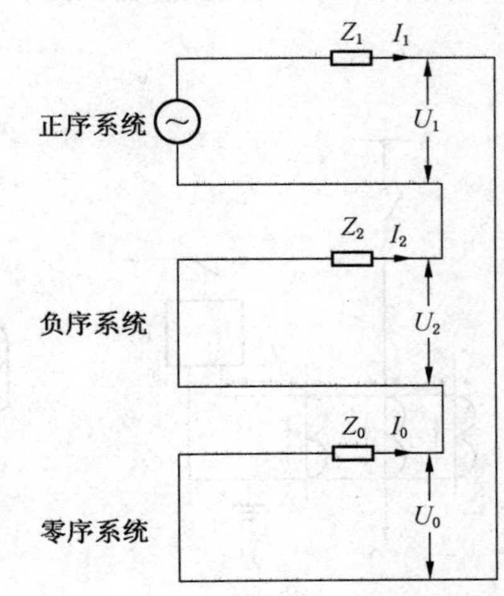

图 5－2－7 单相接地对称分量等效图

式（5－2－1）用对称分量法表示：

$$\begin{cases}U_{A0}=U_0+U_1+U_2=0\\ I_B=I_0+a^2I_1+aI_2=0\\ I_C=I_0+aI_1+a^2I_2=0\end{cases}\qquad(5-2-2)$$

由于 $I_B=I_C=0$，则 $I_0+a^2I_1+aI_2=I_0+aI_1+a^2I_2$，整理得 $I_1(a^2-a)=I_2(a^2-a)$，于是有

$$I_1=I_2\qquad(5-2-3)$$

将式（5－2－3）代入式（5－2－2）得 $I_B=I_0+I_1(a^2+a)=0$。由于 $1+a+a^2=0$，则

$I_B=I_0-I_1=0$，可推出 $I_0=I_1$、$I_0=I_1=I_2$，于是有 $I_A=I_0+I_1+I_2=3I_1$，$I_1=\frac{1}{3}I_A$。

对称分量计算的 3 个基本公式：

$$\begin{cases}U_1+I_1Z_1=U_1+\frac{I_A}{3}Z_1=E\\ U_2+I_2Z_2=0\\ U_0+I_0Z_0=0\end{cases}\qquad(5-2-4)$$

由式（5－2－4）可以导出

$$\begin{cases}U_0=-I_0Z_0=-\frac{I_A}{3}Z_0\\ U_2=-I_2Z_2=-\frac{I_A}{3}Z_2\end{cases}$$

$U_{A0}=U_0+U_1+U_2=0$，将式（5－2－4）3 个分式相加得 $U_0+U_1+U_2+\frac{I_A}{3}(Z_1+Z_2+Z_0)=E$，于是有

$$I_A=\frac{3E}{Z_1+Z_2+Z_3}\qquad(5-2-5)$$

式中 E——电源电压；

U_1、U_2、U_0——正序、负序、零序电压；

I_1、I_2、I_0——正序、负序、零序电流；

Z_1、Z_2、Z_0——正序、负序、零序阻抗；

a——相量算子。

零序电流滤过器就是取出零序电流的工具。零序电流滤过器有 3 种形式：一是将三相电流互感器二次侧同极性并联，构成零序电流滤过器；二是用电缆引出线路的零序电流互感器；三是微机型继电保护中自产 3 倍零序电流（直接计算）。零序电流滤过器如图 5－

2－8所示，零序电流互感器如图 5－2－9 所示。

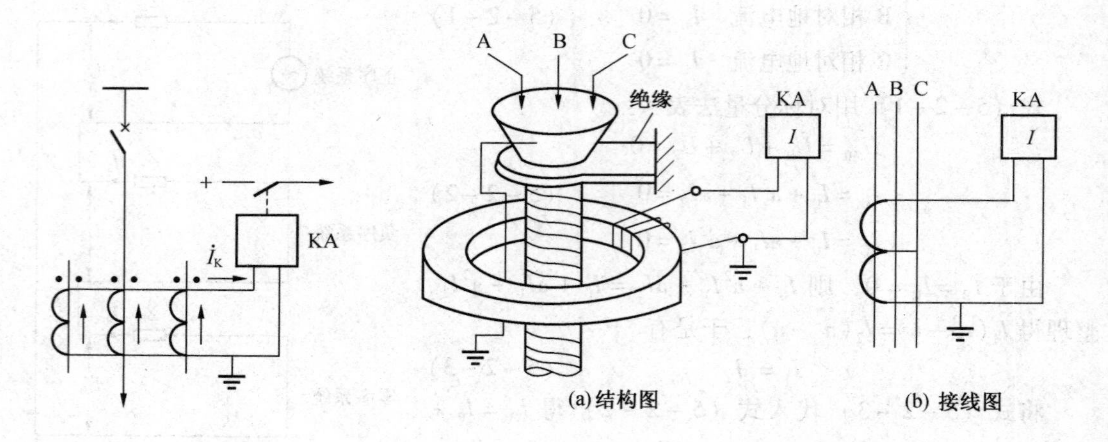

图 5－2－8　零序电流滤过器　　　　图 5－2－9　零序电流互感器

微机型继电保护中的自产零序电流：$3\dot{I}_0=\dot{I}_A+\dot{I}_B+\dot{I}_C$。

零序电压滤过器就是取出零序电压的工具。零序电压滤过器也有 3 种形式：一是 3 个单相电压互感器的副方绕组接成开口三角形绕组构成零序电压滤过器；二是三相五柱式电压互感器二次侧的开口三角形绕组构成零序电压滤过器；三是微机型继电保护中自产 3 倍零序电压（直接计算）。零序电压互感器如图 5－2－10 所示。

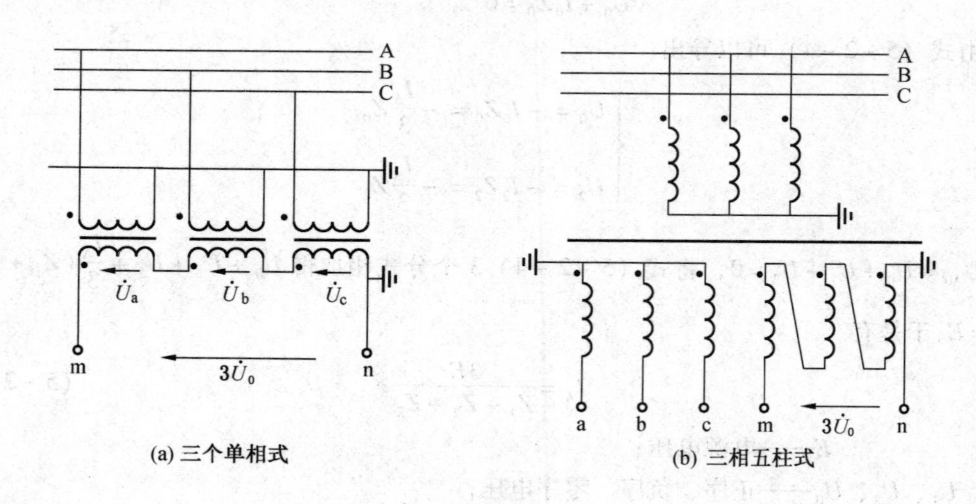

图 5－2－10　零序电压互感器

微机型继电保护中的自产零序电压：$3\dot{U}_0=\dot{U}_A+\dot{U}_B+\dot{U}_C$。

单侧电源线路的零序保护一般为三段式，终端线路也可以采用两段式。三段式零序保护的原理框图如图 5－2－11 所示。

零序过电流保护的时限特性如图 5－2－12 所示。为了便于比较，图中也绘出了相间

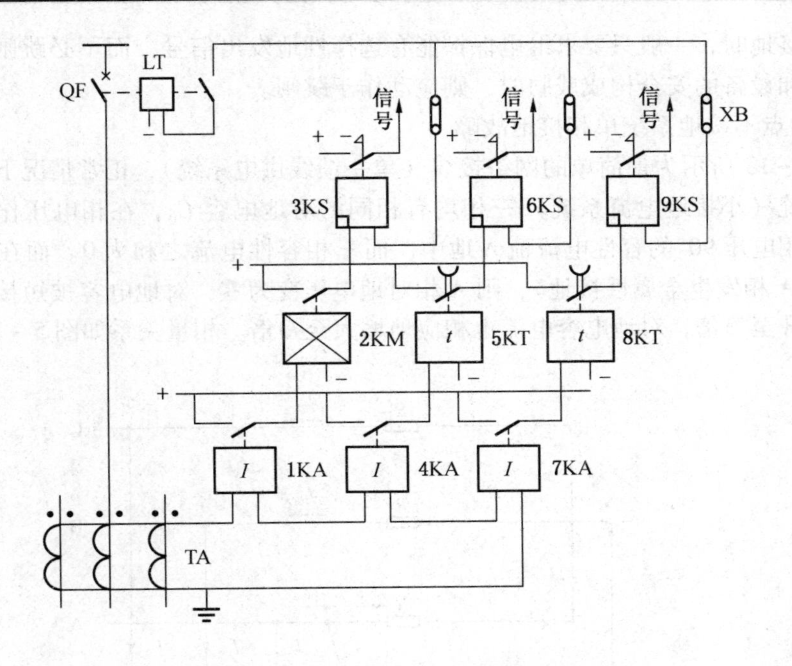

图 5-2-11 三段式零序保护的原理框图

短路过电流保护的动作时限，它是从保护 1 开始逐级配合的。由此可见，在同一线路上的零序过电流保护与相间短路的过电流保护相比，将具有较小的时限，这也是它的一个优点。

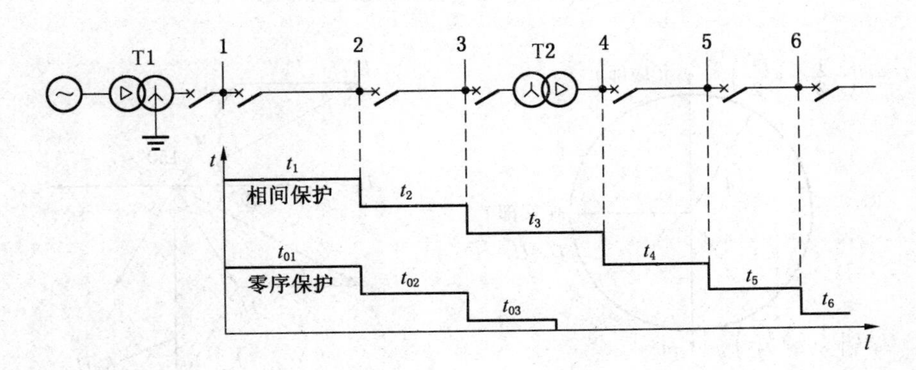

图 5-2-12 零序电流保护与相间过电流保护的时限特性的比较

3. 中性点非直接接地系统中单相接地故障的保护

中性点不接地、中性点经消弧线圈接地、中性点经电阻接地等系统，统称为中性点非直接接地系统。在中性点非直接接地系统中发生单相接地时，由于故障点电流很小，而且三相之间的线电压仍然保持对称，对负荷的供电没有影响，因此，在一般情况下都允许再继续运行 1～2 h。在单相接地以后，其他两相的对地电压要升至$\sqrt{3}$倍，为了防止故障进一步扩大成两点或多点接地短路，就应及时发出信号，以便运行人员采取措施予以消除。因此，在单相接地时，一般只要求继电保护能有选择性地发出信号，而不必跳闸。但当单相接地对人身和设备的安全构成威胁时，则应动作于跳闸。

1）中性点不接地系统单相接地故障

图5－2－13所示为最简单的网络接线（单一馈线供电系统），正常情况下，中性点非直接接地系统（小接地电流系统）三相均有相同的对地电容 C_0，在相电压作用下，每相都有超前于相电压90°的容性电流流入地中，而三相容性电流之和为0。而在发生单相接地时（假设A相发生金属性接地），则A相对地电压变为零，对地电容被短接，而其他两相对地电压升至$\sqrt{3}$倍，对地电容电流也相应地增大至$\sqrt{3}$倍。相量关系如图5－2－14所示。

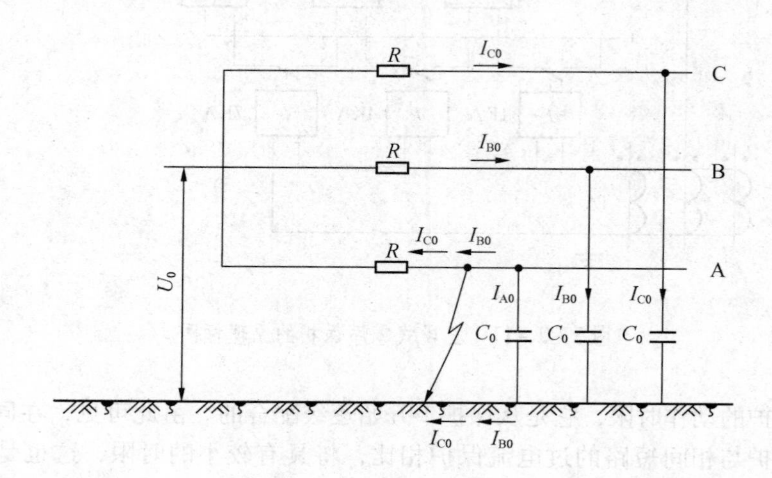

图5－2－13　单一馈线供电系统A相接地电容电流示意图

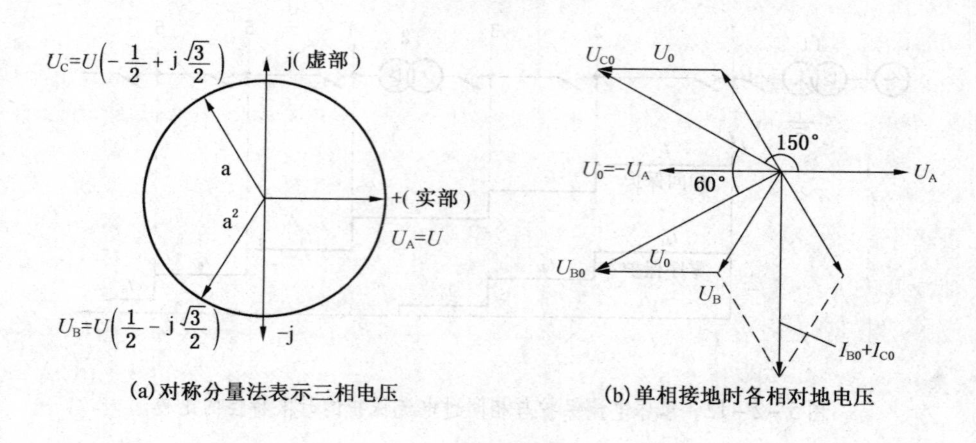

图5－2－14　单一馈线供电系统A相接地电压相量图

（1）计算单相接地时各相对地电压（用对称分量法计算）。当A相接地时，A相对地电容 C_0 短接，A相对地电容为零，相当在A相上施加与A相电压相等、方向相反的电压，亦称零序电压 $U_0=-U_A$。如图5－2－14所示，$U_A=0$，B、C两相对地电压升至$\sqrt{3}$倍，相当于线电压 U_{AB}、U_{AC}。$U_A=-U_A=U_0=-U$。

非故障 B 相对地电压：

$$U_{B0}=(-1+a^2)U$$
$$=\left(-1-\frac{1}{2}-j\frac{\sqrt{3}}{2}\right)U=\left(-\frac{3}{2}-j\frac{\sqrt{3}}{2}\right)U=\sqrt{3}U\left(-\frac{\sqrt{3}}{2}-j\frac{1}{2}\right)=-\sqrt{3}U\left(\frac{\sqrt{3}}{2}+j\frac{1}{2}\right)$$
$$=-\sqrt{3}U\angle 30^\circ=\sqrt{3}U\angle 210^\circ$$

非故障 C 相对地电压：

$$U_{C0}=(-1+a)U$$
$$=\left(-1-\frac{1}{2}+j\frac{\sqrt{3}}{2}\right)U=\left(-\frac{3}{2}+j\frac{\sqrt{3}}{2}\right)U=\sqrt{3}U\left(-\frac{\sqrt{3}}{2}+j\frac{1}{2}\right)=\sqrt{3}U\left(-\frac{\sqrt{3}}{2}+j\frac{1}{2}\right)$$
$$=\sqrt{3}U\angle 150^\circ$$

（2）非故障相对地电容电流。B、C 相对地电容电流分别为 $I_{B0}=U_{B0}j\omega C_0$、$I_{C0}=U_{C0}j\omega C_0$，将两项相加则有

$$I_{B0}+I_{C0}=j\omega C_0(U_{B0}+U_{C0})$$
$$=j\omega C_0\left\{\sqrt{3}U\left[\left(-\frac{\sqrt{3}}{2}-j\frac{1}{2}\right)+\left(-\frac{\sqrt{3}}{2}+j\frac{1}{2}\right)\right]\right\}=\sqrt{3}Uj\omega C_0(-\sqrt{3})=-3Uj\omega C_0$$

当 A 相接地短路时，A 相对地电容短接，A 相对地电容电流 $I_{A0}=0$，则

$$I_0=\frac{1}{3}(I_{A0}+I_{B0}+I_{C0})$$
$$3I_0=I_{B0}+I_{C0}=-3Uj\omega C_0$$

（3）单一馈线供电系统的单相接地电容电流。如图 5－2－14 所示，当 A 相接地短路时，非故障相 B、C 相对地电容电流 I_{B0}、I_{C0}的方向与故障点电流方向相反。因此，单一馈线供电系统发生单相接地故障时，由于零序电流相互抵消，装设在馈线上的零序电流互感器的零序电流理论上是零电流。

（4）多馈线供电系统的单相接地电容电流。如图 5－2－15 所示，馈线Ⅲ A 相接地短路时，馈线Ⅰ、馈线Ⅱ等全系统的 A 相对地电压为零，根据单一馈线供电单相接地故障的分析，系统中所有馈线的零序电流均流向故障点，总电流

$$I_\Sigma=I_Ⅰ+I_Ⅱ+I_Ⅲ+\cdots$$

馈线Ⅰ的零序电流：　$I_{Ⅰ0}=3Uj\omega C_Ⅰ$

馈线Ⅱ的零序电流：　$I_{Ⅱ0}=3Uj\omega C_Ⅱ$

故障馈线Ⅲ的零序电流为

$$I_{Ⅲ0}=I_\Sigma-I_Ⅲ \tag{5-2-6}$$

式中　I_Σ——系统各馈线对地电容电流（零序电流）之和；

$I_Ⅰ$、$I_Ⅱ$、$I_Ⅲ$——各馈线的对地电容电流；

$I_{Ⅰ0}$、$I_{Ⅱ0}$、$I_{Ⅲ0}$——流过各馈线的零序电流互感器的零序电流；

$C_Ⅰ$、$C_Ⅱ$、$C_Ⅲ$——各馈线的对地电容。

由此可见，故障相的零序电流由短路线路流向母线，其数值等于全系统非故障元件对地电容电流之总和（不包括短路线路本身），其容性无功功率的方向为由线路流向母线，恰好与非故障线路上的相反。

2）中性点经消弧线圈接地

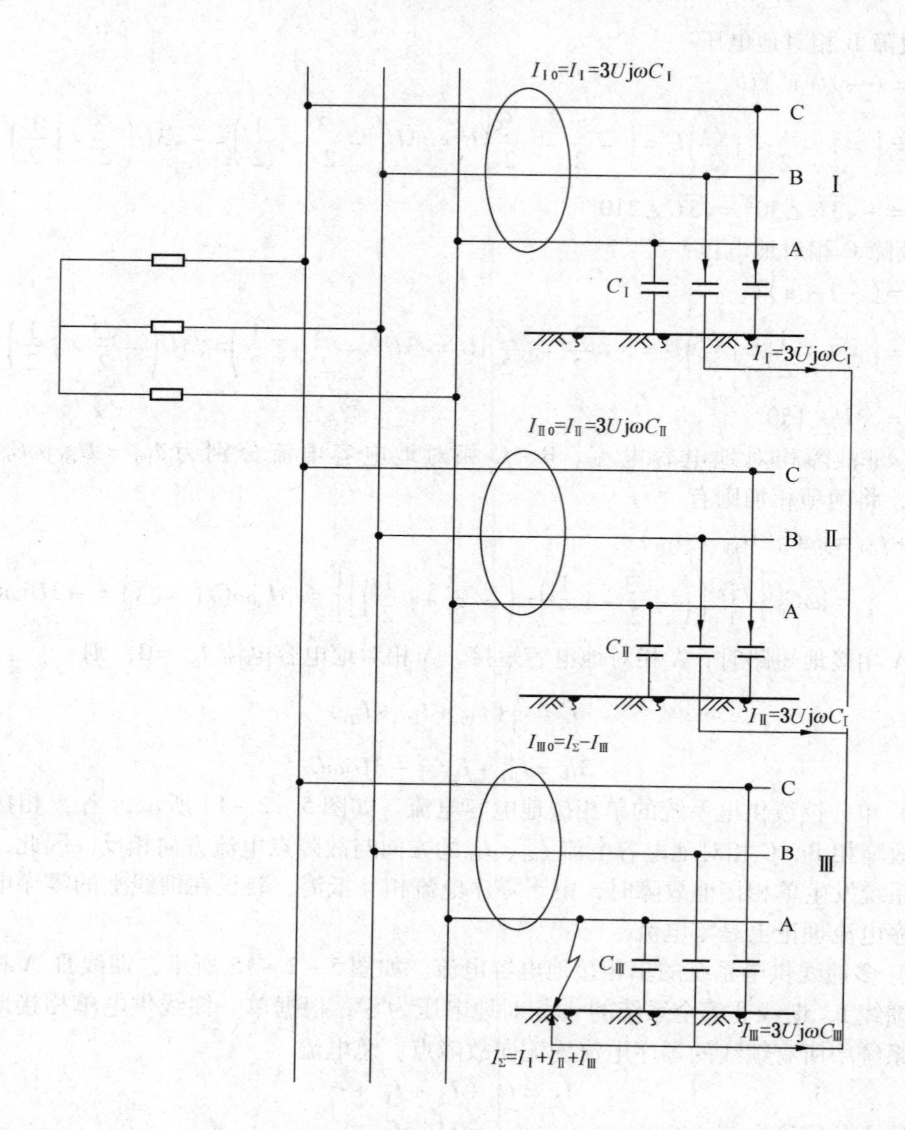

图 5-2-15　多馈线供电系统 A 相接地电容电流示意图

随着国民经济的不断发展，配网规模日渐扩大，电缆出线日渐增多，系统对地电容电流急剧增加，接地弧光不易自动熄灭，容易产生间隙弧光过电压，进而造成相间短路，使事故扩大。为了防止这种事故，所有 3~66 kV 电网，当单相接地故障电流大于 10 A 时，中性点应装设消弧线圈。中性点经消弧线圈接地系统单相接地时，电容电流分布的情况与中性点不接地系统不一样了，如图 5-2-16 所示。

假定在图 5-2-16a 所示网络中，在电源的中性点接入了消弧线圈，当线路Ⅱ上 A 相接地以后，电容电流的大小和分布与中性点不接地系统是不一样的；接地点增加了一个电感分量的电流 I_L，从接地点流回的总电流为

$$\dot{I}_D=\dot{I}_L+\dot{I}_{C\Sigma} \qquad (5-2-7)$$

式中　$\dot{I}_L$——消弧线圈的补偿电流，$\dot{I}_L = \dot{U}_0/j\omega L = -j\dot{U}_0/\omega L$；

$\dot{I}_{C\Sigma}$——全系统的对地电容电流，$\dot{I}_{C\Sigma} = 3\dot{U}_0 j\omega C_\Sigma$。

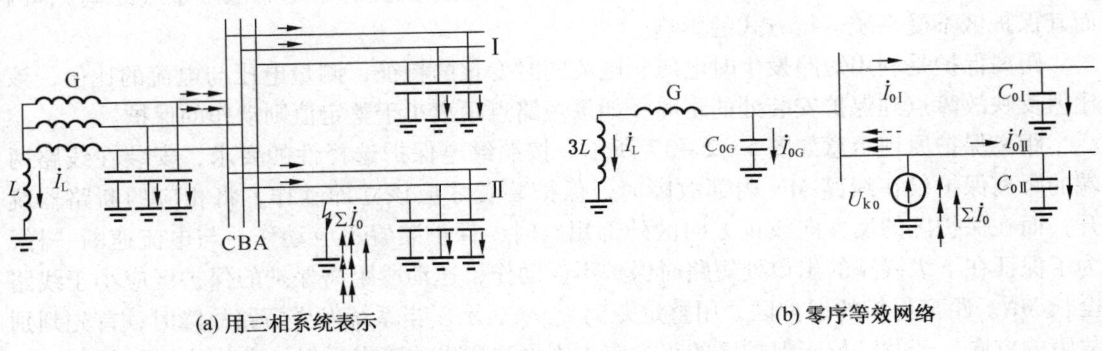

图 5－2－16　消弧线圈接地电网中单相接地时的电流分布

由于 $\dot{I}_L$ 与 $\dot{I}_{C\Sigma}$ 的相位相差 180°，$\dot{I}_D$ 将随消弧线圈的补偿程度而变，因此，故障线路零序电流的大小及方向也随之改变。

根据对电容电流补偿程度的不同，消弧线圈可以有完全补偿、欠补偿及过补偿 3 种补偿方式。

当全补偿时，即 $\dot{I}_L = \dot{I}_{C\Sigma}$，接地电流 $\dot{I}_D$ 接近于零，故障线路零序电流等于线路本身的电容电流，方向由母线流向线路，零序功率方向与非故障线路完全相同。全补偿时，$\omega L = 1/3\omega C_\Sigma$，正是工频串联谐振的条件，如果由于系统三相对地电容不对称或者断路器三相不同期合闸时出现零序电压，串接于 L 及 $3C_\Sigma$ 之间，串联谐振将导致电源中性点对地电压升高及系统过电压，因而不采用这种补偿方式。

当欠补偿时，即 $\dot{I}_L < \dot{I}_{C\Sigma}$，补偿后的接地点仍然是电容性的。当系统运行方式变化时，例如某个元件被切除或因发生故障而跳闸，则电容电流就将减少，这时可能出现因 $\dot{I}_L$ 和 $\dot{I}_{C\Sigma}$ 两个电流相等而引起的过电压。因此，欠补偿的方式一般也不采用。

当过补偿时，即 $\dot{I}_L > \dot{I}_{C\Sigma}$，这种补偿方式没有发生过电压的危险，因而得到了广泛的应用。采用过补偿后，通过故障线路保护安装处的电流为补偿以后的感性电流，它与零序电压的相位关系和非故障线路电容电流与零序电压的相位关系相同，数值也和非故障线路的容性电流相差无几，因此不接地系统中常用的零序电流选线原理和零序功率方向选线原理已不能采用。

以上所述都是在稳态情况下电容电流的分布，其值较小，难于识别故障线路；当采用过补偿方式时，也无法利用功率方向的差别来判别故障线路。当发生单相接地故障时，接地电容电流的暂态分量可能较其稳态值大几倍到几十倍，现在已有厂家生产出了利用暂态分量作判据的小电流接地选线装置。

（二）距离保护

电流、电压保护具有简单、经济、可靠的优点，在 66 kV 及以下电压等级的电网中得到了广泛应用。但是它们的保护范围与灵敏系数受系统运行方式变化的影响较大，难以满足高电压等级复杂网络的要求。

110 kV 及以上的高压线路通常以距离保护作为相间短路的保护，一般配置三段。距离保护反映的是从故障点到保护安装处之间阻抗的大小（距离大小）。距离保护的三段式阶梯特性也是以定量测量判断故障位置，但因其判断故障位置的量是非电气量（距离），因而其保护区不受系统运行方式的影响。

距离保护是利用短路发生时电压、电流同时变化的特征，测量电压与电流的比值，该比值反映故障点到保护安装处的距离，如果短路点距离小于整定值则动作的保护。

距离保护原理示意如图 5－2－17 所示。按照继电保护选择性的要求，安装在线路两端的距离保护仅在线路 MN 内部故障时，保护装置才应该立即动作，将相应的断路器跳开；而在保护区的反方向或正方向区外部短路时，保护装置不应动作。与电流速断一样，为了保证在下级线路的出口处短路时保护不误动作，速动段距离保护的保护区应小于线路全长 MN。距离保护的保护区，用整定距离 L_{set} 来表示。当系统发生短路故障时，首先判别故障的方向，若故障位于保护区的正方向，则设法测出故障点到保护安装处的距离 L_k，并将 L_k 与 L_{set} 相比较，若 L_k 小于 L_{set}，说明故障发生在保护范围之内，保护应立即动作，跳开对应的断路器；若 L_k 大于 L_{set}，说明故障发生在保护范围之外，保护不应动作。若故障位于保护区的反方向，直接判为区外故障而不动作。

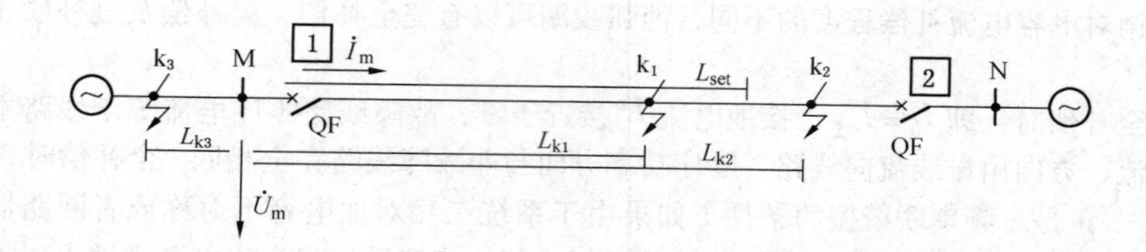

图 5－2－17　距离保护原理示意图

可见，距离保护是通过判断故障方向，测量故障距离，判断出故障是否位于保护区内，从而决定是否需要跳闸，实现线路保护。距离保护一般通过测量短路阻抗的方法来测量和判断故障距离。

距离保护一般用于 110 kV 及以上输电线路中，一般是三段式。第一、二段带方向性，作本线路的主保护。其中，第一段保护线路的 80%～90%，第二段保护余下的 10%～20% 并作相邻母线的后备保护，第三段带方向或不带方向，作本线路及相邻线路的后备保护。

（三）电流纵联差动保护

电流保护、距离保护仅利用被保护线路一侧的电气量构成保护判据，这类保护不可能快速区分本线末端和对侧母线（或相邻线始端）故障，因而只能采用阶段式的配合关系实现故障元件的选择性切除。这样导致线路末端故障需要第二段延时切除，无法满足短线路以及重要线路快速切除故障的需要。现实中利用线路两侧的电气量可以快速、可靠地区分本线路内部任意点短路和外部短路。为此需要将一侧的电气量信息传到另一侧去，安装于线路两侧的保护对两侧的电气量同时比较，联合工作，也就是线路两侧发生纵向的联系，以这种方式构成的保护称为输电线路的纵联保护。110 kV 及以下线路一般采用光纤电流纵联差动保护。

电流纵联差动保护原理建立在基尔霍夫电流定律基础上，具有良好的选择性，能灵敏快速地切除保护区内的故障。在图 5－2－18 中，当线路 MN 正常运行以及被保护线路外部（如 k_2 点）短路时，按规定的电流正方向看，M 侧电流为正，N 侧电流为负，两侧电流大小相等、方向相反，即 $\dot{I}_M+\dot{I}_N=0$。当线路内部短路（如 k_1 点）时，流经线路两侧的故障电流均为正方向，且 $\dot{I}_M+\dot{I}_N=\dot{I}_k$（$\dot{I}_k$ 为 k_1 点短路电流）。利用被保护元件两侧的故障电流和区内短路与区外短路时一个是短路点电流很大、一个是几乎为零的差异，构成电流差动保护；利用被保护元件两侧在区内短路时几乎同相、区外短路时几乎反相的特点，比较两侧电流的相位，可以构成电流相位差动保护。

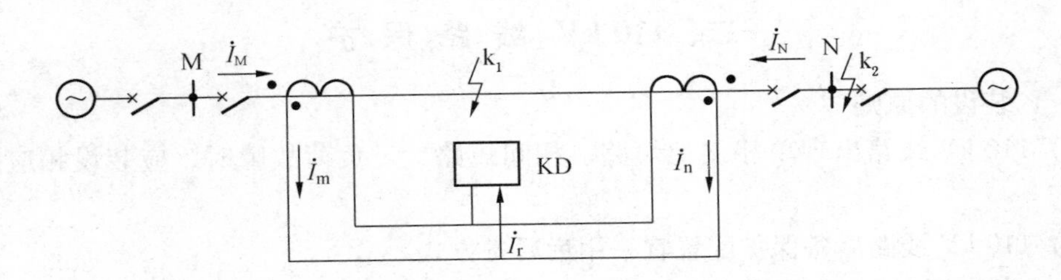

图 5－2－18　电流纵联差动保护区外、内短路示意图

在实际应用中，线路两侧装设特性和变比都相同的电流互感器，电流互感器的极性和连接方式如图 5－2－18 所示，即当电流互感器的一次侧同名端都接母线侧，二次侧同名端并联。图中 KD 为差动电流测量元件（差动继电器）。

流过差动继电器的电流为电流互感器的二次侧电流之和。由于两个电流互感器总是具有励磁电流，且励磁特性不会完全相同，所以在正常运行及外部故障时，流过差动继电器的电流不等于零，此电流为不平衡电流。考虑励磁电流的影响，二次侧电流的数值为

$$\begin{cases}\dot{I}_m=\dfrac{1}{n_1}(\dot{I}_M-\dot{I}_{\mu M})\\ \dot{I}_n=\dfrac{1}{n_1}(\dot{I}_N-\dot{I}_{\mu N})\end{cases}\tag{5-2-8}$$

式中　$\dot{I}_{\mu M}$、$\dot{I}_{\mu N}$——两个电流互感器的励磁电流；

$\dot{I}_m$、$\dot{I}_n$——两个电流互感器的二次电流；

n_1——两个电流互感器的额定变比。

在正常运行及区外故障时，$\dot{I}_M=-\dot{I}_N$，因此流过差动继电器的电流即不平衡电流为

$$\dot{I}_{unb}=\dot{I}_m+\dot{I}_n=-\frac{1}{n_1}(\dot{I}_{\mu M}+\dot{I}_{\mu N})\tag{5-2-9}$$

继电器正确动作时的差动电流 I_r 应躲过正常运行及外部故障时的不平衡电流，即

$$I_r=|\dot{I}_m+\dot{I}_n|>I_{unb}\tag{5-2-10}$$

在工程上不平衡电流的稳态值采用电流互感器的 10% 误差曲线，按下式计算

$$I_{unb}=0.1K_{st}K_{np}I_k\tag{5-2-11}$$

式中　K_{st}——电流互感器的同型系数，当两侧电流互感器的型号、容量均相同时取 0.5，

不同时取1；

K_{np}——非周期分量系数；

I_k——外部短路时穿过两个电流互感器的短路电流。

差动保护判据式（5－2－10）的实现有两种思路：一是躲过最大不平衡电流，这种方法可以防止区外短路的误动，但对区内故障降低了差动保护的灵敏系数；二是采用浮动门槛，即带制动特性的差动保护，可以根据短路电流的大小调整差动保护的动作门槛。在差动继电器的设计中，差动动作门槛随着外部短路时流过两侧电流互感器的实际电流的增大而增大，该电流起制动作用，称为制动电流。一般情况下微机保护厂家均会给出制动电流的整定原则。

二、110 kV 线路保护

（一）装设的原则

（1）110 kV线路出现单相接地短路、相间短路、过负荷故障时，应装设相应的保护装置。

（2）110 kV线路后备保护配置宜采用远后备方式。

（3）对接地短路，应装设相应的保护装置，并应符合下列规定：

① 宜装设带方向或不带方向的阶段式零序电流保护。

② 对零序电流保护不能满足要求的线路，可装设接地距离保护，并应装设一段或二段零序电流保护作后备保护。

（4）对相间短路，应装设相应的保护装置，并应符合下列规定：

① 单侧电源线路，应装设三相多段式电流或电流电压保护，当不能满足要求时，可装设相间距离保护。

② 双侧电源线路，应装设阶段式距离保护装置。

（5）在下列情况下，应装设全线速动的主保护：

① 系统安全稳定有要求时。

② 线路发生三相短路，使发电厂厂用电母线或重要用户电压低于额定电压的60%，且其他保护不能无时限和有选择性地切除短路时。

③ 当线路采用全线速动保护，不仅改善本线路保护性能而且能改善电网保护性能时。

（6）并列运行的平行线路，可装设相间横联差动及零序横联差动保护作为主保护。后备保护可按和电流方式连接。

（7）电缆线路或电缆架空混合线路，应装设过负荷保护。保护装置宜动作于信号，当危及设备安全时，可动作于跳闸。

（二）保护配置及整定计算

1. 110 kV 线路的继电保护配置

110 kV线路的继电保护配置见表5－2－1。

2. 110 kV 线路的继电保护整定计算

110 kV线路的继电保护整定计算见表5－2－2至表5－2－4。

表 5-2-1　110 kV 线路的继电保护配置

<table>
<tr><th rowspan="2">被保护线路</th><th colspan="5">保护装置名称</th><th rowspan="2">备　注</th></tr>
<tr><th>电流纵差保护</th><th>距离保护（三段）</th><th>三相多段式电流或电流电压保护</th><th>零序电流保护</th><th>接地距离保护</th></tr>
<tr><td>单侧电源放射式单回线路</td><td rowspan="2">短线路及重要线路装设</td><td>当三相多段式电流或电流电压保护不满足要求时装设</td><td>装设</td><td>装设</td><td rowspan="2">零序电流保护不满足要求时装设</td><td rowspan="2">电缆线路或电缆架空混合线路，应装设过负荷保护</td></tr>
<tr><td>多侧电源的单回电缆线路或架空线路</td><td>装设</td><td>不装设</td><td>装设</td></tr>
</table>

表 5-2-2　相间距离保护整定计算

保护名称	计算项目和公式	符号说明
距离Ⅰ段	1. 按躲过本线路末端短路时的测量阻抗来整定 $Z_{dzⅠ} \leqslant K_k Z_1$ 2. 单回线路终端变压器方式深入变压器内 $Z_{dzⅠ} \leqslant K_k Z_1 + K_{KT} Z'_T$　$t_Ⅰ = 0$	Z_1—线路的正序阻抗 Z'_T—终端变压器并联等值正序阻抗 K_k—可靠系数，取 0.8 ~ 0.85 K_{KT}—变压器可靠系数，取小于或等于 0.7 $Z_{dzⅠ}$—距离Ⅰ段的整定阻抗 $t_Ⅰ$—距离Ⅰ段的动作时间
距离Ⅱ段	1. 按躲过相邻线路距离保护第Ⅰ段整定 $Z_{dzⅡ} \leqslant K_k Z_1 + K'_k K_Z Z'_{dzⅠ}$　$t_Ⅱ \geqslant \Delta t$ 2. 按躲变压器其他侧母线整定 $Z_{dzⅡ} \leqslant K_k Z_1 + K_{KT} K_Z Z'_T$　$t_Ⅱ \geqslant \Delta t$ 3. 按躲相邻线路距离保护第Ⅱ段整定 $Z_{dzⅡ} \leqslant K_k Z_1 + K'_K K_Z Z'_{dzⅡ}$　$t_Ⅱ \geqslant t'_Ⅱ + \Delta t$ 4. 本线路有规定的灵敏系数 $Z_{dzⅡ} \leqslant K_{LM} Z_1$ 动作时间按配合关系整定	Z_1—本线路的正序阻抗 Z'_T—相邻变压器并联等值正序阻抗 K_k—可靠系数，取 0.8 ~ 0.85 K'_k—可靠系数，取小于或等于 0.8 K_{KT}—变压器可靠系数，取小于或等于 0.7 $Z_{dzⅡ}$—距离Ⅱ段的整定阻抗 K_Z—助增系数 $Z'_{dzⅠ}$—相邻线路距离Ⅰ段动作阻抗 $Z'_{dzⅡ}$—相邻线路距离Ⅱ段动作阻抗 $t_Ⅱ$—距离Ⅱ段的动作时间 $t'_Ⅱ$—相邻线路距离Ⅱ段的动作时间 Δt—整定时间级差，一般为 0.3 ~ 0.5 s K_{LM}—灵敏系数 1.3 ~ 1.5
距离Ⅲ段	1. 按躲过相邻线路距离保护第Ⅱ段整定 $Z_{dzⅢ} \leqslant K_k Z_1 + K'_k K_Z Z'_{dzⅡ}$ 保护范围不伸出相邻变压器其他侧母线时，$t_Ⅲ \geqslant t'_Ⅱ + \Delta t$；保护范围伸出相邻变压器其他侧母线时，$t_Ⅲ \geqslant t'_T + \Delta t$ 2. 与相邻变压器过电流保护配合 $t_Ⅲ \geqslant t'_T + \Delta t$ 3. 按躲相邻线路距离保护第Ⅲ段整定 $Z_{dzⅡ} \leqslant K_K Z_1 + K'_K K_Z Z'_{dzⅢ}$　$t_Ⅲ \geqslant t'_Ⅲ + \Delta t$ 4. 躲负荷阻抗 负荷电阻线 $R_{dzⅢ} \leqslant K_{k1} Z_{FH}$ 动作时间按配合关系整定	Z_1—本线路的正序阻抗 K_k—可靠系数，取 0.8 ~ 0.85 K'_k—可靠系数，取小于或等于 0.8 K_{k1}—可靠系数，取小于或等于 0.7 $Z_{dzⅢ}$—距离Ⅲ段的整定阻抗 K_Z—助增系数 $Z'_{dzⅢ}$—相邻线路距离Ⅲ段动作阻抗 $Z'_{dzⅡ}$—相邻线路距离Ⅱ段动作阻抗 $t_Ⅲ$—距离Ⅲ段的动作时间 $t'_Ⅱ$—相邻线路距离Ⅱ段的动作时间 $t'_Ⅲ$—相邻线路距离Ⅲ段的动作时间 t'_T—相邻变压器被配合保护的动作时间 Δt—整定时间级差，一般为 0.3 ~ 0.5 s $R_{dzⅢ}$—阻抗元件的负荷电阻线 Z_{FH}—事故过负荷阻抗

注：1. 所给定的阻抗元件定值，包括幅值和相角两部分，都应是额定频率下被保护线路的正序阻抗值。方向阻抗继电器整定的最大灵敏角，一般等于被保护元件的正序阻抗角。

2. 本表适用于接于相间电压与相电流之差的相间阻抗元件。

表 5-2-3　110 kV 线路零序电流保护整定计算

保护名称	计算项目和公式	符号说明
零序电流Ⅰ段	按躲过区外短路时最大零序电流整定 $I_{dz\,Ⅰ} \geqslant K_k 3I_{0max}$　$t_Ⅰ = 0$	I_{0max}—区外短路最大零序电流 K_k—可靠系数，取 1.3 ~ 1.5 $I_{dz\,Ⅰ}$—零序电流Ⅰ段的整定电流 $t_Ⅰ$—零序电流Ⅰ段的动作时间
零序电流Ⅱ段	1. 按躲过相邻线路零序Ⅰ段整定 $I_{dz\,Ⅱ} \geqslant K_k K_F I'_{dz\,Ⅰ}$　$t_Ⅱ \geqslant \Delta t$ 2. 按躲过相邻线路零序Ⅱ段整定 $I_{dz\,Ⅱ} \geqslant K_k K_F I'_{dz\,Ⅱ}$　$t_Ⅱ \geqslant t'_Ⅱ + \Delta t$ 3. 校核变压器 220 kV（或 330 kV）侧接地故障流过线路的 $3I_0$ $I_{dz\,Ⅱ} \leqslant K'_k 3I_0$　$t_Ⅱ \geqslant \Delta t$	K_k—可靠系数，取大于或等于 1.1 K'_k—可靠系数，取 1.1 ~ 1.3 K_F—最大分支系数 $I'_{dz\,Ⅰ}$—相邻线路零序Ⅰ段动作电流 $I'_{dz\,Ⅱ}$—相邻线路零序Ⅱ段动作电流 $t_Ⅱ$—零序Ⅱ段的动作时间 $t'_Ⅱ$—相邻线路零序Ⅱ段的动作时间 Δt—整定时间级差，一般为 0.3 ~ 0.5 s
零序电流Ⅲ段	1. 按躲过相邻线路零序Ⅱ段整定 $I_{dz\,Ⅲ} \geqslant K_k K_F I'_{dz\,Ⅱ}$　$t_Ⅲ \geqslant t'_Ⅱ + \Delta t$ 2. 按躲过相邻线路零序Ⅲ段整定 $I_{dz\,Ⅲ} \geqslant K_k K_F I'_{dz\,Ⅲ}$　$t_Ⅲ \geqslant t'_Ⅲ + \Delta t$ 3. 校核变压器 220 kV（或 330 kV）侧接地故障流过线路的 $3I_0$ $t_Ⅲ \geqslant t'_{TⅡ} + \Delta t$	K_k—可靠系数，取大于或等于 1.1 K_F—最大分支系数 $I'_{dz\,Ⅱ}$—相邻线路零序Ⅱ段动作电流 $I'_{dz\,Ⅲ}$—相邻线路零序Ⅲ段动作电流 $t_Ⅲ$—零序Ⅲ段的动作时间 $t'_Ⅱ$—相邻线路零序Ⅱ段的动作时间 $t'_Ⅲ$—相邻线路零序Ⅲ段的动作时间 $t'_{TⅡ}$—线路末端变压器 220 kV（或 330 kV）侧出线接地保护Ⅱ最长动作时间 Δt—整定时间级差，一般为 0.3 ~ 0.5 s
零序电流Ⅳ段	1. 按躲过相邻线路零序Ⅲ段整定 $I_{dz\,Ⅳ} \geqslant K_k K_F I'_{dz\,Ⅲ}$　$t_Ⅳ \geqslant t'_Ⅲ + \Delta t$ 2. 按躲过相邻线路零序Ⅳ段整定 $I_{dz\,Ⅳ} \geqslant K_k K_F I'_{dz\,Ⅳ}$　$t_Ⅳ \geqslant t'_Ⅳ + \Delta t$ 3. 校核变压器 220 kV（或 330 kV）侧接地故障流过线路的 $3I_0$ $t_Ⅳ \geqslant t'_{TⅡ} + \Delta t$	K_k—可靠系数，取大于或等于 1.1 K_F—最大分支系数 $I'_{dz\,Ⅲ}$—相邻线路零序Ⅲ段动作电流 $I'_{dz\,Ⅳ}$—相邻线路零序Ⅳ段动作电流 $t_Ⅳ$—零序Ⅳ段的动作时间 $t'_Ⅲ$—相邻线路零序Ⅱ段的动作时间 $t'_Ⅳ$—相邻线路零序Ⅲ段的动作时间 $t'_{TⅡ}$—线路末端变压器 220 kV（或 330 kV）侧出线接地保护Ⅱ最长动作时间 Δt—整定时间级差，一般为 0.3 ~ 0.5s

表 5-2-4　常规线路纵差保护整定计算

保护名称	计算项目和公式	符号说明
线路纵差保护	1. 按躲过区外短路故障时的最大不平衡电流整定 $I_{dz} = K_k K_{fzq} K_{tx} K_c I_d$ 2. 按躲过电流互感器二次回路断线条件整定 $I_{dz} = K_k I_{L\cdot max}$ 整定值应取上述两式较大值 3. 保护灵敏系数校验 $K_m = \dfrac{I^{(2)}_{k\cdot min}}{I_{dz}} \geqslant 2$	K_k—可靠系数，取 1.3 ~ 1.5；对于躲二次回路断线条件下，取 1.5 ~ 1.8 K_{fzq}—非周期分量系数，两侧同为 TP 级电流互感器取 1.0，两侧同为 P 级电流互感器取 1.5 ~ 2.0 K_{tx}—电流互感器的同型系数，当两侧电流互感器同型号时，$K_{tx} = 0.5$；不同型号时，$K_{tx} = 1.0$ K_c—电流互感器的比误差，10P 型取 0.03 × 2，5P 型和 TP 型取 0.01 × 2 I_d—外部短路时流过保护安装处的最大短路电流 $I^{(2)}_{k\cdot min}$—保护区内线路最小两相短路电流 $I_{L\cdot max}$—线路正常运行时的最大负荷电流

注：灵敏系数为单侧电源供电情况下被保护线路末端短路时流过保护安装处的最小短路电流。当灵敏系数不满足要求时，可采用带制动特性的差动继电器。

在煤矿企业中，110 kV 线路主要是电源线路，保护的配置一般需与当地供电部门协商后确定，保护的整定计算一般由当地供电局提供。

三、35～66 kV 线路保护

（一）保护装设的原则

（1）35～66 kV 线路出现单相接地短路、相间短路、过负荷故障或异常运行时，应装设相应的保护装置。

（2）相间短路保护应按下列原则装设：

① 对单侧电源线路可采用一段或两段电流速断或电压闭锁过电流保护作为主保护，并应以带时限的过电流保护作为后备保护。

当线路短路使发电厂厂用母线或重要用户母线电压低于额定电压的60%时，应快速切除故障。

② 对双侧电源线路，可装设带方向或不带方向的电流电压保护。

当采用带方向或不带方向的电流速断和过电流保护不能满足选择性、灵敏性或速动性的要求时,应采用光纤纵联差动作为主保护,并应装设带方向或不带方向的电流保护作为后备保护。

③ 电流保护装置应接于两相电流互感器上，同一网络的保护装置应装在相同的两相上（即都装在相同的两相上，一般为A、C相）。

④ 下列情况应快速切除故障：

a. 当线路短路使发电厂厂用母线或重要用户母线电压低于额定电压的60%时。

b. 线路导线截面过小，线路的热稳定不允许带时限切除短路时。

c. 切除故障时间长，可能导致高压电网产生电力系统稳定问题时。

d. 为保证供电质量需要时。

⑤ 后备保护应采用远后备方式。

（3）矿井变电站35～66 kV 馈电线上，应装设有选择性的单相接地保护，保护应动作于信号或跳闸。

（4）电缆线路或电缆架空混合线路，应装设过负荷保护。保护装置宜带时限动作于信号，当危及设备安全时，可动作于跳闸。

（5）对于由几段线路串联的系统，如阶段式速断装置不能满足快速动作和灵敏系数的要求时，允许速断装置无选择性动作，并以自动重合闸来补救。煤矿企业许多生产用电动机，根据《煤矿安全规程》的规定均需装设无压释放保护。如不采用延时无压释放，将大幅度降低重合闸的效果。为此无压释放保护应延时释放，释放的延迟时限应大于重合闸的周期。此时，速断保护应尽量避开降压电力变压器低压母线的短路故障。

（6）单电源环状系统，宜在两端设方向过流保护，同一方向的电流保护动作时限必须很好配合，其配合方式如图5－2－19所示。时限阶段 $t=0.5$ s（0.3 s）。

（7）对并列运行的平行线路，以横联差动为主保护，以接于两回线路电流之和的电流保护作为两回线路同时运行的后备保护及一回线断开后的主保护及后备保护。

横联差动方向电流保护一般用电流起动，当灵敏系数不满足要求时，可用电压闭锁电流起动。

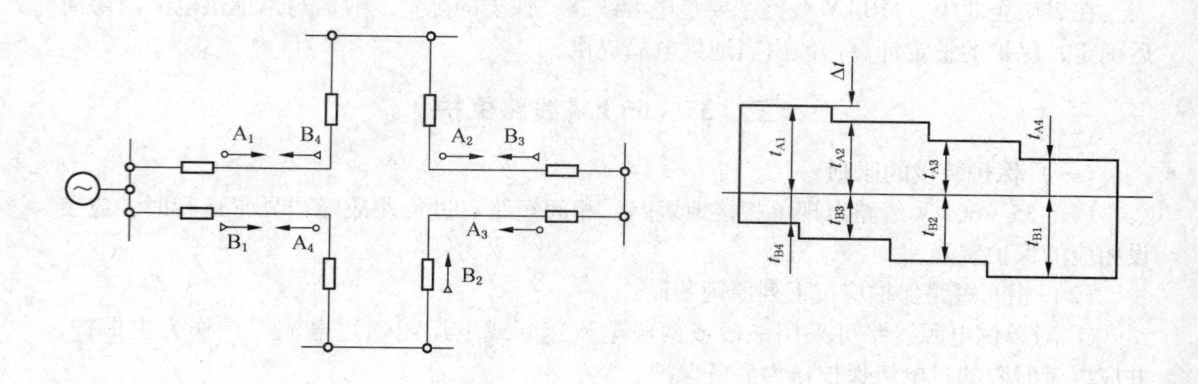

图 5-2-19 方向过流保护的时限配合

(二) 保护配置

35 ~66 kV 线路的继电保护配置见表 5-2-5。

表 5-2-5 35 ~66 kV 线路的继电保护配置

被保护线路	保护装置名称					备注
	无时限或带时限电流电压速断	无时限电流速断保护	带时限电流速断保护	过电流保护	单相接地保护	
单侧电源放射式单回线路	装设	自重要配电所引出的线路装设	当无时限电流速断不能满足选择性动作时装设	装设	根据需要装设	上述相间短路保护不能满足选择性、灵敏系数的要求时，可装设距离保护或光纤纵差保护（其线路长度不宜超过 5 km）
多侧电源的单回电缆线路或架空线路	装设	不装设	不装设	装设（作为距离保护或光纤纵差保护的后备保护）	根据需要装设	

注：无时限电流速断保护范围，应保证切除所有使该母线残压低于 50% ~60% 的额定电压的短路。为满足这一要求，必要时保护装置可无选择性动作，并以自动装置来补救。

(三) 保护装置的整定计算

1. 电流电压速断保护整定计算

35 ~66 kV 线路的电流电压速断保护整定计算见表 5-2-6。

2. 三段方向过流保护装置

方向过流保护一般在单电源环形系统中应用，其中无时限速断一般在闭环运行时灵敏系数都不够，通常只在开环运行中投入。因此作为线路的辅助保护，这一段保护也可以不设。

带时限速断保护动作电流只考虑躲过同方向的无时限速断装置的整定值。在环形系统中，一般按躲过同方向最大通过电流来整定电流起动元件，其时限则应根据被保护系统的要求而定。

表5－2－6　电流电压速断保护整定计算

保护名称	计算项目和公式	符号说明
无时限电流和电压速断	按躲过本线路末端的最大三相电流整定 $I_{dz\cdot j}=\frac{K_k K_{jx} I^{(3)}_{2k\cdot max}}{n_1}$ 电流速断保护应校核被保护线路出口短路的灵敏系数，在常见最大运行方式下，三相短路的灵敏系数不小于1时即可投运 如果电压元件作为闭锁元件，电压定值按确保测量元件范围末端故障时有足够的灵敏系数整定，为简化计算，也可以按躲过正常运行的低电压，保证线路末端故障时有足够的灵敏系数整定 $U_{dz\cdot j}=K_{k1}U_{min}$ $U_{dz\cdot j}=K_{m1}U_{sh\cdot max}$	K_{jx}—接线系数，Y形接线时取1.0，△形接线时取$\sqrt{3}$ n_1—电流互感器变比 K_k—可靠系数，取1.3 K_{k1}—可靠系数，取0.8～0.85 K_{m1}—可靠系数，取不小于1.5 U_{min}—保护安装处的最低运行电压 $U_{dz\cdot j}$—保护装置的动作电压 $U_{sh\cdot max}$—最大运行方式下，被保护线路末端三相短路，保护安装处的剩余电压 $I^{(3)}_{2k\cdot max}$—线路末端最大三相短路电流 $I_{dz\cdot j}$—保护装置的动作电流
带时限电流和电压速断	保护装置动作电流（应与相邻元件的无时限电流速断保护的动作电流相配合） $I_{dz\cdot j}=\frac{K_{jx}K_{ph}I_{dz\cdot 3}}{n_1}$ $I_{dz}=\frac{I_{dz\cdot j}n_1}{K_{jx}}$ 并应躲过相邻元件末端的最大三相短路电流 $I_{dz\cdot j}=\frac{K_{jx}K_k I^{(3)}_{3k\cdot max}}{n_1}$ $I_{dz}=\frac{I_{dz\cdot j}n_1}{K_{jx}}$ 保护装置动作电压（应与相邻元件的无时限电压速断保护的动作电压相配合） $U_{dz\cdot j}=U_{dz\cdot 3}\cdot K_{ph}$ 保护装置灵敏系数（电流部分） $K_m=\frac{I^{(2)}_{2k\cdot min}}{I_{dz}}\geqslant 1.3\sim 1.5$ 保护装置灵敏系数（电压部分） $K_m=\frac{U_{dz\cdot j}}{U_{sh\cdot max}}$ 保护装置的动作时限，应较相邻元件的电流和电压速断保护大一时限阶段，一般时限取0.5～0.7 s	K_{jx}—接线系数，Y形接线时取1.0，△形接线时取$\sqrt{3}$ n_1—电流互感器变比 K_{ph}—配合系数，取1.1 $I_{dz\cdot 3}$—相邻元件的无时限电流速断保护的一次动作电流 K_k—可靠系数，取1.2～1.3 $I^{(3)}_{3k\cdot max}$—系统最大运行方式时，相邻元件末端的三相短路电流 $U_{dz\cdot 3}$—相邻元件的无时限电压速断保护的一次动作电压 $I^{(2)}_{2k\cdot min}$—最小运行方式下，被保护线路末端两相短路稳态电流 $U_{sh\cdot max}$—最大运行方式下，被保护线路末端三相短路，保护安装处的剩余电压 I_{dz}—保护装置一次动作电流

各段保护动作电流与灵敏系数验算除上述因素外，基本上与前述之电流电压速断保护相同。

3. 距离保护和电流纵差保护的整定

距离保护和电流纵差保护整定计算前面已介绍过，详见表5－2－2至表5－2－4。

（四）计算实例

35 kV 放射状单回线路的保护，网络接线如图 5-2-20 所示，短路数据见表 5-2-7。

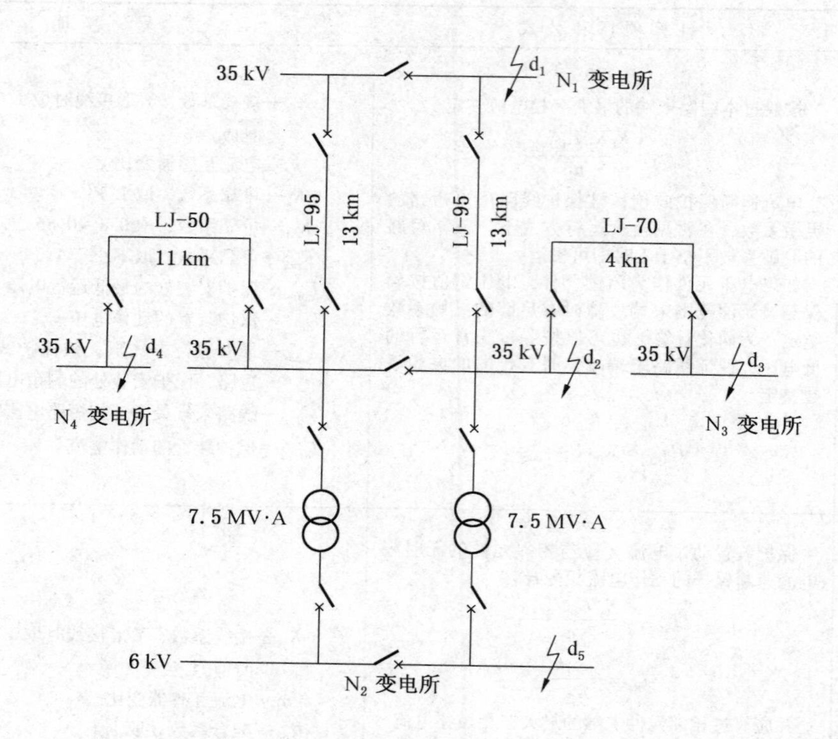

图 5-2-20　网络接线图

表 5-2-7　三相短路电流值

A

短路点	d_1	d_2	d_3	d_4	d_5
最大值	7800	2440	1930	1300	1000
最小值	5120	2060	1680	1230	870

系统运行方式及变电站的负荷：线路及变压器采用分列运行方式。变电站的负荷为变压器额定容量的 70%。在 N_2 变电站考虑电动机自起动的过负荷倍数 $K_{gh}=1.5$。N_1 变电站 35 kV 出线的电流互感器变比为 400/5，线路的负荷电流为 320 A，线路电抗 X 为 0.4 Ω/km。

1. 保护装置的选择

线路推荐采用三段电流保护：

（1）无时限电流速断保护（Ⅰ段），保护线路的一部分。

（2）带时限电流速断保护（Ⅱ段），保护全部线路及由 N_2 变电站转送的线路的一部分。

（3）过电流保护（Ⅲ段）。

线路亦推荐采用当手动合闸或自动合闸于永久性故障时，加速保护动作的自动重合闸（将第Ⅱ段的保护转为瞬时动作）。

采用三阶段定时限电流保护与重合闸装置。

2. 保护整定计算

1）无时限电流速断保护（第Ⅰ段）

（1）动作电流应避开 N_2 变电站 35 kV 母线上的最大短路电流：

$$I_{dz \cdot j}=K_{jx}K_k\frac{I^{(3)}_{d2 \cdot max}}{n_1}=1\times1.3\times\frac{2440}{400/5}=39.7\ \text{A}，取 40 A$$

$$I_{dz \cdot 1}=I_{dz \cdot j}n_1=40\times80=3200\ \text{A}$$

（2）最小保护距离：

$$l_{min}=\frac{1}{x}\left(\frac{\sqrt{3}}{2}\times\frac{37/\sqrt{3}}{I_{dz \cdot 1}}-\frac{37/\sqrt{3}}{I^{(3)}_{d1 \cdot min}}\right)=\frac{1}{0.4}\left(\frac{\sqrt{3}}{2}\times\frac{37/\sqrt{3}}{3200}-\frac{37/\sqrt{3}}{5120}\right)=4\ \text{km}$$

$$\frac{l_{min}}{l}=\frac{4}{13}=30\%$$

（3）最大保护距离：

$$l_{max}=\frac{1}{x}\left(\frac{37/\sqrt{3}}{I_{dz \cdot 1}}-\frac{37/\sqrt{3}}{I^{(3)}_{d1 \cdot max}}\right)=\frac{1}{0.4}\left(\frac{37/\sqrt{3}}{3200}-\frac{37/\sqrt{3}}{8740}\right)=9.8\ \text{km}$$

$$\frac{l_{max}}{l}=\frac{9.8}{13}=76\%$$

$$l_{min}\geqslant(15\%\sim20\%)l$$

$$l_{max}\geqslant50\%l$$

可见满足要求。

2）带时限电流速断保护（第Ⅱ段）

（1）动作电流应与相邻元件或线路的速断保护最大动作电流相配合。先计算变压器低压侧开关的 I 段电流速断：

$$I'_{dz \cdot 1}=1.3\times1000=1300\ \text{A}$$

（2）再计算本开关的带时限电流速断：

$$I_{dz \cdot 2}=1.1\times1300=1430\ \text{A}$$

（3）灵敏系数按 N_2 变电站 35 kV 母线最小短路电流校验：

$$K^{(2)}_m=0.866\times\frac{2060}{1430}=1.25>1.2$$

带时限电流速断保护的动作时限 0.5 s。

3）过电流保护（第Ⅲ段）

（1）采用二相三继电器接线，动作电流应避开最大负荷电流：

$$I_{dz \cdot j}=K_{jx}K_k\frac{K_{gh}I_{js}}{K_f n_1}=1\times1.2\times\frac{1.5\times320}{0.85\times80}=8.5\ \text{A}$$

$$I_{dz \cdot 3}=8.5\times80=680\ \text{A}$$

（2）灵敏系数：

① 当 N_2 变电站 35 kV 母线故障时

$$K_m^{(2)} = 0.866 \times \frac{2060}{680} = 2.62 > 1.5 \quad （近后备）$$

② 当 N_2 变电站 35 kV 最远的转送线路末端发生故障时

$$K_m^{(2)} = 0.866 \times \frac{1230}{680} = 1.57 > 1.2 \quad （远后备）$$

③ 当 N_2 变电站变压器后发生故障时

$$K_m^{(2)} = 1 \times \frac{870}{680} = 1.28 > 1.2 \quad （远后备）$$

四、3 ~ 10 kV 线路保护

（一）保护装设的原则

（1）煤矿 3 ~ 10 kV 系统大部分属于中性点不接地或经消弧线圈接地系统。《煤矿安全规程》规定，矿井高压电网的单相接地电容电流不得超过 20 A，否则必须采取限制措施。《矿山电力设计规范》规定，当 6 kV 或 10 kV 系统发生单相接地故障不要求立即切除故障回路而需要维持故障回路短时运行时，应采用不接地、高电阻接地或消弧线圈接地方式，并应将流经单相接地故障点的电流限制在 10 A 以内。系统单相接地的故障可能发生，所以 3 ~ 10 kV 线路出现单相接地短路、相间短路、过负荷故障或异常运行时，应装设相应的保护装置。

大多数情况下，馈电线路均以单侧电源辐射状供电，个别有环状结构的，也可以考虑开环运行。

（2）相间短路保护应按下列原则装设：

① 对单侧电源线路可装设两段电流保护装置，第一段应为不带时限的电流速断装置，第二段应为带时限的电流速断。

② 对双侧电源线路，可装设带方向或不带方向的电流速断和过电流保护。当采用带方向或不带方向的电流速断和过电流保护不能满足选择性、灵敏性或速动性的要求时，应采用光纤纵联差动作主保护，并应装设带方向或不带方向的电流保护作后备保护。

③ 电流保护装置应接于两相电流互感器上，同一网络的保护装置应装在相同的两相上（即都装在相同的两相上，一般为 A、C 相）。

④ 光纤纵联差动保护应接于三相电流互感器上。

⑤ 下列情况应快速切除故障：

a）当线路短路使发电厂厂用母线或重要用户母线电压低于额定电压的 60% 时；

b）线路导线截面过小，线路的热稳定不允许带时限切除短路时；

c）当过电流保护的时限不大于 0.5 ~ 0.7 s，或无配合上的要求时，可不装设瞬动的电流速断保护。

⑥ 后备保护应采用远后备方式。

（3）矿井变电站 3 ~ 10 kV 馈电线上，应装设有选择性的单相接地保护，保护应动作于信号或跳闸。

（4）电缆线路或电缆架空混合线路，应装设过负荷保护。保护装置宜带时限动作于信号，当危及设备安全时，可动作于跳闸。

（5）负载较大、总长度在 1 km 以下的重要用户的线路，为了加速切除短路故障，可以采用光纤纵差保护装置。

（6）负载较小的非重要用户可以采用熔断器保护，其中操作比较频繁的可以装设负荷开关。

（二）保护配置

3～10 kV 线路的继电保护配置见表 5－2－8。

表 5－2－8　3～10 kV 线路的继电保护配置

被保护线路	保护装置名称				备　注
	无时限电流速断保护	带时限速断保护	过电流保护	单相接地保护	
单侧电源放射式单回线路	自重要配电所引出的线路装设	当无时限电流速断不能满足选择性动作时装设	装设	根据需要装设	当过电流保护的时限不大于 0.5～0.7 s，且没有快速切除故障的要求或没有保护配合上的要求时，可不装设电流速断保护

注：1. 无时限电流速断保护范围，应保证切除所有使该母线残压低于 50%～60% 额定电压的短路。为满足这一要求，必要时保护装置可无选择地动作，并以自动装置来补救。

2. 上述相间短路保护不能满足选择性、灵敏系数的要求时，则可装设光纤纵差保护，其线路长度不宜超过 2 km。

（三）保护装置的整定计算

6～10 kV 线路的继电保护整定计算见表 5－2－9。

表 5－2－9　6～10 kV 线路的继电保护整定计算

保护名称	计算项目和公式	符号说明
过电流保护	保护装置的动作电流（应躲过线路的过负荷电流） $$I_{dz\cdot j}=K_kK_{jx}\frac{I_{gh}}{K_hn_1}$$ 保护装置的灵敏系数（按最小运行方式下线路末端两相短路电流校验） $$K_m=\frac{I^{(2)}_{2k\cdot min}}{I_{dz}}\geqslant 1.5$$ 保护装置的动作时限，应较相邻元件的过电流保护大一时限阶段，一般大 0.5～0.7 s	K_k—可靠系数，用于过电流保护时，DL 型和 GL 型继电器分别取 1.2 和 1.3；用于电流速断保护时分别取 1.2 和 1.5；用于单相接地保护时，无时限取 4～5，有时限取 1.5～2 K_{jx}—接线系数，Y 形接线时取 1.0，△形接线时取$\sqrt{3}$ K_h—继电器返回系数，取 0.85 n_1—电流互感器变比 I_{gh}[③]—线路过负荷（包括电动机起动所引起的）电流 $I^{(2)}_{2k\cdot min}$—最小运行方式下，线路末端两相短路稳态电流 I_{dz}—保护装置一次动作电流 $$I_{dz}=I_{dz\cdot j}\frac{n_1}{K_{jx}}$$
无时限电流速断保护	保护装置的动作电流（应躲过线路末端短路时最大三相短路电流[①②]） $$I_{dz\cdot j}=K_kK_{jx}\frac{I^{(3)}_{2k\cdot max}}{n_1}$$ 保护装置的灵敏系数（按最小运行方式下线路始端两相短路电流校验） $$K_m=\frac{I^{(2)}_{1k\cdot min}}{I_{dz}}\geqslant 2$$	

表 5-2-9（续）

保护名称	计算项目和公式	符号说明
带时限电流速断保护	保护装置的动作电流（应躲过相邻元件末端短路时的最大三相短路电流或与相邻元件的电流速断保护的动作电流相配合，按两个条件中较大者整定） $$I_{dz\cdot j}=K_kK_{jx}\frac{I^{(3)}_{3k\cdot max}}{n_1}$$ 或 $$I_{dz\cdot j}=K_{ph}K_{jx}\frac{I_{dz\cdot 3}}{n_1}$$ 保护装置的灵敏系数与无时限电流速断保护的公式相同 保护装置的动作时限，应较相邻元件的电流速断保护大一个时限阶段，一般大 0.5～0.7 s	$I^{(3)}_{2k\cdot max}$—最大运行方式下线路末端三相短路稳态电流 $I^{(2)}_{1k\cdot min}$—最小运行方式下线路始端两相短路稳态电流④ K_{ph}—配合系数，取 1.1 $I_{dz\cdot 3}$—相邻元件的电流速断保护的一次动作电流 $I^{(3)}_{3k\cdot max}$—最大运行方式下相邻元件末端三相短路稳态电流
单相接地保护	保护装置的一次动作电流（按躲过被保护线路外部单相接地故障时，从被保护元件流出的电容电流及按最小灵敏系数 1.25 整定） $$I_{dz}\geqslant K_kI_{Cx}$$ 和 $$I_{dz}\leqslant\frac{I_{C\Sigma}-I_{Cx}}{1.25}$$	I_{Cx}—被保护线路外部发生单相接地故障时，从被保护元件流出的电容电流 $I_{C\Sigma}$—电网的总单相接地电容电流⑤

注：① 如为线路变压器组，应按配电变压器整定计算。

② 当保证母线上具有规定的残余电压时，线路的最小允许长度按下式计算

$$K_x=\frac{-\beta K_1+\sqrt{1+\beta^2-K_1^2}}{\sqrt{1+\beta^2}}$$

$$I_{min}=\frac{X_{x\cdot min}}{R_1}\cdot\frac{-\beta+\sqrt{\frac{K_k^2\alpha^2}{K_x^2}(1+\beta^2)-1}}{1+\beta^2}$$

式中 K_x—计算运行方式下电力系统最小综合电抗 $X_{x\cdot min}$ 上的电压与额定电压之比；

β—每千米线路的电抗 X_1 与有效电阻 R_1 之比；

K_1—母线上残余相间电压与额定相间电压之比，其值等于母线上最小允许残余电压与额定电压之比，取 0.6；

R_1—千米线路的有效电阻，Ω/km；

$X_{x\cdot min}$—电力系统在最大运行方式下，母线上的最小综合电抗，Ω；

K_k—可靠系数，一般取 1.2；

α—电力系统运行方式变化的系数，其值等于电力系统最小运行方式时的综合电抗 $X_{x\cdot min}$ 与最大运行方式时的综合电抗 $X_{x\cdot max}$ 之比。

③ 电动机自起动时的过负荷电流按下式计算

$$I_{gh}=K_{gh}I_{g\cdot xl}=\frac{I_{g\cdot xl}}{u_k+Z^*_{Ⅱ}+\frac{S_{rT}}{K_qS_{M\Sigma}}}$$

式中 $I_{g\cdot xl}$—线路工作电流，A；

K_{gh}—需要自起动的全部电动机，在起动时所引起的过电流倍数；

u_k—变压器阻抗电压相对值；

$Z^*_{Ⅱ}$—以变压器额定容量为基准的线路阻抗标么值；

S_{rT}—变压器额定容量，kV · A；

$S_{M\Sigma}$—需要自起动的全部电动机容量，kV · A；

K_q—电动机起动时的电流倍数。

④ 两相短路稳态电流 $I_k^{(2)}$ 等于三相短路稳态电流 $I_k^{(3)}$ 的 0.866 倍。

⑤ 电网单相接地电容电流计算，详见第二章。

（四）计算实例

某矿井 35 kV 变电站引出一条 10 kV 的电缆线路，线路保护采用微机保护，设有无时限电流速断保护、限时电流速断保护、过电流保护、单相接地保护，线路接线如图 5－2－21 所示。

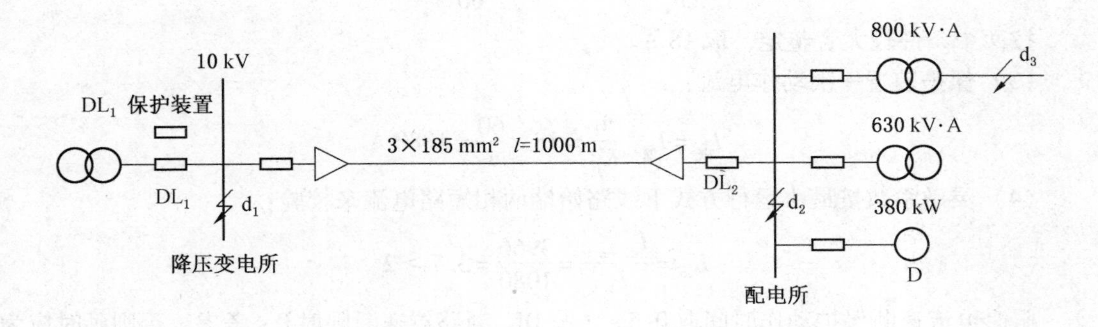

图 5－2－21 线路接线图

最大运行方式下，10 kV 线路末端三相短路电流 $I_{d2 \cdot max}^{(3)}$ 为 5130 A，配电变压器低压侧三相短路时流过高压侧的三相短路电流 $I_{d3 \cdot max}^{(3)}$ 为 820 A，最小运行方式下，降压变电站母线两相短路电流 $I_{d1 \cdot min}^{(2)}$ 为 3966 A，配电所母线两相短路电流 $I_{d2 \cdot min}^{(2)}$ 为 3741 A，配电变压器低压侧两相短路时流过高压侧的电流 $I_{d3 \cdot max}^{(2)}$ 为 689 A。

电动机起动时的线路过负荷电流 I_{gh} 为 350 A，800 kV · A 变压器低压侧总开关瞬动电流为 9600 A，10 kV 电网单相接地时总电容电流为 15 A，10 kV 电缆线路非故障接地时线路的电容电流 I_{Cx} 为 1.4 A。10 kV 系统为中性点不接地系统。A、C 相电流互感器变比为 300/5，零序电流互感器变比为 50/5。

下面进行整定计算（计算断路器 DL_1 的保护定值）。

1. 无时限电流速断保护

（1）无时限电流速断保护按躲过线路末端短路时的最大三相短路电流整定，保护装置的动作电流：

$$I_{dz \cdot j} = K_k K_{jx} \frac{I_{d2 \cdot max}^{(3)}}{n_1} = 1.3 \times 1 \times \frac{5130}{60} = 111 \text{ A，取 } 110 \text{ A}$$

（2）保护装置一次动作电流：

$$I_{dz} = I_{dz \cdot j} \frac{n_1}{K_{jx}} = 110 \times \frac{60}{1} = 6600 \text{ A}$$

（3）灵敏系数按最小运行方式下线路始端两相短路电流来校验：

$$K_m = \frac{I_{d1 \cdot min}^{(2)}}{I_{dz}} = \frac{3966}{6600} = 0.601 < 2$$

由此可见，无时限电流速断保护不能满足灵敏系数要求，故装设限时电流速断保护。

2. 限时电流速断保护

（1）按躲过相邻元件末端短路时最大三相短路时的电流整定，则保护装置动作电流：

$$I_{dz \cdot j} = K_k K_{jx} \frac{I_{d3 \cdot max}^{(3)}}{n_1} = 1.3 \times 1 \times \frac{820}{60} = 17.8\ \text{A}$$

（2）按躲过相邻元件的电流速断保护整定，则保护动作电流：

$$I_{dz \cdot j} = K_k \frac{I_{dz \cdot 3}^{(3)}}{n_1} = 1.1 \times \frac{9600 \times 0.4/10}{60} = 7.04\ \text{A}$$

按两个条件较大者整定，取 18 A。

（3）保护装置一次动作电流：

$$I_{dz} = I_{dz \cdot j} \frac{n_1}{K_{jx}} = 18 \times \frac{60}{1} = 1080\ \text{A}$$

（4）灵敏系数按最小运行方式下线路始端两相短路电流来校验：

$$K_m = \frac{I_{d1 \cdot min}^{(2)}}{I_{dz}} = \frac{3966}{1080} = 3.7 > 2$$

限时电流速断保护动作时间取 0.5 s（按 DL_2 断路器速断限时 0 s 考虑，否则延时应为 $t_1 = t_2 + \Delta t$）。

3. 过电流保护

过电流保护按躲过线路的过负荷电流来整定，则保护动作电流：

$$I_{dz \cdot j} = K_k K_{jx} \frac{I_{gh}}{K_h n_1} = 1.2 \times 1 \times \frac{350}{0.9 \times 60} = 7.8\ \text{A，取 8 A}$$

式中，K_h 为返回系数，微机保护的过流元件返回系数可由软件设定，一般设定为 0.9。

过电流保护一次动作电流：

$$I_{dz} = I_{dz \cdot j} \frac{n_1}{K_{jx}} = 8 \times \frac{60}{1} = 480\ \text{A}$$

保护的灵敏系数按最小运行方式下线路末端两相短路电流来校验：

$$K_m = \frac{I_{d2 \cdot min}^{(2)}}{I_{dz}} = \frac{3741}{480} = 7.8 > 2$$

在配电变压器低压侧发生短路时，灵敏系数为

$$K_m = \frac{I_{d3 \cdot min}^{(2)}}{I_{dz}} = \frac{689}{480} = 1.44 > 1.2$$

保护动作延时应考虑与下级保护的时限配合，$t_1 = t_2 + \Delta t$，Δt 取 0.5 s。

4. 单相接地保护

按躲过被保护线路电容电流的条件计算保护动作电流（一次侧）：

$$I_{dz} \geqslant K_k I_{Cx}\quad（K_k \text{ 为可靠系数，瞬动取 } 4 \sim 5\text{，延时取 } 1.5 \sim 2）$$

此处按延时 1 s 考虑，K_k 取 2，则 $I_{dz} \geqslant 2 \times 1.4 = 2.8$ A。

校验灵敏系数：$K_m = (15 - 1.4)/2.8 = 4.86 > 1.25$。

注意：由于在很多情况下零序 CT 变比不明确，可以实测整定：从零序 CT 一次侧通入 2.8 A 电流，测零序 CT 二次侧电流是多少，此电流即为微机保护零序定值。

第三节 线路一次重合闸和备用电源自动投入装置

一、线路一次重合闸

电力系统中架空线路的故障，有些是不稳定的。这些故障在电压消失后即能自行消除。采用自动重合闸装置（ZCH），可以迅速恢复供电，提高供电可靠性。在某些情况下可以利用自动重合闸来校正继电保护装置的无选择性动作，从而使保护装置简化。

(一) 装设原则

(1) 对单侧电源线路的自动重合闸应采用一次重合闸，当几段线路串联时，宜采用重合闸前加速保护动作或顺序自动重合闸。单回线路、平行线路、双T形网络或环状网络上，自动重合闸装于电源侧。

(2)《煤矿安全规程》规定，直接向井下供电的高压馈电线上，严禁装设自动重合闸；手动合闸时，必须事先同井下联系；井下低压馈电线上有可靠的漏电、短路检测闭锁装置时，可采用瞬间1次自动复电系统。所以，下井回路不装设自动重合闸。

(3) 根据煤炭系统的特点，只考虑在35 kV及以上的电源线路或转送的送电线路上装设自动重合闸，10 kV架空出线上可以装设，其他10 kV及以下的配电线路一般不考虑装设。

当线路的保护带有时限时，应尽可能实现后加速保护动作。在某些情况下，例如，单侧电源由若干段线路串联组成的线路保护电源端，双T形供电系统的电源端或环状网络的线路上，为了加速断开线路故障，可以采用自动重合闸前加速保护动作。

(4) 自动重合闸重合的成功率随其重合次数的增加而减少。对于架空线路一次重合成功率占60%～90%，二次占15%～16%，三次仅占3%。多次重合的接线复杂，要受到断路器断流容量降低的限制。因此在煤炭系统中，一般只推荐采用一次重合的自动重合闸。

(5)《煤矿安全规程》规定，井下高压电动机、动力变压器的高压控制设备，应具有短路、过负荷、接地和欠电压释放保护。这是保证煤矿安全生产所必需的。目前国产的井下高压隔爆开关柜的欠压释放保护均无时限。这种无时限的欠压释放实际上是无压速断装置，它不仅影响重合效果，而且在系统发生短路故障时会使所有电压降低到可使欠压释放保护动作的非故障线路的开关柜全部误动作，为此应使欠压释放保护带有时限。考虑电流速断保护和自动重合闸的周期，这个时限约为1 s为宜。

这里所谈的效果问题都是指煤矿电源线路而言。为了尽量避免造成电源线路较长时间的停电，煤矿电源线路采用自动重合闸是有实际意义的。

(二) 自动重合闸装置的要求

自动重合闸装置应满足下列要求：

(1) 自动重合可由保护装置或断路器控制状态与位置不对应启动。

(2) 手动或通过遥控装置将断路器断开或将断路器投入故障线路上而随即由保护装置断开时，自动重合闸均不应动作。

(3) 在任何情况下，自动重合闸的动作次数应符合预先的规定。

(4) 当断路器处于不正常状态下不允许实现自动重合闸时，应将重合闸装置闭锁。

二、备用电源自动投入装置

（一）装设原则

备用电源自动投入装置一般在下列情况装设：

（1）由双电源供电的矿井变电站和配电所，其中一个电源经常断开作为备用。

（2）矿井变电站内有备用变压器。

（3）接有Ⅰ类负荷的由双电源供电的母线段。

（4）接有Ⅱ类负荷的由双电源供电的成套装置。

（5）某些重要机械的备用设备。

所以，备用电源自动投入装置一般在备用线路、备用变压器、备用机组和母线分段开关上装设。

（二）备用电源自动投入装置的要求

备用电源自动投入装置应符合下列要求：

（1）应保证在工作电源断开后投入备用电源。

（2）工作电源故障或断路器被错误断开时，自动投入装置应延时动作。

（3）手动断开工作电源、电压互感器回路断线和备用电源无电压情况下，不应启动自动投入装置。

（4）应保证自动投入装置只动作一次。

（5）自动投入装置动作后，如备用电源或设备投到故障线路上，应使保护加速动作并跳闸。

（6）自动投入装置中，可设置工作电源的电流闭锁回路。

（7）一个备用电源或设备同时作为几个电源或设备的备用时，自动投入装置应保证在同一时间备用电源或设备只能作为一个电源或设备的备用。

（8）自动投入装置可采用带母线残压闭锁或延时切换方式，也可采用带同步检定的快速切换方式。

采用自动重合闸应校验备用电源的过载能力及电动机自起动条件，若备用电源的过载能力不够或电动机自起动不能保证时，应在自动重合闸动作的同时切除一部分负荷。

（三）备用电源自动投入装置的接线方式

备用电源自动投入装置（BZT）在一次接线中一般有两种方式。

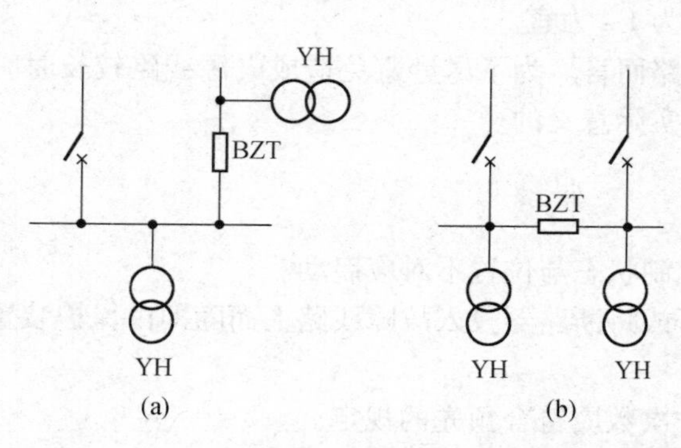

图5-3-1 BZT在一次接线图中的位置

（1）具有一条工作线路和一条备用线路的矿井变电站，BZT安装在进线断路器上，如图5-3-1a所示。正常时备用线路断开，当工作线路因故断开后，备用线路自动投入。

（2）具有两条独立工作线路的矿井变电站，BZT安装在母线分段开关上，如图5-3-1b所示。正常时分段开关断开，当其中任一条工作线路因故切除后，分段开关自动投入，由另一条线路供给全部负荷。

第四节 3～10 kV 电动机保护

一、保护装设的原则

在煤矿企业中，大量地使用异步电动机，只有少量提升机使用同步电动机。电动机的安全运行对整个企业生产的安全、经济运行都有很重要的意义，因此应根据电动机的类型、容量及在生产中的作用，装设相应的保护装置。

电动机的主要故障有定子绕组的相间短路、单相接地以及同一相绕组的匝间短路。

电动机发生相间短路故障时，不仅故障电动机本身会遭受严重损伤，同时还将使供电电压显著下降，影响其他用电设备正常工作，在煤矿企业甚至可能造成全矿的停电事故。因此，对电动机定子绕组及其引出线的相间短路，必须装设相应的保护装置，以便及时地将故障电动机切除。

单相接地对电动机的危害取决于供电网络中性点的运行方式。对 380/220 V 的低压电动机，其中性点一般直接接地，故发生单相接地时，将产生很大的短路电流，因而应快速切除。而对于 3～10 kV 的高压电动机，由于所在供电系统属于小电流接地系统，电动机单相接地后，只有电网的电容电流流过故障点，其危害一般较小。

同一相绕组的匝间短路将破坏电动机运行的对称性，并使故障相的电流增大，增大的程度与被短路的匝数有关，最严重情况为一相绕组全部被短接，此时电动机可能被破坏。但由于目前尚未找到既简单又完善的方法反映匝间短路，因此在电动机上一般不装设专用的匝间短路保护。

电动机的异常运行状态主要有各种形式的过负荷。引起电动机过负荷的原因有所带机械负荷过大，电源电压或频率下降而引起的转速下降，一相断线造成两相运行，电动机起动和自起动时间过长等。长时间的过负荷将使电动机绕组温升超过允许值，使绝缘老化速度加快，甚至发展成故障。因此，根据电动机的重要程度、过负荷的可能性以及异常运行状态等情况，应装设相应的过负荷保护作用于信号、自动减负荷或跳闸。

此外，在电源电压短时间消失或长时间下降后，为保证电压恢复正常时重要电动机的起动或自起动成功，同时也为了保护根据生产工艺特点不允许或不需要自启动的电动机，在电动机上还必须配置低电压保护。

同步电动机的保护配置情况与异步电动机基本相同，不同之处在于：一是在切除电动机时，除跳开断路器外，还需跳开灭磁开关进行灭磁；二是应装设失步保护等。

（1）对电压为 3 kV 及以上的异步电动机和同步电动机的下列故障及异常运行方式，应装设相应的保护装置，如定子绕组相间短路、定子绕组单相接地、定子绕组过负荷、定子绕组低电压、同步电动机失步、同步电动机失磁、同步电动机出现非同步冲击电流、相电流不平衡及断相。

（2）对电动机绕组及引出线的相间短路保护应采用下列方式：

① 电流速断保护，一般用于 2000 kW 以下的电动机。

② 纵联差动保护，一般用于 2000 kW 及以上的电动机或 2000 kW 以下但电流速断保护灵敏系数不符合要求的电动机。

③ 作为纵联差动保护的后备，宜装设过电流保护。

以上保护装置可采用两相或三相式接线，应瞬时动作于跳闸。对于具有自动灭磁装置的同步电动机，保护装置尚应动作于灭磁。

（3）单相接地故障保护应按下列原则考虑：

① 当接地电流大于5 A时，应装设有选择性的单相接地保护。

② 当接地电流小于5 A时，可装设接地检漏装置。

③ 单相接地电流为10 A及以上时，保护装置应动作于跳闸；单相接地电流为10 A以下时，保护装置应动作于信号。

（4）过负荷保护应按下列原则考虑：

① 生产过程中易发生过负荷的电动机应装设过负荷保护。保护装置应根据负荷特性，带时限动作于信号或跳闸。

② 起动或自起动困难、需防止起动或自起动时间过长的电动机，应装设过负荷保护，并动作于跳闸。

（5）低电压保护应按下列原则考虑：

① 当电源电压短时降低或短时中断又恢复时，需断开的次要电动机以及根据生产过程不允许或不需自起动的电动机应装设0.5 s时限的低电压保护，保护动作电压应为额定电压的65% ~70%。

② 有备用自动投入装置的Ⅰ类负荷电动机或在电源电压长时间消失后需自动断开的电动机，应装设9 s时限的低电压保护，保护动作电压应为额定电压的45% ~50%。

③ 低电压保护装置应动作于跳闸。

（6）同步电动机的失步保护宜带时限动作，对重要电动机应动作于再同步控制回路；不能再同步或根据生产过程不需再同步的电动机，应动作于跳闸。

（7）同步电动机失磁保护带时限动作于跳闸。

（8）2000 kW及以上以及不允许非同步的同步电动机，应装设防止电源短时中断造成非同步冲击的保护。保护装置应确保在电源恢复前动作。重要电动机的保护装置，应动作于再同步控制回路；不能再同步或根据生产过程不需再同步的电动机，保护装置动作于跳闸。

（9）2000 kW及以上重要电动机，可装设负序电流保护，保护装置动作于跳闸或信号。

（10）当一台或一组设备由2台及以上电动机共同拖动时，电动机的保护装置应实现对每台电动机的保护。由双电源供电的双速电动机，其保护应按供电回路分别装设。

二、保 护 配 置

3 ~10 kV电动机的继电保护配置见表5 -4 -1。

三、保护装置的整定计算

（一）电动机的继电保护整定计算

3 ~10 kV电动机的继电保护整定计算见表5 -4 -2。

表 5-4-1　3～10 kV 电动机的继电保护配置

<table>
<tr><th rowspan="2">电动机功率/kW</th><th colspan="7">保护装置名称</th></tr>
<tr><th>电流速断保护</th><th>纵联差动保护</th><th>过负荷保护</th><th>单相接地保护</th><th>低电压保护</th><th>失步保护①</th><th>防止非同步冲击的断电失步保护②</th></tr>
<tr><td>异步电动机
<2000</td><td>装设</td><td>当电流速断保护不能满足灵敏性要求时装设</td><td rowspan="4">生产过程中易发生过负荷时或起动、自起动条件严重时应装设</td><td rowspan="4">当接地电流大于5A时，应装设有选择性的单相接地保护；当接地电流小于5A时，可装设接地检漏装置</td><td rowspan="2">根据需要装设</td><td rowspan="2"></td><td rowspan="2"></td></tr>
<tr><td>异步电动机
≥2000</td><td></td><td>装设</td></tr>
<tr><td>同步电动机
<2000</td><td>装设</td><td>当电流速断保护不能满足灵敏性要求时装设</td><td rowspan="2"></td><td rowspan="2">装设</td><td rowspan="2">根据需要装设</td></tr>
<tr><td>同步电动机
≥2000</td><td></td><td>装设</td></tr>
</table>

注：① 下列电动机可以利用反映定子回路的过负荷保护兼作失步保护：短路比在 0.8 及以上且负荷平稳的同步电动机。负荷变动大的同步电动机，应增设失磁保护。短路比数据见表 5-4-3。

② 大功率同步电动机当不允许非同步冲击时，宜装设防止电源短时中断再恢复时造成非同步冲击的保护。

表 5-4-2　3～10 kV 电动机的继电保护整定计算

保护名称	计算项目和公式	符号说明
电流速断保护	1. 保护装置的动作电流 (1) 异步电动机（应躲过电动机的起动电流） $$I_{dz\cdot j}=K_kK_{jx}\frac{K_qI_{rM}}{n_1}$$ (2) 同步电动机（应躲过电动机的起动电流或外部短路时电动机的输出电流） $$I_{dz\cdot j}=K_kK_{jx}\frac{K_qI_{rM}}{n_1}\quad 和\quad I_{dz\cdot j}=K_kK_{jx}\frac{I_{k\cdot max}^{(3)}}{n_1}$$ 2. 保护装置的灵敏系数（按最小运行方式下，电动机接线端两相短路时，流过保护安装处的短路电流校验） $$K_m=\frac{I_{k\cdot min}^{(2)}}{I_{dz}}\geqslant 2$$	K_k—可靠系数，用于电流速断保护时，DL 型和 GL 型继电器分别取 1.4～1.6 和 1.8～2.0；用于差动保护时取 1.3；用于过负荷保护时动作于信号取 1.05，动作于跳闸取 1.2；用于单相接地保护时，可取 4～5 K_{jx}—接线系数，Y 形接线时取 1.0，△形接线时取$\sqrt{3}$ n_1—电流互感器变比 I_{rM}—电动机额定电流 K_q—电动机起动电流倍数① $I_{k\cdot max}^{(3)}$—同步电动机接线端三相短路时，输出的稳态电流② $I_{k\cdot min}^{(2)}$—最小运行方式下，电动机接线端两相短路时，流过保护安装处的稳态电流③ I_{dz}—保护装置一次动作电流 $$I_{dz}=\frac{I_{dz\cdot j}n_1}{K_{jx}}$$ K_{tx}—电流互感器的同型系数，取 0.5 Δf—电流互感器允许误差，取 0.1
负序过电流保护	1. 负序动作电流 I_{2dz} I_{2dz}按躲过正常运行时允许的负序电流整定 一般保护断相和反相等严重不平衡时，可取 $I_{2dz}=(0.8\sim1)I_{rM}$ 作为灵敏的不平衡保护时，可取 $I_{2dz}=(0.2\sim0.8)I_{rM}$ 2. 负序动作时间常数 T_2 在母线两相短路时，电动机回路有很大的负序电流存在，因此，T_2 应整定为大于外部两相短路的最长切除时间。在 FC 回路中，应躲过不对称短路时熔丝熔断，即负序保护不能抢在熔丝熔断前动作 3. 动作时限 具有外部短路闭锁的负序电流保护，动作时限 $t\geqslant 0.1$ s，一般取 $t=0.4$ s	
纵联差动保护（用 BCH-2 型差动继电器时）	1. 保护装置的动作电流（应躲过以下 3 种情况最大不平衡电流：电动机起动电流、电流互感器二次回路断线、外部短路时同步电动机输出的稳态电流）	

表 5-4-2（续）

保护名称	计算项目和公式	符　号　说　明
纵联差动保护（用 BCH-2 型差动继电器时）	（1）$I_{dz\cdot j}=K_k K_{tx}\Delta f K_{jx}\frac{K_q I_{rM}}{n_1}$ （2）$I_{dz\cdot j}=K_k K_{jx}\frac{I_{rM}}{n_1}$ （3）$I_{dz\cdot j}=K_k K_{tx}\Delta f K_{jx}\frac{I^{(3)}_{k\cdot max}}{n_1}$ 2. 确定继电器的差动线圈及平衡线的匝数 $W_{js}=\frac{AW_0}{I_{dz\cdot j}}$ $W_{js}\geqslant W_{\mathrm{I}\cdot ph\cdot sy}+W_{c\cdot sy}$　$W_{\mathrm{II}\cdot ph\cdot sy}=W_{\mathrm{I}\cdot ph\cdot sy}$ 3. 确定短路线圈的抽头 一般选取抽头 3-3 或 2-2，对大功率电动机（如容量≥5000 kW）可选择 2-2 或 1-1。 4. 保护装置的灵敏系数 在最小运行方式下，电动机接线端两相短路时，流过保护装置的短路电流校验 $K_m=\frac{W_{\mathrm{I}\cdot ph\cdot sy}+W_{c\cdot sy}}{AW_0}\cdot\frac{K_{jx}I^{(2)}_{k\cdot min}}{n_1}$	AW_0—继电器的动作安匝，应采用实测值，如无实测值，则可取 60 W_{js}—差动继电器线圈计算匝数 $W_{\mathrm{I}\cdot ph\cdot sy}$—第一平衡线圈的实用匝数 $W_{c\cdot sy}$—差动线圈的实用匝数 $W_{\mathrm{II}\cdot ph\cdot sy}$—第二平衡线圈的实用匝数 K_h—继电器返回系数，电磁型取 0.85，微机型取 0.9 t_{qd}—电动机实际起动时间，s t_{dz}—保护装置动作时限，一般为 10~15 s，应在实际起动时校验其能否躲过起动时间
纵联差动保护（用 DL-11 型电流继电器时）	1. 保护装置的动作电流（应躲过电动机的最大不平衡电流） $I_{dz\cdot j}=(1.5\sim2)\frac{I_{rM}}{n_1}$ 2. 保护装置的灵敏系数（按最小运行方式下，电动机接线端两相短路时，流过保护装置的短路电流校验） $K_m=\frac{I^{(2)}_{k\cdot min}}{I_{dz}}\geqslant2$	I_{CM}—电动机的电容电流，除大型同步电动机外，可忽略不计 $I_{C\Sigma}$—电网的总单相接地电容电流
微机差动保护	1. 比率制动差动保护的最小动作电流应躲过电动机正常运行时差动回路的不平衡电流 $I_{dz\cdot j}=(0.2\sim0.4)I_{rM}$ 2. 比率制动系数 $K_{zd}=\frac{I_d}{I_{zd}}$ 3. 差动速断动作电流一般取 3~8 倍额定电流的较低值，并在机端保护区内三相短路故障时有 1.2 的灵敏系数 4. 灵敏系数 $K_m=\frac{I^{(2)}_{k\cdot min}}{n_1 I_{dz\cdot j}}$	I_d—差动电流 I_{zd}—制动电流，一般取 0.3~0.4
过负荷保护	1. 保护装置的动作电流（应躲过电动机的额定电流） $I_{dz\cdot j}=K_k K_{jx}\frac{I_{rM}}{K_h n_1}$ 2. 保护装置的动作时限④（躲过电动机起动及自起动时间，即 $t_{dz}\geqslant t_{qd}$），对于一般电动机为 $t_{dz}=(1.1\sim1.2)t_{qd}$ 3. 对于传动风机负荷的电动机为 $t_{dz}=(1.2\sim1.4)t_{qd}$	
单相接地保护	保护装置的一次动作电流（应按被保护元件发生单相接地故障时最小灵敏系统 1.25 整定） $K_k I_{CM}\leqslant I_{dz}\leqslant\frac{I_{C\Sigma}-I_{CM}}{1.25}$	

表5-4-2（续）

保护名称	计算项目和公式	符号说明
失步保护	过负荷保护兼作失步保护，保护装置的动作电流和动作时限与过负荷相同	
低电压保护	详见保护装设原则中（5）条内容	
过热保护	电动机的过热保护综合考虑了电动机正序、负序电流所产生的热效应，为电动机各种过负荷引起的过热提供保护，也可作为电动机短路、起动时间过长、堵转等的后备保护。 过热保护涉及发热时间常数 T_{fr} 和散热时间 T_{sr} 两个定值。 发热时间常数 T_{fr} 应由电动机制造厂提供，若制造厂没有提供该值，则可按下列方法之一进行估算。 a）由制造厂提供的电动机过负荷能力数据进行估算。如在 X 倍过负荷时允许运行 t 秒，则可得 $T_{fr}=(X_2-1.05^2)t$ 若有若干组过负荷能力数据，则取算出的 T_{fr} 值中最小者。 b）若已知电动机的温升值和电流密度，可用下式估算 T_{fr} 值： $T_{fr}=(150\theta_e)\times(\theta_M/\theta_e-1)/(1.05J_e^2)$ 例如：电动机采用B级绝缘，其极限温升 $\theta_M=80$ ℃，电动机定子绕组额定温升 $\theta_e=45$ ℃，定子绕组额定电流密度 $J_e=3.5\ A/mm^2$，则 $T_{fr}=\{(150\times45)/(1.05\times3.5^2)\}\times(80/45-1)=408$ s c）由电动机起动电流下的定子温升决定发热时间常数。 $T_{fr}=(\theta\times I_{st}^2\times T_{st})/\theta_{1st}$ d）根据电动机运行规程估算 T_{fr} 值。 例如：某电动机规定从冷态起动到满转速的连续起动次数不超过两次，又已知该电动机的起动电流倍数 I_{st} 和起动时间 T_{st}，则 $T_{fr}\leqslant2(I_{st}^2-1.05^2)T_{st}$ 散热时间 T_{sr} 按电动机过热后冷却至常态所需时间整定。	θ_e—电动机定子绕组额定温升 θ_M—电动机所采用绝缘材料的极限温升 J_e—定子绕组额定电流密度 θ—电动机额定连续运行时的稳定温升 I_{st}—电动机起动电流倍数 T_{st}—电动机起动时间 θ_{1st}—电动机起动时间内的定子绕组温升

注：① 如为降压电抗器起动及变压器-电动机组，其起动电流倍数 K_q 改用 K_q^1 代替

$$K_q^1=\frac{1}{\frac{1}{K_q}+\frac{u_k S_{rM}}{S_{rT}}}$$

式中 u_k—电抗器或变压器的阻抗电压相对值；

S_{rM}—电动机额定容量，kV · A；

S_{rT}—电抗器或变压器额定容量，kV · A。

② 同步电动机接线端三相短路时，输出的稳态电流为

$$I_{k\cdot max}^{(3)}=\left(\frac{1.05}{X_k''}+0.95\sin\varphi_r\right)I_{rM}$$

式中 X_k''—同步电动机稳态电抗，为相对值；

φ_r—同步电动机额定功率因数角；

I_{rM}—同步电动机额定电流，A。

③ 两相短路稳态电流 $I_{k\cdot min}^{(2)}$ 等于三相短路稳态电流 $I_{k\cdot max}^{(3)}$ 的0.866倍。

④ 实际应用中，保护装置的动作时限 t_{dz}，可按两倍动作电流及两倍动作电流时允许过负荷时间 t_{gh} 在继电器特性曲线上查出10倍动作电流时的动作时间。t_{gh} 可按下式计算

$$t_{gh}=\frac{150}{\left(\frac{2I_{dz\cdot j}n_1}{K_{jx}I_{rM}}\right)^2-1}$$

式中符号含义同上。

由于各厂家保护原理不太一样，以上保护的整定计算仅供参考，详细的保护整定计算请参考各厂家的技术说明书。

（二）同步电动机的单相接地电容电流和短路比

1. 同步电动机的单相接地电容电流

1）隐极式同步电动机的电容电流

$$I_{CM}=\frac{2.5KS_{rM}\omega U_{rM}\times10^{-3}}{\sqrt{3U_{rM}(1+0.08U_{rM})}} \tag{5-4-1}$$

式中 S_{rM}——电动机的额定容量，MV·A；

U_{rM}——电动机的额定电压，kV；

ω——电动机的角速度，$\omega=2\pi f$，当 $f=50$ Hz 时，$\omega=314$ rad/s；

K——取决于绝缘等级的系数，当温度为 15 ~ 20 ℃时，$K=0.0187$。

2）凸极式同步电动机的电容电流

$$I_{CM}=\frac{\omega KS_{rM}^{\frac{3}{4}}U_{rM}\times10^{-6}}{\sqrt{3}(U_{rM}+3600)n^{1/3}} \tag{5-4-2}$$

式中 S_{rM}——电动机的额定容量，kV·A；

U_{rM}——电动机的额定电压，V；

ω——电动机的角速度，$\omega=2\pi f$，当 $f=50$ Hz 时，$\omega=314$ rad/s；

n——电动机的转速，r/min；

K——取决于绝缘等级的系数，对于 B 级绝缘，当温度为 25℃时，$K\approx40$。

2. 同步电动机的短路比

同步电动机的短路比 $K_{k.M}$，指电动机在空载时使空载电动势达到额定电压的励磁电流与电动机在短路时使短路电流达到额定电流的励磁电流之比，它近似地等于纵轴同步电抗的倒数。

纵轴同步电抗相对值可以从制造厂取得。国产同步电动机的同步电抗及短路比数据见表 5-4-3，供设计时参考。

表 5-4-3 国产同步电动机的同步电抗相对值 X_k 及短路比 $K_{k.M}$

电动机型号	电压/kV	转速/($r\cdot min^{-1}$)	容量/kW	同步电抗相对值 X_k	短路比 $K_{k.M}$
风机用					
TD143/69-4①	10	1500	2000	1.306	0.76
TD173/66-10①	6	600	2500	1.06	0.94
TD173/89-6①	10	1000	4000	1.303	0.76
TD143/66-6②	6	1000	2500	1.403	0.71
水泵用					
TDL215/31-16①	6/3	375	1250	1.052	0.95
TD173/84-4①	6	1500	5000	1.711	0.585

表 5-4-3（续）

电动机型号	电压/kV	转速/(r·min^{-1})	容量/kW	同步电抗相对值 X_k	短路比 $K_{k\cdot M}$
压缩机用					
TDK260/60-18③	6	333	2500	1.051	
TDK260/62-24③	6	250	2000	0.813	
TDK215/36-16②	6	375	1250	0.962	1.195
TDK173/40-18③	6	333	1000	1.16	
TDK173/41-16③	6	375	1000	0.908	1.219
TDK215/31-18④	6	333	1000	0.950	1.063
TDK215/26-18④	6	333	800	1.137	0.776
TDK215/24-20③	6	300	630	1.012	
TDK173/27-14③	6	428	630	1.049	
TDK173/36-20④	6/3	300	630	0.968	1.435
TDK173/20-16④	6	375	550	1.08	1.06
TDK143/26-16③	6	375	350	0.78	
TDK173/29-20①	6/3	300	480	0.874	1.14
TD173/29-16①	6/3	375	500	1.095	0.91
TD173/14-24①	3	250	250	0.929	1.08
TDK116/32-14③	6	428	250	1.004	
TDK118/24-14④	6/3	428	250	0.844	1.476
TDK118/26-14②	6/3	428	250	1.03	1.295

注：① 代表哈尔滨电机厂产品；
② 代表四川东方电机厂产品；
③ 代表上海电机厂产品；
④ 代表北京重型电机厂产品。

四、计　算　实　例

某车间 6 kV 变电所的一个电动机出线回路装设微机保护装置一套，电动机额定电压 6 kV，额定功率 650 kW，$\cos\varphi=0.89$，运行额定电流 75.5 A，起动时间 4.5 s，起动电流 453 A，电动机回路单相接地电流 15 A，最大过负荷电流 113 A，CT 变比100/5。

根据电动机微机保护的原理，在所有的整定值计算之前需先计算 I_s。

I_s 为装置的设定电流（电动机实际运行电流反映到 CT 二次侧的值）

$$I_s=\frac{I_e}{n_1}$$

$$=\frac{75.5}{20}=3.775\ \text{A}$$

1. 电流速断保护（正序速断）

按躲过电动机起动电流来整定：

$$I_{dz\cdot j}=K_k\cdot\frac{K_q I_{rM}}{n_1}$$

微机保护的速断定值可将起动时间内和起动时间后分别整定，故需计算两个速断定值。

起动时间内：推荐 K_k 取1.8，则

$$I_{dz\cdot j}=1.8\times\frac{453}{20}=40.77\approx 41\ \text{A}$$

起动时间后：由于起动时间后电动机运行电流降为额定电流，对非自起动电机，为防止起动时间之后电动机保护整定值仍运行在起动电流状态，推荐使用下式：

$$I_{dz\cdot j}=K_k\cdot\frac{K_q I_{rM}}{n_1}\text{，此时 }K_k\text{ 取 }0.8$$

则

$$I_{dz\cdot j}=0.8\times\frac{453}{20}=18.12\approx 18\ \text{A}$$

对需自起动电机，起动时间后的电流速断定值建议使用下式：

$$I_{dz\cdot j}=K_k\cdot\frac{K_q I_{rM}}{n_1}\text{，此时 }K_k\text{ 取 }1.3$$

则

$$I_{dz\cdot j}=1.3\times\frac{453}{20}=29.45\approx 30\ \text{A}$$

速断延时0 s。

2. 负序过流保护

由于微机保护软件程序中负序电流的算法不同，本保护推荐使用下式：

$$I_{dz\cdot j}=K_k\cdot\frac{I_{rM}}{n_1}\text{，}K_k\text{ 取 }0.8$$

则

$$I_{dz\cdot j}=0.8\times\frac{75.5}{20}=3.02\approx 3\ \text{A}$$

为防止合闸不同期引起的负序电流，推荐延时不小于0.2 s，本例取0.3 s。

3. 接地保护

$$I_{dz}=K_k\cdot I_{CM}$$

式中 K_k——可靠系数，若取不带时限的接地保护，K_k 取4~5，若带0.5 s延时，K_k 取1.5~2；

I_{CM}——电动机的电容电流。

对本例，取带延时的接地保护，延时0.5 s，$I_{dz}=2\times 15=30$ A。

注意：$I_{dz}=30$ A为一次零序电流，但保护装置要求输入的定值是二次侧定值，故应将30 A换算成二次电流。由于零序CT变比不明，故需用户实际整定时，按计算的一次电流实测二次零序电流，将测得的值输入保护装置。

4. 过负荷保护

堵转电流按躲过最大过负荷整定：

$$I_{dz \cdot j}=K_k \cdot \frac{I_{gh}}{n_1}$$

式中 K_k——可靠系数，取1.3；

I_{gh}——最大过负荷电流。

则 $$I_{dz \cdot j}=1.3\times\frac{113}{20}=7.35\ \text{A}，取8\ \text{A}$$

堵转延时1 s。

5. 过热保护

不同微机保护的过负荷判据不同，本保护采用以下判据：

$$t=\frac{\tau_1}{K_1\left(\frac{I_1}{I_s}\right)^2+K_2\left(\frac{I_2}{I_s}\right)^2-1.05^2}$$

式中 t——保护动作时间；

τ_1——发热时间常数；

I_1——电动机运行电流的正序分量；

I_2——电动机运行电流的负序分量；

I_s——装置的设定电流（电动机实际运行额定电流反映到CT二次侧的值）；

K_1——正序电流发热系数，起动时间内可在0~1范围内整定，级差0.01，起动时间过后自动变为1；

K_2——负序电流发热系数，可在0~10的范围内整定，若无特殊说明，出厂时整定为6。

K_1 的整定：由于起动时间内电动机起动电流较大，为防止起动过程中电动机过负荷保护动作，一般 K_1 整定为0.3。

K_2 的整定：由于一般情况下电动机负序阻抗与正序阻抗之比为6，故一般情况下设为6。也可根据具体实例正序阻抗之比来整定。

τ_1 的整定：按电动机最多可连接起动二次考虑，即 $I_1=\frac{453}{20}=22.65\ \text{A}$，$I_2=0$ 时，热保护动作时间 $t>2\times4.5\ \text{s}$，则

$$\tau_1=t\times[K_1(I_1/I_s)^2+K_2(I_2/I_s)^2-1.05^2]=9\times[0.3\times(22.65/3.775)^2-1.05^2]$$
$$=87.28，取\ \tau_1=88$$

6. 起动时间

按电动机起动时间乘1.2可靠系数整定：

$$t_{dz}=1.2\times t_{qd}=1.2\times4.5=5.4\ \text{s}，取6\ \text{s}$$

7. 低电压保护

低电压保护的整定条件有以下几条：

按保证电动机自起动的条件整定，即

$$U_{dz}=\frac{U_{min}}{K_k \cdot K_h}$$

式中　U_{min}——按切除不允许自起动的电机条件整定，一般取（0.6～0.7）U_e；

K_k——可靠系数，取1.2；

K_h——返回系数，取0.9。

整定值取0.5 s的延时，以躲过速断保护动作及电压回路断线引起的误动作。

如电动机符合本节保护装设原则第（5）条①、②条款所述情况，则 U_{min} 及整定时限应做相应调整。

对不同公司的电动机微机保护装置，保护需整定的参数及计算原理不同，应参照产品说明书进行整定计算。

第五节　3～10 kV电力电容器保护

一、保护装设的原则

当煤矿企业总降压变电所或配电所供电给用电设备的负荷或高压供电负荷较大，且煤矿企业的功率因数不能满足供电部门的要求时，一般在区域变电所和总降压变电所或配电所中装设高压并联电容器组。电力电容器的主要作用是利用其容性无功功率补偿工频交流电力系统中的感性负荷，提高电力系统的功率因数，改善电网的电压质量，降低线路损耗。

电容器组一般由许多单台小容量的电容器串并联组成，可以集中于变电站进行集中补偿，也可分散到用户进行就地补偿。接线方式是并联在交流电气设备、配电网以及电力线路上。

为防止发生电容器击穿、爆炸和引起火灾等严重事故，除了要求在电容器的制造、安装和运行维护方面创造良好的条件外，还应当装设性能良好的保护装置。

（1）对3 kV及以上并联补偿电容器组的下列故障及异常运行状态，应装设相应的保护：

① 电容器内部故障及其引出线短路。

② 电容器组和断路器之间连接线短路。

③ 电容器组中某一故障电容器切除后所引起的剩余电容器的过电压。

④ 电容器组的单相接地故障。

⑤ 电容器组过电压。

⑥ 电容器组所连接的母线失压。

⑦ 中性点不接地的电容器组各相对中性点的单相接地应装设相应的保护。

（2）并联电容器组的保护装置应满足下列要求：

① 电容器组和断路器之间连接线的短路，可装设带有短时限的电流速断和过电流保护，保护动作于跳闸。速断保护的动作电流，应按最小运行方式下，电容器端部引线发生两相短路时有足够的灵敏系数，保护的动作时限应确保电容器充电产生涌流时不误动。过电流保护装置的动作电流，应按躲过电容器组长期允许的最大工作电流整定。

② 电容器内部故障及其引出线的短路，宜对每台电容器分别装设专用的熔断器。熔丝的额定电流可为电容器额定电流的1.5～2.0倍。

③ 当电容器组中的故障电容器切除到一定数量后，引起剩余电容器组端电压超过

105% 额定电压时，保护带时限动作于信号；过电压超过 110% 额定电压时，保护应将整组电容器断开。对不同接线的电容器组（电容器的接线方式如图 5－5－1 所示），可采用下列保护之一：

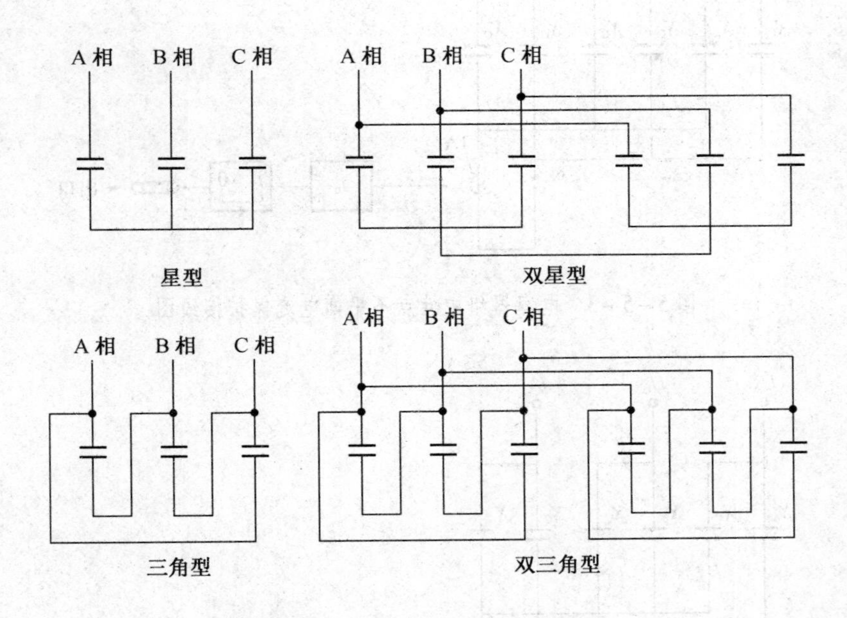

图 5－5－1 电容器的接线方式

a）中性点不接地单星形接线的电容器组，可装设中性点电压不平衡保护（图 5－5－2）。

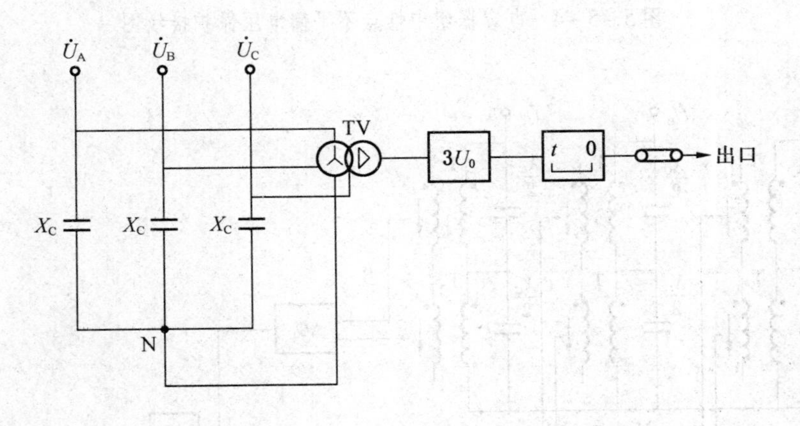

图 5－5－2 电容器组中性点不平衡电压保护接线图

b）中性点不接地双星形接线的电容器组，可装设中性点间电流或电压不平衡保护（图 5－5－3 和图 5－5－4）。

c）多段串联单星形接线的电容器组，可装设段间电压差动或桥式差电流保护（图 5－5－5 和 5－5－6）。

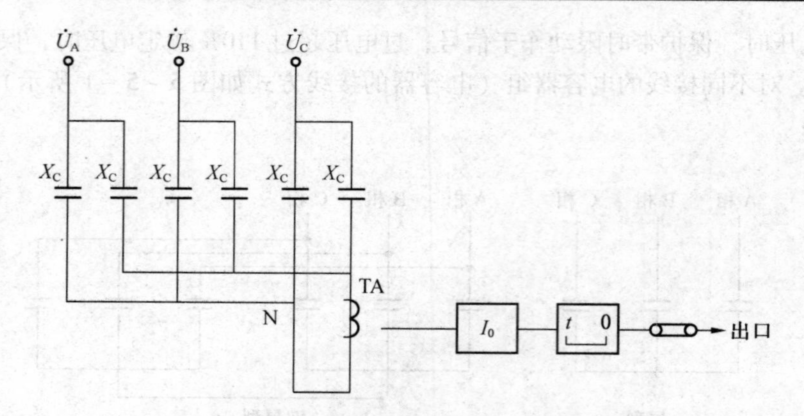

图5-5-3 电容器组中性点不平衡电流保护接线图

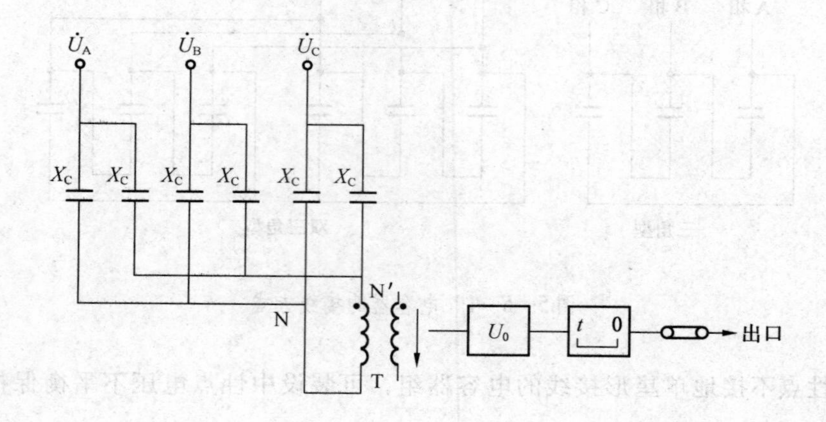

图5-5-4 电容器组中性点不平衡电压保护接线图

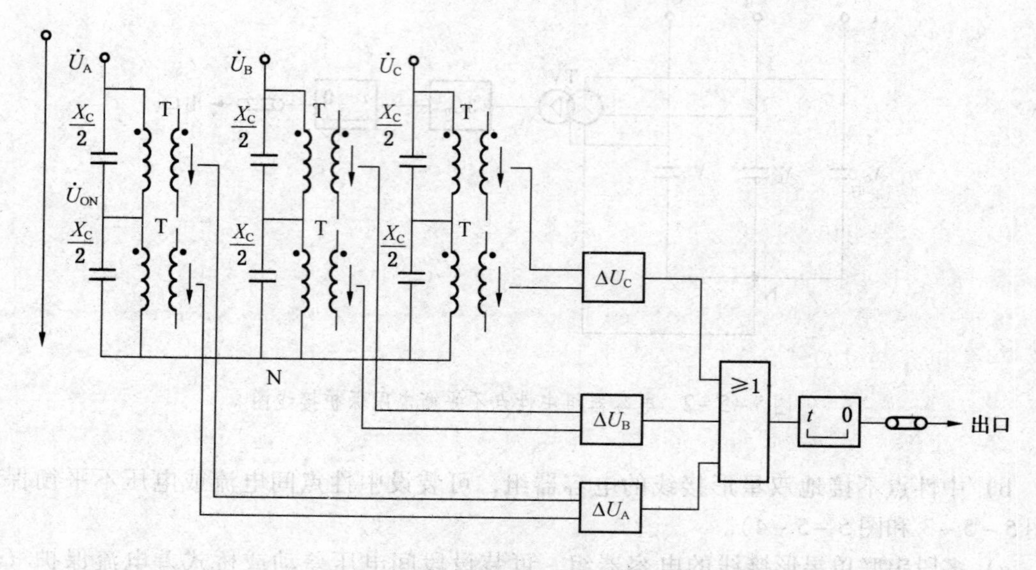

图5-5-5 电容器组电压差动保护接线图

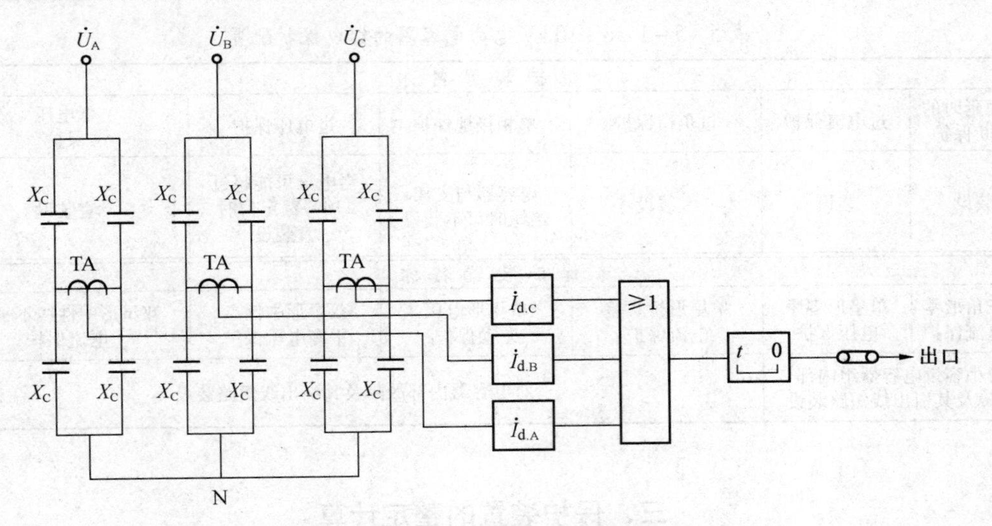

图 5-5-6 电容器组桥式差电流保护接线图

d）三角形接线的电容器组，可装设零序电流保护（图 5-5-7）。

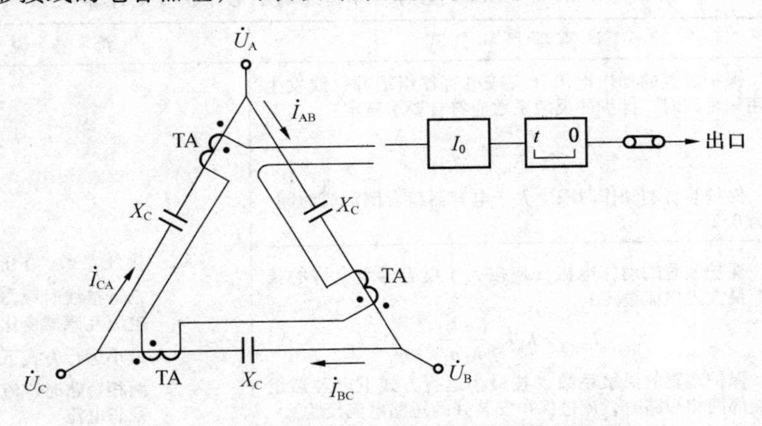

图 5-5-7 电容器组的零序电流保护接线图

④ 不平衡保护应带有短延时防误动的措施。

（3）电容器组单相接地保护，可利用电容器组所连接母线上的绝缘检查装置检出；当电容器组所连接母线有引出线路时，可装设有选择性的接地保护，并动作于信号；必要时，保护可动作于跳闸。安装在绝缘支架上的电容器组，可不设单相接地保护。

（4）电容器组的过电压保护应带时限动作于信号或跳闸。

（5）当母线失压时，电容器组失压保护应带时限跳开所有接于母线上的电容器。

（6）电网中出现的高次谐波可能导致电容器过负荷时，电容器组宜装设过负荷保护，并带时限动作于信号或跳闸。

二、保护配置

6~10 kV 电力电容器的继电保护配置见表 5-5-1。

表 5-5-1　6～10 kV 电力电容器的继电保护配置

保护装置名称					
带短延时的速断保护	过电流保护	过负荷保护	单相接地保护	过电压保护	低电压保护
装设	装设	宜装设	电容器与支架绝缘时可不装设	当电压可能超过 110% 额定值时宜装设	宜装设
保护装置名称					
单三角形零序电流保护	单星形零序电压保护	单星形桥式差电流保护	单星形电压差动保护	双星形中性点平衡电压保护	双星形中性线不平衡电流保护
对小容量电容器组内部故障及其引出线短路装设		对电容器内部故障及其引出线短路装设			

三、保护装置的整定计算

6～10 kV 电力电容器组的继电保护整定计算见表 5-5-2。

表 5-5-2　6～10 kV 电力电容器组的继电保护整定计算

<table>
<tr><th>保护名称</th><th>计算项目和公式</th><th>符号说明</th></tr>
<tr><td>带有短延时的速断保护</td><td>保护装置的动作电流（应按电容器组端部引线发生两相短路时，保护的灵敏系数应符合要求整定）
$$I_{dz\cdot j}\leqslant\frac{I_{2k\cdot min}^{(2)}}{2n_1}\cdot K_{jx}$$
保护装置的动作时限应大于电容器组合闸涌流时间，为 0.2 s</td><td rowspan="5">K_{jx}—接线系数，Y 形接线时取 1.0，△形接线时取$\sqrt{3}$
n_1—电流互感器变比
$I_{2k\cdot min}^{(2)}$—最小运行方式下，电容器组端部两相短路时，流过保护安装处的稳态电流
K_k—可靠系数，过电流取 1.2，过负荷取 1.05～1.1
K_h—继电器返回系数，取 0.85；对于微机保护，取 0.9
K_{gh}—过负荷系数，取 1.3
I_{rC}—电容器组额定电流
K_m—保护装置的灵敏系数
I_{dz}—保护装置一次动作电流
$$I_{dz}=\frac{I_{dz\cdot j}n_1}{K_{jx}}$$
U_{r2}—电压互感器二次额定电压，取 100 V</td></tr>
<tr><td>过电流保护</td><td>保护装置的动作电流（应按大于电容器组允许的长期最大过电流整定）
$$I_{dz\cdot j}=K_kK_{jx}\frac{K_{gh}I_{rC}}{K_hn_1}$$
保护装置的灵敏系数（按最小运行方式下电容器组端部两相短路时，流过保护安装处的短路电流校验）
$$K_m=\frac{I_{2k\cdot min}^{(2)}}{I_{dz}}\geqslant 1.5$$
保护装置的动作时限应较电容器组短延时速断保护的时限大一时限阶段，一般大 0.3～0.5 s</td></tr>
<tr><td>过负荷保护</td><td>保护装置的动作电流（应按电容器组负荷电流整定）
$$I_{dz\cdot j}=K_kK_{jx}\frac{I_{rC}}{K_hn_1}$$
保护装置的动作时限应较过电流保护时限大一时限阶段，一般大 0.3～0.5 s</td></tr>
<tr><td>过电压保护</td><td>保护装置的动作电压（按母线电压不超过 110% 额定电压值整定）
$$U_{dz\cdot j}=1.1U_{r2}$$
保护装置动作于信号或带 3～5 min 时限动作于跳闸</td></tr>
<tr><td>低电压保护</td><td>保护装置的动作电压（按母线电压可能出现的低电压整定）
$$U_{dz\cdot j}=K_{min}U_{r2}$$</td></tr>
</table>

表5-5-2（续）

保护名称	计算项目和公式	符号说明
开口三角电压保护（单星形接线）	保护装置的动作电压（应躲过由于三相电容的不平衡及电网电压的不对称，正常时所存在的不平衡零序电压及当单台电容器内部50%~70%串联元件击穿时，或因故障切除同一并联段中的K台电容器时，使保护装置有一定的灵敏系数，即$K_m \geqslant 1.5$） $U_{dz\cdot j} \geqslant K_k U_{bp}$ $U_{dz\cdot j} \leqslant \frac{1}{K_m n_y} \times \frac{3\beta_c U_{rph}}{\{3n[m(1-\beta_c)+\beta_c]-2\beta_c\}}$ （每台电容器未装设专用熔断器） $U_{dz\cdot j} \leqslant \frac{1}{K_m n_y} \times \frac{3KU_{rph}}{3n(m-K)+2K}$ $K \geqslant \frac{3}{11} \times \frac{mn}{3n-2}$ （每台电容器装设专用熔断器） 保护动作时限0.1~0.2 s	
桥式差电流保护（单星形接线）	保护装置的动作电流（应躲过正常时，桥中性线上电流互感器二次回路中的最大不平衡电流及当单台电容器内部50%~70%串联元件击穿时，或因故障切除同一并联段中的K台电容器时，使保护装置有一定的灵敏系数，即$K_m \geqslant 1.5$） $U_{dz\cdot j} \geqslant K_k U_{bp}$ $I_{dz\cdot j} \leqslant \frac{1}{K_m n_1} \times \frac{3m\beta_c I'_{rc}}{3n[m(1-\beta_c)+2\beta_c]-8\beta_c}$ （每台电容器未装设专用熔断器） $I_{dz\cdot j} \leqslant \frac{1}{K_m n_1} \times \frac{3mKI'_{rc}}{3n(m-2K)+8K}$ $K \geqslant \frac{1.5}{11} \times \frac{mn}{3n-4}$ （每台电容器装设专用熔断器） 保护动作时限0.1~0.2 s	I_{bp}—最大不平衡电流，由测试决定 Q—单台电容器额定容量 β_c—单台电容器元件击穿相对数，取0.5~0.75 m—每相各串联段电容器并联台数 n—每相电容器的串联段数 U_{bp}—最大不平衡零序电压，由测试决定 U_{rph}—电容器组的额定相电压 n_y—电压互感器变比 I'_{rc}—单台电容器额定电流 m_b—每臂各串联段的电容器并联台数 K_k—可靠系数，取1.2 注：三角形接线电容器组通常应用在小容量的情况
电压差动保护（单星形接线）	保护装置的动作电压（应躲过正常时，电容器组两串联段上不平衡电压及当单台电容器内部50%~70%串联元件击穿时，或因故障切除同一并联段中的K台电容器时，使保护装置有一定的灵敏系数，即$K_m \geqslant 1.5$） $U_{dz\cdot j} \geqslant K_k U_{bp}$ $U_{dz\cdot j} \leqslant \frac{1}{K_m n_y} \times \frac{3\beta_c U_{rph}}{3n[m(1-\beta_c)+\beta_c]-2\beta_c}$ （每台电容器未装设专用熔断器） $U_{dz\cdot j} \leqslant \frac{1}{K_m n_y} \times \frac{3KU_{rph}}{3n(m-K)+2K}$ $K \geqslant \frac{3.3mn}{6.3n-2.2}$ （每台电容器装设专用熔断器） 保护动作时限0.1~0.2 s	

表 5-5-2（续）

保护名称	计算项目和公式	符号说明
中性线不平衡电压保护（双星形接线）	保护装置的动作电压（应躲过正常时，中性线上电压互感器二次回路中的最大不平衡电压及当单台电容器内部 50% ~70% 串联元件击穿时，或因故障切除同一并联段中的 K 台电容器时，使保护装置有一定的灵敏系数，即 $K_m \geqslant 1.5$） $U_{dz\cdot j} \geqslant K_k U_{bp}$ $U_{dz\cdot j} \leqslant \frac{1}{K_m n_y} \times \frac{\beta_c U_{rph}}{3n[m_b(1-\beta_c)+\beta_c]-2\beta_c}$ （每台电容器未装设专用熔断器） $U_{dz\cdot j} \leqslant \frac{1}{K_m n_y} \times \frac{KU_{rph}}{3n(m_b-K)+2K}$ $K \geqslant \frac{3.3nm_b}{6.3m-2.2}$ （每台电容器装设专用熔断器） 保护动作时限 0.1 ~0.2 s	
中性线不平衡电流保护（双星形接线）	保护装置的动作电流（应躲过正常时，中性线上电流互感器二次回路中的最大不平衡电流及当单台电容器内部 50% ~70% 串联元件击穿时，或因故障切除同一并联段中的 K 台电容器时，使保护装置有一定的灵敏系数，即 $K_m \geqslant 1.5$） $I_{dz\cdot j} \geqslant K_k I_{bp}$ $I_{dz\cdot j} \leqslant \frac{1}{K_m n_l} \times \frac{3m_b \beta_c I'_{rc}}{6n[m_b(1-\beta_c)+\beta_c]-5\beta_c}$ （每台电容器未装设专用熔断器） $I_{dz\cdot j} \leqslant \frac{1}{K_m n_l} \times \frac{3m_b K I'_{rc}}{6n(m_b-K)+5K}$ $K \geqslant \frac{6.6m_b n}{12.6n-5.5}$ （每台电容器装设专用熔断器） 保护动作时限 0.1 ~0.2 s	

四、计 算 实 例

某变电所 10 kV 母线上设有 1500 kvar 电容补偿，电容器型号为 BWF10.5-50-1，单台容量 50 kvar，共 30 台。电容器组额定电流为 86.6 A。最小运行方式下，电容器端部三相短路电流 $I'_{k3\cdot min}$ 为 3120 A。10 kV 电网的总单相接地电容电流 $I_{C\Sigma}$ 为 10 A。10 kV 出线断路器设有短延时速断保护、过电流保护、过负荷保护、单相接地保护、低电压保护和过电压保护，电流互感器变比为 100/5。

1. 短延时速断保护

保护装置动作电流：

$$I_{dz\cdot j} = \frac{I^{(2)}_{2k\cdot min}}{2n_l} \cdot K_{jx} = \frac{0.866 \times 3120}{2 \times 20} \times 1 = 69.5\ \text{A}$$

保护装置一次动作电流：

$$I_{dz}=\frac{I_{dz\cdot j}\times n_1}{K_{jx}}=\frac{69.5\times 20}{1}\times 1=1390\ \text{A}$$

动作时限应大于电容器组合闸涌流时间，$t\geqslant 0.2$ s。

2. 过电流保护

保护装置动作电流：

$$I_{dz\cdot j}=K_k K_{jx}\frac{K_{gh}I_{rC}}{K_h n_1}=1.2\times 1\times\frac{1.3\times 86.6}{0.85\times 20}=7.95\ \text{A}，取 8\ \text{A}$$

保护装置一次动作电流：

$$I_{dz}=\frac{I_{dz\cdot j}\times n_1}{K_{jx}}=\frac{8\times 20}{1}\times 1=160\ \text{A}$$

保护装置灵敏系数：

$$K_m=\frac{I^{(2)}_{2k\cdot min}}{I_{dz}}=\frac{0.866\times 3120}{80}=33.8>1.5$$

动作时限应较延时速断大一个时限阶段，$\Delta t=0.3\sim 0.5$ s。

3. 过负荷保护

保护装置动作电流：

$$I_{dz\cdot j}=K_k K_{jx}\frac{I_{rC}}{K_h n_1}=1.1\times 1\times\frac{86.6}{0.85\times 20}=5.6\ \text{A}，取 6\ \text{A}$$

动作时限应较过电流保护大一时限阶段，$\Delta t=0.3\sim 0.5$ s。

4. 单相接地保护

保护装置动作电流：

$$I_{dz}=\frac{I_{C\Sigma}}{1.5}=\frac{10}{1.5}=6.7\ \text{A}，取 7\ \text{A}$$

5. 过电压保护

保护装置动作电压：

$$U_{dz\cdot j}=1.1U_{r2}=1.1\times 100=110\ \text{V}$$

6. 低电压保护

保护装置动作电压：

$$U_{dz\cdot j}=K_{min}U_{r2}=0.5\times 100=50\ \text{V}$$

第六节　电力变压器的保护

一、保护装设的原则

变压器的故障可以分为油箱外和油箱内两种故障。油箱外的故障，主要是油箱外部绝缘套管及其引出线上发生相间短路及接地短路。油箱内的故障包括绕组的相间短路、接地短路、匝间短路以及铁芯的烧损等。油箱内故障时产生的高温电弧不仅会烧毁绕组绝缘和铁芯，而且会使绝缘材料和变压器油受热分解而产生大量气体，有可能使变压器外壳局部变形破裂，甚至发生油箱爆炸事故。因此，当变压器内部发生严重故障时，必须迅速将变压器切除。

变压器的不正常运行状态主要有：变压器外部短路或过负荷而引起的过电流、油箱漏油而造成的油面降低、变压器中性点电压升高、由于外加电压过高或频率降低引起的过励磁等。变压器处于不正常运行状态时，继电保护应根据其严重程度，发出告警信号，使运行人员及时发现并采取相应的措施，以确保变压器的安全。

变压器油箱内故障时，除了变压器各侧电流、电压变化外，油箱内的油、气、温度等非电量也会发生变化。因此，变压器保护分电量保护和非电量保护。非电量保护装设在变压器内部，主要指变压器的温度、瓦斯等保护。

变压器应按以下原则配置保护：

（1）电压为3~110 kV、容量为63 MV·A及以下的变压器，对下列故障及异常运行情况，应装设相应的保护装置：

① 绕组及其引出线的相间短路和在中性点直接接地侧的单相接地短路。

② 绕组的匝间短路。

③ 外部相间短路引起的过电流。

④ 中性点直接接地或经小电阻接地的电力网中外部接地短路引起的过电流及中性点过电压。

⑤ 过负荷。

⑥ 油面降低。

⑦ 变压器油温过高、绕组温度过高、油箱压力过高、产生瓦斯或冷却系统故障。

（2）0.8 MV·A及以上的油浸式变压器、0.4 MV·A及以上的车间内油浸式变压器以及带负荷调压变压器的充油调压开关均应装设瓦斯保护。当壳内故障产生轻微瓦斯或油面下降时，应瞬时动作于信号；当产生大量瓦斯时，应动作于断开变压器各侧断路器。当变压器安装处电源侧无断路器或短路开关时，保护动作后应作用于信号并发出远跳命令，同时应断开线路对侧断路器。

（3）对变压器引出线、套管及内部的短路故障，应装设下列保护作为主保护，且应瞬时动作于断开变压器的各侧断路器，并应符合下列规定：

① 电压为10 kV及以下、容量为10 MV·A以下单独运行的变压器，应采用电流速断保护。

② 电压为10 kV以上、容量为10 MV·A及以上单独运行变压器和6.3 MV·A及以上并列运行变压器，应装设纵联差动保护。

③ 容量为10 MV·A以下单独运行的重要变压器，可装设纵联差动保护。

④ 电压为10 kV的重要变压器或容量为2 MV·A及以上的变压器，当电流速断灵敏系数不符合要求时，宜采用纵联差动保护。

⑤ 容量为0.4 MV·A及以上，一次电压为10 kV及以下且绕组为三角－星形连接的变压器，可采用两相三继电器式的电流速断保护。

（4）变压器的纵联差动保护应符合下列要求：

① 应能躲过励磁涌流和外部短路产生的不平衡电流。

② 应具有电流回路断线的判别功能，并能选择报警或允许差动保护动作跳闸。

③ 差动保护范围应包括变压器套管及其引出线，如不能包括引出线时，应采取快速

切除故障的辅助措施。但在63 kV或110 kV电压等级的终端变电站和分支变电站，以及具有旁路母线的变电站，在变压器断路器退出工作由旁路断路器代替时，纵联差动可利用变压器套管内的电流互感器，此时套管和引线故障可由后备保护动作切除。如电网安全稳定运行有要求时，应将纵联差动保护切至旁路断路器的电流互感器。

（5）对由外部相间短路引起的变压器过电流，应装设下列保护作为后备保护，并应带时限动作于断开相应的断路器，同时应符合下列规定：

① 过电流保护宜用于降压变压器。

② 复合电压起动的过电流保护或低电压闭锁的过电流保护，宜用于升压变压器、系统联络变压器和过电流不符合灵敏系数要求的降压变压器。

（6）外部相间短路保护应符合下列规定：

① 单侧电源双绕组变压器和三绕组变压器，相间短路后备保护宜装于各侧；非电源侧保护可带两段或三段时限；电源侧保护可带一段时限。

② 两侧或三侧有电源的双绕组变压器和三绕组变压器，相间短路应根据选择性的要求装设方向元件，方向宜指向本侧母线，但断开变压器各侧断路器的后备保护不应带方向。

③ 低压侧有分支且接至分开运行母线段的降压变压器，应在每个分支装设相间短路后备保护。

④ 当变压器低压侧无专用母线保护、高压侧相间短路后备保护对低压侧母线相间短路灵敏系数不够时，应在低压侧配置相间短路后备保护。

（7）三绕组变压器的外部相间短路保护可按下列原则进行简化：

① 除主电源侧外，其他各侧保护可作为本侧相邻电力设备和线路的后备保护。

② 保护装置作为本侧相邻电力设备和线路的后备保护时，灵敏系数可适当降低，但对本侧母线上的各类短路应符合灵敏系数的要求。

（8）中性点直接接地的110 kV电网中，当低压侧有电源的变压器中性点直接接地运行时，对外部单相接地引起的过电流应装设零序保护。

（9）容量在0.4 MV·A及以上、绕组为星形－星形联结、低压侧中性点直接接地的变压器，对低压侧单相接地短路应选择下列保护方式，保护装置应带时限动作于跳闸：

① 利用高压侧的过电流保护时，保护装置宜采用三相式；② 在低压侧中性线上装设零序电流保护；③ 在低压侧装设三相过电流保护。

（10）容量在0.4 MV·A及以上、一次电压为10 kV及以下、绕组为三角－星形联结、低压侧中性点直接接地的变压器，对低压侧单相接地短路可利用高压侧的过电流保护。当灵敏系数符合要求时，保护装置带时限动作于跳闸；当灵敏系数不符合要求时，可按装设原则第（9）条②③款配置保护，并带时限动作于跳闸。

（11）容量在0.4 MV·A及以上并列运行的变压器或作为其他负荷备用电源的单独运行的变压器，应装设过负荷保护。对三绕组变压器，保护装置应能反映各侧过负荷的情况。

过负荷保护带时限动作于信号。在无经常值班人员的变电站，过负荷保护可动作于跳闸或断开部分负荷。

（12）对变压器油温过高、绕组温度过高、油面过低、油箱内压力过高、产生瓦斯和冷却系统故障，应装设可作用于信号或动作于跳闸的装置。

二、保 护 配 置

（一）电力变压器的继电保护配置（见表5－6－1）

表5－6－1　电力变压器的继电保护配置

变压器容量/kV·A	保护装置名称							备　注
	带时限的过电流保护①	电流速断保护	纵联差动保护	低压侧单相接地保护②	过负荷保护	瓦斯保护	温度保护	
<400	—	—	—	—	—	大于或等于315 kV·A的车间内油浸变压器装设	—	一般用高压熔断器保护
400～630	高压侧采用断路器时装设	高压侧采用断路器且过电流保护时限大于0.5 s时装设	—	装设	并联运行的变压器装设，作为其他备用电源的变压器根据过负荷的可能性装设③	车间内变压器装设	—	一般采用GL型继电器兼作过电流及电流速断保护
800			—			装设	—	
1000～1600	装设	过电流保护时限大于0.5 s时装设	—				装设	
2000～5000	装设	过电流保护时限大于0.5 s时装设	当电流速断保护不能满足灵敏性要求时装设	—	并联运行的变压器装设，作为其他备用电源的变压器根据过负荷的可能性装设③	装设	装设	大于或等于5000 kV·A的单相变压器宜装设远距离测温装置 大于或等于8000 kV·A的变压器宜装设远距离测温装置
6300～8000		单独运行的变压器或负荷不太重要的变压器装设	并列运行的变压器或重要变压器或当电流速断保护不能满足灵敏性要求时装设	—				
≥10000	装设	—	装设	—		装设	装设	

注：① 当带时限的过电流保护不能满足灵敏性要求时，应采用低电压闭锁的带时限过电流保护。

② 当利用高压侧过电流保护及低压侧出线断路器保护不能满足灵敏性要求时，应装设变压器中性线上的零序过电流保护。

③ 低压侧为230/400 V的变压器，当低压侧出线断路器带有过负荷保护时，可不装设专用的过负荷保护。

（二）变压器纵联差动保护

1. 变压器纵联差动保护原理

1）双绕组变压器

变压器的纵联差动保护是按照循环原理构成的。图5－6－1所示为双绕组单相变压器纵联差动保护的原理接线图，双绕组变压器在其两侧装设电流互感器。当两侧电流互感器的同极性端子在同一方向，则将两侧电流互感器不同极性的二次端子相连接（如果同极性端子均置于靠近母线一侧，二次侧为同极性相连），差动继电器的工作线圈并联在电流互感器的二次端子上。由于变压器高压侧和低压侧的额定电流不同，因此必须适当选择两侧电流互感器的变比，使得在正常运行和外部故障时两侧的二次电流相等，流过差动继电器线圈的电流在理论上为零，即

$$\dot{I}_1=\dot{I}_2=\frac{\dot{I}_1}{n_{l1}}=\frac{\dot{I}_2}{n_{l2}} \tag{5-6-1}$$

$$\frac{n_{l1}}{n_{l2}}=\frac{\dot{I}_2}{\dot{I}_1}=n_T \tag{5-6-2}$$

式中　n_{l1}——高压侧电流互感器的变比；

n_{l2}——低压侧电流互感器的变比；

n_T——变压器的变比；

$\dot{I}_1$——变压器高压侧电流互感器的二次电流；

$\dot{I}_2$——变压器低压侧电流互感器的二次电流。

由上可知，若要使正常运行和外部故障时变压器两侧二次电流相等，在理想情况下，应选择两侧电流互感器变比的比值等于变压器的变比。流入差动继电器的 KD 的差动电流 $\dot{I}_r$ 为

$$\dot{I}_r=\dot{I}_1-\dot{I}_2 \tag{5-6-3}$$

如图 5-6-1a 所示，在正常运行和外部（k_1 处）短路时，如忽略电流互感器励磁电流的影响，则 $\dot{I}_r=\dot{I}_1-\dot{I}_2=0$，继电器不动作；变压器内部故障时，如图 5-6-1b 中（k_2）点短路时，当变压器为单侧电源供电，故障点电流 $\dot{I}_D=\dot{I}_1$，流入差动继电器的电流 $\dot{I}_r=\frac{\dot{I}_D}{n_{l1}}$，即等于归算到二次侧的故障电流；如为双侧电源时，$\dot{I}_D=\dot{I}_1+\dot{I}_2$，当流入差动继电器的电流大于动作电流时，差动继电器动作。如图 5-6-1c 所示，如果两台变压器并列运行，第一台变压器（T1）发生内部故障（k_3 点短路），第二台变压器（T2）正常运行，则第一台变压器差动继电器动作，第二台变压器差动继电器不动作。如图 5-6-1d 所示，如果电流互感器二次侧断线，则流过差动继电器的电流为 $\dot{I}_1$，差动继电器不动作。

2）三绕组变压器

三绕组变压器的纵联差动保护原理与双绕组变压器是一样的。图 5-6-2 所示为三绕组变压器单侧电源时的纵联差动保护的单相示意图。

如图 5-6-2a 所示，在正常运行和外部（k_1 处）短路时，如忽略电流互感器励磁电流的影响，则 $\dot{I}_r=\dot{I}_1-\dot{I}_2+\dot{I}_3=0$，继电器不动作；变压器内部故障时，如图 5-6-2b 中（k_2）点短路时，当变压器为单侧电源供电，故障点电流 $\dot{I}_D=\dot{I}_1$，流入差动继电器的电流 $\dot{I}_r=\frac{\dot{I}_D}{n_{l1}}$，即等于归算到二次侧的故障电流。如为三侧电源时，$\dot{I}_D=\dot{I}_1+\dot{I}_2+\dot{I}_3$，当流入差动继电器的电流大于动作电流时，差动继电器动作。如图 5-6-2c 所示，如果两台变压器并列运行，第一台变压器（T1）发生内部故障（k_3 点短路），第二台变压器（T2）正常运行，则第一台变压器差动继电器动作，第二台变压器差动继电器不动作。如图 5-6-2d 所示，如果电流互感器二次侧断线，则流过差动继电器的电流为 $\dot{I}_1$，差动继电器不动作。

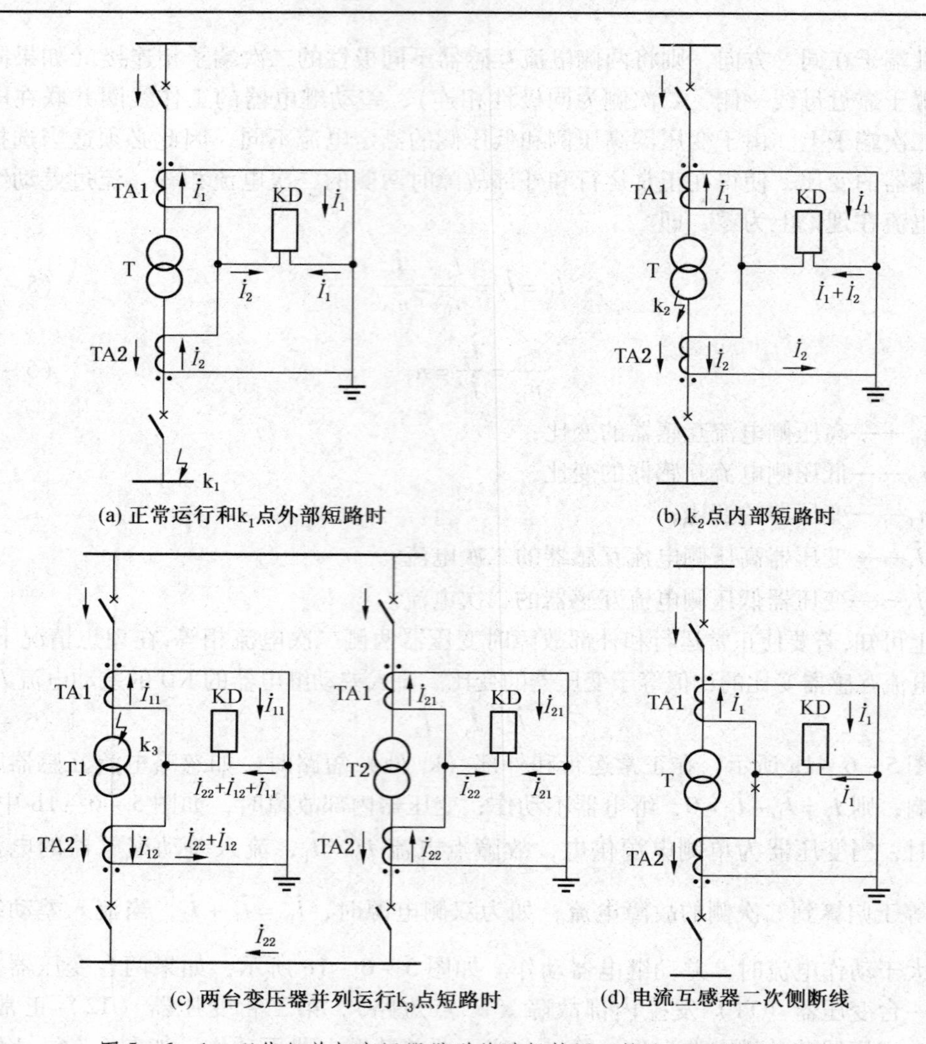

(a) 正常运行和k_1点外部短路时　　(b) k_2点内部短路时

(c) 两台变压器并列运行k_3点短路时　　(d) 电流互感器二次侧断线

图5-6-1　双绕组单相变压器纵联差动保护原理接线图（单侧电源）

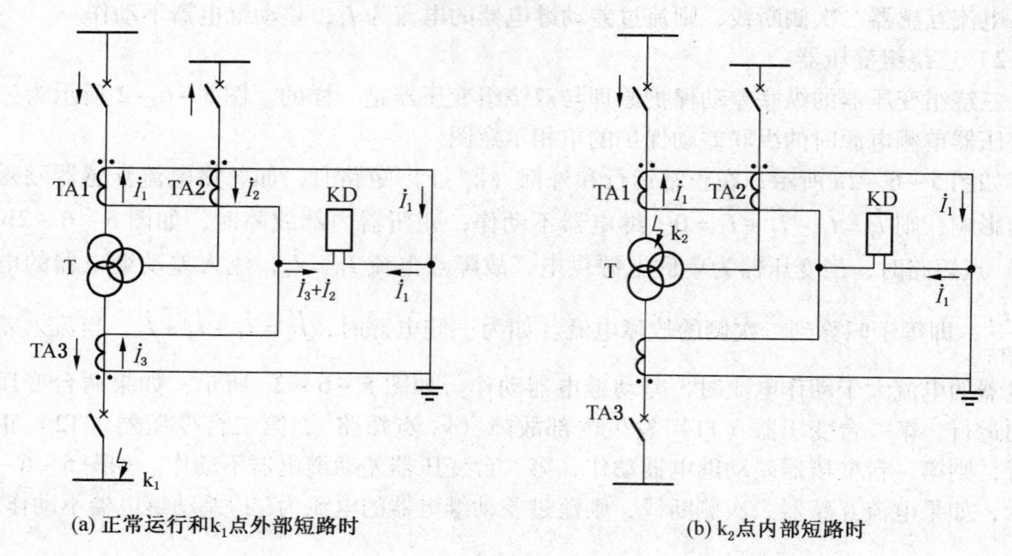

(a) 正常运行和k_1点外部短路时　　(b) k_2点内部短路时

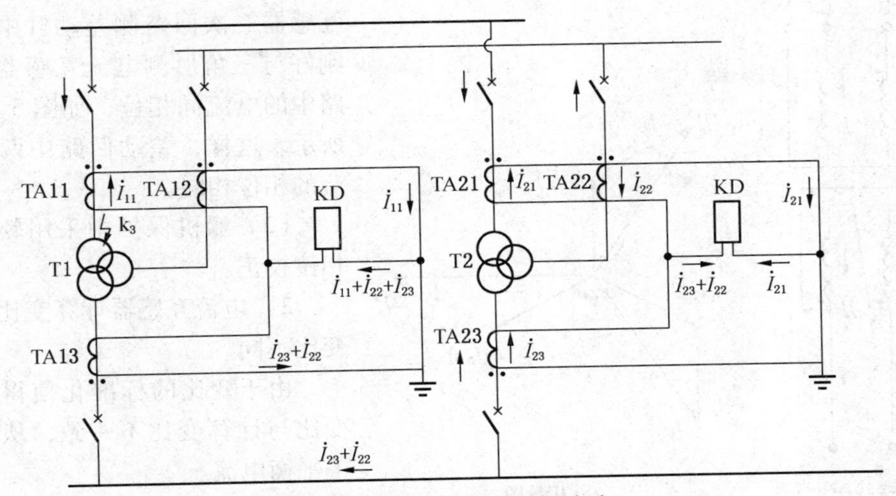

(c) 两台变压器并列运行k_3点短路时

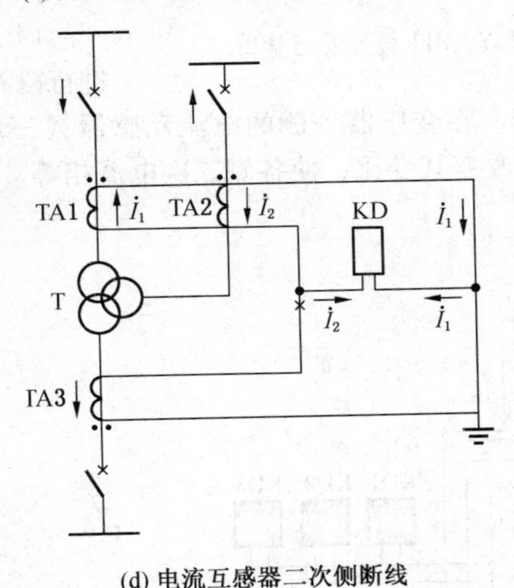

(d) 电流互感器二次侧断线

图5-6-2　三绕组单相变压器纵联差动保护原理接线图（单侧电源）

2. 变压器差动保护的不平衡电流及减小不平衡电流影响的方法

1）变压器两侧电流相位不同

电力系统中变压器常采用 Y，d11 接线方式，因此，变压器两侧电流的相位差为 30°。如图 5-6-3 所示，Y 侧电流滞后△侧电流 30°，若两侧的电流互感器采用相同的接线方式，则两侧对应相的二次电流也相差 30°，从而产生很大的不平衡电流。采用适当的接线进行相位补偿，使差动回路中两侧的电流相位相同。

减小变压器两侧电流相位不同产生的不平衡电流宜采用相位补偿。

（1）采用适当的接线进行相位补偿。如图 5-6-4 所示，变压器为 Y，d11 接线，其相位补偿的方法是将变压器星形侧的电流互感器接成三角形，将变压器三角形侧的电流互感器接成星形，如图 5-6-4a 所示，以补偿 30°的相位差。图 5-6-4b 所示为星形侧的一次电流和三角形侧的一次电流及其相位关系。采用相位补偿接线后，变压器星形侧电流

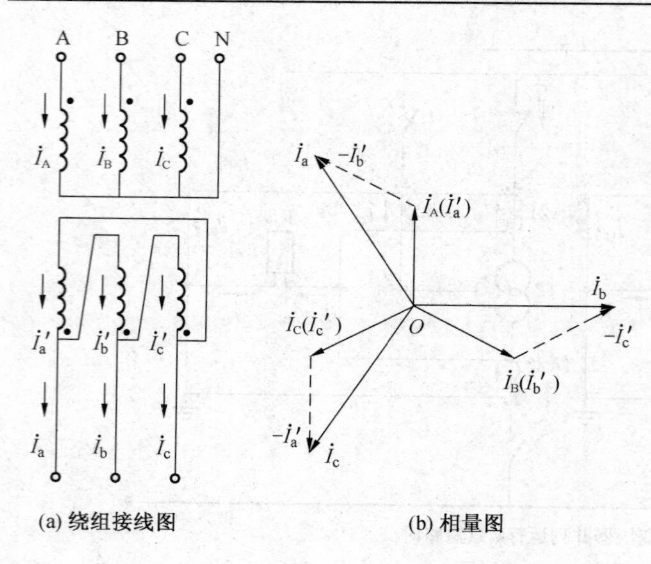

图 5－6－3　变压器 Y，d11 接线及相量图

互感器二次回路侧差动臂中的电流刚好与三角形侧电流互感器二次回路中的电流同相位，如图 5－6－4c 所示。这样，差动回路中两侧的电流的相位相同。

（2）微机保护中采用软件进行相位校正。

2）电流互感器计算变比与实际变比不同

由于变比的标准化使得其实际变比与计算变比不一致，从而产生不平衡电流。

减小的方法：

（1）利用差动继电器平衡线圈进行磁补偿。

（2）采用自耦变流器。在变压器一侧的电流互感器（三绕组变压器需在两侧）的二次侧，装设自耦变流器，改变其变比，使各侧二次电流相等。

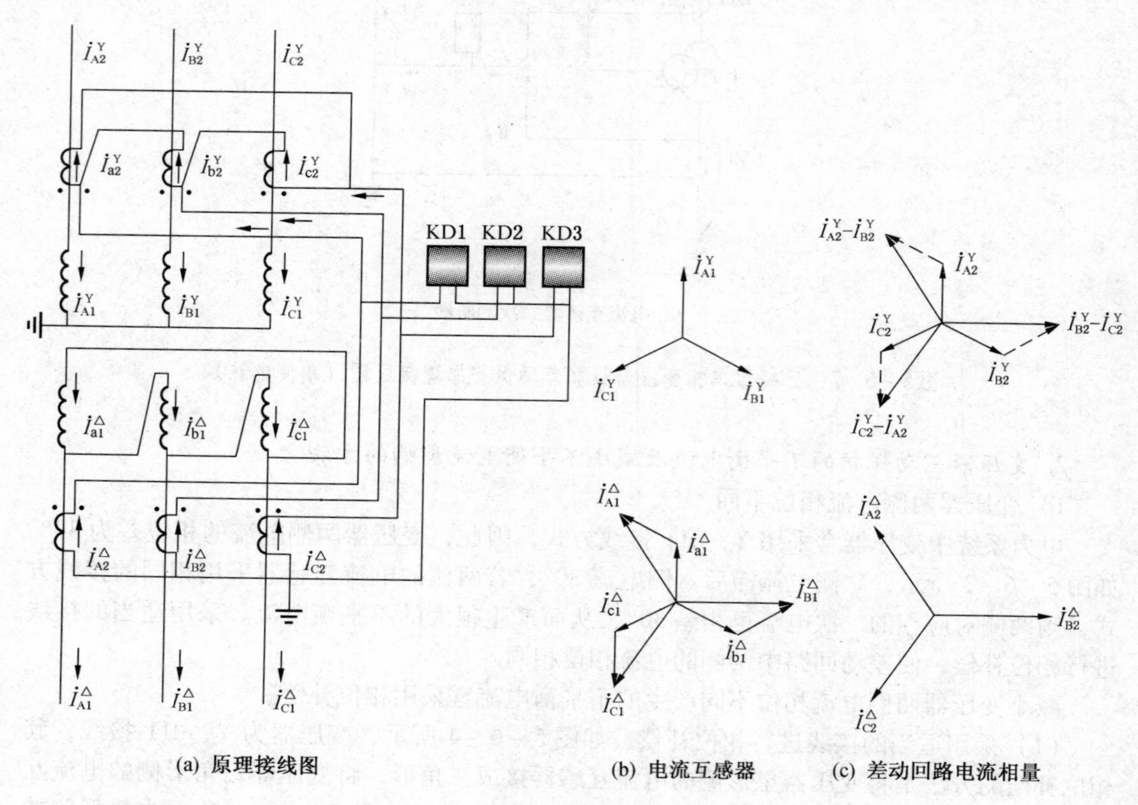

图 5－6－4　Y，d11 接线变压器差动保护接线图和相量图

（3）微机保护的软件中采用补偿系数使差动回路的不平衡电流最小。

3）变压器各侧电流互感器型号不同

由于变压器各侧电压等级和额定电流不同，所以变压器各侧的电流互感器型号不同，它们的饱和特性、励磁电流（归算至同一侧）也就不同，从而在差动回路中产生较大的不平衡电流。

减小变压器各侧电流互感器型号不同产生的不平衡电流，应尽可能使用型号相同、性能完全相同的D级电流互感器，使得两侧电流互感器的磁化曲线相同，以减小不平衡电流。另外，减小电流互感器的二次侧负载并使各侧二次负载相同，能够减小铁芯的饱和程度，相应地减小了不平衡电流。

4）变压器带负荷调节分接头

变压器带负荷调整分接头是电力系统中电压调整的一种方法，改变分接头就是改变变压器的变比。整定计算中，差动保护只能按照某一变比整定，选择恰当的平衡线圈减小或消除不平衡电流的影响。当差动保护投入运行后，在调压抽头改变时，一般不可能对差动保护的电流回路重新操作，因此又会出现新的不平衡电流。不平衡电流的大小与调压范围有关。解决方法是在差动保护的整定计算中加以考虑。

5）电流互感器传变误差产生的不平衡电流

电流互感器的传变误差就是励磁电流。励磁电流 $I_{\mu1}$ 的大小取决于电流互感器铁芯是否饱和以及饱和的程度。$I_{\mu1}$ 与铁芯磁通 Φ 之间的关系由铁芯的磁滞回线确定，如图5－6－5所示。图5－6－5a所示的曲线3是励磁电流按照曲线2变化的磁滞回线，曲线1是铁芯的基本磁化曲线（通常简称为磁化曲线）。由于曲线2的励磁电流是对称变化的，磁滞回线会绕着磁化曲线形成回环，近似分析时通常用磁化曲线来替代磁滞回线。磁化曲线上的 s 点称为饱和点。由于线圈电压 u 与铁芯磁通 Φ 之间的关系为 $u=W\dfrac{\mathrm{d}\Phi}{\mathrm{d}t}$（$W$ 是线圈的匝数，定性分析时可假设 $W=1$），故磁化曲线的斜率（严格讲是各点切线的斜率）就是励磁回路的电感 $L_{\mu1}$，铁芯未饱和时，$L_{\mu1}$ 很大且接近常数；铁芯饱和后磁化曲线变得很平坦，$L_{\mu1}$ 大为减小。

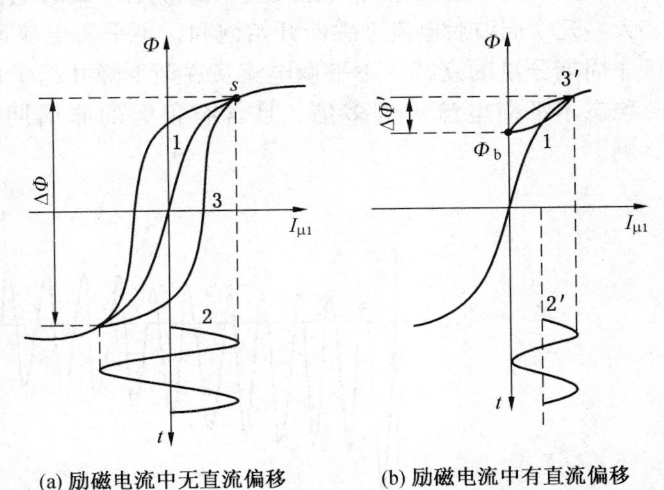

图5－6－5　电流互感器铁芯的磁滞回线

若励磁电流 $I_{\mu1}$ 中存在大量的非周期分量，饱和后的 $L_{\mu1}$ 还会进一步减小，如图5－6－5b所示。由于非周期分量引起 $L_{\mu1}$ 偏于时间轴的一侧，磁通也偏离磁化曲线并按照曲线3′的局部磁滞回环变化。显然，偏离时间轴后 $L_{\mu1}$ 会减小，非周期分量的存在将会显著减小 $L_{\mu1}$。

当电流互感器一次电流较小时，电流互感器不饱和。此时由于 $L_{\mu1}$ 很大且基本不变，

励磁电流 $I_{\mu1}$ 很小并随一次电流增大也按比例增大。当励磁电流 $I_{\mu1}$ 增大到铁芯饱和时，励磁电感 $L_{\mu1}$ 减小，励磁回路的分流增大。而励磁回路的分流增大又导致励磁电感进一步下降，其结果是励磁电流 $I_{\mu1}$ 迅速增大。铁芯越饱和，励磁电流也越大，并且随一次电流的增加呈非线性增加。

电流互感器的铁芯是否饱和以及饱和的程度，除了与电流互感器的磁化曲线和一次电流有关外，还与二次侧负载有关。在一次电流大小一定的情况下，二次侧负载越大，励磁回路的分流越大，铁芯越容易饱和。

在变压器外部故障时，一次侧电流中除了稳态分量外，还有非周期分量等暂态分量，导致不平衡电流的瞬时值较稳态值大。电流互感器的铁芯饱和还与一次侧电流的频率有关。频率越低，铁芯越容易饱和。实际的非周期分量都是按一定时间常数衰减的，但对时间的变化率要小于稳态分量。衰减时间常数越大，频率越低，$I_{\mu1}$ 越大，因此非周期分量的存在将大大增加电流互感器的饱和程度。由此产生的误差称为电流互感器的暂态误差。差动保护是瞬时动作的，必须考虑非周期分量引起的暂态不平衡电流。

图 5-6-6 所示为变压器外部故障时短路电流和纵联差动保护暂态不平衡电流的实验录波图。由于励磁电流不能突变，故障刚开始时电流互感器并没有饱和，不平衡电流不大。几个周波后电流互感器开始饱和，不平衡电流逐渐达到最大值。以后随着一次电流非周期分量的衰减，不平衡电流又逐渐下降并趋于稳态不平衡电流。暂态不平衡电流比稳态不平衡电流大许多倍，且含有很大的非周期分量，其特性完全偏于时间轴的一侧。

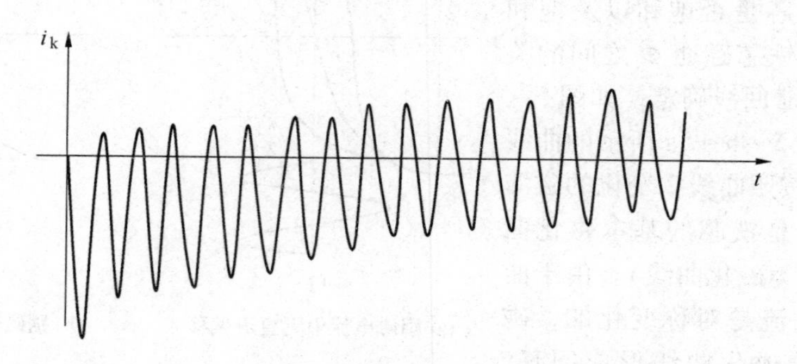

(a) 外部短路电流

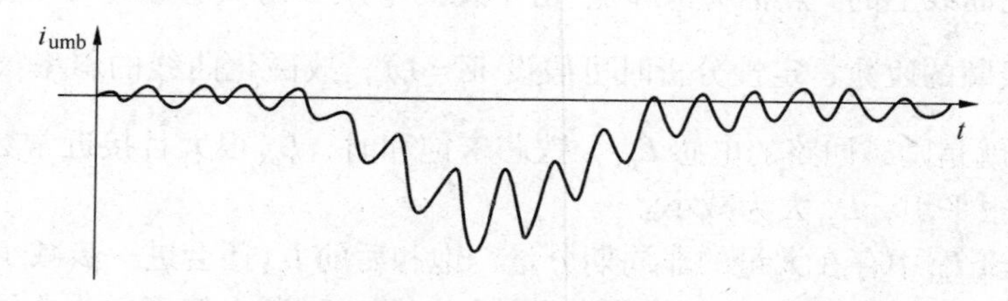

(b) 纵联差动保护暂态不平衡电流

图 5-6-6　纵联差动保护的暂态不平衡电流

减少电流互感器传变误差产生的不平衡电流，以前常采用在差动回路中接入具有速饱和特性的中间变流器的方法。速饱和原理的纵联差动保护动作电流大、灵敏度低，并且在变压器内部故障时会因非周期分量的存在而延缓保护动作，已逐渐被淘汰。现在一般采用二次谐波制动和间断角原理的差动保护。

6）变压器励磁电流产生的不平衡电流

变压器的励磁回路产生的励磁电流全部流入差动继电器，形成不平衡电流。励磁电流的大小取决于励磁电感，也就是取决于变压器铁芯是否饱和。正常运行和外部故障时变压器不会饱和，励磁电流一般不会超过额定电流的2%～5%，对纵联差动保护的影响常常忽略不计。当变压器空载投入或外部故障切除后电压恢复时，变压器电压从零或很小的数值突然上升到运行电压，在这个电压上升的暂态过程中，变压器可能会严重饱和，产生很大的暂态励磁电流。这个暂态励磁电流称为励磁涌流。励磁涌流的最大值可达额定电流的4～8倍，并与变压器的额定容量有关。

减少变压器励磁电流产生的不平衡电流，一般采用二次谐波制动的方法。

3. 二次谐波制动比率差动保护

二次谐波制动的方法是根据励磁涌流中含有大量二次谐波分量的特点，当检测到差动电流中二次谐波含量大于整定值时就将差动继电器闭锁，防止励磁涌流引起误动。采用这种方法的保护称为二次谐波制动的差动保护。

1）比率差动原理

比率制动式的差动继电器以差流为动作量，以和流为制动量，在设备外部故障时，制动量随外部短路电流的增大而自动增大，继电器可靠制动；设备内部故障时，继电器又能灵敏动作。

图5－6－7中折线$\overline{ABC}$为差动继电器比率制动特性曲线，$\overline{OA}$为制动电流$I_{res}=0$时，继电器启动时的最小动作电流I_{dmin}。当$I_{res}>\overline{ON}$后，斜线$\overline{BC}$反映了继电器动作电流I_d随制动电流I_{res}增加而增大的制动特性。$\overline{OK}$表示区外最大短路电流为I_{max}时的制动电流I_{resmax}，由电流互感器不平衡电流（曲线$\overline{NT}$）确定最大不平衡电流为$\overline{KT}$。对应继电器的动作电流I_d为$\overline{KC}$，将B与C连接后得$\overline{BC}$。注意，因斜线$\overline{BC}$始终处于曲线$\overline{NT}$的上方，故区外故障时，继电器不动作。

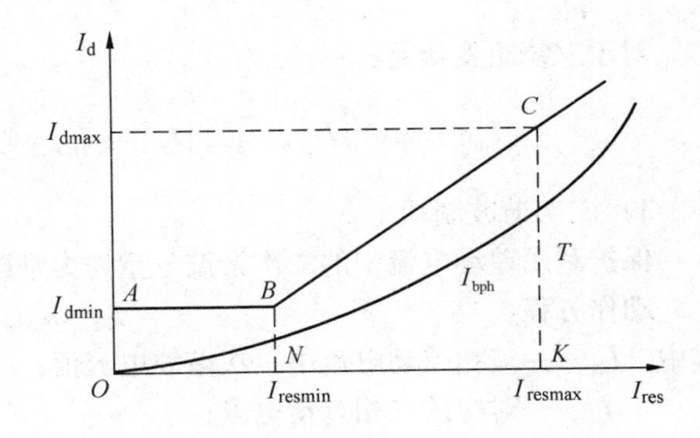

图5－6－7 两折线制动特性

比率制动特性曲线的另一特点是，当$I_{res}<\overline{ON}$时，$I_d=I_{dmin}$，即无制动作用，因为此时的不平衡电流I_{bph}很小，$I_{dmin}>I_{bph}$，这样在区内故障时，因I_{res}很小，继电器无制动作用，将大大提高保护的灵敏性。

此外，由于比率制动系数K_{res}随I_{res}的变化而变化，不是常数，故同样引入制动特性斜率P，它为制动特性曲线$\overline{BC}$段的斜率，即

$$P=\frac{I_d-I_{dmin}}{I_{res}-I_{resmin}}$$

式中　I_d——差动电流；

I_{dmin}——当 $I_{res}=0$ 时，继电器最小动作电流；

I_{res}——制动电流；

I_{resmin}——折点 B 制动电流，通常取 $I_{resmin}=I_{NT2}$（变压器额定电流二次值）；

P——制动特性的斜率。

2）差动保护的动作方程

差动保护动作方程：

$$I_d>I_{res}\text{和}\left|I_d-I_{dmin}\right|>K_{res}\left|I_{res}-I_{resmin}\right|$$

式中　I_d——差动电流；

I_{dmin}——差动最小动作电流整定值；

I_{res}——制动电流；

I_{resmin}——制动电流最小整定值；

K_{res}——比率制动系数。

同时满足上述两个方程，差动元件动作。各侧电流的方向都以指向变压器为正方向。

差动电流：对于双绕组变压器　$I_d=\left|I_1+I_2\right|$

对于三绕组变压器　$I_d=\left|I_1+I_2+I_3\right|$

制动电流在微机 保护中的取得方法比较灵活，主要有以下几种：

对于双绕组变压器：

$$I_{res}=\left|\frac{I_1-I_2}{2}\right|;\ I_{res}=\frac{I_1+I_2}{2};\ I_{res}=\max\{I_1,I_2\};\ I_{res}=I_2$$

对于三绕组变压器：

$$I_{res}=\max\{\left|I_1\right|,\left|I_2\right|,\left|I_3\right|\};\ I_{res}=\frac{I_1+I_2+I_3}{2};\ I_{res}=\max\{I_2,I_3\}$$

3）二次谐波制动

保护利用差动电流中的二次谐波分量作为励磁涌流的闭锁判据。

动作方程：　$I_{d2}>K_2I_d$

式中　I_{d2}——三相差动电流中二次谐波电流值；

I_d——对应的三相差动电流；

K_2——二次谐波制动系数。

4）差流速断保护

当任一相差动电流大于差动速断整定值时，瞬时动作于出口。

除上述二次谐波制动比率差动保护外，变压器差动保护还可以利用鉴别涌流间断角的方法来躲过励磁涌流。涌流间断角的整定闭锁角一般取 60°~70°。

三、保护装置的整定计算

电力变压器的各种整定计算见表 5-6-2、表 5-6-3。

表5-6-2 电力变压器的电流保护整定计算

<table>
<tr><th>保护名称</th><th>计算项目和公式</th><th>符 号 说 明</th></tr>
<tr><td>过电流保护</td><td>1. 保护装置的动作电流（应躲过可能出现的过负荷电流）
$$I_{dz\cdot j}=K_kK_{jx}\frac{K_{gh}I_{1rT}}{K_hn_1}$$
2. 保护装置的灵敏系数［按电力系统最小运行方式下，低压侧两相短路时流过高压侧（保护安装处）的短路电流校验］
$$K_m=\frac{I_{2k\cdot min}^{(2)}}{I_{dz}}\geqslant 1.5$$
3. 保护装置的动作时限（应与下一级保护动作时限相配合），一般取0.3～0.5 s</td><td rowspan="5">K_k—可靠系数，用于过电流保护时DL型和GL型继电器分别取1.2和1.3，用于电流速断保护时分别取1.3和1.5，用于低压侧单相接地保护时（在变压器中性线上装设的）取1.2，用于过负荷保护时取1.05～1.1
K_{jx}—接线系数，接于相电流时取1，接于相电流差时取$\sqrt{3}$
K_h—继电器返回系数，电磁型取0.85，微机型取0.9
K_{gh}—过负荷系数①，包括电动机自起动引起的过电流倍数，一般取2～3，当无自起动电动机时取1.3～1.5
n_1—电流互感器变比
I_{1rT}—变压器高压侧额定电流
$I_{2k\cdot min}^{(2)}$—最小运行方式下变压器低压侧两相短路时，流过高压侧（保护安装处）的稳态电流
I_{dz}—保护装置一次动作电流
$$I_{dz}=I_{dz\cdot j}\frac{n_1}{K_{jx}}$$
$I_{2k\cdot max}^{(3)}$—最大运行方式下变压器低压侧三相短路时，流过高压侧（保护安装处）的稳态电流
$I_{1k\cdot min}^{(2)}$—最小运行方式下保护装安装处两相短路稳态电流②
$I_{2k\cdot min}^{(1)}$—最小运行方式下变压器低压侧母线或母干线末端单相接地短路时，流过高压侧（保护安装处）的稳态电流
① Y，yn0 时，$I_{2k\cdot min}^{(1)}=\frac{2}{3}I_{22k\cdot min}^{(1)}/n_T$
② D，yn11 时，$I_{2k\cdot min}^{(1)}=\frac{\sqrt{3}}{3}I_{22k\cdot min}^{(1)}/n_T$
$I_{22k\cdot min}^{(1)}$—最小运行方式下变压器低压侧母线或母干线末端单相接地稳态短路电流
n_T—变压器变比
K_{ph}—配合系数，取1.1
$I_{dz\cdot fz}$—低压分支线上零序保护的动作电流
I_{2rT}—变压器低压侧额定电流</td></tr>
<tr><td>电流速断保护</td><td>1. 保护装置的动作电流（应躲过低压侧短路时，流过保护装置的最大短路电流）
$$I_{dz\cdot j}=K_kK_{jx}\frac{I_{2k\cdot max}^{(3)}}{n_1}$$
2. 保护装置的灵敏系数（按系统最小运行方式下，保护装置安装处两相短路电流校验）
$$K_m=\frac{I_{1k\cdot min}^{(2)}}{I_{dz}}\geqslant 2$$</td></tr>
<tr><td>低压侧单相接地保护（利用高压侧三相式过流保护）</td><td>1. 保护装置的动作电流和动作时限与过电流保护相同
2. 保护装置的灵敏系数［按最小运行方式下，低压侧母线或母干线末端单相接地时，流过高压侧（保护安装处）的短路电流校验］
$$K_m=\frac{I_{2k\cdot min}^{(1)}}{I_{dz}}\geqslant 1.5$$</td></tr>
<tr><td>低压侧单相接地保护③（采用在低压侧中性线上装设专用的零序保护）</td><td>1. 保护装置的动作电流（应躲过正常运行时变压器中性线上流过的最大不平衡电流，其值按GB 1094.1—2013《电力变压器》的规定，不超过额定电流的25%）
$$I_{dz\cdot j}=K_k\frac{0.25I_{2rT}}{n_1}$$
2. 保护装置的动作电流应与低压出线上的零序保护相配合
$$I_{dz\cdot j}=K_{ph}\frac{I_{dz\cdot fz}}{n_1}$$
3. 保护装置的灵敏系数（按最小运行方式下，低压侧母线或母干线末端单相接地稳态短路电流校验）
$$K_m=\frac{I_{22k\cdot min}^{(1)}}{I_{dz}}\geqslant 1.5$$
4. 保护装置的动作时限一般取0.5 s</td></tr>
<tr><td>过负荷保护</td><td>1. 保护装置的动作电流（应躲过变压器额定电流）
$$I_{dz\cdot j}=K_kK_{jx}\frac{I_{1rT}}{K_hn_1}$$
2. 保护装置的动作时限（应躲过允许的短时工作过负荷时间，如电动机起动或自起动的时间）
一般定时限取9～15 s</td></tr>
</table>

表 5-6-2（续）

保护名称	计算项目和公式	符号说明
低电压起动的带时限过电流保护	1. 保护装置的动作电流（应躲过变压器额定电流） $$I_{dz\cdot j}=K_kK_{jx}\frac{I_{1rT}}{K_h.n_1}$$ 2. 保护装置的动作电压 $$U_{dz\cdot j}=\frac{U_{min}}{K_kK_hn_y}$$ 3. 保护装置的灵敏系数电流部分与过电流保护相同 4. 保护装置的灵敏系数（电压部分） $$K_m=\frac{U_{dz\cdot 1}}{U_{sh\cdot max}}=\frac{U_{dz\cdot j}n_y}{U_{sh\cdot max}}$$ 5. 保护装置动作时限与过电流保护相同	K_k—可靠系数，取 1.2 K_h—继电器返回系数，取 1.15 n_y—电压互感器变比 U_{min}—运行中可能出现的最低工作电压（如电力系统电压降低，大功率电动机起动及电动机自起动时引起的电压降低），一般取 $0.5\sim0.7U_{rT}$（U_{rT}变压器高压侧母线额定电压） $U_{sh\cdot max}$—保护安装处的最大剩余电压

注：① 带有自起动电动机的变压器，其过负荷系数按电动机的自起动电流确定。当电源侧装设自动重合闸或备用电源自动投入装置时，可近似地用下式计算

$$K_{gh}=\frac{1}{U_k+\frac{S_{rT}}{K_qS_{M\Sigma}}\times\left(\frac{380}{400}\right)^2}$$

式中 U_k—变压器的阻抗电压相对值；

S_{rT}—变压器的额定容量，kV · A；

$S_{M\Sigma}$—需要自起动的全部电动机的总容量，kV · A；

K_q—电动机的起动电流倍数，一般取 5。

② 两相短路稳态电流 $I_k^{(2)}$ 等于三相短路稳态电流 $I_k^{(3)}$ 的 0.866 倍。

③ Y，yn0 接线变压器采用在低压侧中性线上装设专用零序互感器的低压侧单相接地保护，而 D，yn11 接线变压器可不装设。

表 5-6-3 差动电流保护整定计算

保护名称	计算项目和公式	符号说明
差动电流速断保护	保护装置的动作电流（应躲过变压器空载投入时励磁涌流和外部短路时流入保护的最大不平衡电流） $$I_{dz\cdot j}=K_k\frac{I_{1rT}}{n_1}$$	I_{1rT}—变压器高压侧额定电流 K_k—可靠系数，变压器容量 6300 kV · A 及以下时取 7～12；6300～31500 kV · A 时取 4.5～7.0；40000～120000 kV · A 时取 3.0～6.5；120000 kV · A 时取 2.0～5.0
二次谐波制动比率差动保护	1. 纵差保护最小动作电流应大于变压器额定负载时的不平衡电流 $$I_{dz\cdot j\cdot min}=K_k(K_c+\Delta U+\Delta m)\frac{I_{1rT}}{n_1}$$ 在工程实用整定计算中可选取 $$I_{dz\cdot j\cdot min}=(0.2\sim0.3)\frac{I_{1rT}}{n_1}$$ 2. 制动特性曲线转折点电流的计算 它是制动电流到一定程度后开始产生制动作用的电流值，选取 $$I_{res}=(1\sim1.2)I_{1rT}$$ 3. 比率制动系数 K_{res} 的整定 $$K_{res}=K_{rel}\frac{I_{bph}}{I_{res}}$$	I_{1rT}—变压器高压侧额定电流 K_k—可靠系数，取 1.3～1.5 K_{fzq}—非周期分量系数。两侧同为 TP 级电流互感器时，取 1.0；两侧同为 P 级电流互感器时，取 1.5～2.0 K_{tx}—电流互感器的同型系数。当两侧电流互感器同型号时，取 0.5；不同型号时，取 1.0 K_c—电流互感器的变比误差。10P 型取 0.03 × 2；5P 型和 TP 型取 0.01 × 2 ΔU—变压器调压引起的误差，取调压范围中偏离额定值的最大值

表5-6-3（续）

保护名称	计算项目和公式	符号说明
二次谐波制动比率差动保护	对于双绕组变压器 $$I_{bph}=(K_{fzq}K_{tx}K_c+\Delta U+\Delta m)\ I^{(3)}_{k\cdot max}$$ 对于三绕组变压器 $$I_{bph}=I_{bph.1}+I_{bph.2}+I_{bph.3}$$ $$I_{bph.1}=K_{fzq}K_{tx}K_cI^{(3)}_{k\cdot max}$$ $$I_{bph.2}=\Delta U_hI^{(3)}_{kh\cdot max}+\Delta U_mI^{(3)}_{km\cdot max}$$ $$I_{bph.3}=\Delta f_{er.1}I^{(3)}_{k1\cdot max}+\Delta f_{er.1}I^{(3)}_{k2\cdot max}$$ $I^{(3)}_{kh\cdot max}$、$I^{(3)}_{km\cdot max}$为外部短路情况下，流经相应调压侧最大短路电流的周期分量；$I^{(3)}_{k1\cdot max}$、$I^{(3)}_{k2\cdot max}$为外部短路情况下，流经所计算的Ⅰ、Ⅱ侧相应电流互感器的短路电流；$\Delta f_{er.1}$为继电器整定匝数与计算匝数不等引起的相对误差。 在工程实用整定计算中可选取$K_{res}=0.3\sim1.0$ 4. 灵敏系数校验：$K_m=\dfrac{I^{(2)}_{k\cdot min}}{I'_{dz}}$ 按最小运行方式下保护范围内两相金属性短路时最小的短路电流进行校验。其中I'_{dz}为根据计算出的制动电流，在制动特性曲线上查得对应的动作电流。而制动电流的计算，对双绕组变压器是内部短路的最小短路电流；对于三绕组变压器，制动电流要根据制动线圈的具体接法确定。 5. 二次谐波制动系数一般取0.15～0.2	Δm—由于电流互感器变比未完全匹配产生的误差，一般取0.05 I_{bph}—不平衡电流 $I^{(3)}_{k\cdot max}$—外部最大三相短路电流 $I^{(2)}_{k\cdot min}$—最小运行方式下保护范围内两相短路电流 k_{rel}—可靠系数
零序差动电流保护	采用不带比率制动的差动保护整定。 1. 按躲过外部单相接地短路时的不平衡电流整定零序差动保护动作电流 $$I_{dz0}=K_k\ (K_{fzq}K_{tx}K_c+\Delta m)\frac{3I_{0\cdot max}}{n_1}$$ 2. 按躲过外部三相短路时不平衡电流整定 $$I_{dz0}=K_kK_{fzq}K_{tx}K_c\frac{I^{(3)}_{K\cdot max}}{n_1}$$ 3. 按躲过励磁涌流产生的零序不平衡电流整定，一般取 $$I_{dz0}=(0.3\sim0.4)\frac{I_{1rT}}{n_1}$$ 按零序差动保护区内发生金属性接地短路校验灵敏系数	I_{1rT}—变压器高压侧额定电流 K_k—可靠系数，取1.3～1.5 K_{fzq}—非周期分量系数。两侧同为TP级电流互感器取1.0；两侧同为P级电流互感器取1.5～2.0 K_{tx}—电流互感器的同型系数。当两侧电流互感器同型号时取0.5；不同型号时取1.0 K_c—电流互感器的变比误差，10P型取0.03×2，5P型和TP型取0.01×2 Δm—由于电流互感器变比未完全匹配产生的误差，一般取0.05 $3I_{0\cdot max}$—保护区外部最大单相或两相短路零序电流的3倍

变压器出口处故障时，流入继电器的电流计算及灵敏系数比较见表 5-6-4。

表 5-6-4 变压器出口处故障时流入继电器的电流计算及灵敏系数比较

编号	故障类型和地点	流入继电器的电流 I_j		两相短路与三相短路灵敏系数比值
		变压器 Y 侧	变压器△侧	
1	变压器 Y 侧三相短路	$\sqrt{3}\frac{I_k}{n_{1\triangle}}$	$\frac{I_k}{n_{1Y}}$	—
2	变压器△侧三相短路	$\sqrt{3}\frac{I_k}{n_{1\triangle}}$	$\frac{I_k}{n_{1Y}}$	—
3	变压器 Y 侧两相短路	$2\frac{I_k}{n_{1\triangle}}$	$\frac{2}{\sqrt{3}}\frac{I_k}{n_{1Y}}$	$\frac{K_{m\cdot k2}}{K_{m\cdot k3}}=1$
4	变压器△侧两相短路	$\sqrt{3}\frac{I_k}{n_{1\triangle}}$	$\frac{I_k}{n_{1Y}}$	$\frac{K_{m\cdot k2}}{K_{m\cdot k3}}=\frac{\sqrt{3}}{2}$
5	变压器 Y 侧单相短路	$\frac{I_k}{n_{1\triangle}}$	$\frac{I_k}{\sqrt{3}n_{1Y}}$	—

注：1. 变压器可为 Y/△、△/△和 Y/Y 接线，可为三绕组，也可为双绕组。
2. 变压器 Y 接线侧电流互感器为△接线，变压器△接线侧电流互感器为 Y 接线。
3. 按公式计算灵敏系数时，I_k 为流过相应侧的短路电流，且为归算至该侧的有名值；按简化公式计算灵敏系数时，I_k 为归算至基本侧的总短路电流有名值。
4. $n_{1\triangle}$、n_{1Y} 为相应侧电流互感器的变比，其电流互感器分别为△接线和 Y 接线。
5. 计算两相和三相短路保护装置灵敏系数比值的条件为系统负序阻抗等于正序阻抗。
6. 本表适用于继电器三相式接线。如继电器为两相式接线，则表中编号 3 栏变压器 Y 侧两相短路时的电流和灵敏系数比值应除以 2。

四、计 算 实 例

（一）10/0.4 kV 车间配电变压器

已知条件：车间配电变压器型号为 S10 型，容量为 630 kV · A，高压侧额定电流为 36.4A，最大过负荷系数为 3，正常过负荷系数为 1.2，配微机保护装置一套。

最大运行方式下变压器低压侧三相短路时，流过高压侧的短路电流 $I^{(3)}_{2k\cdot max}$ 为 712 A。

最小运行方式下变压器高压侧两相短路电流 $I^{(2)}_{1k\cdot min}$ 为 2381 A，低压侧两相短路时流过高压侧的短路电流 $I^{(2)}_{2k\cdot min}$ 为 571 A。

最小运行方式下变压器低压侧母线单相接地短路电流 $I^{(1)}_{22k\cdot min}$ 为 5540 A。

变压器高压侧 A、C 相电流互感器变比为 100/5，低压侧零序电流互感器变比为 300/5。

1. 高压侧电流速断保护

电流速断保护按躲过系统最大运行方式下变压器低压侧三相短路时，流过高压侧的短路电流来整定，保护动作电流

$$I_{dz\cdot j}=K_kK_{jx}\frac{I^{(3)}_{2k\cdot max}}{n_1}=1.5\times1\times\frac{712}{20}=53.4\ \text{A}，取 55 A$$

保护装置一次动作电流：

$$I_{dz}=I_{dz\cdot j}\frac{n_1}{K_{jx}}=55\times\frac{20}{1}=1100\ \text{A}$$

电流速断保护的灵敏系数按系统最小运行方式下，保护装置安装处两相短路电流校验

$$K_m = \frac{I_{1k \cdot min}^{(2)}}{I_{dz}} = \frac{2381}{1100} = 2.16 > 2$$

电流速断保护动作时限取0 s。

2. 高压侧过电流保护

若考虑定时限，过电流保护按躲过可能出现的最大过负荷电流整定，保护动作电流

$$I_{dz \cdot j} = K_k K_{jx} \frac{K_{gh} I_{1rT}}{K_h n_1} = 1.3 \times 1 \times \frac{3 \times 36.4}{0.9 \times 20} = 7.9\ \text{A，取 8 A}$$

式中，K_h 为返回系数，微机保护元件的返回系数可由软件设定，一般设定为0.9。

保护装置一次动作电流

$$I_{dz} = I_{dz \cdot j} \frac{n_1}{K_{jx}} = 8 \times \frac{20}{1} = 160\ \text{A}$$

过电流保护的灵敏系数按系统最小运行方式下，低压侧两相短路时流过高压侧的短路电流进行校验

$$K_m = \frac{I_{2k \cdot min}^{(2)}}{I_{dz}} = \frac{571}{160} = 3.57 > 1.5$$

过电流保护动作时限取0.5 s（与下级保护动作时限相配合，考虑车间变压器一般为末级负荷，故取0.5 s)。

3. 高压侧不平衡电流保护

对于变压器的各种不平衡状况（包括不平衡运行、断相、反相)，微机保护设置了不平衡电流保护。

根据微机保护“不平衡电流保护”功能软件的算法，一般推荐保护整定值为（0.6~0.8)I_{1rT}，为防止变压器空投时三相合闸不同期引起的误动作，推荐延时不小于0.2 s。对本例题，计算如下：

$$I_{dz \cdot j} = \frac{0.8 I_{1rT}}{n_1} = \frac{0.8 \times 36.4}{20} = 1.456\ \text{A，取 1.5 A}$$

保护装置一次动作电流

$$I_{dz} = I_{dz \cdot j} \frac{n_1}{K_{jx}} = 1.5 \times \frac{20}{1} = 30\ \text{A}$$

延时取0.5 s。

4. 低压侧零序过流保护

可利用高压侧过电流保护兼作低压侧单相接地保护，如果校验灵敏系数不满足要求，则应设低压侧零序过电流保护。

按以下两个原则计算，比较后取较大值：

（1）躲过正常运行时中性线上最大不平衡电流。

（2）与下一支线零序电流保护整定值相配合。

本例车间变压器为末级负荷，故只计算（1）即可。

$$I_{dz \cdot j} = K_k \frac{0.25 I_{2rT}}{n_1} = 1.2 \times \frac{0.25 \times 960}{60} = 4.8\ \text{A，取 5 A}$$

保护装置一次动作电流：

$$I_{dz}=I_{dz\cdot j}n_1=5\times60=300\ \text{A}$$

保护的灵敏系数按最小运行方式下，低压侧母线或母干线末端单相接地时，按流过高压侧的短路电流来校验：

$$K_m=\frac{I_{22k\cdot min}^{(1)}}{I_{dz}}=\frac{5540}{300}=18.5>2$$

低压侧单相接地保护动作时限取 0.5 s。

低压侧单相接地保护动作时限的整定原则：

（1）如果变压器一次开关选择的是 F－C 回路，则该时限的选择应与熔断器的熔丝熔断时间相配合，即要在熔丝熔断前动作。

（2）如果变压器一次开关选择的是断路器，则与下一级出线的接地保护时间上配合，即大于下一级出线接地保护的动作时限一个级差（0.3 s）。本例变压器为末级负荷，可选 0.5 s 延时。

5. 瓦斯保护

变压器应装设瓦斯保护，其动作触点通过瓦斯继电器触点接入保护装置，由保护装置动作或发信号。

（二）110 kV 双绕组变压器的保护整定

某矿区 110 kV 变电站，内设 2 台 50 MV·A 的变压器，电压等级为 110±2×2.5%/38.5 kV，接线组别为 YN，d11，低压母线三相短路时通过变压器的最大三相短路电流为 5962.6 A，系统最小运行方式下高压侧和低压侧两相最小短路电流分别为 11085.4 A 和 4052 A，35 kV 出线线路末端两相短路电流为 2511.7 A，系统最小运行方式下，流过变压器的零序电流为 1904.2 A，35 kV 侧过流保护动作电流为 1620.8 A。对 110 kV 变压器进行整定计算。

1. 差动保护

TA 变比：　　600/5＝120　（高压侧差动、后备）

　　　　　　1000/5＝200　（低压侧差动）

1）计算各侧一次额定电流

一次侧（高压侧）：

$$I_{1rT}=\frac{50\times10^3}{\sqrt{3}\times110}=262.4\ \text{A}$$

二次侧（低压侧）：

$$I_{2rT}=\frac{50\times10^3}{\sqrt{3}\times38.5}=749.8\ \text{A}$$

2）确定最小动作电流 $I_{dz\cdot jmin}$

按大于变压器额定负载时的不平衡电流整定

$$I_{dz\cdot jmin}=0.3\times\frac{I_{1rT}}{n_1}=0.3\times\frac{262.4}{120}=0.66\ \text{A}$$

3）制动特性曲线转折点电流的计算

$$I_{res}=1\times I_{1rT}=262.4\ \text{A}$$

4）比率制动系数

$$K_{res}=0.5$$

5）计算灵敏系数

（1）低压侧保护区内两相最小短路电流为 4052 A。

（2）流入差动回路电流：

$$I_{d}^{(2)}=\frac{I_{k\cdot min}^{(2)}}{200}=\frac{4052}{200}=20.26\ A$$

（3）相应制动电流：

$$I_{res}^{(2)}=\frac{1}{2}\times\frac{I_{k\cdot min}^{(2)}}{200}=\frac{1}{2}I_{d}^{(2)}=\frac{1}{2}\times 20.26=10.13\ A$$

（4）继电器实际动作电流：根据厂家提供的资料 $I_{dz\cdot j}^{(2)}=5.47\ A$。

（5）灵敏系数：$K_m=\frac{I_{d}^{(2)}}{I_{dz\cdot j}^{(2)}}=\frac{20.26}{5.47}=3.7>2$（满足要求）。

6）二次谐波制动系数

二次谐波制动系数 K_2 取 0.15。

7）差动电流速断保护

（1）动作电流 $I_{dz\cdot j}$ 取 6.5 倍额定电流，即

$$I_{dz\cdot j}=\frac{6.5\times 749.8}{200}=24.37\ A$$

（2）灵敏系数计算。系统最小运行方式下高压侧保护区内两相短路电流为 11085.4 A，流入差动回路电流：

$$I_{d}^{(2)}=\frac{I_{k\cdot min}^{(2)}}{200}=\frac{11085.4}{200}=55.42\ A$$

灵敏系数：
$$K_m=\frac{55.42}{24.37}=2.27>1.2\quad（满足要求）$$

8）TA 断线报警

动作电流按躲过调压分接头变化时引起的最大不平衡电流整定。

取报警电流 $I_{bj}=15\%\,I_e$（I_e 为电流互感器二次额定电流，取 1 A），$I_{bj}=0.15\ A$。

9）低压侧过流保护

（1）动作电流按低压母线两相短路灵敏系数不低于 2.0 整定。

两相短路电流：
$$I_{k\cdot min}^{(2)}=4052\ A$$

动作电流：
$$I_{4dz}=\frac{4052}{2}=2026\ A$$

$$I_{4dz\cdot j}=\frac{2026}{200}=10.1\ A$$

按出线末端短路故障时计算灵敏系数，35 kV 出线线路末端两相短路电流为 2511.7 A，则

$$K_m=\frac{I_{k\cdot min}^{(2)}}{I_{4dz}}=\frac{2511.7}{2026}=1.23>1.2\quad（满足要求）$$

（2）动作时限与 35 kV 出线过流保护动作时限配合。

动作时限：
$$t_{4dz}=0.7+\Delta t=0.7+0.3=1.0\ s$$

2. 主变后备保护

TA 变比：

$$600/5=120 \quad (\text{高压侧})$$
$$400/5=80 \quad (\text{高压侧过负荷})$$
$$400/5=80 \quad (\text{高压侧中性点})$$
$$400/5=80 \quad (\text{中性点间隙零序})$$

1）相间故障后备保护

（1）高压侧过流Ⅲ段保护

动作电流 I_{3dz}：与低压侧过流保护动作电流配合，则

$$I_{3dz}=1.2\times 1620.8\times\frac{37}{115}=625.8\ \text{A}$$

$$I_{3dz\cdot j}=\frac{625.8}{120}=5.21\ \text{A}$$

灵敏系数计算：

① 低压母线两相短路时，$K_m=\frac{4052}{625.8}\times\frac{37}{115}=2.08>1.5$；②低压出线末端两相短路时，$K_m=\frac{2511.7}{625.8}\times\frac{37}{115}=1.29>1.2$（满足要求）。

动作时限：与低压出线过流保护动作时限配合，即

$$t_3=0.7+\Delta t=0.7+0.3=1\ \text{s}$$

（2）高压侧过流Ⅱ段保护

动作电流 I_{2dz}：　$I_{2dz}=1.1I_{3dz}=1.1\times 625.8=688.4\ \text{A}$

$$I_{2dz\cdot j}=\frac{688.4}{120}=5.74\ \text{A}$$

灵敏系数计算：

低压母线两相短路时，灵敏系数　$K_m=\frac{4052}{688.4}\times\frac{37}{115}=1.89>1.5$　（满足要求）

动作时限：　$t_2=t_3=1\ \text{s}$

（3）高压侧过流Ⅰ段保护

动作电流 I_{1dz}：用作电流速断保护，动作电流按躲过低压母线最大三相短路电流整定。

$$I_{k\cdot max}^{(3)}=5962.6\ \text{A} \quad (35\ \text{kV 侧})$$

$$I_{1dz}=1.3\times 5962.6\times\frac{37}{115}=2494\ \text{A}$$

$$I_{1dz\cdot j}=\frac{2494}{120}=20.8\ \text{A}$$

动作时限：　$t_1=0.05\ \text{s}$

2）零序电流保护

（1）零序电流Ⅰ段保护

动作电流 $(3I_0)_{opI}$：按高压侧母线单相接地时灵敏系数等于 4 整定。系统最小运行方式下，流过变压器的零序电流为 1904.2 A。

$$(3I_0)_{opI}=\frac{(3I_0)_{(min)}}{4}=\frac{1904.2}{4}=476\ A$$

$$(3I_0)_{opIj}=\frac{476}{80}=5.95\ A$$

动作时限：　$t_1=0.3\ s$

（2）零序电流Ⅱ段保护

动作电流 $(3I_0)_{op\text{Ⅱ}}$：取　$(3I_0)_{op\text{Ⅱ}}=(3I_0)_{opI}=476\ A$

$$(3I_0)_{op\text{Ⅱ}\cdot j}=\frac{476}{80}=5.95\ A$$

动作时限：与出线零序电流Ⅳ段动作时限配合，取 $t_2=1.2+0.3=1.5\ s$。

（3）零序电流Ⅲ段保护

动作电流、动作时限与零序电流Ⅱ段相同。

动作电流 $(3I_0)_{op\text{Ⅲ}}$：取　$(3I_0)_{op\text{Ⅲ}}=476\ A$

$$(3I_0)_{op\text{Ⅲ}\cdot j}=\frac{476}{80}=5.95\ A$$

动作时限：　$t_3=1.5\ s$

3）110 kV 侧间隙零序保护

（1）间隙零序电流保护

动作电流 $(3I_0)_{op}$：取　$(3I_0)_{op}=70\ A$

$$(3I_0)_{op\cdot j}=\frac{70}{80}=0.87\ A$$

动作时限：　$t_0=0.5\ s$

（2）间隙零序电压保护

动作电压：取开口三角形上动作电压　$(3I_0)_{op}=161\ V$

动作时限：　$t'_0=0.5\ s$

4）过负荷保护

动作电流：

$$I_{dz}=\frac{K_k}{K_h}I_{1rT}=\frac{1.05}{0.9}\times 262.4=306.1\ A$$

$$I_{dz\cdot j}=\frac{306.1}{80}=3.83\ A$$

动作时限：

$t_1=1\ s$　（闭锁有载调压延时）

$t_2=9\ s$　（过负荷信号）

5）起动风冷

起动动作电流：

$$I_{dz}=70\%\ I_{1rT}=70\%\times 262.4=183.7\ A$$

$$I_{dz\cdot j}=\frac{183.7}{80}=2.3\ A$$

动作时限：　$t=1\ s$

说明：对不同公司的变压器微机保护装置，保护需整定的参数及计算原理不同，整定计算时应参照产品说明书进行整定计算。

第七节　变电站母线及母联保护

一、保护装设的原则

（一）母线保护

（1）主要变电站的3~10 kV母线及并列运行的双母线，宜由变压器的后备保护实现对母线的保护，下列情况应装设专用母线保护：

① 需快速且选择性地切除一段或一组母线上的故障，保证发电厂及电力系统安全运行和重要负荷的可靠供电时。

② 大型矿井地面变电站的双母线或分段单母线，当线路装有电抗器而不允许断路器切除电抗器前的短路故障时。

（2）变电站的35~110 kV母线，下列情况应装设母线保护：

① 矿区区域变电站的110 kV单母线和35~66 kV的母线，根据电力系统的要求需要快速切除母线故障的。

② 110 kV双母线。

（3）专用母线保护，应符合下列要求：

① 双母线的母线保护宜先跳开母联及分段断路器。

② 应具有简单可靠的闭锁装置或采用两个以上元件同时动作作为判别条件。

③ 对于母线差动保护应采取减少外部短路产生的不平衡电流影响的措施，并应装设电流回路断线闭锁装置。当交流电流回路断线时，应闭锁母线保护并发出告警信号。

④ 在一组母线或某一段母线充电合闸时，应能快速且有选择性地断开有故障的母线。

⑤ 双母线接线母线保护动作时，应闭锁平行双回线路的横联差动保护。

（4）3~10 kV分段母线宜采用不完全电流差动保护，保护装置应接入有电源支路的电流。保护装置应由两段组成，第一段可采用无时限或带时限的电流速断，当灵敏系数不符合要求时，可用电压闭锁电流速断；第二段可采用过电流保护。当灵敏系数符合要求时，可将一部分负荷较大的配电线路接入差动回路。

（二）母联保护

变电站母线联络断路器应装设下列保护：

（1）电流速断保护，作为母线耐压试验时的速动保护，并作为配出线电流速断保护的后备保护。

（2）带时限的过电流保护，作为配出线过流保护的后备保护。

（3）保护一般采用两相式。

二、保护装置的整定计算

母线保护整定计算见表5－7－1，母联保护整定计算见表5－7－2。

表5-7-1　母线保护整定计算（电流闭锁、电压速断保护）

<table>
<tr><th>保护名称</th><th>计算项目和公式</th><th>符号说明</th></tr>
<tr><td>带时限电流闭锁、电压速断保护</td><td>（1）闭锁元件动作电流
$$I_{dz\cdot j}=\frac{I_{mk\cdot min}^{(2)}}{K_m n_1}$$
（2）电压速断元件的动作电压，应低于配出线电抗器后短路时的残余电压
$$U_{dz\cdot j}=\frac{U_{r\cdot min}}{K_k n_y}$$</td><td rowspan="3">$I_{mk\cdot min}^{(2)}$—母线最小两相短路电流
K_k—可靠系数，取1.3
K_m—灵敏系数，电流闭锁电压速动保护取1.5；不完全差动保护取大于或等于2
n_1—电流互感器变比
n_y—电压互感器变比
$U_{r\cdot min}$—配出线电抗器后短路时最小残余电压
I_{rm}—母线最大工作电流
K_h—继电器返回系数，取0.85</td></tr>
<tr><td>不完全差动保护</td><td>（1）电流速断保护，为本装置主保护，其动作电流
$$I_{dz\cdot j}=\frac{I_{mk\cdot min}^{(2)}}{K_m n_1}$$
（2）过电流保护作为上述保护和配出线的后备保护，其动作电流为
$$I_{dz\cdot j}=\frac{K_k I_{rm}}{K_h n_1}$$
（3）过流保护灵敏系数校验
$$K_m=\frac{I_{mk\cdot min}^{(2)}}{I_{dz\cdot j}n_1}\geqslant 2$$
后备保护灵敏系数为
$$K_m=\frac{I_{mk\cdot min}^{(2)}}{I_{dz\cdot j}n_1}\geqslant 1.5$$</td></tr>
<tr><td>整定时限</td><td>（1）母线带时限电流闭锁、电压速断保护的时限一般取0.5 s
（2）不完全差动保护过电流的时限，应较配出线过电流保护最大的时限大一时限阶段</td></tr>
</table>

表5-7-2　母联保护整定计算

<table>
<tr><th>保护名称</th><th>计算项目和公式</th><th>符号说明</th></tr>
<tr><td>电流速断保护</td><td>（1）按电流互感器一次额定电流整定
$$I_{dz\cdot j}=K_k K_{ol}\frac{I_{TA1}}{n_1}$$
（2）当上式计算的灵敏系数不够时，也可按最小灵敏系数整定
$$I_{dz\cdot j}=\frac{I_{mk\cdot min}^{(2)}}{K_m n_1}$$</td><td rowspan="3">$I_{mk\cdot min}^{(2)}$—母线最小两相短路电流
K_{ol}—过负荷系数，取4
K_k—可靠系数，电流速断保护取1.3；过电流保护取1.5
K_m—灵敏系数，电流闭锁电压速动保护取1.5；不完全差动保护取大于或等于2
$I_{rm\cdot max}$—任一段母线最大工作电流
I_{TA1}—电流互感器一次额定电流
n_1—电流互感器变比</td></tr>
<tr><td>过电流保护</td><td>动作电流
$$I_{dz\cdot j}=K_k\frac{I_{rm\cdot max}}{K_h n_1}$$</td></tr>
<tr><td>灵敏系数校验</td><td>灵敏系数校验
$$K_m=\frac{I_{mk\cdot min}^{(2)}}{I_{dz\cdot j}n_1}\geqslant 2$$
后备保护灵敏系数为
$$K_m=\frac{I_{mk\cdot min}^{(2)}}{I_{dz\cdot j}n_1}\geqslant 1.2$$</td></tr>
</table>

三、计　算　实　例

某矿井地面 10 kV 变电所为单母线分段接线，设分段断路器保护。系统参数：$I^{(3)}_{mk \cdot max} = I^{(3)}_{mk \cdot min} = 13.8\ kA$；电流互感器变比为 600/5；各段母线最大工作电流不大于 472A，馈出线过电流保护动作时限均为 0.5 s，该分段断路器采用微机保护，设有电流速断和过电流保护，整定计算如下：

1. 电流速断保护

（1）动作电流：

$$I_{dz \cdot j} = K_k K_{ol} \frac{I_{TA1}}{n_1} = 1.3 \times 4 \times \frac{600}{120} = 26\ A$$

（2）灵敏系数校验：

$$K_m = \frac{I^{(2)}_{mk \cdot min}}{I_{dz \cdot j} n_1} = \frac{0.866 \times 13800}{26 \times 120} = 3.83 > 2$$

2. 过电流保护

（1）动作电流：

$$I_{dz \cdot j} = K_k \frac{I_{rm \cdot max}}{K_h n_1} = 1.5 \times \frac{472}{0.9 \times 120} = 6.56\ A，取 6.6\ A$$

（2）灵敏系数校验：

$$K_m = \frac{I^{(2)}_{mk \cdot min}}{I_{dz \cdot j} n_1} = \frac{0.866 \times 13800}{6.6 \times 120} = 15.1 > 1.2$$

（3）保护装置动作时限应较配出线过电流保护最大时限大一时限阶段。馈配出线过电流保护动作时限均为 0.5 s，则本装置动作时限应按 0.8 s 整定。

第八节　交流操作的继电保护

一、概　　述

交流操作的电源由电力系统中电流和电压回路的电磁元件直接供给，具有简单、经济、可靠的优点，一般在中小型煤矿及附属企业变电所中使用较多。大量分散的车间变配电所，由于其一次接线简单，使用的开关设备数量较少，其配电系统采用交流操作继电保护是非常合适的。因此在工业企业内部配电网中，交流操作作为此种特定条件下的最佳选择，仍发挥着不可替代的作用。

交流操作的电压回路一般通过电压互感器、所用变压器或动力照明配电变压器供电。由于配电网中发生多相短路故障时电压大幅度降低，因此只有在电力系统正常工作或能保持其工作电压时，才供给保护及自动装置的信号和操作回路。

电力系统发生多相短路故障时配电网电压大幅度降低，而且还会产生巨大的故障电流，电压降低的幅度越大故障电流值越大，因此可以由电流回路通过其反映故障电流的电流互感器供给保护和自动装置的感应元件及执行元件。因此交流操作继电保护装置的电源在故障情况下主要依靠电流回路供给。

交流操作的继电保护跳闸多采用去分流方式。

常规交流操作的电源取自系统，当被保护元件发生短路故障时，短路电流很大，电压却很低，断路器将失去控制、信号、合闸以及分励脱扣的电源，导致交流操作的电源可靠性较低。为了提高交流操作电源的可靠性，现交流操作开始采用交流不间断电源（UPS）。

采用交流不间断电源（UPS）后，交流操作的继电保护可以用分励脱扣器线圈代替电流脱扣器线圈跳闸，可免去交流操作继电保护两项特殊的整定计算，即继电器强力切换接点容量检验和脱扣器线圈动作可靠性校验。

交流操作电源采用 UPS 后，当系统正常工作时，由系统电源小母线向储能回路、控制及信号回路（通过 UPS）供电，同时可向 UPS 电源进行充电或浮充电。当系统发生故障时，外电源消失，由 UPS 向控制及信号回路供电，使断路器可靠跳闸并发出信号。为了进一步增加 UPS 的可靠性，可使用两套 UPS。两套 UPS 可并联也可串联，当两套 UPS 并联时，需采取并联闭锁措施。

煤矿企业综合自动化的要求不断提高以及微机保护的大量应用，使得对交流操作电源的要求也在提高，现在常规的做法是用电压互感器通过隔离变压器提供正常的操作电源，用在线式 UPS 提供事故时的操作电源，或者采用两套在线式 UPS。UPS 容量仅考虑断路器合闸和跳闸所需容量，一般选用容量为 3 kV·A 及以下的产品。

二、保护装设的原则

对中小型矿井地面变电所、煤矿附属企业或车间变（配）电所，可采用交流操作继电保护装置。

三、保护整定计算

如果交流操作采用去分流跳闸方式，继电保护的整定计算如下：

（一）保护装置动作条件的计算

（1）保护装置各段动作值的计算、选择和灵敏系数的校验，与直流操作接线方式相同，可按前几节所述的对应项目进行计算。

（2）检验电流互感器 10% 误差。为使保护装置具有必要的精确度，要求保护装置使用电流互感器的变比误差不大于 10%。检验方法是先确定电流互感器一次电流计算倍数 m，然后根据 m 值在电流互感器 10% 误差曲线上求得电流互感器的最大允许二次负荷 $Z_{fh\cdot r}$。当电流互感器实际二次负荷计算值 $Z_{fh}<Z_{fh\cdot r}$时，就可以认为电流互感器满足了误差不大于 10% 的要求。

电流互感器的实际二次负荷与保护接线及短路类型有关。对于各种接线及相应的短路类型（在该种短路类型下保护装置工作条件最为苛刻），电流互感器的实际二次负荷计算见表 5－8－1。

由于操动机构内的瞬时电流脱扣器、GL－10(20）系列过流继电器、ZJ6 型交流中间继电器的阻抗为非线性的，因此在校验电流互感器 10% 误差时，应按一次电流计算倍数 m 所对应的流过继电器的电流，来查取继电器（脱扣器）的阻抗值。

不同类型保护装置的电流互感器一次电流计算倍数 m 值的确定如下：

表5-8-1　电流互感器实际二次负荷计算公式

序号	接线方式	短路类型	继电器分配系数 $K_{fp \cdot j}$	实际二次负荷 Z_{fh} 计算公式
1	TA1 R_{dx} Z_j；TA2 R_{dx} Z_j；TA3 R_{dx} Z_j；R_{dx} Z_{jn}	三相及两相	1	$Z_{fh}=R_{dx}+Z_j+R_{jc}$
		Y，d 接线变压器低压侧两相	1	
		单相	1	$Z_{fh}=2R_{dx}+Z_j+Z_{jn}+R_{jc}$
2	TA1 R_{dx} Z_j；TA3 R_{dx} Z_j；R_{dx} Z_j	三相	1	$Z_{fh}=\sqrt{3}R_{dx}+\sqrt{3}Z_j+R_{jc}$
		ac 两相	1	$Z_{fh}=R_{dx}+Z_j+R_{jc}$
		ab、bc 两相及单相	1	$Z_{fh}=2R_{dx}+2Z_j+R_{jc}$
		Y，d 接线变压器低压侧 ab 两相	1	$Z_{fh}=3R_{dx}+3Z_j+R_{jc}$
		Y，y0 接线变压器低压侧 b 相单相	1	
3	TA1 R_{dx} Z_j；TA3 R_{dx} Z_j；R_{dx}	三相	1	$Z_{fh}=\sqrt{3}R_{dx}+Z_j+R_{jc}$
		ac 两相	1	$Z_{fh}=R_{dx}+Z_j+R_{jc}$
		ab、bc 两相及单相	1	$Z_{fh}=2R_{dx}+Z_j+R_{jc}$
		Y，d 接线变压器低压侧 ab 两相	1	$Z_{fh}=3R_{dx}+Z_j+R_{jc}$
4	TA1 R_{dx} Z_j；TA3 R_{dx}	三相	$\sqrt{3}$	$Z_{fh}=2\sqrt{3}R_{dx}+\sqrt{3}Z_j+R_{jc}$
		ac 两相	2	$Z_{fh}=4R_{dx}+2Z_j+R_{jc}$
		ab、bc 两相及单相	1	$Z_{fh}=2R_{dx}+Z_j+R_{jc}$
		Y，d 变压器低压侧 ac 两相短路时 c 相电流互感器	3	$Z_{fh}=6R_{dx}+3Z_j+R_{jc}$
		Y，y0 变压器低压侧 ac 相单相	3	
5	TA11 R_{dx1} Z_j；TA31 R_{dx1} Z_j；R_{dx1}；TA12 R_{dx2}；TA32 R_{dx2}；R_{dx2}	外部三相及两相		$Z_{fh1}=R_{dx1}+R_{jc}$ $Z_{fh2}=R_{dx2}+R_{jc}$
		内部三相	1	$Z_{fh}=\sqrt{3}R_{dx1}+Z_j+R_{jc}$
		内部 ab、bc 两相及单相	1	$Z_{fh}=2R_{dx1}+Z_j+R_{jc}$

表5-8-1（续）

序号	接线方式	短路类型	继电器分配系数 $K_{fp\cdot j}$	实际二次负荷 Z_{fh} 计算公式
6	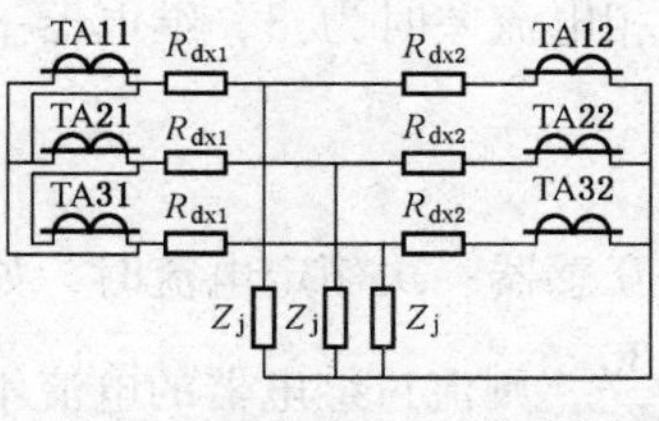 TA11 R_{dx1} R_{dx2} TA12 TA21 R_{dx1} R_{dx2} TA22 TA31 R_{dx1} R_{dx2} TA32 Z_j Z_j Z_j	外部三相及两相		$Z_{fh\triangle}=3R_{dx1}+R_{jc}$ $Z_{fhY}=R_{dx2}+R_{jc}$
		Y侧为电源侧内部三相及两相	1	$Z_{fh}=R_{dx2}+Z_j+R_{jc}$
		△侧为电源内部三相及两相	$\sqrt{3}$	$Z_{fh}=3(R_{dx1}+Z_j)+R_{jc}$

注：表中 R_{dx} 为连接导线的电阻；Z_j 为继电器的计算阻抗；R_{jc} 为接触电阻，一般取0.05 Ω。

（1）定时限过电流保护和电流速断保护：

$$m=\frac{K_k I_{dz}}{I_{1r}}=\frac{1.1 I_{dz\cdot j}}{I_{2r}K_{fp\cdot j}} \tag{5-8-1}$$

式中 I_{dz}——保护装置一次动作电流，A；

I_{1r}——电流互感器的一次额定电流，A；

K_k——可靠系数，考虑到电流互感器10%误差，一般取1.1；

$I_{dz\cdot j}$——继电器动作电流，A；

I_{2r}——电流互感器的二次额定电流，A；

$K_{fp\cdot j}$——继电器分配系数，见表5-8-1。

（2）反时限过电流保护：

$$m=\frac{K_k I_{2k\cdot max}}{I_{1r}}=\frac{1.1 I_{dz\cdot j}}{I_{2r}K_{fp\cdot j}} \tag{5-8-2}$$

式中 $I_{2k\cdot max}$——按选择性配合整定的计算点（通常为下一段出口处）故障时，流经电流互感器的最大短路电流，A。

（3）差动保护：

$$m=\frac{K_k I_{3k\cdot max}}{I_{1r}} \tag{5-8-3}$$

式中 $I_{3k\cdot max}$——外部短路时，流经电流互感器的最大短路电流，A；

I_{1r}——电流互感器的一次额定电流，A；

K_k——可靠系数，对于采用带速饱和变流器的继电器（如BCH-1、BCH-2等）取1.3，对于采用不带速饱和变流器的继电器（如DL-10）取2.0。

（4）按式（5-9-6）计算电流互感器在上述条件下的负载阻抗。

（5）查所采用电流互感器的10%误差曲线，求出对应的 Z_b 的 $m_{10\%}$ 倍数，如 $m_{10\%}\geqslant m$ 则可认为校验合格。

（二）保护装置动作后去分流跳闸时可靠性校验

1. 继电器强力切换触点容量校验

GL-10(20) 系列过流继电器及ZJ6型交流中间继电器强力切换触点去分流极限值为150 A，为了使在保护区内短路时流过继电器的电流最大值不超过该值，可按下式进行检验。

$$\frac{K_{jx}I_{k \cdot max}^{(3)}}{n_1} \leqslant 150 \tag{5-8-4}$$

式中　$I_{k \cdot max}^{(3)}$——最大运行方式下，保护区始端三相短路的稳态短路电流，A；

K_{jx}——接线系数，继电器接于相电流时为1，接相电流差时为$\sqrt{3}$，继电器一般接于相电流；

n_1——电流互感器变比。

需要说明的是，当稳态短路电流 $I_{k \cdot max}^{(3)}$ 大于30倍电流互感器一次额定电流时，如果电流互感器二次侧在实际负荷下的最大二次电流倍数不大于$\frac{30}{K_{jx}}$，则流过继电器的电流不会超过150 A（此时电流互感器铁芯已饱和）。如果在实际负荷下的最大二次电流倍数大于$\frac{30}{K_{jx}}$，则流过继电器的电流会超过150 A，这就需要放大电流互感器的变比，使流过继电器的电流小于150 A。

电流互感器二次侧在实际负荷下的最大二次电流倍数，可由下式求得

$$n_2 = n_{2r}\frac{Z_{fh \cdot r} + Z_2}{Z_{fh} + Z_2} \tag{5-8-5}$$

式中　n_2——电流互感器二次负荷为 Z_{fh}（实际负荷）时的最大二次电流倍数；

n_{2r}——电流互感器二次负荷为 $Z_{fh \cdot r}$（额定负荷）时的最大二次电流倍数，从产品样本查取；

Z_2——电流互感器二次线圈阻抗，从产品样本查取，Ω。

2. 脱扣器动作可靠性校验

（1）交流操作的继电保护计算是一项重要工作，需要对电流互感器作为电流源跳闸的动作可靠性进行校验，即要求在去分流跳闸时，电流互感器供给足够的功率，以保证脱扣器可靠工作，但对于以下几种情况无需单独进行检验：

① 装设有过电流后备保护时，作为主保护的电流速断保护和差动保护脱扣器动作可靠性可不作校验。

② 装设有电压源跳闸的过负荷保护（如电动机、电容器等），GL－16(26）系列继电器瞬动保护动作时，脱扣器动作可靠性可不作校验（单电源时应校验）。

③ 对于电动机的差动保护装置，考虑到在差动保护动作时，不仅具有去分流电流源跳闸接线，还同时采用了电压源电容储能跳闸方式，所以对电动机差动保护脱扣器动作可靠性也不作校验。

④ 在高灵敏系数情况下，允许电流互感器误差超出10%，即电流互感器10%误差可不作校验，但要对脱扣器动作可靠性进行校验，只要动作可靠性校验合格，保护装置动作也是可靠的。

（2）脱扣器动作的可靠性要满足下式的要求：

$$I_g \geqslant K_k I_{tq} \tag{5-8-6}$$

式中　I_g——当保护装置动作时，电流互感器供给脱扣器的电流，A；

I_{tq}——脱扣器动作电流，一般取5 A；

K_k——可靠系数，一般取1.2。

当去分流跳闸时，要求去分流继电器动作后，其触点能可靠地自保持，因此还应满足下式的要求：

$$I_{g} \geqslant K_{h} I_{dz \cdot j} \tag{5-8-7}$$

式中　$I_{dz \cdot j}$——GL-10(20) 系列过流继电器动作电流或 ZJ6 型交流中间继电器的工作电流，A；

K_{h}——继电器返回系数，GL-10(20) 系列过流继电器反时限部分，一般取 0.6，ZJ6 型交流中间继电器一般取 0.5。

（3）脱扣器动作可靠性的校验，利用电流互感器 10% 误差曲线进行计算。其步骤如下：

① 确定脱扣器动作电流 I_{tq}，通常选用 5 A。

② 按下列两种不同情况，计算电流互感器允许的最大励磁电流 I_0'：

a）在过流保护去分流跳闸时

$$I_0' = \frac{I_{k \cdot \min \cdot js}}{n_1} - \frac{K_k I_{tq}}{K_{k2 \cdot fp \cdot \min \cdot j}} \tag{5-8-8}$$

$$I_{k \cdot \min \cdot js} = \frac{K_{k2 \cdot fb} I_{k \cdot \min}^{(2)}}{K_{m \cdot \min}} \tag{5-8-9}$$

式中　$I_{k \cdot \min \cdot js}$——过电流保护装置在相邻元件末端（或本元件末端）短路时，流经电流互感器安装处的最小计算电流，A；

$I_{k \cdot \min}^{(2)}$——最小运行方式下，相邻元件末端（或本保护元件末端）两相短路电流，A；

$K_{k2 \cdot fb}$——保护装置两相短路分布系数，对于 6～10 kV 线路为 1；

$K_{m \cdot \min}$——保护装置允许的最小灵敏系数，一般取 1.25；

$K_{k2 \cdot fp \cdot \min \cdot j}$——两相短路时继电器的最小分配系数，其值为流过脱扣器线圈的电流与电流互感器二次电流之比，各被保护元件保护用电流互感器星形接线时，最小分配系数为 1。

b）在瞬时过电流保护（适用于 6～10 kV 电容器、6～10 kV 变压器、电炉等）去分流跳闸时

$$I_0' = \frac{I_{dz}}{n_1} - K_k I_{tq} \tag{5-8-10}$$

式中　I_{dz}——瞬时过电流保护一次动作电流，A。

③ 按 10% 误差确定电流互感器一次电流计算倍数

$$m_{10\%} = \frac{I_1'}{I_{2r}} = \frac{10 I_0'}{5} = 2 I_0' \tag{5-8-11}$$

式中　I_1'——归算至二次侧的电流互感器一次电流，A；

I_{2r}——电流互感器的二次额定电流，A。

④ 按 10% 误差曲线根据 $m_{10\%}$ 求出电流互感器允许的二次负荷阻抗 $Z_{fh \cdot 10}$。

⑤ 确定 $Z_{fh \cdot 10}$ 后，按 10% 误差求出电流互感器二次侧电动势

$$E_2 = 9 I_0' (Z_{fh \cdot 10} + Z_2) \tag{5-8-12}$$

式中　Z_2——电流互感器二次侧线圈阻抗，可采用产品样本中提供的阻抗值，Ω。

⑥ 保证脱扣器可靠动作所需的电流互感器二次侧电动势的计算值

$$E_{2 \cdot js} = \frac{K_k I_{tq}}{K_{k2 \cdot fp \cdot min \cdot j}} (Z_{fh} + Z_2) \quad (5-8-13)$$

式中　K_k——可靠系数，取1.2；

Z_{fh}——电流互感器实际二次负荷阻抗（包括脱扣器线圈阻抗 Z_{tq}），计算公式见表5-8-1。

计算条件如下：

a）脱扣器线圈阻抗 Z_{tq} 取衔铁铁芯在下的数值；

b）脱扣器及继电器一般取电流 $K_k I_{tq}$ 为6 A时的阻抗值。

⑦ 若 $E_2 \geqslant E_{2 \cdot js}$，则 $I_g \geqslant K_k I_{tq}$，脱扣器能可靠动作，校验合格。

如果采用在线式UPS作为交流操作的电源，则其保护整定计算与直流操作的计算方法相同，可按前几节所述的对应项目进行计算。

第九节　保护用电流互感器

一、性能要求

1. 影响电流互感器性能的因素

保护用电流互感器性能应满足系统或设备故障工况的要求，即在短路时，将互感器所在回路的一次电流传变到二次回路，且误差不超过规定值。

在稳态对称短路电流（无非期分量）下，影响互感器饱和的主要因素是短路电流幅值、二次回路（包括互感器二次绕组）的阻抗、电流互感器的工频励磁阻抗、电流互感器匝数比和剩磁等。

在实际的短路暂态过程中，短路电流可能存在非周期分量而严重偏移。这可能导致电流互感器严重暂态饱和，如图5-9-1所示。为保证准确传变暂态短路电流，电流互感器

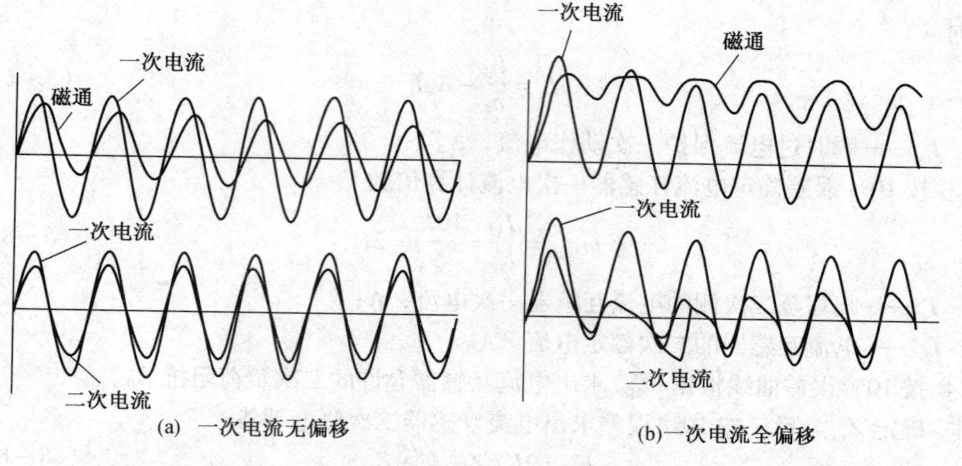

(a) 一次电流无偏移　(b)一次电流全偏移

图5-9-1　电流互感器一次电流与二次电流的关系

在暂态过程中所需磁链可能是传变等值稳态对称短路电流磁链的几倍至几十倍。

2. 对保护用电流互感器的性能要求

（1）保护装置对电流互感器的性能要求如下：

① 保证保护的可信赖性：要求保护区内故障时，电流互感器误差不致影响保护可靠动作。

② 保证保护的安全性：要求保护区外最严重故障时，电流互感器误差不会导致保护误动作或无选择性动作。

（2）削弱电流互感器饱和对保护动作性能的影响，可采用下述两类措施：

① 选择适当类型和参数的互感器，保证互感器饱和特性不致影响保护动作性能。对电流互感器的基本要求是保证在稳态短路电流下的误差不超过规定值。对短路电流非周期分量和互感器剩磁等引起的暂态饱和影响，则应根据具体情况和运行经验妥当处理。

② 保护装置采取措施减缓电流互感器饱和影响，特别是暂态饱和影响，对降低电流互感器造价及提高保护动作的安全性和可信赖性具有重要意义，应成为保护装置的发展方向。当前母线差动保护装置一般都采取了抗饱和措施，取得了良好效果。对其他保护装置，也宜提出适当的抗饱和要求。

二、类　型　选　择

1. 保护用电流互感器的类型

保护用电流互感器分为两大类：

（1）P类（P意为保护）电流互感器包括PR和PX类，该类电流互感器的准确限值由一次电流为稳态对称电流时的复合误差或励磁特性拐点确定。

（2）TP类（TP意为暂态保护）电流互感器。该类电流互感器的准确限值是考虑一次电流中同时具有周期分量和非周期分量，并按某种规定暂态工作循环时的峰值误差确定的。该类电流互感器适用于考虑短路电流中非周期分量暂态影响的情况。

2. 电流互感器类型选择原则

（1）保护用电流互感器的性能应满足继电保护正确动作的要求。首先应保证在稳态对称短路电流下的误差不超过规定值。对于短路电流非周期分量和互感器剩磁等的暂态影响，应根据互感器所在系统暂态问题的严重程度、所接保护装置的特性、暂态饱和可能引起的后果和运行经验等因素，予以合理考虑。如保护装置具有减缓电流互感器饱和影响的功能，则可按保护装置的要求选用适当的互感器。

（2）110 kV及以下系统保护用电流互感器一般按稳态条件选择，选用P类互感器。

（3）非直接接地系统的接地保护用互感器，可根据具体情况采用由三相电流互感器组成的零序电流过滤器、专用的电缆式或母线式零序电流互感器。

三、额定参数选择

保护用电流互感器的额定参数除按照一般规定进行选择外，还要考虑以下情况：

（1）变压器差动回路电流互感器额定一次电流的选择，应尽量使两侧互感器的二次电流进入差动继电器时基本平衡。当采用微机保护时，可由保护装置实现两侧变比差和相角差的校正。在选择额定一次电流及二次绕组接线方式时，就注意使变压器两侧互感器的二次负荷尽量平衡，以减少可能出现的差电流。

（2）中性点有效接地系统或变压器中性点接地回路的电流互感器在正常情况下一次电流为零，应根据实际应用情况（不平衡电流的实测值或经验数据）并考虑接地保护灵敏系数、互感器的误差限值以及动、热稳定等因素，选用适当的额定一次电流。

（3）对中性点非有效接地系统的电缆式或母线式零序电流互感器，因接地故障电流很小，需要按保证保护装置动作灵敏系数来选择变比及有关参数。

四、准确级及误差限值

1. P 类及 PR 类电流互感器

（1）P 类及 PR 类电流互感器的准确级以在额定准确限值一次电流下的最大允许复合误差的百分数标称，标准准确级为 5P、10P、5PR 和 10PR。

（2）P 类及 PR 类电流互感器在额定频率及额定负荷下，电流误差、相位误差和复合误差应不超过表 5－9－1 所列限值。

表 5－9－1　P 类及 PR 类电流互感器误差限值

准确级	额定一次电流的电流误差/%	额定一次电流下的相位差		额定准确限值一次电流下的复合误差/%
		± min	± crad	
5P，5PR	±1	60	1.8	5
10P，10PR	±3	—	—	10

注：相位差—互感器的一次与二次电流的相位差，相量方向是按理想互感器的相位为零来决定的，若二次电流相量超前一次电流相量，则相位差为正值。相位差通常用分（min）或厘弧度（crad）表示。

（3）PR 类电流互感器剩磁系数应小于 10%，有些情况下应规定 TS 值以限制复合误差。

（4）发电机和变压器主回路、220 kV 及以上电压线路，宜采用复合误差较小（波形畸变较小）的 5P 或 5PR 级电流互感器。其他回路可采用 10P 或 10PR 级电流互感器。

（5）P 类及 PR 类保护用电流互感器能满足误差要求的准确限值系数 K_{alf} 一般可取 5、10、15、20 和 30。必要时，可与制造部门协商，采用更大的 K_{alf} 值。

2. PX 电流互感器的特性

PX 电流互感器的性能由以下参数确定：

（1）额定一次电流（I_{pn}）。

（2）额定二次电流（I_{sn}）。

（3）额定匝数比，匝数比误差不应超过 ±0.25%。

（4）额定拐点电动势（E_k）。

（5）额定拐点电动势的最大励磁电流（I_e）。

（6）在温度为 75℃时二次绕组最大电阻（R_{ct}）。

（7）额定负荷电阻（R_{bn}）。

（8）计算系数（K_x）。

五、P类、PR类和PX类电流互感器的稳态性能校验

1. 保护校验故障电流

为保证保护动作的可信赖性和安全性，流过电流互感器的保护校验故障电流 I_{pcf} 按下述原则确定：

（1）按可信赖性要求校验保护动作性能时，I_{pcf} 应按区内最严重故障短路电流确定。对于过电流和距离等保护，应同时考虑下述两种情况：

① 在保护区末端故障时，I_{pcf} 应为流过互感器最大短路电流 $I_{max}^{(3)}$。

② 在保护安装点近处故障时，允许互感器误差超出规定值，但必须保证保护装置动作的可靠性和快速性。I_{pcf} 应根据流过互感器最大短路电流 $I_{max}^{(3)}$ 和保护装置的类型、性能及动作速度等因素确定。

（2）按安全性要求校验保护动作性能时，I_{pcf} 应按区外最严重故障短路电流确定。如电流差动保护的 I_{pcf} 应为保护区外短路时流过互感器的最大短路电流 $I_{max}^{(3)}$；方向保护的 I_{pcf} 应为可能使方向元件误动的保护反方向故障流过电流互感器的最大短路电流 $I_{max}^{(3)}$；同时还需要注意防止逐级配合的过电流或阻抗等保护因相邻两处互感器饱和不同而失去选择性。

（3）保护校验故障电流 I_{pcf} 宜按系统规划容量确定。

2. P类及PR类电流互感器性能校验

（1）一般选择验算可按下列条件进行：

① 电流互感器的额定准确限值一次电流 I_{pal} 应大于保护校验故障电流 I_{pcf}，必要时还应考虑互感器暂态饱和的影响，即准确限值系数 K_{alf} 应大于 KK_{pcf}（K 为用户规定的暂态系数，K_{pcf} 为故障校验系数）。

② 电流互感器额定二次负荷 R_{bn} 应大于实际二次负荷 R_b。

按上述条件选择的电流互感器可能尚有潜力未得到合理利用。在系统容量很大，而额定二次电流选用1 A，以及采用电子式仪表和微机保护时，经常遇到 K_{alf} 不够但二次输出容量有裕度的情况。因此，必要时可进行较精确验算，如按额定二次极限电动势或实际准确限值系数曲线验算，以便更合理地选用电流互感器。

（2）对于低漏磁电流互感器，可按额定二次极限电动势进行验算：

① P类电流互感器的额定二次极限电动势（E_{sl}）为（二次负荷仅计及电阻）

$$E_{sl}=K_{alf}I_{sn}(R_{ct}+R_{bn}) \tag{5-9-1}$$

式中　K_{alf}——准确限值系数；

I_{sn}——额定二次电流；

R_{ct}——电流互感器二次绕组电阻；

R_{bn}——电流互感器额定二次负荷。

制造部门应在产品说明书中标明上述各参数。

② 继电保护动作性能校验要求的二次感应电动势（E_s）为

$$E_s=KK_{pcf}I_{sn}(R_{ct}+R_b) \tag{5-9-2}$$

式中　K_{pcf}——故障校验系数，与继电保护动作原理有关；

K——用户规定的暂态系数；

R_b——电流互感器实际二次负荷。

其他同式（5－9－1）。

③ 电流互感器的额定二次极限电动势应大于保护校验要求的二次感应电动势，即

$$E_{s1} \geqslant E_s \tag{5-9-3}$$

④ 所选电流互感器的准确限值系数 K_{alf} 应符合下式要求：

$$K_{alf} \geqslant \frac{KK_{pcf}\ (R_{ct}+R_b)}{(R_{ct}+R_{bn})} \tag{5-9-4}$$

为此，要求制造部门确认所提供的电流互感器具有低漏磁特性，提供的互感器技术规范中应包括二次绕组的电阻值。

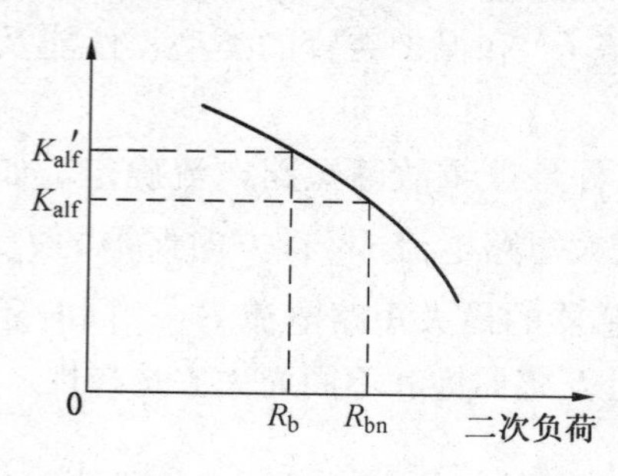

图 5－9－2　按符合实际的误差曲线选择电流互感器

（3）按实际准确限值系数曲线验算。如果制造厂提供的电流互感器不满足低漏磁特性要求，当提高准确限值时，互感器可能出现局部饱和，不能采用上述额定二次极限电动势法进行验算。此时，如用户需要提高所选互感器的准确限值系数 K_{alf}，则应由制造厂提供由直接法试验求得的或经过误差修正后实际可用的准确限值系数 K'_{alf} 与 R_b 的关系曲线。根据实际的 R_b，从曲线上查出电流互感器的准确限值系数 K'_{alf}，参见图 5－9－2。要求 $K'_{alf} > KK_{pcf}$。其中 K_{pcf} 为故障校验系数，K 为用户规定的暂态系数。

3. PX 电流互感器的性能校验

PX 电流互感器为低漏磁电流互感器，准确性能由其励磁特性确定，励磁特性的额定拐点电动势 E_k 可由下式计算：

$$E_k = K_x(R_{ct}+R_{bn})I_{sn} \tag{5-9-5}$$

式中各量参见式（5－9－1）。

要求额定拐点电动势 E_k 大于继电保护动作性能要求的电流互感器二次感应电动势 E_s，即 $E_k > E_s$。求 E_s 的方法参见式（5－9－2）。

六、二次负荷计算

（1）保护用电流互感器二次负荷为

$$Z_b = \sum K_{rc}Z_r + K_{lc}R_1 + R_c \tag{5-9-6}$$

式中　Z_r——继电器电流线圈阻抗，对于数字继电器可忽略电抗，仅计及电阻 R_r，Ω；

R_1——连接导线电阻，Ω；

R_c——接触电阻，一般为 0.05～0.1 Ω；

K_{rc}——继电器阻抗换算系数，参见表 5－9－2；

K_{lc}——连接导线阻抗换算系数，参见表 5－9－2。

（2）保护用电流互感器在各种接线方式下不同短路类型的阻抗换算系数见表 5－9－2。

（3）保护和自动装置电流回路功耗应根据实际应用情况确定，其功耗值与装置实现原理和构成元件有关，差别很大。表 5－9－3 及表 5－9－4 列出一些典型情况的功耗参考值。

表5-9-2 继电器及连接导线阻抗换算系数表

电流互感器接线方式		阻抗换算系数							
		三相短路		两相短路		单相短路接地		经Y，d变压器两相短路	
		K_{lc}	K_{rc}	K_{lc}	K_{rc}	K_{lc}	K_{rc}	K_{lc}	K_{rc}
单相		2	1	2	1	2	1		
三相星形		1	1	1	1	2	1	1	1
两相星形	$Z_{ro}=Z_r$	$\sqrt{3}$	$\sqrt{3}$	2	2	2	2	3	3
	$Z_{ro}=0$	$\sqrt{3}$	1	2	1	2	1	3	1
两相差接		$2\sqrt{3}$	$\sqrt{3}$	4	2				
三角形		3	3	3	3	2	2	3	3

表5-9-3 保护和自动装置电流回路功耗参考值

保护或自动装置类型		电流回路功耗/V·A
电磁型（EM）	电流元件	1～15
	功率元件	6～10/相
	阻抗元件	4～10/相
	负序电流元件	15
整流型（RT）	电流元件	1
	功率元件	2/相
	阻抗元件	5/相
	负序电流元件	2～5
集成电路型（IC）	全套	≤1.0/相
微机型（DP）	全套	≤1.0/相

表5-9-4 各类设备的保护和自动装置电流回路最大功耗参考值

设备及其保护和自动装置类型		回路最大功耗/V·A
60～110 kV线路	主保护	10(EM),5(RT),1(IC),1(DP)
	后备保护	20(EM),10(RT),2(IC),2(DP)
10～35 kV线路	主保护	10(EM),5(RT),0.5(IC),0.5(DP)
	后备保护	20(EM),10(RT),1(IC),1(DP)
50 MW及以下发电机	主保护	10(EM),5(RT),1(IC),1(DP)
	后备保护	15(EM),10(RT),2(IC),2(DP)

注：EM为电磁型保护，RT为整流型保护，IC为集成电路型保护，DP为微机型保护。

（4）工程应用中应尽量降低保护用电流互感器所接二次负荷，以减小二次感应电动势，避免互感器饱和。必要时，可选择额定负荷显著大于实际负荷的互感器，以提高互感器的抗饱和能力。

参考文献

[1] 中国航空工业规划设计研究院．工业与民用配电设计手册［M］．3 版．北京：中国电力出版社，2005.

[2] 西北电力设计院．电力工程电气设计手册：电气二次部分［M］．北京：中国电力出版社，1991.

[3] 注册电气工程师执业资格考试复习指导教材编委会．注册电气工程师执业资格专业考试复习指导书（供配电专业）［M］．北京：中国电力出版社，2007.

[4] 注册电气工程师执业资格考试复习指导教材编委会．注册电气工程师执业资格专业考试复习指导书（发输变电专业）［M］．北京：中国电力出版社，2007.

[5] 许建安，王风华．电力系统继电保护整定计算［M］．北京：中国水利水电出版社，2007.

[6] 张保会，尹项根．电力系统继电保护［M］．2 版．北京：中国电力出版社，2010.

[7] 陈曾田．电力变压器保护［M］．北京：中国电力出版社，1989.

本章编写人：贺　飞　叶四新

第六章　变电所二次回路及操作电源

第一节　概　　述

一、二次回路的含义及其重要性

变电所有一次回路和二次回路两大类，一次回路是电气装置的主回路。一次设备相互连接构成发电、输电、变配电以及其他电气回路，统称一次回路或一次接线系统。二次回路包括控制回路、监测回路、信号回路、保护回路、调节回路、操作和励磁回路等，所有描述二次回路的图纸统称二次回路或二次回路接线图。一次回路和二次回路的分类也有以仪用互感器的二次侧作为分界线的，也就是说同仪用互感器一次绕组处于同一回路的电气设备称为一次设备，回路称为一次回路。连接在仪用互感器二次绕组中的电气设备称为二次设备，回路称为二次回路。从这一观点看，家用电能表是测量仪表，但它接在主回路就不能称作二次设备，也不是二次回路。但当电能表的电流、电压取自仪用互感器的二次侧时就构成了二次回路，电能表就成了二次设备。

在电气回路中，二次回路虽然不是主体，但它控制着一次设备的运行状态，是保证一次设备安全运行的重要因素，是电气装置不可缺少的重要组成部分。

二次回路所用的电压和电流：电压互感器二次侧为100 V，操作电源为48～220 V；电流互感器二次侧为5 A或1 A，这类二次回路为强电式二次回路。随着企业规模的扩大、自动化程度的提高以及现代科学技术的发展，设计二次回路时不断吸收和使用新技术，弱电化、选线化、远动化和电子化成为发展趋势，但本章的二次回路不介绍这方面的内容。

二、二次回路的一般要求

（1）设计二次回路时，除必须符合有关规程外，还要力求简单可靠，便于值班人员操作和维护。当电气设备发生异常现象时，应立即发出声光信号，引起有关人员的注意。

（2）变电所内各元件的继电保护装置和电能表一般装设在控制该元件的地方。当电压在35 kV及以上的配电装置离控制室较远时，其母线设备、线路的继电保护装置和电能表可装设在控制室。

（3）电流互感器的二次回路应只有一点接地，一般在配电装置附近经端子排接地，但对于有几组电流互感器绕组且有电路直接联系的回路，电流互感器应和电流在一点接地。

（4）控制和保护屏屏内外回路的连接、某些同名回路（如跳闸回路）的连接、同一屏内各安装单元的连接均应经过端子排。屏内同一安装单元各设备之间的连接、电缆与互感器、单独设备的连接，一般不经过端子排。

对于电流回路、需要接入试验设备的回路、试验时需要断开电压和操作电源的回路以及在运行中需要停用或投入的保护装置，应装设必要的试验端子、连接片和切换片。

（5）控制和保护屏上的接线回路以及断路器、隔离开关等传动装置的接线回路，除断路器的电磁合闸线圈外，一般采用铜芯绝缘导线。在绝缘可能受到油侵蚀的地方，应采用耐油的绝缘导线或电缆。在振动的地方，应采取防止导线接头松脱和继电器误动作的措施。

（6）电压互感器在一次侧隔离开关断开后，二次回路应有防止电压反馈的措施。电压互感器二次侧一般在中性点或绕组引出端之一接地，采用 B 相接地星形接线的互感器，其中性点还应通过击穿保险器接地。

（7）在电压互感器二次侧，除开口三角绕组和另有专门规定者外，应装设熔断器或自动开关。

在接地的导线上，不应安装有开断可能的设备，当采用 B 相接地星形接线的电压互感器时，熔断器或自动开关应装在绕组引出端与接地点之间。

（8）控制及保护屏上设备的工作电压不宜超过 250 V，最高不应超过 500 V。控制及信号电源一般用直流供电，当二次设备需交流电源时，供电回路应可靠。

（9）大容量的变压器、重要电力设备的继电保护和自动装置应有经常监视操作电源的装置。断路器的跳闸回路及合闸回路一般装设监视装置。

第二节　二次回路接线图的组成和表示方法

一、二次回路接线图的组成

二次回路接线图表示二次回路各设备及元件之间的电气连接状况，由原理接线图、展开接线图、装配接线图及电缆联系图组成。这些图纸不仅说明电路原理和接线，也可按图配线及查找有关设备及元件的位置，是安装、运行、调试和检修工作中不可缺少的资料。因此要了解上述图纸的内容、表示方法和相互关系，以达到理解二次回路接线图的目的。

二、二次回路接线图的表示方法

二次回路接线图中的图形符号、文字标号及回路标号都有统一规定，图形符号和文字标号用来表示和区别接线图中的各个电气设备及元件，回路标号用以区别电气设备间互相连接的各种回路。

（1）图形符号。在二次回路接线图中，所有开关电器和继电器的触点，都按照正常状态的位置来表示。正常位置是指开关电器在断开位置及继电器中没有电流时，触点和辅助触点所处的状态。通常说的常开触点或常开辅助触点是继电器线圈不通电或开关电器主触点在断开位置时，该触点是断开的；常闭触点或常闭辅助触点是指继电器线圈不通电或开关电器主触点在断开位置时，该触点是闭合的。

（2）文字标号。二次回路接线图中的文字标号一般由基本符号、辅助符号、数字符号和附加符号四部分组成，比较简单的二次回路接线图、电气设备只有基本符号。

（3）回路标号。二次回路中各电气设备及元件都应按设计要求进行连接，为区别回路的功能，均按“等电位”的原则注明回路标号，即回路中连于一点的所有导线，均标以相同的回路标号，而经电气设备及元件间隔的线段均标以不同的回路标号。回路标号一般由三位或三位以下的数字组成，按照它们的功能可以分为直流回路、交流回路及各种小母线（表6-2-1至表6-2-3）。

表6-2-1　二次直流回路数字标号

序号	回路名称	原数字标号				新编号一				新编号二			
		Ⅰ	Ⅱ	Ⅲ	Ⅳ	Ⅰ	Ⅱ	Ⅲ	Ⅳ	Ⅰ	Ⅱ	Ⅲ	Ⅳ
1	正源回路	1	101	201	301	101	201	301	401	101	201	301	401
2	负源回路	2	102	202	302	102	202	302	402	102	202	302	402
3	合闸回路	3~31	103~131	203~231	303~331	103	203	303	403	103	203	303	403
4	合闸监视回路	5	105	205	305	—	—	—	—	105	205	305	405
5	跳闸回路	33~49	133~149	233~249	333~349	133 1133 1233	233 2133 2233	333 3133 3233	433 4133 4233	133 1133 1233	233 2133 2233	333 3133 3233	433 4133 4233
6	跳闸监视回路	35	135	235	335	—	—	—	—	135 1135 1235	235 2135 2235	335 3135 3235	435 4135 4235
7	备用电源自动合闸回路	50~69	150~169	250~269	350~369	—	—	—	—	150~169	250~269	350~369	450~469
8	开关设备的位置信号回路	70~89	170~189	270~289	370~389	—	—	—	—	170~189	270~289	370~389	470~489
9	事故跳闸音响信号回路	90~99	190~199	290~299	390~399	—	—	—	—	190~199	290~299	390~399	490~499
10	保护回路	01~099（或J1~J99）				—				01~099或0101~0999			
11	发电机励磁回路	601~699				—				601~699或6011~6999			
12	信号及其他回路	701~999 （标号不足时可递增）				—				701~799或7011~7999			
13	断路器位置遥信回路	801~809				—				801~809或8011~8999			
14	断路器合闸绕组或操动机构电动机回路	871~879				—				871~879或8711~8799			
15	隔离开关操作闭锁回路	881~889				—				881~889或8810~8899			
16	发电机调速电动机回路	T991~T999				—				991~999或9910~9999			
17	变压器零序保护共用电流回路	J01、J02、J03				—				001、002、003			
18	变送器后回路	—				—				A001~A999			
19	至微机系统数字量	—				—				D001~D999			
20	至闪光报警装置	—				—				S001~S999			

注：1. 无备用电源自动投入的安装单位，序号7的编号可用于其他回路。

2. 断路器或隔离开关为分相操动机构时，序号3、5、14、15等回路标号应以A、B、C标志区别。

表 6-2-2　二次交流回路数字标号

序号	回路名称	原回路标号组					
		用途	A 相	B 相	C 相	中性线	零序
1	保护装置及测量仪表电流回路	LH					L4001 ~ L4009
2		1LH	A4001 ~ A4009	B4001 ~ B4009	C4001 ~ C4009	N4001 ~ N4009	L4011 ~ L4019
3		2LH	A4011 ~ A4019	B4011 ~ B4019	C4011 ~ C4019	N4011 ~ N4019	L4021 ~ L4029
4		9LH	A4021 ~ A4029	B4021 ~ B4029	C4021 ~ C4029	N4021 ~ N4029	L4091 ~ L4099
5		10LH	A4091 ~ A4099	B4091 ~ B4099	C4091 ~ C4099	N4091 ~ N4099	L4101 ~ L4109
6		29LH	A4101 ~ A4109	B4101 ~ B4109	C4101 ~ C4109	N4101 ~ N4109	L4291 ~ L4299
7		1LLH	A4291 ~ A4299	B4291 ~ B4299	C4291 ~ C4299	N4291 ~ N4299	LL411 ~ LL41
8		2LLH					LL421 ~ LL42
9	保护装置及测量仪表电压回路	YH	A601 ~ A609	B601 ~ B609	C601 ~ C609	N601 ~ N609	L601 ~ L609
10		1YH	A611 ~ A619	B611 ~ B619	C611 ~ C619	N611 ~ N619	L611 ~ L619
11		2YH	A621 ~ A629	B621 ~ B629	C621 ~ C629	N621 ~ N629	L621 ~ L629
12	经隔离开关辅助触点或继电器切换后的电压回路	6 ~ 10 kV	A（C、N）760 ~ 769、B600				
13		35 kV	A（C、N）730 ~ 739、B600				
14		110 kV	A（B、C、L、Sc）710 ~ 719、N600				
15		220 kV	A（B、C、L、Sc）720 ~ 729、N600				
16	绝缘检查电压表的公用回路	—	A700	B700	C700	N700	—
17	母线差动保护共用电流回路	6 ~ 10 kV	A360	B360	C360	N360	—
18		35 kV	A330	B330	C330	N330	
19		110 kV	A310	B310	C310	N310	
20		220 kV	A320	B320	C320	N320	

序号	回路名称	新回路标号组一					
		用途	A 相	B 相	C 相	中性线	零序
1	保护装置及测量仪表电流回路	T1	—	—	—	—	—
2		T1—1					
3		T1—2					
4		T1—9					
5		T2—1					
6		T2—9					
7		T11—1					
8		T11—9					
9	保护装置及测量仪表电压回路	T1	—	—	—	—	—
10		T2					
11		T3					
12	经隔离开关辅助触点或继电器切换后的电压回路	6 ~ 10 kV	—				
13		35 kV					
14		110 kV					
15		220 kV					
16	绝缘检查电压表的公用回路	—	—	—	—	—	—
17	母线差动保护共用电流回路	6 ~ 10 kV	—	—	—	—	—
18		35 kV					
19		110 kV					
20		220 kV					
21	未经切换的 PT 回路	TV01	A611 ~ A619	B611 ~ B619	C611 ~ C619	N611 ~ N619	L611 ~ L619
22		TV09	A691 ~ A699	B691 ~ B699	C691 ~ C699	N691 ~ N699	L691 ~ L699

表6-2-2（续）

序号	回路名称	新回路标号组二					
		用途	A相	B相	C相	中性线	零序
1 2 3 4 5 6 7 8	保护装置及测量仪表电流回路	T1 T1—1 T1—2 T1—9 T2—1 T2—9 T11—1 T11—9	A11～A19 A111～A119 A121～A129 A211～A219 A291～A299 A1111～A1119 A1121～A1129	B11～B19 B111～B119 B121～B129 B211～B219 B291～B299 B1111～B1119 B1121～B1129	C11～C19 C111～C119 C121～C129 C211～C219 C291～C299 C1111～C1119 C1121～C1129	N11～N19 N111～N119 N121～N129 N211～N219 N291～N299 N1111～N1119 N1121～N1129	L11～L19 L111～L119 L121～L129 L211～L219 L291～L299 L1111～L1119 L1121～L1129
9 10 11	保护装置及测量仪表电压回路	T1 T2 T3	A611～A619 A621～A629 A631～A639	B611～B619 B621～B629 B631～B639	C611～C619 C621～C629 C631～C639	N611～N619 N621～N629 N631～N639	L611～L619 L621～L629 L631～L639
12 13 14 15	经隔离开关辅助触点或继电器切换后的电压回路	6～10 kV 35 kV 110 kV 220 kV	A（C、N）760～769、B600 A（C、N）730～739、B600 A（B、C、L、Sc）710～719、N600 A（B、C、L、Sc）720～729、N600				
16	绝缘检查电压表的公用回路	—	A700	B700	C700	N700	—
17 18 19 20	母线差动保护共用电流回路	6～10 kV 35 kV 110 kV 220 kV	A360 A330 A310 A320	B360 B330 B310 B320	C360 C330 C310 C320	N360 N330 N310 N320	—
21 22	未经切换的PT回路	TV01 TV09	A611～A619 A691～A699	B611～B619 B691～B699	C611～C619 C691～C699	N611～N619 N691～N699	L611～L619 L691～L699

表6-2-3 小母线符号和回路标号

序号	小母线名称	原符号		新编号一		新编号二	
		文字符号	回路标号	文字符号	回路标号	文字符号	回路标号
（一）直流控制、信号及辅助小母线							
1	控制回路电源	+KM、-KM	—	L+、L-	—	+、-	
2	信号回路电源	+XM、-XM	701、702	L+、L-	—	+700、700	7001、7002
3	事故音响信号（不发遥信时）	SYM	708	—	—	M708	708
4	事故音响信号（用于直流屏）	1SYM	728	—	—	M728	728
5	事故音响信号（用于配电装置时）	$2SYM_{I}$ $2SYM_{II}$ $2SYM_{III}$	727_{I} 727_{II} 727_{III}	—	—	M7271 M7272 M7273	7271 7272 7273
6	事故音响信号（发遥信时）	3SYM	808	—	—	M808	808

表6-2-3（续）

序号	小母线名称	原符号		新编号一		新编号二	
		文字符号	回路标号	文字符号	回路标号	文字符号	回路标号
7	预告音响信号（瞬时）	1YBM 2YBM	709 710	—	—	M709 M710	709 710
8	预告音响信号（延时）	3YBM 4YBM	711 712	—	—	M711 M712	711 712
9	预告音响信号（用于配电装置时）	YBM_{I} YBM_{II} YBM_{III}	729_{I} 729_{II} 729_{III}	—	—	M7291 M7292 M7293	7291 7292 7293
10	控制回路断线预告信号	KDM_{I} KDM_{II} KDM_{III}		—	—		
11	灯光信号	（-XM）	726	—	—	M726	726
12	配电装置信号	XPM	701	—	—	M701	701
13	闪光信号	（+）SM	100	—	—	M100	100
14	合闸	+HM、-HM		L+、L-	—	+、-	
15	“信号未复归”光字排	FM PM	703 716	—	—	M703 M716	703 716
16	指挥装置音响	ZYM	715	—	—	M715	715
17	自动调整周波脉冲	1TZM 2TZM	717 718	—	—	M717 M718	717 718
18	自动调整电压脉冲	1TYM 2TYM	Y717 Y718	—	—	M7171 M7181	7171 7181
19	同步装置越前时间整定	1TQM 2TQM	719 720	—	—	M719 M720	719 720
20	同步装置发送合闸脉冲	1THM 2THM 3THM	721 722 723	—	—	M721 M722 M723	721 722 723
21	隔离开关操作闭锁	GBM	880	—	—	M880	880
22	旁路闭锁	1PBM 2PBM	880 900	—	—	M881 M900	881 900
23	厂用电源辅助信号	+CFM -CFM	701 702	L+、L-	—	+701 -702	7011 7012
24	母线设备辅助信号	+MFM -MFM	701 702	L+、L-	—	+701 -702	7021 7022

表6-2-3（续）

序号	小母线名称	原符号		新编号一		新编号二	
		文字符号	回路标号	文字符号	回路标号	文字符号	回路标号
（二）交流电压、同步和电源小母线							
1	同步电压（运行系统）	TQM$_{\mathrm{I}}$ TQM$_{\mathrm{II}}$	—	—	—	—	—
2	同步电压（待并系统）	TQM$_{\mathrm{I}}$ TQM$_{\mathrm{II}}$	—	—	—	—	—
3	同步发电机残压	TQM$_{\mathrm{I}}$	—	—	—	—	—
4	第一组或奇数母线段的电压	1YM$_a$ 1YM$_b$ 1YM$_c$ 1YM$_L$ 1SYM$_c$ YM$_N$	A630 B630 C630 L630 S$_c$630 N630	L1 L2 L3 N	—	L1-630 L2-630 L3-630 N	A630 B630 C630 L630 S$_c$630 N630
5	第二组或偶数母线段的电压	2YM$_a$ 2YM$_b$ 2YM$_c$ 2YM$_L$ 2SYM$_c$ YM$_N$	A640 B640 C640 L640 S$_c$640 N640	L1 L2 L3 N	—	L1-640 L2-640 L3-640 N	A640 B640 C640 L640 S$_c$640 N640
6	6～10 kV 备用线段电压	9YM$_a$ 9YM$_b$ 9YM$_c$	A690 B690 C690	L1 L2 L3	—	L1-690 L2-690 L3-690	A690 B690 C690
7	转角	ZM$_a$ ZM$_b$ ZM$_c$	A790 B790 C790	L1 L2 L3	—	L1-790 L2-790 L3-790	A790 B790 C790
8	低电压保护	1DYM 2DYM 3DYM	011 013 02	—	—	M011 M013 M02	011 013 02
9	电源	DYM$_a$ DYMN	—	L1 N	—	L1 N	—
10	旁路母线电压切换	YQM$_c$	C712	L3	—	L3-712	C712

注：1. 表中交流电压、同步电压小母线的符号和标号适用于电压互感器二次侧中性点接地，同步设备和接线采用单相式，扩建工程小母线的符号和标号一般按原工程接线配合。

2. 母线设备控制（或继电器）屏上有几级电压小母线时，可用以下标志加以区分：

6 kV 或 10 kV 系统为 1YM$_a$-6～1YM$_L$-6 等；

35 kV 系统为 1YM$_a$-3～1YM$_L$-3 等；

110 kV 系统为 1YM$_a$-11～1YM$_L$-11 及 1SYM$_c$-11 等；

220 kV 系统为 1YM$_a$-22～1YM$_L$-22 及 1SYM$_c$-22 等；

330 kV 系统为 1YM$_a$-33～1YM$_L$-33 及 1SYM$_c$-33 等；

500 kV 系统为 1YM$_a$-50～1YM$_L$-50 及 1SYM$_c$-50 等；

750 kV 系统为 1YM$_a$-75～1YM$_L$-75 及 1SYM$_c$-75 等。

第三节　电　气　测　量

一、配置电气仪表的基本要求

（一）仪表的配置

测量和计量仪表的装设应根据生产工艺的实际需要，并按 GB/T 50063—2008《电力装置的电测量仪表装置设计规范》的规定选用仪表。煤矿变电所需装设的测量和计量仪表见表 6－3－1，同时应满足仪表装置二次回路的要求。电流表、电压表和频率表都只有一个电气量，接线时电压线圈必须与线路并联，电流线圈则串联在线路中。功率表和电能表都有电压和电流线圈，电能表不仅与电压、电流以及它们之间的相角差有关，而且还要反映出电能与时间的关系，即必须装有“积算机构”。由于它的读数与电压和电流之间相角差有关，电流线圈和电压线圈必须按规定方式接线，为了使接线不发生误差，通常在电流线圈和电压线圈的一端标有“＊”、“·”标志，标有“＊”号的端子必须接电源端，另一端则接负载端，具体接线时必须特别注意它们之间相量关系。

表 6－3－1　煤矿变电所测量和计量仪表的配置

名　称		测量仪表的配置						说　明
		电流表	电压表	有功功率表	无功功率表	有功电能表	无功电能表	
35～110 kV								
进线及联络		1		1	1	1	1	当无计量互感器时可只装电流表，当闭环运行时另定
双绕组变压器	高压	1						当一次有计量互感器时，功率表及电能表宜装于一次侧
	低压	1		1		1	1	
三绕组变压器	高压	1						
	中压	1		1		1	1	
	低压	1		1		1	1	
馈出线		1		1	1	1	1	
母线分段		1						通过母线往外转送时不在此限
电压互感器			1					不包括绝缘检查
3～10 kV								
进线及联络		1		1		1	1	当闭环运行时另定
母线分段		1						
电压互感器			1					不包括绝缘检查
馈出线		1				1		独立核算单位增设无功电能表
3～10 kV 变压器		1				1		

表 6-3-1（续）

名　称	测量仪表的配置						说　明
	电流表	电压表	有功功率表	无功功率表	有功电能表	无功电能表	
静电电容器	3					1	
异步电动机	2				1		一个在配电箱，一个在机器旁
同步电动机	2			1	1	1	
500 V 以下							
进线	1	1			1		
变压器二次侧	1	1			1		
馈出线	1						

注：1. 对配电变压器，如一次侧已装设电能表，二次侧可不再装设。如三相负荷长期不平衡达 15% ~20% 时，二次侧应装设三个电流表。当环形供电时应装设双向电能表。

2. 对同步电动机做无功补偿时应增设功率因数表。

（二）对准确度的要求

1. 测量仪表

常用测量仪表的准确度要求见表 6-3-2。

表 6-3-2　常用测量仪表的准确度要求

电测量装置类型名称		准确度（级）
计算机监控系统的测量部分（交流采样）		误差不大于 0.5%，其中电网频率测量误差不大于 0.01 Hz
常用电测量仪表、综合装置中的测量部分	指针式交流仪表	1.5
	指针式直流仪表	1.0（经变送器二次测量）
	指针式直流仪表	1.5
	数字式仪表	0.5
	记录型仪表	应满足测量对象的准确度要求

交流回路指示仪表的综合准确度应不低于 2.5 级，直流回路指示仪表的综合准确度应不低于 1.5 级，接于电测量变送器二次侧仪表的准确度应不低于 1.0 级。

2. 互感器

（1）仪表用电流、电压互感器及附件、配件的准确度要求见表 6-3-3。

表 6-3-3　仪表用电流、电压互感器及附件、配件的准确度要求　　级

电测量装置准确度	附件、配件准确度			
	电流、电压互感器	变送器	分流器	中间互感器
0.5	0.5	0.5	0.5	0.2
1	0.5	0.5	0.5	0.2
1.5	1.0	0.5	0.5	0.2
2.5	1.0	0.5	0.5	0.5

（2）电能计量装置的准确度要求见表6－3－4。

表6－3－4　电能计量装置的准确度要求　级

电能计量装置类别	准确度			
	有功电能表	无功电能表	电压互感器	电流互感器
Ⅰ类	0.2S	2.0	0.2	0.2S或0.2
Ⅱ类	0.5S	2.0	0.2	0.2S或0.2
Ⅲ类	1.0	2.0	0.5	0.5S
Ⅳ类	2.0	2.0	0.5	0.5S
Ⅴ类	2.0	—	—	0.5S

煤矿企业的进线计量一般选Ⅰ类或Ⅱ类电能计量装置，内部计量一般选Ⅲ类电能计量装置。

（三）测量范围的选择

（1）选择互感器和仪表的测量范围，宜保证电力设备额定值指示在仪表量程的2/3处；有可能过负荷运行的电力设备和回路，测量仪表宜选用过负荷仪表。

（2）重载起动的电动机和有可能出现短时冲击电流的电力设备和回路，宜选用具有过负荷量程电流表。

（3）对于可能出现两个方向电流的直流回路和两个方向功率的交流回路中，宜装设双向标度的电流表和功率表。

（4）对可能有两个方向送、受电的回路中，应分别计量送出和受入的电能，应装设计量两个方向的有功电能表及四象限无功电能表。

（5）在500 V及以下的直流回路中，可使用直接接入和经分流器或附加电阻接入的电流表或电压表。500 V以上的直流回路中，电流表或电压表宜经分流器接入。

（四）仪表的装设

选择的电气仪表技术条件应符合安装和运行的需要，当仪表的技术条件与工作环境不符时，应采取有效措施，保证仪表能正常工作。仪表的安装位置应便于值班员监视、维护及读数。在控制屏上，仪表水平中心线距地面高度一般为1.2～2.0 m，而电能表室内一般为0.8～1.8 m，室外不应小于1.2 m，计量箱底边距地的距离室内一般不小于1.2 m，室外不低于1.6 m。变送器的安装高度一般为0.8～1.8 m。

二、常用电气仪表

常用测量仪表有圆形、方形、槽形、矩形和广角形等形状，生产厂家和型号也比较多，即使是同一型号的仪表，其内部结构、外形尺寸、量限规格也存在一定差异。

下面以常熟开关制造有限公司生产的智能电力仪表为例进行简述。

1. 仪表的安装条件

（1）环境温度。①规定的工作范围：－10～45 ℃；②工作的极限范围：－20～55 ℃；③贮存和运输的极限范围：－25～70 ℃。

（2）海拔：安装地点海拔小于2000 m。

（3）相对湿度：最高温度为45 ℃时，空气的相对湿度不超过50%，在较低温度时允许有较高的相对湿度；对于温度变化所产生的凝露应采取特殊的措施。

（4）污染等级为3级。

（5）安装类别为Ⅲ。

2. 仪表的测量功能

测量功能	仪表类别				精度/%
	CE1AD	CE1VD	CE1AV	CE1Z	
相电压			✓	✓	0.5
线电压		✓	✓	✓	0.5
单相电流	✓			✓	0.5
三相电流			✓	✓	0.5
有功功率				✓	1
无功功率				✓	1
视在功率				✓	1
功率因数				✓	0.5
频率				✓	0.2
有功电能				✓	1
无功电能				✓	2
总谐波畸变率				✓	5
谐波含有率				✓	5

注："✓"表示该类别仪表具有的测量功能。

3. 仪表的技术数据

输入电压	额定电压 U_n：AC 100 V，400 V（可选） 允许过载：$2U_n$（连续）　输入负荷<0.5 V·A
输入电流	额定电流 In：1 A，5 A（可选） 允许过载：$2I_n$（连续），20 I_n/1 s（不连续）　输入负荷<0.5 V·A
输入频率	45～65 Hz
额定绝缘电压 U_i	690 V
额定冲击耐受电压 U_{imp}	6000 V
辅助电源	AC85～265V、DC90～270 V 通用　功耗<5 V·A（适用于 CE1AD/CE1VD） 功率损耗<5 V·A

4. 仪表的外形尺寸

CE1AD/CE1VD 外形尺寸：

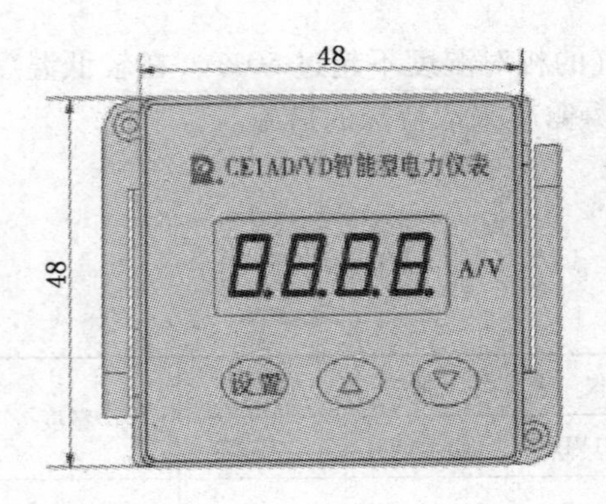

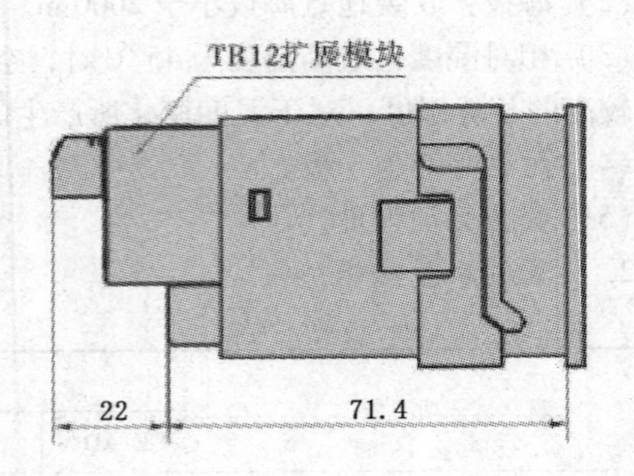

CE1AV 外形尺寸：

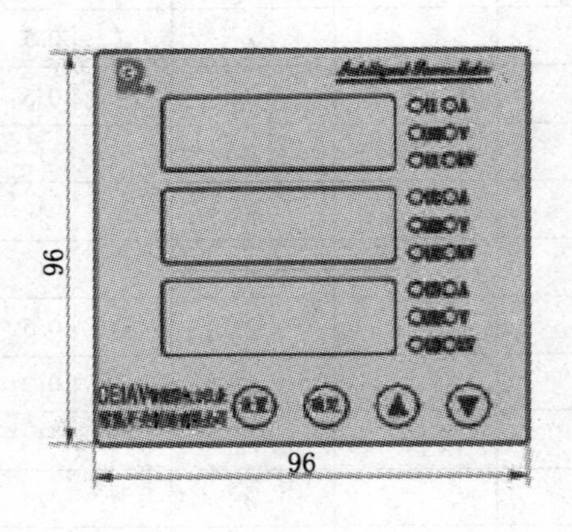

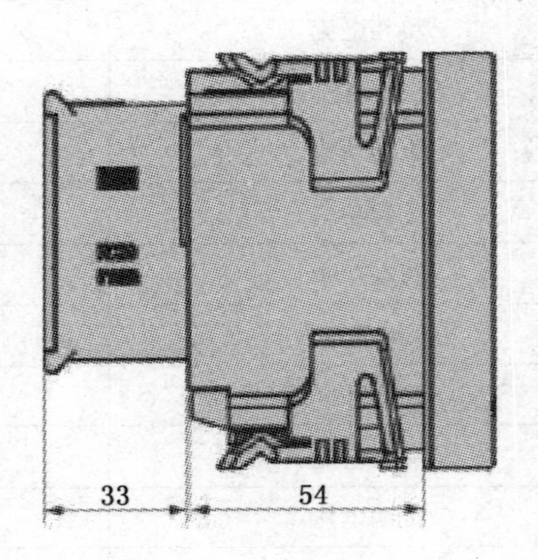

CE1Z 外形尺寸：

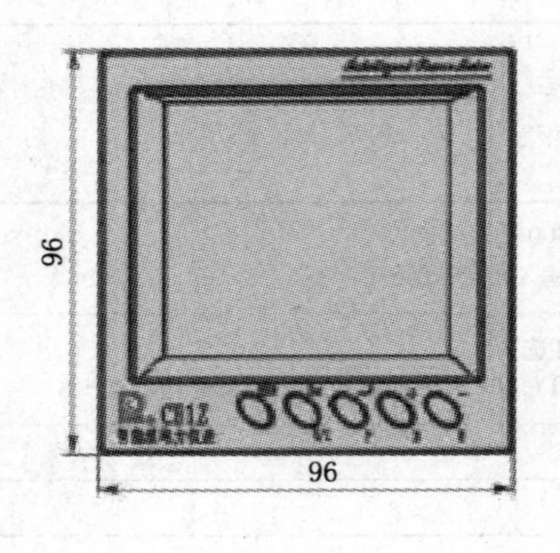

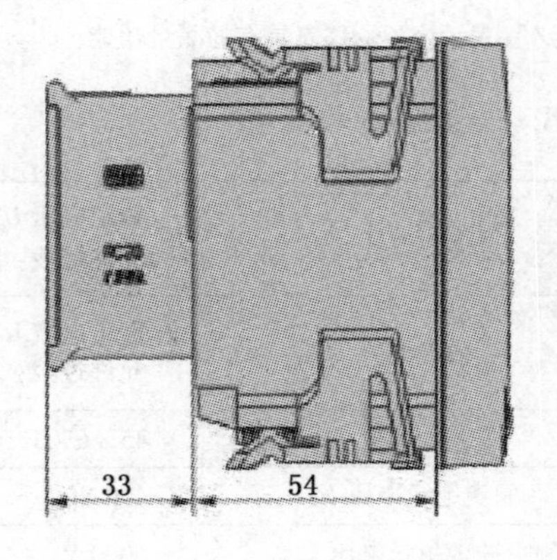

三、交流电流回路及电流互感器

（一）电流互感器的选择

电流互感器的选择除应满足一次回路的要求外，还应满足二次回路的要求。

1. 电流选择

（1）测量表计回路的电流选择。测量表计回路电流互感器的一次电流，宜满足正常运行的实际负荷电流达到额定值的60%且不小于30%（S级为20%）的要求，也可选用较小变比或二次绕组带抽头的电流互感器。

（2）对于正常负荷电流小、变化范围大（1%～120%I_r）的回路，宜选用特殊用途的电流互感器（S型）。

（3）电流互感器二次绕组所接入的负荷（包括测量仪表、电能计量装置和连接导线等）应保证实际二次负荷在20%～100%额定二次负荷范围内。

（4）保护回路一次电流的选择。当保护与测量仪表共用一组电流互感器时，只能选用相同的一次电流，保护与测量仪表回路互相独立时，其保护回路的一次电流应大于电气主设备可能出现的长期负荷电流。

（5）电流互感器二次电流。目前厂家生产的电流互感器，二次电流大多数为5 A，部分厂家已生产额定电流为1A的电流互感器。

2. 电流互感器的误差

电流互感器的误差有电流误差和相位误差两种，表6-3-5列出各准确级、电流互感器的误差限值，规定了在一定二次负荷下的允许误差，其值作为计算测量仪表连接导线的依据。

表6-3-5 电流互感器电流误差和相位差限值

准确度/级	一次电流为额定电流的百分比/%	误差限值		二次负荷变化范围
		电流误差/(±%)	相位差/(′)	
0.2S	1	0.75	30	$(0.25\sim1)S_N$
	5	0.35	15	
	20	0.2	10	
	100	0.2	10	
	120	0.2	10	
0.5S	1	1.5	90	$(0.25\sim1)S_N$
	5	0.75	45	
	20	0.5	30	
	100	0.5	30	
	120	0.5	30	
0.1	5	0.4	15	$(0.25\sim1)S_N$
	20	0.2	8	
	100	0.1	5	
	120	0.1	5	
0.2	5	0.75	30	$(0.25\sim1)S_N$
	20	0.35	15	
	100	0.2	10	
	120	0.2	10	

表 6-3-5（续）

准确度/级	一次电流为额定电流的百分比/%	误差限值		二次负荷变化范围
		电流误差/(±%)	相位差/(′)	
0.5	5	1.5	90	$\cos\varphi=0.8$ $(0.25\sim1)S_N$
	20	0.75	45	
	100	0.5	30	
	120	0.5	30	
1.0	5	3.0	180	$\cos\varphi=0.8$ $(0.25\sim1)S_N$
	20	1.5	90	
	100	1.0	60	
	120	1.0	60	
3	50	3	不规定	$\cos\varphi=0.8$ $(0.25\sim1)S_N$
	120	3	不规定	
5	50	5	不规定	
	120	5	不规定	

注：S_N 为电流互感器额定二次负荷。

电力系统发生短路故障会引起继电保护动作，此时流过电流互感器的电流比额定电流大许多，使铁芯饱和，电流互感器误差增加，继电器的灵敏度下降，在选择电流互感器时必须考虑电力系统故障的因素。电流互感器在短路工作状态的准确性按10%倍数曲线，计算电流互感器的允许二次负荷，保证继电保护的灵敏度和选择性的要求。

（二）常用电流互感器的接线

测量仪表用电流互感器的接线方式如图6-3-1所示，接线方式根据各自的不同要求和电流互感器配置情况确定，但应遵守下列原则：

（1）根据煤矿用电的实际情况，测量仪表与保护装置一般共用一组电流互感器，一次绕组共用，二次绕组相互独立。如受条件所限必须共用一个二次绕组时，应按以下原则配置：①保护装置接在仪表之前，避免校验仪表时影响保护装置工作；②电流回路开路能引起保护装置不正确动作，而又未设有效的闭锁和监视时，仪表应经中间电流互感器连接，当中间电流互感器二次回路开路时，保护用电流互感器误差仍应保证其准确度要求。

（2）几种仪表接在一个二次绕组时，接线顺序为先接指示和积算仪表，再接变送器，最后接计算机监控系统。

（3）当几种保护类装置接在电流互感器的一个二次绕组时，接线顺序为先接保护，再接安全自动装置，最后接故障录波。

（4）电流互感器二次回路应有且只能有一个接地点，宜在配电装置处经端子排接地。由几组电流互感器绕组组合且有电路直接联系的回路，电流互感器二次回路应和电流在一点接地。

（5）电流互感器二次回路不宜进行切换，当需要切换时，应采取防止开路的措施。

继电保护用电流互感器的接线应按保护装置的具体要求来确定（见第五章）。

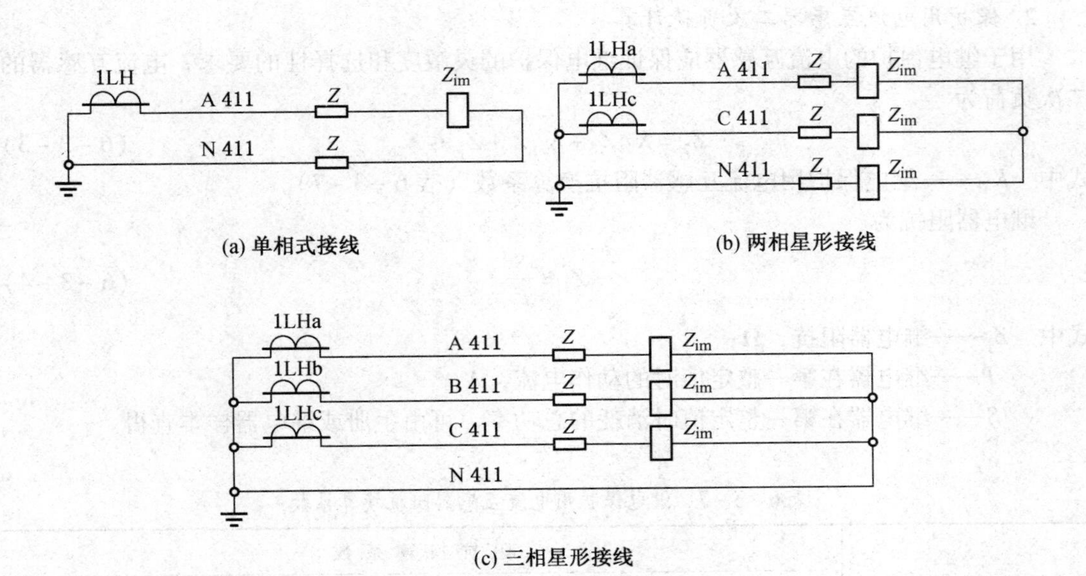

图6-3-1 测量仪表用电流互感器的接线方式

(三) 电流互感器二次负荷的计算

电流互感器产品样本给出的二次负荷有欧姆和伏安两种，当电流互感器二次电流为5 A时，两者之间的关系为

$$I_N^2 Z_{2N} = S_{2N} = 25 Z_{2N} \tag{6-3-1}$$

式中 I_N^2——电流互感器二次额定电流，A；

Z_{2N}——电流互感器二次额定负载，Ω；

S_{2N}——电流互感器二次额定容量，V·A。

1. 测量仪表用电流互感器二次负荷计算

当一个电流互感器回路有几种不同类型的计量仪表时，电流互感器的准确性应按准确级要求高的表计来校验计算。对于测量表计的二次负荷为

$$Z_2 = K_{c2} Z_{im} + K_{c1} Z + Z_{jc} \leqslant Z_{2N} \tag{6-3-2}$$

式中 Z_{im}——测量仪器的内阻，Ω；

Z——连接导线的电阻，Ω；

Z_{jc}——接触电阻，一般取0.05~0.1 Ω；

K_{c1}、K_{c2}——导线和表计的接线系数（表6-3-6）。

表6-3-6 电流互感器在各种接线方式时的接线系数

电流互感器的接线方式			单相	三相星形	二相星形		两相差接	三角形
					$Z_L=0$	$Z_L=Z_{im}$		
接线系数	导线	K_{c1}	2	1	$\sqrt{3}$	$\sqrt{3}$	$2\sqrt{3}$	3
	仪器	K_{c2}	1	1	1	$\sqrt{3}$	$\sqrt{3}$	3

注：Z_L 为零线中的负荷电阻。

2. 保护用电流互感器二次负荷计算

用于继电保护的电流互感器应保证继电保护的灵敏度和选择性的要求，电流互感器的二次负荷为

$$Z_2 = K_{c3}Z_j + K_{c1}Z + Z_{jc} \leqslant Z_{2N} \tag{6-3-3}$$

式中　K_{c3}——继电保护用电流互感器阻抗换算系数（表6-3-7）。

继电器阻抗为

$$Z_j = \frac{S}{I^2} \tag{6-3-4}$$

式中　Z_j——继电器阻抗，Ω；

I——继电器在第一整定值时的动作电流，A；

S——继电器在第一整定值时消耗的总功率，可由手册或继电器样本查得。

表6-3-7　继电保护用电流互感器阻抗换算系数

<table>
<tr><th colspan="2" rowspan="3">电流互感器接线方式</th><th colspan="8">阻 抗 换 算 系 数</th></tr>
<tr><th colspan="2">三相短路</th><th colspan="2">二相短路</th><th colspan="2">单相短路</th><th colspan="2">经 Y/△变压器二相短路</th></tr>
<tr><th>K_{c1}</th><th>K_{c3}</th><th>K_{c1}</th><th>K_{c3}</th><th>K_{c1}</th><th>K_{c3}</th><th>K_{c1}</th><th>K_{c3}</th></tr>
<tr><td colspan="2">单相</td><td>2</td><td>1</td><td>2</td><td>1</td><td>2</td><td>1</td><td></td><td></td></tr>
<tr><td colspan="2">三相星形</td><td>1</td><td>1</td><td>1</td><td>1</td><td>2</td><td>1</td><td>1</td><td>1</td></tr>
<tr><td rowspan="2">二相星形</td><td>$Z_L = Z_j$</td><td>$\sqrt{3}$</td><td>$\sqrt{3}$</td><td>2</td><td>2</td><td>2</td><td>2</td><td></td><td></td></tr>
<tr><td>$Z_L = 0$</td><td>$\sqrt{3}$</td><td>1</td><td>2</td><td>1</td><td>2</td><td>1</td><td></td><td></td></tr>
<tr><td colspan="2">二相差接</td><td>$2\sqrt{3}$</td><td>$\sqrt{3}$</td><td>4</td><td>2</td><td>2</td><td>1</td><td></td><td></td></tr>
<tr><td colspan="2">三角形</td><td>3</td><td>3</td><td>3</td><td>3</td><td>2</td><td>2</td><td>3</td><td>3</td></tr>
</table>

注：当A、C两相电流互感器接负荷时，$K_{c1}=1$、$K_{c3}=1$（A、C二相短路时），$K_{c1}=2$、$K_{c3}=1$（A、B或B、C短路时）。

电流互感器二次负荷计算公式见表6-3-8。

表6-3-8　电流互感器二次负荷计算公式

<table>
<tr><th>序号</th><th>接 线 方 式</th><th>短 路 类 型</th><th>继电器分配系数
$K_{fp\cdot K}$</th><th>实际二次负荷 Z_{fh}
计算公式</th></tr>
<tr><td rowspan="3">1</td><td rowspan="3">TA1　R_{dx}　Z_K
TA2　R_{dx}　Z_K
TA3　R_{dx}　Z_K
R_{dx}　Z_{Kn}</td><td>三相及两相</td><td>1</td><td rowspan="2">$Z_{fh} = R_{dx} + Z_K + R_{jc}$</td></tr>
<tr><td>Y，d接线变压器低压侧两相</td><td>1</td></tr>
<tr><td>单相</td><td>1</td><td>$Z_{fh} = 2R_{dx} + Z_K + Z_{Kn} + R_{jc}$</td></tr>
</table>

表 6-3-8（续）

序号	接线方式	短路类型	继电器分配系数 $K_{fp\cdot K}$	实际二次负荷 Z_{fh} 计算公式
2	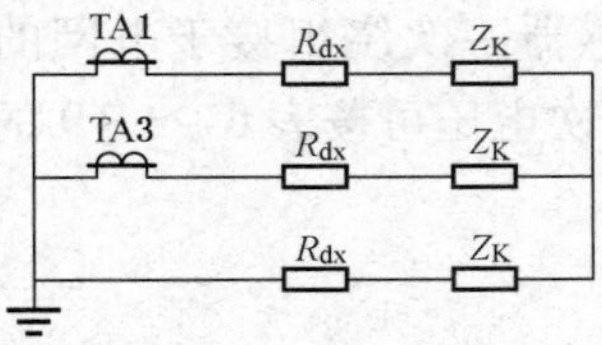 TA1 R_{dx} Z_K TA3 R_{dx} Z_K R_{dx} Z_K	三相	1	$Z_{fh}=\sqrt{3}R_{dx}+\sqrt{3}Z_K+R_{jc}$
		uw 两相	1	$Z_{fh}=R_{dx}+Z_K+R_{jc}$
		uv、vw 两相及单相	1	$Z_{fh}=2R_{dx}+2Z_K+R_{jc}$
		Y，d 接线变压器低压侧 uv 两相	1	$Z_{fh}=3R_{dx}+3Z_K+R_{jc}$
		Y，yn 接线变压器低压侧 v 相单相	1	
3	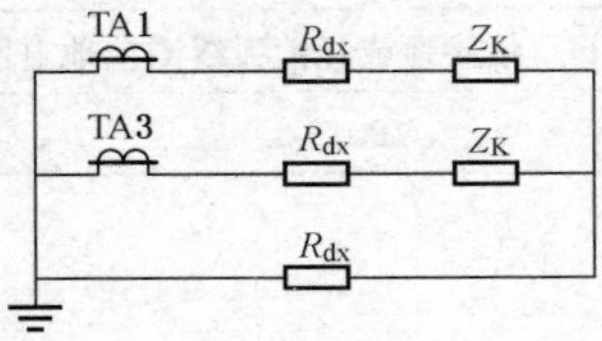 TA1 R_{dx} Z_K TA3 R_{dx} Z_K R_{dx}	三相	1	$Z_{fh}=\sqrt{3}R_{dx}+Z_K+R_{jc}$
		uw 两相	1	$Z_{fh}=R_{dx}+Z_K+R_{jc}$
		uv、vw 两相及单相	1	$Z_{fh}=2R_{dx}+Z_K+R_{jc}$
		Y，d 接线变压器低压侧 uv 两相	1	$Z_{fh}=3R_{dx}+Z_K+R_{jc}$
4	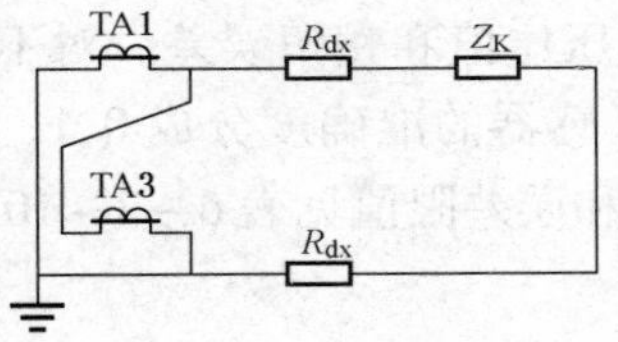 TA1 R_{dx} Z_K TA3 R_{dx}	三相	$\sqrt{3}$	$Z_{fh}=2\sqrt{3}R_{dx}+\sqrt{3}Z_K+R_{jc}$
		uw 两相	2	$Z_{fh}=4R_{dx}+2Z_K+R_{jc}$
		uv、vw 两相及单相	1	$Z_{fh}=2R_{dx}+Z_K+R_{jc}$
		Y，d 变压器低压侧 uw 两相短路时 w 相电流互感器	3	$Z_{fh}=6R_{dx}+3Z_K+R_{jc}$
		Y，yn 变压器低压侧 uw 相单相	3	
5	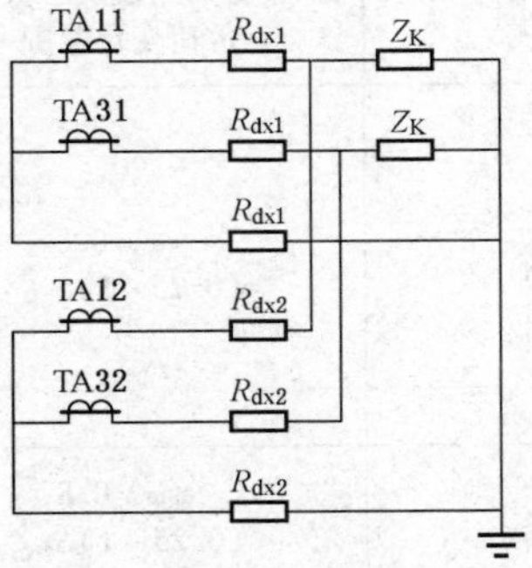 TA11 R_{dx1} Z_K TA31 R_{dx1} Z_K R_{dx1} TA12 R_{dx2} TA32 R_{dx2} R_{dx2}	外部三相及两相		$Z_{fh1}=R_{dx1}+R_{jc}$ $Z_{fh2}=R_{dx2}+R_{jc}$
		内部三相	1	$Z_{fh}=\sqrt{3}R_{dx1}+Z_K+R_{jc}$
		内部 uv、vw 两相及单相	1	$Z_{fh}=2R_{dx1}+Z_K+R_{jc}$
6	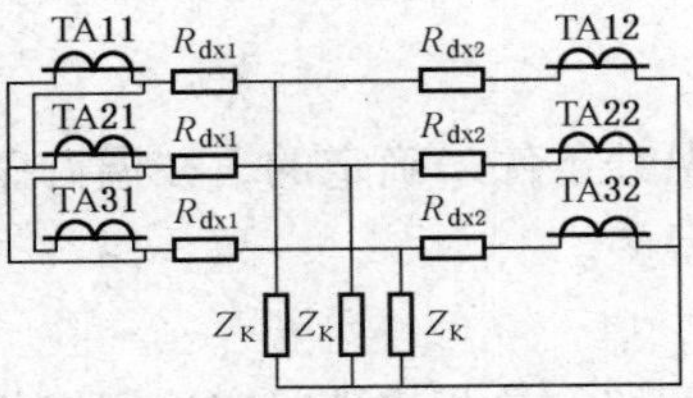 TA11 R_{dx1} R_{dx2} TA12 TA21 R_{dx1} R_{dx2} TA22 TA31 R_{dx1} R_{dx2} TA32 Z_K Z_K Z_K	外部三相及两相		$Z_{fh\triangle}=3R_{dx1}+R_{jc}$ $Z_{fhY}=R_{dx2}+R_{jc}$
		Y 侧为电源侧内部三相及两相	1	$Z_{fh}=R_{dx2}+Z_K+R_{jc}$
		△侧为电源侧内部三相及两相	$\sqrt{3}$	$Z_{fh}=3(R_{dx1}+Z_K)+R_{jc}$

注：表中 R_{dx} 为连接导线的电阻，Ω；Z_K 为继电器的计算阻抗，Ω；R_{jc} 为接触电阻，一般取 0.05 Ω。

四、交流电压回路及电压互感器

（一）电压互感器的选择

1. 电压选择

电压互感器的选择应满足一次回路额定电压的要求。目前，厂家生产的电压互感器，一次额定电压是指一次绕组接于电网的线电压，若电压互感器一次绕组接于电网的相电压，则一次绕组的额定电压为原来的 $1/\sqrt{3}$。电压互感器的二次电压可按表 6－3－9 的数据选择。

表 6－3－9　电压互感器二次电压选择表

绕　组	主二次绕组		接于零序电压的辅助二次绕组	
绕组接法	线电压	相电压	在中性点直接接地电网中	在中性点非直接接地或经消弧线圈接地电网中
二次电压/V	100	$100/\sqrt{3}$	100	100/3

2. 电压互感器的误差

电压互感器是将电力系统的一次电压按一定的变比缩小为要求的二次电压，向测量仪表和继电器供电。由于电压互感器存在励磁电流、绕组电阻及电抗，当电流流过一次绕组及二次绕组时产生电压降，形成数值上和相角的误差，即电压比值和相角误差。对不同的工作对象，电压互感器的误差有不同的要求，因此将电压互感器的准确度分成 0.1、0.2、0.5、1、3、3P、6P 级 7 种。电压互感器二次绕组的准确度和误差限值见表 6－3－10。

表 6－3－10　电压互感器二次绕组的准确度和误差限值

准确度/级	误差限值		一次电压变化范围	功率因数及二次负荷变化范围
	电压误差/(±%)	相位差/(′)		
0.1	0.1	5	$(0.8\sim1.2)U_{1N}$	$\cos\varphi=0.8$ $(0.25\sim1)S_{2N}$
0.2	0.2	10		
0.5	0.5	20		
1.0	1.0	40		
3.0	3.0	不规定		
3P	3	120	$(0.05\sim1)U_{1N}$	$\cos\varphi=0.8$ $(0.25\sim1)S_{2N}$
6P	6	240		

注：U_{1N} 为电压互感器额定一次电压；S_{2N} 为电压互感器额定二次负荷。

与电力变压器不同，电压互感器的额定容量并不是按温升条件来确定的，按温升条件确定的极限容量称为最大容量，最大容量比额定容量要大得多。

选择电压互感器时还应注意以下事项：

（1）对中性点非直接接地系统，需要检查和监视一次回路。单相接地时应选用三相五柱或三个单相式电压互感器，剩余绕组额定电压为 100/3。中性点直接接地系统，电压互感器剩余绕组额定电压为100 V。

(2) 电压互感器暂态特性和铁磁谐振特性应满足继电保护的要求。

(3) 电磁式电压互感器应避免出现铁磁谐振。

(4) 由配电装置至继电室的电压互感器回路的电缆，星形接线和开口三角接线回路应使用各自独立的电缆，中性点接地线、开口三角接线的接地线应分别引接。

(5) 电压互感器二次侧互为备用的切换装置应设切换开关，切换后监控系统应有信号显示。中性点非直接接地系统的母线电压互感器应设有绝缘监察信号装置及抗铁磁谐振措施。

(6) 当电压回路电压降不能满足电能表准确度要求时，电能表可就地布置，或在电压互感器端子箱处设电能表专用的熔断器或自动开关，并引接电能表电压回路专用电缆。关口计量表回路应有电压失电的监视信号。关口计量表专用电压互感器二次回路不应装设隔离开关辅助接点，但可以装设接触良好的空气开关。

(7) 当继电保护和仪表测量共用电压互感器二次绕组时，宜各自装设自动开关或熔断器。

(8) 电压互感器的一次侧隔离开关断开后，其二次回路应有防止电压反馈的措施。

(二) 常用电压互感器的接线方式

测量仪表和继电保护装置的要求不同，于是形成各种电压和不同的电压互感器接线方式。现简单介绍一下煤矿常用的几种电压互感器及其接线方式。

1. 一台单相电压互感器接线方式

图6-3-2所示为单相电压互感器接线。采用这种接线方式电压互感器的一次绕组是不能接地的，因为一次绕组任一端接地，相当于将系统的一相直接接地。为安全起见，将二次绕组的一端接地。这种只有一台单相电压互感器的接线方式可用于单相或三相系统，但继电器及测量仪表只能接入任一线电压，一次绕组电压为线电压，二次绕组电压为100 V。

2. 两台单相电压互感器的接线方式

两台单相电压互感器一般接成V-V形（图6-3-3），图6-3-3中两台电压互感器分别接于线电压 U_{AB} 和 U_{BC} 上。这种接线方式电压互感器一次绕组也不能接地，二次绕组一端接地。此接线方式适用于中性点非直接接地的一次系统，用两台单相电压互感器可取得对称的三个线电压，但不能测量相电压。因此只有当保护装置和测量仪表不需要相电压时才能采用这种接线方式，电压互感器的一次绕组为线电压，二次绕组电压为100 V。

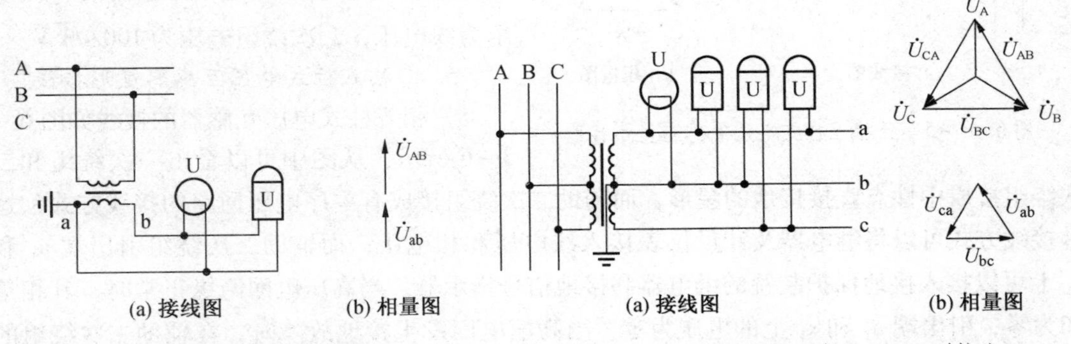

图6-3-2 单相电压互感器接线　　图6-3-3 单相电压互感器V-V形接线

3. 三台具有两组二次绕组的单相电压互感器接成 $Y_0/Y_0/\triangle$ 接线

三台单相电压互感器一般接成星形（图 6－3－4）。这种接线方式中的电压互感器一次绕组和二次绕组的中性点都是直接接地的，二次绕组的中性点引出作为相电压的中性线。在中性点直接接地的电网中，采用这种接线方式，可以将继电器和测量仪表接入相电压或线电压。

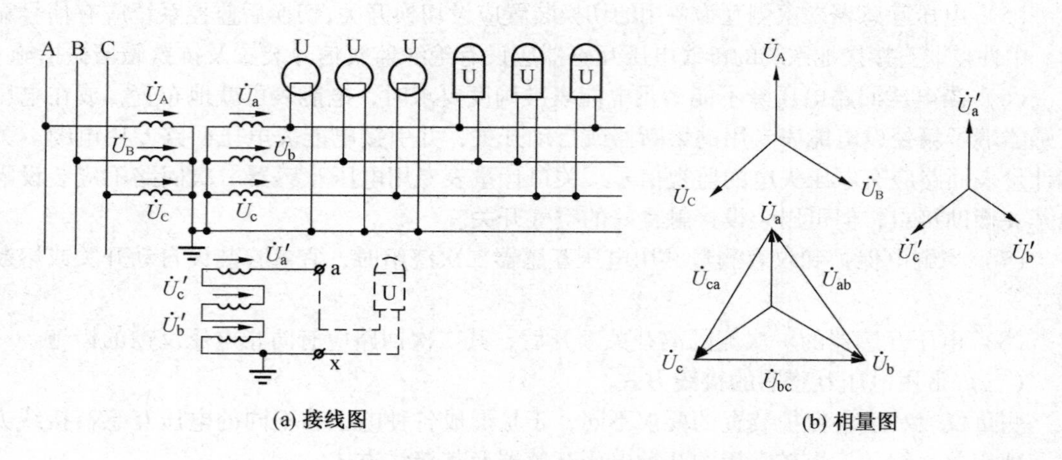

(a) 接线图　　(b) 相量图

图 6－3－4　三台单相电压互感器星形接线

在中性点非直接接地或经消弧线圈接地的电网中，这种接线方式可接入线电压和供绝缘监视用，但不能精密测量相电压。电压互感器的一次绕组为相电压，主二次绕组电压为 $100/\sqrt{3}$ V，辅助二次绕组接成开口三角形，供单相接地保护用。当一次系统中性点直接接地时电压为 100 V，一次系统中性点非接接地或经消弧线圈接地时电压为 100/3 V。

4. 三相三柱式电压互感器星形接线

图 6－3－5 所示为三相三柱式电压互感器星形接线。三相三柱式电压互感器一般用于中性点非直接接地或经消弧线圈接地的电网中，因一次绕组的中性点不允许直接接地，只能用来测量线电压，不能用来测量相对地电压。电压互感器的一次绕组为线电压，二次绕组电压为 $100/\sqrt{3}$ V。

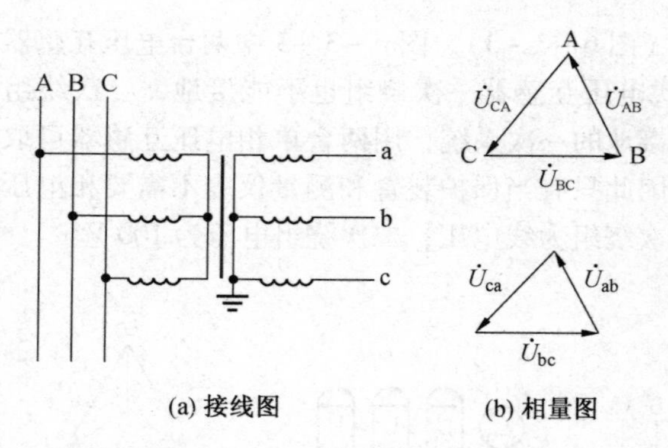

(a) 接线图　　(b) 相量图

图 6－3－5　三相三柱式电压互感器星形接线

5. 三相五柱式电压互感器星形接线

三相五柱式电压互感器的接线如图 6－3－6 所示，从图中可以看出一次绕组和二次绕组接成中性点直接接地的星形，而辅助二次绕组接成有零序电压回路的接线方式，这种接线方式可以将继电器及计量仪表接入线电压和相电压；而辅助二次绕组引出端 a_1 和 x_1 上可以接入接地保护装置的继电器和接地信号指示器，当高压电网绝缘正常时，其相量和为零，引出端 a_1 和 x_1 上的电压为零。当高压电网发生接地故障时，在辅助二次绕组的引出端上出现零序电压，从而使接地保护装置继电器动作，起动接地故障信号回路，使其发出接地信号。当发生单相接地故障时辅助二次绕组引出端的电压为100 V。

三相五柱式电压互感器一次绕组为线电压，主二次绕组电压为$100/\sqrt{3}$ V，辅助二次绕组电压为100/3 V。

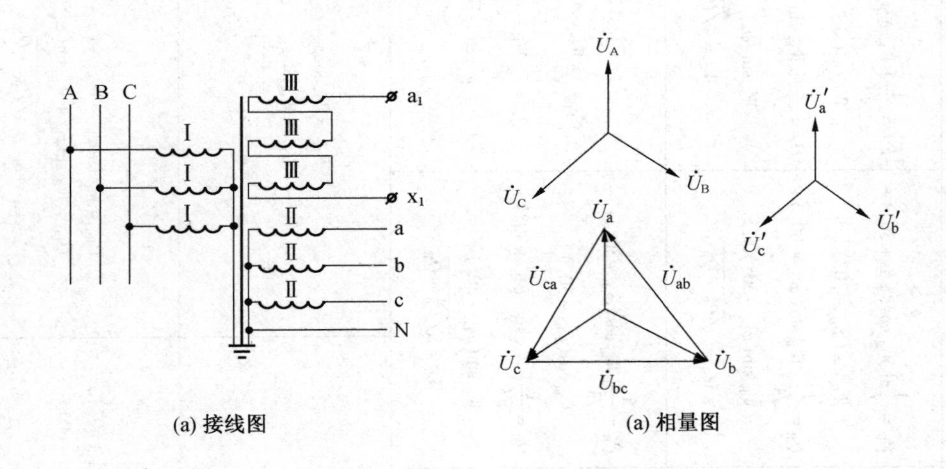

(a) 接线图　　(a) 相量图

图6-3-6　三相五柱式电压互感器的接线

6. 电压互感器二次绕组接地方式的选择

(1) 对中性点直接接地，电压互感器星形接线的二次电压互感器二次绕组应采用中性点一点接地方式（中性线接地）。中性点接地线中不应串接有断开可能的设备。

(2) 对中性点非直接接地系统，电压互感器星形接线的二次绕组宜采用中性点接地方式（中性线接地）。中性点接地线中不应串接有断开可能的设备。

(3) 对V-V接线的电压互感器，宜采用B相一点接地，B相接地线上不应串接有断开可能的设备。

(4) 电压互感器开口三角绕组的引出端之一应一点接地，接地引线上不应串接有断开可能的设备。

(5) 几组电压互感器二次绕组之间有电路联系或者地中电流会产生零序电压使保护误动作时，接地点应集中在继电器室内一点接地。无电路联系时，可分别在不同的继电器室或配电装置内接地。

(6) 已在控制室或继电器室一点接地的电压互感器二次线圈，宜在配电装置将二次线圈中性点经放电线圈或氧化锌阀片接地。

(三) 电压互感器二次负荷的计算

电压互感器的二次负荷与准确度等级有关，并且以负荷最大一相的二次负荷来确定它的准确度等级。在煤矿变电所中，供测量和保护用的二次负荷均较小，一般都能满足要求，在选型中只要粗略计算即可选定，只有对负荷较重的电压互感器，才按表6-3-11列出的接线方式和计算公式进行每相负荷的计算（计算每相负荷之前，只有先统计相间负荷及其相应的阻抗角，才能进行每相负荷的计算）。利用电压互感器作交流操作电源、整流操作电源时，电压互感器的容量有可能出现不足，设计中要特别注意。

表 6-3-11　电压互感器各相负荷的计算公式

电压互感器与负荷的接线方式	相量图	各相负荷的计算公式		
		$P_A=\frac{1}{\sqrt{3}}[W_{ab}\cos(\varphi_{ab}-30°)+W_{ca}\cos(\varphi_{ca}+30°)]$ $Q_A=\frac{1}{\sqrt{3}}[W_{ab}\sin(\varphi_{ab}-30°)+W_{ca}\sin(\varphi_{ca}+30°)]$ $W_A=\sqrt{P_A^2+Q_A^2}$	$P_B=\frac{1}{\sqrt{3}}[W_{ab}\cos(\varphi_{ab}+30°)+W_{bc}\cos(\varphi_{bc}-30°)]$ $Q_B=\frac{1}{\sqrt{3}}[W_{ab}\sin(\varphi_{ab}+30°)+W_{bc}\sin(\varphi_{bc}-30°)]$ $W_B=\sqrt{P_B^2+Q_B^2}$	$P_C=\frac{1}{\sqrt{3}}[W_{bc}\cos(\varphi_{bc}+30°)+W_{ca}\cos(\varphi_{ca}-30°)]$ $Q_C=\frac{1}{\sqrt{3}}[W_{bc}\sin(\varphi_{bc}+30°)+W_{ca}\sin(\varphi_{ca}-30°)]$ $W_C=\sqrt{P_C^2+Q_C^2}$
		$P_A=\frac{1}{\sqrt{3}}W_{ab}\cos(\varphi_{ab}-30°)$ $Q_A=\frac{1}{\sqrt{3}}W_{ab}\sin(\varphi_{ab}-30°)$ $W_A=\sqrt{P_A^2+Q_A^2}$	$P_B=\frac{1}{\sqrt{3}}[W_{ab}\cos(\varphi_{ab}+30°)+W_{bc}\cos(\varphi_{bc}-30°)]$ $Q_B=\frac{1}{\sqrt{3}}[W_{ab}\sin(\varphi_{ab}+30°)+W_{bc}\sin(\varphi_{bc}-30°)]$ $W_B=\sqrt{P_B^2+Q_B^2}$	$P_C=\frac{1}{\sqrt{3}}W_{bc}\cos(\varphi_{bc}+30°)$ $Q_C=\frac{1}{\sqrt{3}}W_{bc}\sin(\varphi_{bc}+30°)$ $W_C=\sqrt{P_C^2+Q_C^2}$
		$P_{AB}=W_{ab}\cos\varphi_{ab}$ $Q_{AB}=W_{ab}\sin\varphi_{ab}$ $W_{AB}=\sqrt{P_{AB}^2+Q_{AB}^2}$	$P_{BC}=W_{bc}\cos\varphi_{bc}$ $Q_{BC}=W_{bc}\sin\varphi_{bc}$ $W_{BC}=\sqrt{P_{BC}^2+Q_{BC}^2}$	
		$P_{AB}=W_{ab}\cos\varphi_{ab}+W_{ca}\cos(\varphi_{ca}+60°)$ $Q_{AB}=W_{ab}\sin\varphi_{ab}+W_{ca}\sin(\varphi_{ca}+60°)$ $W_{AB}=\sqrt{P_{AB}^2+Q_{AB}^2}$	$P_{BC}=W_{bc}\cos\varphi_{bc}+W_{ca}\cos(\varphi_{ca}-60°)$ $Q_{BC}=W_{bc}\sin\varphi_{bc}+W_{ca}\sin(\varphi_{ca}-60°)$ $W_{BC}=\sqrt{P_{BC}^2+Q_{BC}^2}$	

五、电测量变送器

（1）变送器的输入参数应与电流互感器的参数相符，输出参数应满足测量仪表和计算机监控系统的要求。

（2）变送器的输出可以是电流输出、电压输出或数字信号输出。变送器的电流输出最好在4～20 mA。

（3）变送器模拟量输出回路接入的负荷不应超过变送器输出的二次负荷值。

（4）变送器的校准值应与二次测量仪表的满刻度相匹配。

（5）变送器的辅助电源宜由交流不停电电源或直流电源供给。

第四节 信 号 装 置

信号装置是监视电气设备安全运行的重要组成部分，它自动发出各种声光信号，将电气设备运行状态通知主控制室的值班人员。煤矿变电所常用的信号装置有事故信号、预告信号、位置信号及直流绝缘监察装置等，这些信号装置一般都设在控制室，从不同方面监视和判断电气设备的运行状态，是电气设备安全运行的保障。

一、一 般 要 求

（1）信号装置正常时必须能正确反映所监视电气设备的运行状态，并能根据需要随时检验信号装置的完好性。当电气设备发生异常现象时，信号装置能自动发出音响或灯光信号，对重要的电气设备要声光兼备，音响信号发出后应能判断故障性质，根据需要能手动或自动复归音响，而反映故障性质和地点的灯光信号应保持至故障消除为止。

（2）在控制室应设中央信号装置，中央信号装置由事故信号和预告信号组成。预告信号一般分瞬时和延时两种。信号装置应有可靠的电源，对重要的信号装置应对电源熔断器进行监视，变电所的中央信号装置应具备以下功能：

① 对音响监视接线能实现亮屏或暗屏运行。

② 断路器事故跳闸时，能瞬时发出音响信号，同时相应的位置指示灯闪光。

③ 发生故障时，能瞬时或延时发出预告音响信号，并以光字牌显示故障性质。

④ 能显示事故和预告信号及光字牌完好性。

⑤ 能手动或自动复归音响，而保留光字牌信号。

（3）信号装置应简单，可靠、醒目。对重要的电气设备应显示故障性质、地点和范围，使值班人员根据信号能迅速、准确及时做出处理。中央信号装置应设在有人值班的地方。有人值班的变电所，一般装设能重复动作、延时自动或手动解除音响的事故和预告信号装置。无人值班的变电所，一般只装设简单的音响信号装置，该信号装置仅当远动装置停用并转为变电所就地控制时才投入运行。6～10 kV 配电所一般只装设简单的音响信号装置。

（4）有可能误发信号或不需要瞬时通知值班人员的信号（如电压回路断线），应接延时预告信号。过负荷信号一般经单独的时间继电器接入瞬时预告信号，延时预告信号在煤矿变电所中使用较少。

(5) 配电装置就地控制的元件应按各母线段、组别分别发送总的事故信号和预告信号。

(6) 各信号的显示装置应适当集中，以便值班员监视。对事故信号和预告信号的音响应有区别，一般事故信号用电笛，预告信号用电铃。

(7) 中央信号系统还可采用与直流屏配套的微机中央信号控制屏，其内配有微机控制中央信号报警器。此报警器除具备中央信号装置的各项功能外，还具有记忆信号和编程设定等功能。

(8) 当变电站采用微机监控综合自动化系统时，中央信号系统宜由计算机监控系统实现。计算机监控的信号系统由数据采集、画面显示及声光报警等部分组成。计算机监控信号分为状态信号和报警信号。

① 信号数据可通过硬接线方式或通过与装置通信方式采集，通信方式应保证信号的实时性和通信的可靠性，重要的信号应通过硬接线方式实现。

② 报警信号由事故信号和预告信号组成。变电站的信号在发生事故和预警时在监控显示器上弹出并发出音响，事故信号和预告信号的画面显示和报警音响应有所区分。

③ 计算机监控系统的开关量输入回路电压宜采用强电电压。

④ 接入计算机监控系统的信号应按安装单位进行接线。

⑤ 计算机监控系统的报警信号应能够避免发出可能瞬间误发的信号（如电压回路断线、断路器三相位置不一致等）。

⑥ 在配电装置就地控制的元件，就地装置控制设备如与监控系统通信组网，则按间隔以数据通信方式发信号至监控系统；如未与监控系统组网则可按各母线段分别发送总的事故信号和预告信号。

⑦ 由计算机监控系统控制的断路器、隔离开关、接地开关的状态量信号，参与控制及逻辑闭锁的开关状态量应接入开、闭两个状态量。断路器及隔离开关状态发生变化时，对应图形将变位闪光，人工确认后解除。

⑧ 继电保护及自动装置的动作信号和装置故障信号应接入计算机监控系统。

⑨ 继电保护及自动装置动作后能在计算机监控和就地及时将信号予以复归，无人值班变电所应远方复归。

⑩ 交流事故保安电源、交流不间断电源、直流系统的重要信号应能在控制室内显示，无人值班变电站相关信号也能发至远方集控中心。

二、事 故 信 号

煤矿变电所常用的事故信号按动作分有重复动作和不重复动作两种；按电源种类分有交流和直流事故信号两种。

1. 不能重复动作的直流事故信号

不能重复动作的直流事故信号接线如图 6-4-1 所示，当任一配电装置事故跳闸时，操作开关与手把位置不对应，断路器触点闭合，使事故音响小母线 SYM 有电，电笛发出音响，同时使配电装置信号灯闪光。值班员按 SB1，解除音响，KA1 自保，HY1 亮，表示事故未消除。值班员未把配电装置操作手把复位前，不能再次发出事故信号。电源监视灯 KA4 在电源无电时常闭触点闭合，使光字牌显示电源消失。

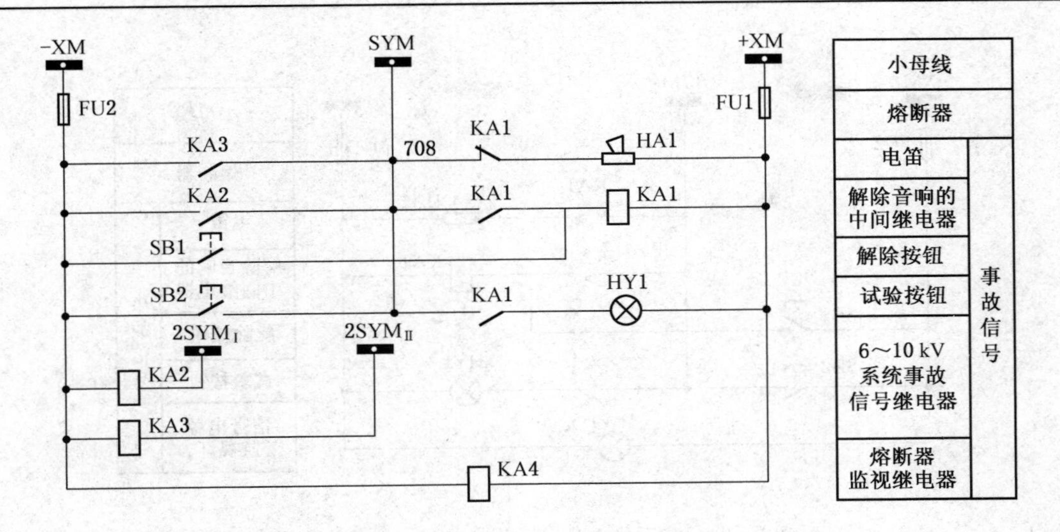

图6－4－1 不能重复动作的直流事故信号接线图

2. 能重复动作的直流事故信号

能重复动作的直流事故信号接线如图6－4－2所示。动作原理是利用冲击信号继电器重复动作的性能，当某一回路事故没有解除（音响信号已被解除），另一回路又发生事故的情况下，能重复发出警报信号。

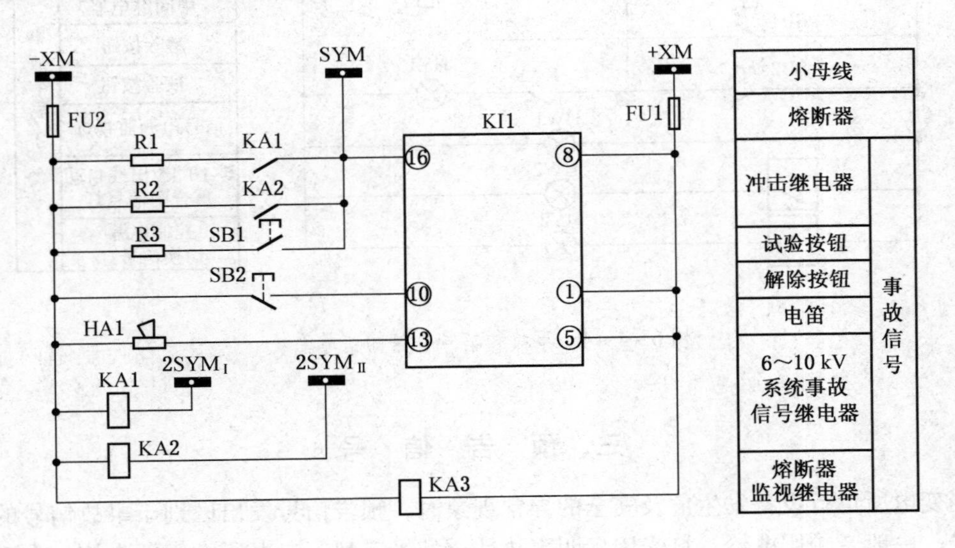

图6－4－2 能重复动作的直流事故信号接线图

3. 不能重复动作的交流事故信号

交流操作的变电所，规模一般比较小，事故信号也比较简单，图6－4－3所示为不能重复动作的交流操作事故信号接线图。也有一些配电所采用事故和预告信号合一的信号系统（图6－4－4）。

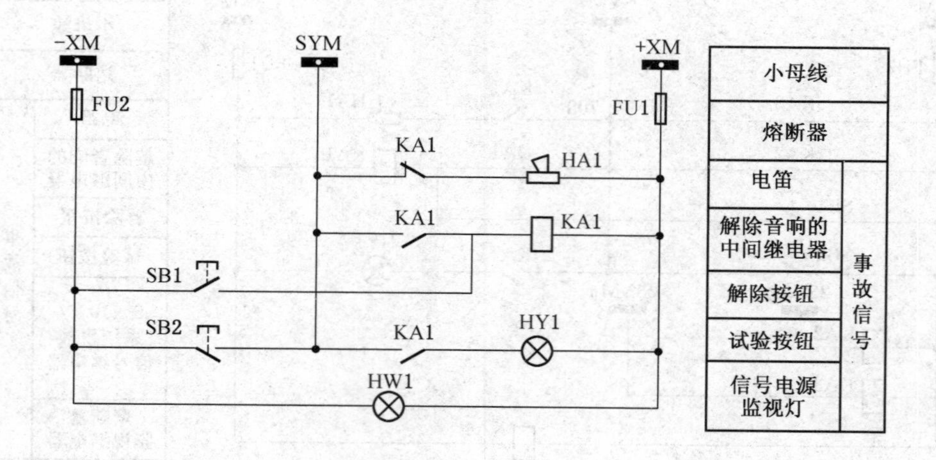

图6-4-3　不能重复动作的交流事故信号接线图

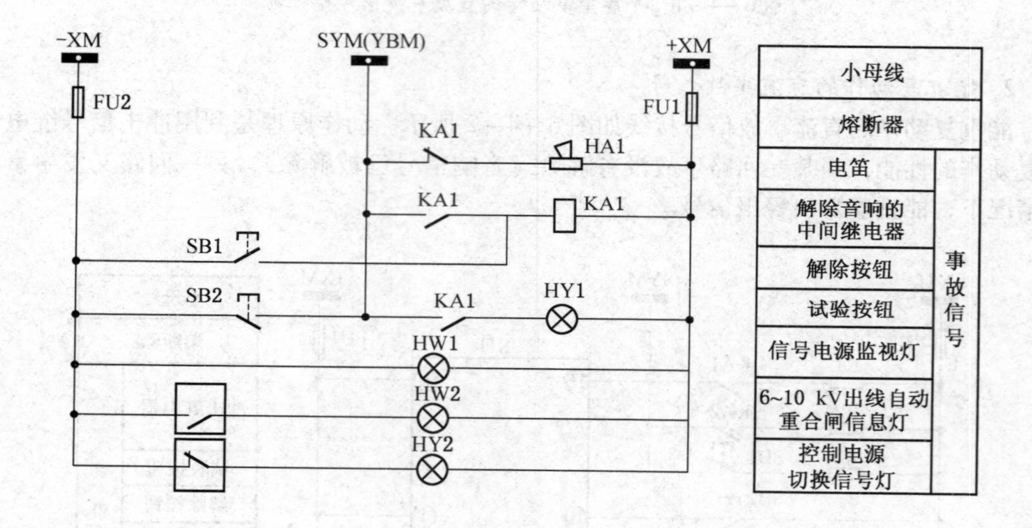

图6-4-4　事故和信号合一的信号系统

三、预　告　信　号

当变电所运行设备发生危及安全的异常现象时，预告信号发出区别于事故信号的另一种声光，一般音响用电铃，灯光用标明事故性质的光字牌，变电所常用预告信号有下列几种：

（1）主变压器过负荷。

（2）主变压器油温过高。

（3）主变压器轻瓦斯动作。

（4）信号继电器未复归。

（5）6～10 kV 配电装置跳闸回路断线。

（6）自动装置动作。

（7）6～10 kV 配电装置高压漏电。

（8）电压互感器熔断器熔断。

（9）事故信号熔断器熔断。

（10）交、直流系统绝缘能力降低。

1. 直流预告信号

煤矿变电所常用的直流预告信号一般是能重复动作的中央复归信号，其接线如图 6－4－5 所示，它与图 6－4－2 基本相同，但多了一个 1ZK 转换开关以及相应的光字牌。光字牌由信号灯组成，正常运转时 SA1 触点 9－10、11－12 接通，使每一光字牌的两个信号灯并联，灯泡受全电压，用两个信号灯可以保证信号灯损坏一个时，信号装置仍有指示。SA1 在试验位置时，触点 9－10、11－12 断开，其余触点闭合，所有光字牌的信号灯均受一半电压即光字牌的两个信号灯串联，因此灯泡亮度较暗，此时如发现灯泡完全不亮，则说明灯泡损坏，应予以更换。

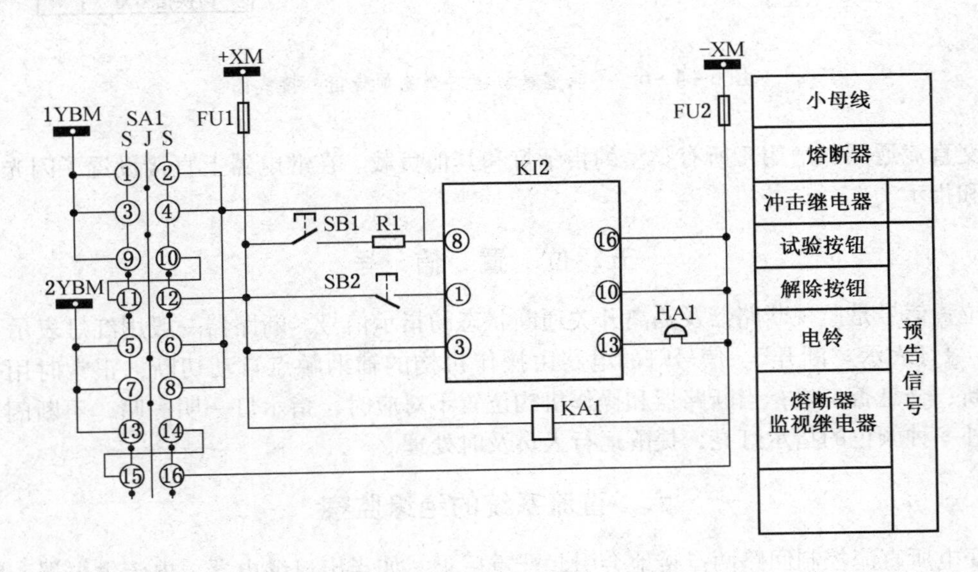

图 6－4－5 能重复动作的直流预告信号接线图

2. 交流预告信号

交流预告信号一般不采用冲击继电器，用不重复动作的预告信号，其接线如图 6－4－6 所示，它适用于 6～10 kV 的配电所。

四、闪 光 信 号

闪光装置可采用由制造厂成套供应的闪光报警装置，也可采用闪光继电器构成的闪光装置，当系统发生故障、短路、跳闸、自动装置动作、断路器合闸等造成位置不对应时，通过信号灯启动闪光继电器，使相应的位置信号灯闪光。

DX 系列闪光继电器采用全集成电路设计，石英晶体稳频，抗误动、拒动，共正、共

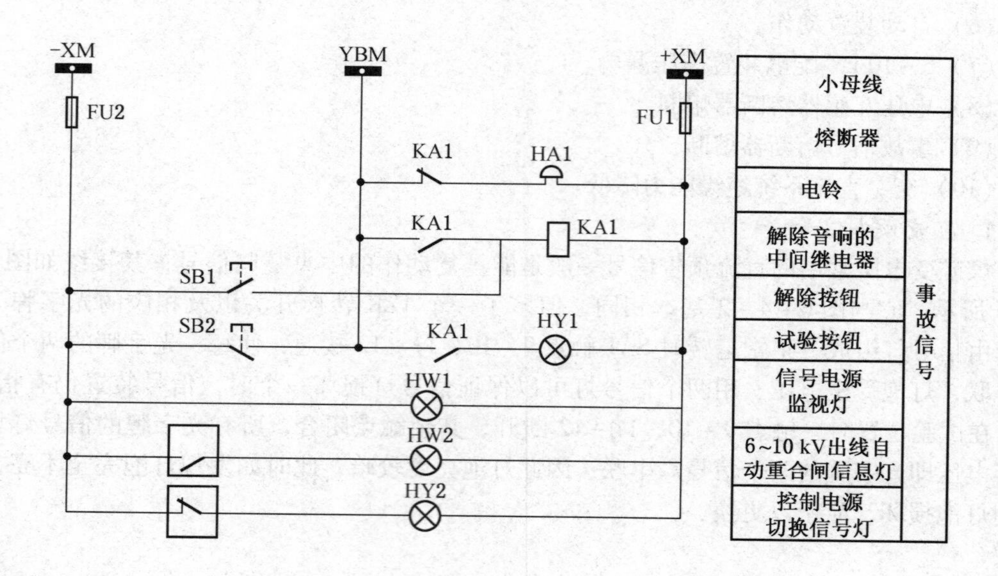

图 6-4-6　不能重复动作的交流预告信号接线图

负、交直流通用，适用于所有类型的指示灯和其他负载。在继电器上直接设置了闪光试验按键和指示。

五、位　置　信　号

位置信号是监视断路器及隔离开关通断状态的指示信号。断路器一般用红灯表示“接通”，绿灯表示“断开”。信号灯的电路由操作机构的辅助触点自动切断，正常时用亮度监视断、合是否良好，当断路器和操作机构位置不对应时，指示灯一明一暗，不断闪光或是另外一种颜色的指示灯亮，提醒运行人员及时处理。

六、直流系统的绝缘监察

变电所直流控制回路两点接地会引起严重后果，如当出口继电器、电流继电器、跳合闸线圈等两点接地时，均可能引起断路器的误动作。为防止上述事故的发生，变电所直流母线必须设置连续工作的绝缘监察装置，当直流母线绝缘下降到一定值时，装置自动发出声光信号。

七、微机型中央信号装置

微机型中央信号装置主要用于 110 kV 及以下电压等级变电站的中央信号处理，完成站内事故信号及预告信号报警输出；同时可以在线监测直流系统电压异常、直流系统接地、直流系统电压、控制回路电流及主变油温等。

测量部分可完成直流系统电压、控制回路电流及主变油温的测量。监视部分配有装置故障报警、直流系统接地报警、直流电压过高报警、直流电压过低报警、预告音响报警、事故音响报警及主变油温高报警等。

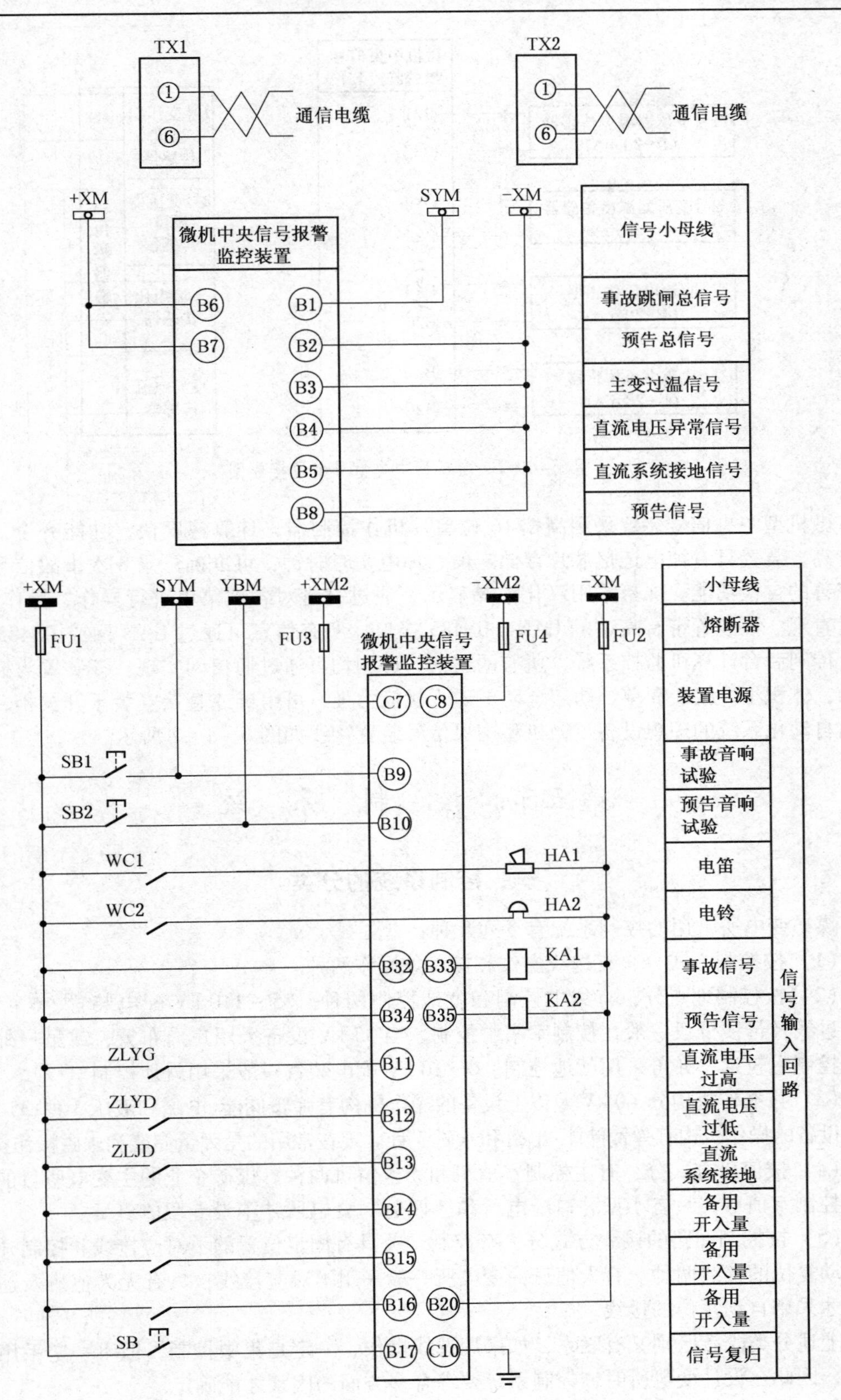

TX1
TX2
通信电缆
通信电缆
+XM
SYM
-XM
微机中央信号报警监控装置
B6
B7
B1
B2
B3
B4
B5
B8
信号小母线
事故跳闸总信号
预告总信号
主变过温信号
直流电压异常信号
直流系统接地信号
预告信号
+XM
SYM
YBM
+XM2
-XM2
-XM
FU1
FU3
FU4
FU2
微机中央信号报警监控装置
C7
C8
SB1
SB2
WC1
WC2
B9
B10
HA1
HA2
KA1
KA2
B32
B33
B34
B35
ZLYG
ZLYD
ZLJD
B11
B12
B13
B14
B15
B16
B20
SB
B17
C10
小母线
熔断器
装置电源
事故音响试验
预告音响试验
电笛
电铃
事故信号
预告信号
直流电压过高
直流电压过低
直流系统接地
备用开入量
备用开入量
备用开入量
信号复归
信号输入回路

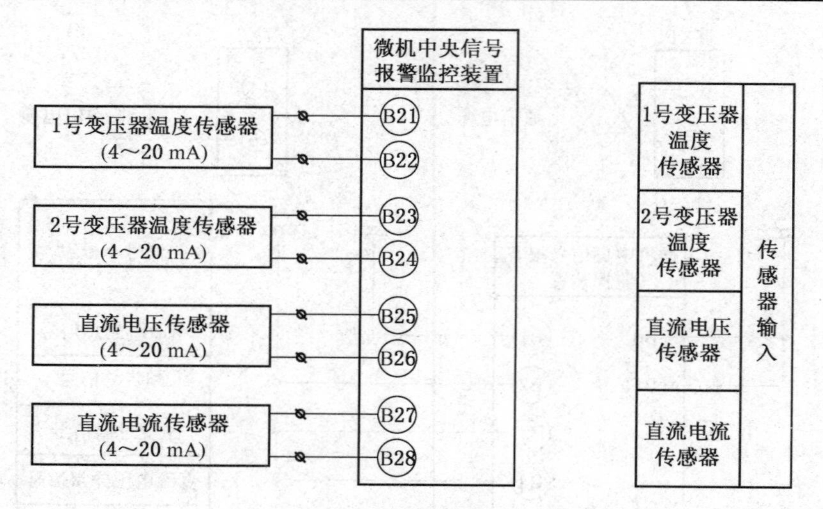

图6-4-7　微机型中央信号装置接线图

微机型中央信号装置采用高档16位单片机作控制器，计算速度快，功能齐全，测量精度高。装置具有掉电记忆芯片存储定值、掉电实时时钟，可准确记录8次事故信息并具有完善的自检功能。屏幕采用汉化液晶显示，通过键盘对各项菜单进行操作，操作简便，显示直观。该装置带有高速的CAN、RS485接口，所有信息可通过CAN网或RS485通信网上传到后台计算机监控系统，所有的遥信、遥测均可通过通信网实现。该装置为插件式结构，体积小，接线简单，防震、防电磁干扰能力强，可组屏或直接安装于开关柜，是变电站自动化系统的理想设备。微机型中央信号装置接线如图6-4-7所示。

第五节　控　制　系　统

一、控制系统的分类

煤矿变电所常用的控制系统有下列几种：

（1）按控制方式分，有选线操作和按对象操作两种。

（2）按控制地点分，有集中控制和就地控制两种。35～110 kV配电装置、6～10 kV电源进线及母线分段一般在控制室集中控制。当35 kV设备采用户内布置，或虽户外布置但距控制室较远，亦可采用就地控制。6～10 kV配电装置一般采用就地控制。

（3）按操作机构分,60 kV及以上设备的操作机构有弹簧储能、电磁和液压3种;35 kV及以下设备的操作机构有弹簧储能、电磁和永磁3种。现在常用的是弹簧储能和永磁操作机构。

（4）按值班方式分，有主控制室值班和无人值班两种。煤矿企业的主变电所目前多采用主控制室值班，只有小型井口配电所和“四遥”变电所才不设专职值班员。

（5）按控制回路的接线方式分，有控制开关具有固定位置的不对应接线和控制开关触点自动复位的接线两种。有人值班的变电所一般采用不对应接线，只有无人值班及遥控变电所才采用自动复位的接线。

上述分类既有区别又有联系，如采用选线操作，一定是集中控制，但不一定采用无人值班，因此在设计变电所时，控制系统要综合多方面的因素才能确定。

二、断路器控制、信号回路的一般要求

(1) 断路器控制、信号回路应满足的要求有:

① 能监视电源及跳、合闸回路的完整性，在断路器的跳闸线圈及合闸接触器线圈上不允许并接电阻。

② 能指示断路器合闸及跳闸的位置状态，自动合闸或跳闸时应有明显信号。

③ 有防止断路器跳跃的闭锁装置。

④ 合闸或跳闸完成后，应使命令脉冲自动解除。

⑤ 接线应简单可靠，使用电缆芯数最少。

(2) 断路器的控制信号回路有灯光监视和音响信号两种。变电所断路器的控制、信号回路一般采用灯光监视的接线方式，当需要时亦可采用音响监视的接线方式。

(3) 断路器采用灯光监视控制回路时一般为双灯制接线。断路器在合闸位置时红灯亮，跳闸位置时绿灯亮。

(4) 在控制室内控制的断路器采用音响监视回路时，一般为单灯制。断路器控制回路用中间继电器监视，断路器合闸或跳闸位置由控制开关的手柄位置来表示，垂直位置为合闸，水平位置为跳闸。控制开关手柄内应有信号灯。

(5) 在配电装置就地操作的断路器,一般只装设监视跳闸回路的位置继电器,并采用红、绿灯作为位置指示灯,当出现事故时信号灯闪光,并向控制室或驻所值班室发出声光信号。

(6) 断路器的防跳回路应满足以下要求:

① 由电流起动的防跳继电器的动作时间，不应大于跳闸脉冲发出至断路器辅助触点切断跳闸回路的时间。

② 一般利用防跳继电器的常开触点对跳闸脉冲进行自保持。当保护跳闸回路串有信号继电器时，该防跳继电器触点应串接电流自保持线圈；当选用的防跳继电器无电流保持线圈时，亦可接适当电阻代替，电阻值应保证信号继电器能可靠动作。

(7) 当变电所为直流控制时，一般设有闪光信号装置，用以与事故信号和自动装置配合，指示事故跳闸和自动投入的回路。

(8) 断路器的事故跳闸信号回路利用不对应原理，当断路器为液压、弹簧、电磁或永磁操作机构时，利用控制开关与操作机构辅助触点构成不对应接线。

三、用灯光监视断路器的控制、信号回路

利用控制开关与操作机构辅助触点构成的不对应接线原理的在采用微机保护后已基本不用，下面仅以电磁操作机构为例，对断路器控制、信号回路进行简单介绍。

图 6-5-1 所示为电磁操作机构断路器控制、信号回路，操作电源为直流 220 V，断路器采用灯光监视，红灯表示合闸位置，绿灯表示跳闸位置。控制信号回路用 LW2 型控制开关及断路器辅助开关组成不对应接线。合闸和跳闸线圈的短时脉冲由断路器辅助开关的常开和常闭触点完成。当断路器因事故跳闸时，控制开关和辅助开关位置不对应，发出事故信号并接通闪光母线，绿灯亮并闪光。将控制开关转换至对应位置，绿灯变为平光同时解除事故信号，控制开关在“预备跳闸”位置时，红灯闪光，这样控制开关和断路器将起到对位作用。信号灯除指示断路器的位置外，还监视控制电源及跳、合闸回路。

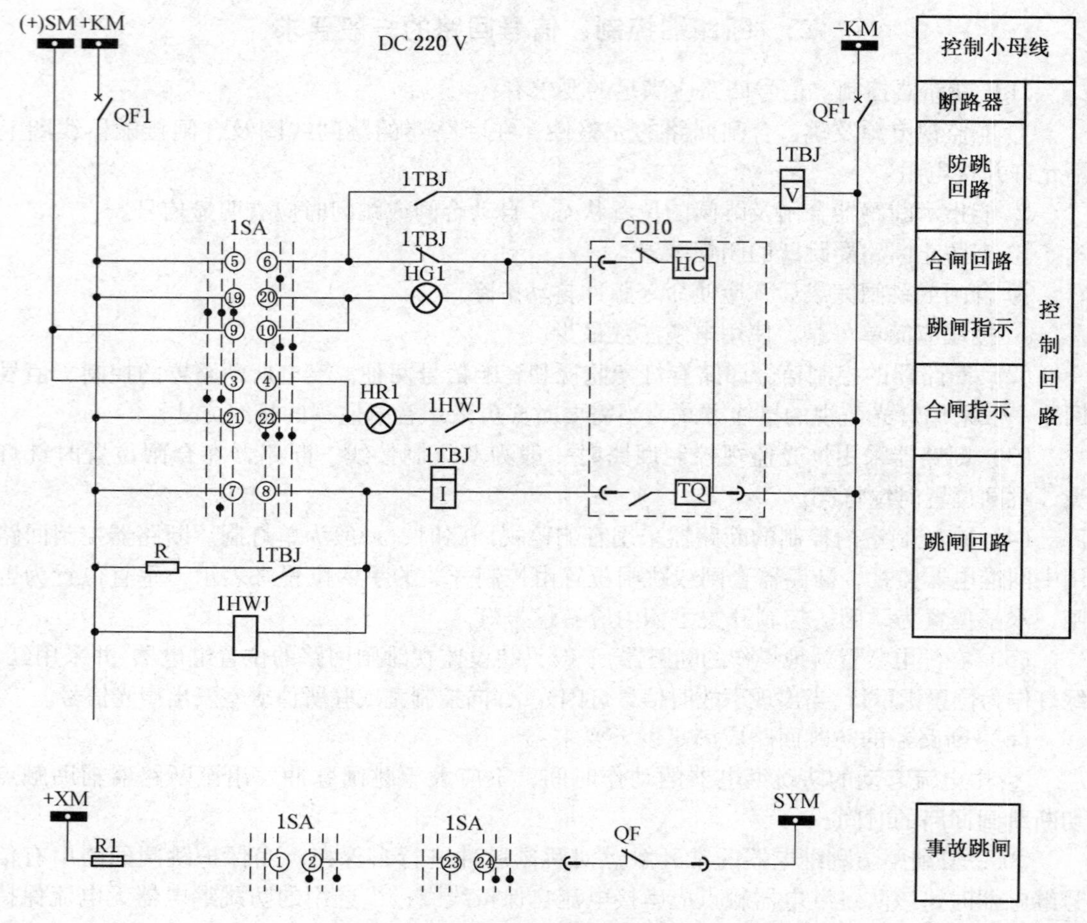

图 6-5-1 电磁操作机构断路器控制、信号回路

图中的 TBJ 是防跳继电器，在断路器合闸过程中出现短路故障，保护装置动作，TBJ 的电流线圈带电，常开触点闭合。如此时合闸脉冲未解除（如控制开关未复位），TBJ 的电压线圈有电使继电器自保持,其常闭触点断开并切断合闸回路,使断路器跳闸后不能再次合闸,在合闸脉冲解除后,TBJ 的电压线圈断电,继电器复归,接线恢复原来状态。因此要求防跳继电器的动作时间不得大于跳闸脉冲发出至断路器辅助触点切断跳闸回路的时间。

这种接线的缺点是正电源控制母线在控制回路中接触不良或断线故障不易及时发现。

四、采用微机保护后断路器的控制、信号回路

采用微机保护后，断路器的控制、信号均由微机保护来完成。设计中应注意，大部分微机保护可交直流两用，也有一部分微机保护只适用于直流操作的。有后台的变电所所有信号均通过通信线到后台，没有后台的变电所信号通过控制线到中央信号装置。另外，大部分微机保护厂家的控制回路带防跳回路，断路器也带防跳，所以在设计中需要取消一组防跳，取消保护或断路器的防跳都可以。现在断路器常用的操作机构有弹簧操作和永磁操作。常见的断路器控制、信号回路见图 6-5-2 至图 6-5-4。

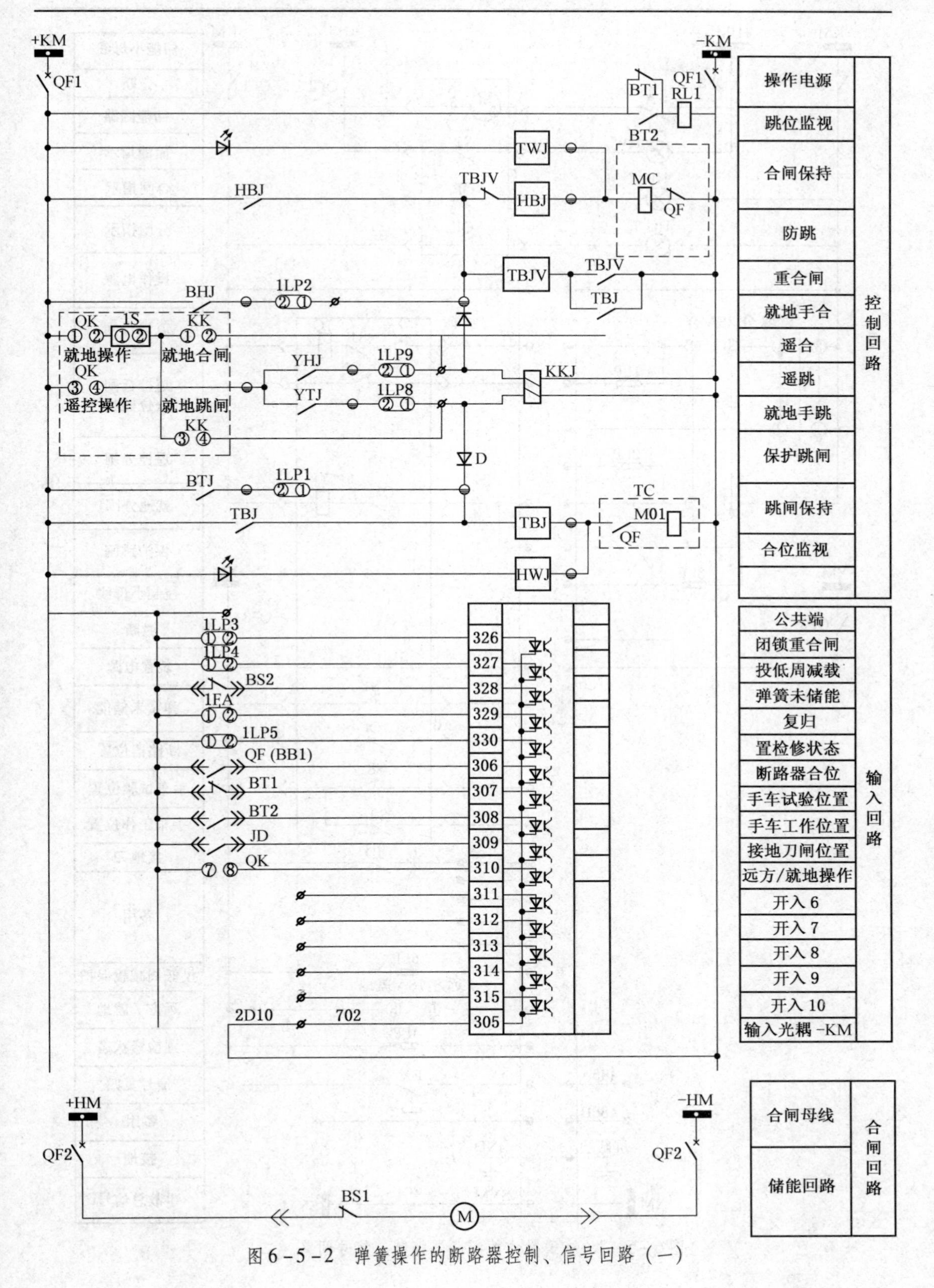

图6-5-2 弹簧操作的断路器控制、信号回路（一）

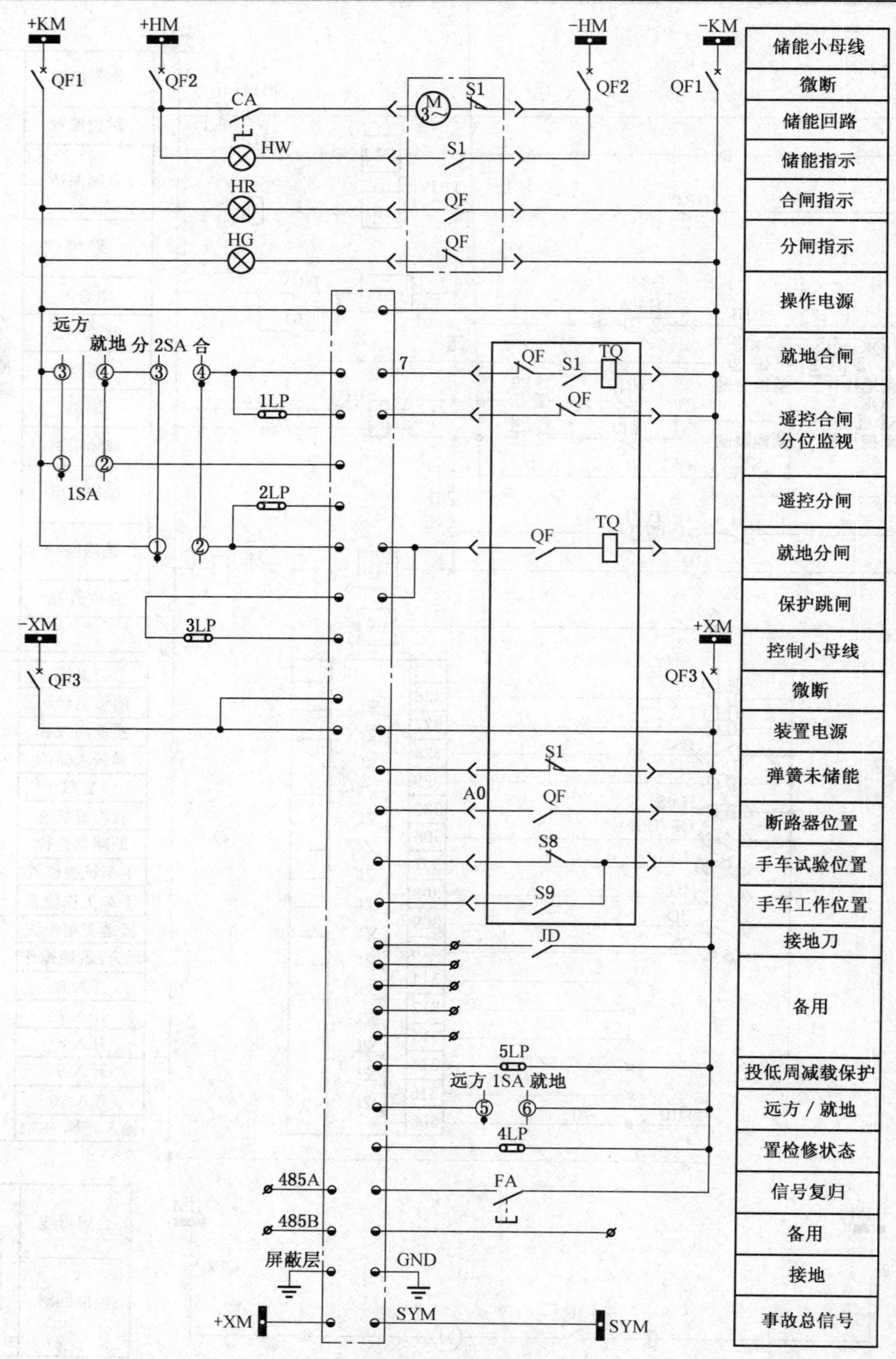

图6-5-3　弹簧操作的断路器控制、信号回路（二）

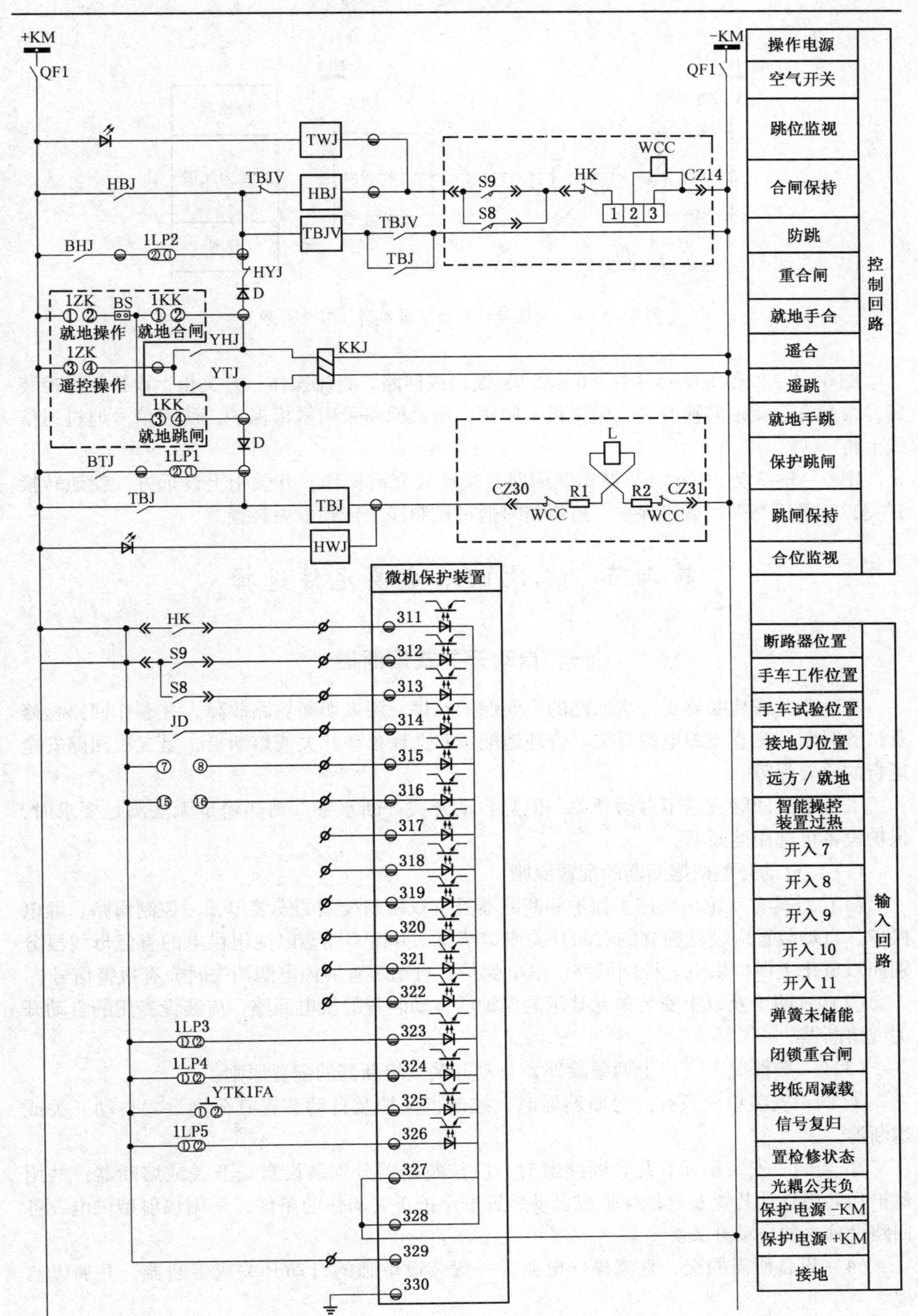

+KM
QF1
-KM
QF1
TWJ
HBJ
TBJV
HBJ
TBJV
TBJV
TBJ
BHJ
1LP2
HYJ
D
1ZK
BS
1KK
就地操作
就地合闸
1ZK
遥控操作
YHJ
KKJ
YTJ
1KK
就地跳闸
D
BTJ
1LP1
TBJ
TBJ
HWJ
S9
S8
HK
WCC
CZ14
L
CZ30
R1
R2
CZ31
WCC
WCC
微机保护装置
HK
S9
S8
JD
311
312
313
314
315
316
317
318
319
320
321
322
323
324
325
326
327
328
329
330
1LP3
1LP4
YTK1FA
1LP5
操作电源
空气开关
跳位监视
合闸保持
防跳
重合闸
就地手合
遥合
遥跳
就地手跳
保护跳闸
跳闸保持
合位监视
控制回路
断路器位置
手车工作位置
手车试验位置
接地刀位置
远方/就地
智能操控装置过热
开入7
开入8
开入9
开入10
开入11
弹簧未储能
闭锁重合闸
投低周减载
信号复归
置检修状态
光耦公共负
保护电源 -KM
保护电源 +KM
接地
输入回路

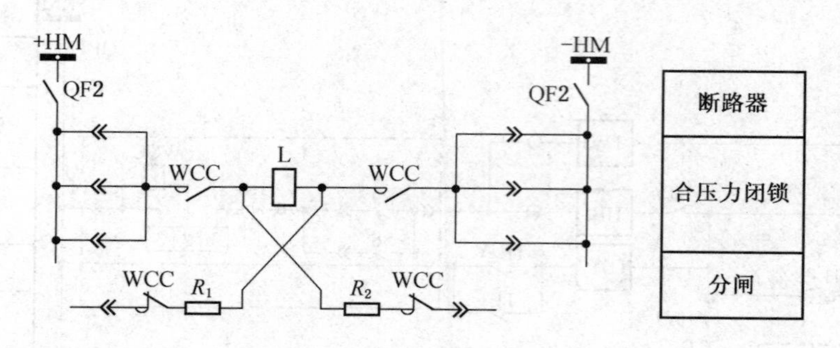

图6－5－4　永磁操作的断路器控制、信号回路

图6－5－2和图6－5－4为6～35 kV馈出线回路，直流操作，开关柜上设智能操控装置，带远方、就地转换开关，带微机五防锁，防跳回路采用微机保护，所有信号通过通信线上传。

图6－5－3为10(6) kV馈出线回路，交流或直流操作，开关柜上设远方、就地转换开关，防跳回路采用微机保护，所有信号通过控制线上传到中央装置。

第六节　二次回路主要元件选择

一、自动开关或熔断器

自动开关或熔断器是二次回路的主要保护元件，用来切断短路故障，并兼作回路检修及试验时断开交直流的电源开关。合理地配置和选择自动开关或熔断器，是二次回路安全运行的重要保障。

二次电源回路宜选用自动开关，但当自动开关开断水平、动热稳定无法满足要求时，保护设备可选用熔断器。

（一）自动开关或熔断器的配置原则

（1）对具有双重化快速主保护和断路器具有双跳闸线圈的安装单元，控制回路、继电保护、自动装置应设置独立的自动开关或熔断器，并由不同蓄电池组供电的直流母线段分别向双重化主保护供电。控制回路、继电保护、自动装置屏内电源消失时应有报警信号。

（2）凡两个及以上安装单元共用的保护或自动装置的供电回路，应装设专用的自动开关或熔断器。

（3）一般情况下（以上两条除外）自动开关或熔断器的配置原则：

① 同一安装单元只有一台断路器时，控制、保护及自动装置宜分别设置自动开关或熔断器。

② 当同一安装单元有几台断路器时，应按断路器分别装设自动开关或熔断器；共用保护和共用自动装置及其他保护或自动装置按保护正确动作的条件，采用辐射型供电，各回路设独立的自动开关。

（4）设备所需的交、直流操作电源，一般装设单独的自动开关或熔断器，并加以监视。

(5) 控制、信号、保护及自动装置用的自动开关或熔断器都应该有监视，一般采用断路器控制回路的监视装置完成。保护、自动装置及测控装置回路的自动开关或熔断器应有监视，信号应接至计算机监控系统。

(6) 各安装单元的事故信号、预告信号、闪光信号、隔离开关位置信号等一般不装设分支保护，但每种信号应分别装设自动开关或熔断器，并对自动开关或熔断器加以监视，监视一般采用继电器或信号灯。

(7) 电压互感器二次回路保护的配置原则：

① 电压互感器回路中，除接成开口三角的剩余绕组和另有规定者（如电磁式自动调整励磁装置用电压互感器）外，应在其出口装设自动开关；如自动调整励磁装置已考虑电压互感器失电闭锁强励磁措施，应装设自动开关。

② 电能计量表电压回路宜在电压互感器出线端装设专用自动开关。

③ 电压互感器二次侧中性点引出线上不应装设保护装置。

④ 电压互感器接成开口三角的剩余绕组的实验芯出线端应装设自动开关。

(二) 熔断器、自动开关的选择

(1) 熔断器的选择除满足工作电压、最大负荷电流外，还必须保证二次回路短路时，熔断器熔体有选择性的可靠熔断。为满足选择性的要求，干线上熔断器熔体的额定电流一般比支线大2~3级。

(2) 自动开关的选择除满足工作电压、最大负荷电流外，还应满足选择性的要求。干线上自动开关脱扣器的额定电流一般比支线大2~3级。

(3) 电压互感器二次侧自动开关的选择原则：

① 自动开关瞬时脱扣器的动作电流，应按大于电压互感器二次回路的最大负荷电流来整定。

② 当电压互感器运行电压为90%额定电压时，二次电压回路末端经过渡电阻短路，加于继电器线圈上电压低于70%额定电压时，自动开关应瞬时动作。

③ 自动开关瞬时脱扣器断开短路电流的时间不应大于20 ms。

④ 自动开关应附有常闭辅助触点，用于空气开关跳闸时发出报警信号。

(4) 二次回路电压为110~220 V时，熔断器熔体额定电流及自动开关脱扣器额定电流的选择见表6-6-1。

表6-6-1 二次回路电压为110~220 V时，熔断器熔体额定电流及自动开关脱扣器额定电流的选择

回 路 名 称	熔断器熔体额定电流/A	自动开关脱扣器整定电流/A
断路器的控制保护回路	4~6	2
隔离开关与断路器闭锁回路	4~6	
中央信号装置	4~6	
电压干线的总保护	4~6(10~15)	
成组低电压保护的控制回路	4~6	

注：括号中的数值用于变电所为交流操作（利用电压互感器作为交流操作电源）时。

（5）电压互感器二次回路的最大负荷电流，应考虑仅一组母线运行时，两组电压互感器的全部负荷切换到该组电压互感器上所产生的最大负荷电流。当电压互感器二次侧短路时，不致引起低电压保护动作，此数值最好由试验确定。

二、控制开关的选择

控制开关的选择应符合该二次回路额定电压、额定电流、分断电流、操作频率、电寿命和控制接线等的要求。

三、位置指示灯及其附加电阻的选择

（1）当母线电压为1.1倍额定值时，如灯泡短路，附加电阻限定的电流不大于跳、合闸绕组或合闸接触器绕组的最小动作电流及长期热稳定电流；可按照限定电流不大于上述绕组额定电流的10%来选择附加电阻；附加电阻的额定功率应不小于上述条件下附加电阻消耗功率的2倍。

（2）母线电压为95%额定电压时，灯泡上的电压降应不小于灯泡额定电压的60%～70%。

（3）发光二极管信号灯及附加电阻的选择：1.1倍额定电压时，回路电流不大于发光二极管额定电流；0.95倍额定电压时，回路电流不小于发光二极管稳定起光电流，之后再决定附加电阻阻值。

实际上厂家生产带附加电阻的信号灯，只需按信号灯的额定电压来选择。常用信号灯及其附加电阻的技术数据见表6-6-2。

表6-6-2　常用信号灯及其附加电阻的技术数据

信号灯型号	额定电压/V	灯泡		附加电阻	
		电流/A	功率/W	阻值/Ω	功耗/W
AD1-25/21	220	0.015	0.18	15 k	
XD5-220，AD1-30/21		0.1	1.2	2200	30
AD1-25/21	110	0.015	0.18	7 k	
XD5-110，AD1-30/21		0.1	1.2	1000	30
XD4-48，AD1-30/21	48	0.1	1.2	400	25
XD5-12，AD1-30/21	24	0.1	1.2	150	25

四、跳合闸位置继电器的选择

（1）母线电压为1.1倍额定值时，通过跳、合闸绕组或合闸接触器绕组的电流应大于最小动作电流和长期热稳定电流。

（2）母线电压为85%额定值时，加于位置继电器线圈的电压应不小于额定值的70%。

五、断路器跳（合）闸继电器、电流起动电压保持“防跳”继电器、自动重合闸出口中间继电器及其串接信号继电器的选择

（1）电压线圈的额定电压可等于供电母线额定电压；如用较低电压的继电器串接电阻降压时，继电器线圈上的压降应等于继电器电压线圈的额定电压；串联电阻的一端应接负电源。

（2）额定电压工况下，电流线圈额定电流的选择应与跳（合）闸绕组或合闸接触器绕组的额定电流相配合，继电器电流自保持线圈的额定电流应不大于跳、合闸线圈额定电流的 50%，并保证串接信号继电器灵敏度不低于 1.4。

（3）跳（合）闸中间继电器电流自保持线圈的电压降应不大于额定电压的 5%；电流起动电压保持“防跳”继电器电流起动线圈的电压降应不大于额定电压的 10%。

六、串联信号继电器与跳闸出口中间继电器并联电阻的选择

（1）额定电压时信号继电器的电流灵敏系数不宜小于 1.4。

（2）0.8 倍额定电压时信号继电器线圈的电压降应不大于额定电压的 10%。

（3）选择中间继电器的并联电阻时，应使保护继电器触点的断开容量不大于其允许值，电流应不超过信号继电器串联线圈的热稳定电流。

七、中间继电器的选择

（1）具有电流和电压线圈的中间继电器，其电流和电压线圈应采用正极性接线。电流与电压线圈间的耐压水平不应低于 1000 V、1 min 的试验标准。

（2）直接跳闸的重要回路应采用动作电压在额定直流电源电压的 55% ~70% 的中间继电器，并且其动作功率不低于 5 W。

八、控 制 电 缆

电压、电流、控制、保护及信号回路用电设备之间的连接，一般采用控制电缆，并按下列要求选择：

（1）微机型继电保护及计算机测控装置二次回路的电缆均应使用屏蔽电缆。

（2）大中型矿井变电站的控制电缆应采用铜芯控制电缆和绝缘导线。

（3）按机械强度的要求，电缆芯线连接强电端子时，铜线截面不应小于 1.5 mm^2；连接弱电端子时，远动装置使用截面不小于 0.5 mm^2 的铜线。

（4）电缆芯线的截面除满足机械强度的要求外，还应满足保护、计量及电压降的要求。各种用途的控制电缆按下述要求选用：

① 测量仪表电流回路控制电缆的选择。测量仪表电流回路用控制电缆的截面不应小于 4 mm^2，该电缆的允许电流为 20 A，而电流互感器额定二次电流为 5 A，实际流过测量仪表电流回路的工作电流均小于 5 A。短路时，故障电流也比较低，因此不需要按短路时的热稳定性进行校验，唯一的计算条件是根据电流互感器的二次负荷，验算其准确等级是否符合要求，当电流互感器的二次负荷大于额定值时，适当增加控制电缆截面或改换大容量的电流互感器。

② 保护装置电流回路控制电缆选择。保护装置电流回路用控制电缆的截面是根据电流互感器10%误差曲线进行校验的，选择时先确定保护装置一次计算电流的倍数 m，根据 m 值及电流互感器10%误差曲线查出其允许负载阻抗。如设计时系统最大短路电流尚未确定，也可按断路器的遮断容量计算最大短路电流。

③ 电压回路用控制电缆选择。电压回路控制电缆截面按允许电压降来选择，电压互感器二次回路的电压降，常用测量仪表回路电缆的电压降不应大于额定二次电压的3%；Ⅰ、Ⅱ类电能计量装置的电压互感器二次专用回路压降不宜大于电压互感器额定电压的0.2%，即0.2 V；其他电能计量装置二次回路压降不应大于二次额定电压的0.5%；当不能满足上述要求时，电能表、指示仪表电压回路可由电压互感器端子箱单独引接电缆，也可将保护和自动装置与仪表回路分别接电压互感器的二次绕组。

当电压互感器二次为均衡负载，各种接线方式、负载及不同控制电缆截面下的允许长度见表6－6－3至表6－6－5。

④ 控制、信号回路控制电缆选择。控制、信号回路的电缆芯线截面按机械强度条件选择，铜芯电缆芯线的截面不应小于1.5 mm^2，但在某些情况下，如合闸和跳闸回路流过的电流较大，产生的电压降也大，为了断路器可靠动作，此时需根据电压降来校验芯线截面。一般操作回路，在正常负荷下至各设备的电压降不得超过10%。不同电缆芯线截面在不同负荷下的最大允许电缆长度见表6－6－6。

（5）控制电缆宜选用多芯电缆，力求减少电缆根数。当芯线截面为1.5 mm^2 或2.5 mm^2 时，电缆芯数不宜超过24；当芯线截面为4 mm^2 及以上时，电缆芯数不宜超过10。弱电控制电缆芯数不宜超过50。

（6）较长的控制电缆在7芯及以上，截面小于4 mm^2 时，应当留有必要的备用芯，但同一安装单元的同一起止点的控制电缆中不必每根电缆都留有备用芯，可在同类性质的一根电缆中预留。当控制电缆的敷设长度超过制造长度时，或由于配电屏的迁移而使原有电缆长度不够时，可用焊接法连接电缆（在连接处应装设连接盒）或借用其他屏上的端子来连接。

（7）设计时应尽量避免两个安装单元共用一根电缆，也不要把同一根电缆接至屏两侧的端子排上，若为6芯及以上时，应设单独的电缆。

（8）对较长的控制电缆应尽量减少电缆根数，同时也应避免电缆芯的多次转接。同一根电缆中不宜有两个及以上安装单元的电缆芯。

（9）控制电缆的绝缘水平宜采用0.45/0.75 kV级。

九、小　母　线

小母线分直流、交流两类。直流小母线由直流电源供电；交流小母线由电压互感器、站用电屏或UPS供电。由于连接在直流小母线上的电气元件都比较重要，要求直流馈电线有较高的可靠性并且不同用途的电器应由不同的回路供电，以免互相影响。如操作、保护及自动装置的供电回路应与供电网分开，至主控制室、配电装置的馈电回路也应分开。装在控制屏、保护屏上的小母线不宜超过28条，最多40条。小母线一般采用 $\phi6 \sim \phi8$ 的绝缘铜棒。在高压开关柜及低压配电盘上的小母线一般采用绝缘线或电缆，对于室内配电装置的小母线，经常利用电缆在各配电装置端子排之间连接。

表6-6-3　电压互感器二次负载均衡、电缆压降允许0.4 V时电缆截面选择表

电压互感器二次回路的接线方式	计算公式及计算条件	电缆芯中电流 I/A	一相二次负载 P/V·A	各种电缆截面 S(mm^2)下的容许长度 L/m										
				1.5	2.5	4	6	8	10	12	16	18	20	24
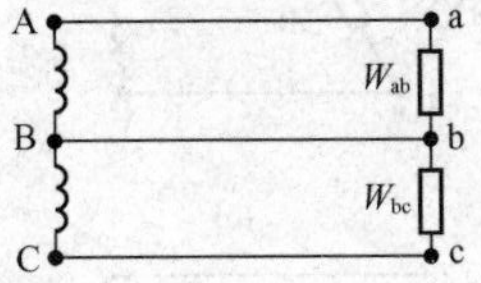 (a) 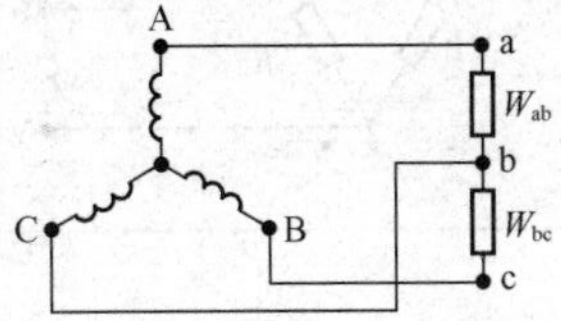 (b)	公式：$L=\frac{7.56S}{I}$ 条件：$\Delta U=0.4$ V $U_2=100$ V $P_1=P_2=P$ $I_a=I_c=I$	0.05	5	227	378	605	907	1210	1512	1814	2419	2722	3024	3629
		0.10	10	113	189	302	454	605	756	907	1210	1361	1512	1814
		0.15	15	76	126	202	302	403	504	605	806	907	1008	1210
		0.25	25	45	76	121	181	242	302	363	484	544	605	726
		0.40	40	28	47	76	113	151	189	227	302	340	378	454
		0.50	50	23	38	60	91	121	151	181	242	272	302	363
		0.60	60	19	32	50	76	101	126	151	202	227	252	302
		0.80	80	14	24	38	57	76	95	113	151	170	189	227
		1.00	100	11	19	30	45	60	76	91	121	136	151	181
		1.50	150	8	13	20	30	40	50	60	81	91	101	121
		2.00	200	6	9	15	23	30	38	45	60	68	76	91
		2.50	250	5	8	12	18	24	30	36	48	54	61	73
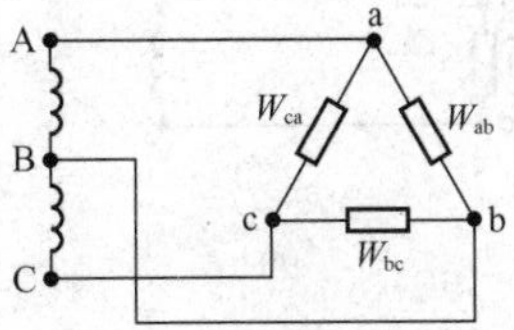 (c) 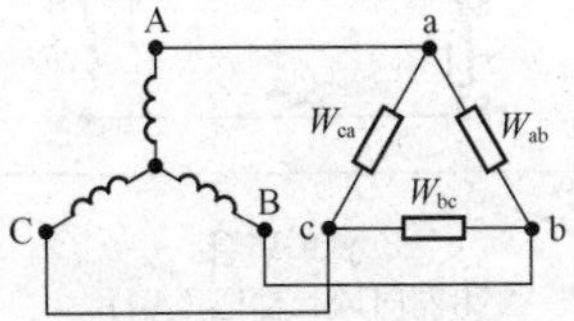 (d)	公式：$L=\frac{11.55S}{I}$ 条件：$\Delta U=0.4$ V $U_2=100$ V $P_1=P_2=P_3=P$ $I_a=I_b=I_c=I$	0.086	5	202	336	537	806	1074	1343	1612	2149	2417	2686	3223
		0.173	10	100	167	267	401	534	668	801	1068	1202	1335	1602
		0.26	15	67	111	178	267	355	444	533	711	800	888	1066
		0.43	25	40	67	107	161	215	269	322	430	483	537	645
		0.69	40	25	42	67	100	134	167	201	268	301	335	402
		0.86	50	20	34	54	81	107	134	161	215	242	269	322
		1.04	60	17	28	44	67	89	111	133	178	200	222	267
		1.38	80	13	21	34	50	67	84	100	134	151	167	201
		1.73	100	10	17	27	40	53	67	80	107	120	134	160
		2.60	150	7	11	18	27	36	44	53	71	80	89	107
		3.46	200	5	8	13	20	27	33	40	53	60	67	80
		4.30	250	4	7	11	16	21	27	32	43	48	54	64
		6.90	400	3	4	7	10	13	17	20	27	30	33	40

表 6-6-4 电压互感器二次负载均衡、电缆压降允许 0.45 V 时电缆截面选择表

电压互感器二次回路的接线方式	计算公式及计算条件	电缆芯中电流 I/A	一相二次负载 P/V·A	各种电缆截面 S(mm²)下的容许长度 L/m										
				1.5	2.5	4	6	8	10	12	16	18	20	24
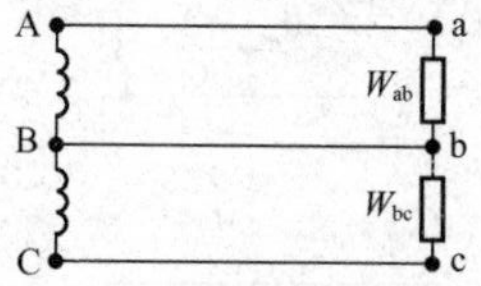 (a) 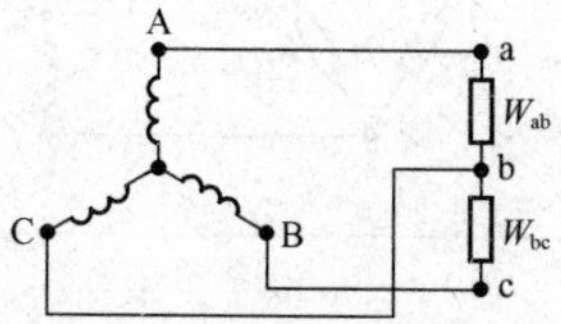(b)	公式：$L=\frac{8.5S}{I}$ 条件：$\Delta U=0.45$ V $U_2=100$ V $P_1=P_2=P$ $I_a=I_c=I$	0.05	5	255	425	680	1020	1360	1700	2040	2720	3060	3400	4080
		0.10	10	128	213	340	510	680	850	1020	1360	1530	1700	2040
		0.15	15	85	142	227	340	453	567	680	907	1020	1133	1360
		0.25	25	51	35	136	204	272	340	408	544	612	680	816
		0.40	40	32	53	85	128	170	213	255	340	383	425	510
		0.50	50	26	43	68	102	136	170	204	272	306	340	408
		0.60	60	21	35	57	85	113	142	170	227	255	283	340
		0.80	80	16	27	43	64	85	106	128	170	191	213	255
		1.00	100	13	21	34	51	68	85	102	136	153	170	204
		1.50	150	9	14	23	34	45	57	68	91	102	113	136
		2.00	200	6	11	17	26	34	43	51	68	77	85	102
		2.50	250	5	9	14	20	27	34	41	54	61	68	82
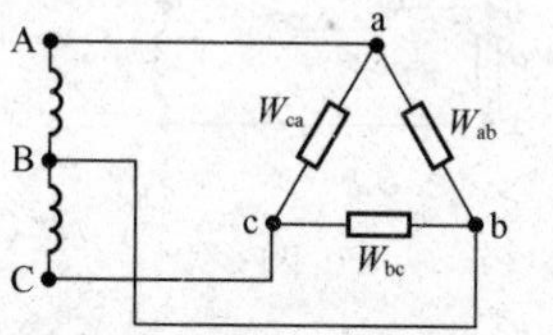 (c) 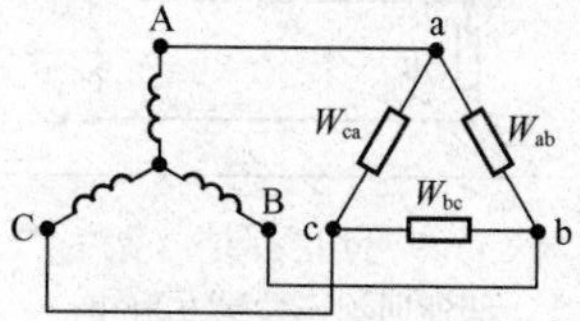(d)	公式：$L=\frac{13S}{I}$ 条件：$\Delta U=0.45$ V $U_2=100$ V $P_1=P_2=P_3=P$ $I_a=I_b=I_c=I$	0.086	5	227	378	605	907	1209	1512	1814	2419	2721	3023	3628
		0.173	10	113	188	301	451	601	751	902	1202	1353	1503	1803
		0.26	15	75	125	200	300	400	500	600	800	900	1000	1200
		0.43	25	45	76	121	181	242	302	363	484	544	605	726
		0.69	40	28	47	75	113	151	188	226	301	339	377	452
		0.86	50	23	38	60	91	121	151	181	242	272	302	363
		1.04	60	19	31	50	75	100	125	150	200	225	250	300
		1.38	80	14	24	38	57	75	94	113	151	170	183	226
		1.73	100	11	19	30	45	60	75	90	120	135	150	180
		2.60	150	8	13	20	30	40	50	60	80	90	100	120
		3.46	200	6	9	15	23	30	38	45	60	68	75	90
		4.30	250	5	8	12	18	24	30	36	48	54	60	73
		6.90	400	3	5	8	11	15	19	23	30	34	38	45

表 6-6-5 电压互感器二次负载均衡、电缆压降允许 0.5 V 时电缆截面选择表

电压互感器二次回路的接线方式	计算公式及计算条件	电缆芯中电流 I/A	一相二次负载 P/V·A	各种电缆截面 S(mm²)下的容许长度 L/m										
				1.5	2.5	4	6	8	10	12	16	18	20	24
(a) (b)	公式：$L=\frac{9.45S}{I}$ 条件：$\Delta U=0.5$ V $U_2=100$ V $P_1=P_2=P$ $I_a=I_c=I$	0.05	5	283	472	756	1134	1512	1890	2268	3024	3402	3780	4536
		0.10	10	141	236	378	567	756	945	1134	1512	1701	1890	2268
		0.15	15	94	157	252	378	504	630	756	1008	1134	1260	1512
		0.25	25	56	94	151	226	302	378	453	604	680	756	907
		0.40	40	35	59	94	141	189	236	383	378	425	472	567
		0.50	50	28	47	75	113	151	189	226	302	340	378	453
		0.60	60	23	39	63	94	126	157	189	252	283	315	378
		0.80	80	17	29	47	70	94	118	141	189	212	236	283
		1.00	100	14	23	37	56	75	94	113	151	170	189	226
		1.50	150	9	15	25	37	50	63	75	100	113	126	151
		2.00	200	7	11	18	28	37	47	56	75	85	94	113
		2.50	250	5	9	15	22	30	37	45	60	68	75	90
(c) (d)	公式：$L=\frac{14.43S}{I}$ 条件：$\Delta U=0.5$ V $U_2=100$ V $P_1=P_2=P_3=P$ $I_a=I_b=I_c=I$	0.086	5	251	419	671	1006	1342	1677	2013	2684	3020	3355	4026
		0.173	10	125	208	333	500	667	834	1000	1334	1501	1668	2001
		0.26	15	83	138	222	333	444	555	666	888	999	1110	1322
		0.43	25	50	83	134	201	268	335	402	536	604	671	805
		0.69	40	31	52	84	125	167	209	250	334	376	418	501
		0.86	50	25	41	67	100	134	167	201	268	302	335	402
		1.04	60	20	34	55	83	111	138	166	222	249	277	333
		1.38	80	15	26	41	62	83	104	125	167	188	209	250
		1.73	100	12	20	33	50	66	83	100	133	150	166	200
		2.60	150	8	13	22	33	44	55	66	88	99	111	133
		3.46	200	6	10	16	25	33	41	50	66	75	83	100
		4.30	250	5	8	13	20	26	33	40	53	60	67	80
		6.90	400	3	5	8	12	17	21	25	33	38	42	50

表6-6-6 不同电缆芯线截面在不同负荷下的最大允许电缆长度

额定电压/V	流过线圈的最大电流/A	最大允许电缆长度 L/m					
		信号电缆芯线直径/mm		控制电缆芯线截面/mm²			
		0.8	1	1.5	2.5	4	6
220	1	—	—	897	1495	2392	3588
	2	—	—	448	748	1196	1794
	3	—	—	299	498	798	1196
	4	—	—	224	374	598	897
	5	—	—	179	299	478	718
	6	—	—	150	249	399	598
	7	—	—	128	214	342	513
	8	—	—	112	187	299	449
	9	—	—	100	166	266	399
	10	—	—	89	150	239	359
	12	—	—	75	125	199	299
110	1	—	—	450	748	1196	1794
	2	—	—	225	374	598	897
	4	—	—	112	187	299	449
	6	—	—	75	125	200	299
	10	—	—	45	75	120	180
	15	—	—	30	50	80	120
48	2	32.8	51.0	98	163	261	392
	4	16.4	25.5	49	82	131	196
	6	10.9	17.0	33	54	87	131
	10	6.5	10.2	19.6	33	52	78
	15	4.4	6.8	13.0	21.8	34.8	52
	20	—	5.1	9.8	16.3	26.1	39.2
24	2	16.4	25.5	49.0	82.0	131.0	196
	4	8.2	12.8	24.5	41.0	66.0	98
	6	5.5	8.5	16.3	27.3	44.0	65
	10	3.5	5.1	9.8	16.4	26.0	39
	15	2.2	3.4	6.5	10.9	17.4	26
	20	—	—	4.9	8.2	13.1	19.6

各安装单元的控制、信号电源宜由电源屏或电源分屏的馈线以辐射状供电，供电线应设保护及监视设备。

控制和信号小母线均为单母线，一般按屏组分段，双电源供电，开环运行，在适当地点以刀闸分段，同时在每块控制屏上（包括直流屏）装设一个为本屏各安装单元共用的直流电源转换开关或小刀闸，以便寻找接地故障点。

各安装单元的电压回路用隔离开关的辅助触点切换时，电压小母线一般敷设在配电装置上；各安装单元的电压回路用继电器切换或不需切换时，电压小母线一般敷设在控制室。

常用小母线符号和回路标号见表6-2-3。

十、端　子　排

（1）端子排应由阻燃材料构成。端子的导电部分应为铜质，安装在潮湿地区的端子排应当防潮。

（2）安装在屏每侧的端子距地的距离应大于350 mm。

（3）端子排的配置应满足运行、检修、调试的要求，并适当与屏上设备的位置相对应。每个安装单元应有独立的端子排。同一屏上有几个安装单元时，各安装单元端子排的排列应与屏面布置配合。

（4）屏上二次回路经过端子排的连接：

① 屏内与屏外二次回路连接时，同一屏内各安装单元之间的连接以及转接回路等均应经过端子排。

② 屏内设备与直接接在小母线上设备（如熔断器、电阻、刀闸等）的连接应经过端子排。

③ 各安装单元主要保护的正电源应经过端子排，保护的负电源应在屏内设备之间接成环形，环的两端应分别接至端子排；其他回路可在屏内连接。

④ 电流回路应经过试验端子，预告及事故信号回路或其他需要断开的回路（试验时断开仪表等）宜经过特殊端子或试验端子。

（5）每一安装单元的端子排一般按下列回路分组，并由上而下（或由左至右）按下列顺序排列。

① 交流电流回路按每组电流互感器分组，同一保护方式的电流回路应排在一起。

② 交流电压回路按每组电压互感器分组。

③ 开关量输入信号回路按装置分组。

④ 控制回路按控制对象分组。

⑤ 其他回路按励磁保护、自动调整励磁装置的电流和电压回路、远方调整及联锁回路等分组。

⑥ 转接端子排排列顺序：本安装单元的转接端子→其他安装单元的转接端子→小母线兜接用的转接端子。

（6）当一个安装单元的端子过多或一个屏上仅有一个安装单元时，可将端子排成组地排列在屏的两侧。

（7）每一安装单元的端子排应编有顺序号，并应尽量在最后留2～5个端子作为备用。条件许可时，各组端子排之间也宜留1～2个备用端子。在端子排两端应有终端端子。

正、负电源之间以及经常带电的正电源与合闸或跳闸回路之间的端子排，一般用一个空端子隔开。

直流端子与交流端子要有可靠的隔离。

（8）一个端子的每一端一般接一根导线，导线截面一般不超过6 mm^2。

（9）屋内、外端子箱内端子排列应按交流电流回路、交流电压回路和直流回路等成组排列。

（10）每组电流互感器的二次侧宜在配电装置端子箱内经过端子连接成星形或三角形。

（11）强电与弱电回路的端子排宜分开布置，如有困难，强弱电端子间应有明显的标志，并采取隔离措施。弱电端子排上要接强电缆芯时，端子间应设加强绝缘的隔板。

(12) 强电设备与强电端子的连接、端子与电缆芯的连接应用插接或螺钉连接，弱电设备与弱电端子间的连接可采用焊接。屏内弱电端子与电缆芯的连接宜采用插接或螺栓连接。

第七节　控 制 室 和 屏

一、控制室布置的一般要求

(1) 主控制室的位置应尽量选择在使控制电缆最短、便于运行人员联系以及能方便观察屋外设备的地方。主控制室应为单独房间，室内设备一般和配电装置室相连，以便于监控。主控制室的门不宜直接开向屋外，多通过走廊或套间与屋外相连。

(2) 主控制室是全所的指挥和控制中心，所有主要设备的控制、信号、测量和保护回路都用控制电缆引到主控制室。设计时不但要考虑近期工程，而且要考虑到远期规划和扩建可能，留有最终容量的布置和安装。但在近期工程中，布置应尽量整齐、紧凑、美观，避免零乱。

(3) 主控制室布置要考虑建筑、采光、采暖、通风等因素，不论如何布置，都应有良好的朝向，并应尽量避免西晒。

(4) 在计算机监控方式下，主控制室和继电器室可集中布置，也可分开布置。集中布置的控制室和继电器室应分室布置，无人值班的变电站控制室也可与继电器室统一布置。

(5) 集中布置的继电器室应按规划设计容量在第一期工程中一次建成。屏、柜的布置按电压等级和功能相对集中。各安装单元的屏、柜布置宜与配电装置排列次序相对应，应使控制电缆最短，敷设时交叉最少。

(6) 控制室、继电器室的布置要有利于防火和紧急事故时人员的安全疏散，出入口不宜少于 2 个，净空高度不宜低于 3 m。

(7) 控制室内应布置与设备操作监视有关的终端设备，辅助屏、柜等设备应布置在继电器室或电子设备间内。

(8) 控制室、继电器室的屏间距离和通道宽度要便于运行维护及控制、保护装置调试。主控制室的屏间距离和通道宽度见表 6－7－1。

表 6－7－1　主控制室的屏间距离和通道宽度

距 离 名 称	一般值/mm	最小值/mm
屏正面—屏正面	1800	1400
屏背面—屏背面	1000	800
屏正面—屏背面	1500	1200
屏正面—墙	1500	1200
屏背面—墙	1200	800
屏边—墙	1200	800
主要通道	1600～2000	1400

注：1. 复杂保护或继电器凸出屏面时，不宜采用最小尺寸。

2. 直流屏、事故照明屏等动力屏的背面间距不小于 1000 mm。

3. 屏背面—屏背面的距离，当屏背面地面上设有电缆沟盖板时，可适当放大。

4. 屏后开门时，屏背面—屏背面的通道尺寸不得小于 1000 mm。

(9) 在计算机监控方式下不应设置后备控制屏。

(10) 监控系统的显示画面接线应与实际布置相对应。模拟母线的色别见表6-7-2。

表6-7-2 模拟母线的色别

符号	名称	颜色
+KM	控制小母线(正电源)	红
-KM	控制小母线(负电源)	蓝
+XM	信号小母线(正电源)	红
-XM	信号小母线(负电源)	蓝
(+)SM	闪光小母线	红色、间绿
YM_a	电压小母线(A相)	黄
YM_b	电压小母线(B相)	绿
YM_c	电压小母线(C相)	红
YM_N	电压小母线(零线)	黑

(11) 控制屏和继电器屏宜采用宽800 mm、深600 mm、高2200 mm的屏。继电器屏宜选用柜式结构,控制屏(台)宜选用屏后设门的结构。

(12) 控制室在离操作台800 mm处的地面上应饰有警戒线。警戒线的颜色应为黄色,线宽宜为50 mm。

(13) 当配电装置采用开关柜时,线路和母线设备的继电保护装置和电能表宜设在就地开关柜上。

(14) 主控制室布置的主要设备有计算机监控系统操作员站、五防工作站、图像监视系统监视器等。

(15) 继电器室布置的主要设备有计算机监控测控屏、继电保护屏、安全自动装置柜、故障录波屏、电能计量屏、保护及故障信息管理系统设备、交直流屏等。

二、屏面布置及选型

1. 控制屏的屏面布置

(1) 在计算机监控方式下,应急操作的按钮宜布置在操作站(台)上。

(2) 硬接线手动控制方式屏(台)布置应满足以下要求:

① 控制屏(台)的布置应满足监视、操作及调节方便、模拟接线清晰的要求;相同的安装单元,屏面布置应一致。

② 测量仪表宜与模拟线相对应,A、B、C相按纵向排列。同类安装单元中功能相同的仪表一般布置在相对应的位置。

③ 主环内每侧各屏光字牌的高度应一致,光字牌宜设在屏的上方,要求上部取齐;也可设在中间,要求下部取齐。

④ 对屏、台分开的结构,经常监视的显示仪表、操作设备宜设在台上,一般显示仪表及光字牌宜布置在屏上;测量仪表宜布置在屏上电气主接线模拟线上。

⑤ 屏上仪表最低位置不宜小于 1.5 m，不能满足要求时，可将屏垫高。

⑥ 操作设备宜与安装单位的模拟线相对应。功能相同的操作设备应布置在相应的位置上，操作方向全厂必须一致。

⑦ 采用灯光监视时，红、绿灯分别布置在控制开关的右上侧及左上侧。

⑧ 800 mm 宽的控制屏或台上，每行控制开关不宜超过 5 个，经常操作的设备宜布置在离地面 800 ~ 1500 mm 的地方。

2. 继电器屏的屏面布置

（1）继电器屏的屏面布置在满足试验、运行方便的条件下，应适当紧凑。

（2）相同安装单元的屏面布置宜对应一致，不同安装单元的继电器装在一块屏上时，宜按纵向划分，布置宜对应一致。

（3）当设备或元件装设两套主保护装置时，宜分别布置在两块屏上。

（4）对由单个继电器构成的继电保护装置，调整、检查工作较少的继电器布置在屏的上部，较多的布置在中部；宜按下面次序由上至下排列：电流、电压、中间继电器、时间继电器等放在屏的上部，方向、差动、重合闸继电器等放在屏的中部，信号继电器、连接片与试验部件布置在屏的下部，试验部件与连接片的最低中心线距地一般大于 300 mm。

（5）组合式继电器插件箱按出口分组的原则，相同出口的保护装置放在一个箱内或上下紧靠布置。一组出口的保护装置停止工作时，不得影响另一组出口的保护装置运行。

（6）屏上设备安装的横向高度应整齐一致。

（7）屏上信号继电器宜集中布置，安装水平高度应一致，高度不得低于 600 mm。

（8）对正面不开门的继电器屏，屏的下部距地 250 mm 处应设有孔洞，供试验时穿线用。

3. 微机测控屏的屏面布置

（1）屏内安装高度不宜低于 800 mm。

（2）屏内机箱应采取必要的防静电及防电磁辐射干扰措施。机箱的不带电金属部分在电气上应连成一体，并可靠接地。

（3）屏体应满足发热元件的通风散热要求。

4. 继电器屏与控制屏屏面各设备间的最小距离

（1）设备离屏边至少要有 50 mm 的距离，以便走线。当设备在屏后长度超过 230 mm 时，离屏边距离应增大至 100 mm，以免与端子排相碰，设备与屏顶应有 100 mm 以上的距离。

（2）继电器接线柱之间间隔约 50 mm。为便于装卸外壳及调试需要，继电器外壳之间的水平距离在 30 ~ 40 mm 之间。考虑安装及观察标签框的需要，继电器外壳间的垂直距离为 50 mm 左右。

（3）屏前接线的设备，应考虑导线与设备端子相连时有一定弯曲，故设备垂直距离应适当增加 20 mm 左右。

以上 3 条规定均针对传统继电器屏而言，如采用微机保护则应对不同保护功能分别组屏，以方便操作、巡视。控制屏平面布置如图 6 - 7 - 1 所示。

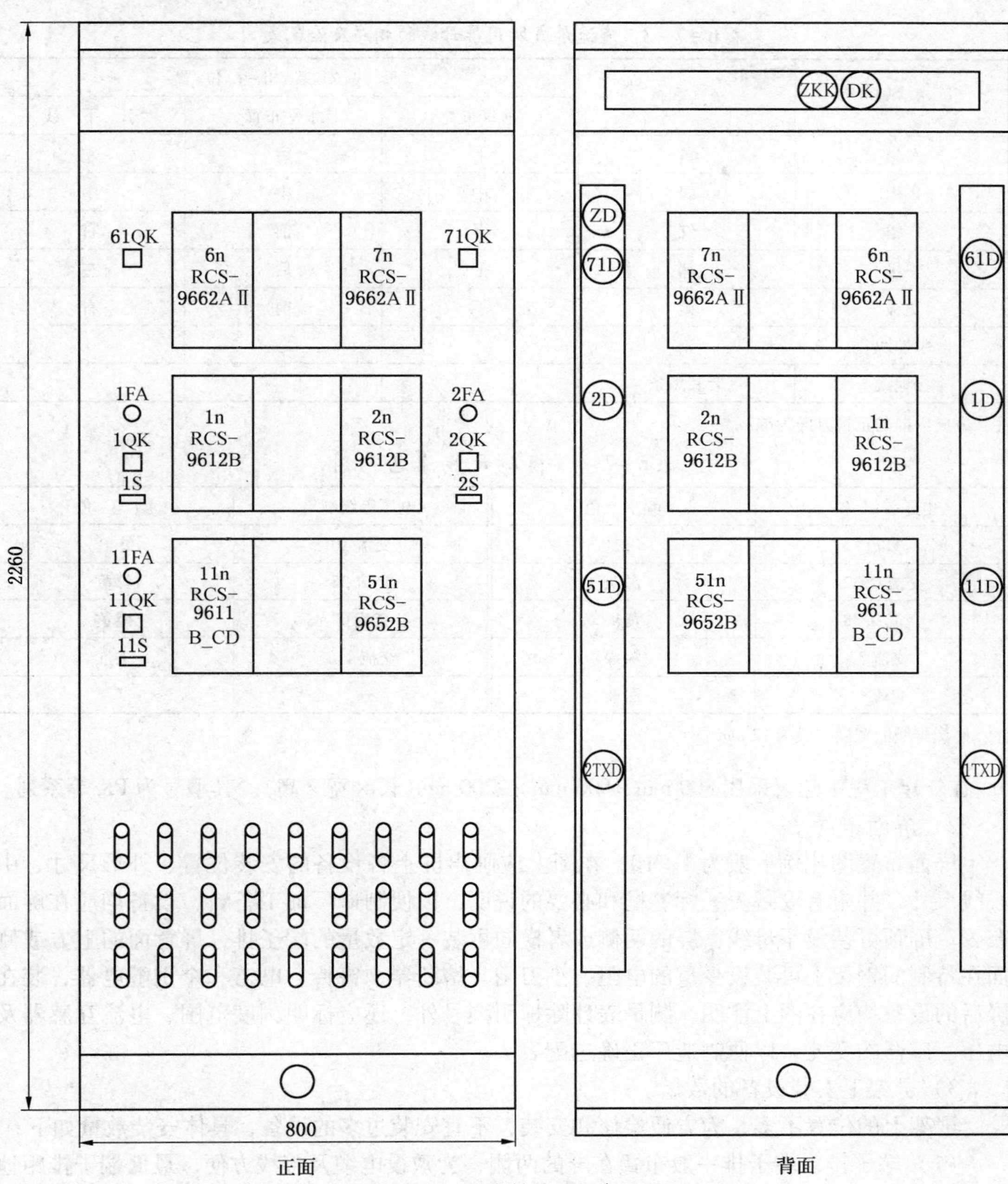

图 6-7-1 控制屏平面布置图

5. 屏上母线涂色规定

屏上小母线模拟母线及母线相序的涂色规定见表 6-7-3、表 6-7-4。

6. 选型及安装中的注意事项

1）屏的选型

控制屏及继电器屏应尽量选用制造厂的定型产品，屏在订货时一般应提供完整的图纸，其中最重要的是屏面布置图。对新建工程应尽可能根据国标选用新型屏；对扩建工程应考虑原有工程情况，当需要与原有屏配套或协调一致时，仍可选用原有型号。屏的外形尺

表6-7-3　直流屏或所用屏母线的相序及涂色表

组　别	涂漆颜色	母线安装相互位置		
		垂直布置	水平布置	引　下　线
A相	黄	上	后	左
B相	绿	中	中	中
C相	红	下	前	右
正极	赭	上	后	左
负极	蓝	下	前	右
中性线	紫			
接地线	紫底黑条			

注：方向以屏的正视方向为准。

表6-7-4　模拟母线涂色色别

电压等级/kV	颜　色	电压等级/kV	颜　色
直流	褐	交流10	绛红
交流0.22	深灰	交流35	鲜黄
交流0.38	黄褐	交流60	橙黄
交流3	深绿	交流110	朱红
交流6	深蓝		

注：模拟母线的宽度一般为12 mm。

寸，在新建工程中建议采用800 mm×600 mm×2200 mm（长×宽×高）。其型号为PK等系列。

2）屏面布置

屏面布置图比例一般为1∶10，在图上应画出屏上各设备的安装位置、外形尺寸、中心线尺寸，并附有设备表、标签框和必要的说明，以便制造厂加工备料，设备均应在屏面布置。屏顶可装设小母线，屏的两侧或者横向可装一定数量的端子排，屏背面的上方或侧面在特制的钢架上可装设少量的电阻、小刀闸、熔断器、警铃、电笛和个别继电器，装在屏后的设备均应在图上注明。测量表计除标明型号外，还应标明刻度范围、电流互感器及电压互感器的变比，以便制造厂正确选配表头。

3）屏架上安装设备的数量

屏架上的位置不多，为方便检修和安装，不宜安装过多的设备，具体安装数量如下：

（1）端子排。端子排一般布置在屏的两侧，为敷设电缆及接线方便，最低端子排距地不宜小于350 mm。根据目前端子排的大小，B1系列端子排屏高为2360 mm时不宜超过135个端子，屏高2260 mm时不宜超过120个；D1系列端子排屏高为2360 mm时，端子不宜超过200个，屏高为2260 mm时则不宜超过180个。

（2）电阻。电阻安装在小母线下方靠近屏面的位置，在800 mm屏上最多安装10个。

此外屏后上方的角铁上还可装设熔断器、电铃和电笛等设备。

（3）屏的安装。控制、保护屏的安装方式有以下3种：①电焊法。在地板上预埋槽钢，将屏点焊在槽钢上；②压板固定法。螺栓点焊在预埋槽钢上，用小压板和螺母将屏底固定；③螺栓固定法。在地板上预埋槽钢，钻孔（安装屏时在现场临时钻孔）后将屏用螺栓固定在槽钢上。

一般多采用电焊法固定屏。控制室楼板的荷重一般按4 kN/m² 考虑（即3922.8 Pa），有特殊要求时应按制造厂或设计要求提供给土建方，由他们统一考虑。

第八节 操 作 电 源

一、概 述

煤矿变电站常用的操作电源有直流电源和交流操作电源两种。

目前煤矿变电站大部采用铅酸免维护蓄电池作直流电源，这种电池具有电压质量好、独立性强等优点。

交流操作电源利用电流互感器故障电流的能量直接动作于保护和跳闸装置，简单经济，适用于35 kV以下、负荷等级较低的小型变配电所。

现在交流操作电源也有采用UPS或小型EPS的。

二、直 流 电 源

（一）直流负荷

1. 直流负荷分类

1）按功能分为控制负荷和动力负荷

（1）控制负荷：电气和热工的控制、信号、测量和继电保护、自动装置等负荷。

（2）动力负荷：各类直流电动机、断路器电磁操动的合闸机构、交流不停电电源装置、远动、通信装置的电源和事故照明等负荷。

2）按性质分为经常负荷、事故负荷和冲击负荷

（1）经常负荷：要求直流系统在正常和事故工况下均可靠供电的负荷。

（2）事故负荷：要求直流系统在交流电源系统事故停电时间内可靠供电的负荷。

（3）冲击负荷：在短时间内施加的较大负荷电流。冲击负荷出现在事故初期（1 min）称初期冲击负荷，出现在事故末期或事故过程中称随机负荷（5 s）。

2. 直流负荷统计

1）事故停电时间

（1）与电力系统连接的发电厂，厂用交流电源事故停电时间应按1 h计算。

（2）不与电力系统连接的孤立发电厂，厂用交流电源事故停电时间应按2 h计算。

（3）有人值班的变电站，全站交流电源事故停电时间应按1 h计算。

（4）无人值班的变电站，全站交流电源事故停电时间应按2 h计算。

2）负荷系数

直流负荷统计负荷系数见表6-8-1。

3）计算时间

直流负荷统计计算时间见表6-8-2。

4）事故初期（1 min）的冲击负荷

事故初期的冲击负荷按如下原则统计：

表6-8-1　直流负荷统计负荷系数

序号	负荷名称	负荷系数	序号	负荷名称	负荷系数
1	信号灯、位置指示器和位置继电器	0.6	7	直流润滑油泵	0.9
2	控制、保护、监控系统	0.6	8	交流不停电电源装置	0.6
3	断路器跳闸	0.6	9	DC/DC 变换装置	0.8
4	断路器自投（电磁操动机构）	0.5	10	直流长明灯	1.0
5	恢复供电断路器合闸	1.0	11	事故照明	1.0
6	氢密封油泵	0.8			

表6-8-2　直流负荷统计计算时间

序号	负荷名称		经常	事故放电计算时间						
				初期	持续					随机
				1 min	0.5 s	1.0 s	1.5 s	2.0 s	3.0 s	5 s
1	信号灯、位置指示器和位置继电器	发电厂和有人值班变电站	√	√		√				
		无人值班变电站	√	√				√		
		换流站和孤立发电厂	√	√				√		
2	控制、保护、监控系统	发电厂和有人值班变电站	√	√		√				
		无人值班变电站	√	√				√		
		换流站和孤立发电厂	√	√				√		
3	断路器跳闸			√						
4	断路器自投（电磁操动机构）			√						
5	恢复供电断路器合闸									√
6	氢密封油泵	200 MW 及以下机组		√		√				
		300 MW 及以上机组		√					√	
7	直流润滑油泵	25 MW 及以下机组		√	√					
		50～300 MW 机组		√		√				
		600 MW 及以上机组		√			√			
8	交流不停电电源装置	发电厂		√	√					
		变电站　有人值班		√		√				
		变电站　无人值班		√				√		
		换流站和孤立发电厂		√				√		
9	DC/DC 变换装置	有人值班变电站	√	√		√				
		无人值班变电站	√	√				√		
10	直流长明灯	发电厂和有人值班变电站	√	√		√				
		换流站和孤立发电厂	√	√				√		
11	事故照明	发电厂和有人值班变电站		√		√				
		换流站和孤立发电厂		√				√		
		无人值班变电站		√		√				

注：表中“√”表示具有该项负荷，应予以统计的项目。

（1）备用电源断路器为电磁操动合闸机构时，应按备用电源实际自投断路器台数统计。

（2）低电压、母线保护、低频减载等跳闸回路按实际数量统计。

（3）电气及热工的控制、信号和保护回路等按实际负荷统计。

（4）事故停电时间内，恢复供电断路器电磁操动机构的合闸电流（随机负荷）应按断路器合闸电流最大的1台统计，并应与事故初期冲击负荷之外的最大负荷或出现最低电压时负荷相叠加。

（二）蓄电池类型选择

煤矿变电站直流电源一般使用直流电源成套装置。直流电源成套装置包括蓄电池组、充电装置和直流馈线，根据设备体积大小，可以合并组柜或分别设柜。

直流电源成套装置宜采用阀控式密封铅酸蓄电池、高倍率隔镍碱性蓄电池或中倍率隔镍碱性蓄电池。蓄电池组容量不宜太大：阀控式密封铅酸蓄电池容量在400 A·h及以下；高倍率隔镍碱性蓄电池容量在40 A·h以下；中倍率隔镍碱性蓄电池容量在100 A·h以下。

煤矿变电站主要使用阀控式密封铅酸蓄电池。

（三）蓄电池参数选择

1. 蓄电池个数选择

按浮充电运行时，直流母线电压为$1.05U_n$选择蓄电池个数

$$n=1.05U_n/U_f \quad (6-8-1)$$

式中　U_n——直流系统标称电压，V；

U_f——单体蓄电池浮充电电压，V；

n——蓄电池个数。

2. 蓄电池均衡充电电压选择

根据蓄电池个数及直流母线电压允许的最高值选择单体蓄电池均衡充电电压值。

对于控制负荷：

$$U_c\leqslant 1.1U_n/n \quad (6-8-2)$$

对于动力负荷：

$$U_c\leqslant 1.25U_n/n \quad (6-8-3)$$

对于控制负荷和动力负荷合并供电：

$$U_c\leqslant 1.1U_n/n \quad (6-8-4)$$

式中　U_n——直流系统标称电压，V；

U_c——单体蓄电池均衡充电电压，V；

n——蓄电池个数。

3. 蓄电池放电终止电压选择

根据蓄电池个数及直流母线电压允许的最低值选择单体蓄电池事故放电末期终止电压。

对于控制负荷：

$$U_m\geqslant 0.85U_n/n \quad (6-8-5)$$

对于动力负荷：

$$U_m\geqslant 0.875U_n/n \quad (6-8-6)$$

对于控制负荷和动力负荷合并供电：

$$U_m\geqslant 0.875U_n/n \quad (6-8-7)$$

式中　U_n——直流系统标称电压，V；

U_m——单体蓄电池放电末期终止电压，V；

n——蓄电池个数。

4. 铅酸蓄电池组电池参数选择

铅酸蓄电池组电池参数选择参考数值见表 6－8－3、表 6－8－4。

表 6－8－3　铅酸蓄电池组单体 2 V 电池参数选择参考数值表

系统标称电压/V	浮充电压/V	2.15		2.23		2.25	
	均充电压/V	2.30		2.33		2.35	
220	蓄电池个数/个	106	107	103	104	102	106
	浮充时母线电压/V	227.9	230	229.7	231.9	229.5	231.75
	均充时母线电压/%	110.82	111.86	110	111.1	108.96	110
	放电终止电压/V	1.80	1.80	1.87	1.85	1.87	1.87
	母线最低电压/%	86.73	87.55	87.55	87.45	86.70	87.55
110	蓄电池个数/个	52	53	51	52	50	51
	浮充时母线电压/V	111.8	113.95	113.73	115.96	112.5	114.75
	均充时母线电压/%	108.73	110.82	108.03	110.15	106.82	109
	放电终止电压/V	1.83	1.80	1.87	1.85	1.87	1.87
	母线最低电压/%	86.51	86.73	86.70	87.46	85	86.7
48	蓄电池个数/个	22	23	22	23	22	23
	浮充时母线电压/V	47.30	49.45	49.06	51.29	49.50	51.75
	均充时母线电压/%	105.42	110.21	106.79	111.65	107.71	112.6
	放电终止电压/V	1.87	1.80	1.87	1.83	1.87	1.83
	母线最低电压/%	85.71	86.25	85.71	87.69	85.71	87.69
24	蓄电池个数/个	11	12	11		11	
	浮充时母线电压/V	23.65	25.8	24.53		24.75	
	均充时母线电压/%	105.42	115	106.79		107.71	
	放电终止电压/V	1.87	1.75	1.87		1.87	
	母线最低电压/%	85.71	87.5	85.71		85.71	

表 6－8－4　铅酸蓄电池组的组合 6 V 和 12 V 电池参数选择参考数值表

系统标称电压/V	组合电池电压/V	电池个数/个	浮充电压/V	浮充时母线电压/V	均充电压/V	均充时母线电压/%	放电终止电压/V	母线最低电压/%
220	6	34	6.75	229.50	7.05	108.96	5.61	86.70
		34＋1（2 V）		231.75		110	5.61	87.55
	12	17	13.50	229.50	14.10	108.96	11.22	86.70
		17＋1（2 V）		231.75		110	11.22	87.55
110	6	16＋1（4 V）	6.75	112.50	7.05	106.82	5.61	85
		17		114.75		109	5.61	86.70
	10	10	11.25	112.50	11.75	106.82	9.35	85
	12	8＋1（4 V）	13.50	112.50	14.10	106.82	11.22	85
		8＋1（6 V）		114.75		109	11.22	86.70

表6-8-4（续）

系统标称电压/V	组合电池电压/V	电池个数/个	浮充电压/V	浮充时母线电压/V	均充电压/V	均充时母线电压/%	放电终止电压/V	母线最低电压/%
48	4	11	4.5	49.50	4.70	107.71	3.74	85.71
	6	7+1(2 V)	6.75	49.50	7.05	107.71	5.61	85.71
		7+1(4 V)		51.75		112.60	5.49	87.69
	12	3+1(8 V)	13.50	49.50	14.10	107.71	11.22	85.71
		3+1(10 V)		51.75		112.60	10.98	87.69
24	4	5+1(2 V)	4.50	24.75	4.70	107.71	3.74	85.71
	6	3+1(4 V)	6.75		7.05		5.61	
	10	2+1(2 V)	11.25		11.75		9.35	
	12	1+1(10 V)	13.50		14.10		11.22	

（四）蓄电池容量计算

目前国内常用的蓄电池容量计算方法有两种，即容量换算法（也称电压控制法）和电流换算法（也称阶梯负荷法）。容量换算法按事故状态下直流负荷消耗的安时值计算容量，并按事故放电末期或其他不利条件校验直流母线电压水平。电流换算法按事故状态下直流负荷电流和放电时间来计算容量。下面简单介绍容量换算法。

1. 容量选择计算

满足事故全停状态下的持续放电容量

$$C_c = K_k \frac{C_{SX}}{K_{cc}} \tag{6-8-8}$$

式中 C_c——蓄电池10 h放电率计算容量，A·h；

C_{SX}——事故全停电状态下相对应的持续放电时间的放电容量；

K_k——可靠系数，取1.4；

K_{cc}——容量系数，在指定的放电终止电压下对应事故放电时间，可从表6-8-5至表6-8-9查出。

根据 C_c 计算值，选择接近该值的蓄电池标称容量 C_{10}。

2. 电压水平计算

（1）事故放电初期（1 min）承受冲击放电电流时，蓄电池所能保持的电压

$$K_{cho} = K_k \frac{I_{cho}}{I_{10}} \tag{6-8-9}$$

根据 K_{cho} 值，由图6-8-1至图6-8-7冲击曲线中的“0”曲线，查出单体电池电压 U_d，则

$$U_D = nU_d \tag{6-8-10}$$

式中 K_{cho}——事故放电初期（1 min）冲击系数；

I_{cho}——事故放电初期（1 min）冲击放电电流值，A；

K_k——可靠系数，取1.1；

I_{10}——10 h放电率电流，A；

表6-8-5 GF型2000 A·h及以下防酸式铅酸蓄电池容量选择系数表

放电终止电压/V	容量系数和容量换算系数	不同放电时间 t 的 K_{cc} 及 K_c 值																
		5 s	1 min	29 min	0.5 h	59 min	1.0 h	89 min	1.5 h	2.0 h	179 min	3.0 h	4.0 h	5.0 h	6.0 h	7.0 h	479 min	8.0 h
1.75	K_{cc}				0.290		0.460		0.60	0.660		0.780	0.880	0.900	0.972	0.980		0.992
	K_c	1.010	0.900	0.590	0.580	0.467	0.460	0.402	0.40	0.330	0.260	0.260	0.220	0.180	0.162	0.140	0.124	0.124
1.80	K_{cc}				0.260		0.410		0.525	0.600		0.720	0.760	0.850	0.900	0.910		0.920
	K_c	0.900	0.780	0.530	0.520	0.416	0.410	0.354	0.350	0.300	0.240	0.240	0.190	0.170	0.150	0.130	0.115	0.115
1.85	K_{cc}				0.210		0.350		0.480	0.520		0.630	0.700	0.800	0.840	0.854		0.856
	K_c	0.740	0.600	0.430	0.420	0.355	0.350	0.323	0.320	0.260	0.210	0.210	0.175	0.160	0.140	0.122	0.107	0.107
1.90	K_{cc}				0.160		0.280		0.390	0.440		0.540	0.660	0.700	0.750	0.798		0.816
	K_c		0.400	0.330	0.320	0.284	0.280	0.262	0.260	0.220	0.180	0.180	0.165	0.140	0.125	0.114	0.102	0.102
1.95	K_{cc}				0.111		0.192		0.270	0.320		0.390	0.496	0.550	0.648	0.700		0.704
	K_c		0.300	0.228	0.221	0.200	0.192	0.180	0.180	0.160	0.130	0.130	0.124	0.110	0.108	0.100	0.088	0.088

注：1. 容量系数 $K_{cc}=C_t/C_{10}=K_c t$（t 为放电时间，h）。

2. 容量换算系数 $K_c=I_t/C_{10}(1/h)=K_{cc}/t$（$t$ 为放电时间，h）。

表6-8-6 GFD型3000 A·h及以下防酸式铅酸蓄电池（单体2 V）的容量选择系数表

放电终止电压/V	容量系数和容量换算系数	不同放电时间 t 的 K_{cc} 及 K_c 值																
		5 s	1 min	29 min	0.5 h	59 min	1.0 h	89 min	1.5 h	2.0 h	179 min	3.0 h	4.0 h	5.0 h	6.0 h	7.0 h	479 min	8.0 h
1.75	K_{cc}				0.310		0.470		0.588	0.640		0.810	0.880	0.950	0.960	1.036		1.040
	K_c	1.010	0.890	0.630	0.620	0.477	0.470	0.395	0.392	0.320	0.270	0.270	0.220	0.190	0.160	0.148	0.130	0.130
1.80	K_{cc}				0.260		0.410		0.530	0.400		0.750	0.820	0.850	0.852	0.910		0.920
	K_c	0.900	0.740	0.530	0.520	0.416	0.410	0.356	0.353	0.200	0.250	0.250	0.205	0.170	0.142	0.130	0.115	0.115
1.85	K_{cc}				0.205		0.340		0.425	0.540		0.660	0.720	0.720	0.780	0.826		0.832
	K_c	0.740	0.610	0.420	0.410	0.345	0.340	0.286	0.283	0.270	0.220	0.220	0.180	0.144	0.130	0.118	0.104	0.104
1.90	K_{cc}				0.160		0.271		0.375	0.440		0.570	0.620	0.620	0.612	0.685		0.672
	K_c		0.470	0.330	0.320	0.275	0.271	0.252	0.250	0.220	0.190	0.190	0.155	0.124	0.102	0.094	0.084	0.084
1.95	K_{cc}				0.111		0.182		0.257	0.332		0.450	0.600	0.520	0.522	0.539		0.544
	K_c		0.280	0.180	0.221	0.185	0.182	0.173	0.171	0.166	0.150	0.150	0.150	0.104	0.087	0.077	0.068	0.068

注：1. 容量系数 $K_{cc}=C_t/C_{10}=K_c t$（t 为放电时间，h）。

2. 容量换算系数 $K_c=I_t/C_{10}(1/h)=K_{cc}/t$（$t$ 为放电时间，h）。

表6-8-7　阀控式密封铅酸蓄电池（贫液）（单体2V）的容量选择系数表

放电终止电压/V	容量系数和容量换算系数	不同放电时间 t 的 K_{cc} 及 K_c 值																
		5 s	1 min	29 min	0.5 h	59 min	1.0 h	89 min	1.5 h	2.0 h	179 min	3.0 h	4.0 h	5.0 h	6.0 h	7.0 h	479 min	8.0 h
1.75	K_{cc}				0.492		0.615		0.719	0.774		0.867	0.936	0.975	1.014	1.071		1.080
	K_c	1.54	1.53	1.000	0.984	0.620	0.615	0.482	0.479	0.387	0.289	0.289	0.234	0.195	0.169	0.153	0.135	0.135
1.80	K_{cc}				0.450		0.598		0.708	0.748		0.840	0.896	0.950	0.996	1.050		1.056
	K_c	1.45	1.43	0.920	0.900	0.600	0.598	0.476	0.472	0.374	0.280	0.280	0.224	0.190	0.166	0.150	0.132	0.132
1.83	K_{cc}				0.412		0.565		0.683	0.714		0.810	0.868	0.920	0.960	1.015		1.016
	K_c	1.38	1.33	0.843	0.823	0.570	0.565	0.458	0.455	0.357	0.270	0.270	0.217	0.184	0.160	0.145	0.127	0.127
1.85	K_{cc}				0.378		0.520		0.612	0.668		0.774	0.836	0.885	0.930	0.959		0.960
	K_c	1.34	1.24	0.800	0.780	0.558	0.540	0.432	0.428	0.344	0.262	0.262	0.214	0.180	0.157	0.140	0.123	0.123
1.87	K_{cc}				0.111		0.182		0.257	0.332		0.450	0.600	0.520	0.522	0.539		0.544
	K_c	1.27	1.18	0.764	0.755	0.548	0.520	0.413	0.408	0.334	0.258	0.258	0.209	0.177	0.155	0.137	0.120	0.120
1.90	K_{cc}				0.338		0.490		0.572	0.642		0.759	0.800	0.850	0.900	0.917		0.944
	K_c	1.19	1.12	0.685	0.676	0.495	0.490	0.383	0.381	0.321	0.253	0.253	0.200	0.170	0.150	0.131	0.118	0.118

注：1. 容量系数 $K_{cc}=C_t/C_{10}=K_c t$（t 为放电时间，h）。

2. 容量换算系数 $K_c=I_t/C_{10}(1/h)=K_{cc}/t$（$t$ 为放电时间，h）。

表6-8-8　阀控式密封铅酸蓄电池（贫液）（单体6 V和12 V）的容量选择系数表

放电终止电压/V	容量系数和容量换算系数	不同放电时间 t 的 K_{cc} 及 K_c 值																
		5 s	1 min	29 min	0.5 h	59 min	1.0 h	89 min	1.5 h	2.0 h	179 min	3.0 h	4.0 h	5.0 h	6.0 h	7.0 h	479 min	8.0 h
1.75	K_{cc}				0.500		0.700		0.764	0.870		0.936	0.972	1.000	1.032	1.099		1.136
	K_c	2.080	1.990	1.010	1.000	0.708	0.700	0.513	0.509	0.435	0.312	0.312	0.243	0.200	0.172	0.157	0.142	0.142
1.80	K_{cc}				0.495		0.680		0.756	0.858		0.915	0.956	0.900	1.020	1.085		1.120
	K_c	2.000	1.880	1.000	0.990	0.691	0.680	0.509	0.504	0.429	0.305	0.305	0.239	0.198	0.170	0.155	0.140	0.140
1.83	K_{cc}				0.490		0.656		0.743	0.832		0.891	0.936	0.985	1.008	1.071		1.104
	K_c	1.930	1.820	0.988	0.979	0.666	0.656	0.498	0.495	0.416	0.297	0.297	0.234	0.197	0.168	0.153	0.138	0.138
1.85	K_{cc}				0.482		0.620		0.731	0.816		0.885	0.924	0.980	1.002	1.064		1.008
	K_c	1.810	1.740	0.976	0.963	0.639	0.629	0.489	0.487	0.408	0.295	0.295	0.231	0.196	0.167	0.152	0.136	0.136
1.87	K_{cc}				0.465		0.600		0.729	0.798		0.867	0.880	0.970	0.990	1.043		1.064
	K_c	1.750	1.670	0.943	0.929	0.610	0.600	0.481	0.479	0.399	0.289	0.289	0.220	0.194	0.165	0.149	0.133	0.133
1.90	K_{cc}				0.421		0.571		0.693	0.774		0.837	0.884	0.945	0.960	1.001		1.016
	K_c	1.670	1.590	0.585	0.841	0.576	0.571	0.464	0.462	0.387	0.279	0.279	0.211	0.189	0.160	0.143	0.127	0.127

注：1. 容量系数 $K_{cc}=C_t/C_{10}=K_c t$（t 为放电时间，h）。

2. 容量换算系数 $K_c=I_t/C_{10}(1/h)=K_{cc}/t$（$t$ 为放电时间，h）。

表6－8－9 阀控式密封铅酸蓄电池（胶体）（单体2 V）的容量选择系数表

放电终止电压/V	容量系数和容量换算系数	不同放电时间 t 的 K_{cc} 及 K_c 值																
		5 s	1 min	29 min	0.5 h	59 min	1.0 h	89 min	1.5 h	2.0 h	179 min	3.0 h	4.0 h	5.0 h	6.0 h	7.0 h	479 min	8.0 h
1.80	K_{cc}				0.405		0.520		0.630	0.660		0.750	0.784	0.830	0.864	0.889		0.928
	K_c	1.23	1.17	0.820	0.810	0.530	0.520	0.430	0.420	0.330	0.250	0.250	0.196	0.166	0.144	0.127	0.116	0.116
1.83	K_{cc}				0.365		0.490		0.570	0.620		0.690	0.760	0.810	0.820	0.840		0.912
	K_c	1.12	1.06	0.740	0.73	0.500	0.490	0.390	0.380	0.310	0.230	0.230	0.190	0.162	0.138	0.120	0.114	0.114
1.87	K_{cc}				0.330		0.450		0.555	0.580		0.660	0.720	0.780	0.804	0.819		0.880
	K_c	1.00	0.94	0.670	0.660	0.460	0.450	0.376	0.370	0.290	0.220	0.220	0.180	0.156	0.134	0.117	0.110	0.110
1.90	K_{cc}				0.300		0.424		0.525	0.548		0.630	0.688	0.750	0.780	0.812		0.816
	K_c	0.87	0.86	0.650	0.600	0.430	0.424	0.360	0.350	0.274	0.210	0.210	0.172	0.150	0.130	0.116	0.102	0.102
1.93	K_{cc}				0.270		0.400		0.465	0.520		0.570	0.660	0.675	0.708	0.735		0.792
	K_c	0.82	0.79	0.550	0.540	0.410	0.400	0.320	0.310	0.260	0.190	0.190	0.165	0.135	0.118	0.105	0.099	0.099

注：1. 容量系数 $K_{cc}=C_t/C_{10}=K_c t$（t 为放电时间，h）。

2. 容量换算系数 $K_c=I_t/C_{10}(1/h)=K_{cc}/t$（$t$ 为放电时间，h）。

U_D——蓄电池组出口端电压值；

n——蓄电池组的单体电池个数；

U_d——单体电池电压值。

（2）任意事故放电阶段末端，承受随机（5 s）冲击放电电流时，蓄电池所能保持的电压

$$K_{mx}=K_k\frac{C_{sx}}{tI_{10}} \tag{6-8-11}$$

$$K_{chmx}=K_k\frac{I_{chm}}{I_{10}} \tag{6-8-12}$$

由图6－8－1至图6－8－7冲击曲线中，选定事故放电时间0.5 h、1 h或2 h后冲击放

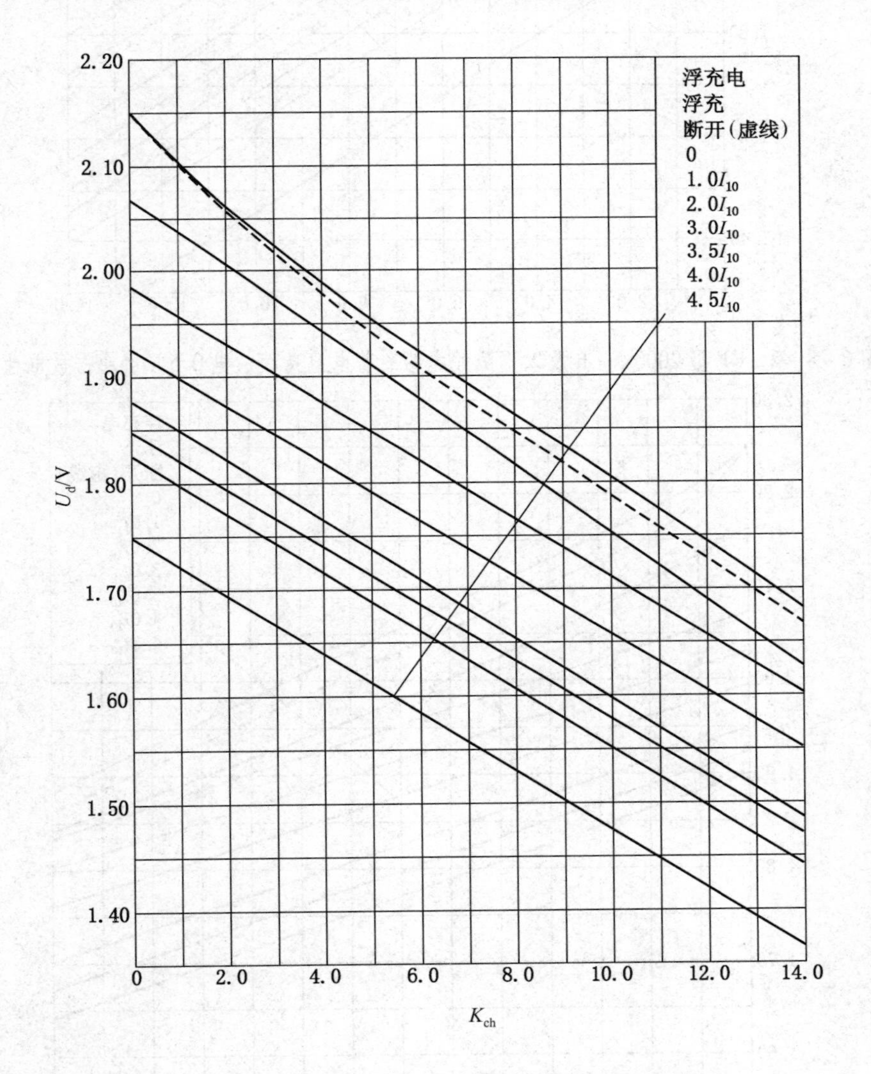

图6－8－1　GF型2000 A·h及以下防酸式铅酸蓄电池持续放电1 h后冲击放电曲线

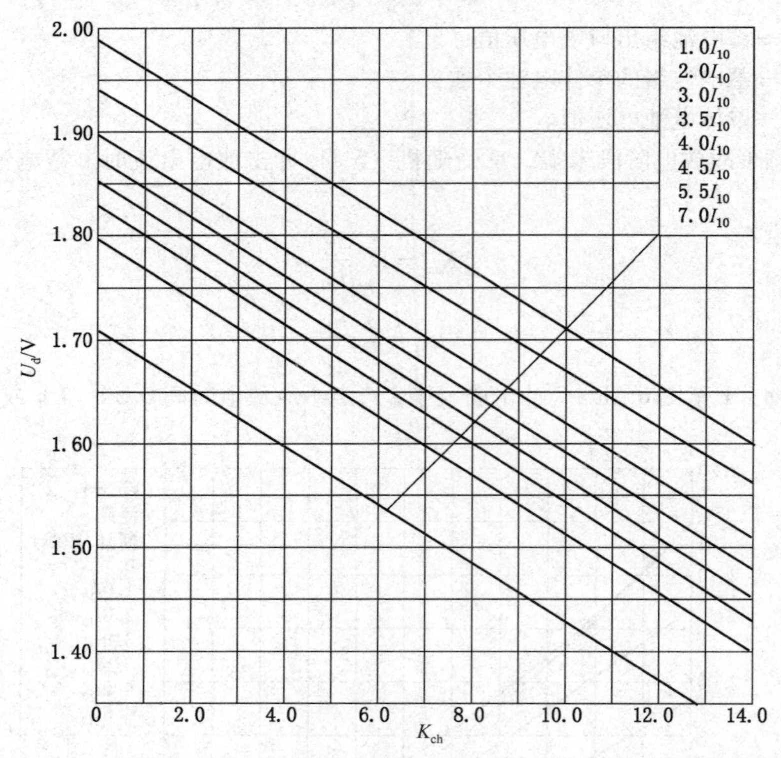

图 6-8-2　GF 型 2000 A·h 及以下防酸式铅酸蓄电池持续放电 0.5 h 后冲击放电曲线

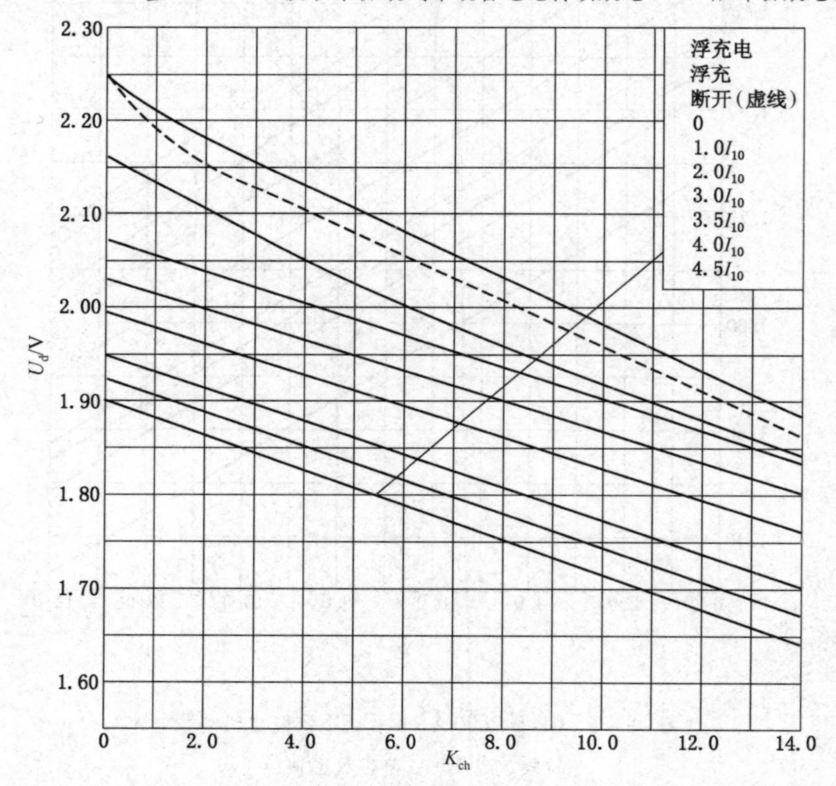

图 6-8-3　阀控式贫液铅酸蓄电池持续放电 1 h 后冲击放电曲线

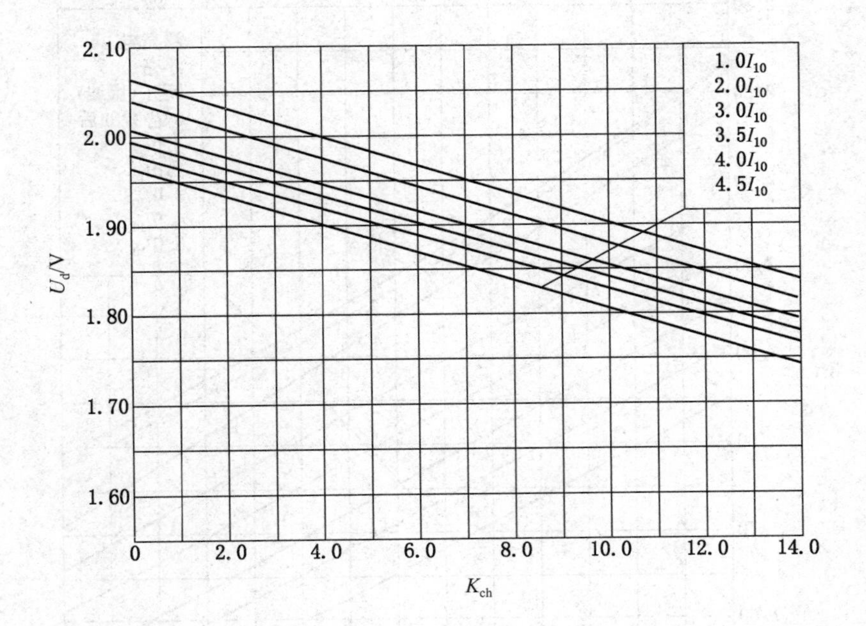

图6-8-4　阀控式贫液铅酸蓄电池持续放电0.5h后冲击放电曲线

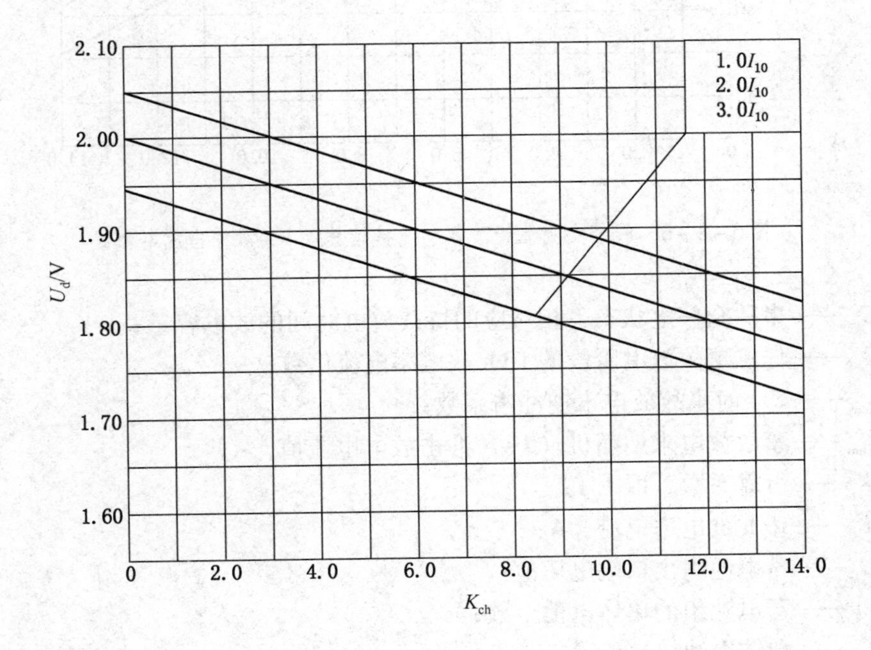

图6-8-5　阀控式贫液铅酸蓄电池持续放电2h后冲击放电曲线

电曲线图，然后根据K_{mx}值找出相应的曲线，对应$K_{chmx}=0$值，查出单体电池电压值U_d，则

$$U_D = nU_d \tag{6-8-13}$$

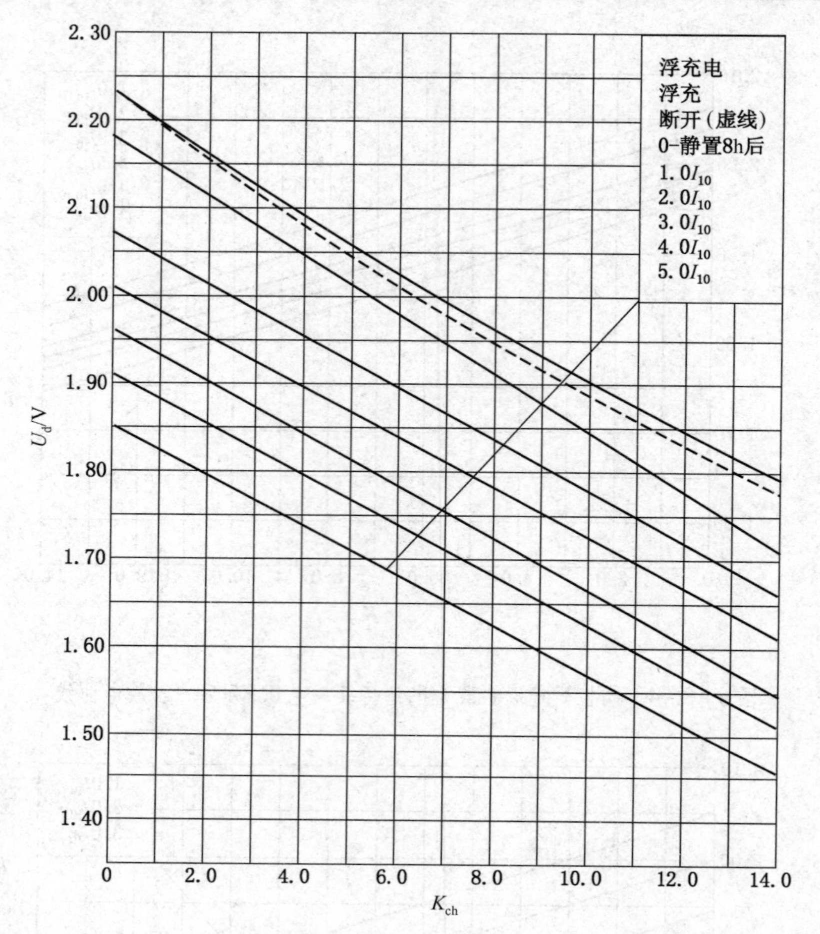

图 6-8-6　阀控式胶体铅酸蓄电池持续放电 1 h 后冲击放电曲线

式中　C_{sx}——事故全停电状态下相对应的持续放电时间的放电容量；

K_{mx}——任意事故放电阶段的 10 h 放电率电流倍数；

K_{chmx}——x 小时事故放电末期冲击系数；

I_{chm}——事故放电末期随机（5 s）冲击放电电流值，A；

K_k——可靠系数，取 1.1；

I_{10}——10 h 放电率电流，A；

U_D——蓄电池组出口端电压值；

n——蓄电池组的单体电池个数；

U_d——单体电池电压值；

t——事故放电时间，h。

（3）任意事故放电阶段末期，蓄电池所能保持的电压

$$K_{mx}=K_k\frac{C_{sx}}{tI_{10}}\tag{6-8-14}$$

由图 6-8-1 至图 6-8-7 冲击曲线中，根据 K_{mx} 值找出相应的曲线，对应 $K_{chmx}=0$

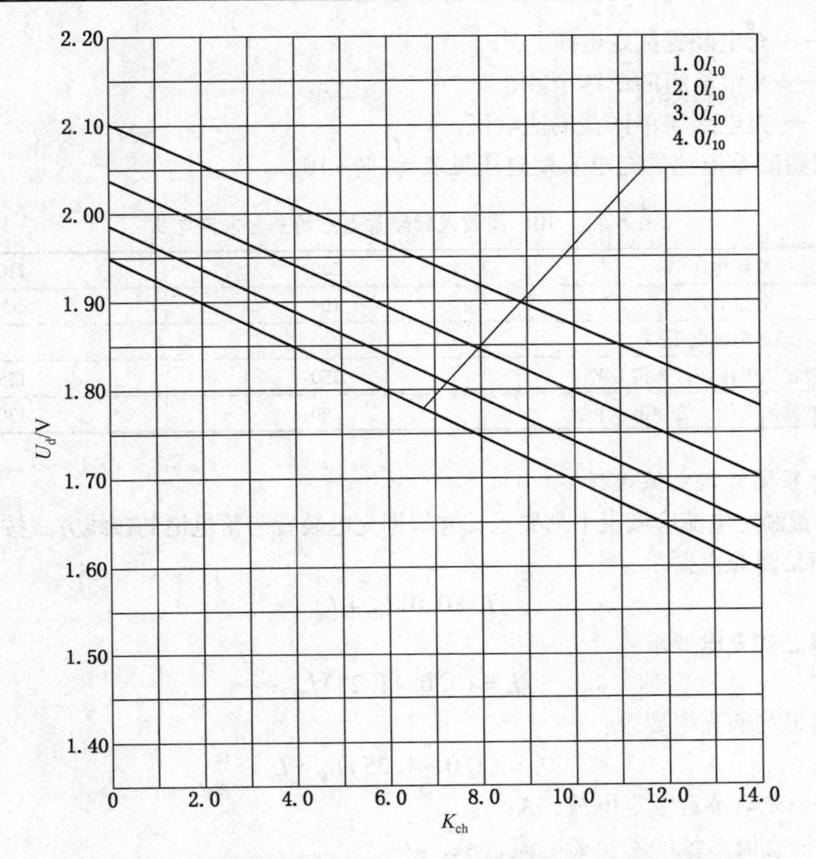

图6-8-7　阀控式胶体铅酸蓄电池持续放电0.5 h后冲击放电曲线

值，查出单体电池电压值 U_d，则

$$U_D = nU_d \tag{6-8-15}$$

式中　C_{sx}——事故全停电状态下相对应的持续放电时间的放电容量；

K_{mx}——任意事故放电阶段的10 h放电率电流倍数；

K_k——可靠系数，取1.1；

I_{10}——10 h放电率电流，A；

U_D——蓄电池组出口端电压值；

n——蓄电池组的单体电池个数；

U_d——单体电池电压值；

t——事故放电时间，h。

（五）充电装置选择

目前国内广泛使用的充电装置为高频开关模块型，单模块额定电流通常为5、10、20、40 A等，具有体积小、质量轻、技术性能好、指标先进，使用维护方便、效率高、自动化水平高等优点。

1. 充电装置输出电压选择

$$U_r = nU_{cm} \tag{6-8-16}$$

式中 U_r——充电装置额定电压，V；

n——蓄电池组的单体个数；

U_{cm}——充电末期单体蓄电池电压，V。

阀控式铅酸蓄电池的充电末期电压见表6－8－10。

表6－8－10 阀控式铅酸蓄电池的充电末期电压

系统电压/V	220	110
电池个数/个	104	52
单体电池电压/V	2.4	
装置输出电压（计算值）/V	250	125
装置输出电压（选择值）/V	260	130

2. 充电装置额定电流选择

充电装置额定电流应满足下列要求，并根据充电装置与蓄电池的接线方式按大值选择。

（1）满足浮充电要求：

$$I_r = 0.01 I_{10} + I_{jc} \tag{6-8-17}$$

（2）满足初充电要求：

$$I_r = (1.0 \sim 1.25) I_{10} \tag{6-8-18}$$

（3）满足均衡充电要求：

$$I_r = (1.0 \sim 1.25) I_{10} + I_{jc} \tag{6-8-19}$$

式中 I_r——充电装置额定电流，A；

I_{jc}——直流系统经常负荷电流，A；

I_{10}——铅酸蓄电池10 h放电率电流，A。

3. 高频开关电源模块选择和配置要求

（1）每组蓄电池配置1组高频开关充电装置，其模块数量为

$$n = n_1 + n_2 \tag{6-8-20}$$

$$n_1 = \frac{(1.0 \sim 1.25) I_{10}}{I_{me}} + \frac{I_{jc}}{I_{me}} \tag{6-8-21}$$

式中 n_1——基本模块的数量；

n_2——附加模块的数量，当 $n_1 \leqslant 6$ 时，$n_2 = 1$，当 $n_1 \geqslant 7$ 时，$n_2 = 2$；

I_{me}——单体模块额定电流，A；

I_{10}——铅酸蓄电池10 h放电率电流，A；

I_{jc}——直流系统经常负荷电流，A；

n——高频开关电源模块选择的数量，当模块选择数量不为整数时，可取邻近值，但模块数量应不小于3。

（2）1组蓄电池配置2组高频开关充电装置，或2组蓄电池配置3组高频开关充电装置，其模块数量为

$$n = \frac{I_{10}}{I_{me}} \tag{6-8-22}$$

式中 I_{me}——单体模块额定电流，A；

I_{10}——铅酸蓄电池 10 h 放电率电流，A；

n——高频开关电源模块选择的数量，当模块选择数量不为整数时，可取邻近值，但模块数量应不小于3。

4. 充电装置回路设备选择

充电装置回路设备包括直流断路器、隔离开关、熔断器以及相应的回路检测仪表。回路设备的额定参数应满足充电设备正常运行、异常工况的电气特性要求。表6－8－11和表6－8－12分别给出了充电装置回路设备的选择要求以及充电装置的输出电压和输出电流的调节范围。

表6－8－11　充电装置回路设备选择表　　A

充电装置额定电流	20	25	31.5	40	50	63	80
熔断器及刀开关额定电流	63					100	
直流断路器额定电流	32		63			100	
电流表测量范围	0～30		0～50		0～80		0～100
充电装置额定电流	100	125	160	200	250	315	400
熔断器及刀开关额定电流	160		200	300		400	630
直流断路器额定电流	225				400		630
电流表测量范围	0～150		0～200	0～300		0～400	0～500

表6－8－12　充电装置的输出电压和输出电流的调节范围

交流输入	相　数			三相或单相			
	额定频率/Hz			50×(1±2%)			
	额定电压/V			380×(1±10%)/220×(1±10%)			
直流输出	额定值	电压/V		220	110	48	24
		电流/A		5、10、16、20、25、31.5、40、50、63、80、100、125、160、200、250、315、400、500			
	充电	电压调节范围/V	阀控式	198～260	99～130	36～60	18～30
			防酸式	198～300	99～150	40～72	20～36
			镍镉式	198～300	99～150	40～72	20～36
		电流调节范围/%		30～100			
	浮充电	电压调节范围/V	阀控式	220～240	110～120	48～52	24～26
			防酸式	220～240	110～120	48～52	24～26
			镍镉式	220～240	110～120	48～52	24～26
		电流调节范围/%		0～100			
	均衡充电	电压调节范围/V	阀控式	230～260	115～130	48～52	24～26
			防酸式	230～300	115～150	48～72	24～36
			镍镉式	230～300	115～150	48～72	24～36
		电流调节范围/%		30～100			

三、交流操作电源

交流操作电源主要利用电流互感器故障电流直接动作于保护、控制及信号回路，正常时辅以电压回路作为操作电源。电压回路一般通过电压互感器所用变压器或外来的低压电源供给，当配电网发生短路故障，电网电压大幅度下降，因此电压回路只能在电力系统正常工作时使用。现在交流操作电源多使用小型在线式 UPS 电源。

当电力网发生短路故障时，故障点产生较大的故障电流，电网电压大幅度下降，故障电流值越大，电压降低的幅度越大。因此可以利用反映故障电流大小的电流互感器直接动作于保护、信号及操作回路。由电力系统电流电压回路的电磁元件直接供给电源，简化了供电和控制系统。

受元件和设备的限制，目前交流操作还不能构成较复杂的保护装置。当采用交流操作时，电流互感器二次侧负担增大，使有些电流互感器不能满足10%误差曲线的要求，因而使交流操作的使用范围受到一定限制，一般只适用于35 kV 以下负荷等级较低的小型变配电所。

第九节　站用交流系统

一、站用电负荷

为供给变电站内的动力、照明、控制、信号、继电保护及自动装置的用电，各变电站都有站用变压器和站用电系统。

煤矿变电站的用电负荷，除供上述直流设备的用电负荷外，还有变压器的风冷电扇、配电装置室的通风机、主控制室的空调、室内外照明及试验检修设备的用电负荷，这些负荷一般在50 kW 左右。选用站用变压器除考虑上述负荷外，还要特别注意冲击负荷，有的电磁操作机构冲击负荷高达几十千瓦。对不设蓄电池直流电源的变电站，选用站用变压器要避免合闸时电压降过大，影响电磁机构可靠合闸。

二、站用电接线及供电方式

（1）站用电低压配电宜采用中性点直接接地的 TN 系统，采用动力和照明共用的供电方式，额定电压为380/220 V。

（2）站用电低压母线宜采用单母线分段接线，每台站用变压器宜各接一段母线，也可采用单母线分段接线，每台站用变压器宜经过切换接一段母线。

（3）站用电重要负荷宜采用双回路供电方式。

（4）变电站宜设固定的检修电源，并应设置漏电保护装置。

三、站用交流系统及站用屏

煤矿变电站站用负荷不大，但可靠性要求高，特别是不设蓄电池作直流电源的变电站，如果站用交流系统出现故障，将影响全矿供电，因此站用交流系统有单电源和双电源两种。

1. 单电源站用交流系统

单电源系统一般设一台变压器，在变电所3～10 kV母线上取电源，在开关柜内设高压隔离开关、熔断器、低压馈出线以及站用变压器。此类系统适用于小型变电站及有蓄电池直流系统的煤矿变电站，系统的最大优点是高压开关柜内包括了全部站用设备，系统简单，节省投资。

2. 双电源站用交流系统

交流操作变电站由于没有独立的直流电源，要求采用双电源交流系统。矿区变电站虽有直流电源，但由于比较重要，为确保供电的可靠性，一般也采用双电源交流系统。站用电双电源，其中的一个最好与变电站主电源无关，如条件不满足，可将其中一台站用变压器接于一次侧进线断路器前，如图6－9－1所示，另一台接于3～10 kV母线。这种接线方式，0.4 kV侧有可能引起30°相位差。另一种接线方式是将两台变压器都接于二次侧，这种接线方式供电可靠性较前者差。

双电源站用交流系统两回电源进线应设置互锁装置，避免同时接入站用电系统。一般情况下应设置单独的交流屏。

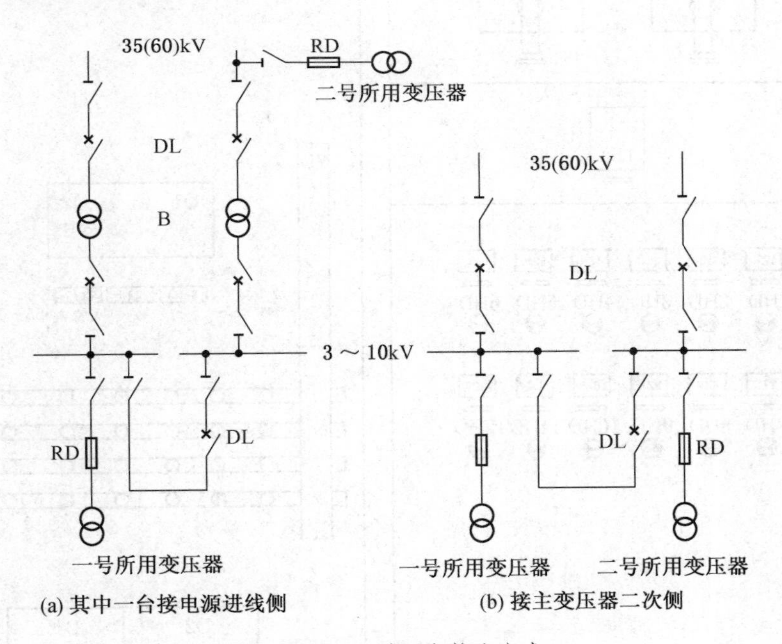

图6－9－1　站用电接线方式

交流操作系统的双回电源可取自站用变压器或电压互感器，如果条件合适，也可取自其他变压器或电源。所有控制电源一般经220/220 V或100/220 V、1 kV · A或0.4 kV · A中间变压器供电。当交流电源引自电压互感器时，该中间变压器容量不能大于电压互感器的容量，并设于电压互感器开关柜内，在订货时要特别提出。

四、事故照明电源切换装置

设有直流屏的变电站，如主控室、配电装置室、电容器室及通信室等，均应设置两套照明装置，一套供正常照明使用，由交流照明配电箱供电，可用交流供电的荧光灯，另一套为事故照明。正常由交流照明箱供电，当交流电源消失时，自动切换至直流电源供电。正常运行时，使用交流灯具照明，事故情况下，事故照明灯强制点亮。电源切换装置设置在站用交流屏中，交直流电源进线应互锁，不应同时投入使用。

站用交流屏屏面布置及一次系统图分别如图 6-9-2 及图 6-9-3 所示。

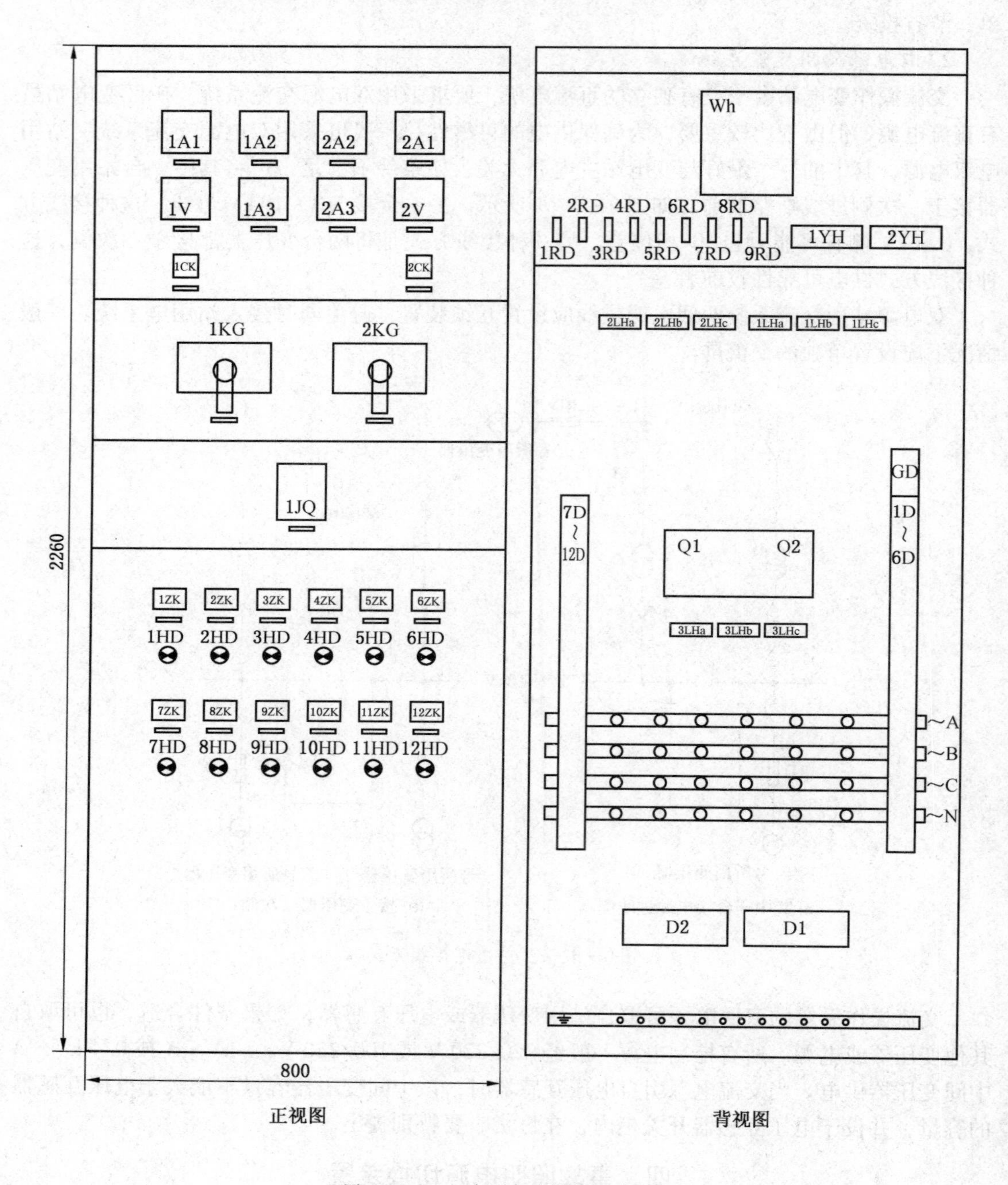

图 6-9-2 站用交流屏屏面布置

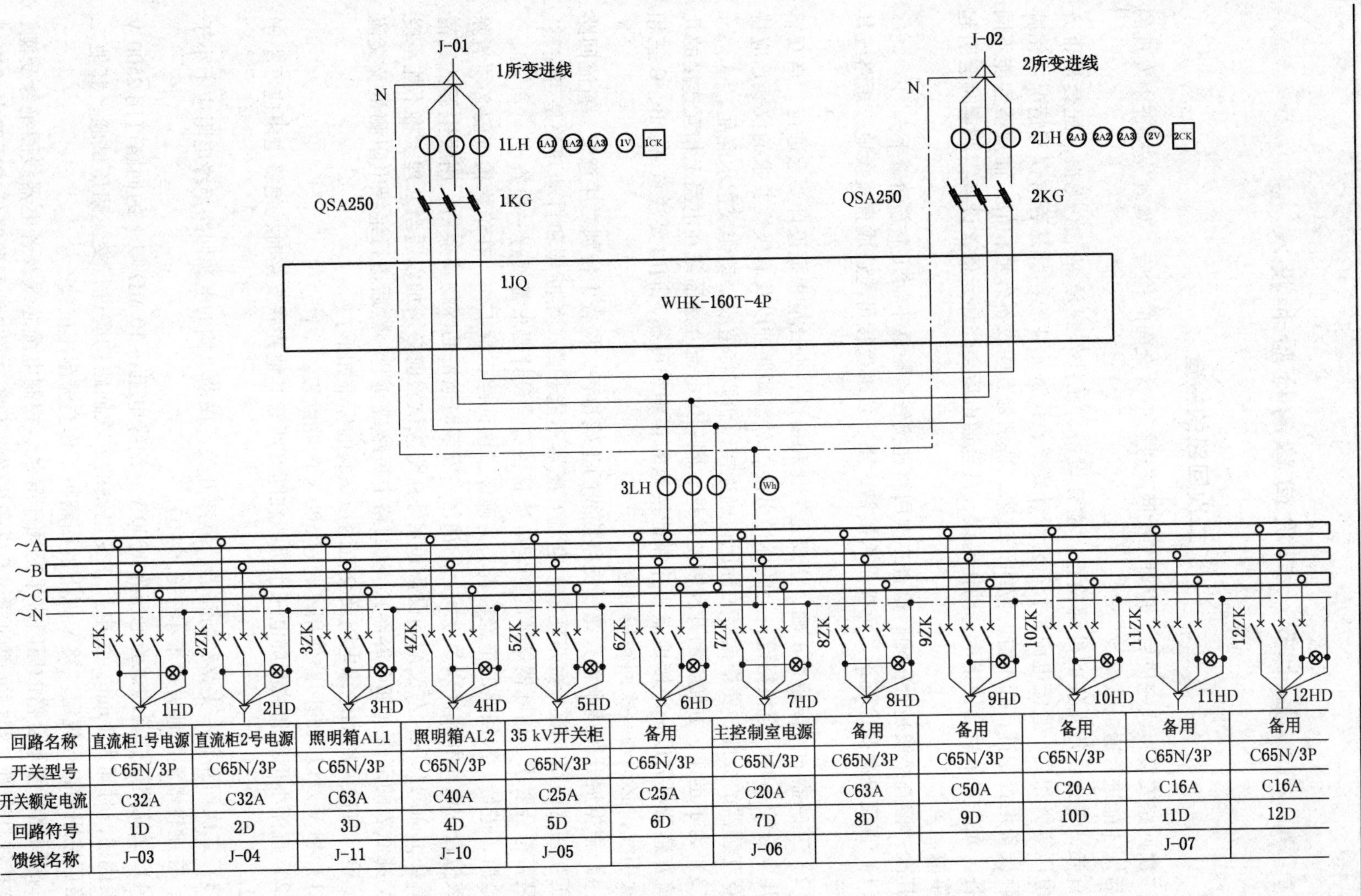

回路名称	直流柜1号电源	直流柜2号电源	照明箱AL1	照明箱AL2	35 kV开关柜	备用	主控制室电源	备用	备用	备用	备用	备用
开关型号	C65N/3P	C65N/3P	C65N/3P	C65N/3P	C65N/3P	C65N/3P	C65N/3P	C65N/3P	C65N/3P	C65N/3P	C65N/3P	C65N/3P
开关额定电流	C32A	C32A	C63A	C40A	C25A	C25A	C20A	C63A	C50A	C20A	C16A	C16A
回路符号	1D	2D	3D	4D	5D	6D	7D	8D	9D	10D	11D	12D
馈线名称	J-03	J-04	J-11	J-10	J-05		J-06				J-07	

图6-9-3 站用交流屏一次系统图

第十节 二次回路的检验和投入

一、二次回路的检查

二次回路安装接线完成后，应对二次回路进行一次全面的检查，处理完检查中发现的问题后，才能进行通电试验。

首先，进行设备元件的外部检查。检查设备、元件外观是否完整无损，配套是否齐全，电压等级和交、直流电源是否符合设计要求，设备元件的铭牌是否有误等情况。铭牌与实际设备是否相符，当不符时应纠正过来，特别是有些设备外形相似，而规格性能不同的设备、元件安装后会使指示、动作错误，甚至通电后会烧坏元件、设备，严重时会引起其他事故。

其次，检查接线是否正确。检查二次回路连接线一般从下面几个方面着手。

（1）直流电源要检查正、负极是否接错，正、负极反接可能造成直流接地、短路或其他故障。

（2）互感器的连接是否正确，主要是变比和极性，变比应根据设计要求进行，当互感器有几个分接头时，应根据设备上的标号引接。对差动保护以及有极性要求的仪表，应特别注意互感器的极性，要根据有关标记正确连接，否则将造成误动作或指示混乱。

（3）为了迅速、方便地断开和恢复接地，同一组电流互感器或在电路上相互连接的几组电流互感器只需设一个接地点，并保证接地的正确和可靠，同时要注意 A、B、C 三相的二次引线，必须与一次回路相对应。

（4）根据展开图逐个检查每一支路接线的正确与否，检查中特别要注意交、直流回路和电压互感器回路不能有短路现象，电流互感器不能开路，熔断器和自动开关是否完整、质量是否符合要求、熔断器熔体的额定电流是否符合设计要求都要逐一检查。

最后，进行二次回路的绝缘检查。为确保二次回路正常工作，在绝缘检查前必须清除所有被检查的设备和元件以及导线上的油污、安装时遗留的碎物及杂物。用吸尘器认真清除覆盖在上面的灰尘，对受潮的设备和元件在绝缘试验前必须加以适当处理。将不能承受 1000 V 兆欧表的部件（如电容器），从回路中短路或断开，然后进行绝缘电阻测量及交流耐压试验。二次回路的绝缘电阻及交流耐压试验的标准如下：

（1）48 V 及以下的回路使用不超过 500 V 的兆欧表。

（2）直流小母线和控制屏电压小母线在断开所有其他并联支路时，绝缘电阻应不小于 10 MΩ。

（3）二次回路每一支路和断路器、隔离开关、操动机构的电源回路绝缘电阻应不小于 1 MΩ，在比较潮湿的地方可不小于 0.5 MΩ。

（4）交流耐压试验的试验电压为 1000 V。绝缘电阻在 10 MΩ 以上的回路可用 2500 V 兆欧表代替，时间为 1 min。发电厂、变电站的二次回路均应进行交流耐压试验，其他二次回路可按用途自行规定。48 V 以下的回路可不作交流耐压试验。

二次回路绝缘不合格的原因多半是由于导线、控制电缆芯线及各电器线圈绝缘受潮，继电器接线柱套管、穿过屏面的导线及端子排绝缘不良，蓄电池组绝缘低或回路内的接地线未拆除等，必须根据具体情况，做出正确判断，以便对症处理。检查时一般采取分段查找，以便缩小范围，发现原因。

线圈、绝缘件、导线或电缆芯线受潮可用灯泡、电吹风等进行干燥，以提高其绝缘强度，或将线圈、绝缘件等拆下置于烘箱中干燥。隐患处理完毕后，应再测试绝缘电阻，绝缘检查完毕后，应将拆除的接地线恢复，将电容器的短路线去掉。

二次回路主要元件的检验项目及要求见表6－10－1至表6－10－7。

表6－10－1　保护用电流互感器检验项目及要求

顺序	检验项目	要求	备注
1	二次线圈对外壳及二次线圈之间绝缘电阻测定	户内不小于10 MΩ 户外不小于6 MΩ	连同二次回路须大于1 MΩ
2	二次线圈对外壳及二次线圈之间交流耐压试验	交流1000 V加压1 min	可用2500 V兆欧表测绝缘电阻代替交流耐压试验
3	变流比测定	在额定一次电流和额定二次负荷下比值差不得超过±3%，对于150 A及以下的套管电流互感器，其比值差不得超过±10%	测所有分接头
4	极性检验	与标注相符	
5	二次线圈伏安特性试验	伏安特性曲线平滑	定期对交流操作的电流互感器测试
6	10%误差曲线测试	在额定10%倍数下比值差不得超过－10%	新装验收做此项测试
7	角差测试	不规定	

表6－10－2　零序电流互感器的检验项目及要求

顺序	检验项目	要求	备注
1	绝缘电阻测定	二次线圈对铁芯应大于2 MΩ	
2	交流耐压试验	二次对地1000 V，1 min	
3	极性检验	与标注相符，应为减极性	
4	灵敏度检验	二次在额定负荷、额定电压下一次电流不应大于厂家规定值	从一次用调压器输入电压
5	伏安特性测定	应与厂家数据相近	按配套继电器要求测定

表6－10－3　电压互感器检验项目及要求

顺序	检验项目	要求	备注
1	二次线圈对地及线圈之间绝缘电阻测定	户内不小于10 MΩ 户外不小于6 MΩ	与二次回路连接时应大于1 MΩ
2	二次线圈对地及线圈之间交流耐压试验	交流50 Hz、2000 V，加压1 min	可用2500 V兆欧表测绝缘电阻代替交流耐压试验

表 6 - 10 - 3（续）

顺序	检验项目	要求	备注
3	变压比测定	符合铭牌标注的级别要求	
4	极性试验	与标注相符	
5	利用一次工作电压检查二次线圈电压	下列各电压均应与铭牌标注相符： （1）相电压和线间电压 （2）开口三角处或五柱变压器零序线圈电压 （3）星形接线每相对地电压 （4）相序及与其可能并用互感器的相对相位	可在运行中检验

表 6 - 10 - 4　交流二次回路的检验项目及要求

顺序	检验项目	要求	备注
1	接线正确性检查	符合设计和运行要求，编号正确端接线牢固可靠	电流互感器二次回路应有一个接地点，电压互感器二次侧中性点或线圈引出端子之一应接地
2	二次辅助元件检查	元件规格符合要求，性能良好	
3	绝缘电阻检验	应大于 1 MΩ	
4	交流耐压试验	回路对地加交流 1000 V，加压 1 min	可用 2500 V 兆欧表测绝缘电阻代替交流耐压试验
5	电流回路阻抗测量	应满足电流互感器 10% 误差曲线的要求，不超过允许负荷	
6	电压回路保护熔丝检查	规格符合要求，接触良好	
7	导线相色及相序核对	符合设计及运行要求	
8	连接装置元件整组动作试验	符合设计及运行要求	

表 6 - 10 - 5　直流二次回路检验项目及要求

顺序	检验项目	要求	备注
1	接线正确性检查	符合设计及运行要求，编号正确，接线牢固可靠	母线颜色标注正确
2	辅助元件检验	性能良好无破损	注意检查熔断器
3	绝缘电阻测定	应大于 1 MΩ	
4	绝缘及监视装置检查	指示正确、可靠	
5	最大负荷下母线电压检验	采用整流电源时，不应低于 80% 额定电压	
6	连接装置元件整组试验	符合设计及运行要求	

表6-10-6　直流操作机构电气部分的检验项目及要求

顺序	检验项目	要　求	备　注
1	分合闸线圈和合闸辅助线圈直流电阻测定	分闸线圈和辅助合闸线圈的直流电阻不应超过厂家规定的±10%	
2	分闸线圈和合闸辅助线圈最低动作电压和电流测量	动作电压（或电流）应为额定电压（或电流）的30%～65%	
3	电动合闸可靠性检验	在80%～115%额定电压下操作试验，动作应可靠	定期检验动作可靠性
4	分合闸时间测量	按厂家规定值允许误差±10%，三相相间差不应大于0.02 s	
5	整组动作试验	符合设计及运行要求	

表6-10-7　交流操作机构电气部分的检验项目及要求

顺序	检验项目	要　求	备　注
1	过流脱扣线圈最小脱扣电流测量	与额定脱扣电流的误差不应大于±10%	运行中可结合整组动作试验测量
2	失压脱扣器释放及吸合电压测量	当线圈电压由额定电压降低到35%～65%时，允许脱扣器铁芯释放，降到35%以下时应可靠释放 当线圈电压恢复升到额定电压的65%～85%时，允许脱扣器铁芯吸合，升到85%以上时应可靠吸合	此时必须用外力把顶杆强行压下，机构才能恢复正常位置
3	分合闸时间测量	瞬动脱扣器在1.2倍额定脱扣电流下开关的遮断时间不大于0.2 s，延时脱扣器误差为±0.3 s，机械重合闸开关合闸时间为0.4～0.6 s	
4	整组动作试验	符合设计及运行要求	

二、二次回路的通电试验

1. 通电试验的顺序

在二次回路进行全面检查后，正式投入运行前应做通电试验。尽管在不带电的情况下，已对二次回路和设备做了详细检查，但在通电试验时仍难免会出现这样那样的问题，对于发现的问题应根据现象做冷静分析与判断，查明原因，然后逐项进行处理。因此通电检查是检查二次回路的另一种形式，通电试验一般按下列顺序进行：

（1）电源系统，尤其是直流电源系统，其本身回路必须先经过试验检查，如没有什么问题可作为通电试验的总电源。

（2）信号系统，尤其是中央信号系统，应先进行试验，为控制、保护回路的试验创造条件；对于预告信号可在端子排上短接各脉冲信号源的端子，以检验光字牌。

（3）按一次设备单元分别检验控制、保护回路，同时检验信号回路部分。试验可按展开图自上而下的顺序逐一进行。在试验保护回路时，不一定每次都动作于断路器，只要起动出口继电器即可。

2. 通电试验的注意事项

对二次回路进行通电试验时，应注意下列各点：

（1）应将试验的回路与暂时不试验的回路或已投入运行的回路分开（解除连线），以防误动作或发生危险。

（2）做传动试验时，不应使相应的一次设备或回路带有运行电压。一般采用拉开隔离开关、刀闸等，使断路器、接触器等不致有电。

（3）分几摊同时进行通电试验时，应在设备附近设专人监视，并装设电话，保持联系，互通情况，彼此照应。

（4）临送电前还应再次检查绝缘情况，以防接地、短路，确保直流正负极间、交流间、地线间确无短路情况。一般用万用表测量直流电阻，或用干电池试灯进行检查。

（5）如果在继电器单体试验时没有逐个检查起动电压，在通电试验时，应在80%的额定电压下进行。

（6）通电试验可根据原理接线图及各种工作状态下继电器的动作次序，以闭合和断开继电器触点的方法进行，如果继电器的动作顺序与它本身的时间有关，在检验时应通入必要的电流或电压。

（7）通电试验时，应根据原理图周密地考虑被检验装置在保护范围内外发生故障的各种可能情况，据此制定检验和操作方案，确保检验中的安全。

对于有方向继电器的保护装置，应检验保护装置的工作情况、时限与方向继电器动作情况的关系。

对于由单独继电器建立时限的保护装置，应检验在动作于跳闸或合闸时是否带有时限，在有数段时限的保护装置中，检验各段时限的保护元件间相互动作的正确性。

如果保护装置的动作情况与短路类型有关时，则应当模拟各种可能的短路情况或由一种短路过渡到另一种短路时的情况，来检验保护装置相互动作的正确性。

（8）在试验中发现不正常情况或动作不正常时，特别是有可能引起事故或无法在带电情况下进行检查时，应立即断开电源。

三、中央信号回路的检验和投入

在二次回路中电源系统正常后，首先应将信号回路投入，这样有利于其他回路的投入，即检验其他回路时，信号回路能同时参加检验。

中央信号装置种类很多，现以预告信号和事故信号为例说明动作的检验过程。动作检验分为在控制盘上检验和在外部回路检验两个步骤。

（1）检验事故信号装置。如图6-4-1所示，按事故信号试验按钮SB2，电笛应发出音响，按下解除按钮SB1，音响应停止，HY1亮表示事故消除。断开事故信号回路熔断器，KA4无电，预告信号应发出音响，同时光字牌显示电源消失。在外部回路检验事故信号是将某一回路的开关处于跳闸位置，此时相应的中间继电器KA2、KA3应动作，使SYM有电而发出事故信号。如果检验中未按上述方式动作，应及时寻找原因，予以处理。

（2）检验预告信号装置。如图6-4-6所示，按预告信号试验按钮SB2时应立即发出音响信号，按下预告信号解除按钮SB1，音响应立即消失，连续地按试验按钮并用解除按钮相应地复归，检查回路中有无接触不良现象，正常时音响应及时断续地发出信号，上述试验如有问题，应寻找原因，予以处理。同样，检查外部回路正确性时，亦须到事故现场去试验，因此检验人员活动是比较广的，为了减少人员来回走动的路程，在安排检验项目的顺序时，应考虑好走动顺序以及联络和通信设施，观察光字牌的位置和标字是否与实际相符。

（3）检验光字牌。光字牌用信号灯组成，在试验位置时，光字牌应全部亮，如有不亮的光字牌，应寻找原因，予以处理。操作开关复归后，灯应全灭，如不灭而处于接通状态，应分析接通原因。最后用短接线逐一接通每个光字牌的回路，相应光字牌亮并发出声响，此时应检查光字牌上的字和实际是否相符，如有不一致或不动作情况应处理。试验正常后可投入运转。

四、控制、保护回路的检验和投入

在检验控制回路前，应检验被控开关设备操作机构是否正常，进行就地电动操作有无问题，它们的一次回路是否已带电，并采取安全措施。当断路器无试验位置时，应把电源侧的刀开关或熔断器打开或取下，必要时可临时断开被控设备的电力电缆。

当接通控制及信号回路的直流电源时，控制盘上绿色信号灯亮，在控制盘上操作控制开关，使合闸接触器动作 2 ~ 3 次，观察其返回情况，正常后装上合闸熔断器。操作控制开关，使断路器跳、合 2 ~ 3 次，观察控制把手在“预备合闸”、“合闸”、“合闸后”、“预备跳闸”、“跳闸”、“跳闸后”等 6 个位置断路器的动作情况及指示灯情况，此时均应符合设计要求。如控制开关手柄在“预备合闸”位置，绿灯闪光；在“合闸”位置，红灯平光；在“预备跳闸”位置，红灯闪光；在“跳闸”位置，绿灯平光。然后在断路器处于合闸状态下，从继电保护出口继电器处短接，绿灯应闪光，并发出事故音响信号。

具有“防跳”回路的断路器，应做防跳回路检验。首先在断路器合闸后，取下合闸回路的熔断器，在控制盘上将控制开关转至“合闸”位置不返回。用保护回路触点使断路器跳闸，如果回路正确，则断路器跳闸后，合闸接触器应不再动作。然后恢复控制开关至“跳闸”位置，合上合闸回路熔断器，用短接线接通保护出口继电器触点，在控制盘上将控制开关转至“合闸”位置，如回路正确，断路器合闸后，应立即跳闸，而不继续再合。

在控制、信号、操作电源投入后，以一次设备为单元开始进行整组动作的检验。对于较复杂的保护回路，往往有几组保护，此时需将所有连接片断开，一组一组地进行检验，全部检验完后，再进行整组动作检验。

五、微机保护的检验和投入

（1）电源。电源是装置的薄弱环节，正常时分别输出 5 V、± 15 V、24 V 电压源，各相应指示灯正常发光，各级电压应在额定误差范围内。电源损坏后将引起装置不正常运行，这时有信号输出以便及时检修。当 CPU 正常时，5 V 电压越限或 15 V 电压消失均会通过自检而报警。当整个电源或任一电压失去时，电源监视继电器的动断接点输出电源故障报警信号，同时，相应指示灯将出现异常现象。排除电源故障最直接的方法就是更换电源，电源部件不宜长期储备，建议每 4 ~ 6 年购置一次电源备件。如果平时发现电源损坏应立即更换并重购备件或修理。

（2）微机系统插件。装置的自检功能能及时查出主要芯片及其相关电路的功能故障，从而及时发出报警信号并打印故障信息，打印的信息一般将故障部位定位于插件。可根据相关信息直接更换插件，然后检查、排除故障。

（3）开关器件接触不良。面板开关使用次数多后如果发现接触不良，若不需要更改定值则可在检修时更换，以不影响保护正常运行为原则。

（4）装置接线松动。为避免此现象发生，应在通电前将横排、竖排端子配线紧固一次。紧固时用力不应太大，避免压伤导线，而且应注意多线同孔时孔中的几根线受力均匀。

（5）打印机卡纸或字迹模糊。调整打印机装纸机构，重新装纸。字迹淡需要更换色带。注意带盒要压到位，色带要嵌到位。

第十一节　变电站综合自动化系统

一、概　　述

变电站综合自动化系统是利用先进的计算机技术、现代电子技术、通信技术和信息处理技术等实现对变电站二次设备，包括继电保护、电网安全监控、电量和非电量测量、设备参数自动调整、中央信号及电压无功综合控制、电量自动分时统计、故障跳闸过程参数自动记录、事件按时安排、事故处理提示、快速处理事故、微机控制免维护直流电源供电和微机运行一体化等功能进行重新组合、优化设计，对变电站全部设备的运行情况执行监视、测量、控制和协调的一种综合性自动化系统。通过变电站综合自动化系统内各设备间相互交换信息、数据共享，完成变电站运行监视和控制任务，实现变电站无人值守。

变电站综合自动化替代了变电站常规二次设备，简化了变电站二次接线。变电站综合自动化是提高变电站安全稳定运行水平、降低运行维护成本、提高经济效益、向用户提供高质量电能的一项重要技术措施。

二、设　计　原　则

变电站综合自动化的设计应遵循以下原则：

（1）提高变电站安全生产水平，技术管理水平和供电质量。

（2）使变电站运行方便、维护简单，提高劳动生产率和营运效益，实现减人增效。

（3）减少二次设备间的连接，节约控制电缆。

（4）减少变电站设备的配置，避免设备重复投资，实现资源共享。

（5）减少变电站占地面积，降低工程造价。

变电站计算机监控系统的选型应做到安全可靠、经济适用、技术先进、符合国情，应采用具有开放性和可扩充性、抗干扰性强、成熟可靠的产品。

三、基　本　功　能

变电站综合自动化系统的基本功能：随时在线监视正常运行情况的运行参数及设备运行状况；自检、自诊断设备本身的异常运行；发现电网设备异常变化或装置内部异常时，立即自动报警并闭锁相应的动作出口，以防止事态扩大；电网出现事故时，应快速采样、判断、决策，迅速消除事故，将故障限制在最小范围；完成电网在线计算、存储、统计、分析报表、远传和保证电能质量的自动化监控调整工作。

变电站综合自动化系统应能实现对变电站可靠、合理、完善的监视及测量、控制、运行管理，并具备遥测、遥信、遥调、遥控等全部的远动功能，具有与调度中心计算系统交换信息的能力。

变电站综合自动化系统具有功能综合化，结构微机化，操作监控屏幕化和运行管理智能化。

四、系统与网络结构

变电站综合自动化系统由功能完全独立的子系统构成。用一台工业控制主机来统一管理全站的子系统，各子系统间通过串行通信，联成一个完整的计算机局部网络，任何一个子系统都可独立运行。

变电站计算机监控系统由站控层和间隔层两部分组成，并用分层、分布、开放式网络系统实现连接。站控层由计算机网络连接的计算机监控系统主机或操作员站和各种功能站构成，提供人机联系界面，实现管理控制间隔层设备等功能，形成全所监控、管理中心，并可与远程调度中心通信。站控层设备一般集中设置。间隔层由工控计算机网络连接的若干个监控子系统组成，在站控层及网络失效的情况下，仍能独立完成间隔设备的就地监控功能。间隔层设备一般分散布置。

变电站计算机监控系统的网络拓扑一般采用总线型，站控层与间隔层之间的物理连接宜采用星型。站控层宜采用标准以太网，并具有良好的开放性，间隔层宜采用工控网。变电站自动化系统示意如图 6－11－1 所示。

五、二次系统设计

1. 控制回路设计

（1）计算机检测与控制系统都有合闸和分闸继电器输出触点，一般触点容量为 AC250 V、1 A，将其连接到开关柜的合、分闸开关或按键上就可以进行远方合分闸操作。

（2）计算机检测与控制系统的合、分闸继电器触点与开关柜上合、分闸开关或按键之间设计手动与远方自动转换开关。

（3）10 kV 及以上的供配电系统需要计算机检测与控制系统进行远方合、分闸操作时，断路器控制开关应取消不对应的接线，可以选用自复式转换开关，也可以选用控制按钮。

（4）所有进入计算机检测与控制系统远方操作开关的手动分闸操作开关或按钮应有一对独立的常开触点引到计算机检测与控制系统，以便在人工手动分闸时给计算机检测与控制系统一个开关量输入信号，防止人工就地手动分闸时出现误报信号。

2. 信号回路设计

（1）所有需要计算机检测与控制系统进行监视的开关状态，均有一对动合触点引到计算机检测和控制系统。所有动合触点可以共用一个信号地线，但不能与交流系统地线相连。

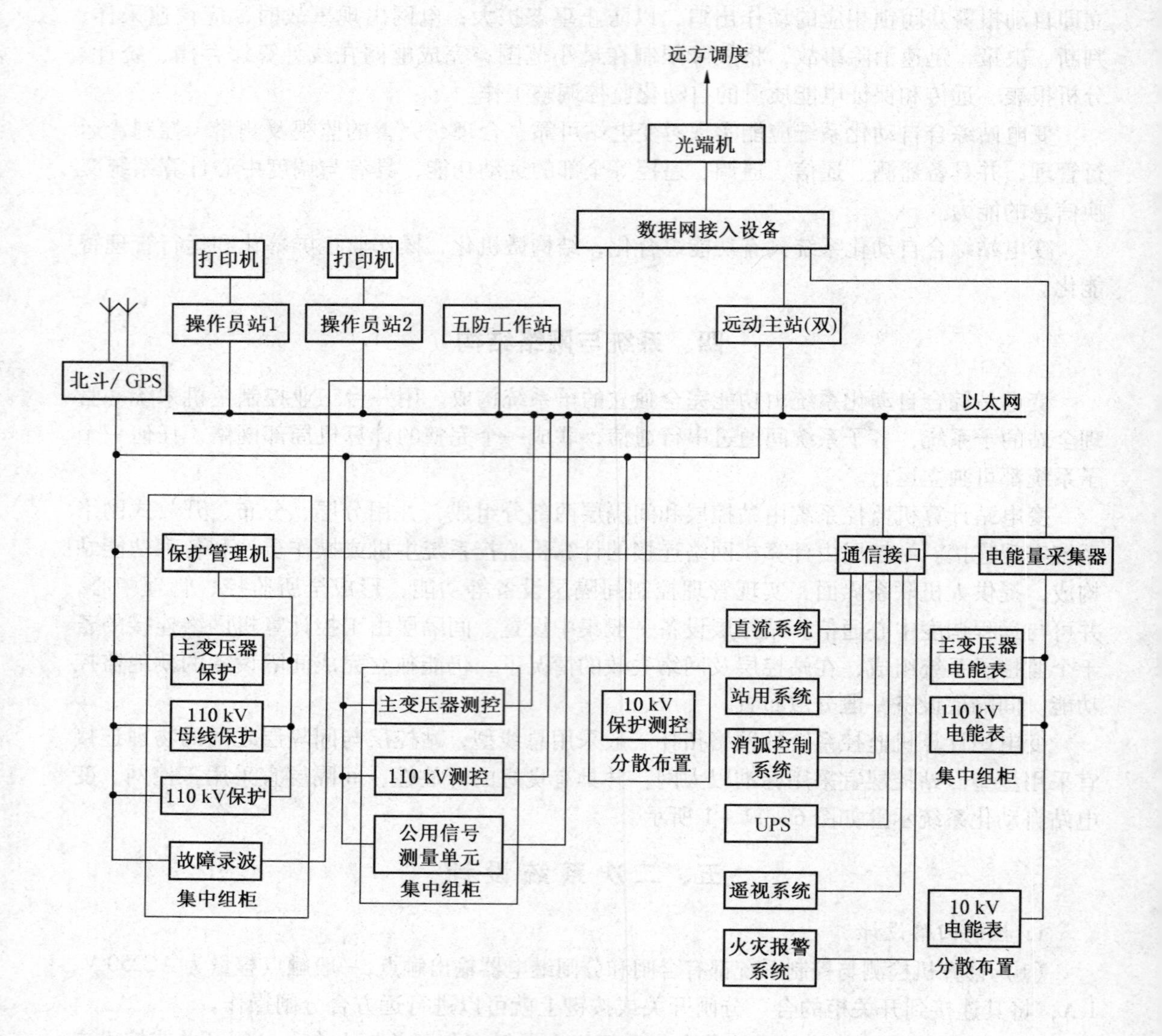

图 6-11-1 变电站自动化系统示意图

（2）所有信号继电器均应有一对单独的动合触点引到计算机检测与控制系统。有中央信号系统时，信号继电器应再有一对动合触点引到中央信号系统。以上两种动合触点应分开，由于电压等级不同，不能共用地线。

3. 继电保护设计

采用测量、继电保护、信号与控制功能于一体的综合保护单元取代常规保护继电器且可与微机监控系统配合，通过通信电缆与微机和控制系统进行数据传输，构成完整的变电站综合自动化系统，完成继电保护、数据监测及远方调度功能。

4. 测量回路设计

采用综合保护装置后，其末端数据采集与控制单元直接安装于开关柜内，大都采用交流采样从电流或电压互感器取 0 ~ 5 A 或 0 ~ 100 V 测量信号，不再需要各种电量变送器。

当采用微机监控系统时，外部看只有一根通信电缆与供电电源电缆。根据工程需要，可以省掉开关柜上的指示仪表。

5. 外部电缆设计

变电所综合自动化系统的外部电缆设计，只有一根通信电缆和一根交流 220 V 电源线。

通信电缆一般选用 DJYV922 - 2 ×2 ×0.5 型计算机用屏蔽电缆，线芯为两对两芯，截面面积为 0.5 mm^2。铜芯线使用一对、备用一对，也可以选用双芯屏蔽双绞线，其通信距离可达 5 km。

综合保护单元应由专用电源集中供电，以保证供电可靠性，增加抗干扰能力。有些综合保护单元，可以用 220 V 直流电源供电，此时可以由直流屏集中供电。

第十二节　智能变电站概述

一、智能变电站的概念及基本特征

智能变电站是采用先进、可靠、集成和环保的智能设备，以全站信息数字化、通信平台网络化、信息共享标准化为基本要求，自动完成信息采集、测量、控制、保护、计量和检测等基本功能，同时，具备支持电网实时自动控制、智能调节、在线分析决策和协同互动等高级功能的变电站。

智能变电站主要包括智能高压设备和变电站统一信息平台两部分。智能高压设备主要包括智能变压器、智能高压开关设备、电子式互感器。智能变压器与控制系统依靠通信光纤相连，可及时掌握变压器状态参数和运行数据。当运行方式发生改变时，设备根据系统的电压、功率情况，决定是否调节分接头；当设备出现问题时，会发出预警并提供状态参数等，在一定程度上降低运行管理成本，减少隐患，提高变压器运行可靠性。智能高压开关设备是具有较高性能的开关设备和控制设备，配有电子设备、传感器和执行器，具有监测和诊断功能。电子式互感器是指纯光纤互感器、磁光玻璃互感器等，可有效克服传统电磁式互感器的缺点。变电站统一信息平台功能有两个：一是系统横向信息共享，主要表现为管理系统中各种上层应用对信息获得的统一化；二是系统纵向信息的标准化，主要表现为各层对其上层应用支撑的透明化。

智能变电站由智能化一次设备（电子式互感器、智能化开关等）和网络化二次设备分层（过程层、间隔层、站控层）构建，建立在 IEC61850 通信规范基础上，能够实现变电站内智能电气设备间信息共享和互操作。智能变电站是应用 IEC61850 进行建模和通信的变电站，体现在过程层设备的数字化、整个站内信息的网络化以及开关设备的智能化。

（一）智能变电站的架构体系

1. 分层结构

（1）物理结构上，完整的智能变电站由 3 个层次构成，分别为过程层、间隔层、站控层。

（2）过程层由互感器、合并单元、智能终端等构成，主要功能是完成实时运行电气量的采集、设备运行状态的监测、控制命令的执行等。

（3）间隔层由保护、测控、计量、录波、相量测量等若干二次子系统组成，主要功能：各个间隔过程层实时数据信息的汇总；完成各种保护、自动控制、逻辑控制功能的运算、判别、发令；完成各个间隔及全站操作闭锁以及同期功能的判别；执行数据的承上启下通信传输功能，同时完成与过程层及站控层的网络通信功能。

（4）站控层由主机、操作员站、远程通信装置、保护故障信息子站和其他各种功能站等设备构成，主要功能：通过网络汇集全站的实时数据信息，不断刷新实时数据库，并定时将数据转入历史数据记录库；按需要将有关实时数据信息送往调度端；接受电网调度或控制中心的控制调节命令下发到间隔层、过程层执行；全站操作闭锁控制；站内当地监控、人机联系；对间隔层、过程层二次设备的在线维护、参数修改。

2. 组网方式

（1）整个系统的组网方式应采用冗余以太网架构，传输速率不低于 100 Mbit/s。

（2）网络宜采用双星型结构，以双网双工方式运行，提高网络冗余度，能实现网络无缝切换。

（3）站控层与间隔层网络主要传输 MMS 和 GOOSE 两类信号。

（4）过程层与间隔层网络主要传输 GOOSE 和 SMV 两类信号，GOOSE 信号和 SMV 信号可分别组网，也可合并组网，但应根据流量和传输路径分为若干个逻辑子网，保证网络的实时性和可靠性。

（5）系统应满足《变电站二次系统安全防护方案》的要求，实现二次系统的安全分区。

3. 逻辑结构

智能变电站的逻辑结构图如图 6－12－1 所示。

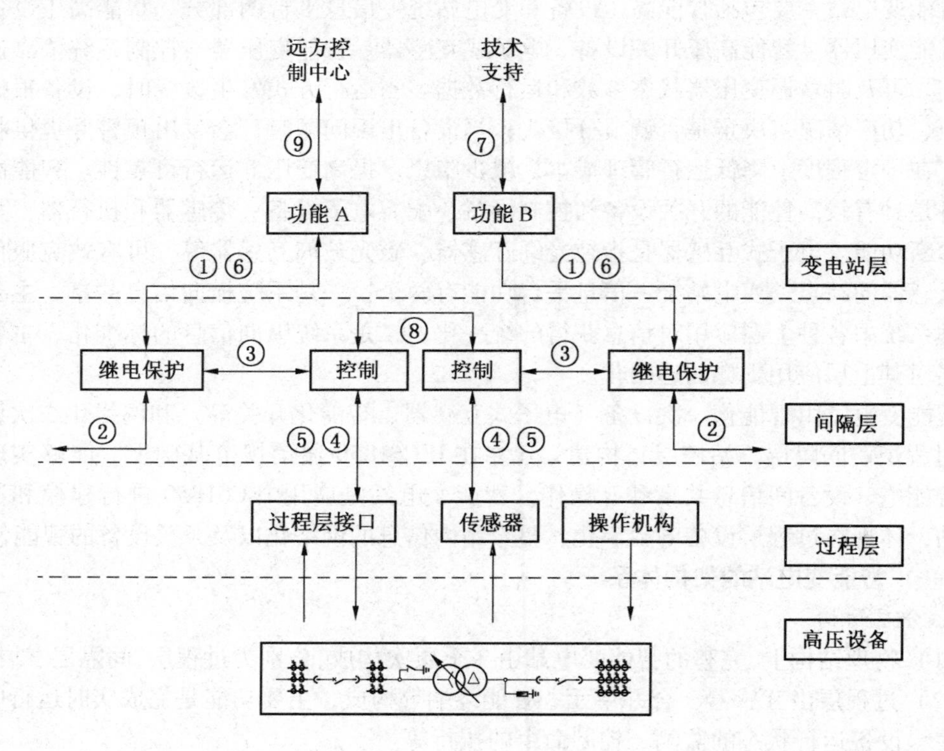

图 6－12－1　智能变电站的逻辑结构图

（1）过程层是一次设备与二次设备的结合面，主要完成开关量输入/输出（I/O）模拟量采集和控制命令发送等与一次设备相关的功能。

IEC 61850 标准要求过程层的数字式传感器能将一次侧的电压、电流等模拟量直接转化为数字信息，通过通信网络传送至间隔层，过程层通过逻辑接口 4 和 5 与间隔层通信。

（2）间隔层设备主要实现控制和保护功能，并实现相关的控制闭锁和间隔级信息的人机交互功能，间隔层设备可通过间隔层通信实现设备间相互对话。

间隔层利用本间隔的数据对该层的一次设备产生作用。如线路保护设备或间隔单元控制设备就属于这一层。间隔层通过逻辑接口 3 实现内部的通信。

（3）变电站层的功能分为两类：一是与过程相关的功能，主要是指利用各个间隔或全站的信息对多个间隔或全站的一次设备发生作用，如母线保护或全站范围内的逻辑闭锁等，通过逻辑接口 8 完成通信功能；二是与接口相关的功能，主要指与远方控制中心、工程师站及人机界面的通信，通过逻辑接口 1、6、7、9 完成通信功能。2 为远方保护逻辑接口。

现有大多数变电站自动化系统由变电站层和间隔层两部分组成，系统中过程层的功能都是在间隔层设备中实现的，设有独立的逻辑接口 4 和 5。

（二）智能变电站的特点

1. 智能化的一次设备

一次设备被检测的信号回路和被控制的操作驱动回路采用微处理器和光电技术设计，简化了常规机电式继电器及控制回路的结构，数字程控器及数字公共信号网络取代传统的导线连接。换言之，变电站二次回路中常规的继电器及其逻辑回路被可编程序代替，常规的强电模拟信号和控制电缆被光电数字和光纤代替。

2. 网络化的二次设备

变电站内常规的二次设备，如继电保护装置、防误闭锁装置、测量控制装置、远动装置、故障录波装置、电压无功控制、同期操作装置以及正在发展中的在线状态检测装置等全部基于标准化、模块化的微处理机设计制造，设备之间的连接全部采用高速的网络通信，二次设备不再出现常规功能装置重复的 I/O 现场接口，通过网络真正实现数据共享、资源共享，常规的功能装置在这里变成了逻辑的功能模块。

3. 自动化的运行管理系统

变电站运行管理自动化系统包括：电力生产运行数据、状态记录统计无纸化；数据信息分层、分流交换自动化；变电站运行发生故障时能及时提供故障分析报告，指出故障原因，提出故障处理意见；系统能自动发出变电站设备检修报告，即常规的变电站设备“定期检修”变为“状态检修”。

1）一体化信息平台和高级功能

（1）一体化信息平台从站控层网络直接采集 SCADA 数据、保护信息等数据，直接采集电能量、故障录波、设备状态监测等各类数据，作为变电站的统一数据基础平台。

（2）66 ~ 220 kV 变电站一体化信息平台主机与站控层主机统一配置，不宜独立配置。

2）高级功能

（1）顺序控制。基于一体化信息平台实现准确的数据采集，包括变电站内所有实时遥信量（开关、闸刀、地刀等的位置）、所有实时模拟量（电流、电压、功率等）以及其他辅助的遥信量。顺序控制功能应具有防误闭锁、事件记录等功能，应采用可靠的网络通信技术。

（2）智能告警及故障信息综合分析决策。建立变电站故障信息的逻辑和推理模型，实现对故障告警信息的分类和信号过滤，对变电站的运行状态进行在线实时分析和推理，自动报告变电站异常并提出故障处理指导意见。告警信息主要在厂站端处理，以减少主站端信息流量，厂站可根据主站需求，为主站提供分层分类的故障告警信息。

在故障情况下对包括事件顺序记录信号及保护装置、相量测量、故障录波等数据进行数据挖掘、多专业综合分析，并将变电站故障分析结果以可视化界面综合展示。

（3）设备状态可视化。采集主要一次设备（变压器、断路器等）状态信息，进行可视化展示并发送到上级系统，为电网实现基于状态检测的设备全寿命周期综合优化管理提供基础数据支撑。

（4）支撑经济运行与优化控制。综合利用FACTS、变压器自动调压、无功补偿设备自动调节等手段，支持变电站系统层及智能调度技术、系统安全经济运行及优化控制。

（5）站域控制。110 kV变电站宜采用变电站监控系统实现站用电源备自投和低频低压减载功能，取消独立装置；220 kV及以下变电站宜采用变电站监控系统实现小电流接地选线功能，取消独立装置。

（6）源端维护。在保证安全的前提下，在变电站利用系统统一配置的工具进行配置，生成标准配置文件，包括变电站网络拓扑等参数、IED数据模型及两者之间的联系。变电站主接线和分画面图形的图元与模型应关联，并以可升级矢量图（SVG）格式提供给调度/集控系统。

二、主要智能设备

智能化的电气设备主要包括电子式电流互感器（ECT）、电子式电压互感器（EVT）、智能型断路器、数字化电能表以及其他电气辅助设备。

（一）电子式互感器

电子式互感器具有良好的绝缘性能，较强的抗电磁干扰能力，测量频带宽、动态范围大。新型电子式互感器充分利用了电光晶体的特性和现代光电技术的优点，信号处理部分采用先进的DSP（Digital Signal Processing）技术，其最大特点是可以输出低压模拟量和数字量信号，直接用于微机保护和电子式计量设备，去除了许多中间环节，适应电力系统数字化、智能化和网络化的需要，由于动态范围比较大，能同时用于测量和保护两种功能。

电子式互感器分为有源电子式互感器和无源电子式互感器。

有源电子式互感器利用空芯线圈或低功率铁芯线圈感应被测电流，利用电容（电感、电阻）分压器感应被测电压，远端模块将模拟信号转换为数字信号后经通信光纤传送。传感头部分有电子电路，需要供电。有源电子式互感器一般配套应用于GIS，不需向高压端供电，可靠性得到了保证。

无源电子式互感器（也称光学互感器）利用Faraday磁光效应感应被测电流，利用Pockels电光效应感应被测电压信号，通过光纤传输传感信号。传感头部分无电子电路，不存在供电问题。无源电子式互感器是敞开式变电站独立安装互感器的理想方案。

电子式互感器分类见表6－12－1。

表6－12－1 电子式互感器分类表

<table>
<tr><th></th><th colspan="2">分　类</th><th colspan="2">原　理</th><th>备　注</th></tr>
<tr><td rowspan="7">电子式互感器</td><td rowspan="3">有源式</td><td rowspan="2">电流互感器（ECT）</td><td rowspan="2">法拉利电磁感应</td><td>罗氏（Rogowski）线圈</td><td>线性度好，无饱和现象，传感保护用电流（5TPE）</td></tr>
<tr><td>低功率线圈（LPCT）</td><td>精度高（0.2S级），传感测量、计量用电流</td></tr>
<tr><td>电压互感器（EVT）</td><td colspan="2">电容分压/电阻分压/电感分压</td><td>0.2/3P精度</td></tr>
<tr><td rowspan="4">无源式</td><td rowspan="2">电流互感器（OCT）</td><td rowspan="2">Faraday旋光效应、Sagnac效应</td><td>全光纤式 FOCT</td><td>（1）全光纤，结构简单，抗震能力强
（2）光纤熔接连接可靠，长期稳定性好
（3）工艺成熟，一致性好</td></tr>
<tr><td>磁光玻璃式</td><td>（1）分立元件，结构复杂，抗震能力差
（2）光学胶粘接，长期稳定性差
（3）分立元件加工困难，一致性难保证</td></tr>
<tr><td rowspan="2">电压互感器（OVT）</td><td colspan="2">Pockels电光效应型</td><td rowspan="2">目前已有样品，尚未推广应用</td></tr>
<tr><td colspan="2">逆压电效应型</td></tr>
</table>

1. 有源式电子式互感器工作原理

1）罗氏线圈设计原理

罗氏线圈是将导线均匀地绕在非磁性环形骨架上，一次母线置于线圈中央，因此绕组线圈与母线之间的电位是隔离的。因为不存在铁芯，所以不存在饱和现象。如果母线电流为 $i(t)$，根据法拉第电磁感应定律，罗氏线圈两端产生的感应电势为 $e(t) = -M\mathrm{d}i/\mathrm{d}t$，其中 M 为互感系数。

罗氏线圈两端产生的感应电势 $e(t)$ 经过积分器后得到与被测电流成比例的电压信号，经处理、变换后，即可得到与一次电流成比例的模拟量输出。罗氏线圈原理示意如图6－12－2所示。

2）低功率小铁芯线圈原理

低功率小铁芯线圈电流互感器是传统电磁式电流互感器的一种改良，包括一次绕组小铁芯和损耗极小的二次绕组。二次绕组连接集成元件 R_a，因此，二次输出为电压信号。二次电流 I_2 在集成元件 R_a 上产生的电压降 U_s，其幅值正比于一次电流且同相位。互感器内部损耗和负荷要求的二次功率越小，测量范围越宽、准确度越高。低功率小铁芯线圈原理如图6－12－3所示。

3）电子式电压互感器工作原理

（1）电阻分压原理。电子式电压互感器采用电阻、阻容分压原理，输出在整个测量范围内呈线性。电阻分压原理图如图6－12－4所示。

图6－12－4中，1为均压电极，R_a 为高压臂电阻，R_b 为低压臂电阻，电阻分压原理将一次高电压转换成低电压，经处理后输出符合标准的二次电压。Tv是过电压保护装置，

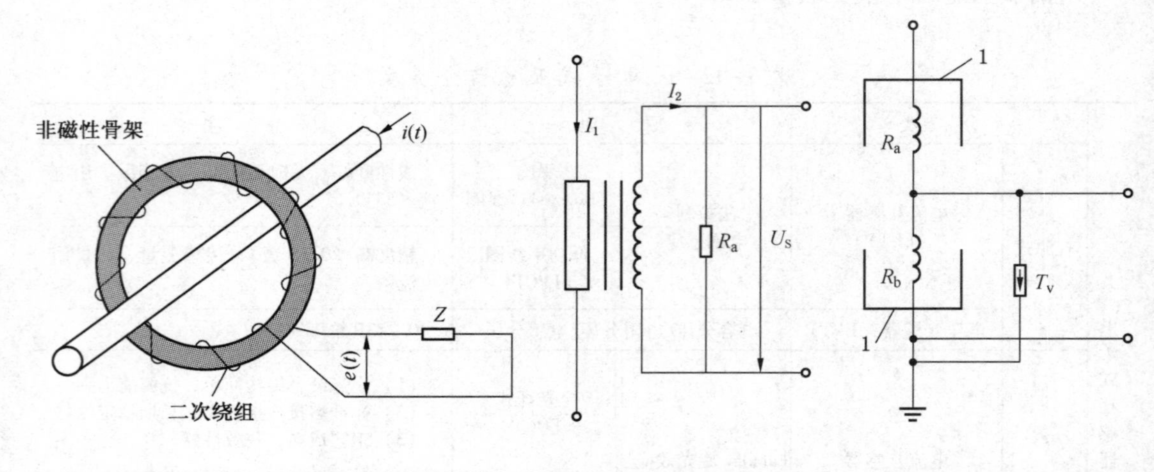

图 6－12－2　罗氏线圈原理示意图　　图 6－12－3　低功率小铁芯线圈原理图　　图 6－12－4　电阻分压原理示意图

一旦出现 R_b 损坏，可以限制二次电压升高保护测量系统。高压端与分压器本体及分压器本体与地之间存在杂散电容，使分压器产生误差，电压分布不均匀。为改善电压分布、减小分压器误差，在分压器高压端加屏蔽电极，以补偿分压器对地杂散电容。同时，在接地端加屏蔽电极，使分压器对地杂散电容相对固定。

（2）阻容分压原理。阻容分压原理适用于 GIS。

阻容分压原理如图 6－12－5 所示。

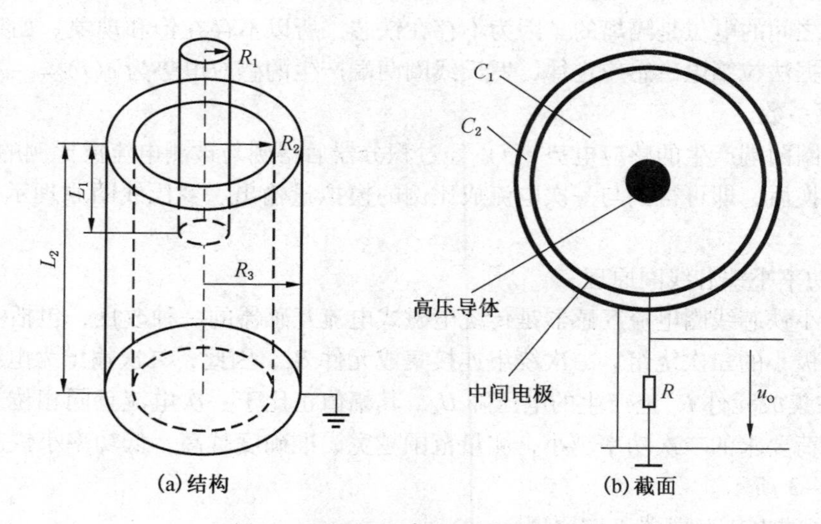

图 6－12－5　阻容分压原理示意图

电容分压是通过将柱状电容环套在导电线路外面来实现的，柱状电容环及其等效接地电容构成了电容分压的基本回路。

考虑到系统短路后，若电容环的等效接地电容上积聚的电荷在重合闸时还未完全释放，将在系统工作电压上叠加一个误差分量，严重时会影响到测量结果的正确性以及继电保护装置动作，长期工作时等效接地电容也会因温度等因素的影响而变得不够稳定，所以对电容分压的基本测量原理进行了改进。在等效接地电容上并联一个小电阻 R 来消除上述影响，从而构成新的电压测量电路（阻容分压）。电阻上的电压 U_o 为电压传感头的输出信号，即 $e(t)=RC_1\mathrm{d}u/\mathrm{d}t$，$R\ll 1/(\omega C_2)$。

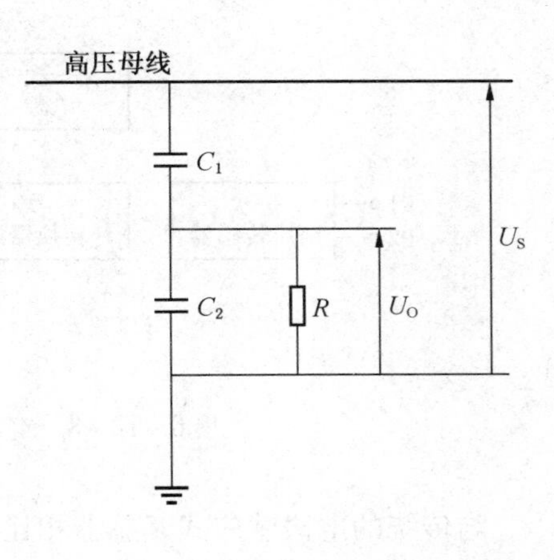

图 6－12－6　电容分压原理示意图

(3) 电容分压原理。电容分压原理适用于户外独立式。电容分压原理如图 6－12－6 所示。电压输出信号为 $e(t)=U_sC_1/(C_1+C_2)$，$R\gg 1/(\omega C_2)$。

输出电压由 C_1 和 C_2 的容值比决定。这种分压技术来自传统的电容式电压互感器（CVT），目前采用传统的电容分压器来获得低压小信号（一般为数伏）。同阻容分压原理一样要解决 C_2 上电荷释放的问题。

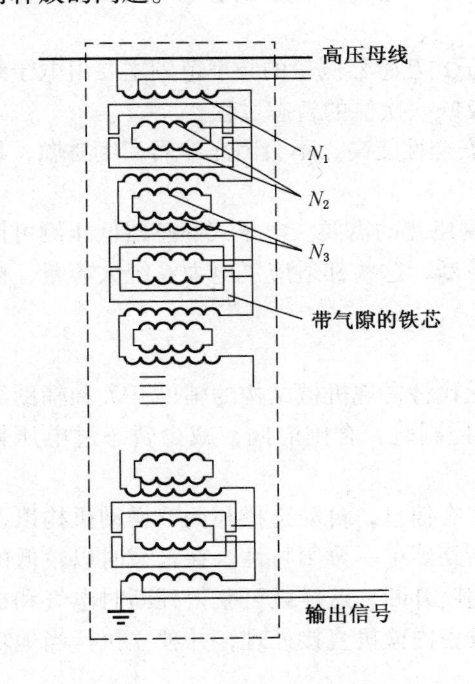

N_1—分压器主绕组；N_2—平衡绕组；N_3—耦合绕组

图 6－12－7　串联感应分压器原理示意图

(4) 串联感应分压器原理。串联感应分压器是由多级不饱和电抗器串联而成的，输出电压信号从串联在电路中的小电抗上取出。串联感应分压器原理如图 6－12－7 所示。

根据需要，信号可以在高压端取出，也可以在分压器接地端取出。串联感应分压器是参照串级式电压互感器原理制成的。平衡绕组和耦合绕组的作用是保证感应分压器在不同电压、不同负载（允许范围内）时的各个电抗器单元的磁势平衡，而使各个单元承受均衡电压。N_2、N_3 匝数的具体数值必须在初步设计后，又通过测量各元件分布电压的方法来调整。

4）有源电子式电流、电压互感器通用框图

有源电子式电流、电压互感器通用框图如图 6－12－8 所示。

2. 无源式电子互感器工作原理

无源式电流互感器利用法拉第磁光效应，将一束线偏振光通过置于磁场中的磁光材料，线偏振光的偏振面会发生旋转，通过测量通流导体周围线偏振光偏振面的旋转角度，间接测量出导体中的电流值。

无源式电压互感器基于 Pockels 效应，将一束光通过晶体表面，在强电场的作用下，分裂成振动方向相互垂直的两束光，而且射出的两束光的相移与被测电压成正比。测量出射光的相移，就可以得出被测电压的大小。

3. 电子式互感器的特点

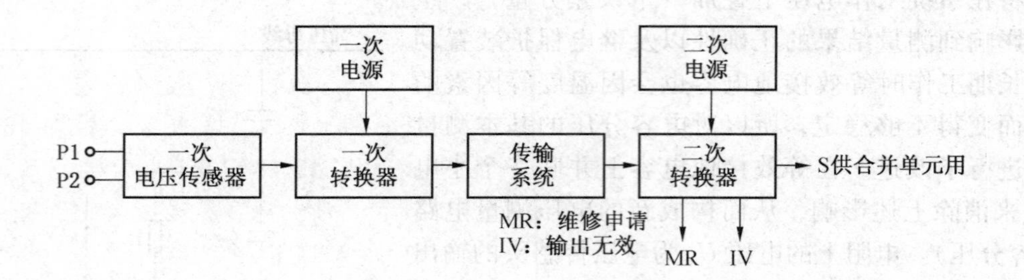

图6-12-8 有源电子式电流、电压互感器通用框图

与传统的电磁感应式互感器相比，电子式互感器有很多独特之处，主要体现在以下几个方面：

（1）电子式互感器的高压侧与低压侧之间只通过光纤连接，实现了高、低压侧彻底隔离，互感器低压侧不存在开路高压危险。

（2）绝缘性能优良，造价低，动态范围大，不含铁芯，不存在铁芯饱和及铁磁谐振等问题。

（3）频率响应范围宽，暂态响应速度快。电子式互感器测量的频率范围主要由电子线路部分决定，没有铁芯饱和的问题，因此能准确反映一次侧的暂态过程。

（4）体积小，重量轻，结构简单，易升级，安全性能高，不会因充油而产生易燃、易爆等危险。

（5）通信能力强，能适应数字化、智能化和网络化的需要。电子式互感器低压侧可同时输出模拟量和数字量，能实现在线检测和故障诊断，这些都适应了电力系统大容量、高电压、现代电网小型化、微机化和自动化的潮流。

（二）智能型断路器

智能型断路器由微机和电力电子组成执行单元代替常规机械结构的辅助开关和辅助继电器，实现按电压波形控制跳、合闸角度，精确控制跳、合闸时间，减少暂态过电压幅值。

检测电网中断路器开断前一瞬间的各种工作状态信息，自动选择和调节操动机构以及灭弧室状态相适应的合理工作条件，以改变现有断路器单一分闸特性。在轻载时以较低的分闸速度开断，而在系统故障时又以较高的分闸速度开断，这样就可获得开断时电气和机构性能上的最佳开断效果。断路器设备的信息由设备内微机直接处理，并独立执行当地功能，而不依赖于变电站级的控制系统。

（三）合并单元

主控室内在各间隔测控屏上增加合并单元装置，合并单元的作用是将各电流互感器传回的电流数据和由电压互感器合并单元传来的电压数据处理后打包输出。输出数据分别提供给保护、测控、母差、电能表、低周、小电流选线等装置，每个装置用一根光缆即可。每根光缆可以提供多个信号，如三个相电流、一个零序电流、三个测量电流、三个相电压、一个零序电压、一个线路电压等。因此智能变电站采用少量光缆可以代替大量电缆，同时实现信息共享。电压互感器合并单元接入两段母线电压处理打包后分别向各间隔提供电压量。同时，合并单元可接入传统电压、电流互感器。合并单元上装有激光发生器，用来为电子式互感器传感头部件提供能量。

采用一台合并单元（MU）汇集（合并）多达12个二次转换器数据通道。一个数据通道传送一台电子式电流互感器或一台电子式电压互感器采样测量值的单一数据流。在多相或组合单元时，多个数据通道可以通过一个物理接口从二次转换器传输到合并单元。合并单元对二次设备提供一组时间相关的电流和电压样本。二次转换器也可从常规电压互感器或电流互感器获取信号，并可汇集到合并单元。

合并单元发送给保护、测控、计量设备的报文内容主要包括各路电流、电压量及其有效性标志，此外还添加了一些反映开关状态的二进制输入信息和时间标签信息。

（四）同步装置

与常规综自站相比，增加一个同步装置。一个二次设备同时接收多个合并单元的数据，则这几个合并单元需要同步工作。因此，同步装置可以使全站合并单元采样同步。只有采样同步，才能保证采样数据有参考价值，用于做出处理和判断。同步信号通过光缆送入各合并单元，其误差小于125 ns。

三、IEC 61850 标 准

近年来国内外厂商推出了多种变电站自动化系统，各厂商都在使用自己定义的通信网络体系和协议，这些通信网络体系和协议各种各样、互不兼容，不同系统之间缺乏互操作性，多种自动化规约并存和互不兼容是多年来困扰继电保护、自动化厂家和电力部门的一个难题。

为了解决这些问题，适应变电站自动化技术的发展，国际电工委员会从1995年开始制定了基于通信网络平台的变电站自动化系统唯一的国际标准——IEC 61850。

IEC 61850标准按照自动化系统所要完成的监视、控制和继电保护等功能，提供了完整的信息模型及相关服务，是迄今为止最为完善的变电站自动化和通信标准，它代表了变电站自动化的发展方向，为构建智能变电站的通信网络提供了理论基础和技术标准。

IEC 61850标准的特点如下：

（1）面向对象统一建模。要求对象建模，这个模型是面向对象的，比如具体的开关或刀闸，不同于现在的一个信息就是一个点，它相当于一个对象。它定义了基于客户机/服务器结构数据模型。每个IED（Intelligent Electronic Device）包含一个或多个逻辑设备，逻辑设备包含逻辑节点，逻辑节点包含数据对象，数据对象则由数据属性构成的公用数据类的命名实例。任何一个客户可以通过ACSI和服务器通信访问数据对象。

（2）抽象通信服务接口。设备间通信需要具体的网络实现，IEC 61850—8部分定义了SCSM特殊通信服务映射，实现由抽象层到具体通信协议的映射，根据不同的服务和报文要求选取不同的映射方法及报文通过的协议栈。

（3）面向实时的服务。IEC 61850对变电站自动化系统的报文性能作了严格详细的规定，依据对时间的要求将报文划分为快速跳闸报文、中速跳闸报文、低速跳闸报文、生成数据报文、文件传输报文、时间同步报文及具有访问控制的命令报文等7大类。

（4）配置语言。标准描述了基于XML1.0的变电站自动化系统配置（SCL）语言的语法，并在附录中提供了模式文档定义（SCHEMA）文件的文本，给出了一个不完整变电站的 SCL 文件的实例。SCL（Substation Configuration Language）是基于 XML1.0 用于变电站设备描述和配置的语言，它利用 XML 语言的自描述特性，建立变电站、设备和通信系统的对象模型来描述变电站智能电子设备（IED），包括 Header、Substation、IED、LNode-type、Communication 五部分。

四、智能变电站的优势及前景展望

（一）传统变电站与智能变电站的比较

传统变电站示意如图 6－12－9 所示。

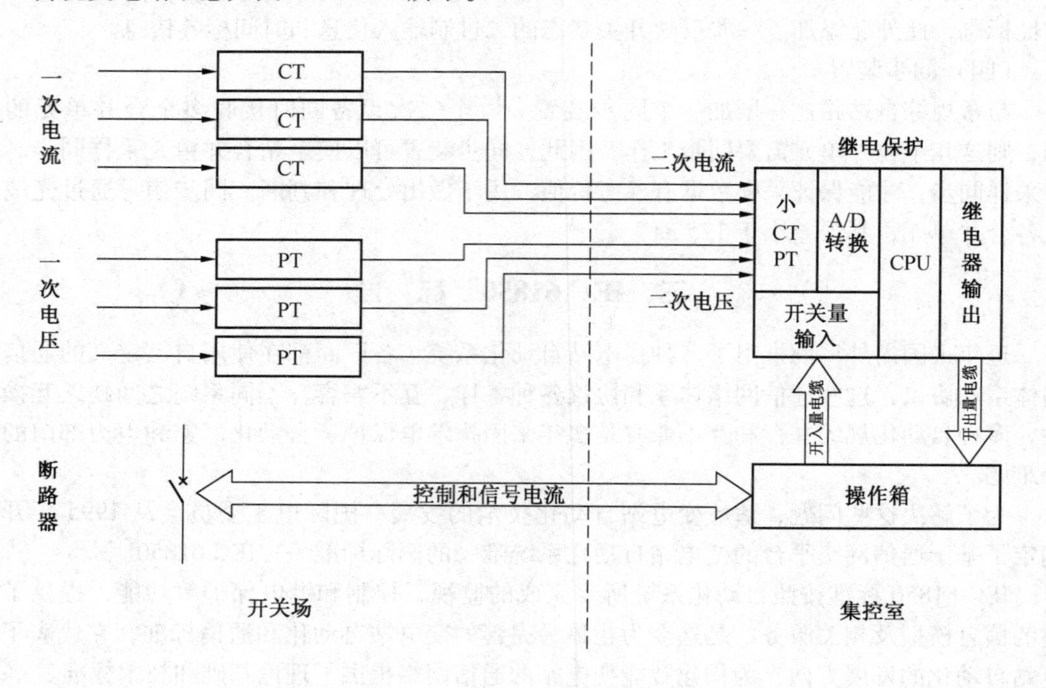

图 6－12－9　传统变电站示意图

智能变电站示意如图 6－12－10 所示。

（二）智能变电站的优势

1. 高性能

（1）通信网络采用统一的通信规约，不需要进行规约转换，加快了通信速度，降低了系统的复杂度及设计、调试、维护的难度，提高了通信系统的性能。

（2）数字信号通过光缆传输避免了电缆带来的电磁干扰，传输过程中无信号衰减、失真、不产生谐振过电压。传输和处理过程中不再产生附加误差，提升了保护、计量和测量系统的精度。

（3）电子式互感器无磁饱和，精度高，暂态特性好。

2. 高安全性

（1）电子式互感器的应用，避免了油渗漏的问题，很大程度上减少了运行维护的工作量，不再受渗漏油的困扰，同时提高了安全性。

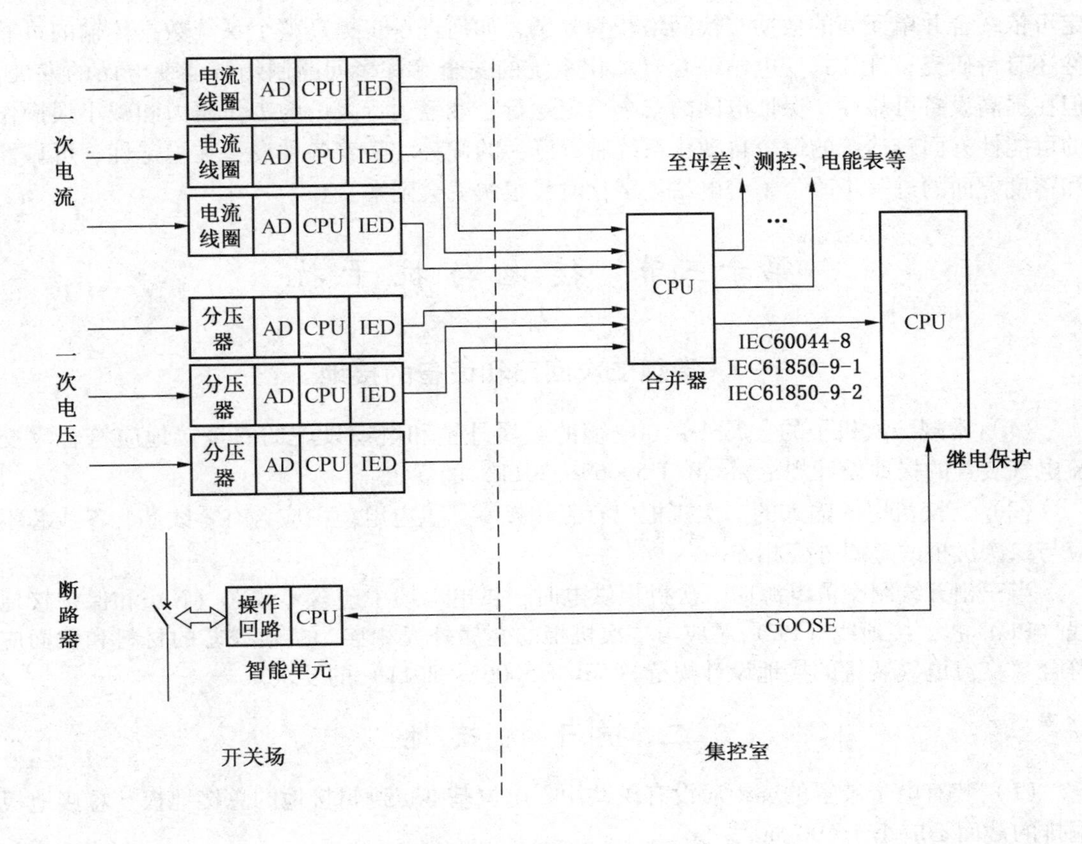

图 6-12-10　智能变电站示意图

（2）电子式互感器高低压部分采用光电式隔离，使电流互感器二次开路、电压互感器二次短路可能危及人身或设备等问题不复存在，大大提高了安全性。

（3）光缆代替电缆避免了电缆端子接线松动、发热以及开路和短路的危险，提高了变电站整体安全运行水平。

3. 高可靠性

设备自检功能强，合并单元收不到数据会判断通信故障或互感器故障而发出告警，既提高了运行的可靠性又减轻了运行人员的工作量。采集器的电源由能量线圈或自励源提供，两者自动切换，互为备用。

4. 高经济性

（1）采用光缆代替大量电缆，降低成本。用光缆代替二次电缆，简化了电缆沟、电缆层和电缆防火，保护、自动化调试的工作量减少，减少了运行维护成本。同时，缩短工程周期，减少通道重复建设和投资。

（2）实现信息共享，兼容性高，便于新增功能和扩展规模，减少变电站投资成本。

（3）电子式互感器采用固体绝缘，无渗漏问题，减少了停运检修成本。

智能变电站还存在一些问题，如电子式互感器的生产厂家数量有限，产品可选型号相对较少；电子式互感器本身的结构特点和工作方式导致局放试验、伏安特性试验无现行规定可依；合并单元间的数据交换网络较为复杂，如何进一步提高整个系统数据传输的可靠性还有待研究；开放式变电站综合自动化系统的安全等许多问题制约智能变电站的发展，但在提高设备可靠性、保证电网的安全稳定运行、减轻运行人员的工作压力和减小误操作的可能性方面较传统的综合自动化系统有着巨大的优势。随着各种设备在稳定性、可靠性和精度方面的进一步改善，变电站数字化时代很快就会到来。

第十三节　接地与抗干扰

一、常规二次回路和设备的接地

（1）常规二次机柜的金属外壳、电缆的金属外铠和电缆设施的安全接地应符合《交流电气装置的接地设计规范》(GB/T 50065—2011）的规定。

（2）有交流电源输入的二次机柜应有工作接零。供电电缆中应含有零线芯，零线芯不应与二次机柜的金属外壳相连。

当三相五线制交流电源向二次机柜供电时，供电电缆中应含零线芯（N）和保护接地线（PE）芯，接地线（PE）芯应与二次机柜的金属外壳相连。接地线芯的材料和截面应符合《交流电气装置的接地设计规范》(GB/T 50065—2011）的要求。

二、抗干扰接地

（1）装有电子装置的屏柜应设有供共用零电位基准点逻辑接地的总接地板。总接地板铜排的截面不应小于 100 mm^2。

（2）当单个屏柜内部多个装置的信号逻辑零电位点分别独立并且不需引出装置小箱（浮空）或需与小箱壳体连接时，总接地铜排可不与屏体绝缘；各装置小箱的接地引线应分别与总接地铜排可靠连接。

（3）当屏柜上多个装置组成一个系统时，屏柜内部各装置的逻辑接地点均应与装置小箱壳体绝缘，并分别引接至屏柜内总接地铜排。总接地铜排应与屏柜壳体绝缘。组成一个控制系统的多个屏柜组装在一起时，只应有一个屏柜的总接地铜排由引出地线连接至安全接地网。其他屏柜的绝缘总接地铜排均应分别用绝缘铜绞线接至有接地引出线的屏柜的绝缘总接地铜排上。

当采用没有隔离的 RS－232C 从一个房间到另一个房间进行通信时，它们必须共用同一接地系统。如果不能将各建筑物中的电气系统都接到一个公共接地系统时，则彼此的通信必须实现电气上的隔离，如采用隔离变压器、光隔离、隔离化的短程调制解调器。

（4）零电位母线应仅有一点用绝缘铜绞线或电缆就近接至接地干线上（如控制室夹层的环形接地母线上）。零电位母线与主接地网相连处不得靠近有可能产生较大故障电流和较大电气干扰的场所，如避雷器、高压隔离开关、旋转电机附近及其接地点。

（5）在继电器室屏柜下层的电缆沟（夹层）内，按屏柜布置的方向敷设 100 mm^2 专用首末端连接铜排（缆），形成继电器室内的等电位接地网。

应在主控制室、继电器室、敷设二次电缆的沟道、配电装置的就地端子箱及保护结合滤波器等处，使用截面不小于 100 mm^2 的裸铜排（缆）敷设与主接地网连接的等电位接地网。

沿二次电缆的沟道敷设截面不小于100 mm^2 的裸铜排（缆），构建室外的等电位接地网。

继电器室内的等电位接地网必须与变电站的主接地网可靠连接。

微机型继电保护装置屏内交流供电电源（照明、打印机和调制解调器）的中性线（零线）不应接入等电位接地网。

（6）保护和控制装置的屏柜下部应设有截面不小于100 mm^2 的接地铜排。屏柜上装置的接地端子应用截面不小于4 mm^2 的多股铜线和接地铜排相连。接地铜排应用截面不小于50 mm^2 的铜缆与保护室内的等电位接地网相连。各屏柜的总接地铜排应首末可靠地连接成环网，并仅在一点引出与电力安全接地网相连。

配电装置的接地端子箱内应设置截面不小于100 mm^2 的裸铜排，并使用截面不小于100 mm^2 的铜缆与电缆沟道内的等电位接地网连接。

（7）逻辑接地系统的接地线应满足下列要求：

① 逻辑接地线应采用绝缘铜绞线或电缆，不允许使用裸铜线，不允许与其他接地线混用。

② 逻辑接地绝缘铜绞线或电缆的截面应满足：零电位母线（铜排）至接地网之间，不应小于35 mm^2；屏间零电位母线间的连接线不应小于16 mm^2。

③ 逻辑接地线与接地体的连接应采用焊接，不允许采用压接。

④ 逻辑接地线的布线应尽可能短。

三、计算机系统的接地

（1）计算机系统应有稳定、可靠的接地。计算机系统的保护性接地和功能性接地宜共用一组接地装置。

（2）发电厂、变电站的计算机宜利用电力保护接地网，与电力保护接地网一点相连，不宜设置独立的计算机接地系统。当为小接地电流或低压配电网时，接入电力保护接地网的接地电阻不能满足计算机接地电阻要求时，应补充接地体。

（3）计算机系统应设有截面不小于100 mm^2 的零电位接地铜排，以构成零电位母线。零电位母线应仅由一点焊接引出两根并联的绝缘铜绞线或电缆，并于一点与最近的交流接地网的接地干线焊接，如焊接至主控制室电缆夹层的环形接地母线上。环形接地母线应与室外接地网可靠连接，室外接地网应至少有2处与主接地网相连。计算机零电位母线接入主接地网的接地点与大电流入地点沿接地导体的距离不宜小于15 m。

（4）计算机系统内的逻辑接地、信号接地、屏蔽接地均应用绝缘铜绞线或电缆接至总接地铜排，达到“一点接地”的要求。

（5）主机及外设的接地方式如下：

① 主机和外设机柜应与基础绝缘，对地绝缘电阻应大于50 MΩ，并与钢制电缆管、电缆槽道等绝缘。

② 集中布置机柜的接地应用绝缘铜绞线或电缆引接至总接地铜排。

③ 离主机较远外设（如I/O通道、CRT控制台等）的接地应用绝缘铜绞线或电缆直接引接至总接地铜排。

④ 打印机等电噪声较大的外设可通过三孔电源插座的接地端接地。

⑤ 继电器柜、操作台等与基础不绝缘的机柜不得接到总接地铜排，可就近接地。

（6）计算机信号电缆屏蔽层的接地方式：

① 当信号源浮空时，屏蔽层应在计算机侧接地。

② 当信号源接地时，屏蔽层应在信号源侧接地。

③ 当放大器浮空时，屏蔽层的一端宜与屏蔽罩相连，另一端宜共模接地（当信号源接地时接信号地，当信号源浮空时接现场地）。

（7）各种用途接地线的截面选择见表6-13-1。

表6-13-1　各种用途接地线的截面选择

序　号	连　接　对　象	接地铜排最小截面/mm^2
1	总接地板—接地点	35
2	计算机系统接地—总接地板	16
3	机柜间链式接地连接线	2.5
4	机柜与钢筋接地连接线	2.5
5	外设经三孔插头接地	按厂家供电电缆规范

注：1. 表中接线采用绝缘铜绞线或电缆。

2. 计算机系统接地包括逻辑接地、信号接地、屏蔽接地。

四、其他抗干扰措施

（1）控制电源馈线不宜构成闭环运行。不应使地电位串入二次回路。电缆通道应有均压措施。

（2）二次回路中可能产生过电压时，应采取放电消弧等措施。

（3）电子回路的导体和电缆应尽可能远离干扰源，必要时应设置干扰隔离措施。

（4）电子装置的电源进线应设必要的滤波去耦措施。

（5）继电器室、电子装置应有可靠屏蔽措施。

（6）电缆的屏蔽层应可靠接地并满足以下要求：

① 计算机监控系统的模拟信号回路控制电缆屏蔽层，不得构成两点或多点接地，应集中一点接地。对于双层屏蔽电缆，内屏蔽应一端接地，外屏蔽应两端接地。

② 屏蔽电缆的屏蔽层应在开关场和控制室内两端接地，在控制室内屏蔽层宜在保护屏上接于屏柜内的接地铜排；在开关场屏蔽层应在高压设备有一定距离的端子箱接地。互感器每相二次回路经屏蔽电缆从高压箱体引至端子箱，该电缆屏蔽层在高压箱体和端子箱两端接地。

③ 电力线载波用同轴电缆屏蔽层应在两端分别接地，并紧靠同轴电缆敷设截面不小于100 mm^2 两端接地的铜导线。

④ 传送音频信号应采用屏蔽双绞线，屏蔽层应在两端接地。

⑤ 传送数字信号的保护与通信设备间的距离大于50 m时，应采用光缆。

⑥ 对于低频、低电平模拟信号的电缆，如热电偶用电缆，屏蔽层应在最不平衡端或电路本身接地处一点接地。

⑦ 两点接地的屏蔽电缆宜采取相关措施，以防在暂态电流作用下烧熔屏蔽层。

(7) 为了有效防止和减少雷电电涌过电压，减少雷电作用下通过交流 220/380 V 供电系统对电子设备的危害，发电厂、变电站电子设备可根据现行标准《发电厂、变电站电子信息系统 220/380 V 电源电涌保护配置、安装及验收规程》的规定配置电源电涌保护装置。

参考文献

[1] 中国航空工业规划设计研究院．工业与民用配电设计手册［M］．3 版．北京：中国电力出版社，2005.

[2] 西北电力设计院．电力工程电气设计手册：电气二次部分［M］．北京：中国电力出版社，1991.

[3] 注册电气工程师执业资格考试复习指导教材编委会．注册电气工程师执业资格专业考试复习指导书（供配电专业）［M］．北京：中国电力出版社，2007.

[4] 注册电气工程师执业资格考试复习指导教材编委会．注册电气工程师执业资格专业考试复习指导书（发输变电专业）［M］．北京：中国电力出版社，2007.

[5] 中国电力企业联合会．GB 50060—2008 3～110 kV 高压配电装置设计规范［S］．北京：中国计划出版社，2009.

[6] 中国电力企业联合会．GB 50054—2011 低压配电设计规范［S］．北京：中国计划出版社，2012.

[7] 电力规划设计总院．DL/T 5136—2012 火力发电厂、变电站二次接线设计技术规程［S］．北京：中国电力出版社，2013.

[8] 中国电力企业联合会．GB 50059—2011 35～110 kV 变电站设计规范［S］．北京：中国计划出版社，2012.

[9] 中国电力工程顾问集团、西南电力设计院．GB/T 50063—2008 电力装置的电测量仪表装置设计规范［S］．北京：中国计划出版社，2011.

[10] 中国电力工程顾问集团、西南电力设计院．GB/T 50062—2008 电力装置的继电保护和自动装置设计规范［S］．北京：中国计划出版社，2009.

[11] 河南省电力勘测设计院．DL/T 5044—2004 电力工程直流系统设计技术规程［S］．北京：中国电力出版社，2004.

[12] 国家电网公司．110(66)～220 kV 智能变电站设计规范［S］．北京：中国电力出版社，2010.

[13] 邸荣光，刘仕兵．光电式电流互感器技术的研究现状与发展［J］．电力自动化设备，2006，26(8)：98－100.

[14] 王廷云，罗承沐，田玉鑫．电力系统中电子式电流互感器研究［J］．电力系统自动化，2001，25(24)：38－41.

[15] 孙振权，张文元．电子式电流互感器研发现状与应用前景［J］．高压电器，2004，5.

本章编写人：叶四新

第七章 架 空 线 路

第一节 概 述

煤矿企业高压架空电源线路的电压等级一般为35~110 kV。小型矿井的电源线路电压等级一般为6~10 kV。0.4 kV电压等级的架空线路为工业场地内部的动力、照明线路。为美化厂区环境，现在大部分矿井的地面工业场地内已不采用架空线路，基本上都采用电缆埋地敷设。

一、一 般 规 定

(一) 架空线路导线、避雷线选用的原则

架空线路的导线和避雷线长期在旷野、山区或湖海边缘运行，需要经常耐受风、冰等外荷载的作用，气温的剧烈变化、化学气体的侵袭和环境的污染，同时受线路造价等因素的限制。因此，在设计中特别是大跨越地段，对导线和避雷线的材质、结构等必须慎重选取。

选择导线和避雷线的材质、结构一般应考虑下述原则：

(1) 导线材料应具有较高的导电率，但考虑到国家资源情况，一般不应采用铜线。

(2) 导线和避雷线应具有较高的机械强度和耐振性能。

(3) 导线和避雷线应具有一定的耐化学腐蚀能力。

(4) 导线和避雷线材质和结构的选取应保证线路的造价经济合理。

(5) 除特殊情况外，导线、避雷线应尽量选用国家标准的定型产品。

(二) 导线和避雷线的种类和用途

导线和避雷线的种类和用途见表7-1-1。

二、原始资料的收集及协议

(一) 原始资料的收集

需要收集的原始资料主要有下列几项：

1. 地形图

对矿区或矿井电源线路，需要收集线路经过地区的地形图（一般比例为1/10000或1/5000）。矿区或矿井内部的地质地形图，应注明井田边界、断层分布等，供选线时参考（比例为1/10000或1/5000）。

表7-1-1　导线和避雷线的种类和用途

名称		新型号	老型号	用途及选用原则
导线	铝绞线	JL	LJ	对35 kV架空线路铝绞线截面不得小于35 mm^2，对35 kV以下线路不小于25 mm^2
	钢芯铝绞线	JL/G1A JL/G1B JL/G2A JL/G2B JL/G3A	LGJ	铝钢截面比 $m = 1.7 \sim 21$ 对普通程度钢芯，铝钢截面比 m 在12以上的常称为特轻型，用于变电站母线及小档距低压线路。m 在6.5～12的常称为轻型，用于一般平丘地区的高压线路。m 在5～6.5的常称为正常型，用于山区及大档距线路。m 在4～5.0的常称为加强型，用于重冰区及大跨越地段。m 在1.72以下的常称为特强型，多作为良导体架空避雷线用
	防腐钢芯铝绞线	JL/G1AF JL/G2AF JL/G3AF	LGJF	用于沿海及有腐蚀性气体的地区
	铝包钢芯铝绞线	JL/LB1A	LLBGJ	用于腐蚀性较强的地区
	铝合金绞线	JLHA2 JLHA1	LHBJ LHAJ	用于外荷载较小的地区，可以减轻杆塔的重量
	钢芯铝合金绞线			抗拉强度高，用在外荷载较大和大跨越线路上
避雷线	镀锌钢绞线	JG1A JG1B JG2A GJ3A	GJ	用在线路上的架空避雷线
	铝包钢绞线	JLB1A JLB1B JLB2		腐蚀性较强的地区和大跨越线路上的避雷线
	复合光缆	OPGW	OPGW	兼作系统通信、远动保护、遥测、遥控等通信传输的架空避雷线

2. 电力系统及矿井用电负荷资料

地区电力系统资料可以去电力部门收集，包括地区电力系统接线方式及远景规划；中性点接地方式；系统短路电流资料；线路的起、终点位置及出线走廊；矿区或矿井的负荷资料（到相关的设计部门收集）。

3. 城市规划资料

当线路通过城镇和城市规划区时，应收集当地城建部门的规划资料。在图上标出线路走廊，协商路径方案。

4. 农田基建规划资料

线路经过农田时，应了解农田基本建设规划情况，与当地县、乡政府等有关部门协商，共同研究确定线路走向。

5. 沿线通信线路资料

收集沿线通信线路资料，考虑架空线路对通信线路的干扰影响（110 kV及以上输电线路考虑）。

6. 现有架空线路的设计及运行资料

为使新建线路设计更加合理与安全可靠，应对线路路径经过地区现运行的线路资料进行收集，包括导线及避雷线的最大使用应力、绝缘配合、气象资料、耐雷指标及运行情况等。

7. 土壤资料

收集线路经过地区的土壤资料，包括计算上拔角、计算抗剪角、土壤容重、土壤允许承载力和土壤电阻率等。

8. 其他资料

（1）在地震区架设的线路，应向气象、地震部门收集有关地震烈度资料。

（2）线路经过采石场时，应了解开采规划、爆破影响范围。

（3）线路跨越水库或接近水库架设时，应了解坝址、淹没范围、正常水位和最高水位及水库通航情况。

（4）线路途经有爆炸和易燃性工厂建筑物时，应了解其影响范围、库存量及对架空线路的要求。

（二）协议

新建或改建的线路对沿线被交叉设施（如铁路、公路、电力线路、弱电线路等）均需与被交叉设施的产权所属单位签订交叉跨越协议文件。

重要的交叉跨越协议文件，包括协议书，交叉跨越段的平、断面图，交叉跨越计算书。

三、气　象　条　件

各种设计工况采用的气温、覆冰厚度和风速是线路设计的主要依据。杆塔、导线或避雷线的基本风压根据最大设计风速计算。

（一）气温的确定

架空电力线路设计的气温应根据当地 15 ~ 30 年气象记录中的统计值确定。最高气温宜采用 +40 ℃。

在最高气温工况、最低气温工况和年平均气温工况下，应按无风、无冰计算。

架空电力线路设计采用的年平均气温，应按下列方法确定：

（1）当地区的年平均气温在 3 ~ 17 ℃之间时，年平均气温应取与此数邻近的 5 的倍数值。

（2）当地区的年平均气温小于 3 ℃或大于 17 ℃时，分别按年平均气温减少 3 ℃和 5 ℃后，取与此数邻近的 5 的倍数值。

（二）覆冰厚度的选取

架空电力线路设计采用的导线或避雷线的覆冰厚度，在调查的基础上可取 5 mm、10 mm、15 mm 或 20 mm。冰的密度应按 0.9 g/cm^3 计；覆冰时的气温应采用 -5 ℃；覆冰时的风速宜采用 10 m/s。

（三）最大风速的选取

最大设计风速应采用当地空旷平坦地面上离地 10 m 高，统计所得的 30 年一遇 10 min 平均最大风速；当无可靠资料时，最大设计风速不应低于 23.5 m/s。

山区架空电力线路的最大设计风速，应根据当地气象资料确定。当无可靠资料时，最大设计风速可按附近平均风速增加 10%，且不应低于 25 m/s。

架空电力线路位于河岸、湖岸、山峰以及山谷口等容易产生强风的地带时，其最大基本风速应较附近一般地区适当增大；对易覆冰、风口、高差大的地段，宜缩短耐张段长度，杆塔使用条件应适当留有裕度。

架空电力线路通过市区或森林等地区时，两侧屏蔽物的平均高度大于杆塔高度的2/3，其最大设计风速宜比当地最大风速减少20%。

（四）几种设计工况的气象条件组合

雷电过电压工况的气温宜采用15 ℃，当基本风速折算到导线平均高度处其值大于或等于35 m/s时，雷电过电压工况的风速宜取15 m/s，否则取10 m/s；校验导线与避雷线之间的距离时，风速应采用0，且无冰。

操作过电压工况的气温可采用年平均气温，风速宜取基本风速折算到导线平均高度处的风速的50%，但不宜低于15 m/s，且应无冰。

在最大风速工况下应按无冰计算，气温可按下列规定采用：

（1）最低气温为 −10 ℃及以下的地区，应采用 −5 ℃；

（2）最低气温为 −5 ℃及以上的地区，应采用 +10 ℃。

安装工况的风速应采用10 m/s且无冰，气温可按下列规定采用：

（1）最低气温为 −40 ℃的地区，应采用 −15 ℃；

（2）最低气温为 −20 ℃的地区，应采用 −10 ℃；

（3）最低气温为 −10 ℃的地区，应采用 −5 ℃；

（4）最低气温为 −5 ℃的地区，应采用0 ℃。

带电作业工况的风速可采用10 m/s，气温可采用15 ℃，且无冰。

长期荷载工况的风速应采用5 m/s，气温应采用年平均气温，且无冰。

如沿线的气象与典型气象区接近，宜采用典型气象区。典型气象区见表7－1－2。

表7－1－2　典型气象区

气象区		Ⅰ	Ⅱ	Ⅲ	Ⅳ	Ⅴ	Ⅵ	Ⅶ	Ⅷ	Ⅸ
大气温度/℃	最高	+40								
	最低	−5	−10	−10	−20	−10	−20	−40	−20	−20
	覆冰	−5								
	最大风	+10	+10	−5	−5	+10	−5	−5	−5	−5
	安装	0	0	−5	−10	−5	−10	−15	−10	−10
	雷电过电压	+15								
	操作过电压、年平均气温	+20	+15	+15	+10	+15	+10	−5	+10	+10
风速/（m·s⁻¹）	最大风	35	30	25	25	30	25	30	30	30
	覆冰	10*								15
	安装	10								
	雷电过电压	15	10							
	操作过电压	0.5×最大风速折算至导线平均高度处的风速（不低于15m/s）								
覆冰厚度/mm		0	5	5	5	10	10	10	15	20
冰的密度/（g·cm⁻³）		0.9								

注：* 一般情况下覆冰时风速10 m/s，当有可靠资料表明需加大风速时可取为15 m/s。

第二节　导线和避雷线

一、导线和避雷线选择的主要原则

架空线路的导线和避雷线型号及截面的选择正确与否，直接关系到架空线路的电能损耗和电压损耗，影响着线路运行的安全可靠性和经济性。

（一）选择导线型号的基本原则

导线的型号应根据电力系统规划设计、设计任务书和工程的技术条件综合确定，架空电力线路的导线，可采用钢芯铝绞线。

避雷线的型号应根据防雷设计和工程技术条件的要求确定。避雷线可采用镀锌钢绞线。35 kV 及以上新建架空线路，常用 OPGW（光纤复合架空地线）代替避雷线。

市区 10 kV 及以下架空电力线路，遇下列情况可采用绝缘铝绞线：

（1）线路走廊狭窄，与建筑物之间的距离不能满足安全要求的地段。

（2）高层建筑邻近地段。

（3）繁华街道或人口密集地区。

（4）游览区和绿化区。

（5）空气严重污秽地段。

（6）建筑施工现场。

（二）选择导线截面的基本原则

（1）选择导线截面应符合电力系统发展规划要求，首先要满足架空线路输送容量的要求，并考虑短期内的发展要求，所选截面最少 5 年内不因负荷增加而更换导线截面，其次还应满足用户电压偏移的要求，最后应使所选导线截面的线路电能损耗最小。

（2）导线应具备足够的机械强度，不能因为各种不利条件的组合而造成断线事故。

（3）最大负荷电流要小于导线的安全工作电流，不能因为电流太大而造成断线事故。

（4）验算导线载流量时，钢芯铝绞线的允许温度一般采用 +70 ℃（大跨越可用 +90 ℃），钢绞线的允许温度一般采用 +125 ℃。环境温度应采用最高气温月的最高平均气温，风速应用 0.5 m/s，太阳辐射功率密度应采用 0.1 W/cm^2。

（三）导线截面选择的基本方法

根据输电线路所担负的负荷不同，导线截面的选择方法也不同。《煤炭工业矿井设计规范》规定，输电线路一般按经济电流密度选择截面，按载流量、电压损失及机械强度校验截面；对于照明线路，一般按允许电压损失选择导线截面，按载流量和机械强度校验导线截面。

二、按经济电流密度选择截面

在选择导线截面时，既要保证线路投用后的功率损耗和电能损耗尽量小，又要考虑尽量减少线路建设投资及有色金属消耗量，还要有利于运行后年运行费降低等综合因素，使选择的导线截面经济性最好，这种经济效益最佳的导线截面称为经济截面。

按经济电流密度选择导线截面时，必须预先知道线路的传送容量（即负荷电流）及相应的最大负荷使用时间，在计算传送容量时，一般考虑5～10年负荷发展的需要，至于最大负荷使用时间，因负荷性质不同而不同。

导线的经济截面计算公式如下：

$$S = I/J \tag{7-2-1}$$

式中 S——导线的经济截面，mm^2；

I——最大负荷电流，A；

J——导线的经济电流密度，A/mm^2，由表7－2－1查得。

表7－2－1　输电线路经济电流密度

最大负荷利用小时		<3000 h/a（一班制）	3000～5000 h/a（二班制）	>5000 h/a（三班制）
架空线/（$A \cdot mm^{-2}$）	裸铝绞线、钢芯铝绞线	1.65	1.15	0.90
	裸铜绞线	3.00	2.25	1.75

注：输电线路的经济电流密度应根据各个时期的导线价格、电能成本及线路工程特点等因素分析决定。我国幅员辽阔，西部有丰富的水电资源，而东部则以火电为主，电网送电成本存在明显差异，因此各地区的经济电流密度亦应有所不同，但目前我国尚未制定出合适的数值，现仍将1956年水电部颁发的经济电流密度值列入上表。

根据计算所得截面，再选择适当的导线截面。经济电流截面的选择原则是就近选择。

如果根据经济电流密度选择的导线截面不能满足安全和电能质量的要求，则应根据允许的电压损失要求选择截面。

三、按载流量选择截面

按导线的载流量选择导线截面时，应使其在最大连续负荷电流运行条件下，不超过允许值。导线的允许温度，铝线及钢芯铝绞线可采用＋70 ℃；大跨越档可采用＋90 ℃；镀锌钢绞线可采用＋125 ℃。环境气温应采用最高气温月的最高平均气温。

铜绞线、铝线及钢芯铝绞线的允许载流量见表7－2－2。

表7－2－2　铜绞线、铝线及钢芯铝绞线的允许载流量

截面/mm^2	TJ型				JL型（LJ型）				JL/G1A型（LGJ型）			
	不同环境温度的载流量/A				不同环境温度的载流量/A				不同环境温度的载流量/A			
	25 ℃	30 ℃	35 ℃	40 ℃	25 ℃	30 ℃	35 ℃	40 ℃	25 ℃	30 ℃	35 ℃	40 ℃
10	95	89	84	77	75	70	66	61				
16	130	122	114	105	105	99	92	85	105	98	92	85
25	180	169	158	146	135	127	119	109	135	127	119	109
35	220	207	194	178	170	160	150	138	170	159	149	137
50	270	254	238	219	215	202	189	174	220	207	193	178
70	340	320	300	276	265	249	233	215	275	259	241	222
95	415	390	365	336	325	305	286	247	335	315	295	272
120	485	456	426	393	375	352	330	304	380	357	335	307
150	570	536	501	461	440	414	387	356	445	418	391	360
185	645	606	567	522	500	470	440	405	515	484	453	416
240	770	724	678	624	610	574	536	494	610	574	536	494
300	890	835	783	720	680	640	597	550	700	658	615	566

四、按电压损失校验截面

在线路上产生电压损失的直接原因是存在导线阻抗，而引起电压损失较大的主要原因有：

(1) 供电线路太长，超出合理的供电半径。

(2) 用电设备的功率因数低。

(3) 线路导线截面太小。

(4) 冲击性负荷、三相不平衡负荷的影响等。

电流通过导线（包括电缆、母线）时，除产生电能损耗外，由于电路上有电阻和电抗，还产生电压损失。电压损失是指线路两端电压的代数差，以 ΔU 表示，则

$$\Delta U = U_1 - U_2 \tag{7-2-2}$$

用 ΔU 表示电压损失如图 7-2-1 所示。图中首端电压 $\dot{U}_1$ 和末端电压 $\dot{U}_2$ 为 U_1 和 U_2 的矢量。

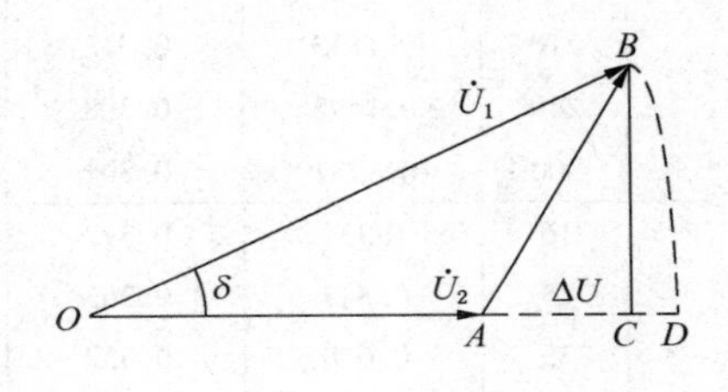

图 7-2-1 电压损失示意图

如以百分数表示，则

$$\Delta U\% = (U_1 - U_2)/U_n \times 100 \tag{7-2-3}$$

按电压损失校验截面时，应使各种用电设备端电压符合现行规范的要求，由于 35～110 kV 线路截面较大（大于 70 mm²），采用加大截面的办法来降低电压损失的效果并不十分显著，而且会使得投资增加。如采用静电电容器补偿或带负荷调压的变压器以及其他措施更为合适，但应进行技术经济比较后确定。35～110 kV 线路的电压损失一般不宜超过 10%。

对三相平衡负荷线路，几个负荷用电流矩（A · km）表示：

$$\Delta u\% = \frac{\sqrt{3}}{10U_n}\sum[(R\cos\varphi + X\sin\varphi)Il] \tag{7-2-4}$$

对三相平衡负荷线路，几个负荷用负荷矩（kW · km）表示：

$$\Delta u\% = \frac{1}{10U_n^2}\sum[(R + X\tan\varphi)Pl] \tag{7-2-5}$$

式中 $\Delta u\%$——线路电压损失百分数，%；

U_n——标称电压，kV；

R、X——三相架空线路单位长度的电阻和感抗，Ω/km；

I——负荷计算电流，A；

l——线路长度，km；

P——有功负荷，kW；

$\cos\varphi$——功率因数。

各种电压三相架空电力线路单位负荷矩时电压损失百分数[%/(kW · km)]见表 7-2-3～表 7-2-8。

表 7-2-3　380 V 三相平衡负荷架空线路的电压损失

型号	截面/ mm^2	直流电阻 ($\theta=60°$)/ ($\Omega\cdot km^{-1}$)	感抗 $D_j=0.8$ m/ ($\Omega\cdot km^{-1}$)	电压损失/(% · $kW^{-1}\cdot km^{-1}$)					
				0.5	0.6	0.7	0.8	0.85	0.9
JL(LJ)	16	2.3869	0.394	2.126	2.017	1.931	1.858	1.822	1.822
	25	1.4930	0.379	1.489	1.384	1.302	1.231	1.197	1.197
	35	1.1020	0.370	1.207	1.105	1.024	0.955	0.922	0.922
	50	0.7653	0.358	0.960	0.861	0.783	0.716	0.684	0.684
	70	0.5315	0.347	0.784	0.688	0.613	0.548	0.517	0.517
	95	0.3980	0.338	0.681	0.588	0.514	0.451	0.421	0.421
	120	0.3153	0.329	0.613	0.523	0.451	0.389	0.360	0.360
	150	0.2569	0.323	0.566	0.476	0.406	0.346	0.317	0.317
	185	0.2081	0.317	0.524	0.436	0.368	0.309	0.280	0.280
	210	0.1813	0.312	0.500	0.414	0.346	0.288	0.260	0.260
	240	0.1593	0.308	0.480	0.395	0.328	0.270	0.243	0.243
	300	0.1281	0.301	0.450	0.367	0.301	0.245	0.218	0.218
TJ	16	1.334	0.377	1.375	1.271	1.190	1.119	1.085	1.085
	25	0.843	0.363	1.019	0.919	0.840	0.772	0.740	0.740
	35	0.608	0.352	0.843	0.746	0.670	0.604	0.572	0.572
	50	0.449	0.341	0.720	0.626	0.552	0.488	0.457	0.457
	70	0.311	0.331	0.612	0.521	0.449	0.387	0.357	0.357
	95	0.224	0.320	0.539	0.451	0.381	0.321	0.292	0.292
	120	0.177	0.313	0.498	0.412	0.344	0.286	0.257	0.257
	150	0.144	0.306	0.466	0.382	0.316	0.258	0.231	0.231
	185	0.116	0.299	0.439	0.357	0.292	0.236	0.209	0.209
	210	0.087	0.291	0.409	0.329	0.266	0.211	0.185	0.185
	240	0.073	0.285	0.392	0.313	0.252	0.198	0.173	0.173
	300	0.055	0.275	0.368	0.292	0.232	0.181	0.156	0.156

表 7-2-4　6 kV 三相平衡负荷架空线路的电压损失

型号	截面/ mm^2	直流电阻($\theta=55°$)/ ($\Omega\cdot km^{-1}$)	感抗 $D_j=1.25$ m/ ($\Omega\cdot km^{-1}$)	电压损失/(% · $MW^{-1}\cdot km^{-1}$)				
				0.7	0.8	0.85	0.9	0.95
JL(LJ)	16	1.802	0.422	6.202	5.885	5.733	5.574	5.391
	25	1.127	0.407	4.285	3.979	3.832	3.679	3.503
	35	0.8332	0.398	3.442	3.144	3.000	2.850	2.678
	50	0.5786	0.387	2.703	2.412	2.273	2.127	1.960
	70	0.4018	0.375	2.179	1.897	1.762	1.621	1.459
	95	0.3009	0.366	1.873	1.598	1.466	1.328	1.170
	120	0.2373	0.358	1.672	1.404	1.275	1.140	0.986
	150	0.1943	0.351	1.535	1.272	1.144	1.012	0.860
	185	0.1574	0.345	1.414	1.155	1.031	0.901	0.752
	210	0.1371	0.340	1.345	1.090	0.967	0.839	0.692
	240	0.1205	0.336	1.288	1.035	0.914	0.787	0.642
	300	0.09689	0.329	1.202	0.955	0.836	0.712	0.570

表7-2-4（续）

型号	截面/mm²	直流电阻（θ=55°）/（Ω·km⁻¹）	感抗 D_j=1.25 m/（Ω·km⁻¹）	电压损失/（%·MW⁻¹·km⁻¹）				
				0.7	0.8	0.85	0.9	0.95
JL/G1A（LGJ）	16	2.0282	0.399	6.765	6.465	6.321	6.171	5.998
	25	1.2899	0.385	4.674	4.385	4.246	4.101	3.935
	35	0.9382	0.375	3.669	3.387	3.252	3.111	2.949
	50	0.6778	0.365	2.917	2.643	2.511	2.374	2.216
	70	0.4807	0.354	2.339	2.073	1.945	1.812	1.659
	95	0.3487	0.343	1.941	1.683	1.559	1.430	1.282
	120	0.2845	0.336	1.744	1.491	1.370	1.243	1.098
	150	0.1815	0.329	1.435	1.189	1.070	0.946	0.804
	185	0.1555	0.322	1.345	1.103	0.987	0.866	0.726
	210	0.1555	0.318	1.332	1.093	0.979	0.859	0.722
	240	0.1346	0.314	1.264	1.028	0.914	0.796	0.661
	300	0.1096	0.308	1.176	0.945	0.834	0.718	0.585

表7-2-5　10 kV 三相平衡负荷架空线路的电压损失

型号	截面/mm²	直流电阻（θ=55°）/（Ω·km⁻¹）	感抗 D_j=1.25 m/（Ω·km⁻¹）	电压损失/（%·MW⁻¹·km⁻¹）				
				0.7	0.8	0.85	0.9	0.95
JL（LJ）	16	2.058	0.405	2.470	2.361	2.308	2.254	2.191
	25	1.287	0.390	1.685	1.579	1.529	1.476	1.415
	35	0.950	0.380	1.338	1.235	1.186	1.134	1.075
	50	0.660	0.369	1.036	0.936	0.888	0.838	0.781
	70	0.458	0.357	0.823	0.726	0.680	0.631	0.576
	95	0.343	0.348	0.698	0.604	0.559	0.512	0.458
	120	0.272	0.340	0.618	0.527	0.482	0.436	0.383
	150	0.222	0.334	0.562	0.472	0.428	0.383	0.331
	185	0.179	0.327	0.513	0.425	0.382	0.338	0.287
	210	0.156	0.323	0.485	0.398	0.356	0.313	0.262
	240	0.137	0.319	0.463	0.376	0.335	0.292	0.242
	300	0.110	0.312	0.428	0.344	0.304	0.261	0.213
JL/G1A（LGJ）	16	2.0282	0.399	2.435	2.328	2.276	2.222	2.159
	25	1.2899	0.385	1.683	1.579	1.529	1.476	1.416
	35	0.9382	0.375	1.321	1.219	1.171	1.120	1.061
	50	0.6778	0.365	1.050	0.951	0.904	0.855	0.798
	70	0.4807	0.354	0.842	0.746	0.700	0.652	0.597
	95	0.3487	0.343	0.699	0.606	0.561	0.515	0.461
	120	0.2845	0.336	0.628	0.537	0.493	0.447	0.395
	150	0.1815	0.329	0.517	0.428	0.385	0.341	0.289
	185	0.1555	0.322	0.484	0.397	0.355	0.312	0.261
	210	0.1555	0.318	0.479	0.394	0.352	0.309	0.260
	240	0.1346	0.314	0.455	0.370	0.329	0.287	0.238
	300	0.1096	0.308	0.423	0.340	0.300	0.259	0.211

表 7-2-6　35 kV 三相平衡负荷架空线路的电压损失

型号	截面/mm²	直流电阻(θ=55°)/(Ω·km⁻¹)	感抗 D_j=3 m/(Ω·km⁻¹)	电压损失/(%·MW⁻¹·km⁻¹)			
				0.8	0.85	0.9	0.95
JL/G1A(LGJ)	35	0.9382	0.430	0.1029	0.0983	0.0936	0.0881
	50	0.6778	0.420	0.0810	0.0766	0.0719	0.0666
	70	0.4807	0.409	0.0643	0.0599	0.0554	0.0502
	95	0.3487	0.398	0.0528	0.0486	0.0442	0.0391
	120	0.2845	0.391	0.0472	0.0430	0.0387	0.0337
	150	0.1815	0.384	0.0383	0.0342	0.0300	0.0251
	185	0.1555	0.377	0.0358	0.0318	0.0276	0.0228
	210	0.1555	0.372	0.0355	0.0315	0.0274	0.0227
	240	0.1346	0.369	0.0336	0.0297	0.0256	0.0209
	300	0.1096	0.363	0.0311	0.0273	0.0233	0.0187

表 7-2-7　60 kV 三相平衡负荷架空线路的电压损失

型号	截面/mm²	直流电阻(θ=55°)/(Ω·km⁻¹)	感抗 D_j=3.5 m/(Ω·km⁻¹)	电压损失/(%·MW⁻¹·km⁻¹)			
				0.8	0.85	0.9	0.95
JL/G1A(LGJ)	35	0.9382	0.440	0.0352	0.0336	0.0320	0.0301
	50	0.6778	0.429	0.0278	0.0262	0.0246	0.0227
	70	0.4807	0.419	0.0221	0.0206	0.0190	0.0172
	95	0.3487	0.408	0.0182	0.0167	0.0152	0.0134
	120	0.2845	0.401	0.0163	0.0148	0.0133	0.0116
	150	0.1815	0.393	0.0132	0.0118	0.0103	0.0086
	185	0.1555	0.387	0.0124	0.0110	0.0095	0.0079
	210	0.1555	0.382	0.0123	0.0109	0.0095	0.0078
	240	0.1346	0.379	0.0116	0.0103	0.0088	0.0072
	300	0.1096	0.372	0.0108	0.0095	0.0081	0.0064

表 7-2-8　110 kV 三相平衡负荷架空线路的电压损失

型号	截面/mm²	直流电阻(θ=55°)/(Ω·km⁻¹)	感抗 D_j=4 m/(Ω·km⁻¹)	电压损失/(%·MW⁻¹·km⁻¹)			
				0.8	0.85	0.9	0.95
JL/G1A(LGJ)	35	0.9382	0.448	0.01053	0.01005	0.00955	0.00897
	50	0.6778	0.438	0.00832	0.00784	0.00735	0.00679
	70	0.4807	0.427	0.00662	0.00616	0.00568	0.00513
	95	0.3487	0.416	0.00546	0.00501	0.00455	0.00401
	120	0.2845	0.409	0.00489	0.00445	0.00399	0.00346
	150	0.1815	0.402	0.00399	0.00356	0.00311	0.00259
	185	0.1555	0.395	0.00374	0.00331	0.00287	0.00236
	210	0.1555	0.391	0.00371	0.00329	0.00285	0.00235
	240	0.1346	0.387	0.00351	0.00309	0.00266	0.00216
	300	0.1096	0.381	0.00326	0.00285	0.00243	0.00194

五、按机械强度校验截面

由于输电线路导线悬挂于杆塔上且全部露天放置，导线不但要承受自身重力作用，而且要承受外界气候的各种不利条件的影响，所以导线必须有足够的机械强度。架空线路导线截面不应小于表7-2-9所列数值。

表7-2-9　架空线路导线截面　mm^2

导线种类	35 kV线路	3~10 kV 线路		3 kV以下线路
		居民区	非居民区	
铝绞线及铝合金线	35	35	25	16
钢芯铝绞线	35	25	16	16
铜线		16	16	10（线直径3.2 mm）

注：1. 居民区指厂矿地区、港口、码头、火车站、城镇及乡村等人口密集地区。
2. 非居民区指居民区以外的其他地区。此外，虽有车辆、行人或农业机械到达但未建房屋或房屋稀少地区，亦属非居民区。

海拔不超过1000 m的地区，采用现行钢芯铝绞线国标时，110 kV导线外径不小于9.6 mm的，可不验算电晕。

六、避雷线截面的选择

避雷线的截面积一般不小于25 mm^2。

架空避雷线截面的选择，应与导线配合，导线与避雷线的配合表见表7-2-10。

表7-2-10　避雷线与导线配合表　mm^2

导线型号		JL/G1A-185/30及以下	JL/G1A-185/45~JL/G1A-400/35	JL/G1A-400/50及以上
镀锌钢绞线最小标称截面	无冰区段	35	50	80
	覆冰区段	50	80	100

注：新国标GB 1179—2008钢芯铝绞线为JL/G1A，原钢芯铝绞线型号为LGJ。

七、架空光纤复合地线OPGW

架空光纤复合地线OPGW（Optical Ground Wire），是在电力传输线路的避雷线中含有供通信用的光纤单元。它具有两种功能：一是作为输电线路的避雷线，对输电导线抗雷闪放电提供屏蔽保护；二是通过复合在避雷线中的光纤来传输信息。OPGW是架空避雷线和光缆的复合体，但并不是它们之间的简单相加。

OPGW光缆主要在500 kV、220 kV、110 kV和35 kV电压等级线路上使用，受线路停电、安全等因素影响，多在新建线路上应用。OPGW具有以下特点：

（1）高压超过35 kV的线路，档距较大（一般都在150 m以上）。

（2）易于维护，对于线路跨越问题易解决，其机械特性可满足线路大跨越的要求。

（3）OPGW外层为金属铠装，对高压电蚀及降解无影响。

（4）OPGW在施工时必须停电，停电损失较大，所以在新建35 kV以上高压线路中应该使用OPGW。

（5）OPGW的性能指标中，短路电流越大，越需要用良导体做铠装，则相应降低了抗拉强度，而在抗拉强度一定的情况下，要提高短路电流容量，只有增大金属截面积，从而导致缆径和缆重增加，这样就对线路杆塔强度提出了安全问题。

常见的 OPGW 结构主要有三大类，分别是铝管型、铝骨架型和（不锈）钢管型。现在常用的是钢管型结构，分为中心钢管式结构和偏心钢管式结构。

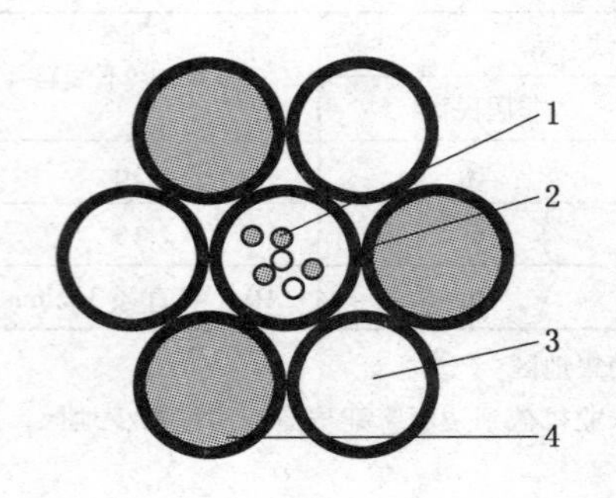

1—光纤；2—不锈钢钢管；3—铝包钢线；4—铝合金线

图 7－2－2　中心钢管式结构 OPGW

（一）中心钢管式结构（图 7－2－2）

（1）光纤：采用高质量、带色标光纤，使其易于识别。

（2）不锈钢钢管：根据钢管尺寸可分为五大类钢管，每类钢管中单根钢管可容纳的最大光纤数有所不同。2.6/3.0 mm 中心线钢管可容纳最大芯数 24 芯；2.85/3.25 mm 中心线钢管可容纳最大芯数 30 芯；3.0/3.5 mm 中心线钢管可容纳最大芯数 36 芯；3.2/3.8 mm 中心线钢管可容纳最大芯数 48 芯；3.4/4.0 mm 中心线钢管可容纳最大芯数 60 芯。光纤被松套于钢管之内，并被钢管内充满的防水复合物包围。

（3）铝包钢线（ACS）：优质铝包钢线作为外层之一，并于铝包钢线表面和其间隙覆盖油脂，用于防腐。

（4）铝合金线（AA）：优质铝合金线作为外层之一，与铝包钢线一起紧密胶合于钢管上。

（二）偏心钢管式结构（图 7－2－3）

（1）光纤：采用高质量、带色标光纤，使其易于识别。

（2）不锈钢钢管：根据钢管尺寸可分为五大类钢管，每类钢管中单根钢管可容纳的最大光纤数有所不同。2.1/2.5 mm 钢管可容纳最大芯数 24 芯；2.3/2.7 mm 钢管可容纳最大芯数 30 芯；2.6/3.0 mm 钢管可容纳最大芯数 36 芯；2.85/3.25 mm 钢管可容纳最大芯数 48 芯；3.0/3.4 mm 钢管可容纳最大芯数 48 芯。光纤被松套于钢管之内，并被钢管内充满的防水复合物包围。

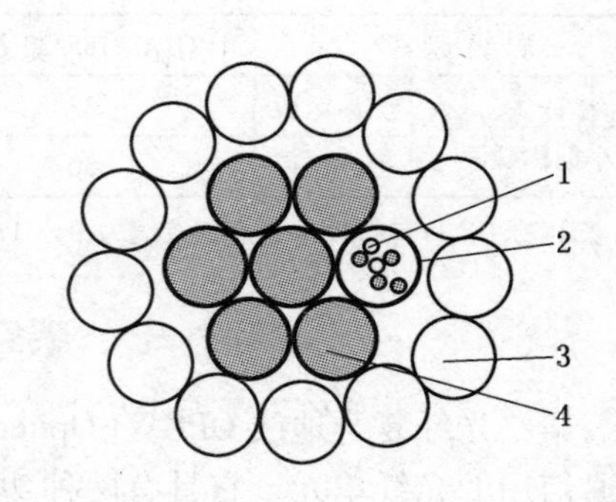

1—光纤；2—不锈钢钢管；3—铝合金线；4—铝包钢线

图 7－2－3　中心钢管式结构 OPGW

（3）铝合金线（AA）：优质铝合金线作为外层，紧密绞合于铝包钢线和钢管的绞线上。

（4）铝包钢线（ACS）：优质铝包钢线作为内层之一，并于铝包钢线表面和其间隙覆盖油脂，用于防腐。

现在工程中最常用的是中心钢管式结构。在选择 OPGW 光缆时，根据工程的实际需要选择光纤的芯数，根据表 7－2－10 中与导线配合的避雷线的参数选择相应的光纤复合地线。

八、计　算　实　例

【例】某矿井采用 35 kV 供电，线路长度 10 km，矿井有功功率为 13519 kW，功率因数按 0.95 考虑，矿井工作制为三班生产，一班检修，工作时间 330 天。请选择 35 kV 电源线路的导线截面。

1. 根据经济电流密度选择

查表 7－2－1，经济电流密度系数为 0.9，则导线截面为

$$S=\frac{13519}{\sqrt{3}\times 35\times 0.95\times 0.9}=260.8\ \mathrm{mm}^2$$

根据经济电流密度就近选择导线截面的原则，两回线路中一回工作一回热备用，选择 JL/G1A－240 mm² 导线。

2. 按载流量校验

线路通过的电流为

$$I=\frac{13519}{\sqrt{3}\times 35\times 0.95}=234.7\ \mathrm{A}$$

查表 7－2－2，JL/G1A－240 导线载流量为 494 A（环境温度为 +40 ℃），满足要求。

3. 按电压损失校验

查表 7－2－6，JL/G1A－240 导线在功率因数为 0.95 时电压损失为 0.0209%/MW · km，则该线路的电压损失为

$$\begin{aligned}\Delta u\% &= 0.0209\%\times 10\times 13.519\\ &= 2.8\% < 5\%\end{aligned}$$

满足要求。

4. 按机械强度校验

根据表 7－2－9 的要求，所选导线 JL/G1A－240 的截面大于 35 mm²，满足要求。

5. 需要注意的问题

（1）由于矿井所在地区环境比较恶劣，10 kV 线路的导线截面考虑到地区的风速及导线的机械强度，一般不低于 JL/G1A－50 mm² 导线的强度。

（2）最大负荷的选取：按线路上可能通过的最大负荷，如果有移相变压器等设备，需要考虑这些控制设备的负荷；功率因数按设备的实际功率因数考虑，如果没有设备的实际功率因数，一般取 0.8，如果 10 kV 侧有无功补偿设备，功率因数取 0.9～0.95。

九、国内常用的导线、避雷线型号

架空线路各种导线技术指标见表 7－2－11～表 7－2－14。本表所列指标摘自国家标准 GB 1179—2008。

表 7－2－11　钢芯铝绞线 JL/G1A 型规格

标称截面（铝/钢）/mm²	结构根数/直径/mm		计算截面/mm²			外径/mm	直流电阻不大于/（Ω · km⁻¹）	计算拉断力/kN	计算质量/（kg · km⁻¹）	交货长度不小于/m
	铝	钢	铝	钢	总计					
10/2	6/1.50	1/1.50	10.60	1.77	12.37	4.50	2.7062	4.14	42.8	3000
16/3	6/1.85	1/1.85	16.13	2.69	18.82	5.55	1.7791	6.13	65.2	3000
25/4	6/2.32	1/2.32	25.36	4.23	29.59	6.96	1.1315	9.29	102.5	3000
35/6	6/2.72	1/2.72	34.86	5.81	40.67	8.16	0.8230	12.55	140.9	3000

表 7-2-11（续）

标称截面（铝/钢）/mm^2	结构根数/直径/mm		计算截面/mm^2			外径/mm	直流电阻不大于/（$\Omega \cdot km^{-1}$）	计算拉断力/kN	计算质量/（$kg \cdot km^{-1}$）	交货长度不小于/m
	铝	钢	铝	钢	总计					
50/8	6/3.20	1/3.20	48.25	8.04	56.3	9.60	0.5946	16.81	195.0	2000
50/30	12/2.32	7/2.32	50.73	29.59	80.32	11.6	0.5693	42.61	371.3	3000
70/10	6/3.80	1/3.80	68.05	11.34	79.39	11.4	0.4217	23.36	275.0	2000
70/40	12/2.72	7/2.72	69.73	40.67	110.4	13.6	0.4141	58.22	510.4	2000
95/15	26/2.15	7/1.67	94.39	15.33	109.73	13.6	0.3059	34.93	380.5	2000
95/20	7/4.16	7/1.85	95.14	18.82	113.96	13.9	0.302	37.24	408.5	2000
95/55	12/3.20	7/3.20	96.51	56.3	152.81	16.0	0.2992	77.85	706.4	2000
120/7	18/2.90	1/2.90	118.89	6.61	125.5	14.5	0.2422	27.74	378.9	2000
120/20	26/2.38	7/1.85	115.67	18.82	134.49	15.1	0.2496	42.26	466.4	2000
120/25	7/4.72	7/2.10	122.48	24.25	149.73	15.7	0.2346	47.96	526.0	2000
120/70	12/3.60	7/3.60	122.15	71.25	193.4	18.0	0.2364	97.92	894.0	2000
150/8	18/3.20	1/3.20	144.76	8.04	152.8	16.0	0.199	32.73	461.3	2000
150/20	24/2.78	7/1.85	145.68	18.82	164.5	16.7	0.1981	46.78	549.0	2000
150/25	26/2.70	7/2.10	148.86	24.25	173.11	17.1	0.194	53.67	600.5	2000
150/35	30/2.50	7/2.50	147.26	34.36	181.62	17.5	0.1962	64.94	675.4	2000
185/10	18/2.60	1/3.60	183.22	10.18	193.40	18.0	0.1572	40.51	583.8	2000
185/25	24/3.15	7/2.10	187.03	24.25	211.28	18.9	0.1543	59.23	705.5	2000
185/30	26/2.98	7/3.32	181.34	29.59	210.93	18.9	0.1592	64.56	732.0	2000
185/45	30/2.80	7/2.80	184.73	43.10	227.83	19.6	0.1564	80.54	847.2	2000
210/10	18/3.80	1/3.80	204.14	11.34	215.48	19.0	0.1411	45.14	650.5	2000
210/25	24/3.33	7/2.22	209.02	27.10	236.12	20.0	0.138	66.19	788.4	2000
210/35	26/3.22	7/2.50	211.73	34.36	246.09	20.4	0.1364	74.11	853.1	2000
210/50	30/2.98	7/2.98	209.24	48.82	258.06	20.9	0.1381	91.23	959.7	2000
240/30	24/3.60	7/2.40	244.29	31.67	275.96	21.6	0.1181	75.19	921.5	2000
240/40	26/3.42	7/2.66	238.84	38.90	277.74	21.7	0.1209	83.76	963.5	2000
240/35	30/3.20	7/3.20	241.27	56.30	297.57	22.4	0.1198	101.74	1106.6	2000
300/15	42/3.00	7/1.67	296.88	15.33	312.21	23.0	0.0973	68.41	940.2	2000
300/20	45/2.93	7/1.95	303.42	20.91	324.32	23.4	0.0952	76.04	1001.8	2000
300/25	48/2.85	7/2.22	306.21	27.10	333.31	23.8	0.0944	83.76	1057.9	2000
300/40	24/3.99	7/2.66	300.09	38.90	338.99	23.9	0.0961	92.36	1132.0	2000
300/50	26/3.83	7/2.98	299.54	48.82	348.37	24.3	0.0964	103.58	1208.6	2000
300/70	30/3.60	7/3.60	305.36	71.25	376.61	25.2	0.0946	127.23	1400.5	2000
400/20	42/3.51	7/1.95	406.40	20.91	427.31	26.9	0.071	89.48	1286.3	1500
400/25	45/3.33	7/2.22	391.91	27.10	419.01	26.6	0.0737	96.37	1294.7	1500
400/35	48/3.22	7/2.50	390.88	34.36	425.24	26.8	0.0739	103.67	1348.7	1500
400/65	26/4.42	7/3.44	398.94	65.06	464	28.0	0.0724	135.39	1610.0	1500
400/95	30/4.16	19/2.50	407.75	93.27	501.02	29.1	0.07	171.56	1855.5	1500

表 7-2-11（续）

标称截面（铝/钢）/mm²	结构根数/直径/mm		计算截面/mm²			外径/mm	直流电阻不大于/（Ω·km⁻¹）	计算拉断力/kN	计算质量/（kg·km⁻¹）	交货长度不小于/m
	铝	钢	铝	钢	总计					
500/35	45/3.75	7/2.50	497.01	34.36	531.37	30.0	0.0581	118.69	1641.9	1500
500/45	48/3.60	7/2.80	488.58	43.10	531.68	30.0	0.0591	127.31	1687.0	1500
500/65	54/3.44	7/3.44	501.88	65.06	566.94	31.0	0.0576	154.37	1896.5	1500
630/45	45/4.20	7/2.80	623.45	43.10	666.55	33.6	0.0463	148.88	2059.5	1200
630/55	48/4.12	7/3.20	639.92	56.30	696.22	34.3	0.0452	164.31	2208.2	1200
630/80	54/3.87	19/2.32	635.19	80.32	715.51	34.8	0.0455	189.98	2386.6	1200
800/55	45/4.80	7/3.20	814.30	56.30	870.6	38.4	0.0355	192.22	2690.0	1000
800/70	48/4.63	7/3.60	808.15	71.25	879.4	38.6	0.0358	207.68	2790.1	1000
800/100	54/4.33	19/2.60	795.17	100.88	896.05	39.0	0.0363	242.23	2990.3	1000

注：钢芯铝绞线原型号为 LGJ。

表 7-2-12 JL 型铝绞线的结构与技术指标

标称截面/mm²	结构根数/直径/mm	计算截面/mm²	外径/mm	直流电阻不大于/（Ω·km⁻¹）	计算拉断力/kN	计算质量/（kg·km⁻¹）	交货长度不小于/m
16	7/1.70	15.89	5.10	1.805	3.01	43.5	4000
25	7/2.15	25.41	6.45	1.129	4.57	69.6	3000
35	7/2.50	34.36	7.50	0.8333	6.01	94.1	2000
50	7/3.00	49.48	9.0	0.5787	8.41	135.5	1500
70	7/3.60	71.25	10.8	0.4019	11.40	195.1	1250
95	7/4.16	95.14	12.5	0.3010	15.22	260.5	1000
120	19/2.85	121.21	14.3	0.2374	20.61	333.5	1500
150	19/3.15	148.07	15.8	0.1943	24.43	407.4	1250
185	19/3.50	182.80	17.5	0.1574	30.16	503.0	1000
210	19/3.75	209.85	18.8	0.1371	33.58	577.4	1000
240	19/4.00	238.76	20.0	0.1205	38.20	657.0	1000
300	37/3.20	297.57	22.4	0.0969	49.10	820.7	1000
400	37/3.70	397.83	25.9	0.0724	63.65	1097.3	1000
500	37/4.16	502.90	29.1	0.0573	80.46	1387.4	1000
630	61/3.63	631.30	32.7	0.0457	101.0	1743.8	800
800	61/4.10	805.36	36.9	0.0358	128.8	2224.5	800

注：铝绞线原型号为 LJ。

表 7-2-13 JG1A 型钢绞线的结构与技术指标

标称截面/mm²	结构根数/直径/mm	计算截面/mm²	外径/mm	直流电阻不大于/（Ω·km⁻¹）	计算拉断力/kN	计算质量/（kg·km⁻¹）	交货长度不小于/m
30	7/2.22	27.1	6.66	7.1445	36.3	213.1	3000
40	7/2.79	42.7	8.36	4.5362	55.9	336.6	3000

表7-2-13（续）

标称截面/mm²	结构根数/直径/mm	计算截面/mm²	外径/mm	直流电阻不大于/(Ω·km⁻¹)	计算拉断力/kN	计算质量/(kg·km⁻¹)	交货长度不小于/m
65	7/3.51	67.8	10.53	2.8578	87.4	532.8	3000
85	7/3.93	84.7	11.78	2.2862	109.3	668.0	3000
100	7/4.44	108.4	13.32	1.7681	139.9	852.6	2000
100	19/2.70	108.4	13.48	1.7944	142.1	859.7	2000
150	19/3.37	169.4	16.95	1.1484	218.6	1339.3	2000
250	19/4.26	271.1	21.31	0.7177	349.7	2140.2	2000
250	37/3.05	271.1	21.38	0.7196	349.7	2141.9	2000
400	37/3.83	427.0	26.83	0.4569	550.8	3377.4	2000

注：钢绞线原型号为GJ。

表7-2-14 TJ型硬铜绞线规格

标称截面/mm²	根数×线径/mm	导线外径/mm	计算质量/(kg·km⁻¹)	交货长度不小于/m
16	7×1.68	5.0	139	4000
25	7×2.11	6.3	220	3000
35	7×2.49	7.5	306	2500
50	7×2.97	8.9	437	2000
70	19×2.14	10.7	618	1500
95	19×2.49	12.5	838	1200
120	19×2.80	14.0	1057	1000
150	19×3.15	15.8	1339	800
185	37×2.49	17.43	1649	800
240	37×2.84	19.9	2141	800
300	37×3.10	21.7	2562	600
400	37×3.66	25.6	3564	600

第三节 导线、绝缘子、金具

一、选择绝缘子和金具的有关规定

绝缘子和金具的机械强度应按下式验算：

$$KF < F_u \quad (7-3-1)$$

式中 K——机械强度安全系数，查表7-3-1；

F——设计荷载，kN；

F_u——悬式绝缘子的机械破坏荷载或针式绝缘子、瓷横担绝缘子的受弯破坏荷载或蝶式绝缘子、金具的破坏荷载，kN。

表7-3-1 绝缘子及金具的机械强度安全系数

类型	安全系数		
	运行工况	断线工况	断联工况
悬式绝缘子	2.7	1.8	1.5
针式绝缘子	2.5	1.5	1.5
蝶式绝缘子	2.5	1.5	1.5
瓷横担绝缘子	3.0	2	—
合成绝缘子	3.0	1.8	1.5
金具	2.5	1.5	1.5

二、耐张线夹的选用

（一）导线用耐张线夹的选用

导线用耐张线夹一般分为两类，第一类用螺丝将导线压紧固定，线夹只承受导线全部拉力（即导线计算拉断力），而不导通电流。这类线夹称为螺栓型耐张线夹，如图7-3-1所示。

螺栓型耐张线夹的主要优点是施工安装方便，并对导线有足够的握力，质量也比较轻。因此多年来被广泛地应用到架空线路上。螺栓型耐张线夹适用于安装中小截面的导线。

第二类称为压缩型耐张线夹，采用液压或爆压方法将导线的铝股、钢芯与线夹的铝管、钢锚压在一起，如图7-3-2所示。线夹本身除承受导线的全部拉力（即导线的计算拉断力）外，还是导电体，这类线夹适用于安装大截面的导线。

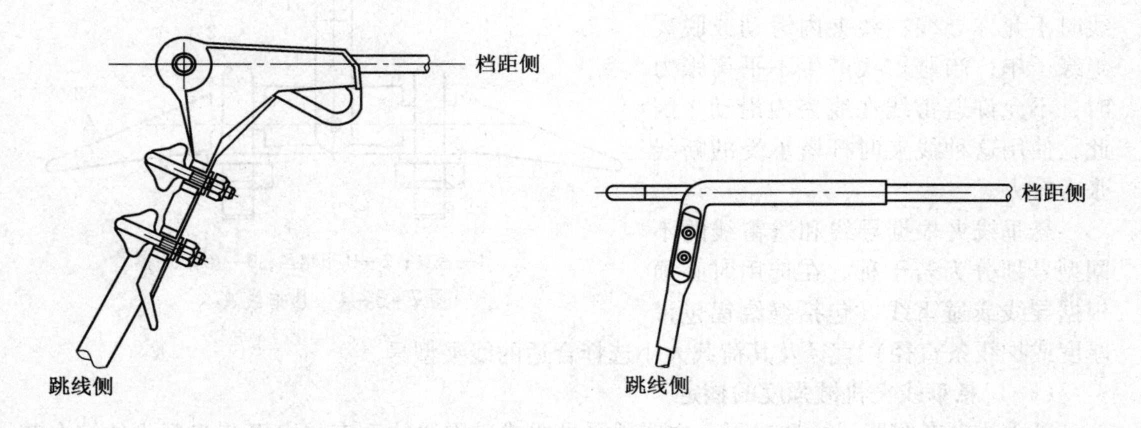

图7-3-1 导线用螺栓型耐张线夹　　图7-3-2 导线用压缩型耐张线夹

（二）避雷线用耐张线夹的选用

避雷线（镀锌钢绞线）用耐张线夹，按其结构分为楔型及压缩型两种，如图7-3-3

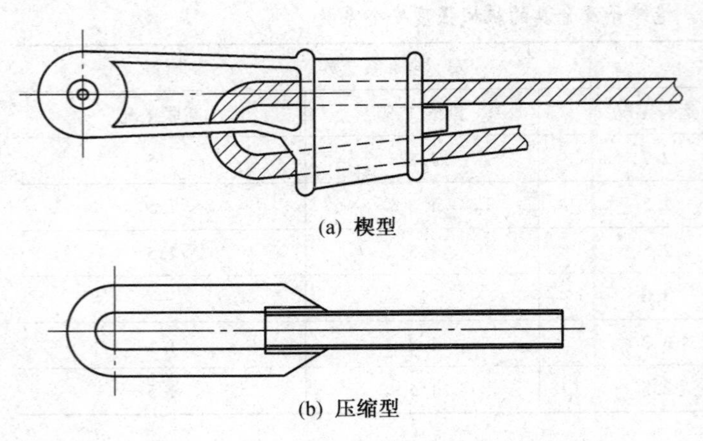

(a) 楔型

(b) 压缩型

图 7－3－3　避雷线（镀锌钢绞线）用耐张线夹

所示。

楔型耐张线夹，可用于避雷线的终端，也可用于固定杆塔的拉线。由于楔型线夹具有施工方便和运行可靠等优点，所以被广泛应用到架空线路上。楔型线夹一般用于 JG1A－70(GJ－70) 及以下钢绞线，对于 JG1A－70 (GJ－70) 以上的钢绞线，宜采用压缩型耐张线夹。

（三）对耐张线夹的要求

各类耐张线夹的破坏荷载应不小于安装导线或避雷线的计算拉断力值；其对导线或避雷线的握力，压缩型耐张线夹应不小于导线或避雷线计算拉断力的 95%。

作为导电体的耐张线夹压接后，其接触处的电阻应不大于同样长度导线的电阻；温升应不大于被接触导线的温升；载流量应不小于被安装导线的载流量。

三、悬垂线夹的选用

悬垂线夹常选用 U 形螺丝式固定悬垂线夹，如图 7－3－4 所示，导线和避雷线均可采用。

悬垂线夹悬挂导线和避雷线时，应能承受垂直档距内导线和避雷线的全部荷载，并且在线路正常运行或断线时不允许导线在线夹内滑动或脱离绝缘子串，当避雷线产生不平衡张力时，不允许避雷线在线夹内滑动。因此，使用这种线夹时杆塔承受的断线张力较大。

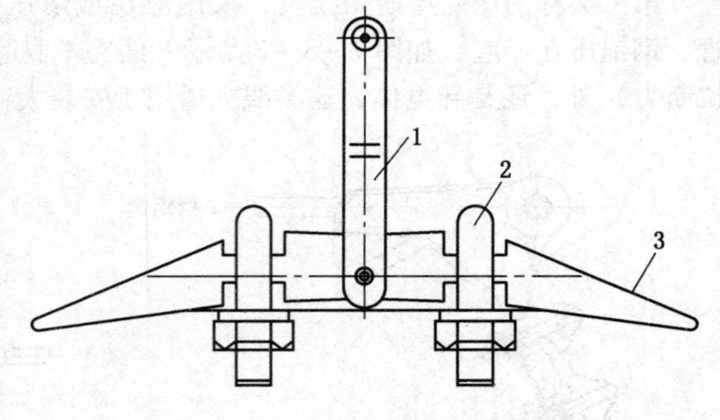

1—挂架；2—U 形螺丝；3—船体

图 7－3－4　悬垂线夹

悬垂线夹根据导线和避雷线的不同型号划分为若干种。在选用时必须根据导线或避雷线（包括缠绕铝包带厚度或护线条直径）直径及其荷载大小选择合适的线夹型号。

（一）悬垂线夹机械强度的核定

悬垂线夹在线路运行情况下，主要承受导线或避雷线的垂直与水平荷载形成的综合荷载。当导线或避雷线发生最大荷载时，考虑一定的安全系数后，应小于或等于悬垂线夹的破坏荷载。

（二）悬垂线夹握力的核定

悬垂线夹在线路正常运行或断线（导线）情况、避雷线产生不平衡张力情况下，对导线或避雷线应具有一定的握力，这时导线或避雷线不允许从线夹中滑出。

根据国标 GB 2314—2008《电力金具通用技术条件》的规定。固定型悬垂线夹对导线或避雷线的握力，与其导线、避雷线的计算拉断力之比应不小于表 7－3－2 的数值。

表 7－3－2 悬垂线夹握力与导线、避雷线计算拉断力之比

绞线类型	铝钢截面比α	百分比/%
钢芯铝绞线	$\alpha \leqslant 2.3$	14
	$2.3 < \alpha \leqslant 3.9$	16
	$3.9 < \alpha \leqslant 4.9$	18
	$4.9 < \alpha \leqslant 6.9$	20
	$6.9 < \alpha \leqslant 11.0$	22
	$\alpha > 11.0$	24
铝绞线		24
钢绞线		14
铜绞线		28

（三）悬垂线夹悬垂角的校验

在架空线路上，由于地形起伏、档距不等以及因荷载或气温变化，使直线杆塔悬挂点两侧的导线或避雷线产生不同的悬垂角。因而要求悬垂线夹必须有足够的悬垂角，才能保证导线或避雷线在线夹出口附近不受较大的弯曲应力，以避免发生局部机械损伤引起断股或断线。

四、联结金具的选用

（一）专用联结金具

专用联结金具是直接用来连接绝缘子的，其连接部位的结构尺寸与绝缘子相配合。用于连接球窝型绝缘子的联结金具，有球头挂环、碗头挂板等；用于连接槽型绝缘子的有平行挂板、直角挂板和直角挂环等。

（二）通用联结金具

通用联结金具，用于将绝缘子组成两联、三联或更多联数，并将绝缘子串与杆塔横担或与线夹之间相连接，也用来将避雷线紧固或悬挂在杆塔上，或将拉线固定在杆塔上等。根据用途不同，联结金具有着不同型式和品种。定型金具有 U 形挂环、U 形挂板、直角挂板、平行挂板延长环和二联板等。

（三）联结金具机械荷载的核定

联结金具机械荷载，在一般情况下按已选定的绝缘子机械破坏荷载来确定。每一种型式的绝缘子配备一套与其机械破坏荷载相同的金具。对双联绝缘子用的金具，其机械破坏荷载为单联绝缘子金具的两倍。例如：用于 XP－70 型绝缘子的金具，其破坏荷载应不小于 70 kN；用于 XP－160 型绝缘子的金具，其破坏荷载应不小于 160 kN。

避雷线所用的联结金具用于悬垂时，其破坏荷载除以金具的安全系数后所得数值，应

不小于避雷线的最大荷载；用于耐张时，其破坏荷载应与避雷线强度配合。

五、绝缘子串的组装

架空线路上用的绝缘子串，由于杆塔结构、绝缘子型式、导线型号、每相导线的根数及电压等级不同，将有很多不同的组装形式。但归纳起来可分为悬垂组装及耐张组装两大类型。绝缘子串不论是悬垂还是耐张都有几个分支类型。整个组装称为“串”，其中分支称为“联”。金具与绝缘子组装时，需考虑的主要问题是绝缘子形式和联数的确定；绝缘子本身的组装形式；绝缘子串与杆塔的连接形式；绝缘子串与导线的连接形式等。此外，金具零件的机械强度，金具零件间的尺寸配合、方向等都要选择正确。

导线挂在直线杆塔上，悬垂绝缘子串应能承受导线等的全部荷载；导线挂在耐张杆塔上，耐张绝缘子串应能承受导线的全部张力。

35 kV 线路常用绝缘子串组装图如图 7－3－5 ~ 图 7－3－12 所示。

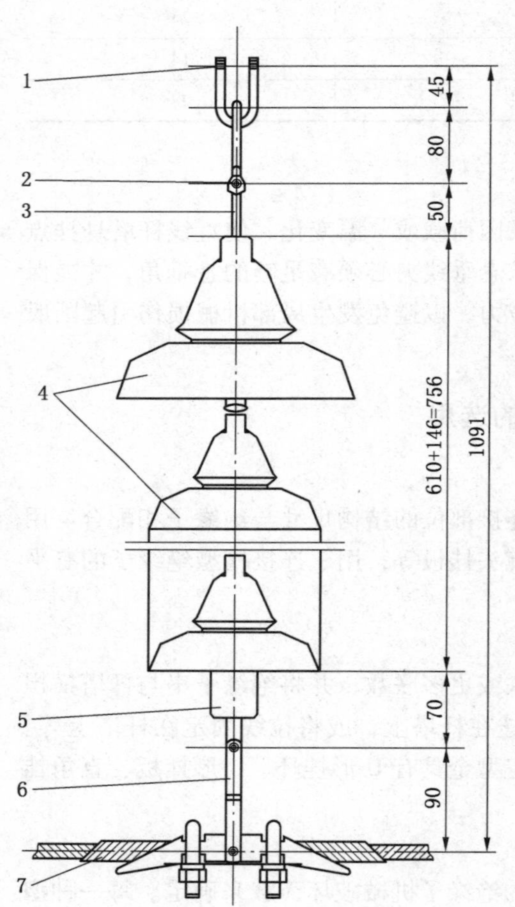

编号	名称	型号及规格	单位	数量	单重/kg	总重/kg
1	U 形螺丝	UJ-1880	个	1	0.85	0.85
2	U 形挂环	U-7	个	1	0.5	0.5
3	球头挂环	QP-7	个	1	0.27	0.27
4	大瓶绝缘子	XMP-70	片	1	6.0	6.0
	合成绝缘子	FXBW1-35/70	串	1	2.95	2.95
5	碗头挂板	W-7A	块	1	0.82	0.82
6	悬垂线夹	CGU-4	套	1	5.7	5.7
7	铝包带	1×10	米	10	0.027	0.27

图 7－3－5 导线单串悬垂绝缘子串组装图（JL/G1A－240 或 LGJ－240）

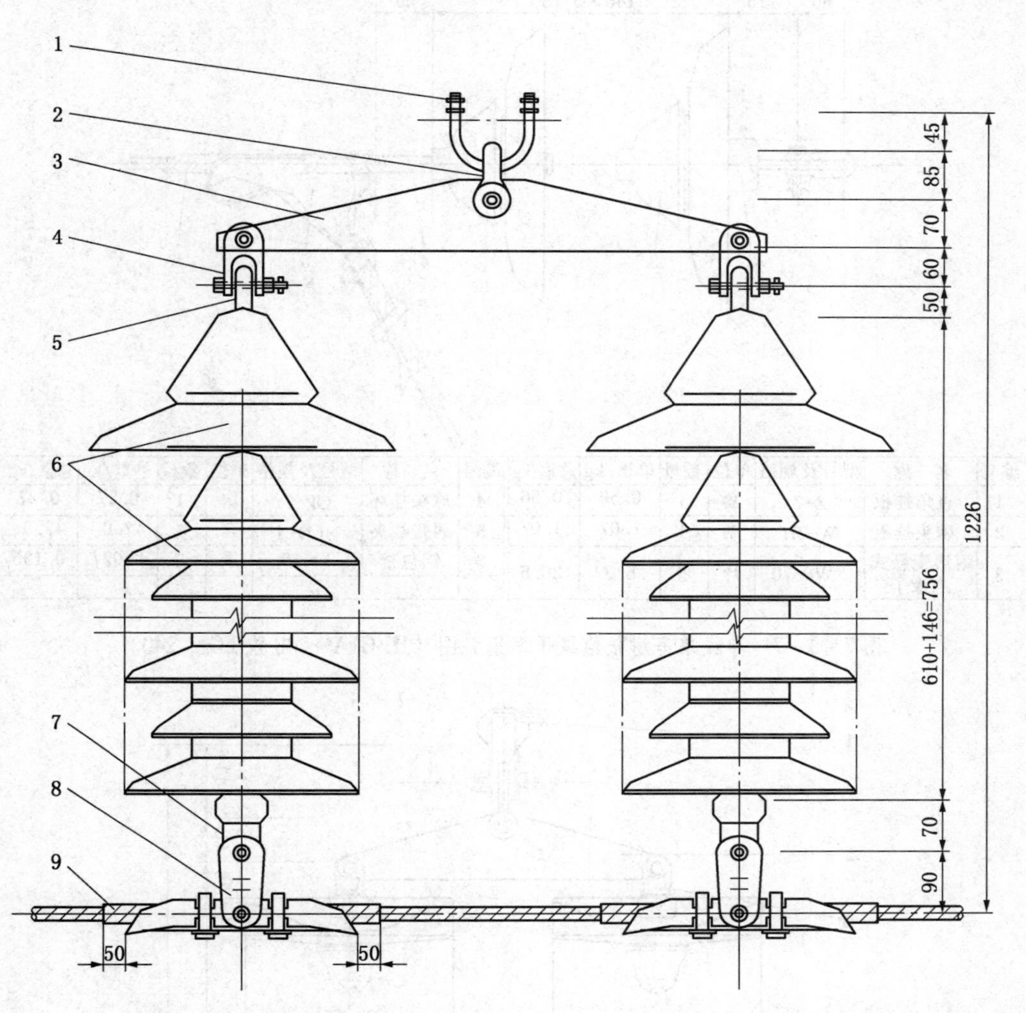

编号	名　称	型号及规格	单位	数量	单重/kg	总重/kg
1	U 形螺丝	UJ-1880	个	1	0.85	0.85
2	U 形挂环	U-10	个	1	0.6	0.6
3	联板	L-1040	个	1	4.43	4.43
4	挂板	Z-7	个	2	0.56	1.12
5	球头挂环	QP-7	套	2	0.27	0.54
6	大瓶绝缘子	XMP-70	片	2	6.0	12.0
	合成绝缘子	FXBW1-35/70	串	2	2.95	5.9
7	碗头挂板	W-7A	个	2	0.97	1.94
8	悬垂线夹	CGU-4	个	2	5.7	11.4
9	铝包带	1×10	米	2	0.27	0.54

图 7-3-6　导线双串悬垂绝缘子串组装图（JL/G1A-240 或 LGJ-240）

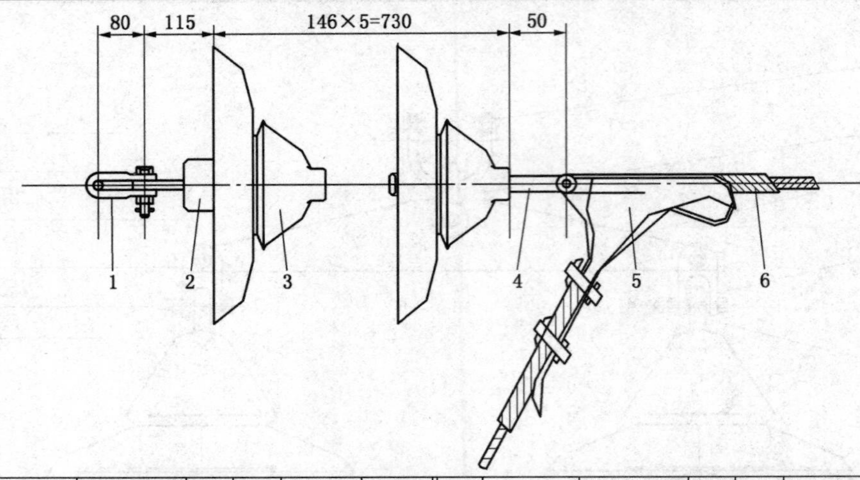

编号	名　称	型号及规格	单位	数量	单重/kg	总重/kg	编号	名　称	型号及规格	单位	数量	单重/kg	总重/kg
1	直角挂板	Z-7	套	1	0.56	0.56	4	球头挂环	QP-7	块	1	0.27	0.27
2	碗头挂板	W-7B	副	1	1.07	1.07	5	耐张线夹	NLD-4	套	1	7.0	7.0
3	耐污瓷悬式绝缘子	XWP-70	片	5	5.3	26.5	6	铝包带	1×10	米	5	0.027	0.135

图 7-3-7　导线单串耐张绝缘子串组装图（JL/G1A-240 或 LGJ-240）

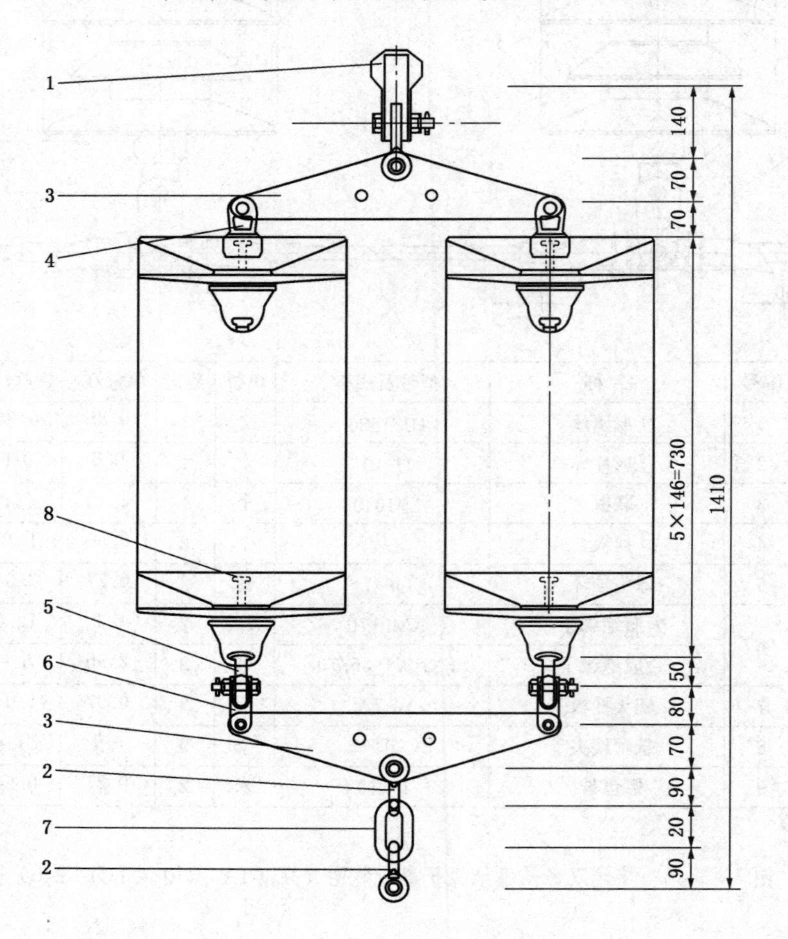

编号	名　称	型号及规格	单位	数量	单重/kg	总重/kg
1	耐张线夹	NLD-4	个	1	7.0	7.0
2	U 形挂环	U-10	副	3	0.54	1.62
3	二联板	L-1040	个	2	4.43	8.86
4	碗头挂板	WS-7	个	2	0.95	1.9
5	球头挂环	QP-7	个	2	0.3	0.6
6	直角挂板	Z-7	副	2	0.64	1.28
7	挂环（延长环）	PH-10	副	1	0.49	0.49
8	耐污瓷悬式绝缘子	XWP-70	个	10	6.0	60

图7-3-8　导线双串耐张绝缘子串组装图（JL/G1A-240 或 LGJ-240）

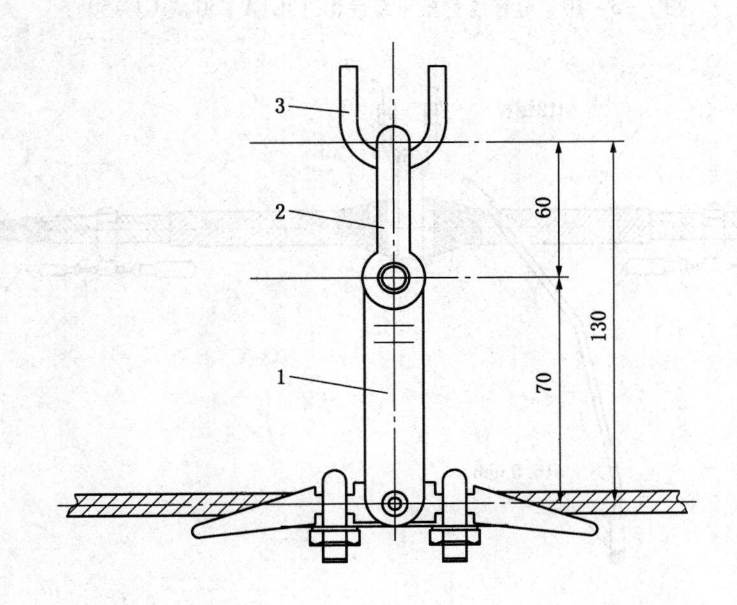

编号	名　称	型号及规格	单位	数量	单重/kg	总重/kg
1	悬垂线夹	CGU-2	个	1	1.8	1.8
2	U 形挂环	U-7	个	1	0.44	0.44
3	U 形螺丝	U-1880	个	1	0.83	0.83

图7-3-9　避雷线悬垂串组装图（JG1A-50 或 GJ-50）

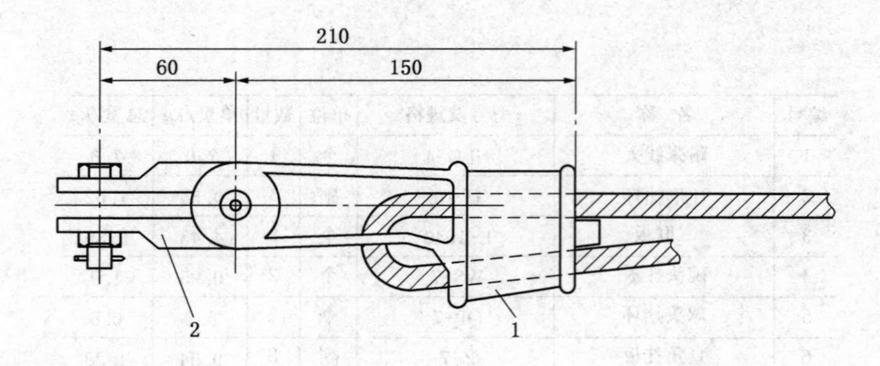

编号	名 称	型号及规格	单位	数量	单重/kg	总重/kg
1	楔型线夹	NX-1	个	1	1.19	1.19
2	U形挂环	U-7	个	1	0.44	0.44

图 7-3-10 避雷线耐张串组装图 (JG1A-50 或 GJ-50)

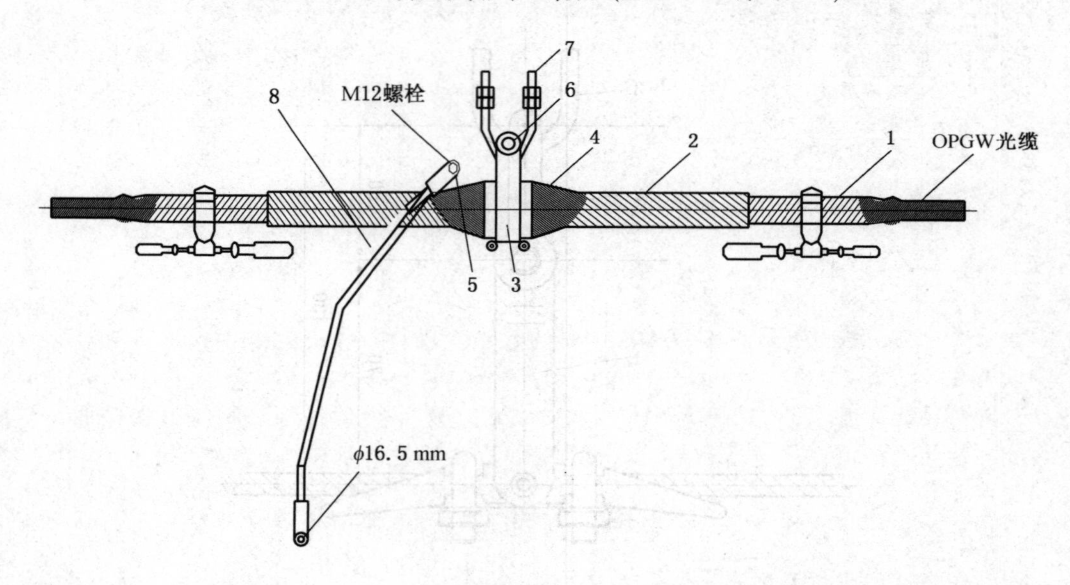

编号	名 称	型 号 及 规 格	单位	数量	单重/kg	总重/kg
1	结构加固条	CL-SC-ZN-9-2T	组	1		
2	外层条	CL-SC-YW-9	组	1		
3	铝护套	CL-L-0/5	套	1		
4	衬垫	170	套	1		
5	接地片	CL-OPGW-YD-6/9	片	1		
6	钢套	ϕ32×6(装在铝护套螺栓上)	个	1		
7	U形螺丝	UJ-1880	套	1		
8	接避雷线	JY-JD-180	根	1		

图 7-3-11 OPGW 架空光纤复合地线悬垂线夹组装图

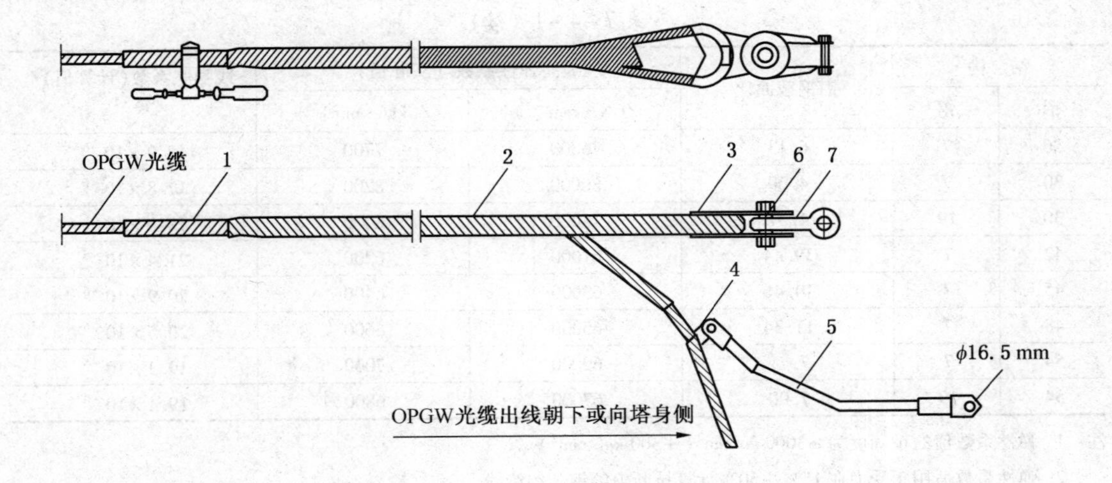

编号	名　称	型号及规格	单位	数量	单重/kg	总重/kg
1	结构加固条	NL-SC-ZN-9-24A	套	1		
2	外层条	NL-SC-YW-8-2A	套	1		
3	心形环	NL-QT-162	套	1		
4	接地片	NL-OPGW-YD-2	片	1		
5	接避雷线	JY-JD-180	套	1		
6	钢套	φ28×4(装在心形环螺栓上)	个	1		
7	U形挂环	UL-7	个	1		

图7-3-12 OPGW复合式光纤避雷线耐张线夹组装图

第四节 导线和避雷线力学特性计算

在进行导线或避雷线力学特性计算中，应求出在各种气象条件下的应力和弧垂，给杆塔强度计算、定位设计、塔位布置、弧垂观测及防振设计等提供基础数据。

一、导线和避雷线的机械物理特性

钢芯铝绞线的弹性系数和线膨胀系数见表7-4-1。

表7-4-1 钢芯铝绞线的弹性系数和线膨胀系数

结构		铝钢截面比	最终弹性系数（实际值）		线膨胀系数(计算值)/℃$^{-1}$
铝	钢		/(N·mm^{-2})	/(kgf·mm^{-2})	
6	1	6.00	79000	8100	19.1×10^{-6}
7	7	5.06	76000	7700	18.5×10^{-6}
12	7	1.71	105000	10700	15.3×10^{-6}
18	1	18.00	66000	6700	21.2×10^{-6}
24	7	7.71	73000	7400	19.6×10^{-6}

表 7-4-1（续）

结构		铝钢截面比	最终弹性系数（实际值）		线膨胀系数(计算值)/ ℃$^{-1}$
铝	钢		/(N·mm^{-2})	/(kgf·mm^{-2})	
26	7	6.13	76000	7700	18.9×10^{-6}
30	7	4.29	80000	8200	17.8×10^{-6}
30	19	4.37	78000	8000	18.0×10^{-6}
42	7	19.44	61000	6200	21.4×10^{-6}
45	7	14.46	63000	6400	20.9×10^{-6}
48	7	11.34	65000	6600	20.5×10^{-6}
54	7	7.71	69000	7000	19.3×10^{-6}
54	19	7.90	67000	6800	19.4×10^{-6}

注：1. 弹性系数值的精确度为 ±3000 N/mm^2（±300 kgf/mm^2）。
2. 弹性系数适用于受力在 15% ~50% 计算拉断力的钢芯铝绞线。

对于 GB 1179—2008 中的钢芯铝绞线，由于导线上有接续管、耐张管、修补管使导线拉断力降低，故设计使用的导线保证计算拉断力为计算拉断力的 95%。

其他各种导线和避雷线的单股线的机械特性一般见表 7-4-2。

表 7-4-2　单股导线和避雷线的机械特性

材料/特性	弹性系数/(N·mm^{-2})	线膨胀系数/℃$^{-1}$	密度/(kg·m^{-3})	抗拉强度/(N·mm^{-2})
硬铜线	127000	17×10^{-6}	8.98×10^3	400 ~450
硬铝线	59000	23×10^{-6}	2.703×10^3	159 ~200
镀锌钢线	196000	23×10^{-6}	7.80×10^3	1175 ~1570

二、导线和避雷线的单位荷载及比载

在进行架空线的机械计算时，首先要计算架空线的机械荷载（以下简称荷载），架空线荷载常用“比载”(即单位体积的荷载)γ 和单位长度的荷载 g 计算。γ 的单位为 N/(m·mm^2)，g 的单位为 N/m。架空线的截面用 A(mm^2) 表示，则

$$g=\gamma A \tag{7-4-1}$$

作用在架空线上的荷载有架空线自重、冰重和架空线所受垂直于线路方向的水平风压。因此，架空线的比载分自重比载、冰重比载和风压比载等。

（一）自重比载

自重比载即架空线本身重量的比载。我国制造的各种规格的导线，均给出每公里的重量，故自重比载可用式（7-4-2）计算：

$$\gamma_1=9.80665\times g_1/A \tag{7-4-2}$$

式中　g_1——每米导线的重量，kg；

A——架空线的计算总截面，mm^2。

（二）冰重比载

当导线上覆有冰层时，其冰筒重量由架空线来承受。取一米长的冰筒，如图 7-4-1

所示，其体积（$m \cdot mm^2$）为

$$V = \frac{\pi}{4}\left[(d+2b)^2 - d^2\right] = \pi b(d+b) \tag{7-4-3}$$

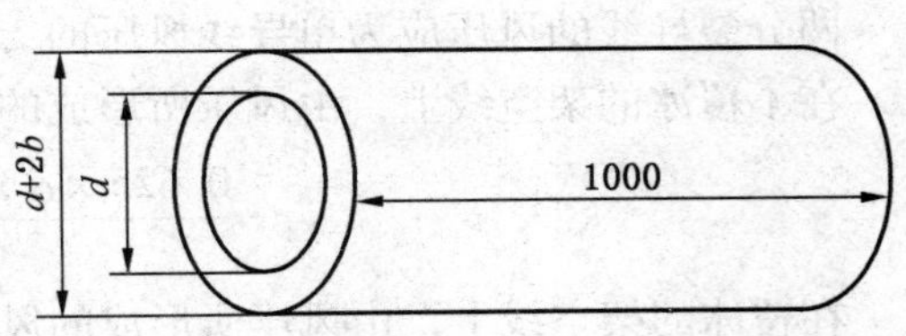

图7-4-1　冰筒示意图

式中　b——覆冰厚度，mm；

d——架空线的计算直径，mm。

一米长冰筒的重量（kg）为

$$g_2 = V\gamma_0 = \pi \times b(d+b) \times \gamma_0 \times 10^{-3} \tag{7-4-4}$$

式中　γ_0——冰的容重，按雨凇冰计算取0.9 g/cm³。

于是冰重比载为

$$\gamma_2 = \frac{g_2}{A} = \frac{9.80665 \times 0.9 \times \pi \times b \times (d+b) \times 10^{-3}}{A} = \frac{15.2866 \times b \times (d+b) \times 10^{-3}}{A} \tag{7-4-5}$$

（三）垂直总比载

垂直总比载为自重比载和冰重比载的和。

$$\gamma_3 = \gamma_1 + \gamma_2 \tag{7-4-6}$$

（四）风压比载

作用于架空线上的风压是由空气运动所引起，而空气运动时的动能除了与风速有关外，还与空气的容重和重力加速度有关。架空线上所受的风压，还要考虑架空线的体型系数、与风速大小有关的风压不均匀系数、风向与架空线轴向间的夹角等影响。架空线上的风压按下式计算：

$$W_x = 0.625 \times \alpha \times \mu_{sc} \times (d+2b) \times l_H \times v^2 \times \sin^2\theta \times 10^{-3} \tag{7-4-7}$$

式中　W_x——垂直于架空线轴线的水平风荷载，N；

α——架空线风压不均匀系数，见表7-4-3；

μ_{sc}——架空线体型系数，见表7-4-4；

d——架空线外径，mm；

b——架空线覆冰厚度，mm，无冰时 $b=0$；

l_H——杆塔水平档距，m；

θ——风向与架空线轴向间的夹角。

表7-4-3　架空线风压不均匀系数

风速 $V/(m \cdot s^{-1})$	$V \leqslant 20$	$20 \leqslant V < 27$	$27 \leqslant V < 31.5$	$V \geqslant 31.5$
计算杆塔荷载	1.00	0.85	0.75	0.70
设计杆塔（风偏计算用）	1.00	0.75	0.61	0.61
对跳线计算，α 宜取1.0				

表7-4-4　架空线受风体型系数 μ_{sc}

表面状况	无冰时		覆冰时
架空线外径 d/mm	$d<17$	$d \geqslant 17$	不论 d 大小
μ_{sc}	1.2	1.1	1.2

两分裂导线的风压应为单导线风压的二倍，而不考虑相互的屏蔽影响。

在不覆冰的架空线上，由风压所形成的风压比载 γ_4 为

$$\gamma_4 = \frac{0.625 \times \alpha \times \mu_{sc} \times d \times \nu^2 \times 10^{-3}}{A} \tag{7-4-8}$$

在覆冰的架空线上，由风压所形成的风压比载 γ_5 为

$$\gamma_5 = \frac{0.625 \times \alpha \times \mu_{sc} \times (d+2b) \times \nu^2 \times 10^{-3}}{A} \tag{7-4-9}$$

（五）综合总比载

不覆冰的架空线，其综合总比载 γ_6 为自重比载 γ_1 和无冰风压比载 γ_4 的几何和，即

$$\gamma_6 = \sqrt{\gamma_1^2 + \gamma_4^2} \tag{7-4-10}$$

覆冰架空线的综合总比载 γ_7 为垂直总比载 γ_3 和覆冰风压比载 γ_5 的几何和，即

$$\gamma_7 = \sqrt{\gamma_3^2 + \gamma_5^2} \tag{7-4-11}$$

三、导线和避雷线力学计算

（一）悬点等高档距中线长与弧垂的计算

平地线路的档距，其悬挂点是等高的，称悬点等高档距。

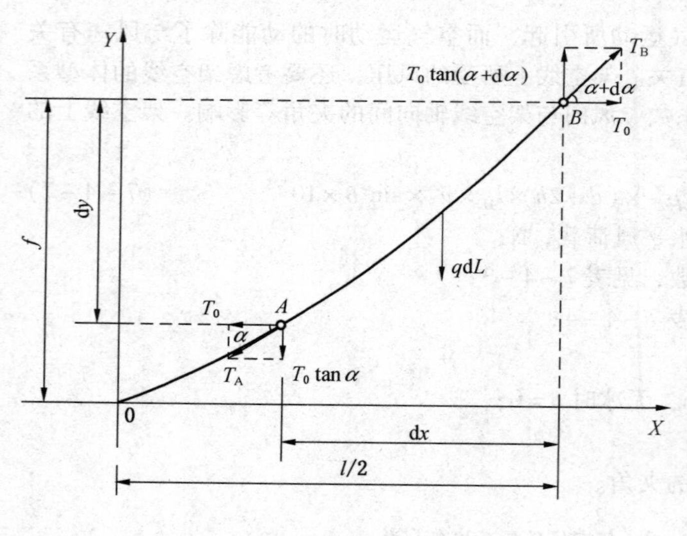

图 7-4-2　架空线计算示意图

架空线是指悬挂在杆塔上的导线和避雷线。对于悬挂在两固定点 A、B 间的一根柔软的（指不承受弯曲应力）且荷载沿线长均匀分布的绳索，其所形成的形状为悬链线。在架空线路中，当所使用的档距足够大时，架空线材料的刚性影响可以忽略不计，同时认为架空线的荷载沿线长均匀分布，则架空线悬挂形状也可认为是悬链线。所以，架空线可按悬链线进行计算。

悬链线的自重是沿线长均匀分布的。取长度为 $\mathrm{d}L$ 的一段（图 7-4-2），其自重为 $\mathrm{d}q = q\mathrm{d}L$，当处于平衡状态时，作用于该架空线段上诸力的水平分力、垂直分力的代数和将分别等于零。

$$\begin{cases} T_0 = T_B \cos(\alpha + \mathrm{d}\alpha) \\ T_0 \tan(\alpha + \mathrm{d}\alpha) - q\mathrm{d}L - T_0 \tan\alpha = 0 \end{cases}$$

设

$$\tan\alpha = \frac{\mathrm{d}y}{\mathrm{d}x} = y' \qquad \tan\mathrm{d}\alpha = \mathrm{d}y'$$

$$\tan(\alpha + \mathrm{d}\alpha) = \frac{\tan\alpha + \tan\mathrm{d}\alpha}{1 - \tan\alpha \cdot \tan\mathrm{d}\alpha} = y' + \mathrm{d}y'$$

则 $\tan(\alpha+\mathrm{d}\alpha)$ 和 $\tan\alpha$ 可用导数 $y'+\mathrm{d}y'$ 和 y' 来代替。于是得

$$T_0(y'+\mathrm{d}y')-q\mathrm{d}L-T_0y'=0$$

因此 $T_0\mathrm{d}y'=q\mathrm{d}L$

已知
$$\mathrm{d}L=\sqrt{(\mathrm{d}x)^2+(\mathrm{d}y)^2}=\sqrt{\frac{(\mathrm{d}x)^2+(\mathrm{d}y)^2}{\mathrm{d}x^2}}\cdot\mathrm{d}x=\sqrt{1+y'^2}\cdot\mathrm{d}x \tag{7-4-12}$$

所以
$$T_0\mathrm{d}y'=q\sqrt{1+y'^2}\cdot\mathrm{d}x \tag{7-4-13}$$

分离变量后得
$$\frac{\mathrm{d}y'}{\sqrt{1+y'^2}}=\frac{q}{T_0}\mathrm{d}x$$

对上式进行积分，得

$$\int\frac{\mathrm{d}y'}{\sqrt{1+y'^2}}=\int\frac{q}{T_0}\mathrm{d}x$$

$$\int\frac{\mathrm{d}\frac{\mathrm{d}y}{\mathrm{d}x}}{\sqrt{1+\left(\frac{\mathrm{d}y}{\mathrm{d}x}\right)^2}}=\ln\left[\frac{\mathrm{d}y}{\mathrm{d}x}+\sqrt{1+\left(\frac{\mathrm{d}y}{\mathrm{d}x}\right)^2}\right]=\frac{q}{T_0}x=bx\quad\left(设\ b=\frac{q}{T_0}\right)$$

$$\begin{cases}\mathrm{e}^{bx}=y'+\sqrt{1+y'^2}\\ \mathrm{e}^{-bx}=-y'+\sqrt{1+y'^2}\end{cases}$$

以上两式相减得

$$\mathrm{e}^{bx}-\mathrm{e}^{-bx}=2y'=2\frac{\mathrm{d}y}{\mathrm{d}x}$$

$$\mathrm{d}y=\left(\frac{\mathrm{e}^{bx}-\mathrm{e}^{-bx}}{2}\right)\mathrm{d}x$$

$$\int\mathrm{d}y=\int\left(\frac{\mathrm{e}^{bx}-\mathrm{e}^{-bx}}{2}\right)\mathrm{d}x$$

$$\int\mathrm{e}^{bx}\mathrm{d}x=\frac{1}{b}\mathrm{e}^{bx}\qquad\int\mathrm{e}^{-bx}\mathrm{d}x=-\frac{1}{b}\mathrm{e}^{-bx}$$

则
$$y=\frac{1}{2}\left[\frac{1}{b}\mathrm{e}^{bx}-\left(-\frac{1}{b}\mathrm{e}^{-bx}\right)\right]+C=\frac{1}{2b}(\mathrm{e}^{bx}+\mathrm{e}^{-bx})+C \tag{7-4-14}$$

当 $x=0$，$y=0$ 时，$\mathrm{e}^0=1$，$\mathrm{e}^{bx}=1$，$\mathrm{e}^{-bx}=1$，则

$$C=-\frac{1}{2b}(1+1)=-\frac{1}{b}$$

因此
$$y=\frac{1}{2b}(\mathrm{e}^{bx}+\mathrm{e}^{-bx})-\frac{1}{b} \tag{7-4-15}$$

$$\mathrm{ch}bx=\frac{\mathrm{e}^{bx}+\mathrm{e}^{-bx}}{2}$$

把 $b=\frac{q}{T_0}$ 代入

$$y=\frac{1}{b}\mathrm{ch}bx-\frac{1}{b}=\frac{T_0}{q}\mathrm{ch}\frac{q}{T_0}x-\frac{T_0}{q}=\frac{T_0}{q}\left(\mathrm{ch}\frac{q}{T_0}x-1\right) \tag{7-4-16}$$

由式（7-4-12）可知自坐标原点至横坐标为 x 处的线长为

$$L_x = \int_0^x \sqrt{1 + y'^2}\,dx = \int_0^x \sqrt{1 + \mathrm{sh}^2 \frac{qx}{T_0}}\,dx = \int_0^x \mathrm{ch}\frac{qx}{T_0}dx$$

积分得

$$L_x = \frac{T_0}{q}\mathrm{sh}\frac{q}{T_0}x \tag{7-4-17}$$

当 $x=\frac{l}{2}$时，由式（7－4－16）得 $y=f$（弧垂），即

$$f = \frac{T_0}{q}\left(\mathrm{ch}\frac{ql}{2T_0} - 1\right) \tag{7-4-18}$$

由式（7－4－17）可知 $L_x = \frac{L}{2} = \frac{T_0}{q}\mathrm{sh}\frac{ql}{2T_0}$

所以

$$L = \frac{2T_0}{q}\mathrm{sh}\frac{ql}{2T_0} \tag{7-4-19}$$

代入 $T_0=\sigma A$，$q=\gamma\cdot A$，故式（7－4－18）、式（7－4－19）为

$$f = \frac{\sigma}{\gamma}\left(\mathrm{ch}\frac{\gamma l}{2\sigma} - 1\right) \tag{7-4-20}$$

$$L = \frac{2\sigma}{\gamma}\mathrm{sh}\frac{\gamma l}{2\sigma} \tag{7-4-21}$$

以上两式即架空线的弧垂和线长的悬链线公式。为得到悬链线公式的级数形式，须进行下列变换：

因为

$$\mathrm{ch}x = \frac{e^x + e^{-x}}{2} \qquad \mathrm{sh}x = \frac{e^x - e^{-x}}{2}$$

式中

$$e^x = 1 + x + \frac{x^2}{2!} + \frac{x^3}{3!} + \cdots$$

$$e^{-x} = 1 - x + \frac{x^2}{2!} - \frac{x^3}{3!} + \cdots$$

代入得

$$\mathrm{ch}x = 1 + \frac{x^2}{2!} + \frac{x^4}{4!} + \cdots$$

$$\mathrm{sh}x = 1 + \frac{x^3}{3!} + \frac{x^5}{5!} + \cdots$$

故式（7－4－20）和式（7－4－21）又可写成级数形式：

$$f = \frac{\sigma}{\gamma}\left[\left(1 + \frac{l^2\gamma^2}{8\sigma^2} + \frac{l^4\gamma^4}{384\sigma^4} + \cdots\right) - 1\right]$$

或

$$f = \frac{l^2\gamma}{8\sigma} + \frac{l^4\gamma^3}{384\sigma^3} + \cdots \tag{7-4-22}$$

$$L = \frac{2\sigma}{\gamma}\left[\frac{l\gamma}{2\sigma} + \frac{l^3\gamma^3}{48\sigma^3} + \frac{l^5\gamma^5}{3840\sigma^5} + \cdots\right]$$

或

$$L = l + \frac{l^3\gamma^2}{24\sigma^2} + \frac{l^5\gamma^4}{1920\sigma^4} + \cdots \tag{7-4-23}$$

式中　l——档距，m；

γ——架空线的比载，N/(m · mm²)；

σ——架空线的最低应力（即水平应力），N/mm²。

上面两个悬链线级数公式，均为收敛级数（逐项减少）。为了简化计算，在一般档距中，仅取式（7－4－22）的第一项计算弧垂，取式（7－4－23）的前两项计算线长。即

$$f=\frac{l^2\gamma}{8\sigma} \tag{7-4-24}$$

$$L=l+\frac{l^3\gamma^2}{24\sigma^2}=l+\frac{8f^2}{3l} \tag{7-4-25}$$

式（7－4－24）、式（7－4－25）为抛物线方程。当弧垂不大于档距的5%时，按抛物线方程代替悬链线方程计算，其误差是很小的（线长误差率在15×10^{-6}以内）。

但对个别的特大跨越档，当其弧垂大于档距的10%时，则可按下式计算弧垂和线长：

$$f=\frac{l^2\gamma}{8\sigma}+\frac{l^4\gamma^3}{384\sigma^3} \tag{7-4-26}$$

$$L=l+\frac{l^3\gamma^2}{24\sigma^2}+\frac{l^5\gamma^4}{1920\sigma^4} \tag{7-4-27}$$

（二）悬点等高架空线状态方程式及解法

当气象条件变化时，架空线所受温度和载荷也发生变化，其水平应力σ(以后均简称应力）和弧垂也随着变化。不同气象条件下的水平应力，可根据下面推导的状态方程式进行计算。

设在某一气象条件下的气温为t_m，架空线的比载为γ_m，应力为σ_m，线长为L_m，当改变到另一新的气象条件时，气温变为t，比载变为γ，此时应力变为σ，线长则为L。

$$L=L_m\{[1+\alpha(t-t_m)][1+(\sigma-\sigma_m)/E]+\varepsilon\} \tag{7-4-28}$$

式中　α——温度线膨胀系数，℃$^{-1}$；

E——弹性模量，N/mm^2；

ε——塑性相对变形，因数值较小，一般可忽略不计。

在一般档距中，架空线线长可用抛物线方程计算，由式（7－4－25）知，气象变化后的线长可写为

$$L=l+\frac{l^3\gamma^2}{24\sigma^2} \tag{7-4-29}$$

$$L_m=l+\frac{l^3\gamma_m^2}{24\sigma_m^2} \tag{7-4-30}$$

将式（7－4－29）、式（7－4－30）代入式（7－4－28）得

$$\begin{aligned}l+\frac{l^3\gamma^2}{24\sigma^2}&=\left(l+\frac{l^3\gamma_m^2}{24\sigma_m^2}\right)[1+\alpha(t-t_m)]\left[1+\frac{\sigma-\sigma_m}{E}\right]\\&=\left(l+\frac{l^3\gamma_m^2}{24\sigma_m^2}\right)\left[1+\alpha(t-t_m)+\frac{\sigma-\sigma_m}{E}+\alpha\frac{(t-t_m)(\sigma-\sigma_m)}{E}\right]\end{aligned}$$

因式中α、E及$\frac{l^3\gamma_m^2}{24\sigma_m^2}$均甚小，故方括号中的最后一项可略去，且将方括号中之第二、三项与$\frac{l^3\gamma_m^2}{24\sigma_m^2}$的乘积也略去，则上式可简化为

$$l+\frac{l^3\gamma^2}{24\sigma^2}=l+\frac{l^3\gamma_m^2}{24\sigma_m^2}+\alpha l(t-t_m)+\frac{l(\sigma-\sigma_m)}{E}$$

将上式等号两端同除以 l/E 并整理，即得架空线状态方程。

$$\sigma-\frac{l^2\gamma^2E}{24\sigma^2}=\sigma_m-\frac{l^2\gamma_m^2E}{24\sigma_m^2}-\alpha E(t-t_m) \tag{7-4-31}$$

当某一气象条件（比载为 γ_m，气温为 t_m）下的应力 σ_m 为已知，欲求得另一气象条件（比载为 γ，气温为 t）下的应力 σ 时，即可用式（7－4－31）解出。

令式（7－4－31）中 $b=\dfrac{El^2\gamma^2}{24}$；$a=\dfrac{l^2\gamma_m^2E}{24\sigma_m^2}-\sigma_m+\alpha E(t-t_m)=F_m+\alpha Et$。

$$F_m=\frac{l^2\gamma_m^2E}{24\sigma_m^2}-(\sigma_m+\alpha Et_m)$$

则状态方程式（7－4－31）可写为

$$\sigma^2(\sigma+a)=b \tag{7-4-32}$$

式中　　l——架空线的档距，对直线杆塔的连续档则为耐张段的代表档距 l_D，m；

γ_m、γ——分别为已知和待求情况下架空线的比载，$N/(m\cdot mm^2)$；

σ_m、σ——分别为已知和待求情况下架空线的最低点的水平应力，N/mm^2。

α——架空线温度线膨胀系数；

E——架空线的弹性模量，N/mm^2；

F——已知条件系数。

可利用计算器很快地解出精确的应力值。式（7－4－32）为三次方程，b 值永远为正，而 a 值可正可负，为便于讨论，将 a 值的正负号分出来，即化为

$$\sigma^2(\sigma+CA)=b$$

式中 $A=|a|$；$C=\dfrac{a}{|a|}=\pm1$ 与 a 的正负号相同。

设状态方程式的判别式为

$$\Delta=13.5\times\frac{b}{A^3}-C$$

当 $\Delta\geqslant1$ 时，设 $\theta=\mathrm{ch}^{-1}\Delta$，可解得 $\sigma=\dfrac{A}{3}\left(2\mathrm{ch}\dfrac{\theta}{3}-C\right)$

当 $\Delta\leqslant1$ 时，设 $\theta=\cos^{-1}\Delta$，可解得 $\sigma=\dfrac{A}{3}\left(2\cos\dfrac{\theta}{3}-C\right)$

当 $A=0$ 时，则得　　　　　　　　$\sigma=\sqrt[3]{b}$

（三）悬点不等高架空线状态方程式

悬点不等高架空线状态方程式按斜抛物线线长公式导出，它的精度很接近悬链线方程。对于高差很大的档距或高差较大的重要跨越档，为使其应力或弧垂的计算误差不超过允许值，应考虑采用式（7－4－33）计算应力和进行校验计算。

$$\sigma-\frac{l^2\gamma^2E\cos\beta^2}{24\sigma^2}=\sigma_m-\frac{l^2\gamma_m^2E\cos^3\beta}{24\sigma_m^2}-\alpha E\cos\beta(t-t_m) \tag{7-4-33}$$

式中 β 对于孤立档为悬挂点高差角，对有悬垂绝缘子串的连续档，l 为不等高代表档距 l_r，β 为代表高差角。

（四）各种档距的计算公式

1. 代表档距

对于耐张段间（两基耐张杆塔间）具有若干悬挂悬垂绝缘子串的直线杆塔的连续档中，各档架空线水平应力 σ_0 是按同一值架设的。但当气象条件变化时，由于各档的档距线长及高差不一定相同，从而使直线杆塔上出现不平衡张力差，使悬垂绝缘子串产生偏斜。偏斜结果又使各档应力趋于基本相同的某一数值上。这个应力可称为耐张段内的代表应力，其值是用耐张段内的代表档距代入架空线状态方程式中求出的。

（1）常用的代表档距，系不考虑悬挂点有高差的情况得出的，其式为

$$l_D = \sqrt{\frac{l_1^3 + l_2^3 + l_3^3 + \cdots + l_n^3}{l_1 + l_2 + l_3 + \cdots + l_n}} = \sqrt{\frac{\sum l^3}{\sum l}} \tag{7-4-34}$$

式中 l_D——代表档距，m；

$l_1, l_2, \cdots, l_n$——耐张段内各档的档距，m。

（2）考虑高差影响的代表档距 l_D 与代表高差角 β_r 的代表档距如下式：

$$l_D = \frac{1}{\cos\beta_r}\sqrt{\frac{l_1^3\cos\beta_1 + l_2{}^3\cos\beta_2 + l_3^3\cos\beta_3 + \cdots + l_n^3\cos\beta_n}{\dfrac{l_1}{\cos\beta_1} + \dfrac{l_2}{\cos\beta_2} + \dfrac{l_3}{\cos\beta_3} + \cdots + \dfrac{l_n}{\cos\beta_n}}} \tag{7-4-35}$$

式中，l_1，l_2，…，l_n 及 β_1，β_2，…，β_n 分别为耐张段内各档的档距及高差角。考虑高差影响的代表档距公式为近似值。

2. 水平档距

当计算杆塔承受架空线横向风荷载时，其荷载通常近似认为是架空线单位长度上的风压与杆塔两侧档距平均值之乘积，其档距平均值称为水平档距。

图 7-4-3 中杆塔 A 和 B 间的档距为 l_1，高差为 h_1，杆塔 B 和 C 间的档距为 l_2，高差为 h_2。档距 l_1 内架空线的风压由杆塔 A、B 各承担 1/2；档距 l_2 内架空线的风压由杆塔 B、C 各承担 1/2。因此杆塔 B 所承担的风压为

$$P = p\left(\frac{l_1}{2} + \frac{l_2}{2}\right) = pl_H$$

所以

$$l_H = \frac{l_1 + l_2}{2} \tag{7-4-36}$$

式中 l_H——水平档距，m；

l_1、l_2——分别为杆塔两侧的档距，m。

P——杆塔所受的总风压，kg；

p——单位长度架空线的风压，kg/m。

式（7-4-36）表明：杆塔两侧两档距长度的平均值，即为该杆塔的水平档距。水平档距是相邻两档距中点间的水平距离。

在高差较大且又需要准确计算杆塔的水平荷载时，其水平档距可按下式计算：

$$l_H = \frac{\dfrac{l_1}{\cos\beta_1} + \dfrac{l_2}{\cos\beta_2}}{2} \tag{7-4-37}$$

$$\beta_1 = \tan^{-1}\frac{h_1}{l_1} \qquad \beta_2 = \tan^{-1}\frac{h_2}{l_2}$$

式中　　l_H——水平档距，m；

β_1、β_2——分别为杆塔两侧高差角，(°)；

l_1、l_2——分别为杆塔两侧的档距，m。

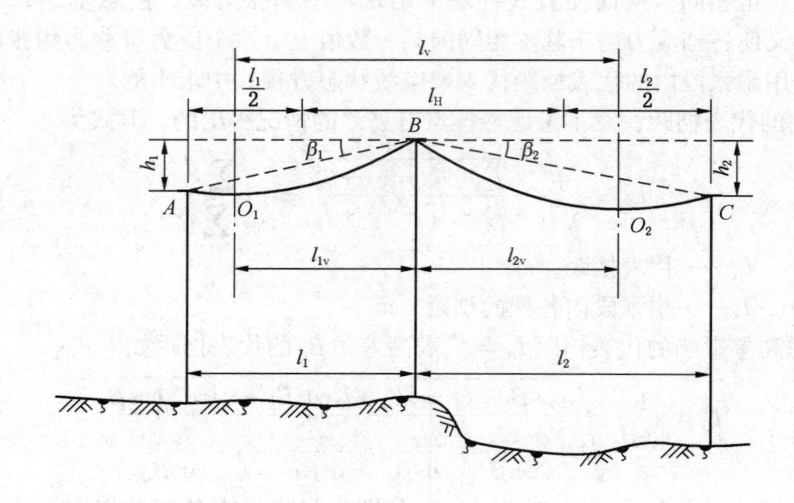

图7-4-3　水平档距、垂直档距计算示意图

3. 垂直档距

当计算杆塔结构承受架空线垂直荷载时，其荷载通常近似的认为是架空线单位长度上的垂直荷载与杆塔两侧架空线最低点间的水平距离之乘积，此距离系计算垂直荷载之用故称为垂直档距。垂直档距是相邻档距架空线最低点间的水平距离。图7-4-3中，l_1档内O_1点为架空线的最低点，AO_1段架空线的重量由杆塔A承担，BO_1段架空线的重量由杆塔B承担，BO_2段架空线的重量由杆塔B承担，CO_2段架空线的重量由杆塔C承担。于是，杆塔B承受BO_1段和BO_2段架空线重量之和。因此，杆塔所承受的架空线重量，等于相邻两档距中两个最低点之间的架空线重量之和。以杆塔B为例，其所承受重量为$G=\gamma_v A l_v$，其中A为架空线截面。

而
$$l_v = l_{1v} + l_{2v} = \left(\frac{l_1}{2} + \frac{\sigma_1 h_1}{\gamma_v l_1}\right) + \left(\frac{l_2}{2} + \frac{\sigma_2 h_2}{\gamma_v l_2}\right) \tag{7-4-38}$$

当为直线杆塔时
$$\sigma_1 = \sigma_2 = \sigma_0$$

$$l_v = \frac{l_1 + l_2}{2} + \frac{\sigma_0}{\gamma_v}\left(\frac{h_1}{l_1} + \frac{h_2}{l_2}\right) = l_H + \frac{\sigma_0}{\gamma_v}\alpha \tag{7-4-39}$$

式中　　l_v——垂直档距，m；

l_{1v}、l_{2v}——分别为某一杆塔两侧的垂直档距，m；

σ_1、σ_2——分别为杆塔两侧的架空线水平应力，N/mm^2；

α——杆塔的综合高差系数；

l_1、l_2、l_H——分别为某一杆塔两侧的档距和杆塔的水平档距，m；

h_1、h_2——分别为某一杆塔两侧的悬挂点高差，m，当邻档悬挂点低时取正号，反之取负号；

σ_0——耐张段内的架空线水平应力，N/mm^2，对于耐张塔，应取两侧可能不同的应力，按对应注角号分开计算垂直档距；

γ_v——架空线的垂直比载，$N/(m \cdot mm^2)$。

当高差很大，需要较精确的计算杆塔所承受的垂直荷载时，其垂直荷载可按架空线单位荷载分别增大 $\cos\beta_1$、$\cos\beta_2$ 倍，再分别与 l_{1v}、l_{2v} 相乘之和计算。

4. 极大档距

《110～750 kV 架空输电线路设计规范》规定：如导线悬挂点比最低点高很多时，还应验算悬挂点的导线应力，其应力可较弧垂最低点的应力高10%。也就是说，导线任一点的应力皆不得超过导线瞬时破坏应力的44%。

在线路设计中的一般档距上，导线在最低点的应力为破坏应力的40%时，皆能保持悬挂点应力不超过破坏应力的44%。如果某档距导线悬挂点应力刚刚达到破坏应力的44%，则称此档距为极大档距。当档距两端导线悬挂点高差为零时（$h=0$），极大档距达到最大值；有高差时极大档距皆比此值小。

在上述条件下，当 $h=0$ 时，极大档距的最大值按下式计算：

$$l_{0m}=\frac{2\sigma_m}{\gamma_7}\mathrm{ch}^{-1}1.1=0.8871365\,\frac{\sigma_m}{\gamma_7} \tag{7-4-40}$$

当 $h\neq0$ 时，极大档距 l_m 与高差 h 的关系式为

$$h=\left(\frac{2\sigma_m}{\gamma_7}\mathrm{sh}\,\frac{\gamma_7 l_m}{2\sigma_m}\right)\mathrm{sh}\left(\mathrm{ch}^{-1}1.1-\frac{\gamma_7 l_m}{2\sigma_m}\right) \tag{7-4-41}$$

式中　l_m——极大档距，m；

h——极大档距悬挂点间的高差，m；

σ_m——导线最低点允许最大应力，N/mm^2；

γ_7——导线覆冰时综合比载（取最大比载，如最大风控制，则取 γ_6），$N/(m \cdot mm^2)$。

5. 极限档距和允许档距

如果线路上的档距超过相应高差时的极大档距，则必须放松导线应力才能符合规范的要求。此时悬挂点应力保持为破坏应力的44%，而弧垂最低点的应力则为破坏应力的40%乘以放松系数 μ。这种条件下的档距称 μ 为某值时的允许档距。μ 愈小允许档距愈大。但是，当导线应力放松到一定数值后，如果再继续放松，这时导线的荷载因弧垂的增大而迅速增大，对导线悬挂点应力起主要作用，允许档距反而会减小。故 μ 小到某一极限最小值所能得到的最大允许档距称为极限档距 l_1。因此极限档距和极大档距为允许档距数值的上下包络线。当 $h=0$ 时极限档距 $l_{10}=1.458\,\dfrac{\sigma_m}{\gamma_7}$，此时放松系数极限最小值 $\mu_1=0.608$，导线最低点应力应放松为 $0.608\sigma_m$。

当导线放松，悬挂点应力大于最低点应力的1.1倍时，允许档距与放松系数的关系如下式：

$$\frac{h}{l}=\frac{\mathrm{sh}(C_0/\mu)}{C_0/\mu}\mathrm{sh}\left(\mathrm{ch}^{-1}\frac{1.1}{\mu}-\frac{C_0}{\mu}\right) \tag{7-4-42}$$

$$C_0 = \frac{\gamma l}{2\sigma_m}$$ （其中 γ，当覆冰控制时取 γ_7，$\gamma_6 > \gamma_7$ 时取 γ_6）

式中　l——允许档距，m；

h——档距两端悬挂点的高差，m；

μ——放松系数，$\mu = \sigma/\sigma_0$；

σ——导线放松后最低点最大使用应力，N/mm^2；

σ_m——导线最低点允许最大使用应力，N/mm^2；

γ_7——导线覆冰时综合比载（取最大比载，如最大风控制，则取 γ_6），$N/(m \cdot mm^2)$。

四、架空线应力弧垂曲线计算

在线路设计中，为全面了解架空线在各种气象条件下运行时的力学特性，便于在设计中查用有关数据，需将各个代表档距（或孤立档距）下各种气象条件时的架空线应力及弧垂计算出来，绘成随代表档距变化的弧垂应力曲线。计算曲线前必须预先确定各种气象条件，计算架空线在各种气象条件下的比载，确定架空线使用安全系数和最大使用应力及有关气象条件下的控制应力（如平均运行应力值，避雷线受导线与避雷线间距控制的应力等），计算临界档距，划定各种控制应力出现的档距区间，确定各区间内的已知应力及相应的气象条件，然后才能计算其他气象条件下的应力及弧垂。

（一）控制应力的选定

1. 架空线最大使用应力的选定

架空线发生最大应力时（如最大风、冰荷载或最低气温时），应具有一定的安全系数。以安全系数 F 除架空线的破坏强度 σ_{ts}（或抗拉强度），即得架空线最大使用应力（指架空线最低点的水平应力），以式（7-4-43）表示：

$$\sigma_m = \frac{\sigma_{ts}}{F} \tag{7-4-43}$$

式中　σ_m——最大使用应力，N/mm^2；

σ_{ts}——架空线的破坏强度，N/mm^2；

F——架空线的安全系数。

《110～750 kV 架空输电线路设计规范》规定，架空线的安全系数不应小于2.5，避雷线的安全系数宜大于导线的安全系数。在大跨越稀有气象条件下和重冰区较少出现的覆冰情况下，导线在弧垂最低点的最大应力，均应按不超过瞬时破坏应力的60%；悬挂点不超过66%验算。

如悬挂点高差过大，正常情况应验算悬挂点应力。悬挂点应力可较弧垂最低点应力高10%。

架设在滑轮上的导线或避雷线，应计算悬挂点局部弯曲引起的附加应力。

10 kV 及以下架空配电线路的导线设计的最小安全系数见表7-4-5。

2. 平均运行应力的限制（考虑耐振条件时架空线的计算）

为了保证架空线长期安全运行，除应使任何气象条件下不超过最大使用应力外，还应有足够的耐振能力，使导线不至于因振动引起断股或断线。前者称为强度条件，后者称为耐

表7-4-5　配电线路的导线设计的最小安全系数

导线种类	一般地区	重要地区
铝绞线、钢芯铝绞线、铝合金线	2.5	3.0
铜绞线	2.0	2.5

注：重要地区指大、中城市的主要街道及人口稠密的地区。

振条件，架空线的耐振能力取决于年平均运行应力的大小，年平均运行应力即年平均气温时的应力。为了防止架空线振动的危害，就需要对架空线的平均运行应力有一个限制。《110~750 kV 架空输电线路设计规范》规定：当有防振措施的情况下，导线及避雷线的平均运行应力不得超过拉断应力的25%。

（二）临界档距及其选定

满足强度条件要求的架空线，在任何气象情况下的应力均不应超过许用应力；而耐振条件则要求架空线在年平均气温下的应力不超过规范规定的年平均运行应力的上限。究竟这两种条件哪一种在什么气象情况下起控制作用，需要借助临界档距来判别。

架空线上的应力随着气象情况而变化。如果对于某一种气象情况，指定其应力不得超过某一数值，则该情况就成为设计中的一个控制条件。例如最大使用应力和平均运行应力，其相应的气象条件为最大荷载（风、冰）、最低气温及平均气温。因此这些气象情况就成为几个不同的控制条件，在各代表档距下，架空线应力均不应超出各控制条件。各控制条件可能只有部分条件（称有效控制条件）在不同的档距范围内起控制作用，超过此档距时是一个条件控制，而小于此档距时则是另一个条件控制。这样的档距称为两个有效控制条件的有效临界档距。所以设计时在确定了最大使用应力和平均运行应力的数值后，还必须根据指定的可能控制条件算出互相组合的临界档距，并判定出有效临界档距，划分出各有效控制条件起控制作用的档距范围，然后才能计算其他气象情况下的应力和弧垂。这样算得的应力值才能保证在任何档距下均不超过所选定的最大使用应力或平均应力。

临界档距可用下式计算：

$$l_{cr}=\sqrt{\frac{\frac{24}{E}(\sigma_m-\sigma_n)+24\alpha(t_m-t_n)}{\left(\frac{\gamma_m}{\sigma_m}\right)^2-\left(\frac{\gamma_n}{\sigma_n}\right)^2}} \tag{7-4-44}$$

若两控制条件下的架空线允许应力值相等（$\sigma_m=\sigma_n$）时，则临界档距 l_{cr} 的计算公式为

$$l_{cr}=\sigma_m\sqrt{\frac{24\alpha(t_m-t_n)}{\gamma_m^2-\gamma_n^2}} \tag{7-4-45}$$

式中　l_{cr}——临界档距，m；

σ_m、σ_n——分别为两种控制条件下允许的使用应力，N/mm²；

t_m、t_n——分别为两种控制条件下的气温；

γ_m、γ_n——分别为两种控制条件下的架空线比载，N/(m·mm²)；

α——架空线的温度线膨胀系数；

E——架空线的弹性系数，N/mm²。

如上所述，既然每两个控制条件便可得到一个临界档距，如有最大风、最大冰、最低气温及平均气温4个控制条件时，两两组合即可得到6个临界档距。但是真正有意义的临界档距最多不超过3个，最少为0（按每一条件控制一段档距，可有3个分界线，如只有两个条件起控制作用，则只有一个分界线）。相邻有效控制条件间的临界档距称之为有效临界档距。设计时首先算出可能起控制作用的各控制条件互相组合的临界档距，然后按一定规律判别出有效临界档距和有效控制条件。判别步骤如下：

（1）假如有四种可能的控制条件，则按照各自的 γ/σ 值的大小，由小到大分别以A、B、C、D表示。在一般情况下，最低气温条件为A，平均气温条件为B，最大风和覆冰条件为C、D。如果其中有两种条件的 γ/σ 值相同，则须另计算这两种条件 $\sigma+\alpha Et$ 值。取其中 $\sigma+\alpha Et$ 值较小者编入顺序，较大者不参与判别，因为肯定它不起控制作用。然后按式（7－4－44）或式（7－4－45）以两两组合原则算出6个临界档距。

（2）将算得的 l_{cr} 按A、B、C三种控制条件，各与其他控制条件组合顺序排成如下的数列（表7－4－6）。

表7－4－6 临界档距数列表

A	B	C	D
$l_{cr(AB)}$	$l_{cr(BC)}$	$l_{cr(CD)}$	
$l_{cr(AC)}$	$l_{cr(BD)}$		
$l_{cr(AD)}$			

（3）先从 γ/σ 值最小的A栏内开始判别，取该栏中最小的一个临界档距（不是虚数或0），如果该档距值为正实数，则此档距即为第一个有效临界档距（如 $l_{cr(AB)}$）。于是在A栏内凡与A情况组合的其他临界档距（如 $l_{cr(AC)}$、$l_{cr(AD)}$）即应舍去。该有效临界档距为A情况控制的档距上限，该有效临界档距后一个注脚所代表情况的为控制档距下限（如 $l_{cr(AB)}$ 中的B情况），A、B此时为有效控制条件。

紧接着对第一个有效临界档距后一个注脚所代表的情况栏进行判别（如B或C情况栏）。依上述选择原则，选出第二个有效临界档距（如 $l_{cr(BC)}$）。如第一有效临界档距为 $l_{cr(AC)}$，则B被隔越，B栏则全被舍去（即B为无效控制条件）。

根据上述原则，以此类推判别到最后一栏（如C栏）。

不论在哪一栏内，如果其中有一个临界档距值为虚数或0时，则该栏所有档距均舍去（即该栏内无有效临界档距），表示该栏条件不起控制作用（即无效控制条件）。

如果平均运行应力取值低，或覆冰薄且最低气温较高，那么平均气温条件下的 γ/σ 可能为最大，因而该控制条件将排到D栏。此时可能出现其他各栏中皆有一个临界档距为虚数或0，故A、B、C各栏均应舍去，只剩下D栏。因此当A、B、C各栏均出现虚数时，该架空线将无有效临界档距，且全部为D条件即平均气温条件控制（为唯一的有效控制条件）。

（4）利用判别式判断有效控制条件控制的档距区间和有效临界档距。

将式（7－4－31）求解应力状态方程中的已知条件系数 F_m 写成式（7－4－46）的判别式：

$$F_{mx}=\frac{E\gamma_{mx}{}^{2}l^{2}}{24\sigma_{mx}{}^{2}}-(\sigma_{mx}+aEt_{mx}) \tag{7-4-46}$$

式中符号含义与式(7－4－31)中相同,仅脚注多加一个 x 表示已知的各种控制条件。

令 l 为参变数（如在电脑计算中设 $l=0$，1，2，3，…，l_{max}）并将所有已知控制条件下的 γ_m、σ_m、t_m 分别代入式（7－4－46）求得某一个 l 下的所有 F_{mx}，其中最大者即为该档距的有效控制条件（其余已知控制条件在该档距下不起控制作用）。改变 l 便可判断出所有使用档距（或代表档距）范围内的有效控制条件。当 l 和 $l+1$ 的有效控制条件不同时，再细分其间的档距值（如 $l+0.1$，$l+0.2$，…，$l+0.9$）并分别代入该档距范围内两个不同的有效控制条件，得出某一个 l_x 下两有效控制条件 F_{mx} 相同时，此档距即为两有效控制条件的有效临界档距 l_{cr}。也可将两相邻有效控制条件的参数 γ、σ、t 代入式（7－4－44）中解出有效临界档距 l_{cr}。由于计算机的速度很快，用判别式逐档寻找有效控制条件和有效临界档距变得非常容易。

【例】按机械强度条件和耐振条件确定某 35 kV 线路的控制气象情况。该线路导线采用 JL/G1A－70（LGJ－70）型，导线的线膨胀系数 α 为 19×10^{-6}，弹性模数 E 为 78400 N/mm²，瞬时破坏应力为 264.6 N/mm²，通过非典型气象区，全线路采用防振锤防振，有关气象条件见表 7－4－7，已知其他有关数据列入表 7－4－8 中。

表 7－4－7　线路经过地区的气象条件

气象参数 \ 气象条件	最低气温	覆　冰	最 大 风	年平均气温
风速 $V/(m\cdot s^{-1})$	0	10	30	0
气温 t/℃	－10	－5	15	15
冰厚 b/mm	0	5	0	0

表 7－4－8　已 知 数 据 表

	最低气温	覆　冰	最大风	年平均气温
最大使用应力$[\sigma]/(N\cdot mm^{-2})$	264.6/2.5＝105.84	105.84	105.84	0.25×264.6＝66.15
比载 $\gamma/(N\cdot m^{-1}\cdot mm^{-2})$	33.95×10^{-3}	65.65×10^{-3}	78.92×10^{-3}	33.95×10^{-3}
气温 t/℃	－10	－5	15	15
$\gamma/[\sigma]$	3.21×10^{-4}	6.2×10^{-4}	7.46×10^{-4}	5.13×10^{-4}
顺序编号	d	b	a	c

解答：（1）用式（7－4－44）计算临界档距。

$$l_{Lab}=\sqrt{\frac{\frac{24}{E}(\sigma_m-\sigma_n)+24\alpha(t_m-t_n)}{\left(\frac{\gamma_m}{\sigma_m}\right)^2-\left(\frac{\gamma_n}{\sigma_n}\right)^2}}$$

$$=\sqrt{\frac{\frac{24}{78400}\times(105.84-105.84)+24\times19\times10^{-6}\times(15+5)}{(7.46\times10^{-4})^2-(6.2\times10^{-4})^2}}$$

$$=230.19\ \text{m}$$

$$l_{\text{Lbc}}=\sqrt{\frac{\frac{24}{78400}(105.84-66.15)+24\times19\times10^{-6}(-5-15)}{(6.2\times10^{-4})^2-(5.13\times10^{-4})^2}}$$

$$=158.09\ \text{m}$$

$$l_{\text{Lcd}}=\sqrt{\frac{\frac{24}{78400}(66.15-105.84)+24\times19\times10^{-6}(15+10)}{(5.13\times10^{-4})^2-(3.21\times10^{-4})^2}}$$

$$=\text{虚数}$$

$$l_{\text{Lac}}=\sqrt{\frac{\frac{24}{78400}(105.84-66.15)+24\times19\times10^{-6}(15-15)}{(7.46\times10^{-4})^2-(5.13\times10^{-4})^2}}$$

$$=203.52\ \text{m}$$

$$l_{\text{Lbd}}=\sqrt{\frac{\frac{24}{78400}(105.84-105.84)+24\times19\times10^{-6}(-5+10)}{(6.2\times10^{-4})^2-(3.21\times10^{-4})^2}}$$

$$=90.02\ \text{m}$$

$$l_{\text{Lad}}=\sqrt{\frac{\frac{24}{78400}(105.84-105.84)+24\times19\times10^{-6}(15+10)}{(7.46\times10^{-4})^2-(3.21\times10^{-4})^2}}$$

$$=158.55\ \text{m}$$

（2）判定各档距区段的控制气象情况：

① l_{Lcd} = 虚数，根据一个临界档距判别原则，因$\frac{\gamma_c}{\sigma_c}>\frac{\gamma_d}{\sigma_d}$，故全部档距受 c（年平均气温）控制。

② 画逻辑图，如图 7－4－4 所示。

从图 7－4－4 中看出，有效临界档距为 $l_{\text{Lbc}}=158.09$ m 和 $l_{\text{Lab}}=230.19$ m。按各临界档距作图（图 7－4－5），得控制情况为：当 $0<l\leqslant158.09$ m 时，应力受 c（年平均气温）控制，最大使用应力为 66.15（N/mm^2）；$158.09<l\leqslant230.19$ m 时，应力受 b（覆冰相应风）控制，最大使用应力为 105.84（N/mm^2）；$l>230.19$ m 时，应力受 a（最大风）控制，最大使用应力为 105.84（N/mm^2）。

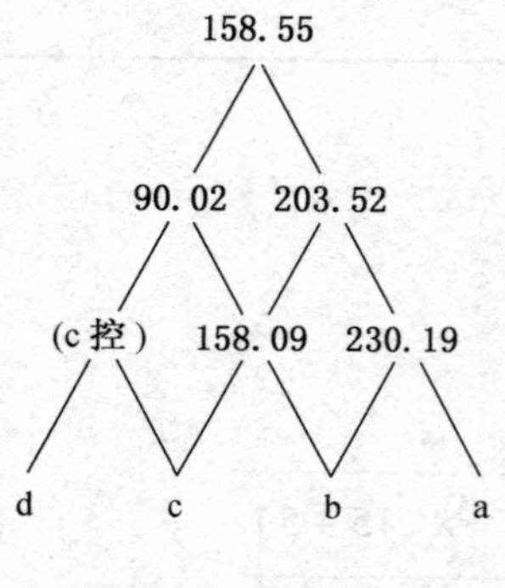

图 7－4－4　逻辑图

（三）最大弧垂判别法

为计算架空线对地或其他跨越物的间距，往往需要知道架空线可能发生的最大垂直弧垂。最大弧垂可能发生在最高气温时或最大垂直荷载时（如覆冰），要看哪种情况的 γ/σ 大小而定。

最简单的最大弧垂比较法：当$\frac{\gamma_7}{\sigma_7}>\frac{\gamma_1}{\sigma_1}$时，最大垂直弧垂发生在覆冰时，反之发生在最高气温时，γ_7、σ_7 为覆冰时的综合比载及应力；γ_1、σ_1 为最高气温时的自重比载及应力。

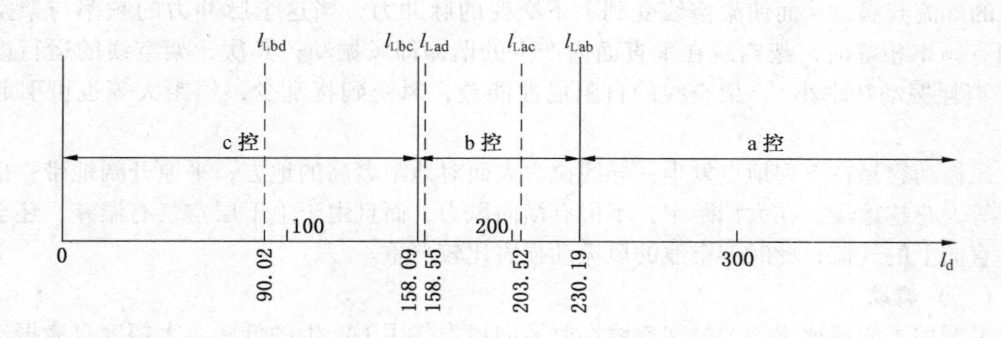

图 7-4-5　判别结果图

上述 σ_1、σ_7 均指某一代表档距下的应力，随着代表档距不同而变，进行判别时要考虑应力的变化范围。

五、具有非均布荷载的孤立档架空线应力弧垂计算

非均布荷载的孤立档系指该档两侧用耐张塔与其他档隔开且架空线上附加有集中荷载（如耐张绝缘子串，“T”接引下线，上人检修等）的档距。这种档距在变电所进出口、所内架空母线、线路跨越重要设施等地方经常出现。

由于孤立档内的架空线上附加了集中的或不均匀分布的荷载，对架空线的应力、弧垂、线长等计算产生影响（不同于均布荷载），特别在档距较小（如 100 m 以下），耐张绝缘子串的均布单位荷载远大于架空线的单位荷载时，影响更甚。若用一般的均布荷载计算法（不计算集中荷载及耐张串荷载），所产生的应力弧垂计算误差将达到不能允许的程度，所以需要对这种档距分别进行计算。但由于孤立档的计算相对较复杂，所以在实际应用中多采用放松本档导线的方法，即放大架空线的安全系数，减小架空线的最大使用应力，减轻杆塔的受力。

第五节　导线与避雷线的防振

一、概　　述

架空线常年受风、冰、低温等气象条件的作用。风的作用除使架空线和杆塔产生垂直于线路方向的水平荷载外，还会引起架空线的振动。架空线路上导线受风的作用经常出现的是均匀低风速下的微风振动、个别覆冰情况下的舞动、当分裂导线加间隔棒时有时会发生次档距振荡。

（一）微风振动

微风振动的频率较高（3~150 Hz），而振幅较小（很少超过导线的直径）。风振动波为驻波，即波节不动，波腹上下交替变化，所以风振动使架空线在悬挂点处反复被拗折，引起材料疲劳，最后导致断股、断线事故。

引起风振动的主要原因是当稳定微风吹过架空线时，在架空线的背风面产生上下交替

变化的气流漩涡，从而使架空线受到上下交变的脉冲力，当这个脉冲力的频率与架空线的固有频率相等时，架空线在垂直面内产生的谐振即风振动；其次，架空线的运行应力大（消耗振动功率小），架空线的自阻尼性能差，风受到扰乱少，档距大等也可引起风振动。

风振动容易在下列地点发生：导线拉力大而对地距离高的地方；平原开阔地带；山谷河流等大跨越地段。在大档距中，不但有横向风力，而且由于上下层空气有温差，还会产生垂直向上的气流，此时架空线的风振动损害比较严重。

（二）舞动

沿圆周方向覆冰不均匀的架空线在侧风向风力作用下产生的低频、大幅度自激振动现象称为舞动。架空线舞动时，会在一档导线内形成一个、两个或三个波腹的驻波或行波，架空线主要呈垂直运动，有时也呈椭圆运动，椭圆长轴在垂直方向或偏离垂直方向，有时还伴有架空线扭转。垂直振动的频率为0.1～1 Hz，振幅在几十厘米到几米之间。严重的架空线舞动是在大档距中央产生一个波腹的振动，加上悬垂绝缘子串又沿线路方向摇摆，振幅甚至会略高于弧垂最大值（10～12 m）。由于舞动的振幅大，有摆动，一次持续几小时，因此容易引起相间闪络，造成线路跳闸停电或引起烧伤导线等严重事故。

架空线发生舞动的主要原因，除了极少发生过的电晕舞动外，绝大多数是架空线有不均匀覆冰或不同期脱冰，在一定的风速条件下，架空线产生扭转、跳跃，诱发架空线垂直振动。当垂直振动达到谐振时，便会形成舞动。

舞动很少发生，它主要发生在架空线覆冰且有大风的地区，当导线覆冰厚度达3 mm以上，气温在0 ℃附近，如遇大风则容易发生舞动。在线路方面较易引起舞动的因素是：导线截面大，分裂导线的根数较多；导线离地较高等。

（三）次档距振荡

互相靠近而又近似处于水平排列的两根子导线，当风速在近乎垂直于线路方向吹过时，便使得下风侧的子导线处于上风侧导线的尾流之中。根据空气动力学的原理，处于尾流中的子导线受到阻力和升力的作用，并随迎风角（风向与两根子导线构成的平面之间的夹角）及两根子导线靠近程度的不同而变化，结果使处于尾流中的子导线不稳定，可能按子导线的某个（或接近）自然频率开始振荡。两根子导线的靠近程度，常用子导线间的间距 S 与子导线直径 D 的比值来表示，即 $k=S/D$。当比值 $k\leqslant 10$ 时，便可能出现严重的次档距振荡。对于光滑表面的子导线，次档距振荡发生的概率将增大，这是因为光滑导线具有更宽的尾流区。

次档距振荡的型式以水平方向的位移为主，伴以垂直方向的位移而构成椭圆状的运动，且两根子导线的运动往往是不同步的。次档距振荡经常以单波腹形式出现，其振荡频率为1～3 Hz，振幅在导线直径到500 mm之间。风偏角（风向与架空线中心线的水平夹角）在45°以内、风速在3 m/s以上的大范围的风，能引起各种排列方式的导线发生次档距振荡（除双线垂直排列的导线外）。它的发生与覆冰无关。地形情况对次档距振荡的严重性有明显的影响，平坦开阔地带或近海、近湖泊地区的线路，将会出现剧烈的次档距振荡。

次档距振荡改变了线路的电气参数，增大了线路电晕损失，提高了线路对无线电的干扰水平。目前由次档距振荡引起的主要问题有导线、间隔棒、绝缘子和连接金具等的疲劳损坏。

带间隔棒的分裂导线的振动与单导线不同，首先是因为导线系统的阻尼性能和振动模式改变了；其次是导线周围的气流改变了，特别是下风侧的导线，其结果是输入导线的风功率改变了。上述情况的改变导致振动水平和持续时间的减少。可以说间隔棒减轻了微风振动。为有效利用间隔棒，故次档距长度应是不相等的，以免波节点落在间隔棒上。因此，各次档距的振幅是不相等的。端次档距上的防振锤，难于作用在其他次档距上，档中刚性间隔棒线夹处的导线有遭受疲劳损伤的可能性，采用阻尼间隔棒就可避免这一缺点。

二、微风振动的特性及影响因素

架空线的微风振动是经常发生的，而舞动和次档距振动则很少发生，下面着重介绍微风振动。

（一）振动的形成

当架空线受到稳定的横向风均匀作用时，在架空线背风面将形成按一定频率上下交替出现的气流漩涡，它的依次出现和脱离使架空线受到同一频率的上下交变的冲击力。该冲击力的频率f_w与风速和架空线的直径有关。它用下式表示：

$$f_w = 200\frac{v}{d} \tag{7-5-1}$$

式中 f_w——风的冲击频率，Hz；

v——垂直于架空线的风速，m/s；

d——架空线的直径，mm。

各点漩涡的脱离是随机的，故作用在架空线上的力，沿着架空线长度上各点的相位也是随机的。因此不一定有风，架空线也会振动。如果架空线以某一频率f_c振动，且f_c与f_w相近±20%范围之内，则漩涡的脱离受架空线的振动频率控制，同时沿架空线各点脱离，形成同步，架空线的微风振动开始。

（二）架空线的振动频率

架空线的微风振动常以驻波振动（可以看成是两端固定的弦线振动）形式出现。架空线的振动频率可按下式计算：

$$f_c = \frac{n}{2L}\sqrt{\frac{T}{m}} = \frac{1}{\lambda}\sqrt{\frac{T}{m}} \tag{7-5-2}$$

式中 f_c——架空线的振动频率，Hz；

n——档内振动半波数，为正整数；

L——档内架空线长度，m；

T——架空线张力，N；

m——架空线单位质量，kg/m；

λ——波长，m。

当$f_c = f_w$时，即可求出导线振动之波长λ为

$$\frac{\lambda}{2} = \frac{d}{400v}\sqrt{\frac{T}{m}} \tag{7-5-3}$$

式中符号含义与式（7-5-1）和式（7-5-2）相同。

（三）振幅及振动角

假定架空线是一根受拉力的无阻尼、完全柔软的弦，则在产生稳定振动时，导线上任一点离开平衡位置的位移，在沿档距长度上或是时间上都是按正弦规律变化的，在理想情况下形成的驻波振动可表示为

$$Y = A\sin\frac{2\pi x}{\lambda}\sin2\pi ft \qquad (7-5-4)$$

式中 Y——架空线任一点离开其原始平衡位置的位移，mm；

A——架空线振动波幅点的最大振幅，mm；

x——自振动节点（或悬挂点）沿架空线至任一点的距离，m；

λ——振动波长，m；

f——频率，Hz；

t——计算时间，s。

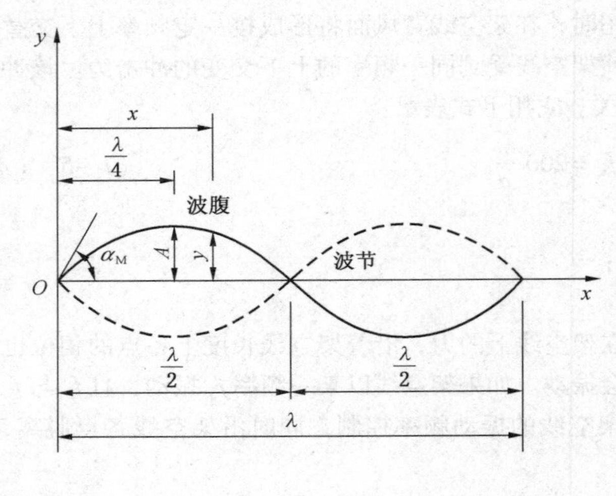

图 7-5-1 驻波示意图

图 7-5-1 中实线波形为 $\sin2\pi ft=1$ 的时刻下波形沿架空线分布的最大位移图形；虚线表示 $\sin2\pi ft=-1$ 时的最大位移图；其他时刻下的位移则在包络线的范围内上下变化。

由于在一定振动频率下的振动波在波节点仅有角位移，且在架空线位置上不变，特别是档距两端架空线的悬挂点，对各种频率的振动波均为波节点并受线夹的约束使架空线不能自由转动，同时在此处还经常受到较大的拉力、弯曲和挤压等静态应力，因此该处若受到长期强烈的振动易产生架空线材料的疲劳断股等损坏，这是架空线防振的关键部位。波节点最大振动角由式（7-5-4）导出为

$$\alpha_M = 60\tan^{-1}\left(\frac{2\pi A}{\lambda}\right) \qquad (7-5-5)$$

式中 A——振动最大振幅，mm；

λ——最大振动角，（°）；

α_M——衡量振动强弱的参数。

（四）振动的影响因素

影响架空线振动的因素有：振动频率、地形、地物、风速、风向、档距、悬挂点高度、导线张力、架空线规格及结构等。

均匀的微风是引起风振动的基本因素。风速过小不足以形成涡流产生冲击力，因而不足以上下推动架空线振动；风速过大，由于气流与地面的摩擦而产生紊流，破坏了上层气流的均匀性，因而也不会引起架空线的稳定振动。因此引起架空线稳定振动的风速有一个范围，其下限风速一般取 0.5 m/s，其上限受地形、地物及悬点高度等影响，风速越大不

均匀气流距地面高度亦增高，若超过悬点高度就不会引起振动。一般线路的振动上限风速为4~6 m/s，大跨越如果在平滑的水面上方，其上限风速可达8~10 m/s。

三、架空线的防振

（一）架空线平均运行张力与防振措施的关系

线路上悬挂的架空线张力随气象条件的变化而不同，为了能表达架空线实际振动条件下的代表性张力，以此张力振动所产生的振动强度和疲劳效果，与实际线路情况相等，就将此代表性张力称为平均运行应力。为了消除导线规格、材料及结构等因素的不同而引起的差别，以及便于相互对比，平均运行应力一般不以绝对应力值表示，而是采用平均运行张力与导线拉断力比值的百分数表示。振动多发生在无冰低风速（0.5~10 m/s）的各种气温下，故一般取无冰、无风、年平均气温附近的应力作为平均运行应力。导线、避雷线的平均运行张力的上限和防振措施见表7-5-1。

表7-5-1　导线、避雷线的平均运行张力的上限和防振措施

情　况	防振措施	平均运行张力的上限（拉断力的百分数）/%	
		钢芯铝绞线	镀锌钢绞线
档距不超过500 m的开阔地区	不需要	16	12
档距不超过500 m的非开阔地区	不需要	18	18
档距不超过120 m	不需要	18	18
不论档距大小	护线条	22	—
不论档距大小	防振锤（阻尼线）或另加护线条	25	25

（二）防振锤的型号

防振装置种类较多，而防振锤是其中使用最多的一种，有效、方便也较经济。我国定型防振锤为斯托克型，可根据架空线外径选用，其型号见表7-5-2。用于架空光纤复合地线OPGW的防振锤可提出特殊要求。

表7-5-2　定型防振锤型号

型　号	适用绞线外径/mm		重量/kg
	钢绞线	铝绞线或钢芯铝绞线	
FD-1		7.5~9.6	1.5
FD-2		10.8~14.0	2.4
FD-3		14.5~17.5	4.5
FD-4		18.1~22.0	5.6
FD-5		23.0~29.0	7.2
FD-6		29.0~35.0	8.6
FG-35	7.8		1.8
FG-50	9.0~9.6		2.4
FG-70	11.0~11.5		4.2
FG-100	13.0		5.9

（三）防振锤的安装数量

我国防振锤的使用数量较国外多，一般架空线上每档每端安装防振锤的数量见表7－5－3。

表7－5－3 单、双根相导线及避雷线防振锤的安装数量

架空线外径/mm	档距/m		
	一 个	二 个	三 个
$D<12$	≤300	300～600	600～900
$12\leqslant D\leqslant 22$	≤350	350～700	700～1000
$22<D<37.1$	≤450	450～800	800～1200

（四）防振锤的安装距离

假定线夹出口是所有振动波的波节，当安装第一个防振锤时，防振锤的安装位置应在线夹出口所有振动波的第一个半波之内。具体的位置应这样考虑：在最长和最短波的情况下，防振锤的位置在第一个半波长内对最长和最短波波节点都有最大可能的相同相角（如$\theta_M=180°-\theta_m$），如图7－5－2所示，即安装位置对最大和最小半波具有相同的布置条件，或对最大、最小波腹接近程度相同。依此得出第一个防振锤安装距离b_1。

$$b_1=\left(\frac{\lambda_m}{2}\times\frac{\lambda_M}{2}\right)\Bigg/\left(\frac{\lambda_m}{2}+\frac{\lambda_M}{2}\right) \qquad (7-5-6)$$

$$\frac{\lambda_m}{2}=\frac{d}{400v_M}\sqrt{\frac{T_m}{m}}$$

$$\frac{\lambda_M}{2}=\frac{d}{400v_m}\sqrt{\frac{T_M}{m}}$$

式中 b_1——第一个防振锤距线夹出口的距离，m；

d——架空线外径，mm；

m——单位长度质量，kg/m；

λ_m、λ_M——分别为最小及最大振动波长，m；

v_m、v_M——振动风速的下、上限值（表7－5－4），m/s；

T_m、T_M——最高和最低气温条件下的架空线张力，N。

表7－5－4 振动的风速范围

档距/m	架空线悬挂点高/m	振动的风速范围/$(m\cdot s^{-1})$	振动的相对延续时间/s
150～200	12	0.5～4.0	0.15～0.25
300～450	25	0.5～5.0	0.25～0.30
500～700	40	0.5～6.0	0.25～0.35
700～1000	70	0.5～8.0	0.30～0.40

当档距每端安装多个同型号防振锤时，采用等距安装法，即$b_1=b_2=b_3$，计算及安装均方便。防振锤的安装距离如图7－5－3所示。

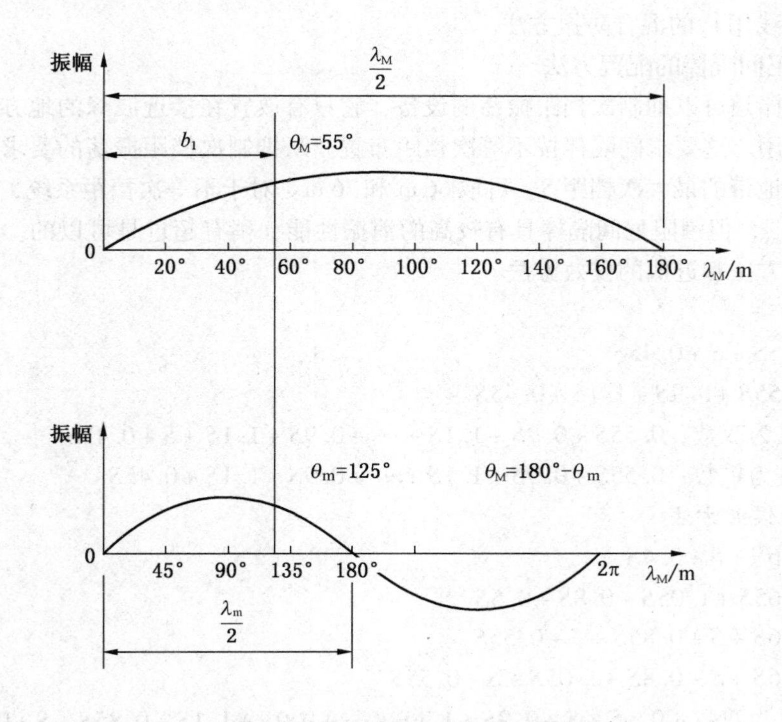

图 7-5-2 防振锤最佳安装位置图解

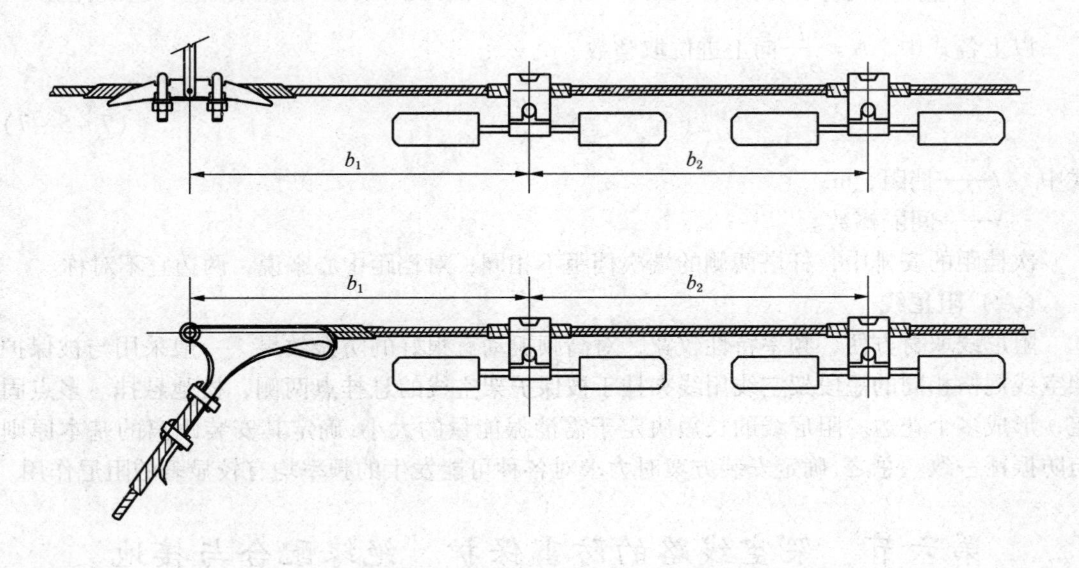

图 7-5-3 防振锤安装距离示意图

大跨越的档距长、架空线悬挂点高、地形开阔，架空线张力大（T/m 值大），致使振动强度严重、振动频率范围变宽、振动持续时间增加，这就要求大跨越架空线的振动强度应限制到更低水平（比普通线路振动弯曲应变允许值降低 50% 左右），从而增加了大跨越架空线的防振设计难度，目前对大跨越线路一般均采用护线条、防振锤、阻尼线及阻尼间隔棒（分裂导线用）的混合防振方法。

（五）阻尼间隔棒的配置方法

阻尼间隔棒是可以抑制次档距振荡的设备，它只有放置在接近波峰的地方，才能使阻尼元件发挥作用。这要求间隔棒按不等次档距布置。从抑制次档距振荡的要求出发，开阔地带和非开阔地带的最大次档距 S_{max} 可取66 m和76 m。对于不等次档距系统，其最大次档距可能超过 S_{max}，但因阻尼间隔棒具有较高的消振性能，稍有超过是可以的。次档距的安排可采用恩居方法和近似的侯效方法。

1. 恩居方法

$N=2$：$0.5S+S+0.45S$

$N=3$：$0.55S+0.9S+1.1S+0.45S$

$N>3$，且为双数：$0.55S+0.9S+1.1S+\cdots+0.9S+1.1S+S+0.45S$

$N>3$，且为单数：$0.55S+0.9S+1.1S+\cdots+0.9S+1.1S+0.45S$

2. 近似的侯效方法

$N=2$：$0.6S+S+0.4S$

$N=3$：$0.65S+1.05S+0.8S+0.5S$

$N=4$：$0.6S+S+0.85S+S+0.55S$

$N=5$：$0.6S+S+0.8S+1.05S+S+0.55S$

$N>5$，且为双数：$0.6S+S+0.9S+1.1S+\cdots+0.9S+1.1S+0.85S+S+0.55S$

$N>5$，且为单数：$0.6S+S+0.9S+1.1S+\cdots+0.9S+1.1S+S+0.85S+S+0.55S$

以上各式中，$N=\dfrac{l}{S_{max}}$向上进位取整数。

$$S=\frac{l}{N} \tag{7-5-7}$$

式中　l——档距，m；

　　N——间隔棒数。

次档距的安排中，杆塔两侧的端次档距不相同；对档距中心来说，两边宜不对称。

（六）阻尼线

阻尼线取材方便，频率特性较宽，对高频振动有很好的防振效果。一般采用与被保护架空线规格相同的短段架空线用线夹挂于被保护架空线的悬挂点两侧，松弛悬挂。多点固定，形成多个花边。阻尼线的长短决定于需消振能量的大小，确定其安装距离的基本原则与防振锤一致。总之，确定安装方案时力求对各种可能发生的频率均有较显著的阻尼作用。

第六节　架空线路的防雷保护、绝缘配合与接地

一、防　雷　保　护

架空线路的防雷保护应遵循以下规定：

（1）架空线路的防雷方式，应根据线路的电压等级、负荷的性质和系统运行方式，并结合当地已有线路的运行经验，地区雷电活动的强弱、地形地貌特点及土壤电阻率高低等

情况，在计算耐雷水平后，通过技术经济比较后确定。

为提高架空线路运行的可靠性，各级电压的送、配电线路，应尽量装设自动重合闸装置。35 kV 及以下的厂区内的短线路，可按需要确定。

（2）110 kV 架空线路宜沿全线架设避雷线，在山区和雷电活动特殊强烈地区，宜架设双避雷线；在年平均雷暴日数不超过 15 或运行经验证明雷电活动轻微的地区，可不架设避雷线。无避雷线的架空线路，宜在变电所或发电厂的进线段架设 1 ~ 2 km 避雷线。

（3）66 kV 架空电力线路，年平均雷暴日数为 30 以上的地区，宜沿全线架设避雷线。

（4）35 kV 架空电力线路，进出线段宜架设避雷线，加挂避雷线长度一般宜为 1.0 ~ 1.5 km。

（5）在多雷区，3 ~ 10 kV 混凝土杆架空电力线路可架设避雷线，或在三角排列的中线上装设避雷器；当采用铁横担时宜提高绝缘子等级；绝缘导线横担的线路可不提高绝缘子等级。

（6）未沿全线架设避雷线的 35 kV 及以上新建线路中的大跨越段，宜架设避雷线。对新建无避雷线的大跨越档，应装设排气式避雷器或保护间隙，新建线路应增加一个绝缘子。

（7）有避雷线的线路，在一般土壤电阻率地区，其耐雷水平不宜低于表 7 – 6 – 1 中所列数值。

表 7 – 6 – 1　有避雷线线路的耐雷水平

标称电压/kV		35	66	110
耐雷水平/kA	一般线路	20 ~ 30	30 ~ 60	40 ~ 75
	大跨越档中央和发电厂、变电所进线保护段	30	60	75

注：较大值用于多雷区或较重要的线路。

（8）杆塔上避雷线对边导线的保护角，应符合下列要求：

① 对于单回路，110 kV 线路的保护角不宜大于 15°。

② 对于同塔双回或多回路，110 kV 线路的保护角不宜大于 10°。

③ 110 kV 单避雷线线路的保护角不宜大于 25°。

④ 对重覆冰线路的保护角可适当加大。

⑤ 对 35 ~ 66 kV 线路的保护角宜采用 20° ~ 30°，山区单根避雷线的杆塔可采用 25°。

⑥ 对大跨越档，避雷线对边导线的保护角对 66 kV 及以下和 110 kV 及以上线路分别不宜大于 20°和 15°。

⑦ 杆塔上两根避雷线间的距离不应超过导线与避雷线间垂直距离的 5 倍。

（9）线路交叉跨越时，对防雷保护与接地的要求见本节三、四中的有关要求。

（10）档距中导线与避雷线之间的最小距离，系指在外过电压情况下两者之间的净距。不考虑导线的不同步摆动，在一般档距的档距中央，导线与避雷线间的距离，应按下式计算（计算气象条件为：气温 +15 ℃，无风）：

$$S \geqslant 0.012L + 1 \qquad (7-6-1)$$

式中　S——档距中导线与避雷线间的距离，m；

L——档距，m。

根据雷击档距中央避雷线防止反击的条件，大跨越档导线与避雷线间的距离不得小于表 7－6－2 的要求。

表 7－6－2　防止反击要求的大跨越档导线与避雷线间的距离

系统标称电压/kV	35	66	110
距离/m	3.0	6.0	7.5

二、绝　缘　配　合

电力线路的绝缘配合，应使线路能在工频电压、操作过电压、雷电过电压等条件下安全可靠地运行。

（1）35～110 kV 架空电力线路，宜采用悬式绝缘子。悬垂绝缘子串的绝缘子数量，在海拔高度 1000 m 以下的清洁地区，采用表 7－6－3 所列数值。

表 7－6－3　悬式绝缘子串的数量

绝缘子型号	绝缘子数量		
	35 kV	66 kV	110 kV
XP－70	3	5	7

耐张绝缘子串的绝缘子数量，应比悬垂绝缘子串的同型绝缘子多一个。全高超过 40 m 的有避雷线的杆塔，高度每增加 10 m，应增加一个绝缘子。

（2）6 kV 和 10 kV 架空电力线路的直线杆塔，宜采用针式绝缘子或瓷横担绝缘子；耐张杆塔宜采用悬式绝缘子串或蝶式绝缘子和悬式绝缘子组成的绝缘子串。

（3）3 kV 及以下架空电力线路的直线杆塔，宜采用针式绝缘子或瓷横担绝缘子；耐张杆塔宜采用蝶式绝缘子和悬式绝缘子。

（4）根据《66 kV 及以下架空电力线路设计规范》海拔高度为 1000～3500 mm 的地区，绝缘子串的绝缘子数量，应按式（7－6－2）确定。

$$n_h \geqslant n[1+0.1(H-1)] \quad (7-6-2)$$

式中　n_h——海拔高度为 1000～3500 m 地区的绝缘子数量，个；

n——海拔高度为 1000 m 以下地区的绝缘子数量，个；

H——海拔高度，km。

（5）通过污秽地区的架空电力线路，宜采用防污绝缘子、有机复合绝缘子或采用其他防污措施。架空电力线路环境污秽等级见表 7－6－4。

（6）在海拔不超过 1000 m 的地区，相应的风偏条件下，架空线路导线与杆塔构件（包括拉线、脚钉）间的最小间隙，不应小于表 7－6－5 中所列数值。导线与无接地引下线木杆的最小间隙，可减少 10%。

表7-6-4　架空电力线路污秽分级标准

污秽等级	污秽条件		线路爬电比距/(cm·kV⁻¹)
	污湿特征	盐密/(mg·cm⁻²)	220 kV 及以下
0	大气空气清洁地区及离海岸盐场50 km以上无明显污秽地区	≤0.03	1.39（1.6）
Ⅰ	大气轻度污染地区，工业区和人口低密集区，离海岸盐场10~50 km的地区，在污闪季节中干燥少雾（含毛毛雨）或雨量较多时	>0.03~0.06	1.39~1.74（1.60~2.00）
Ⅱ	大气中等污染地区，轻盐碱和炉烟污秽地区，离海岸盐场3~10 km的地区，在污闪季节中潮湿多雾（含毛毛雨）或雨量较少时	>0.06~0.10	1.74~2.17（2.00~2.50）
Ⅲ	大气污染严重地区，重雾和重盐碱地区，离海岸盐场1~3 km的地区，工业与人口密度较大地区，高化学污染源和炉烟污秽300~1500 m的较严重地区	>0.10~0.25	2.17~2.78（2.50~3.20）
Ⅳ	大气特别严重污染地区，离海岸盐场1 km以内，离化学污染源和炉烟污秽300 m以内的地区	>0.25~0.35	2.78~3.30（3.20~3.80）

注：爬电比距计算时可取系统最高工作电压。上表括号内数字为按标称电压计算的值。

表7-6-5　架空线路带电部分与杆塔构件（包括拉线、脚钉等）的最小间隙　　m

标称电压	20 kV	35 kV	60 kV	110 kV	
				直接接地	非直接接地
雷电过电压	0.35	0.45	0.65	1.00	1.00
操作过电压	0.12	0.25	0.50	0.70	0.80
工频电压	0.05	0.10	0.20	0.25	0.40

注：1. 表内数值适用于海拔1000 m以下地区。海拔高度超过1000 m的地区，一般每增高100 m，操作过电压和工频电压的空气间隙增大1%。如因高海拔和高杆塔而增加绝缘子时，其雷电过电压间隙应相应增大。

2. 污秽地区绝缘加强时，间隙一般仍用表中数值。

（7）10 kV及以下架空电力线路的过引线、引下线与邻相导线之间的最小间隙，不应小于表7-6-6的数值。采用绝缘导线的线路，其最小间隙可结合地区运行经验确定。

表7-6-6　过引线、引下线与邻相导线之间的最小间隙

线路电压	最小间隙/m	线路电压	最小间隙/m
3~10 kV	0.30	3 kV及以下	0.15

3~10 kV架空电力线路的引下线与3 kV以下线路导线之间的距离，不宜小于0.2 m。

（8）10 kV及以下架空电力线路的导线与杆塔构件、拉线之间的最小间隙，不应小于表7-6-7的数值。采用绝缘导线的线路，其最小间隙可结合地区运行经验确定。

表7-6-7　导线与杆塔构件、拉线之间的最小间隙

线路电压	最小间隙/m	线路电压	最小间隙/m
3~10 kV	0.20	3 kV及以下	0.05

（9）带电作业杆塔带电部分与接地部分的最小间隙，在海拔高度1000 m以下的地区，不应小于表7－6－8的数值，对操作人员需要停留工作的部位，应增加0.3～0.5 m。

表7－6－8　带电作业杆塔带电部分与接地部分的最小间隙

线路电压/kV	10	35	66	110
最小间隙/m	0.4	0.6	0.7	1.0

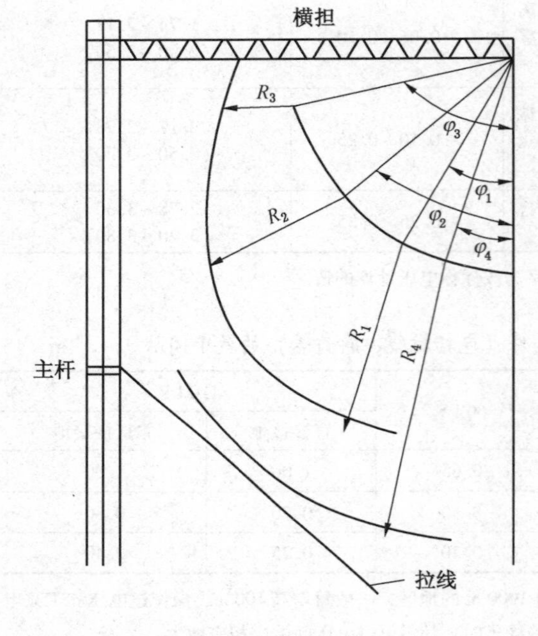

图7－6－1　间隙圆

（10）间隙圆图的作法如图7－6－1所示。

① 计算导线在雷电过电压、操作过电压及工频电压情况下的风偏角φ_1～φ_3。

② 确定绝缘子串长度，确定上述三种情况下的位置D、C、B。

③ 根据表7－6－5所列数值以D、C、B为圆心，以R_1、R_2、R_3为半径画圆，即得间隙圆图。

④ 在进行绝缘配合设计时，考虑杆塔尺寸误差、横担变形及拉线施工误差等因素，其间隙值要留有一定的裕度。

间隙圆的计算条件：

雷电过电压：在最大风速小于35 m/s的地区，计算风速取10 m/s。

操作过电压：计算风速为最大风速的一半，且不得小于15 m/s。

工频电压：计算风速为最大风速。

三、线路交叉保护

（1）线路交叉档两端的绝缘不应低于其邻档的绝缘。交叉点应尽量靠近上下方线路的杆塔，以减少导线因初伸长、覆冰、过载温升、短路电流过热而增大弧垂的影响，以及降低雷击交叉档时交叉点上的过电压。

（2）同级电压线路相互交叉或与较低电压线路、通信线路交叉时，两交叉线路导线间或上方线路导线与下方线路避雷线间的垂直距离，当导线温度为40 ℃时，不得小于表7－6－9的数值。对按允许载流量计算导线截面的线路，还应校验当导线为最高允许温度时的交叉距离，此距离应大于表7－6－5所列操作过电压的间隙距离，且不得小于0.8 m。

表7－6－9　同级电压线路相互交叉或与较低电压线路、通信线路交叉时的交叉距离

系统标称电压/kV	3～10	20～110	220	330	500
交叉距离/m	2	3	4	5	6

（3）3 kV 及以上的同级电压线路相互交叉或与较低电压线路、通信线路交叉时，交叉档一般采取下列保护措施：

① 交叉档两端的钢筋混凝土杆或铁塔（上、下方线路共4 基），不论有无避雷线，均应接地。

② 3 kV 及以上线路交叉档两端为木杆、木横担、钢筋混凝土杆且无避雷线时，应装设排气式避雷器或保护间隙。

③ 与3 kV 及以上电力线路交叉的低压线路和通信线路，当交叉档两端为木杆时，应装设保护间隙。

门型木杆上的保护间隙，可由横担与主杆固定处沿杆身敷设接地引下线构成。单木杆针式绝缘子的保护间隙，可在距绝缘子固定点750 mm 处绑扎接地引下线构成。通信线的保护间隙，可由杆顶沿杆身敷设接地引下线构成。

如交叉距离比表7－6－9 所列数值大2 m 及以上，则交叉档可不采取保护措施。

（4）如交叉点至最近杆塔的距离不超过40 m，可不在此线路交叉档的另一杆塔上装设交叉保护用的接地装置、排气式避雷器或保护间隙。

四、接　地　装　置

（一）有关规定

（1）有避雷线的线路，每基杆塔不连避雷线的工频接地电阻，在雷季干燥时，不宜超过表7－6－10 的数值。

表7－6－10　有避雷线的线路杆塔的工频接地电阻

土壤电阻率 ρ/(Ω·m)	$\rho \leqslant 100$	$100 < \rho \leqslant 500$	$500 < \rho \leqslant 1000$	$1000 < \rho \leqslant 2000$	$\rho > 2000$
接地电阻/Ω	10	15	20	25	30

注：如土壤电阻率超过2000 Ω·m，接地电阻很难降低到30 Ω 时，可采用6～8 根总长不超过500 m 的放射形接地体，或采用连续伸长接地体，接地电阻不受限制。

（2）6 kV 及以上无避雷线线路钢筋混凝土杆宜接地。金属杆塔应接地，接地电阻不宜超过30 Ω。

（3）除多雷区外，沥青路面上的架空线路的钢筋混凝土杆塔和金属杆塔，以及有运行经验的地区，可不另设人工接地装置。

（4）66 kV 及以上钢筋混凝土杆铁横担和钢筋混凝土横担线路的避雷线支架、导线横担与绝缘子固定部分或瓷横担固定部分之间，宜有可靠的电气连接并应与接地引下线相连。主杆非预应力钢筋上下已绑扎或焊接连成电气通路时，可兼作接地引下线。

利用钢筋兼作接地引下线的钢筋混凝土电杆，其钢筋与接地螺母、铁横担间应有可靠的电气连接。

（5）高压架空线路杆塔的接地装置：

① 在土壤电阻率 $\rho \leqslant 100$ Ω·m 的潮湿地区，可利用铁塔和钢筋混凝土杆自然接地。

发电厂、变电所的进线段应另设雷电保护接地装置。在居民区，当自然接地电阻符合要求时，可不设人工接地装置。

② 在土壤电阻率 $100\ \Omega \cdot m < \rho \leqslant 300\ \Omega \cdot m$ 的地区，除利用铁塔和钢筋混凝土杆的自然接地外，并应增设人工接地装置，接地极埋设深度不宜小于 0.6 m。

③ 在土壤电阻率 $300\ \Omega \cdot m < \rho \leqslant 2000\ \Omega \cdot m$ 的地区，可采用水平敷设的接地装置，接地极埋设深度不宜小于 0.5 m。

④ 在土壤电阻率 $\rho > 2000\ \Omega \cdot m$ 的地区，可采用 6 ~ 8 根总长不超过 500 m 的放射形接地极，或采用连续伸长接地极。放射形接地极可采用长短结合的方式。接地极的埋设深度不宜小于 0.3 m。接地电阻可不受限制。

⑤ 居民区和水田中的接地装置，宜围绕杆塔基础敷设成闭合环形。

⑥ 放射形接地极每根的最大长度，应满足表 7 - 6 - 11 的要求。

表 7 - 6 - 11　放射形接地极每根的最大长度

土壤电阻率/(Ω · m)	$\rho \leqslant 500$	$500 < \rho \leqslant 1000$	$1000 < \rho \leqslant 2000$	$2000 < \rho \leqslant 5000$
最大长度/m	40	60	80	100

⑦ 在高土壤电阻率地区采用放射形接地装置时，当在杆塔基础的放射形接地极每根长度的 1.5 倍范围内有土壤电阻率较低的地带时，可部分采用引外接地或其他措施。

（6）通过耕地的线路，杆塔接地装置的埋设深度应在耕作深度以下。

（7）人工接地装置，水平敷设的可采用圆钢或扁钢，垂直敷设的可采用角钢或钢管。腐蚀较重地区采用铜或铜覆钢材时，水平敷设的人工接地极可采用圆铜、扁铜、铜绞线、铜覆钢绞线、铜覆圆钢或铜覆扁钢；垂直敷设的人工接地极可采用圆钢或铜覆圆钢等。

接地网采用钢材时，按机械强度要求的钢接地材料的最小尺寸不应小于表 7 - 6 - 12。

表 7 - 6 - 12　钢接地材料的最小尺寸

种　类	规格及单位	地　上	地　下
圆钢	直径/mm	8	8/10
扁钢	截面/mm^2	48	48
	厚度/mm	4	4
角钢	厚度/mm	2.5	4
钢管	管壁厚/mm	2.5	3.5/2.5

注：1. 地下部分圆钢的直径，其分子、分母数据分别对应于架空线路和发电厂、变电站的接地网。

2. 地下部分钢管的壁厚，其分子、分母数据部分分别对应于埋于土壤和埋于室内混凝土地坪中。

3. 架空线路杆塔的接地极引出线，其截面不应小于 50 mm^2，并应热镀锌。

接地网采用铜或铜覆钢材时，按机械强度要求的铜或铜覆钢材料的最小尺寸不应小于表 7 - 6 - 13。

表 7-6-13　铜或铜覆钢接地材料的最小尺寸

种　类	规格及单位	地　上	地　下
铜棒	直径/mm	8	水平接地极为 8
			垂直接地极为 10
扁钢	截面/mm^2	50	50
	厚度/mm	2	2
铜绞线	截面/mm^2	50	50
铜覆圆钢	直径/mm	8	10
铜覆钢绞线	直径/mm	8	10
铜覆扁钢	截面/mm^2	48	48
	厚度/mm	4	4

注：1. 铜绞线单股直径不小于 1.7 mm。
2. 各类铜覆钢材的尺寸为钢材的尺寸，铜层厚度不应小于 0.25 mm。

（二）架空线路杆塔接地电阻的计算

（1）杆塔接地装置的工频接地电阻可利用下式计算：

$$R=\frac{\rho}{2\pi L}\left(\ln\frac{L^2}{hd}+A_t\right) \tag{7-6-3}$$

式中　ρ——土壤电阻率，$\Omega\cdot m$；

h——水平接地极的埋设深度，m；

d——水平接地极的直径或等效直径，m；

A_t——水平接地极的形状系数，按表 7-6-14 取值；

L——水平接地极的总长度，按表 7-6-14 取值。

表 7-6-14　A_t 和 L 的取值

接地装置种类	形　状	A_t 和 L
铁塔接地装置	L_1 L_2	$A_t=1.76$ $L=4(L_1+L_2)$
钢筋混凝土杆 放射形接地装置	L_1 L_2	$A_t=2.0$ $L=4L_1+L_2$
钢筋混凝土杆 环形接地装置	L_1 L_2	$A_t=1.0$ $L=8L_2$（当 $L_1=0$） $L=4L_1$（当 $L_1\neq0$）

（2）各种型式接地装置工频接地电阻的简易计算式列于表7－6－15。

表7－6－15　各种型式接地装置工频接地电阻的简易计算式

接地装置型式	杆塔型式	接地电阻的简易计算式
n 根水平射线（$n \leq 12$，每根长约60m）	各种型式	$R \approx \frac{0.062\rho}{n+1.2}$
沿装配式基础周围敷设的深埋式接地极	铁塔 门型杆塔 V型拉线的门型杆塔	$R \approx 0.07\rho$ $R \approx 0.04\rho$ $R \approx 0.045\rho$
装配式基础的自然接地极	铁塔 门型杆塔 V型拉线的门型杆塔	$R \approx 0.1\rho$ $R \approx 0.06\rho$ $R \approx 0.09\rho$
钢筋混凝土杆的自然接地极	单杆 双杆 拉线单、双杆 一个拉线盘	$R \approx 0.3\rho$ $R \approx 0.2\rho$ $R \approx 0.1\rho$ $R \approx 0.28\rho$
深埋式接地与装配式基础自然接地的综合	铁塔 门型杆塔 V型拉线的门型杆塔	$R \approx 0.05\rho$ $R \approx 0.03\rho$ $R \approx 0.04\rho$

注：表中ρ为土壤电阻率，Ω·m。

（3）各种接地装置的布置图及安装示意图如图7－6－2～图7－6－10所示。

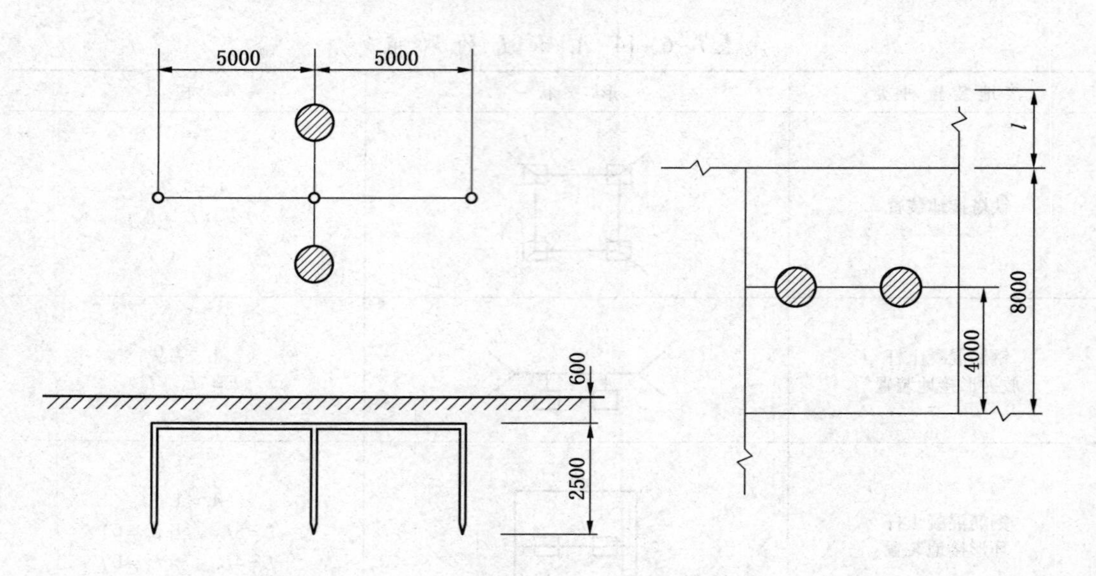

图7－6－2　双杆接地装置布置示意图一　　图7－6－3　双杆接地装置布置示意图二

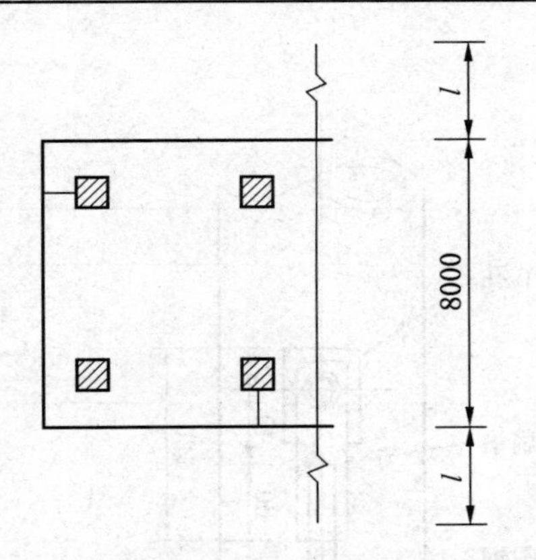

图7-6-4　铁塔接地装置布置示意图一

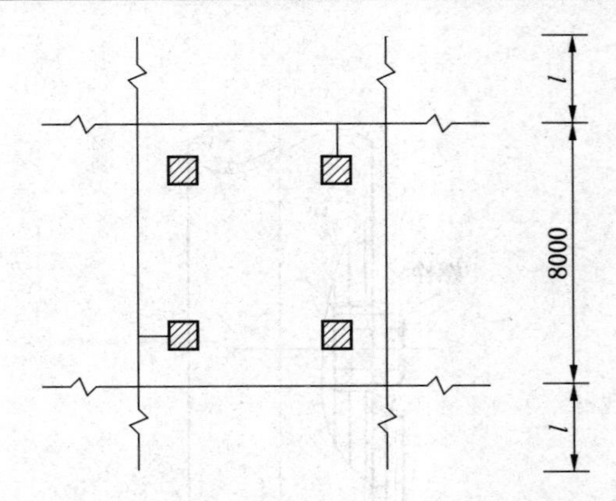

图7-6-5　铁塔接地装置布置示意图二

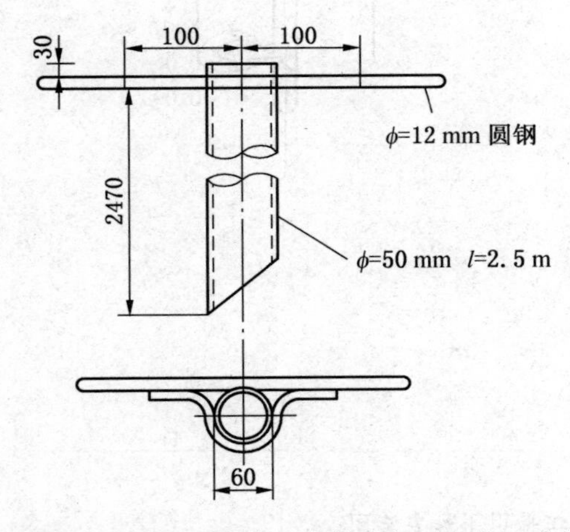

图7-6-6　接地线与垂直接地极（钢管）连接

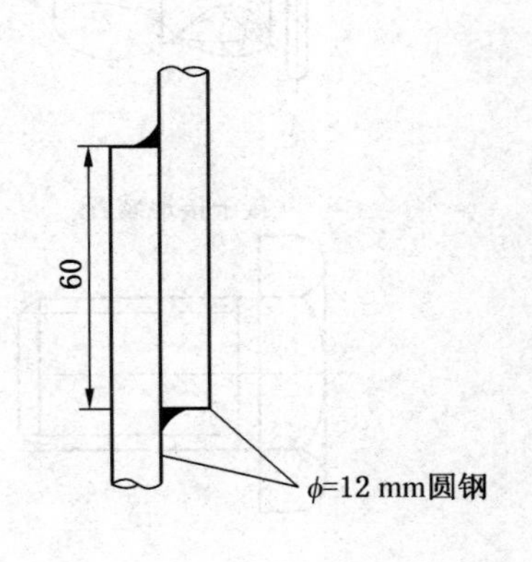

图7-6-7　接地线的直线段连接

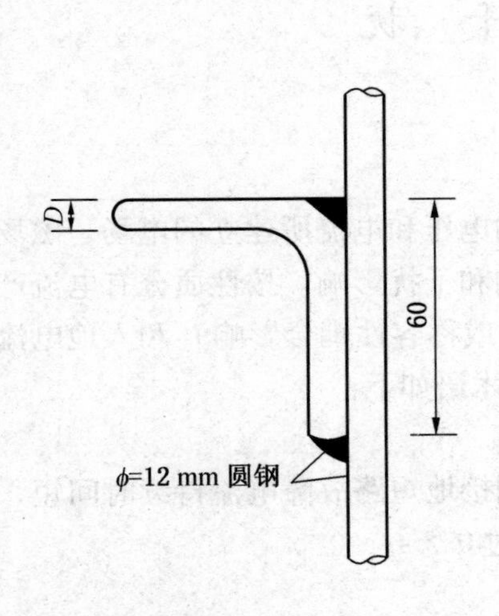

图7-6-8　接地线的分支连接

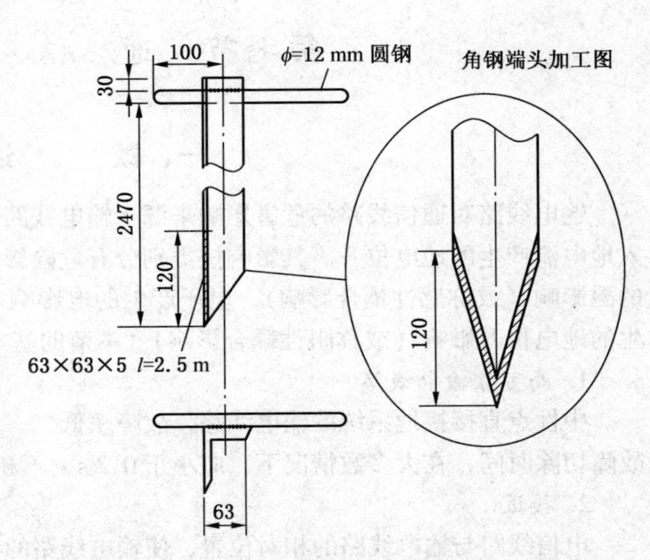

图7-6-9　接地线与垂直接地极（角钢）连接

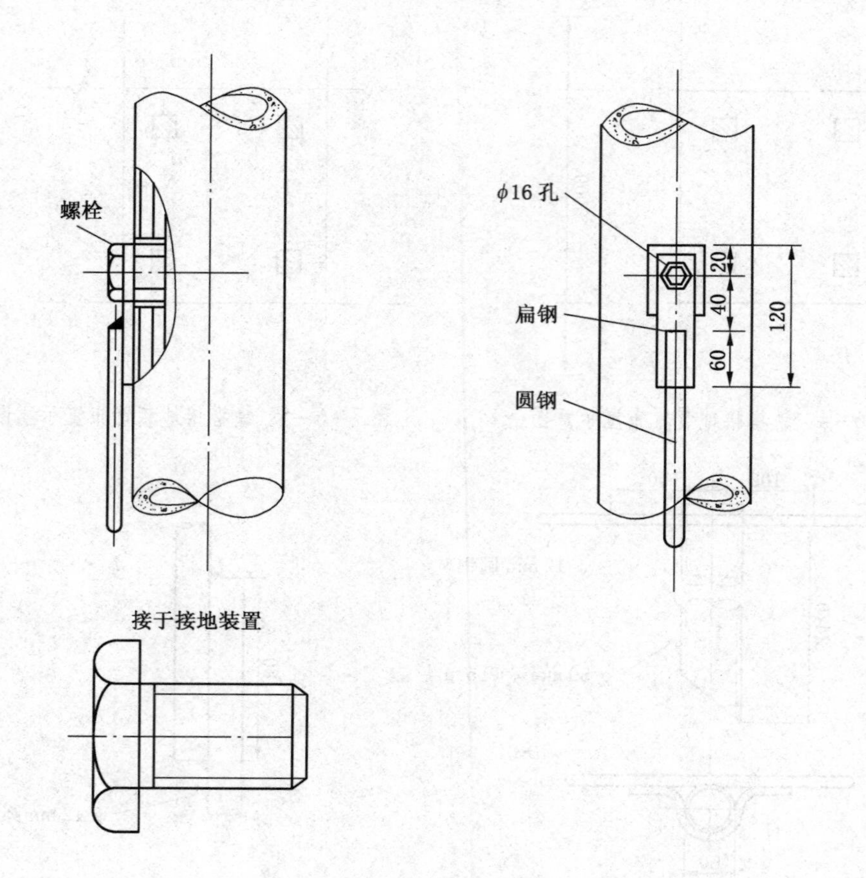

图 7-6-10　杆塔接地引下线安装图

第七节　通　信　干　扰

一、概　　述

输电线路对通信线路的危害影响来源于输电线路的电压和电流所建立的电场、磁场和入地电流产生的地电位升。其影响按类别分有危险影响和干扰影响。按性质分有电流产生的磁影响（或称感性耦合影响）、电压产生的电影响（或称容性耦合影响）和入地电流产生的地电位升影响（或称阻性耦合影响）。本节的基本术语如下：

1. 高可靠输电线路

中性点直接接地系统的输电线路，故障率低，一相接地短路故障电流持续时间短，其故障切除时间，在大多数情况下，应小于 0.2 s，不超过 0.5 s。

2. 接近

电信线路与输电线路的相对位置，使输电线路的电磁影响在电信线路上可能产生危险或干扰时称为接近。

两线路接近距离的变化不超过其算术平均值的5%时，称为平行接近；超过5%且两线路接近距离呈线性增加或减少时（输电线路、电信线路均无转折点）称为斜接近。

3. 接近距离

在电信线中心线上任意一点引伸到输电线路中心线，并与输电线路方向垂直的距离，用a表示，如图7－7－1a所示。在山地如图7－7－1b所示，a和连接实际两线路杆塔的距离a'可能形成很大的α角度，该角度如超过30°时，则接近距离a'的计算公式为$a'=\dfrac{a}{\cos\alpha}$。

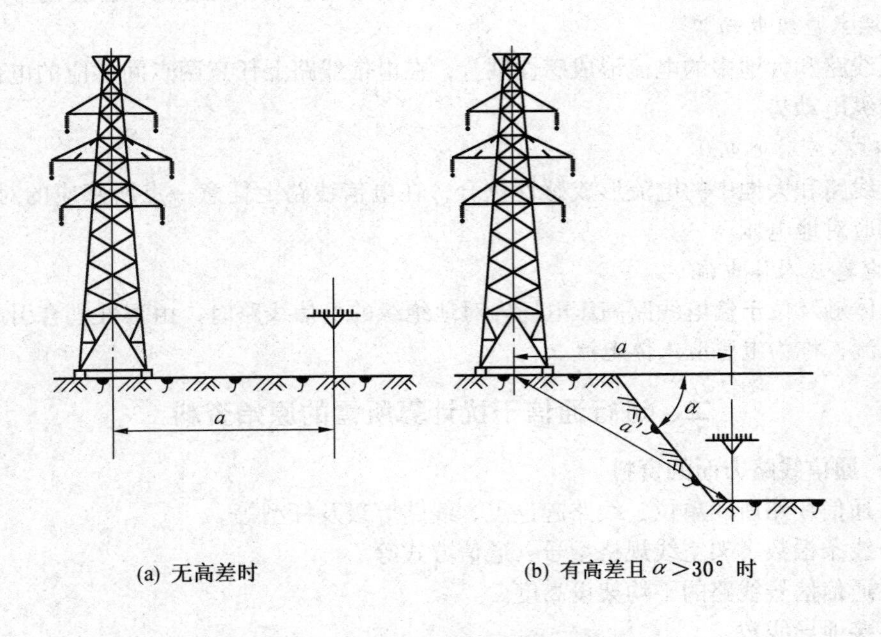

(a) 无高差时　　(b) 有高差且$\alpha>30°$时

图7－7－1　输电线路与电信线路接近图

4. 等值距离

斜接近段两端距离的比值为$1/3\leqslant(a_1/a_2)\leqslant3$时，可用等值距离$a$来计算，$a=\sqrt{a_1a_2}$，如图7－7－2所示。

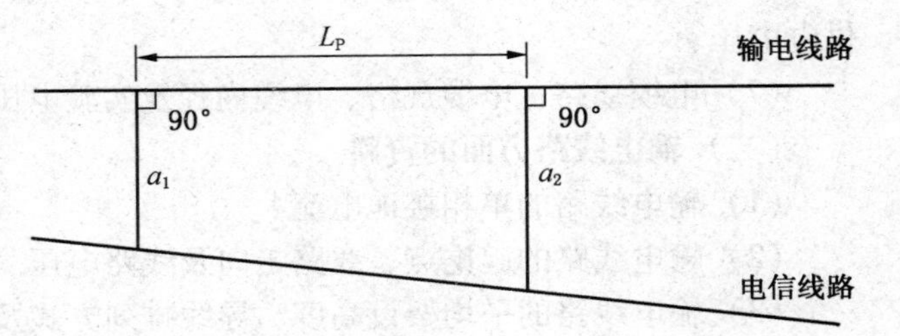

图7－7－2　输电线路与电信线路接近段长度示意图

5. 危险影响

电信线路遭受输电线路感应产生的电压和电流，足以危及电信运行维护人员的生命安全，损坏电信线路或设备，引起构筑物火灾，使铁路信号设备误动而危及行车安全，称为危险影响。

6. 干扰影响

电信线路遭受输电线路电感应和磁感应产生的电压和电流的影响，使其无法正常运行，称为干扰影响。

7. 感性耦合影响（磁影响）

由输电线路和大地中的电流通过电感耦合对电信线路产生的影响称为感性耦合影响。

8. 阻性耦合影响（地电流影响）

流过输电线路杆塔接地装置的短路电流，在流入、流出大地的区域与远方大地之间产生电位差，使大地电位升高，通过大地电阻耦合对电信线路接地装置、埋地电缆、埋地光缆产生的影响，称为阻性耦合影响。

9. 容性耦合影响（电影响）

由输电线路的电压通过电容耦合对电信线路产生的影响称为容性耦合影响。

10. 磁感应纵电动势

输电线路和大地中的电流形成感性耦合，在电信线路上任意两点间感应的电位差，称为磁感应纵电动势。

11. 磁感应对地电压

输电线路和大地中的电流形成感性耦合，在电信线路上任意一点所感应的对地电位，称为磁感应对地电压。

12. 电感应人体电流

当人体触及位于输电线路高压电场内对地绝缘的电信线路时，由容性耦合引起的流经人体的电流，称为电感应人体电流。

二、进行通信干扰计算所需的原始资料

（一）通信线路方面的资料

（1）通信线路所属单位、线路起讫点、线路等级及杆型等。

（2）线条根数、架空线规格型号、通信方式等。

（3）通信信号线路的平均架设高度。

（4）接地导线数。

（5）现有通信保护设备安装地点及接地电阻。

（6）铁路闭塞信号线路：信号种类，单、双线，闭塞区间长度及位置，闭塞机型式，供电电压。

（7）电缆线路：电缆规格、电缆内径及实验电压。

（二）输电线路方面的资料

（1）输电线路的单相接地电流。

（2）输电线路的起讫点、线路走向及线路电压。

（3）输电线路的平均架设高度、导线排列方式及线间几何均距。

（三）大地导电率

大地导电率是确定输电线路对通信线路电磁影响的基本数据。大地导电率是大地电阻率的倒数，为两线路间互感的函数。在工频时，大地导电率取决于几百米深度内的地质构造和地下水分布，与季节和温度变化的关系不大。输电线路对通信线路的影响可以看成是由地上导线和地下等效导线两电流分别影响的合成，两者对通信线路的影响要相互抵消掉一部分，所以大地导电率愈小，入地电流的等值深度愈深，输电线路对通信线路的影响范围也就愈大。

大地导电率获取的方法很多，如地质资料判定法、四极电测探法、电流互感法、电流自感法、线圈法、偶极法等，前两种是国内外推荐在工程中普遍采用的方法。表7-7-1是各类地质条件下的大地导电率，此表为工程前期工作提供参考。

表7-7-1 各类地质条件下的大地导电率

地质	气候条件（降雨量）			地下碱水
	年降雨量超过500 mm		年降雨量少于250 mm	
	大地导电率/（$S\cdot m^{-1}$）			
	大概值	变化范围	变化范围	变化范围
1	2	3	4	5
冲击土和软黏土	200	500～100*	200～1*	1000～200
黏土（没有冲积层的）	100	200～100	100～10	
泥灰岩（例如考依波泥灰岩）	50	100～30	20～3	300～100
多孔的钙（例如白垩）	20	30～10	20～3	300～100
多孔的砂岩（例如考依波砂岩、黏板岩）	10	30～3		100～30
石英、坚硬的结晶灰岩（例如大理石、石灰纪白垩）	3	10～1		100～30
黏板岩、板状页岩	1	3～0.3	≤1	
花岗岩	1	1～0.1		30～10
页岩、化石、片岩、片麻岩、火成岩	0.5	1～0.1		

注：1. 有“*”符号者与地下水位有关。
2. 如已知年降雨量超过500 mm时，可采用第2栏的数值。
3. 如有补充资料，特别是知道地下水位深度时，可按下列条件采用第3、4、5栏的数值。
（1）如年降雨量超过500 mm，当地是平原或是被宽的山谷所隔离的小山所环绕，又是古代岩层构成，对地下水位较浅（如在地表下10 m）的地区，采用第3栏的大地导电率最大值；对地下水位较深（如在地表下150 mm）的地区，则采用第3栏的大地导电率最小值。
（2）对四周被明显的悬崖包围的小面积高台地，地下水可能在地表下很深处，在这种情况下，无论当地平均降雨量如何，均可采用第4栏的数值。第4栏的最小值适用于天气很干燥的情况，最大值适用于当地降雨量有规律的（即使是间断的）情况。
（3）第5栏的数值与降雨量无关，适用于地面附近（如在150 m以内）存在碱水的情况。第5栏的最大值适用于地下碱水较浅（在10 m以内）的情况，最小值适用于地下碱水较深的情况。

三、输电线路故障状态和电信回路工作状态

（1）输电线路对邻近电信线路可能产生危险影响的故障状态，应考虑下列几种情况：

① 三相对称中性点直接接地系统的输电线路一相接地短路。

② 三相对称中性点不直接接地系统的输电线路两相在不同地点同时接地短路。

③ 三相对称中性点不直接接地系统的输电线路一相接地短路。

（2）输电线路对邻近电信线路进行危险影响计算时，宜根据电信线路工作状态，选择下列不同的电信回路工作方式。

① 电信回路一端是低阻抗接地，而另一端是高阻抗接地（开路）。

② 电信回路两终端经低阻抗接地。

③ 电信回路两终端的导线与大地间都是高阻抗（开路）。

四、危险和干扰影响的允许值

（一）危险影响的允许值

（1）电感应引起的危险电流允许值。根据《输电线路对电信线路危险和干扰影响防护设计规程》（DL/T 5033—2006）的规定，在中性点不直接接地系统中，输电线路一相接地短路，而人体碰触邻近电信导线时，由容性耦合引起的流经人体电流允许值为 15 mA。

（2）在输电线路故障状态下，电信明线上的磁感应电压（包含磁感应纵电动势和磁感应对地电压）应符合下列规定：

① 基本电压允许值见表 7－7－2。

表 7－7－2　基本电压允许值

输电线路	允许电压/V	输电线路	允许电压/V
高可靠运行线路	650	其他输电线路	430

② 考虑输电线路故障持续时间的人身安全电压允许值见表 7－7－3。

表 7－7－3　人身安全电压允许值

故障持续时间 t/s	允许电压/V	故障持续时间 t/s	允许电压/V
$0.35 < t \leqslant 0.5$	650	$0.1 < t \leqslant 0.2$	1500
$0.2 < t \leqslant 0.35$	1000	$t \leqslant 0.1$	2000

（3）在输电线路故障状态下，电信电缆芯线上的磁感应电压（包含磁感应电动势和磁感应对地电压）应符合下列规定：

① 电信电缆芯线两端有绝缘变压器，或一端为绝缘变压器而另一端通过低阻抗接地或与带有接地的金属护套或屏蔽层连接，或所有电缆芯线在两终端都装有避雷器时，电信电缆芯线上的磁感应电压允许值见表 7－7－4。

表 7－7－4　电信电缆芯线上的磁感应电压允许值

电信电缆远距离供电方式	允许电压/V
无远距离供电	$0.6U_{Dt1}$ 或 $0.85U_{At}$
“导线—大地”制远距离供电	$0.6U_{Dt1}-\frac{U_{rs}}{\sqrt{2}}$ 或 $0.85U_{At}-\frac{U_{rs}}{\sqrt{2}}$
“导线—导线”制远距离供电	$0.6U_{Dt1}-\frac{U_{rs}}{2\sqrt{2}}$ 或 $0.85U_{At}-\frac{U_{rs}}{2\sqrt{2}}$

注：1. U_{Dt1}—电缆芯线与接地护套间的直流实验电压，V。

2. U_{At}—电缆芯线与接地护套间的交流实验电压，V。

3. U_{rs}—影响计算区段远供电压，V。

4. 电缆试验电压值是避免电缆介质绝缘强度击穿的保证值，可采用电缆出厂时 3 s 直流或交流试验值。

②当电信电缆芯线不符合上述（3）项中①规定的条件时，电信电缆芯线上的磁感应电压允许值应符合（2）项的规定。

（4）考虑输电线路故障持续时间的设备安全电压允许值见表7-7-5。

表7-7-5 设备安全电压允许值

故障持续时间 t/s	允许电压/V	故障持续时间 t/s	允许电压/V
$0.35 < t \leqslant 0.5$	650	$t \leqslant 0.2$	1030
$0.2 < t \leqslant 0.35$	780		

（5）当输电线路发生接地短路故障时，因地电流影响邻近埋地电信电缆芯线和大地间引起的电位差，以及电信局（站）接地装置上的地电位升高的允许值应符合（3）项的规定。

（6）输电线路对埋地电信电缆线路同时产生感性耦合和阻性耦合两种影响时，合成后的数值应符合（3）项的规定。

（7）在输电线路故障状态下，光缆线路上的磁感应电压（包含磁感应纵电动势和磁感应对地电压）影响允许值见表7-7-6。当同时存在感性耦合和阻性耦合两种影响时，合成后的数值应符合表7-7-6的要求。

表7-7-6 光缆金属构件上的磁感应电压允许值

光 缆 型 式	允许电压/V
有金属线对、无远距离供电	$0.6U_{\mathrm{Dt2}}$
有金属线对、有“导线—大地”制远距离供电	$0.6U_{\mathrm{Dt2}}-\dfrac{U_{\mathrm{rs}}}{\sqrt{2}}$
有金属线对、有“导线—导线”制远距离供电	$0.6U_{\mathrm{Dt2}}-\dfrac{U_{\mathrm{rs}}}{2\sqrt{2}}$
无金属线对、有金属构件	$0.6U_{\mathrm{Dt2}}$

注：1. U_{Dt2}—光缆绝缘外护套的直流实验电压，V。
2. U_{rs}—影响计算区段远供电压，V。
3. 无金属光缆线路不考虑危险影响。

（8）在输电线路故障状态下，非电气化铁道的半自动、自动闭塞方向电路及遥控遥信线路的磁感应电压（包含磁感应纵电动势和磁感应对地电压）允许值应按（2）和（3）项的规定确定。

（9）当电信线路磁感应纵电动势超过允许值时，必须按电信回路工作状态进一步计算电信线路的导线与大地间产生的磁感应对地电压。只有在磁感应对地电压超过（2）~（7）项的允许值时，电信线路才存在危险影响。

（二）干扰影响允许值

（1）音频双线电话回路噪声计电动势允许值如下：

① 县电话局至县以上电话局的电话回路为4.5 mV。

② 县电话局至县以下电话局的电话回路为10 mV。

③ 业务电话回路为7 mV。

（2）兼做电话用有线广播双线回路噪声计电动势允许值为10 mV。

（3）输电线路在“线—地”电报回路中感应产生流过电报机的干扰电流允许值为电报机工作电流的10%。

五、危险影响的计算

中性点直接接地系统的三相对称输电线路发生单相接地短路时，以及中性点不直接接地系统的三相对称输电线路两相在不同地点同时接地短路时，输电线路中的不平衡电流急剧增加。由不平衡电流对通信线产生的磁影响（感性耦合影响），通常是以通信线路上感应的纵电动势和对地电压来衡量。实际工程中首先计算纵电动势，当纵电动势超过允许标准时，再通过计算对地电压来确定通信线路是否存在危险影响。另外某些通信线路由于技术或运行上的要求，通信回路一点（或多点）接地或经设备元件接地时要进行对地电压计算。

中性点不直接接地系统的三相对称输电线路发生单相接地故障时，输电线路对地不平衡电压对通信线路产生的电影响（容性耦合影响）是以通过人体的静电感应电流来衡量。对于有金属外皮接地的电缆通信线路，可不考虑容性耦合影响。

入地电流产生的地电位升高（阻性耦合影响）是以地电位差来衡量。

（一）危险影响计算的相关规定

（1）输电线路对电信线路的磁危险影响，在中性点直接接地系统中，应按输电线路发生一相接地短路故障计算。在中性点不直接接地系统中，对长途电信电缆线路应按输电线路两相在不同地点同时发生接地短路故障计算，对其他电信线路不应考虑此项影响。

（2）当输电线路与埋地电缆线路和埋地光缆线路接近时，应考虑地电流影响，并应按中性点直接接地的输电线路发生一相接地短路故障时流过输电线路杆塔接地装置的短路电流计算。

（3）输电线路对地下电信电缆线路和光缆线路同时产生磁感应和地电流两种影响时，应按两者平方和的平方根计算合成影响。

（4）中性点不直接接地的输电线路发生一相接地短路故障时，应计算输电线路在对地绝缘的电信线路上因容性耦合引起人体电流产生的危险影响。

（5）计算输电线路对邻近电信线路由感性耦合产生的危险影响时，应考虑5～10年电力系统发展的规划容量。

（6）当有多条输电线路与电信线路接近时，除考虑故障输电线路短路电流的影响外，宜同时考虑邻近的非故障输电线路分布电流的影响。

（7）在增音机、分线箱、分线盒等处装有放电器防护的电信线路，应考虑当放电器动作时电信线路的对地电压。

（8）带有避雷线的输电线路，可考虑避雷线的返回电流效应。

（9）对非电气化铁道的铁路信号线路的危险影响计算宜与电信线路相同，对电气化铁道的铁路信号线路可不考虑危险影响。

（二）电信线路上磁感应纵电动势的计算

（1）通常通信线路与输电线路不可能是单一的平行接近、斜接近或交叉，而是接近距离呈曲折变化的复杂接近。这时可将整个线路分成若干个平行接近、斜接近和交叉的等效接近段来代替各段线路，这样由影响电流在通信线路上感应产生的纵电动势为每个接近段上感应纵电动势的代数和，其计算式为（7－7－1）。

$$E_s = \sum_{i=1}^{n} \omega M_i L_{Pi} I_s K \tag{7-7-1}$$

$$\omega = 2\pi f$$

式中　E_s——电信线路上磁感应纵电动势，V；

ω——输电线路电流的角频率，rad/s；

M_i——50 Hz 时输电线路与电信线路间第 i 段互感系数，H/km；

L_{Pi}——输电线路与电信线路间第 i 段接近段长度，km；

I_s——输电线路一相接地或两相在不同地点同时接地的短路电流，A；

K——50 Hz 时接近段内各种接地导体的电磁综合屏蔽系数。

（2）无人增音站采用了防护滤波器时，考虑防护滤波器对磁感应影响的抑制衰减作用，宜按无人增音分段计算在电信电缆线路上的磁感应纵电动势，按式（7－7－2）计算：

$$E_s = (1.1 \sim 1.2) \sum_{i=1}^{n} \omega M_i L_{Pi} I_s K \tag{7-7-2}$$

互感系数 M_i 的计算公式较复杂，可利用计算机计算，工程计算也可利用差诺模图的方法。

（三）电信线路上磁感应对地电压的计算

电信线路上的磁感应对地电压，应根据电信电路类型、终端特性，按下列三种情况分别进行计算。

（1）电信线路两端绝缘，如图 7－7－3 所示单向供电时，可分为以下两种情况计算。

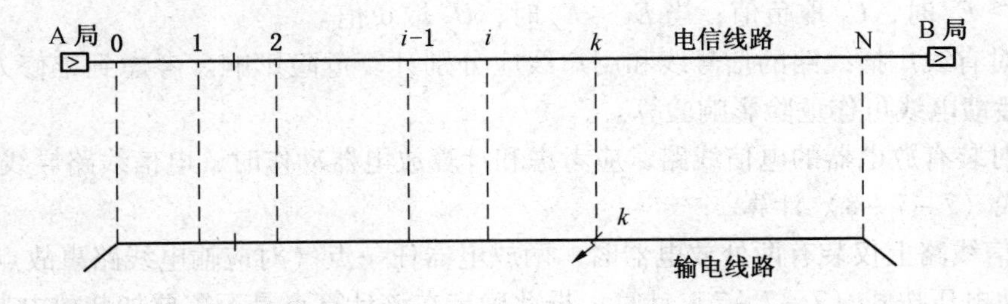

图 7－7－3　输电线路与电信线路间相对位置图

① 输电线路 k 点故障，电信线路首端 0 点处的磁感应对地电压 U_{0k}（V）为

$$U_{0k} = \sum_{i=1}^{n} \frac{E_{ik}}{2}\left(\frac{L_i + 2L_{Bi}}{L_{AB}}\right) \tag{7-7-3}$$

式中　U_{0k}——电信线路首端 0 点磁感应对地电压，V；

L_i——电信线路第 i 段的长度，km；

L_{Bi}——电信线路第 i 段末端到终端局（B 局）的距离，km；

L_{AB}——A、B 两电信局间电信线路总长，km；

E_{ik}——输电线路在 k 点发生一相接地短路故障时，电信线路第 i 段的磁感应纵电动势，V。

当 i 段存在重复感应区或反向感应区时，E_{ik} 应是在各种情况下感应的代数和：

$$E_{ik} = \sum_{i=1}^{n} I_s \omega M_i L_{Pi} K \tag{7-7-4}$$

式中　I_s——一个代数值。

② 电信线路沿线各点磁感应对地电压 U_i(V) 为

$$U_i = U_{i-1} - E_i$$

式中　U_{i-1}——电信线路上第 $i-1$ 点的磁感应对地电压，V；

E_i——电信线路上第 i 段的磁感应电动势，V。

双向供电时，分别按单向供电计算，然后代数相加。

(2) 电信线路一端接地一端绝缘时，绝缘端和接地端磁感应对地电压的计算如下。

① 电信线路绝缘端磁感应对地电压 U_{in}(V) 为

$$U_{in} = E_s \tag{7-7-5}$$

② 电信线路接地端磁感应对地电压 U_g(V) 为

$$U_g = 0 \tag{7-7-6}$$

(3) 电信线路两端接地，当两侧电信终端局避雷器动作，对应输电线路事故点 k 的电信线对地电压可按式 (7-7-7) 计算：

$$U_{0k} = \frac{E_1 L_2 + E_2 L_1}{L_1 + L_2} + \frac{\pm U_2 L_1 \mp U_1 L_2}{L_1 + L_2} \tag{7-7-7}$$

式中　L_1、L_2——电信线路与输电线路事故点的对应点到两终端局的距离，km；

E_1、E_2——L_1、L_2 两线段上的磁感应纵电动势，V；

U_1、U_2——电信线路两终端局避雷器接地电阻压降，V。

当 $E_1 > E_2$ 时，U_1 取负值；当 $E_1 < E_2$ 时，U_2 取负值。

(4) 对有线广播线路的信号线和用户线应分别计算危险影响。考虑到维修人员安全，对有线广播馈电线可作危险影响验算。

(5) 对装有放电器的电信线路，应考虑和计算放电器动作时，电信线路导线的对地电压，可按式 (7-7-8) 计算。

① 电信线路上仅装有两处放电器时，两放电器任一点（对应输电线路事故点 k）的电信线路对地电压按式 (7-7-7) 计算。据此确定在该计算点是否需要加装放电器。

② 电信线路装有多处放电器时：

$$U_{0k} = \frac{E_1 L_2 + E_2 L_1}{L_1 + L_2} + \frac{1}{4}(U_i + U_{i+1}) \tag{7-7-8}$$

式中　L_1、L_2——电信线路上与输电线路短路点相对应点到相邻两放电器间的电信线路长度，km；

E_1、E_2——L_1、L_2 两线段上被感应的纵电动势，V；

U_i、U_{i+1}——相邻两放电器在对应放电器处输电线路发生短路时接地电阻上的电压降，V。

（四）架空电信明线上的电危险计算

（1）在中性点不直接接地系统中，发生一相接地短路故障时，对邻近的架空电信明线，由容性耦合引起的流经人体的电流按式（7－7－9）计算：

$$I_b = 18\frac{m'}{m+m'+2}fU_N\left[\sum n(a)L_Tk_dk_{s1}k_{s2} + \sum\frac{N(a_B)\pm N(a_A)}{a_B \pm a_A}L_Tk_dk_{s1}k_{s2}\right]\times 10^{-6} \tag{7-7-9}$$

式中 I_b——流经人体的电流，mA；

m'——人体碰触对地绝缘的电信回路导线数，如双线回路 $m'=2$，双幻回路 $m'=4$；

m——电信线路接地导线数（系指单线电话，单线电报和单幻电报等）；

k_d——避雷线屏蔽系数，有避雷线时取 $k_d=0.75$；

k_{s1}——树木屏蔽系数，靠近电信线 3 m 以内有连续树木时取 $k_{s1}=0.7$；

k_{s2}——树木屏蔽系数，靠近电信线 3 m 以内有连续树木时取 $k_{s2}=0.7$；

$n(a)$——斜接近或交叉跨越段耦合系数的函数，按表 7－7－7 选用；

$N(a_A)$、$N(a_B)$——斜接近及交叉跨越耦合系数的函数，按表 7－7－7 选用；

f——输电线路的电压频率，Hz；

U_N——输电线路的额定电压，V；

L_T——电信线路长度，km；

a_A、a_B——输电线路与电信线路间斜接近段或交叉跨越段两端的距离（图 7－7－4），m。

式（7－7－9）中第二项的“±”号，斜接近段取“－”号，交叉跨越段取“＋”号。

表 7－7－7 $n(a)$、$N(a)$ 函数表达式

函数 / 条件	$a>0\left\{\left\|\frac{b+c}{a}\right\|>0.1,\ \left\|\frac{b-c}{a}\right\|>0.1\right\}$	$a>0\left\{\left\|\frac{b+c}{a}\right\|<0.1,\ \left\|\frac{b-c}{a}\right\|<0.1\right\}$
$n(a)$	$\ln\sqrt{\frac{a^2+(b+c)^2}{a^2+(b-c)^2}}$	$\frac{1}{2}\left[\left(\frac{b+c}{a}\right)^2-\left(\frac{b-c}{a}\right)^2\right]$
$N(a)$	$a\left[\ln\sqrt{\frac{a^2+(b+c)^2}{a^2+(b-c)^2}}+\frac{b+c}{a}\arctan\frac{a}{b+c}-\frac{b-c}{a}\arctan\frac{a}{b-c}\right]$	$a\left\{1.571\left(\frac{b+c}{a}-\frac{b-c}{a}\right)-\frac{1}{2}\left[\left(\frac{b+c}{a}\right)^2-\left(\frac{b-c}{a}\right)^2\right]\right\}$

注：a—输电线路与电信线路间任意点接近距离，m；
b—输电线路导线对地平均高度，m；
c—电信线路导线对地平均高度，m。

（2）在输电线路与电信线路的全部接近长度 L_p 中，若接近距离 a 全部大于式（7－7－10）的计算值时（频率为 50 Hz），容性耦合危险影响可忽略不计。

$$a = \frac{1}{12}\sqrt{U_n L_P} \tag{7-7-10}$$

式中　U_n——输电线路电压，V；

L_p——接近长度，km。

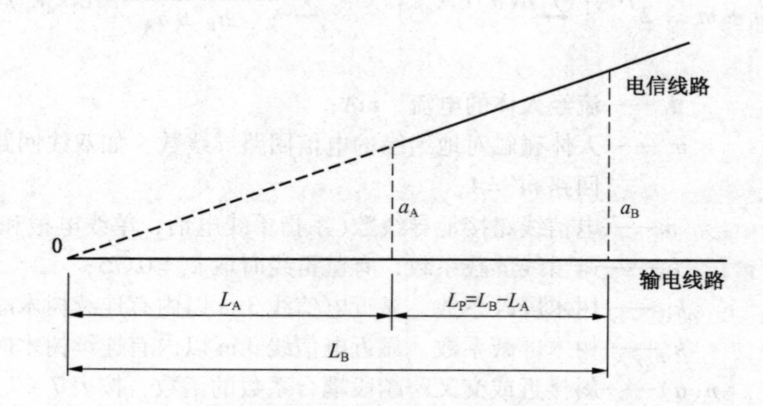

(a) 输电线路与电信线路斜接近时相对位置图

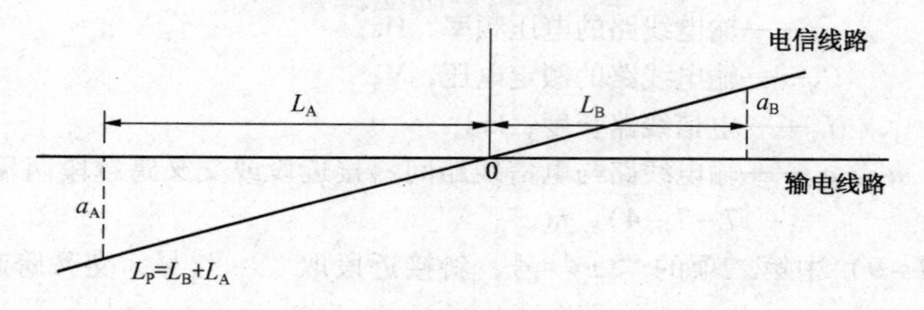

(b) 输电线路与电信线路交叉时相对位置图

图 7-7-4　输电线路与电信线路斜接近或交叉相对位置图

（五）危险影响的防护措施

当输电线路对电信线路产生的危险影响电压超过允许值时，应根据具体情况，通过技术经济比较和协商，采取必要的防护措施，以保证人身和电信设备安全。可选用的防护措施如下：

1. 输电线路方面

（1）与电信线路保持合理的间距和交叉角。

（2）采用良导体避雷线。

（3）增设屏蔽线。

（4）限制单相接地短路电流，如尽可能减少变压器中性点接地总数等。

（5）缩短接地故障时间。

（6）降低杆塔接地装置的接地电阻。

（7）杆塔接地装置远离埋地电缆、埋地光缆方向敷设。

2. 电信线路方向

(1) 在明线上加装放电器等保安设备。

(2) 配备携带保安器。

(3) 增设屏蔽线。

(4) 改迁电信线路路径。

(5) 改明线为电缆或光缆。

(6) 采用屏蔽电缆或高屏蔽电缆以及提高电缆屏蔽效应的措施。

(7) 电缆上加装电缆保安器。

(8) 架空电缆、架空光缆吊线间隔一定距离接地。

(9) 光缆线路接头处、金属构件不作电气连通，缩短光缆线路金属构件长度。

(10) 输电线路杆塔接地装置附近，电缆、光缆金属构件避免接地。

(11) 在输电线路接地装置与埋地电缆、埋地光缆间增设消弧线。

(12) 在接近输电线路地段进行施工或检修时，电缆、光缆的金属构件应临时接地。

(13) 采用无金属光缆。

(14) 采用无线中继线路。

六、干扰影响的计算

在电力系统中，由于发电机输出电压的非正弦性和存在着非线性阻抗的电气设备，因而在输电线路工作电压和电流中含有谐波。根据测量和分析表明，音频波段的谐波是电话回路产生干扰影响的根源之一。输电线路对电报回路的干扰影响主要是输电线路的基波电压和电流产生的。

输电线路对电话回路的干扰影响程度是以电话回路感应的噪声计电动势来衡量，其值是指线路终端600 Ω 的纯电阻上所测得的噪声计电压的两倍值。

电话回路中的噪声电压是由输电线路的基波、各次谐波电流和电压的感应而产生的。欲计算电话回路的噪声电压，就要逐一求输电线路每个谐波分量，然后再计算每个谐波分量在电话回路上产生的噪声电压。显然，这样计算是非常繁杂的。为计算简单，通常用等效于频率800 Hz 的电流和电压来计算，此电流和电压称为等效干扰电流和等效干扰电压。等效干扰电流和等效干扰电压在电话机中所产生的噪声值与输电线路各次谐波电流和电压在电话机中所产生的噪声值相同。

(一) 干扰影响计算规定

(1) 中性点直接接地系统的输电线路的计算应符合下列规定：

① 对音频双线电话的干扰影响应按输电线路正常运行状态计算，应考虑输电线路基波、谐波电流和电压的感应影响。

② 对线—地电报回路的干扰影响应按输电线路正常运行状态计算，应考虑输电线路基波电流、电压的感应影响。

③ 对受多条输电线路干扰影响的电信电路，应按平方和的平方根计算多条输电线路的合成干扰影响。

(2) 中性点不直接接地系统的输电线路的计算应符合下列规定：

① 对音频双线电话的干扰影响应按输电线路单相接地短路故障状态计算，同时应考虑输电线路基波和谐波电压的感应影响。

② 对线—地电报回路的干扰影响应按输电线路单相接地短路故障状态计算，同时应考虑基波电压的感应影响。

③ 不考虑多条输电线路的合成干扰影响。

（3）对传输音频信号的中继线或用户线应计算干扰影响，而对传输频分复用（FDM）或时分复用（TDM）的电信电路不应计算干扰影响。

（4）对有金属外皮或埋设地下的无金属外皮电信电缆，应考虑磁干扰影响，而不应考虑静电干扰影响。

（5）双线电话回路的干扰影响有环路影响和不平衡影响，但一般情况下环路影响可忽略不计。

（6）在进行干扰影响计算时，应计入电信线传播效应的衰减系数。

（7）当有屏蔽体时，应计入屏蔽体 800 Hz 的屏蔽系数。

（8）对兼作电话用的有线广播双线回路宜按音频双线电话回路计算干扰影响。

（9）无金属线对的光缆线路不考虑干扰影响。

（二）音频双线电话回路噪声计电动势的计算

一般情况下，中性点直接接地系统的输电线路对音频双线电话回路的干扰影响，可利用简化公式只计算不平衡影响的噪声计电动势分量 e_{bv}、e_{bI}、e_{rI}。总噪声电动势 e 可按式（7－7－11）计算：

$$e=\sqrt{e_{bv}^{2}+e_{bI}^{2}+e_{rI}^{2}} \tag{7-7-11}$$

式中　e——音频双线电话回路总噪声计电动势，mV；

e_{bv}——输电线路电压平衡分量感应引起的不平衡影响噪声计电动势分量，mV；

e_{bI}——输电线路电流平衡分量感应引起的不平衡影响噪声计电动势分量，mV；

e_{rI}——输电线路电流剩余分量感应引起的不平衡影响噪声计电动势分量，mV。

（三）线—地电报回路干扰电流计算

中性点直接接地系统的输电线路在正常运行情况下，在线—地电报回路中感应的流过电报机的干扰电流可按式（7－7－12）计算：

$$I=\sqrt{I_{bv}^{2}+I_{bI}^{2}+I_{rI}^{2}} \tag{7-7-12}$$

式中　I——流过电报机总干扰电流分量，mA；

I_{bv}——输电线路电压平衡分量感应引起的流过电报机的干扰电流分量，mA；

I_{bI}——输电线路电流平衡分量感应引起的流过电报机的干扰电流分量，mA；

I_{rI}——输电线路电流剩余分量感应引起的流过电报机的干扰电流分量，mA。

e_{bv}、e_{bI}、e_{rI}和 I_{bv}、I_{bI}、I_{rI}六个分量的计算比较复杂，工程计算可按《输电线路对电信线路危险和干扰影响防护设计规程》(DL/T 5033—2006）中的有关公式计算。

（四）干扰影响的防护措施

当输电线路对电信线路感应产生的噪声计电动势或干扰电流超过干扰影响允许值时，应根据具体情况，通过技术经济比较和协商，采取必要的防护措施，以避免影响电信回路的正常工作。可选用的防护措施如下：

1. 输电线路方面

（1）与电信线路保持合理的间距和交叉角。

（2）采用良导体避雷线。

（3）增设屏蔽线。

2. 电信线路方面

（1）改明线为电缆或光缆。

（2）改迁电信线路路径。

（3）改有线通信为无线通信。

（4）增设屏蔽线。

（5）线—地电报改载波电报。

第八节　路径选择与勘测

一、路　径　选　择

架空电力线路路径的选择是一项非常重要的工作，对架空电力线路的造价和安全性、适用性的影响至关重要。近年来由于工农业设施、市政设施的不断发展，线路路径的选择越来越困难，因此在选择路径时，应认真进行调查研究，综合考虑运行、施工、交通条件和路径长度等因数，统筹兼顾，全面安排，进行多方案的比较，做到经济合理、安全适用。路径选择的一般要求如下：

（1）在无特殊情况的条件下，应尽量选取长度短、转角小、交通方便、交叉跨越少的路径。

（2）在平原或丘陵地区，一般居民区较多，工农业设施较为密集，良田较多，设计时尽量避开居民区，少占良田。

（3）线路进入矿区应尽量避开煤田，少压煤，避免通过塌陷区或初期开采区。当线路通过煤田时，应考虑在煤田境界线或断层线上架设，以便共用安全煤柱。当无境界线或断层线可利用时，应尽量垂直煤田走向架设，缩短通过煤田线路的长度。

（4）矿区煤田范围内架设的输电线路，在条件允许的情况下，尽量使两回线路分开架设，保持一定距离，满足倒杆距离的要求。

（5）同杆（塔）架设的矿井电源线路不应通过可能产生沉陷的地区和尚未稳定的沉陷地区。

（6）架空线路应减少与其他设施交叉，当与其他架空线交叉时，其交叉点不应选在被跨越线路的杆塔顶上。

（7）为了减少对弱电线路的干扰，线路与弱电线路应尽量垂直交叉。在任何情况下，输电线路与一级架空弱电线路的交叉角不得小于 45 ℃，与二级架空弱电线路的交叉角不得小于 30 ℃，与三级弱电线路的交叉角不限制。

（8）3 kV 及以上架空电力线路，不应跨越储存易燃、易爆物的仓库区域。架空电力线路与火灾危险性的生产厂房和库房、易燃易爆材料堆场以及可燃或易燃、易爆液（气）体储罐的防火间距，应符合 GB 50016—2014《建筑设计防火规范》的要求。

① 甲类厂房、甲类仓库、可燃材料堆垛，甲、乙类液体储罐，液化石油气储罐，可燃、助燃气体储罐与架空电力线的最近水平距离不应小于线路杆（塔）高度的 1.5 倍，丙

类液体储罐与架空电力线的最近水平距离不应小于线路杆（塔）高度的1.2倍。

② 35 kV以上的架空电力线与单罐容积大于200 mm^3 或总容积大于1000 mm^3 的液化石油气储罐（区）的最近水平距离不应小于40 m。

③ 危险品总仓库区A级库房的外部距离见表7－8－1。

表7－8－1　危险品总仓库区A级库房的外部距离　　m

单个库房的存药量/t	110 kV输电线路	35 kV输电线路	单个库房的存药量/t	110 kV输电线路	35 kV输电线路
>180≤200	720	390	>25≤30	380	210
>160≤180	700	380	>20≤25	360	190
>140≤160	670	360	>18≤20	340	180
>120≤140	640	340	>16≤18	330	175
>100≤120	610	310	>14≤16	310	170
>90≤100	570	310	>12≤14	300	160
>80≤90	550	300	>10≤12	280	150
>70≤80	530	290	>9≤10	270	145
>60≤70	510	270	>8≤9	260	140
>50≤60	480	260	>7≤8	250	135
>45≤50	460	250	>6≤7	240	130
>40≤45	440	240	>5≤6	230	120
>35≤40	420	230	>2≤5	220	115
>30≤35	400	220	≤2	160	100

注：表中距离适用于平坦地形，当仓库紧靠山脚布置，与山背后建筑物之间的距离符合下列条件时，表中距离可按下列规定减少。

（1）当库存量小于20 t，山高20～30 m，山的坡度15°～25°时，可减少25%～30%。

（2）当库存量小于20～50 t，山高30～50 m，山的坡度25°～30°时，可减少20%～25%。

（3）当库存量大于50 t，山高大于50 m，山的坡度大于30°时，可减少15%～20%。

（9）线路经过有毒气体和有灰尘油污的场所时，对线路的影响范围可参考表7－8－2所列的数值。

表7－8－2　污秽影响范围表

污秽性质名称	有色矿	制铝矿	化工厂化肥厂	焦化厂	碱厂	冶金与钢厂	水泥厂	烧窑
影响范围/km	2.0	2.0	1.0～2.0	0.5～1.0	0.9	0.6～1.0	0.5～0.8	0.4

（10）禁止架空线路跨越屋顶为易燃材料的建筑物。对耐火材料屋顶的建筑物，亦应尽量不跨越，如需跨越时，应与有关单位协商或取得当地政府部门的同意。

① 导线与建筑物的垂直距离，在最大弧垂时不应小于表7－8－3的要求。

表 7－8－3 导线与建筑物间的最小垂直距离

线路电压/kV	≤3	3～10	35	66	110
距离/m	3.0	3.0	4.0	5.0	5.0

② 线路在最大计算风偏情况下，边导线与城市多层建筑或规划建筑物间的最小距离，以及边导线与不在规划范围内的城市建筑物间的最小距离，应符合表 7－8－4 的规定。线路边导线与不在规划范围内的城市建筑物间的水平距离，在无风偏情况下，不应小于表 7－8－4 所列数值的 50%。

表 7－8－4 边导线与建筑物间的最小水平距离

线路电压/kV	≤3	3～10	35	66	110
距离/m	1.0	1.5	3.0	4.0	4.0

(11) 线路走廊的要求宽度，一般情况下不应小于杆塔高度加 3 m 的数值。选线过程中在杆型未定的情况下，可参照表 7－8－5 中的数值。

表 7－8－5 线路走廊的大致宽度 m

经过地区	≤10 kV	35 kV		66 kV	110 kV
	单杆	单杆	双杆	双杆	双杆
非居民区	13	25	30	30	30
居民区或厂区	6	12	15	18	18

(12) 架空电力线路通过林区，为防止树木触及线路的导线，影响线路安全运行或造成其他事故，同时便于线路施工和维护，应砍伐出通道。10 kV 及以下架空电力线路的通道宽度，不应小于两侧向外延伸 5 m。35 kV 线路的通道宽度，不应小于线路两侧向外延伸林区主要树种的生长高度。通道附近超过主要树种自然生长高度的个别树木，应砍伐。树木自然生长高度不超过 2 m 或导线与树木（考虑自然生长高度）之间的垂直距离应符合表 7－8－6 规定，在不影响线路施工运行情况下，可不砍伐通道。

表 7－8－6 导线与树木之间的最小垂直距离

线路电压/kV	≤3	3～10	35	66	110
距离/m	3.0	3.0	4.0	4.0	4.0

线路通过公园、绿化带或防护林带，导线与树木之间的净空距离，在最大计算风偏情况下，不小于表 7－8－7 中的数值。

表 7－8－7 导线与公园、绿化带或防护林带的树木之间的最小水平距离

线路电压/kV	≤3	3～10	35	66	110
距离/m	3.0	3.0	3.5	3.5	3.5

果林、经济作物林有较大的经济价值和效益，线路应尽量避开。必须通过时，应考虑其生长高度并保持一定距离。所以架空电力线路通过果林、经济作物林以及城市绿化灌木林时，不宜砍伐通道。导线与果树、经济作物或城市绿化灌木之间的最小垂直距离，在最大弧垂情况下，不小于表7－8－8中的数值。

表7－8－8　导线与果树、经济作物或城市绿化灌木之间的最小垂直距离

线路电压/kV	≤3	3～10	35	66	110
距离/m	1.5	1.5	3.0	3.0	3.0

导线与街道行道树之间的最小距离，不小于表7－8－9中的数值。

表7－8－9　导线与街道行道树之间的最小距离

线路电压/kV	≤3	3～10	35	66	110
最大计算弧垂情况下的垂直距离/m	1.0	1.5	3.0	3.0	3.0
最大计算风偏情况下的水平距离/m	1.0	2.0	3.5	3.5	3.5

（13）架空线路应避开洼地、冲刷地带、不良地质地区、原始森林区以及影响线路安全运行的其他地区，并应考虑与邻近设施如电台、机场、弱电线路等的相互影响。

（14）线路转角点的选择应注意以下问题：

① 转角点不宜选在山顶、冲沟、河岸、堤坝、悬崖的边缘、坡度较大的山坡，以及易被洪水冲刷、淹没和低洼积水之处。

② 转角点一般应设在平坦地段或山麓平坡地段，并应考虑有足够的施工场地和便于施工机械的到达。

③ 转角点的选择应与耐张段长度统一考虑。

④ 大跨越段需设转角时，尽量使转角杆塔不兼做跨越杆塔。

⑤ 当交叉跨越档需设立高杆时，尽量不用转角杆作交叉跨越杆，避免增加特种杆塔的种类及增加工程造价。

⑥ 选择转角点时应考虑前后相邻两基杆（塔）位的合理性，以免造成相邻两档过大（过小）而造成不必要的升高杆塔或增加杆塔数量等不合理现象。

（15）跨越河流时路径的选择应注意以下问题：

① 线路跨越河流（包括季节性河流）时，尽量选在河道狭窄、河床平直、河岸稳定、两岸尽可能不被洪水淹没的地段。

② 应避免与一条河流多次交叉。

③ 选线时应调查了解洪水淹没范围及冲刷等情况，预估跨河塔位并草测跨越档距，尽量避免出现特殊塔的设计。

④ 应避免在支流入口处及河道弯曲处跨越河流，并尽量避开旧河道或排洪道和在洪水期容易改为主河道的地方。

⑤ 不要在码头和泊船地区跨越河流。

⑥ 线路与河流尽量垂直交叉，缩小跨越档距离，并尽量利用现有地形条件，减少跨越杆塔的高度。

(16) 山区线路路径的选择应注意以下问题：

① 线路经过山区时，应避免通过陡坡、悬崖峭壁、滑坡、崩塌区、不稳定岩石堆、泥石流、卡斯特溶洞等不良地质地带。当线路与山脊交叉时，应尽量从平缓处通过。

② 在山区选线往往发生交通运输、地势高低与路径长短之间的矛盾。为此，应从技术经济与施工运行条件上做好方案比较。努力做到既合理地缩短路径长度、降低线路投资又保证线路安全可靠、运行方便。

③ 山区河流多为间歇性河流，其特点是流速大、冲刷力强。因此，线路应避免沿山间干河沟通过，如必须通过时，塔位应设在最高洪水位以上不受冲刷的地方。

④ 连续跨越山脊时，应注意边线对地距离。

⑤ 尽量避免两相邻杆塔高差过大，使悬点应力超过限度，宜选择在高差较小的平缓地带，并尽量避免大档距的出现。

⑥ 尽量避免孤立档的出现，以免给施工带来困难。

⑦ 山区线路选择应考虑运输上的方便，在增加投资不多的情况下，尽量靠近山区公路。

(17) 矿区内部的架空线路路径通过机耕地时，不应引起交通和机耕的困难，选择路径时必须与当地政府协商，取得同意。

(18) 10 kV 及以下线路耐张段的长度，不宜大于 2 km；35 kV 和 66 kV 线路耐张段的长度，不宜大于 5 km；110 ~ 500 kV 线路耐张段的长度，单导线线路不宜大于5 km，双分裂导线线路不宜大于 10 km，如运行、施工条件许可，耐张段长度可适当延长。在高差或档距相差非常悬殊的山区或重冰区等运行条件较差的地段，耐张段长度应适当缩小。

二、室　内　定　线

室内定线（即在地形图上选定路径方案）是进行大方案的比较，从若干路径方案中，经比较后选出较好的线路路径方案。图上选线的步骤如下：

(1) 图上选线前应充分了解工程概况及系统规划，明确线路起讫点的位置、线路导线截面及电压等级等设计条件。

(2) 对较长的线路一般在比例尺为 1∶10000 或 1∶50000 的地形图上进行，对路径不太长的线路最好用大比例尺的地形图。先在图上标出起讫点的位置，以及预先了解的有关城市规划、军事设施、工厂和矿山的发展规划。地下埋藏资源开采范围，水利设施规划，林区及经济作物区，已有及拟建的电力线、通信线或其他重要管线等的位置、范围。然后按照线路起讫点间距离最短的原则，尽量避开上述影响范围，考虑地形、交通条件等因素，绘出若干个图上选线方案，经反复比较后保留 1 ~ 2 个方案作为初勘方案。

(3) 对已选定的路径方案，根据与通信线的相对位置，远景系统规划的短路电流及该地区大地导电率情况计算对铁路、邮电、军事等主要通信线的干扰及危险影响。根据计算结果，便可对已选定的路径方案进行修正或提出具体防护措施。

三、线　路　勘　测

（一）现场勘测

对矿区（矿井）的 6 ~ 110 kV 电源线路，一般距离比较长，应根据室内选定的路径方案进行踏勘。踏勘的目的是核对沿线地形、地貌，补充地形图的不足，同时检验室内选线是否合理，根据现场实地踏勘进行修正，确定切合实际的路径方案。

现场踏勘工作的内容和要求如下：

（1）人员组成：踏勘工作应由设计人员（包括电气、土建、通信及概算）和勘测人员（包括测量、水文、地质）等专业人员组成，并邀请建设、施工单位参加。

（2）了解沿途地形、地物、地质情况。

（3）了解沿线通过地区拥挤地段的情况，做好记录便于选线。

（4）了解沿线大跨越地段的情况，必要时进行跨越方案的比较，确定跨越点。

（5）了解当地建筑材料（沙、石等）产地、单价及供应能力。

踏勘工作一般有两种方法：即重点踏勘和沿全线踏勘。其方法选择应根据沿线具体条件确定。踏勘时应注意走访当地居民，了解河道的变迁、冲刷、历年洪水水位等，作为设计的原始资料。

现场踏勘结束后，根据踏勘中获得的资料修正图上的路径方案，并组织各专业进行方案比较，确定初步的路径方案。

踏勘工作应取得当地政府部门的协助和支持，并对路径走向进行协商，签订初步的路径协议。

（二）地质条件的勘查

（1）初勘选线阶段应提供为选择路径方案和大跨越地段的初步地质勘测成果，并对影响线路路径选择、塔基稳定的重要地质问题作出全面评价。其主要内容有：

① 调查沿线地貌、地质构造、地层岩性以及特殊土的分布、不良地质现象发育地段、地下水的水位和水质特性，并进行分析、评价。

② 调查沿线古迹的情况。通常情况下，线路路径宜避开古迹名胜区。

③ 矿区煤田分布、煤田厚度、埋深、走向及采空区的分布等。

④ 对大跨越地段，应详细查明工程地质条件，建议采用的基础类型。

（2）终勘定位阶段应在已选定的线路路径基础上，为杆塔设计与地基处理提供全部的地质资料，主要包括：

① 绘制塔（杆）位地质明细表，论述各基塔（杆）位的地质条件和岩土特性，并给出地基承载力的标准值。

② 沿线水文地质条件：叙述地下水的类型、分布、埋藏深度、含水层性质与地表水体的关系、动态变化以及对基础的腐蚀性等。

③ 采空区的调查，煤层采空情况及地面塌陷影响范围。

④ 对线路特殊地带，专门说明地基的稳定性及工程技术措施意见。

（三）线路测量

架空线路的测量工作应遵照《35 ~ 220 kV 架空线路测量技术规程》的有关要求进行。

根据煤矿企业的特点，测量资料内容包括以下几方面：

① 线路各转角点的三角坐标成果及高程，并绘出线路走向图。

② 线路平面地形图。矿区内部的线路一般距离较短，可选用矿区内现有的大比例尺地形图，一般为 1：2000、1：5000、1：10000 等。对较长的电源线路可用五万或十万分之一的地形图。

③ 线路纵断面图。线路纵断面图的格式、内容如图 7－8－1 所示。纵断面图的比例：架空线路为纵坐标 1：500、横坐标 1：5000，或纵坐标 1：200、横坐标 1：2000。

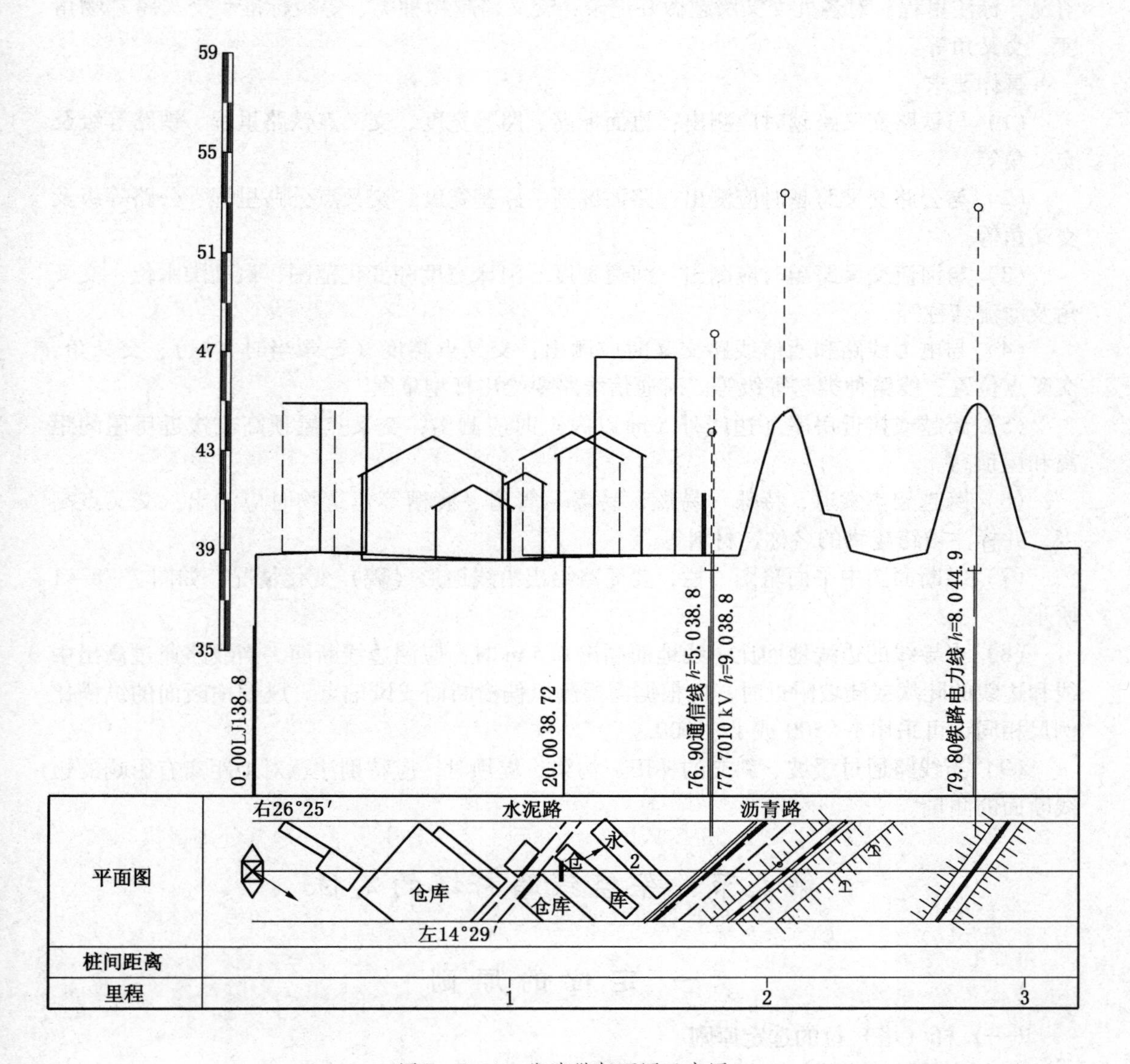

图 7－8－1 线路纵断面图示意图

④ 线路起终点的变电所平面图（进出线位置及走廊布置）。

⑤ 坐标系统及高程（水准点）引用的说明并提供计算资料。

⑥ 重要交叉跨越的平、断面图。

（四）线路测量方法、步骤和一般深度要求

1. 定线

根据初步设计或踏勘报告确定的路径方案进行中线定测，要求把沿线各主要点（转角点或仪器通视点）贯通。选定的各点均设立标杆，为下步定测时创造条件。

2. 线路纵断面（高程）测量

根据选定的路径进行纵断面测量，绘制纵断面图。要求正确地反映出地形变化或地貌情况，标注里程，对各处交叉跨越做好记录：交叉跨越物种类、等级标准、交叉跨越物角度、交叉角等。

具体要求：

（1）与铁路交叉跨越时应测出：轨面标高、路基宽度、交叉点铁路里程、铁路等级及交叉角等。

（2）与公路交叉跨越时应测出：路面标高、路基宽度、交叉点公路里程、公路等级及交叉角等。

（3）与河流交叉跨越时应测出：河道宽度、河床宽度和变化范围，最高洪水位、交叉角及河流名称等。

（4）与电力线路和通信线路交叉时应测出：交叉点高度（记录当时气温）、交叉角、交叉点位置、线路种类与等级等。对通信线路要绘出杆型草图。

（5）跨越或接近房屋（边线外 5 m 以内）时应测出：交叉点屋顶高或接近房屋的距离和屋顶高。

（6）跨越架空索道、特殊（易燃、易爆）管道、渡槽等建筑物时应测出：交叉点高度，并标注被跨越物的名称、材料等。

（7）纵断面图中平面略图一栏，要简略绘出沿线地形（貌）变化情况，如图 7－8－1 所示。

（8）当导线的边线地面比中线地面高出 0.5 m 时，应测边线断面。当线路通过高出中线和边线的陡坎或陡坡附近时，应根据需要测风偏横断面或风偏点。风偏横断面的纵横比例尺相同，可采用 1∶500 或 1∶1000。

（9）当线路通过缓坡、斜交的梯田、沟渠、堤坝时，应特别注意对地距离有影响的边线断面的测量。

第九节 架空线路杆塔的定位

一、定 位 的 原 则

（一）杆（塔）位的选定原则

（1）应尽量少占耕地和好地，减少土方量。

（2）杆（塔）位应尽可能避开洼地、泥塘、水库、冲沟发育地段、断层等水文、地质条件不良的处所，对于带拉线的杆塔还应考虑打拉线处的条件。

（3）应具有较好的施工（组、立杆塔和紧线）条件。

（二）档距的配置

（1）最大限度地利用杆塔强度，并严格控制杆塔使用条件。

（2）相邻档距的大小不应十分悬殊，以免过大地增加纵向不平衡张力。

（3）当不同的杆（塔）型或不同的导线排列方式相邻时，档距的大小应考虑到档中导线的接近情况，如换位杆（塔）间由于导线的交叉要适当减少档距。

（4）当杆塔的摇摆角不满足要求时，应首先考虑在不增加杆高的情况下调整杆（塔）位和档距来解决。

（5）尽量避免出现孤立档（特别是小档距孤立档）。

（三）杆塔的选用

（1）尽可能地选用最经济的杆塔型式和高度，充分利用杆塔的荷载。

（2）尽量避免特殊设计杆塔，对较大转角杆塔应尽量降低杆塔高度。

（3）为充分利用地形，排位时高、矮塔应尽量配合使用。

二、定位的准备工作

（1）收集起讫点进出线构架及其挂线点的有关数据。

（2）明确气象分区范围。

（3）明确不同导线、避雷线和不同绝缘子串的使用地段和使用要求。

（4）确定耐张段分段长度及换位地点。

（5）确定各种杆塔及基础的使用地段和范围。

（6）明确对邻近各种设施的具体要求（包括电信线路、电台、易燃易爆建筑、管道、道路以及文物保护区、林区等）。

（7）确定各段导线对地最小距离和定位裕度，确定导线对跨越物的最小垂直距离和边导线对建筑物的最小水平距离。

（8）掌握沿线的地形勘测资料（平面图、纵断面图、必要的横断面图和塔基断面图等）。

（9）掌握沿线及杆塔位的地质勘探资料。

（10）确定防振锤、间隔棒、阻尼线及重锤等的安装规定。

（11）选定接地装置的型式及其适用范围。

（12）绘制本工程使用的定位校核模板。

三、定位的方法与步骤

开始定位时，可先根据地形及常用的各种杆塔排位来估计待定耐张段的代表档距，并选定初步的最大弧垂模板。整个耐张段定位完成后，应计算实际的代表档距，并用实际代表档距重新计算最大弧垂模板，用新的模板重新定位。如果代表档距与实际档距相差较大，需要多次定位才能满足要求。

杆塔的高度主要是根据导线对地面的允许距离决定的。为了便于检查导线各点对地的距离，通常在断面图上绘制两条弧垂曲线，上面一条是导线的真实高度，下面一条是导线的对地安全线，即将导线在杆塔上向下移动一段对地距离值后，画出的弧垂曲线，如图7-9-1所示，只要该线不切地面，即满足对地距离要求。杆塔的定位高度 h 的计算如下：

1. 直线杆塔

表7-9-1 架空电力线路与铁路、道路、河流、管道、索道及各种架空线路交叉或接近的要求

项目		铁路			公路和道路			电车道（有轨及无轨）		通航河流		不通航河流		架空明线弱电线路		电力线路		特殊管道	一般管道、索道
导线或地线在跨越档接头		标准轨距：不得接头；窄轨：不限制			高速公路和一、二级公路及城市一、二级道路：不得接头；三、四级公路和城市三级道路：不限制			不得接头		不得接头		不限制		一、二级：不得接头；三级：不限制		35 kV 及以上：不得接头；10 kV 及以下：不限制		不得接头	不得接头
交叉档导线最小截面		35 kV 及以上采用钢芯铝绞线为 35 mm^2，10 kV 及以下采用铝绞线或铝合金为 35 mm^2，其他导线为 16 mm^2																	
交叉档绝缘子固定方式		双固定			高速公路和一、二级公路及城市一、二级道路为双固定			双固定		双固定		不限制		10 kV 及以下线路跨一、二级为双固定		10 kV 线路跨 6~10 kV 线路为双固定		双固定	双固定
最小垂直距离/m	线路电压/kV	至标准轨顶	至窄轨轨顶	至承力索或接触线	至路面			至路面	至承力索或接触线	至常年高水位	至最高航行水位的最高船桅顶	至最高洪水位	冬季至冰面	至被跨越线		至被跨越线		至管道任何部分	至管道、索道任何部分
	110	7.5	7.5	3.0	7.0			10.0	3.0	6.0	2.0	3.0	6.0	3.0		3.0		4.0	3.0
	35~66	7.5	7.5	3.0	7.0			10.0	3.0	6.0	2.0	3.0	5.0	3.0		3.0		4.0	3.0
	3~10	7.5	6.0	3.0	7.0			9.0	3.0	6.0	1.5	3.0	5.0	2.0		2.0		3.0	2.0
	≤3	7.5	6.0	3.0	6.0			9.0	3.0	6.0	1.0	3.0	5.0	1.0		1.0		1.5	1.5
最小水平距离/m	线路电压/kV	杆塔外缘至轨道中心			杆塔外缘至路基边缘			杆塔外缘至路基边缘		边导线至斜坡上缘（线路与拉纤小路平行）				边导线间		至被跨越线		边导线至管道、索道任何部分	
		交叉		平行	开阔地区	路径受限制地区	市区内	开阔地区	路径受限制地区					开阔地区	路径受限制地区	开阔地区	路径受限制地区	开阔地区	路径受限制地区

表 7-9-1（续）

项目		铁路		公路和道路			电车道（有轨及无轨）		通航河流	不通航河流	架空明线弱电线路		电力线路		特殊管道	一般管道、索道
最小水平距离/m	110	塔高加 3 m，无法满足时可适当减少，但不得小于 30 m	最高杆（塔）高加 3 m	交叉：8.0；平行：最高杆塔高	5.0		交叉：8.0；平行：最高杆塔高	5.0	最高杆（塔）高		平行：最高杆塔高	4.0	平行：最高杆塔高	5.0	平行：最高杆塔高	4.0
	35～66	30.0			5.0	0.5		5.0				4.0		5.0		4.0
	3～10	5.0		0.5	0.5	0.5	0.5	0.5	最高杆（塔）高		最高杆塔高	2.0	最高杆塔高	2.5	最高杆塔高	2.0
	≤3	5.0		0.5	0.5	0.5	0.5	0.5				1.0		2.5		1.5
其他要求		不宜在铁路出站信号机以内跨越		在不受环境和规划限制的地区架空电力线路与国道的距离不宜小于 20 m，省道不宜小于 15 m，县道不宜小于 10 m，乡道不宜小于 5 m					最高洪水位时，有抗洪抢险船只航行的河流，垂直距离应协商确定		电力线路应架设在上方交叉点应尽量靠近杆塔，但不应小于 7 m（市区除外）		电压较高线路应架设在电压较低线路上方电压相同时公用线应在专用线上方		与索道交叉，如索道在上方，索道下方应装设保护措施，交叉点不应选在管道检查井（孔）处，与管、索道平行、交叉时，管、索道应接地	

注：1. 特殊管道指架设在地面上输送易燃、易爆物的管道。

2. 管道、索道上的附属设施，应视为管、索道的一部分。

3. 常年高水位是指 5 年一遇洪水位，最高洪水位对 35 kV 及以上线路是指百年一遇洪水位，对 10 kV 及以下线路是指 50 年一遇洪水位。

4. 不能通航河流指不能通航，也不能浮运的河流。

5. 对路径受限制地区的最小水平距离的要求，应计及架空电力线路导线的最大风偏。

6. 对电气化铁路的安全距离主要是电力线导线与承力索和接触线的距离控制，因此，对电气化铁路轨顶的距离按实际情况确定。

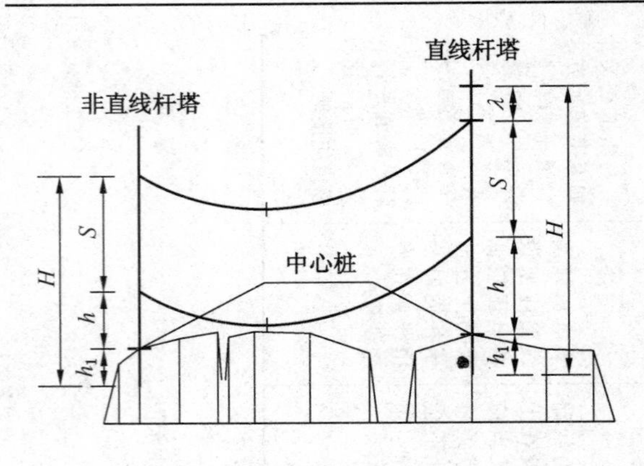

图 7-9-1 导线有效定位高度示意图

$$h = H - S - \lambda - \delta - h_1$$

式中 H——杆塔的呼称高；

S——对地安全距离；

λ——悬垂绝缘子串长；

δ——考虑各种误差而采取的定位裕度；

h_1——杆塔施工基面。

2. 非直线杆塔

$$h = H - S - \delta - h_1$$

导线的对地距离 S 见表 7-9-1。

表 7-9-1 架空电力线路与铁路、公路、河流、管道、索道及各种架空线路交叉或接近的基本要求。

四、绘制定位模板

为便于按导线对地距离及对障碍物的距离要求配置塔位，可事先按导线安装后的实际最大弧垂形状作成弧垂模板，以比量档内导线各点对地及对障碍物的垂直距离。

定位模板曲线根据式（7-4-24）简化求得。

设 $K = \dfrac{\gamma}{2\sigma}$，$x = \dfrac{l}{2}$，有

$$y = Kx^2 \tag{7-9-1}$$

式中，y 纵坐标代表弧垂，x 横坐标代表档距。当计算条件一定时，K 为一常数，故给定不同的 x 值，便得相应的 y 值（即抛物线），模板曲线如图 7-9-2 所示。

图 7-9-2 中的曲线 1 为弧垂曲线；曲线 2 为地面曲线。导线与地面的最小允许距离，见表 7-9-2。

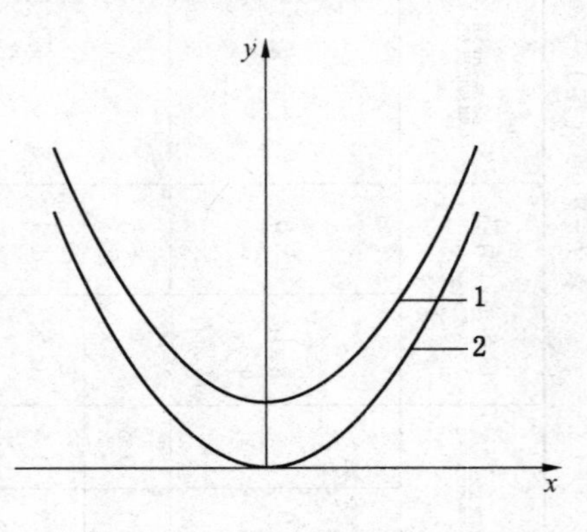

图 7-9-2 定位模板曲线

表 7-9-2 导线与地面最小允许距离 m

线路经过地区	最小距离			
	线路电压 3 kV 以下	线路电压 3~10 kV	线路电压 35~66 kV	线路电压 110 kV
居民区	6.0	6.5	7.0	7.0
非居民区	5.0	5.5	6.0	6.0
交通困难地区	4.0	4.5	5.0	5.0

定位模板按其用途不同，分为最大模板和最小模板。最大模板用于校对导线对地面的安全距离（最大弧垂时）；最小模板用于校对杆塔是否承受上拔力（最小弧垂时）。

应当指出，由于在绘制模板和纵断面图测量中会出现误差，在制作模板曲线时，对地面的安全距离上应增加一定裕度，见表 7-9-3。

表7-9-3 对地距离的裕度 m

档 距	<200	200~350	350~700
裕 度	0.3~0.5	0.5~0.7	0.7~0.9

五、杆塔定位校验

在初步确定杆塔的位置、型式、高度后，应对线路各部分的设计条件进行检查或校验，以验证所定杆塔是否超过设计规定的允许条件。检查和校验的内容通常包括以下方面：

（一）杆塔的使用条件检查

杆塔荷载条件检查，包括水平档距、垂直档距、最大档距、转角度数等均不应超过杆塔的设计允许值。

水平档距为相邻档距的平均值，当高差特大时应取两档悬挂点连线间距离的平均值。

最大档距为两相邻杆塔间的距离，其大小受线间距离控制。对特大档距的线间距离要进行验算。

垂直档距为杆塔两侧导线弧垂最低点间的水平距离，此值可由断面图上量得。但断面图上量得的垂直档距为最大弧垂时的数值，当此值接近或超过杆塔设计条件时，应通过式（7-9-2）计算与杆塔设计条件相同的气象条件（如最低气温、最大风速、覆冰等）下的垂直档距 l_v，使其不超过设计条件。

$$l_v = l_H + \frac{\sigma_1 h_1}{\gamma_v l_1} + \frac{\sigma_2 h_2}{\gamma_v l_2} \tag{7-9-2}$$

式中 l_H——杆塔的水平档距，m；

l_1、l_2——杆塔前后侧的档距，m；

σ_1、σ_2——分别为杆塔两侧，待求情况下的导线水平应力，N/mm^2；

h_1、h_2——杆塔导线悬挂点与前后邻塔悬挂点间之高差，比邻塔高为正值，反之为负值，m；

γ_v——待求情况下的导线垂直比载，$N/m \cdot mm^2$。

（二）直线杆塔摇摆角的校验

定位后的各直线杆塔应保证在各种运行情况下（雷电过电压、操作过电压、最大风速及带电检修时），带电部分与杆塔构件间保持必要的安全间隙。定位时，应逐基进行检查。

那些位于地势较低处的杆塔，或平地上的低杆塔，因它的垂直档距较小，当风吹导线时，悬垂绝缘子串的摇摆角大，当超过杆塔设计的极限摇摆角时，将使带电部分对塔身、拉线间的间隙不够，所以必须进行摇摆角校验。

摇摆角临界曲线的计算、绘制、使用方法如下：

（1）根据杆塔头部结构尺寸及各种运行情况下的允许空气间隙（$R_1 \sim R_4$），作图量出雷电过电压、操作过电压、工频电压及带电检修时的最大允许摇摆角 $\varphi_1 \sim \varphi_4$，如图

7-9-3 所示。

对宽身及拉线铁塔，在绘制最大允许摇摆角时，尚应考虑导线在塔身边缘（如瓶口、横担及拉线）附近，由于上扬或下垂在风偏时对构件接近的影响而预留一定的裕度。

（2）根据求得的各种运行情况的最大允许摇摆角，用式（7-9-3）相应的公式计算出水平档距与最大弧垂时的垂直档距的关系，取各种运行情况中水平档距相同而相应的垂直档距最大者的包络线，即为摇摆角临界曲线，如图 7-9-4 所示。对杆塔的摇摆角进行检查时，可根据该杆塔实际水平档距及最大弧垂时的垂直档距（可由断面图上量得）查该曲线，如交点落在曲线上方，则安全（表明该杆塔由于实际垂直档距大于临界值，实际摇摆角小于允许摇摆角），交点落在曲线下方则不安全（实际摇摆角超过允许值）。

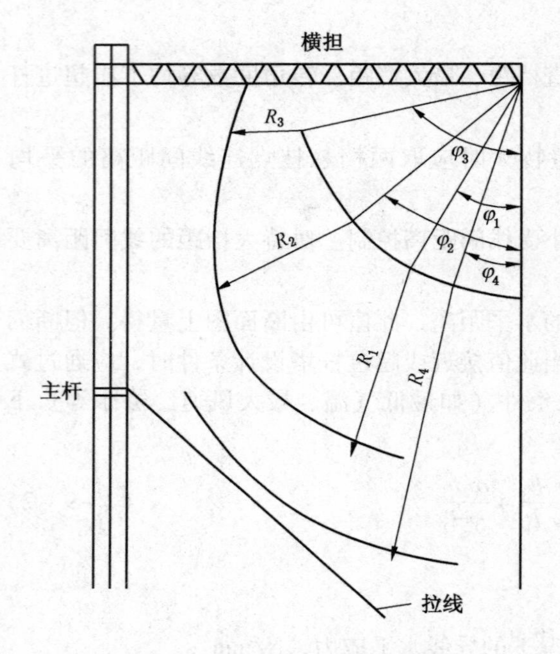

图 7-9-3　杆塔最大允许摇摆角示意图

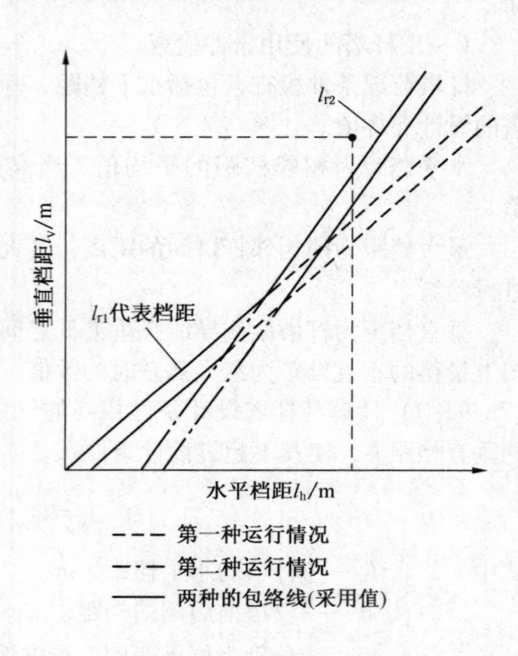

图 7-9-4　摇摆角临界曲线

$$l_{vc}=\frac{\dfrac{P_{is}-G_{is}\tan\varphi}{2n}+\left[\left(\dfrac{P_cF}{F_T}-P_1\right)\tan\varphi+P_4\right]l_h}{\dfrac{F}{F_T}p_c\tan\varphi}\qquad(7-9-3)$$

$$P_{is}=9.80665Av^2/16$$

式中　P_{is}——绝缘子串风荷载，N；

A——绝缘子串受风面积，m^2；

v——该计算情况的风速，m/s；

G_{is}——绝缘子重力，N；

φ——绝缘子串在该计算情况下的最大允许摇摆角，(°)；

F_T、F——分别为某代表档距下导线最大弧垂时和计算情况时的张力，N；

l_h——杆塔水平档距，m；

l_{vc}——计算情况下导线最大弧垂时的垂直档距，m；

P_c、P_1——导线最大弧垂时单位荷载和单位自重荷载，N/m；

P_4——导线无冰时的单位风荷载，N/m；

n——每相导线根数。

(3) 在平地，摇摆角不符合要求的情况较少，而在山地及丘陵地区，摇摆角超过允许值的情况较多，一般的解决办法有：

① 调整杆塔位置。

② 换用较高杆塔，或用允许摇摆角较大的杆塔。

③ 改变绝缘子串的悬挂与组装型式、缩短绝缘子串的摆动长度或限制绝缘子串的摇摆角等措施。如采用V型绝缘子串等。这些不是经常采用的措施。

④ 降低导线设计应力。

⑤ 将单联悬垂串改为双联串。

⑥ 加挂重锤。值得注意的是：正常运行情况下采用加重锤的措施，将使导线应力加大，在一年内的运行时间里，运行安全系数将降低。故应避免采用较重的重锤。

(三) 直线杆塔上拔校验

在悬点不等高档距中，当导线最低点位于实际档距之外时，低悬点处将产生上拔力，而两相邻档距中的低处杆塔上是否存在上拔力，取决于该杆塔的垂直档距是否为负值。若为负值，即说明有上拔力存在。其上拔力与此负的垂直档距成正比。

在定位时，若发现位于低处的某直线杆塔（如图7－9－5中的3号杆），在最大弧垂时的垂直档距较小，则在最低气温时，由于导线冷缩，垂直档距可能为负值，致使直线杆塔悬垂串向上拔。所以在定位中若发现某一直线杆塔的悬挂点比两侧相邻杆塔悬挂点连线低时，即应该校验杆塔导线和避雷线是否上拔。

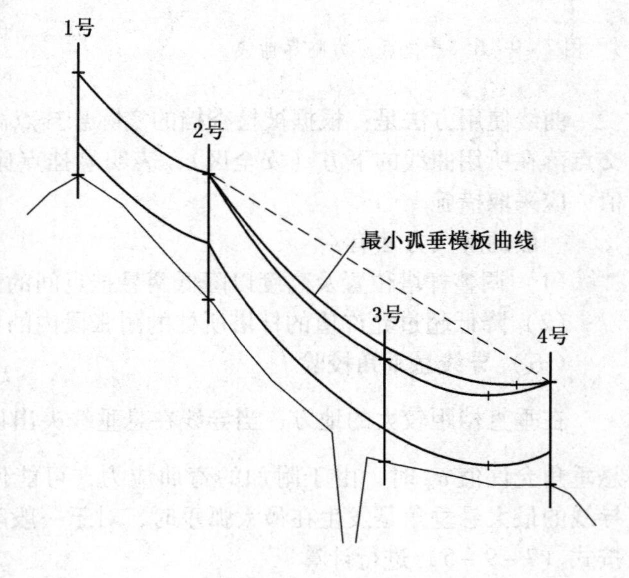

图7－9－5 用最小弧垂模板检查上拔

最大上拔力一般多发生于最低气温时，个别重冰区发生于最大覆冰有相应风速时。所以，校验上拔一般用最小弧垂模板进行。

利用选择最大弧垂模板时采用的代表档距，在应力弧垂曲线上查得最低气温时的导线和避雷线应力，计算出K值，用相应的最小弧垂模板在所排杆塔的定位图上（图7－9－5）进行校验。如被校验的3号杆塔的悬挂点在最小弧垂模板曲线以下，即表示有上拔力存在。

上拔现象一般的解决方法有：

(1) 调整杆塔位置。

（2）导线轻度上拔时，可在悬垂串下加挂重锤。

（3）上拔严重时，应将直线杆塔改为耐张杆塔。

（4）若仅避雷线上拔时，则可将避雷线在直线杆塔上断开，改用耐张连接（即将悬垂线夹变为耐张线夹用跳线连接的方式），但此时应注意杆塔的上拔稳定验算。

低处杆塔导线的校验，往往受摇摆角控制，即在同样的水平档距下，为满足绝缘子串允许摇摆角所要求的在最大弧垂时的导线垂直档距值，常比上拔时所要求的垂直档距值为大。经过比较，若证明是摇摆角控制时，就不必再校验上拔。

（四）导线悬挂点应力校验

现行规程规定：如悬挂点高差过大，应验算悬挂点应力。悬挂点应力可较弧垂最低点应力高10%。

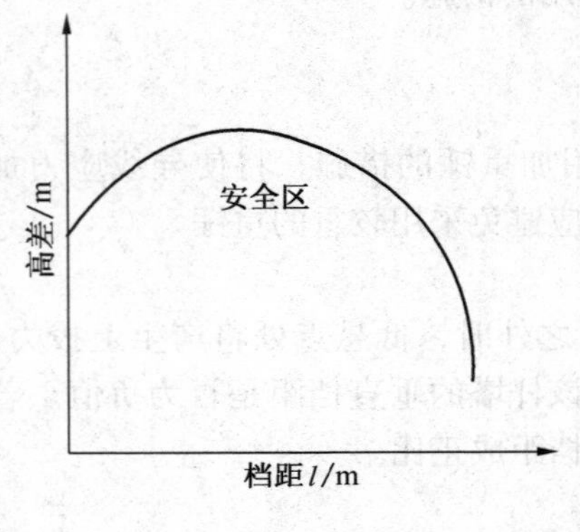

图7-9-6 悬挂点应力临界曲线

检查悬挂点应力可以使用图7-9-6的悬挂点应力临界曲线。曲线是根据式（7-9-4）计算的。

$$h = \mathrm{sh}\left[\mathrm{ch}^{-1}\left(\frac{\sigma_p}{\sigma_m}\right)-\frac{\gamma l}{2\sigma_m}\right]\times\frac{2\sigma_m}{\gamma}\mathrm{sh}\frac{\gamma l}{2\sigma_m} \tag{7-9-4}$$

式中 h——悬挂点间高差，m；

σ_p——导线悬挂点允许应力，N/mm²；

l——档距，m；

σ_m——导线最低点最大使用应力，N/mm²；

γ——与 σ_m 相对应情况下的导线比载，N/(m·mm²)。

曲线使用方法是：根据被检查档的实际悬挂点高差和档距，在曲线图上作出交点，如交点落在所用曲线的下方（安全区），表明悬挂点应力未超过允许值；否则表明超过允许值，应采取措施。

一般的解决方法有：

（1）调整杆塔位置及高度以降低两悬挂点间的高差。

（2）降低超过允许值的杆塔所处的耐张段内的导线应力。

（五）导线悬垂角校验

在垂直档距较大的地方，当导线在悬垂线夹出口处的悬垂角 $\theta=\frac{1}{2}(\theta_1+\theta_2)$ 超过线夹悬垂角允许值 θ_d 时，由于附加的弯曲应力，可能使导线在线夹出口处受到损伤。显然，导线的最大悬垂角是发生在最大弧垂时，对于一般船体能自由转动的线夹两侧悬垂角，可按式（7-9-5）进行计算。

$$\theta_{1、2}=\tan^{-1}\left(\frac{\gamma_C l_{XVC}}{\sigma_C}\right) \tag{7-9-5}$$

式中 $\theta_{1、2}$——杆塔两侧线夹的悬垂角；

γ_C——导线最大弧垂时比载，N/m·mm²；

σ_C——线最大弧垂时应力，N/mm²；

$l_{XVC}(x=1、2)$——杆塔两侧最大弧垂时导线最大垂直档距，m。

一般地方只要按式（7－9－5）就可很容易算出导线悬垂角。对于线路通过山区悬挂点高差较大时，为便于验算，可按式（7－9－6）制成悬垂角临界曲线，如图7－9－7所示。

$$l_{1VC}=\frac{\dfrac{\sigma_C\tan2\theta_C}{\gamma_C}-l_{2VC}}{1+\dfrac{\gamma_C}{\sigma_C}\tan2\theta_C l_{2VC}} \tag{7-9-6}$$

式中　θ_C——线夹允许悬垂角。

在定位时，可从断面图上量得被检查杆塔两侧的垂直档距 l_{1VC}、l_{2VC}，查图7－9－7中的曲线，如交点交于曲线下方为安全，反之为不安全。

当超过线夹允许悬垂角时，可采用调整杆塔位置或杆塔高度，以减少一侧或两侧的悬垂角，或改用悬垂角较大的线夹，也可以用两个悬垂线夹组合在一起悬挂。

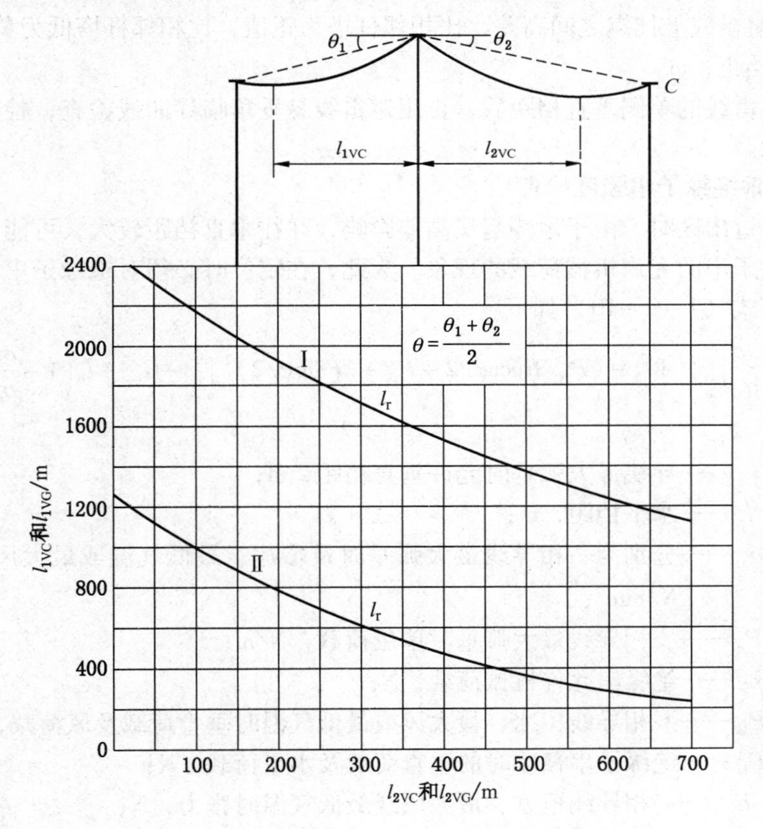

l_r—代表档距；Ⅰ—导线；Ⅱ—避雷线

图7－9－7　悬垂角临界曲线

对于避雷线亦可用相同的方法进行检验，可按式（7－9－7）进行计算，或按式（7－9－8）绘制曲线如图7－9－7所示。

$$\theta_G=\tan^{-1}\left(\frac{\gamma_G l_{XVG}}{\sigma_G}\right) \tag{7-9-7}$$

$$l_{1VG} = \frac{\frac{\sigma_G \tan 2\theta_G}{\gamma_G} - l_{2VG}}{1 + \frac{\gamma_G}{\sigma_G}\tan 2\theta_G l_{2VG}} \tag{7-9-8}$$

式中　γ_G——避雷线最大弧垂时比载，$N/m \cdot mm^2$；

σ_G——避雷线最大弧垂时应力，N/mm^2；

$l_{XVG}(x=1、2)$——杆塔两侧最大弧垂时避雷线最大垂直档距，m；

θ_G——线夹允许悬垂角。

如已知高差 h 和档距 l，可用式（7－9－9）计算出避雷线最大弧垂时的单侧垂直档距。

$$l_{VG} = \frac{l}{2} + \frac{\sigma_G h}{\gamma_G l} \tag{7-9-9}$$

式中　h——避雷线悬挂点之间高差，比相邻杆塔为正值，比相邻杆塔低为负值，m；

l——档距，m。

计算出避雷线的单侧垂直档距后，再用避雷线悬垂角临界曲线检查，检查方法与导线检查方法相同。

（六）悬垂绝缘子串强度检查

当线路通过山区时，由于地势起伏高差影响，往往垂直档距较大，可能出现导线垂直荷载超过绝缘子串的允许机械荷载的现象。为此，在定位时必须对绝缘子串的机械荷载进行验算，验算式（7－9－10）如下：

$$l_{vc} = \frac{\sigma_c}{\sigma_0 P_c}\{[W_{ic}^2 - (P_H/H\cos\varphi/2 + P_{is} + 2F\sin\varphi/2)^2]^{\frac{1}{2}} - G_{is}\} + l_h\left(1 - \frac{\sigma_c P_v}{\sigma_0 P_c}\right) \tag{7-9-10}$$

式中　l_{vc}——导线最大弧垂时允许垂直档距，m；

l_h——水平档距，m；

σ_c、σ_0——分别为一相导线最大弧垂时及覆冰、最低气温或最大风速时的应力，N/mm^2；

P_c——一相导线最大弧垂时单位荷载，N/m；

W_{ic}——绝缘串允许机械荷载，N；

P_v、P_H——一相导线覆冰、最大风或最低气温时垂直荷载及风荷载，N/m；

G_{is}、P_{is}——绝缘子串覆冰时的垂直荷载及水平荷载，N；

F——一相导线覆冰、最大风或最低气温时张力，N；

φ——线路转角，（°）。

根据式（7－9－10）可以绘出 $l_{vc}=f(l_h)$ 的悬垂绝缘子串垂直荷载临界曲线，如图7－9－8所示。在定位时如 l_{vc} 与 l_h 交点在曲线下方，则表示满足单联绝缘子串机械强度要求。否则，需改用双联或多联绝缘子串或改变杆（塔）位置等。

（七）耐张绝缘子串强度检查

耐张绝缘子串的允许荷载应大于或等于导线最大悬挂点张力。导线悬挂点张力 T_m 按式（7－9－11）计算：

$$T_m = F + P\left[f\left(1+\frac{h}{4f}\right)^2\right] \qquad (7-9-11)$$

式中　F——导线最低点张力，N；

P——导线单位荷载，N/m；

f——两悬挂点连线到导线弧垂最低点的距离，m；

h——两悬挂点间高差，m。

对于超过荷载的绝缘子串，可采用增加绝缘子联数或改用较高吨位的绝缘子，或放松耐张段内的导线张力。

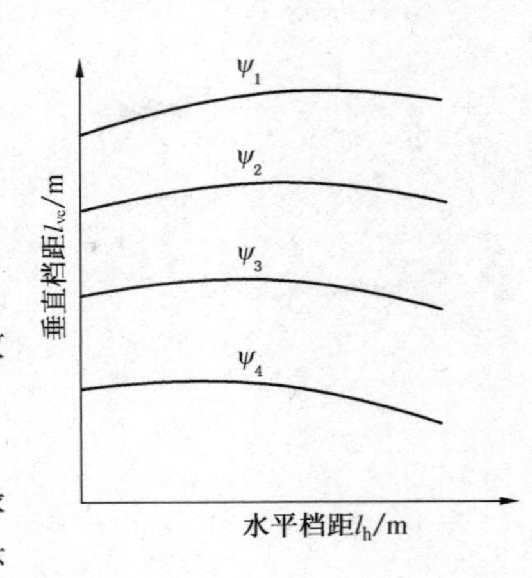

图7-9-8　悬垂绝缘子串垂直荷载临界曲线

（八）耐张绝缘子串倒挂检查

在山区，由于地形起伏较大，有些杆塔的耐张绝缘子串有可能经常上仰。这些绝缘子串如仍按正常方式悬挂，则其瓷裙向上，容易使裙槽积有雨雪、污垢，从而降低绝缘强度。为此，宜将上仰绝缘子串倒挂。可用垂直档距判断是否需要倒挂，当某侧最大弧垂时的垂直档距小于式（7-9-12）计算所得之垂直档距 l_{vc}时，则该侧耐张绝缘子串需倒挂。

$$l_{vc} = -\left(\frac{G_{is}}{P_c} + \frac{\sigma_{av}-\sigma_c}{\gamma_c}\alpha\right) \qquad (7-9-12)$$

式中　G_{is}——一相耐张绝缘子串重力，N；

P_c——一相导线最大弧垂时单位荷载，N/m；

σ_{av}——导线平均气温时应力，N/mm^2；

σ_c——导线最大弧垂时应力，N/mm^2；

γ_c——导线最大弧垂时比载，N/m·mm^2；

α——该侧高差系数，邻塔低时为正，反之为负。

（九）施工基面及长短腿的确定

施工基面是指有坡度的塔位计算基础埋深的起始基面，亦是计算定位塔高的起始基面。施工基面根据以下原则确定：在基础上部应保证有足够的土壤体积，以满足基础受上拔力或受倾覆力矩时的稳定要求。对受上拔力的基础，在基础边缘沿土壤上拔角 α 方向与天然地面相交（交线在图7-9-9中投影为 b 点），通过该交线之水平面即为施工基面。

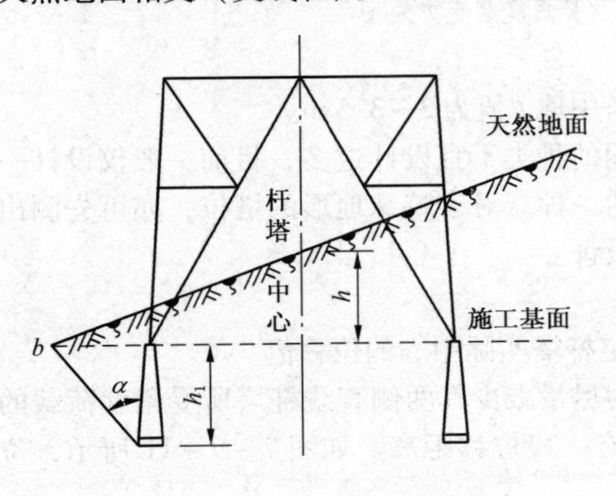

图7-9-9　施工基面图

施工基面与塔位中心桩之间高差 h，称为施工基面值。施工基面值应根据不同的杆塔型式实测确定。当施工基面值过大，为减少施工铲土量，亦可采用不等长塔腿。施工基面及长短腿测定方法如图7-9-10所示。

图中测点1是 C、D 腿（短腿）中较低一个腿的位置，测点2是 A、B 腿（长腿）中较低一个腿的位置，测点1、2的高差用以确定长短腿的高差。测点3是四腿对角线方向上最低的一点，用以确定施工基面值。测点3应根据基础埋深和宽度以及土壤特性来确定。一般在

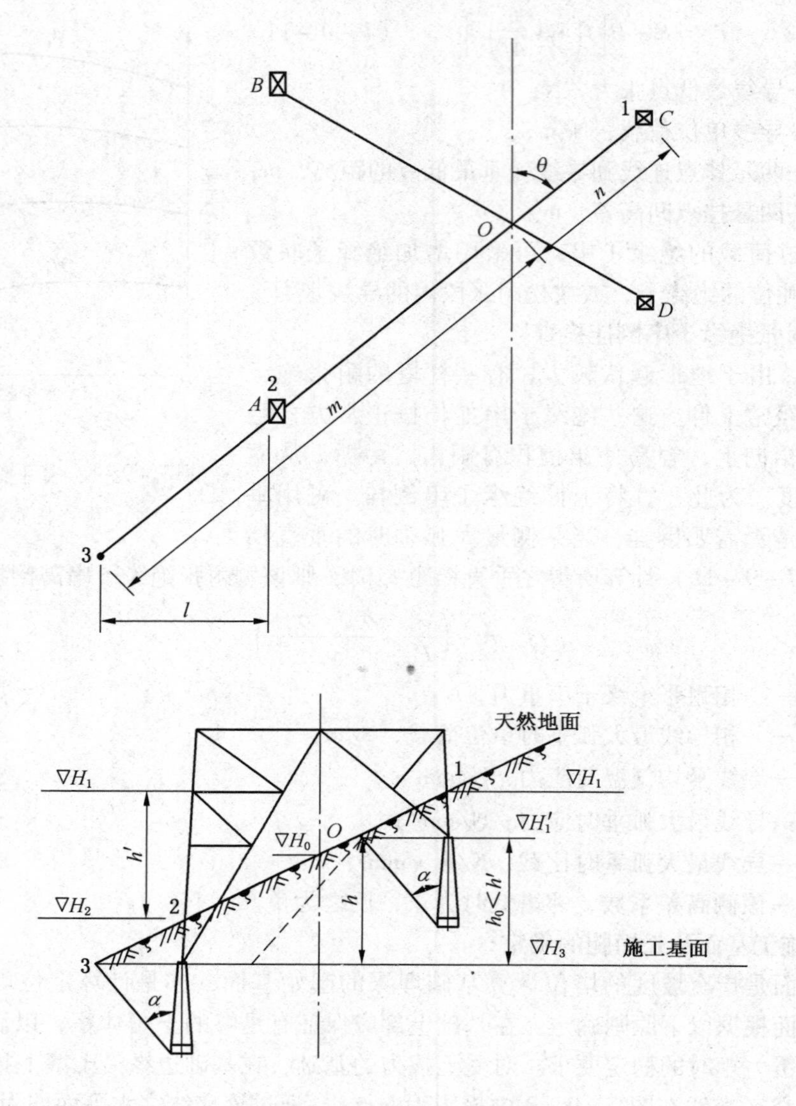

图 7-9-10 施工基面图及长短腿测定方法图

直线铁塔中可取 l 值为 2 ~2.5 m；在非直线铁塔中取 l 值为 3 ~3.5 m。

在实际设计工作中，为了制造方便，长短腿的种类不宜设计过多，目前一般仅设计一种长短腿。例如在直线塔中采用高差为 2.0 m 的一种。对于特殊地形的塔位，亦可先测出塔脚断面图，然后根据实际情况进行长短腿的设计。

（十）杆塔中心位移

当所定杆（塔）位为转角杆塔时，尚需确定杆塔实际中心的位移值。

当转角杆塔为不等长横担或横担较宽时，为尽量减少其两侧直线杆塔所受角度荷载的影响，杆塔中心 O 必须与线路转角中心桩 B 间有一段位移距离。如图 7-9-11 所示，位移距离 S 可按式（7-9-13）计算。

$$S = S_1 + S_2 = S_1 + \frac{b}{2}\tan\frac{\varphi}{2} \tag{7-9-13}$$

式中　b——横担两侧悬挂点间的宽度，m；

φ——线路转角度数，(°)；

S_1——悬挂点设计预偏距离，m；

S_2——横担悬挂点间宽度引起的位移，m。

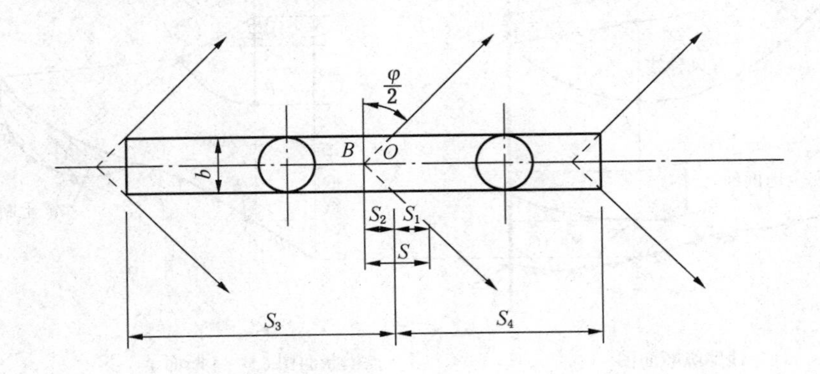

B—线路中心桩；O—杆塔中心桩

图 7-9-11　耐张转角杆塔位移图

在定位前按式（7-9-13）以 S、φ 分别为纵、横坐标，绘制成转角杆塔位移曲线，供定位时查用。

当三相导线的横担宽度或悬挂点预偏距离各不相同时（如 A 字或干字型耐张杆），其位移方向和数值，应以使两侧直线杆塔上控制相（如间隙控制）转角最小为原则进行位移，或使各相转角最小为原则作一平均位移（如各相转角方向不一致时）。

（十一）正常情况下的跨越距离验算

当线路跨越其他设施时，按照有关规程规定，导线与被跨越设施应保持一定的安全距离 S（图 7-9-12），一般可从断面图上直接检查该距离。

（十二）边线风偏后对地距离的检查

定位时，除满足导线对地垂直距离外，在山区尚应注意边线在风偏时对地或对树的净空距离，如图 7-9-13 所示。

边线风偏时对地的净空距离应按下列两种情况中较严重的检查：

（1）导线有冰，周围空气温度为 -5 ℃，风速为 10 m/s。

（2）导线无冰，最大风速及其相应温度。

被检查处的导线弧垂 f_c 可由断面图上量

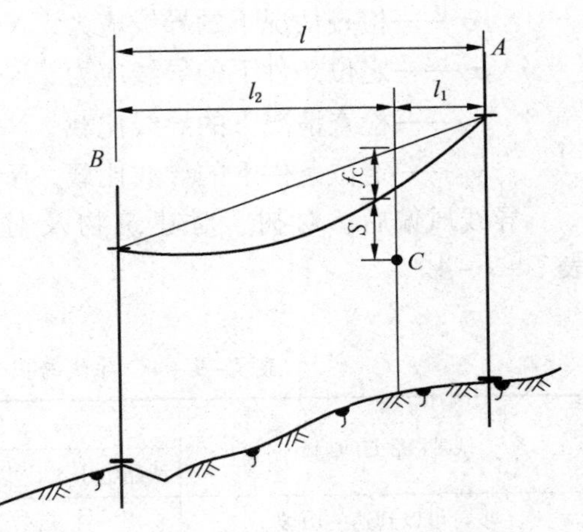

图 7-9-12　交叉跨越计算图

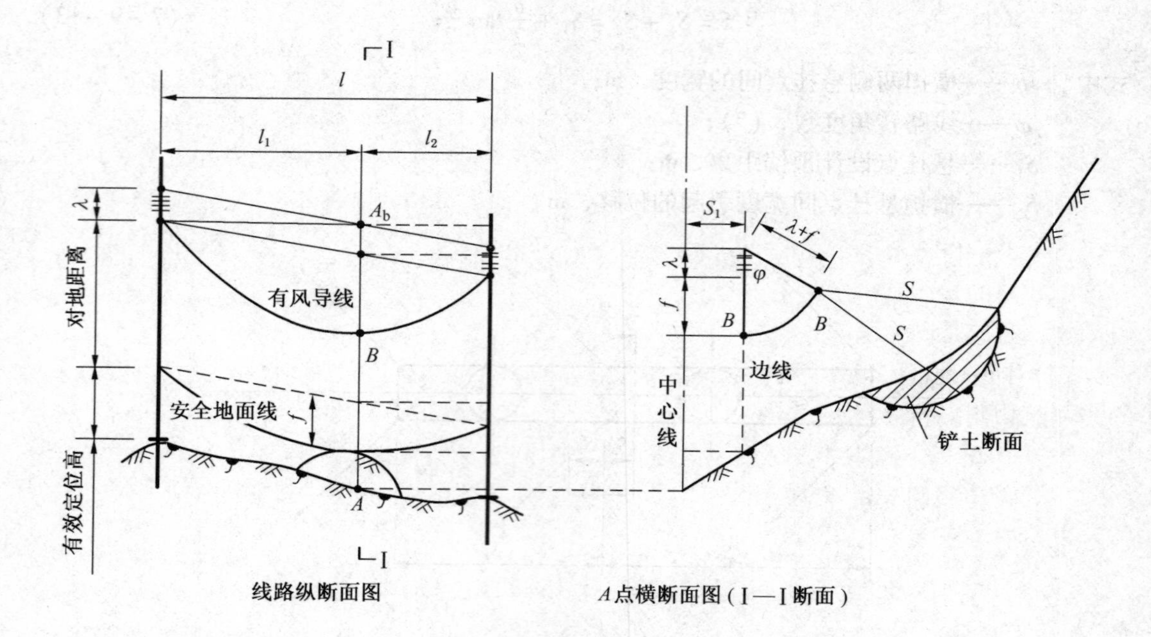

A—被检查横断面处线路中心线地面标高，m；A_b—边导线悬垂绝缘子串悬挂点连线间在A处的标高，m；B—对应于A处的边导线标高，m；f—导线在最大风偏时的弧垂，m；φ—绝缘子串和导线风偏角，(°)；λ—绝缘子串长度，m；S—导线风偏后要求的净空距离，m

图7-9-13　边线风偏后对地距离检查图

得，然后按式（7-9-14）换算：

$$f=\frac{\gamma\sigma_c f_c}{\gamma_c\sigma} \tag{7-9-14}$$

式中　f——检查情况下的危险点处导线弧垂，m；

f_c——定位条件下被检查处的导线弧垂，m；

σ——检查情况下的导线应力，N/mm²；

σ_c——定位条件下的导线应力，N/mm²；

γ——检查情况下的导线比载，N/m · mm²；

γ_c——定位条件下的导线比载，N/m · mm²。

导线风偏后，对树、对建筑物及对地的允许距离见表7-8-6、表7-8-3及表7-9-4。

表7-9-4　导线与山坡、峭壁、岩石的最小净空距离　　m

线路经过地区	最小距离			
	线路电压3 kV以下	线路电压3~10 kV	线路电压35~66 kV	线路电压110 kV
步行可以到达的山坡	3.0	4.5	5.0	5.0
步行不能到达的山坡、峭壁和岩石	1.0	1.5	3.0	3.0

第十节 杆 塔

一、导线和避雷线的排列

(一)《10 kV 及以下配电线路设计技术规程》(DL/T 5220—2005)相关规定

(1) 1~10 kV 配电线路的导线排列应采用三角排列、水平排列、垂直排列。1 kV 以下配电线路的导线宜采用水平排列。城镇的 1~10 kV 配电线路和 1 kV 以下配电线路宜同杆架设，且应是同一电源并应有明显的标志。

(2) 同一地区 1 kV 以下配电线路的导线在电杆上的排列应统一。零线应靠近电杆或靠近建筑物侧。同一回路的零线，不应高于相线。

(3) 1 kV 以下路灯线在电杆上的位置，不应高于其他相线和零线。

(4) 配电线路导线的线间距离，应结合地区运行经验确定。如无可靠资料，导线的线间距离不应小于表 7-10-1 所列数值。

表 7-10-1 配电线路导线最小线间距离

线路电压/kV	档距/m						
	≤40	50	60	70	80	90	100
1~10	0.6 (0.4)	0.65 (0.5)	0.7	0.75	0.85	0.9	1.0
<1	0.3 (0.3)	0.4 (0.4)	0.45	—	—	—	—

注：括号内为绝缘导线数值。1 kV 以下配电线路靠近电杆两侧导线间水平距离不应小于 0.5 m。

(5) 同电压等级同杆架设的双回线路或 1~10 kV、1 kV 以下同杆架设的线路、横担间的垂直距离不应小于表 7-10-2 所列数值。

表 7-10-2 同杆架设线路横担之间的最小垂直距离 m

电压类型	杆型	
	直线杆	分支和转角杆
10 kV 与 10 kV	0.8	0.45/0.60①
10 kV 与 1 kV 以下	1.2	1.00
1 kV 以下与 1 kV 以下	0.6	0.3

注：①转角或分支线如为单回线，则分支线横担距主干线横担为 0.6 m；如为双回线，则分支横担距上排主干线横担为 0.45 m，距下排主干线横担为 0.6 m。

(6) 同电压等级同杆架设的双回绝缘线路或 1~10 kV、1 kV 以下同杆架设的绝缘线路、横担间的垂直距离不应小于表 7-10-3 所列数值。

表 7-10-3　同杆架设线路横担之间的最小垂直距离　m

电压类型	杆型	
	直线杆	分支和转角杆
10 kV 与 10 kV	0.5	0.5
10 kV 与 1 kV 以下	1.0	—
1 kV 以下与 1 kV 以下	0.3	0.3

（7）1～10 kV 配电线路与 35 kV 线路同杆架设时，两线路导线间的垂直距离不应小于 2.0 m。1～10 kV 配电线路与 66 kV 线路同杆架设时，两线路导线间的垂直距离不宜小于 3.5 m，当 1～10 kV 配电线路采用绝缘导线时，垂直距离不应小于 3.0 m。

（8）1～10 kV 配电线路架设在同一横担上的导线，其截面差不宜大于三级。

（9）配电线路每相的过引线、引下线与邻相的过引线、引下线或导线之间的净空距离，不应小于下列数值：

① 1～10 kV 为 0.3 m；

② 1 kV 以下为 0.15 m；

③ 1～10 kV 引下线与 1 kV 以下的配电线路导线间距离不应小于 0.2 m。

（10）配电线路的导线与拉线、电杆或构架间的净空距离，不应小于下列数值：

① 1～10 kV 为 0.2 m；

② 1 kV 以下为 0.1 m。

（二）35～110 kV 架空线路

（1）35～110 kV 导线的线间距离结合运行经验确定，应按下式计算：

$$D = 0.4L_K + \frac{U}{110} + 0.65\sqrt{f} \tag{7-10-1}$$

式中　D——导线水平线间距离；

L_K——悬垂绝缘子串长度，m；

U——系统标称电压，kV；

f——导线最大弧垂，m。

一般情况下，使用悬垂绝缘子串的杆塔，其水平线间与档距的关系，可采用表 7-10-4 中的数值。

表 7-10-4　使用悬垂绝缘子串的杆塔水平线间距离与档距的关系　m

电压 \ 档距 \ 水平线间距离	2.0	2.5	3.0	3.5	4.0	4.5
35 kV	170	240	300	—	—	—
60 kV	—	—	265	335	400	
110 kV	—	—	—	300	375	450

注：表中数值不适用于覆冰厚度 15 mm 及以上地区。

（2）导线垂直排列的垂直线间距离，宜采用水平线间距离的75%。使用悬垂绝缘子串的杆塔的最小垂直线间距离可采用表7－10－5中的数值。

表7－10－5 使用悬垂绝缘子串的杆塔的最小垂直线间距离

线路电压/kV	35	60	110
垂直线间距离/m	2.0	2.25	3.5

（3）导线三角排列的等效水平线间距离，宜按下式计算：

$$D_X = \sqrt{D_P^2 + \left(\frac{4}{3}D_Z\right)^2} \tag{7-10-2}$$

式中 D_X——导线三角排列的等效水平线间距离，m；

D_P——导线间水平投影距离，m；

D_Z——导线间垂直投影距离，m。

（4）如无运行经验，覆冰地区上下层相邻导线间或避雷线与相邻导线间的最小水平偏移，宜采用表7－10－6中的数值。

表7－10－6 覆冰地区上下层相邻导线间或避雷线与相邻导线间的最小水平偏移

设计覆冰厚度/mm	最小水平偏移/m		
	35 kV	60 kV	110 kV
10	0.2	0.35	0.5
15	0.35	0.5	0.75
≥20	0.85	1.0	1.5

注：无冰区可不考虑水平偏移，设计冰厚5 mm地区，上下层相邻导线间或避雷线与相邻导线间的最小水平偏移，可根据运行经验参照上表适当减少。

多回路及多回路杆塔，不同回路的不同相导线间的水平或垂直距离，应比按式（7－10－1）及式（7－10－2）要求的线间距离大0.5 m，且不应小于表7－10－7的数值。

表7－10－7 不同回路的不同相导线间最小线间距离

线路电压/kV	35	60	110
线间距离/m	3.0	3.5	4.0

二、杆塔型式及适用范围

架空线路杆塔型式，按其用途可分为：直线杆塔和耐张杆塔。

各种杆塔型式及适用范围列于表7－10－8中。

表7-10-8　杆塔型式及适用范围

杆塔型式		适用范围	特　　征
直线杆	直线杆塔	线路的直线段	1. 绝缘子采用针式、瓷横担或悬垂绝缘子串 2. 运行情况下仅承受水平荷载及垂直荷载 3. 事故情况下承受导线断线张力及避雷线不平衡张力
	转角杆塔	不大于5°的小转角	1. 绝缘子采用针式、瓷横担或悬垂绝缘子串 2. 运行情况下除承受水平荷载及垂直荷载外，尚承受导线和避雷线的角度荷载 3. 事故情况下承受导线或避雷线的断线张力
耐张杆	耐张杆塔	耐张段的两端杆塔并承受不大于5°的转角	1. 绝缘子采用蝴蝶形或耐张绝缘子串 2. 运行情况下承受不大于5°的角度荷载及不平衡张力 3. 事故或安装情况下承受顺线路方向的导线张力
	转角杆塔	线路转角	1. 绝缘子采用蝴蝶形或耐张绝缘子串 2. 运行情况下承受垂直、水平及角度荷载 3. 事故或安装情况下承受顺线路方向的导线张力
	终端杆塔	终端或兼转角	1. 绝缘子采用蝴蝶形或耐张绝缘子串 2. 运行情况下承受垂直、水平、角度荷载及导线张力 3. 事故或安装情况下承受顺线路方向的导线张力

杆塔外形主要取决于电压等级、线路回路数、地形、地质情况及使用条件等。在满足上述要求下根据综合比较，择优选用。目前煤矿企业各级电压的架空线路常用的杆塔有钢筋混凝土电杆和铁塔两种。

三、杆塔荷载的一般规定

（一）杆塔荷载的分类

作用于杆塔上的荷载按其性质可以分为永久荷载和可变荷载。

（1）永久荷载：导线及避雷线、绝缘子及其附件、杆塔结构、各种固定设备、基础，以及土石方等的重力荷载；拉线或纤绳的初始张力，土压力及预应力等荷载。

（2）可变荷载：风和冰（雪）荷载；导线、避雷线及拉线的张力；安装检修的各种附加荷载；结构变形引起的次生荷载以及各种振动动力荷载。

上述各项荷载都可以根据计算需要，将它们分解成作用在杆塔上的横向荷载、纵向荷载和垂直荷载。

（二）杆塔设计荷载的一般规定

设计杆塔时必须按规程规定对各种不同荷载组合进行计算。这些荷载组合包括线路正常运行情况、断线情况和架线时的安装情况，特殊需要时还应验算地震等稀有情况。对于杆塔组立时的安装情况，通常由施工单位按所采取的施工方法进行验算，不满足时采取临时加强措施。

（1）各类杆塔的正常运行情况，应计算下列荷载组合：

① 最大风速、无冰、未断线。

② 最大覆冰、相应风速及气温、未断线。

③ 最低气温、无冰、无风、未断线（适用于终端和转角杆塔）。

（2）架空线路直线杆塔（不含大跨越直线杆塔）的断线情况，应按 -5°、有冰、无风的气象条件计算下列荷载组合：

① 对单回路杆塔，单导线断任意一相导线（分裂导线时任意一相导线有纵向不平衡张力）、避雷线未断；断任意一根避雷线，导线未断。

② 对双回路杆塔，同一档内，单导线断任意两相导线（分裂导线任意两相导线有纵向不平衡张力）；同一档内，断一根避雷线，单导线断任意一相导线（分裂导线时任意一相导线有纵向不平衡张力）。

（3）耐张型杆塔的断线情况，应按 -5 ℃、有冰、无风的气象条件，计算下列荷载组合：

① 对单回路和双回路杆塔，同一档内，单导线断任意两相导线（分裂导线任意两相导线有纵向不平衡张力）、避雷线未断；同一档内，断任意一根避雷线，单导线断任意一相导线（分裂导线任意一相导线有纵向不平衡张力）。

② 对多回路塔，同一档内，单导线断任意三相导线（分裂导线任意三相导线有纵向不平衡张力）、避雷线未断；同一档内，断任意一根避雷线、单导线断任意两相导线（分裂导线任意两相导线有纵向不平衡张力）。

（4）10 mm 及以下冰区导线、避雷线断线张力（或分裂导线纵向不平衡张力）的取值应满足表 7-10-9 规定的导线、避雷线最大使用张力的百分数，垂直冰荷载取 100% 设计覆冰荷载。

表 7-10-9　10 mm 及以下冰区导线、避雷线断线张力（或分裂导线纵向不平衡张力）　%

地形	避雷线	悬垂型杆塔导线			耐张型杆塔导线	
		单导线	双分裂导线	双分裂以上导线	单导线	双分裂及以上导线
平丘	100	50	25	20	100	70
山地	100	50	30	25	100	70

10 mm 冰区不均匀覆冰情况的导线、避雷线不平衡张力的取值应满足表 7-10-10 规定的导线、避雷线最大使用张力的百分数，垂直冰荷载按 75% 设计覆冰荷载计算。相应的气象条件按 -5 ℃、10 m/s 风速的气象条件计算。

表 7-10-10　不均匀覆冰情况的导线、避雷线不平衡张力　%

悬垂型杆塔		耐张型杆塔	
导　线	避雷线	导　线	避雷线
10	20	30	40

各类杆塔均应考虑所有导线、避雷线同时有不均匀覆冰的不平衡张力。

各类杆塔断线情况下的断线张力（分裂导线纵向不平衡张力），以及不均匀覆冰情况下的不平衡张力均应按静态荷载计算。

（5）直线型杆塔的安装荷载（气象条件为：10 m/s 风速、无冰、相应气温）：

① 提升导线、避雷线及其附件时发生的荷载。包括提升导线、避雷线、绝缘子和金具等重量（一般按 2.0 倍计算）、安装工人和工具的附加荷载，应考虑动力系数 1.1。

② 导线及避雷线锚线作业时的作用荷载。锚线对地夹角宜大于 20°，正在锚线相的张力应考虑动力系数 1.1。挂线点垂直荷载取锚线张力垂直分量及导线、避雷线重力与附加荷载之和，纵向不平衡张力分别取导线、避雷线张力与锚线张力纵向分量之差。

（6）耐张杆塔的安装荷载（气象条件为：10m/s 风速、无冰、相应气温）：

① 导线及避雷线荷载。

锚塔：锚避雷线时，相邻档内的导线及避雷线均未架设，锚导线时，在同档内的避雷线已架设；

紧线塔：紧避雷线时，相邻档内的避雷线已架设或未架设，同档内的导线均未架设；紧导线时，同档内的避雷线已架设，相邻档内的导线已架设或未架设。

② 临时拉线所产生的荷载。

锚塔和紧线塔均允许计及临时拉线的作用，临时拉线对地夹角不应大于 45°，其方向与导线、避雷线方向相一致，临时拉线一般可平衡导线、避雷线张力的 30% 。

③ 紧线牵引绳所产生的荷载。

紧线牵引绳对地夹角一般按不大于 20°考虑，计算紧线张力时应计及导线、避雷线的初伸长、施工误差和过牵引的影响。

（7）安装荷载计算，应计及下列因素：

① 安装人员及其携带的工具等附加重力荷载。

② 牵引或提升导线及避雷线时对杆塔的冲击作用。

（8）双回路及多回路杆塔的安装荷载，应按实际需要，考虑分期架设的情况。

（9）终端杆的安装荷载应考虑变电站一侧导线及避雷线已架设或未架设的情况。

（10）位于基本地震烈度为 7 度及以上地区的混凝土高杆和位于基本地震烈度为 9 度及以上地区的各类杆塔均应进行抗震验算。

（11）外壁的坡度小于 2% 的圆筒形构件和圆管构件，应根据雷诺数 Re 的不同情况进行横风向风振校核。

（12）35 ~ 110 kV 重冰区的杆塔荷载规定详见《重覆冰架空输电线路设计技术规程》（DL/T 5440—2009）。

（13）直线型杆塔计算应考虑与线路方向成 0°、45°（或 60°）及 90°的三种最大风速的风向；对一般耐张型杆塔可只计算 90°一个方向；对终端杆塔可计算 0°方向；对耐张杆塔转角角度较小时宜考虑与线条荷载张力相反的方向；对特殊杆塔宜考虑最不利风向。

四、杆塔荷载计算

（一）荷载分类

杆塔荷载按其在杆塔上的作用方向可以分为水平荷载和垂直荷载。水平荷载包括导线或避雷线、杆塔、绝缘子串上的风压荷载。垂直荷载包括导线或避雷线、金具、绝缘子、杆塔自重及覆冰时的冰荷载。在安装和检修情况下，还应考虑施工时的附加荷载及工具、人体的重量等。

（二）杆塔荷载计算时各种档距的选择

在进行杆塔结构计算时，应首先确定各种计算条件下的档距。

1. 水平档距

水平档距是计算杆塔水平荷载时所用的档距。水平档距可根据杆塔使用条件中所确定的水平档距而定，一般情况下，杆塔任何一侧的档距都不要超过杆塔使用条件中规定的水平档距。

2. 垂直档距

垂直档距决定杆塔的垂直荷载，是计算垂直荷载所用的档距，对杆塔结构计算一般不起控制作用。垂直档距可根据杆塔使用条件中所确定的垂直档距而定。

3. 代表档距

代表档距是计算导线或避雷线张力时使用的档距。代表档距的变化与电压等级、地形条件有关。

（三）荷载计算公式

1. 风荷载计算

1）导线和避雷线的风荷载计算

导线及避雷线的水平荷载标准值和基准风压标准值，应按下式计算：

$$W_x = \alpha \times W_o \times \mu_Z \times \mu_{sc} \times d \times L_H \times B \times \sin^2\theta \qquad (7-10-3)$$

$$W_o = V^2/1600 \qquad (7-10-4)$$

式中　W_x——垂直于导线及避雷线方向的水平荷载标准值，kN；

α——风压不均匀系数，应根据设计基本风速，按表7-4-4的规定确定；当校验杆塔电气间隙时，α随水平档距变化取值按表7-10-11的规定确定；

μ_Z——风压高度变化系数，按GB 50009—2001《建筑结构荷载规范》的规定确定，当基准高度不是10 m时，应作相应换算；

μ_{sc}——导线或避雷线的体型系数，线径小于17 mm或覆冰时（不论线径大小）应取$\mu_{sc}=1.2$；线径大于或等于17 mm时，μ_{sc}取1.1；

d——导线或避雷线的外径或覆冰时的计算外径；分裂导线取所有子导线外径的总和，m；

L_H——杆塔的水平档距，m；

B——覆冰时风荷载增大系数，5 mm冰区取1.1，10 mm冰区取1.2；

θ——风向与导线或避雷线方向之间的夹角，（°）；

W_o——基准风压标准值，kN/mm²；

V——基准高度为10 m的风速，m/s。

表7-10-11　风压不均匀系数α随水平档距变化取值

水平档距/m	≤200	250	300	350	400	450	500	≥550
α	0.80	0.74	0.70	0.67	0.65	0.63	0.62	0.61

2）杆塔风荷载计算

杆塔风荷载的标准值，应按下式计算：

$$W_s = W_o \times \mu_Z \times \mu_s \times \beta_Z \times B \times A_s \tag{7-10-5}$$

式中 W_s——杆塔风荷载标准值，kN；

μ_s——构件的体型系数；

A_s——承受风压的投影面积计算值，m^2；

β_Z——杆塔风荷载调整系数。

杆塔设计时，当杆塔全高不超过 60 m 时，杆塔风荷载调整系数 β_Z（用于杆塔本身）应按表 7-10-12 的规定对全高采用一个系数。

表 7-10-12 杆塔风荷载调整系数 β_Z（用于杆塔本身）

杆塔全高 H/m		20	30	40	50	60
β_Z	单柱拉线铁塔	1.0	1.4	1.6	1.7	1.8
	其他杆塔	1.0	1.25	1.35	1.5	1.6

注：1. 中间值按插入法计算。

2. 对自立式铁塔，表中数值适用于高度与根开之比为 4～6。

3）绝缘子串风荷载计算

绝缘子串风荷载标准值，应按下式计算：

$$W_1 = W_o \times \mu_Z \times B \times A_1 \tag{7-10-6}$$

式中 W_1——绝缘子串风荷载标准值，kN；

A_1——绝缘子串承受风压面积计算值，m^2。

$$A_1 = n_1 \times n_2 \times A_P$$

其中 n_1——一相导线所用的绝缘子串数；

n_2——每串绝缘子片数，其金具零件按加一片绝缘子的受风面积计算；

A_P——每片绝缘子的受风面积，单裙绝缘子取 $0.03m^2$，双裙绝缘子取 $0.04m^2$。

4）角度风时风荷载计算

在杆塔设计中，应计算最不利风向，悬垂型杆塔应考虑与杆塔横担轴线成 0°、45°（或 60°）及 90°的三种基本风速的风向；一般耐张型杆塔可只考虑 90°和 45°两种基本风速的风向；终端塔除考虑 90°和 45°两种基本风速的风向外，还需考虑 0°基本风速的风向；悬垂转角杆塔和小角度耐张转角杆塔还应考虑与导线、避雷线张力的横向分力相反的风向。

风向与导线、避雷线方向或塔面成夹角时，导线、避雷线风荷载在垂直和顺线条方向的分量，塔身和横担风荷载在塔面两垂直方向的分量，按表 7-10-13 选用。

2. 垂直荷载的计算

导线或避雷线的垂直荷载按式（7-10-7）计算：

$$G = L_V q n + G_1 + G_2 \tag{7-10-7}$$

式中 L_V——垂直档距，m；

q——导线或避雷线单位长度的重力，N/m；

G_1、G_2——绝缘子、金具、防振锤、重锤等的重量，N；

n——每相导线的根数。

表7-10-13　角度风作用时风荷载分配表

风向与线路方向间夹角/(°)	塔身风荷载		水平横担风荷载		导线或避雷线风荷载	
	X	Y	X	Y	X	Y
0	0	W_{sb}	0	W_{sc}	0	$0.25W_x$
45	$K\times0.424\times(W_{sa}+W_s)$	$K\times0.424\times(W_{sa}+W_s)$	$0.4W_{sc}$	$0.7W_{sc}$	$0.5W_x$	$0.15W_x$
60	$K\times(0.747W_{sa}+0.249W_{sb})$	$K\times(0.431W_{sa}+0.144W_{sb})$	$0.4W_{sc}$	$0.7W_{sc}$	$0.75W_x$	0
90	W_{sa}	0	$0.4W_{sc}$	0	W_x	0

注：1. X 为风荷载垂直线路方向的分量，Y 为风荷载顺线路方向的分量。

2. W_{sa} 为垂直线路风向的塔身风荷载。

3. W_x 为风垂直导线、避雷线方向吹时，导线、避雷线风荷载标准值。

4. W_{sb} 为顺线路风向的塔身风荷载。

5. W_{sc} 为顺线路方向的横担风荷载。

6. K 为塔身风载截面形状系数：对单角钢或圆断面杆件组成塔架取1.0，对组合角钢断面取1.1。

3. 计算安装荷载时附加荷载的取值

安装检修时的附加荷载，应与施工单位协商，根据具体施工条件确定。其中包括导线、避雷线及其附件起吊等安装荷载，并计及人体和施工工具的重量。对35～110 kV线路，直线杆塔导线取1500 N，避雷线取1000 N；耐张杆塔导线取2000 N，避雷线取1500 N。

4. 导线和避雷线的张力计算

1）导线和避雷线在各种运行情况下张力（N）的计算

一侧导线或避雷线张力：

$$T=\sigma A \tag{7-10-8}$$

式中　T——导线或避雷线张力，N；

σ——导线或避雷线的应力，N；

A——导线或避雷线的截面积，mm^2。

但该张力是顺着线路方向的，在计算杆塔受力时需将它们分解为顺着杆塔平面的横向角度力和垂直于杆塔平面的纵向不平衡张力，如图7-10-1和图7-10-2所示。

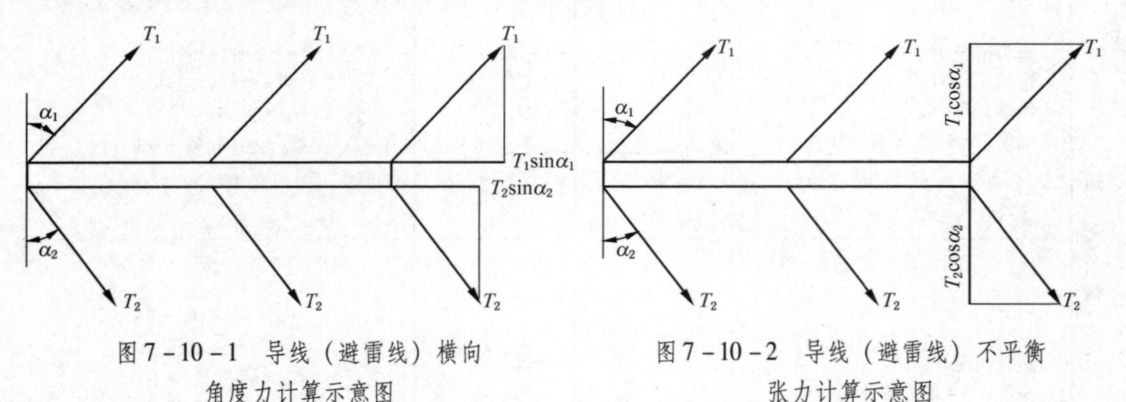

图7-10-1　导线（避雷线）横向角度力计算示意图

图7-10-2　导线（避雷线）不平衡张力计算示意图

2）转角型杆塔横向角度力的计算

根据图7-10-1，设 P_1、P_2（N）为转角型杆塔前后侧横担方向角度力，则

$$P_1=T_1\sin\alpha_1 \qquad P_2=T_2\sin\alpha_2 \tag{7-10-9}$$

式中　T_1、T_2——杆塔前后两档内的导线（避雷线）张力；

　　α_1、α_2——导线（避雷线）与杆塔横担垂线之间的夹角，(°)，正常情况时，$\alpha_1=\alpha_2$。

3）转角型杆塔纵向不平衡张力的计算

根据图 7-10-2，转角型杆塔的纵向不平衡张力为

$$\Delta T = T_1\cos\alpha_1 - T_2\cos\alpha_2 \tag{7-10-10}$$

假若 $\alpha_1=\alpha_2=\alpha/2$（即横担方向与线路方向转角的内分角线相重合）时，则

$$\Delta T = (T_1 - T_2)\cos(\alpha/2) \tag{7-10-11}$$

式中　α——线路转角，(°)。

4）断线情况时的张力

采用固定横担时的断线张力：

$$T_c = K_s C_c T_{max} \tag{7-10-12}$$

式中　K_s——断线时导线或避雷线的冲击系数，当电压为 60 kV 及以下用悬垂绝缘子串时，$K_s=1.1$；

　　C_c——断线张力，为最大使用应力的百分数，见表 7-10-9；

　　T_{max}——导线或避雷线最大张力，N。

转动横担或变形横担的启动力，应满足运行和施工的安全要求。一般 110 kV 线路采用标准值 2000～3000 N。

瓷横担线路也是转动横担，其启动力可取 2000 N。

（四）杆塔外荷载计算内容图表

1. 直线杆塔

直线杆塔外荷载计算公式及荷载图见表 7-10-14。

表 7-10-14　直线杆塔外荷载计算内容图表

计算条件		荷载图	计算公式
运行情况	运行情况 I 覆冰：$b=0$ 风速：$V=V_{max}$ 温度：$t=-5$ ℃或 $+10$ ℃	G_B, W_B, W_D, G_D, W_D, G_D, W_D, G_D	$W_D=\gamma_{4D(3)}A_DL_h+W_J$ $W_B=\gamma_{4B(3)}A_BL_h$ $G_D=\gamma_{1D}A_DL_V+G_{JD}$ $G_B=\gamma_{1B}A_BL_V+G_{JB}$
	运行情况 Ⅱ 覆冰：b=最大覆冰 风速：V=10 或 15 温度：$t=-5$ ℃	G_B, W_B, W_D, G_D, W_D, G_D, W_D, G_D	$W_D=\gamma_{5D}A_DL_h+W'_J$ $W_B=\gamma_{5B}A_BL_h$ $G_D=\gamma_{3D}A_DL_V+G'_{JD}$ $G_B=\gamma_{3B}A_BL_V+G'_{JB}$ $G'_{JD}=KG_{JD}$　$G'_{JB}=KG_{JB}$ 冰厚 $b=5$ mm 时，$k=1.1$ 冰厚 $b=10$ mm 时，$k=1.2$

表 7-10-14（续）

计算条件		荷载图	计算公式
断线情况	断线情况 I 断一根导线避雷线未断 覆冰：$b=$最大覆冰 风速：$V=0$，无水平荷载	G_B；G_D；G_D；T_D；G'_D	未断线相 $G_D=\gamma_{3D}A_DL_V+G_{JD}$ $G_B=\gamma_{3B}A_BL_V+G_{JB}$ 断线相 $G'_D=\frac{3}{4}G_D+1500$ $T_D=K_SC_C\sigma_DA_D$
	断线情况 II 避雷线不平衡张力，导线未断 覆冰：$b=$最大覆冰 风速：$V=0$，无水平荷载	T_B；G'_B；G_D；G_D；G_D	未断线相 $G_D=\gamma_{3D}A_DL_V+G_{JD}$ $G_B=\gamma_{3B}A_BL_V+G_{JB}$ 断线相 $T_B=K_B\sigma_BA_B$
安装情况	安装情况 I 导线未安装，安装避雷线 覆冰：$b=0$ 风速：$V=10$ 温度：$t=-5$ ℃、-10 ℃、-15 ℃	G_B+G_{adB}；W_B	$W_B=\gamma_{4B(1)}A_BL_h$ $G_B=2\gamma_{1B}A_BL_V+G_{adB}$ $G_{adB}=1000$（N）
	安装情况 II 避雷线已安装，安装导线 覆冰：$b=0$ 风速：$V=10$ 温度：$t=-5$ ℃、-10 ℃、-15 ℃	G_B；W_B；W_D；G_D+G_{adD}；W_D；W_D；G_D；G_D	$W_D=\gamma_{4D(1)}A_DL_h+W_J$ $W_B=\gamma_{4B(1)}A_BL_h$ $G_D=2\gamma_{1D}A_DL_V+G_{adD}$ $G_B=\gamma_{1B}A_BL_V+G_{JB}$ $G_{adD}=1500$（N）

W_D—导线水平荷载，N；
W_B—避雷线水平荷载，N；
G_D—导线垂直荷载，N；
G'_D—导线断线相垂直荷载，N；
G_B—避雷线垂直荷载，N；
G'_B—避雷线断线相垂直荷载，N；
G_{JD}—绝缘子串重量荷载，N；
G_{JB}—避雷线金具重量荷载，N；
W_J—绝缘子串风压荷载，N；
W'_J—覆冰时避雷线金具重量荷载，N；
G'_{JD}—覆冰时绝缘子串重量荷载，N；
G'_{JB}—覆冰时避雷线金具重量荷载，N；
T_B—避雷线断线张力，N；
T_D—导线断线张力，N；
C_C—导线断线张力为最大使用应力的百分数；
K_S—冲击系数，取 1.1；
K_B—避雷线不平衡张力百分数；
G_{adD}—安装导线时的附加荷载，直线杆取 1500N；
G_{adB}—安装避雷线时的附加荷载，直线杆取 1000N；
γ_D—导线的比载，N/(m·mm²)；
γ_B—避雷线的比载，N/(m·mm²)；
L_h—水平档距，m；
L_V—垂直档距，m；
σ_D—导线的应力，N；
σ_B—避雷线的应力，N；
A_D—导线的截面积，mm²；
A_B—避雷线的截面积，mm²

2. 耐张及转角杆塔

耐张及转角杆塔外荷载计算公式及荷载图见表 7－10－15。转角塔的转角为 θ，当 $\theta=0$时为耐张杆。

表 7－10－15　耐张及转角杆塔外荷载计算内容图表

计算条件		荷载图	计算公式
运行情况	运行情况Ⅰ 覆冰：$b=0$ 风速：$V=V_{max}$ 温度：$t=-5$ ℃或 $+10$ ℃	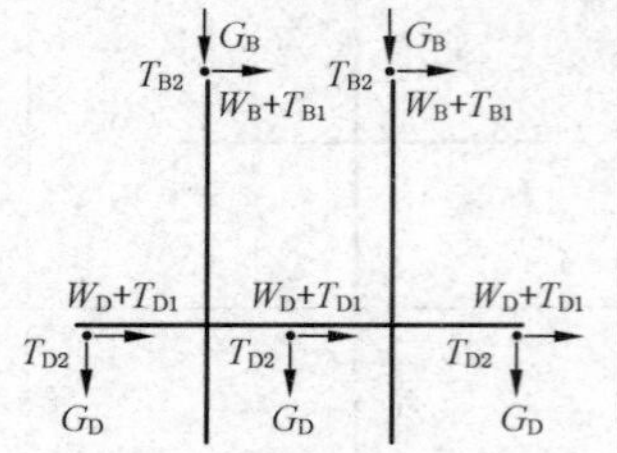 G_B T_{B2} W_B+T_{B1}　G_B T_{B2} W_B+T_{B1} W_D+T_{D1} T_{D2} G_D　W_D+T_{D1} T_{D2} G_D　W_D+T_{D1} T_{D2} G_D	$W_D=\gamma_{4D(3)}A_DL_h\cos(\theta/2)+2W_J$ $W_B=\gamma_{4B(3)}A_BL_h\cos(\theta/2)$ $T_{D1}=(\sigma_{D1}+\sigma_{D2})A_D\sin(\theta/2)$ $T_{B1}=(\sigma_{B1}+\sigma_{B2})A_B\sin(\theta/2)$ $T_{D2}=(\sigma_{D1}-\sigma_{D2})A_D\cos(\theta/2)$ $T_{B2}=(\sigma_{B1}-\sigma_{B2})A_B\cos(\theta/2)$ $G_D=\gamma_{1D}A_DL_V+2G_{JD}$ $G_B=\gamma_{1B}A_BL_V+2G_{JB}$
	运行情况Ⅱ 覆冰：$b=$最大覆冰 风速：$V=10$ 或 15 温度：$t=-5$ ℃	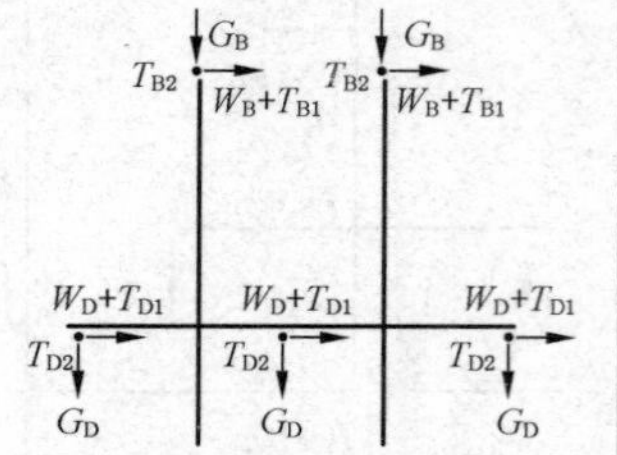 G_B T_{B2} W_B+T_{B1}　G_B T_{B2} W_B+T_{B1} W_D+T_{D1} T_{D2} G_D　W_D+T_{D1} T_{D2} G_D　W_D+T_{D1} T_{D2} G_D	$W_D=\gamma_{5D}A_DL_h\cos(\theta/2)+2W'_J$ $W_B=\gamma_{5B}A_BL_h\cos(\theta/2)$ $G_D=\gamma_{3D}A_DL_V+2G'_{JD}$ $G_B=\gamma_{3B}A_BL_V+2G'_{JB}$ $T_{D1}=(\sigma_{D1}+\sigma_{D2})A_D\sin(\theta/2)$ $T_{B1}=(\sigma_{B1}+\sigma_{B2})A_B\sin(\theta/2)$ $T_{D2}=(\sigma_{D1}-\sigma_{D2})A_D\cos(\theta/2)$ $T_{B2}=(\sigma_{B1}-\sigma_{B2})A_B\cos(\theta/2)$
	运行情况Ⅲ 覆冰：$b=0$ 风速：$V=0$ 温度：$t=$最低气温	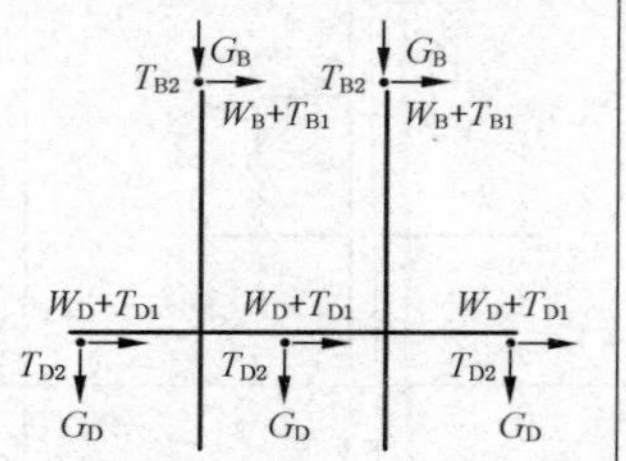 G_B T_{B2} W_B+T_{B1}　G_B T_{B2} W_B+T_{B1} W_D+T_{D1} T_{D2} G_D　W_D+T_{D1} T_{D2} G_D　W_D+T_{D1} T_{D2} G_D	$W_D=0$ $W_B=0$ $G_D=\gamma_{1D}A_DL_V+2G_{JD}$ $G_B=\gamma_{1B}A_BL_V+2G_{JB}$ $T_{D1}=(\sigma_{D1}+\sigma_{D2})A_D\sin(\theta/2)$ $T_{B1}=(\sigma_{B1}+\sigma_{B2})A_B\sin(\theta/2)$ $T_{D2}=(\sigma_{D1}-\sigma_{D2})A_D\cos(\theta/2)$ $T_{B2}=(\sigma_{B1}-\sigma_{B2})A_B\cos(\theta/2)$
断线情况	断线情况Ⅰ 断两相导线避雷线未断 覆冰：$b=$最大覆冰 风速：$V=0$，无水平荷载	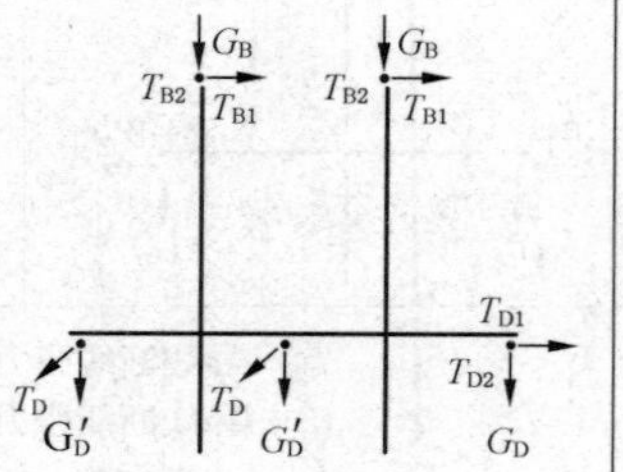 G_B T_{B2} T_{B1}　G_B T_{B2} T_{B1} T_D G'_D　T_D G'_D　T_{D1} T_{D2} G_D	未断线相 $G_D=\gamma_{3D}A_DL_V+2G_{JD}$ $G_B=\gamma_{3B}A_BL_V+2G_{JB}$ $T_{D1}=(\sigma_{D1}+\sigma_{D2})A_D\sin(\theta/2)$ $T_{B1}=(\sigma_{B1}+\sigma_{B2})A_B\sin(\theta/2)$ $T_{D2}=(\sigma_{D1}-\sigma_{D2})A_D\cos(\theta/2)$ $T_{B2}=(\sigma_{B1}-\sigma_{B2})A_B\cos(\theta/2)$ 断线相 $G'_D=\frac{3}{4}G_D+2000$ $T_D=T_{Dmax}$
	断线情况Ⅱ 一根避雷线有不平衡张力，导线未断 覆冰：$b=$最大覆冰 风速：$V=0$，无水平荷载	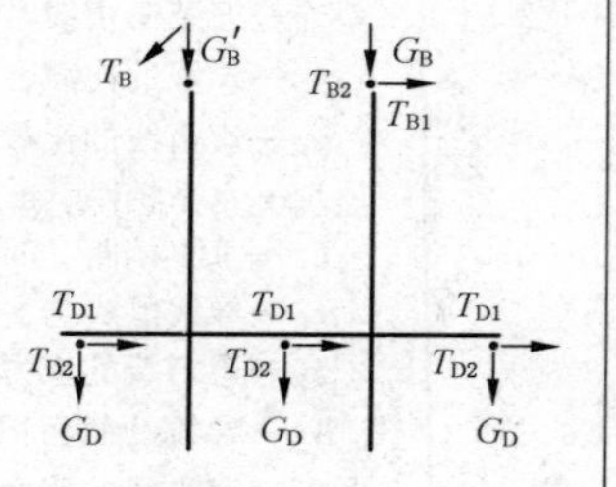 T_B G'_B　G_B T_{B2} T_{B1} T_{D1} T_{D2} G_D　T_{D1} T_{D2} G_D　T_{D1} T_{D2} G_D	未断线相 $G_D=\gamma_{3D}A_DL_V+2G_{JD}$ $G_B=\gamma_{3B}A_BL_V+2G_{JB}$ $T_{D1}=(\sigma_{D1}+\sigma_{D2})A_D\sin(\theta/2)$ $T_{B1}=(\sigma_{B1}+\sigma_{B2})A_B\sin(\theta/2)$ $T_{D2}=(\sigma_{D1}-\sigma_{D2})A_D\cos(\theta/2)$ $T_{B2}=(\sigma_{B1}-\sigma_{B2})A_B\cos(\theta/2)$ 断线相 $G'_B=\frac{3}{4}G_B+1500$ $T_B=T_{Bmax}$

表 7-10-15（续）

	计 算 条 件	荷 载 图	计 算 公 式
安装情况	安装情况Ⅰ 一侧导线及避雷线已架好，另一侧导线未架正在安装避雷线。 覆冰：$b=0$ 风速：$V=10$ 温度：$t=-5$ ℃、-10 ℃、-15 ℃		已架线侧 $W_D=\frac{1}{2}\gamma_{4D(1)}A_DL_h\cos(\theta/2)+W_J$ $W_B=\frac{1}{2}\gamma_{4B(1)}A_BL_h\cos(\theta/2)$ $G_D=\frac{1}{2}\gamma_{1D}A_DL_V+G_{JD}$ $G_B=\frac{1}{2}\gamma_{1B}A_BL_V+G_{JB}$ $T_D=\sigma_DA_D \quad T_B=\sigma_BA_B$ 正架线侧 $W'_D=0 \quad G'_D=0 \quad T'_D=0$ $W'_B=\frac{1}{2}\gamma_{4B(1)}A_BL_h\cos(\theta/2)$ $G'_B=\frac{1}{2}\gamma_{1B}A_BL_V+G_{JB}+1500$ $T'_B=K_{B1}K_{B2}\sigma_BA_B$
	安装情况Ⅱ 避雷线及一侧导线已架好，另一侧导线安装导线。 覆冰：$b=0$ 风速：$V=10$ 温度：$t=-5$ ℃、-10 ℃、-15 ℃		已架线侧 $W_D=\frac{1}{2}\gamma_{4D(1)}A_DL_h\cos(\theta/2)+W_J$ $W_B=\frac{1}{2}\gamma_{4B(1)}A_BL_h\cos(\theta/2)$ $G_D=\frac{1}{2}\gamma_{1D}A_DL_V+G_{JD}$ $G_B=\frac{1}{2}\gamma_{1B}A_BL_V+G_{JB}$ $T_D=\sigma_DA_D \quad T_B=\sigma_BA_B$ 正架线侧 $G'_D=\frac{1}{2}\gamma_{1D}A_DL_V+G_{JD}+2000$ $T'_D=K_{D1}K_{D2}\sigma_DA_D$

W_D—导线水平荷载，N；
W_B—避雷线水平荷载，N；
G_D—导线垂直荷载，N；
G'_D—导线断线相垂直荷载，N；
G_B—避雷线垂直荷载，N；
G'_B—避雷线断线相垂直荷载，N；
G_{JD}—绝缘子串重量荷载，N；
G_{JB}—避雷线金具重量荷载，N；
W_J—绝缘子串风压荷载，N：
W'_J—覆冰时绝缘子串风压荷载，N；
G'_{JD}—覆冰时绝缘子串重量荷载，N；
G'_{JB}—覆冰时避雷线金具重量荷载，N；
T_D—导线张力，N；
T_B—避雷线张力，N；
T_{Dmax}—导线最大使用张力，N；
T_{Bmax}—避雷线最大使用张力，N；
γ_D—导线的比载，N/(m · mm^2)；
γ_B—避雷线的比载，N/(m · mm^2)；
L_h—水平档距，m；
L_V—垂直档距，m；
σ_D—导线的应力，N；
σ_B—避雷线的应力，N；
A_D—导线的截面积，mm^2；
A_B—避雷线的截面积，mm^2；
K_{D1}—导线初伸长系数 $K_{D1}=1.12$；
K_{D2}—导线过牵引系数 $K_{D2}=1.2$；
K_{B1}—避雷线初伸长系数 $K_{B1}=1.05$；
K_{B2}—避雷线过牵引系数 $K_{B2}=1.05$

3. 计算实例

1）已知条件

（1）导线：LGJ－240/40(JL/G1A－240/40)，避雷线为架空光纤复合地线 OPGW。线

路水平档距 200 m，垂直档距 240 m，代表档距 200 m。直线杆，有避雷线。

（2）计算用气象条件，见表 7-10-16。

表 7-10-16 计算气象条件组合

序号	气象条件	气温/℃	风速/($m \cdot s^{-1}$)	冰厚/mm
1	最高气温	+40	0	0
2	最低气温	-30	0	0
3	年平均气温	+10	0	0
4	最大风、无冰	-5	30	0
5	覆冰、相应风	-5	10	5
6	内部过电压	+10	15	0
7	大气过电压	+15	10	0
8	安装情况	-15	10	0

（3）LGJ-240/40（JL/G1A-240/40）导线的基本参数：

导线重量 963.3 kg/km

导线计算总截面 277.75 mm^2

导线计算直径 21.66 mm

导线的最大拉断力 83370 N

导线的安全系数 3

导线的弹性模数 7700 kg/mm^2

导线的线膨胀系数 18.9×10^{-6} (1/℃)

（4）OPGW 避雷线的基本参数：

OPGW 避雷线重量 309 kg/km

OPGW 避雷线计算总截面 42.2 mm^2

OPGW 避雷线计算直径 9 mm

OPGW 避雷线的最大拉断力 52700 N

OPGW 避雷线的安全系数 4

OPGW 避雷线的弹性模数 16200 kg/mm^2

OPGW 避雷线的线膨胀系数 12.6×10^{-6} (1/℃)

2）荷载计算

（1）根据已知条件，计算出导线与避雷线的比载如下：

① LGJ-240/40 导线比载。

自重比载 γ_1 34.73×10^{-3} N/($m \cdot mm^2$)

冰重比载 γ_2 13.58×10^{-3} N/($m \cdot mm^2$)

自重和冰重比载 γ_3 48.30×10^{-3} N/($m \cdot mm^2$)

无冰时风压比载 $\gamma_{4(1)}$ 5.36×10^{-3} N/($m \cdot mm^2$)

无冰时风压比载 $\gamma_{4(2)}$ 12.06×10^{-3} N/($m \cdot mm^2$)

无冰时风压比载 $\gamma_{4(3)}$ 36.19×10^{-3} N/(m·mm²)

复冰时风压比载 γ_5 8.554×10^{-3} N/(m·mm²)

无冰时总和比载 $\gamma_{6(1)}$ 35.13×10^{-3} N/(m·mm²)

无冰时总和比载 $\gamma_{6(2)}$ 36.75×10^{-3} N/(m·mm²)

无冰时总和比载 $\gamma_{6(3)}$ 50.15×10^{-3} N/(m·mm²)

复冰时总和比载 γ_7 49.05×10^{-3} N/(m·mm²)

导线的许用应力 96.99 N

导线的平均运行应力 72.74 N

② OPGW 避雷线的比载。

自重比载 γ_1 73.22×10^{-3} N/(m·mm²)

冰重比载 γ_2 46.94×10^{-3} N/(m·mm²)

自重和冰重比载 γ_3 120.16×10^{-3} N/(m·mm²)

无冰时风压比载 $\gamma_{4(1)}$ 16×10^{-3} N/(m·mm²)

无冰时风压比载 $\gamma_{4(2)}$ 35.99×10^{-3} N/(m·mm²)

无冰时风压比载 $\gamma_{4(3)}$ 107.97×10^{-3} N/(m·mm²)

复冰时风压比载 γ_5 33.77×10^{-3} N/(m·mm²)

无冰时总和比载 $\gamma_{6(1)}$ 74.95×10^{-3} N/(m·mm²)

无冰时总和比载 $\gamma_{6(2)}$ 81.59×10^{-3} N/(m·mm²)

无冰时总和比载 $\gamma_{6(3)}$ 130.46×10^{-3} N/(m·mm²)

复冰时总和比载 γ_7 124.82×10^{-3} N/(m·mm²)

避雷线的许用应力 302.65 N

避雷线的平均运行应力 302.65 N

（2）绝缘子串、金具荷载：

$$W_J=4\times0.03\times30\times30/1600$$
$$=0.0675\ \text{kN}=67.5\ \text{N}$$
$$W'_J=1.1\times W_J=74.25\ \text{N}$$
$$G_{JD}=184.4\ \text{N}$$
$$G'_{JD}=202.84\ \text{N}$$
$$G_{JB}=45\ \text{N}$$
$$G'_{JB}=49.5\ \text{N}$$

3）直线杆塔荷载计算

直线杆塔外荷载计算见表 7－10－16。

五、杆 塔 型 式

杆塔外形主要取决于电压等级、线路回数、地形、地质情况及使用条件等，在满足上述要求的条件下根据综合比较，择优选用。目前各级电压的架空线路常用的杆塔有以下两种。

（一）钢筋混凝土电杆

1. 35～110 kV 单回路直线杆

表 7-10-16 直线杆塔外荷载计算图表

	计算条件及公式	荷载图
运行情况	运行情况Ⅰ：$v=30$ m/s，$b=0$ mm，$t=-5$ ℃ $W_D=\gamma_{4D(3)}A_DL_h+W_J=36.19\times10^{-3}\times277.75\times200+67.5$ $=2077.85$（N） $W_B=\gamma_{4B(3)}A_BL_h=107.97\times10^{-3}\times42.2\times200$ $=911.27$（N） $G_D=\gamma_{1D}A_DL_v+G_{JD}=34.73\times10^{-3}\times277.75\times240+184.4$ $=2499.5$（N） $G_B=\gamma_{1B}A_BL_v+G_{JB}=73.22\times10^{-3}\times42.2\times240+45$ $=786.5$（N）	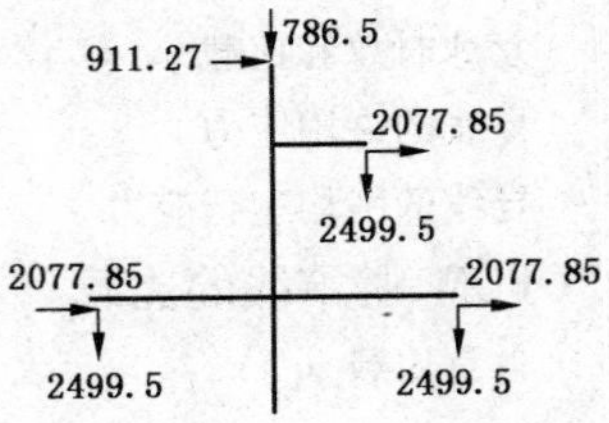 786.5 911.27 2077.85 2499.5 2077.85　2077.85 2499.5　2499.5
	运行情况Ⅱ：$v=10$ m/s，$b=5$ mm，$t=-5$ ℃ $W_D=\gamma_{5D}A_DL_h+W'_J=8.554\times10^{-3}\times277.75\times200+74.25$ $=549.00$（N） $W_B=\gamma_{5B}A_BL_h=33.77\times10^{-3}\times42.2\times200$ $=285.02$（N） $G_D=\gamma_{3D}A_DL_v+G'_{JD}=48.3\times10^{-3}\times277.75\times240+202.8$ $=3422.48$（N） $G_B=\gamma_{3B}A_BL_v+G'_{JB}=120.16\times10^{-3}\times42.2\times240+49.5$ $=1266.48$（N）	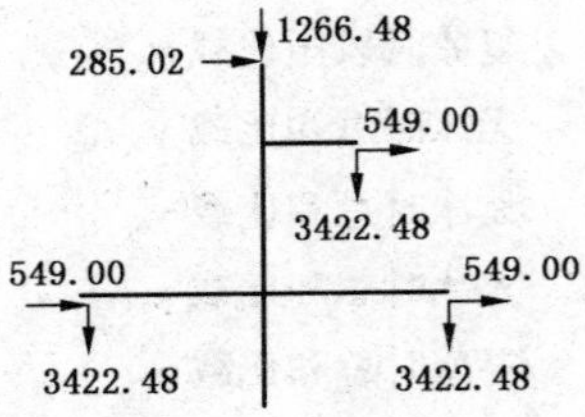 1266.48 285.02 549.00 3422.48 549.00　549.00 3422.48　3422.48
断线情况	断线情况Ⅰ（断一根导线避雷线未断）：$v=0$，$b=0$ 未断线相 $G_D=\gamma_{3D}A_DL_v+G_{JD}=3404.1$（N） $G_B=\gamma_{3B}A_BL_v+G_{JB}=1262$（N） 断线相 $G'_D=\frac{3}{4}G_D+1500=0.75\times3219.9+1500=3914.9$（N） $T_D=K_SC_C\sigma_DA_D=1.1\times50\%\times96.99\times277.75=14816.4$（N）	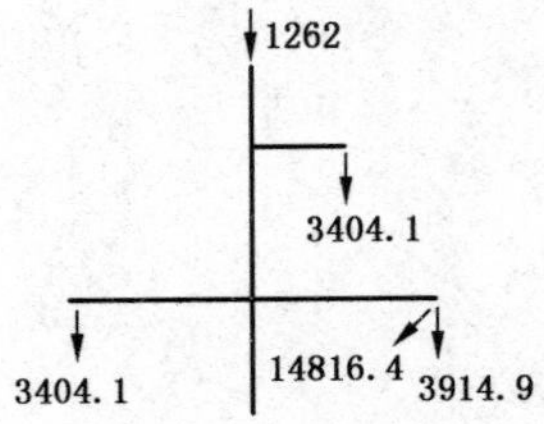 1262 3404.1 3404.1　14816.4　3914.9
	断线情况Ⅱ（避雷线不平衡张力，导线未断）：$v=0$，$b=0$ 未断线相 $G_D=\gamma_{3D}A_DL_v+G_{JD}=3404.1$（N） $G_B=\gamma_{3B}A_BL_v+G_{JB}=1262$（N） 断线相 $T_B=K_B\sigma_BA_B=100\%\times302.65\times42.2=12771.8$（N）	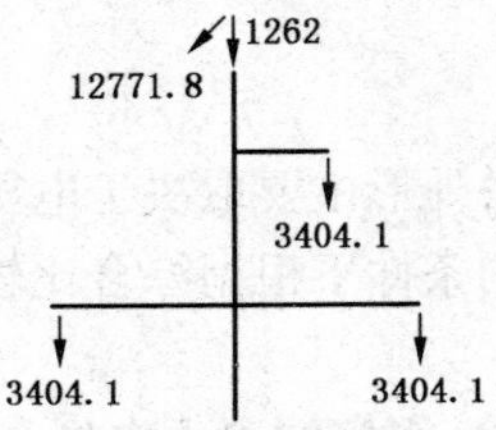 1262 12771.8 3404.1 3404.1　3404.1

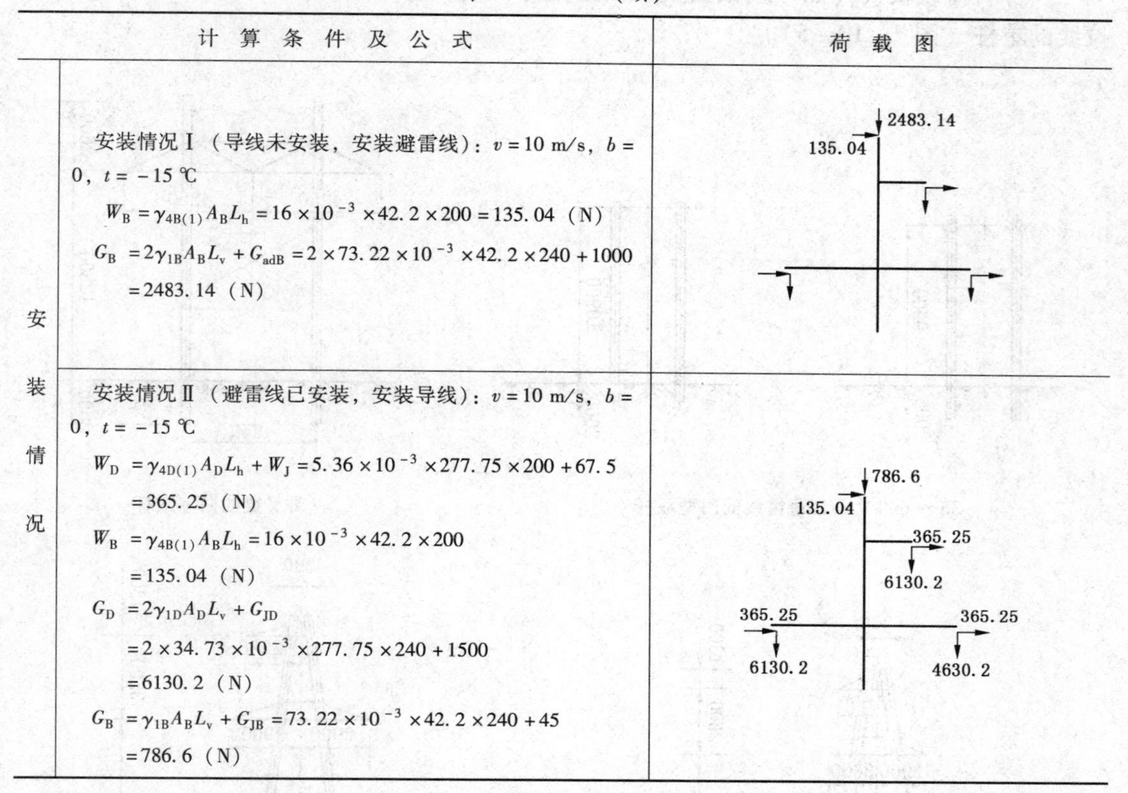

表 7-10-16（续）

	计算条件及公式	荷载图
安装情况	安装情况Ⅰ（导线未安装，安装避雷线）：$v=10$ m/s，$b=0$，$t=-15$ ℃ $W_B=\gamma_{4B(1)}A_BL_h=16\times10^{-3}\times42.2\times200=135.04$（N） $G_B=2\gamma_{1B}A_BL_v+G_{adB}=2\times73.22\times10^{-3}\times42.2\times240+1000$ $=2483.14$（N）	2483.14 135.04
	安装情况Ⅱ（避雷线已安装，安装导线）：$v=10$ m/s，$b=0$，$t=-15$ ℃ $W_D=\gamma_{4D(1)}A_DL_h+W_J=5.36\times10^{-3}\times277.75\times200+67.5$ $=365.25$（N） $W_B=\gamma_{4B(1)}A_BL_h=16\times10^{-3}\times42.2\times200$ $=135.04$（N） $G_D=2\gamma_{1D}A_DL_v+G_{JD}$ $=2\times34.73\times10^{-3}\times277.75\times240+1500$ $=6130.2$（N） $G_B=\gamma_{1B}A_BL_v+G_{JB}=73.22\times10^{-3}\times42.2\times240+45$ $=786.6$（N）	786.6 135.04 365.25 6130.2 365.25 365.25 6130.2 4630.2

此类电杆由于其承受的荷载较小，一般可设计成单杆，导线呈三角形布置；主杆可用梢径 $\phi150\sim190$ mm，全长 15 ~ 18 m 的锥形杆，如图 7-10-3 所示。

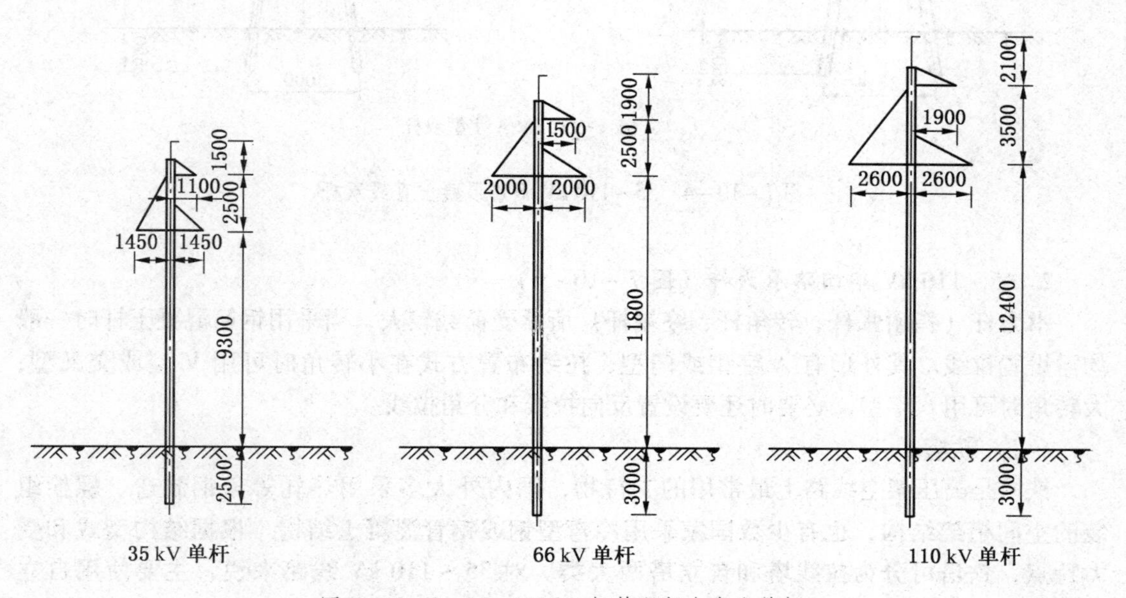

图 7-10-3 35 ~ 110 kV 钢筋混凝土直线单杆

当杆塔荷载较大（如导线截面大、档距大等）时，也常用双杆（图 7 – 10 – 4）或带拉线的单杆（图 7 – 10 – 5）。

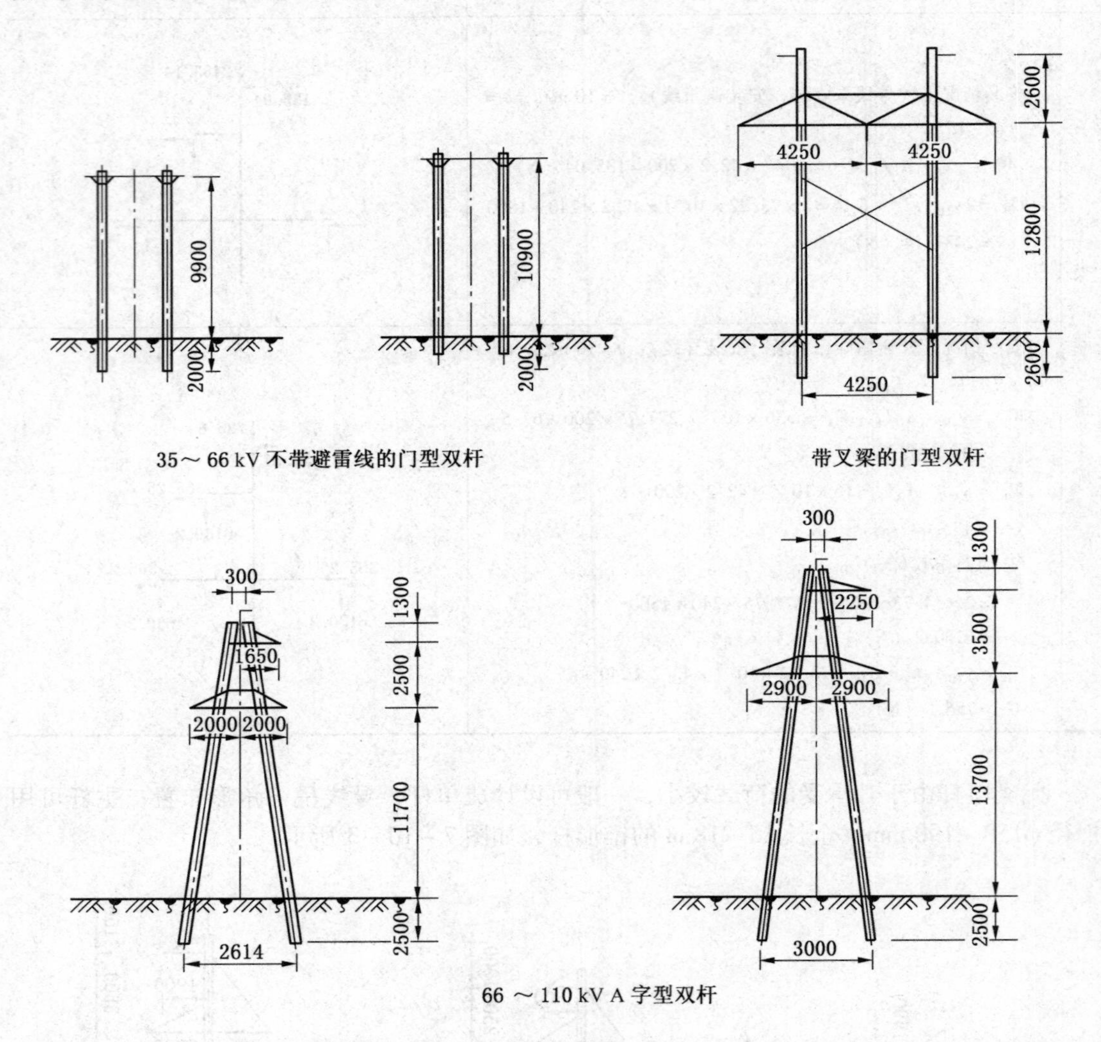

图 7 – 10 – 4　35 ~ 110 kV 钢筋混凝土直线双杆

2. 35 ~ 110 kV 单回路承力杆（图 7 – 10 – 6）

承力杆（指耐张杆、转角杆、终端杆）所承受荷载较大，当采用钢筋混凝土杆时一般均需设置拉线。其外形有 A 字型或门型，拉线布置方式在小转角时可用 V 型或交叉型；大转角时可用八字型，必要时还要设置反向拉线和分角拉线。

（二）铁塔

铁塔是高压架空线路上最常用的支持物，国内外大多采用热轧等角钢制造、螺栓组装的空间桁架结构，也有少数国家采用冷弯型钢或钢管混凝土结构。根据结构型式和受力特点，铁塔可分为拉线塔和自立塔两大类。对 35 ~ 110 kV 线路来说，主要使用自立塔。

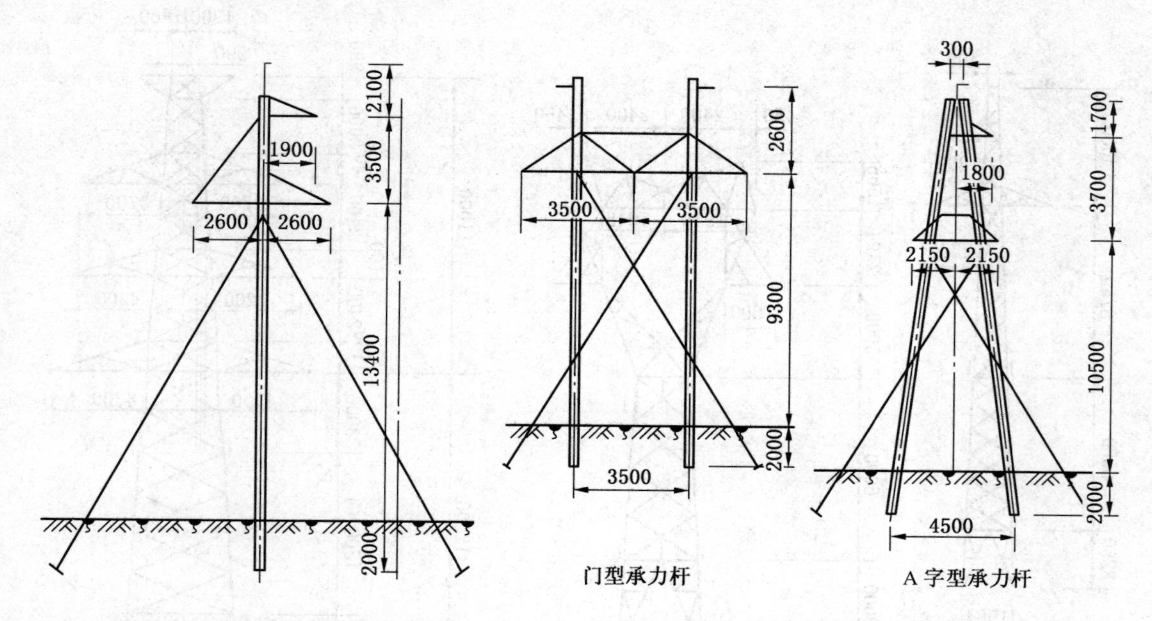

图 7－10－5　带拉线的钢筋混凝土直线单杆　　图 7－10－6　35～110 kV 单回路承力杆

自立式铁塔也可分为导线呈三角形排列的鸟骨型、猫头型、上字型、干字型及导线呈水平排列的酒杯型、门型等两大类。对 35～110 kV 线路，主要使用上字型和猫头型两种，如图 7－10－7 所示。

自立式双回路铁塔有六角形（或称鼓型）、倒伞型、正伞型和蝴蝶型等。目前 35～110 kV 线路都采用六角型，如图 7－10－8 所示。

（三）现有送配电线路杆塔设计标准图集

现有送配电线路杆塔设计标准图集有：

（1）《国家电网公司输变电工程典型设计》10 kV 和 380/220 V 配电线路分册。

（2）《国家电网公司输变电工程典型设计》35 kV 输电线路分册。

（3）《国家电网公司输变电工程典型设计》66 kV 输电线路分册。

（4）《国家电网公司输变电工程典型设计》110 kV 输电线路分册。

（5）03D103 10 kV 及以下架空线路安装（原 86D170、86D171、86D172）。

六、杆塔结构计算的有关规定

（一）杆塔结构基本规定

（1）在荷载的长期效应组合（无冰、风速 5 m/s 及年平均气温）作用下，杆塔的计算挠曲度（不包括基础倾斜和拉线点位移），不应超过下列数值：

悬垂直线无拉线单根钢筋混凝土杆及钢管杆	$5h/1000$
悬垂直线自立式铁塔	$3h/1000$
悬垂直线拉线杆塔的杆（塔）顶	$4h/1000$
悬垂直线拉线铁塔，拉线点以下杆（塔）身	$2h_1/1000$
耐张塔及终端自立式铁塔	$7h/1000$

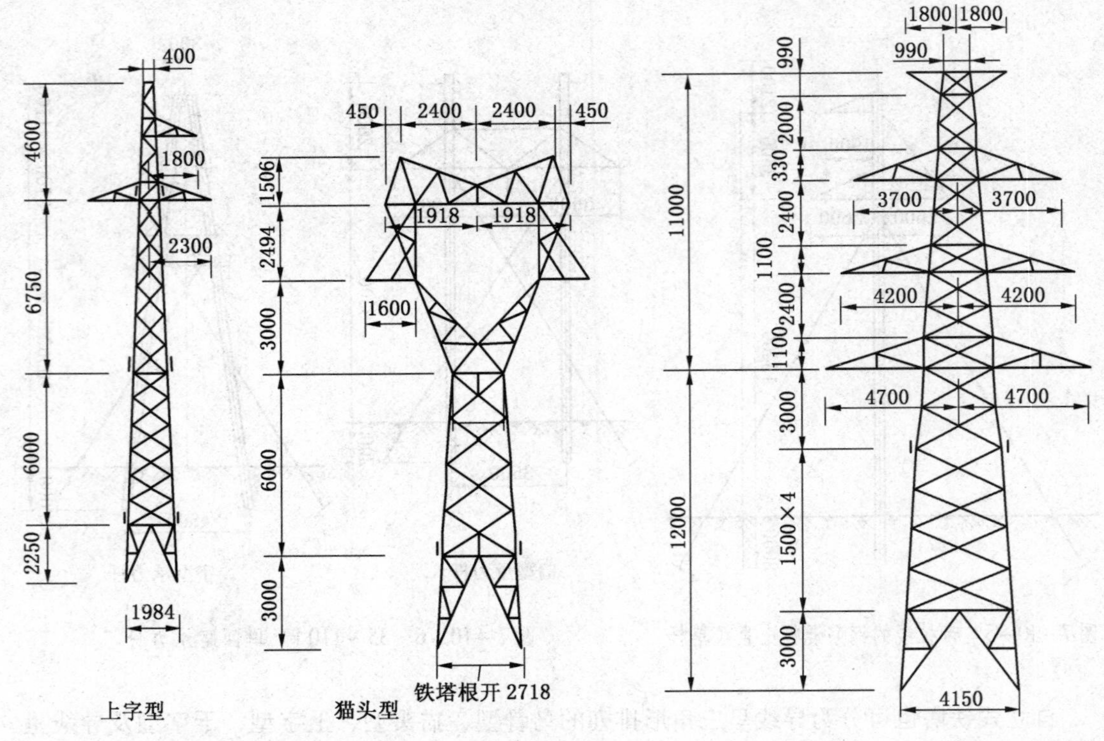

图 7-10-7　导线呈三角形排列的自立式铁塔　　图 7-10-8　六角型自立式双回路铁塔

其中，h 为杆塔最长腿基础顶面起至计算点处高度，h_1 为电杆拉线点至基础顶面的高度；根据杆塔的特点，设计应提出施工预偏要求。

（2）在考虑荷载效应的标准组合作用下，普通和部分预应力混凝土构件正截面的裂缝控制等级为三级，计算裂缝的允许宽度分别为 0.2 mm 及 0.1 mm；预应力混凝土构件正截面的裂缝控制等级为二级，一般要求不出现裂缝。

（3）钢结构构件允许最大的长细比：

受压主材	150
受压材	200
辅助材	250
受拉材（预拉力的拉杆可不受长细比限制）	400

（4）拉线杆塔主柱允许最大的长细比：

钢筋混凝土直线杆	180
预应力钢筋混凝土直线杆	200
耐张转角和终端杆	160
单柱拉线铁塔主柱	80
双柱拉线铁塔主柱	110

（5）杆塔全高 70 m 及以下时，可装设脚钉，70 m 以上时可装设爬梯。

（6）杆塔铁件应采用热浸镀锌防腐，或采用其他等效的防腐措施。腐蚀严重地区的拉线棒尚应采取其他有效的附加防腐措施。

（7）受剪螺栓的螺纹不应进入剪切面。受拉螺栓及位于横担、定架等受振动部位的螺栓应采取防松措施。靠近地面的塔腿和拉线上的连接螺栓，宜采取防卸措施。

（二）杆塔结构使用材料的原则及要求

（1）杆塔用塔材一般采用 Q235、Q345、Q390 和 Q420，有条件时也可采用 Q460，钢材的质量应分别符合现行国家标准 GB/T 700《碳素结构钢》、GB/T 1591《低合金高强度结构钢》的规定。

（2）所有杆塔的钢材均应满足不低于 B 级钢的质量要求，当结构工作温度不高于 -40 ℃时，Q235、Q345、Q390 焊接构件和钢材质量等级应满足不低于 C 级钢的质量要求，螺栓孔宜采用钻孔工艺。

（3）当采用 40 mm 及以上钢板焊接时，应采取防止钢板层状撕裂的措施。

（4）环形断面的普通钢筋混凝土杆及预应力混凝土杆的普通钢筋宜采用 HRB400 级和 HRB335 级钢筋，也可采用 HPB300 级和 RRB400 钢筋；预应力钢筋宜采用预应力钢丝，也可采用热处理钢筋。

（5）对钢材手工焊焊接用焊条应符合 GB/T 5117《碳钢焊条》和 GB/T 5118《低合金钢焊条》的规定。

（6）对自动焊和半自动焊应采用与主体金属强度相适应的焊丝和焊剂，应保证其熔敷金属抗拉强度不低于相应手工焊焊条的数值。不同强度的钢材相焊接时，可按强度较低的钢材选用焊接材料。焊丝应符合焊接用钢丝 GB 1300 规定的要求。

（7）普通钢筋混凝土离心环形电杆的混凝土强度等级不宜低于 C40；预应力混凝土离心环形电杆的混凝土强度等级不宜低于 C50，有条件应采用强度等级更高的混凝土，其他预制构件的混凝土强度等级不应低于 C30。

（三）杆塔结构常用材料性能表

（1）钢材（型钢）的机械性能见表 7-10-17。

表 7-10-17　钢材（型钢）的机械性能

<table>
<tr><th rowspan="4">标准代号</th><th rowspan="4">牌号</th><th colspan="5">拉伸试验</th><th rowspan="4">180°冷弯试验</th></tr>
<tr><th colspan="3">屈服点 f_Y/(N · mm^{-2})</th><th rowspan="3">抗拉强度
f_u/(N · mm^{-2})</th><th rowspan="3">伸长率
σ%
不小于</th></tr>
<tr><th colspan="3">钢材厚度（直径）/mm</th></tr>
<tr><th>≤16</th><th>>16 ~ 40</th><th>>40 ~ 60
>40 ~ 63</th></tr>
<tr><td>GB/T 700—2006</td><td>Q235</td><td>235</td><td>225</td><td>215
(>40 ~ 60)</td><td>370 ~ 500</td><td>≤40≥26
(>40 ~ 60)
≥25</td><td>≤60 mm
纵：$d = a$
横：$d = 1.5a$</td></tr>
<tr><td>GB/T 1591—2008</td><td>Q345</td><td>345</td><td>335</td><td>325
(>40 ~ 63)</td><td>470 ~ 630</td><td>≤40≥21
(>40 ~ 63)
≥20</td><td rowspan="4">$d = 2a$　≤16 mm
$d = 3a$
>16 ~ 100 mm</td></tr>
<tr><td>GB/T 1591—2008</td><td>Q390</td><td>390</td><td>370</td><td>350
(>40 ~ 63)</td><td>490 ~ 650</td><td>≤40≥20
(>40 ~ 63)
≥19</td></tr>
<tr><td>GB/T 1591—2008</td><td>Q420</td><td>420</td><td>400</td><td>380
(>40 ~ 63)</td><td>520 ~ 680</td><td>≤40≥18
(>40 ~ 63)
≥18</td></tr>
<tr><td>GB/T 1591—2008</td><td>Q460</td><td>460</td><td>440</td><td>420
(>40 ~ 63)</td><td>550 ~ 720</td><td>≤40≥17
(>40 ~ 63)
≥16</td></tr>
</table>

注：d 为弯心直径，a 为试样厚度。

（2）混凝土强度标准值、设计值和弹性模量见表7-10-18。

表7-10-18 混凝土强度标准值、设计值和弹性模量

强度种类	符 号	混凝土强度值				
		C15	C20	C25	C30	C35
轴心抗压	标准值f_{ck}	10.0	13.4	16.7	20.1	23.4
	设计值f_c	7.2	9.6	11.9	14.3	16.7
轴心抗拉	标准值f_{cmk}	1.27	1.54	1.78	2.01	2.20
	设计值f_{cm}	0.91	1.10	1.27	1.43	1.57
弹性模量	E_c	2.02×10^4	2.55×10^4	2.8×10^4	3×10^4	3.15×10^4
强度种类	符 号	混凝土强度值				
		C40	C45	C50	C55	C60
轴心抗压	标准值f_{ck}	26.8	29.6	32.4	35.5	38.5
	设计值f_c	19.1	21.1	23.1	25.3	27.5
轴心抗拉	标准值f_{cmk}	2.39	2.51	2.64	2.74	2.85
	设计值f_{cm}	1.71	1.80	1.89	1.96	2.04
弹性模量	E_c	3.25×10^4	3.35×10^4	3.45×10^4	3.55×10^4	3.6×10^4

（3）钢筋强度标准值及设计值见表7-10-19。

表7-10-19 钢筋强度标准值及设计值 N/mm²

种 类		f_y或f_{py}或f_{pty}	f或f_p	f'或f'_p
热轧钢筋	HPB235（Q235）	235	210	210
	HRB335（20MnSi）	335	300	300
	HRB400（20MnSiV、20MnTi、K20MnSiNb）	400	360	360
	RRB400（K20MnSi）	400	360	360
钢绞线	1×3	1860	1320	390
		1720	1220	390
		1570	1110	390
	1×7	1860	1320	390
		1720	1220	390
消除应力钢筋	光面螺旋肋	1770	1250	410
		1670	1180	410
		1570	1110	410
	刻痕	1570	1110	410
热处理钢筋	40Si2Mn（d=6） 48Si2Mn（d=8.2） 45Si2Cr（d=10）	1470	1040	400

注：f_y—热轧钢筋的强度标准值，f_{py}—预应力钢筋的强度标准值，f_{pty}—热处理钢筋的强度标准值，f、f'—普通钢筋的抗拉、抗压强度设计值，f_p、f'_p—预应力钢筋的抗拉、抗压强度值。

（4）钢筋和型钢弹性模量见表7-10-20。

表7-10-20 钢筋和型钢弹性模量 N/mm²

种类	E_s
HPB235级钢筋	2.1×10^5
HRB335级钢筋、HRB400级钢筋、RRB400级钢筋、热处理钢筋	2.0×10^5
消除预应力钢丝（光面钢丝、螺栓肋钢丝、刻痕钢丝）	2.05×10^5
钢绞线	1.95×10^5
型钢	2.06×10^5

（5）钢材、螺栓和锚栓的强度设计值见表7-10-21，钢材的孔壁承压强度设计值见表7-10-22。

表7-10-21 钢材、螺栓和锚栓的强度设计值

类别	材料	厚度或直径/mm	抗拉/（N·mm⁻²）	抗压和抗弯/（N·mm⁻²）	抗剪/（N·mm⁻²）
钢材	Q235	≤16	215	215	125
		>16~40	205	205	120
		>40~60	200	200	115
		>60~100	190	190	110
	Q345	≤16	310	310	180
		>16~35	295	295	170
		>35~50	265	265	155
		>50~100	250	250	145
	Q390	≤16	350	350	205
		>16~35	335	335	190
		>35~50	315	315	180
		>50~100	295	295	170
	Q420	≤16	380	380	220
		>16~35	360	360	210
		>35~50	315	315	180
		>50~100	295	295	170
镀锌粗制螺栓	4.8级	标称直径 $d\leq39$	200	—	170
	5.8级		240		210
	6.8级		300		240
	8.8级		400		300
	10.9级		500		380
锚栓	Q235钢	外径≥16	160	—	—
	Q345钢	外径≥16	205	—	—
	35号优质碳素钢	外径≥16	190	—	—
	45号优质碳素钢	外径≥16	215	—	—
	40Cr合金结构钢	外径≥16	260	—	—
	42CrMo合金结构钢	外径≥16	310	—	—

注：1. 8.8级高强度螺栓应具有A类（塑性性能）和B类实验项目的合格证明。
2. 40Cr合金结构钢、42CrMo合金结构钢抗拉强度为热处理后的强度，热处理后的材料机械性能应满足GB/T 3077的要求。

表 7-10-22　钢材的孔壁承压强度设计

类别	材料	厚度或直径/mm	孔壁承压强度*/(N·mm⁻²)
钢材	Q235	≤16 >16~40 >40~60 >60~100	370
	Q345	≤16 >16~35 >35~50 >50~100	510 490 440 415
	Q390	≤16 >16~35 >35~50 >50~100	530 510 480 450
	Q420	≤16 >16~35 >35~50 >50~100	560 535 510 480
	Q460	≤16 >16~35 >35~50 >50~100	595 575 560 535

注：*适用于螺栓端距大于等于 1.5*d* 的构件（*d* 螺栓直径）。

（6）钢材焊缝的强度设计值见表 7-10-23。

表 7-10-23　钢材焊缝的强度设计值

焊接方法和焊条型号	构件钢材			对接焊缝		角焊缝	
	钢号	厚度或直径/mm	抗压/(N·mm⁻²)	焊缝质量为下列时，抗拉/(N·mm⁻²)		抗剪/(N·mm⁻²)	抗拉、抗压和抗剪/(N·mm⁻²)
				一级、二级	三级		
自动焊、半自动焊和 E43 型焊条的手工焊	Q235 钢	≤16 >16~40 >40~60 >60~100	215 205 200 200	215 205 200 200	185 175 170 170	125 120 115 115	160
自动焊、半自动焊和 E50 型焊条的手工焊	Q345 钢	≤16 >16~35 >35~50 >50~100	310 295 265 250	310 295 265 250	265 250 225 210	180 170 155 145	200
自动焊、半自动焊和 E55 型焊条的手工焊	Q390 钢	≤16 >16~35 >35~50 >50~100	350 335 315 295	350 335 315 295	300 285 270 250	205 190 180 170	220
	Q420 钢	≤16 >16~35 >35~50 >50~100	380 360 340 325	380 360 340 325	320 305 290 275	220 210 195 185	220

注：1. 自动焊和半自动焊所采用的焊丝和焊剂，应保证其熔敷金属抗拉强度不低于现行国家标准的要求。
2. 焊缝质量等级应符合现行《钢结构工程施工及验收规范》的规定。
3. 对接焊缝抗弯受压区强度设计值取 f_{cW}，抗弯受拉区强度设计值取 f_{tW}。
4. 表中厚度系指计算点的钢材厚度，对轴心受拉和受压构件系指截面中较厚板件的厚度。

（7）拉线用镀锌钢绞线强度设计值见表7－10－24。

表7－10－24　拉线用镀锌钢绞线强度设计值　　　　$N \cdot mm^{-2}$

股数	热镀锌钢丝抗拉强度标准值					备　注
	1175	1270	1370	1470	1570	1. 整根钢绞线的拉力设计值等于总截面与f_g的乘积。 2. 强度设计值f_g中已计入换算系数：7股0.92，19股0.9
	整根钢绞线抗拉强度设计值f_g					
7股	690	745	800	860	920	
19股	670	720	780	840	900	

（四）钢筋混凝土电杆产品标准

1. 电杆外形

电杆外形分为锥形杆和等径杆两种，如图7－10－9所示。锥形杆的锥度为1∶75，图中L为杆长，L_1为荷载点高度，L_2为支持点高度，L_3为梢端至荷载点距离（为0.25 m），D为根径或直径，d为梢径，δ为壁厚。

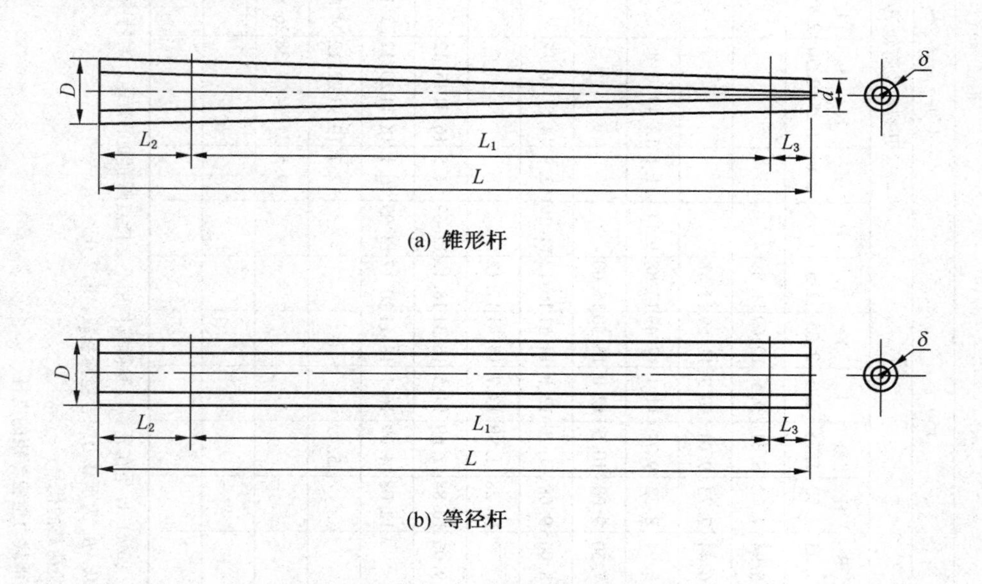

图7－10－9　锥形杆和等径杆示意图

2. 电杆规格尺寸及开裂检验弯矩

电杆规格尺寸及开裂检验弯矩见表7－10－25至表7－10－29。

注：由于各种杆塔的结构计算相当复杂，内容繁多，现大都利用计算机程序计算，本节就不再详细叙述，有关内容参考《架空输电线路杆塔结构设计技术规定》DL/T 5154—2012和《电力工程高压架空线路设计手册》第二版第六章。

表7-10-25 整根钢筋混凝土锥形杆开裂检验弯矩

kN · m

L/m	L_1/m	L_2/m	梢径/mm																								
			130			150						170					190								230		
			开裂检验弯矩 P/kN																								
			A 1.0	B 1.25	C 1.50	B 1.25	C 1.50	D 1.75	E 2.0	F 2.25	G 2.5	D 1.75	E 2.0	F 2.25	G 2.50	H 2.75	F 2.25	G 2.50	H 2.75	I 3.0	J 3.5	K 4.0	L 5.0	M 6.0	L 5.0	M 6.0	N 7.0
6.0	4.75	1.0	4.75	5.94	7.12	5.94	7.12	8.31	9.5	10.69	11.88																
6.5	5.15	1.1	5.15	6.44	7.72	6.44	7.72	9.01	10.3	11.59	12.88																
7.0	5.55	1.2	5.55	6.94	8.32	6.94	8.32	9.71	11.1	12.49	13.88	9.71	11.1	12.49	13.88							22.2					
7.5	6.0	1.25	6.00	7.50	9.00	7.50	9.00	10.5	12.0	13.50	15.00																
8.0	6.45	1.3	6.45	8.06	9.68	8.06	9.68	11.29	12.9	14.51	16.12	11.29	12.9	14.51	16.12		14.51	16.13									
8.5	6.85	1.4					10.28	11.99	13.7	15.41	17.12																
9.0	7.25	1.5				9.06	10.88	12.69	14.5	16.31	18.12	12.69	14.5	16.31	18.12		16.31			21.75	25.38	29.0	36.25				
10.0	8.05	1.7					12.08	14.09	16.1	18.11	20.12	14.09	16.1	18.11	20.12	22.14	18.11	20.12	22.14	24.15							
11.0	8.85	1.9						15.49					17.7	19.91	22.12	24.34	19.91	22.12	24.34	26.55							
12.0	9.75	2.0											19.5	21.94	24.38	26.81	21.94	24.38	26.81	29.25	34.12	39.0	48.75	58.5	48.75	58.5	68.25
13.0	10.55	2.2															23.74	26.38	29.01	31.65	36.93	42.2	52.75	63.3	52.75	63.3	73.85
15.0	12.25	2.5															27.56	30.62	33.69	36.75	42.88	49.0	61.25	73.5	61.25	73.5	85.75

注：1. 用悬臂式试验时，开裂检验弯矩（Mk）即是在开裂检验荷载作用下支持点断面处的弯矩。对特殊电杆可根据工程需要确定支持点高度。

2. 电杆承载力检验弯矩 $M_u=\beta_u \times Mk$，β_u 为承载力综合检验系数，取2.0。

3. A、B、C、D…，是不同开裂检验荷载的代号。

4. 经供需双方协议，也可生产其他承载力检验弯矩的电杆。

5. 杆长大于或等于12 m的电杆可采用分段制作。分段制作的电杆，必须组装后进行力学性能检验。

6. 按照上级主管部门批准的图纸或用户提供的图纸生产的产品，则根据图纸注明的要求进行检验。

表7-10-26　组装钢筋混凝土锥形杆开裂检验弯矩　　kN·m

L/m	L_1/m	L_2/m	梢径/mm																	
			190			210			230				270				310			
			开裂检验荷载 P/kN																	
			K 4.0	L 5.0	M 6.0	K 4.0	L 5.0	M 6.0	K 4.0	L 5.0	M 6.0	N 7.0	L 5.0	M 6.0	N 7.0	O 8.0	M 6.0	N 7.0	O 8.0	P 9.0
12	9.75	2.0	39.0	48.75	58.5	39.0	48.75	58.5	39.0	48.75	58.5	68.25	48.75	58.5	68.25	78.0	58.5	68.25	78.0	87.75
13	10.55	2.2	42.2	52.75	63.3	42.2	52.75	63.3	42.2	52.75	63.3	73.85	52.75	63.3	73.85	84.4	63.3	73.85	84.4	94.95
15	12.25	2.5	49.0	61.25	73.5	49.0	61.25	73.5	49.0	61.25	73.5	85.75	61.25	73.5	85.75	98.0	73.5	85.75	98.0	110.25
18	15.25	2.5	61.0	76.25	91.5	61.0	76.25	91.5	61.0	76.25	91.5	106.75	76.25	91.5	106.70	122.0	91.5	106.70	122.0	137.25
21	18.25	2.5	73.0	91.25	109.5	73.0	91.25	109.5	73.0	91.25	109.5	127.75	91.25	109.5	127.75	146.0	109.5	127.75	146.0	
24	21.25	2.5							85.0	106.25	127.5		106.25	127.5	148.75		127.5	148.75		
27	24.25	2.5							97.0	121.25			121.25	145.5			145.5			

注：1. 用悬臂式试验时，开裂检验弯矩（*Mk*）即是在开裂检验荷载作用下支持点断面处的弯矩。对特殊电杆可根据工程需要确定支持点高度。

2. 电杆承载力检验弯矩 $M_u=\beta_u\times Mk$，β_u 为承载力综合检验系数，取2.0。

3. K、L、M、N…，是不同开裂检验荷载的代号。

4. 经供需双方协议，也可生产其他承载力检验弯矩的电杆。

5. 生产条件许可或工程需要也可整根生产。分段制作的电杆，必须组装后进行力学性能检验。

6. 按照上级主管部门批准的图纸或用户提供的图纸生产的产品，则根据图纸注明的要求进行检验。

七、杆　塔　基　础

由于各种基础类型多，计算繁杂，现工程中大多由计算机程序来完成。本节只介绍杆塔基础设计的基本规定及基础参数，详细的各类基础的计算内容参考《架空线路基础设计技术规定》DL/T 5219—2005 和《电力工程高压架空线路设计手册》。

（一）杆塔基础设计的基本规定

（1）基础稳定、基础承载力采用荷载的设计值进行计算；地基的不均匀沉降、基础位移等采用荷载的标准值进行计算。

（2）基础设计方案应根据塔位具体条件推荐“不等高基础”与铁塔长短腿配合使用，并应考虑自然地貌恢复方案。

（3）当有条件时，基础型式的选择应优采用原状土（不含桩基础）基础。

铁塔也可采用钢筋混凝土板式基础或混凝土台阶式基础；运输或浇制混凝土有困难的地区，可采用装配式基础；当地质条件较差时可采用桩基础；电杆及拉线盘宜采用预制装配式基础。

（4）基础设计必须保证地基的稳定和结构的强度。对处于软弱地基的转角、终端杆塔的基础应进行地基的变形设计，并使地基变形控制在使用允许范围内。当地基土为砂类土时，计算荷载可取短期荷载标准值；当地基土为粘性土时，计算荷载可取长期荷载标准值。

表 7-10-27 整根预应力、部分预应力混凝土锥形杆开裂检验弯矩 kN · m

L/m	L_1/m	L_2/m	梢径/mm															
			130			150								170				
			开裂检验荷载 P/kN															
			A 1.00	B 1.25	C 1.50	B 1.25	C 1.50	C 1.65	D 1.75	E 2.00	F 2.25	G 2.50	I 3.00	D 1.75	E 2.00	G 2.50	I 3.00	J 3.50
6.0	4.75	1.00	4.75	5.94	7.12	5.94	7.12	7.84	8.31	9.50		11.88						
6.5	5.15	1.10	5.15	6.44	7.72	6.44	7.72	8.50	9.01	10.30	11.59							
7.0	5.55	1.20	5.55	6.94	8.32	6.94	8.32	9.16	9.71	11.10	12.49	13.88		9.71	11.10	13.88		
7.5	6.00	1.25	6.00	7.50	9.00	7.50	9.00	9.90	10.50	12.00								
8.0	6.45	1.30	6.45	8.06	9.68	8.06	9.68	10.64	11.29	12.90	14.51	16.12	19.35	11.29	12.90	16.12		
8.5	6.85	1.40					10.28	11.30										
9.0	7.25	1.50			10.88	9.06	10.88	11.96	12.69	14.50	16.31	18.12	21.75	12.69	14.50	18.12	21.75	25.38
10.0	8.05	1.70					12.08	13.28	14.08	16.10	18.11	20.12	24.15	14.08	16.10	20.12	24.15	28.18
11.0	8.85	1.90					13.28		15.49						17.70		26.55	
12.0	9.75	2.00													19.50	24.38		
13.0	10.55	2.20																
15.0	12.25	2.50																

L/m	L_1/m	L_2/m	梢径/mm									
			190							230		
			开裂检验荷载 P/kN									
			E 2.00	G 2.50	I 3.00	J 3.50	K 4.00	L 5.00	M 6.00	L 5.00	M 6.00	N 7.00
6.0	4.75	1.00										
6.5	5.15	1.10										
7.0	5.55	1.20	11.10		16.65		22.2					
7.5	6.00	1.25										
8.0	6.45	1.30	12.90		19.35		25.8					
8.5	6.85	1.40										
9.0	7.25	1.50	14.50		21.75	25.38	29.00	36.25				
10.0	8.05	1.70	16.10	20.12	24.15							
11.0	8.85	1.90	17.70	22.12	26.55							
12.0	9.75	2.00	19.50	24.38	29.25	34.12	39.00	48.75	58.50	48.75	58.50	68.25
13.0	10.55	2.20	21.10	26.38	31.65	36.93	42.20	52.75	63.30	52.75	63.30	73.85
15.0	12.25	2.50	24.50	30.62	36.75	42.88	49.00	61.25	73.50	61.25	73.50	85.75

表 7-10-28 组装预应力、部分预应力混凝土锥形杆开裂检验弯矩

kN · m

L/m	L_1/m	L_2/m	梢径/mm													
			190			210			230				270			
			开裂检验荷载 P/kN													
			K 4.00	L 5.00	M 6.00	K 4.00	L 5.00	M 6.00	K 4.00	L 5.00	M 6.00	N 7.00	L 5.00	M 6.00	N 7.00	O 8.00
12	9.75	2.00	39.0	48.75	58.5	39.0	48.75	58.5	39.0	48.75	58.5	68.25	48.75	58.5	68.25	78.00
13	10.55	2.20	42.2	52.75	63.3	42.2	52.75	63.3	42.2	52.75	63.3	73.85	52.75	63.3	73.85	84.40
15	12.25	2.50	49.0	61.25	73.5	49.0	61.25	73.5	49.0	61.25	73.5	85.75	61.25	73.5	85.75	98.00
18	15.25	2.50	61.0	76.25	91.5	61.0	76.25	91.5	61.0	76.25	91.5	106.75	76.25	91.5	106.7	122.0
21	18.25	2.50	73.0	91.25	109.5	73.0	91.25	109.5	73.0	91.25	109.5	127.75	91.25	109.5	127.75	
24	21.25	2.50							85.0	106.25	127.5		106.25	127.5		
27	24.25	2.50							97.0	121.25			121.25	145.5		

L/m	L_1/m	L_2/m	梢径/mm								
			310						350		
			开裂检验荷载 P/kN								
			L 5.00	M 6.00	N 7.00	O 8.00	P 9.00	Q 10.0	I 11.00	S 13.00	T 15.00
12	9.75	2.00	48.75	58.5	68.25	78.00	87.75	97.5	107.25	126.25	146.25
13	10.55	2.20	52.75	63.3	73.85	84.40	94.95	105.5	116.05	137.15	158.25
15	12.25	2.50	61.25	73.5	85.75	98.00	110.25	122.5	134.75	159.25	183.75
18	15.25	2.50	76.25	91.5	106.70	122.0	137.25	152.5	167.75	198.25	228.75
21	18.25	2.50	91.25	109.5	127.75						
24	21.25	2.50	106.25	127.5							
27	24.25	2.50	121.25	145.5							

注：1. 用悬臂式试验时，开裂检验弯矩（Mk）即是在开裂检验荷载作用下支持点断面处的弯矩。对特殊电杆可根据工程需要确定支持点高度。

2. 电杆承载力检验弯矩 $M_u=\beta_u \times Mk$，β_u 为承载力综合检验系数，取 2.0。

3. A、B、C、D…，是不同开裂检验荷载的代号。

4. 经供需双方协议，也可生产其他承载力检验弯矩的电杆。

5. 生产条件许可或工程需要也可整根生产。分段制作的电杆，必须组装后进行力学性能检验。

6. 按照上级主管部门批准的图纸或用户提供的图纸生产的产品，则根据图纸注明的要求进行检验。

表7-10-29 等径杆开裂检验弯矩

直径/mm	开裂检验弯矩（长度为3.0 m、4.5 m、6.0 m、9.0 m）kN · m							
300	20	25	30	35	40	45		
400	40	45	50	55	60	70	80	90
500	70	75	80	85	90	95	100	105
550	90	115	135	155	180			

注：1. 用简支式试验时，开裂检验弯矩（*Mk*）即是在开裂检验荷载作用下两加荷点间断面处的最大弯矩。

2. 电杆承载力检验弯矩 $M_u = \beta_u \times Mk$，β_u 为承载力综合检验系数，取2.0。

3. 经供需双方协议，也可生产其他承载力检验弯矩的电杆。

4. 按照上级主管部门批准的图纸或用户提供的图纸生产的产品，则根据图纸注明的要求进行检验。

（5）基础设计应考虑地下水位季节性变化的影响。位于地下水位以下的基础重度和土体重度应按浮重度考虑：一般混凝土基础的浮重度取12 kN/m^3；钢筋混凝土基础的浮重度取14 kN/m^3；土的浮重度应根据土的密实度取8～11 kN/m^3。

（6）基础设计应考虑受地下水、环境水、基础周围土壤对其腐蚀的可能性，必要时应采取有效的防护措施。

（7）土体上拔和倾覆稳定计算，分原状土和回填土两种，回填土按已夯实考虑，即基坑回填土夯实程度已达到现行施工验收规范中要求的标准。

（8）原状土基础在计算上拔稳定时，其抗拔深度应扣除表层非原状土的厚度。

（9）基础的埋深应大于0.5 m，在季节性冻土地区，当地基土具有冻胀性时应大于土壤的标准冻结深度，在多年冻土地区应遵照相应规范。

（10）当基础置于地下水位以下或软弱地基时，应铺设垫层或采取其他措施。

（11）在河滩上或内涝积水地区设置塔位时，除有特殊要求外，基础主柱露出地面高度不应低于5年一遇洪水位高程。

（12）若需在水中设置塔位，其基础设计时，应考虑洪水冲刷、流水动压力、漂浮物等影响，必要时可采取防护措施，尚应考虑冻融期的拥冰堆积作用。

（13）基础设计（包括地脚螺栓、插入角钢设计）时，其基础作用力计算应计入杆塔风荷载调整系数，当杆塔全高超过50 m时，取风荷载调整系数为1.3；当杆塔全高不大于50 m时，取风荷载调整系数为1.0。

（14）对大跨越杆塔及特殊重要的杆塔基础，当位于地震烈度为7度及以上的地区且场地为饱和砂土和饱和粉土时，应考虑地基液化的可能性，并采取必要的稳定地基或基础的抗震措施。

（15）转角、终端塔的基础应采取预偏措施，预偏后的基础顶面应在同一坡面上。

（16）在环境对基础有腐蚀作用（如海水侵蚀、大气污染、地下水腐蚀、盐碱地等）时，基础混凝土不允许出现裂缝；当钢筋混凝土板式基础用于非直线塔时，不允许出现裂缝；允许出现裂缝的构件，裂缝宽度限值取0.2 mm。

（17）基础的附加分项系数按表7-10-30确定。

表 7-10-30　基础附加分项系数

设计条件	上拔稳定		倾覆稳定
杆塔类型	基础类型		
	重力式基础	其他各类型基础	各类型基础
直线杆塔	0.90	1.10	1.10
耐张（0°）转角及悬垂转角杆塔	0.95	1.30	1.30
转角、终端、大跨越塔	1.10	1.60	1.60

（18）混凝土强度设计值、标准值及混凝土的弹性模量按表 7-10-18 确定。

（19）普通钢筋强度设计值和弹性模量按表 7-10-31 确定。

表 7-10-31　普通钢筋强度设计值和弹性模量　　N/mm^2

种类		符号	抗拉强度 f	抗压强度 f'	弹性模量 E_s	抗剪强度 f_t
热轧钢筋	HPB235（Q235）	Φ	210	210	2.1×10^5	115
	HRB335（20MnSi）		300	300	2.0×10^5	155
	HRB400（20MnSiV、20MnSiNb、20MnTi）		360	360	2.0×10^5	180
	RRB400（20MnSi）		360	360	2.0×10^5	195

注：在钢筋混凝土结构中，轴心受拉和小偏心受拉构件的钢筋抗拉强度设计值大于 300 N/mm^2 时，仍按 300 N/mm^2 取用。

（20）基础采用的混凝土强度等级不应低于 C20 级。

（21）地脚螺栓的强度设计值按表 7-10-32 确定。

表 7-10-32　地脚螺栓的强度设计值　　N/mm^2

种类	抗拉强度设计值	种类	抗拉强度设计值
Q235	160	45 号优质碳素钢	215
35 号优质碳素钢	190		

注：45 号优质碳素钢因易断、焊接困难等原因，应慎用。当采用时，要采取预热等措施。

（二）基础分类

架空线路杆塔基础分为电杆基础和铁塔基础，其型式应根据杆塔型式、沿线地形、工程地质、水文以及施工、运输等条件进行综合考虑确定。架空线路所采用的基础类型，按其承载力特性大致可分为以下几类：

1. “大开挖”基础类

这类基础系指埋置于预先挖好的基坑内并将回填土夯实的基础。它是以扰动的回填土构成抗拔土体，保持基础的上拔稳定。由于扰动的黏性回填土，虽经夯实亦难恢复原有土的结构强度，因而就其抗拔性能而言这类基础是不够理想的基础型式。实践证明，这类基础的主要尺寸均由其抗拔稳定性能所决定，为了满足上拔稳定性的要求，必须加大基础尺寸，从而提高了基础造价。

这类基础具有施工简便的特点，是工程设计中最常用的基础型式，主要有混凝土基础、普通钢筋混凝土基础和装配式基础等。

2. 掏挖扩底基础类

这类基础系指以混凝土和钢筋骨架灌注于以机械或人工掏挖成的土胎内的基础。它是以天然土构成抗拔土体，保持基础的上拔稳定，适用于在施工中掏挖和浇注混凝土时无水渗入基坑的黏性土中。它能充分发挥原状土的特性，不仅具有良好的抗拔性能，而且具有较大的横向承载力。

这类基础具有节省材料、取消模板及回填土工序、加快工程施工进度、降低工程造价等优点。

3. 爆扩桩基础类

这类基础系指以混凝土和钢筋骨架灌注于以爆扩成型的土胎内的扩大端的短桩基础。它适用于可爆扩成型的硬塑和可塑状态的黏性土中，在中密的、密实的砂土以及碎石土中也可应用。由于其抗拔土体基本接近于未扰动的天然土，因而它具有较好的抗拔性能，同时扩大端接触的持力层为一空间曲面，其下压承载力也比一般平面地板有所提高。

爆扩型基础也具有掏挖扩底基础类的优点，只是施工中成型的工艺和尺寸检查尚有一定困难。

4. 岩石锚桩基础类

这类基础系指以水泥砂浆或细石混凝土和锚筋灌注于钻凿成型的岩孔内的锚装或墩基础。它具有较好的抗拔性能，特别是上拔或下压地基的变形比其他类基础都小，适用于山区岩石覆盖层较浅的塔位。

这类基础由于充分发挥了岩石的力学性能，从而大大降低了基础材料的耗用量，特别是运输困难的高山地区更具有明显的经济效益，但岩石基础的工程地质鉴定工作比较麻烦。

5. 钻孔灌注桩基础类

这类基础系指专门的机具钻（冲）成较深的孔，以水头压力或水头压力和泥浆护壁，放入钢筋骨架和水下浇注混凝土的桩基。它是一种深型的基础型式，适用于地下水位高的黏性土和砂土等地基，特别是跨河塔位。

6. 倾覆基础类

这类基础系指埋置于经夯实的回填土体内，承受较大倾覆力矩的电杆基础、窄基铁塔的单独基础和宽基铁塔的联合基础。电杆的倾覆基础被广泛采用，而铁塔的联合基础由于施工较复杂且耗用材料又多，故只有在荷载大、地基差的条件下，用其他类型基础在技术上有困难时才采用。

（三）地基土（岩）的分类及物理力学特性

1. 地基土（岩）的分类

按工程分类法标准，土体可分为岩石、碎石土、砂土、粉土、黏性土、人工填土和冻土。

（1）岩石。岩石为颗粒间牢固黏结，呈整体或具有节理裂隙的岩体。按岩石坚硬程度分为坚硬石、较硬岩、较软岩、软岩和极软岩；按风化程度可分为未风化、微风化、中风化、强风化和全风化；按岩体的完整程度可分为完整、较完整、较破碎、破碎和极破碎。

（2）碎石土。碎石土为粒径大于 2 mm 的颗粒含量超过全重 50% 的土。砂石土可分为漂石、块石、卵石、碎石、圆砾和角砾。

（3）砂土。砂土为粒径大于 2 mm 的不超过全重 50%、粒径大于 0.075 mm 的颗粒超过全重 50% 的土。砂土可分为砾砂、粗砂、细砂和粉砂。砂土的密实度可分为松散、稍密、中密、密实。

（4）黏性土。黏性土为塑性指数 I_p 大于 10 的土，黏性土可分为黏土（$I_p > 17$）和粉质黏土（$10 < I_p \leqslant 17$）。

黏性土的状态可分为坚硬、硬塑、可塑、软塑和流塑。

（5）淤泥。淤泥系在静水或缓慢的流水环境中沉积，并经生物化学作用形成，其天然含水量大于液限、天然空隙比不小于 1.5 的黏性土。当天然空隙比小于 1.5 但不小于 1.0 的黏性土或粉土为淤泥质土。

（6）红黏土。红黏土为碳酸盐岩系的岩石经红土化作用形成的高塑性黏土，其液限一般大于 50；经再搬运后仍保留红黏土基本特征，液限大于 45 的土为次生红黏土。

（7）粉土。粉土为塑性指数不大于 10，且粒径大于 0.075 mm 的颗粒，且含量不超过 50% 的土。其性质介于砂土与黏性之间。当黏粒含量大于 10%，地震时粉土不会液化，性质近似于黏性土。

（8）人工填土。人工填土根据其组成和成因，可分为素填土、压实填土、杂填土、冲填土。素填土是由碎石土、砂土、粉土、黏性土等组成的填土；压实填土是经过压实或夯实的素填土；杂填土是含有建筑垃圾、工业废料、生活垃圾等杂物的填土；冲填土是由水力冲填泥砂形成的填土。

（9）冻土。冻土一般按持续时间分为季节性冻土与多年冻土。地表层冬季冻结夏季全部融化的土为季节性冻土，冻结状态持续两年或两年以上的土为多年冻土。

2. 土的物理特性

作为工程上的土，一般呈三相土体状态，由空气、水和固体颗粒所组成，仅当处于完全饱和状态才成为二相土体，由水和固体颗粒所组成。一般均以土中三相构成的比例来反映土的物理特性，这种关系称为土的物理特性指标。

结合架空线路地基土承受荷载的特点，设计上需要掌握以下各项指标：

（1）土的天然容重 γ。土在天然状态下单位体积的重力，简称为土的容重。

（2）土颗粒的比重 G。土颗粒的重力与同体积 4 ℃时水的重力之比，简称为土的比重。一般砂土约为 2.65；黏土约为 2.7 ~ 2.8。

（3）土的天然含水量 w。土中水的重力与土颗粒重力的比值称为土的含水量，以百分比表示。一般对细颗粒地基土，若其含水量大，则工程性质较差。

（4）土的天然孔隙比 e。土中孔隙的体积与土颗粒体积的比值称为孔隙比。土的孔隙比 e 大，说明土质松散，e 小说明土质密实。

（5）土的饱和度 S_r。土中水的体积与孔隙体积的比值称为饱和度，饱和度 S_r 反映土的潮湿程度。

（6）土的浮容重 r'。地下水位以下的土受到水的浮力作用的容重称浮容重。

（7）塑性指数 I_p。塑性指数是黏性土定名的根据，$I_p > 10$ 时称为黏性土。

（8）液性指数 I_l。液性指数是判别黏性土状态的指标，根据液性指数将黏性土分为坚硬、硬塑、可塑、软塑和流塑等五种状态。

（9）砂土的相对密度 D_r。当考虑砂土颗粒级配因素时，采用相对密度表示砂土的密实度。可用来判别砂土在承受震动荷载时，产生液化的可能性。

3. 土的力学特性

在杆塔基础设计中涉及土的力学特性，主要是土的压缩系数、压缩模量和抗剪强度。

（1）地基土的压缩性可按 P_1 为 100 kPa、P_2 为 200 kPa 时相对应的压缩系数值 a_{1-2} 划分为低、中、高压缩性，并按以下规定进行评价：当 $a_{1-2}<0.1\ \text{MPa}^{-1}$ 时为低压缩性土；当 $0.1\ \text{MPa}^{-1}\leqslant a_{1-2}<0.5\ \text{MPa}^{-1}$ 时为中压缩性土；当 $a_{1-2}\geqslant 0.5\ \text{MPa}^{-1}$ 时为高压缩性土。

（2）土的抗剪强度。一般以土的凝聚力 c 和土的内摩阻角 φ 二项力学特性指标表示土的抗剪强度。

土的内摩阻角和凝聚力设计值见《架空线路基础设计技术规定》(DL/T 5219—2005)附录 J。

（四）地基土（岩）承载力特征值

地基承载力特征值应由工程地质资料提供，当无资料时，可以参照《架空线路基础设计技术规定》(DL/T 5219—2005)附录 E。

（五）普通基础的上拔稳定计算

普通基础包括“大开挖”基础和掏挖扩底基础两种类型。通常，设计该型基础时，首先以上拔稳定条件确定基础外形，再进行地基和基础的强度计算。

1. 计算方法

基础的上拔稳定计算，根据《架空线路基础设计技术规定》(DL/T 5219—2005)的要求，按抗拔土体的状态分别采用适用于原状抗拔土体的“剪切法”和适用于回填抗拔土体的“土重法”进行计算。原状抗拔土体，系指处于天然结构状态的黏性土和经夯实达到天然状态密实度的砂类回填土。

适用于“剪切法”计算的主要基础型式有机扩型和掏挖型。适用于“土重法”计算的主要基础类型有装配式基础、浇制基础和拉线基础。

2. 限制条件

剪切法和土重法适用于上拔深度 h_t 浅的或较浅的基础。

（1）剪切法限制条件：

① 基础埋深与圆形底板直径之比（h_t/D）不大于 4 的非松散砂土类。

② 基础埋深与圆形底板直径之比（h_t/D）不大于 3.5 的黏性土。

（2）土重法限制条件：

① 基础埋深与圆形底板直径之比（h_t/D）小于 4、与方形底板边长之比（h_t/B）不大于 5 的非松散砂土类。

② 基础埋深与圆形底板直径之比（h_t/D）不大于 3.5、与方形底板边长之比（h_t/B）不大于 4.5 的黏性土。

（3）普通基础的上拔稳定计算参考《架空线路基础设计技术规定》(DL/T 5219—2005)和《电力工程高压架空线路设计手册》相关内容。

第十一节　架空线路的运行及维护

一、概　　述

为保证煤矿企业的安全生产，各煤矿企业应设立供电部或送变电工区组织，负责对矿区送变电工程的维护与运行。

架空线路的运行维护机构根据具体情况应备有：必要的检修工具及用品、检修设备器材、运输工具、事故备品及有关技术资料等。

目前煤矿企业对架空线路运行与维护尚无统一规定，现将《架空输电线路运行规程》(DL/T 741—2010)中的部分内容摘抄如下，供参考。

二、运　行　标　准

设备运行状况超过下述各条标准或出现下述各种不应出现的情况时，应进行处理。

(一) 杆塔与基础

(1) 杆塔基础表面水泥不应脱落、钢筋不应外露、装配式基础不应锈蚀、基础周围保护土层不应流失、塌陷；基础边坡保护距离应满足 DL/T 5092 的要求。

(2) 杆塔的倾斜、杆（塔）顶挠度、横担的歪斜程度不应超过表 7－11－1 的规定。

表 7－11－1　杆塔倾斜、杆（塔）顶挠度、横担歪斜最大允许值

类　　别	钢筋混凝土电杆	钢管杆	角　钢　塔	钢管塔
直线杆塔倾斜度（包括挠度）	1.5%	0.5%（倾斜度）	0.5%（50 m 及以上高度铁塔） 1.0%（50 m 以下高度铁塔）	0.5%
直线转角杆最大挠度		0.7%		
转角和终端杆 66 kV 及以下最大挠度		1.5%		
转角和终端杆 110～220 kV 最大挠度		2%		
杆塔横担歪斜度	1.0%		1.0%	0.5%

(3) 铁塔主材相邻结点间弯曲度不应超过 0.2%。

(4) 钢筋混凝土杆保护层不应腐蚀脱落、钢筋外露，普通钢筋混凝土杆不应有纵向裂纹和横向裂纹，缝隙宽度不应超过 0.2 mm，预应力钢筋混凝土杆不应有裂纹。

(5) 拉线棒锈蚀后直径减少值不应超过 2 mm。

(6) 拉线基础埋层厚度、宽度不应减少。

(7) 拉线镀锌钢绞线不应断股，镀锌层不应锈蚀、脱落。

(8) 拉线张力应均匀，不应严重松弛。

(二) 导线与避雷线

(1) 导线、避雷线由于断股、损伤造成强度损失或减少截面的处理标准按表 7－11－2 的规定。

表 7-11-2　导线、避雷线断股、损伤造成强度损失或减少截面的处理

线　别	处　理　方　法			
	金属单丝、预绞式补修条补丝	预绞式护线条、普通补修管补修	加长型补修管、预绞式接续条	接续管、预绞丝接续条、接续管补强接续条
钢芯铝绞线 钢芯铝合金绞线	导线在同一处损伤导致强度损失未超过总拉断力的5%，且截面积损伤未超过总导电部分截面积的7%	导线在同一处损伤导致强度损失在总拉断力的5%～17%间，且截面积损伤在总导电部分截面积的7%～25%间	导线损伤范围导致强度损失在总拉断力的17%～50%间，且截面积损伤在总导电部分截面积的25%～60%间	导线损伤范围导致强度损失在总拉断力的50%以上，且截面积损伤在总导电部分截面积的60%及以上
铝绞线 铝合金绞线	断股损伤截面不超过总面积7%	断股损伤截面占总面积7%～25%	断股损伤截面占总面积25%～60%	断股损伤截面超过总面积的60%及以上
镀锌钢绞线	19股断1股	7股断1股，19股断2股	7股断2股，19股断3股	7股断2股以上，19股断3股以上
OPGW	断股损伤截面不超过总面积7%（光纤单元未损伤）	断股损伤截面占面积7%～17%，光纤单元未损伤（修补管不适用）		

注：1. 钢芯铝绞线导线应未伤及钢芯，计算强度损失或总铝截面损伤时，按铝股的总拉断力和铝总截面作基数进行计算。

2. 铝绞线、铝合金绞线导线计算损伤截面时，按导线的总截面积作基数进行计算。

3. 良导体架空避雷线按钢芯铝绞线计算强度损失和铝截面损失。

（2）导线、避雷线不应出现表面腐蚀、外层脱落或呈疲劳状态。强度试验值不应小于原破坏值的80%。

（3）导线、避雷线弧垂不应超过设计允许偏差：110 kV 及以下线路为 +6.0%、-2.5%，220 kV 及以上线路为 +3.0%、-2.5%。

（4）导线相间相对弧垂值不应超过：110 kV 及以下线路为 200 mm，220 kV 及以上线路为 300 mm。

（5）相分裂导线同相子导线相对弧垂值不应超过以下值：垂直排列双分裂导线 100 mm，其他排列形式分裂导线 220 kV 为 80 mm，330 kV 及以上线路 50 mm。

（6）OPGW 接地引线不应松动或对地放电。

（7）导线对地距离及交叉距离应符合表 7-9-1 和表 7-9-2 的要求。

（三）绝缘子

（1）瓷质绝缘子伞裙不应破损，瓷质不应有裂纹，瓷釉不应烧坏。

（2）玻璃绝缘子不应自爆或表面有裂纹。

（3）棒形及盘形合成绝缘子伞裙、护套不应出现破损或龟裂，端头密封不应开裂、老化。

（4）绝缘子钢帽、绝缘件、钢脚应在同一轴线上，钢脚、钢帽、浇装水泥不应有裂纹、歪斜、变形或严重锈蚀，钢脚与钢帽槽口间隙不应超标。

（5）盘型绝缘子绝缘电阻 330 kV 及以下线路不应小于 300 MΩ。

（6）盘型绝缘子分布电压不应为零或低值。

（7）锁紧销不应脱落变形。

（8）绝缘横担不应有严重结垢、裂纹，不应出现瓷釉烧坏、瓷质损坏、伞裙破损。

（9）直线杆塔绝缘子串顺线路方向的偏斜角（除设计要求的预偏外）不应大于7.5°，或偏移值不应大于300 mm，绝缘横担端部偏移不应大于100 mm。

（10）避雷线绝缘子、避雷线间隙不应出现非雷电放电或烧伤。

（四）金具

（1）金具本体不应出现变形、锈蚀、烧伤、裂纹，连接处转动应灵活，强度不低于原值的80%。

（2）防振锤、防振阻尼线、间隔棒等金具不应发生位移、变形、疲劳。

（3）屏蔽环、均压环不应出现松动、变形，均压环不得反装。

（4）OPGW余缆固定金具不应脱落，接续盒不应松动、漏水。

（5）OPGW预绞丝线夹不应出现疲劳断脱或滑移。

（6）接续金具不应出现下列任一情况：

① 外观鼓包、裂纹、烧伤、滑移或出口处断股，弯曲度不符合有关规程要求。

② 温度高于导线温度10 ℃，跳线联板温度高于导线温度10 ℃。

③ 过热变色或连接螺栓松动。

④ 金具内部严重烧伤、断股或压接不实（有抽头或位移）。

⑤ 并沟线夹、跳线引流板螺栓扭矩值未达到相应规格螺栓拧紧力矩（表7－11－3）。

表7－11－3　螺栓型金具钢质热镀锌螺栓拧紧力矩值

螺栓直径/mm	8	10	12	14	16	18	20
拧紧力矩/（N·m）	9～11	18～23	32～40	50	80～100	115～140	105

（五）接地装置

（1）检测到的工频接地电阻值（已按季节系数换算），不应大于规定值（季节系数见表7－11－4）。

表7－11－4　水平接地体的季节系数

接地射线埋深/m	季节系数	接地射线埋深/m	季节系数
0.5	1.4～1.8	0.8～1	1.25～1.45

注：检测接地装置工频接地电阻时，如土壤较干燥，季节系数取较小值；土壤较潮湿时，季节系数取较大值。

（2）多根引下线接地电阻值不应出现明显差别。

（3）接地引下线不应断开或与接地体接触不良。

（4）接地装置不应出现外露或腐蚀严重，被腐蚀后其导体截面不应低于原值的80%。

三、巡　　视

线路的巡视是为了经常掌握线路的运行状况，及时发现设备缺陷和沿线情况，并为线路维修提供资料。

（1）线路运行单位对所管辖输电线路，均应指定专人巡视，同时明确其巡视的范围和电力设施保护（包括宣传、组织群众护线）等责任。线路巡视以地面巡视为主，并辅以带电登杆（塔）检查、空中巡视等。

（2）巡视种类。

① 正常巡视。对线路设备（本体、附属设施）及通道环境的检查，可以按全线或区段进行。巡视周期相对固定，并可动态调整。线路设备与通道环境的巡视可按不同的周期分别进行。

② 故障巡视。在线路发生故障后及时进行，巡视人员由运行单位根据需要确定。巡视范围为发生故障的区段或全线。线路发生故障时，不论开关重合是否成功，均应及时组织故障巡视。巡视中巡视人员应将所分担的巡视区段全部巡完，不得中断或漏巡。发现故障点后应及时报告，遇有重大事故应设法保护现场，对引发事故的证物证件应妥为保管，设法取回，并对事故现场进行记录、拍摄，以便为事故分析提供证据或参考。

③ 特殊巡视。在气候剧烈变化、自然灾害、外力影响、异常运行和其他特殊情况时进行。特殊巡视根据需要及时进行，巡视的范围可为全线、特定区段或个别组件。

（3）线路巡视中，如发现危急缺陷或线路遭到外力破坏等情况，应立即采取措施并向上级或有关部门报告，以便尽快予以处理。

对巡视中发现的可疑情况或无法认定的缺陷，应及时上报以便组织复查、处理。

（4）设备巡视的要求及内容：

① 设备巡视应沿线路逐基逐档进行并实行立体式巡视，不得出现漏点（段），巡视对象包括线路本体和附属设施。

② 设备巡视以地面巡视为主，可以按照一定的比例进行带电登杆（塔）检查，重点对导线、绝缘子、金具、附属设施的完好情况进行全面检查。

③ 线路巡视检查的内容可参照表 7－11－5。

表 7－11－5　架空输电线路巡视检查主要内容

巡视对象		检查线路本体和附属设施有无以下缺陷、变化或情况
线路本体	地基与基面	回填土下沉或缺土、水淹、冻胀、堆积杂物等
	杆塔基础	破损、酥松、裂纹、露筋、基础下沉、保护帽破损、边坡保护不够等
	杆塔	杆塔倾斜，主材弯曲，避雷线支架变形，塔材、螺栓丢失，爬梯变形，土埋塔脚等；混凝土杆未封杆顶、破损、裂纹等
	接地装置	断裂、严重锈蚀、螺栓松脱、接地带丢失、接地带外露、接地带连接部位有雷电烧痕等
	拉线及基础	拉线金具等被拆卸、拉线棒严重锈蚀或蚀损、拉线松弛、断股、严重锈蚀、基础回填土下沉或缺土等
	绝缘子	伞裙破损、严重污秽、有放电痕迹、弹簧销缺损、钢帽裂纹或断裂、钢脚严重锈蚀或蚀损、绝缘子串顺线路方向倾斜角大于 7.5°或 300 mm
	导线、避雷线、引流线、屏蔽线、OPGW	散股、断股、损伤、断线、放电烧伤、导线接头部位过热、悬挂漂浮物、弧垂过大或过小、严重锈蚀、有电晕现象、导线缠绕（混线）、覆冰、舞动、风偏过大、对交叉跨越物距离不够等
	线路金具	线夹断裂、裂纹、磨损，销钉脱落或严重锈蚀；均压环、屏蔽环烧伤，螺栓松动；防振锤跑位、脱落、严重锈蚀，阻尼线变形、烧伤；间隔棒松脱、变形或离位；各种连板、连接环、调整板损伤或裂纹等

表7－11－5（续）

巡视对象		检查线路本体和附属设施有无以下缺陷、变化或情况
附属设施	防雷装置	避雷器动作异常、计数器失效、破损、变形，引线松脱；放电间隙变化、烧伤等
	防鸟装置	固定式：破损、变形、螺栓松脱等； 活动式：动作失灵、褪色、破损等； 电子、光波、声响式：供电装置失效或功能失效、损坏等
	各种监测装置	缺失、损坏、功能失效等
	杆号、警告、防护、指示、相位等标识	缺失、损坏、功能失效等
	航空警示器材	高塔警示灯、跨江线彩球等缺失、损坏、失灵
	防舞防冰装置	缺失、损坏等
	ADSS光缆	损坏、断裂、弛度变化等

（5）通道环境巡视的要求及内容：

① 通道环境巡视应对线路通道、周边环境、沿线交叉跨越、施工作业等情况进行检查，及时发现和掌握线路通道环境的动态变化情况。

② 在确保对线路设备巡视到位的基础上宜适当增加通道环境巡视次数，根据线路路径特点安排步行巡视或乘车巡视，对通道环境上的各类隐患或危险点安排定点检查。

③ 对交通不便和线路特殊区段可采用空中巡视或安装在线监测装置等。

④ 通道环境巡视检查的内容按表7－11－6执行。

表7－11－6　通道环境巡视检查内容

巡视对象		检查线路通道环境有无以下缺陷、变化或情况
线路通道环境	建（构）筑物	有违章建筑、导线与建（构）筑物安全距离不足等
	树木（竹林）	树木（竹林）与导线安全距离不足等
	施工作业	线路下方或附近有危及线路安全的施工作业等
	火灾	线路附近有烟火现象，有易燃、易爆物堆积等
	交叉跨越	出现新建或改建电力、通信线路、道路、铁路、索道、管道等
	防洪、排水、基础保护设施	坍塌、淤堵、破损等
	自然灾害	地震、洪水、泥石流、山体滑坡等引起通道环境的变化
	道路、桥梁	巡线道、桥梁损坏等
	污染源	出现新的污染源或污染加重等
	采动影响区	出现裂缝、塌陷等情况
	其他	线路附近有人放风筝、有危及线路安全的漂浮物、线路跨越鱼塘边无警示牌、采石（开矿）、射击打靶、藤蔓类植物攀附杆塔等

（6）巡视周期的确定原则：

① 运行维护单位应根据线路设备和通道环境特点划分区段，结合状态评价和运行经

验确定线路（区段）巡视周期。同时依据线路区段和时间段的变化，及时对巡视周期进行必要的调整。

② 不同区域线路（区段）巡视周期的一般规定：

a. 城市（城镇）及近郊区域的巡视周期一般为 1 个月。

b. 远郊、平原等一般区域的巡视周期一般为 2 个月。

c. 高山大岭、沿海滩涂、戈壁沙漠等车辆人员难以到达区域的巡视周期一般为 3 个月。在大雪封山等特殊情况下，采取空中巡视、在线监测等手段后可适当延长周期，但不应超过 6 个月。

d. 以上为设备和通道环境的全面巡视，对特殊区段宜增加通道环境的巡视次数。

③ 不同性质的线路（区段）巡视周期：

a. 单电源、重要电源、重要负荷、网间联络等线路的巡视周期不应超过 1 个月。

b. 运行状况不佳的老旧线路（区段）、缺陷频发线路（区段）的巡视周期不应超过 1 个月。

④ 对通道环境恶劣的区段，如易受外力破坏区、树竹速长区、偷盗多发区、采动影响区、易建房屋区等应在相应时段加强巡视，巡视周期一般为半个月。

⑤ 新建线路和整改区段在投运后 3 个月内，每月应进行 1 次全面巡视，之后执行正常巡视周期。

⑥ 运行维护单位每年应进行巡视周期的修订，必要时应及时调整巡视周期。

四、检　　测

检测工作是发现设备隐患，开展设备状态评估，为状态检修提供科学依据的重要手段。所采用的检测技术应成熟，方法应正确可靠，测试数据应准确。应做好检测结果的记录和统计分析，并做好检测资料的存档保管。检测项目与周期规定见表 7－11－7。

表 7－11－7　检测项目与周期

项目		周期/年	备注
杆塔	钢筋混凝土杆裂缝与缺陷检查	必要时	根据巡视发现的问题
	钢筋混凝土杆受冻情况检查： （1）杆内积水。 （2）冻土上拔。 （3）水泥杆放水孔检查	 1 1 1	根据巡视发现的问题进行 在结冻前进行 结冻和解冻后进行 在结冻前进行
	杆塔、铁件锈蚀情况检查	3	对新建线路投运 5 年后，进行一次全面检查，以后结合巡线情况而定；对杆塔进行防腐处理后应做现场检验
	杆塔倾斜、挠度	必要时	根据实际情况选点测量
	钢管塔	必要时	应满足 DL/T 5130 的要求
	钢管杆 表面锈蚀情况 挠度测量	必要时 1 必要时	对新建线路投运 1 年后，进行一次全面检查，应满足 DL/T 5130 的要求 对新建线路投运 2 年内，每年测量一次，以后根据巡线情况而定

表7-11-7（续）

项目		周期/年	备注
绝缘子	盘型瓷绝缘子绝缘测试	6~10	220 kV及以下，周期为10年
	绝缘子污秽度测量	1	根据实际情况定点测量，或根据巡视情况选点测量
	绝缘子金属附件检查	2	投运后第5年开始抽查
	瓷绝缘子裂纹、钢帽裂纹、浇装水泥及伞裙与钢帽位移	必要时	每次清扫时
	玻璃绝缘子钢帽裂纹、伞裙闪络损伤	必要时	每次清扫时
	复合绝缘子伞裙，护套、黏结剂老化、破损、裂纹，金具及附件锈蚀	2~3	根据运行需要
	复合绝缘子电气机械抽样检测试验	5	投运5~8年后开始抽查，以后至少每5年抽查
导线、避雷线（OPGW）（铝包钢）	导线、避雷线磨损、断股、破股、严重锈蚀、放电损伤外层铝股、松动等	每次检修时	抽查导线、避雷线线夹必须及时打开检查
	大跨越导线、避雷线振动测量	2~5	对一般线路应选择有代表性档距进行现场振动测量，测量点应包括悬垂线夹、防振锤及间隔棒线夹处，根据振动情况选点测量
	导线、避雷线舞动观测		在舞动发生时应及时观测
	导线弧垂、对地距离、交叉跨越距离测量	必要时	线路投入运行1年后测量1次，以后根据巡视结果决定
金具	导流金具的测试： （1）直线接续金具 （2）不同金属接续金具 （3）并沟线夹、跳线连接板、压接式耐张线夹	必要时 必要时 每次检修时	接续管采用望远镜观察接续管口导线有否断股、灯笼泡或最大张力后导线拔出移位现象；每次线路检修测试连接金具螺栓扭矩值应符合标准；红外测试应在线路负荷较大时抽测，根据测温结果确定是否进行测试
	金具锈蚀、磨损、裂纹、变形检查	每次检修时	外观难以看到的部位，应打开螺栓、垫圈检查或用仪器检查。如果开展线路远红外测温工作，则每年进行一次测温，根据测温结果确定是否进行测试
	间隔棒（器）检查	每次检修时	投运1年后紧固1次，以后进行抽查
防雷设施及接地装置	杆塔接地电阻测量	5	根据运行情况，可调整时间，每次雷击故障后的杆塔应进行测试
	线路避雷器检测	5	根据运行情况或设备的要求，可调整时间
	避雷线间隙检查 防雷间隙检查	必要时 1	根据巡视发现的问题进行
基础	铁塔、钢管杆（塔）基础（金属基础、预制基础、现场浇制基础、灌注桩基础）	5	抽查，挖开地面1m以下，检查金属件锈蚀、混凝土裂纹、酥松、损伤等变化情况
	拉线（拉棒）装置、接地装置	5	拉棒直径测量；接地电阻测试必要时开挖
	基础沉降测量	必要时	根据实际情况选点测量
其他	气象测量	必要时	选点进行
	无线电干扰测量	必要时	根据实际情况选点测量
	地面场强测量	必要时	根据实际情况选点测量

注：1. 检测周期可根据本地区实际情况进行适当调整，但应经本单位总工程师批准。
2. 检测项目的数量及线段可由运行单位根据实际情况选定。
3. 大跨越或易舞动区宜选择具有代表性地段杆塔装设在线监测装置。

五、维　　修

（1）维修项目应按照设备状况，巡视、检测的结果和反事故措施的要求确定，其主要项目及周期见表7－11－8，根据巡视结果及实际情况需维修的项目见表7－11－9。

表7－11－8　线路维修的主要项目及周期

序号	项　目	周期/年	备　注
1	杆塔紧固螺栓	必要时	新线路投运需紧固1次
2	混凝土杆内排水，修补防冻装置	必要时	根据季节和巡视结果在结冻前进行
3	绝缘子清扫	1～3	根据污秽情况、盐密灰密测量、运行经验调整周期
4	防振器和防舞动装置维修调整	必要时	根据测振仪监测结果调整周期进行
5	砍修剪树、竹	必要时	根据巡视结果确定，发现危急情况随时进行
6	修补防汛设施	必要时	根据巡视结果随时进行
7	修补巡线道路、桥梁	必要时	根据现场需要随时进行
8	修补防鸟设施和拆巢	必要时	根据需要随时进行
9	各种在线监测设备维修调整	必要时	根据监测设备监测结果进行
10	瓷绝缘子涂RTV长效涂料	必要时	根据涂刷RTV长效涂料后绝缘子表面的憎水性确定

表7－11－9　根据巡视结果及实际情况需维修的项目

序　号	项　目	备　注
1	更换或补装杆塔构件	根据巡视结果进行
2	杆塔铁件防腐	根据铁件表面锈蚀情况决定
3	杆塔倾斜扶正	根据测量、巡视结果进行
4	金属基础、拉线防腐	根据检查结果进行
5	调整、更新拉线及金具	根据巡视、测试结果进行
6	混凝土杆及混凝土构件修补	根据巡视结果进行
7	更换绝缘子	根据巡视、测试结果进行
8	更换导线、避雷线及金具	根据巡视、测试结果进行
9	导线、避雷线损伤补修	根据巡视结果进行
10	调整导线、避雷线弧垂	根据巡视、测量结果进行
11	处理不合格交叉跨越	根据测量结果进行
12	并沟线夹、跳线连板检修紧固	根据巡视、测试结果进行
13	间隔棒更换、检修	根据检查、巡视结果进行
14	接地装置和防雷设施维修	根据检查、巡视结果进行
15	补齐线路名称、杆号、相位等各种标志及警告指示、防护标志、色标	根据巡视结果进行

（2）维修工作应根据季节特点和要求安排，应及时落实各项反事故措施。

（3）维修时，除处理缺陷外，应对杆塔上各部件进行检查，并做好记录。

（4）维修工作应遵守有关检修工艺要求及质量标准。更换部件维修（如更换杆塔、横担、导线、避雷线、绝缘子等）时，要求更换后新部件的强度和参数不低于原设计要求。

（5）抢修工作应注意以下条款：

① 运行维护单位应建立健全抢修机制。

② 运行维护单位应配备抢修工具，根据不同的抢修方式分类配备工具，并分类保管。

③ 运行维护单位应根据线路的运行特点研究制定不同方式的应急抢修预案，应急抢修预案应经过专责工程师审核并经总工程师审定批准，批准后的抢修预案应定期进行演练和完善。

④ 运行维护单位应根据事故备品备件管理规定，配备充足的事故备品、抢修工具、照明设备及必要的通信工具，不应挪作他用。抢修后，应及时清点补充。事故备品备件应按有关规定及本单位的设备特点和运行条件确定种类和数量，事故备品应单独保管，定期检查测试，并确定各类备件轮回更新使用周期和办法。

（6）线路维修检测工作应广泛开展带电作业，以提高线路运行的可用率。对紧凑型线路开展带电作业应计算或实测最大操作过电压倍数，认真核对塔窗的最小安全距离，慎重进行。

（7）线路维修检测工作应逐步向状态维修过渡和发展。状态维修应根据运行巡视、检测和运行状态监测等数据结果，在充分进行技术分析和评估的基础上开展，确保维修及时和维修质量。

六、特殊区段的运行要求

输电线路的特殊区段是指线路设计及运行中不同于其他常规区段、经超常规设计建设的线路区段。特殊区段包括以下情况：大跨越，多雷区，重污区，重冰区，微地形、气象区，采动影响区。

（一）大跨越的运行要求

（1）大跨越段应根据环境、设备特点和运行经验制订专用现场规程，维护检修的周期应根据实际运行条件确定。

（2）宜设专门维护班组，在洪汛、覆冰、大风和雷电活动频繁的季节，宜设专人监视，做好记录，有条件的可装设自动检测设备。

（3）应加强对杆塔、基础、导线、避雷线、拉线、绝缘子、金具及防洪、防冰、防舞动、防雷、防振等设施的检测和维修，并做好定期分析工作。

（4）大跨越段应定期对导线、避雷线进行振动测量。

（5）大跨越段应适当缩短接地电阻测量周期。

（6）大跨越段应做好长期的气象、覆冰、雷电、水文的观测记录和分析工作。

（7）主塔的升降设备、航空指示灯、照明和通信等附属设施应加强维修保养，经常保持在良好状态。

（二）多雷区的运行要求

（1）多雷区的线路应做好综合防雷措施，降低杆塔接地电阻值，适当缩短检测周期。

（2）雷季前，应做好防雷设施的检测和维修，落实各项防雷措施，同时做好雷电定位观测设备的检测、维护、调试工作，确保雷电定位系统正常运行。

（3）雷雨季期间，应加强对防雷设施各部件连接状况、防雷设备和观测装置动作情况的检测，并做好雷电活动观测记录。

（4）做好被雷击线路的检查，对损坏的设备应及时更换、修补，对发生闪络的绝缘子串上的导线、避雷线线夹必须打开检查，必要时还须检查相邻档线夹及接地装置。

（5）结合雷电定位系统的数据，组织好对雷击事故的调查分析，总结现有防雷设施效果，研究更有效的防雷措施，并加以实施。

（三）重污区的运行要求

（1）重污区线路外绝缘应配置足够的爬电比距，并留有裕度；特殊地区可以在上级主管部门批准后，在配置足够的爬电比距后，若有必要，可在瓷绝缘子上喷涂长效防污闪涂料。

（2）应选点定期测量盐密、灰密，要求检测点较一般地区多，必要时建立污秽实验站，以掌握污秽程度、污秽性质、绝缘子表面积污秽速率及气象变化规律。

（3）污闪季节前，应逐基确定污秽等级、检查防污闪措施的落实情况，污秽等级与爬电比距不相适应时应及时调整绝缘子串的爬电比距，调整绝缘子类型或采取其他有效的防污闪措施。线路上的零（低）值绝缘子应及时更换。

（4）防污清扫工作应根据污秽度、积污速度、气象变化规律等因素确定周期，及时安排清扫，保证清扫质量。

（5）应建立特殊巡视责任制，在恶劣天气时进行现场特巡，发现异常及时分析并采取措施。

（6）做好测试分析，掌握规律，总结经验，针对不同性质的污秽物选择相应有效的防污闪措施，临时采取的补救措施要及时改造为长期防御措施。

（四）重冰区

（1）处于重冰区的线路要进行覆冰观测，有条件或危及重要线路运行的区域应建立覆冰观测站，研究覆冰性质、特点，制定反事故措施。特殊地区的设备要加装融冰装置。

（2）经实践证明不能满足重冰区要求的杆塔型式、绝缘子串型式、导线排列方式应有计划地进行改造或更换，做好记录，并提交设计部门在同类地区不再使用。

（3）覆冰季节前应对线路做全面检查，消除设备缺陷，落实除冰、融冰和防止导线、避雷线跳跃、舞动的措施，检查各种观测、记录设施，并对融冰装置进行检查、试验，确保必要时能投入使用。

（4）在覆冰季节中，应有专门观测维护组织，加强巡视、观测，做好覆冰和气象观测记录及分析，研究覆冰和舞动的规律，随时了解冰情，适时采取相应措施。

（五）微地形、气象区的运行要求

（1）频发超设计标准的自然灾害地区应设立微气象观测站点，通过监测确定微气象区的分布及基本情况。

（2）已经投入运行，经实践证明不能满足微气象区要求的杆塔型式、绝缘子串型式、导线排列方式应有计划地进行改造或更换，做好记录，并与设计单位沟通，在同类地区不得再使用。

（3）大风季节前应对微气象区运行线路做全面检查，消除设备缺陷，落实各项防风措施。

(4) 新建线路，选择走径时应尽量避开运行单位提供的微气象地区；确实无法避让时应采取符合现场实际的设计方案，确保线路安全运行。

(六) 采动影响区的运行要求

(1) 应与线路所在地区地质部门、煤矿等矿产部门联系，了解输电线路沿线地质和塔位处煤层的开采计划及动态情况，绘制特殊区域分布图，并采取针对性的运行措施。

(2) 位于采动影响区的杆塔，应在杆塔投运前安装杆塔倾斜检测仪。

(3) 运行中发现基础周围有地表裂缝时，应积极与设计单位联系，进行现场勘察，确定处理方案。依据处理方案，及时对塔基周围的地表裂缝、塌陷进行处理，防止雨水、山洪加剧诱发地基塌陷。

(4) 应加强线路的运行巡视，结合季节变化进行采动影响区杆塔倾斜、基础根开变化、塔材或杆体变形、拉线变化、导线和避雷线弧垂变化、地表塌陷和裂缝变化检查；对发生倾斜的采动影响区杆塔应缩短巡视周期、密切监测，及时采取应对措施，避免发生倒塔断线事故。

七、线路保护区的运行要求

(1) 架空输电线路保护区内不得有建筑物、厂矿、树木（高跨设计除外）及其他生产活动。一般地区 35～110 kV 导线的边线保护区范围为边线外 10 m。

在厂矿、城镇等人口密集地区，架空输电线路保护区的区域可略小于上述规定。但各级电压导线边线延伸距离，不应小于导线在最大计算弧垂及最大风偏后的水平距离和风偏后距建筑物的安全距离之和。

(2) 巡视人员应及时发现保护区隐患，并记录隐患的详细信息。

(3) 运行维护单位应联系隐患所属单位（个人），告知电力设施保护的有关规定，及时将隐患消除。

(4) 运行维护单位对无法消除的隐患，应及时上报，并做好现场监控工作。

(5) 运行维护单位应建立隐患台账，并及时更新。台账的内容包括：发现时间、地点、情况、所属单位（个人）、联系方式、处理情况及结果等。

(6) 运行维护单位应向保护区内有固定场地的施工单位宣讲《中华人民共和国电力法》和《电力设施保护条例》等有关规定，并与之签订安全责任书，同时加强线路巡视，必要时应进行现场监护。

(7) 运行维护单位对保护区内可能危及线路安全运行的作业（如使用吊车等大型施工机械），应及时予以制止或令其采取安全措施，必要时应进行现场监护。

(8) 在易发生隐患的线路杆塔上或线路附近，应设置醒目的警示、警告类标识。

(9) 线路遭受破坏或线路组（配）件被盗，应及时报告当地公安部门并配合侦查。

(10) 宜采用先进的技防措施，对隐患进行预防或监控。

八、技 术 管 理

(1) 运行单位应建立和完善输电线路生产管理系统，并在此基础上开展技术管理。

(2) 运行单位必须存有的有关资料，至少包括下列基本的法律、法规、规程和制度：

《中华人民共和国电力法》、《电力设施保护条例》、《电力设施保护条例实施细则》、DL/T 741、DL/T 409、《电业生产事故调查规程》、DL/T 5092、GB 50233、DL/T 966、GB/T 16434、DL/T 626、DL/T 887。

(3) 运行单位应有下列图表：地区电力系统接线图，设备一览表，设备评级图表，事故跳闸统计表，反事故措施计划表，年度技改、大修计划表，周期性检测计划表，工器具和仪器、仪表实验以及检测（校验）计划表，人员培训计划表。

(4) 业主、设计和施工方移交的基础资料应包括下列内容：

① 工程建设依据性文件及资料：国有土地使用证、规划许可证、施工许可证、建设用地许可、用地批准等，塔基占地、拆迁、青苗损坏、林木砍伐等补偿文件、协议、合同等；同规划、土地、林业、环保、建设、通信、军事、民航等的往来合同、协议；可研报告和审批文件。

② 线路设计文件及资料：设计任务书、初设审查意见的批复、工程设计图。

③ 与沿线有关单位、政府、个人签订的合同、协议（包括青苗、林木等赔偿协议，交叉跨越，房屋拆迁协议，各种安全协议等）。

④ 施工、供货文件及资料：符合实际的竣工图，设计变更通知单及有关设计图，原材料和器材产品合格证明、检测试验报告，代用材料清单，工程施工质量文件及各种施工原始记录、数据，隐蔽工程检查验收记录及签证书，未按原设计施工的各项明细表及附图，未完工程及需改进工程清单，线路杆塔 GPS 坐标记录，导线、避雷线的连接器和接头位置及数量记录，杆塔偏移及挠度记录，线路交叉跨越明细及测试记录，绝缘子检测记录，杆塔接地电阻测量记录，导线换位记录，工程试验报告或记录，质量监督报告，工程竣工验收报告。

⑤ 运行单位应结合实际需要，具备下列记录：

a. 检测记录：杆塔偏移、倾斜和挠度测量记录，杆塔金属部件锈蚀检查记录，导线弧垂、交叉跨越和限距测量记录，绝缘子检查记录，接地装置以及接地电阻检测记录，绝缘子附盐密度、灰密度测量记录，导线、避雷线覆冰、振动、舞动观测记录，大跨越监测记录，雷电观测记录，红外测温记录，工器具和仪器、仪表实验以及检测（校验）记录。

b. 运行维护管理记录：线路巡视记录，带电检修记录，停电检修记录，检修消缺记录，线路跳闸、事故及异常运行记录，事故备品、备件记录，对外联系记录及有关协议。

⑥ 运行单位应结合实际需要，开展以下专项技术工作并形成专项技术管理记录：设备台账、防雷管理、防污闪管理、防覆冰舞动管理、保护区管理。

⑦ 线路运行维护工作分析总结资料应包括下列内容：输电线路年度工作总结，事故、异常情况分析，专项技术分析报告，线路设备运行状态评价报告。

参 考 文 献

[1] 张殿生．电力工程高压送电线路设计手册：第二版．北京：中国电力出版社，2003.

[2] 周振山．高压架空送电线路机械计算．北京：水利水电出版社，1984.

[3] 董吉谔．电力金具手册：第二版．北京：中国电力出版社，2006.

图书在版编目（CIP）数据

煤矿电工手册．第2分册，矿井供电．上／顾永辉主编．－－3版．－－北京：煤炭工业出版社，2015（2022.12重印）

ISBN 978－7－5020－4755－9

Ⅰ．①煤…　Ⅱ．①顾…　Ⅲ．①煤矿—矿山电工—技术手册　②矿井供电—技术手册　Ⅳ．①TD6－62

中国版本图书馆CIP数据核字（2015）第000474号

煤矿电工手册　第3版——第二分册　矿井供电（上）

主　　编　顾永辉
责任编辑　姜庆乐　向云霞　徐　武　成联君　尹燕华　杨晓艳
编　　辑　杜　秋
责任校对　姜惠萍　尤　爽
封面设计　王　滨

出版发行　煤炭工业出版社（北京市朝阳区芍药居35号　100029）
电　　话　010－84657898（总编室）
　　　　　010－64018321（发行部）　010－84657880（读者服务部）
电子信箱　cciph612@126.com
网　　址　www.cciph.com.cn
印　　刷　三河市鹏远艺兴印务有限公司
经　　销　全国新华书店

开　　本　787mm×1092mm 1/16　**印张**　54¼　**插页**　1　**字数**　1332千字
版　　次　2005年12月第3版　2022年12月第3次印刷
社内编号　7610　　**定价**　280.00元

ISBN 978-7-5020-4755-9
9 787502 047559 >